KB078862

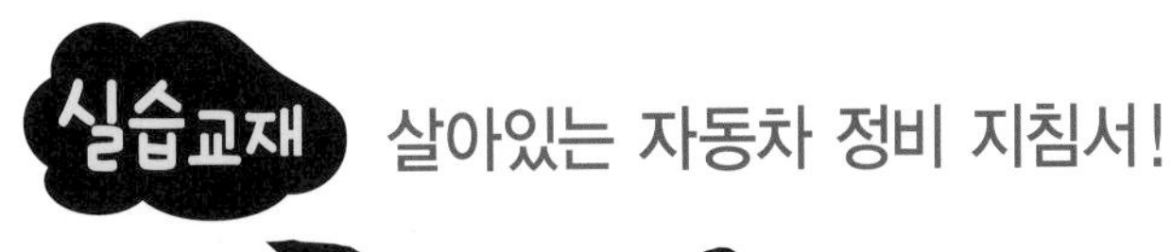

실습교재 살아있는 자동차 정비 지침서!

자동차정비 실기

특강

임춘무 · 박종건 · 국창호 · 이상문 공저

일진사

머 리 말

대한민국 경제는 대내외적으로 예측할 수 없을 만큼 급변하고 있다. 국내 자동차 산업은 각국의 보호무역주의의 대두, 기후 변화와 지구 온난화에 따른 친환경 자동차로의 수요 변화, 자율 주행차의 상용화를 위한 스마트 자동차 등이 시장의 주요 쟁점으로 떠오르면서 기술 주도권 경쟁이 심화되고 있다.

이러한 환경에서 신기술의 개발 및 기술의 혁신 없이는 미래를 창조할 수도, 새로운 시대를 개척할 수도 없다는 믿음으로, 급변하는 세계 자동차 산업의 환경 변화 속에서 미래의 방향성을 고려한 비전을 제시할 수 있는 자동차 신기술 지침은 매우 중요하다고 할 수 있다.

이 책은 자동차 정비 실습교육의 효과를 높이기 위하여 엔진, 섀시, 전기의 자동차 주요 장치를 각 장마다 관련 지식을 추가하여 다룸으로써 실습작업의 이해에 도움이 되도록 편성하였다.

이 책의 특징...

첫째, 자동차 정비 구성요소에 따른 구조 및 핵심장치를 충분히 이해할 수 있게 구성하고, 실습능력과 고장 진단능력을 습득할 수 있도록 편성하였다.

둘째, 생생한 자동차 정비 실습 분위기를 전달하고 학생들이 편안하게 실습할 수 있도록 컬러사진을 특성에 맞게 수록함으로써 작업내용을 쉽게 이해하고 응용할 수 있도록 하였다.

셋째, 자동차 정비 환경의 변화에 따라 친환경 하이브리드 자동차 정비 내용을 수록하여 작업능력과 실무 해결능력을 향상시킬 수 있도록 하였다.

넷째, 실습교육의 효과를 높이기 위하여 각 장마다 기초이론과 심화이론을 추가함으로써 실습과정에 연계하여 수준별 학습을 할 수 있도록 하였다.

이 책은 자동차 정비에 입문하는 학생들에게 자동차의 구조와 정비를 이해하는 길로 안내하기 위해 집필되었다. 실습 여건이 여의치 않더라도 자동차 정비 실습능력을 향상시킬 수 있도록 자료를 정리하고 편성한 만큼 좋은 결실이 있기를 기대하며, 혹여 출판된 내용에 오류가 발견되더라도 지적해 주시면 겸허한 마음으로 수정할 것이다.

끝으로 좀 더 나은 책이 출간될 수 있도록 물심양면 지원해 주신 **일진사** 편집부 직원들께 진심으로 감사하며, 유익한 책이 출간될 수 있도록 협조해 주신 동료 교수님들과 사랑하는 제자들, 그리고 항상 관심과 사랑으로 응원해 주는 우리 가족에게 감사의 마음을 전한다.

저자 씀

차 례 CONTENTS

자동차 정비 공구와 장비

part 1 엔 진

1 엔진 분해 조립

2 엔진 본체 정비

3 타이밍 벨트 점검

4 윤활장치 점검

5 냉각장치 점검

6 엔진 고장 진단 점검

차 례 CONTENTS

6 휠 및 타이어 점검

7 조향장치 점검

8 휠 얼라인먼트 점검

9 제동장치 점검

10 현가장치 점검

11 전자 제어 제동장치 점검

12 전자 제어 현가장치 점검

13 전자 제어 조향장치 점검

14 전자 제어 종합 자세 제어장치 점검

15 차량 범퍼 및 트림 패널과 조향 칼럼 교환

part 3 전 기

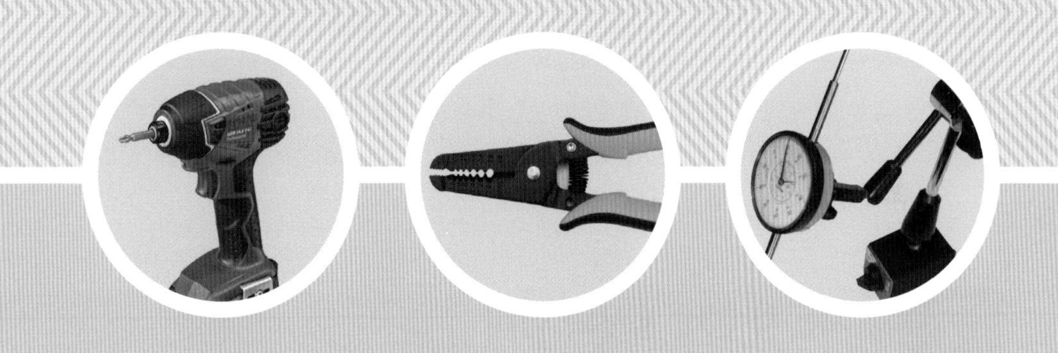

자동차 정비 공구와 장비

자동차 정비 공구와 장비

1 자동차 정비 공구와 장비 활용의 필요성

자동차 정비 공구란 자동차 정비 작업을 안전하고 효율적으로 수행하며 자동차의 성능을 충분히 발휘할 수 있도록 자동차의 보수, 유지, 분해, 점검, 조정, 수리를 하기 위한 정비 공구를 말한다. 이 장에서는 자동차의 고장이나 성능 저하를 예방하고, 배출가스 및 소음에 의한 환경 공해를 방지함과 더불어, 안전하고 경제적인 운행을 할 수 있도록 정비 공구의 활용도를 높여 효율적인 정비 작업이 되도록 한다.

2 자동차 정비 공구와 장비

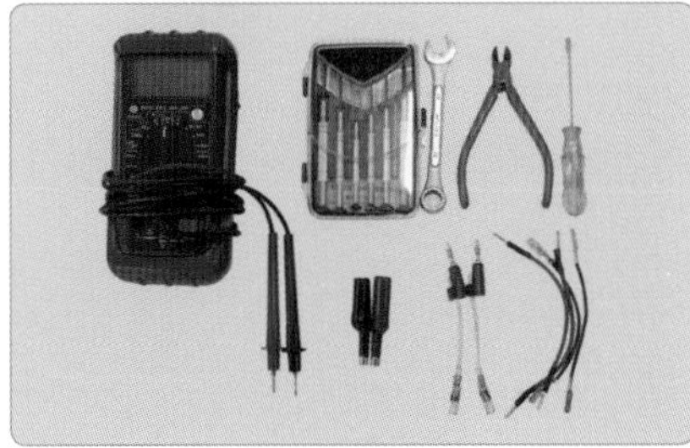

일반 공구 툴 박스

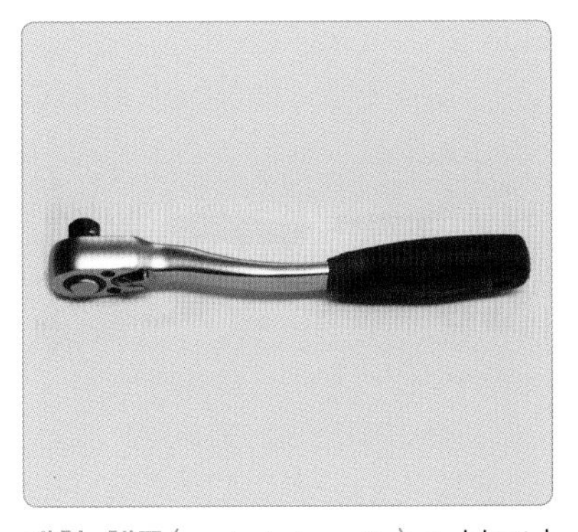

래칫 핸들(rachet handle) : 볼트나 너트에서 소켓을 빼지 않고 한쪽 방향으로 볼트나 너트를 조이거나 풀 때 사용한다.

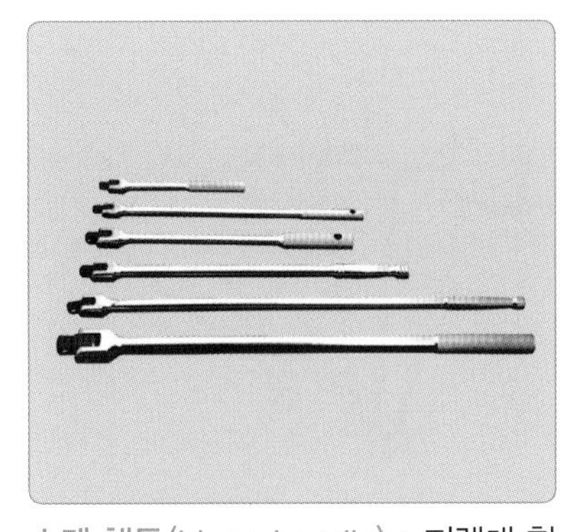

소켓 핸들(hinge handle) : 지렛대 힘을 최대로 활용할 수 있는 공구로, 조임 토크가 커서 볼트나 너트를 풀고 조일 때 사용한다.

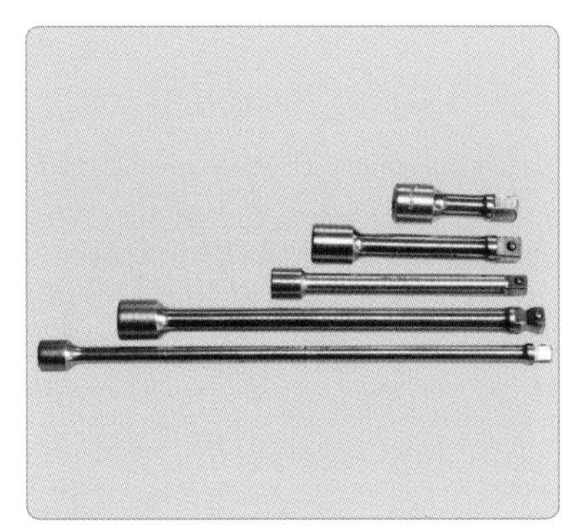

연결대(이음대, extension bar) : 복스 소켓과 렌치나 핸들의 중간 연결에 사용하며, 대 · 중 · 소로 구성되어 작업 상황에 맞게 사용한다.

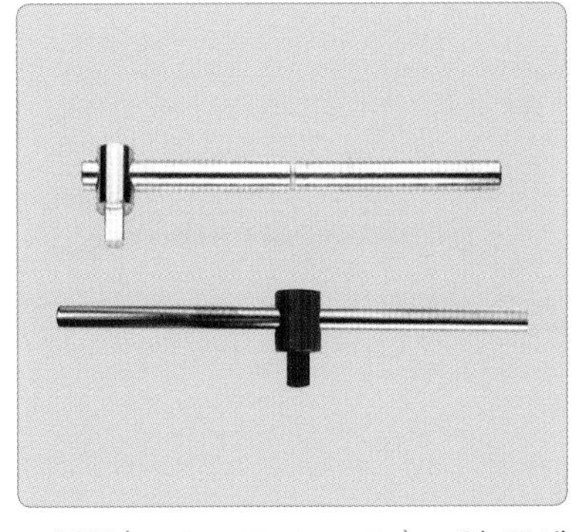

T 핸들(sliding T-handle) : 양 끝에 똑같은 힘을 가할 수 있으며, 한쪽으로 몰아서 힌지 핸들과 같이 볼트나 너트를 분해 조립할 수 있다.

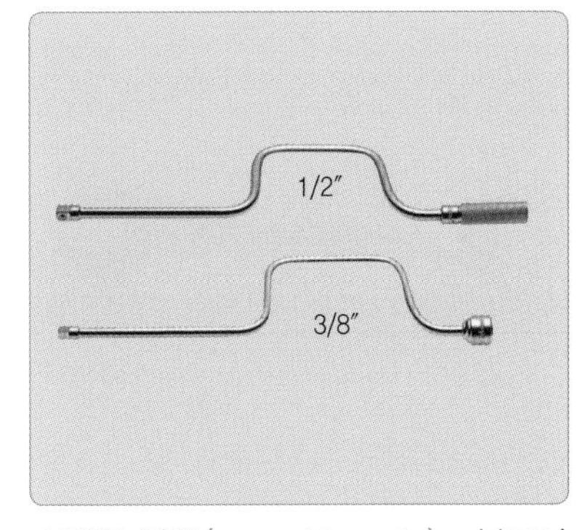

스피드 핸들(speed handle) : 볼트나 너트를 신속히 풀거나 조일 때 사용한다. 10 mm 이상은 힌지 핸들로 분해한 후 스피드 핸들로 작업한다.

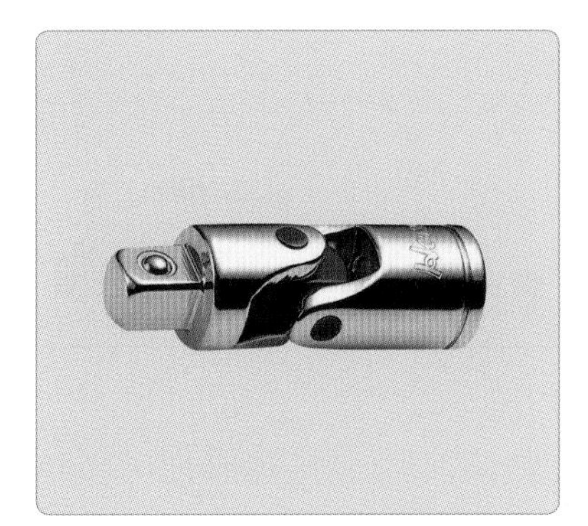

유니버설 조인트 : 두 축의 각도를 자유롭게 바꿀 수 있는 이음 공구로, 각도가 있는 비스듬한 작업 공간이나 경사진 곳에서 조임이나 풀기 작업이 가능하다.

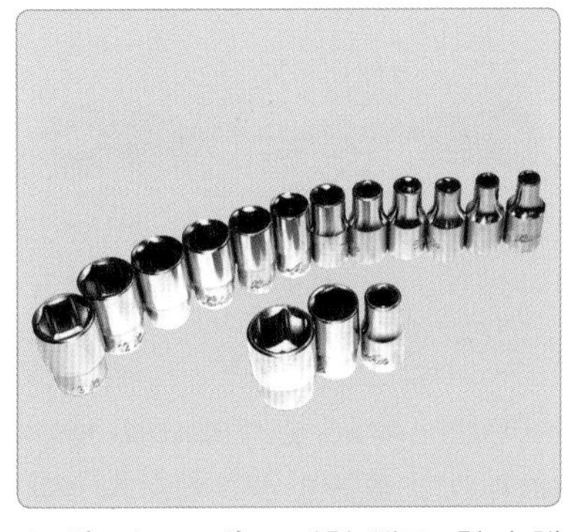

소켓(6각, 12각) : 래칫 핸들, 힌지 핸들 같은 렌치형 수동 구동 공구 사용 시 활용한다.

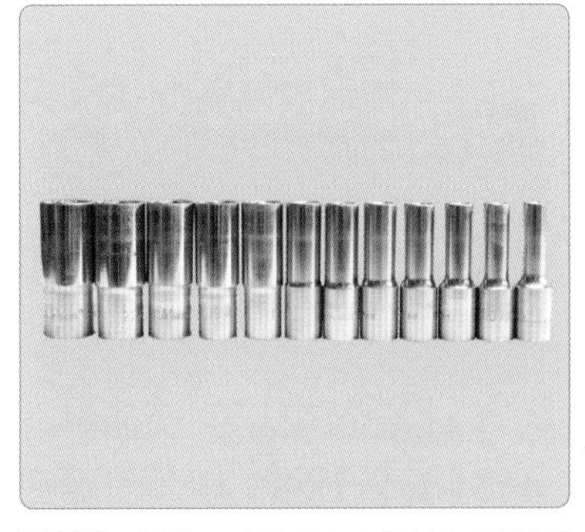

딥(롱) 소켓 : 볼트나 너트의 깊이가 깊어서 단구 소켓을 사용할 수 없을 경우에 사용한다.

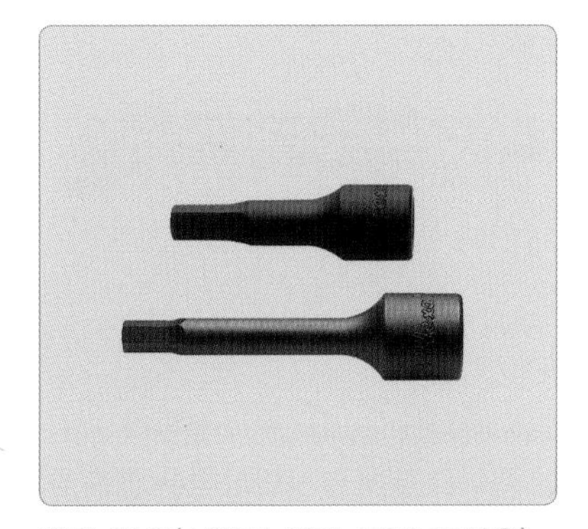

육각 렌치(실린더 헤드 분해 조립용) : 실린더 헤드 볼트나 일반 볼트 안지름이 육각으로 형성된 경우에 사용한다.

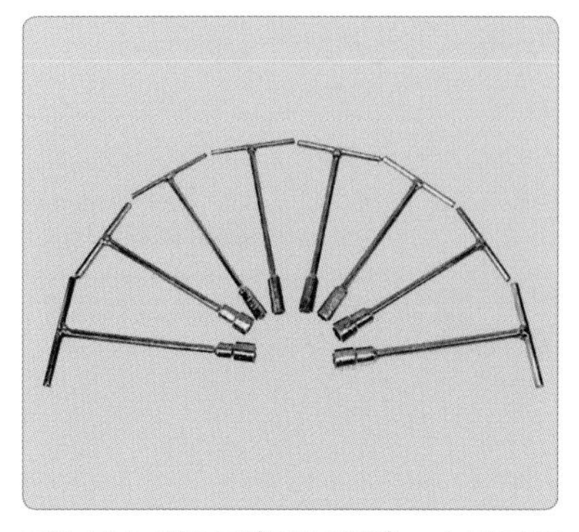

T형 복스 렌치대(T형 핸들) : 소켓과 T자 모양의 핸들을 용접하여 고정시켰으며, 토크가 작은 볼트나 너트를 조이거나 분해할 때 사용한다.

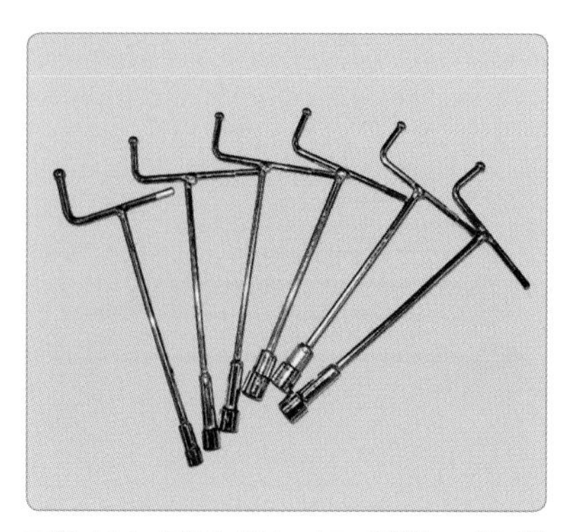

T형 복스 렌치대(스피드 핸들, T형 핸들) : 소켓과 T자 모양 핸들을 고정시켜 일체되도록 제작되었으며, 나사를 조이거나 풀 때 사용한다.

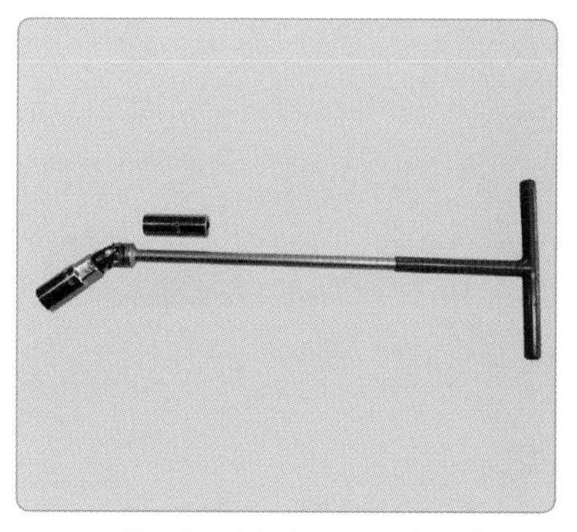

스파크 플러그 렌치 : 점화 플러그 탈부착 시 사용한다. 엔진 냉간 시 스파크 플러그를 신속하게 탈부착할 때 사용한다.

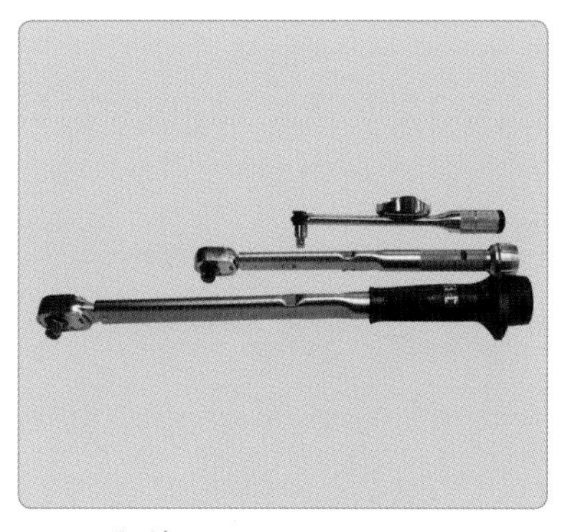

토크 렌치(audible indicating torque wrench) : 토크값을 손잡이 핸들에서 조정한 후 볼트나 너트를 조일 때 세팅된 토크를 조립할 수 있다.

오픈 엔드 렌치(open-end wrench, 양구 스패너) : 양쪽에 물림입이 달린 스패너로 양쪽 끝이 열려 있다. 볼트나 너트를 조이거나 풀 때 사용한다.

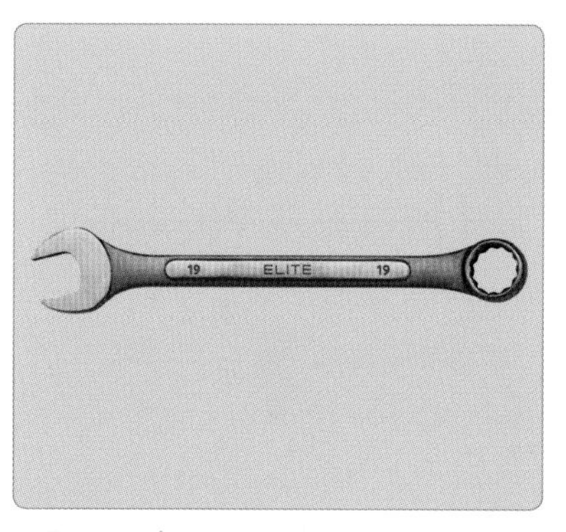

조합 렌치(combination wrench, 편구 스패너) : 오픈 렌치와 복스 렌치의 장점을 모아 하나로 만든 렌치로, 오픈 렌치보다 활용도가 높다.

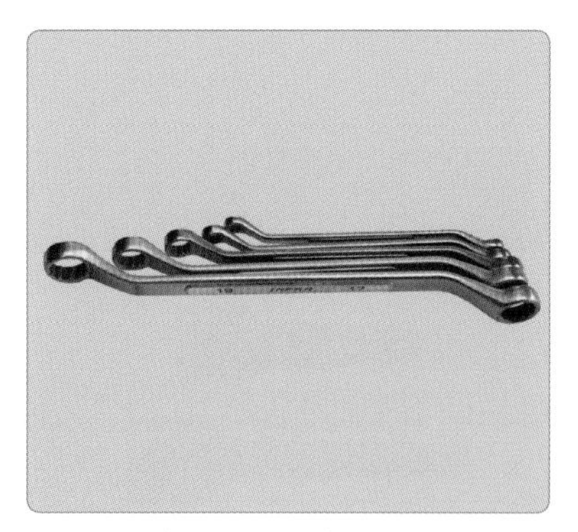

복스 렌치(box wrench) : 볼트나 너트에 힘이 고르게 분산되어 오픈 엔드 렌치와 달리 볼트나 너트를 완전히 감싸며 사용한다.

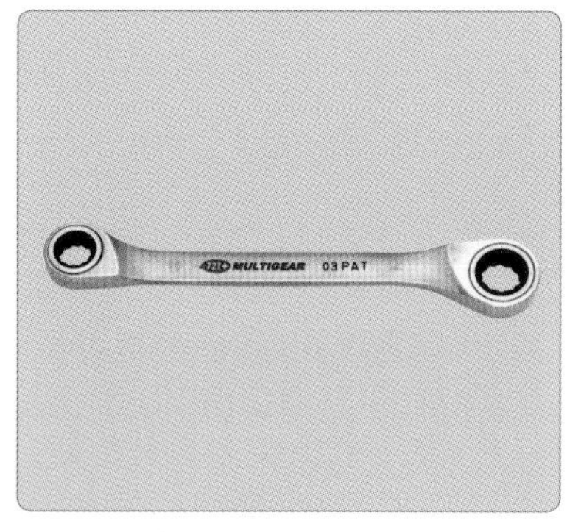

래칫 렌치(rachet wrench, 기어 렌치) : 소켓과 래칫 핸들이 일체화된 공구이다. 좁은 곳, 예를 들어 시동 전동기 탈부착 작업에 사용한다.

플렉서블 래칫 렌치(flexible gear wrench) : 굴절형 기어 렌치로, 헤드 부분에 힌지가 있어 각도 조절이 가능한 작업을 할 수 있다.

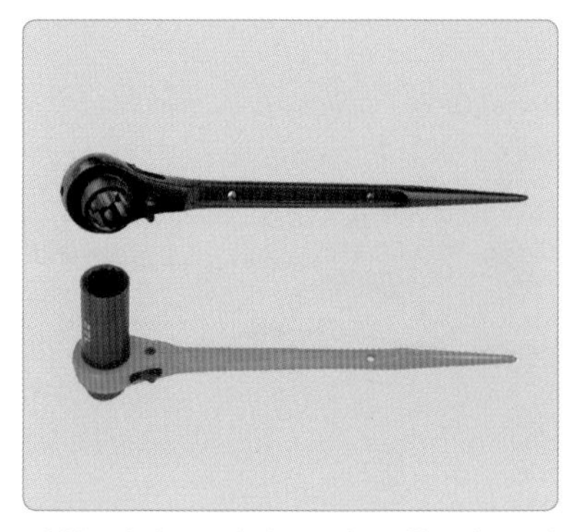

래칫 렌치 : 엔진 오일 교환 시 드레인 플러그를 풀거나 조이는 공구로, 오일 교환 시 신속하게 작업할 수 있다.

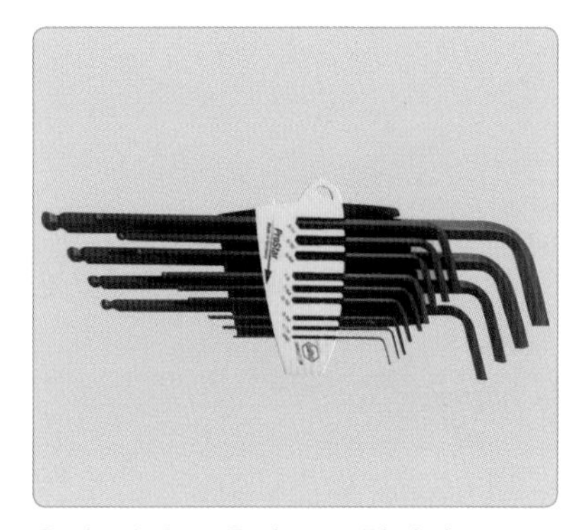

육각 렌치 : 육각으로 형성된 볼트를 규격에 맞는 것을 중심으로 렌치를 연결하여 사용한다.

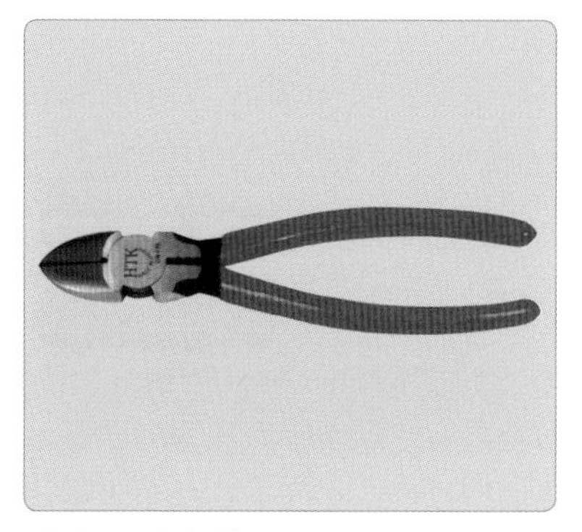

커팅 플라이어(diagonal cutting plier, 니퍼) : 동선류, 철선류, 전선류를 절단하거나 피복을 벗길 때 사용한다.

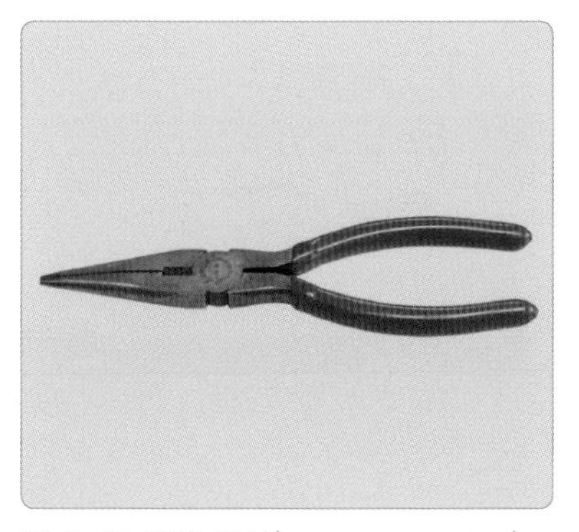

롱 노즈 플라이어(long nose plier) : 끝이 가늘게 되어 있어 좁은 곳의 전기 수리 작업에 유용하다.

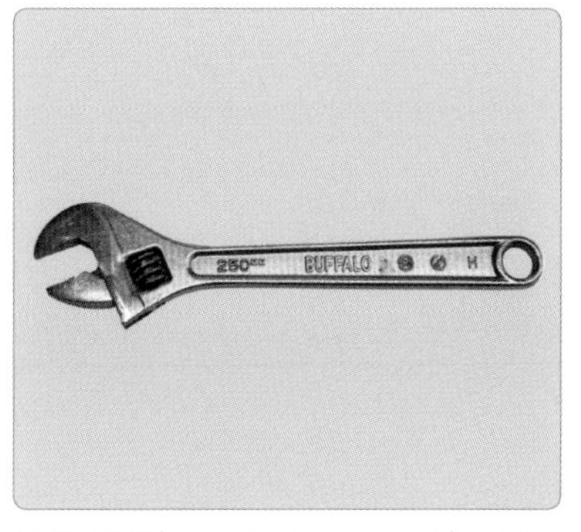

조정 렌치(adjustable wrench) : 볼트나 너트의 크기에 따라 한쪽 조(jaw)의 크기를 조정하여 사용한다.

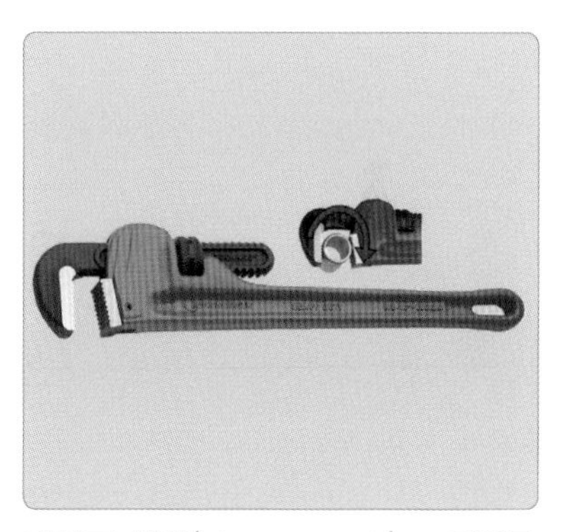

파이프 렌치(pipe wrench) : 파이프와 같이 매끄러운 것을 물려서 고정 또는 회전시킬 때 사용한다.

와이어 스트리퍼(auto wire stripper) : 전선 탈피, 절단, 압착용 공구이며 자동차 배선 커팅 및 피복 탈피 등 배선 작업에 주로 사용한다.

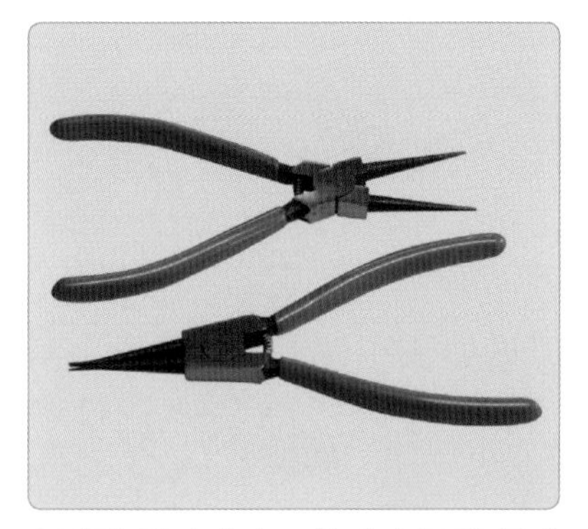

스냅링 플라이어 : 축이나 구멍 등에 설치된 스냅링(축이나 베어링 등이 빠지지 않게 하는 멈춤링)을 빼거나 조립 시 사용한다.

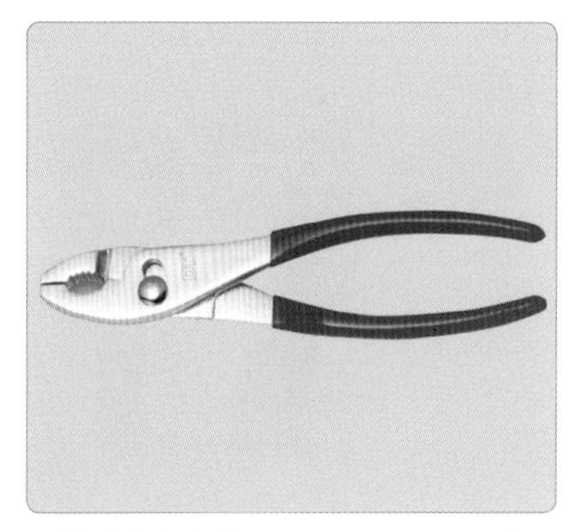

조합 플라이어(combination plier) : 물체 크기에 맞게 조의 폭을 변화할 수 있도록 지지점 구멍이 2단으로 되어, 큰 것과 작은 것 모두 돌릴 수 있다.

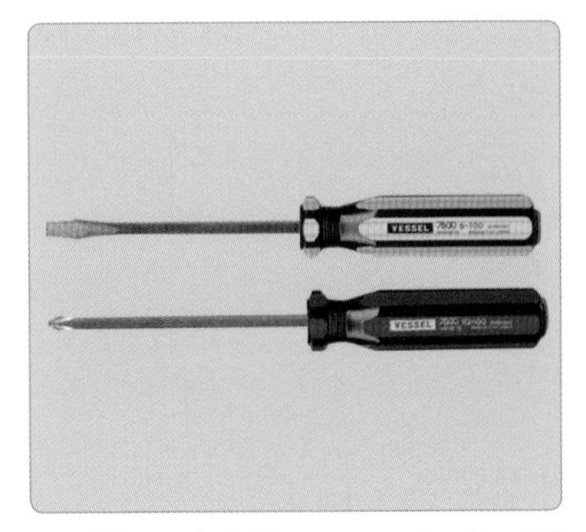

스크루 드라이버(screw driver) : 각종 나사나 피스를 조이거나 풀 때 사용한다.

오일 필터 렌치(플라이어) : 엔진 오일 필터 교환 시 필터 크기에 맞춰 조이거나 풀 수 있다.

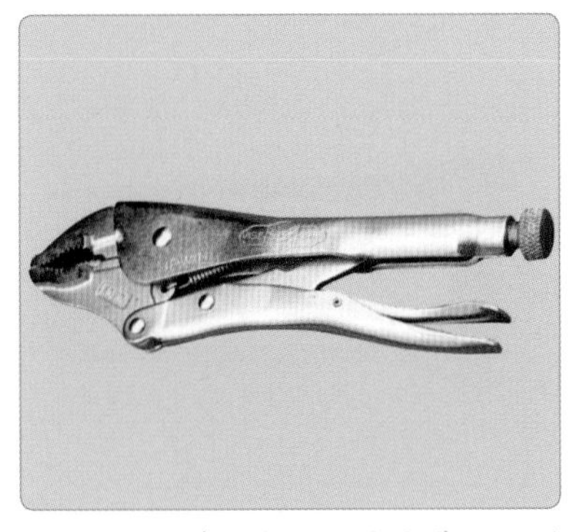
바이스 그립(클램프 플라이어) : 플라이어와 손바이스를 합친 기능으로, 압착 간격 조정이 용이하며 스패너, 파이프 렌치 등으로 사용 가능하다.

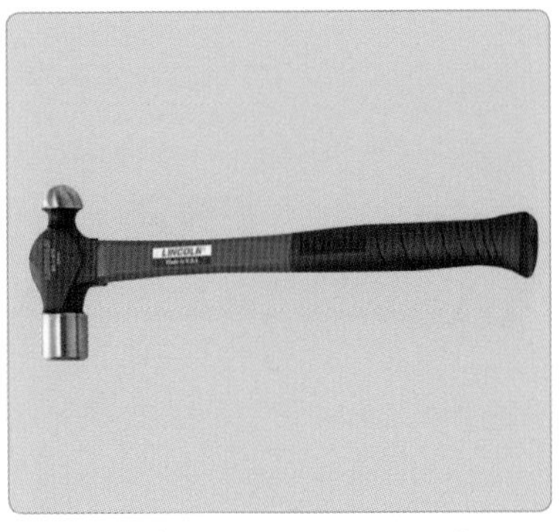

볼핀 해머(ball peen hammer) : 물체의 다목적 타격용으로 사용하는 금속 해머로, 핀이 볼 모양으로 둥글게 되어 있다.

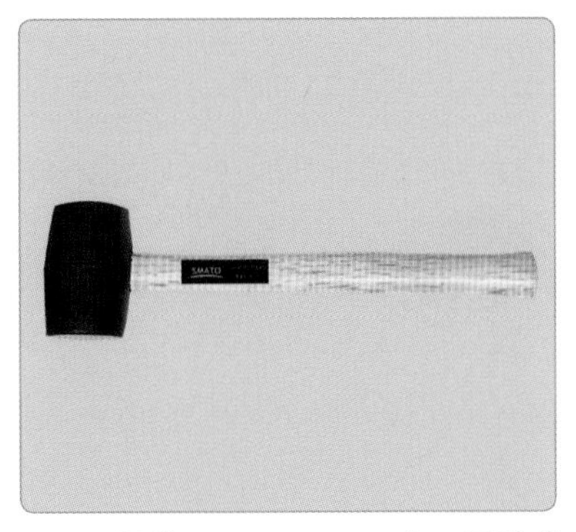
고무 망치(rubber hammer) : 물체에 타격을 가할 때 사용하는 공구로, 물체에 손상을 주지 않고 충격을 가할 때 사용한다.

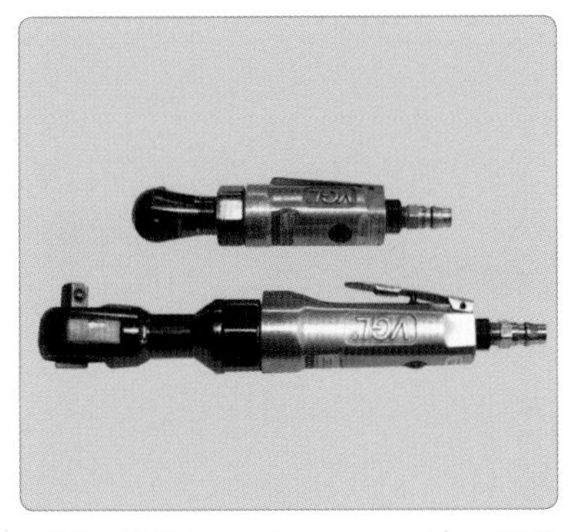
에어 래칫(air rachet wrench) : 압축 공기로 소켓을 움직여 볼트나 너트를 풀고 조이는 데 신속한 작업 효과를 낼 수 있다.

에어 임팩트 렌치(air impact wrench) : 압축 공기로 볼트나 너트를 풀고 조이는 에어 렌치로, 신속한 작업 효과를 낼 수 있다.

전동(충전) 드라이버 : 도어 트림 작업 등에서 나사나 피스를 풀고 조일 때 유용하게 사용한다.

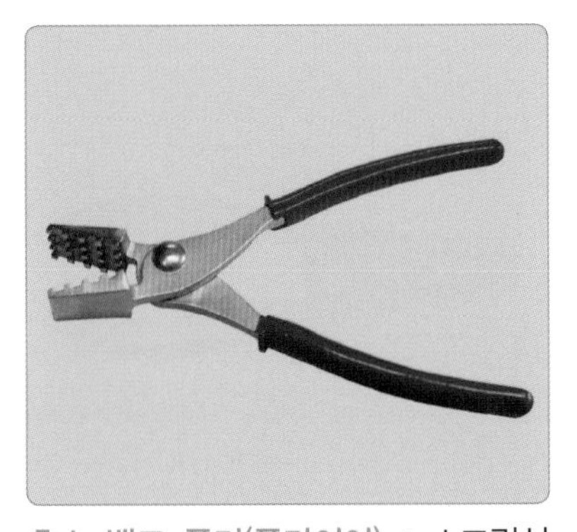
호스 밴드 풀러(플라이어) : 스프링식 호스 클립의 탈착 작업 전용 공구로, 플라이어 이로 호스 클립 분해 조립 시 사용한다.

오일 필터 캡 : 엔진 오일 교환 시 차종에 맞는 필터 캡을 선택하여 필터를 교환한다.

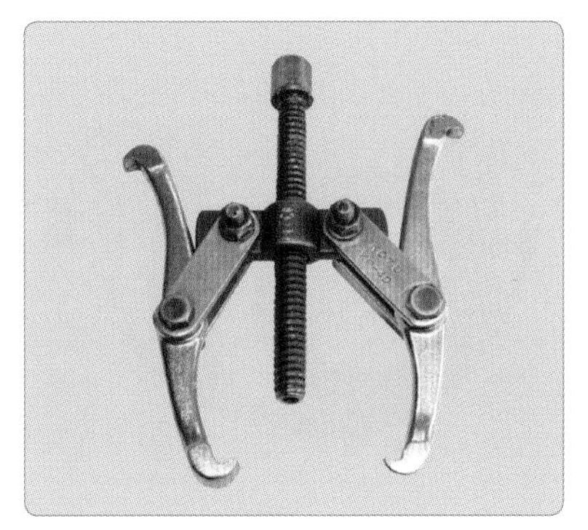

기어 풀러(gear puller) : 기어(스프로킷), 풀리, 구름 베어링 등을 축에서 뺄 때 사용한다.

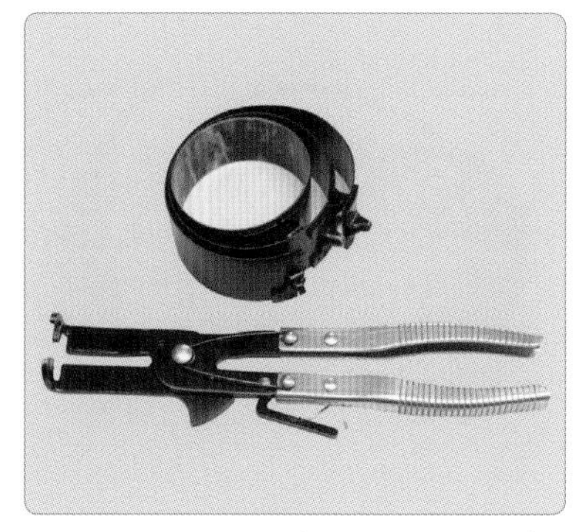

피스톤 링 플라이어(piston ring plier) : 피스톤 링을 확장하여 탈착할 때 사용하며, 피스톤 링을 압축하여 실린더에 조립할 때 사용한다.

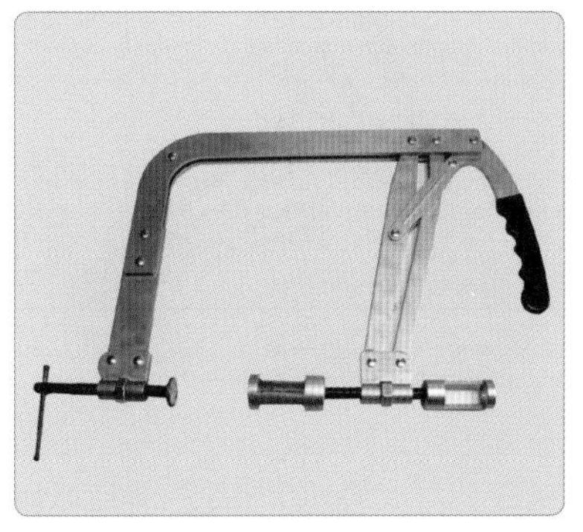

밸브 스프링 탈착기(DOHC) : DOHC 엔진 밸브 스프링 탈착 시 사용한다.

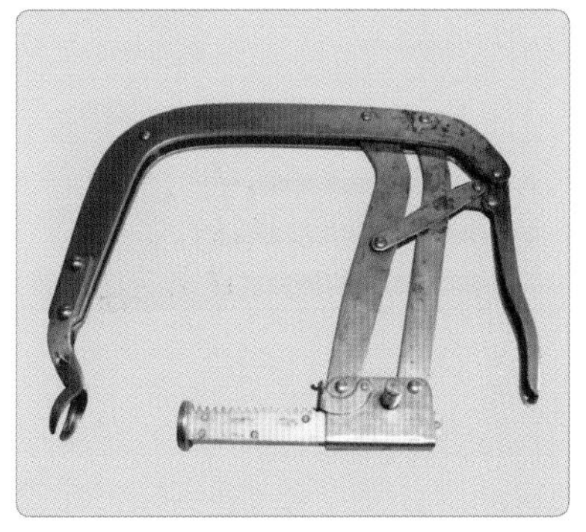

밸브 스프링 탈착기(SOHC) : SOHC 엔진 밸브 스프링 탈착 시 사용한다.

타이로드 엔드 풀러 : 타이로드 및 볼 조인트를 탈거할 때 나사의 힘을 이용하여 탈거한다.

배터리 충전기 : 자동차 배터리 방전 시 보통 충전 및 급속 충전할 때 배터리를 직렬 및 병렬로 충전할 수 있다.

전조등 시험기 : 자동차 전조등의 광도 및 조사 각도를 점검하여 불량 시 정비 작업을 할 수 있다.

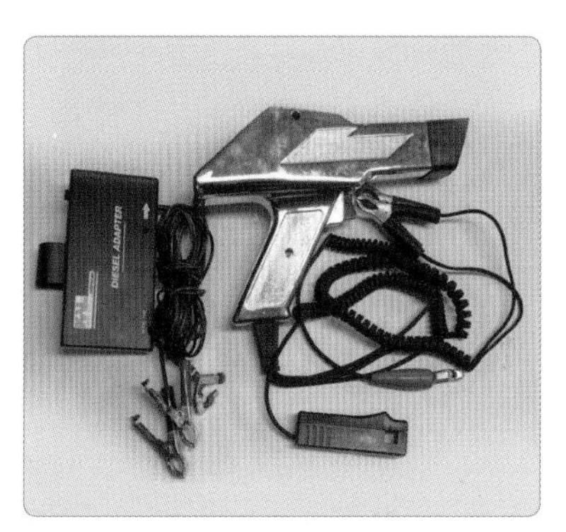

타이밍 라이트 : 가솔린 엔진 및 디젤 엔진의 점화 및 분사 시기를 엔진 회전수에 따라 확인할 수 있다.

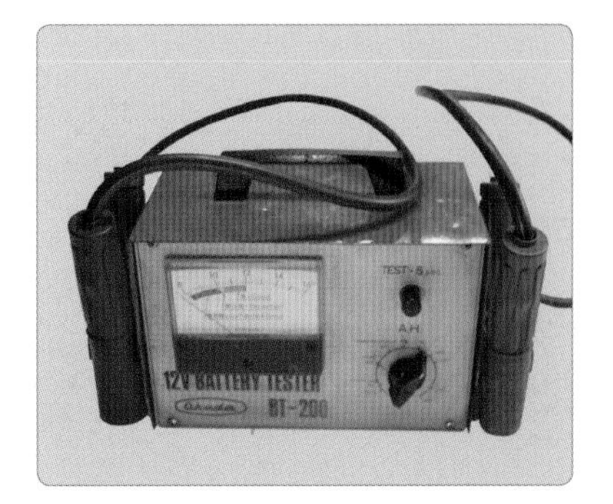

배터리 테스터 : 배터리 상태 및 성능을 테스트하는 장비로 충 · 방전 상태를 확인할 수 있다.

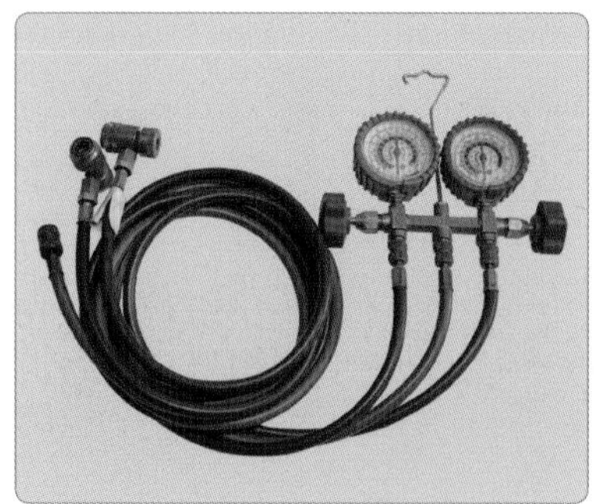

에어컨 게이지 : 에어컨 가스의 저압과 고압을 측정하는 게이지로, 냉방시스템 내 냉매가스 압력을 측정한다.

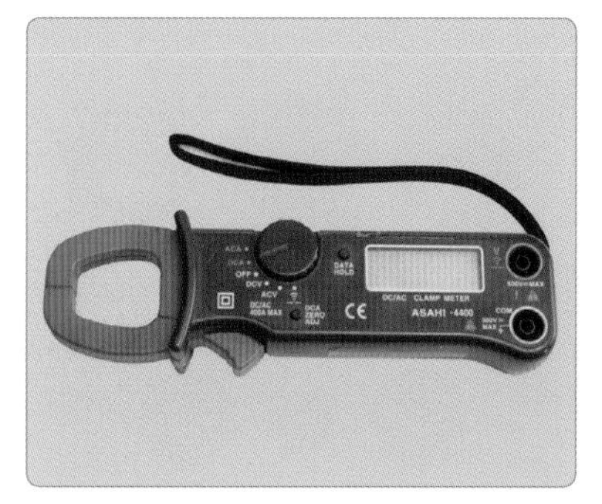

전류계(후크 타입) : 전기회로 내 전류량을 측정하기 위한 기기로, 배선에 걸어 사용하며 저항 및 전압도 측정 가능하다.

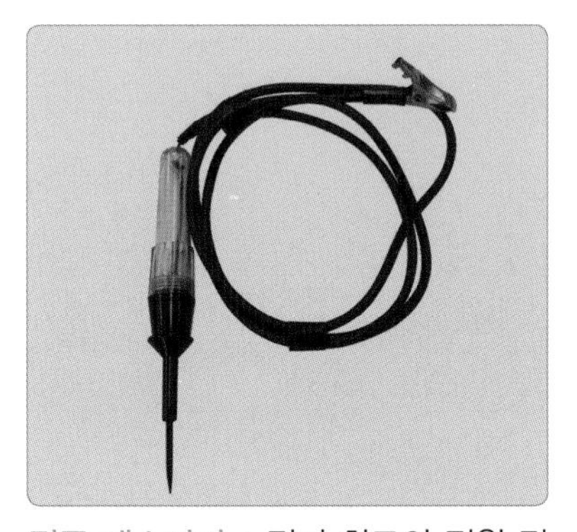

전구 테스터기 : 전기 회로의 전원 점검 시 단선, 전원 공급 상태를 신속하게 점검 확인할 수 있다.

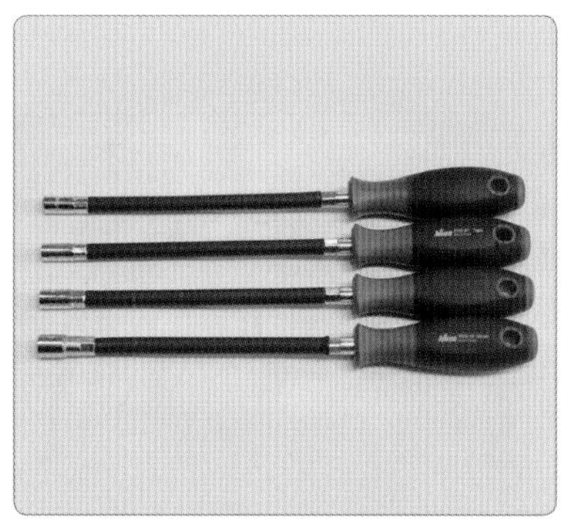

드라이버 소켓 : 소켓을 드라이버 끝에 부착하여 볼트나 너트를 신속하게 풀거나 조립할 때 사용한다.

별표 렌치 : 형상이 별표인 볼트나 너트를 분해하거나 조립 시 필요한 특수 공구이다.

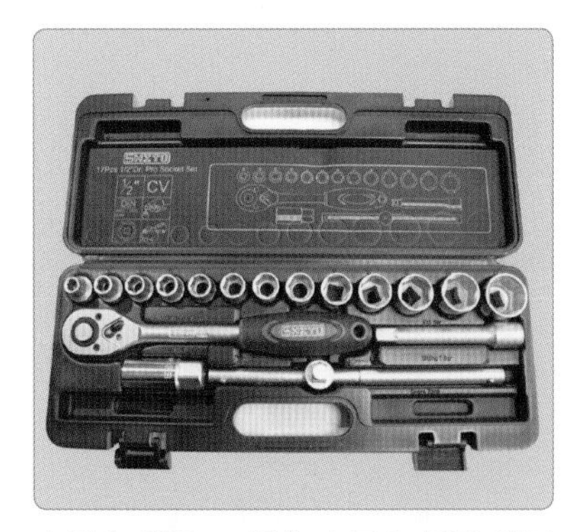

소복스 세트 : 필수 소복스 공구 세트로 구성되어 분해 조립 시 작업의 효율성을 높일 수 있다.

스크레이퍼 : 개스킷을 제거하거나 콘솔박스 도어 트림 등의 탈거 시 사용한다.

포터블 게이지 : 차륜의 얼라인먼트, 캠버, 캐스터, 킹핀을 측정하며, 바퀴 휠 허브에 장착하여 전차륜 휠각을 측정하는 수포 게이지이다.

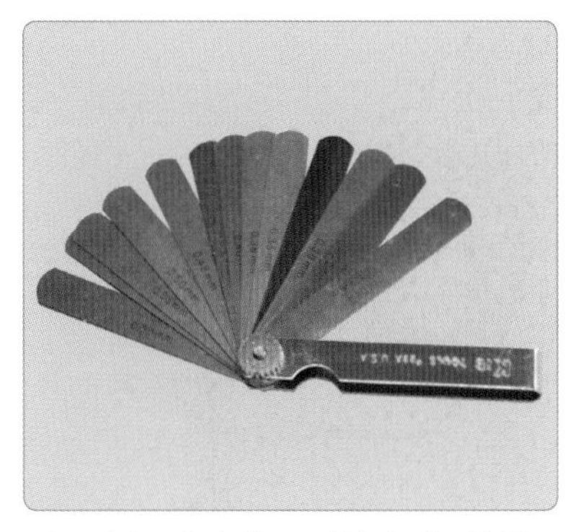

디그니스 게이지 : 기어나 축 사이드 간극을 측정하기 위한 게이지이다.

산소 센서 탈거 렌치 : 산소 센서 탈부착 시 사용하는 전용 공구이다.

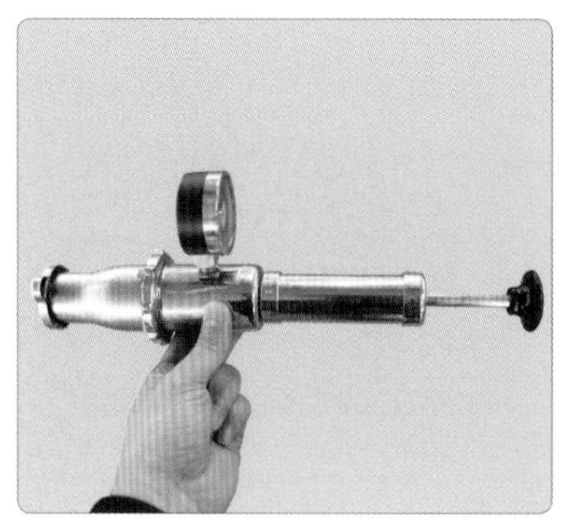

라디에이터캡 압력시험기 : 라디에이터캡 누설 시험 시 펌프 압축 후 규정 압력에서 10초간 유지되는지 시험한다.

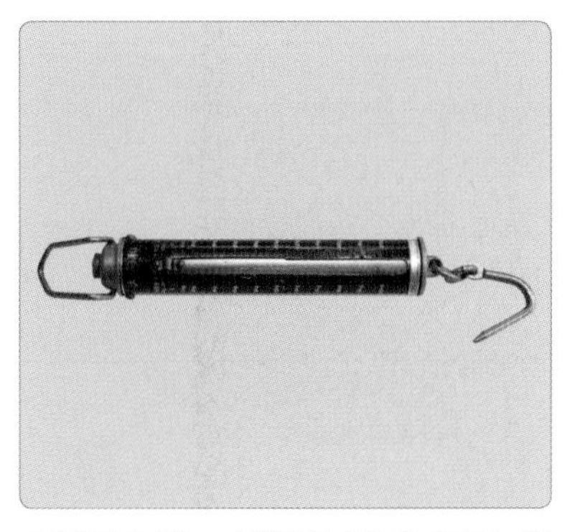

스프링 저울 : 기어의 프리로드나 엔진의 실린더 간극을 측정하는 데 사용하는 측정기이다.

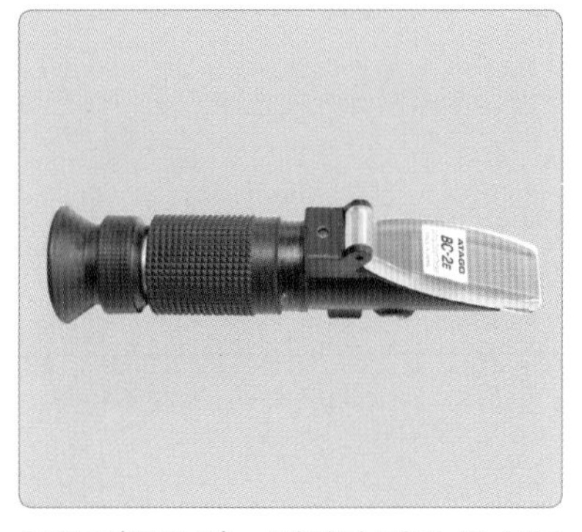

비중계(광학식) : 배터리 비중 및 부동액을 점검하기 위한 기기로, 전해액 및 부동액을 점검한다.

압축 압력계 : 가솔린 및 디젤 엔진의 실린더 및 연소실의 압축 압력을 측정하는 기기로, 실린더 마모 및 실린더 헤드 개스킷 마모 상태를 점검한다.

벨트 장력계 : 엔진 구동계 벨트 장력을 측정하는 기기로, 벨트 장력(압력)에 따른 눌림량을 점검한다.

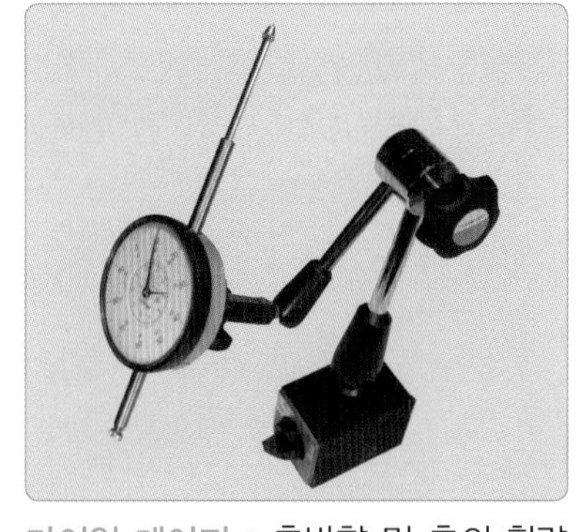

다이얼 게이지 : 축방향 및 축의 휨량과 접촉면의 흔들림을 점검하기 위한 기기로, 0.01 mm까지 측정 가능하다.

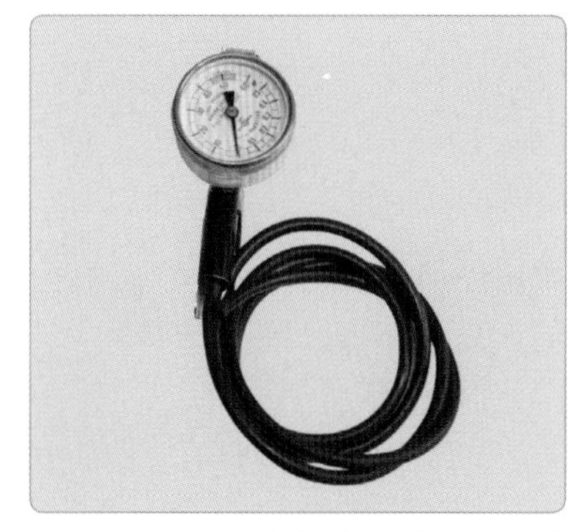

진공 게이지 : 엔진 시동 상태에서 발생되는 진공도에 따라 엔진의 기계적 결함 상태를 확인할 수 있다.

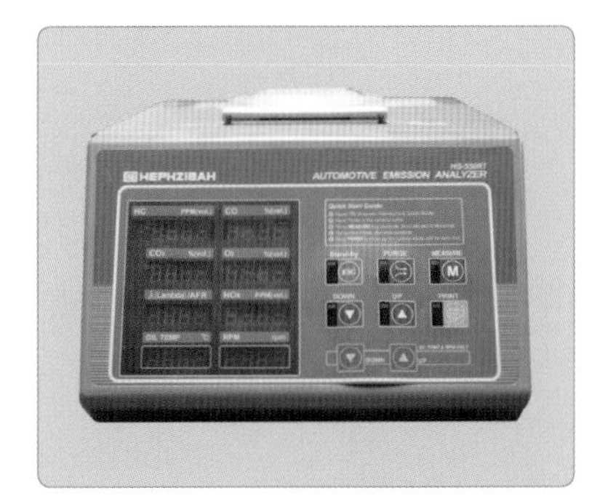

CO 테스터기 : 가솔린 엔진의 연소 중에 발생되는 CO, HC, NO_X, λ(공기과잉률)를 측정하는 장비이다.

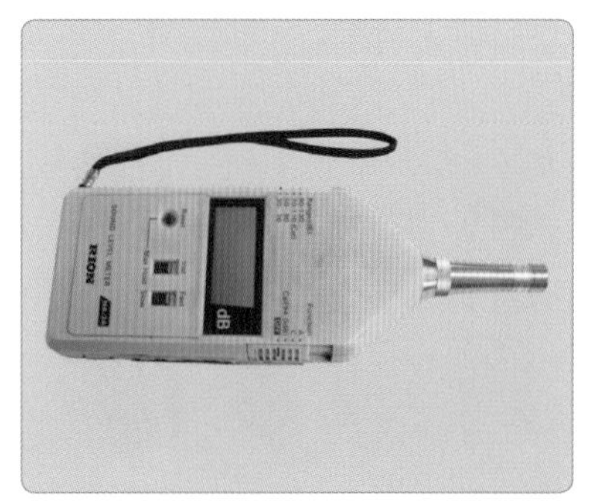

소음 측정기 : 자동차 혼, 배기음 등을 측정하는 기기로, 자동차 소음을 측정하여 양부 판정을 할 수 있다.

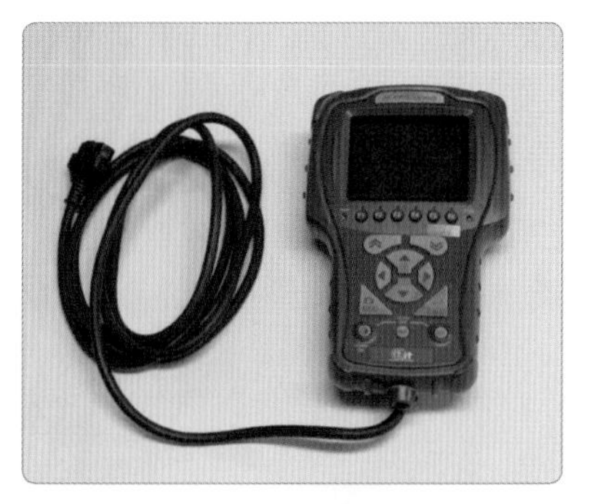

HI-DS 스캐너 : 자동차 전자 제어장치 점검용으로 자기 진단 및 스캔툴 기능이 있는 휴대용 장비이며, 정비 시 활용도가 높다.

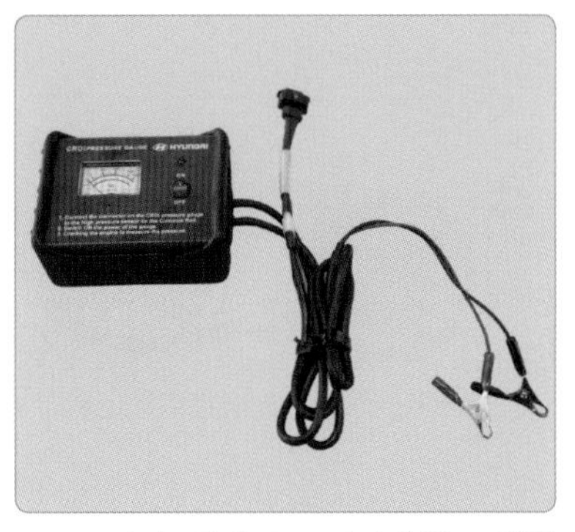

CRDI 압력 게이지 : 커먼레일 고압을 측정하기 위한 테스터기로, 동적 및 정적 시험 시 사용한다.

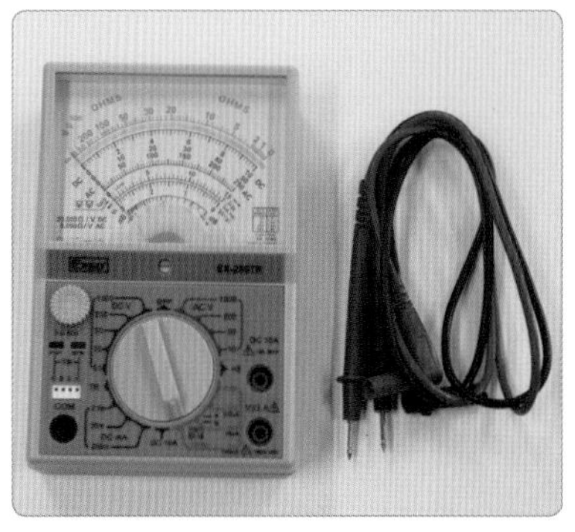

회로 시험기(아날로그) : 자동차 전기회로를 점검하기 위한 휴대용 다용도 회로 시험기이다(전류, 전압, 저항 등).

변속기 잭(transmission jack) : 변속기 및 엔진 클러치 정비 시 사용하며, 변속기와 엔진 탈부착 작업에 사용한다(상판 좌, 우 조절 가능).

(더블) 패드 교환기 : 차량의 브레이크 패드 교환 시 캘리퍼 실린더의 피스톤을 압축시켜 패드 교환에 유용한 공구이다.

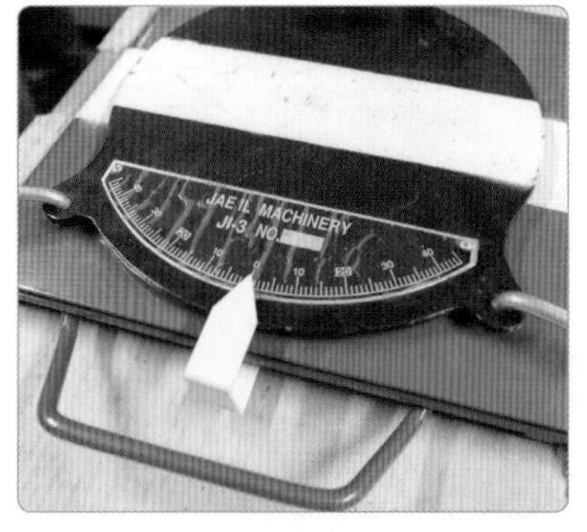

휠 얼라인먼트 턴테이블 : 휠 얼라인먼트를 측정하는 데 전륜 바퀴의 좌회전, 우회전 측정 기준에 따라 핸들을 돌려서 바퀴의 회전각을 측정한다.

매연 테스터 : 디젤 엔진 매연을 점검 확인하고 차종에 맞는 기준(자동차등록증)과 비교하여 양부 판정을 할 수 있다.

2주식 리프트 : 3 ton 미만의 승용자동차 작업에 사용된다. 차량 점검 시 필요에 따라 차량을 업다운시켜 효율적인 정비 작업을 할 수 있다.

자동차 검사 장비 : 제동력 시험기, 속도계 시험기, 사이드 슬립 시험기, 전조등으로 검사 기준에 의한 점검을 실시하여 필요시 정비 및 수정을 할 수 있는 장비이다.

HI-DS 종합진단기 : 파형(오실로스코프), 멀티 미터, 현상별, 계통별 고장 진단이 가능하며 자기 진단 및 스캔툴을 사용하여 차량의 고장을 진단할 수 있다.

차량 리프트(휠 얼라인먼트 전용) : 차량의 일반적인 정비 작업 시 안전하게 작업할 수 있는 장비로 하체 작업이나 차체 작업 시 효율적으로 활용할 수 있다.

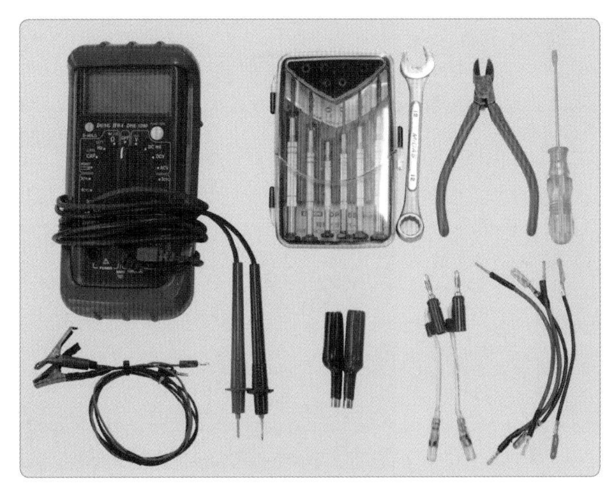

전기장치 점검 세트 : 자동차 전기 전자 장치에 필요한 점검 공구 세트로 배선 연결 리드선은 배선 및 릴레이 단자 점검 시 활용된다.

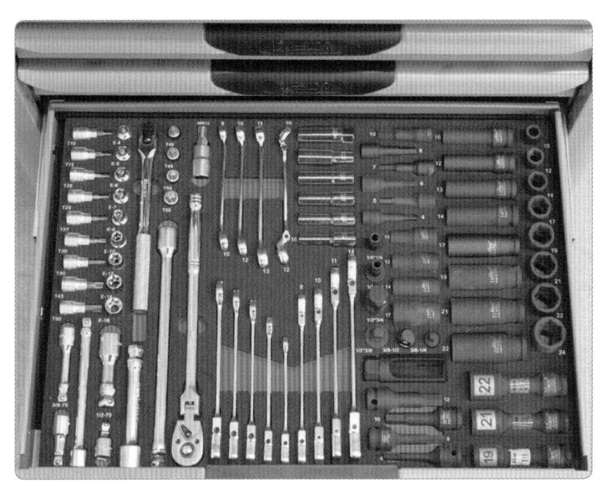

일반 공구 툴 박스 : 실습작업 편의에 따라 공구 툴을 이동하며 효율적으로 자동차 정비 작업을 할 수 있다.

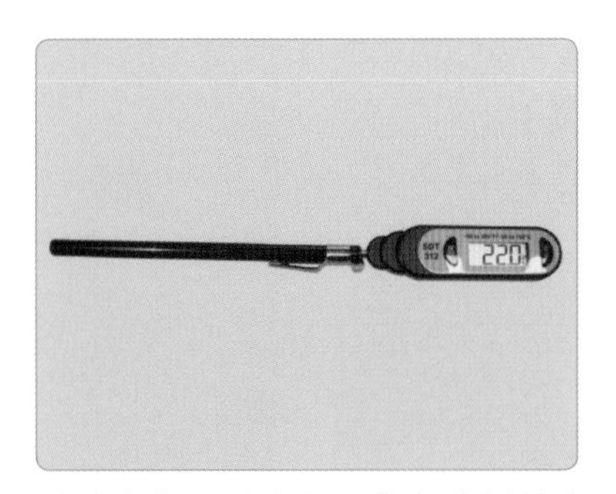

외경 마이크로미터 : 축의 외경, 내경, 두께 등을 측정하는 기기로, 0.01 mm까지 측정 가능하다.

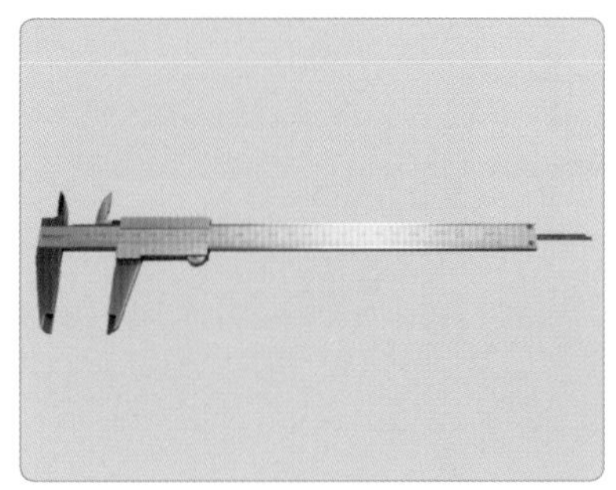

디지털 온도 게이지 : 엔진 내 부위별 온도나 실내 온도를 점검하며 부동액 및 필요에 따른 액체 온도를 점검 확인하는 데 사용한다.

버니어캘리퍼스 : 축의 외경 및 내경을 측정하는 기기로, 부품의 깊이도 측정 가능하다(최소 0.1 mm, 0.05 mm, 0.02 mm).

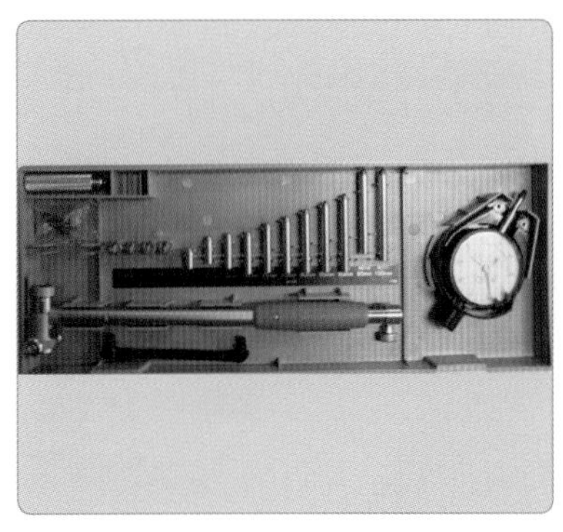

실린더 보어 게이지 : 엔진 실린더 내경을 측정하는 다이얼식 게이지로, 규격에 맞는 바를 선택하여 측정할 수 있다.

컴프레서 : 에어 라인을 통해 리프트, 임팩트 및 래칫 타이어 탈착기 등 필요에 따라 공기 압력을 공급한다.

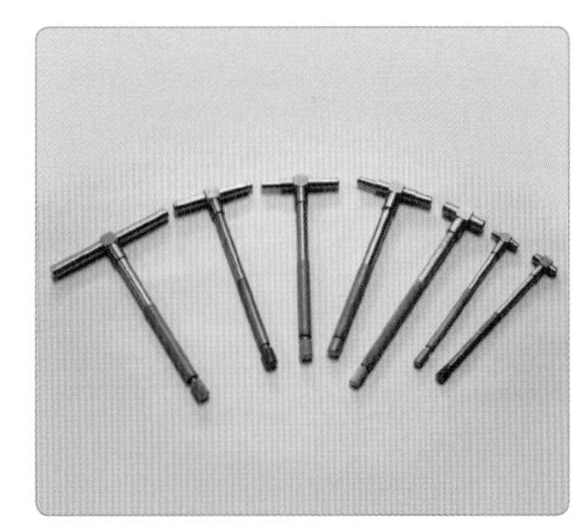

텔레스코핑 게이지 : 스위치 나사식으로 내경에 따라 스프링 장력으로 바를 움직여 측정하며, 외경 마이크로미터와 함께 내경 측정용으로 사용한다.

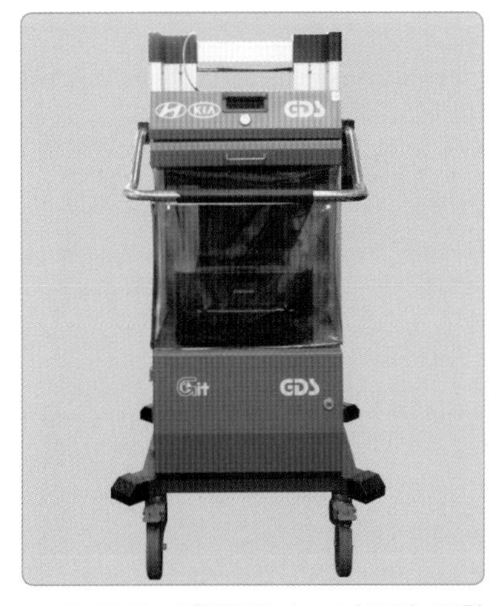

GDS 차량 종합진단기 : 자동차 종합 진단장비로, 전자 제어 엔진, 전기 전자 시스템 및 ECU 제어와 통신으로 자기 진단과 고장을 진단한다.

CRDI 인젝터 테스터기 : 커먼레일 인젝터를 분사압력 및 분사상태, 후적을 점검할 수 있는 장비로, 스트로크를 통한 분사량을 점검한다.

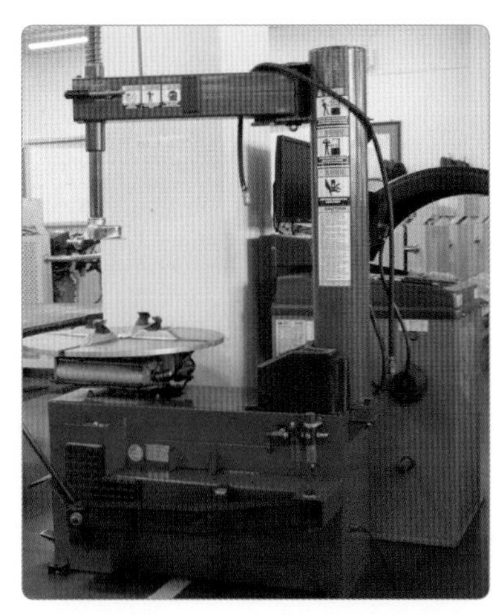

타이어 탈착기 : 타이어 펑크 및 교체 작업에 필요한 장비로 공기 압력을 사용한다.

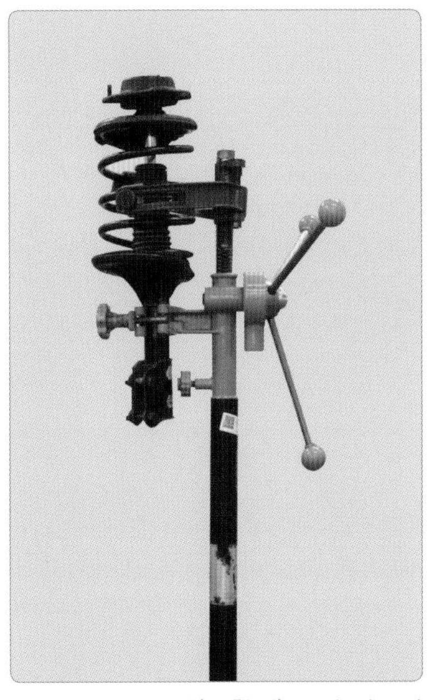

속업소버 탈착기(교환기) : 쇽업소버를 탈착하는 장비로, 쇽업소버 스프링을 압축하기 위한 장비이다.

자동 변속기 오일 교환기 : 폐유를 돌려 회수하고 신유를 공급하여 효율적인 정비 작업을 할 수 있다.

타이어 휠 밸런스 : 자동차 휠의 불균형으로 인한 휠의 흔들림을 방지하기 위하여 휠의 균형을 조정하는 장비이다.

브레이크 오일 교환기 : 브레이크 액 교환 시 사용하는 장비로, 모터 압력을 이용하여 브레이크 회로 내 브레이크 액을 순환시켜 교환한다.

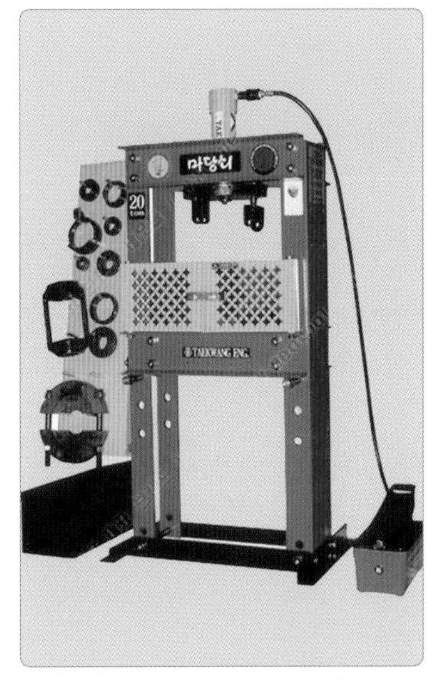

유압 프레스(hydraulic press) : 허브 베어링, 부싱, 축 탈거 및 설치, 너클 베어링 및 스프링 교환 등 유압으로 압축하여 작업하기 위한 장비이다.

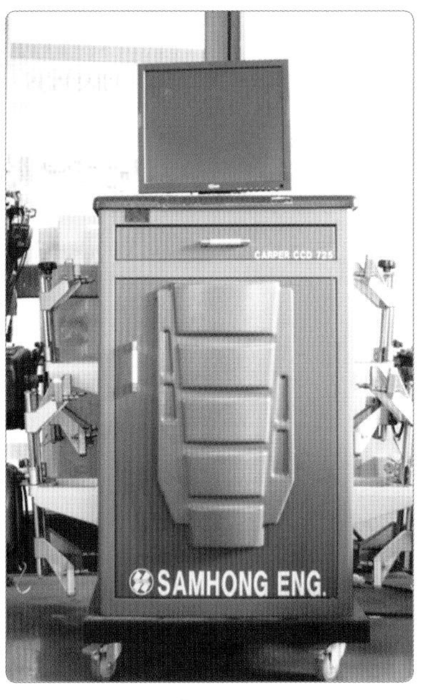

휠 얼라인먼트 측정기 : 조향장치 바퀴와 관련된 얼라인먼트를 점검 조정하며, 주행 시 바퀴 진동과 편마모, 안정적인 주행을 위한 장비이다.

part 1 엔진

1. 엔진 분해 조립
2. 엔진 본체 정비
3. 타이밍 벨트 점검
4. 윤활장치 점검
5. 냉각장치 점검
6. 엔진 고장 진단 점검
7. 가솔린 전자 제어장치 정비 일반
8. 전자 제어 엔진 파형 점검 분석
9. 배기가스 점검
10. LPG 엔진 점검
11. 디젤 엔진 점검

1 엔진 분해 조립

실습목표 (수행준거)	
	1. 엔진의 소음 · 진동, 작동 상태를 점검하고 분석하여 고장 진단 능력을 배양할 수 있다. 2. 엔진 본체 분해 조립 기능을 습득하여 엔진 분해 정비 능력을 향상시킬 수 있다. 3. 작업 공정에 맞는 장비와 공구를 효율적으로 적용하여 작업 시간을 단축할 수 있다. 4. 능률적인 측정기 사용으로 측정부위 판정 시 신뢰성을 향상시킬 수 있다.

1 관련 지식

1 엔진 분해 정비 시기

엔진 분해 정비 시기는 다음과 같다.

① 압축 압력(kgf/cm^2)이 규정 압축 압력의 70% 이하일 경우

② 연료 소비율(km/l)이 표준 소비율의 60% 이상일 경우

③ 윤활유(오일) 소비율(km/l)이 표준 소비율의 50% 이상일 경우

④ 엔진 작동 중에 베어링 소리가 발생하거나 엔진 출력이 심각하게 저하되어 내부적인 결함이 발생되었다고 판단될 경우

2 엔진의 구성

엔진은 많은 부품이 조합된 복잡한 기계이지만 엔진을 크게 나눠보면 3단계로 구분할 수 있다. 엔진의 가장 아랫부분에는 크랭크축이 들어 있는 크랭크 케이스와 오일 팬, 가운데는 피스톤이 왕복하는 실린더를 일체로 모은 실린더 블록, 윗부분에는 실린더 헤드가 조립된다.

3 엔진 분해 조립 시 주의 사항

① 엔진 분해 조립 시 토크 렌치를 사용하여 규정 토크로 조립한다.

② 기계적인 마찰 부위(피스톤 및 실린더, 크랭크축과 베어링, 캠축과 베어링 등)에는 윤활유를 미리 도포한다.

③ 피스톤 조립이 끝나면 피스톤 ❶, ❹번은 상사점 위치로 맞춘다(1번 초기 점화).

④ 크랭크축 타이밍 마크와 캠축 타이밍 마크는 정확하게 확인한 후 조립한다.

⑤ 여러 개의 볼트를 조이는 부품은 조일 때는 안에서 밖으로 대각선 방향으로 조이고, 분해할 때는 밖에서 안으로 대각선 방향으로 분해한다(예 실린더 헤드 볼트, 크랭크축 메인 저널 캡 볼트).

⑥ 일반 공구는 작업 상태에 맞게 적절한 공구로 교체하여 작업의 효율성을 높인다.

2 가솔린 엔진 분해 조립

1 엔진 분해

1. 팬벨트 장력을 이완시킨다.

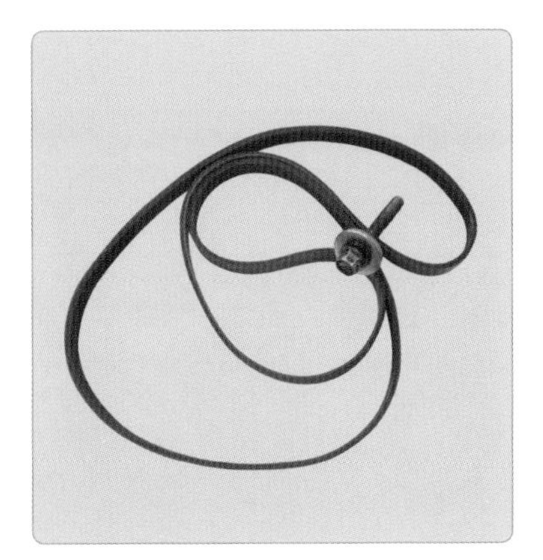

2. 팬벨트를 탈거한다.
(회전방향→표시)

3. 전기장치(발전기, 기동 전동기, 고압케이블, 점화 코일, 에어컨 컴프레서)를 탈거한다.

4. 크랭크축 풀리를 탈거한다.

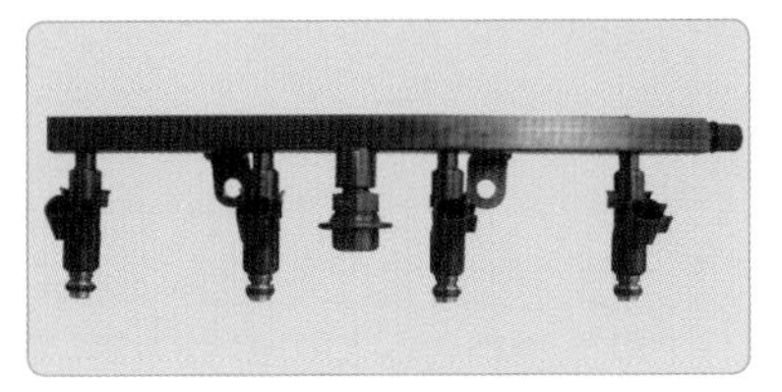

5. 연료 인젝터를 탈거한다.

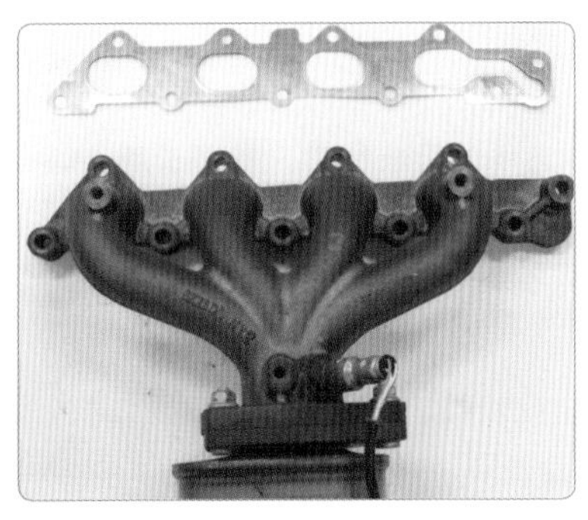

6. 배기 다기관을 탈거한다.

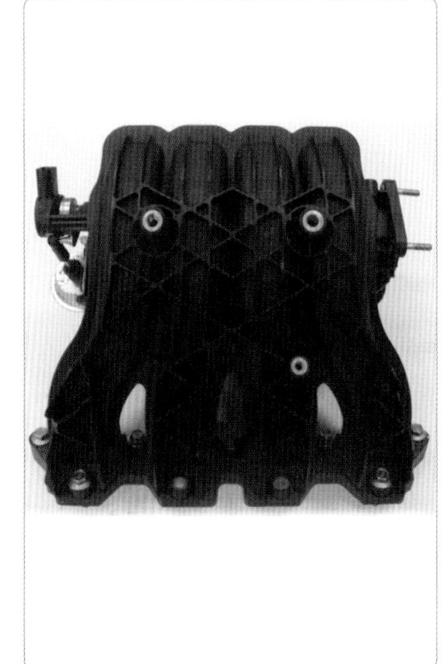

7. 흡기 다기관을 탈거한다.

8. 엔진 본체를 정렬한다.

9. 실린더 헤드 커버를 탈거한다.

10. 타이밍 커버를 탈거한다(상, 하).

11. 타이밍 벨트를 탈거하기 전에 크랭크축 및 캠축 스프로킷 타이밍 마크를 확인한다.

12. 크랭크축을 돌려서 캠축 스프로킷과 크랭크축 타이밍 마크를 세팅한다.

13. 물 펌프 고정 볼트를 풀고 시계 방향으로 돌려 타이밍 벨트 장력을 이완시킨다.

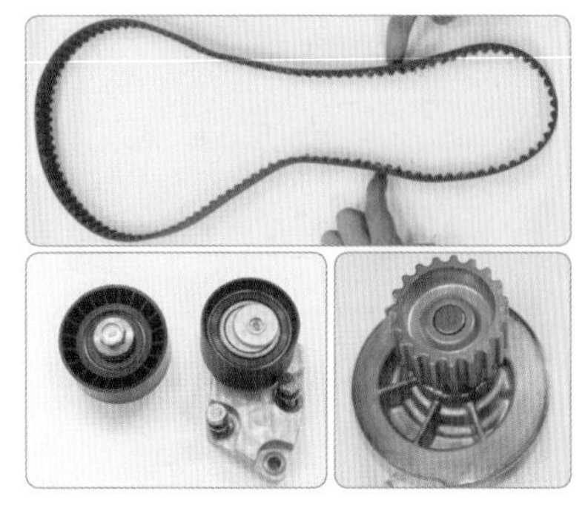

14. 타이밍 벨트 및 텐셔너, 물 펌프를 탈거한다.

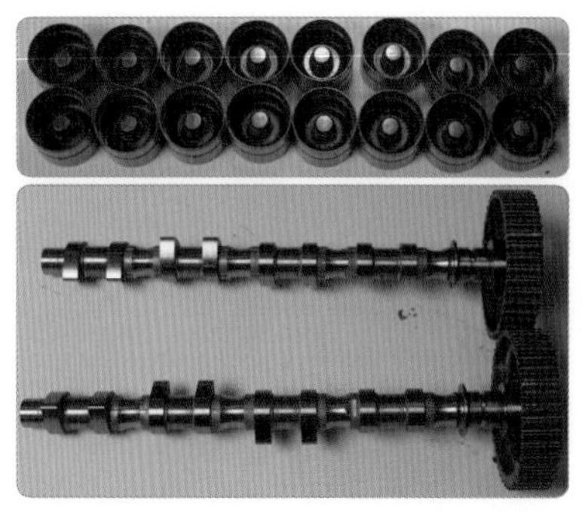

15. 캠축 기어 및 리프터(유압 태핏)를 탈거한다.

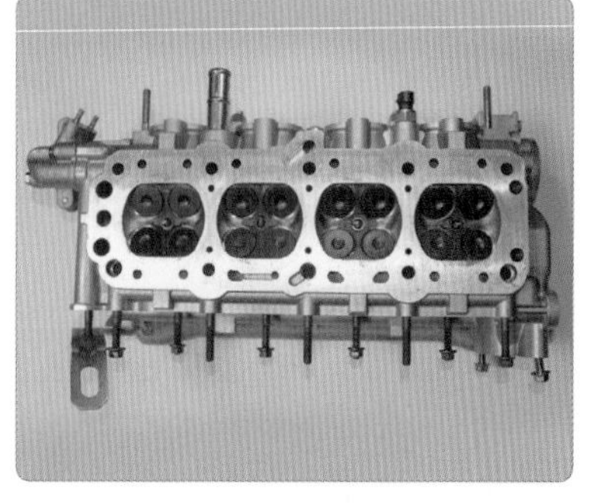

16. 실린더 헤드를 탈거한다(헤드 볼트를 밖에서 안으로 분해한다).

17. 오일팬을 탈거하기 위해 엔진을 180° 회전시킨다.

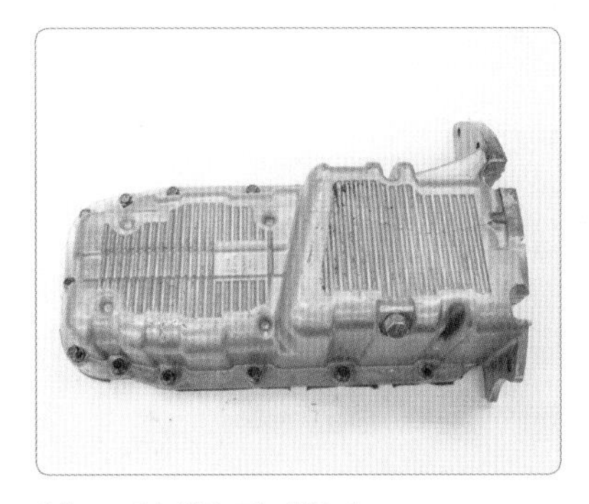

18. 오일팬을 탈거한다.

19. 오일 펌프, 오일 필터, 스트레이너를 탈거한다.

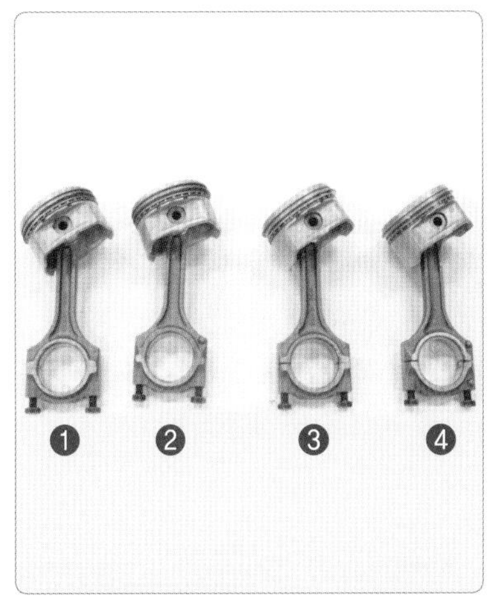

20. 실린더별 피스톤을 탈거한다. (❶-❹-❸-❷)

21. 크랭크축을 탈거한다(크랭크축 및 크랭크축 메인 저널 캡을 정리한다).

22. 크랭크축을 탈거한 후 엔진 부품을 정렬한다.

엔진 번호

G	4	F	D	A	000001
사용연료 (가솔린)	실린더 수 (4사이클 4실린더)	엔진 개발 순서	배기량 (1591 CC)	제작연도 (2010)	생산 일련 번호

2 엔진 조립

1. 실린더 블록 메인 저널 캡 베어링을 깨끗이 닦는다.

2. 크랭크축을 블록에 정위치하고 메인 저널 캡을 규정 토크로 조립한다(4.5~5.5 kgf-m).

3. 피스톤을 조립한 후(❶-❹, ❸-❷) ❶, ❹번 피스톤이 상사점에 오도록 한다.

4. 오일 펌프 및 오일 스트레이너를 조립한다.

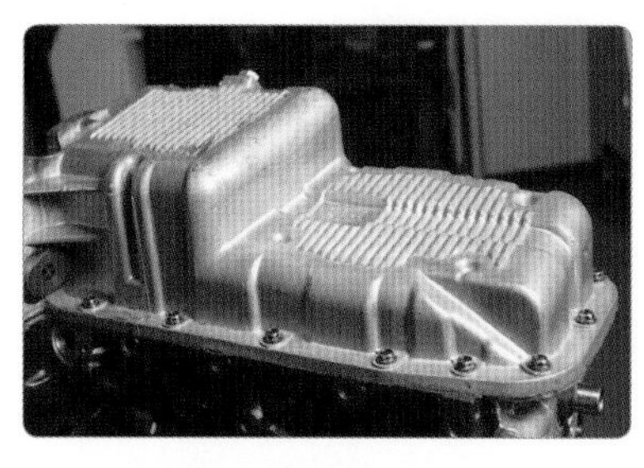

5. 오일팬을 조립한다.

6. 물 펌프를 조립한다.

7. 엔진을 바로 정렬하고 헤드 개스킷을 조립한다.

8. 실린더 헤드를 블록 위에 설치하고 헤드 볼트를 규정 토크로 조립한다(7.5~9.5kgf-m).

9. 캠축(흡기, 배기)을 헤드에 설치하고 조립한다.

10. 캠축 스프로킷의 타이밍 마크를 맞춘다.

11. 크랭크축 스프로킷의 타이밍 마크를 맞춘다.

12. 타이밍 벨트의 크랭크축과 캠축 스프로킷을 조립하고 타이밍 벨트 장력을 조정한다.

13. 엔진 고정 마운틴을 조립하고 타이밍 커버를 조립한 후 발전기 컴프레서를 조립한다.

14. 앞 원 벨트(팬 벨트, 에어컨 벨트, 파워 스티어링 오일 펌프)를 조립하고 장력을 조정한다.

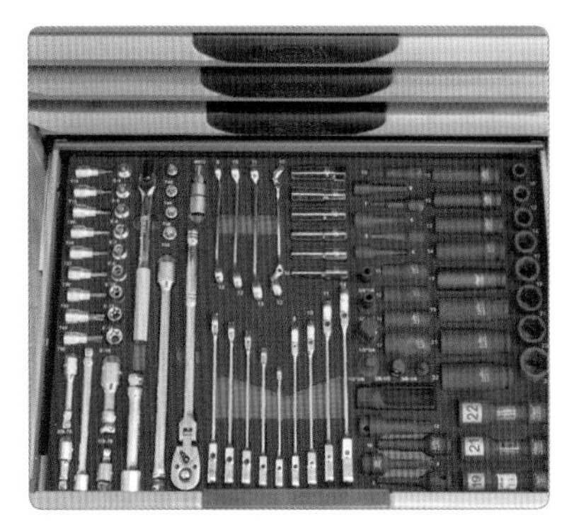

15. 일반 공구 툴 박스를 정리한다.

3 디젤 엔진 분해 조립

1 엔진 분해

1. 크랭크축 풀리 마크와 원 벨트 정렬 상태를 확인한다.

2. 원 벨트 장력을 이완시킨다. (회전방향 → 표시)

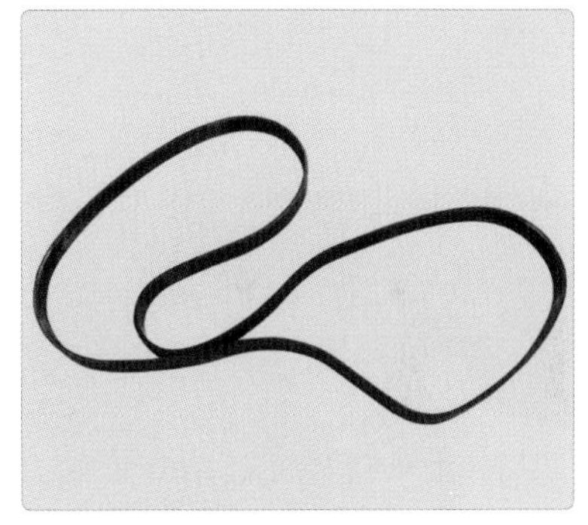

3. 원 벨트를 탈거한다.

4. 전기장치(발전기, 기동 전동기, 에어컨 컴프레서)를 탈거하고 텐셔너를 탈거한다.

5. ETC(전자 제어 스로틀 보디), 진공 탱크, 터보차저, EGR 파이프, EGR 솔레노이드, B 오일 필터, 오일 레벨 게이지를 분해한다.

6. 연료 고압 펌프와 진공 펌프를 탈거한다.

(1) 고압 펌프

(2) 진공 펌프

7. 배기 매니폴더를 확인한다.

8. 배기 매니폴더를 탈거한다.

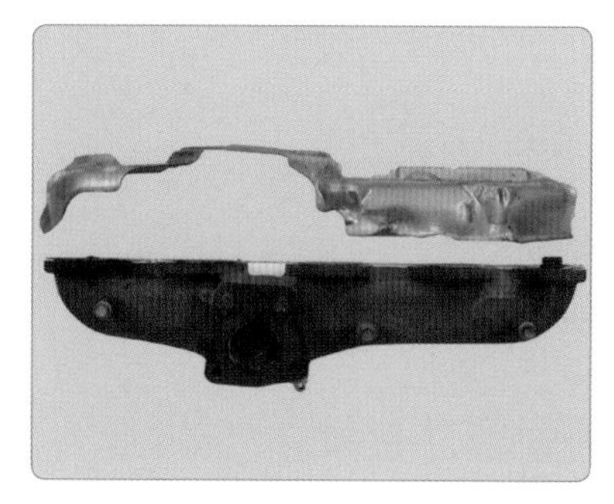

9. 히트 프로텍터와 배기 매니폴더를 정렬한다.

10. 인터쿨러 고정 볼트를 분해한다.

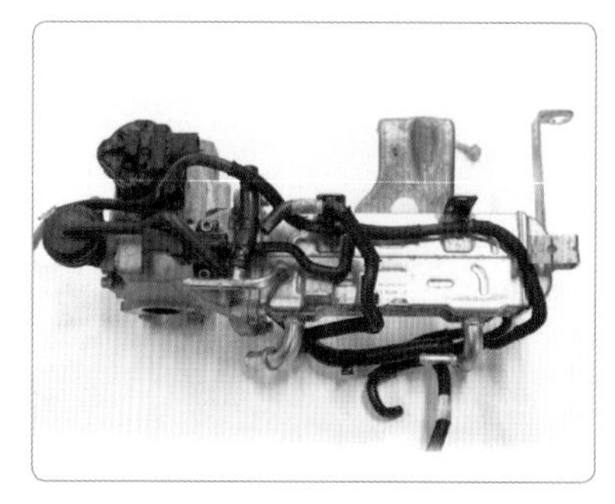

11. 인터쿨러를 정렬한다.

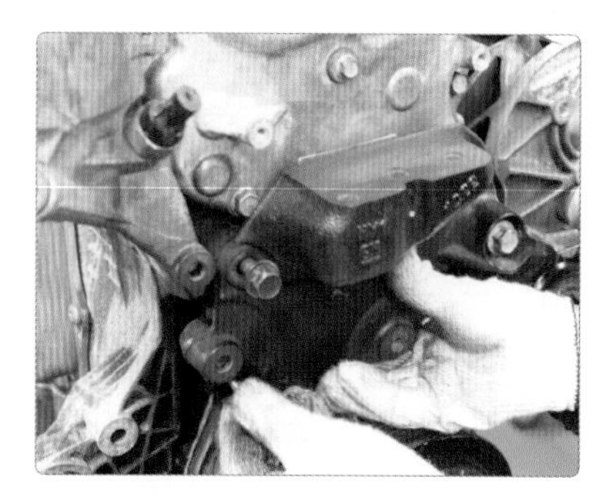

12. 엔진 마운트를 분해한다.

13. 분해된 엔진 마운트를 정렬한다.

14. 물 펌프와 서모스탯을 분해한다.

15. 흡기 매니폴드와 가변 흡기 제어 밸브를 분해한다.

16. 흡기 매니폴더와 가변 흡기 제어 밸브를 정렬한다.

17. 물 펌프와 서모스탯을 분해한다.

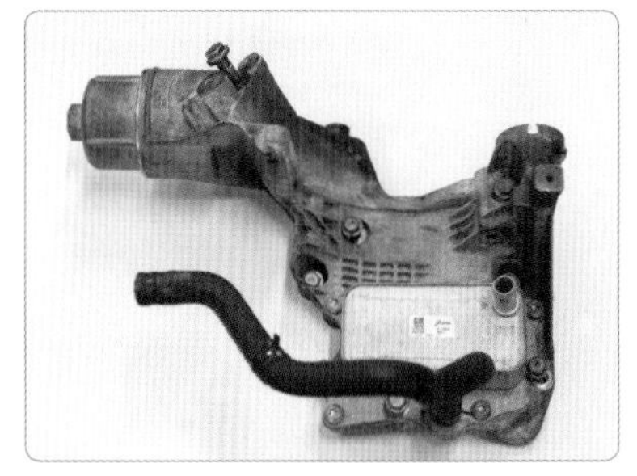

18. 분해된 오일쿨러를 정렬한다.

19. 인젝터와 커먼레일의 공급 파이프를 분리한다.

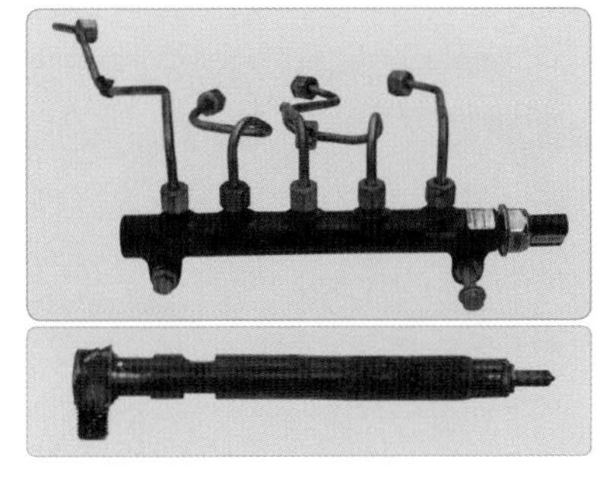

20. 커먼레일과 공급 파이프를 정렬하고 연료 인젝터를 분해하여 정렬한다.

21. PCV 밸브를 분해한다.

22. 실린더 헤드 커버(캠샤프트 커버)를 분해한다.

23. 노크 센서를 탈거한다.

24. 캠축 위치 센서를 탈거한다.

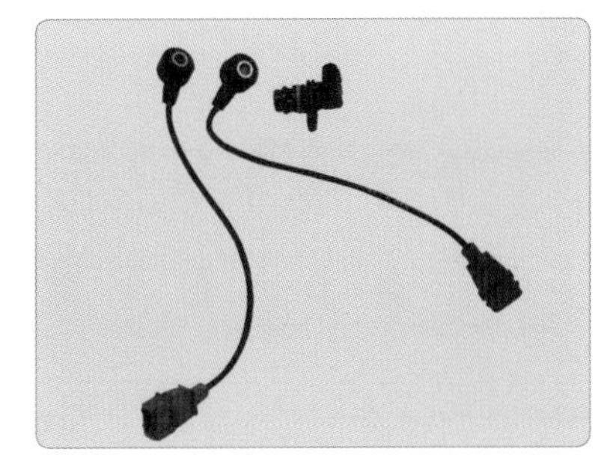

25. 노크 센서와 캠축 위치 센서를 정렬한다.

26. 크랭크축 풀리 고정 볼트를 분해한다.

27. 타이밍 체인 커버를 분해한다.

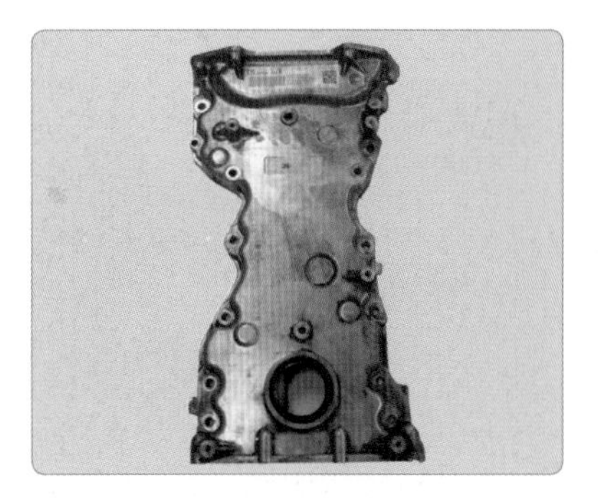

28. 타이밍 체인 커버를 정렬한다.

29. 크랭크축 체인 스프로킷 타이밍 마크를 맞춘다.

30. 캠축 흡배기 스프로킷 타이밍 마크를 확인한다.

31. 크랭크축을 회전시켜 타이밍 마크와 흡배기 캠축 스프로킷 타이밍 마크를 확인한다.

32. 배기 캠축 스프로킷 홀에 고정 볼트를 삽입한 후 텐셔너와 체인 가이드를 탈거한다.

34. 캠축 베어링 캡과 캠축 스러스트 베어링 캡을 분해한다.

33. 캠축 스프로킷과 체인을 정렬한다.

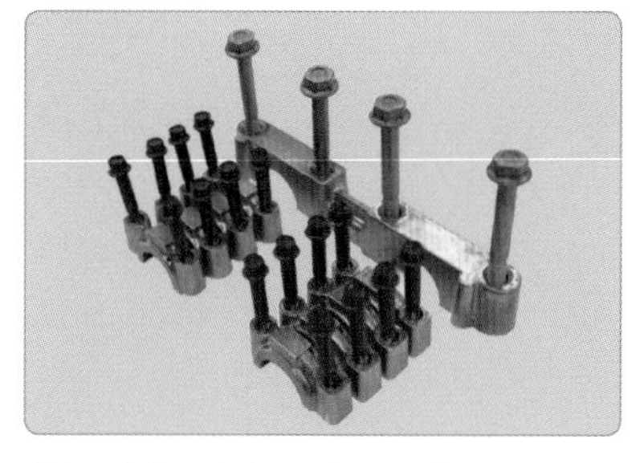

35. 캠축 베어링 캡과 캠축 스러스트 베어링 캡을 정렬한다.

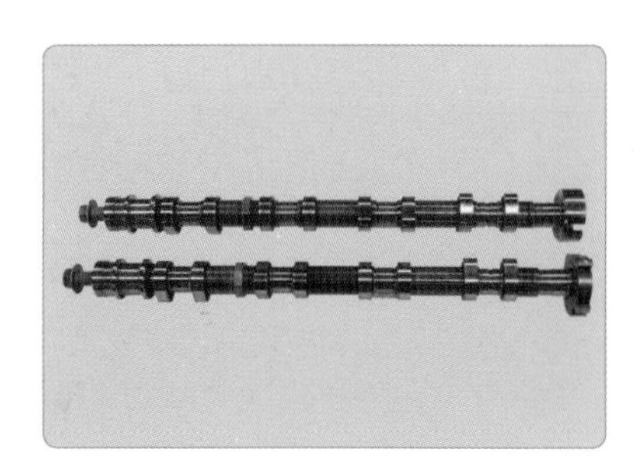

36. 흡배기 캠축을 정렬한다.

37. 실린더 헤드에서 밸브 리프터(유압식 밸브 간극 조정기)를 분해한다.

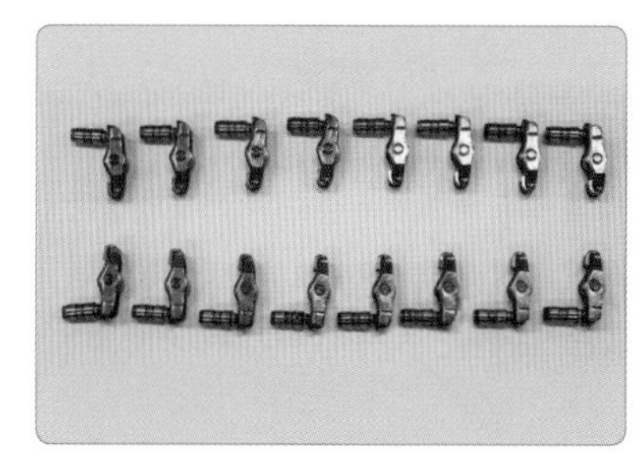

38. 밸브 리프터(유압식 밸브 간극 조정기)를 정렬한다.

39. 실린더 헤드 볼트를 분해한다.

40. 실린더 헤드를 탈거한다.

41. 실린더 헤드 개스킷을 탈거한다.

42. 엔진을 180° 회전하여 오일팬을 탈거한다.

43. 오일팬을 정렬한다.

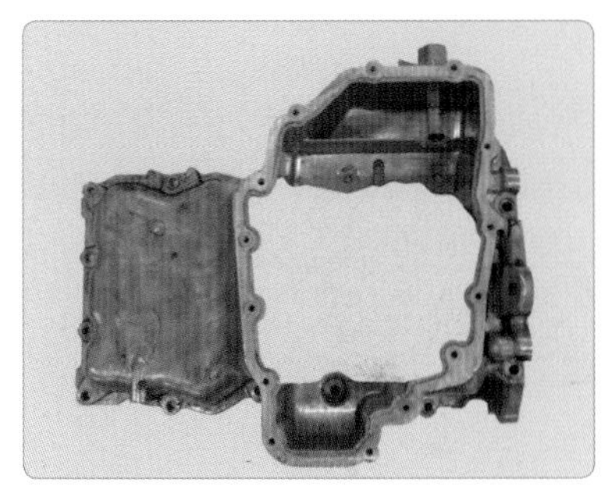

44. 하부 크랭크케이스를 제거한다.

45. 오일 펌프 홀더 고정 볼트를 분해한다.

46. 오일 펌프 홀더를 정렬한다.

47. 상부 크랭크케이스를 분해한다.

48. 상부 크랭크케이스를 정렬한다.

49. 피스톤을 분해한다. (❶-❹, ❸-❷)

50. 분해된 실린더를 정렬한다. (❶-❷-❸-❹)

51. 플라이휠을 분해한다.

52. 크랭크축 리어실을 분해한다.

53. 크랭크축 리어실을 정렬한다.

54. 크랭크축 스러스트 베어링과 메인 저널 베어링을 정렬한다.

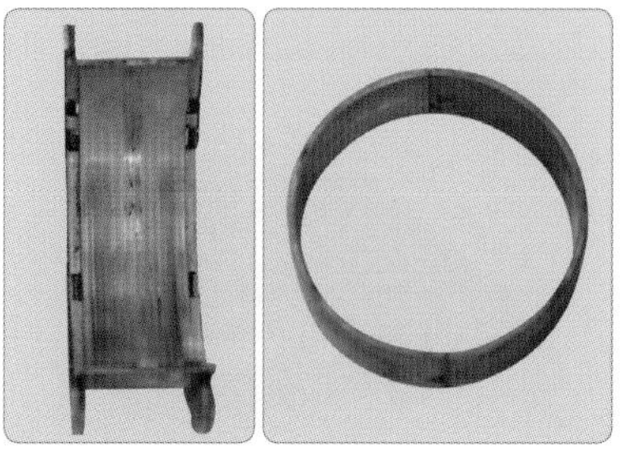

55. 크랭크축 메인 저널 캡을 분해하고 크랭크축을 정렬한다.

56. 실린더 블록을 정렬한다.

2 엔진 조립

1. 실린더 블록에 크랭크축을 조립한다(베어링 윤활유 도포).

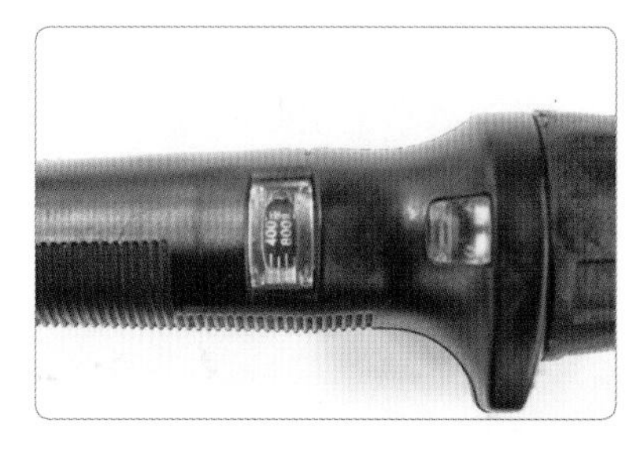

2. 토크 렌치를 규정 토크로 설정한다(4.5~5.5 kgf-m).

3. 크랭크축 메인 저널 캡을 규정 토크로 조립한다(안에서 밖으로 회전 방향으로 조인다).

4. 크랭크축 리어실을 분해한다.

5. 플라이휠을 조립한다.

6. 피스톤을 조립한다.
(❶-❹, ❸-❷)

7. ❶-❹번 피스톤을 상사점 위치로 마무리하고, 크랭크축 타이밍 마크를 확인한다.

8. 상부 크랭크케이스를 조립한다.

9. 오일 펌프 홀더를 조립한다.

10. 하부 크랭크케이스 및 오일팬을 조립한다.

11. 실린더 헤드 개스킷을 새 것으로 조립한다.

12. 실린더 헤드를 조립한다(규정 토크 8.5~11.5 kgf-m).

13. 밸브 리프트(유압식 밸브 간극 조정기)를 조립한다.

14. 캠축을 조립한다(마찰 부위 윤활유 도포).

15. 캠축 스프로킷을 조립한다.

16. 크랭크축 타이밍 마크를 확인한다.

17. 체인 가이드를 가조립한다.

18. 캠축 스프로킷 타이밍 마크를 확인하고 가이드를 조립한다.

19. 크랭크축 풀리 볼트를 조립하고 크랭크축을 회전시켜 회전(조립) 상태를 확인한다.

20. 타이밍 체인 커버를 조립한다.

21. 크랭크축 풀리를 조립한다.

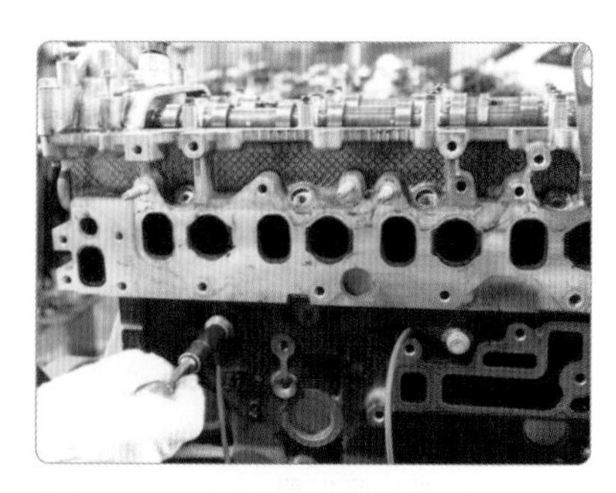

22. 노크 센서를 조립한다.

23. PCV 밸브를 조립한다.

24. 연료 인젝터와 커먼레일 공급 파이프를 조립한다.

25. 오일 쿨러를 조립한다.

26. 흡기 매니폴더와 가변 흡기 제어 밸브를 조립한다.

27. 물 펌프와 서모스탯을 조립한다.

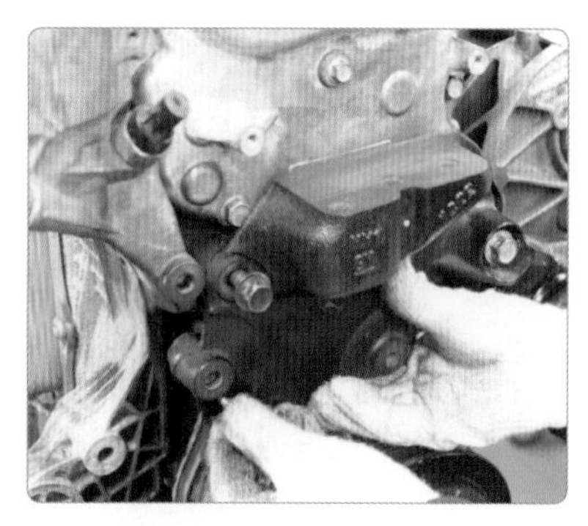

28. 엔진 마운트를 조립한다.

29. 인터쿨러를 조립한다.

30. 배기 매니폴드를 조립한다.

31. 터보 차저를 조립한다.

32. 오일 필터와 오일 레벨 게이지를 조립한다.

33. 흡배기 캠축에 연료 고압 펌프와 진공 펌프 체결 위치를 확인한다.

34. 고압 펌프와 진공 펌프를 조립한다.

35. 크랭크각 센서 배선 고정 브래킷을 조립한다.

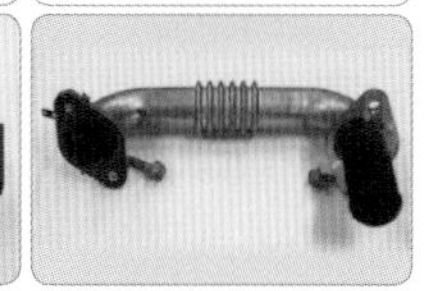

36. ETC(전자 제어 스로틀 보디), 진공 탱크, EGR 솔레노이드, EGR 파이프를 조립한다.

37. EGR 솔레노이드 연결 호스를 조립한다.

38. 진공 호스 및 오일 쿨러 파이프를 조립한다.

39. 전기장치(발전기, 기동 전동기, 에어컨 컴프레서)를 조립하고 텐셔너를 조립한다.

40. 팬벨트를 조립한다.

41. 팬벨트 장력을 조정하고 엔진을 정렬한다.

2 엔진 본체 정비

실습목표 (수행준거)	1. 엔진 본체의 구조와 작동 상태를 이해하여 고장 진단 능력을 배양할 수 있다. 2. 진단장비를 활용하여 고장 요소를 점검하고 정비할 수 있다. 3. 제조사별 엔진 종류에 따른 특성을 이해하고 고장을 진단할 수 있다. 4. 엔진 본체 장치의 점검 시 안전 작업 절차에 따라 점검 · 진단할 수 있다. 5. 차종별 정비 지침서에 따라 엔진 본체의 세부 점검 목록을 확인하여 진단 절차에 의한 정비를 수행할 수 있다.

1 관련 지식

1 실린더 헤드

실린더 헤드의 구조는 엔진에 따라 다르지만 윗부분에는 밸브 구동 시스템이 있고, 엔진 특성에 따라 좌(우)로는 혼합기가 연소실에 들어가는 흡기 포트와 연소된 배기가스를 배출하는 배기 포트가 있으며, 그리고 냉각수 통로인 물 재킷으로 구성되어 있다. 실린더 헤드와 실린더 블록 사이에 헤드 개스킷이 설치 결합되면서 실린더 헤드에 연소실을 형성하게 된다. 실린더 헤드 윗부분에 밸브 구동 시스템이 장착되며 중앙에 점화 플러그가 설치되는데, 이 부분의 형상과 작동 상태에 따라 엔진 성능에 차이가 있다.

실린더 헤드(연소실, 밸브, 스파크 플러그)

실린더 헤드(캠축)

2 실린더 헤드의 고장 원인

① 실린더 헤드 개스킷의 소손
② 엔진 온도 상승에 의한 과열 손상
③ 냉각수의 동결로 인한 균열
④ 실린더 헤드 볼트의 조임 불균형

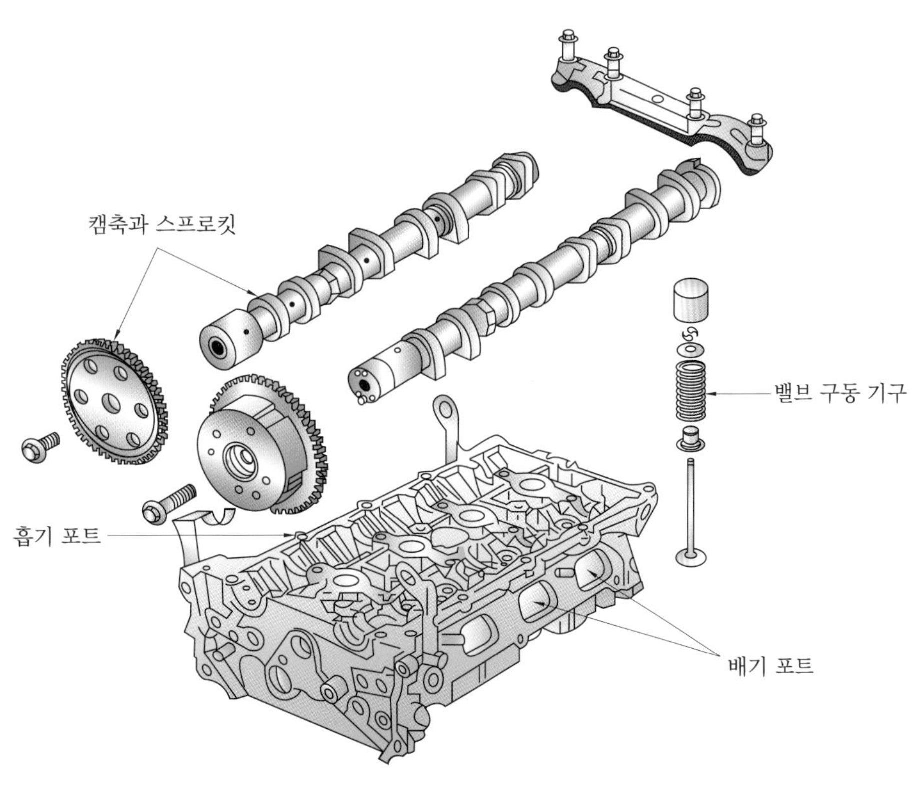

실린더 헤드와 밸브 개폐 기구

3 실린더 헤드 점검

(1) 실린더 헤드 변형도 측정

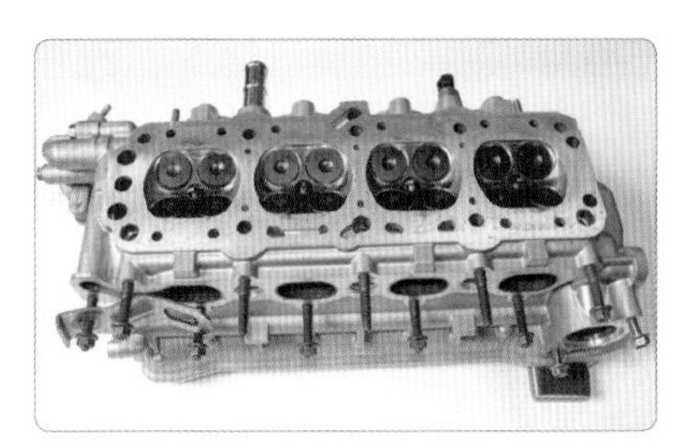

1. 실린더 헤드 개스킷 접촉면을 깨끗이 닦는다.

2. 실린더 헤드면 위에 평면 게이지(자)를 대각선 방향으로 설치한다.

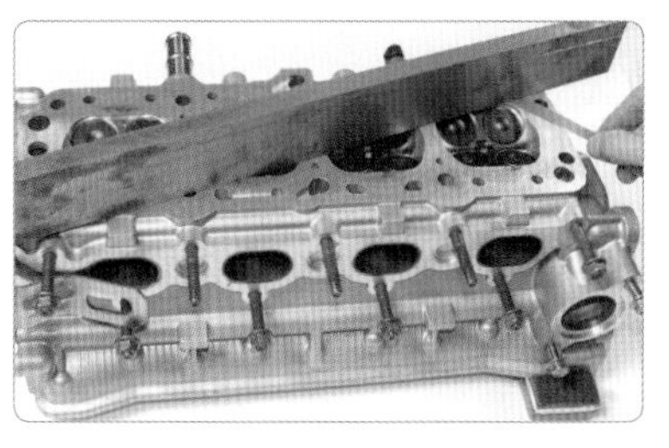

3. 실린더 헤드면을 측정(냉각수, 오일 통로 볼트 홀을 피하여)하여 틈새 간극이 최대가 되는 곳이 측정값이다.

4. 측정값은 0.02 mm이다.

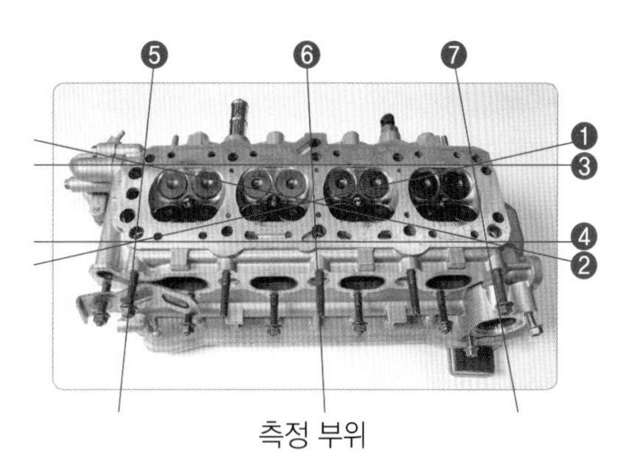

측정 부위

(2) 정비(조치) 사항

실린더 헤드 변형이 경미한 경우 실린더 헤드 개스킷을 교환하여 수정하며 수정한계 이상으로 정비가 필요한 경우 평면 연삭기를 사용하여 절삭한다(차령이나 부품 가격을 고려할 때 마모가 심한 경우 실린더 헤드를 교환한다).

● 측정(점검) : 측정한 실린더 헤드 변형도 값이 0.02 mm인 경우 수정한계 이내이므로 실린더 헤드 분해 조립 시 실린더 헤드 개스킷을 교환하고 조립한다.

<table>
<tr><th colspan="8">차종별 실린더 헤드 변형도(mm) 기준값</th></tr>
<tr><th colspan="2">차 종</th><th>규정값</th><th>한계값</th><th colspan="2">차 종</th><th>규정값</th><th>한계값</th></tr>
<tr><td rowspan="2">아반떼</td><td>1.5 DOHC</td><td>0.05 이하</td><td>0.1</td><td rowspan="2">쏘나타
Ⅱ, Ⅲ</td><td>1.8 DOHC</td><td>0.05 이하</td><td>0.2</td></tr>
<tr><td>1.8 DOHC</td><td>0.05 이하</td><td>0.1</td><td>2.0 DOHC</td><td>0.05 이하</td><td>0.2</td></tr>
<tr><td rowspan="2">아반떼 XD</td><td>1.5 DOHC</td><td>0.03 이하</td><td>0.1</td><td rowspan="2">그랜저 XG</td><td>2.0/2.5 DOHC</td><td>0.03 이하</td><td>0.2</td></tr>
<tr><td>2.0 DOHC</td><td>0.03 이하</td><td>0.1</td><td>3.0 DOHC</td><td>0.05 이하</td><td>0.2</td></tr>
<tr><td rowspan="2">옵티마 리갈</td><td>2.0 DOHC</td><td>0.03 이하</td><td>–</td><td rowspan="2">카렌스</td><td>2.0 LPG</td><td>0.03 이하</td><td>–</td></tr>
<tr><td>2.5 DOHC</td><td>0.03 이하</td><td>–</td><td>2.0 CRDI</td><td>0.03 이하</td><td>–</td></tr>
<tr><td rowspan="2">싼타페</td><td>2.0 DOHC</td><td>0.03 이하</td><td>0.2</td><td rowspan="2">토스카</td><td>2.0 DOHC</td><td>0.05 이하</td><td>–</td></tr>
<tr><td>2.7 DOHC</td><td>0.03 이하</td><td>0.05</td><td>2.5 DOHC</td><td>0.05 이하</td><td>–</td></tr>
</table>

2 캠축 점검

1 캠축

(1) 캠축(cam shaft)

엔진의 행정 작동 중 밸브를 단속하기 위해 엔진 밸브 수와 같은 수의 캠이 배열되어 있는 축으로, 재질은 특수 주철 및 크롬강, 저탄소강으로 제작되며 캠 표면을 경화시켜 제작한다.

① SOHC(single over head cam shaft) : 1개의 캠축으로 흡배기 밸브(흡기 밸브, 배기 밸브)를 작동시킨다.

② DOHC(double over head cam shaft) : 흡기캠과 배기캠 2개의 캠축으로 각각 흡기와 배기 밸브를 작동시킨다(16밸브).

㈎ 흡입 효율 향상

㈏ 허용 최고 회전수 향상

㈐ 높은 연소 효율

㈑ 구조가 복잡하고 생산단가가 고가이다.

캠 측정

캠축 기어 흡배기 캠 타이밍 마크

(2) 캠의 구성

① 기초원(base circle) : 캠축의 기초가 되는 원

② 노즈(nose) : 밸브가 완전히 열리는 점

③ 양정(lift) : 기초원과 노즈와의 거리

④ 플랭크(flank) : 밸브 리프터가 접촉, 구동되는 옆면

⑤ 로브(lobe) : 밸브가 열려서 닫힐 때까지의 거리

※ 양정(lift) = 캠 높이 − 기초원

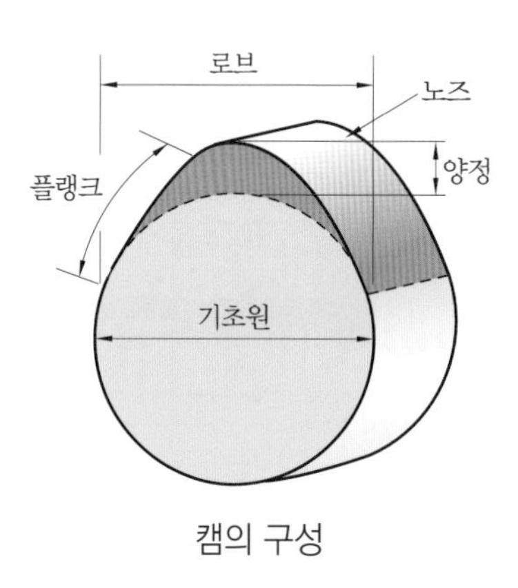

캠의 구성

2 고장 진단 및 원인 분석

캠축의 휨은 엔진 작동 시 발생되는 충격과 자동차 운행의 급가속 및 급감속 등에 의해 내구연한이 오래된 자동차에서 발생한다. 특히 캠의 양정 마모(로브 및 노즈)는 엔진 출력이 저하되는 원인이 되며, 엔진 내부의 윤활 불량에 의해 마모가 발생한다.

3 캠축 점검

(1) 캠축 양정 점검

① 측정 방법

캠축 양정 측정

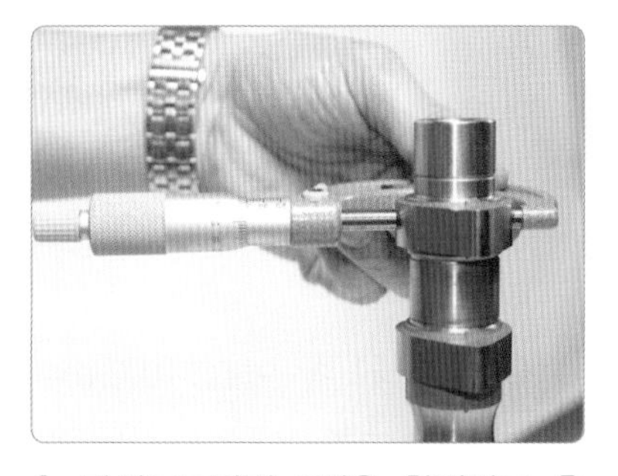

1. 마이크로미터 0점을 확인하고 측정한다.

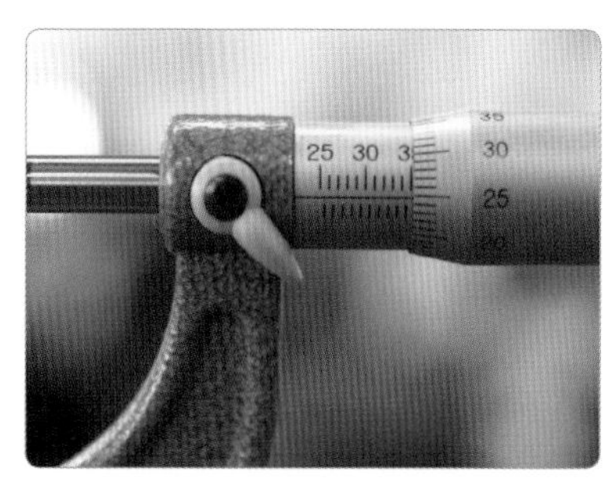

2. 마이크로미터에 측정된 눈금을 읽는다(측정값 35.25 mm).

② 수정 방법

● 측정(점검) : 캠의 높이 측정값 35.25 mm를 규정(한계)값 35.393~39.593 mm를 적용하여 판정한다. 측정값이 불량이므로 정비 및 조치할 사항으로 캠축을 교환한다.

캠 높이(양정) 규정값

차 종		규정값(mm)	한계값(mm)	차 종			규정값(mm)	한계값(mm)
EF 쏘나타	흡기	35.493±0.1	–	크레도스		흡기	37.9593	–
	배기	35.317±0.1	–			배기	37.9617	–
옵티마 2.0D	흡기	35.439	35.993	세피아		흡기	36.4514	36.251
	배기	35.317	34.817			배기	36.251	36.251
쏘나타	흡기	44.525	42.7484	토스카	2.0D	흡기	5.8106	–
	배기	44.525	43.3489			배기	5.3303	–
아반떼 1.5D	흡기	43.2484	42.7484		2.5D	흡기	5.931	–
	배기	43.8489	43.3489			배기	5.3303	–

(2) 캠축 휨 점검

① 측정 방법

캠축 휨 측정

1. 다이얼 게이지를 직각으로 설치하고 0점 조정 후 캠축을 1회전시킨다.

2. 1회전 측정된 값 0.06 mm의 1/2이 측정값이 된다(0.03 mm).

② 수정 방법

● 측정(점검) : 캠의 높이 측정값 0.03 mm를 규정(한계)값 0.02 mm 이하를 적용하여 판정한다. 측정값이 불량이므로 정비 및 조치할 사항으로 캠축을 교환한다.

3 실린더 블록 점검

1 실린더 블록

위쪽에는 실린더 헤드가 설치되고, 아래 중앙부에는 평면 베어링을 사이에 두고 크랭크축이 설치된다. 내부에는 피스톤 운동이 될 수 있는 실린더가 설치되어 있으며, 연소 및 마찰열 냉각을 위한 물 재킷이 실린더를 둘러싸고 있다. 실린더 블록의 재질은 특수 주철이나 알루미늄 합금을 사용한다.

(1) 실린더의 종류

① 일체식 : 실린더 블록과 같은 재질로 실린더를 일체로 제작한 형식(실린더 보링)

② 라이너식 : 실린더를 별도로 제작한 후 실린더 블록에 끼우는 형식(실린더 교체)

(2) 실린더 보링

① 실린더 보링 작업 : 실린더 벽이 마모되었을 때 마모량을 측정하여 오버사이즈 값을 구하고, 해당되는 피스톤을 선정하여 실린더를 절삭하는 작업이다(보링 후 다듬질 작업 호닝 실시).

② 실린더 보링값

보링 오버사이즈 규정				
실린더 내경	수정 한계값	오버사이즈 한계	차수 절삭	진원 절삭값
70 mm 이상	0.2 mm	1.50 mm(6차)	0.25 mm	0.2 mm
70 mm 이하	0.15 mm	1.25 mm(5차)		

③ 측정 : 실린더 내 상중하 6군데 측정(실린더 보어 게이지, 텔레스코핑 게이지, 내경 마이크로미터)
→ 신차 규정값 : 75.00 mm, 측정 최댓값 : 75.26 mm, 진원 절삭값 : 0.2 mm

피스톤 위치(❶, ❹번 상사점)

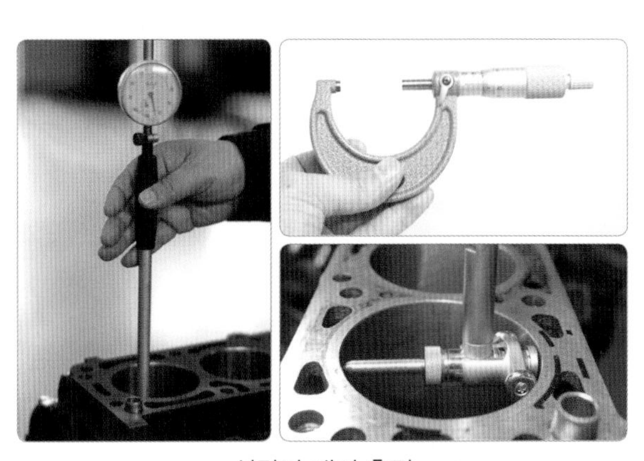
실린더 내경 측정

(3) 실린더 상사점 부근의 마멸 원인 : 실린더 윗부분(TDC)

엔진의 어떤 회전속도에서도 피스톤은 상사점에서 일단 정지한다. 피스톤 링의 정지 작용과 고온으로 인해 유막이 유지되지 않는 이유는 피스톤 상사점에서 폭발압력으로 피스톤 링이 실린더에 밀착되기 때문이다.

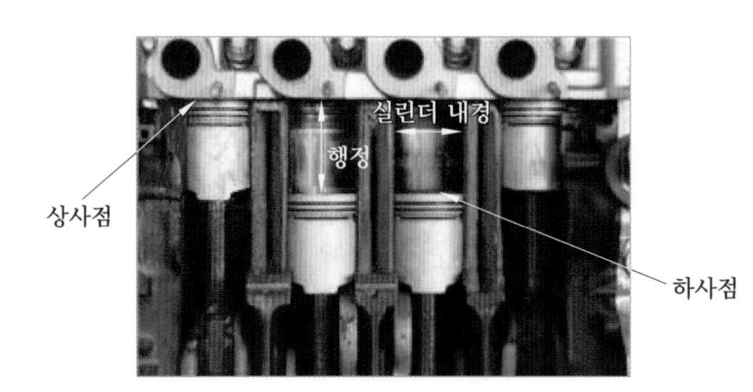

실린더별 피스톤 작동

2 실린더 마모량 점검

(1) 측정 방법

실린더 보어 게이지를 측정할 실린더에 넣고 실린더 내경 측정

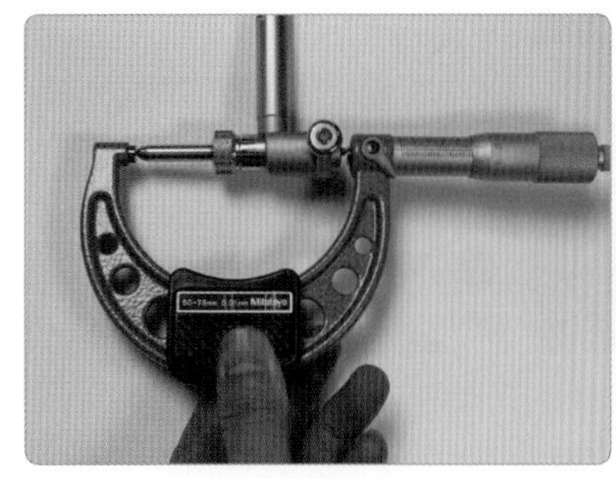

1. 마이크로미터로 실린더 보어 게이지 바의 길이를 측정한다(보어 게이지 눈금이 0에서 움직일 때 마이크로미터 눈금을 읽는다).

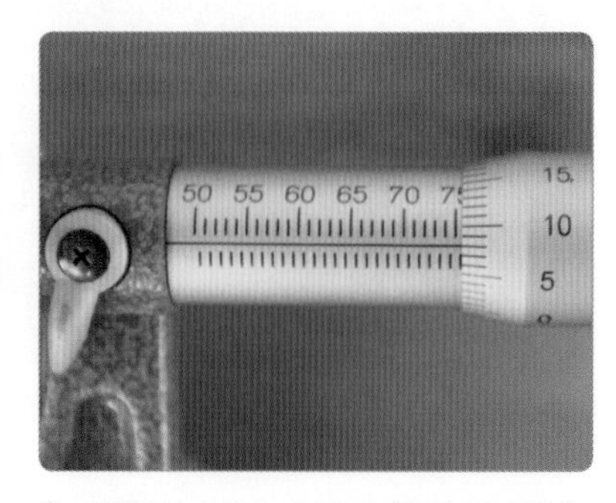

2. 실린더 보어 게이지 측정 바 길이 (75.58 mm)

실린더 상, 중, 하(3군데), 핀 저널 직각 방향으로 상, 중, 하(3군데)의 총 6군데를 측정한다.

3. 실린더 보어 게이지를 측정한다.

실린더 보어 게이지 바 길이 측정값 – 실린더 측정값
= 75.58 mm – 0.21 mm = 75.37 mm

실린더 마모량
= 측정값 – 실린더 기준값
= 75.37 mm – 75.00 mm = 0.37 mm

4. 실린더 보어 게이지 측정값(최대 측정값 0.21 mm)

(2) 정비(조치) 사항

① **측정(점검)** : 실린더 마모량 측정값 0.37 mm를 규정(한계)값(실린더 내경 : 75.5 mm, 마모량 : 0.20 mm 이하)을 적용하여 판정한다.

② **정비 및 조치할 사항** : 실린더 마모량이 0.37 mm로 보링값을 구한다.

75.37 mm(실린더 측정값) + 0.2(진원 절삭값) = 75.57 mm

실린더 O/S 값 : 0.25 mm, 0.50 mm, 0.75 mm, 1.00 mm, 1.25 mm, 1.50 mm

→ 실린더 보링은 3차 보링 후 O/S 피스톤으로 교체한다.

실린더 내경 규정값(한계값)

차 종		규정값 (내경×행정)	마모량 한계값	차 종		규정값 (내경×행정)	마모량 한계값
엑셀, 아반떼	1.5 DOHC	75.5×82.0	0.2 mm 이하	아반떼	1.5 DOHC	75.5×83.5	0.2 mm 이하
					1.8 DOHC	82.0×85.0	
쏘나타	1.8 SOHC	80.6×88.0		아반떼 XD	1.5 DOHC	75.5×83.5	
	1.8 DOHC	85.0×88.0			2.0 DOHC	82.0×93.5	
EF 쏘나타	2.0 DOHC	85.0×88.0		그랜저 XG	2.5 DOHC	84.0×75.0	
	2.5 DOHC	84.0×75.0			3.0 DOHC	91.1×76.0	
베르나	1.5 SOHC	75.5×83.5		라노스	1.3 SOHC	76.5×73.4	
					1.5 S/DOHC	76.5×81.5	

3 실린더 간극 측정

(1) 측정 방법

1. 실린더 보어 게이지를 측정 실린더에 넣고 실린더 내경을 측정한다.

2. 실린더 보어 게이지를 앞뒤로 움직여 실린더 내 최소부위를 측정한다.

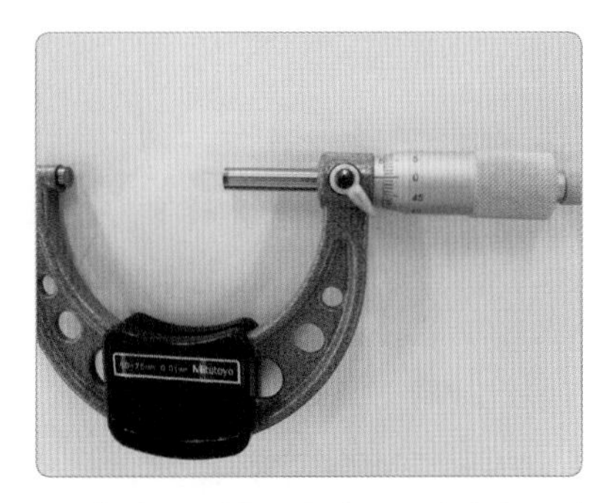

3. 측정 점검할 마이크로미터의 0점이 맞는지 확인한다.

4. 지시된 실린더 보어 게이지 위치(눈금)에 마이크로미터 스핀들을 맞추고 측정값을 확인한다.

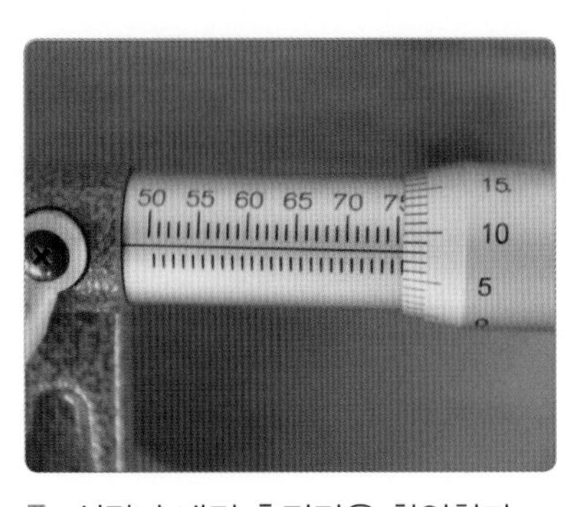

5. 실린더 내경 측정값을 확인한다. (75.58 mm)

6. 피스톤 스커트부 외경을 측정한다.

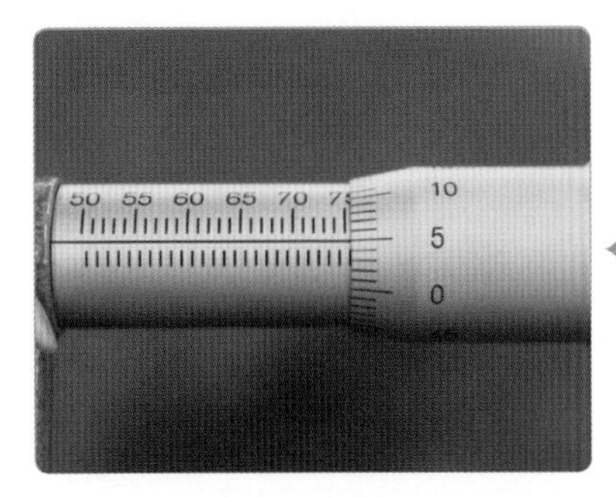

7. 피스톤 외경 측정값을 확인한다. (75.55 mm)

실린더 간극
= 실린더 내경(최소 측정값) – 피스톤 외경(최대 측정값)
= 75.58 mm – 75.55 mm
= 0.03 mm

(2) 판정 및 정비(조치) 방법

실린더 간극 측정값 0.03 mm를 규정(한계)값 0.02~0.03 mm(0.15 mm)를 적용하여 판정한다.

① **판정** : 측정값과 규정(한계)값을 비교하여 범위 내에 있으므로 양호에 표시한다.

② **정비 및 조치할 사항** : 판정이 양호이므로 정비 및 조치사항 없음을 기록한다.

실린더 간극(피스톤 간극) 규정값			
차 종	규정값	한계값	비 고
EF 쏘나타	0.02~0.03 mm	0.15 mm	측정값의 판정은 한계값을 기준으로 판정한다.
쏘나타 Ⅰ, Ⅱ, Ⅲ	0.01~0.03 mm	0.15 mm	
아반떼	0.025~0.045 mm	0.15 mm	
엑셀	0.02~0.04 mm	0.15 mm	

4 피스톤 점검

1 관련 지식

피스톤은 엔진이 폭발행정에서 순간적으로 연소가스가 팽창하면서 최대 30~40 kgf/cm²의 폭발력과 1300~1500 ℃의 온도를 발생시키며, 이는 커넥팅 로드를 거쳐 크랭크축에 회전력을 전달하는 역할을 한다.

또한 피스톤은 짧은 시간에 매우 큰 충격을 받아 실린더에 고속으로 작동하기 때문에 실린더 벽에 충격과 마찰이 발생한다.

피스톤의 윗부분은 피스톤 헤드, 피스톤 크라운으로 형성되어 있고, 실린더 헤드의 연소실을 형성하는 주요 부위가 된다.

한편 압축비를 높이기 위한 목적으로 피스톤 가운데가 솟아 있거나 흡·배기 밸브의 작동 균형이 맞지 않을 때 밸브가 피스톤에 부딪치는 것을 피할 수 있도록 홈을 형성시킨 피스톤도 있다.

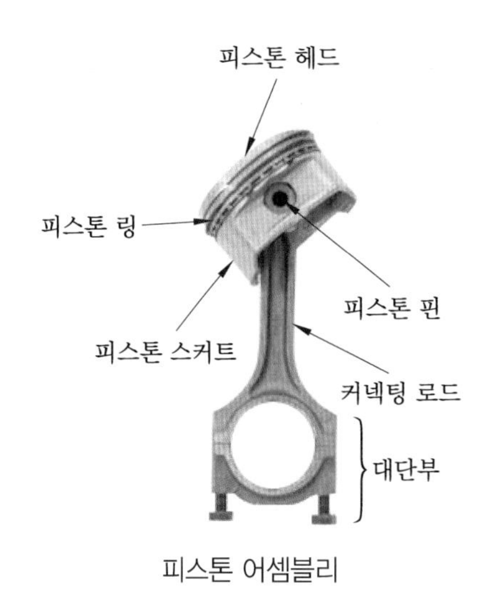

피스톤 어셈블리

2 고장 진단 및 원인 분석

피스톤 및 피스톤 링의 마모가 발생되는 원인은 피스톤 및 피스톤 링의 고착, 피스톤 헤드의 피칭 엔진 오일 부족, 엔진 이상 연소에 의한 실린더 내 급격한 압력 상승 등이 있다.

(1) 엔진 과열 시 손상 부위(기계적인 부분)

① 피스톤 및 피스톤 링의 고착
② 실린더의 긁힘
③ 실린더 헤드의 변형
④ 크랭크축 베어링의 손상
⑤ 커넥팅 로드의 손상

(2) 가솔린 엔진 노크 발생

① **마모되는 부품** : 실린더 헤드와 블록, 흡기 · 배기 밸브, 피스톤과 피스톤 링, 크랭크축과 저널 베어링, 점화 플러그

② **가솔린 엔진의 노크 발생 원인** : 점화 시기가 부정확할 때, 압축비가 너무 높을 때, 흡기 온도와 압력이 높을 때, 실린더나 피스톤의 과열

③ **가솔린 엔진 노크 방지책** : 점화 시기 지연, 옥탄가가 높은 연료 사용, 흡기 온도를 낮추거나 와류를 활성화, 열점이 발생되지 않도록 이상적인 연소 상태 유지

④ **노킹 제어 방법** : 실린더 블록에 노킹 센서를 장착하고 이 센서의 신호로 노킹 시 점화 시기를 조절하는 방법을 활용한다.

(3) 디젤 엔진 노킹 방지 방법

① 착화 지연을 짧게 한다.

② 압축비를 높인다.

③ 초기 분사량은 적게, 착화 후에는 많게 한다.

④ 세탄가가 높은 연료를 사용한다.

⑤ 공기에 와류를 형성시킨다.

3 피스톤 링 이음 간극 측정

1. 피스톤 링 이음 간극을 측정할 실린더를 확인하고 깨끗이 닦는다.

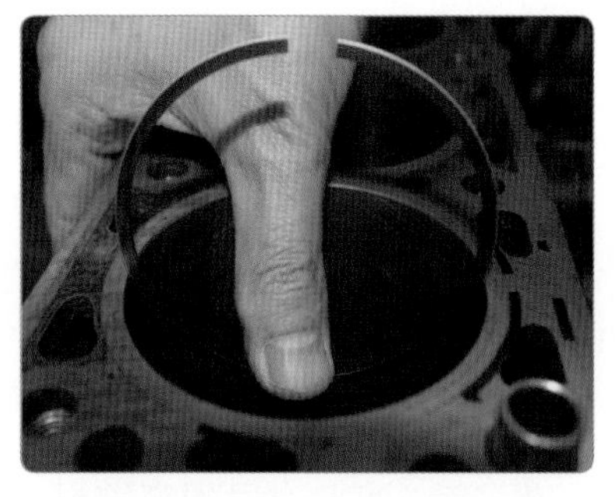

2. 측정할 피스톤 링을 세워 실린더에 삽입한다.

3. 실린더에 피스톤을 거꾸로 끼워 피스톤 링을 삽입한다.

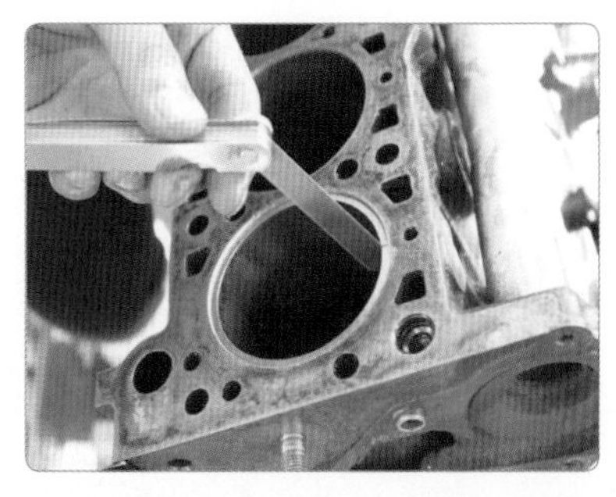

4. 피스톤 링을 실린더 최상단에 위치시키고 디그니스 게이지로 피스톤 링 엔드 갭을 측정한다(실린더 하단부 2/3 지점 측정 가능).

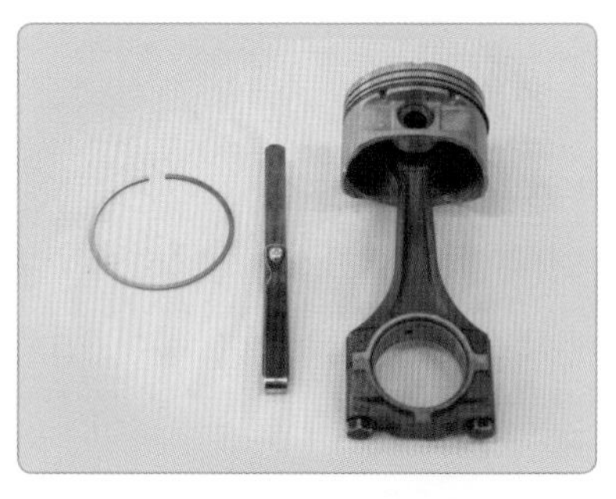

5. 측정이 끝나면 피스톤, 피스톤 링, 디그니스 게이지를 정리한다.

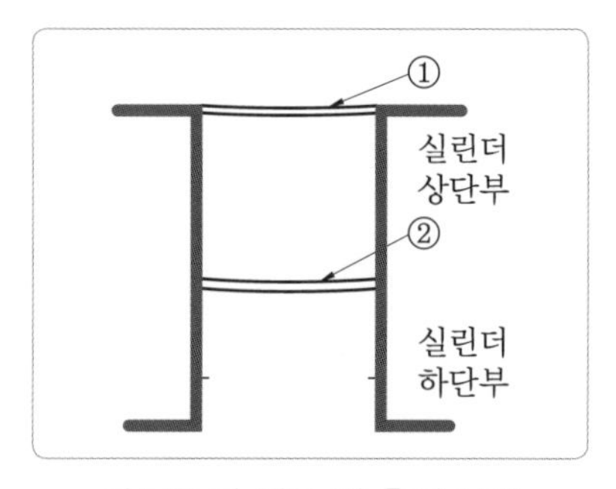

피스톤 링 앤드 갭 측정 부위

● 측정(점검) : 피스톤 링 이음 간극 측정값 0.25 mm를 규정(한계)값 0.25~0.40 mm(0.8 mm)를 적용하여 판정한다. 측정값이 불량 시 규정 차종에 맞는 피스톤 링으로 교체하거나 피스톤 링 엔드 갭을 규정값으로 수정(줄을 바이스에 물리고 피스톤 링 엔드 갭을 연삭)한다.

피스톤 링 이음 간극 규정값				
차 종	규정값		한계값	비 고
EF 쏘나타(1.8, 2.0)	1번	0.20~0.35 mm	1.00 mm	1, 2번 링은 압축 링, 3번 링은 오일 링 피스톤 간극 측정 공구 (텔레스코핑 게이지와 마이크로미터, 실린더 보어 게이지)
	2번	0.40~0.55 mm		
	오일 링	0.2~0.7 mm		
쏘나타 Ⅰ, Ⅱ, Ⅲ	1번	0.25~0.40 mm	0.80 mm	
	2번	0.35~0.5 mm		
	오일 링	0.2~0.7 mm		
아반떼(1.5D)	1번	0.20~0.35 mm	1.00 mm	
	2번	0.37~0.52 mm		
	오일 링	0.2~0.7 mm		

4 피스톤 링 사이드 간극 측정

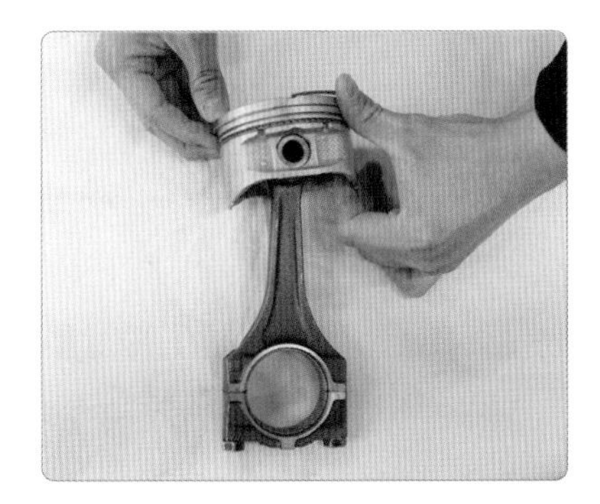

1. 피스톤 링을 탈거하고 피스톤을 깨끗이 닦는다.

2. 측정할 피스톤 링과 피스톤, 디그니스 게이지를 준비한다.

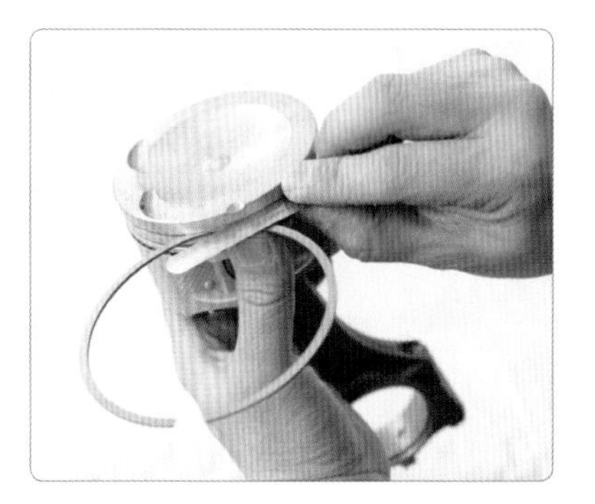

3. 디그니스 게이지를 피스톤 링 사이드에 삽입하고 간극을 측정한다.

● 측정(점검) : 피스톤 링 사이드 간극을 측정한 값이 한계값을 벗어나면 링 홈에 새로운 링을 집어 넣은 후 사이드 간극을 재측정한다. 이때 사이드 간극이 한계를 벗어나면 피스톤과 링을 함께 교환하고, 사이드 간극이 한계값보다 작을 때는 피스톤 링만 교환한다.

피스톤 링 사이드 간극 규정(한계)값(그랜저 XG)			
1번	0.04~0.08(0.1 mm)	2번	0.03~0.07(0.1 mm)

5 크랭크축 점검

1 크랭크축

크랭크축은 각 실린더에서 발생된 동력을 커넥팅 로드를 통하여 회전 운동으로 바꾸어 주고, 기통수에 맞게 규칙적인 동력을 발생하고 전달할 수 있도록 평형을 유지하는 기능을 한다.

큰 하중을 받으면서 고속으로 회전해야 하기 때문에 강도나 강성이 커야 하며 정적, 동적 균형이 잘 잡혀 크랭크축이 원활하게 회전되어야 하므로 카운터 웨이트가 설치되어 있다.

2 고장 진단 및 원인 분석

크랭크축 메인 저널과 핀 저널은 주행 중에 지속적인 하중을 받으면서 회전하며, 엔진 오일 속의 이물질에 의해 축 저널이 마모된다. 실금과 같이 홈이 생기거나, 타원 또는 테이퍼로 마모되거나 또는 평균적으로 마모되어 베어링과의 간극이 커지게 된다.

크랭크축 메인 저널과 크랭크 핀 저널이 타원 마모(편마모)가 생기는 것은 폭발 행정과 압축 행정의 순간에는 흡기나 배기 행정을 할 때보다 과도한 큰 하중을 받기 때문이며, 이것은 주기적이고 반복적인 기계적 운동이지만 핀 저널의 경우 메인 저널보다 지름이 작고 베어링 접촉 면도 좁기 때문에 편마모가 발생된다.

3 크랭크축 축 저널 측정

(1) 측정 방법

1. 측정할 크랭크축 메인 저널을 확인한다(시험위원이 지정한 저널을 측정한다).

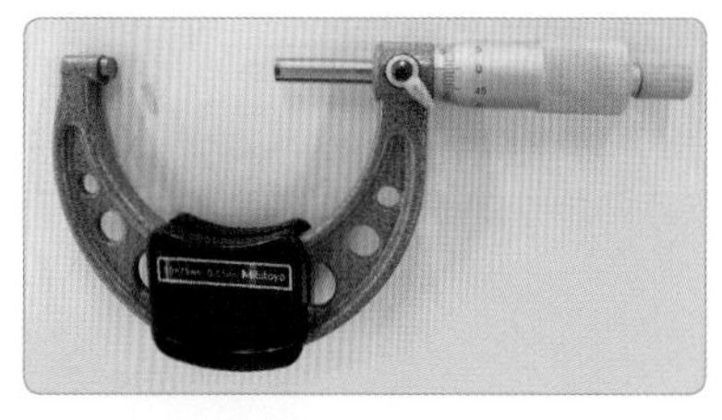

2. 마이크로미터 게이지가 0점이 맞는지 확인한다.

3. 크랭크축 메인 저널 외경을 측정한다(4군데 중 최솟값).

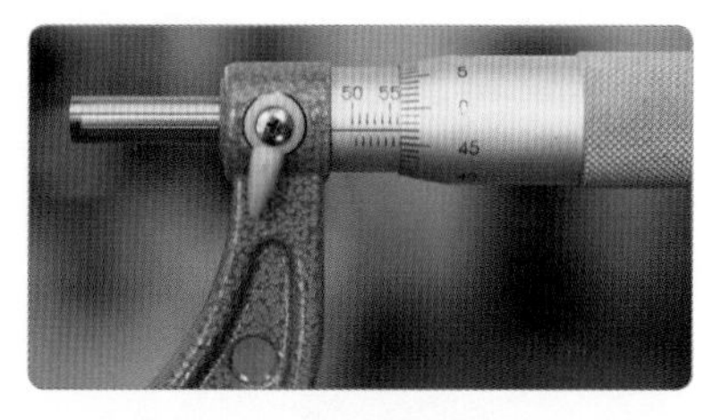

4. 마이크로미터 클램프를 앞으로 고정하고 측정값을 읽는다(56.97 mm).

(2) 결과 및 판정

● 측정(점검) : 크랭크축의 지름을 측정한 최솟값 56.97 mm를 측정값으로 하고 정비 지침서 규정(한계)값 57.00 mm(0.05 mm)를 적용하여 규정(한계)을 벗어나면 크랭크축을 교환한다.

크랭크축 규정값 및 마모한계값

차 종	메인 저널 규정값 (mm)	한계값 (mm)	차 종		메인 저널 규정값 (mm)	한계값 (mm)
엑센트/아반떼	50	–	크레도스(FE DOHC)		59.937~59.955	0.05
쏘나타Ⅲ	56.980~57.000	0.05	옵티마 리갈	2.0 DOHC	56.982~57.000	–
엑셀	48.00	0.05		2.5 DOHC	61.982~62.000	–
세피아	49.938~49.956	0.05	아반떼	1.5 DOHC	50.00	–
그랜저(2.4)	56.980~56.995	–		1.8 DOHC	57.00	–

4 크랭크축 축방향 간극(유격) 측정

(1) 측정 방법

1. 측정할 크랭크축에 다이얼 게이지를 설치하고, 크랭크축을 엔진 앞쪽으로 최대한 민다.

2. 다이얼 게이지를 0점 조정하고 앞쪽으로 최대한 밀어 눈금을 확인한다(0.03 mm).

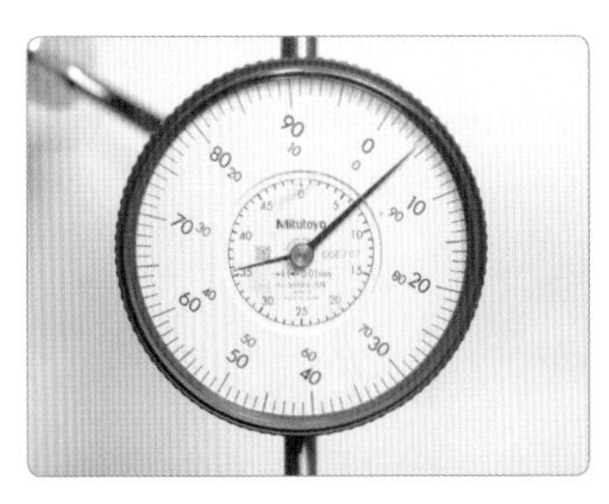

3. 다시 반대 방향으로 크랭크축을 밀어 측정값을 확인한다(0.04 mm).
측정값 : 0.07 mm

다이얼 게이지

다이얼 인디케이터(dial indicator)라고도 한다. 비교 측정이나 한계 측정에 주로 사용되며, 측정 속도가 빠르고 판독 오차가 적어 빠른 시간 내 정확한 측정을 할 수 있다. 다점 측정이나 이동하면서도 측정할 수 있어 형상 측정에도 용이하다.
최소 눈금이 0.01 mm, 0.001 mm인 것을 주로 사용하며, 다이얼 게이지만으로는 측정할 수 없고 보조기구(스탠드 : 자석)를 사용하여 엔드 플레이 축의 휨량, 실린더 내경, 진원도 등 다양한 측정을 할 수 있는 정밀 측정기이다. 보조 공구 없이 측정할 수 없으나 측정대에 부착하여 신속 정확하게 각종 길이 측정이 가능하다.
스핀들식, 레버식, 백 플런저식이 있으며, 레버 식(테스트 인디케이터) 다이얼 게이지는 주로 정밀한 기어를 사용하므로 사용 시 과부하에 의한 무리한 측정은 하지 않도록 한다.

(2) 결과 및 판정

크랭크축의 축방향 유격 측정값 0.07 mm를 규정값 0.05~0.18 mm(한계 0.25 mm)를 적용하여 판정한다. 이때 규정(한계)을 벗어나면 스러스트 베어링 또는 심을 교환한다.

축방향 유격 규정값			
차 종		규정값	한계값
EF 쏘나타		0.05~0.25 mm	–
포텐샤		0.08~0.18 mm	0.30 mm
쏘나타, 엑셀		0.05~0.18 mm	0.25 mm
세피아		0.08~0.28 mm	0.3 mm
아반떼	1.5DOHC	0.05~0.175 mm	–
	1.8DOHC	0.06~0.260 mm	–
그레이스	디젤(D4BB)	0.05~0.18 mm	0.25 mm
	LPG(L4CS)	0.05~0.18 mm	0.4 mm

5 크랭크축 오일 간극 측정

(1) 텔레스코핑 게이지 측정

1. 측정용 엔진에서 크랭크축을 탈거하고 메인 저널 캡을 규정 토크로 조립한다(4.5~5.5 kgf-m).

2. 텔레스코핑 게이지로 크랭크축 메인 저널 내경을 오일 구멍을 피해 90° 방향으로 측정한다.

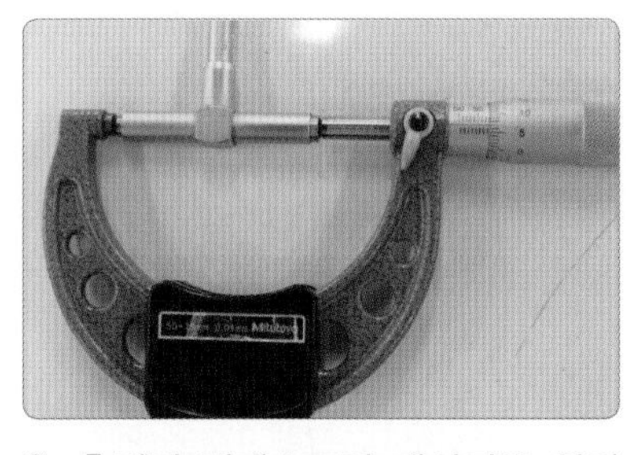

3. 측정된 텔레스코핑 게이지를 외경 마이크로미터로 측정한다.

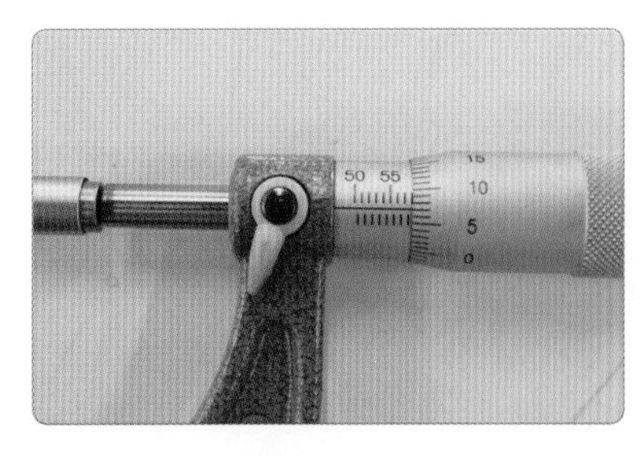

4. 크랭크축 메인 저널 내경 측정값을 확인한다(58.08 mm).

5. 크랭크축 외경을 측정한다(핀 저널 방향과 직각 방향으로 외경 최댓값을 측정한다).

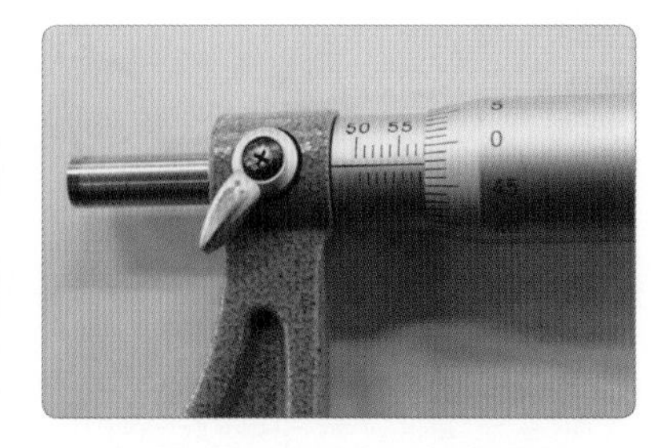

6. 측정된 마이크로미터값을 읽는다.(57.98 mm)
58.08 mm－57.98 mm＝0.1 mm

(2) 플라스틱 게이지 측정

1. 크랭크축을 깨끗이 닦아 실린더 블록에 크랭크축을 놓는다.

2. 크랭크축 메인 저널 위에 측정용 플라스틱 게이지를 올려놓는다.

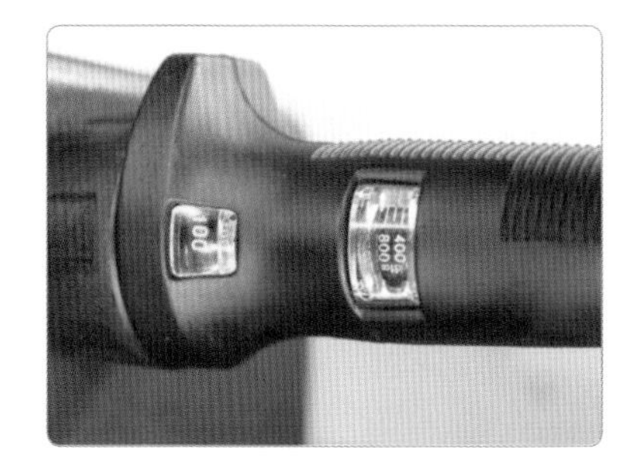

3. 토크 렌치를 규정 토크로 세팅한다. (4.5~5.5 kgf-m)

4. 메인 저널 캡 1~5번을 조립한다. (스피드 핸들 사용)

5. 토크 렌치를 이용하여 조인다. (4.5~5.5 kgf-m)

6. 메인 저널 캡 볼트를 밖에서 안으로 풀어준다.

7. 스피드 핸들을 이용하여 메인 저널 캡을 분해한다.

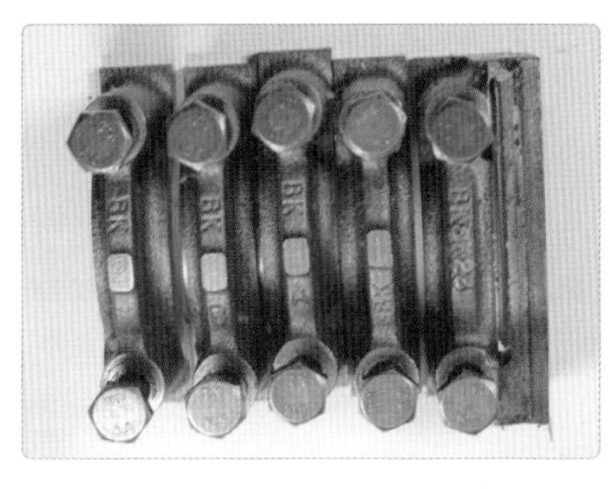

8. 메인 저널 캡을 탈거한다(분해 후 정렬).

9. 압착된 플라스틱 게이지를 확인한다.

10. 플라스틱 게이지(1회 측정)를 준비한다.

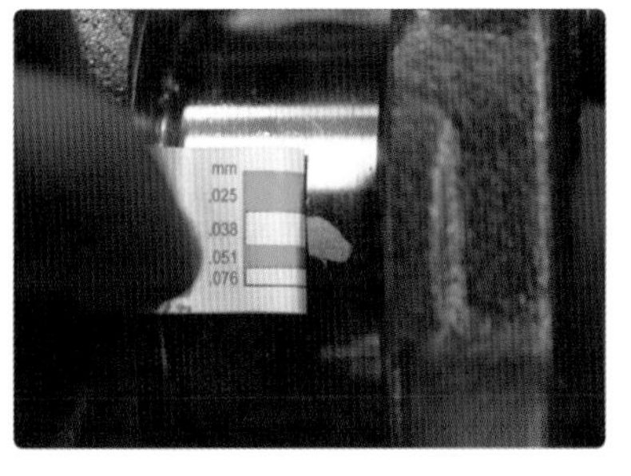

11. 크랭크축에 압착된 플라스틱 게이지를 측정한다(0.038 mm).

12. 크랭크축 저널을 깨끗이 닦는다.

(3) 측정(점검)

크랭크축 오일 간극 측정값 0.038 mm를 정비 지침서 규정값 0.02~0.046 mm(한계 0.1 mm)를 적용하여 판정하며, 불량 시 베어링을 교체한다(현재 측정된 값 양호).

메인 저널 유막 간극 규정값					
차 종	규정값		차 종	규정값	
아반떼 XD(1.5D)	3번	0.028~0.046 mm	EF 쏘나타(2.0)	3번	0.024~0.042 mm
	그 외	0.022~0.040 mm	쏘나타 Ⅱ · Ⅲ	0.020~0.050 mm	
베르나(1.5)	3번	0.34~0.52 mm	레간자	0.015~0.040 mm	
	그 외	0.28~0.46 mm	아반떼 1.5D	0.028~0.046 mm	

6 크랭크축 휨 측정

(1) 측정 방법

크랭크축 휨 측정 시 다이얼 게이지를 오일 구멍을 피해 축의 중앙에 설치하고, 총 다이얼 게이지 측정값의 1/2을 측정값으로 기록한다.

다이얼 게이지 설치

1. 다이얼 게이지를 크랭크축에 직각으로 설치하고 크랭크축을 1회전 시킨다.

2. 크랭크축 다이얼 게이지 값을 확인한다(0.04 mm). 크랭크축 휨은 측정값의 1/2이므로 0.02 mm이다.

(2) 결과 및 판정

측정값 0.02 mm를 규정(한계)값 0.03 mm를 적용하여 교환 여부를 판단한다. 규정한계값 범위 내에 있으므로 사용할 수 있다.

크랭크축 휨 규정값		
차 종	규정값	비고
아반떼, 엘란트라, 티뷰론	0.03 mm 이내	–
세피아, 프라이드	0.04 mm 이내	–

7 크랭크축 핀 저널 오일(유막) 간극 측정

(1) 측정(플라스틱 게이지)

1. 실린더 블록 메인 베어링을 깨끗이 닦고 크랭크축을 올려 놓는다.

2. 크랭크축 핀 저널 위에 측정용 플라스틱 게이지를 올려 놓는다.

3. 크랭크축 핀 저널 캡 볼트를 스피드 핸들을 이용하여 조립한다.

4. 토크 렌치를 세팅한다.

5. 규정 토크로 조인다(2.5~4 kgf-m).

6. 크랭크축 핀 저널 캡 볼트를 분해한다.

7. 핀 저널 캡 볼트를 스피드 핸들을 이용하여 신속하게 분해한다.

8. 핀 저널 캡을 분해한다.

9. 크랭크축 핀 저널에 압착된 플라스틱 게이지를 측정한다(0.051 mm).

(2) 측정(텔레스코핑 게이지와 마이크로미터)

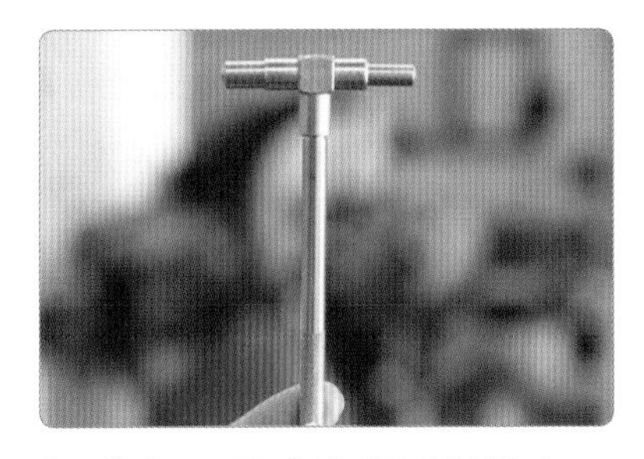

1. 텔레스코핑 게이지를 선정한다.

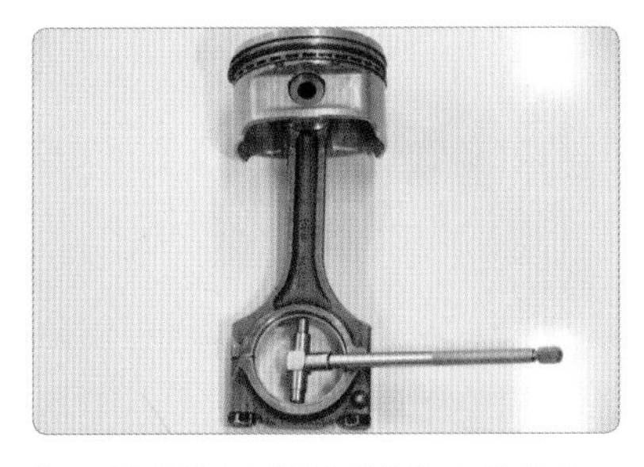

2. 피스톤 핀 저널 내경을 측정한다.

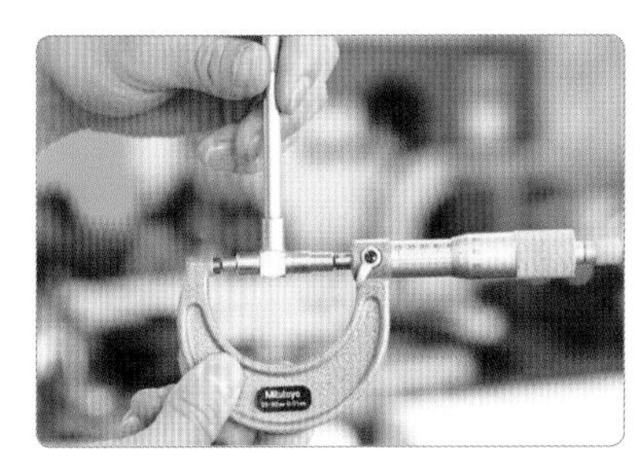

3. 마이크로미터로 측정한다.

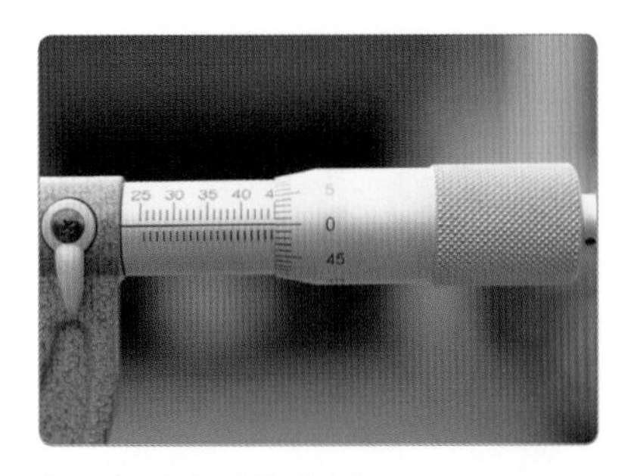

4. 핀 저널 내경 측정
최댓값 : 45.00 mm

5. 핀 저널 외경을 측정한다.

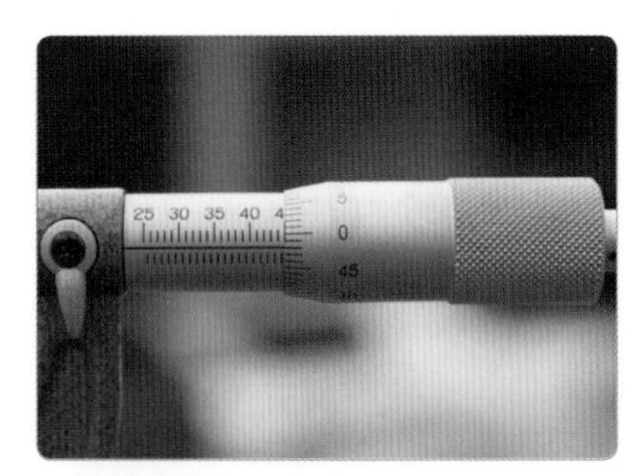

6. 핀 저널 외경 측정
최솟값 : 44.98 mm

(3) 측정(점검)

크랭크축 핀 저널 오일 간극 측정값 0.051 mm를 규정(한계값) 0.02~0.046 mm(0.1 mm)를 적용하여 판정한다. 측정값이 한계값 이내이므로 사용 가능하다.

6 플라이휠 런아웃 점검

1 플라이휠

플라이휠은 맥동적인 출력을 원활히 하는 일을 하며, 플라이휠의 무게는 회전속도와 실린더 수에 관계한다. 각 실린더로부터 크랭크축 2회전에 1회씩 팽창력이 형성되어 샤프트를 회전시키지만, 그 외의 행정에서는 압축과 흡·배기 등 역방향의 힘이 필요하다.

2 플라이휠 런아웃 측정

측정할 플라이휠이 장착된 작업대 번호 확인

1. 다이얼 게이지 스핀들을 플라이휠에 설치하고 0점 조정한다.

2. 플라이휠을 1회전시켜 0을 기점으로 움직인 값을 측정값으로 한다. (0.04mm)

● 측정(점검) : 측정값 0.04 mm를 정비 지침서 규정(한계)값 0.13 mm를 적용하여 판정한다. 측정값이 규정(한계)값 이내이므로 플라이휠을 재사용한다.

7 밸브 장치 점검

1 밸브 장치(valve system)

(1) 밸브 장치

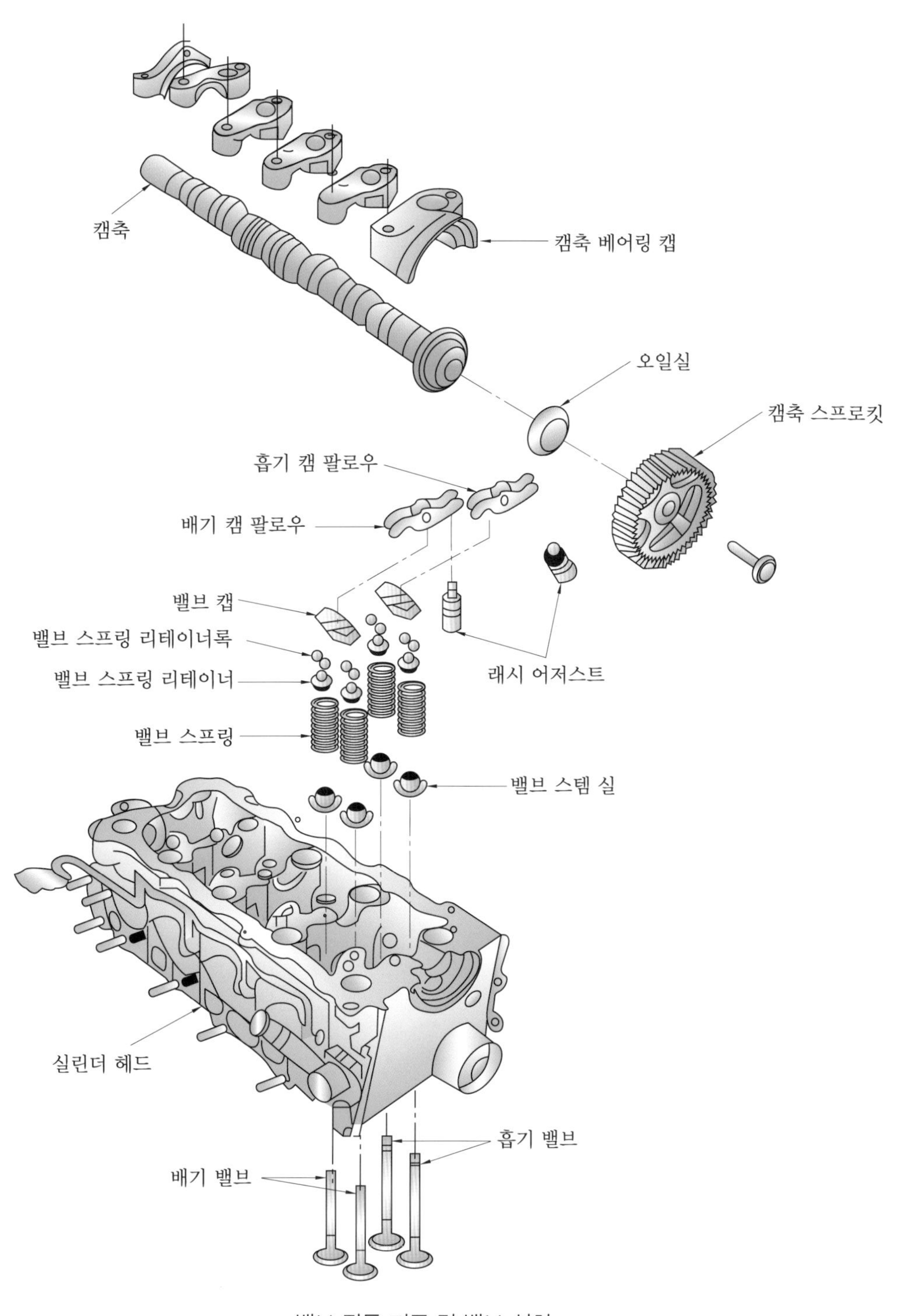

밸브 작동 기구 및 밸브 설치

(2) 밸브 주요부

① 캠축 스프로킷 및 캠축

밸브 구동 캠축 스프로킷 및 캠축

② 밸브 주요부

㈎ 밸브 헤드(valve head) : 연소실을 형성하며 고온(760~580 ℃)에 노출된다.

㈏ 마진(margin) : 0.8 mm 이상(밸브 재사용 여부 결정)

㈐ 밸브 면(valve face) : 밸브 시트에 밀착되어 기밀 유지 및 방열 작용을 하며 밸브 시트와 접촉 폭은 1.5~2 mm이다.

③ 밸브 시트(valve seat) : 페이스와 접촉 기밀 유지하고 밸브 시트 각도는 30°, 45°, 60°를 사용한다. 밸브 시트는 커터로 연삭하고 리머로 고르게 래핑 작업한다. 작업 순서는 15°, 75°, 마지막 45°로 연삭한다.

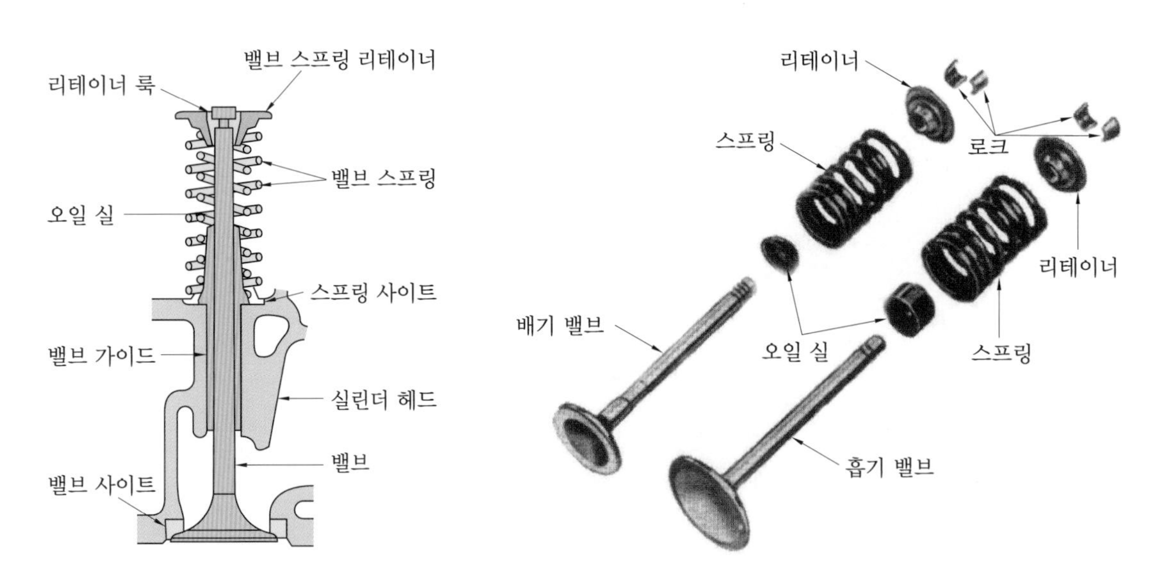

밸브 스프링의 구조

④ 밸브 오버랩(valve overlap) : 피스톤 상사점 부근에서 흡기와 배기 밸브가 동시에 열려 있는 곳으로, 흡배기 효율을 좋게 하기 위함이다.

2 밸브 개폐기구 점검

(1) 밸브 스프링 탈부착

1. 작업할 실린더 헤드를 확인하고 분해할 밸브를 확인한다.

2. 밸브 스프링 탈착기를 실린더 헤드에 설치한다.

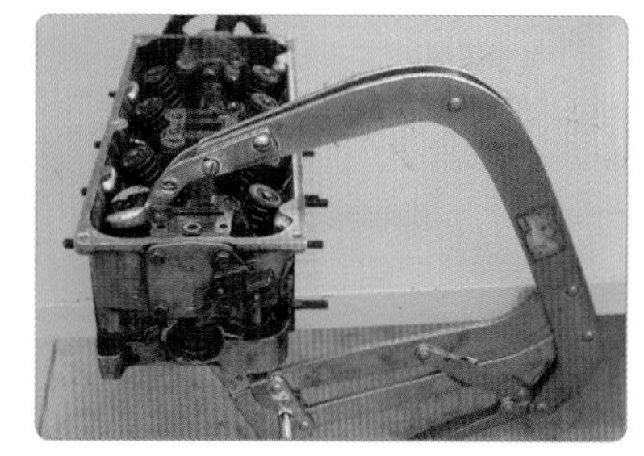

3. 밸브 스프링 탈착기를 압축한다.

4. 밸브 스프링을 압축하여 밸브 고정 키를 분리한다.

5. 밸브 스프링 압축기를 풀고 밸브 스프링 어셈블리를 분해한다.

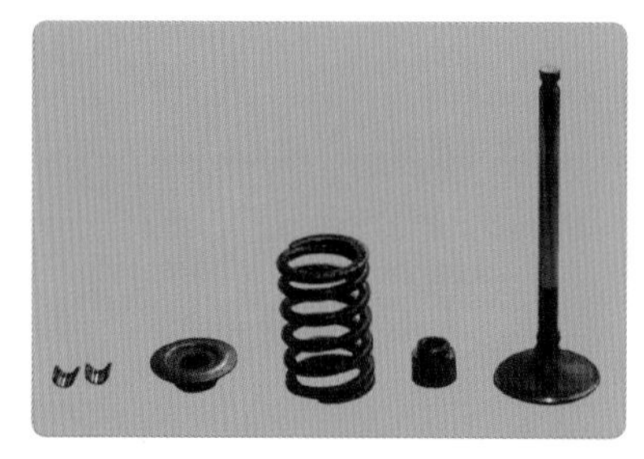

6. 밸브 스프링 어셈블리를 정리한 후 시험위원의 확인을 받는다.

7. 밸브 조립 위치를 확인한다.

8. 밸브를 조립하고 오일 실을 밸브 가이드에 조립한다.

9. 롱 복스 렌치를 이용하여 오일 실을 삽입한다.

10. 밸브 스프링과 리테이너를 정렬한다.

11. 밸브 스프링을 압축하여 밸브 리테이너 로크를 삽입한다.

12. 밸브 스프링을 가볍게 압축하고 조립된 상태를 시험위원에게 확인한다.

(2) 밸브 스프링 및 밸브 스템 실 교환

1. 작업할 실린더 헤드를 확인하고 스파크 플러그를 탈거한다.

2. 스파크 플러그를 탈거한 후 압축공기 어댑터를 설치한다.

3. 에어호스를 연결하고 특수 공구를 호스 사이에 끼운다.

4. 특수 공구 밸브 스프링 압착기를 실린더 헤드에 고정시킨다.

5. 밸브 스프링 압착기를 특수 공구 홀더에 지지시킨다.

6. 밸브 스프링 압착기를 이용하여 밸브를 압축시킨다.

7. 밸브를 압축한 후 밸브 록을 탈거한다.

8. 압축된 밸브를 밸브 스프링 탈착기에서 제거한다.

9. 밸브 스프링 리테이너를 탈거한다.

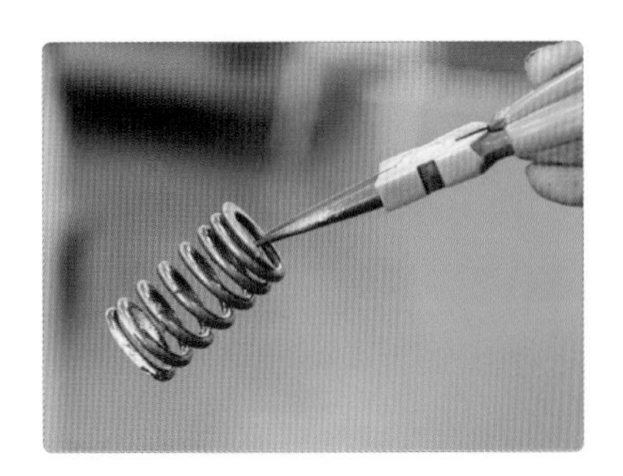

10. 밸브 스프링을 탈거한다.

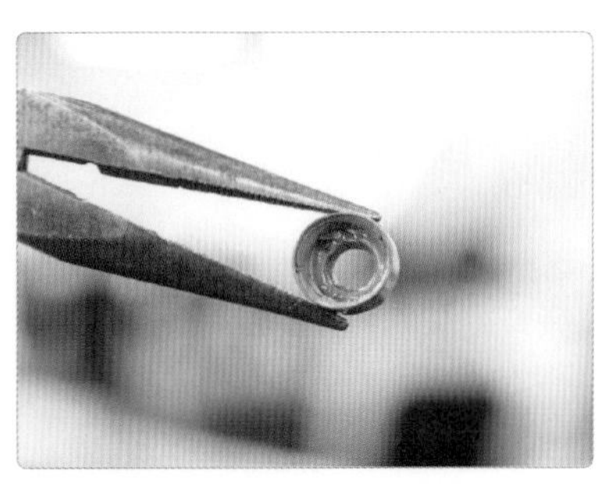

11. 밸브 스템 실을 탈거한다.

12. 분해된 밸브 스프링과 록을 정리한다.

13. 밸브 스템 실을 조립한다.

14. 밸브 스프링과 리테이너를 조립한다.

15. 밸브 스프링을 압축한다.

16. 밸브 스프링을 압축하여 밸브 록을 조립한다.

17. 밸브 스프링 탈착기를 풀어준 후 특수 공구를 제거한 다음 에어호스를 제거한다.

18. 공구를 정리하고 밸브 조립 상태를 확인한다.

(3) 밸브 스프링 장력 점검

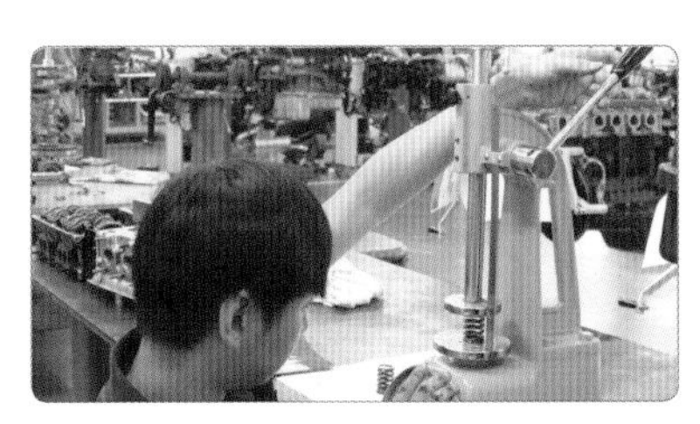

1. 밸브 스프링 장력을 측정할 때 스프링 압축 길이(자)의 눈금을 먼저 확인하고 저울을 확인한다.

2. 밸브 스프링 장력 테스터기에 스프링을 설치하고 밸브 스프링을 (1~2회) 지그시 완충시킨다.

3. 밸브 스프링 장력 테스터기를 규정값에 근접시킨다.

4. 밸브 스프링을 규정값 37.3 mm로 압축한다.

5. 장력이 27.95 → 23.75 kgf(15%) 이상이므로 양호하다.

● 측정(점검) : 밸브 스프링 장력 측정값 24.0 kgf/37.0 mm를 해당 차량 정비 지침서 제원을 기준으로 판정한다. 규정(한계)값 23.0 kgf/37.0 mm 이내이므로 정상(양호)이다.

밸브 스프링 장력 규정값			
차 종	자유 높이(한계값)	장력 규정값	장력 한계값
엑셀	23.5 mm	23.0 kgf/37.0 mm	규정 장력의 15% 이내
아반떼 XD	44.0 mm	21.6 kgf/35.0 mm	
베르나	42.03 mm	24.7 kgf/34.5 mm	
EF 소나타	45.82 mm	25.3 kgf/40.0 mm	

8 가변 흡기 제어장치

엔진 회전수와 부하에 따라 흡기 다기관의 길이를 변화시켜 엔진 전 영역에서 엔진 성능을 향상시키는 시스템이다. 엔진 회전수에 따른 부하는 서로 상반되는 특성을 가지고 있으며 엔진 중 · 저속 영역에서 회전력이 작아지는 특성을 가지고 있다. 자동차는 시내 주행이나 일반 도로에서는 중 · 저속 영역의 출력으로 고속 도로나 부하가 큰 출력을 요구하는 조건에서 높은 출력이 표출될 수 있다.

따라서 저속 시에는 긴 다기관으로, 고속 시에는 짧은 다기관으로 공기가 흡입되도록 하여 엔진 토크를 향상시키는 장치이다(저부하 시 : CO, HC 감소 및 연비 향상, 고부하 시 : 엔진 출력 향상).

1 저속 주행 시 작동

저속에서는 와류를 일으키는 긴 흡기 통로를 통하여, 고속에서는 흡기 부압이 걸리지 않도록 짧은 흡입 통로를 통하여 흡입 공기가 유입되도록 한다.

2 고속 고부하 주행 시 작동

고속에서는 흡기 부압이 걸리지 않도록 짧은 흡입 통로를 통하여 흡입 공기가 유입하도록 한다.

(1) 가변 흡기 솔레노이드 밸브

엔진 ECU에서 엔진 rpm, 엔진 부하를 감지하여 솔레노이드 밸브를 작동(ON)시켜 흡기 매니폴드의 진공이 진공 작동기로 작동하면 짧은 다기관으로 연결되는 통로 쪽으로 조절 밸브가 열린다.

(2) 가변 흡기 제어 서보(위치 센서 + DC 모터)

시동키를 ON으로 놓으면 ECU SMS DC 모터를 구동하여 스토퍼까지 밸브를 열고 닫는다.

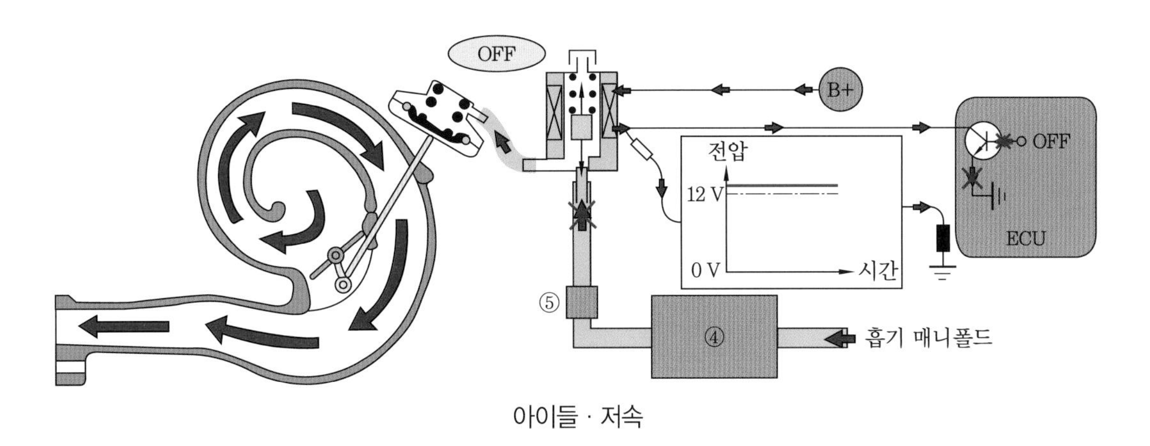

아이들 · 저속

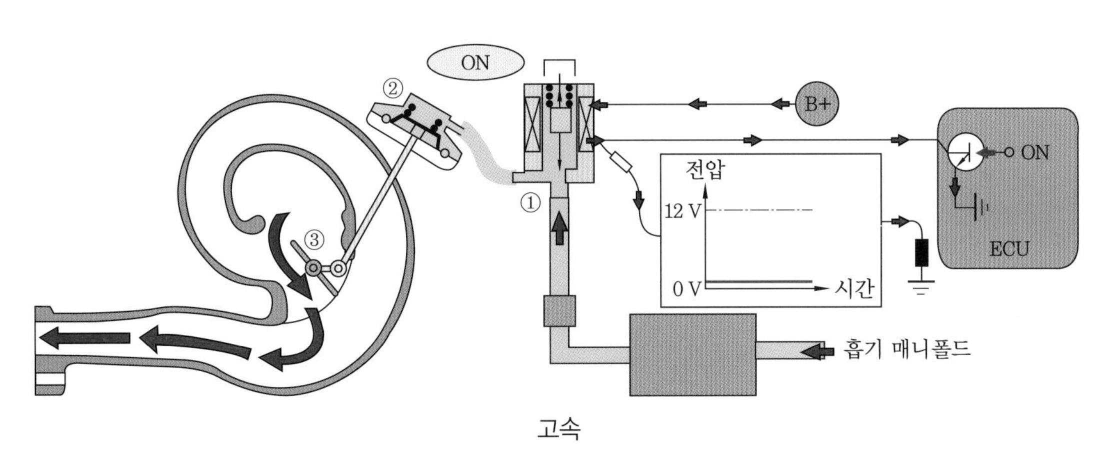

고속

※ 가변 흡기 장치에 고장이 발생되면 차량 운행 중 가속 시 엔진의 불규칙한 진동이 발생되거나 엔진 출력이 저하된다.

가변 흡기 제어장치

❶ 흡입 공기에 스월을 일으켜 저속 시 흡입 효율을 증대시킨다.

❷ 흡기 포트를 둘로 나눠 저속 시에만 한 개의 포트를 닫는다.

❸ ECU의 제어에 따라 90° 각도로 열린다.

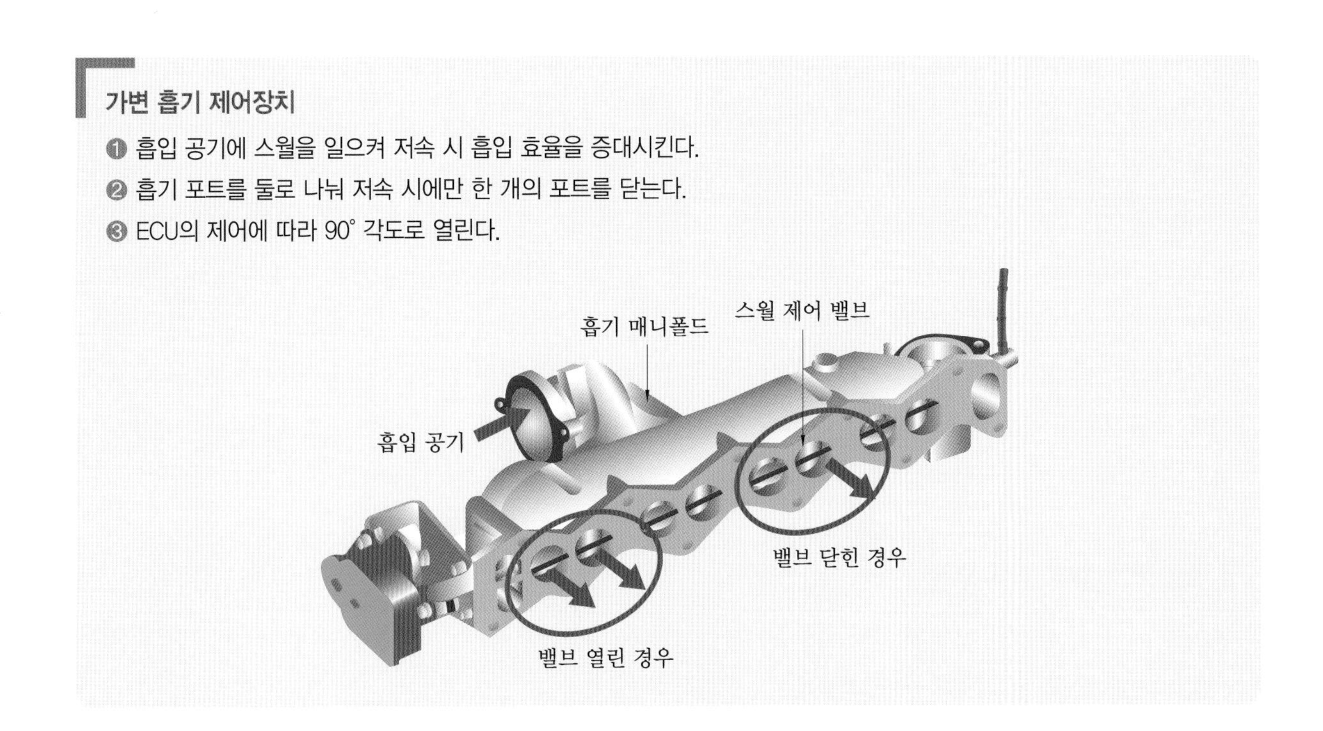

3 타이밍 벨트 점검

실습목표 (수행준거)	1. 엔진 종류에 따라 적절한 점검 방법에 맞추어 타이밍 벨트를 교환할 수 있다. 2. 정비 지침서에 따른 관련 부품을 분해 · 조립 순서에 맞게 교환할 수 있다. 3. 정비 지침서에 따른 엔진 타이밍 벨트 세트를 점검하여 진단 결과에 따라 교환할 수 있다. 4. 분해 · 조립 절차 계획을 수립하고 관련된 지식을 바탕으로 타이밍 벨트를 점검 · 확인할 수 있다.

1 관련 지식

1 타이밍 벨트의 역할 및 종류

엔진에서 가장 중요한 부품 가운데 하나로, 크랭크축 기어와 캠축 기어(캠축 스프로킷)를 연결해 주는 벨트이다. 엔진에 흡입되는 공기와 연료의 혼합기가 연소할 때 배기가스의 흡기 · 배기가 제대로 이루어지도록 크랭크축의 회전에 따라 일정한 각도를 유지하고, 밸브의 열림과 닫힘을 가능하게 하는 캠축을 회전시키며 오일 펌프와 물 펌프를 구동시킨다.

고무 벨트가 가장 많고 쇠로 만든 체인 · 기어 형식도 있다. 고무로 만든 타이밍 벨트는 거의 모든 일반 승용차량에 적용되고 있으며, 체인 형식과 기어 형식은 일부 차량에 적용되고 있다.

2 타이밍 벨트 점검 및 교환 시기

타이밍 벨트는 엔진의 일부 부품을 탈거해야만 확인할 수 있고 벨트의 갈라짐이나 장력 상태를 직접 점검해야 한다. 차량마다 교환 시기는 차이가 있으나 일반적으로 타이밍 벨트 교환 주기는 8~12만 km 내외로 점검한다.

고장 현상이 나타나기 전 특별한 이상 현상이 없다는 것이 타이밍 벨트의 특징이며, 평상시 정상적으로 운행하다 갑자기 끊어지는 경우가 발생한다. 따라서 예방 차원에서 교환을 하는 것이 가장 이상적인 정비 방법이다(타이밍 체인식은 무교환식으로 특이사항 시에만 교환한다).

3 타이밍 벨트 교환 부품

아이들 베어링, 타이밍 텐션 베어링, 오토 텐셔너, 오토 텐션 베어링, 물 펌프, 물 펌프 개스킷, 외부 벨트류, 부동액은 타이밍 벨트 교환 작업 시 세트로 교환한다.

2 승용자동차(DOHC) 타이밍 벨트 교환

1 타이밍 벨트 탈거

실습용 엔진 준비

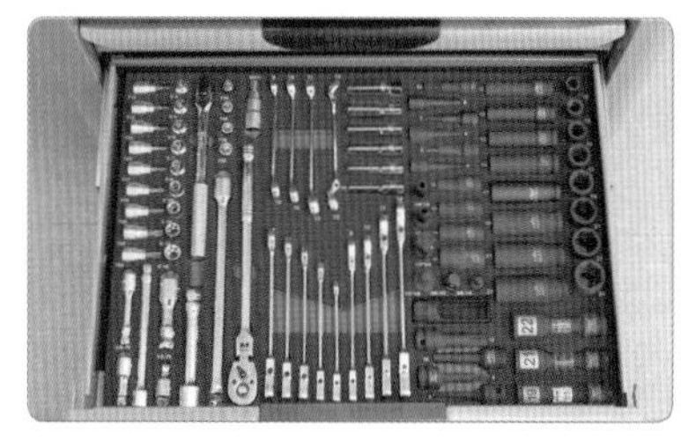

1. 분해 조립용 공구를 정렬한다.

2. 팬벨트를 탈거한다.

3. 로커암 커버와 타이밍 커버를 탈거한다.

4. 캠축 스프로킷 다월핀이 12시 방향이 되도록 타이밍 마크를 맞춘다.

5. 발전기, 크랭크축 풀리, 물 펌프 풀리를 탈거한다.

6. 카운터 밸런스 기어 마크와 오일 펌프 스프로킷 마크를 확인한다.

7. 오토 텐셔너와 텐션 베어링을 탈거한다.

8. 탈거된 타이밍 벨트의 마모 상태를 확인하고 재사용 시 회전 방향 표시를 확인한다.

9. 크랭크축 위치 센서를 탈거한다.

10. 오일 펌프 스프로킷 너트 분해 시 실린더 블록 볼트를 탈거하고 스크루 드라이버를 고정한다(8 mm).

11. 오일 펌프 구동 벨트 텐셔너를 풀어 벨트(B) 장력을 이완시킨다.

12. 벨트(B)를 탈거한다.

13. 교환 부품을 확인하고 주변을 정리한다.

14. 캠축 기어 흡배기 스프로킷 특수 공구를 사용하여 흡배기 스프로킷을 고정시킨다.

15. 엔진 타이밍 마크를 확인한다.

16. 카운터 기어 마크를 확인한다.

17. 벨트(B) 오일 펌프 구동 벨트 텐셔너 고정 볼트를 조여 장력을 조정한다.

18. 크랭크각 센서를 조립한다.

19. 특수 공구를 이용하여 오토 텐셔너, 유압 피스톤을 압축하여 핀 홀에 고정시킨다.

2 타이밍 벨트 조립

1. 특수 공구를 분리하고 오토 텐셔너를 정렬한다.

2. 오토 텐셔너를 조립한다.

3. 밸런스 카운터 기어축 고정 핀을 제거한다(8 mm).

4. 캠축 스프로킷 마크를 흡배기캠 12시 방향에 위치하도록 타이밍 마크를 맞춘다(캠축 스프로킷 고정 특수 공구를 제거한다).

5. 타이밍 벨트를 장착하고 장력을 확인한다(오토 텐셔너 피스톤 고정 핀을 제거한다).

6. 크랭크축 풀리를 2~3바퀴 돌려 타이밍 마크와 장력 상태를 확인한다.

7. 타이밍 커버를 조립하고 크랭크축 풀리, 물 펌프 풀리를 조립한다.

8. 로커암 커버를 조립하고 팬벨트를 조립한다.

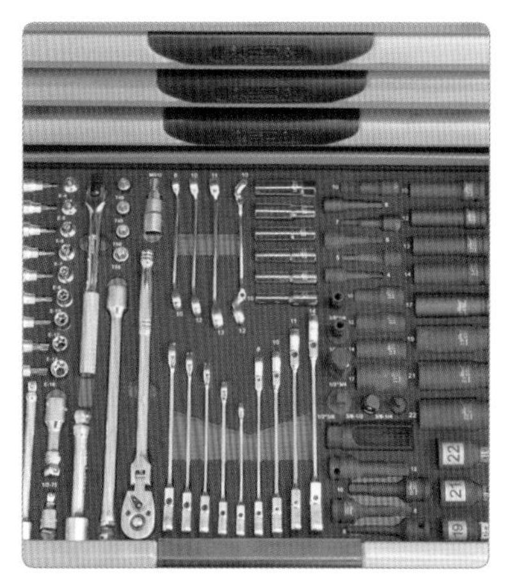

9. 공구를 정리한다.

3 커먼레일 디젤 엔진 타이밍 벨트 교환

1 타이밍 벨트 탈거

1. 타이밍 벨트를 교환하기 위해 듀티 커버, 인터쿨러 호스, 에어클리너 어셈블리를 탈거한다.

2. 엔진 어셈블리 서포트를 설치한다.

3. 엔진 어셈블리 서포트 엔진을 고정시킨다.

4. 엔진 마운틴(고정 브래킷, 고정 볼트)을 탈거한다.

5. 원 벨트를 탈거한다.

6. 원 벨트 아이들러를 탈거한다.

7. 원 벨트 아이들러를 이완시킨다.

8. 원 벨트 텐셔너를 탈거한다.

9. 크랭크축 풀리를 탈거한다.

10. 타이밍 벨트 상부 커버를 탈거한다.

11. 타이밍 벨트 하부 커버를 탈거한다.

12. 엔진 마운틴 브래킷을 탈거한다.

13. 크랭크축을 12시 방향으로 돌린다.

14. 크랭크축 스프로킷과 마크를 일치시킨다.

15. 타이밍 벨트 텐션 베어링 고정 볼트를 가볍게 푼다.

16. 텐션 베어링을 시계 방향으로 돌려 벨트 장력을 느슨하게 한다.

17. 텐셔너를 탈거하고 타이밍 벨트를 교환한다.

18. 진공 펌프를 탈거한다.

2 타이밍 벨트 조립

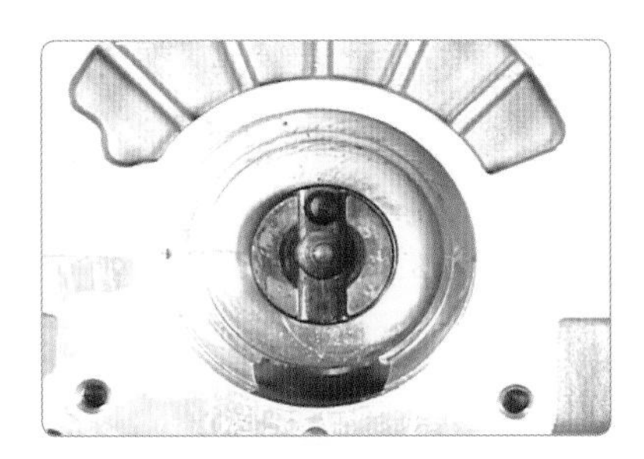

1. 캠축을 돌려 홀 방향을 12시 방향으로 조정한다.

2. 특수 공구(캠축 고정 공구)를 장착한다.

3. 캠축 스프로킷 고정 볼트를 느슨하게 풀어준다.

4. 크랭크축 스프로킷 마킹이 일치되었는지 확인하여 크랭크축 홀 캡 볼트를 탈거한다.

5. 크랭크축 홀더를 삽입한다(크랭크축을 약간씩 돌리면서 삽입한다).

6. 고압 펌프 타이밍을 맞춘다.

7. 크랭크축 스프로킷→물 펌프→고압 펌프→캠축 스프로킷→오토 텐셔너 순으로 벨트를 조립한다.

8. 키를 반시계 방향으로 돌려 노치가 중앙에 오도록 맞춘다.

9. 텐셔너 고정 볼트를 규정 토크로 조인다.

10. 캠축 고정 볼트를 규정 토크로 조인다.

11. 특수 공구(캠축 고정 공구)를 탈거한다(크랭크축 홀더 포함).

12. 크랭크축을 시계 방향으로 2바퀴 돌린다.

13. 크랭크축 스프로킷의 마크를 확인한다.

14. 캠축 홀이 12시 방향인지 확인한다.

15. 타이밍 벨트 하부 커버를 조립한다.

16. 엔진 마운트 브래킷을 조립한다.

17. 크랭크축 풀리와 타이밍 벨트 상부 커버를 조립한다.

18. 원 벨트 아이들러를 조립한다.

4 커먼레일 디젤 엔진 타이밍 체인 교환

1 타이밍 체인 탈거

1. 실습용 엔진과 공구를 확인한다.

2. 팬벨트 장력을 이완시킨다.

3. 팬벨트를 탈거한다. (회전 방향→표시)

4. 전기장치(발전기, 기동 전동기, 에어컨 컴프레서)를 탈거한다.

5. 크랭크축 풀리를 분해한다.

6. 크랭크축 풀리를 정리한다.

7. 타이밍 체인 커버 고정 볼트를 분해한다.

8. 타이밍 체인 커버를 정렬한다.

9. 크랭크축 체인 스프로킷 타이밍 마크를 맞춘다.

10. 캠축 흡배기 스프로킷 타이밍 마크를 확인한다.

11. 캠축 흡배기 스프로킷 타이밍 마크를 확인하고 마킹한다.

12. 고압 펌프와 진공 펌프 캠축 기어 구동 캠축 체결 위치를 확인한다.

2 타이밍 체인 체결

1. 크랭크축 타이밍 마크와 흡배기 캠축 스프로킷 타이밍 마크를 확인한다.

2. 배기 캠축 스프로킷 홀에 고정 볼트를 삽입한 후 텐셔너와 체인 가이드를 탈거한다.

3. 캠축 스프로킷과 체인을 정렬한다.

4. 타이밍 체인 및 가이드를 조립한다.

5. 캠축 흡배기 스프로킷 타이밍 마크를 확인한다.

6. 크랭크축 타이밍 마크와 흡배기 캠축 스프로킷 타이밍 마크를 확인한다.

7. 크랭크축 타이밍 마크를 확인한다.

8. 타이밍 커버를 조립하고 크랭크축 풀리를 조립한다.

9. 전기장치(발전기, 기동 전동기, 에어컨 컴프레서)를 조립하고 텐셔너를 조립한다.

10. 팬벨트를 조립하고 장력을 조정한다.

4 윤활장치 점검

실습목표 (수행준거)	1. 윤활장치 점검 시 안전 작업 절차에 따라 수행할 수 있다. 2. 차종별 윤활장치의 구조 및 특징에 따라 고장 원인을 파악할 수 있다. 3. 정비 지침서에 따라 차종별 관련 부품을 규정값에 맞게 점검할 수 있다. 4. 정비 지침서에 따라 진단장비를 활용하여 이상 유무를 판독할 수 있다. 5. 작업 순서에 따라 윤활장치의 세부 점검 목록을 확인하여 고장 원인을 파악할 수 있다.

1 관련 지식

1 윤활장치의 작용

윤활장치는 감마 작용, 밀봉 작용, 냉각 작용, 세척 작용, 응력 분산 작용, 방청 작용, 소음 완화 작용을 하며, 윤활유가 응력을 집중시키면 부품의 마찰(섭동하는 두 물체 간에 작용하는 저항)이 더욱 커지게 된다.

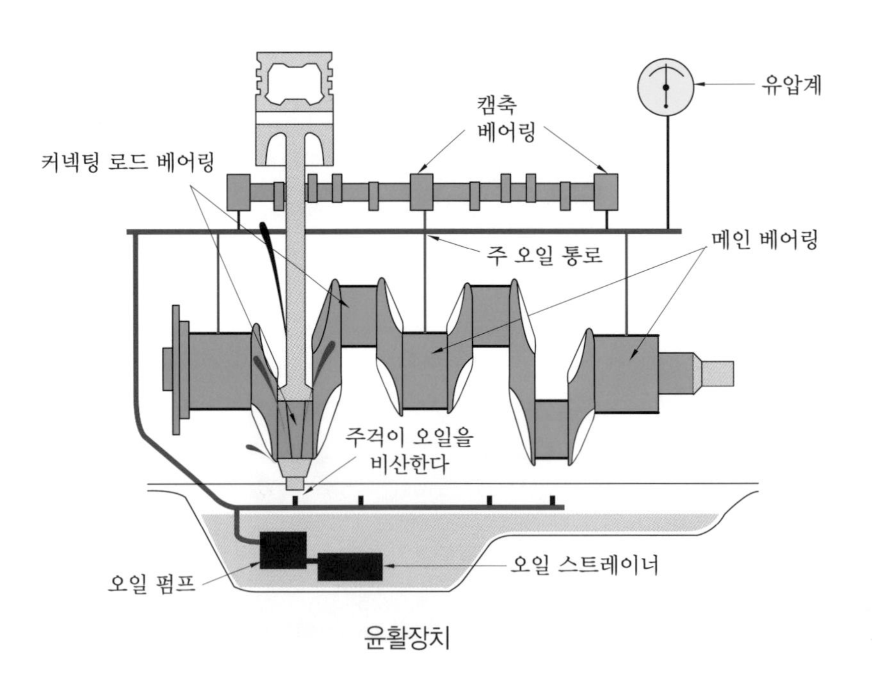

윤활장치

2 윤활장치 정비 기술

1 엔진 오일의 연소 원인과 분석

엔진 작동 시 실린더와 피스톤에 오일이 비산되어 윤활되기 시작한다. 또한 폭발(동력) 행정 시 압력과 온도의 상승으로 윤활유가 증발되면 실린더와 피스톤의 기계적인 마찰 작용으로 마모가 이루어져 오일이 연소실로 유입된다.

오일은 폭발 행정에서 연료와 함께 연소되므로 오일의 미세량이 조금씩 줄어들 수 있으며 엔진이 노후되면 피스톤 간극의 불량으로 블로바이 가스와 함께 연소되는 오일량도 늘어난다고 볼 수 있다.

엔진 오일은 실린더 헤드 캠축을 윤활하고 흡기 밸브와 배기 밸브의 가이드와 스템을 윤활시킨다. 흡기 밸브의 가이드와 스템을 윤활시키는 오일은 연소실로 흘러 들어가 공기와 연료의 혼합기와 함께 연소실에서 연소하게 되고 배기 밸브 스템과 가이드를 윤활시키는 오일은 고온의 배기가스에 의해 증발된다.

2 윤활 회로 압력 점검

엔진을 시동하고 공회전 또는 가속 상태에서 오일 회로(통로)의 압력과 오일 경고등의 전기 회로를 점검한다. 일반적으로 엔진이 정상 온도 80℃, 엔진 회전수 2000 rpm 정도에서 최소 2 kgf/cm^2 정도의 압력이 유지되어야 한다.

유압이 높아지는 이유	유압이 낮아지는 이유
• 윤활 회로의 일부가 막힌다(유압 상승). • 유압 조절 밸브 스프링의 장력이 약해진다. • 엔진의 온도가 낮아 오일의 점도가 커진다.	• 오일 펌프가 마모되거나 윤활계통 오일이 누출된다. • 유압 조절 밸브 스프링 장력이 약해진다. • 크랭크축 베어링의 과다 마멸로 오일 간극이 커진다. • 오일량이 규정보다 현저하게 부족하다.

3 엔진 오일 소모량 증감 원인

(1) 엔진 오일 소모의 3가지 경로

① 오일 업(oil-up) : 피스톤 링과 실린더 보어 사이로 오일 누유(70~90%)

② 오일 다운(oil-down) : 밸브 스템 실과 밸브 가이드 사이로 오일 누유(10% 이내)

③ 오일 아웃(oil-out) : 헤드 커버 환기장치를 통한 오일 누유(5% 이내)

(2) 엔진 오일이 소모되는 원인

① 엔진 작동 시 동력 행정에서 연소와 연소 시 발생되는 높은 온도에 의해 증발된다.

② 오일 리테이너 및 실린더 헤드 개스킷, 오일팬 개스킷에서 누설된다.

4 엔진 오일 교환 주기

① 엔진 오일 교환 시기는 엔진의 효율적인 관리를 위해 주기적으로 5000~10000 km에서 교환하도록 한다.
② 엔진 오일이 소모되는 주원인은 연소와 누설이다.
③ 엔진 오일 교환 시 드레인 볼트를 규정 토크로 조인다.
④ 운행 조건 및 엔진 종류에 맞는 오일로 교환한다.
⑤ 재생 오일은 사용하지 않도록 한다.
⑥ 점도가 서로 다른 오일을 혼합하여 사용하지 않는다.
⑦ 오일 보충 및 교환 시 적정량을 확인하고 주입한다(유면 표시기의 F선까지 넣는다).
⑧ 주입할 때 불순물이 유입되지 않도록 주의한다.

3 윤활장치 점검

1 오일 교환

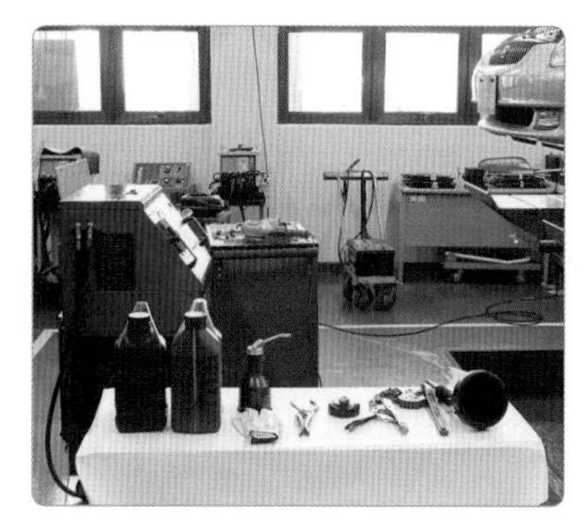

1. 엔진을 워밍업시킨 후 시동을 OFF 시킨다.

2. 엔진 오일 드레인 플러그를 제거한다.

3. 엔진 오일을 드레인시킨다.

4. 엔진 오일 필터를 제거한다.

5. 필러 캡을 제거한다.

6. 필러 주입구에 새 엔진 오일을 유입한다.

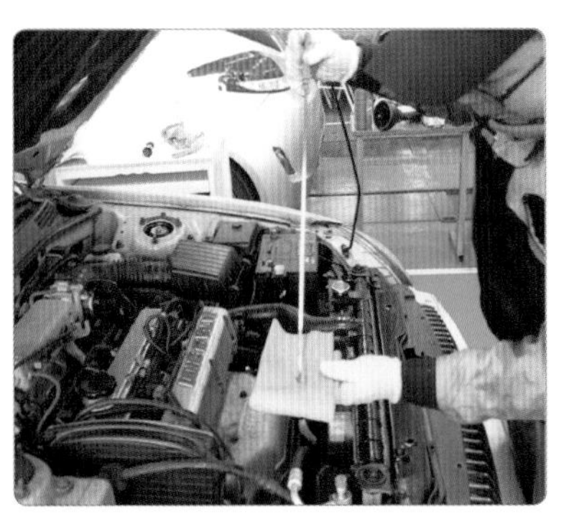

7. 주유된 엔진 오일을 확인한다.

8. 에어 필러 캡을 열고 에어클리너를 탈거한다.

9. 준비된 신품 에어클리너와 오일 필터를 확인한다.

10. 오일 필터 실에 엔진 오일을 손으로 묻혀 도포한다.

11. 오일 필터를 조립한다.

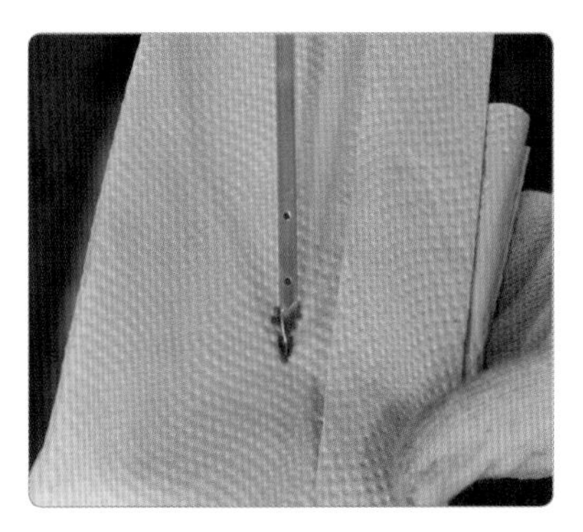

12. 주유된 오일을 다시 확인한다.

2 오일 펌프 점검

(1) 점검 방법 및 점검개소

① 보디 간극 : 기어 구동 축과 부시와의 간극

② 팁 간극 : 구동 및 피동 기어의 이 끝과 펌프 몸체와의 간극

③ 사이드 간극 : 기어 측면과 커버와의 간극

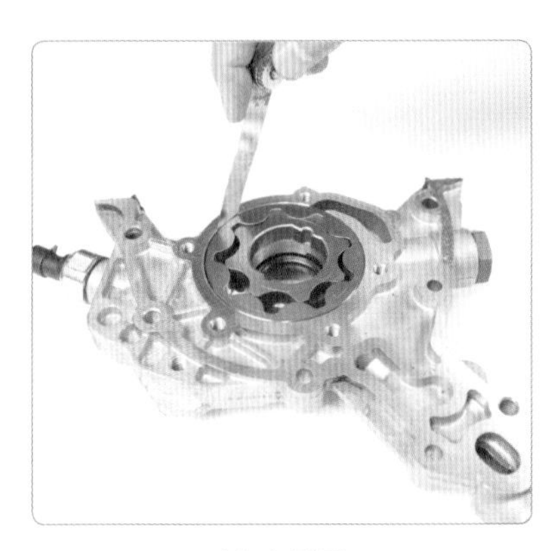

보디 간극

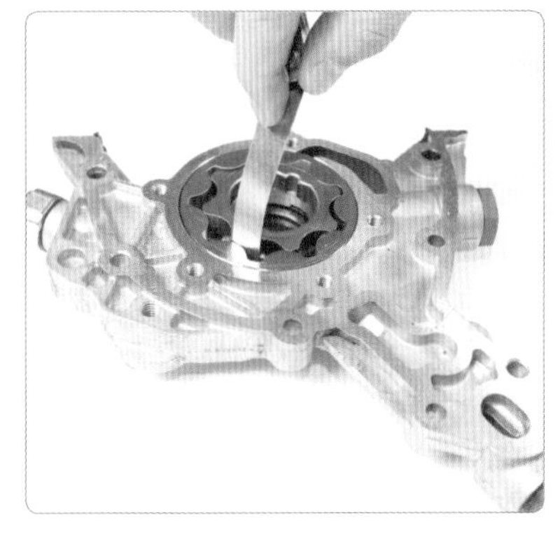

팁 간극

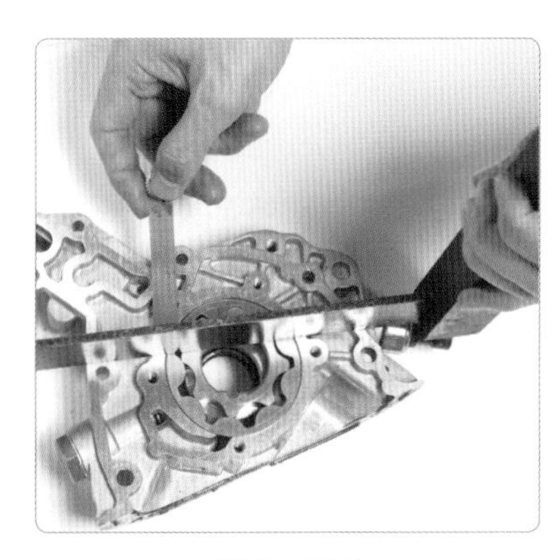

사이드 간극

(2) 사이드 간극 측정 방법

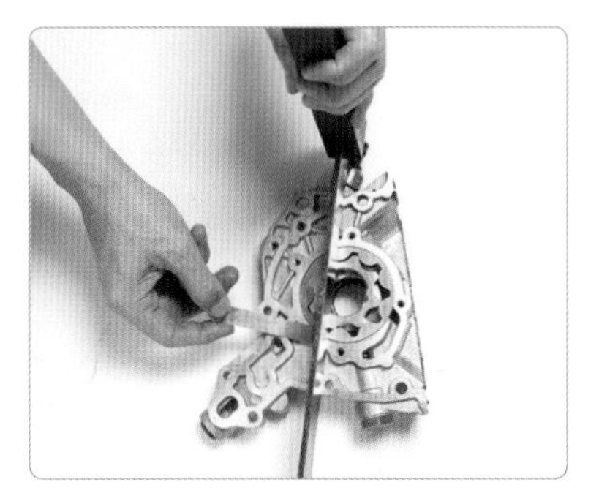

오일 펌프 사이드 간극 측정

1. 오일 펌프 측정 부위를 확인한다.

2. 직각자를 오일 펌프에 밀착하고 사이드 간극을 측정한다(0.04 mm).

(3) 측정(점검)

오일 펌프 사이드 간극 측정값 0.04 mm를 정비 지침서 규정(한계)값 0.04~0.085 mm(0.10 mm)를 적용하여 판정한다. 판정이 불량일 때는 오일 펌프를 교환한다.

오일 펌프 사이드 간극 규정값

차 종		사이드 간극		
		규정값		한계값
쏘나타	구동	0.08~0.14 mm		0.25 mm
	피동	0.06~0.12 mm		
아반떼XD/베르나 (DOHC/SOHC)		외측	0.06~0.11 mm	1.0 mm
		내측	0.04~0.085 mm	
EF 쏘나타(1.8/2.0)		구동	0.08~0.14 mm	0.25 mm
		피동	0.06~0.12 mm	0.25 mm
그랜저 XG(2.0/2.5/3.0)		0.040~0.095 mm		–

3 오일 압력 스위치 점검

(1) 점검 시기

엔진 점화 스위치 ON 상태에서는 오일 경고등이 점등되고 엔진이 시동되었을 때는 오일 경고등이 OFF 되어야 한다. 하지만 엔진 시동 후 오일 경고등이 지속적으로 점등되고 있다면 엔진 오일이 부족하거나 오일 압력 스위치 불량으로 점등되고 있는 것이므로 엔진 시동을 OFF시킨 후 차량이 수평인 위치에서 오일량을 점검한다(오일 교환 시기 5000~10000 km). 이때 오일량이 정상이면 오일 압력 스위치를 점검한다.

(2) 오일 압력 규정값

① 가솔린 엔진 규정 압력 : 2~3 kgf/cm²

② 디젤 엔진 규정 압력 : 3~4 kgf/cm²

1. 저항계로 오일 압력 스위치를 점검한다(저항계 Ω×1에 놓고 도통 상태를 확인한다).

2. 유압 스위치 커넥터를 탈거한다.

3. 유온 스위치를 탈거한다.

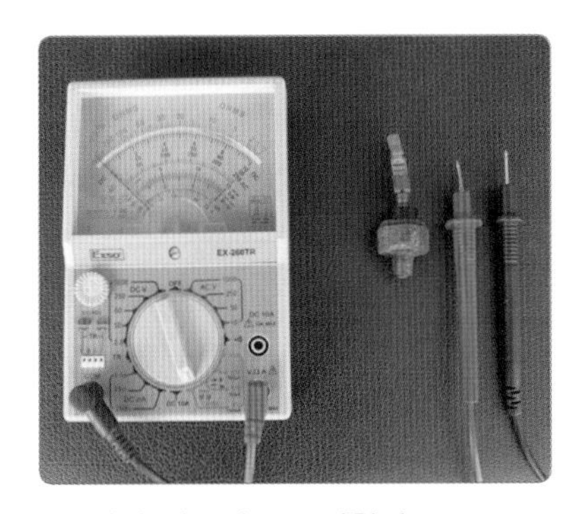

4. 멀티 테스터를 준비한다.

5. 멀티 테스터 저항에 놓고 유압 스위치 통전 시험을 한다(도통 시 양호).

6. 유압 스위치를 뾰족한 키로 눌렀을 때 스위치 OFF를 확인한다.

4 엔진 오일 압력 측정

1. 유온 스위치를 탈거한다.

2. 유압계 어댑터를 설치하여 압력계를 설치한다.

3. 엔진을 시동하고 유압을 점검한다.(규정 압력 2~3 kgf/cm²)

5 냉각장치 점검

실습목표 (수행준거)	
	1. 차종에 따른 냉각계통의 구조 및 특징을 파악할 수 있다. 2. 냉각장치 세부 점검 목록을 확인하여 고장 원인을 파악할 수 있다. 3. 정비 지침서를 참고하여 냉각계통의 고장 원인을 분석할 수 있다. 4. 냉각장치의 점검 시 안전 작업 절차에 따라 정비 작업을 수행할 수 있다.

1 관련 지식

냉각장치(cooling system)는 엔진 작동에 의해 발생되는 연소 온도(1500~2000 ℃)와 내부 마찰열 등으로 인한 과열을 방지하여 정상 온도(80~90 ℃)로 유지하는 장치를 말한다. 현재 주로 사용하는 냉각 방식은 수랭식 냉각 방식으로 냉각수를 실린더 블록 및 헤드의 물 통로를 통하여 순환시켜 냉각시킨다.

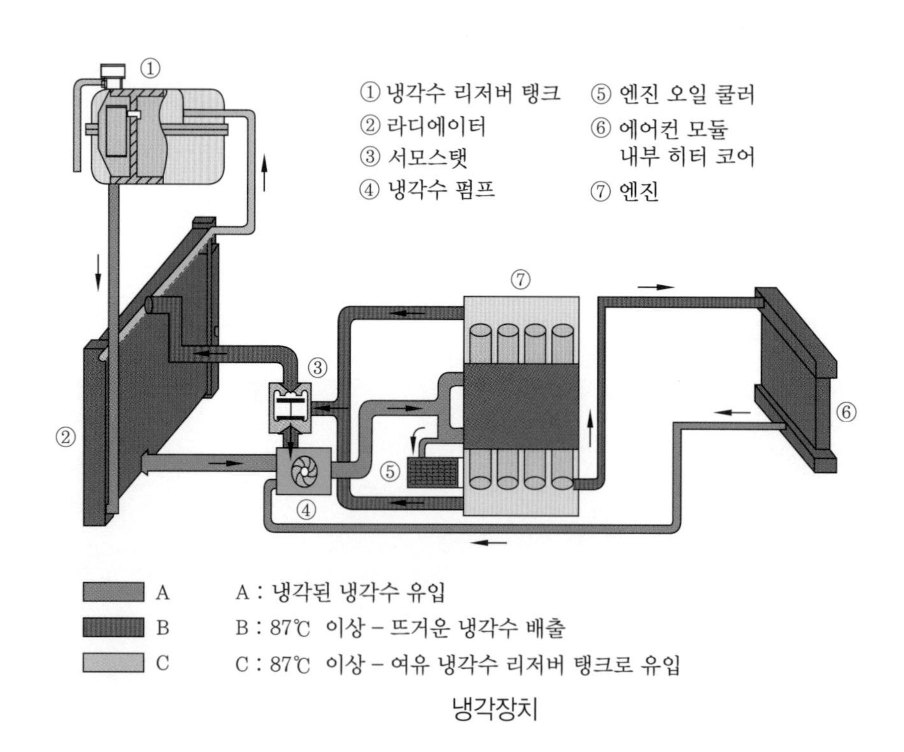

냉각장치

1 냉각장치의 구성 부품

① 물 통로(water jacket) : 실린더 블록과 헤드에 설치된 냉각수 통로이며 실린더벽, 밸브 시트, 밸브 가이드, 연소실 등과 접촉되어 있다.

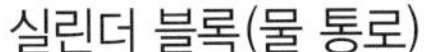
실린더 블록(물 통로)

물 펌프

실린더 헤드 개스킷(물 재킷)

② 물 펌프(water pump)

㈎ 원심력 펌프의 원리를 이용하며 펌프 하우징, 임펠러, 펌프 축 및 베어링, 실, 풀리로 구성되어 있다.

㈏ 펌프의 효율 : 냉각수 온도에 반비례하고 압력에 비례하며 엔진 회전수의 1.2~1.6배로 회전한다.

③ 구동 벨트(belt)

㈎ 크랭크축, 발전기, 물 펌프의 풀리와 연결되어 있으며 구동 장력은 10 kgf의 힘을 가해서 13~20 mm의 눌림 양으로 조정되어야 한다(장력 조정 : 보통 발전기 설치 위치를 이동시켜 조정).

㈏ 벨트 크기의 표시법

형 식	M	A	B	C	D	E
폭(mm)	10	13	17	23	32	38
두께(mm)	6	9	11	15	20	24

④ 라디에이터 캡(cap) : 압력식 냉각수의 비점(112 ℃)을 높이기 위해 사용하며, 냉각장치 내 압력을 0.3~0.7 kgf/cm²로 올려준다.

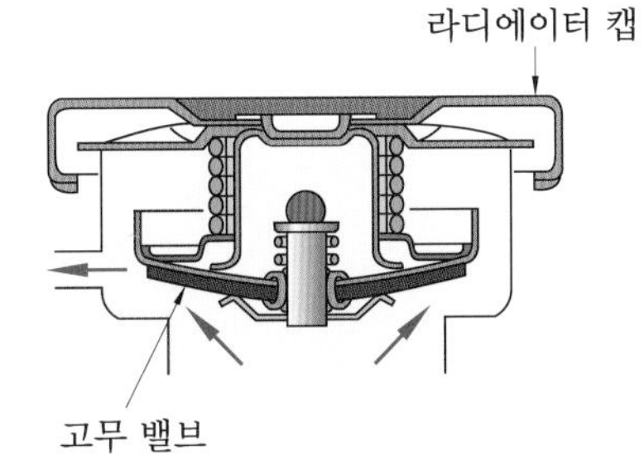

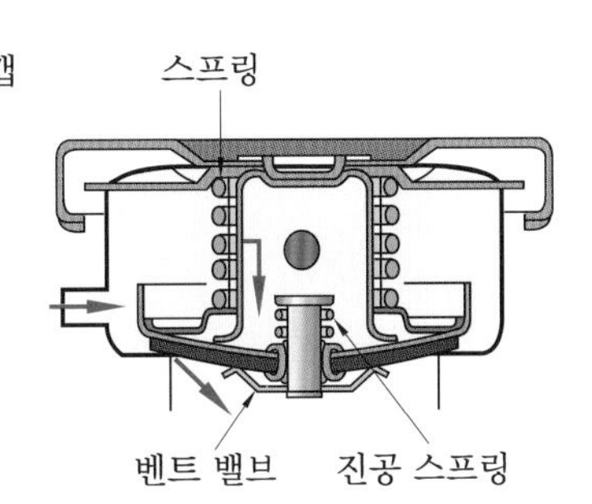

압력이 규정치에 도달했을 때
(0.83~1.1kgf/cm²)

라디에이터 캡

⑤ 수온조절기(thermostat) : 냉각수 통로를 개폐하여 냉각수 온도를 알맞게 조절하며, 65℃에서 열리기 시작하여 85℃에서 완전히 열린다.

2 냉각장치 고장 원인 및 정비 사항

1 엔진 과열의 원인

① 라디에이터에 스케일이 쌓이거나 냉각수가 부족한 경우
② 팬벨트 장력이 느슨하거나 경화로 인해 벨트가 미끄러지는(마찰 효율 저하) 경우
③ 전동 팬 모터가 작동하지 않는(전원공급이 안 될 때, 퓨즈, 릴레이 모터 고장) 경우
④ 물 펌프의 작동이 불량하거나 냉각수가 누유될 경우
⑤ 엔진 오일이 부족하거나 불량으로 마찰열이 증대될 경우

2 엔진 과열 시 조치 사항

① 공회전 상태를 유지하고 엔진이 정상 온도가 될 때까지 기다린다.
② 엔진이 정상 온도가 되면 냉각수 양을 확인하여 부족하면 보충하고 냉각계통의 누유를 확인한다.
③ 팬벨트가 단선되었거나 경화되고 늘어난 상태이면 벨트를 교환하고 장력을 조정한다.
④ 보조 물탱크 양을 확인하였을 때 정상이면 라디에이터 캡을 열고 냉각수 양을 확인하였을 때 부족하면 라디에이터 캡 불량이다(단, 냉각계통이 누유가 없을 때).

3 냉각장치 점검

1 라디에이터 압력식 캡 시험

1. 라디에이터에서 압력식 캡을 탈거한다.

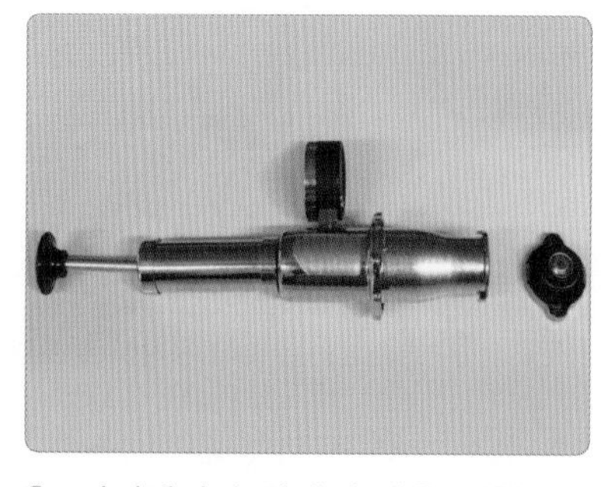

2. 라디에이터 압력식 캡을 시험기에 설치한다.

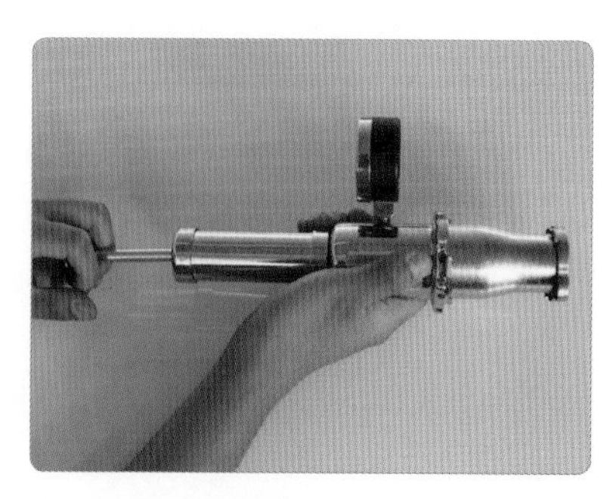

3. 라디에이터 압력식 캡 시험기를 압축한다(규정 0.83~1.10kgf/cm^2).

4. 압축된 라디에이터 압력식 캡 압력이 10초간 유지되는지 확인한다.

5. 압력식 캡 압력을 측정한다. (0.89kgf/cm², 10초간 유지)

6. 라디에이터에서 압력식 캡을 조립한다.

● 측정(점검) : 라디에이터 캡 압력 측정값 0.89 kgf/cm²를 기록한 후 규정(한계)값을 정비 지침서를 보고 확인한다.

라디에이터 압력식 캡	라디에이터 압력	비 고
고압 밸브 개방 압력	규정값(kgf/cm²)	
0.83 kgf/cm² 10초간 유지 (0.83～1.10 kgf/cm²)	1.53 kgf/cm² 2분간 유지	아반떼, 쏘나타Ⅱ, Ⅲ, 그랜저

❶ 라디에이터 압력 캡 시험 시 주어진 시간을 정확하게 확인한다.
❷ 라디에이터 압력과 라디에이터 캡 압력을 혼동하지 않는다.

2 라디에이터 및 전동 팬 탈부착

라디에이터 탈착 시에는 부동액을 배출한 후 라디에이터를 탈거한다.

1. 작업 차량 냉각장치를 확인한다.

2. 라디에이터 전동 팬 배선을 분리한다.

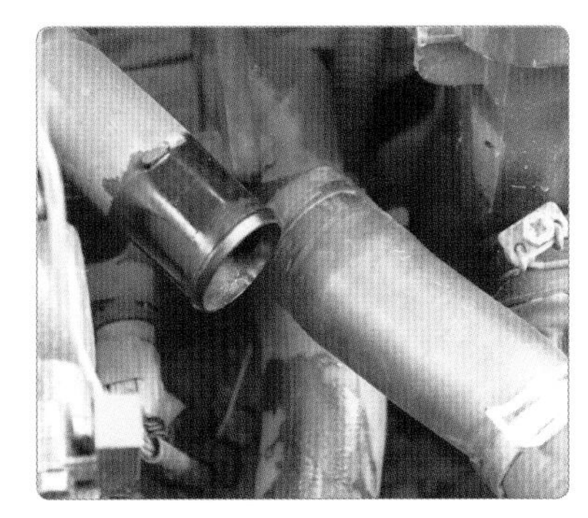

3. 라디에이터 상부 호스를 탈거한다.

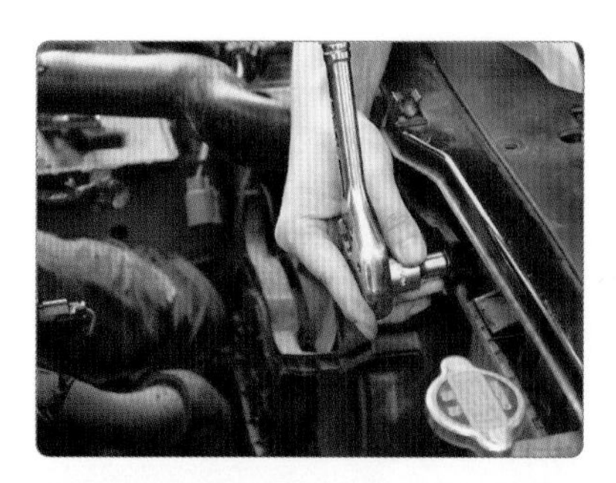

4. 라디에이터 전동 팬 고정 볼트를 탈거한다.

5. 라디에이터에서 전동 팬을 분해한다.

6. 라디에이터 전동 팬을 정렬한다.

7. 라디에이터 전동 팬을 장착하고 고정 볼트를 조립한다.

8. 라디에이터 하부 호스를 체결한다.

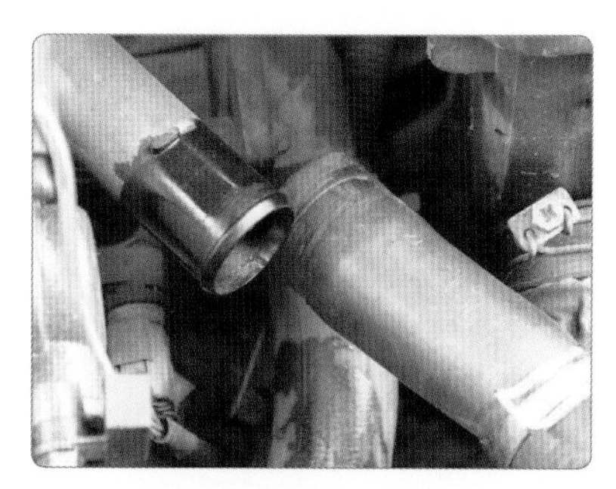

9. 라디에이터 상부 호스를 체결한다.

10. 라디에이터 전동 팬 커넥터를 장착한다.

11. 부동액을 라디에이터에 적정량 (50 : 50) 유입시킨다.

12. 엔진을 시동한다.

13. 엔진을 가속시키면서 냉각수가 원활하게 순환되는지 확인한다. (전동 팬이 작동될 때까지)

14. 냉각 계통 내 부동액을 확인한 후 부족 시 보충한다.

15. 라디에이터 상부 호스를 공기빼기 작업을 한 후 마무리한다.

3 냉각 팬 회로 점검

(1) 전동 팬 회로

① 전동 팬 회로-1

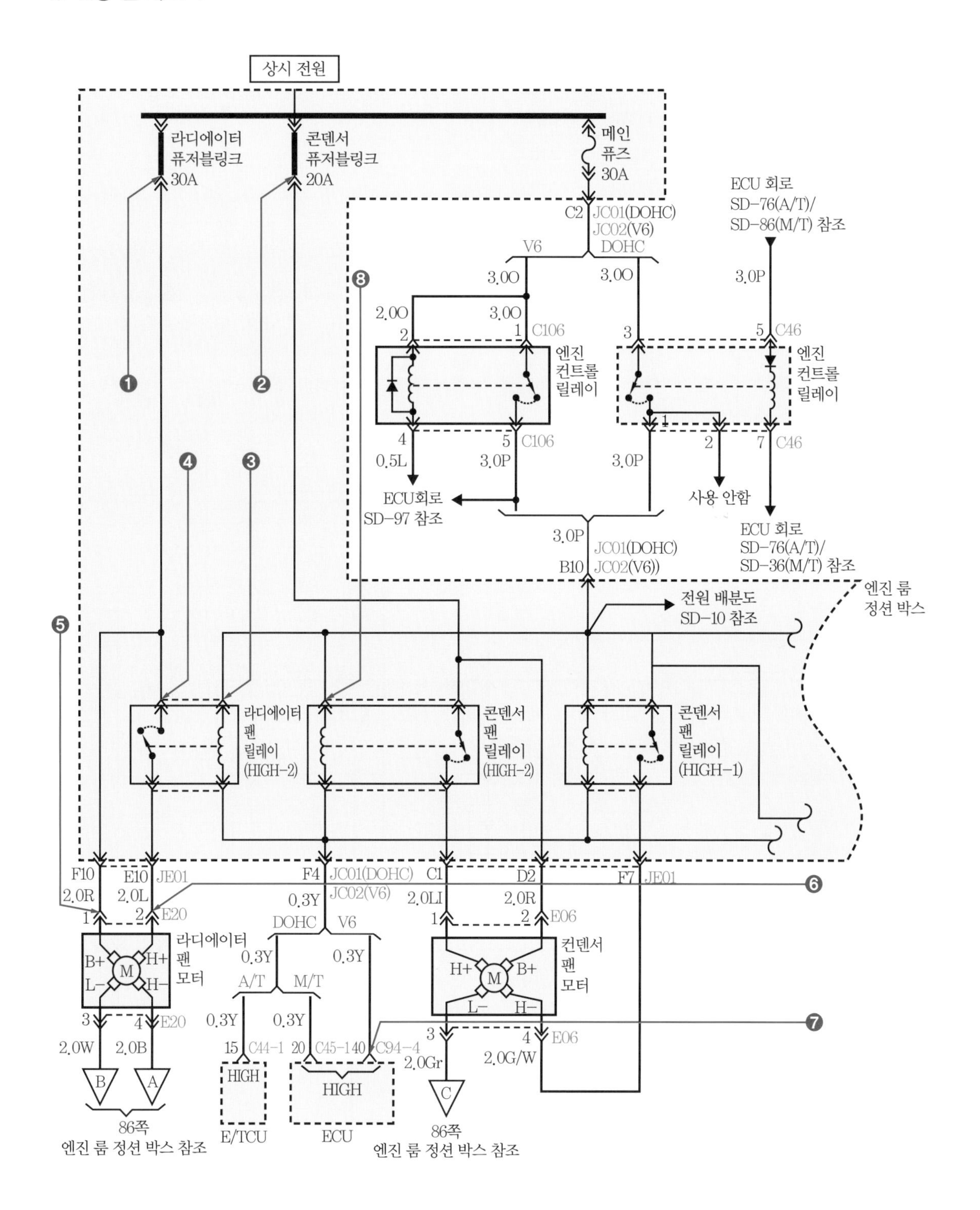

② 전동 팬 회로-2

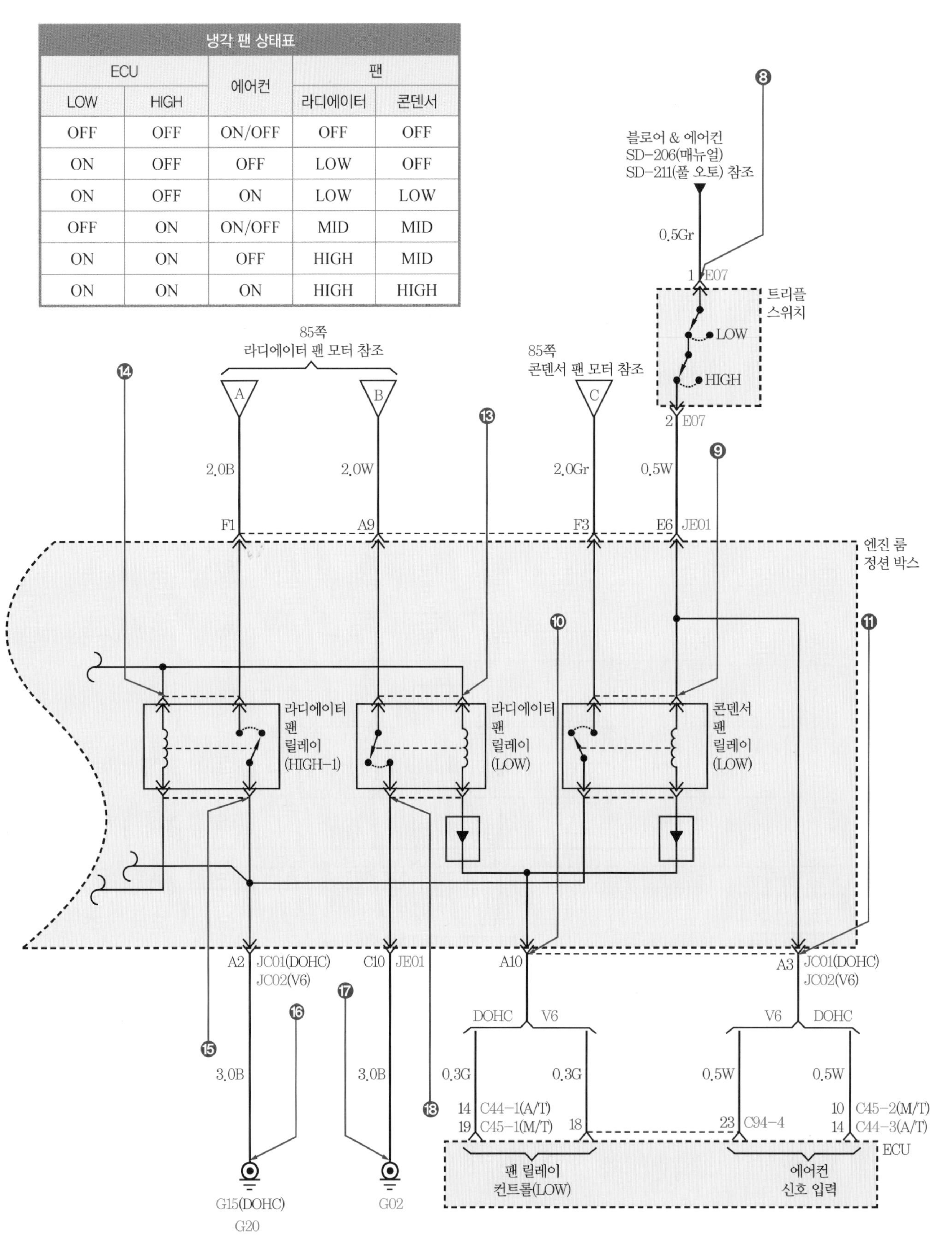

냉각 팬 상태표

ECU		에어컨	팬	
LOW	HIGH		라디에이터	콘덴서
OFF	OFF	ON/OFF	OFF	OFF
ON	OFF	OFF	LOW	OFF
ON	OFF	ON	LOW	LOW
OFF	ON	ON/OFF	MID	MID
ON	ON	OFF	HIGH	MID
ON	ON	ON	HIGH	HIGH

(2) 냉각 팬 회로 점검

전동 팬 회로 점검 준비

1. 배터리 전압을 측정 확인한다.(12.75 V)

2. 엔진 룸 정션 박스 내 전동 팬 회로 릴레이 및 퓨즈를 확인한다.

3. 라디에이터 팬 모터 커넥터 체결 상태를 확인한다.

4. 전원단자를 연결하여 라디에이터 팬 모터의 작동유를 확인한다.

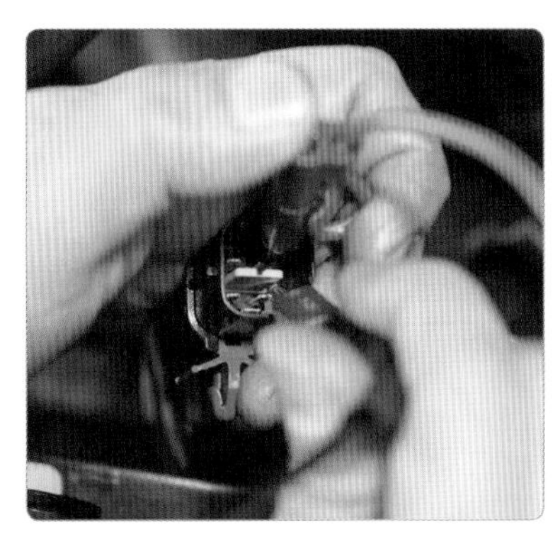

5. 전동 팬 모터에 전원을 공급하여 작동 상태를 확인한다.

6. 라디에이터 팬 릴레이(HI)를 탈거한다.

7. 멀티 테스터 전압계로 선택하고 라디에이터 팬 릴레이(HI) 공급 전원을 확인한다(12.51 V).

8. 멀티 테스터 저항으로 선택하고 라디에이터 팬 릴레이(HI) 접지를 확인한다(1.8 Ω).

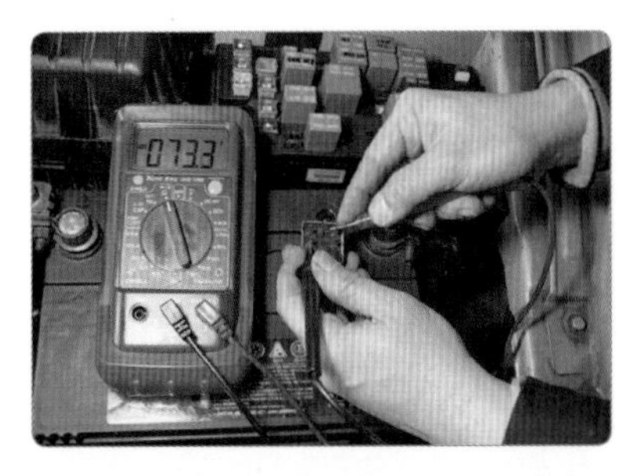

9. 라디에이터 팬 릴레이 여자 코일 저항(단선)을 점검한다(7.3 Ω).

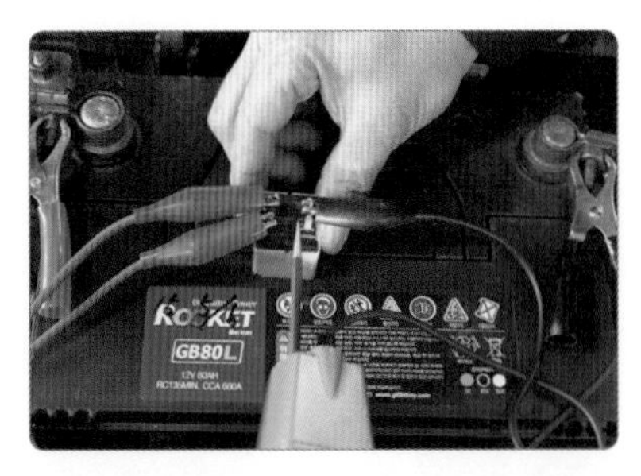

10. 라디에이터 팬 릴레이 여자 코일을 자화시켜 릴레이 접점 상태를 확인한다.

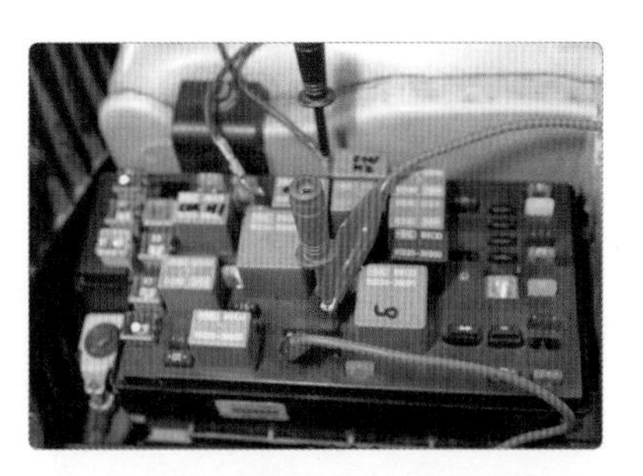

11. 배터리 전원(+)을 릴레이 전원 공급 단자에, 배터리 (–)단자에 릴레이 접지 단자를 연결하여 전동 팬 작동 상태를 확인한다.

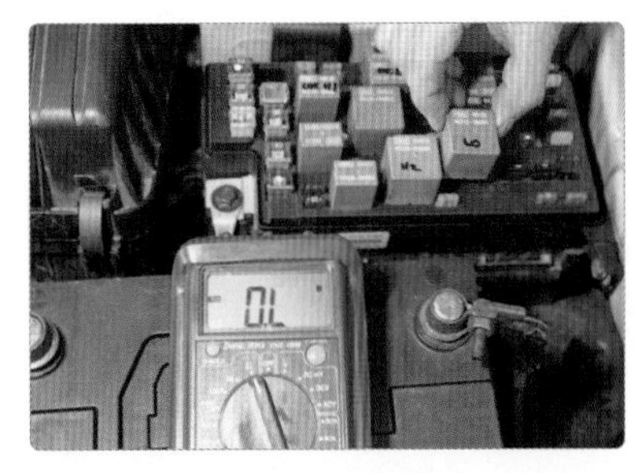

12. 라디에이터 팬 릴레이 여자 코일 저항(단선)도 동일한 방법으로 점검한다.

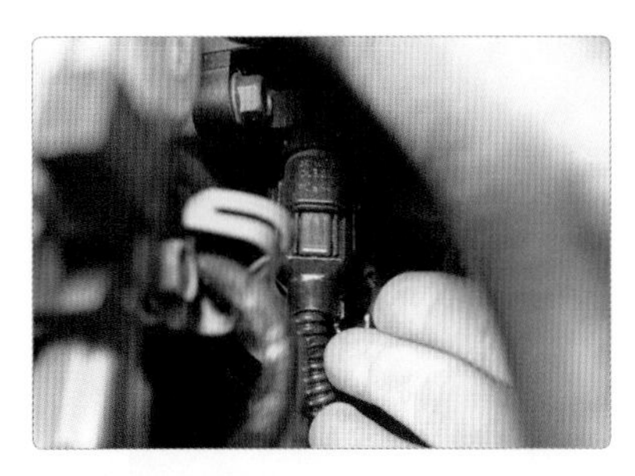

13. 냉각수온센서(WTS) 커넥터 체결 상태를 확인한다.

14. 스캐너를 활용하여 엔진 냉각수온 센서 온도 변화에 따른 라디에이터 전동 팬 작동 상태를 확인한다.

전동 팬이 작동하지 않는 원인

❶ 배터리 터미널 연결 상태 불량	❷ 전동 팬 퓨즈의 탈거	❸ 전동 팬 퓨즈의 단선
❹ 전동 팬 릴레이 탈거	❺ 전동 팬 릴레이 핀 부러짐	❻ 전동 팬 모터 커넥터 탈거
❼ 전동 팬 모터 커넥터 불량	❽ 전동 팬 모터 불량	❾ 서모 스위치 불량
❿ 전동 팬 모터 라인 단선	⓫ 서모 스위치 커넥터 탈거	⓬ 서모 스위치 커넥터 불량

4 수온조절기 점검

1. 물을 끓여 수온을 높인다.

2. 온도계와 자를 준비한다.

3. 점검할 수온조절기를 확인하고 수온통에 넣는다.

4. 수온조절기가 작동하는 온도(65 ℃)에서 최대 온도를 확인한다.

5. 수온조절기를 꺼내서 작동 상태(열림)를 확인한다.

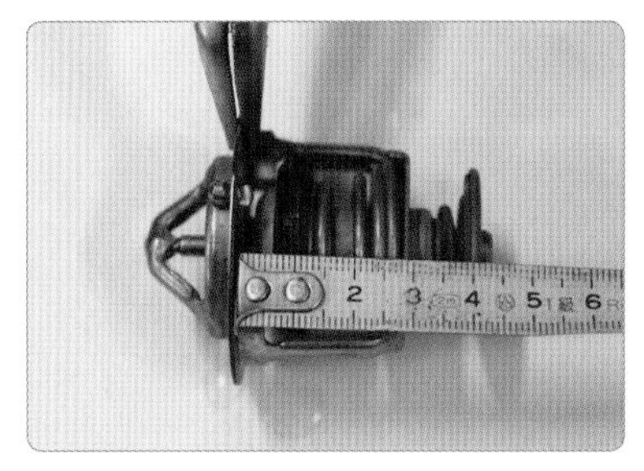

6. 수온조절기 작동 상태(열림)를 확인한다.

5 부동액 교환

1. 라디에이터 캡을 탈거한다.

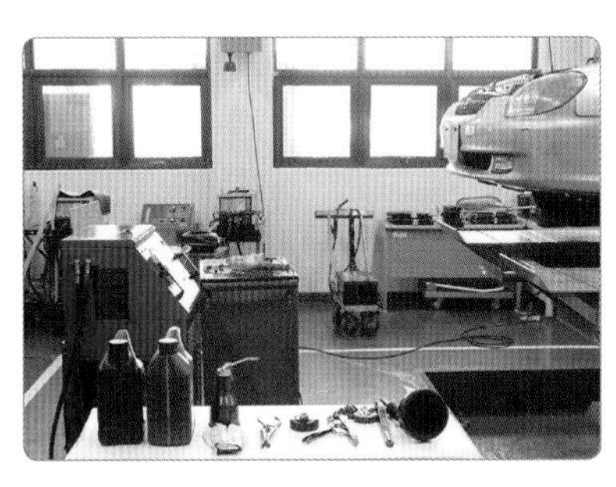

2. 부동액을 준비하고 차량을 리프트 업시킨다.

3. 라디에이터 하부 드레인 플러그를 탈거한다.

4. 부동액을 배출시킨다.

5. 라디에이터 하부 드레인 플러그를 조립한다.

6. 차량을 정위치한 후 냉각수 공기빼기 플러그를 조립한다.

7. 부동액을 주유하여 냉각수 라인에 공급되는 상태를 보면서 유입시킨다.

8. 엔진을 시동한다.

9. 스캐너를 설치하고 온도 및 rpm을 확인하면서 정상 온도를 유지한다.

10. 엔진을 가속시키면서 냉각수가 원활하게 순환되는지 확인한다. (전동 팬이 작동될 때까지)

11. 냉각 회로 내 부동액량을 보충한다.

12. 냉각 회로에 공기가 다 빠질 때까지 상부 라디에이터 호스를 손으로 압축과 수축을 반복한다.

13. 공기빼기 플러그를 탈거하고 라디에이터 캡을 조립한다.

14. 엔진 시동 상태에서(30~40분) 냉각수가 누유되는 부분이 있는지 확인 후 시동을 OFF시킨다.

부동액의 종류

부동액 농도와 비중							
냉각수온 ℃(℉) 및 비중					빙점 ℃(℉)	안전 작동 온도 ℃(℉)	부동액 농도
10(50)	20(68)	30(86)	40(104)	50(122)			
1.037	1.034	1.031	1.027	1.023	−9(15.8)	−4(24.8)	20%
1.045	1.042	1.038	1.034	1.029	−12(10.4)	−7(19.4)	25%
1.054	1.050	1.046	1.042	1.036	−16(3.2)	−11(12.2)	30%
1.063	1.058	1.054	1.049	1.044	−20(−4)	−15(5)	35%
1.071	1.067	1.062	1.057	1.052	−25(−13)	−20(−4)	40%
1.079	1.074	1.069	1.064	1.058	−30(−22)	−25(−13)	45%
1.087	1.082	1.076	1.070	1.064	−36(−32.8)	−31(−32.8)	50%
1.095	1.090	1.084	1.077	1.070	−	−	55%

6 물 펌프 점검

(1) 물 펌프 점검 방법

① 냉각수를 배출시킨 후 구동 벨트와 타이밍 커버를 탈거한다.

② 타이밍 벨트 텐셔너(체인 가이드)를 분리하고 발전기 브래킷을 분리한 후 물 펌프를 탈거한다.

③ 베어링 마모 상태를 확인한다. 물 펌프 풀리(축)를 회전시키고 축방향으로 움직여 유격 상태와 회전 시 걸림 상태를 확인한다.

④ 베어링 마모 시 소음이 발생하며 함께 작동되는 부품도 손상을 줄 수 있으므로 고장으로 판단될 때 교체하도록 한다.

(2) 물 펌프 점검

1. 팬벨트 장력을 이완시킨다.

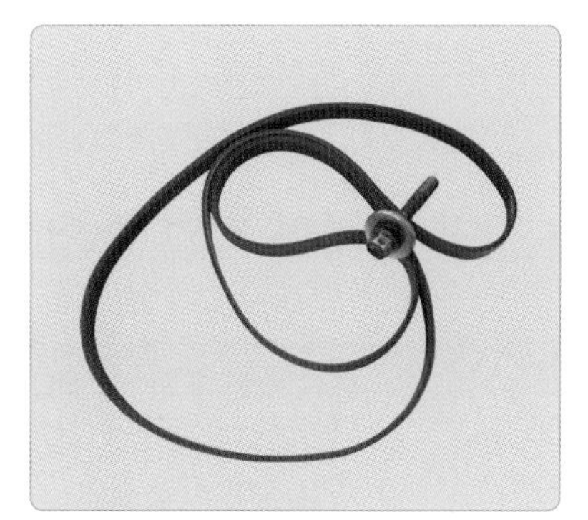

2. 팬벨트를 탈거한다. (회전 방향→표시)

3. 물 펌프 고정 볼트를 풀고 시계 방향으로 돌려 타이밍 벨트 장력을 이완시킨다.

4. 텐셔너와 물 펌프 탈거 후 베어링 상태를 점검한다(유격 및 걸림 상태 점검).

물 펌프(water pump : wasserpumpe)

엔진 작동으로 물 펌프 축이 회전하면 축에 고정된 임펠러가 회전하면서 냉각수(부동액)를 순환시킨다. 냉각된 냉각수는 항상 임펠러에 의해 압력을 받으며 실린더 블록과 실린더 헤드로 순환된다. 물 펌프 구동 방식은 벨트식이 대부분이지만 전기 모터 또는 크랭크축에 의해서도 구동된다. 물 펌프 고장의 원인으로 자체 베어링 불량, 임펠러 파손, 물 펌프 개스킷 누유 등이 있다.

6 엔진 고장 진단 점검

실습목표 (수행준거)

1. 엔진의 고장 진단 능력을 점검하기 위한 방법으로 엔진의 3요소(점화, 연료, 기계적 요인)를 비롯한 전자 제어 시스템의 이론적 특성을 이해할 수 있다.
2. 엔진 고장 현상을 시스템별로 분석하여 진단 능력을 배양할 수 있다.
3. 종합 테스터기 및 스캔툴 진단 장비를 활용하여 고장 진단 능력을 향상시킬 수 있다.
4. 정비 지침서 작업 순서에 따라 고장 부품의 교환 작업을 수행할 수 있다.
5. 압축 압력 및 진공 시험으로 엔진의 기계적 결함 요인을 분석할 수 있다.

1 고장 차량 입고 시 진단 절차와 작업 순서

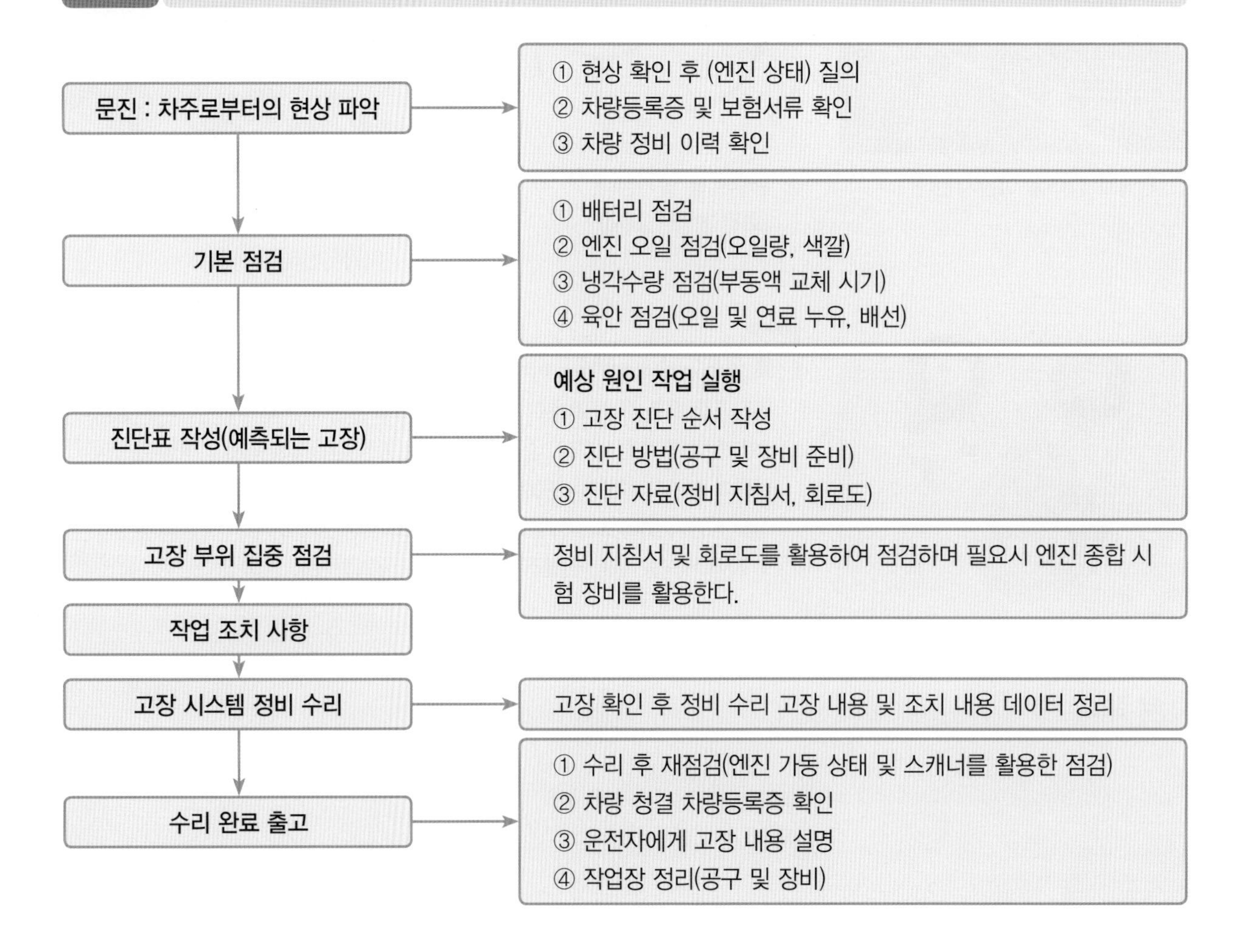

2 엔진 장치별 진단 방법

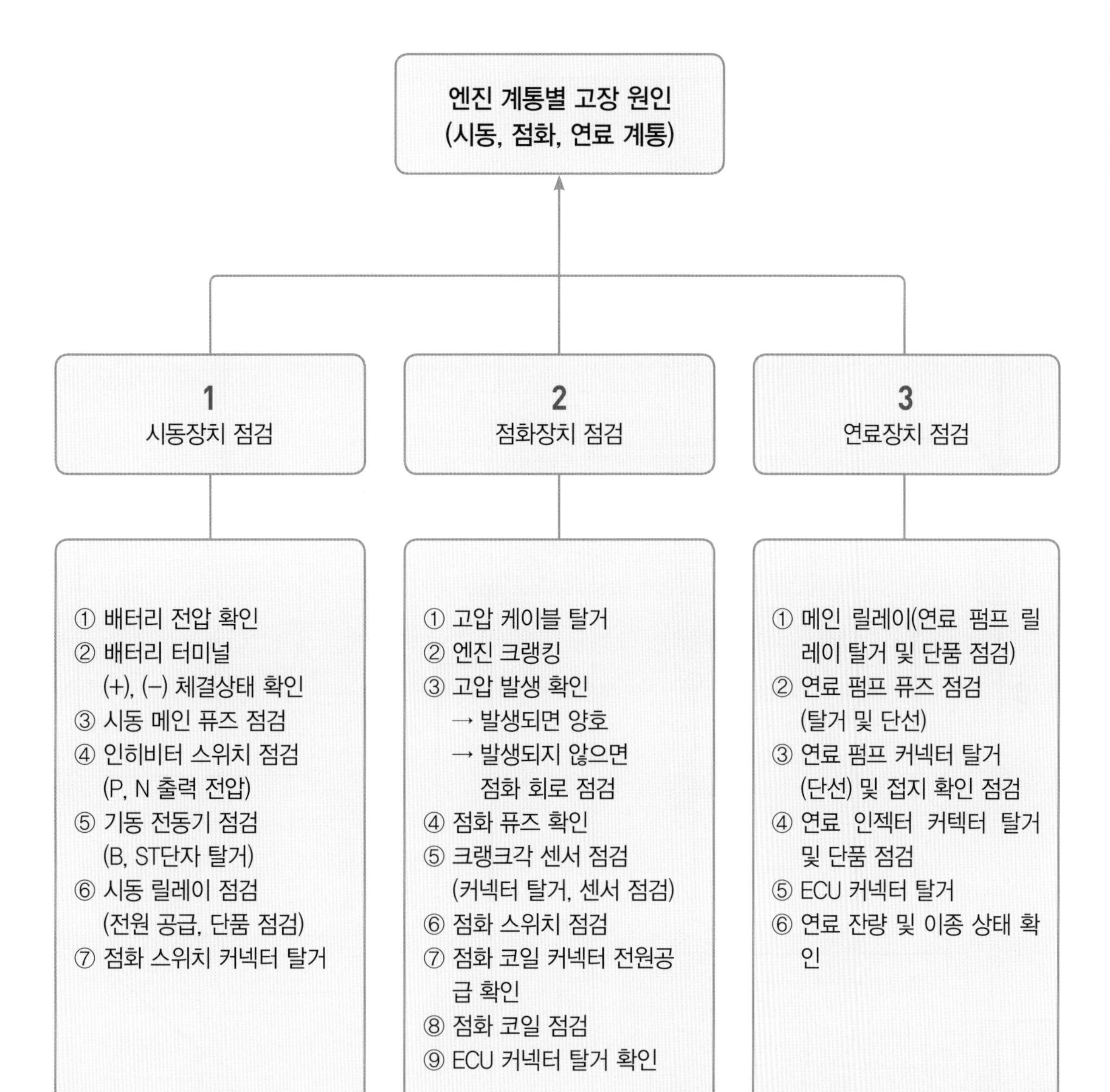
엔진 계통별 고장 원인
(시동, 점화, 연료 계통)
1
시동장치 점검
2
점화장치 점검
3
연료장치 점검
① 배터리 전압 확인
② 배터리 터미널
(+), (−) 체결상태 확인
③ 시동 메인 퓨즈 점검
④ 인히비터 스위치 점검
(P, N 출력 전압)
⑤ 기동 전동기 점검
(B, ST단자 탈거)
⑥ 시동 릴레이 점검
(전원 공급, 단품 점검)
⑦ 점화 스위치 커넥터 탈거
① 고압 케이블 탈거
② 엔진 크랭킹
③ 고압 발생 확인
→ 발생되면 양호
→ 발생되지 않으면
점화 회로 점검
④ 점화 퓨즈 확인
⑤ 크랭크각 센서 점검
(커넥터 탈거, 센서 점검)
⑥ 점화 스위치 점검
⑦ 점화 코일 커넥터 전원공
급 확인
⑧ 점화 코일 점검
⑨ ECU 커넥터 탈거 확인
① 메인 릴레이(연료 펌프 릴
레이 탈거 및 단품 점검)
② 연료 펌프 퓨즈 점검
(탈거 및 단선)
③ 연료 펌프 커넥터 탈거
(단선) 및 접지 확인 점검
④ 연료 인젝터 커텍터 탈거
및 단품 점검
⑤ ECU 커넥터 탈거
⑥ 연료 잔량 및 이종 상태 확
인

3 시동장치 점검

1 시동회로도

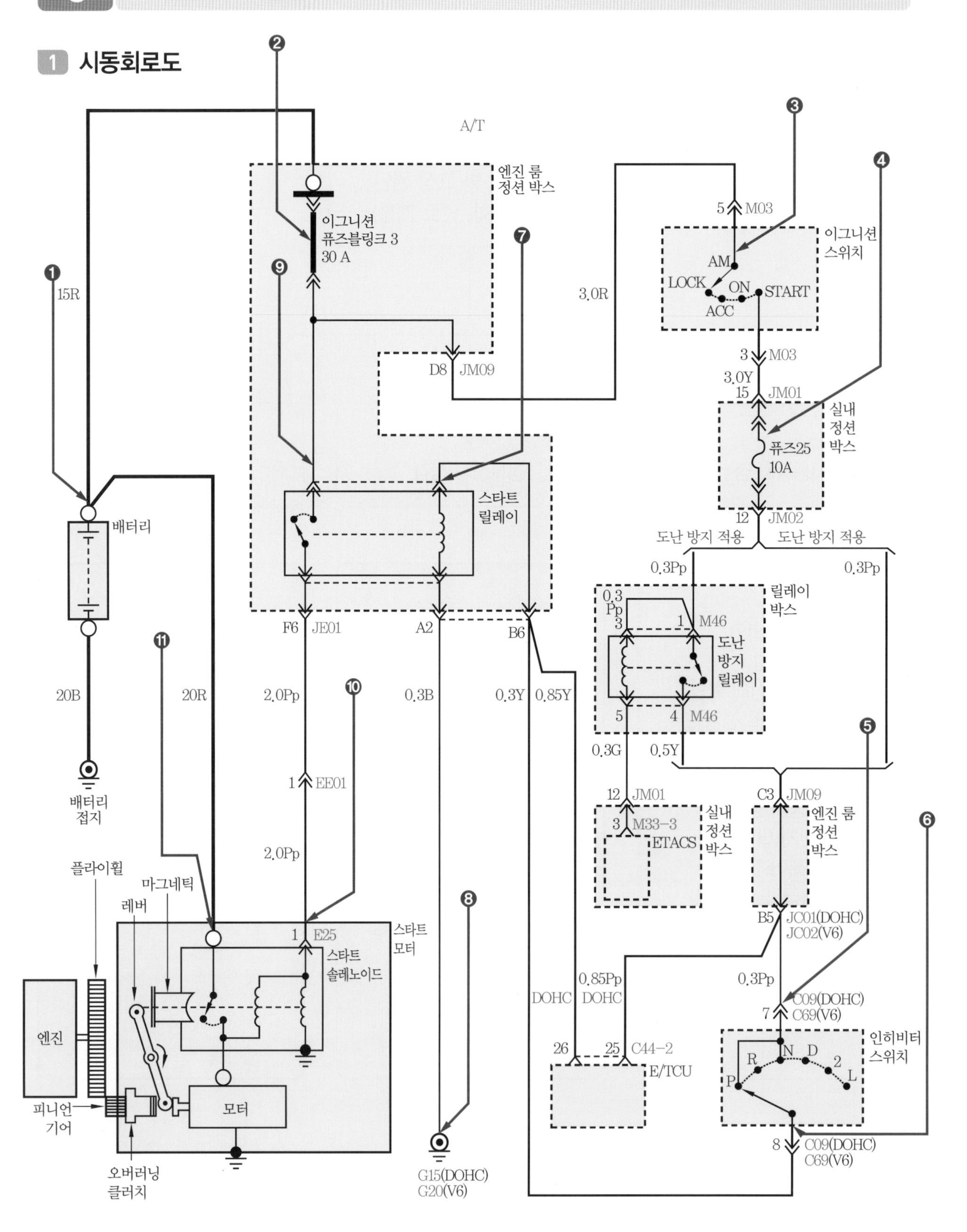

2 시동회로 점검

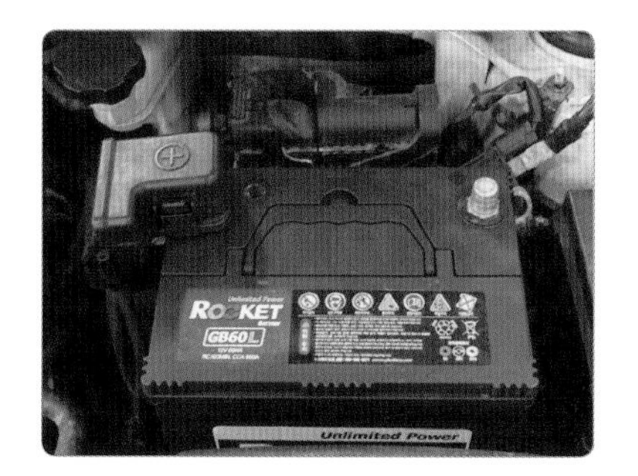

1. 배터리 단자 접촉 상태를 확인한다.

2. 배터리 단자 전압을 확인한다.

3. 엔진 점화 스위치를 ON시킨다.

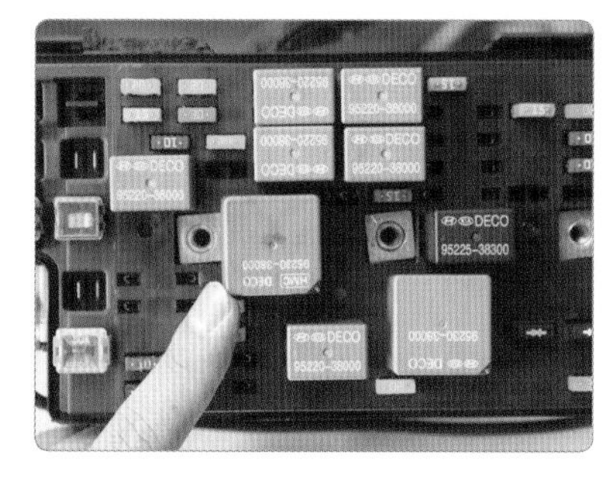

4. 이그니션 퓨즈 및 스타트 릴레이 단자 전압을 확인한다.

5. 스타트 릴레이 코일 저항 및 접점 상태를 확인한다.

6. 실내 정션 박스 시동 공급 전원 퓨즈 단선 유무를 확인한다.

7. 기동 전동기 ST단자 접촉 상태 및 공급 전원을 확인한다.

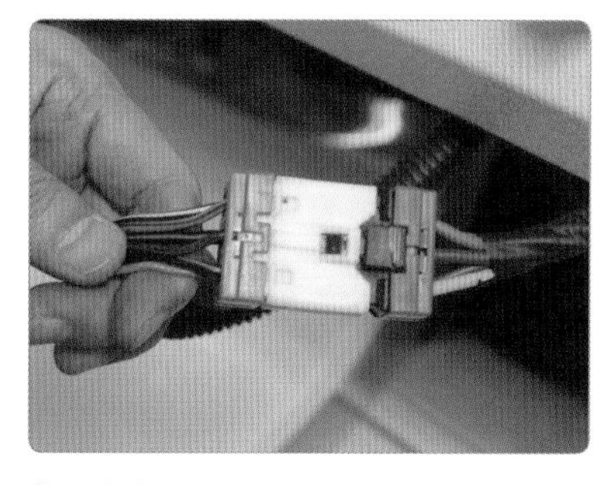

8. 점화 스위치 체결 상태를 확인한다.

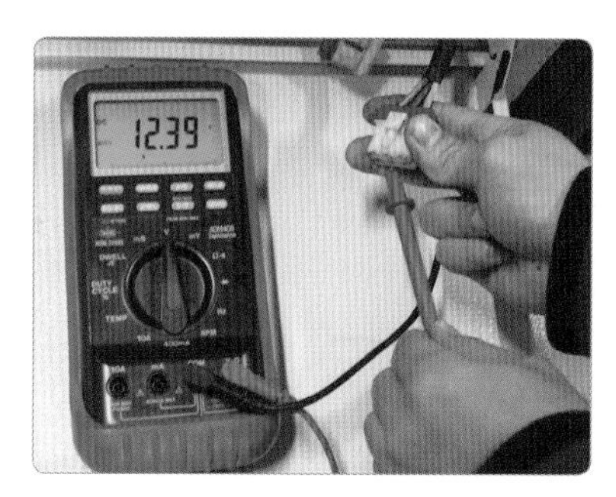

9. 점화 스위치 공급 전압을 확인한다(12.39 V).

10. 변속 선택 레버를 P, N 위치에 놓는다.

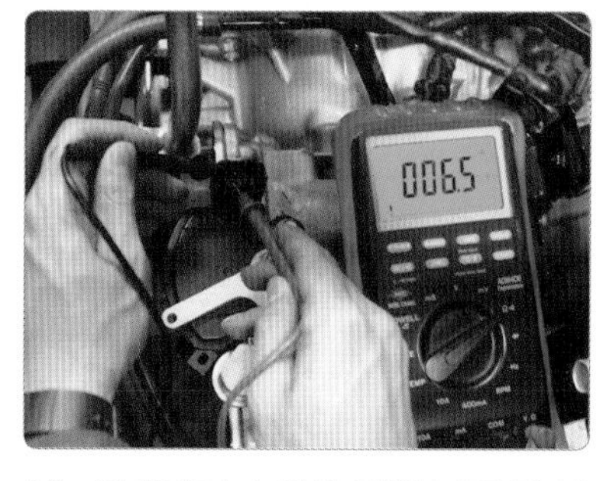

11. 인히비터 스위치 전원 공급 및 접점 상태를 확인한다(P, N 상태).

12. 엔진 시동 상태를 확인한 후 OFF시킨다.

4 점화장치 점검

1 점화장치 회로도

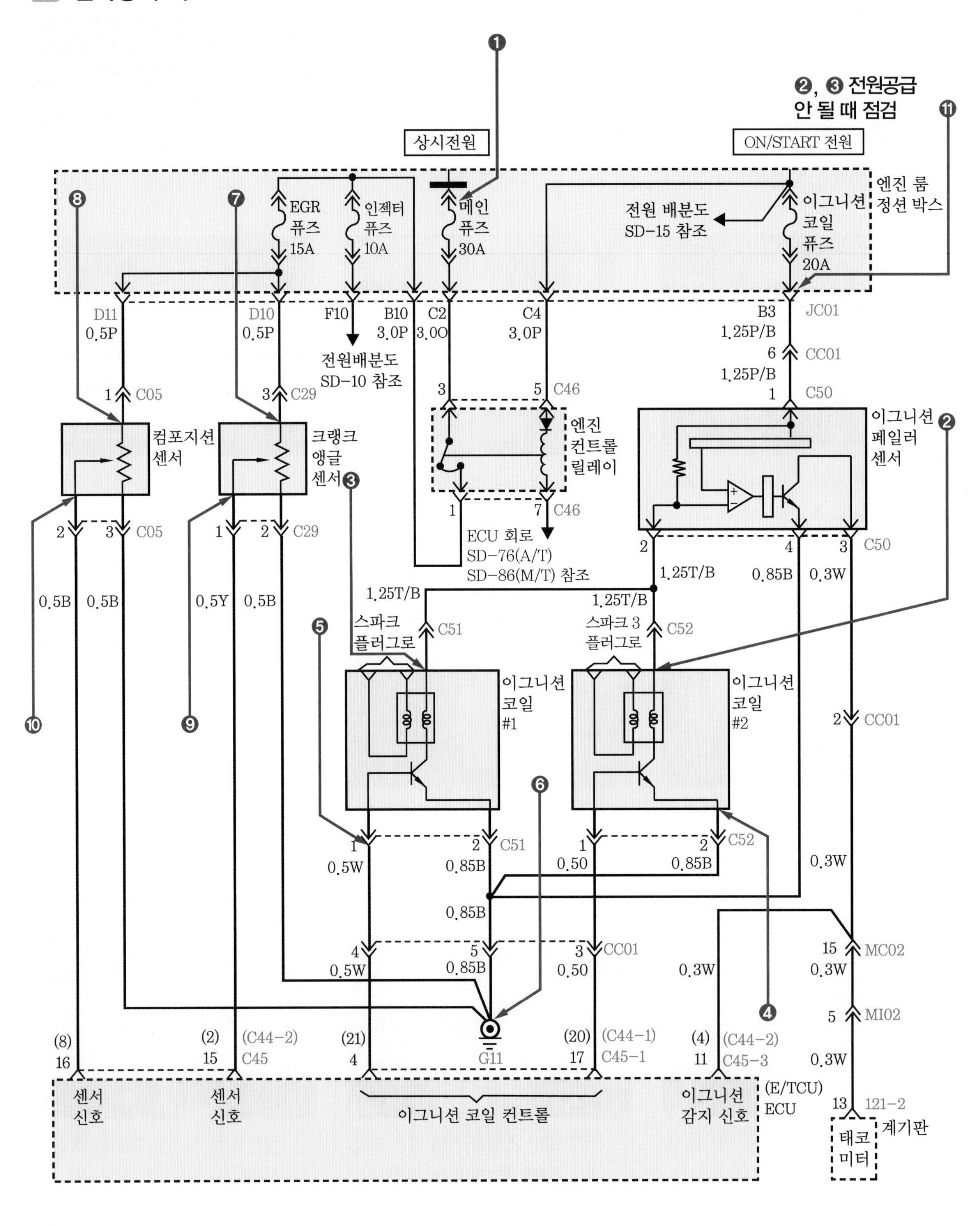

2 점화회로 점검

점화회로 점검

1. 배터리 체결 상태 (+), (–)를 확인한다.

2. 엔진 룸 정션 박스의 시동 릴레이 체결 및 작동 상태를 점검한다.

3. 점화 코일 커넥터 체결 상태 및 고압 케이블 체결 상태를 확인한다.

4. 점화 플러그 고압 발생을 확인하고 점검한다.

5. 점화 코일 커넥터 접속 상태를 점검한다.

6. 점화 코일 공급 전압(배터리 전압), 접지상태(저항 선택)를 확인한다.

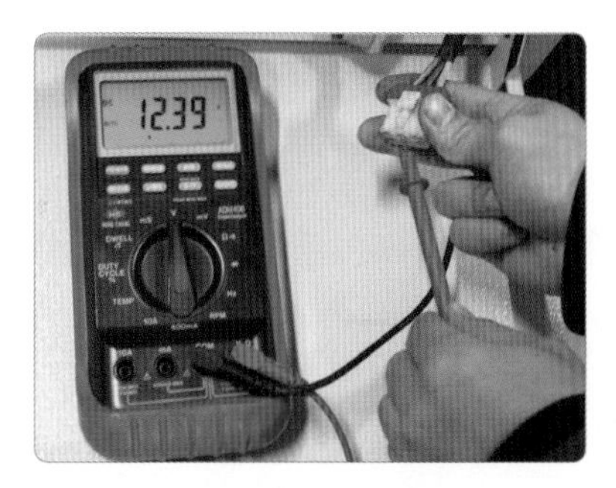

7. 점화 스위치를 점검한다.

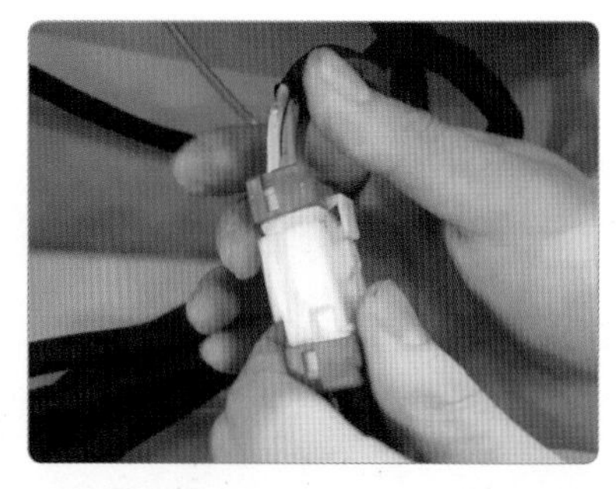

8. 점화 스위치 점검 및 커넥터 접촉 상태를 확인하고 점검한다.

9. 이그니션 퓨즈 단선 유무를 확인한다.

10. 점화 코일을 점검한다(저항 및 단선 유무).

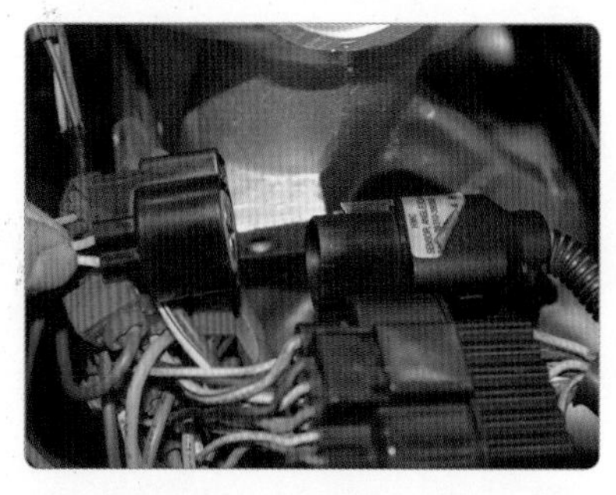

11. 크랭크각 센서 커넥터 탈거 및 접속 상태를 확인한다.

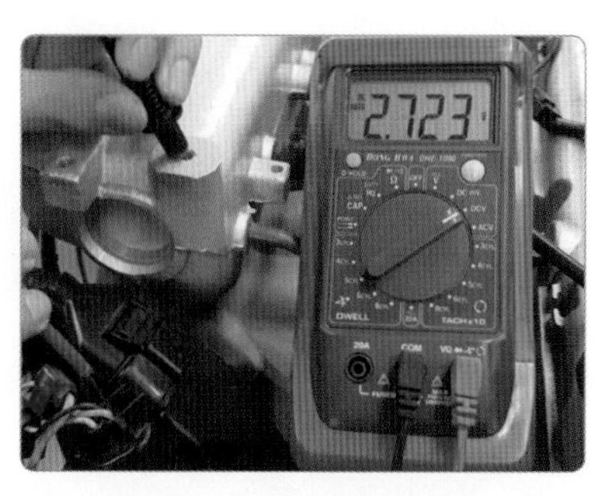

12. 크랭크각센서 출력 전압을 확인한다.

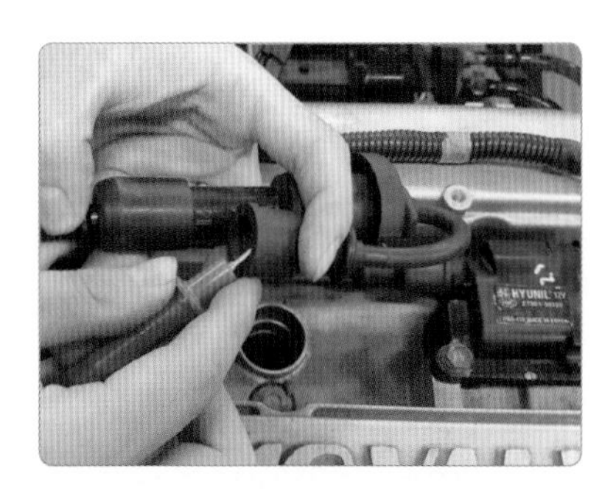

13. 하이텐션케이블 저항을 점검한다.

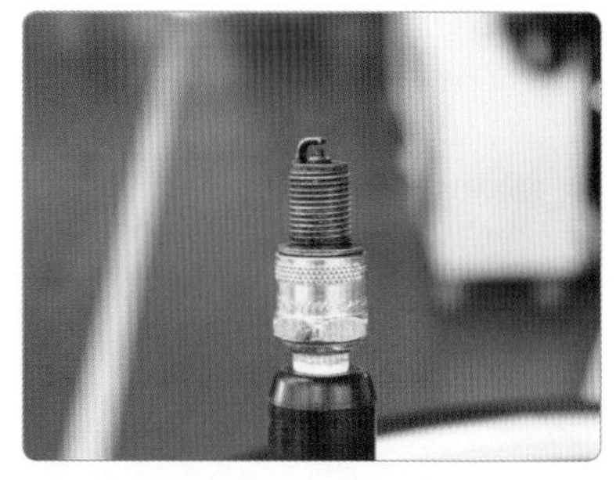

14. 점화 플러그 중심 전극 및 접지 전극을 점검한다.

15. 엔진 점화 스위치를 작동시켜 엔진 시동 상태를 확인한다.

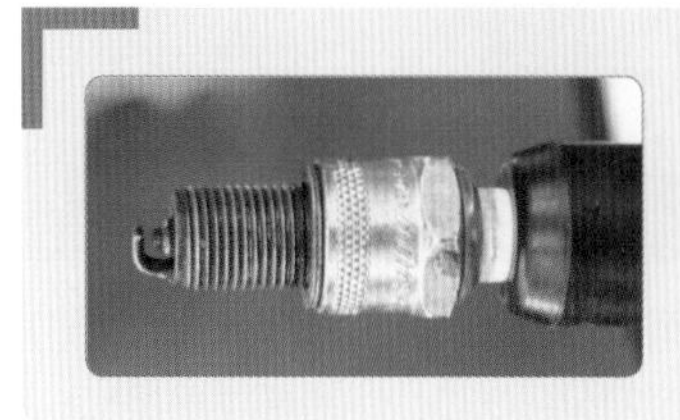

점화 플러그(spark plug)

중심 전극과 접지 전극으로 0.8~1.1 mm 간극이 있으며, 간극 조정은 와이어 게이지나 디그니스 게이지로 점검한다. 간극이 크거나 작으면 점화 전압의 저하로 엔진의 출력이 저하된다.

5 연료계통 점검

1 연료장치 회로도

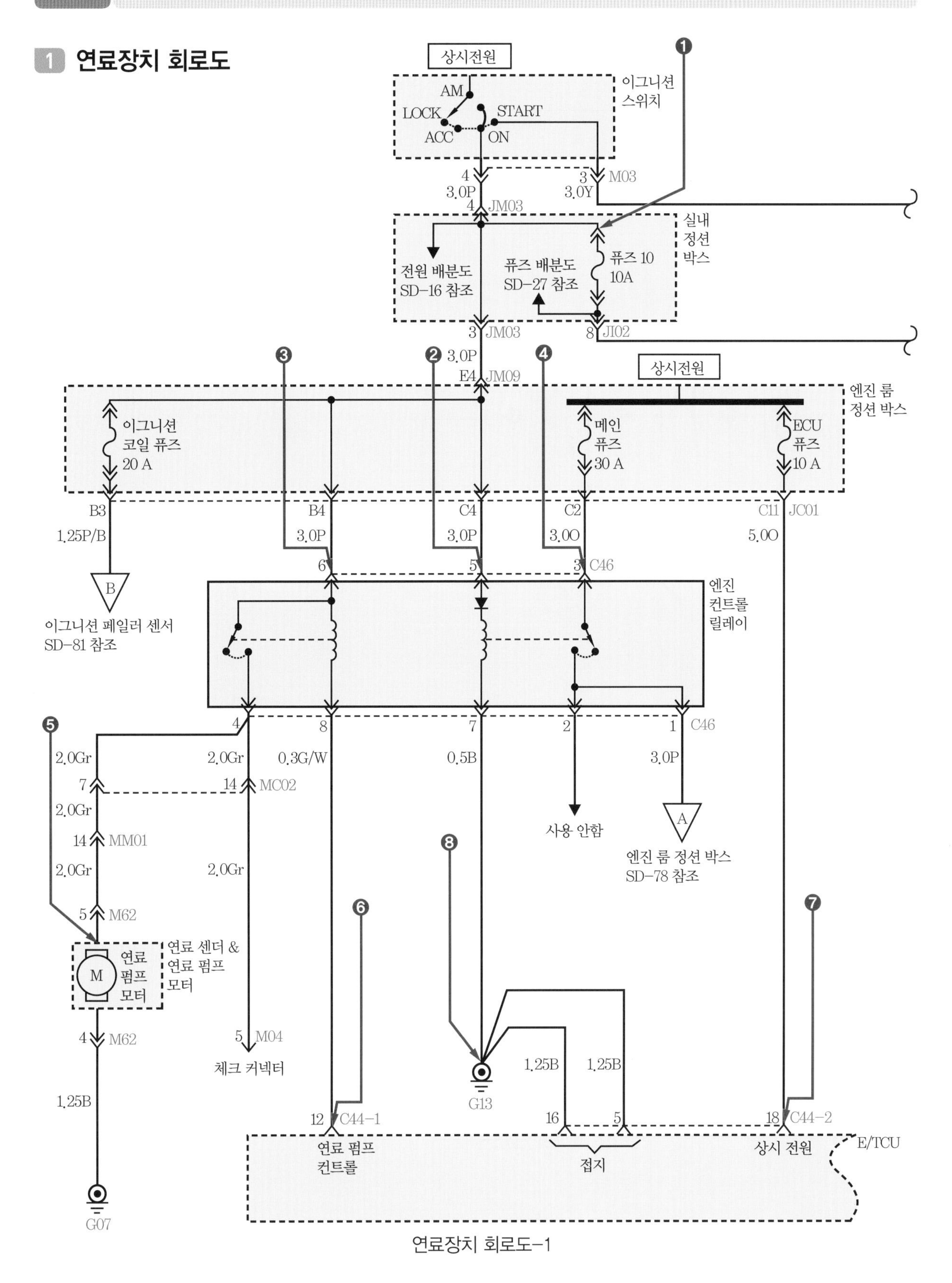

연료장치 회로도-1

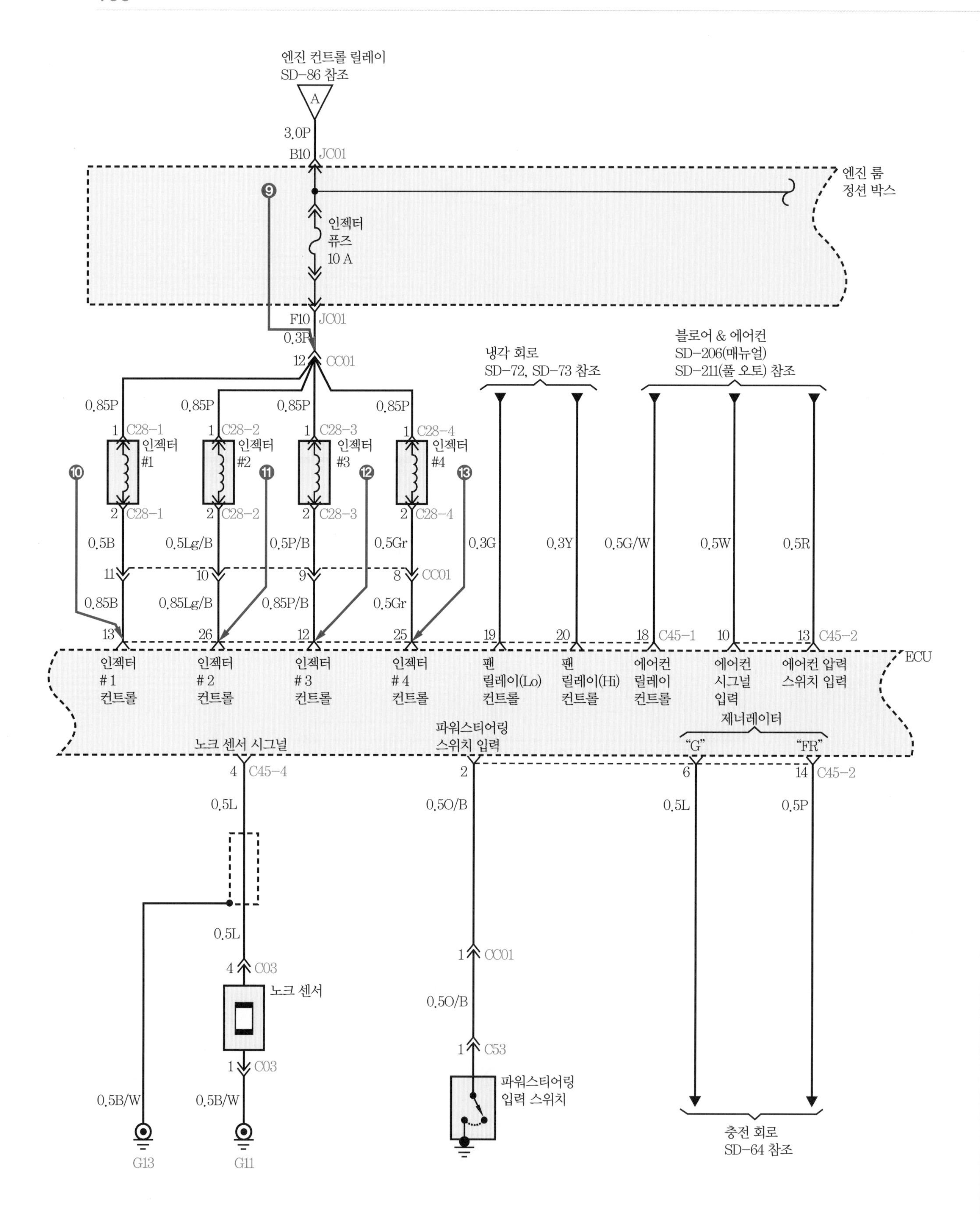

엔진 컨트롤 릴레이
SD-86 참조
A
3.0P
B10 JC01
엔진 룸
정션 박스
인젝터
퓨즈
10 A
F10 JC01
0.3P
12 CC01
0.85P
1 C28-1
인젝터
#1
2 C28-1
1 C28-2
인젝터
#2
2 C28-2
1 C28-3
인젝터
#3
2 C28-3
1 C28-4
인젝터
#4
2 C28-4
0.5B
0.5Lg/B
0.5P/B
0.5Gr
11
10
9
8 CC01
0.85B
0.85Lg/B
0.85P/B
0.5Gr
13
26
12
25
냉각 회로
SD-72, SD-73 참조
0.3G
0.3Y
19
20
블로어 & 에어컨
SD-206(매뉴얼)
SD-211(풀 오토) 참조
0.5G/W
0.5W
0.5R
18 C45-1
10
13 C45-2
ECU
인젝터
#1
컨트롤
인젝터
#2
컨트롤
인젝터
#3
컨트롤
인젝터
#4
컨트롤
팬
릴레이(Lo)
컨트롤
팬
릴레이(Hi)
컨트롤
에어컨
릴레이
컨트롤
에어컨
시그널
입력
에어컨 압력
스위치 입력
노크 센서 시그널
파워스티어링
스위치 입력
제너레이터
"G"
"FR"
4 C45-4
2
6
14 C45-2
0.5L
0.5O/B
0.5L
0.5P
0.5L
4 C03
노크 센서
1 C03
0.5B/W
0.5B/W
G13
G11
1 CC01
0.5O/B
1 C53
파워스티어링
입력 스위치
충전 회로
SD-64 참조

연료장치 회로도-2

2 연료장치 점검

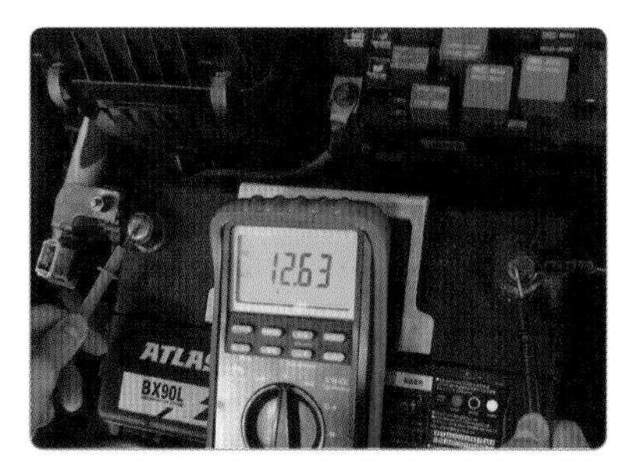

1. 배터리 전원 및 단자 체결 상태를 확인한다.

2. 스타터 릴레이 및 메인 퓨즈를 점검한다.

3. 인젝터 퓨즈를 점검하고 단선 시 교체한다.

4. 커넥터 체결 상태 및 전원 공급 상태를 확인한다.

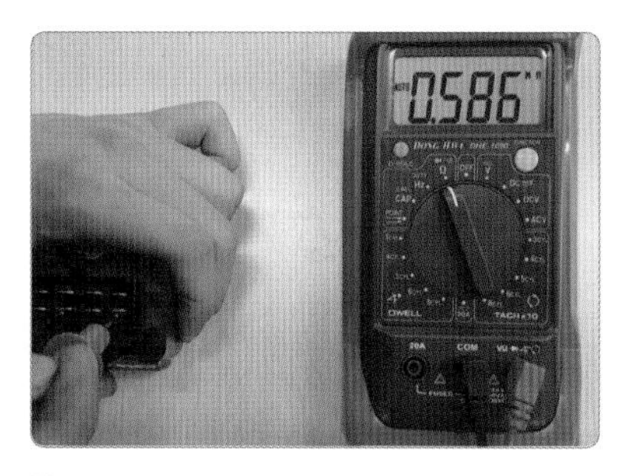

5. 컨트롤 릴레이 코일 저항을 점검한다.

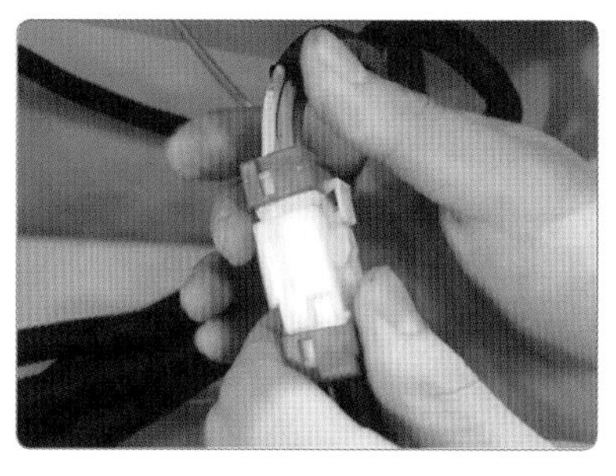

6. 점화 스위치 점검 및 커넥터 접촉 상태를 확인하고 점검한다.

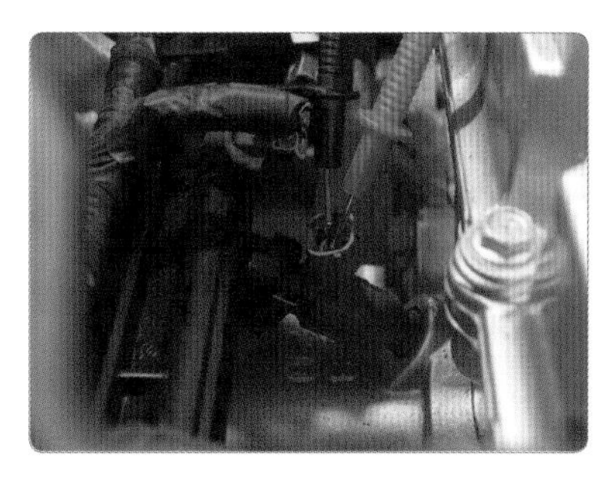

7. 인젝터 커넥터 체결 상태와 인젝터 저항을 점검한다.

8. 연료 펌프 커넥터 체결 상태 및 전원 공급 상태를 확인한다.

9. 연료 펌프의 접지 상태와 연료 잔량을 확인한다.

10. 크랭크각 센서 커넥터 체결 및 센서를 점검한다.

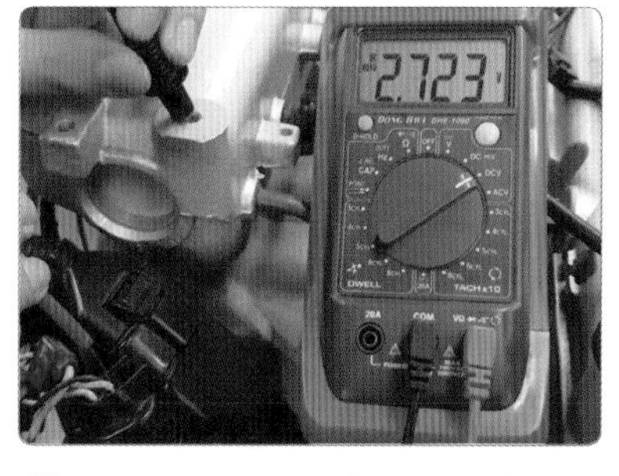

11. 크랭크각 센서 출력 전압을 확인한다.

12. ECU 체결 상태를 확인한다.

6 전자 제어 연료분사장치 점검

① 스캔 툴 장비를 활용한 자기 진단 점검을 수행하여 출력된 센서를 확인한다.
② 센서 출력 데이터를 확인하여 정상 센서 작동이 수행되고 있는지 확인한다.
③ 입출력 센서 중 비중 있는 센서인 흡입 공기량 센서(AFS)와 크랭크각 센서(CAS), TPS 등 주요 센서의 공급 전원 및 시그널 전압을 확인한다.
④ 공회전 부조 시 스텝 모터를 점검하여 듀티율 및 파형을 분석하여 이상 유무를 확인한다.
⑤ 엔진 ECU 접지 배선의 포인트를 확인하여 접속 상태를 확인하고 접지를 강화시킨다.
⑥ 종합 릴레이 공급 전원 및 출력 전원(센서 공급 전원 및 연료 펌프, 인젝터 공급 전원)을 점검한다.
⑦ 전자 제어 시스템 센서 및 부품에 이상이 발생하여 부품 교환 및 수리를 수행했을 때에는 반드시 ECU 기억 소거 후 스캐너를 이용, 재점검을 수행하여 수리 여부를 확인한다.

7 엔진 압축 압력 시험 및 진공도 시험

1 압축 압력 시험 측정 전 준비 사항

① 엔진 오일, 시동 모터 상태 및 배터리를 점검한다(12.6~13.8 V).
② 엔진을 충분하게 워밍업시킨다(냉각수 온도가 85~95 ℃ 정도가 될 때까지 엔진을 가동시킨다).
③ 시동을 OFF한 후 에어클리너 및 스파크 플러그를 탈거한다.
④ 크랭크각 센서 커넥터 및 연료 펌프 퓨즈나 릴레이를 탈거한다(엔진 시동이 걸리지 않도록 조치).
⑤ 스로틀 밸브를 완전히 개방하고 엔진 흡입 저항이 최소가 되도록 한다.
※ 각 기통별 실린더 스파크 플러그 전체를 탈거하여 피스톤 압축 시 압력이 근접한 실린더에 전달되지 않도록 한다.

2 압축 압력 시험

(1) 측정 방법

1. 흡입덕트 고정클립 볼트를 풀고 흡입덕트를 엔진에서 분리한다.

2. 점화 코일 커넥터를 분리하고 점화 코일을 실린더 헤드에서 분리한다.

3. 스파크 플러그 렌치를 이용하여 스파크 플러그를 분해한다.

4. 연결대를 이용하여 점화 플러그를 탈거한다.

5. 지정된 실린더에 압축 압력계를 설치한다.

6. 크랭크각 센서 커넥터를 분리한다.

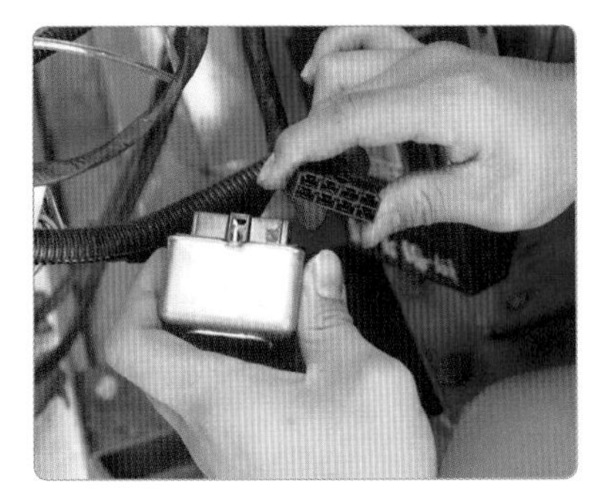

7. 메인 컨트롤 릴레이 커넥터를 분리한다.

8. 스로틀 밸브를 최대한 오픈한 후 크랭킹(300~350 rpm)하면서 압축 압력을 측정한다.

9. 측정된 압축 압력을 답안지에 기재한다(15.5 kgf/cm²).

(2) 측정(점검)

압축 압력 측정값 15.5 kgf/cm²를 정비 지침서 규정(한계)값 16.5 kgf/cm²를 적용하여 판정한다.

압축 압력 기준값			
차 종		규정값	한계값
아반떼	1.5D	16.5(kgf/cm²)	–
	1.8D	15.0(kgf/cm²)	–
EF 쏘나타	1.8D	12.5(kgf/cm²)	11.5(kgf/cm²)
	2.0D	12.5(kgf/cm²)	11.5(kgf/cm²)

피스톤 간극

피스톤은 엔진이 작동할 때 연소 시 발생하는 고온으로 열팽창을 하므로 이를 위해 상온에서 실린더와의 사이에 간극을 유지시키는데, 이것을 피스톤 간극 또는 실린더 간극이라 한다. 피스톤 간극은 실린더 안지름과 피스톤 최대 바깥지름(스커트 지름)으로 표시하며, 간극이 너무 작으면 실린더와 피스톤 사이의 고온과 마찰열에 의해 피스톤 링이 고착된다.

7 가솔린 전자 제어장치 정비 일반

실습목표 (수행준거)	1. 가솔린 차종에 따른 전자 제어장치를 이해하고 작동 상태를 파악할 수 있다. 2. 가솔린 전자 제어장치 세부 점검 항목을 확인하여 점검할 수 있다. 3. 정비 지침서에 따라 가솔린 전자 제어장치 관련 부품을 교환할 수 있다. 4. 고장 진단 장비를 사용하여 전자 제어장치의 고장 원인을 분석할 수 있다.

1 관련 지식

1 전자 제어 연료 분사장치의 구성

① 흡입 계통 : 공기청정기, 에어 플로 센서, 스로틀 보디, 서지 탱크, 흡기 다기관 등

② 연료 계통 : 연료탱크, 연료 펌프, 연료여과기, 분배파이프, 연료압력 조절기, 인젝터 등

③ 제어 계통 : 컴퓨터, 컨트롤 릴레이, 수온 센서, 흡기 온도 센서, 스로틀 위치 센서, 공전속도 조절장치 (ISC−servo), 제1번 실린더 상사점 센서, 크랭크각 센서, 노크 센서 등

2 가솔린 전자 제어 입력 센서

(1) 에어 플로 센서(AFS) 및 흡기 온도 센서(ATS)

흡입 공기량 검출−EGR 피드백 제어용으로 사용하며, 급가속 및 감속 시 연료량을 보정한다.

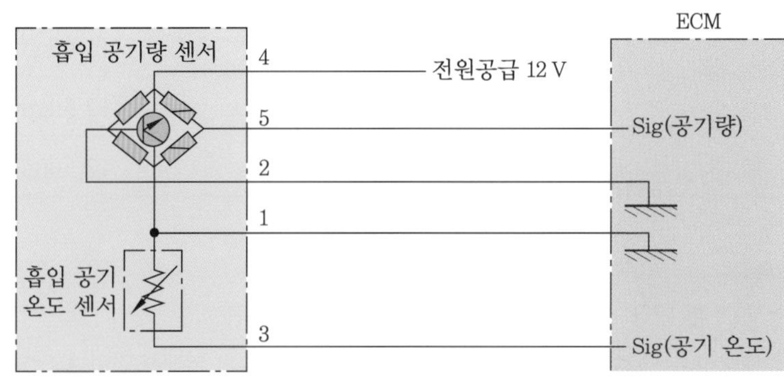

에어 플로 센서

흡입 공기량 센서의 종류와 계측방식				
특 성 / 종 류	계측 방식	출력 방식		특 성
		출력 신호	형 식	
칼만와류식 (karman vortex)	직접 계측	디지털	흡기 체적에 비례하는 주파수	• 정밀성이 우수하고 신호 처리가 좋다. • 대기압 보정이 필요하다.
핫필름식 (hot film)	직접 계측	아날로그	흡기 질량에 비례하는 전압	• 질량유량 검출로 신뢰성이 좋다. • 오염에 의한 측정오차가 크다. • 설치 시 제약이 따른다.
핫와이어식 (hot wire)	직접 계측			
맵 센서식 (MAP sensor)	직접 계측		흡기관 압력에 비례하는 전압	• 소형, 저가이며 정착성이 양호하다. • 엔진 특성 변화에 대응이 곤란하다.
베인식 (vane)	직접 계측		흡기 체적에 비례하는 전압	• 사용이 많으나 고장률이 높다. • 대기압 보정이 필요하다.

(2) 크랭크축 위치 센서(CKP) 및 캠축 위치 센서(CMP)

크랭크축 위치 센서와 캠축 위치 센서는 ECU에서 피스톤의 위치와 캠축의 위치를 알아내 정확한 점화 시기, 분사 시기를 제어하는 주요 센서이다.

CKP 센서는 내부적으로 엔진의 회전수를 감지하는 기능이 있어 계기의 태코미터 게이지에 출력되며 2개 센서 중 1개가 고장이면 ECU에 하나의 정보 연산으로 점화 시기와 분사 시기가 가능하나 2개 센서 모두 고장일 경우에는 크랭크축, 캠축의 위치 정보를 얻지 못해 엔진 시동이 어렵게 된다.

CKP 센서는 크랭크축에 장착된 톤 휠에 여러 개의 돌기(일반적으로 6° 간격으로 설치한 60개의 돌기가 일정하게 배치되어 있으며, 그 중 2개가 빠져 참조점으로 사용함)를 설치하고 돌기 가까이 센서를 장착한다.

크랭크축 위치 센서

CKP 센서에서는 엔진이 회전함에 따라 크랭크축에 장착된 톤 휠이 회전하고, 이에 따라 센서 내의 자속의 변화로 전압이 발생한다. 이러한 전자유도식 센서를 마그네틱 인덕티브 방식이라고 하는데, 센서의 출력은 아날로그 신호로 발생한다.

크랭크각 센서 측정	
항 목	규정값
에어갭 간극	0.1~1.5 mm
출력 전압	4.5~5 V

CMP 센서는 모두 홀 센서를 사용하고 있는데 CKP 센서와 마찬가지로 캠축에 설치된 타깃휠이 캠축의 회전에 따라 센서에 자력이 가해지면 시그널 전압이 변화가 생기게 되며, 이와 같은 전압값을 바탕으로 캠축의 위치를 감지하여 연료 분사 시기 등을 제어하게 된다.

캠축 위치 센서

CKP 센서나 CMP 센서는 파형을 측정해야 가장 정확한 진단을 할 수 있다. 또한 기본적 점검 사항으로는 센서의 입출력 전원, 에어캡, 톤 휠 상태 등이 있다.

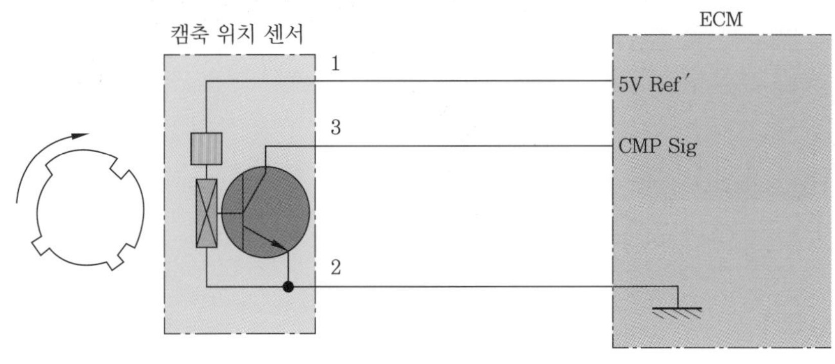

CMP 센서 회로

(3) 엔진 냉각수 온도 센서(WTS)

WTS 센서는 냉각수 통로에 설치되어 있으며 부특성(NTC) 저항으로 되어 있다. 엔진 ECU는 공급 전압(5 V)을 공급하고 엔진의 온도에 따라 시그널 전압을 감지한다. 엔진의 온도가 저온일 때는 센서 저항값이 커져 ECU는 높은 시그널 전압을 감지하고, 온도가 상승하면 저항값이 감소하여 낮은 시그널 전압을 감지한다.

냉각수 온도 센서

냉각수 온도 센서의 온도와 저항값			
온 도	저항값	온 도	저항값
100 ℃	180~192 Ω	20 ℃	2402~2619 Ω
90 ℃	238~254 Ω	10 ℃	3619~3964 Ω
80 ℃	319~340 Ω	0 ℃	5605~6168 Ω
60 ℃	590~634 Ω	−10 ℃	8951~9901 Ω
40 ℃	1152~1247 Ω	−40 ℃	45301~51006 Ω

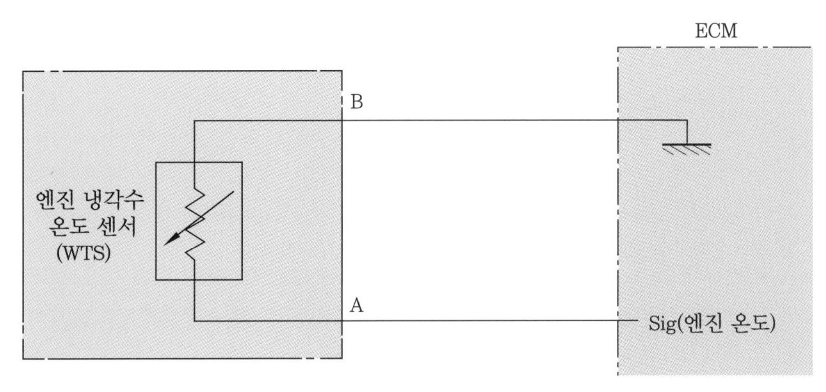

냉각수 온도 센서 회로

※ 냉각수 온도 센서 시그널 전압은 80~95 ℃일 때 약 1.8~2.5 V 정도가 된다.

(4) 노크 센서

엔진의 실린더 블록에 설치되며 이상 연소 발생으로 엔진 실린더 블록에 노크가 감지된다. 실린더 블록 노크 센서는 피에조 압전소자를 이용하여 블록 노크를 감지하고 공회전 시 엔진 부조 현상과 인젝터 손상 여부를 파악하여 계기판 파워트레인 경고등을 점등시킨다. 냉간 시에는 연료 분사를 많이 하여 블록 노크량이 크므로 출력값이 높고, 웜업이 되면 출력 전압값은 낮아진다.

노크 센서

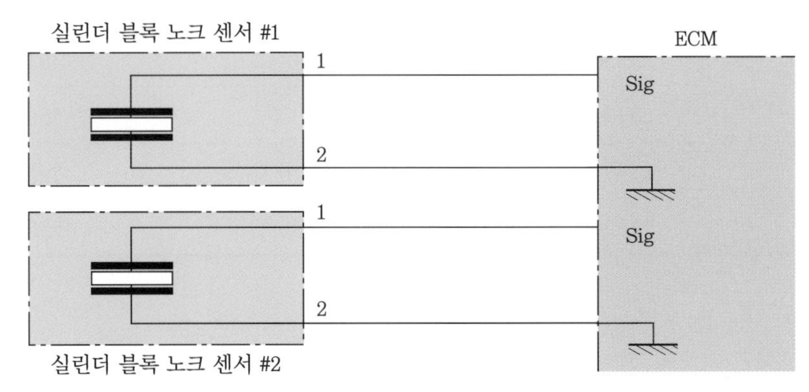

노크 센서 회로

노크 센서 출력 신호

❶ 노킹 발생 시 Fast 보정 : 노킹 발생 시 점화 시기를 5° 지각시킨 후 매 0.5초마다 점화 시기를 1° 씩 진각

❷ 노킹 발생 시 Slow 보정 : 노킹 발생 시 점화 시기를 8° 지각시킨 후 매 1초마다 점화 시기를 1° 씩 진각

3 가솔린 연료장치

(1) 연료 압력 제어(조절) 방식

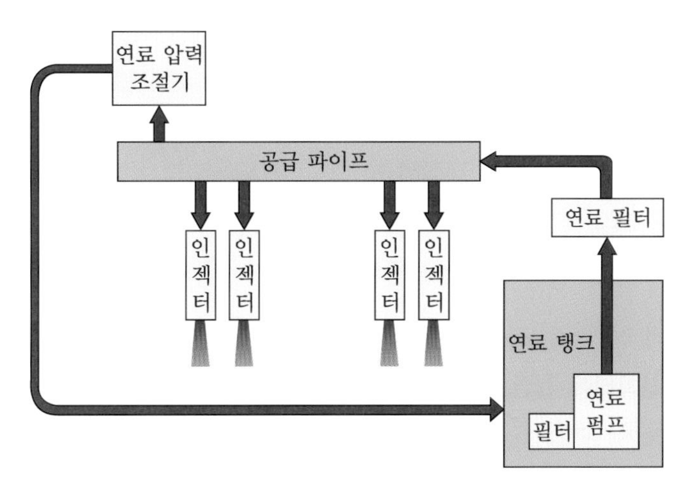

출구 제어식 연료 압력 제어

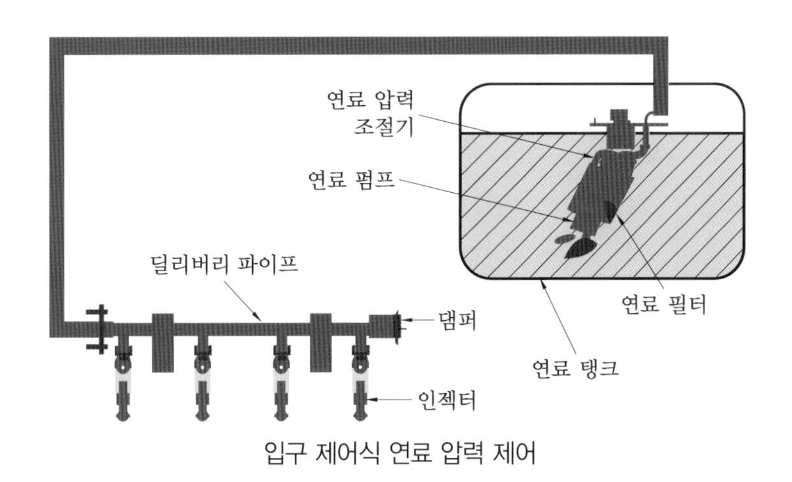

입구 제어식 연료 압력 제어

(2) 연료 계통 구성 부품

① **연료 펌프** : 직류(DC) 모터에 의해 구동, 로터리 펌프 사용 모터는 연료에 잠긴 상태에서 작동(연료 탱크 내장형과 외장형), 펌프 작동 압력 4.5~6 kgf/cm^2, 송출 압력 3.5~5 kgf/cm^2

㈎ 체크 밸브 : 연료 펌프의 연료 압송 정지 시 닫힘, 잔압 유지, 고온 시 베이퍼로크 방지, 재시동 성능 향상 및 연료 누설 방지

연료 펌프

(나) 릴리프 밸브 : 펌프 내 압력 과대 시 밸브가 작동하여 상승 압력에 의한 연료 누설 및 파손 방지

② 인젝터(injector) : 각 실린더의 흡입 밸브 앞쪽(흡기 다기관)에 1개씩 설치되어 각 실린더에 연료를 분사시켜 주는 솔레노이드이다. 인젝터는 엔진 ECU로부터의 전기적 신호에 의해 작동하며, 그 구조는 밸브 보디와 플런저(plunger)가 설치된 니들 밸브로 되어 있다.

(가) 전압 제어 방식의 인젝터의 작동 : 인젝터는 직렬로 외부 저항을 설치하여 솔레노이드 코일의 권수를 줄일 수 있어 인젝터 응답성을 개선할 수 있다. 회로 구성은 간단하지만 외부 저항을 이용하므로 회로 임피던스가 높고, 인젝터로 흐르는 전류가 감소하며 인젝터에 발생하는 흡입력이 감소하여 동적 특성 범위 면에서 불리하다.

(나) 전류 제어 방식의 인젝터의 작동 : 인젝터에 외부 저항을 사용하지 않으며 회로 구성은 복잡하나 임피던스가 낮고, 인젝터에 전류가 흐르면 니들 밸브가 바로 작동할 수 있어 인젝터의 동적 특성에 유리하다. 니들 밸브가 완전히 열린 후에는 전류 제어 회로를 가동하여 솔레노이드 코일의 발열을 방지한다.

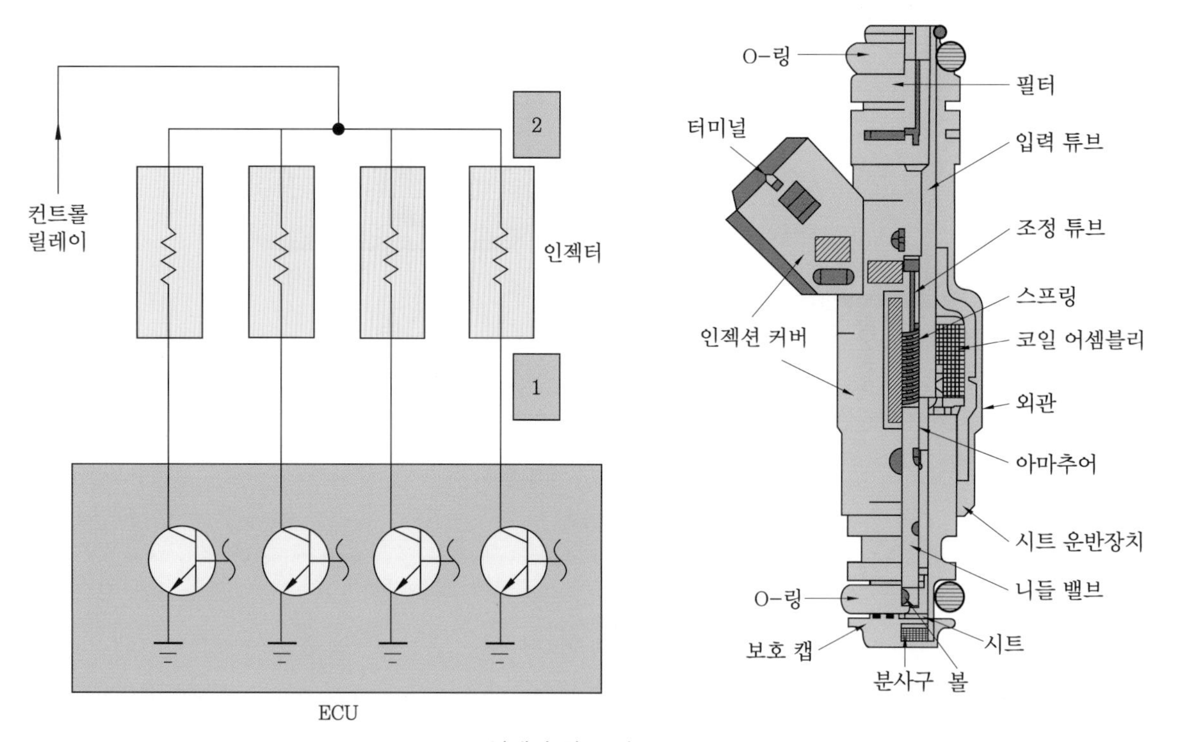

인젝터 회로 및 구조

❶ 임피던스(impedance) : 직류 회로에서 저항에 상당하는 교류 회로의 저항
❷ 인젝터 점검 사항 : 작동음, 분사량, 저항, 전원 공급 및 전류 등

③ **연료 탱크** : 연료 탱크 용량은 70~90 L이며 연료 필러 캡, 연료 센서, 연료 펌프, 캐니스터로 구성된다.

㈎ 연료 필러 캡 : 연료 탱크 내에 증발 가스가 발생되어 압력이 형성되면 밸브가 닫혀 다시 대기 중으로 방출되는 것을 방지한다.

㈏ 연료 센서 및 연료 펌프 : 연료 탱크 내의 연료량을 계측하기 위하여 탱크 내에 장착된다.

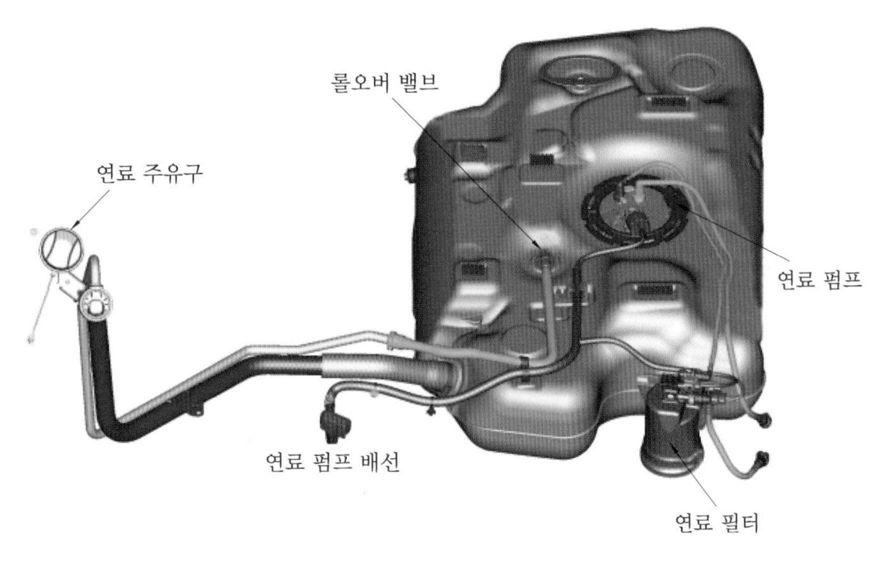

연료 탱크의 구성

④ **연료 필터(연료 여과기)** : 연료의 불순물을 제거하며 연료 속 수분을 침전시켜 걸러주는 역할을 한다. 연료 필터의 일반적인 교환 주기는 보통 40000~50000 km이나 겨울철 운행이 많은 경우 3년 이내 교체해야 한다. 연료 필터는 필터 내부가 필터링을 하면서 오염되기도 하지만 외부에 노출된 필터의 경우 연결 부위에 부식이 발생되면 교체해야 한다.

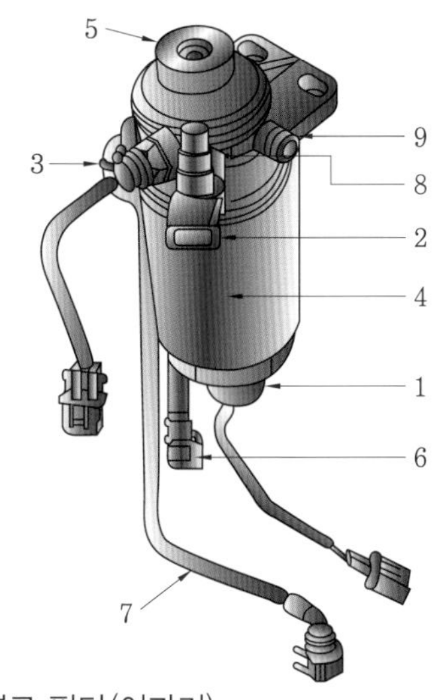

1. 연료 수분 센서
2. 히터
3. 서머 스위치
4. 연료 필터 여과지
5. 수동 펌프
6. 인렛(inlet) 호스
7. 아웃렛(outlet) 호스
8. 에어 플러그(공장용)
9. 에어 플러그(서비스용)

연료 필터(여과기)

⑤ **컨트롤 릴레이** : 엔진 ECU를 비롯하여 연료 펌프, 인젝터, AFS 등 전자 제어장치에 전원을 공급한다.

⑥ **연료 압력 조정기** : 흡기관 내 압력 변화에 대응하여 인젝터에 가하는 압력을 일정하게 유지하며 연료 압력을 흡기관의 압력보다 2.55 kgf/cm^2 정도 높게 조정한다.

컨트롤 릴레이

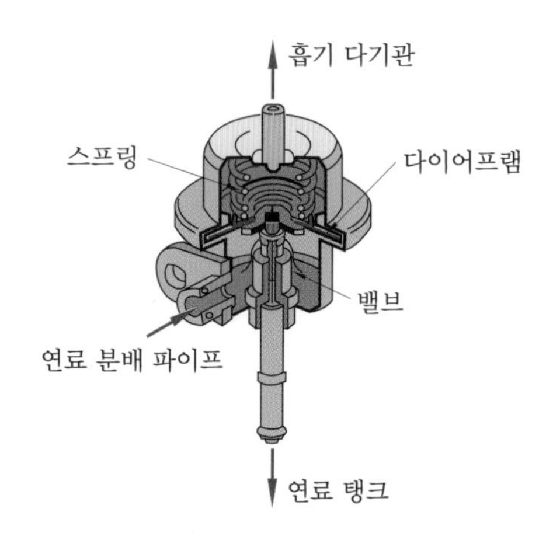

연료 압력 조절기

⑦ **캐니스터** : 엔진이 작동하지 않을 때 연료 탱크에서 증발된 가스를 활성탄에 흡착 저장하였다가 엔진 회전수가 상승하면서 퍼지 컨트롤 솔레노이드 밸브의 오리피스를 통하여 서지 탱크로 유입된다.

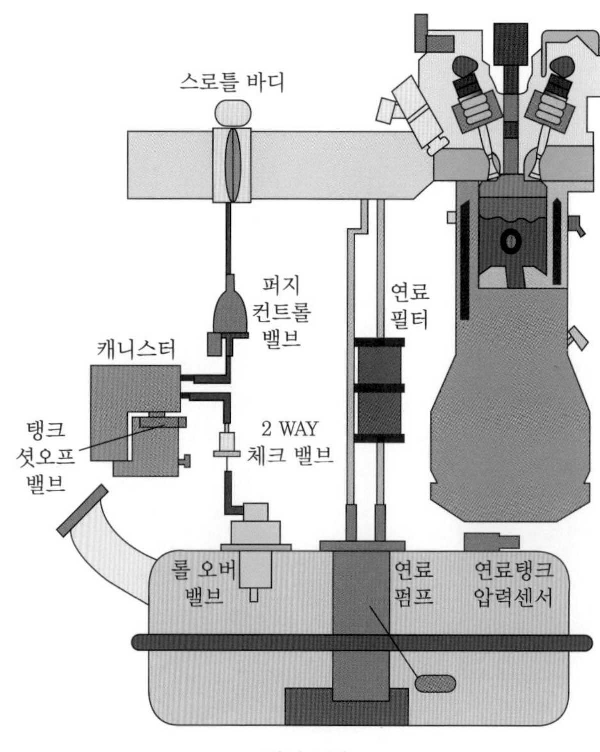

캐니스터

4 제어 계통

컴퓨터에 의한 제어는 분사 시기 제어와 분사량 제어로 나누어진다.

분사 시기 제어는 점화 코일의 점화 신호(또는 크랭크각 센서의 신호)와 흡입 공기량 신호를 기초로 기본 분사 시간을 만들고, 동시에 각종 센서로부터의 신호를 자료로 분사 시간을 보정하여 인젝터를 작동시키는 최종 분사 시간을 결정한다.

(1) 입 · 출력장치

입력장치는 각종 센서들로부터 검출된 신호를 받아들이는 부분이며, 센서의 신호를 처리하여 컴퓨터로 입력시킨다.

또한 출력장치는 산술 및 논리 연산된 데이터를 액추에이터(ISC-서보, 인젝터, 에어컨 릴레이 등)에 제어신호를 보내는 장치이다.

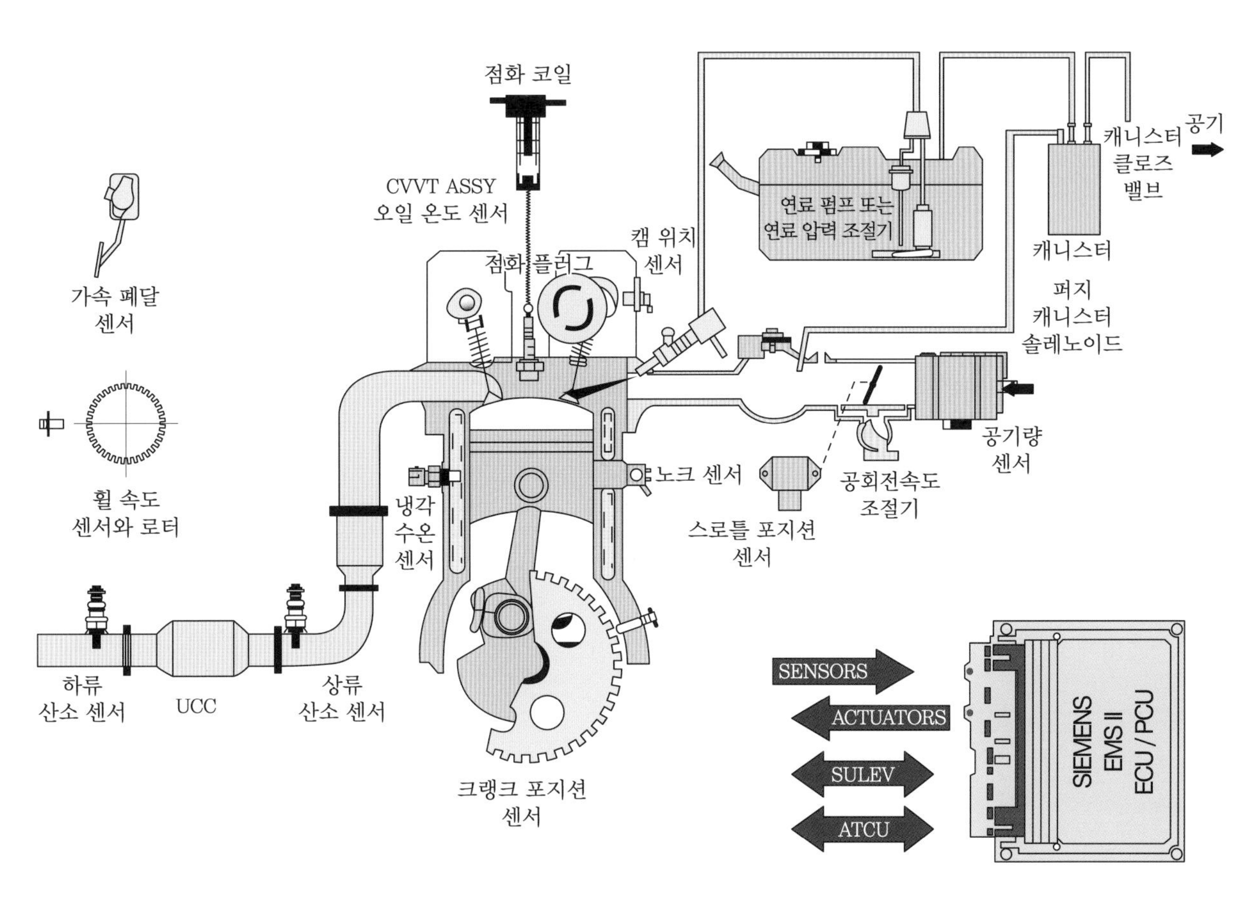

제어 계통 입 · 출력장치

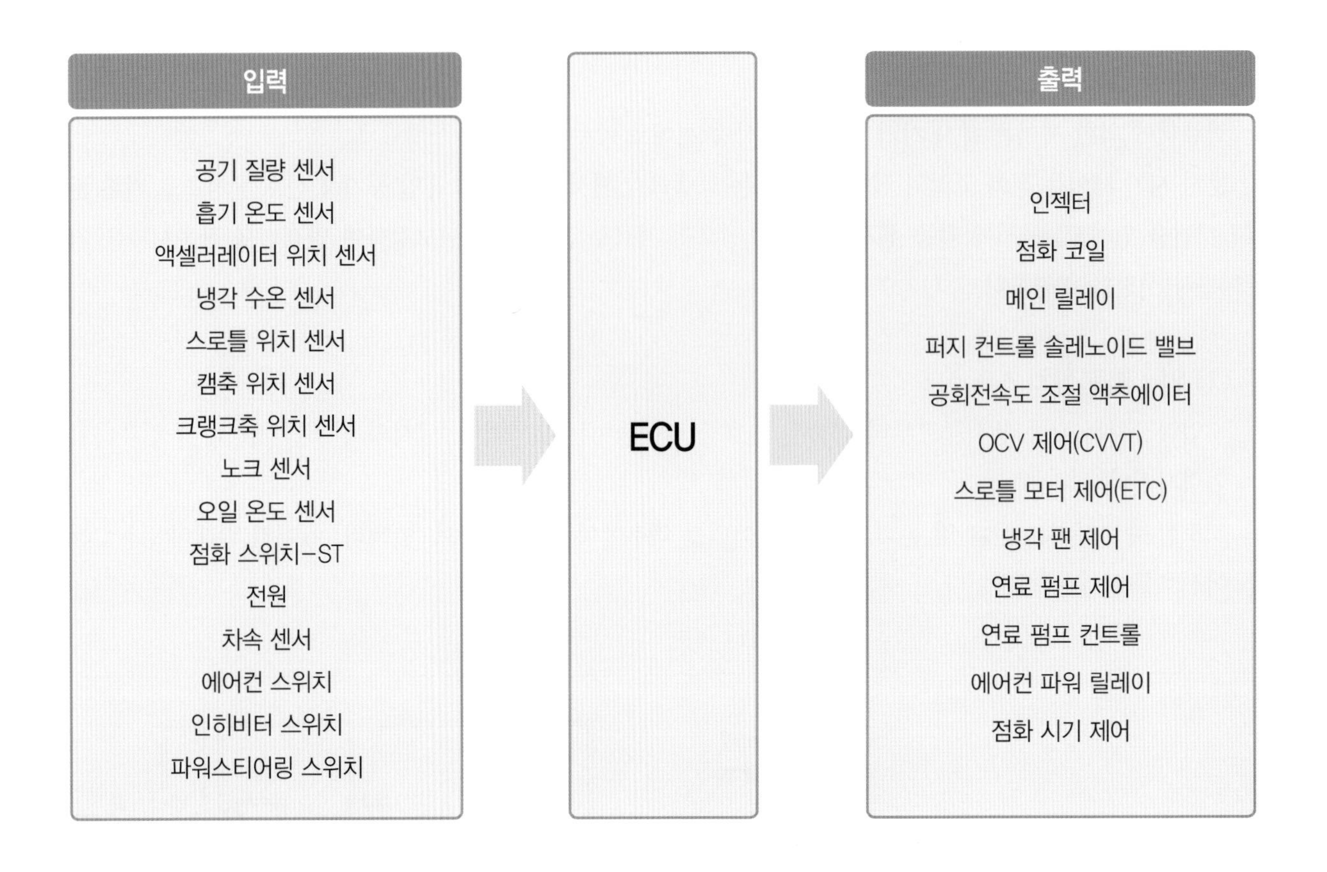

(2) 분사량 제어

분사량 제어는 점화 코일의 (-)단자 신호(크랭크각 센서 또는 캠축 센서의 신호)를 기초로 회전속도 신호를 제어하여 신호와 흡입 공기량 신호에 의해 보정된다.

(3) 피드백 제어

피드백 제어는 촉매 컨버터가 가장 양호한 정화 능력을 발휘하는데 필요한 혼합비인 이론 혼합비(14.7 : 1) 부근으로 정확히 유지해야 한다.

(4) 점화 시기 제어

컴퓨터에서 공급되는 신호에 의해 점화 코일의 1차 전류를 ON-OFF시켜 점화 시기를 제어한다.

(5) 연료 펌프 제어

점화 스위치가 시동(ST) 위치에 놓이면 축전지 전류는 컨트롤 릴레이를 통하여 연료 펌프로 흐른다. 엔진 가동 중에는 컴퓨터가 연료 펌프 제어 트랜지스터를 ON으로 유지하여 컨트롤 릴레이 코일을 여자시켜 축전지 전원이 연료 펌프로 공급된다.

(6) 공전속도 제어

각 센서의 신호를 기초로 컴퓨터에서 공전속도 조절 서보(ISC-servo) 구동 신호로 바꾸어 공전속도 조절 모터가 스로틀 밸브의 열림 정도를 제어한다.

(7) 노크 제어장치

과급 압력과 흡입공기의 온도가 높으면 노크를 일으키기 쉽다. 노크 제어는 엔진에서 발생하는 노크를 노크센서로 감지하여 점화 시기 및 연료 분사량을 제어하고 엔진을 보호하며 성능을 향상시킨다.

(8) 자기 진단 기능

엔진 ECU는 엔진의 여러 부분에서 입 · 출력 신호를 보내게 되는데, 비정상적인 신호가 처음 보내질 때부터 일정 시간 이상이 지나면 ECU는 비정상이 발생한 것으로 판단하고 고장 코드를 기억한 후 신호를 자기 진단 출력단자와 계기판의 엔진 자기 진단 경고등으로 보낸다.

(9) 전자 제어 가솔린 엔진 정비 기술(원인)

전자 제어 엔진은 다양한 고장 원인과 현상이 발생될 수 있으며 주요 고장 원인을 중심으로 고장 진단 분석을 진행한다. 전자 제어 엔진을 정비하기 위한 기본 플로 차트를 기준으로 고장 진단을 한다.

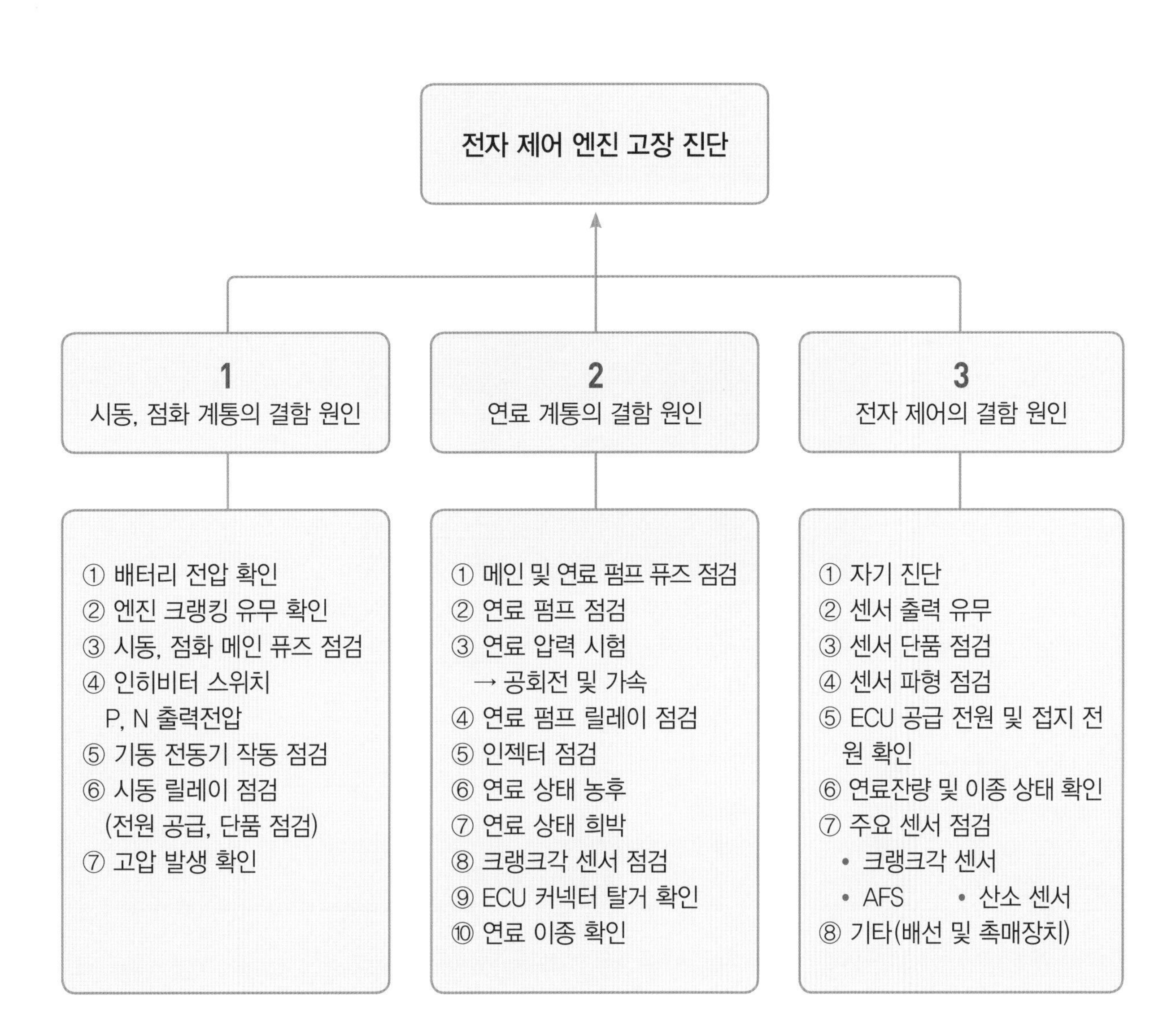

2 전자 제어 엔진 점검

1 자기 진단 점검

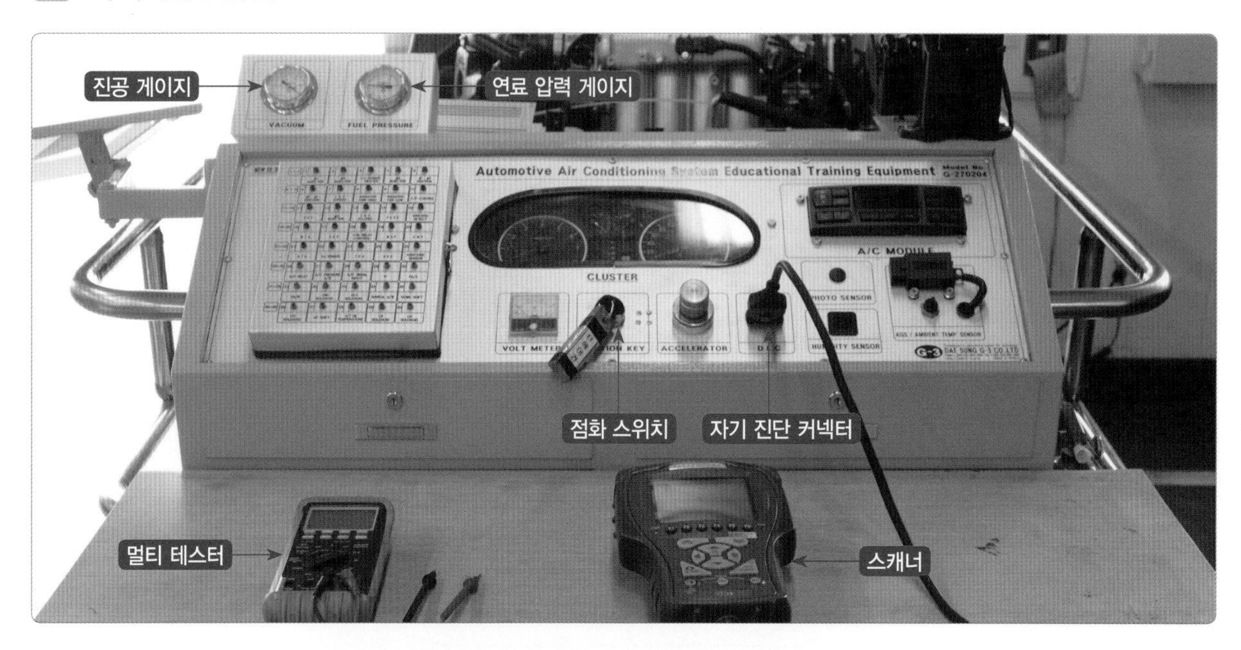

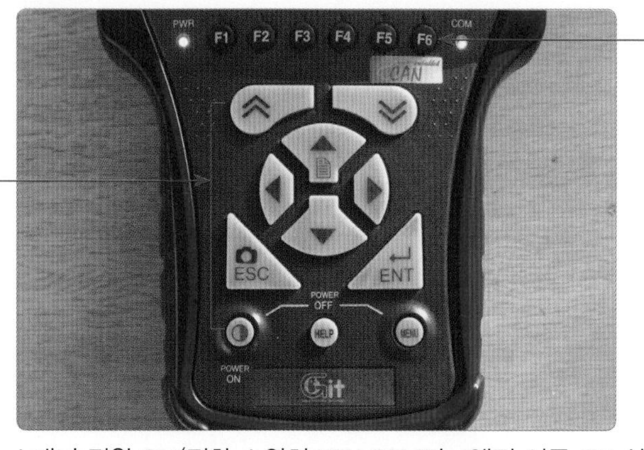

스캐너 전원 ON(점화 스위치 KEY ON 또는 엔진 시동 ON 상태)

스캐너 사용 시 주의 사항

❶ 실습 중 장비를 떨어뜨리지 않도록 주의할 것
→ LCD의 파손과 내부회로의 손상으로 인해 고장의 원인이 된다.

❷ 점화장치 점검 시 고압 케이블, 점화 코일 위에 놓고 사용하지 말 것
→ 점화장치에서 발생되는 강한 전자기파는 스캐너에 손상을 주어 고장이 발생될 수 있다.

❸ 스캐너에 포함된 AC/DC 어댑터 이외의 다른 종류의 전원 어댑터를 사용하지 말 것

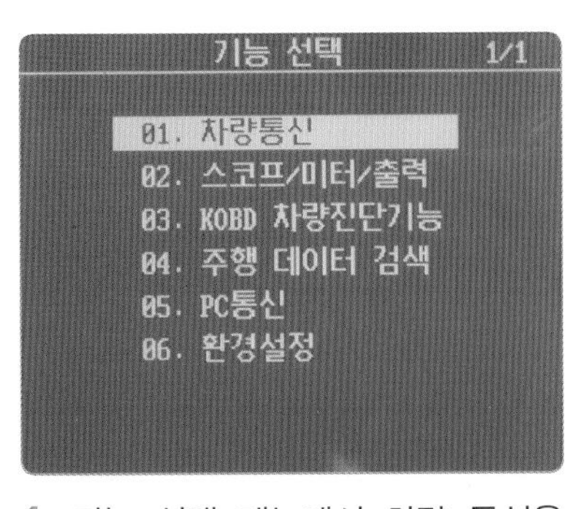

1. 기능 선택 메뉴에서 차량 통신을 선택한다.

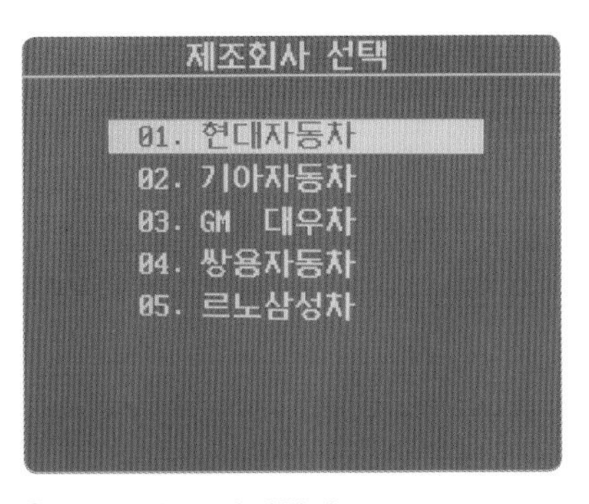

2. 제조사를 선택한다.

3. 시험용 차종을 선택한다.

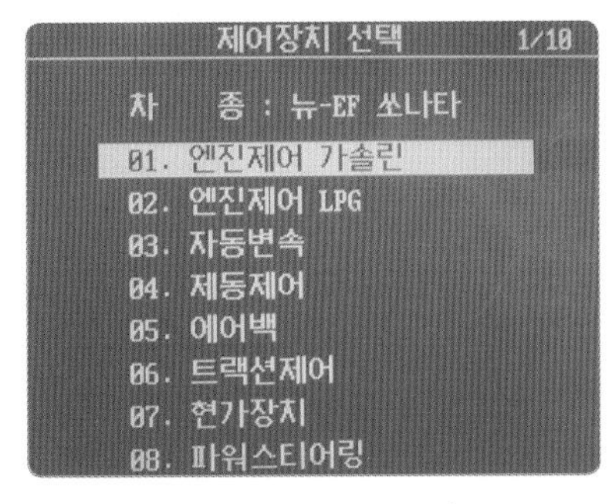

4. 점검할 장치를 선택한다(엔진 제어 가솔린).

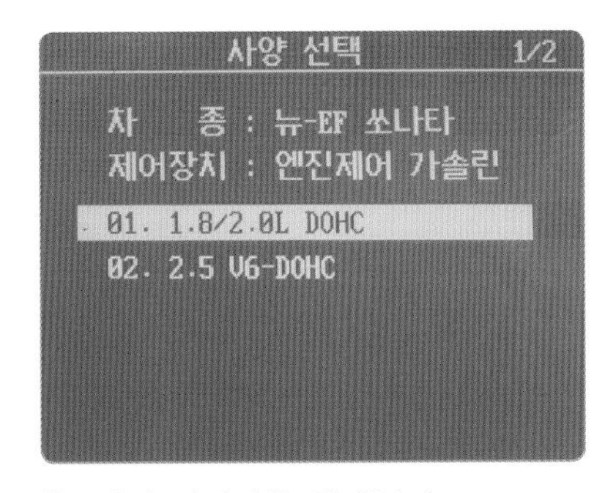

5. 차량 배기량을 선택한다.

6. 자기 진단을 선택한다.

7. 고장 코드가 출력된다(냉각수온센서 : WTS).

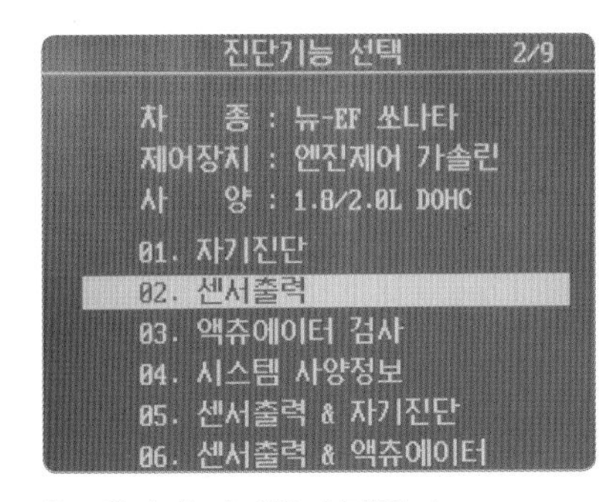

8. 센서 출력값을 선택한다.

9. 센서 출력값을 확인한다(냉각수온 센서 −40 ℃).

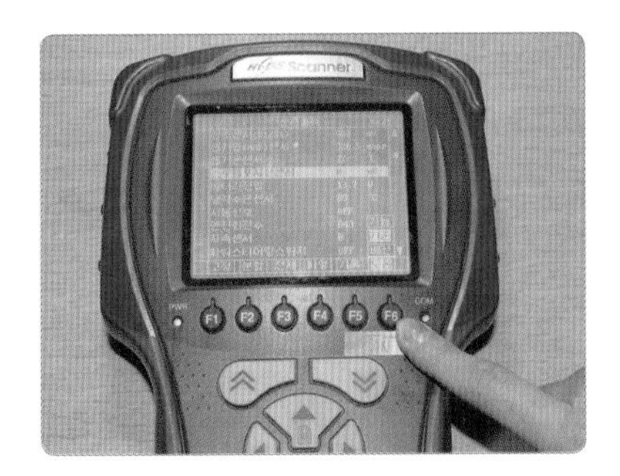

10. 센서 출력값을 확인 후 기준값을 확인한다.

11. 측정이 끝나면 ESC를 이용하여 처음 상태의 위치로 놓는다.

12. 엔진 점화 스위치는 OFF시킨다.

2 센서 단계별 단품 점검

(1) 냉각 수온 센서 점검

단계별 센서 점검(측정) 결과	
1단계 : 육안 점검	2단계 : 자기 진단 및 센서 출력에 따른 단품 점검

• 커넥터 탈거(센서, ECU) • 퓨즈 및 퓨즈블링크 단선	멀티 테스터를 이용하여 배선 및 센서 단선 접지, 연결 상태를 확인한다.

● **측정(점검)** : 스캐너로 자기 진단 측정값을 기준값과 비교하여 판정하며, 불량 시 센서 단품을 확인 점검한다(필요시 파형 및 배기가스를 점검한다). 점검 수리가 끝나면 ECU 공급 전원을 10~15초 차단하여 ECU 기억을 소거한 후에 재점검한다.

(2) 스로틀 위치 센서 점검

① 스로틀 위치 센서 측정

단계별 센서 점검(측정) 결과		
1단계 : 육안 점검	2단계 : 자기 진단 및 센서 출력에 따른 단품 점검	3단계 : 파형 측정
		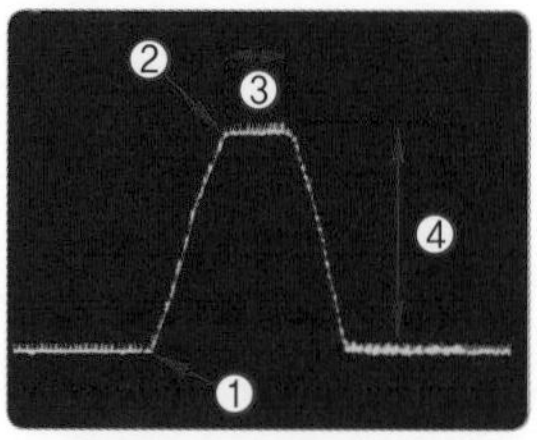 ② ③ ④ ①
• 커넥터 탈거(센서, ECU) • 퓨즈 및 퓨즈블링크 단선	멀티 테스터를 이용하여 배선 및 센서 단선 접지, 연결 상태를 확인한다.	① 구간은 공회전 상태(0.5 V 이하)이다. ② 구간은 급가속(4.3~4.8 V) 상태, 가속 속도에 따라 파형의 기울어짐이 달라진다(0.5 V 이하). ③ 구간은 가속(4.98 V) 상태, 스로틀 밸브가 완전히 열려 있는 상태이다(5 V 이하). ④ 구간은 급감속 상태, 감속 상태에 따라 파형의 기울어짐이 달라진다.

● 측정(점검) : 스캐너로 자기 진단 측정값을 기준값과 비교하여 판정하며, 불량 시 센서 단품을 확인 점검한다(필요시 파형 및 배기가스를 점검한다). 점검 수리가 끝나면 ECU 공급 전원을 10~15초 차단하여 ECU 기억을 소거한 후에 재점검한다.

② 스로틀 보디 탈부착

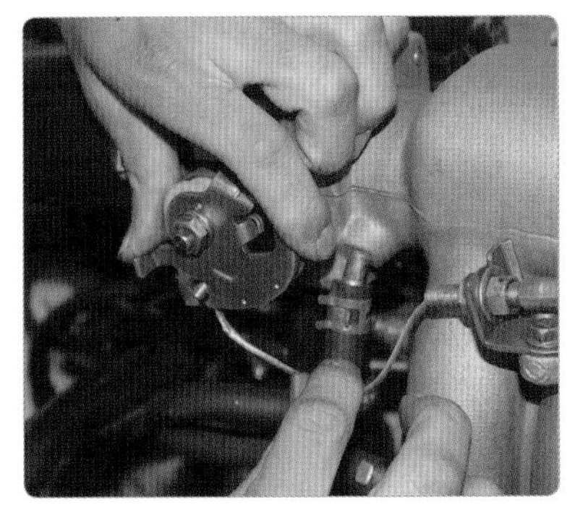

1. 스로틀 링크에서 가속 케이블을 제거한다.

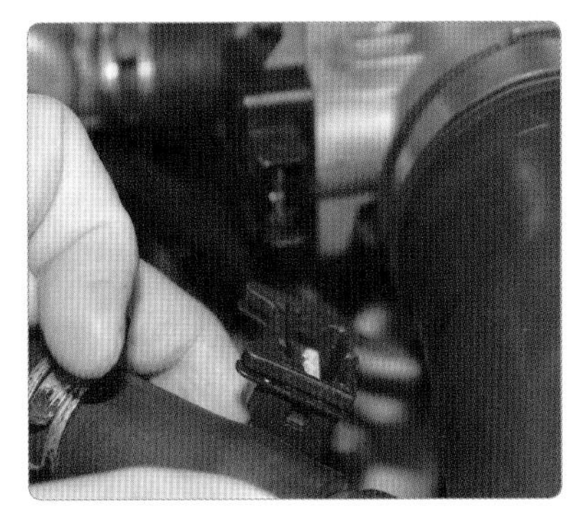

2. TPS 커넥터를 탈거한다.

3. 흡기 다기관과 공기 바이패스 호스 및 냉각수 호스를 분리한다.

4. 스로틀 보디를 탈거한다.

5. 탈거한 스로틀 보디를 정리한다. (고장부위 교체)

6. 스로틀 보디를 흡기 다기관에 부착한다.

7. 흡기 계통 흡입 덕트를 연결한다.

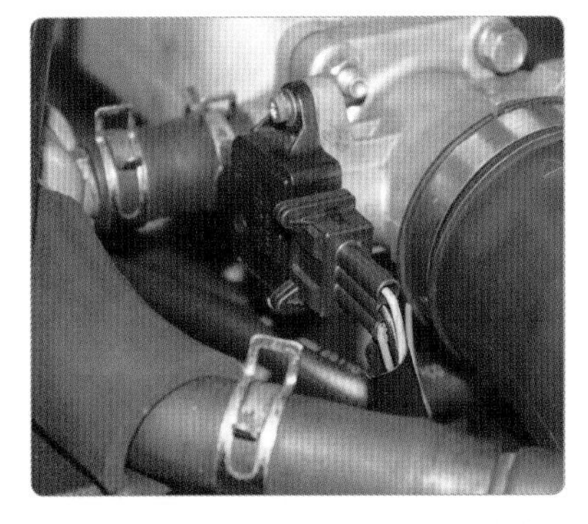

8. TPS 배선 커넥터와 공기 바이패스 호스 및 냉각수 호스를 연결한다.

9. 가속 케이블을 스로틀 링크에 연결하고 유격을 조정한 후 시험위원의 확인을 받는다.

(3) ISC 스텝 모터 점검

① ISC 스텝 모터 점검(측정) 방법

단계별 센서 점검(측정) 결과		
1단계 : 육안 점검	2단계 : 자기 진단 및 센서 출력에 따른 단품 점검	3단계 : 파형 측정 (듀티 제어 방식의 ISA 점검)
• 커넥터 탈거(센서, ECU) • 퓨즈 및 퓨즈블링크 단선	멀티 테스터를 이용하여 배선 및 센서 단선 접지, 연결 상태를 확인한다.	공회전 시 열림 듀티율이 34%(규정 30~35%), 닫힘 듀티율이 66%(규정 65~70%)로 양호한 값을 나타내고 있어 엔진 부하 상태 및 액추에이터는 양호하다.

● **측정(점검)** : 스캐너로 자기 진단 측정값을 기준값과 비교하여 판정하며, 불량 시 센서 단품을 확인 점검한다(필요시 파형 및 배기가스 점검). 점검 수리가 끝나면 ECU 공급 전원을 15~20초 차단하여 ECU 기억을 소거한 후에 재점검하고 고장 수리를 확인한다.

② ISC 밸브(스텝 모터) 어셈블리 탈부착

1. 스텝 모터 커넥터를 탈거한다.

2. 바이패스 호스 클립을 탈거한다.

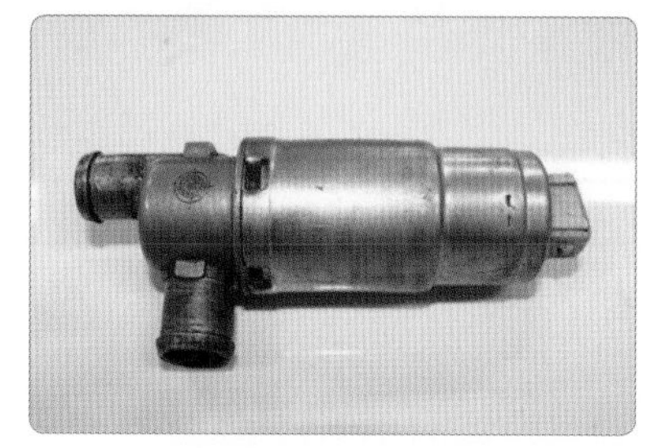

3. 탈거된 스텝 모터를 시험위원에게 확인받는다.

4. 스텝 모터를 바이패스 호스에 조립한다.

5. 스텝 모터 바이패스 호스에 밴드를 고정한다.

6. 배선 커넥터 조립 후 시험위원의 확인을 받는다.

아이들 스피드 액추에이터(ISA)의 주요 제어 기능

❶ **공전 rpm 조절 :** 엔진 ECU에 의한 목표 회전수 제어로 최적의 연비가 되도록 유도하여 엔진 rpm이 정숙성 있게 제어되도록 한다.
❷ **엔진 시동 시 공회전 제어 :** 시동 시 냉각수 온도에 따라 흡입 공기량을 제어하여 rpm을 조절한다.
❸ **패스트 아이들 :** 워밍업 시간을 단축하기 위해 냉각 시동 시 냉각 수온에 따라 rpm을 상승시킨다.
❹ **아이들업 :** 전기 부하나 자동 변속기의 부하 상태에 따라 rpm을 상승시킨다.
❺ **대시 포트 :** 급감속 시 스로틀 밸브가 닫힘으로 인한 엔진의 충격을 완화하고, 이때 발생할 수 있는 유해 배기가스의 저감 기능을 한다.
❻ 고장 시 페일 세이프(비상 주행 모드)를 시행한다.

ISA 작동 원리

ISA는 내부에 2개의 코일로 구성되어 있다. ECU에서는 이 2개의 코일에 전류를 공급하고, 이때 코일의 회전 방향에 따라 바이패스 되는 공기량이 결정되는 것이다.
이렇게 제어한 후에 만약 목표 회전수와 같지 않으면 코일의 듀티를 변화시켜 목표 회전수에 맞도록 제어하는데, 이때 피드백용으로 사용되는 센서는 CKP 센서와 같은 rpm 센서이다.

(4) 에어 플로 센서(AFS 센서) 점검

① 에어 플로 센서 측정

단계별 센서 점검(측정) 결과		
1단계 : 육안 점검	2단계 : 자기 진단 및 센서 출력에 따른 단품 점검	3단계 : 파형 측정
• 커넥터 탈거(센서, ECU) • 퓨즈 및 퓨즈블링크 단선	멀티 테스터를 이용하여 배선 및 센서 단선 접지, 연결 상태를 확인한다.	전압이 급격히 감소하는 구간에서는 스로틀이 잠기고 그만큼 공기 흐름이 줄어들며 엔진은 공회전 rpm 상태로 유지된다. 닫힐 때는 흡입맥동에 의한 2~3개의 파동이 나타난다.

② **분석 결과 :** AFS 센서의 전압 출력이 공기량과 정비례 관계로 출력되며, 스로틀 밸브의 개도량의 변화에 따른 출력 전압과 파형이 양호하다. 점검 수리가 끝나면 ECU 공급 전원을 15~20초 차단하여 ECU 기억을 소거한 후에 재점검하고 고장 수리를 확인한다.

③ 에어 플로 센서 탈부착

1. AFS 커넥터를 탈거한다.

2. 흡입 덕트(흡입 통로)를 분리한다.

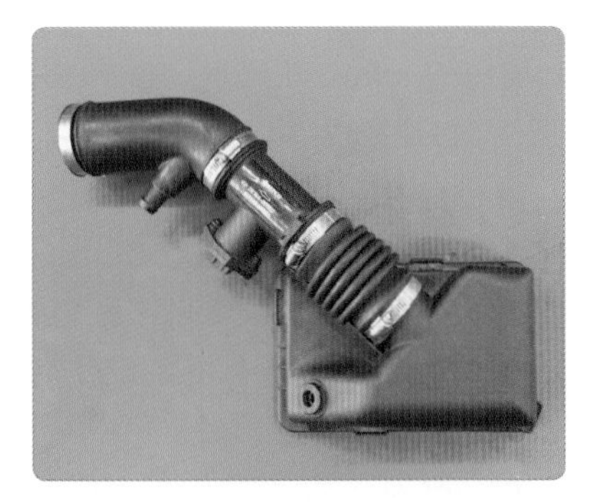

3. 흡입 덕트(흡입 통로)를 탈거한다.

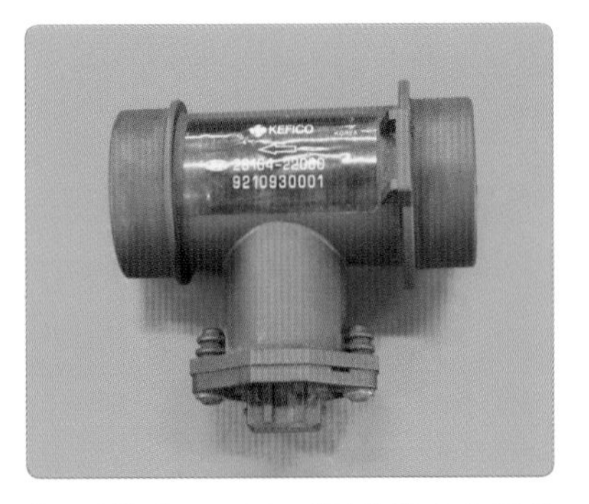

4. 탈착된 AFS를 시험위원에게 확인받는다.

5. AFS를 흡입 덕트에 조립한다.

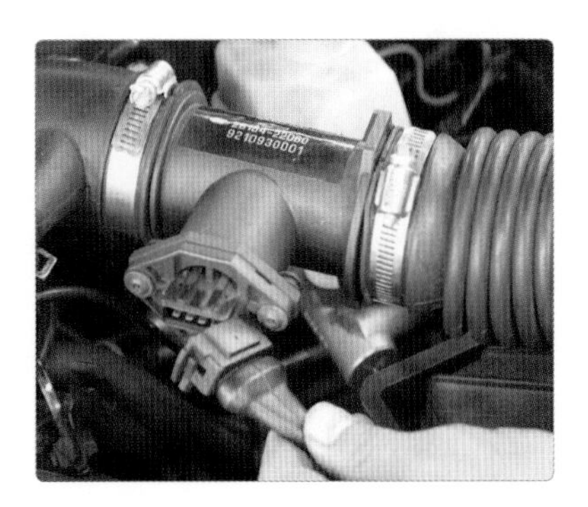

6. AFS 커넥터를 연결하고 시험위원에게 확인받는다.

흡입 공기량 센서(AFS : air flow sensor)

엔진 제어 시스템에서 흡입 공기의 유량은 엔진의 성능, 운전성, 연비 등에 직접적인 영향을 미치는 요소이다. 특히 연료 분사 시스템에서는 기화기와 달리 흡입 공기량을 계측해야만 그에 맞는 연료량을 공급할 수 있으므로 흡입 공기량을 정확하고 빠르게 측정하는 것은 매우 중요하다.

열선식 에어 플로 센서 구조

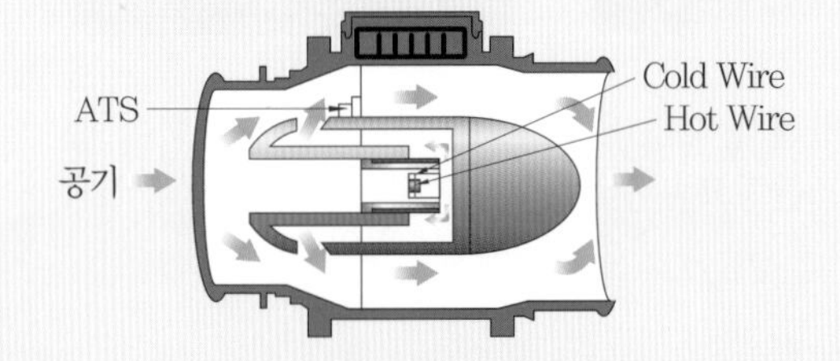

AFS 고장 시 나타나는 현상

❶ 크랭킹은 가능하나 기간 시동성이 나쁘다.
❷ 공회전 시 엔진의 회전이 불안정하다.
❸ 공회전 또는 주행 중 엔진 시동이 꺼진다.
❹ 주행 중 가속력이 떨어진다.
❺ 출력값이 부정확할 때 변속 시 충격이 발생할 수 있고, 완전 고장 시 변속 지연 현상이 발생할 수도 있다.

(5) 인젝터 점검

① 인젝터 점검

단계별 센서 점검(측정) 결과		
1단계 : 육안 점검	2단계 : 자기 진단 및 센서 출력에 따른 단품 점검	3단계 : 파형 측정
	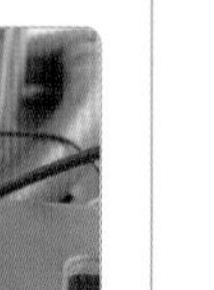	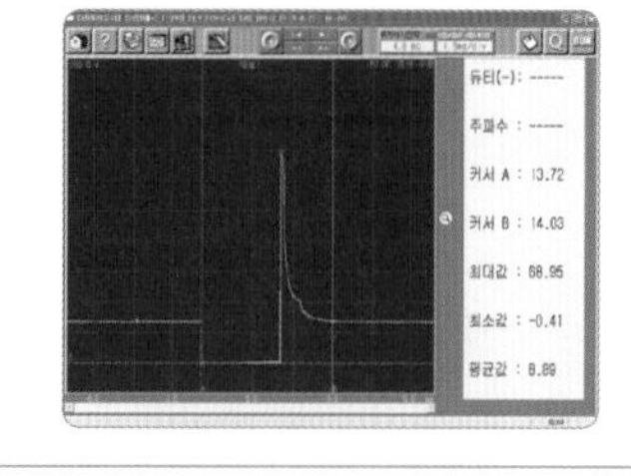
• 커넥터 탈거(센서, ECU) • 퓨즈 및 퓨즈블링크 단선	멀티 테스터를 이용하여 배선 및 센서 단선 접지, 연결 상태를 확인한다.	① 배터리 전압은 13.72 V로 배터리에서 인젝터까지 배선 상태는 양호하다. ② 서지 전압은 68.95 V로 인젝터 내부 코일은 양호하다. ③ 인젝터 분사 시간은 2.9 ms(규정 2.2~2.9 ms)로 양호하다. ④ 접지 구간이 0.8 V 이하로 인젝터에서 ECU 접지까지 배선 상태는 양호하다.

② 인젝터 탈부착

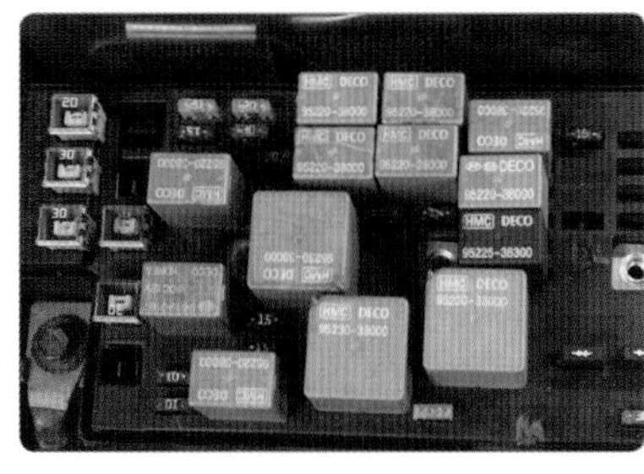

1. 연료 펌프 퓨즈를 제거하고 연료 잔압을 제거한다.

2. 연료 인젝터 커넥터를 탈거한다.

3. 인젝터에 연결된 입구쪽 파이프를 제거한다.

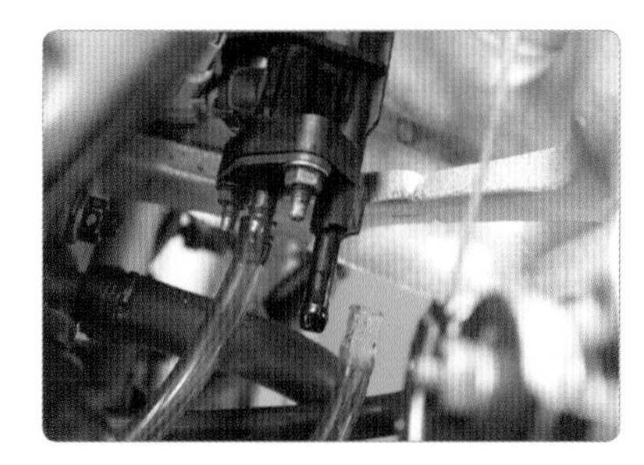

4. 연료 라인 공급 및 리턴 호스를 탈거한다.

5. 연료 압력 조절기 진공 호스를 탈거한다.

6. 인젝터 딜리버리 파이프 고정볼트 탈거 후 인젝터 어셈블리를 분해한다.

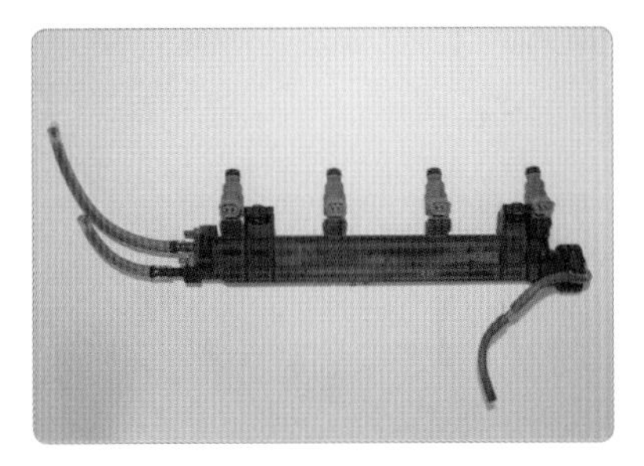

7. 탈거한 인젝터를 정렬하고 시험위원에게 확인을 받는다.

8. 연료 인젝터를 정위치한다.

9. 연료 라인 공급 및 리턴 호스를 조립한다.

10. 연료 압력 조절기 진공 호스를 조립한다.

11. 인젝터 배선 커넥터를 체결한다.

12. 주변을 정리하고 시험위원에게 확인을 받는다.

(6) 맵 센서 점검

① 맵 센서 점검

단계별 센서 점검(측정) 결과		
1단계 : 육안 점검	2단계 : 자기 진단 및 센서 출력에 따른 단품 점검	3단계 : 파형 측정
• 커넥터 탈거(센서, ECU) • 퓨즈 및 퓨즈블링크 단선 • 흡입구 매니폴드 진공 연결 상태	멀티 테스터를 이용하여 배선 및 센서 단선 접지, 연결 상태를 확인한다.	• 맵 센서 공급전원(5 V) 확인 • 접지 연결 확인(0.1 V 이상 시 불량) • 스로틀 밸브 가감 속도에 따라 파형 변화

② 분석 결과

㈎ 흡입 공기의 맥동 변화에 따라 전압이 반응하며 가속과 감속 시 출력되는 파형 상태가 양호하다.

㈏ 공전 상태는 1.0 V(규정 1.0 V), 완전히 열렸을 때 4.21 V(규정 4.5~5.0 V)로 규정 전압보다 다소 낮다.

㈐ 급가속(규정 5 ms 이하) 시 노이즈 발생이 없다.

③ 맵 센서 탈부착

맵 센서 탈부착

1. 해당 엔진에서 탈부착할 맵 센서를 확인한다.

2. 맵 센서 커넥터를 탈거한다.

3. 맵 센서를 탈거한다.

4. 탈거한 맵 센서를 시험위원에게 확인받는다.

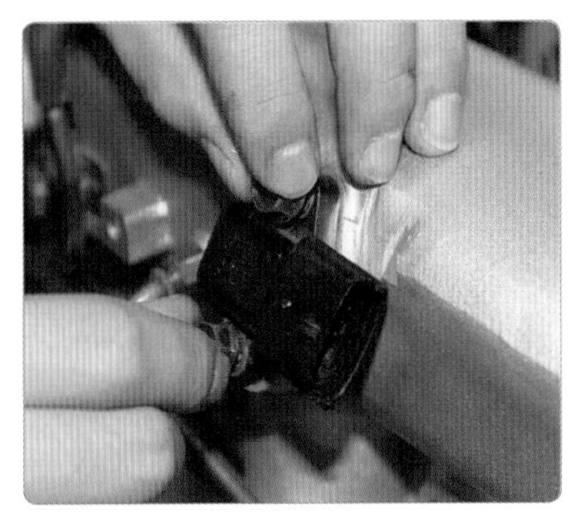

5. 맵 센서를 서지 탱크에 조립한다.

6. 커넥터를 체결하고 시험위원에게 확인받는다.

(7) 엔진 공전속도 점검

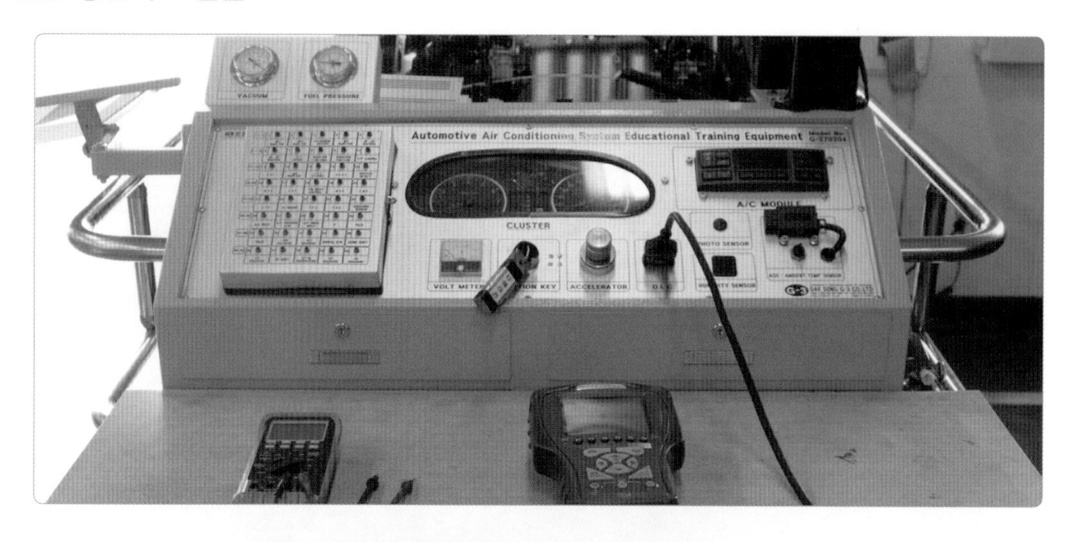

부가 기능 버튼
화면 하단 부가 기능 선택 시 사용

기능 버튼
시스템 작동 시 기능을 독립적으로 수행하기 위한 키

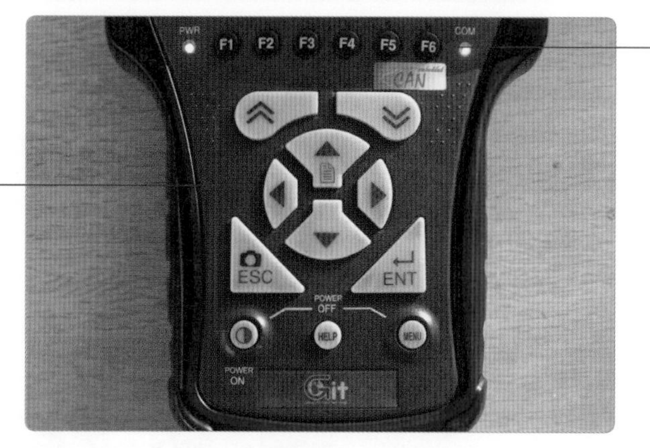

스캐너 전원 ON(점화 스위치 KEY ON 또는 엔진 시동 ON 상태)

기능 선택 1/1
01. 차량통신
02. 스코프/미터/출력
03. KOBD 차량진단기능
04. 주행 데이터 검색
05. PC통신
06. 환경설정

1. 차량 통신을 선택한다.

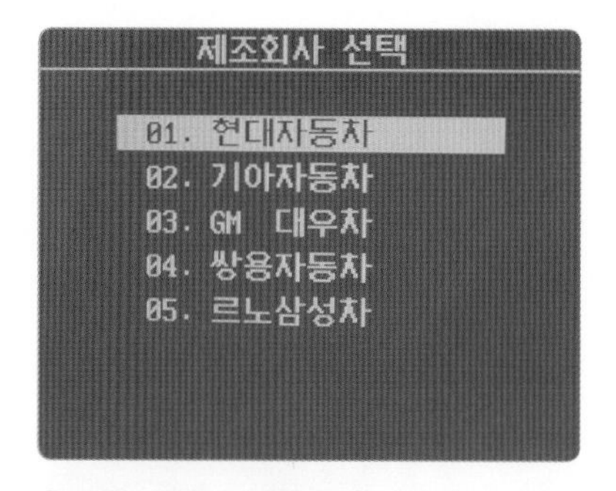

2. 제조사를 선택한다.

차종 선택 30/67
21. 아반떼
22. 엘란트라
23. 티뷰론
24. 투스카니
25. 제네시스 쿠페
26. 쏘나타(YF HEV)
27. 쏘나타(YF)
28. NF F/L
29. 쏘나타(NF)
31. EF 쏘나타
32. 쏘나타III
33. 쏘나타II
34. 쏘나타
35. 그랜저(HG)
36. 그랜저(TG)
37. 그랜저(TG) 09~
38. 뉴-그랜저 XG
39. 그랜저 XG

3. 시험용 차종을 선택한다.

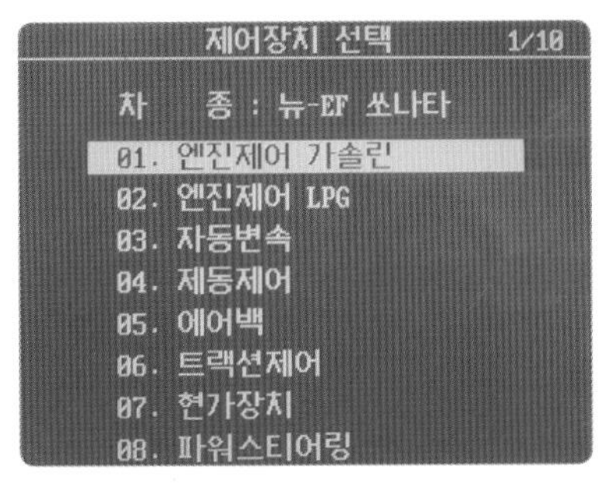

4. 점검할 장치를 선택한다.

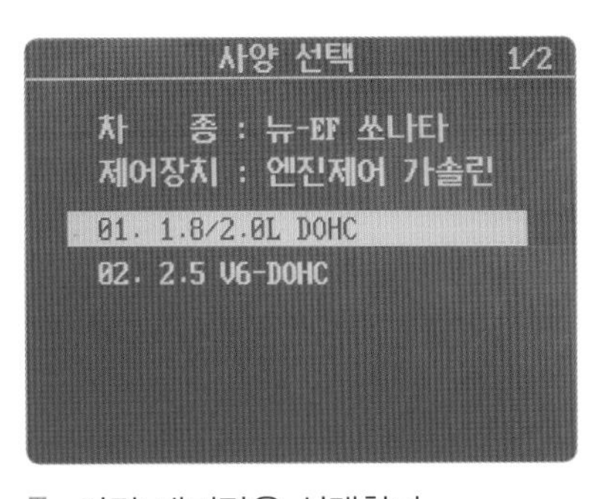

5. 차량 배기량을 선택한다.

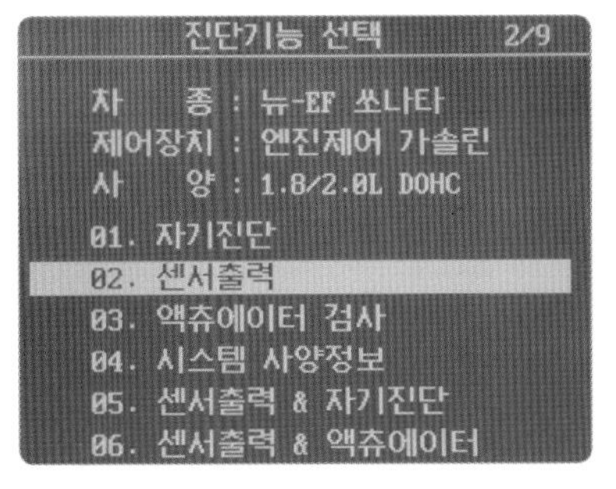

6. 스캐너 ESC를 누르고 센서출력을 선택한다(고장 상태 확인).

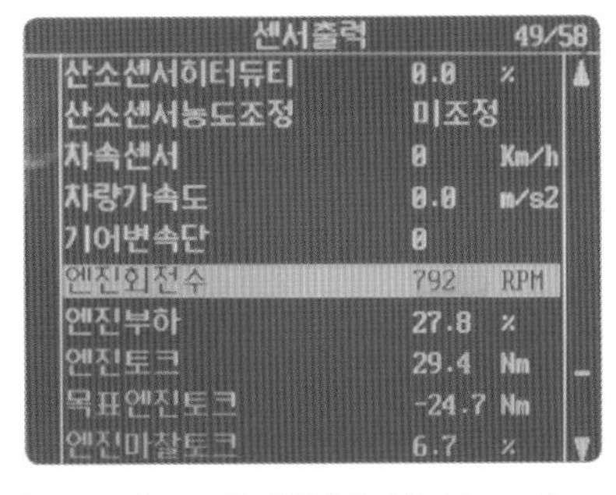

7. 공전 rpm을 확인한다(792 rpm).

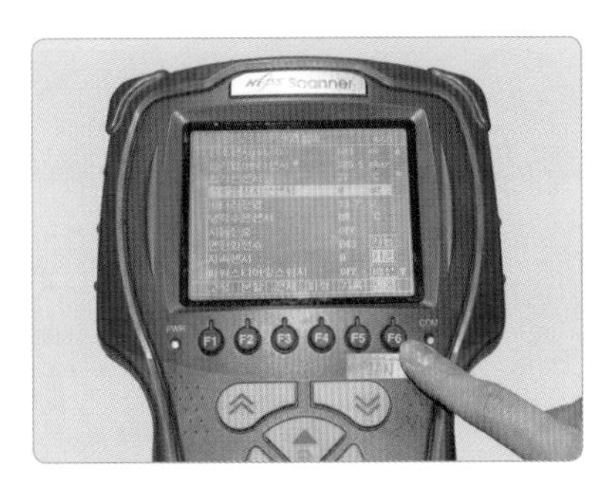

8. 도움 메뉴에서 기준값을 확인한다.

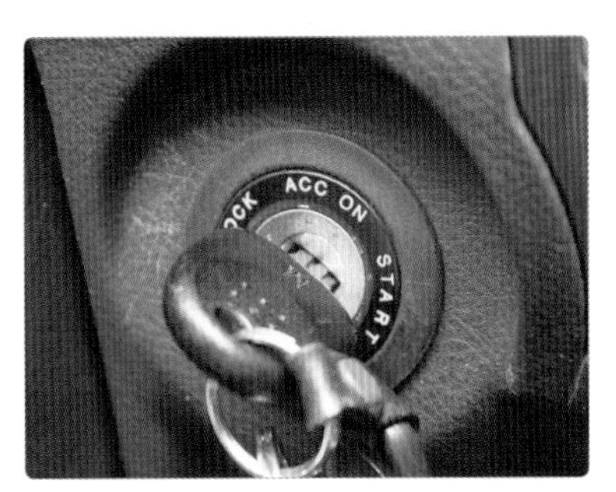

9. 점화 스위치를 OFF시킨다.

(8) 연료 압력 점검

① 연료 압력 점검 방법

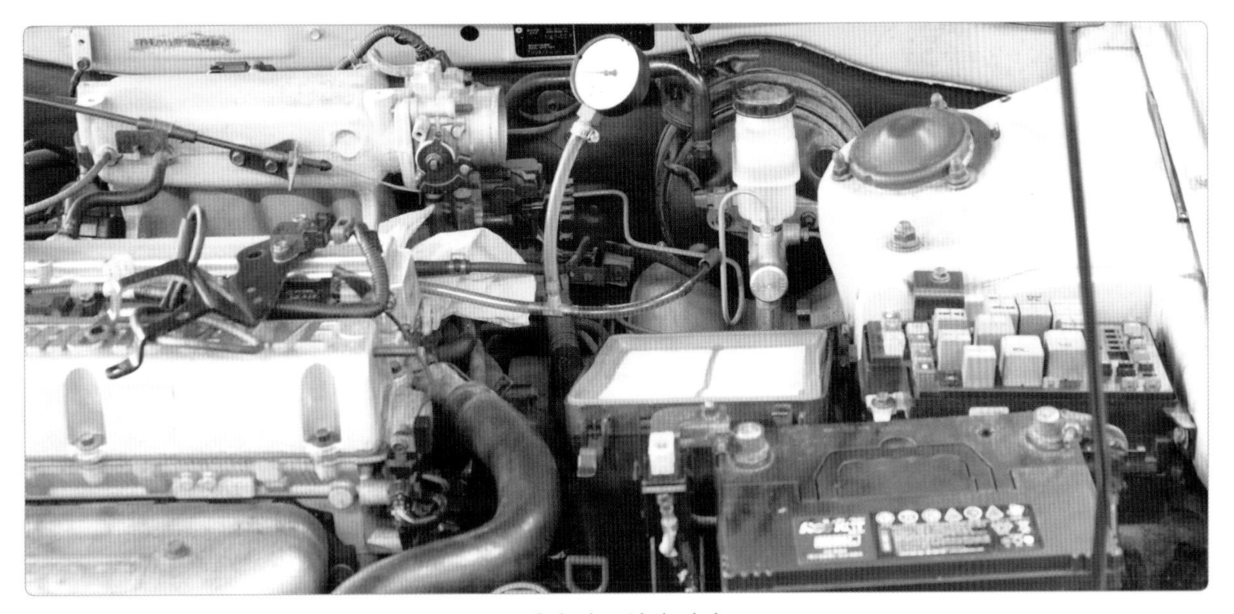

엔진 연료 압력 점검

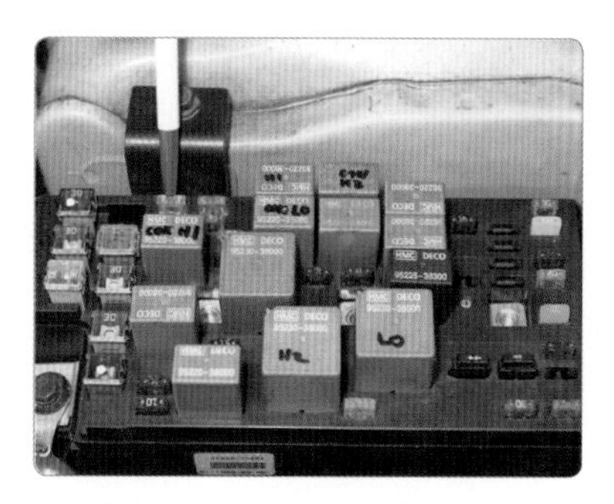

1. 연료 펌프 퓨즈를 탈거한다.

2. 엔진 시동 후 OFF될 때까지 기다린다(연료 잔압 제거).

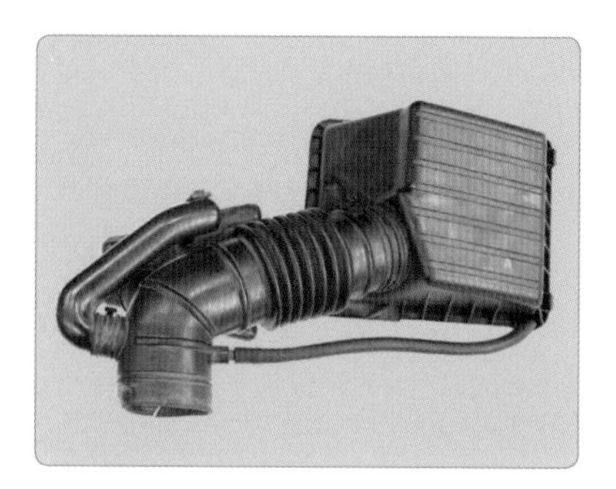

3. 엔진 시동이 OFF되면 에어클리너 필러 캡과 흡입 덕트를 탈거한다.

4. 기름 유출을 대비하여 연료 파이프에 유포지를 놓는다.

5. 연료 공급 라인에 호스를 탈거한다.

6. 연료 압력 게이지를 입구 라인에 설치한다.

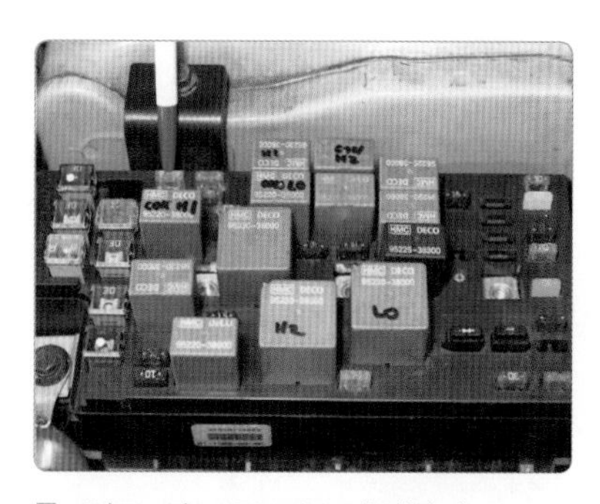

7. 연료 펌프 퓨즈를 체결한다.

8. 엔진을 시동하고 공회전 상태를 유지한다.

센서출력		8/20
산소센서(B1/S1)	39	mV
흡기압(MAP)센서	36.5	kPa
흡기온센서	31	℃
스로틀포지션센서	644	mV
배터리전압	14.4	V
냉각수온센서	87	℃
시동신호	OFF	
엔진회전수	812	RPM
차속센서	0	Km/h
공회전상태	ON	

고정 | 분할 | 전체 | 파형 | 기록 | 도움

9. 스캐너를 설치하여 공회전 상태를 확인한다(812 rpm).

10. 엔진 시동 후 공회전 상태에서 연료 압력을 확인한다(3 kgf/cm^2).

센서출력		8/20
산소센서(B1/S1)	136	mV
흡기압(MAP)센서	30.1	kPa
흡기온센서	30	℃
스로틀포지션센서	957	mV
배터리전압	14.3	V
냉각수온센서	89	℃
시동신호	OFF	
엔진회전수	2593	RPM
차속센서	0	Km/h
공회전상태	OFF	

고정 | 분할 | 전체 | 파형 | 기록 | 도움

11. 엔진 가속 상태를 유지한다. (2593 rpm)

12. 엔진을 가속하며 연료 압력을 확인한다(3 kgf/cm^2).

13. 잔압을 제거하고 엔진 시동을 OFF시킨다.

14. 연료 압력 게이지를 탈거한다.

15. 에어클리너 필러 캡과 흡입 덕트를 조립한다.

● 측정(결과) : 연료 공급 압력 측정값 3 kgf/cm²(공회전 rpm)를 정비 지침서 또는 스캐너 기준과 비교하여 판정하고 불량 시 가능한 고장 원인을 찾아 정비 수리한다.

가솔린 엔진 연료 압력 규정값		
차 종	규정값	
	연료 압력 진공 호스 연결 시	연료 압력 진공 호스 탈거 시
EF 쏘나타(SOHC, DOHC)	2.75 kgf/cm²(공회전 rpm)	3.26~3.47 kgf/cm²(공회전 rpm)
그랜저 XG	3.3~3.5 kgf/cm²(공회전 rpm)	2.7 kgf/cm²(공회전 rpm)
아반떼 XD, 베르나	–	3.5 kgf/cm²(공회전 rpm)

② 연료 압력 점검 결과 원인 분석

엔진 시동(공회전) 상태에서 연료 압력 점검		
연료 압력 측정 결과	가능 원인	조치 사항
연료 압력이 낮을 때	연료 필터 막힘	연료 필터 교환
	연료 압력 조절기 밸브 미착불량으로 구환구쪽 연료 누설	연료 펌프와 장착된 연료 압력 조절기 교환
	연료 펌프 공급 압력 누설	연료 펌프 교환
연료 압력이 높을 때	연료 압력 조절기 내의 밸브 고착	연료 펌프에 장착된 연료 압력 조절기 교환
		연료 호스 및 파이프 수리(교환)

엔진 공회전 상태에서 엔진 정지 상태(OFF)가 되었을 때		
연료 압력 측정 결과	가능 원인	조치 사항
엔진 정지 후 연료 압력이 서서히 저하될 때	연료 인젝터에서 연료 누설	인젝터 교환
엔진 정지 후 연료 압력이 급격히 저하될 때	연료 펌프 내 체크 밸브 불량	연료 펌프 교환

8 전자 제어 엔진 파형 점검 분석

실습목표 (수행준거)	
	1. 전자 제어 엔진의 센서와 액추에이터의 입출력 관계를 확인하고 센서 출력 신호(아날로그와 디지털)를 분별할 수 있다. 2. 엔진의 센서와 액추에이터의 파형을 출력할 수 있다. 3. 기준(정상) 파형과 출력된 파형을 비교 분석하여 이상 부위 파형을 분석할 수 있는 능력을 배양할 수 있다. 4. 시스템 내 부품 교환을 정비 지침서 작업 순서에 따라 수행하고 피드백하여 전자 제어 엔진 고장 진단 능력을 배양할 수 있다.

1 관련 지식

전자 제어 엔진의 고장 진단은 일반적으로 엔진 작동에 영향을 줄 수 있는 기계적인 부분과 ECU 입출력 제어장치를 기본으로 엔진 작동 상태를 점검하고, 필요에 따라 파형을 점검하여 센서와 액추에이터 이상 유무를 점검한다.

1 파형 분석 시 점검 포인트

측정된 파형은 정상 파형을 기준으로 시간과 전압값을 확인하고 변화에 따른 형상을 점검하여 회로 내 이상 유무를 확인한다.

① 평상시 정상 출력되던 파형이 일정 시간 또는 순간적으로 출력되지 않을 때
② 일반적으로 출력되지 말아야 할 전원이 일정 시간 또는 순간적으로 출력될 때
③ 정상 출력되는 파형에서 변화가 발생되어 정상 영역을 벗어나는 경우
④ 주기적으로 발생되는 펄스가 순간적으로 출력되지 않을 때(일정 구간 펄스 빠짐 현상)

2 진단 시 주의 사항

(1) 배선 및 커넥터 점검 시 주의 사항

배선 및 커넥터를 점검할 때는 무리한 힘을 주어 커넥터의 단자 부분에 단락 또는 단선이 발생하지 않도록 한다. 특히, 오실로스코프 회로 시험기 등의 각종 시험기로 배선 및 커넥터를 점검하는 경우에는 전선의 피복 손상에 유의해야 한다.

(2) ECU를 분리해야 하는 경우

테스트 램프 또는 저항계를 사용하여 ECU 배선을 점검할 때는 필요에 따라서 분리한다.

(3) 회로 테스터 사용 시 주의 사항

① 회로 테스터를 사용할 때 센서 접지를 어스로 사용하지 않는다. 센서 접지를 사용할 경우 센서 접지에 큰 부하 전류가 흘러 PCB(전자기판)의 그라운드 회로가 소손될 수 있다.

② 회로 점검을 할 때 디지털 멀티미터나 1 MΩ 이상이 접속된 LED를 사용해야 한다. 일반 전구를 사용할 경우에는 큰 부하 전류가 ECU에 흘러 구동 TR이 소손될 수 있다.

2 점화 파형 및 센서별 파형 측정 및 분석

1 점화 1차 파형 점검

(1) 점화 1차 파형 측정

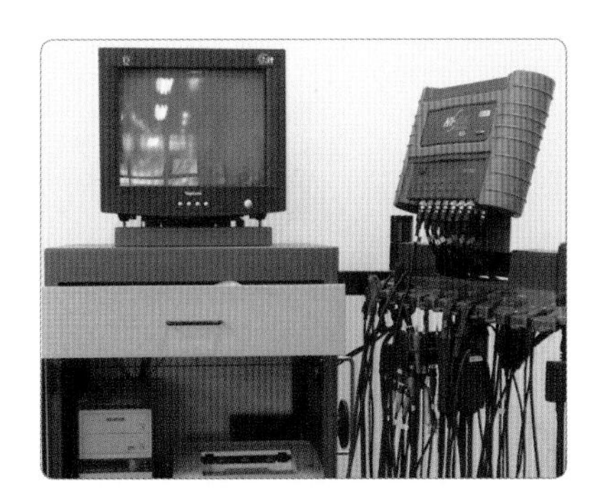

1. HI-DS 컴퓨터 전원을 ON시킨다.

2. 계측모듈 스위치를 ON시킨다.

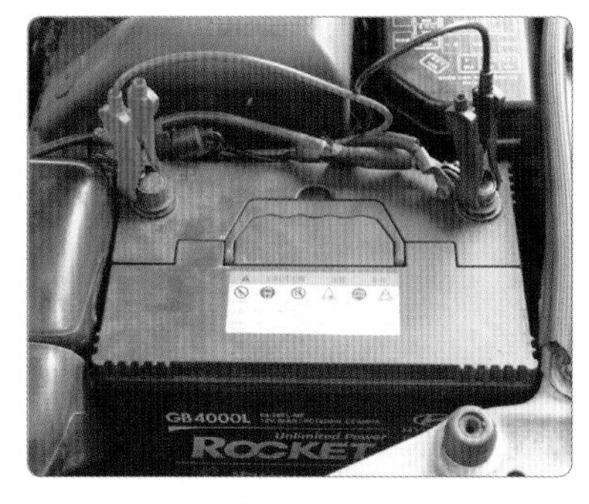

3. HI-DS (+), (−) 클립을 배터리 단자에 연결한다.

4. 점화 코일 및 고압 픽업선에 프로브를 연결한다.

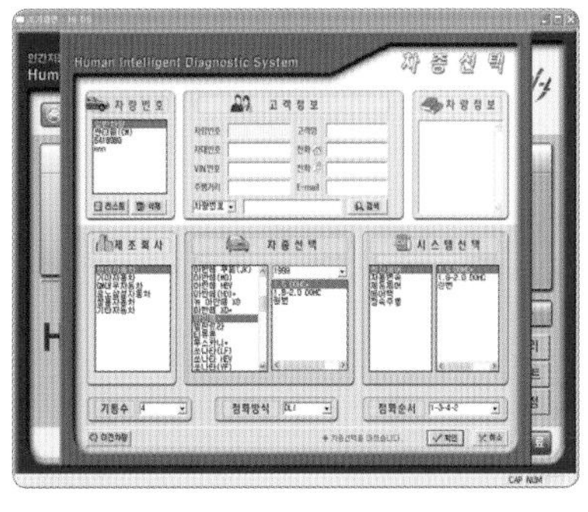

5. 차종 선택 : 제작사–차종–엔진형식을 선택한다.

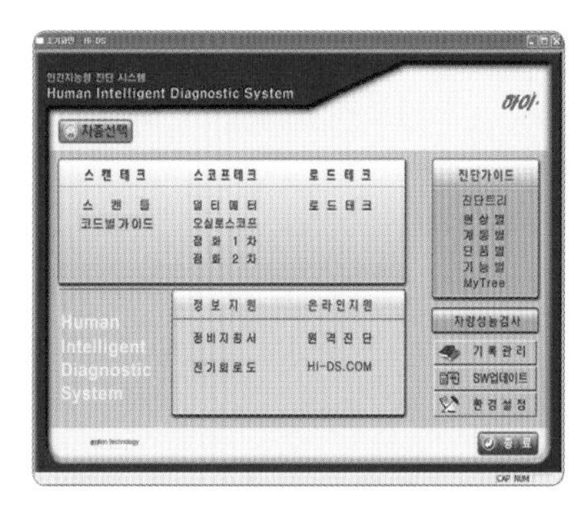

6. 점화 1차 파형을 선택한다(오실로스코프 점검 가능).

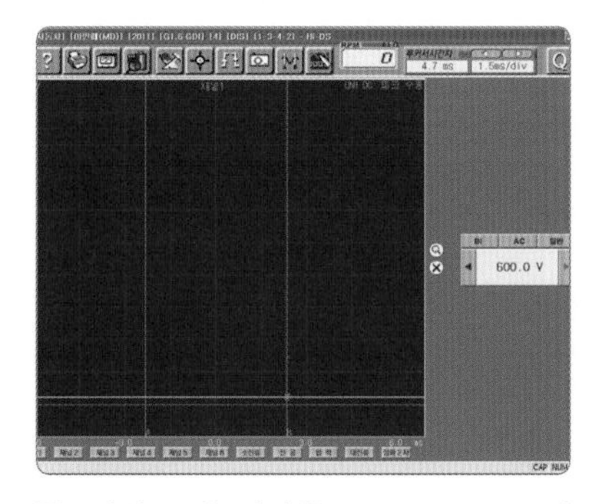

7. 점화 1차 전압을 DC 600 V로 설정한다.

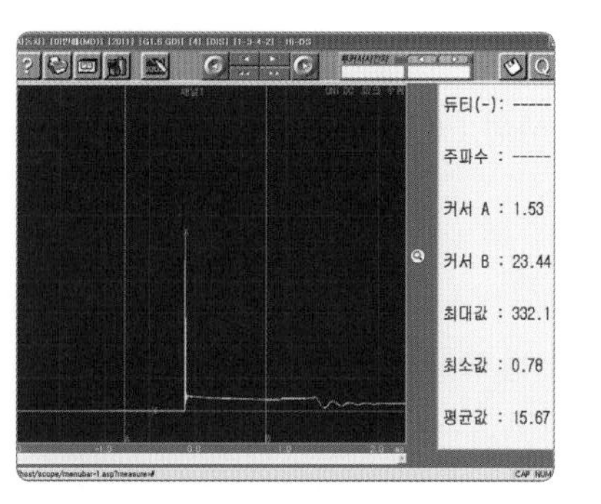

8. 파형을 정지한 후 피크(점화) 전압을 확인한다(322.1 V). : 트리거 클릭

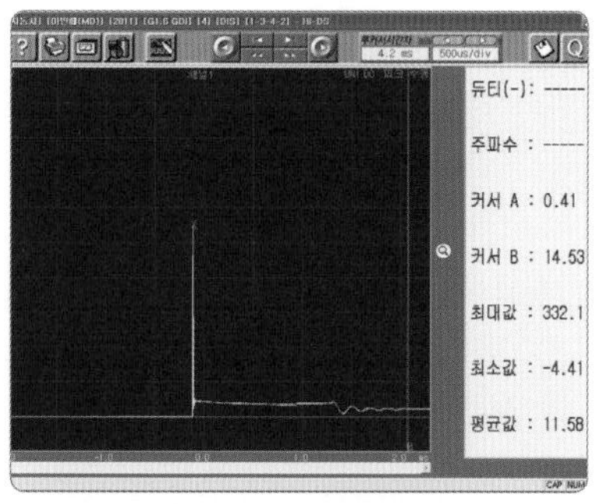

9. 드웰 구간 전압 상태 및 감쇠 구간 등 점화 1차 회로를 분석한다(프린트 출력).

(2) 점화 1차 파형 분석

출력 파형	점화 1차 파형 분석
	① 드웰 구간 : 파워 TR의 ON~OFF까지의 구간 ② 1차 유도 전압 : 1차 측 코일로 자기 유도 전압이 형성되는 구간으로 서지 전압은 322.1 V(규정값 : 300~400 V)이다. ③ 점화 라인(불꽃 지속 시간) : 점화 플러그의 전극 간에 아크방전이 이루어질 때 유도 전압은 2.0ms(규정값 : 0.8~2.0 ms)이다. ④ 감쇄 진동부 : 점화코일에 잔류한 에너지가 1차 코일을 통해 감쇄 소멸되는 전압으로 3~4회 진동이 발생되었다. ⑤ 드웰 시간 끝 부분(파워 TR OFF 전압)이 1.90V(규정값 : 3 V 이하)로 양호하며 발전기에서 발생되는 전압은 14.53 V(규정값 : 13.2~14.7 V)이다.

트리거(trigger)

트리거는 전자적인 용어로 사용되고 있으며, 총에 달린 방아쇠의 뜻도 있다. 움직이는 피사체가 방아쇠가 당겨져 날아오는 총에 맞아 정지가 되듯이 흘러가는 파형의 자취를 원하는 위치에 고정시키게 되므로 정지되는 화면으로 파형을 분석하는 데 도움이 된다.

점화 1차 회로 분석 주요 포인트

점화 코일의 불량, 파워 TR 불량, 엔진 ECU 접지 전원 불량, 파워 TR 베이스 전원 불량 등

2 점화 2차 파형 점검

(1) 점화 2차 파형 측정

① 점화 2차 파형 검사의 목적

- 기계적인 문제인 밸브, 압축 압력, 벨트 등이 점화 2차에 영향을 줄 수 있으므로 먼저 기계적인 점검에 이상이 없는지 확인한 후 파형을 점검한다.
- 각 실린더의 피크(서지) 전압 높이를 비교하여 플러그 갭을 확인하며 불꽃 지속 시간을 비교하여 플러그 오염, 고압선 누전을 점검한다.

② 점화 2차 파형 불량 시 원인

- 점화 2차 파형 전압이 정상보다 높을 때 : 스파크 플러그 간극이 규정보다 클 경우, 고압 케이블 불량(저항 증가, 단선), 연료 공연비 희박 압축 압력의 증대
- 점화 2차 파형 전압이 정상보다 낮을 때 : 스파크 플러그 간극이 작을 경우(카본 퇴적), 고압 케이블 단락, 압축 압력 저하

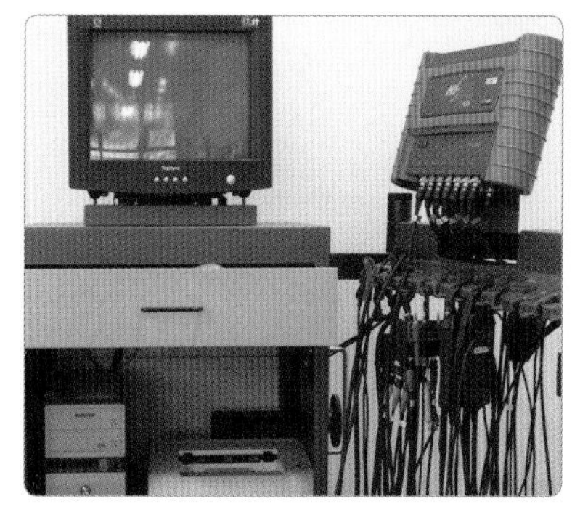

1. HI-DS 컴퓨터 전원을 ON시킨다.

2. 계측모듈 스위치를 ON시킨다.

3. HI-DS (+), (–) 클립을 배터리 단자에 연결한다.

4. 점화 코일 (–)에 채널 프로브를 체결하고 고압 픽업선을 1~4번 고압선에 물린다.

5. (–) 프로브를 배터리 (–)에 연결한다.

6. 엔진을 시동한 후 엔진을 공회전 상태로 유지시킨다. (750~950 rpm)

7. 초기화면에서 HI-DS를 클릭한다.

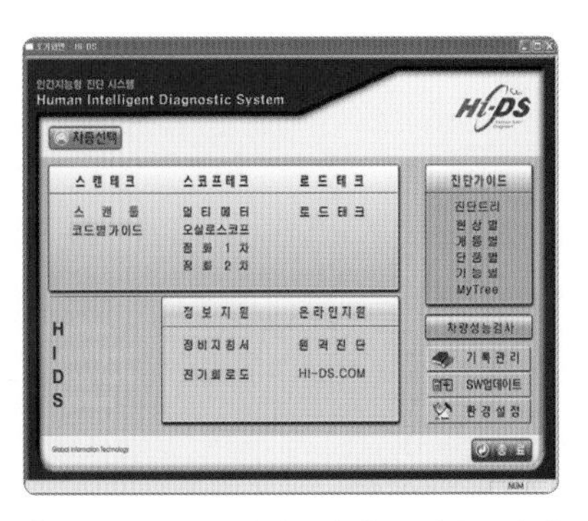

8. 스코프테크에서 점화 2차를 선택한다.

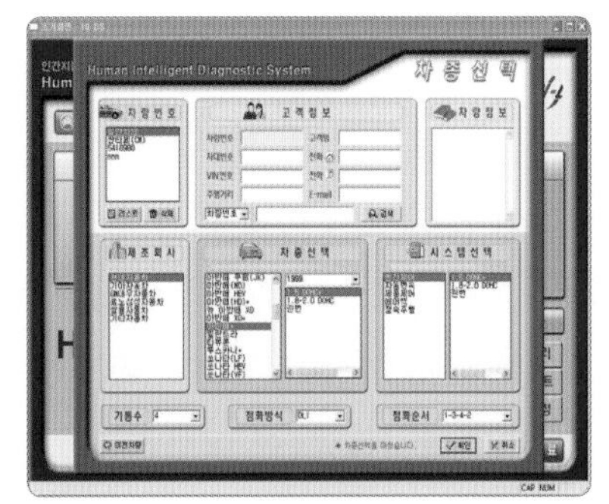

9. 제조회사-차종선택-시스템을 선택하고 확인을 클릭한다.

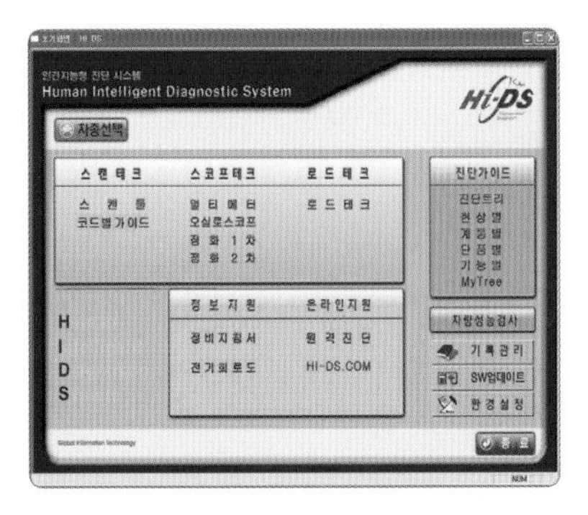

10. 스코프테크에서 점화 2차를 선택한다.

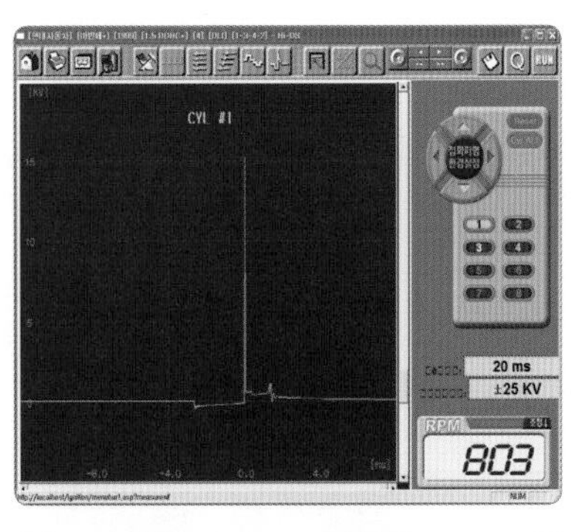

11. 시간축 20 ms, 전압축 25 KV를 설정하고 환경설정 아이콘을 클릭한다.

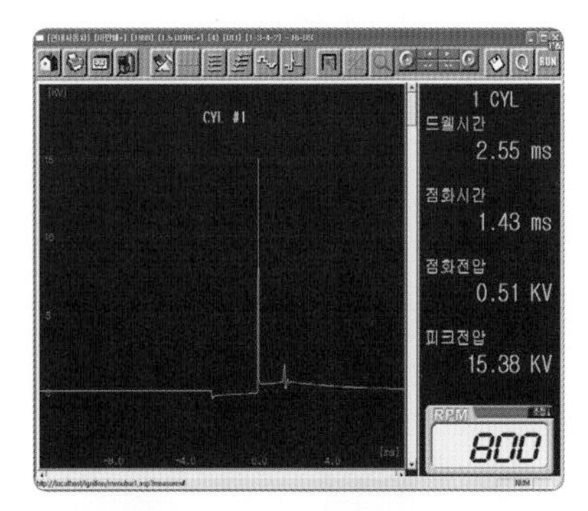

12. 개별실린더를 선택하여 시험위원이 제시한 실린더를 선택하고 STOP 버튼을 클릭한다.

(2) 점화 2차 파형 분석

출력 파형	점화 2차 파형 분석
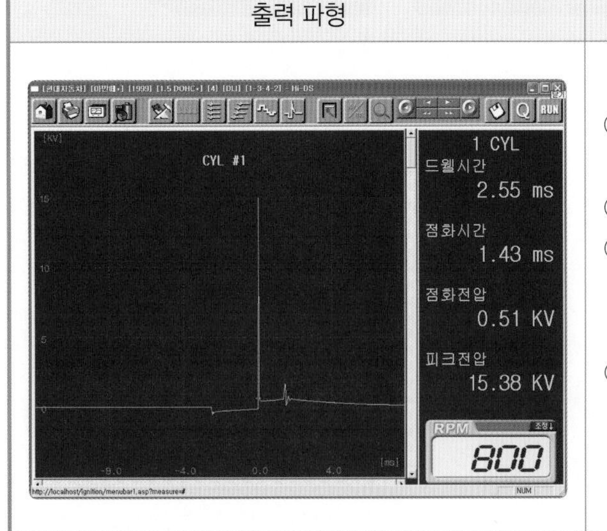	① 드웰 시간 : 2.55 ms 출력(파워 TR on에서 off 작동 구간) ② 피크 전압(서지 전압) : 15.38 kV 출력 ③ 점화 전압(스파크 라인) : 플러그의 전극 간에 아크 방전될 때 유도 전압이 나타난다(0.51 kV, 점화 시간 : 1.43 ms). ④ 분석 결과 : 점화 2차 전압이 정상 전압으로 스파크 플러그 간극, 압축 압력, 혼합기 상태, 전반적인 점화 회로가 정상 출력된 파형이다.

3 흡입 공기 유량 센서 파형 점검

(1) 흡입 공기 유량 센서 파형 측정

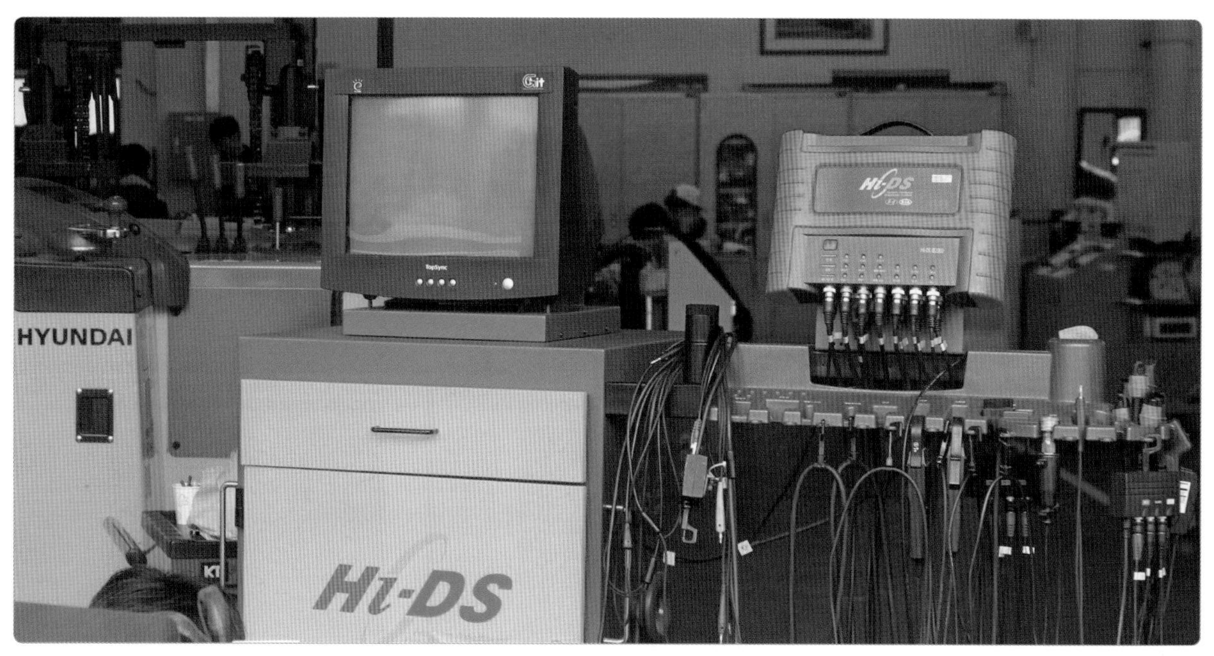

점검할 HI-DS 장비와 엔진 시뮬레이터 확인

투 커서

마우스의 오른쪽과 왼쪽 버튼을 이용하여 A 커서와 B 커서의 위치를 정하거나 변경하여 구간을 정하며 이때 투 커서 라인이 실선으로 바뀐다. 파형을 측정하고 정지 버튼을 누르면 측정 투 커서 간의 데이터를 확인하기 위해 구간을 자유롭게 정하고 파형을 분석할 수 있다.

1. HI-DS 컴퓨터 전원을 ON시킨다.

2. 계측모듈 스위치를 ON시킨다.

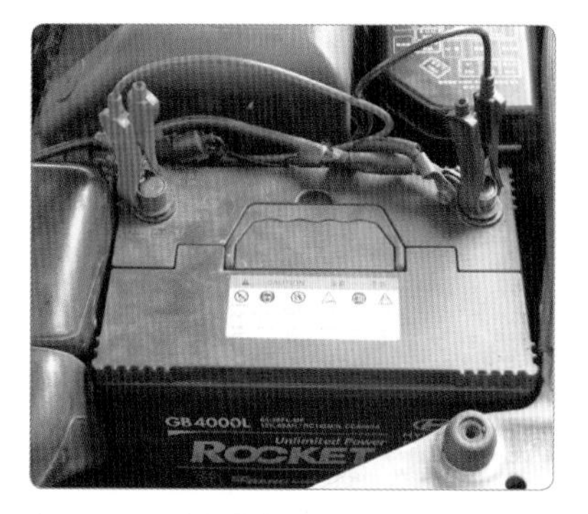

3. HI-DS (+), (–) 클립을 배터리 단자에 연결한다.

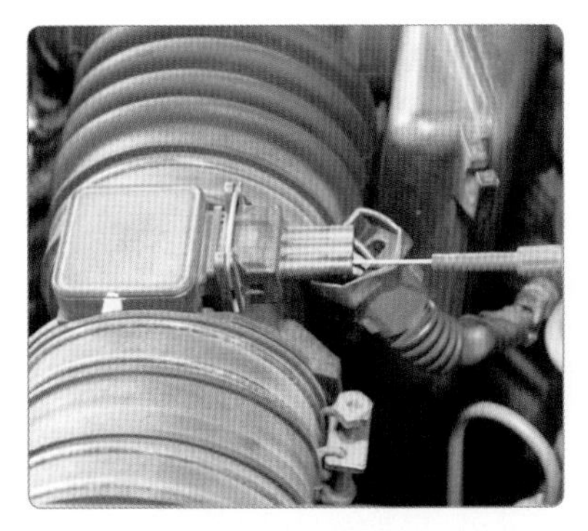

4. 공기 유량 센서 출력 단자에 1번 채널 프로브를 연결한다.

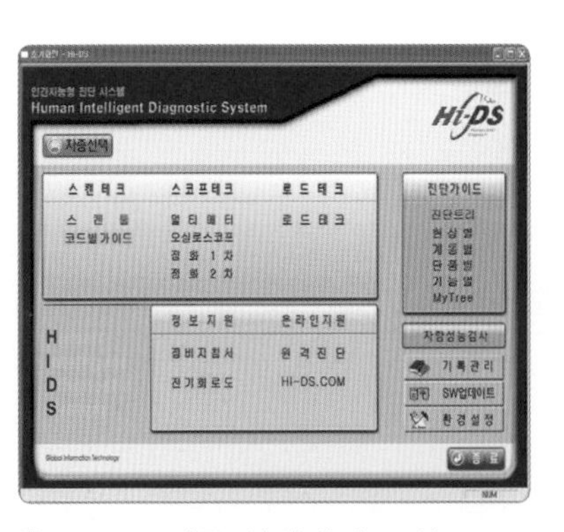

5. HI-DS 차종 선택에서 오실로스코프를 선택한다.

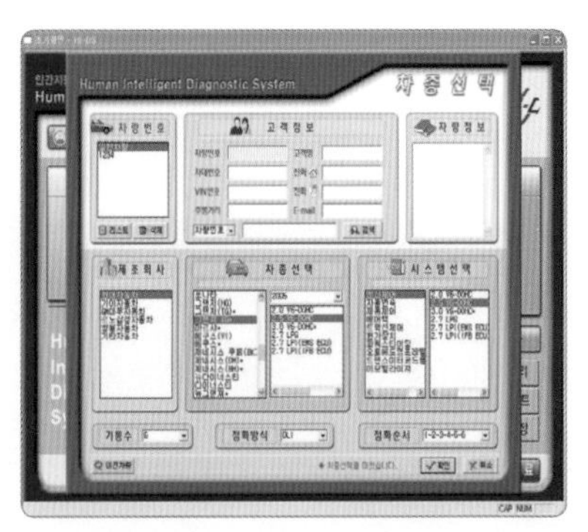

6. 차종 선택 : 제작사-차종-엔진형식을 선택한다.

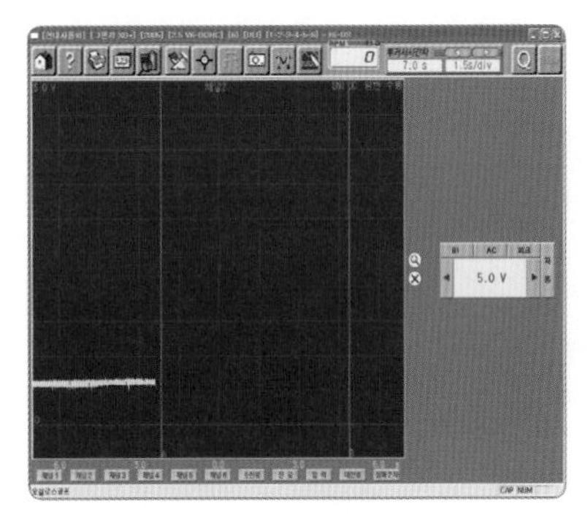

7. 환경설정에서 전압을 5 V, 시간을 1.5 ms/div로 설정한다.

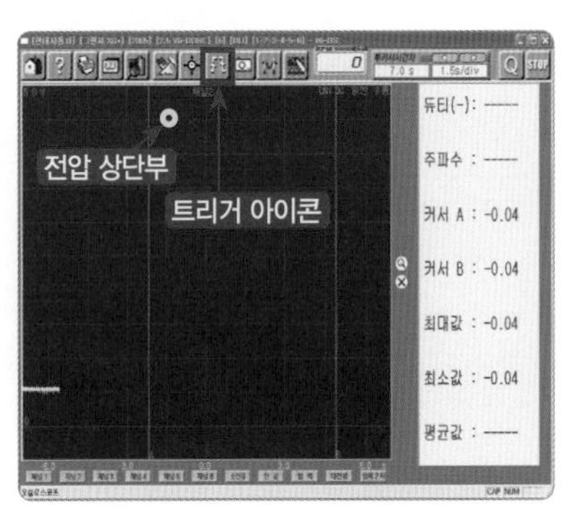

8. 트리거 아이콘을 클릭하고 화면 상단부(전압선 윗부분)를 클릭한다.

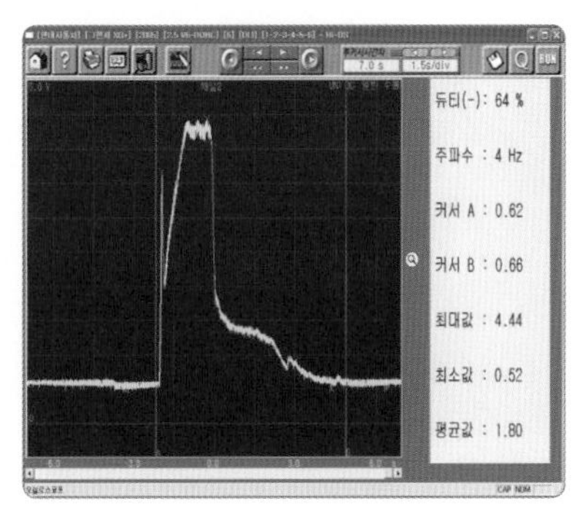

9. 출력된 파형을 프린트하여 분석하고 시험위원에게 제출한다.

(2) 흡입 공기 유량 센서 파형 분석

출력 파형	파형 분석(핫 와이어식)
듀티(-): 64 % 주파수 : 4 Hz 커서 A : 0.62 커서 B : 0.66 최대값 : 4.44 최소값 : 0.52 평균값 : 1.80	① 공회전 rpm 상태에서 0.52 V가 출력되고 가속 시 전압이 상승한다. 첫 번째 피크점에서 공기량도 증가된 상태로, 이 피크점은 공기의 유입으로 발생하며 점차 줄어들다가 다시 상승하여 다음 피크점(4.44 V)에 이르게 되었다. ② 전압이 급격히 감소하는 구간은 스로틀이 잠기고 그만큼 공기 흐름이 줄어들며 엔진은 공회전 rpm 상태로 유지된다. ③ 닫힐 때 흡입 맥동에 의한 2~3개의 파동이 나타난다. ④ 분석 결과 : AFS의 전압이 공기량과 정비례 관계로 출력되며, 스로틀 밸브의 개도량의 변화에 따른 출력 전압과 파형이 양호하다.

4 맵 센서(MAP 센서) 파형 점검

(1) 맵 센서 파형 측정

① 맵 센서 기능과 작동

- MAP 센서는 흡기관의 압력 변화를 전압으로 변화시켜 ECU(컴퓨터)로 보낸다. 즉 급가속할 때는 흡기관 내의 압력이 대기 압력과 동일한 압력으로 상승하게 되므로 실리콘 입자 층의 저항값이 낮아져 ECU에서 공급하는 5 V의 전압이 출력된다.
- 감속할 때는 흡기관 내의 압력이 급격히 떨어지므로 맵 센서 내의 저항값이 높아져 출력값은 낮아진다. ECU는 이 신호에 의해 엔진의 부하 상태를 판단할 수 있고 흡입 공기량을 간접 계측할 수 있으므로 연료 분사 시간을 결정하는 주 신호로 사용된다.

② 맵 센서 구조 및 회로

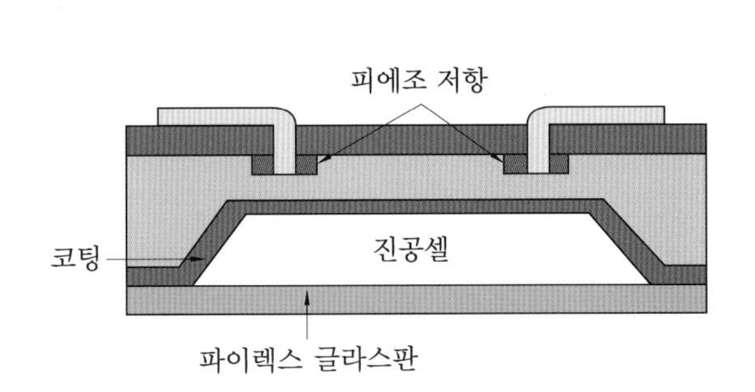

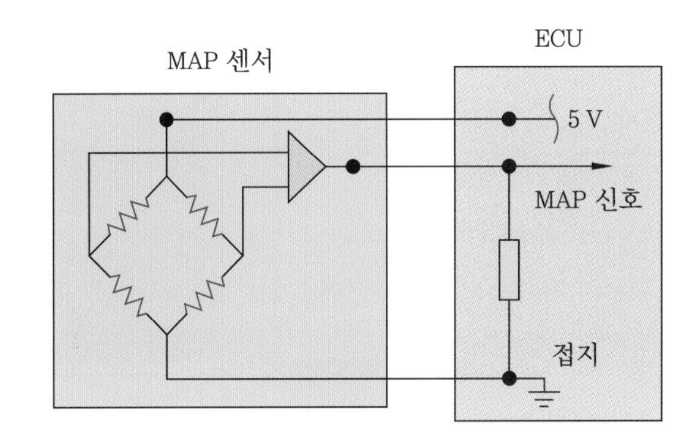

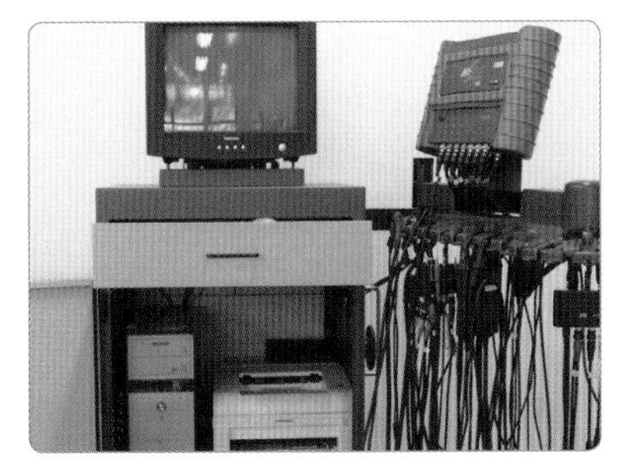
1. HI-DS 컴퓨터 전원을 ON시킨다.

2. 계측모듈 스위치와 모니터 스위치를 ON시킨다.

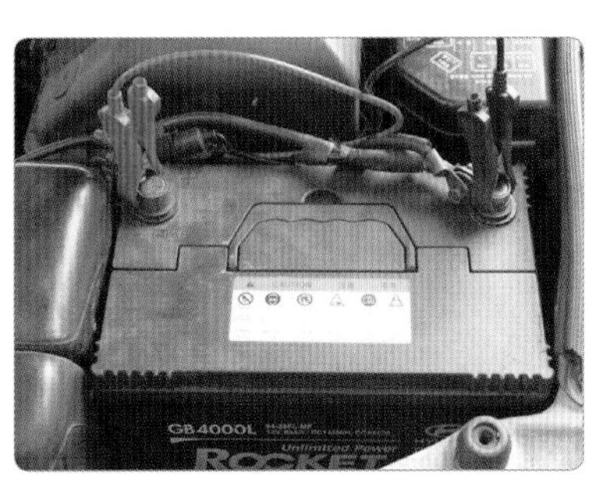

3. HI-DS (+), (-) 클립을 배터리 단자에 연결한다.

4. 채널 프로브를 선택한다.

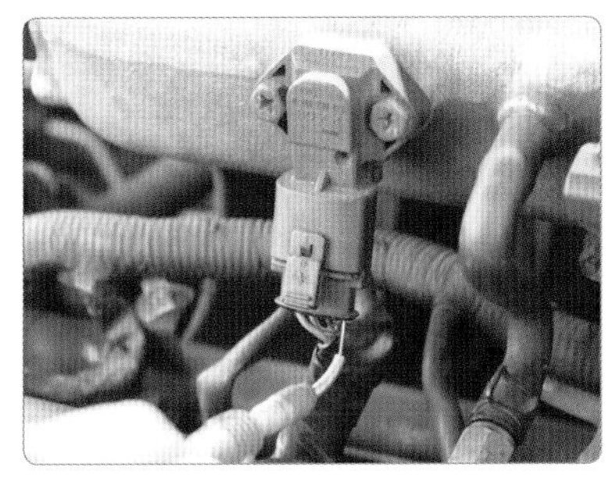
5. 맵 센서 출력선에 (+) 프로브를 연결한다.

6. (-) 프로브를 배터리 (-)에 연결한다.

7. 변속 선택 레버를 중립에 놓고 엔진을 시동한다.

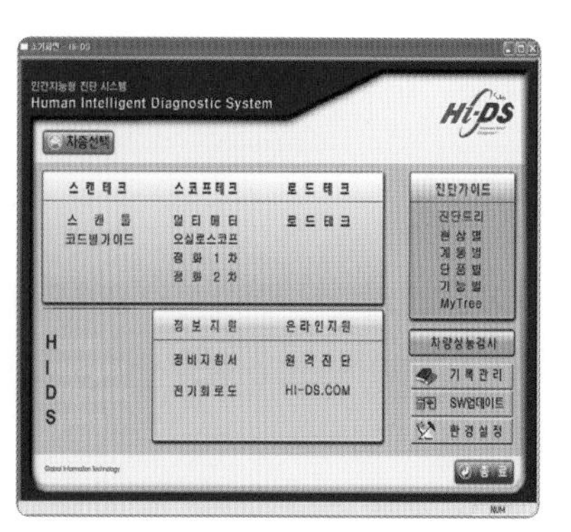

8. 차종을 선택한다.

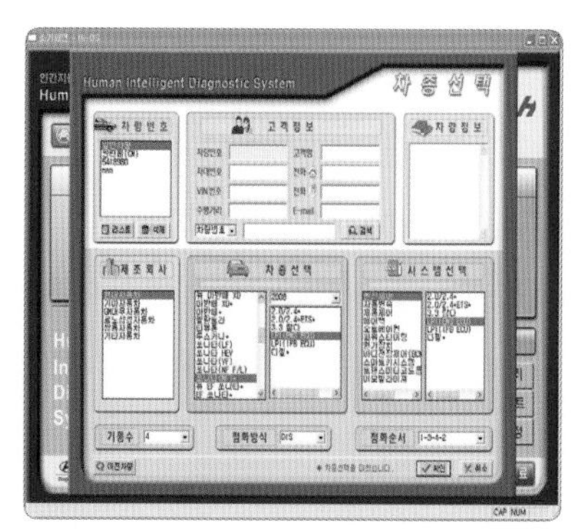

9. 차종 선택 : 제작사-차종-엔진형식을 선택한다.

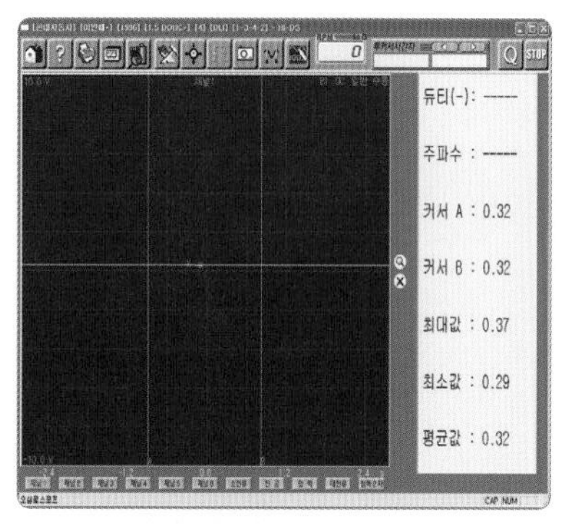

10. 환경설정에서 10 V, 300 ms/div로 설정한다.

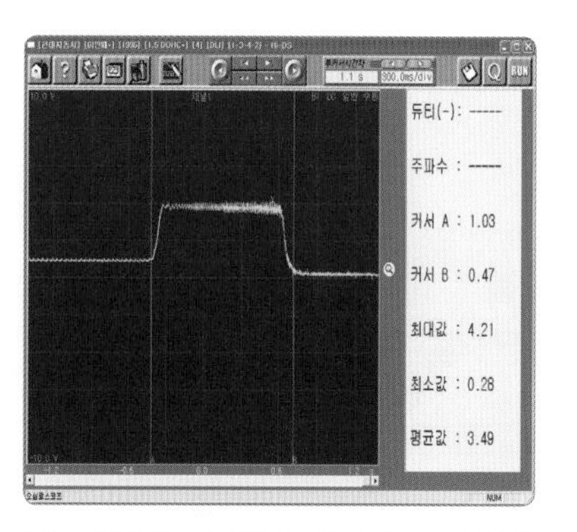

11. 화면을 스톱(정지)시키고 파형을 프린트 출력한다.

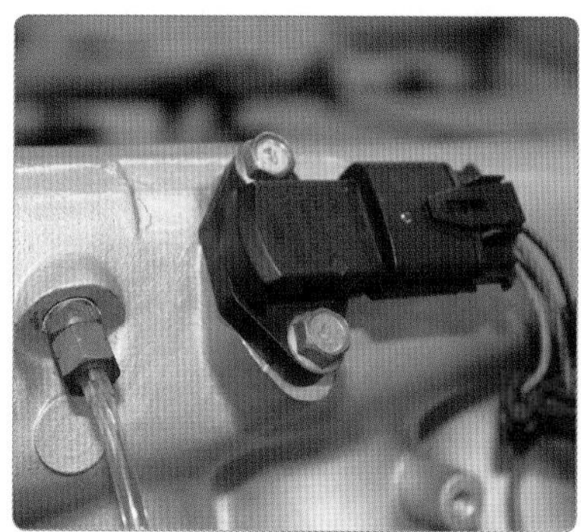

12. 측정 프로브를 탈거한 후 정리한다.

(2) 맵 센서 파형 분석

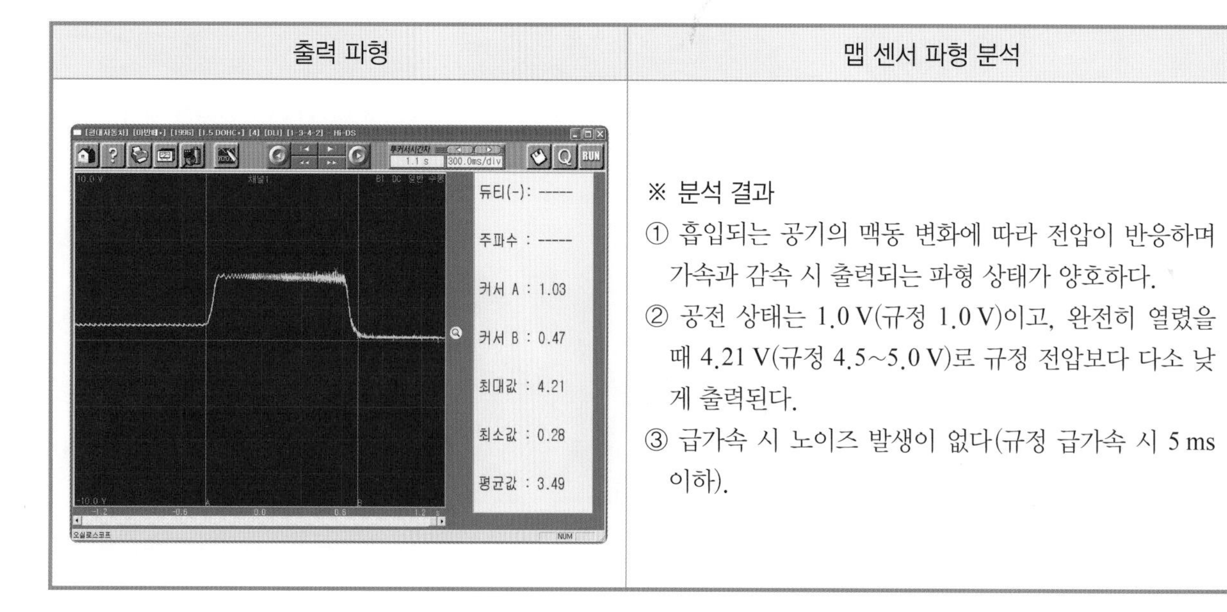

출력 파형	맵 센서 파형 분석
듀티(-): ----- 주파수 : ----- 커서 A : 1.03 커서 B : 0.47 최대값 : 4.21 최소값 : 0.28 평균값 : 3.49	※ 분석 결과 ① 흡입되는 공기의 맥동 변화에 따라 전압이 반응하며 가속과 감속 시 출력되는 파형 상태가 양호하다. ② 공전 상태는 1.0 V(규정 1.0 V)이고, 완전히 열렸을 때 4.21 V(규정 4.5~5.0 V)로 규정 전압보다 다소 낮게 출력된다. ③ 급가속 시 노이즈 발생이 없다(규정 급가속 시 5 ms 이하).

5 캠각 센서(TDC 센서) 파형 점검

(1) 캠각 센서 파형 측정

① CKP(CPS)+CMP(NO.1 TDC) 동시 파형을 볼 경우 동시 신호 점검(타이밍 점검) : CKP와 CMP가 크랭크축과 캠축에 따로 설치된 차량은 CKP 및 CMP 파형이 정상적인 모양으로 나오는지를 확인하여 센서의 조립 불량이나 타이밍 벨트의 오조립 상태를 확인할 수 있다.

② 캠각 센서 파형 측정

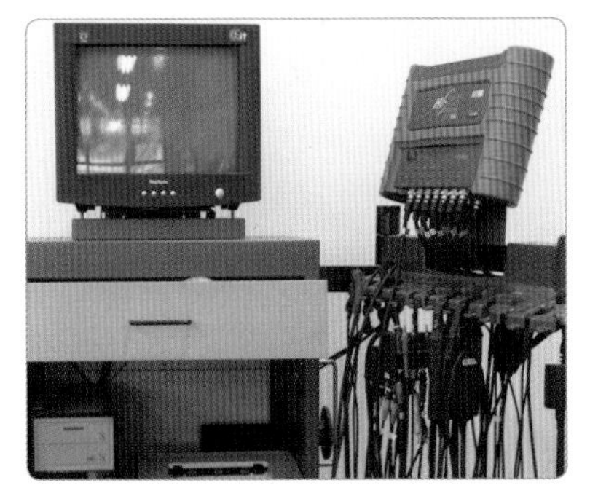

1. HI-DS 컴퓨터 전원을 ON시킨다.

2. 계측모듈 스위치를 ON시킨다.

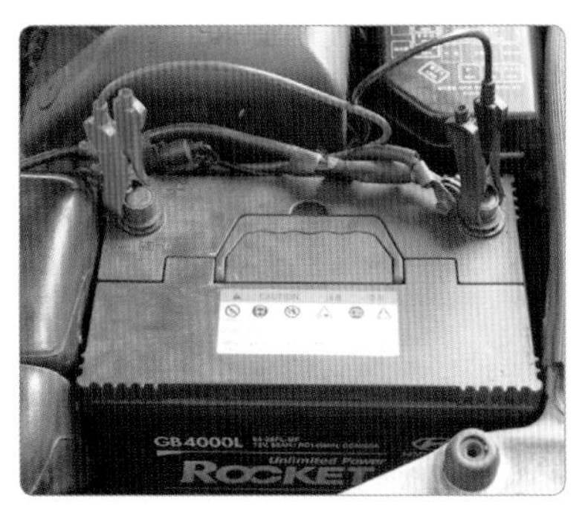

3. HI-DS (+), (-) 클립을 배터리 단자에 연결한다.

4. CPS 출력선에 프로브를 연결한다.

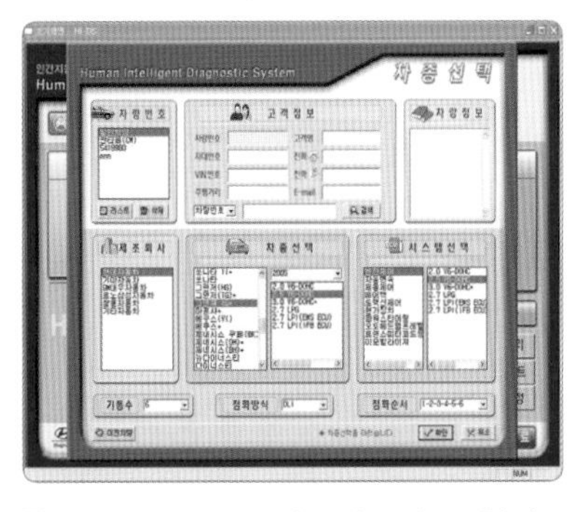

5. 차종 선택 : 제조사-차종 형식-시스템 선택을 클릭한다.

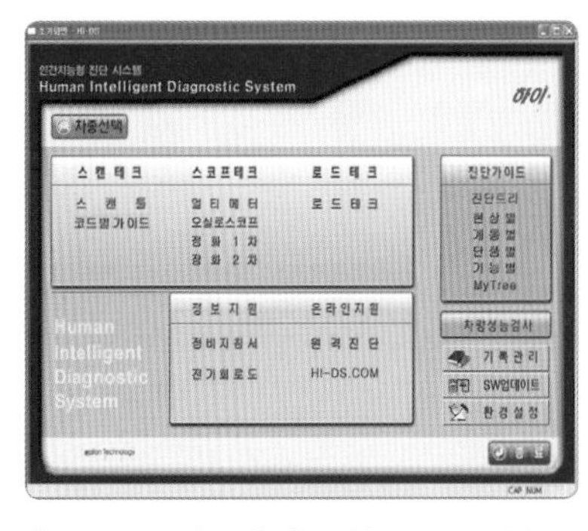

6. 스코프테크에서 오실로스코프를 클릭한다.

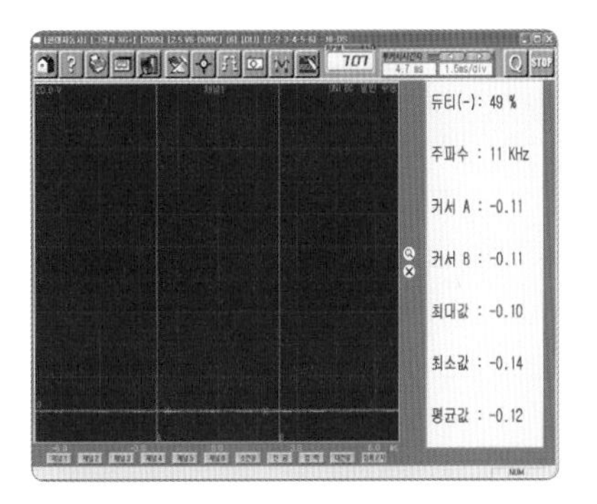

7. 환경설정에서 기준 파형에 맞는 전압과 시간을 선택한다.

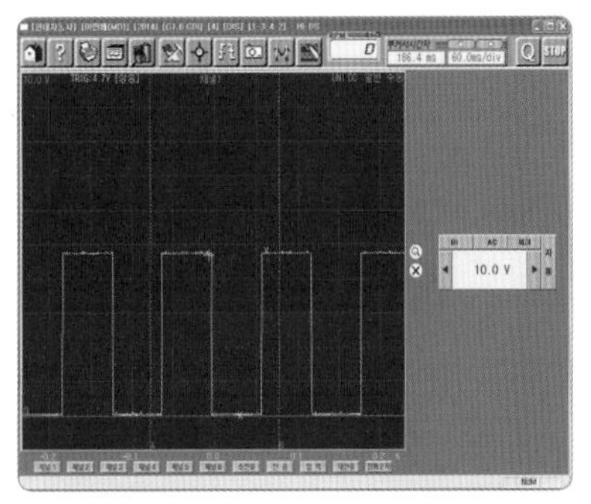

8. 출력된 화면에서 확인하기 좋은 형태의 파형이 출력되는지 확인한다. (최고 출력, 최저 출력 전압 확인)

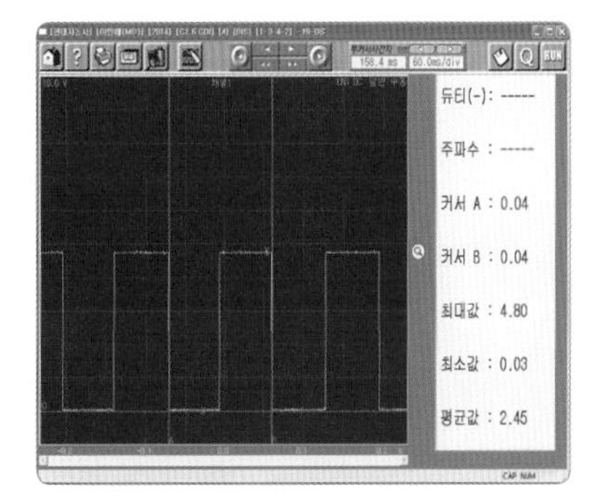

9. 펄스 파형이 일정한 간격으로 지속적인 출력이 되는지 확인한다.

(2) 캠각 센서 파형 분석

출력 파형	파형 분석
듀티(-): ----- 주파수 : ----- 커서 A : 0.04 커서 B : 0.04 최대값 : 4.80 최소값 : 0.03 평균값 : 2.45	① 상단부 지점에서 2.5 V 이하의 노이즈 발생이 확인되면 불량이고, 하단부 지점에서 0.8 V 이상의 잡음이 있으면 센서 접촉 불량 및 배선 불량을 예측할 수 있으나 출력된 파형은 최고 4.8 V, 최저 0.03 V로 출력 전압이 양호하고 상·하단부 노이즈 발생도 깨끗한 상태로 정상 파형이다. ② 파형이 빠지거나 노이즈 없이 일정하게 출력되고 있어 양호하다. ③ 파형의 아랫부분은 0.03 V(규정 0.8 V 이하), 파형의 윗부분은 4.8 V(규정 2.5 V 이상)로 센서, 배선 및 커넥터의 이상 없이 양호하다.

6 스텝 모터 파형 점검

(1) 스텝 모터 파형 측정

1. HI-DS 컴퓨터 전원을 ON시킨다.

2. 계측모듈 스위치와 모니터 스위치를 ON시킨다.

3. HI-DS (+), (-) 클립을 배터리 단자에 연결한다.

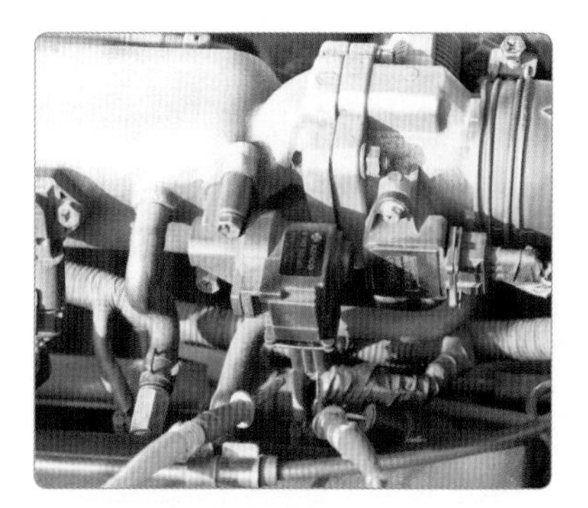

4. 프로브를 연결한다.

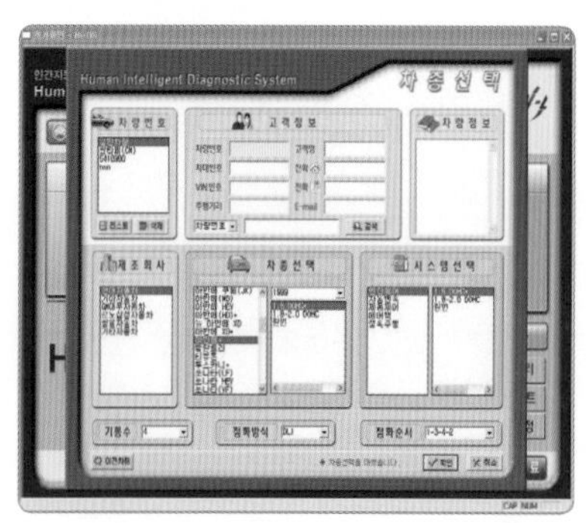

5. 차종 선택 : 제작사-차종-엔진형식을 선택한다.

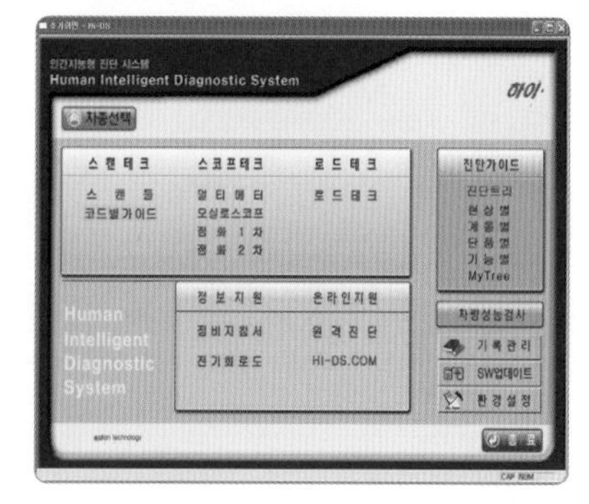

6. 스코프테크에서 오실로스코프를 클릭한다.

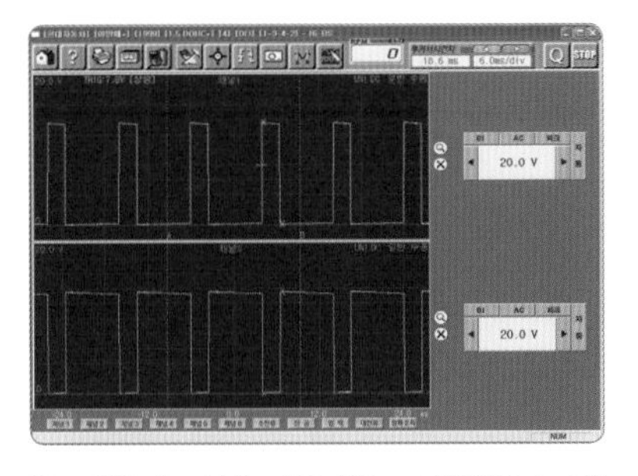

7. 1번과 2번 채널을 선택하고 환경설정에서 전압을 20 V, 시간을 6.0 ms/div로 선택한다.

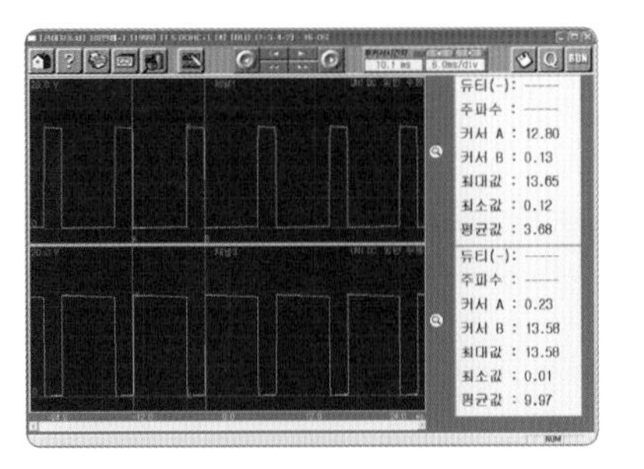

8. 열림코일, 닫힘코일 출력 파형 커서 A와 B를 듀티 사이클을 선정하여 작동 상태를 확인한다.

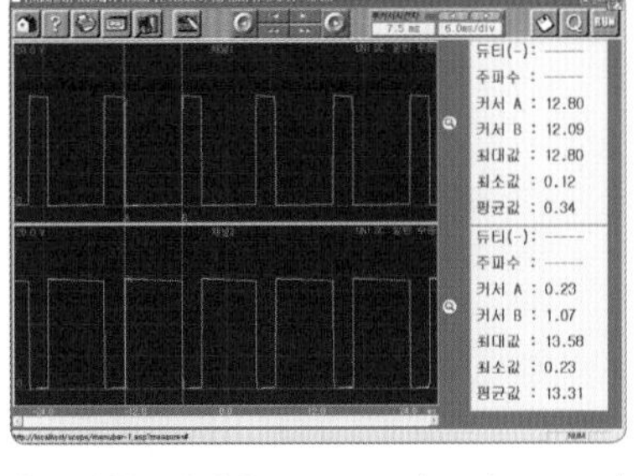

9. 전원 전압은 14.54 V(규정 9 V 이상), 접지 전압은 0.05 V(규정 1 V 이하)로 출력된다.

Chapter 8 엔진

(2) 스텝 모터 파형 분석

출력 파형	파형 분석
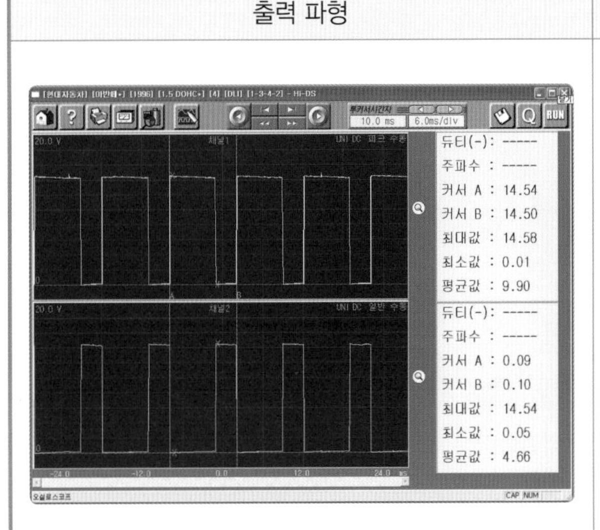	※ 듀티 제어 방식의 ISA 점검 ① 파형이 전원전압 14.54 V(규정 9 V 이상)이고, 접지 전압은 0.05 V(규정 1 V 이하)로 출력되므로 배선이나 커넥터 접속의 이상 없이 양호하다. ② 공회전 시 열림 듀티율이 34%(규정 30~35%), 닫힘 듀티율이 66%(규정 65~70%)로 양호한 값을 나타내고 있어 엔진 부하 상태 및 스텝 모터는 양호하다.

IAC 밸브의 점검 방법

엔진의 공회전속도를 정상적으로 유지하기 위해서는 아이들 에어 컨트롤(idle air control) 밸브가 필요하다. 즉, IAC 모터 코일에 펄스 전압을 공급하여 주면 IAC 밸브는 각 펄스마다 주어진 거리로 전진하거나 후퇴한다. 이러한 핀틀의 전진 또는 후퇴 작용에 따라 흡입 매니폴드로 바이패스되는 공기의 양이 조절되어 공회전 상태가 적절하게 제어된다.

스텝 모터는 두 개의 코일로 구성되어 있는 2극식(bipolar) 모터로 밸브 핀틀이 연결되어 있는 구조로 되어 있으며, ECM으로부터 신호를 받아 0~255스텝(steps) 범위로 작동된다.

핀틀	스텝(steps)	엔진 rpm
최대 개방	255	증가
최소 개방	0	감소

아이들 에어 컨트롤 밸브는 냉간 시 rpm을 보상하여 주고, P/N 스위치의 상태, 에어컨 컴프레서의 작동 유무, 전기부하, 파워 스티어링 핸들 회전 유무 등에 따라 적절한 속도를 ECM이 제공하여 주는데, 이러한 정보는 점화 스위치를 “OFF”해도 지워지지 않는다.

7 인젝터 파형 점검

(1) 인젝터 파형 측정

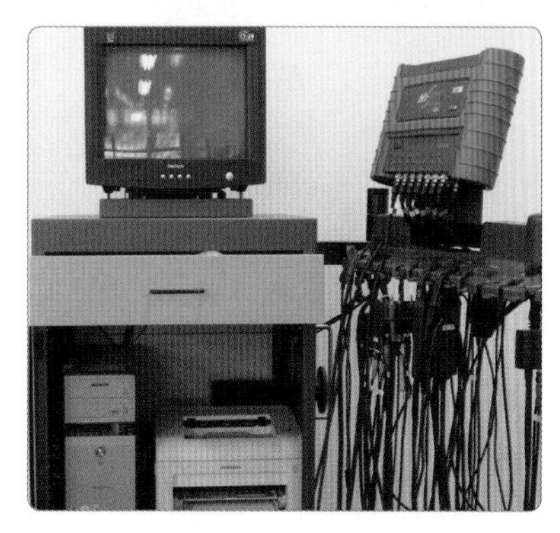

1. HI-DS 컴퓨터 전원을 ON시킨다.

2. 계측모듈과 모니터 전원 스위치를 ON시킨다.

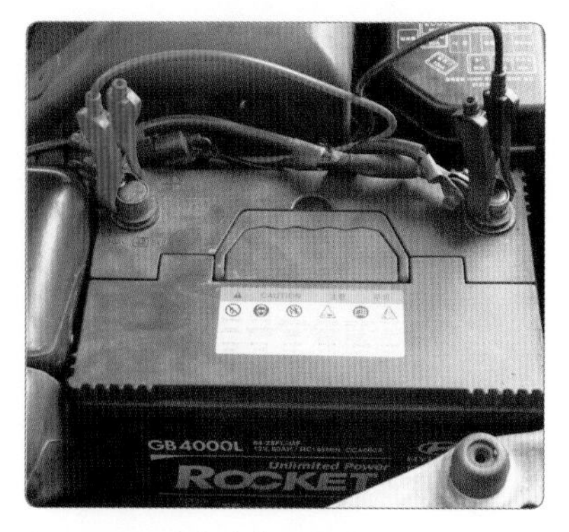

3. HI-DS (+), (-) 클립을 배터리 단자에 연결한다.

4. 측정 채널 프로브를 선택한다.

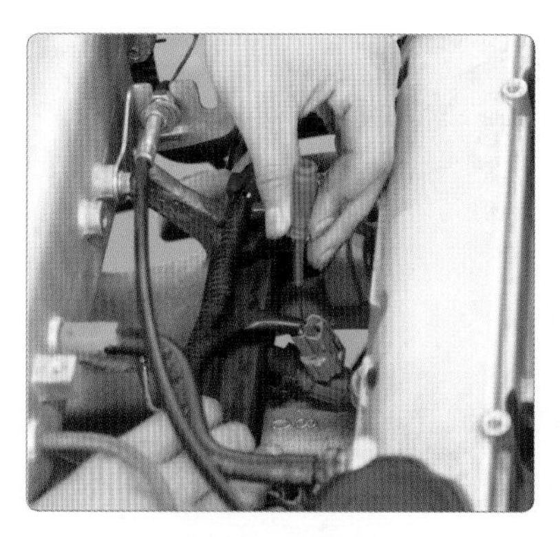

5. 인젝터에 프로브를 연결한다.

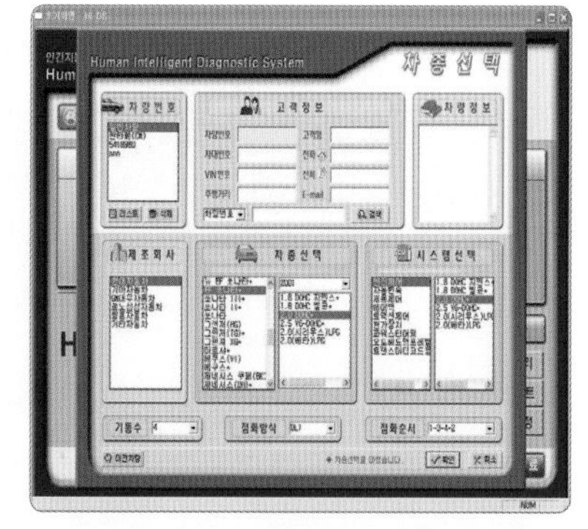

6. 차종 선택 : 제작사-차종-엔진형식을 선택한다.

7. 트리거 아이콘을 클릭하고 화면 상단부(전압선 윗부분)를 클릭한다.

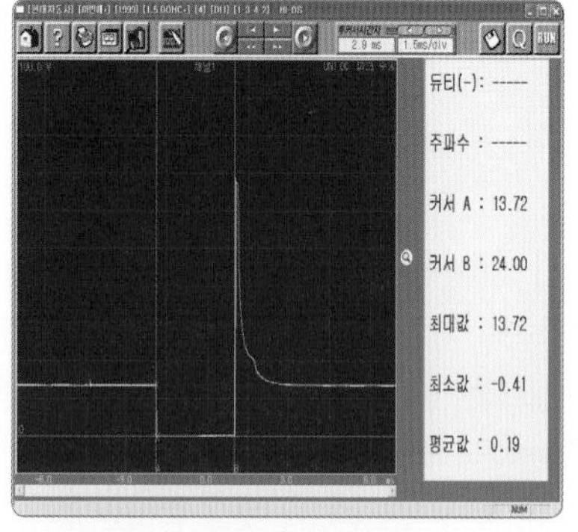

8. 화면을 정지시킨 후 커서 A(마우스 왼쪽), 커서 B(마우스 오른쪽)를 클릭하여 분사 시간을 측정한다(2.9 ms).

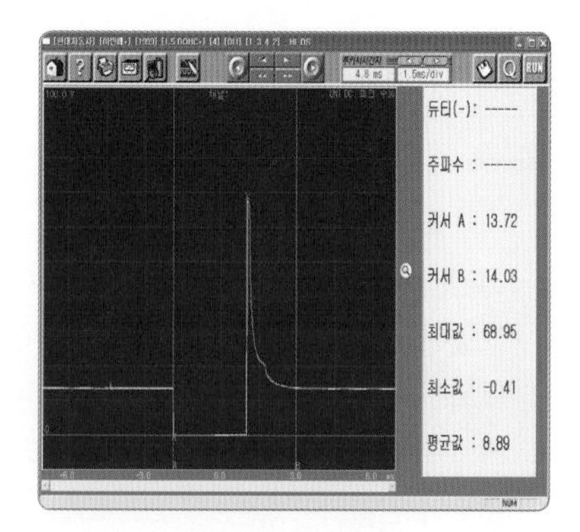

9. 커서 A(마우스 왼쪽), 커서 B(마우스 오른쪽)를 인젝터 작동 전압 범위로 지정하고 인젝터 작동 전압(서지 전압)을 측정한다(최댓값 : 68.95 V).

(2) 인젝터 파형 분석

출력 파형	파형 분석
듀티(-): ----- 주파수 : ----- 커서 A : 13.72 커서 B : 14.03 최대값 : 68.95 최소값 : -0.41 평균값 : 8.89	① 배터리 전압은 13.72 V로 배터리에서 인젝터까지 배선 상태는 양호하다. ② 서지 전압은 68.95 V로 인젝터 내부 코일은 양호하다. ③ 인젝터 분사 시간은 2.9 ms(규정 2.2~2.9 ms)로 양호하다. ④ 접지 구간이 0.8 V 이하로 인젝터에서 ECU 접지까지 배선 상태는 양호하다.

8 산소 센서 파형 점검

(1) 산소 센서 파형 측정

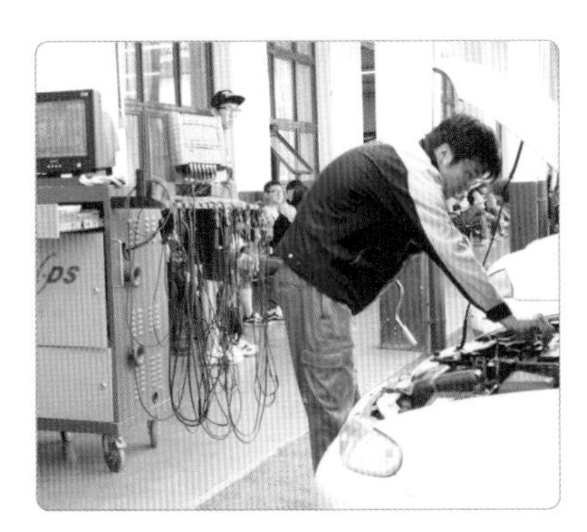

산소 센서 파형 측정

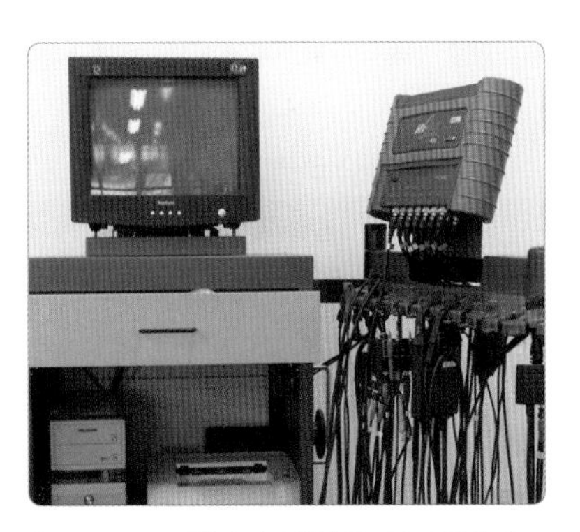

1. HI-DS 컴퓨터 전원을 ON시킨다.

2. 모니터 전원 ON 상태를 확인한다.

3. IBM 스위치를 ON시킨다.

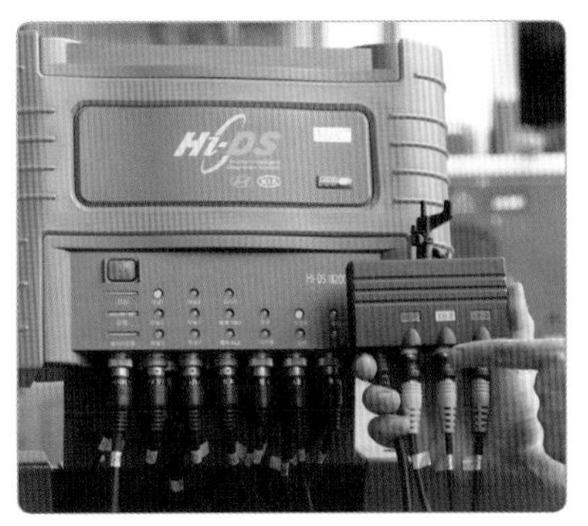

4. 채널 프로브를 선택한다.

5. (-) 프로브를 배터리 (-)에 연결한다.

6. 산소 센서 출력선에 (+) 프로브를 연결한다.

7. 변속기를 중립에 놓고 엔진을 시동한다.

8. 바탕화면 HI-DS 아이콘을 클릭한다.

9. HI-DS 메인화면을 클릭한다.

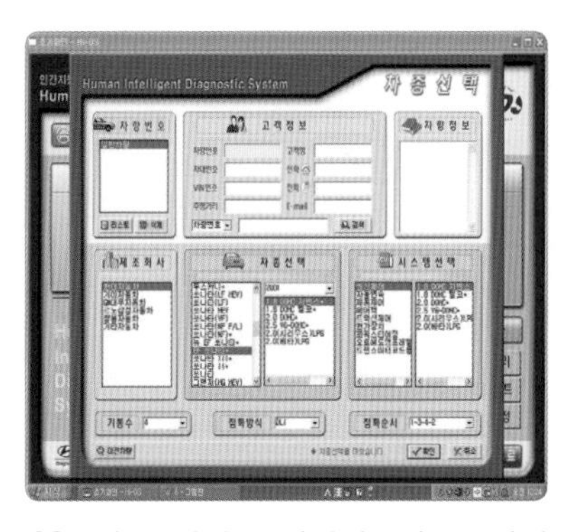

10. 차종 선택 : 제작사-차종-엔진형식을 선택한다.

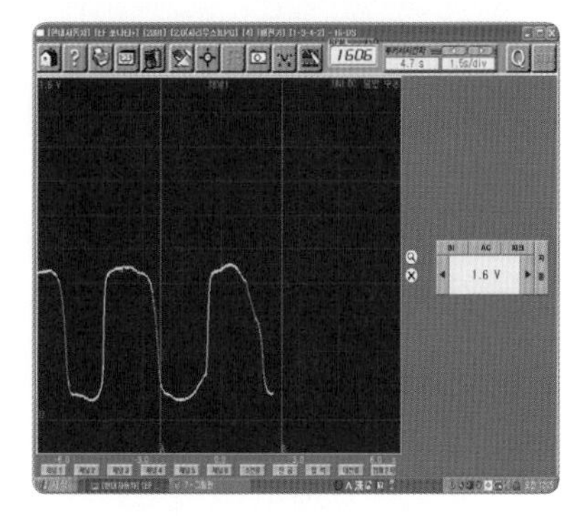

11. 산소 센서 출력 파형 점검을 위한 환경설정을 한다.
(전압 1.6 V, 시간 1.5 s/div)

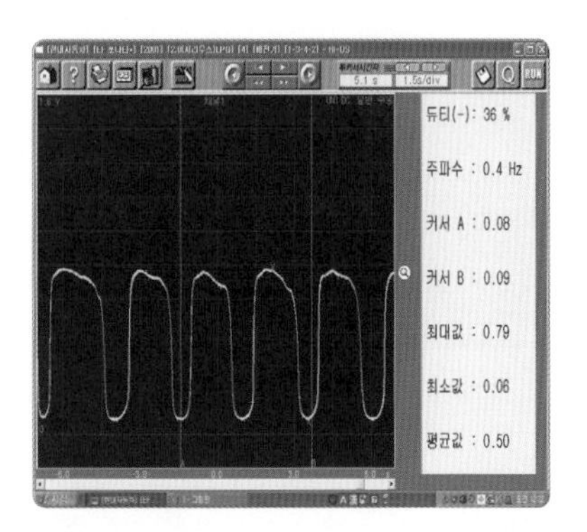

12. 산소 센서 출력 파형이 오르막, 내리막 피드백 상태를 출력전압으로 확인한다.
(최솟값 0.06 V, 최댓값 0.79 V)

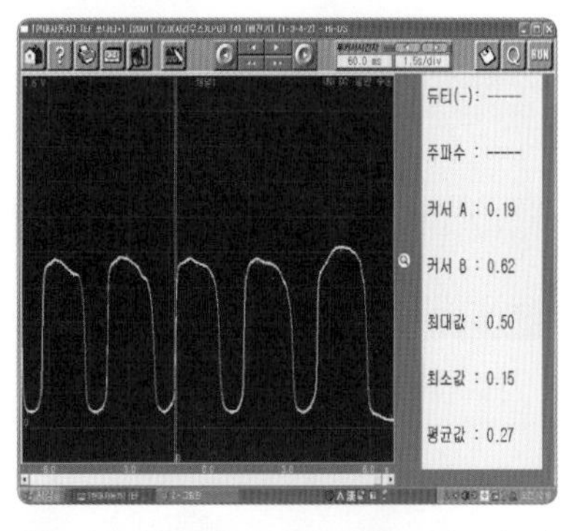

13. 화면을 정지시킨 다음 오르막 파형에서 A와 B 투사간 전압 0.2~0.6 V일 때 측정 파형은 60 ms 이내(규정 200 ms 이내)로 농후 상태이며 양호하다.

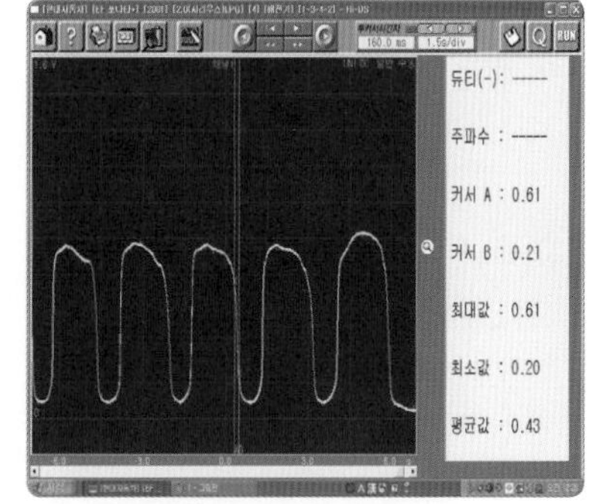

14. 내리막 파형에서 A와 B 투사간 전압 0.2~0.6 V일 때 측정 파형은 160 ms(규정 300 ms 이내)로 희박 상태이며 양호하다.

(2) 산소 센서 파형 분석

① 지르코니아 산소 센서 파형 분석

㈎ 지르코니아 출력 파형

출력 파형	파형 분석
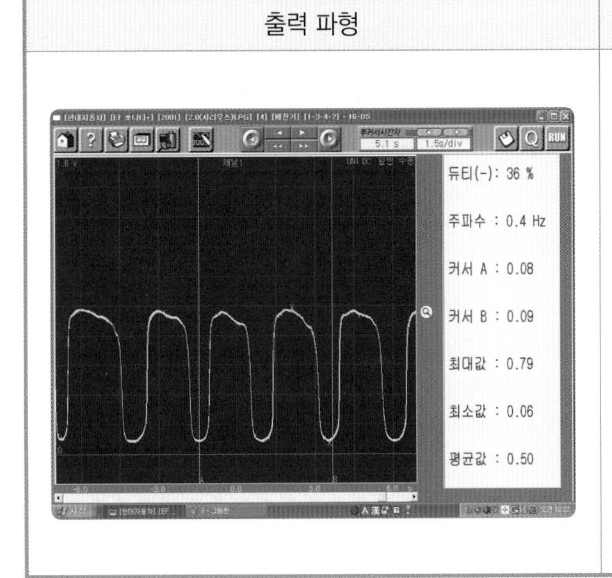	• 산소 센서 피드백 작동 상태 확인 농후(오르막), 희박(내리막)이 산소 센서 피드백 상태로 출력 전압이 작동되고 있는 파형이다. • 출력 전압 최솟값 : 0.06, 최댓값 : 0.79 V • 배기가스 농후, 희박 상태 판정 ① 농후 구간 전압범위(0.2~0.6 V)의 시간 측정값 : 60 ms(규정값 : 100 ms 이내) ② 희박 구간 전압범위(0.6~0.2 V)의 시간 측정값 : 160 ms(규정값 : 300 ms 이내) • 지르코니아 산소 센서 공연비 판정 희박 : 0~0.45 V, 농후 : 0.45~0.9 V

㈏ 파형 분석 및 판정 : 엔진 1500 rpm에서 측정된 산소 센서 출력 파형의 최솟값은 0.06 V이고 최댓값은 0.79 V이다. 오르막 파형에서 A와 B 투사간 전압 0.2~0.6 V에서의 측정값은 60 ms(규정값은 100 ms 이내)로 양호하며, 내리막 파형에서 A와 B 투사간 전압 0.6~0.2 V에서의 측정값은 160 ms(규정값 300 ms 이내)로 양호하다. 따라서 측정된 산소 센서 파형은 양호하다.

※ 불량으로 판정 시 연료계통 및 흡기계통의 전자제어장치를 점검하고 주요 센서를 점검한 후 재점검을 한다.

② 티타니아 산소 센서 파형 분석

㈎ 티타니아 산소 센서 출력 파형

출력 파형	파형 분석
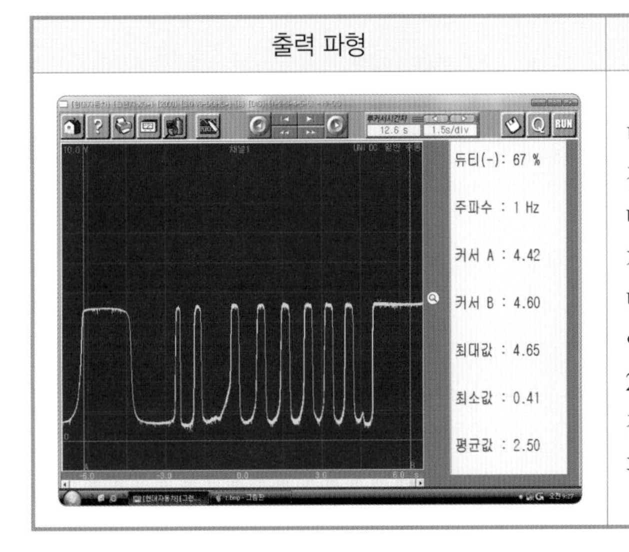	티타니아 산소 센서는 전압이 발생하여 ECU로 보내는 것이 아니라 산소 농도에 따라 저항값이 변하는 변위에 따라 그 값이 ECU에서 전압으로 출력되어, ECU는 배기가스 중 산소 농도를 감지하여 연료 분사량을 제어한다. 따라서 출력된 티타니아 파형은 공회전 상태(듀티 사이클 약 50%)에서 피드백 상태 파형으로, 엔진을 2500~3000 rpm으로 가속시킨 상태에서 출력 특성(최솟값 : 0.41 V, 최댓값 : 4.65 V)로 출력되었으며, 이때 주파수는 1 Hz로 출력되었다.

(나) 파형 분석 및 판정 : 티타니아 산소 센서의 규정 출력 전압은 0.2~4.5 V에서 주파수 약 11 Hz의 듀티 파형으로 출력되며 2.5 V 이상이면 희박으로, 2.5 V 이하이면 농후로 판단한다. 현재 출력된 파형은 농후(0.41 V), 희박(4.65 V), 주파수(1 Hz)가 정상 범위이므로 양호한 정상 파형이다.

※ 불량으로 판정 시 연료계통 및 흡기계통을 점검하고 주요 냉각 수온 센서 및 AFS를 점검한 후 재점검한다.

농후한 경우

공기 유량 센서의 이상 출력이나 ISA의 듀티, 엔진 회전수, 인젝터의 분사 시간, 냉각 수온 센서 등 다른 출력 항목들의 이상 유무를 확인하고 산소 센서 커넥터의 수분 유입, 에어 클리너의 오염, 리턴 호스의 꺾임, 인젝터의 이종 사양 등 기계적인 부분까지 확인해야 한다.

희박한 경우

흡기 덕트 진공 유지 불량으로 공기 유입, ISA 고착, 인젝터의 이종 사양 및 작동 상태, 인젝터 배선의 접속 불량, 연료 모터의 기능 저하, 연료 필터의 막힘, 점화장치의 불량, 산소 센서의 히팅 코일에서 희박 원인을 점검한다.

9 디젤(CRDI) 인젝터 파형 점검

(1) 디젤 인젝터 파형 측정

디젤 인젝터 분사량은 분사 시간으로 결정한다. 이것은 매우 다양한 입력 요소들에 의해 결정되는데, 엔진 rpm, 엔진 부하, 그리고 엔진 온도 등의 영향을 받게 된다. 인젝터는 핀틀을 들어올리기 위해 최초 80 V의 전압이 공급되고 핀틀이 열린 상태를 유지하기 위해 50 V가 공급된다.

① 예비 분사 : 주 분사 전 예비 분사로 연소 효율 향상과 소음 및 진동의 저감이 목적이다.

② 주 분사 : 실제 엔진 출력을 내기 위한 분사

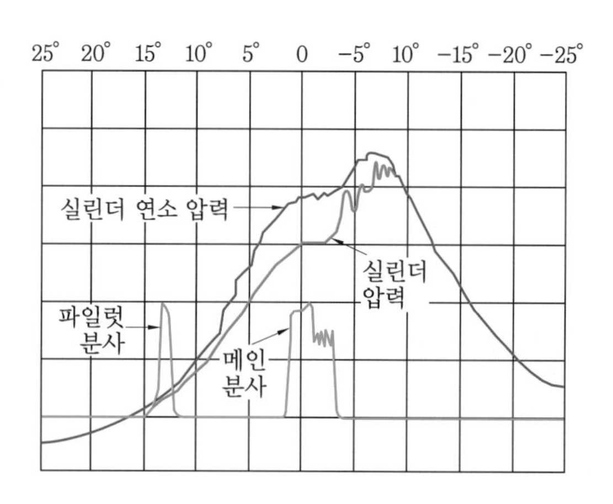

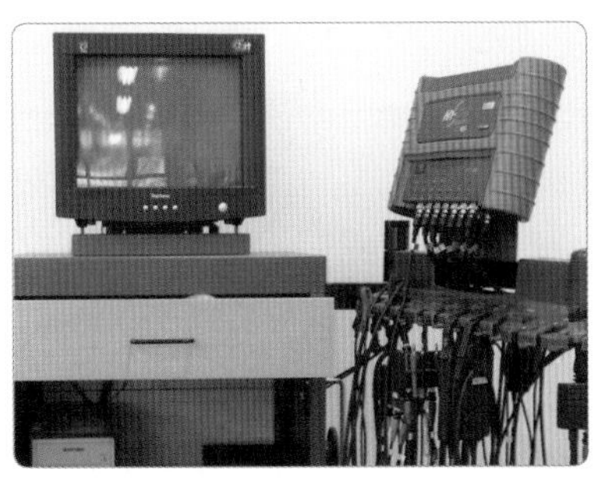

1. HI-DS 컴퓨터 전원을 ON시킨다.

2. 계측모듈 스위치를 ON시킨다.

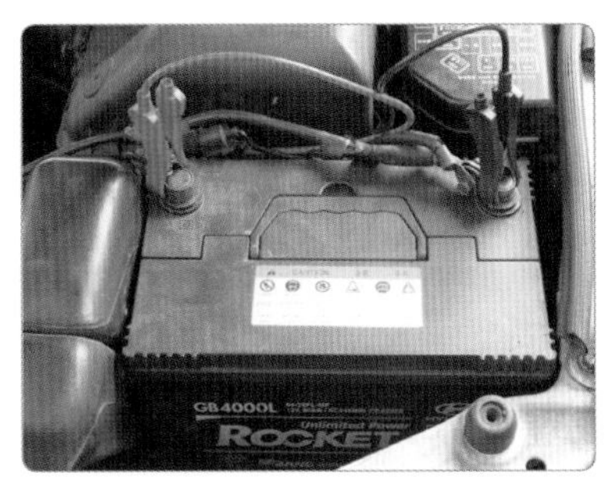

3. HI-DS (+), (–) 클립을 배터리 단자에 연결한다.

4. 1번 채널 프로브를 선택한다.

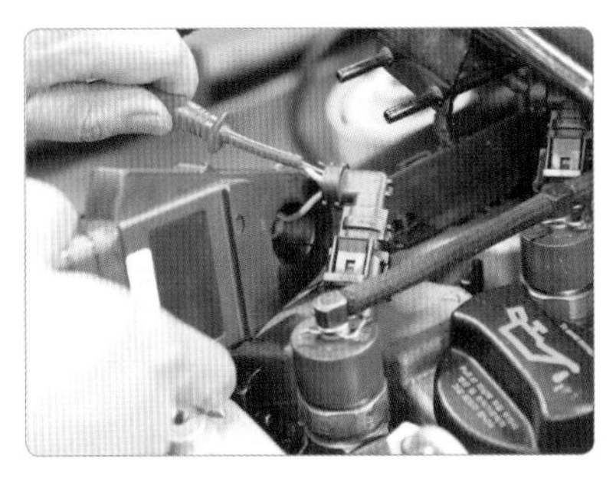

5. 인젝터에 프로브를 연결한다.

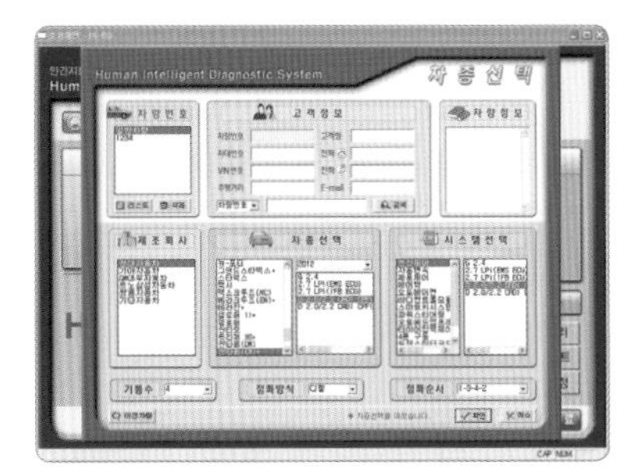

6. 차종 선택 : 제작사–차종–엔진형식을 선택한다.

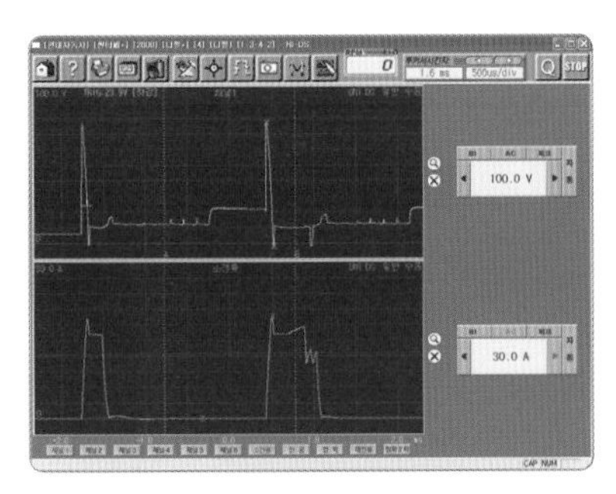

7. 환경설정 아이콘을 클릭하고 전압 100 V, 전류 30 A로 설정하여 파형이 출력되면 트리거를 클릭한다.

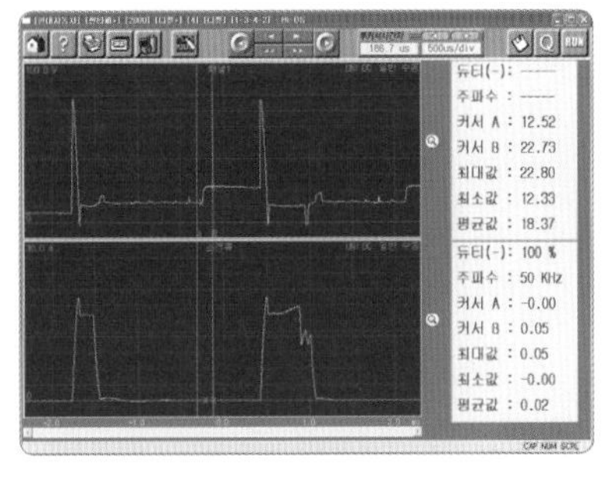

8. 인젝터 구동 콘덴서 충전 전압 22.73 V가 측정된다.

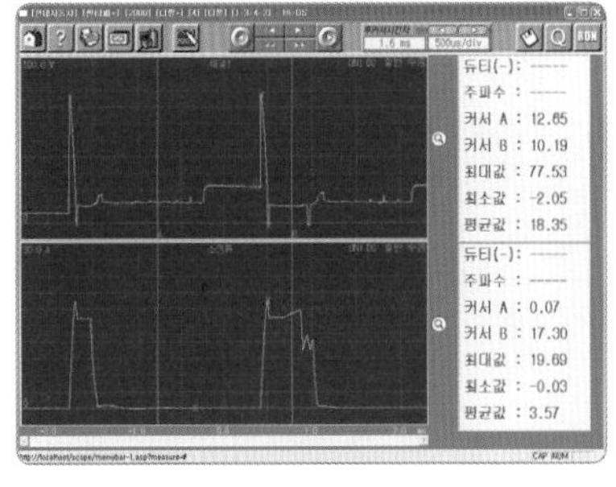

9. 인젝터 서지 전압 77.53 V가 측정된다.

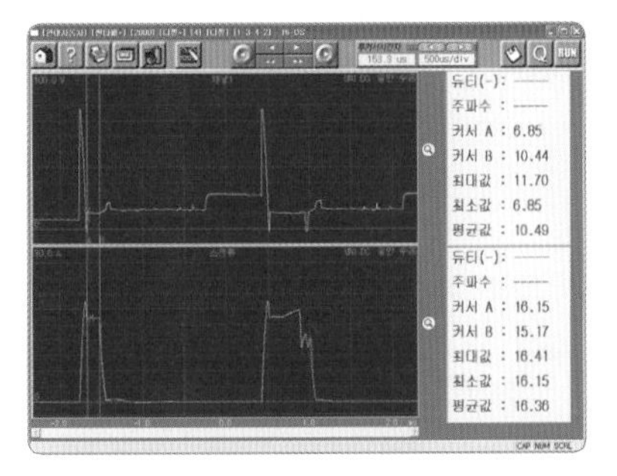

10. 예비 분사 전류 16.41 A가 측정된다.

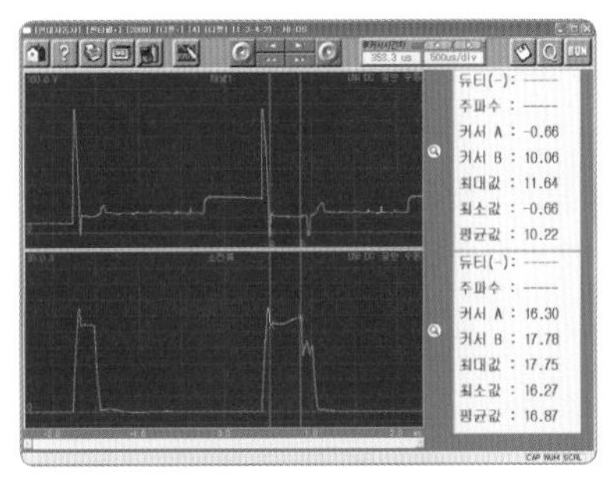

11. 주 분사 전류(풀인 코일 전류)가 17.78 A로 측정된다.

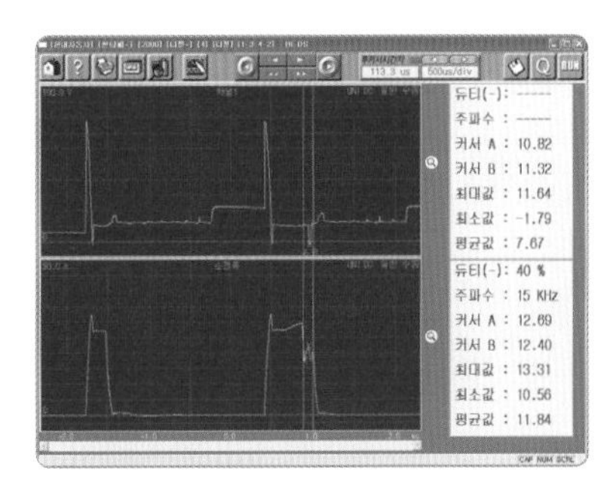

12. 후 분사 전류(홀드인 코일 전류)가 13.31 A로 측정된다.

(2) 디젤 인젝터 파형 분석

측정 파형	파형 분석
듀티(-) : 34 % 주파수 : 1630 Hz 커서 A : 0.55 커서 B : 25.42 최대값 : 48.79 최소값 : 0.23 평균값 : 19.35 듀티(-) : 82 % 주파수 : 769 Hz 커서 A : 0.62 커서 B : 0.62 최대값 : 20.55 최소값 : 0.48 평균값 : 5.27	① **첫 번째 분사(파일럿 분사) 구간** : 파일럿 분사는 엔진에 적은 양의 연료를 분사하도록 한다. 연료는 즉시 연소하기 시작하고 주 분사를 위한 점화 소스로 이용되며, 구간별 차등 연소로 인하여 디젤 연소 특성인 노크를 줄여줄 수 있다. ② **두 번째 분사(주 분사) 구간** : 주 분사 구간은 분사의 관습적인 구간이며, 지속 시간은 차량의 ECM에 의해 결정된다. ③ **세 번째 분사(후 분사) 구간** : 배기가스 제어와 주로 관련되어 있으며, 후 분사는 배기가스를 줄이기 위해 사용된다.

10 파워 밸런스 시험

(1) 파워 밸런스 파형 측정

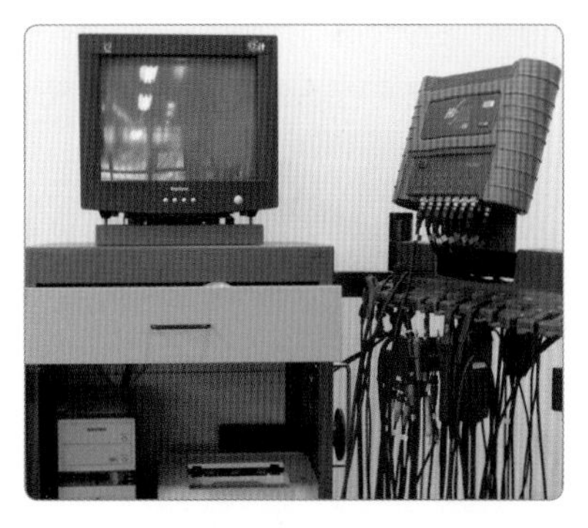

1. HI-DS 컴퓨터 전원을 ON시킨다.

2. 계측모듈 스위치를 ON시킨다.

3. HI-DS (+), (−) 클립을 배터리 단자에 연결한다.

4. 크랭크각 센서 출력 단자에 1번 채널 프로브를 연결한다.

5. 캠축 위치 센서 출력 단자에 2번 채널 프로브를 연결한다.

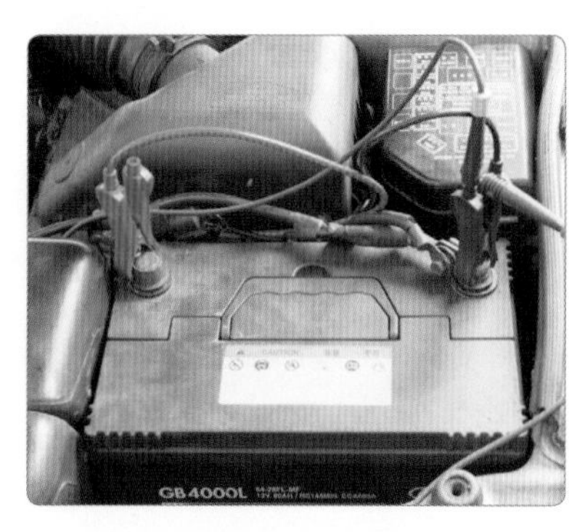

6. 1번, 2번 채널 접지 프로브를 배터리 (−)에 연결한다.

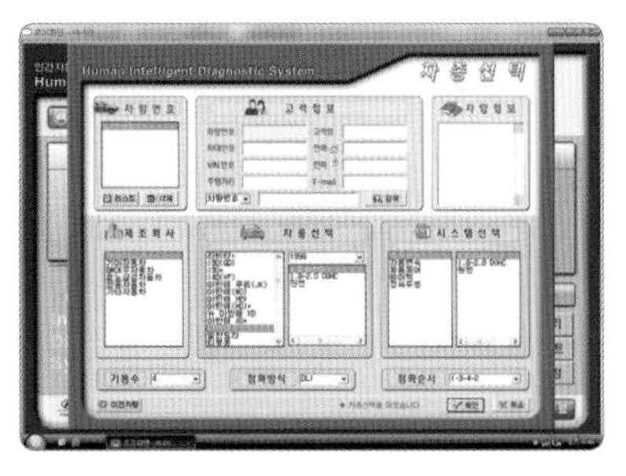

7. 차종 선택 : 제조회사-차종 선택-시스템 선택을 클릭한다.

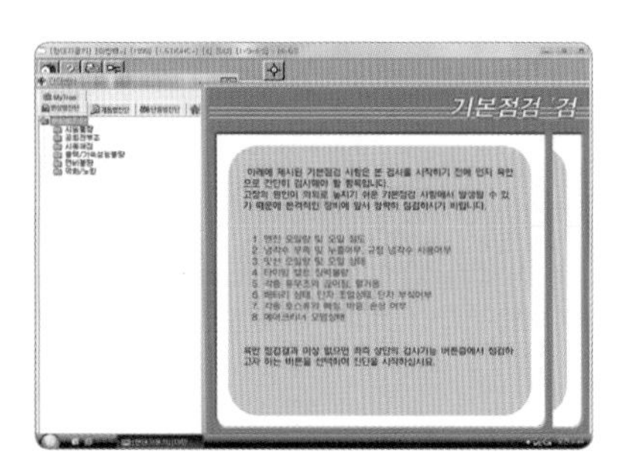

8. 현상별 진단을 선택한다.

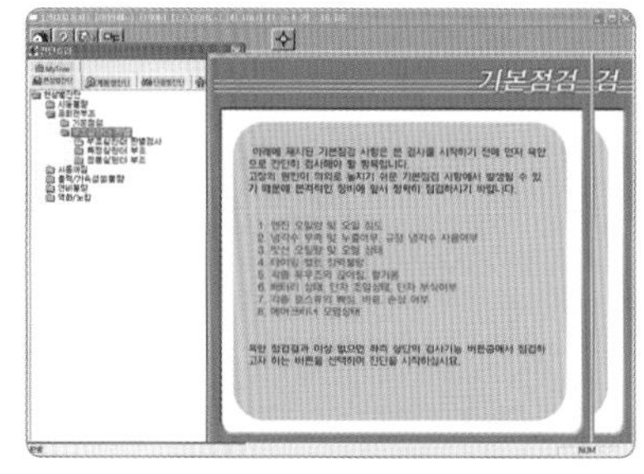

9. 부조 실린더 판별을 선택한다.

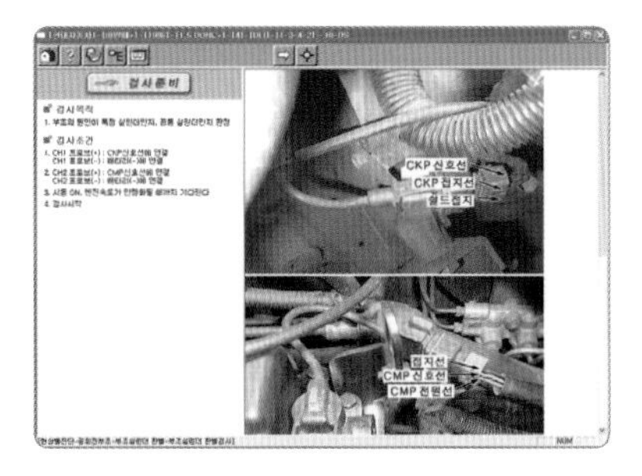

10. 커넥터의 위치를 확인한다.

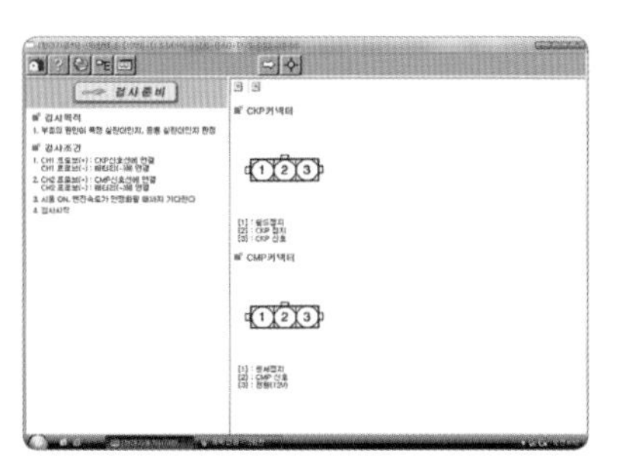

11. 커넥터 단자를 확인하고 시작 버튼을 클릭한다.

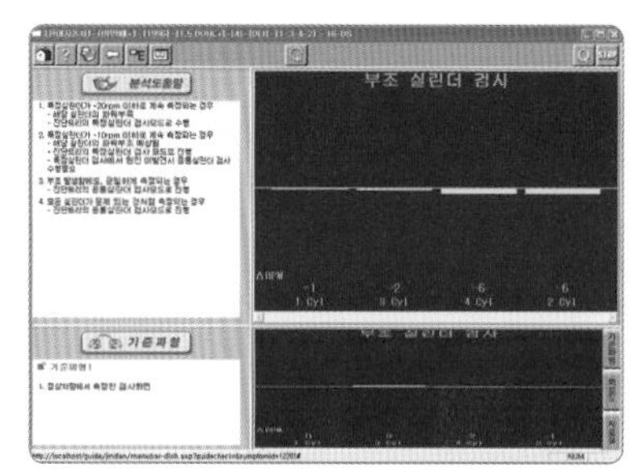

12. 출력된 파형을 분석한다.

(2) 파워 밸런스 파형 분석

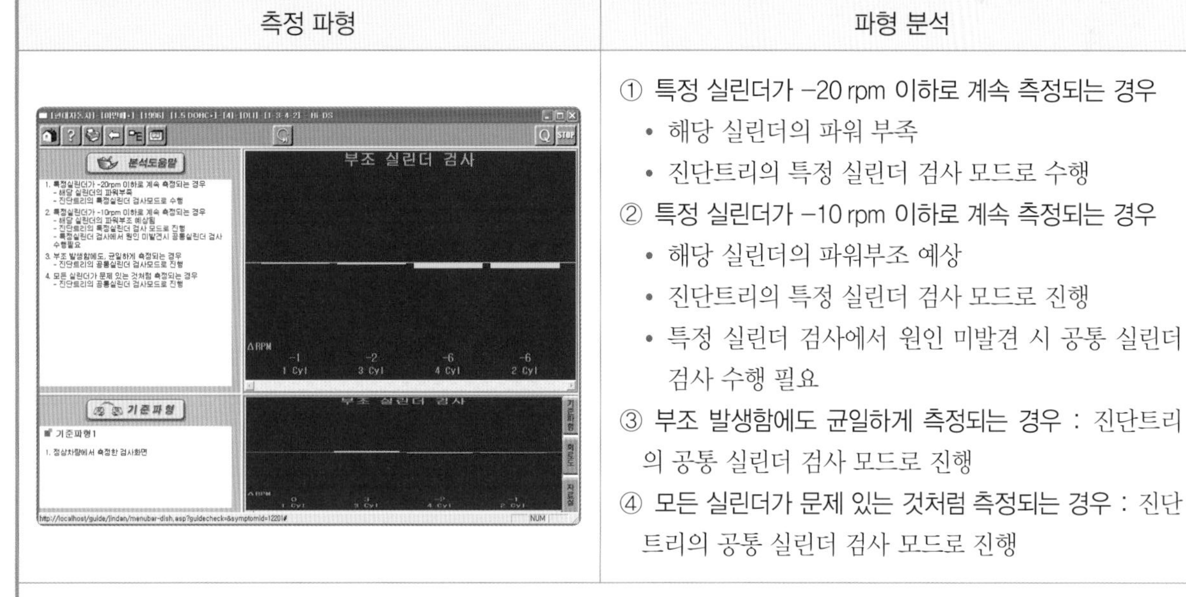

측정 파형	파형 분석
	① 특정 실린더가 −20 rpm 이하로 계속 측정되는 경우 • 해당 실린더의 파워 부족 • 진단트리의 특정 실린더 검사 모드로 수행 ② 특정 실린더가 −10 rpm 이하로 계속 측정되는 경우 • 해당 실린더의 파워부조 예상 • 진단트리의 특정 실린더 검사 모드로 진행 • 특정 실린더 검사에서 원인 미발견 시 공통 실린더 검사 수행 필요 ③ 부조 발생함에도 균일하게 측정되는 경우 : 진단트리의 공통 실린더 검사 모드로 진행 ④ 모든 실린더가 문제 있는 것처럼 측정되는 경우 : 진단트리의 공통 실린더 검사 모드로 진행
※ 실린더 간 rpm 차가 −20 rpm 이내일 때 • 정상 : 기초 회전수 1500 rpm에서 1개 실린더 미점화 시 13%까지 저하되는 경우(190 rpm 다운)	• 각 실린더 간 오차 : 3% 이내 • 공전 시 각 실린더 간 오차 : 50 rpm

9 배기가스 점검

실습목표 (수행준거)	1. 대기환경보전법에 의거 운행차 수시점검 및 정기점검 배출 허용 기준을 숙지하고 판정 기준에 적용하여 검사와 정비를 할 수 있다. 2. 자동차등록증 차대번호를 실차 차대번호와 대조하여 정확한 연식을 확인함으로써 차량의 오류를 확인할 수 있다. 3. 배출가스 측정 시 불량으로 판정되면 정비 작업을 수행하여 규정값으로 조정할 수 있다. 4. 배출가스장치 점검 시 안전 작업 절차에 따라 정비 작업을 수행할 수 있다.

1 관련 지식

1 자동차로부터 배출되는 대기 오염 물질

(1) 오염 물질의 종류 및 생성 원인

① 일산화탄소(CO) : 산소의 공급이 부족하여 불완전 연소로 발생된다.

② 탄화수소(HC) : 연료의 일부가 미연소된 그대로, 또는 일부 산화, 분해되어 배출된다.

③ 질소 산화물(NOx) : 연소 시의 고온에 의해 공기 중의 질소와 산소가 반응하여 생성된다.

④ 매연 : 연소실에 분사된 연료가 공기와 연소 반응 후 불완전 연소된 연료의 극히 미세한 성분 입자가 모여 생성된다.

⑤ 기타 : 황산화물(SOx), 오존(O_3) 등이 배출된다.

(2) 오염물질 배출 경로

① 배기관 배출가스 : 연료가 엔진에서 연소한 후 배기관을 통해 배출

② 블로바이 가스 : 피스톤과 실린더의 틈 사이에서 크랭크케이스를 통하여 누출

③ 증발 가스 : 자동차의 연료장치인 연료 탱크, 연료 펌프, 연료 라인에서 증발

(3) 운전 모드에 따른 오염물질 배출 정도

① 공회전 : 휘발유 · 가스 자동차는 CO와 HC가 가장 많이 배출되며, 경유 자동차는 반대로 CO와 HC가 가장 적게 배출된다.

② 가속 및 정속 상태 : 휘발유 · 가스, 경유 자동차 모두 NOx가 가장 많이 배출된다.

③ 감속 : HC의 배출이 급격히 증가하며 NOx는 반대로 매우 적게 배출된다.

2 자동차 배출가스 점검 사항

(1) 일산화탄소

CO는 주로 연소실 내의 공기 부족 또는 농후한 혼합기에 의하여 생성되는 가스이므로 흡기 또는 연료 계통을 점검하여 흡기량이 부족한지 연료가 과도하게 공급되는지의 여부를 점검한다.

(2) 탄화수소

HC는 엔진의 기계적 결함에 의하여 연소실 내의 혼합기가 그대로 방출되거나 실화 등에 의하여 미연소된 혼합기가 배기관으로 배출되는 것이므로 기계적 원인과 점화원, 냉각 계통 등을 점검한다.

(3) 질소 산화물

NOx는 완전 연소에 가까울수록, 이론 공연비에 가까울수록 많이 생성되므로 연소실 내부의 열적 조건에 영향을 주는 부분을 점검해야 한다.

(4) 매연

매연은 주로 연소 시 공기 부족, 과다한 연료 공급, 연소 온도 저하, 연소실에 분사된 연료 입자의 크기 등에 크게 영향을 받으므로 연소 조건에 영향을 주는 부분을 점검한다.

3 엔진 출력

엔진 출력에 영향을 주는 요인은 연료 분사량의 부족, 노즐 분사 압력 저하, 흡입 공기량 부족, 과도한 분사 시기, 엔진 노후에 따른 압축 압력 저하 등을 들 수 있다.

4 공기 과잉률과 공기비

연료를 완전 연소시키는 데 필요한 이론 공기량과 실제로 엔진이 흡입한 공기량과의 비율을 공기비(air ratio) 또는 공기 과잉률(excess air factor, λ)이라 한다.

$$\text{공기 과잉률}(\lambda) = \frac{\text{실제로 흡입한 공기량}}{\text{이론적으로 필요한 공기량}} = \frac{\text{실제 공연비}}{\text{이론 공연비}}$$

이론 혼합비는 공기 과잉률(λ) = 1이다. 공기 과잉률(λ)$<$1이면 공기 부족 상태, 즉 혼합기가 농후한 상태를 의미하고, $\lambda > 1$이면 공기 과잉 상태, 즉 혼합기가 희박한 상태를 의미한다. $\lambda = 1$은 이상적인 값이기는 하지만 엔진 전체의 작동 영역에서는 알맞은 값이 아니다.

2 배기가스(CO 테스터기) 점검

1 배기가스 점검

자동차(엔진 시뮬레이터)와 CO 테스터기 준비

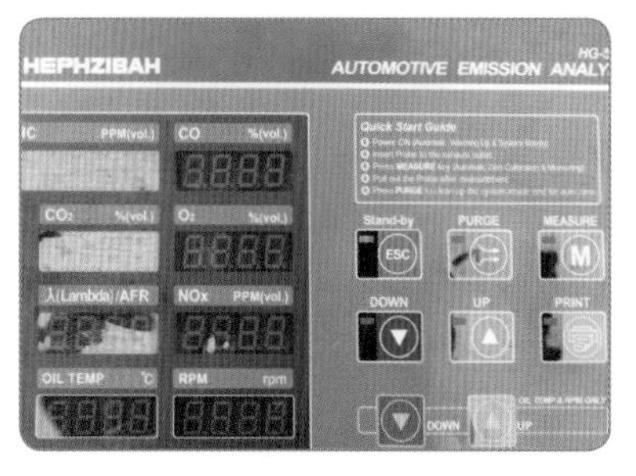

CO 테스터기 전면

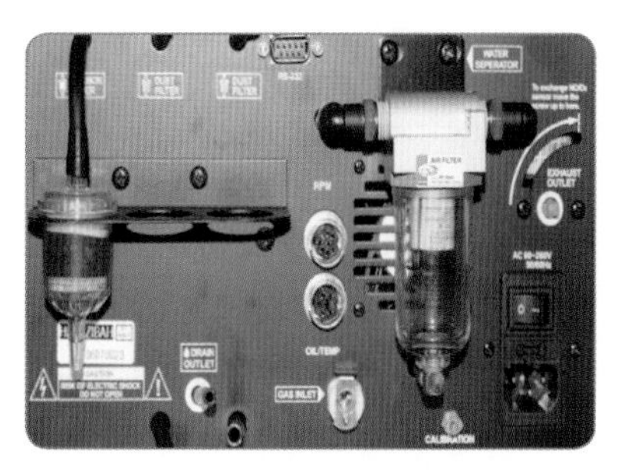

CO 테스터기 후면

1. 엔진을 정상 온도로 충분하게 워밍업한 후 시동된 상태를 유지한다.

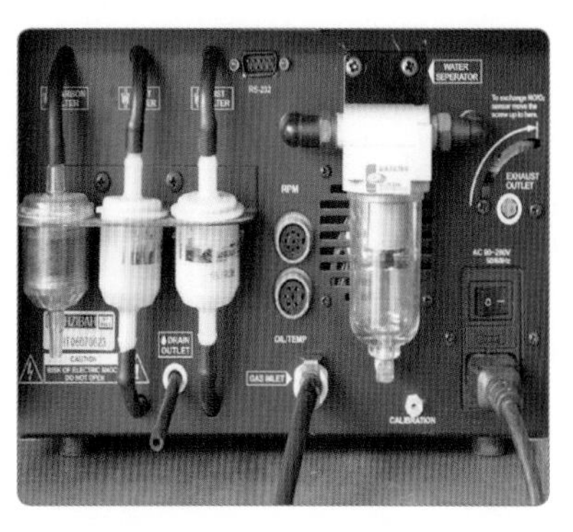

2. CO 테스터기 메인 전원 스위치를 ON한 후 테스터기 뒷면 프로브 연결을 확인한다.

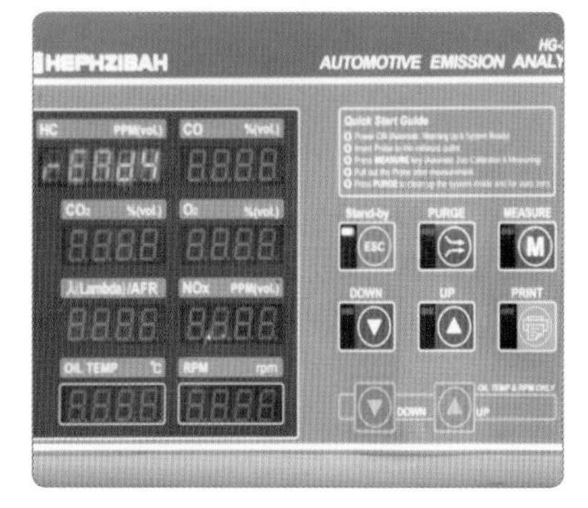

3. **초기화 진행** : 초기화는 6초간 제품명, PEF 값, 날짜 등의 순으로 순차적으로 표시된다.

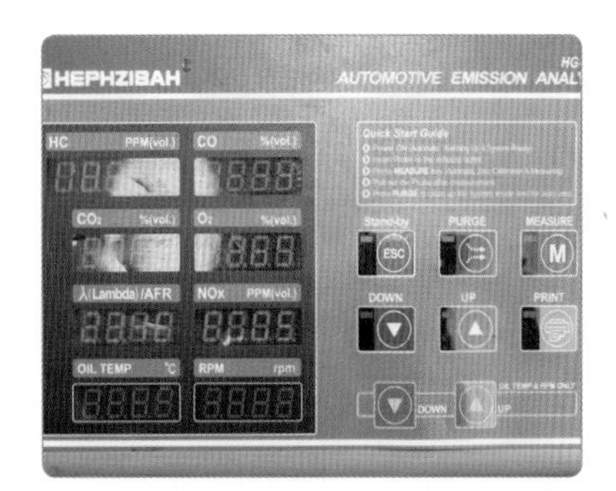

4. **자기 진단** : 내부 센서, 펌프 등을 진단하고 그 결과가 디스플레이부를 통하여 표시된다.

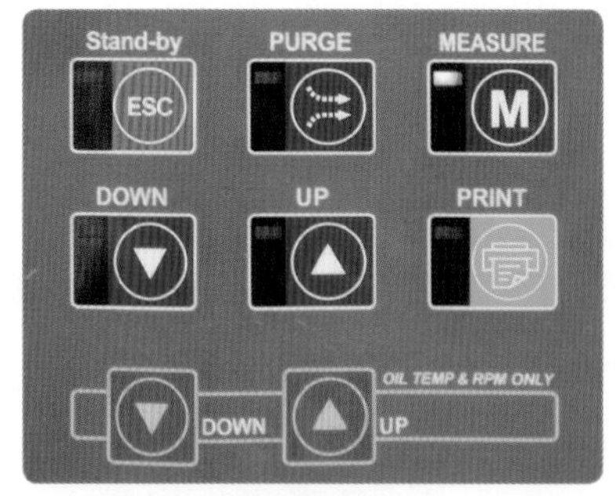

5. **테스터기 워밍업 실시** : 정확한 측정을 위해 CO 테스터기가 자체 청정하기 위한 과정이다(5~10분).

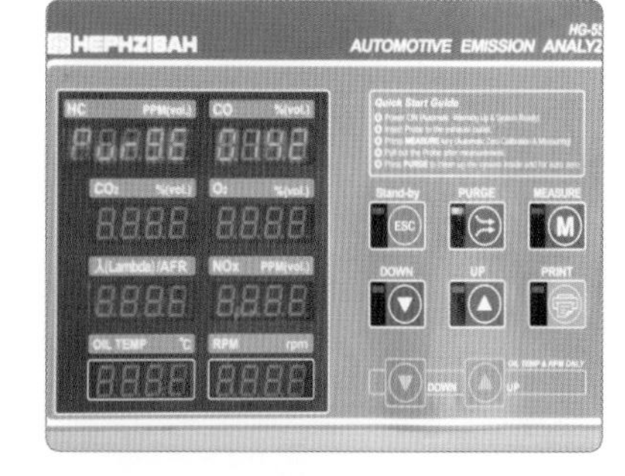

6. **PURGE(퍼지) 실시** : 퍼지 모드는 180초간 진행된다(테스터기 내 샘플 셀과 프로브 청소).

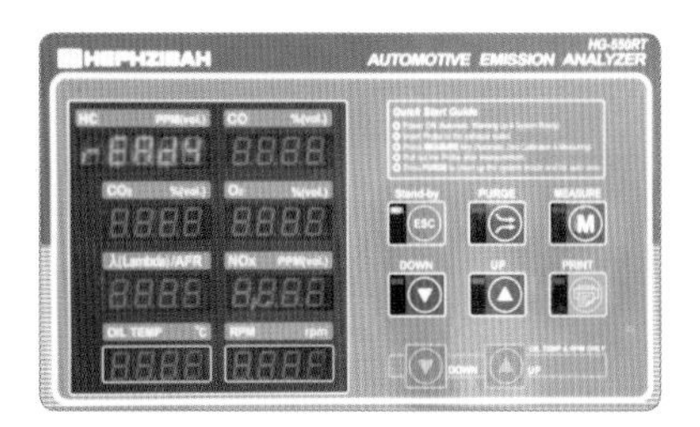

7. PURGE 모드가 끝나면 자동으로 대기 상태가 된다(배기가스를 장시간 연속 측정한 후에는 퍼지 작동을 반드시 수행한다).

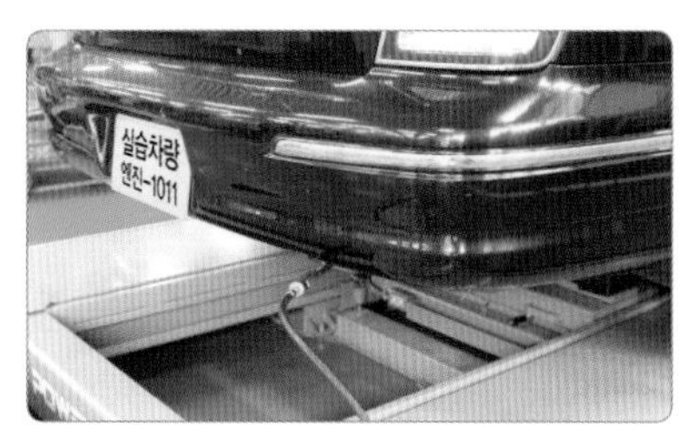

8. 0점 조정이 완료되고 측정이 시작되면 CO 테스터기 프로브를 자동차의 배기구에 삽입한다.

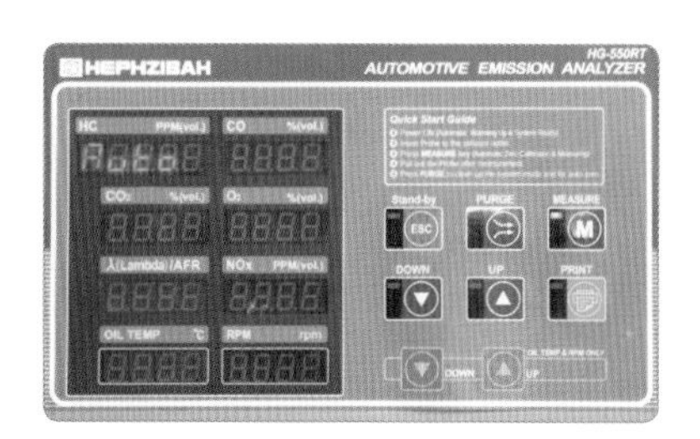

9. MEASURE(측정) : M(측정) 버튼을 누른다.

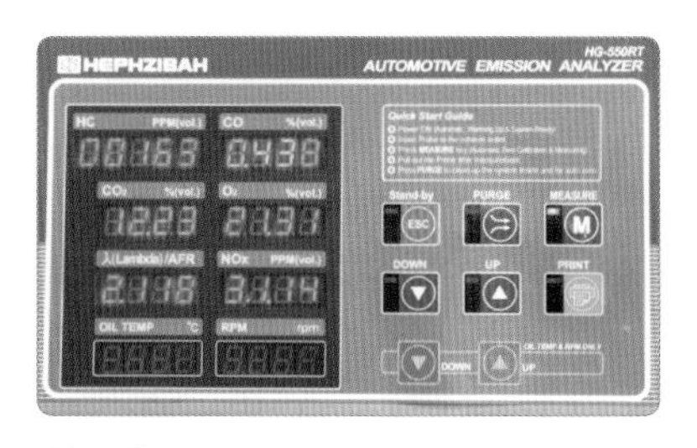

10. 출력된 배기가스를 확인한다.
HC : 163 ppm, CO : 0.43%
CO_2 : 12.2%, O_2 : 21.3%
λ(공기 과잉률) : 2.1
NOx : 31.1 ppm

11. 배기가스 측정 결과를 출력한다.

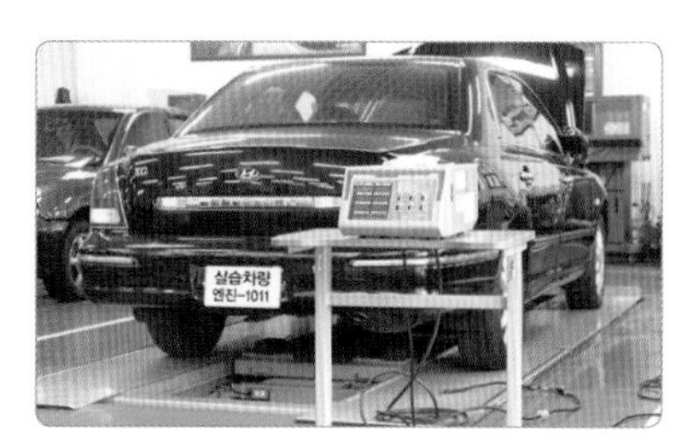

12. CO 테스터기 측정이 끝나면 배기관의 프로브를 제거한다.

※ **연속 측정할 때(시험 검정일 때)**
M(측정) 버튼을 선택하고 PURGE(퍼지) → 0점 조정 → M(측정) 버튼을 선택으로 측정한다.

CO 테스터기 측정 요령

❶ 전원 스위치를 ON하면 분석기는 초기화 과정을 실행한다.
❷ 초기화 후 분석기는 자기 진단을 시작하며 내부 센서, 펌프 등을 진단하여 이상이 없으면 그 결과를 디스플레이부에 표시한다.
❸ 워밍업은 정확한 측정을 위해 안정될 때까지 진행되고 펌프가 동작하여 깨끗한 공기로 분석기 내부를 깨끗하게 한다.
❹ 워밍업 동작이 완료되면 분석기의 디스플레이부에 측정 준비를 표시한다.
❺ 측정하기 전에 퍼지를 시킨다.
❻ 퍼지 후 측정키를 누르면 20초 동안 자동으로 분석기의 0점 조정을 한다.
❼ 0점 조정이 되면 프로브를 자동차 배기관에 삽입한다.
❽ 디스플레이부의 측정값이 안정되면 측정값을 읽는다.
❾ 측정 동작은 약 10분 정도 지속되고 동작을 멈추면 자동으로 펌핑을 멈추고 준비 상태가 된다.

자 동 차 등 록 증

제2000 – 3260호 | 최초등록일 : 2000년 05월 05일

① 자동차 등록번호	08다 1402	② 차종	승용	③ 용도	자가용
④ 차명	그랜저 XG	⑤ 형식 및 연식	2000		
⑥ 차대번호	KMHFV41CPYA068147		⑦ 원동기형식		
⑧ 사용자 본거지	서울특별시 금천구				
소유자 ⑨ 성명(상호)	기동찬	⑩ 주민(사업자)등록번호	******–******		
소유자 ⑪ 주소	서울 특별시 금천구				

자동차관리법 제8조 규정에 의하여 위와 같이 등록하였음을 증명합니다.

2000 년 05 월 05 일

서울특별시장

1. 제원

⑫ 형식승인번호 1–10109–8765–4321			
⑬ 길이	4,330 mm	⑭ 너비	1,830 mm
⑮ 높이	1,840 mm	⑯ 총중량	2,475 kg
⑰ 배기량	2,874 cc	⑱ 정격출력	95/4000
⑲ 승차정원	5인승	⑳ 최대적재량	kg
㉑ 기통수	5기통	㉒ 연료의 종류	경유

2. 등록번호판 교부 및 봉인

㉓ 구분	㉔ 번호판교부일	㉕ 봉인일	㉖ 교부대행자확인
신 규			

3. 저당권 등록

㉗ 구분(설정 또는 말소)	㉘ 일자

*기타 저당권 등록의 내용은 자동차 등록 원부를 열람 · 확인하시기 바랍니다.

※ 비고

4. 검사유효기간

㉙ 연월일부터	㉚ 연월일까지	㉛ 검사시행장소	㉜ 검사책임자
2000–05–05	2001–05–04		

※ 주의사항 : 29항 첫째 칸 란에는 신규 등록일을 기록합니다.

2 차대번호 식별 방법

K	M	H	F	V	4	1	C	P	Y	A	0	6	8	1	4	7
①	②	③	④	⑤	⑥	⑦	⑧	⑨	⑩	⑪	⑫					
제작 회사군			자동차 특성군						제작 일련번호군							

3 차대번호

차대번호는 총 17자리로 구성되어 있다.

KMHFM41CPYA068147

① 첫 번째 자리는 제작국가(K＝대한민국)
② 두 번째 자리는 제작회사(M＝현대, N＝기아, P＝쌍용, L＝GM 대우)
③ 세 번째 자리는 자동차 종별(H＝승용차, J＝승합차, F＝화물트럭)
④ 네 번째 자리는 차종 구분(B＝쏘나타, C＝베르나, E＝EF 소나타, V＝아반테, 베르나, F＝그랜저)
⑤ 다섯 번째 자리는 세부 차종 및 등급(L＝기본, M(V)＝고급, N＝최고급)
⑥ 여섯 번째 자리는 차체 형상(F＝4도어세단, 3＝세단3도어, 5＝세단5도어)
⑦ 일곱 번째 자리는 안전장치(1＝엑티브 벨트(운전석+조수석), 2＝패시브 벨트(운전석＋조수석))
⑧ 여덟 번째 자리는 엔진 형식(D＝1769cc, C＝2500cc, B＝1500cc DOHC, G : 1500cc SOHC)
⑨ 아홉 번째 자리는 운전석 위치(P＝왼쪽, R＝오른쪽)
⑩ 열 번째 자리는 제작연도(영문 O, Q, U, Z 제외) J(1988)～Y(2000), 1(2001)～4(2004)
⑪ 열한 번째 자리는 제작 공장(A＝아산, C＝전주, M＝인도, U＝울산, Z＝터키)
⑫ 열두 번째～열일곱 번째 자리는 차량제작 일련번호

차대번호 확인 방법

❶ 자동차 등록증 점검 시 자동차등록번호, 차종, 차명, 형식 및 연식, 차대번호를 확인한다.
❷ 자동차등록증과 차대번호를 비교하여 한 군데라도 틀리면 불량(부적합)이다.

제작사별 차대번호의 예

4 CO 측정 결과 판정 및 분석

① 측정(점검) : 배기가스 CO, HC를 측정한 값 CO : 0.4%, HC : 163 ppm

② 기준값 : 운행차량의 배출 허용 기준값 CO : 1.2% 이하, HC : 220 ppm 이하

③ 판정(정비사항) : 판정이 불량일 때는 엔진 전자 제어, 점화 계통 및 연료 계통 점검 후 재점검을 하여 정비한다.

<table>
<tr><th colspan="5">운행차 배기가스 배출 허용 기준[개정 2014. 2. 6]</th></tr>
<tr><th>차 종</th><th>차량 제작일</th><th>CO</th><th>HC</th><th>공기 과잉률</th></tr>
<tr><td rowspan="4">승용
자동차</td><td>1987년 12월 31일 이전</td><td>4.5% 이하</td><td>1200 ppm 이하</td><td rowspan="4">1 ± 0.1 이내
(기화기식 연료 공급 장치 부착 자동차는 1 ± 0.15 이내, 촉매 미부착 자동차는 1 ± 0.20 이내)</td></tr>
<tr><td>1988년 1월 1일부터
2000년 12월 31일까지</td><td>1.2% 이하</td><td>220 ppm 이하
(휘발유 · 알코올 자동차)
400 ppm 이하
(가스 자동차)</td></tr>
<tr><td>2001년 1월 1일부터
2005년 12월 31일까지</td><td>1.2% 이하</td><td>220 ppm 이하</td></tr>
<tr><td>2006년 1월 1일 이후</td><td>1.0% 이하</td><td>120 ppm 이하</td></tr>
</table>

3 디젤 매연 측정

1 디젤 매연 측정

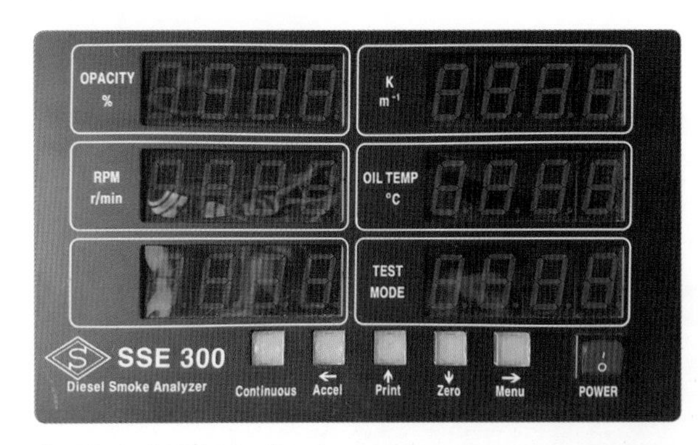

1. 전면 지시부 및 기능키

2. 지시부 뒷면 연결 커넥터 및 기능

3. 측정 유닛 전면(측정부 호스로 측정차량 머플러로 연결된다).

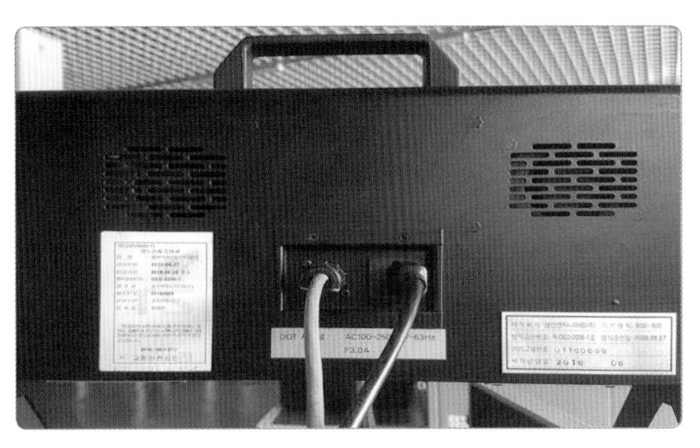

4. 측정 유닛 뒷면(테스터기 작동 전원코드와 통신케이블이 지시부에 연결된다).

(1) 리모컨 컨트롤 사용 방법

① Accelation 버튼을 두 번 누른다.

② 1회에 LED 불이 들어온다.

③ Accelation 버튼을 누른다. 측정신호 표시등이 지시되면 가속 페달을 밟는다.

④ 5초 후, 1회에 LED 불이 들어온다.

⑤ Accelation 버튼을 누른다. 그러면 2회에 LED 불이 들어온다. 이것을 반복적으로 작업하면서 3~4회까지 측정한다.

⑥ 4회에 LED 불이 들어온 후, Accelation 버튼을 누르면 Print가 되고 Continuous 버튼을 누르면 Print 없이 Continue 모드로 돌아간다.

※ 배기가스 측정 진행 중에 Continuous 버튼을 누르면 Continue 모드로 돌아온다.

전면 지시부 및 기능키

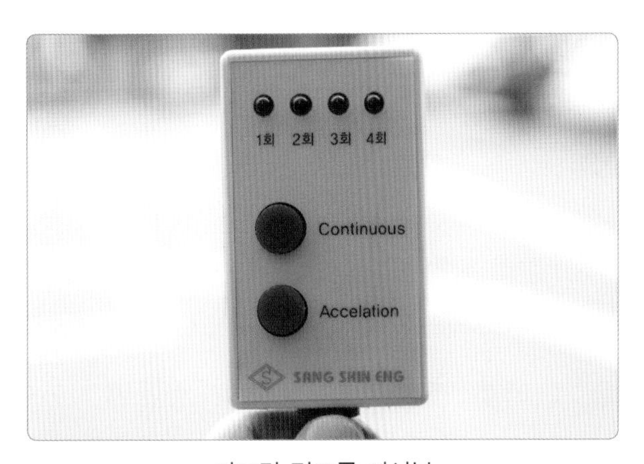

리모컨 컨트롤 지시부

(2) 지시부 및 기능키

① **지시부** : 지시부는 고농도 LED 타입이며 6개 지시부 윈도에 지시된다. 불투과율, K값, RPM(옵션), 오일 온도(옵션), 상태에 대한 정보가 지시부에 지시된다.

② **기능키 기능** : 주요 키 기능은 각각 키 아래에 있는 문자와 화살표로 표시되어 있다.

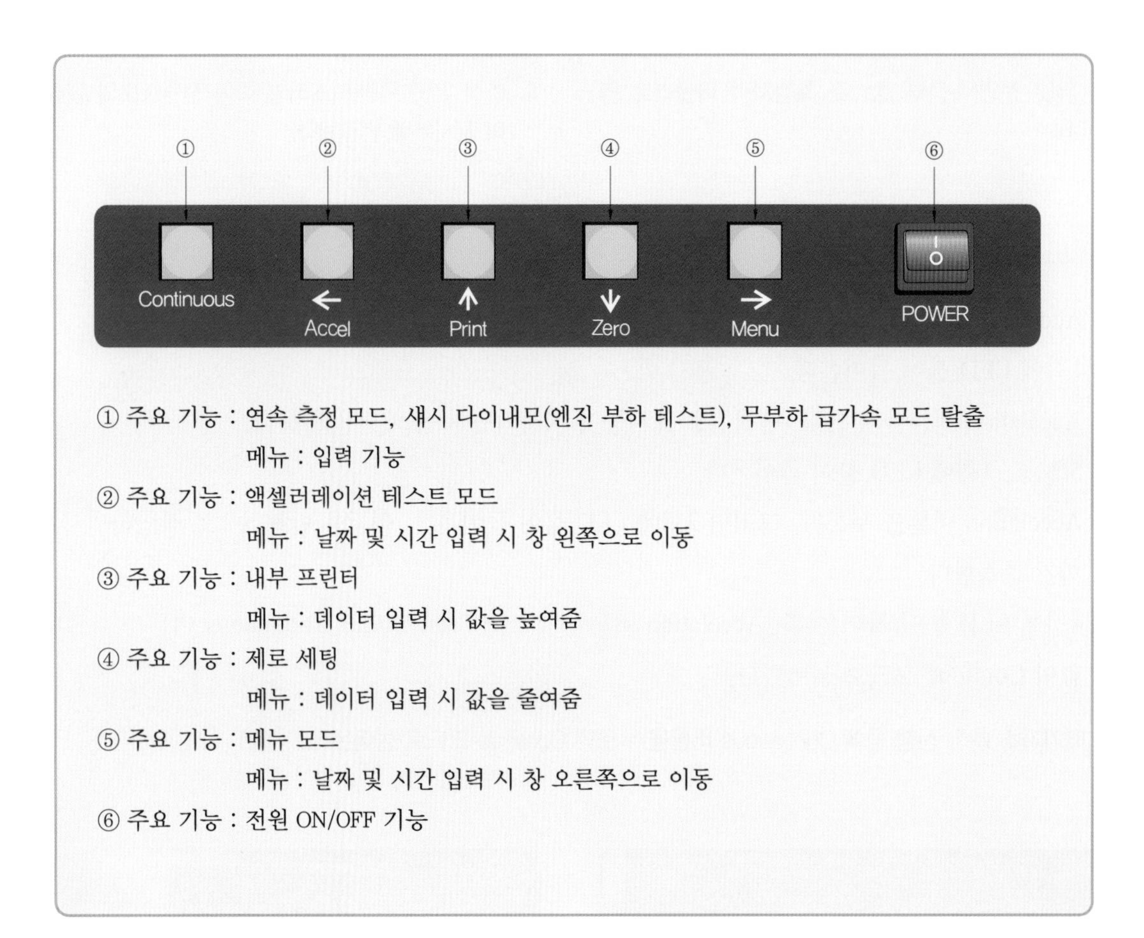

(3) 준비 작업

① **셀프 테스트** : 전원 스위치를 ON시키면 모든 기능을 스스로 체크한다.

② **예열** : 예열은 셀프 테스트가 끝난 후 자동으로 시작되며, 지시부 불투과율 창에 측정 체임버 온도가 표시되고 K값 창에 측정 체임버 적정온도(85℃)가 표시된다. 나머지 창에는 SSE 문자가 표시된다. 예열하는 3분 동안은 측정 정도가 정확하지 않으므로 측정값이 지시되지 않으며 모든 기능이 잠긴다. 측정 체임버 온도가 85℃에 도달하면 예열시간이 끝나고 장비는 자동으로 영점 조정 캘리브레이션을 시작한다. 영점 조정이 끝난 후 자동으로 연속 측정 모드로 들어가며 측정값을 보여주기 시작한다.

2 측정 방법

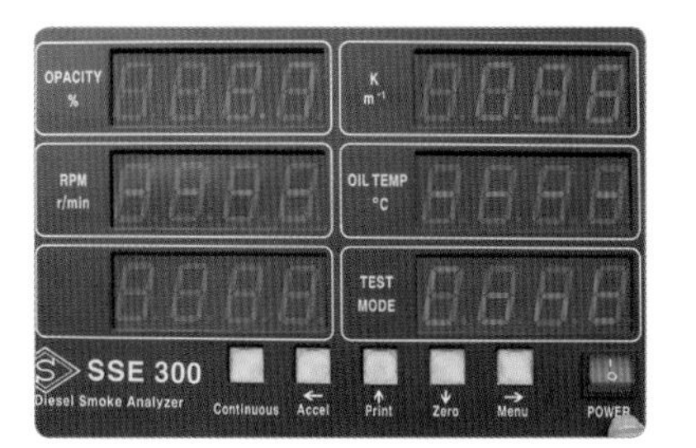

1. 매연 테스터기를 ON시킨다.

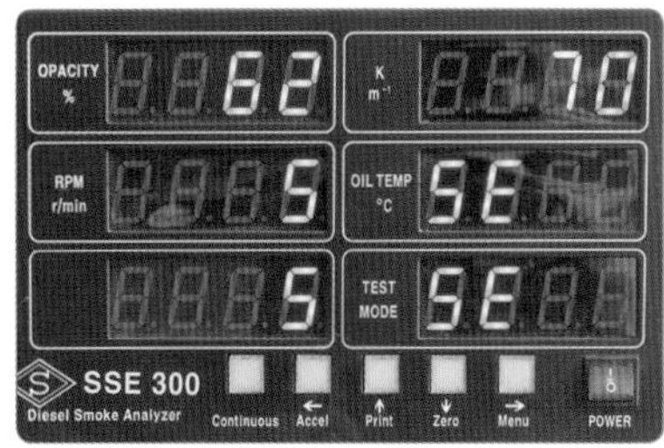

2. 매연 테스터기 측정 체임버 온도를 확인한다. 현재온도(62 ℃)가 목표 온도(70 ℃) 될 때까지 기다린다.

3. 매연 측정 준비를 확인한다(측정 준비 완료).

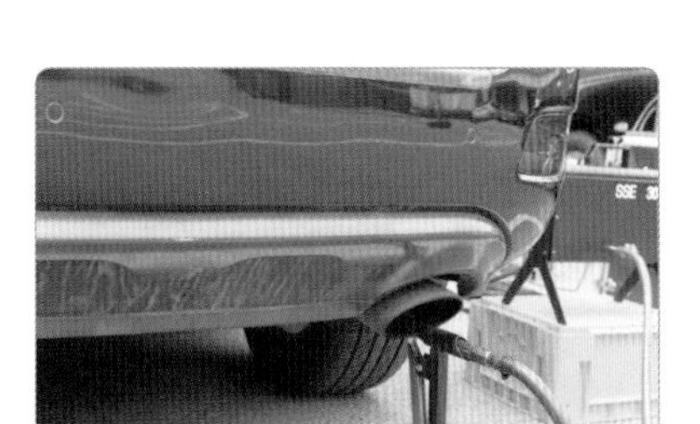

4. 배기 머플러에 흡입구를 삽입하고 클립으로 고정시킨다.

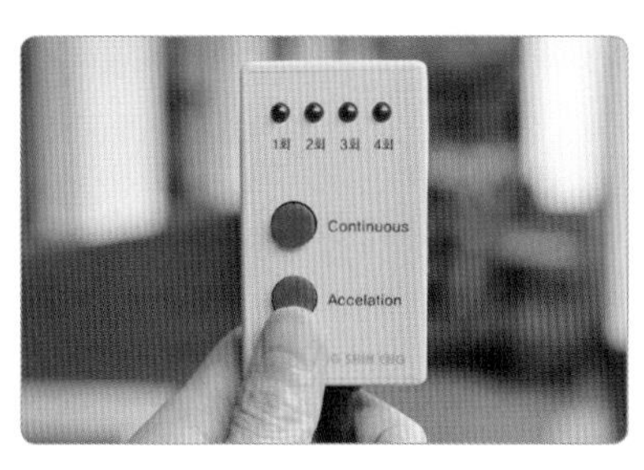

5. 리모컨(또는 지시부) Accelation 버튼을 누른다.

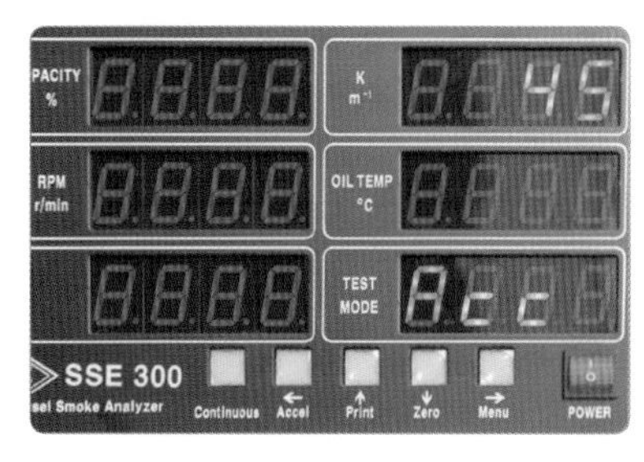

6. 기준되는 K값을 설정한다(차량 연식에 맞는 기준값). 예 산타페CM 2006년식 터보차량-45% 이하

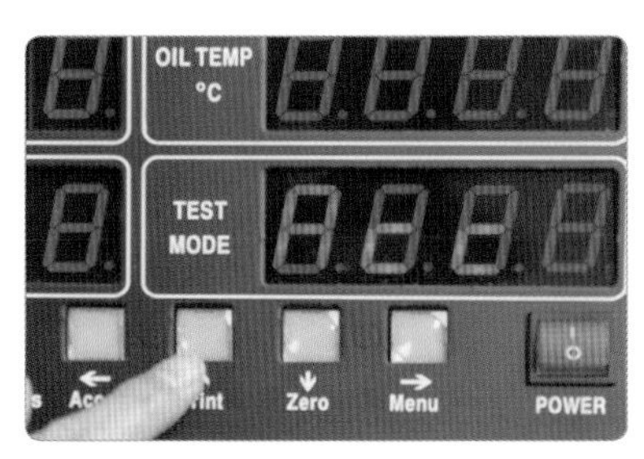

7. 지시부 기능키 상, 하(3, 4) 버튼을 이용하여 기준값을 맞춘다.

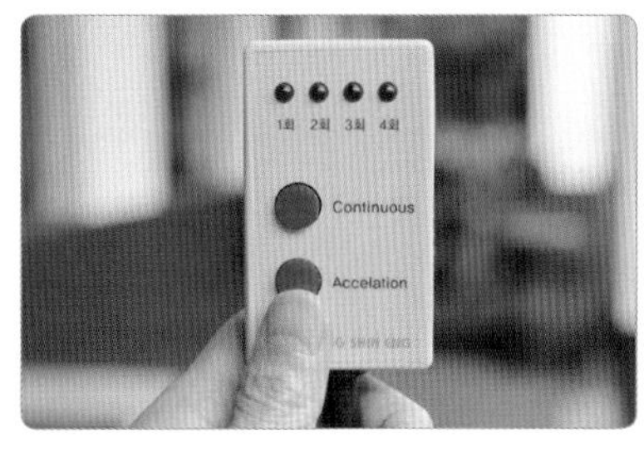

8. 리모컨(또는 지시부) Accelation 버튼을 누른다.

9. 지시부 화면에 '111'이 표시되면 Accelation 버튼을 누른다.

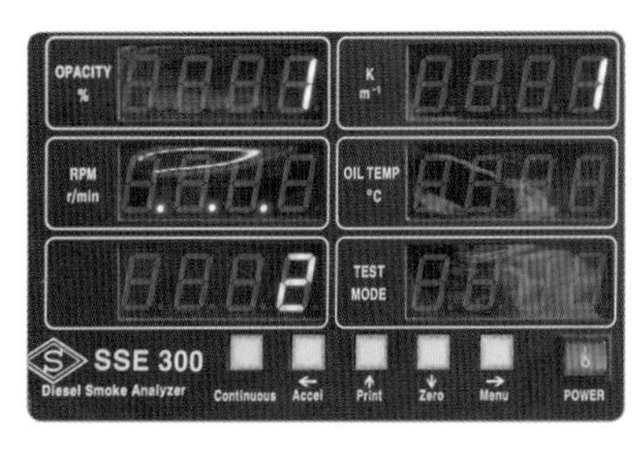

10. 지시부 화면에 측정 시작 신호 동작이 표시되면('···') 액셀러레이터 페달을 밟는다(5초 이내).

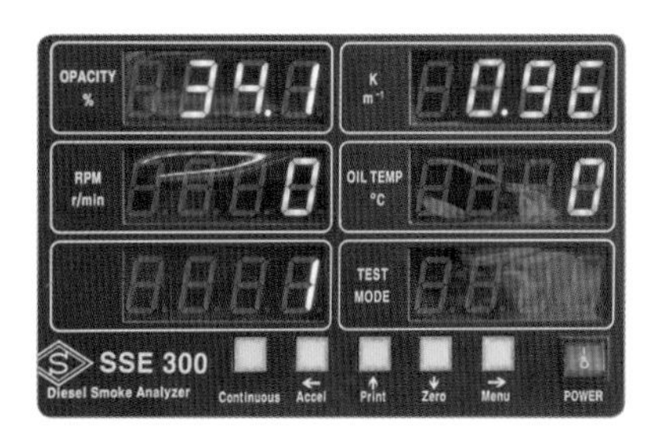

11. 지시부에 1회 측정값(34.1%)이 출력된다(리모컨에 횟수 표시).

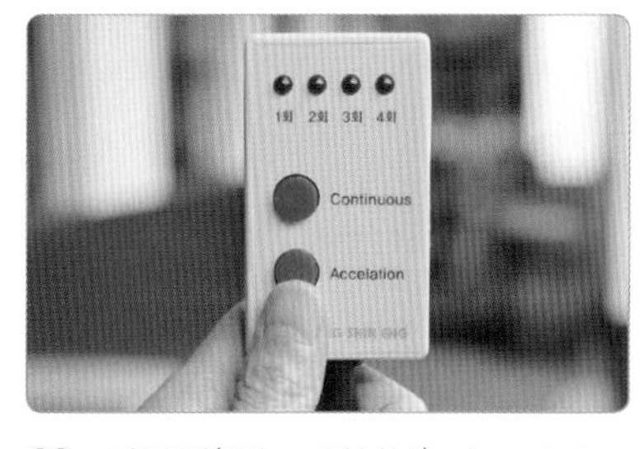

12. 리모컨(또는 지시부) Accelation 버튼을 누른다.

13. 지시부에 '222'가 표시되면 Accelation 버튼을 누른다.

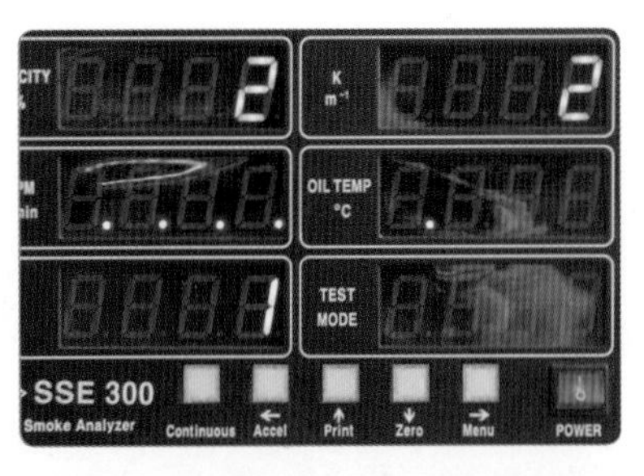

14. 지시부 화면에 측정 시작 신호 동작이 표시되면('····') 액셀러레이터 페달을 밟는다(5초 이내).

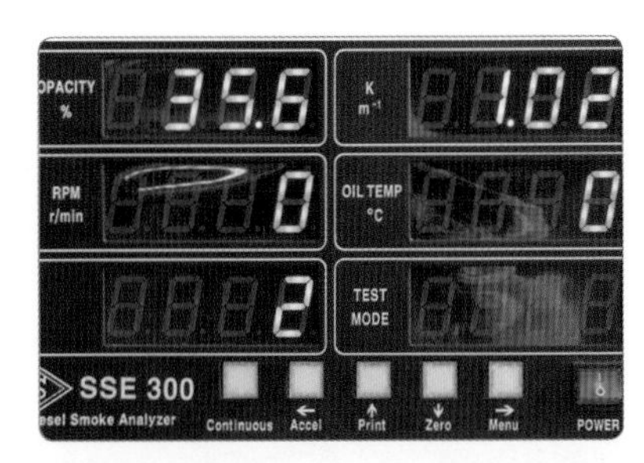

15. 2회 측정값(35.6%)이 지시부에 출력된다(리모컨에 측정횟수 표시).

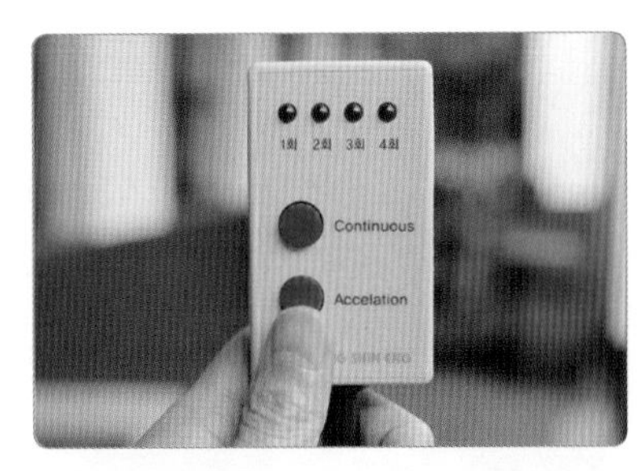

16. 리모컨(또는 지시부) Accelation 버튼을 누른다.

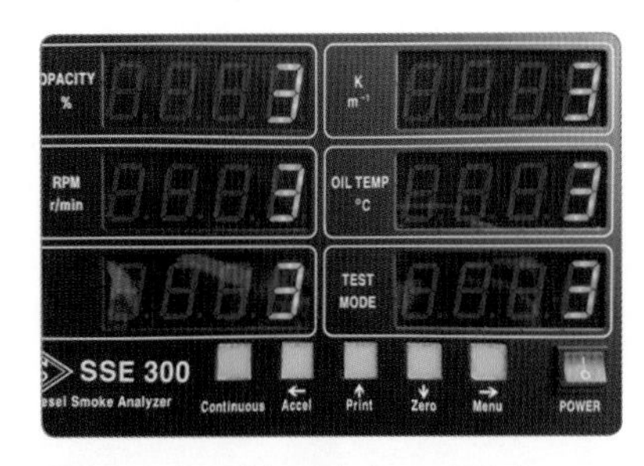

17. 지시부에 '333'이 표시된다.

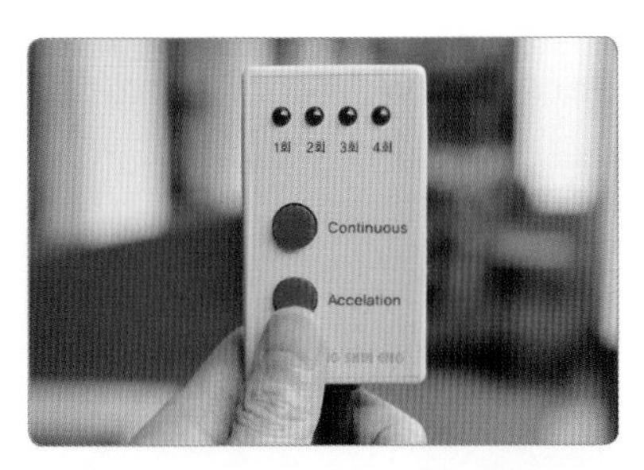

18. 리모컨(또는 지시부) Accelation 버튼을 누른다.

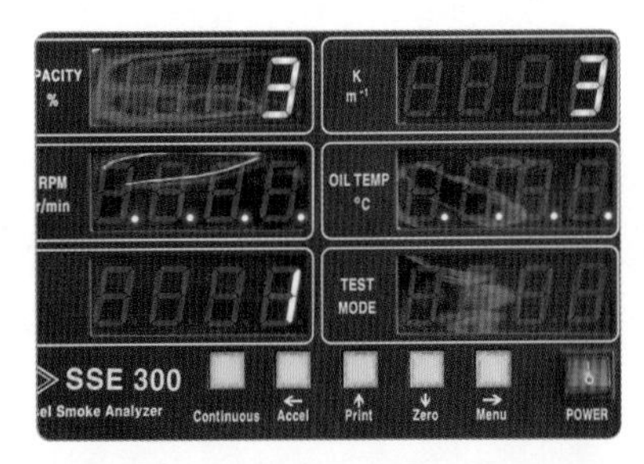

19. 지시부 화면에 측정 시작 신호 동작이 표시되면('····') 액셀러레이터 페달을 밟는다(5초 이내).

20. 3회 측정값(41.4%)이 지시부에 출력된다(리모컨에 측정횟수 표시).

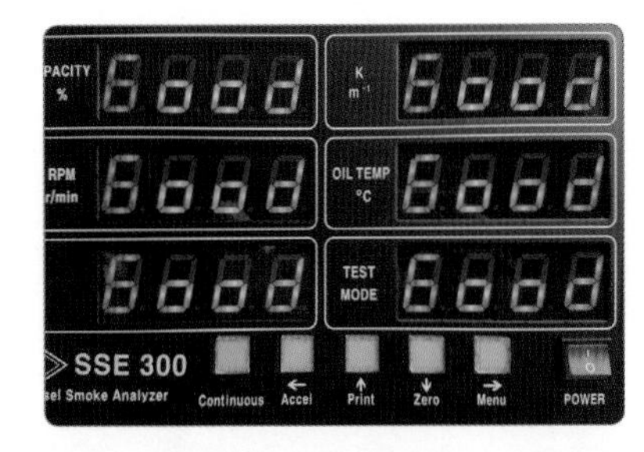

21. 기준값에 따른 판정기준 K에 따라 'Good'과 'Fail'이 표시된다.

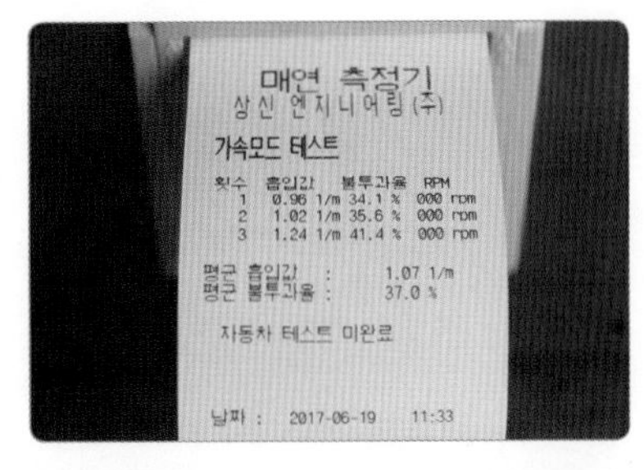

22. Accelation 버튼이나 Print 버튼을 누르면 결과값이 프린트된다.

결과값 프린트

Accelation Test 중간에 Continuous 버튼을 누르면 언제든지 Continue 모드로 빠져나오고, Print 버튼을 누르면 그때까지 측정한 값에 대해서만 프린트가 되고 판정은 나오지 않는다.

(1) 프린터 출력

장비 자체에 내부 프린터가 내장되어 있으며, 메인 스위치가 ON되어 있으면 항상 ON되어 있다. Print 버튼을 누르면 지시값이 고정되고 무부하 급가속 테스트가 끝난 후 자동으로 프린터가 출력된다.

Accelation 버튼이나 Print 버튼을 누르면 결과값이 프린트된다.

3회 측정이 마무리되면 '자동차 테스트 완료' 또는 'Vehicle Approved'가 프린트되는데, 마무리되지 않고 프린트를 뽑으면 '자동차 테스트 미완료' 또는 'Vehicle Not Approved'가 프린트된다.

※ 주의 프린터 내에 프린터지가 없는 상태에서는 절대로 프린터 출력을 하지 말 것.

(2) 작동원리 및 성능

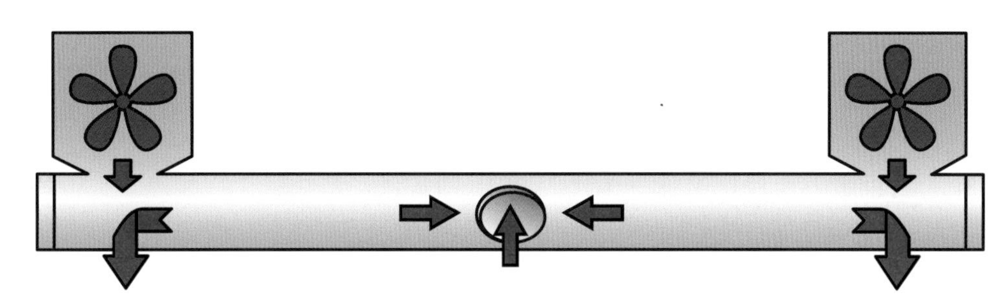

샘플링 셀을 통해 매연가스가 통과되는 과정

샘플링 절차는 매연가스가 샘플링 유닛을 통해 샘플링 셀로 일정한 흐름을 갖고 들어온다. 한쪽 편에 설치되어 샘플링 셀로 빛을 통과시키면 매연의 농도에 따라 램버트 비어 법칙에 의해 빛의 감쇠가 일어나고, 감쇠된 빛은 반대편에 있는 디텍터를 가열시킨다.

디텍터는 매연가스를 통과하나 빛의 강도를 측정한다. 빛의 강도가 100%면 불투과율 값이 0%가 된다. 샘플링 셀에 빛이 통과하지 않는 경우 빛의 강도는 0%가 되고 불투과율이 100%가 되는 것이다.

측정된 불투과율(opacity)과 K값이 계산되며, K값은 디젤 차량의 배출 한계를 계산하는 대수(代數) 값이다. K값은 주로 m^{-1}로 표기된다.

샘플링 유닛에서 온 샘플링 값은 지시부에서 지시되기 앞서 지시부 유닛으로 보내진다. 지시부 유닛은 액셀러레이션 테스트, 프린터 출력뿐만 아니라 샘플링 유닛도 제어한다. 위의 그림은 샘플링 셀을 통해 매연가스가 통과하는 것을 보여준다.

3 차대번호 식별 방법

K	M	H	S	H	8	1	W	P	7	U	1	0	0	1	6	8
①	②	③	④	⑤	⑥	⑦	⑧	⑨	⑩	⑪	⑫					
제작회사군			자동차 특성군						제작 일련번호군							

4 차대번호

차대번호는 총 17자리로 구성되어 있다.

KMHSH81WP7U100168

① 첫 번째 자리는 제작국가(K=대한민국)
② 두 번째 자리는 제작회사(M=현대, N=기아, P=쌍용, L=GM 대우)
③ 세 번째 자리는 자동차 종별(H=승용차, J=승합차량, F=화물트럭)
④ 네 번째 자리는 차종 구분(S=싼타페, V=아반떼, 액센트)
⑤ 다섯 번째 자리는 세부 차종(H=슈퍼 디럭스, G=디럭스, F=스탠다드, J=그랜드살롱)
⑥ 여섯 번째 자리는 차체 형상(1=리무진, 2~5=도어수, 6=쿠페, 8=왜건)
⑦ 일곱 번째 자리는 안전벨트 고정개소(1=액티브 벨트, 2=패시브 벨트)
⑧ 여덟 번째 자리는 엔진 형식(배기량)(W=2200 cc, A=1800 cc, B=2000 cc, G=2500 cc)
⑨ 아홉 번째 자리는 기타 사항 용도 구분(P=왼쪽 운전석, R=오른쪽 운전석)
⑩ 열 번째 자리는 제작연도(영문 O, Q, U, Z 제외)~Y(2000)~4(2004)~7(2007)
※ 제작연도는 1~9까지 숫자와 알파벳을 사용하며, 숫자와 혼동하기 쉬운 I, O, Q는 사용하지 않는다.
⑪ 열한 번째 자리는 제작공장(U=울산공장, C=전주공장, A=아산공장)
⑫ 열두 번째~열일곱 번째 자리는 차량 생산(제작) 일련번호

● 제작사 차대번호의 예

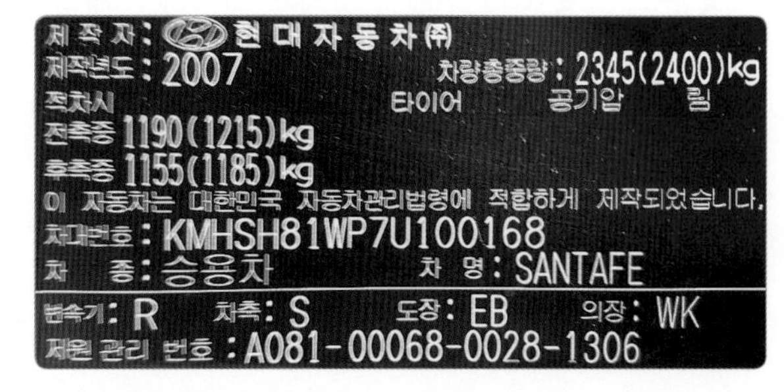

차대번호 2007년식 KMHSH81WP7U100168

터보 장착 차량 확인
(규정값의 5% 추가)

5 매연 측정 점검

① 측정(또는 점검)				② 산출 근거 및 판정		
(A) 차종	(B) 연식	(C) 기준값	(D) 측정값	(E) 측정	(F) 산출 근거(계산) 기록	(G) 판정 (□에 'V' 표)
승용차	2007	45% 이하 (터보차량)	37%	1회 : 34.1% 2회 : 35.6% 3회 : 41.4%	$\frac{34.1+35.6+41.4}{3}=37.03\%$	☑ 양호 □ 불량

※ 측정 및 판정은 무부하 조건으로 한다. 매연 농도를 산술평균하여 소수점 이하는 버린 값으로 기입한다.

6 매연 측정 및 판정

① 측정(또는 점검)

(A) 차종 : KMHSH81WP7U100168(차대번호 세 번째 자리) ➡ 승용차

(B) 연식 : KMHSH81WP7U100168(차대번호 10번째 자리) ➡ 2007

(C) 기준값 : 등록증 차대번호의 연식을 보고, 40%에 터보차량 5%를 가산하여 45% 이하를 기록한다.

(D) 측정값 : 3회 산출된 평균값 37%를 기록한다(소수점 이하 절사).

② 산출 근거 및 판정

(E) 측정 : 1회부터 3회차까지 측정값을 기록한다. • 1회 : 34.1% • 2회 : 35.6% • 3회 : 41.4%

(F) 산출 근거(계산) 기록 : $\frac{34.1+35.6+41.4}{3}=37.03\%$

(G) 판정 : 측정값이 기준값 범위 내에 있으므로 양호에 ☑ 표시를 한다.

매연 허용 기준값[대기환경보전법(별표21) 개정 2014.2.6]		
차 종	제작일자	수시, 정기검사
승용, 소형승합 자동차	1995년 12월 31일 이전	60% 이하
	1996년 1월 1일부터 2000년 12월 31일 까지	55% 이하
	2001년 1월 1일부터 2003년 12월 31일 까지	45% 이하
	2004년 1월 1일부터 2007년 12월 31일 까지	40% 이하
	2008년 1월 1일 이후	20% 이하

※ 5회 측정의 경우[정기검사 방법 및 기준(별표22) 광투과식 분석 방법]

3회 측정한 매연농도의 최대치와 최소치의 차가 5%를 초과하거나 최종측정치가 배출허용기준에 맞지 않는 경우는 순차적으로 1회씩 더 자동 측정한다. 최대 5회까지 측정하면서 매회 측정 시마다 마지막 3회의 측정치를 산출하여 마지막 3회의 최대치와 최소치의 차가 5% 이내이고, 측정치의 산술평균값이 배출허용기준 이내이면 매연측정을 마무리한다. 5회까지 반복 측정하여도 최대치와 최소치의 차가 5%를 초과하거나 배출허용기준에 맞지 않는 경우는 마지막 3회(3회, 4회, 5회)의 측정치를 산술하여 평균한 값을 최종 측정치로 한다.

10 LPG 엔진 점검

실습목표 (수행준거)	1. 안전 작업 절차에 따라 LPG(LPI) 전자 제어장치를 점검할 수 있다. 2. LPG(LPI) 장치를 점검하여 고장 원인을 파악할 수 있다. 3. 차량 현상별 진단에 따른 LPG(LPI) 전자 제어장치의 고장 원인을 분석할 수 있다. 4. 진단 장비를 사용하여 LPG(LPI) 장치의 고장 원인을 정비 수리할 수 있다.

1 관련 지식

1 LPG 연료 장치

액화석유가스는 일반적으로 가열이나 감압에 의해서 쉽게 기화되며 냉각이나 가압에 의해서 액화되는 특성을 가지고 있다.

자동차의 연료로 사용하는 LPG는 부탄과 프로판의 성분으로 충전 시 액체 가스를 충전하며, 액체를 기화시켜 공기와 적절하게 믹서기에서 혼합되어 엔진 부하에 따른 가스의 양을 제어하게 된다. 구성 비율은 프로판 47~50%, 부탄 36~42%, 올레핀 8% 정도이다.

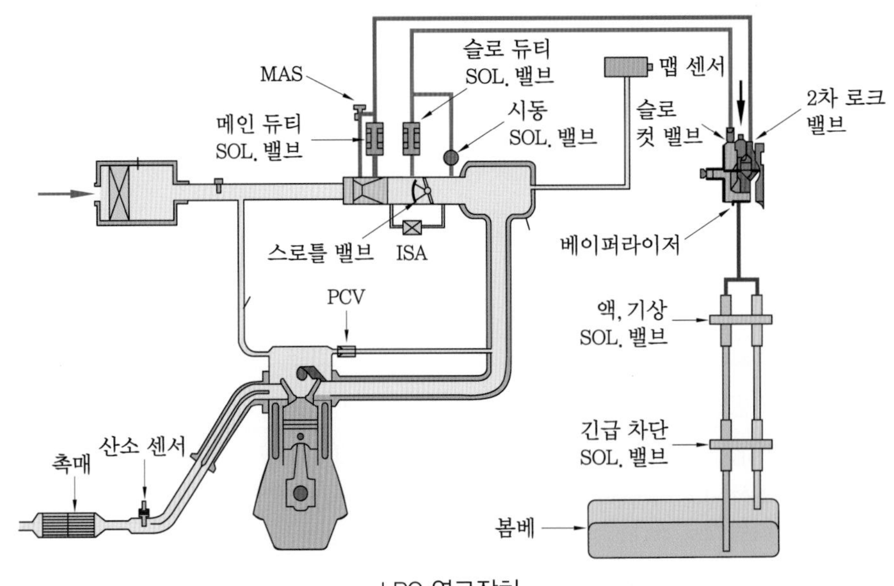

LPG 연료장치

2 LPG 시스템의 구성

(1) LPG 봄베(bombe : 가스 탱크)

LPG를 충전하기 위한 고압 용기로 기상 밸브, 액상 밸브, 충전 밸브 등 3가지 기본 밸브와 체적 표시계, 액면 표시계, 용적 표시계 등의 지시장치가 부착되어 있다.

LPG 봄베

(2) 액상 · 기상 솔레노이드 밸브(solenoid valve : 전자 밸브)

엔진 시동 시 LPG를 엔진 상태에 따라 공급하는 제어 밸브이며, 엔진을 시동걸 때는 엔진 온도가 저온이므로 기체 LPG를 공급하고 시동 후에는 엔진 부하에 따른 위해 액체 LPG를 공급한다.

(3) 베이퍼라이저(vaporizer : 감압기화장치, 증발기)

LPG 봄베에서 액상 · 기상 솔레노이드 밸브를 거쳐온 1차, 2차 감압을 통하여 완전한 기체 가스로 변화시켜 믹서기로 공급한다.

LPG 솔레노이드 밸브

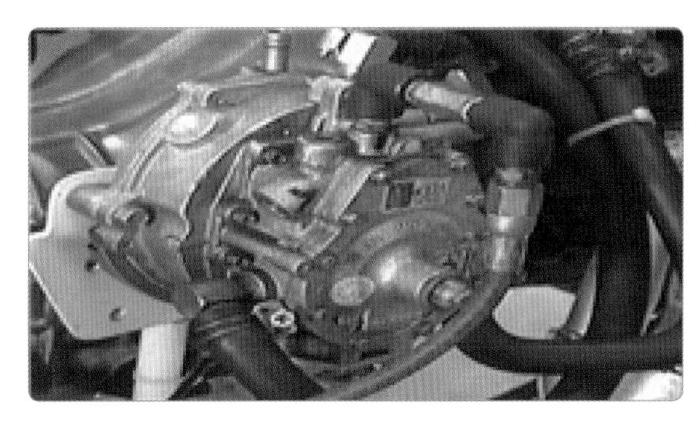

베이퍼라이저

(4) 가스 믹서(LPG mixer)

베이퍼라이저에서 기화된 가스를 공기와 혼합하여 연소에 가장 적합한 혼합비를 연소실에 공급하며 차량 운행 조건에 맞는 공연비를 형성 제어한다.

① MAS(main adjust screw) : 연료의 유량을 결정하도록 조절한다.

② AAS(air adjust screw) : 엔진 공회전을 조정한다.

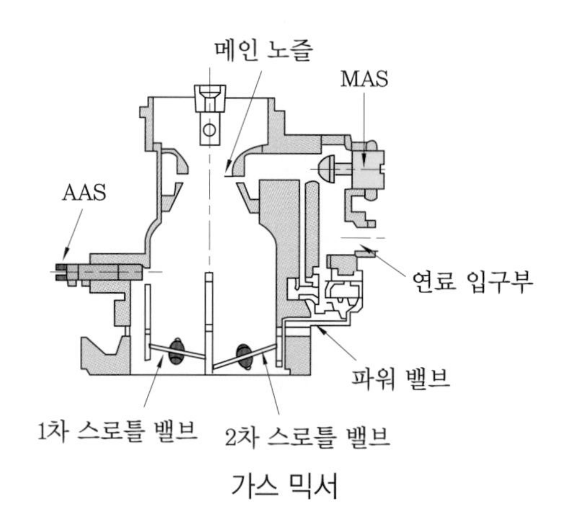

가스 믹서

3 LPI 시스템

(1) 고압 액상 분사 방식

고압 액상 분사 방식은 봄베 내에 연료 펌프를 설치하여 액상의 LPG를 엔진으로 분사하는 방식으로, 기체를 가압하면 액화되는 원리를 이용한 것이다.

(2) LPI 시스템 연료 압력(액상 유지)

① 고압 액상의 가스를 봄베에 저장

② 연료 펌프를 이용해 연료 공급(압력 상승)

③ 인젝터에서 연료 분사

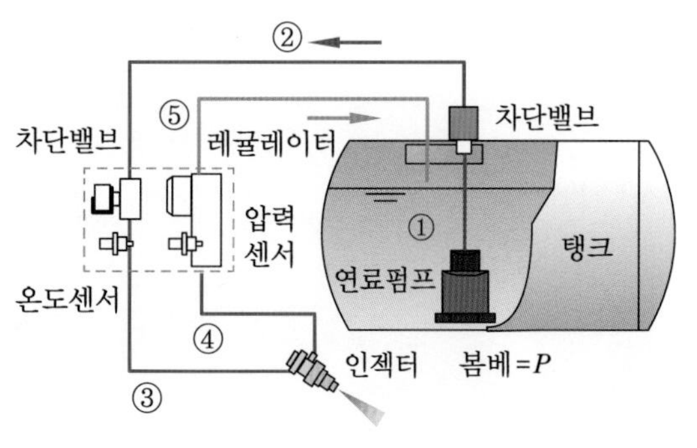

고압 액상 분사 방식

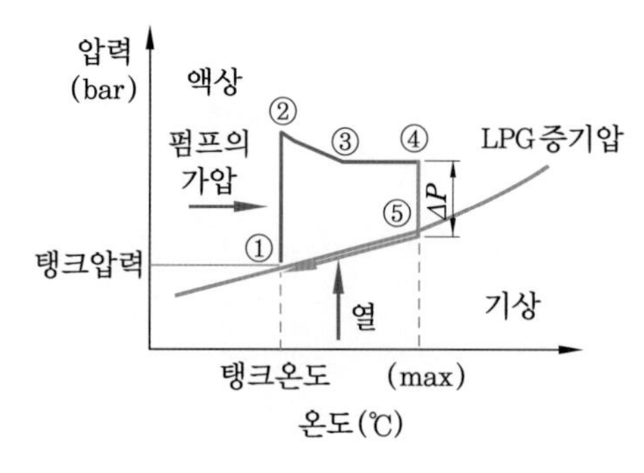

LPI 연료 압력(액상 유지)

④ 연료 리턴을 위해 레귤레이터에서 압력을 낮춘다.

⑤ 엔진 최대 작동 온도에서도 기체가 발생하지 않도록 압력 유지

(3) LPI 시스템의 구성

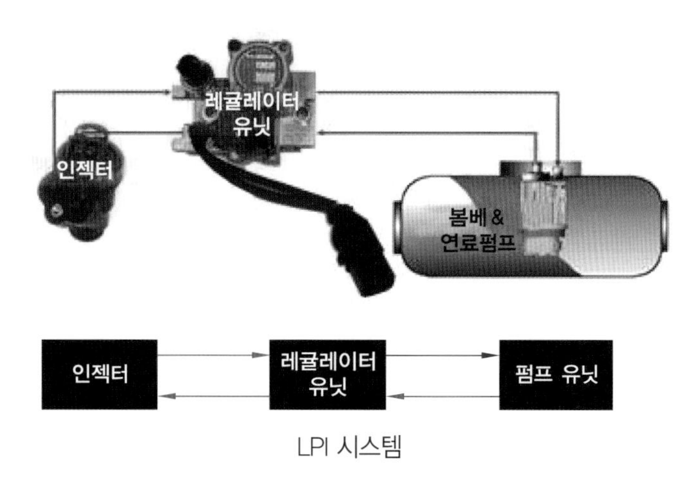

LPI 시스템

① **봄베** : 구성품은 연료 펌프, 구동 드라이버, 멀티 밸브 어셈블리(연료 송출 밸브, 수동 밸브, 연료 차단 밸브, 과류 방지 밸브, 릴리프 밸브), 충진 밸브(연료 충진 밸브), 유량계(연료량 표시)

② **멀티 밸브 어셈블리**

㈎ 연료 공급 밸브(수동 밸브) : 장시간 운행하지 않을 경우 수동으로 연료 라인을 차단

㈏ 연료 차단 밸브 : 시동키 ON 시 열림

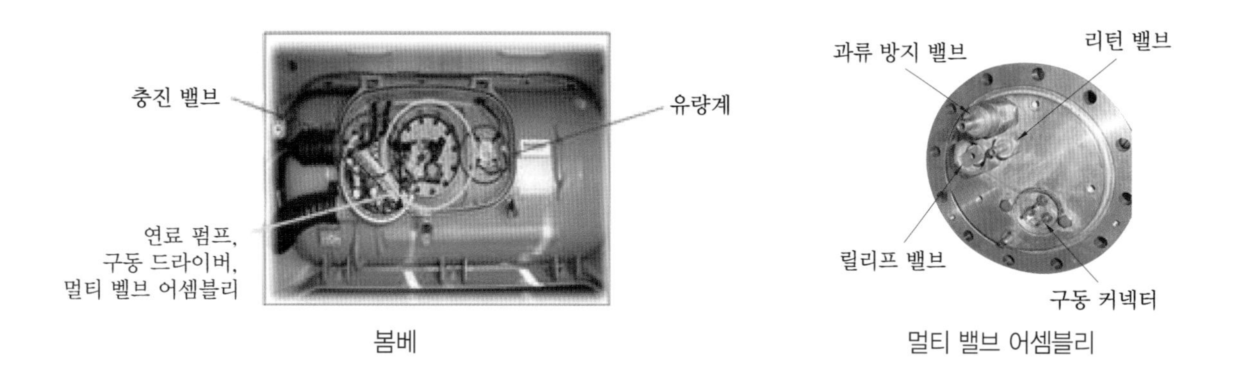

봄베　　　　멀티 밸브 어셈블리

③ **과류 방지 밸브** : 배관 파손 시 용기 내 연료가 급격히 방출되는 것을 방지한다.

㈎ 폐지 용량 : 2~6 L/min 이상　　　　㈏ 폐지 차압 : 0.5 kgf/cm^2 이상

④ **리턴 밸브** : 인젝터에서 연료 탱크 리턴 라인 설치(0.1~0.5 kgf/cm^2에서 열려 탱크 내로 리턴)

⑤ **릴리프 밸브** : 연료 공급 라인의 압력을 액상으로 유지시켜 열간 시 재시동성 개선(잔압 유지) 압력이 18~22 bar에 도달하면 연료 리턴

⑥ 펌프 드라이브 모듈 : 연료 펌프 내의 BLDC 모터를 구동 rpm을 결정하여 펌프 드라이브 모듈로 PWM 신호를 보내면 펌프 드라이브 엔진의 운전 조건에 따라 5단계로 속도 제어한다.

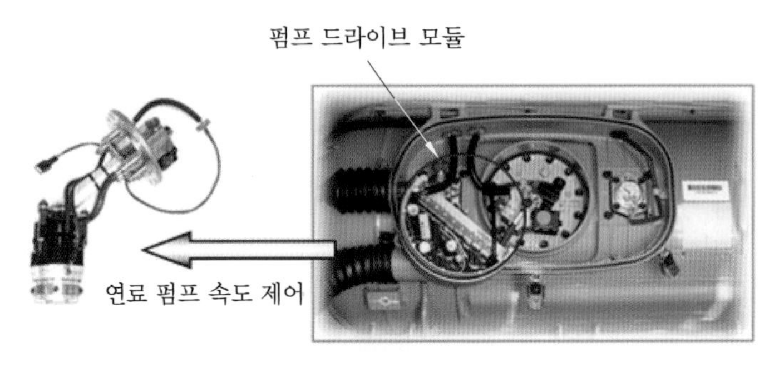

펌프 드라이브 모듈

⑦ 레귤레이터 유닛 : 연료 봄베 내에서 송출된 고압의 LPG 연료를 다이어프램과 스프링 장력의 균형을 이용하여 연료 탱크에서 송출된 고압의 연료와 리턴되는 연료의 압력차를 항상 5 bar로 유지하는 역할을 한다.

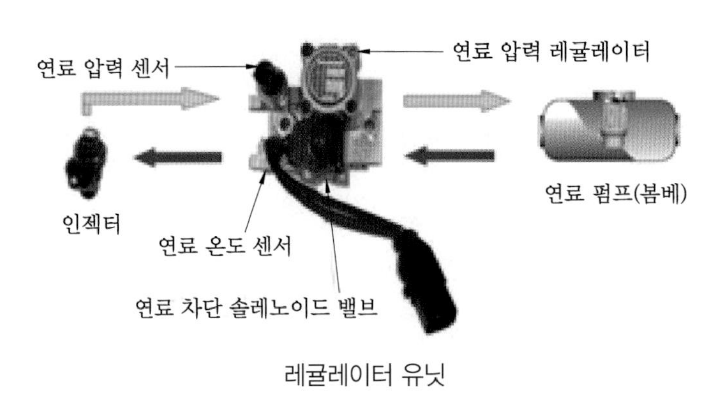

레귤레이터 유닛

⑧ LPI 인젝터 : 고압 연료 라인을 통해 연료를 분배 및 액상 상태로 분사한다. 각 실린더마다 1개의 인젝터가 장착되어 있으며, 엔진 ECU의 신호를 받아 인젝터가 작동된다(연료는 배관 압력에 의해 분사된다).

LPI 인젝터

2 LPG(LPI) 엔진 고장 원인 분석

1 가스 누출 원인 및 시동 불량

① 고압 파이프 또는 호스의 이음에서 고정 너트의 풀림을 확인한다.
② 고압부 연결 배관으로부터 가스 누출의 이상 유무를 확인한다.
③ 고정 상태 풀림 및 변형과 손상 유무를 확인한다.
④ 용기용 밸브 개폐가 이상 없이 작동되는지 확인한다.
⑤ 베이퍼라이저에 타르가 생성되어 과다하게 고여 있는지 확인한다.
⑥ 냉각장치 온수(히터)호스의 손상 및 조임 불량을 확인한다.
⑦ 솔레노이드 스위치의 전원 공급 불량을 확인한다.

2 LPG 엔진 정비 시 주의 사항

① 정비 작업 시 조명으로 화기(라이터 사용)는 절대 사용하지 않는다.
② 타르 배출 후 반드시 드레인 콕을 확실하게 조인다.
③ 액상과 기상의 솔레노이드 밸브를 연결할 때 연결부에 가스 누출 방지를 위해 헤르메실을 도포한다.
④ 봄베 가스 충전 시 75%(3/4)를 유지하여 과충전되지 않도록 한다.
⑤ LPG 정비 시 차량 주위에 분말소화기를 준비하여 화재 대비에 만전을 기한다.

3 LPG 엔진 점검

1 공전속도 점검

① 엔진을 충분히 워밍업시키고(공회전 상태 유지) 스캐너를 설치한다.
② 출력값이 규정 rpm에 맞지 않으면 베이퍼라이저 공연비 조절 나사를 풀거나 조여 맞춘다.
③ 메인 듀티 솔레노이드 듀티값을 확인하고 듀티값이 50 ±10% 되도록 베이퍼라이저 공연비 조정 나사로 조정한다(조정되지 않으면 슬로 제트의 막힘이나 풀림 상태를 확인).
④ 듀티값이 규정값으로 조정되면 엔진 공회전 rpm을 다시 규정 rpm으로 조정한다.
⑤ 공회전 조정 후 CO 테스터기를 설치하여 배기가스를 점검하고 CO(일산화탄소)와 HC(탄화수소)의 배출이 기준값 내인지 확인한다(CO : 1.2% 이하, HC : 400 ppm 이하).

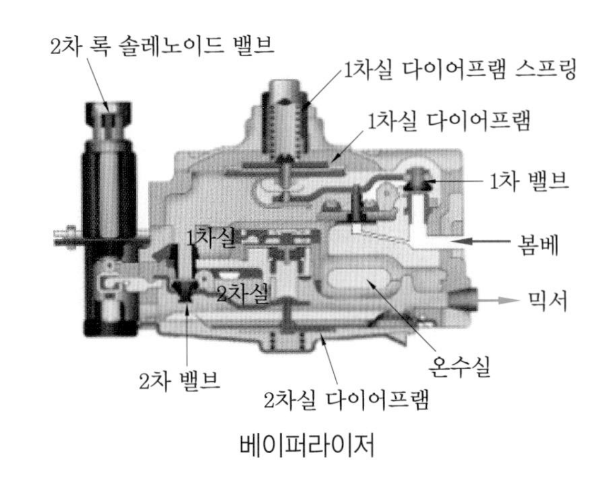

베이퍼라이저

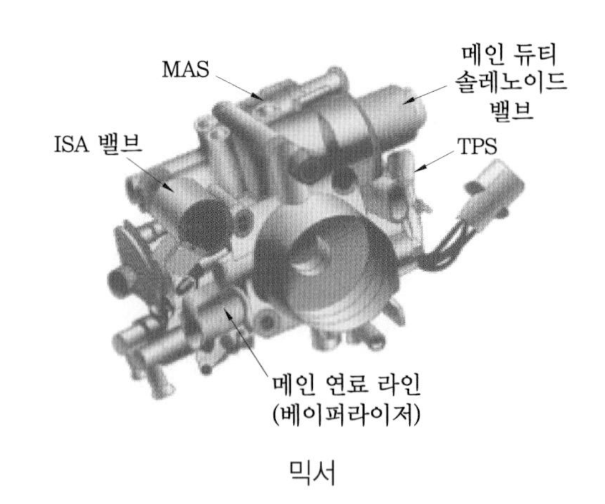

믹서

2 베이퍼라이저의 점검

① 베이퍼라이저의 기밀 점검 : 엔진을 시동하고 베이퍼라이저의 파이프 접속부에 비눗물을 도포하여 가스 누출을 점검한다.

② 타르 청소 : 정상 온도(85~95 ℃)에서 베이퍼라이저 주변 온도 상승으로 엔진의 타르가 액체화되었을 때 배출 콕을 열고 타르를 배출시킨다.

③ 1차 압력 점검 및 조정

㈎ LPG 차단 스위치를 OFF시키고 엔진이 정지할 때까지 엔진 공회전 상태를 유지하여 가스 파이프 내 연료를 연소시킨다.

㈏ 1차 압력 조정 나사를 풀고 압력계를 설치한다.

㈐ LPG 차단 스위치를 ON하고 엔진을 시동한다.

㈑ 1차실 압력을 확인하여 압력이 규정값을 벗어나면 1차 압력 조정 나사를 조이거나 풀어 규정값으로 압력을 조정한다.

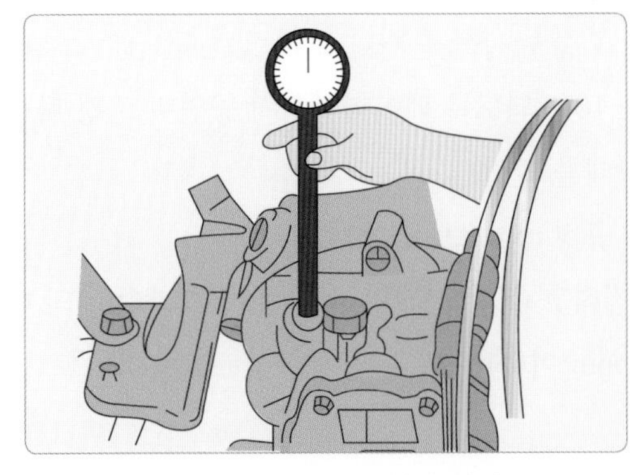
베이퍼라이저 1차 압력 점검

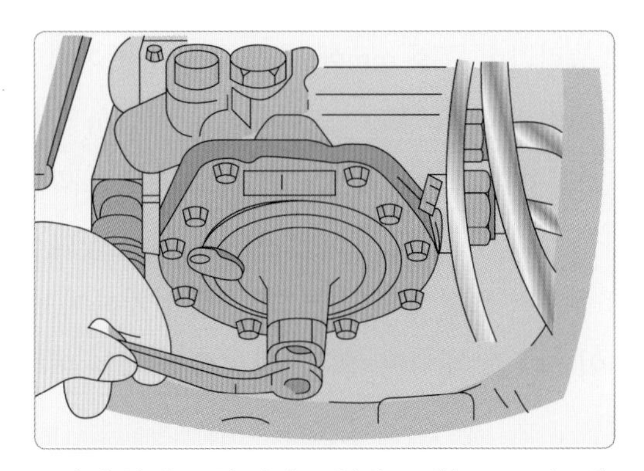
1차실 압력 조정 나사로 압력 조정(0.3 kgf/cm²)

3 퍼지 컨트롤 솔레노이드 밸브(PCSV) 점검

(1) 퍼지 컨트롤 솔레노이드 밸브 점검

1. 전원을 가하지 않은 상태에서 50 mmHg 진공을 유지시킨 후 게이지 압력이 유지되는지 확인한다.
진공 유지 시험 : 양호

2. 퍼지 컨트롤 솔레노이드 밸브에 배터리 전원을 연결한다.

3. 진공이 해제되면서 바늘 지침이 0으로 떨어져야 한다.
진공 해제 시험 : 양호

(2) 측정 결과

① **공급 전압** : 배터리 전원 ON, OFF 시 작동 : 12 V, 비작동 : 0 V

② **진공 유지 또는 진공 해제 기록** : 측정한 상태

공급 전압 작동 : 진공 해제, **공급 전압 비작동** : 진공 유지

③ **정비 사항** : 점검 결과 불량일 때는 퍼지 컨트롤 솔레노이드 밸브 교환한다.

<table>
<tr><th colspan="5">퍼지 컨트롤 솔레노이드 밸브 차종별 규정값</th></tr>
<tr><th>차 종</th><th>조 건</th><th>엔진 상태</th><th>진 공</th><th>결 과</th></tr>
<tr><td rowspan="5">EF 쏘나타
그랜저 XG</td><td rowspan="2">엔진 냉각 시
60 ℃ 이하</td><td>공회전</td><td rowspan="2">0.5 kgf/cm²</td><td rowspan="3">진공이 유지됨</td></tr>
<tr><td>3000 rpm</td></tr>
<tr><td rowspan="3">엔진 열간 시
70 ℃ 이상
(전원 ON)</td><td>공회전</td><td>0.5 kgf/cm²</td></tr>
<tr><td>엔진이 3000 rpm이 된
3분 이내</td><td>진공을 가함</td><td>진공이 해제됨</td></tr>
<tr><td>엔진이 3000 rpm이 된
3분 이후</td><td>0.5 kgf/cm²</td><td>진공이 순간적으로
유지되다 곧 해제됨</td></tr>
</table>

4 LPG 솔레노이드 밸브 탈거

① LPG 봄베의 취출 밸브를 잠근 후 LPG 솔레노이드 밸브 커넥터를 탈거한다.

② 기상 파이프와 액상 파이프를 솔레노이드 밸브에서 분리시킨다.

③ 볼트를 탈거하고 솔레노이드 밸브 어셈블리를 탈거한다.

④ 조립은 분해의 역순으로 한다.

5 긴급 차단 솔레노이드 밸브의 역할 및 작동 원리

① 차량 주행 중 돌발 사고로 인하여 엔진이 정지하게 되면 엔진 ECU는 OFF되어 엔진 룸에 설치되어 있는 액상 · 기상 솔레노이드 밸브와 긴급 차단 밸브에 전원을 차단하여 솔레노이드 밸브를 OFF시킨다.

② 솔레노이드 밸브가 OFF되면 연료가 차단되는데, 연료 배관 계통의 문제 발생 시 연료 누출 방지를 연료 탱크의 최단거리에서 차단하여 미연에 화재 위험을 방지하는 데 그 목적이 있다.

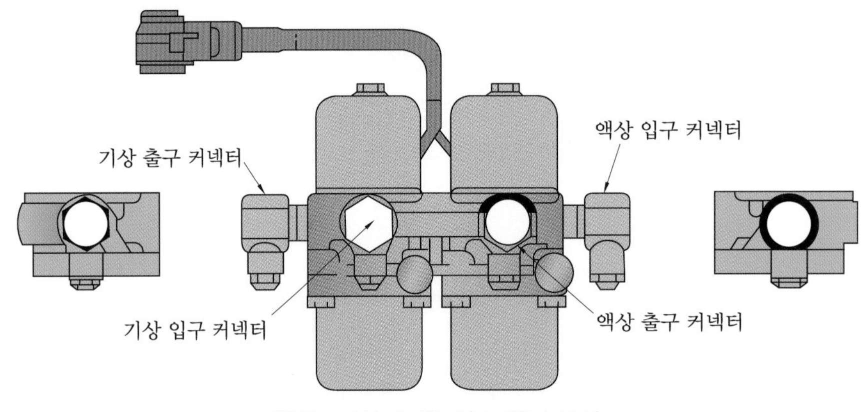

액상 · 기상 솔레노이드 밸브 구성

6 액상 · 기상 솔레노이드 밸브의 작동 원리

① ECU에서 직접 냉각수온에 따라 액상 · 기상 솔레노이드 구동 제어를 행한다("−" 접지 제어).

② 엔진 오버런 연료 차단(fuel cut−off) 조건, 화재 방지 연료 차단(fuel cut−off) 조건 만족 시 액상 솔레노이드는 수온에 관계없이 다음 조건을 만족하면 OFF시킨다.

③ 액상 · 기상 솔레노이드 밸브는 냉각수온에 관계없이 엔진 정지 시 OFF시킨다.

수온 조건	기상 솔레노이드	액상 솔레노이드
14℃ 이하	ON	OFF
14~35℃	ON	OFF
40℃ 이상	OFF	ON

7 LPG에서 기상 · 액상 가스로 구분하는 이유

LPG는 액화 석유 가스이므로 액체라고 할 수 있다. 하지만 LPG가 연소실에 유입될 경우에는 기체 상태로 유입된다.

엔진 성능을 정확하게 세팅하기 위해서는 공급되는 연료의 상태가 중요하다. 공급되는 연료를 완벽하게 기화시켜 공기와 잘 섞은 후 연소실에 공급하면 엔진의 성능이 향상된다.

봄베 내부 상단의 기체는 온도에 맞는 증기압 형성 과정에서 발생하므로 온도만 일정하면 LPG 용량이 줄어든 만큼 기체 LPG가 형성된다. 이때 LPG 차량이 기체 LPG만 사용한다면 저온 시동, 저부하, 저회전일 경우 매우 이상적이다. 하지만 고부하, 고회전 등 짧은 시간에 혼합기가 많이 필요할 때는 봄베 안에서 시간당 액체에서 기체로 변화되는 연료량은 엔진이 요구하는 연료량을 만족시킬 수 없다.

엔진에 공급되는 용량이 동일한 용량이라면 기체 상태에서 보관하는 것보다 액체 상태가 200배 정도 작다. 즉 현재 보유하고 있는 액체 연료를 기체 상태로 저장한다면 200배 더 큰 용량의 탱크가 필요하게 된다.

냉각수온의 저하 등으로 인해 베이퍼라이저에서 완전히 기화가 불가능할 때는 봄베 내부 상단에 있는 기체 연료를 사용하고 베이퍼라이저에서 완전한 기화가 가능할 때는 액체 연료를 연소실에 공급하도록 LPG 시스템이 구성되어 있다. 만약 LPG 시스템에서 기상과 액상의 연료 공급이 반대로 된다면 시동성이 불량해지고 가속 시나 고출력 시 출력 저하 현상이 발생하게 된다.

LPG 봄베 설치 위치

액상 · 기상 솔레노이드 밸브 위치

8 베이퍼라이저 컷 오프 솔레노이드 밸브의 점검

① 전기적인 점검은 단품의 저항과 배선의 전압을 측정하는데 시동 시 이후는 12 V, 0 V가 측정되고(열림), 시동키 ON 시는 12 V, 12 V(닫힘)가 측정된다.

② 기계적인 부분의 검사는 단품을 탈거한 후 육안 검사를 해야 하는데, 탈거한 밸브를 손으로 작동시켰을 때 가볍고 부드럽게 작동되어야 한다. 만약 그렇지 않으면 타르로 인한 소착이 발생된 것이다. 심하면 교환, 심하지 않으면 청소 후 작동 상태가 부드러운지 확인하고 장착한다.

③ 컷 오프 솔레노이드 밸브가 완전히 열린 상태에서 소착되었을 때는 엔진에 특별한 고장 증세가 없다(이럴 경우 기존의 컷 오프 솔레노이드 밸브가 없는 차량과 같기 때문).

④ 컷 오프 솔레노이드 밸브가 완전히 소착되거나 부분적으로 소착되었을 때는 시동 불량 현상, 주행 중 시동 꺼짐 현상, 엔진 부조 현상 등이 발생된다(소착 정도에 따라 차이 있음).

4 LPI 엔진 점검

1 연료 펌프의 점검

① 점화 스위치를 ON하여 연료 펌프 작동 상태를 확인한다.
② 점화 스위치를 OFF하여 연료 커넥터를 탈거한다.
③ 연료 펌프 릴레이로부터 공급 전압을 확인한다.
④ 연료 펌프 전원 공급 단자에 배터리 전원을 공급하고 접지 단자는 배터리(−), 차체 접지시킨다.

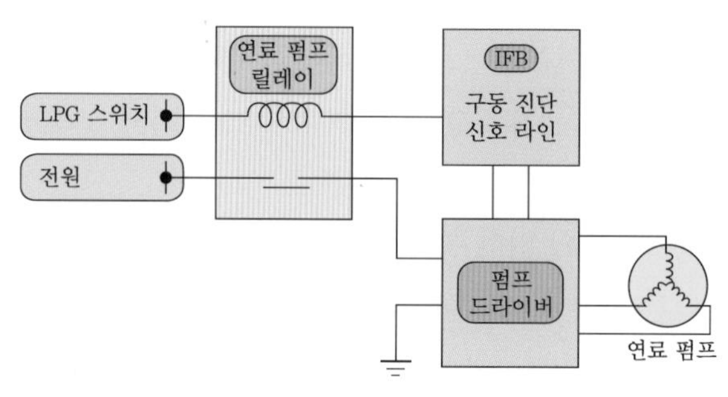

연료 펌프 작동 회로

2 연료 차단 솔레노이드 밸브의 점검

① 점화 스위치를 OFF한 상태에서 커넥터를 탈거한 후 통전 상태와 저항을 점검한다(규정 저항값 확인).
② 점화 스위치를 ON한 상태에서 단자별 전압을 측정한다.
③ 밸브의 단자 중 하나의 단자에 전압을 공급하고 나머지 단자는 접지시킨 후 솔레노이드 작동 상태를 확인한다.

연료 차단 솔레노이드

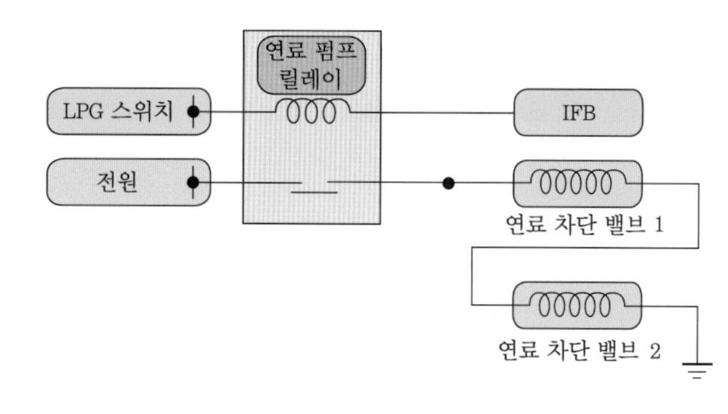

연료 차단 솔레노이드 회로

연료장치 안전기준(자동차의 연료탱크 · 주입구 및 가스배출구)

❶ 연료장치는 자동차의 움직임에 의하여 연료가 새지 않는 구조이여야 한다.
❷ 배기관의 끝으로부터 30 cm 이상 떨어져 있어야 한다(연료 탱크를 제외한다).
❸ 노출된 전기단자 및 전기개폐기로부터 20 cm 이상 떨어져 있어야 한다(연료 탱크를 제외한다).
❹ 차실 안에 설치하지 않아야 하며, 연료 탱크는 차실과 벽 또는 보호판 등으로 격리되는 구조이여야 한다.

3 LPI 연료 인젝터 점검

① 인젝터 공급 전압 및 저항을 측정한다(엔진 규정 전압 및 저항 제원 참조).

② 인젝터 작동 파형 및 출력 서비스 데이터를 통해 작동 상태 및 센서 출력을 확인한다.

③ 인젝터 공급 전압, 접지 강하, 피크 전압, 분사 시간을 확인하여 인젝터 이상 유무를 판단한다.

센서출력		29/55
냉각수온센서	93.0	℃
냉각수온센서(모델값)	92.3	℃
흡기온센서	30.0	℃
연료분사시간-CYL.1	4.1	mS
연료분사시간-CYL.2	4.1	mS
연료분사시간-CYL.3	4.1	mS
연료분사시간-CYL.4	4.1	mS
TCU요구 토오크	99.6	%
산소센서 히팅시간(B1/S1)	100	mS
산소센서 히팅시간(B1/S2)	90	mS

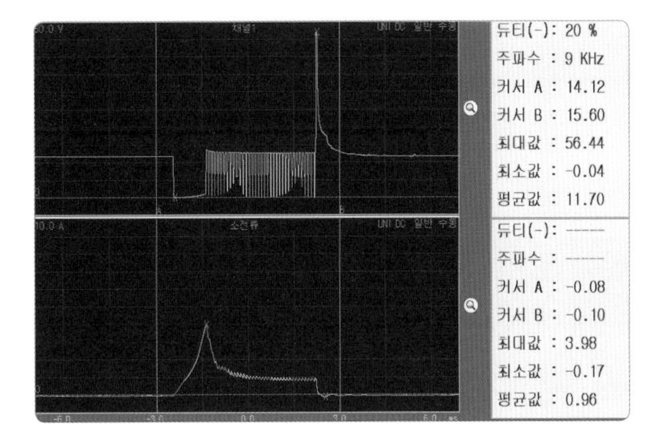

④ 결과에 따라 인젝터를 교환할 때는 LPG 차단 스위치를 작동시켜 시동을 OFF하고 작업한다.

⑤ 인젝터 고정 브래킷을 탈거하고 연료 라인을 탈거한다(인젝터 교환 시 반드시 오링을 교환하고 조립 후 가스 누유를 확인한다).

4 메인 듀티 솔레노이드 파형 측정

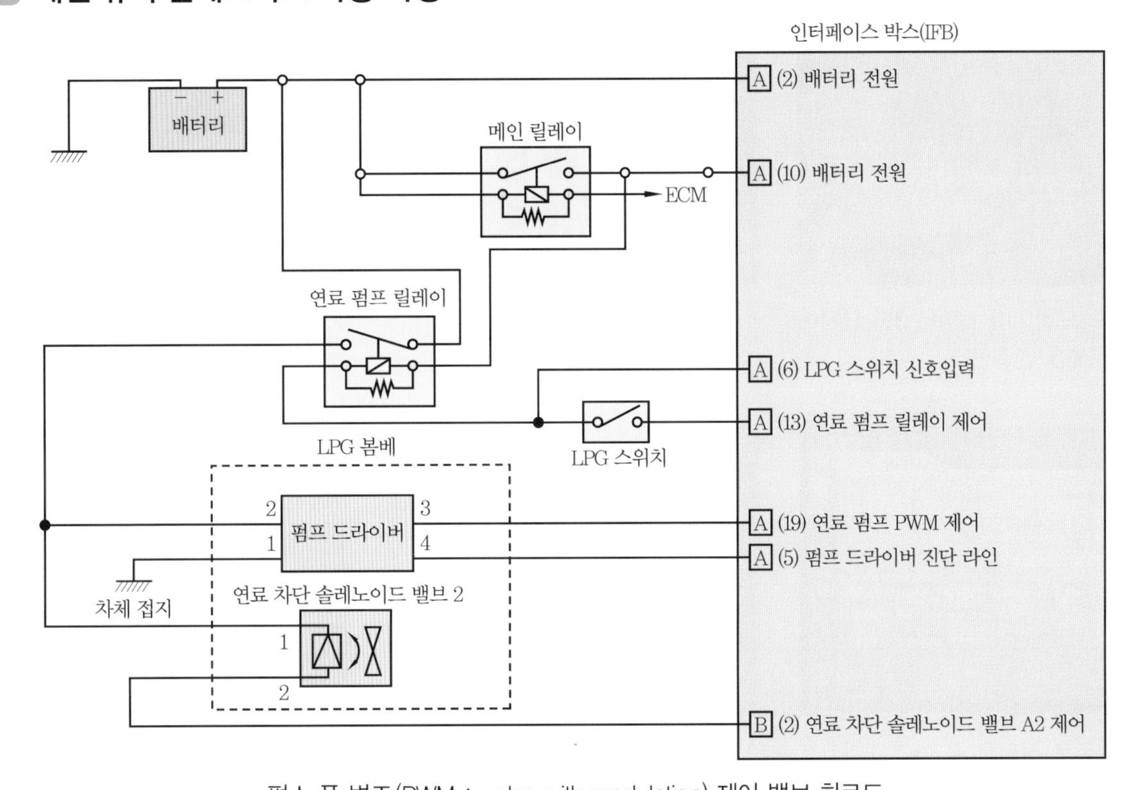

펄스 폭 변조(PWM : pulse with modulation) 제어 밸브 회로도

1. HI-DS 컴퓨터 전원을 ON시킨다.

2. 계측모듈 스위치를 ON시킨다.

3. 모니터 전원이 ON 상태인지 확인한다.

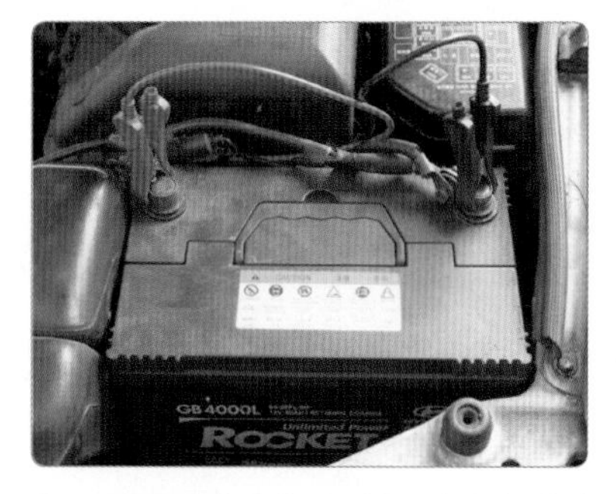

4. HI-DS (+), (-) 클립을 배터리 단자에 연결한다.

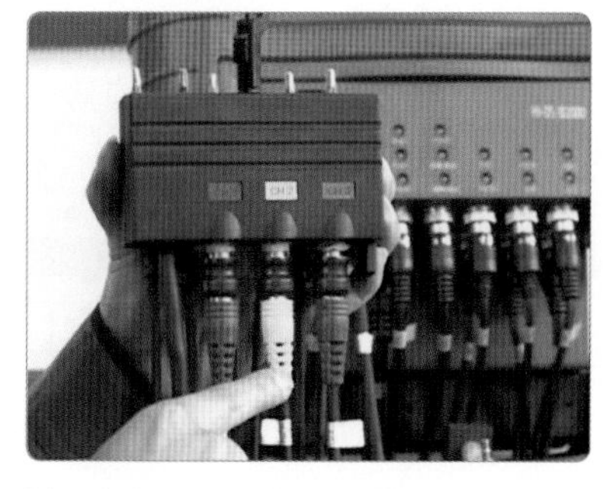

5. 채널 프로브를 선택한다.

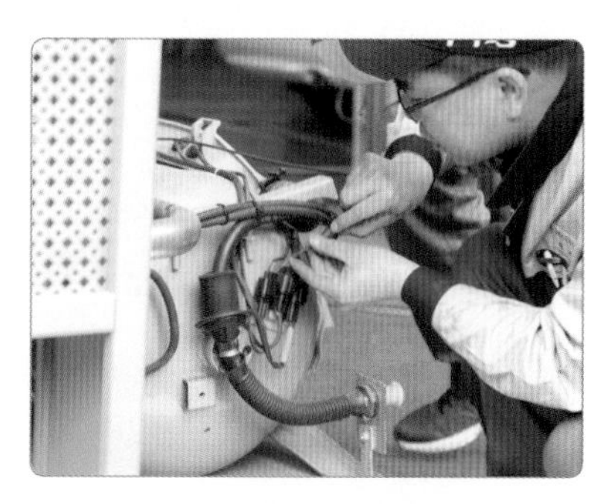

6. PWM 제어 밸브를 확인한다.

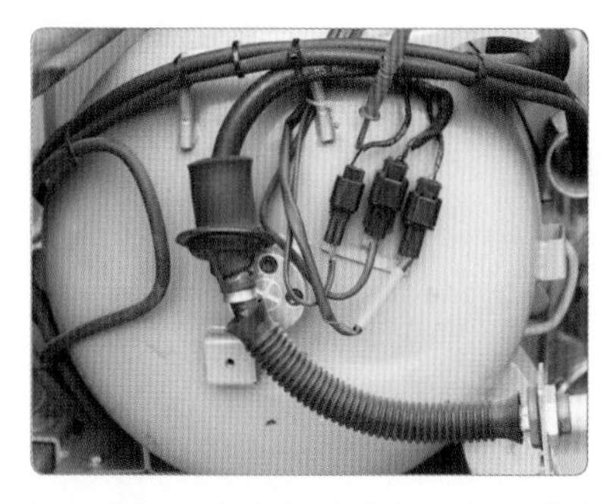

7. 펌프 드라이버 커넥터 3번 단자에 프로브를 연결한다.

8. 엔진을 시동한다.

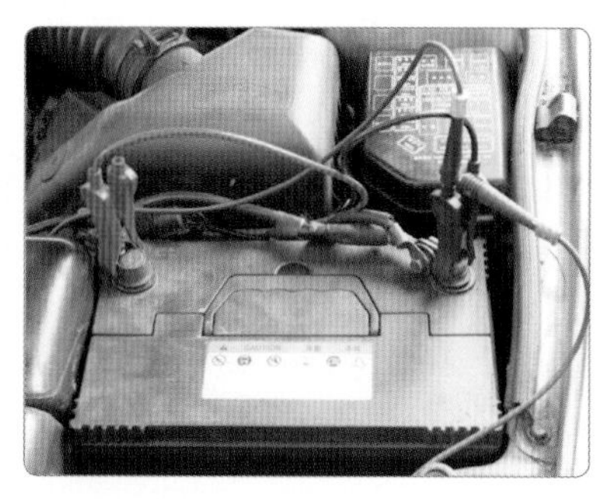

9. 채널 접지 프로브를 배터리 (-)에 연결한다.

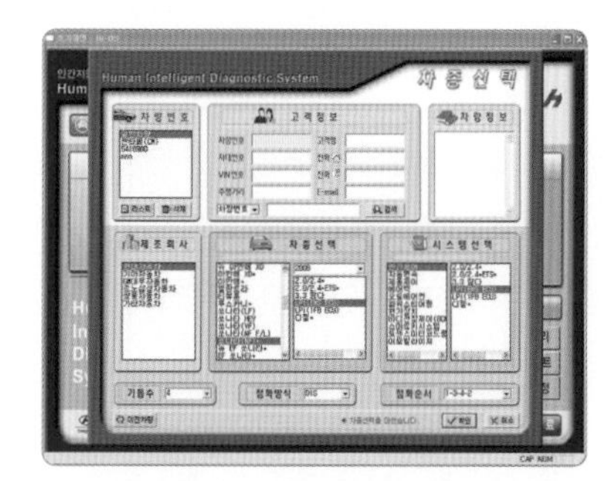

10. 차종을 선택한 후 제조사 - 차종 - 연식 - 시스템제어를 선택한다.

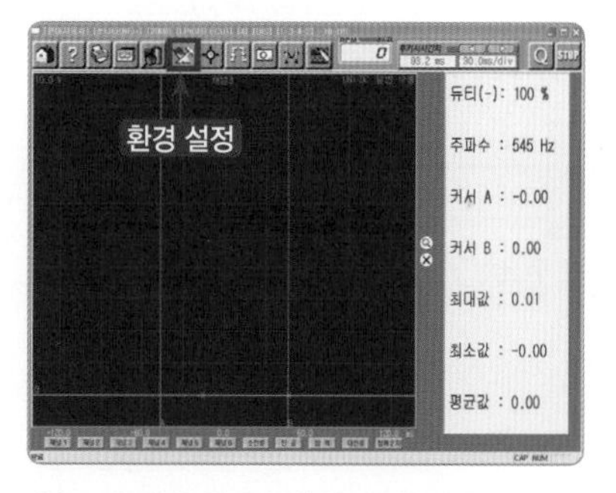

11. 아이콘을 클릭하여 전압을 10 V, 시간을 30 ms/div로 설정한다.

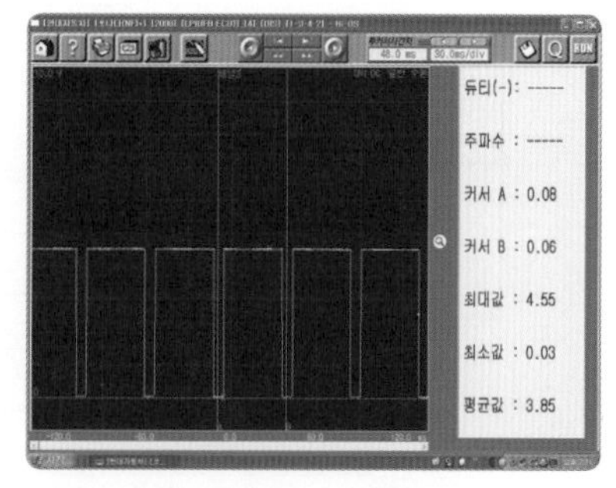

12. 기능 선택에서 트리거를 클릭한 후 출력된 화면 중앙을 클릭한다.

단 자	연결 부위	기 능
1	차체 접지	접지
2	연료 펌프 릴레이	전원(+5 V)
3	IFBA(19)	펌프 드라이버 PWM 제어
4	IFBA(5)	센서 접지

F54 펌프 드라이버

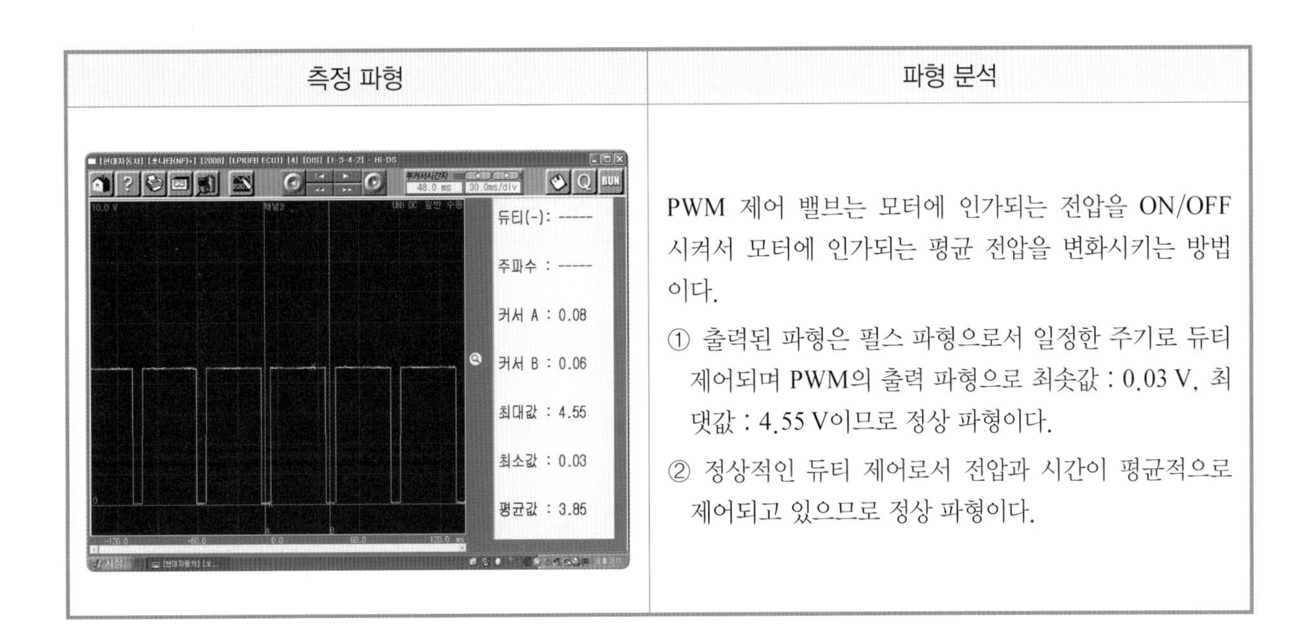

측정 파형	파형 분석
듀티(-): ----- 주파수 : ----- 커서 A : 0.08 커서 B : 0.06 최대값 : 4.55 최소값 : 0.03 평균값 : 3.85	PWM 제어 밸브는 모터에 인가되는 전압을 ON/OFF 시켜서 모터에 인가되는 평균 전압을 변화시키는 방법이다. ① 출력된 파형은 펄스 파형으로서 일정한 주기로 듀티 제어되며 PWM의 출력 파형으로 최솟값 : 0.03 V, 최댓값 : 4.55 V이므로 정상 파형이다. ② 정상적인 듀티 제어로서 전압과 시간이 평균적으로 제어되고 있으므로 정상 파형이다.

LPI 엔진과 LPG 엔진의 차이점

LPI 엔진은 봄베 내의 연료 펌프에서 나온 액체 상태의 LPG가 압력 레귤레이터를 거쳐 인젝터로 보내져 ECU의 신호에 따라 연료가 분사된다. 또한 LPG는 기체 상태의 연료를 사용하고 LPI는 액체 상태의 연료를 사용하는데, 이것은 연비와 출력에 큰 차이를 발생시킨다.

자동차 연비와 출력의 향상을 위해서는 연료와 공기의 비율이 정밀하게 제어되어야 하는데, 기체 상태의 연료는 이런 정밀 제어가 어렵고 액체 상태의 연료는 제어가 용이해 연비나 출력 향상이 가능하게 된다.

구 분	LPI 엔진	LPG 엔진
출력 및 연비 상태	양호(우수)	불량
겨울철 시동성(저온 시동)	양호(우수)	불량
역화 현상 발생	없음	발생
타르의 발생	없음	발생

11 디젤 엔진 점검

실습목표 (수행준거)

1. 기계식 디젤 엔진과 전자 제어 디젤 엔진의 특징을 이해할 수 있다.
2. 정비 지침서에 제시된 디젤 엔진의 세부 점검 목록에 따라 고장 원인을 파악할 수 있다.
3. 차종에 따라 디젤 전자 제어장치의 관련 부품을 점검하여 고장 원인을 파악할 수 있다.
4. 진단 장비를 이용하여 관련 부품을 진단하고 교환 작업 수행 후 작동 상태를 점검할 수 있다.
5. 안전 작업 절차에 따라 디젤 엔진 정비 작업을 점검하고 수행할 수 있다.

1 관련 지식

1 기계식 디젤의 분사 특성

연료 분사는 사전과 사후 분사가 없는 주 분사 상태만을 의미한다.

분사 압력과 분사 연료량은 엔진 회전수에 따라 증가하고 실제 분사 진행 중에도 분사 압력이 증가한다. 분사 말기에는 노즐이 닫혀 압력이 떨어진다. 이와 같은 구조적인 특성 때문에 연료 분사량 제어 시 연료 분사량이 적을 때는 낮은 압력으로, 많은 연료량으로 분사될 때는 높은 압력으로 분사된다.

디젤 엔진은 공기만을 압축하여 고온 · 고압의 압축 공기를 형성시킨 다음 압축 끝에서 고압의 연료를 분사함으로써 공기 압축열에 의해 연료가 자기착화(self ignition)되는 자연 연소 방식이다.

2 기계식 디젤 엔진의 구성

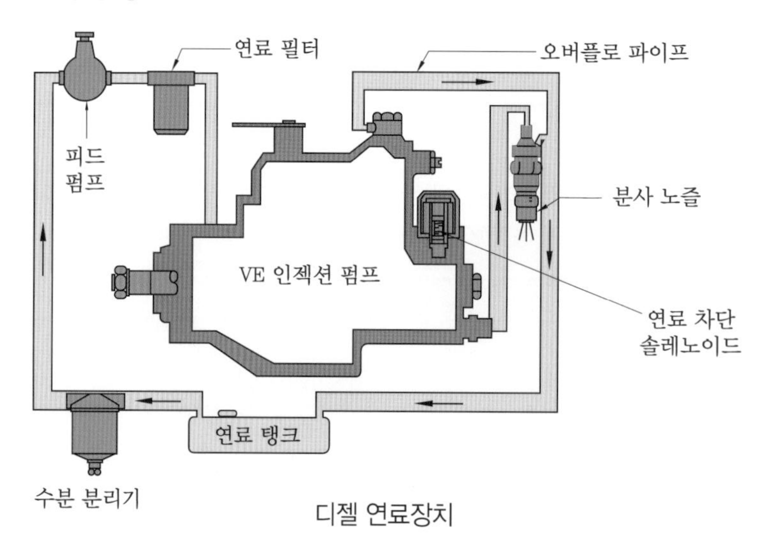

디젤 연료장치

(1) 분사 펌프(injection pump)

분사 펌프는 연료 탱크 내의 연료를 인젝션 펌프 내부에 있는 피드 펌프에 의해 흡입되어 레귤레이팅 밸브에 연료 압력이 조정되어 펌프에 공급된다. 연료 탱크에서 분사 펌프까지 흐르는 연료 통로에 연료 필터(수분 기능 포함)가 있어 물이나 먼지 등이 분사 펌프에 유입되는 것을 방지한다.

(2) 분사 노즐(injection nozzle)

① 분사 노즐의 구비 조건

(가) 연료를 미세한 안개 모양으로 하여 쉽게 착화하게 할 것

(나) 분무를 연소실 구석구석까지 뿌려지게 할 것

(다) 연료의 분사 끝에서 완전히 차단하여 후적이 일어나지 않을 것

(라) 고온 · 고압의 가혹한 조건에서 장시간 사용할 수 있을 것

② 연료 분무의 3대 요건

(가) 안개화(무화)가 좋아야 한다.

(나) 관통력이 커야 한다.

(다) 분포(분산)가 골고루 이루어져야 한다.

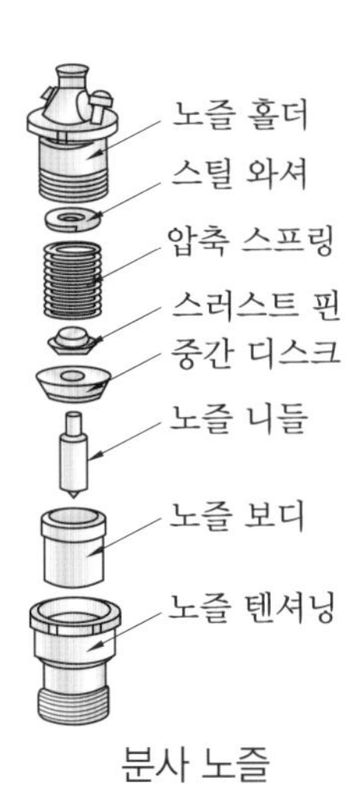

분사 노즐

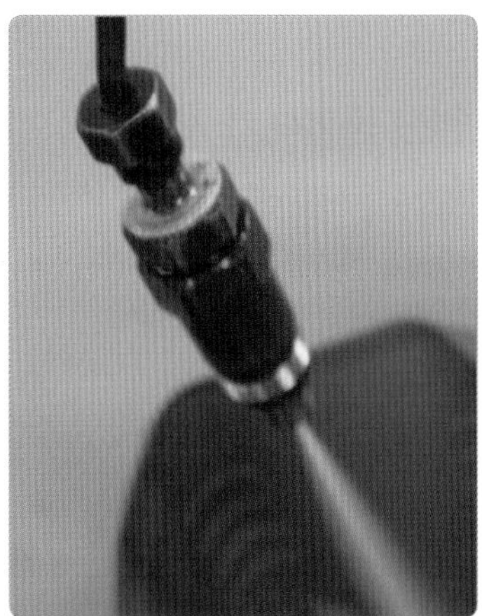

분사 노즐 및 분사 상태

❶ **홀(구멍)형 노즐** : 노즐 본체에 1개 또는 여러 개의 연료 분사 구멍이 있는 노즐로, 구멍이 1개인 것을 단공 노즐, 여러 개인 것을 다공 노즐이라고 하며, 직접 분사식 엔진에 많이 사용된다. 소형 디젤 엔진은 2~4개, 중 · 대형 엔진은 5~9개 정도이고, 연료 분사 개시 압력은 180~300 kgf/cm^2 정도이다.

❷ **핀틀형 노즐** : 노즐 연료 분사 구멍이 1개이며, 니들 밸브 끝이 넓은 구조를 가지고 있다. 연료 분사 개시 압력은 100~140 kgf/cm^2 정도이고, 주로 예연소실, 와류실식에 사용된다.

❸ **스로틀형 노즐** : 노즐 끝 모양이 가는 원통형 또는 원추형으로 되어 있는 구조로, 노즐 끝의 핀 부분이 본체로부터 약간 돌출되어 있다. 분무각은 1~45°이며, 분사 개시 압력은 100~120 kgf/cm^2 정도이다.

2 디젤 엔진의 고장 원인 분석

디젤 엔진의 정상 출력을 유지하기 위해 압축 압력과 연료 압력이 엔진 성능에 중요한 영향을 끼치게 된다. 압축 압력은 기계적인 요인, 즉 실린더 마모 및 피스톤 링의 마모, 밸브면의 접촉 상태 그리고 실린더 헤드 개스킷 소손에 의해 저하되며, 이는 엔진 출력을 저하시키게 된다.

1 디젤 엔진의 고장 원인

① 압축 압력의 저하로 인한 냉간 시 시동 불량
② 디젤 노크 발생으로 인한 출력 저하 및 피스톤 마모 출력 저하
③ 연료 분사 시기 불량으로 엔진 출력 저하
④ 노즐에서의 무화 및 분무 상태(후적) 불량으로 인한 부조 현상
⑤ 예열 플러그 고장에 의한 시동 불량
⑥ 연료의 품질 불량으로 인한 엔진 부품 소손
⑦ 디젤 연료 조절 불량, 딜리버리 밸브 및 조속기 불량으로 인한 매연 증가

2 디젤 엔진 공기빼기 후 시동작업

연료 공급 펌프 → 연료 필터 → 연료 분사 펌프 → 분사 노즐

① 연료 필터 상단에 있는 플라이밍 펌프를 상하로 작동시켜 압력을 가한다. 공기빼기 나사를 풀어 공기와 연료가 나오면 플라이밍 펌프를 누른 채 나사를 조인다(연료만 나올 때까지 반복).
② 플라이밍 펌프를 다시 상하로 누르고 압력을 가한 후 분사 펌프의 출구(OUT) 쪽 나사를 풀고 연료만 나올 때까지 연료 필터 공기빼기에서 했던 방법으로 작업한다.
③ 엔진을 크랭킹시키면서 분사 노즐의 피팅을 풀어 공기빼기 작업을 한다. 1번 분사 노즐부터 순차로 작업하며 엔진 시동이 걸리면 작업을 멈춘다(다른 노즐 공기빼기 작업 생략).

플런저 유효 행정(plunger available stroke)
플런저가 연료를 압송하는 기간이며, 연료의 분사량은 플런저의 유효 행정으로 결정된다(유효 행정이 크면 분사량이 증가).

3 기계식 디젤 엔진 점검

1 공회전 조정 및 분사 시기 조정

① 엔진을 정상 작동 온도(80~95℃)까지 올린 후 태코미터를 연결하고 공회전을 점검한다.

② 측정 전 모든 전장품은 OFF시킨다.

③ 변속 레버를 중립 위치로 하고 주차 브레이크를 작동시킨다.

④ 동력조향장치는 차량 바퀴를 직진 상태로 유지시킨다.

1. 측정기기를 정렬한다.

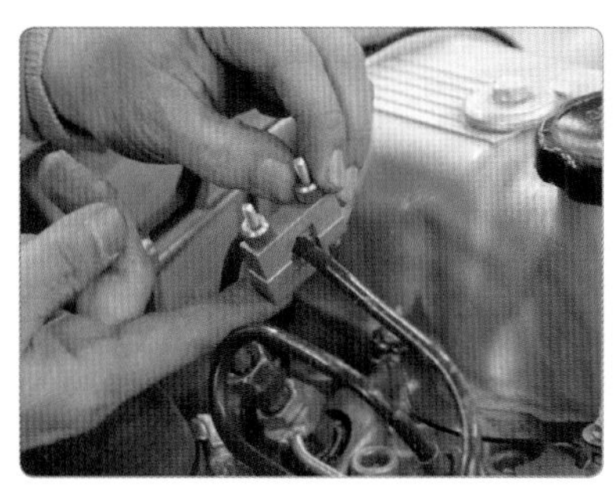

2. 압력 감지 센서를 1번 분사 파이프에 체결한다.

3. 흑색 클립을 센서에 체결하고 노란색 클립은 차체에 연결한다.

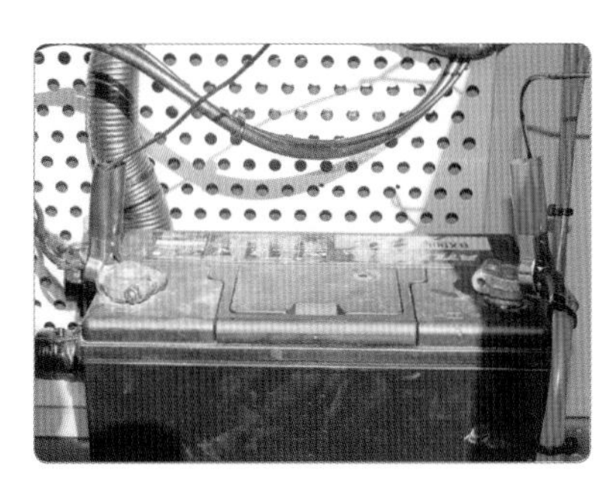

4. 배터리 (+), (−)를 확인하고 타이밍 라이트 적색은 (+), 흑색은 (−)에 연결한다.

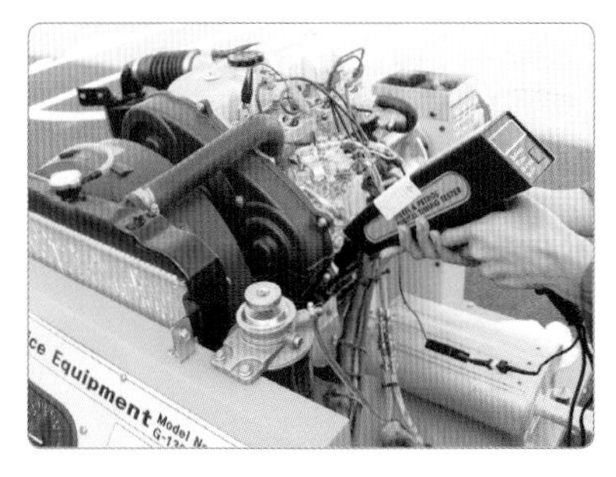

5. 엔진을 시동한 후 타이밍 라이트를 크랭크축 풀리에 비추고 스위치를 당긴다.

6. 분사 시기를 확인한다.

7. 분사 펌프 고정 너트를 풀고 분사 시기를 규정으로 맞춘다.

8. 디젤 엔진 1170 rpm을 확인한다. (규정 회전수 : 730~770 rpm)

9. 공회전 조정 볼트를 반시계 방향으로 돌려 규정 rpm으로 맞춘다.

10. 엔진 타이밍 라이트를 비춰 점화 시기를 확인한다.

11. 엔진 시동을 OFF시키고 디젤 타이밍 라이트를 탈거한다.

12. 가속 페달 케이블을 규정 장력으로 조정한다.

디젤 인젝션 펌프 rpm 조정

❶ 공회전 회전수가 규정 범위를 벗어나면 공회전 조정 볼트의 로크 너트를 풀고 공회전 조정 볼트를 돌려 공회전 rpm을 조정한다(시계 방향 : rpm 상승, 반시계 방향 : rpm 저하).

❷ 가속 페달 케이블 조정 : 가속 페달 케이블 휨량을 확인한다. 휨량이 표준 범위를 벗어나면 가속 페달 케이블 로크 너트를 돌려 조정한다.

2 예열 플러그 점검

예열 플러그 탈부착 작업

1. 예열 플러그 커넥터를 탈거한다.

2. 예열 플러그 고정 너트를 풀어낸다.

3. 예열 플러그 고정 너트를 제거하고 연결 전원 브래킷을 탈거한다.

4. 예열 플러그를 탈거한다.

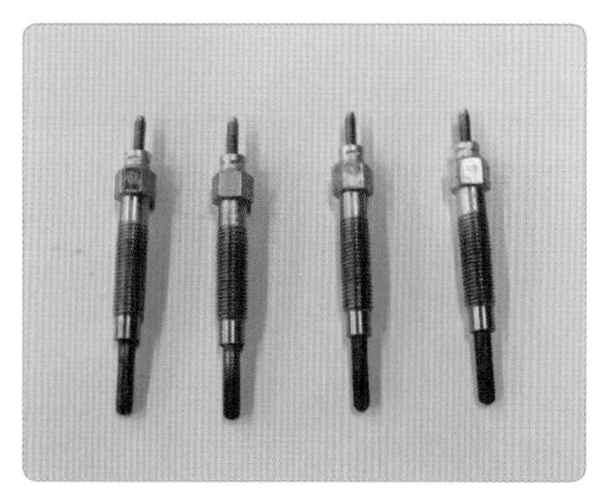

5. 예열 플러그를 정리정돈시킨다.

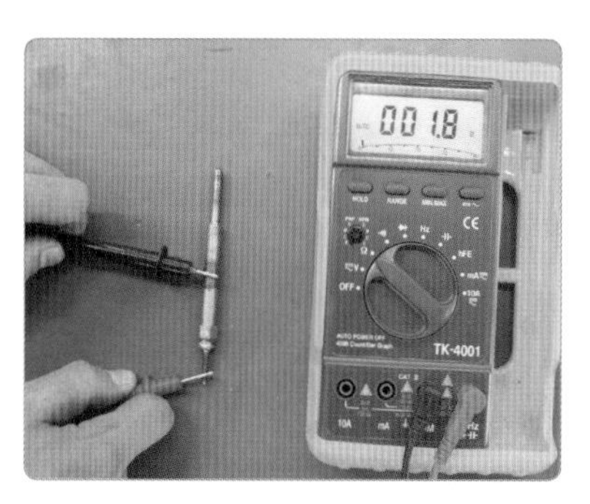

6. 개별 예열 플러그 저항을 측정한다.

7. 예열 플러그 병렬 연결선을 조립한다.

8. 예열 플러그 점검 후 이상이 있으면 교체한 후 다시 조립한다.

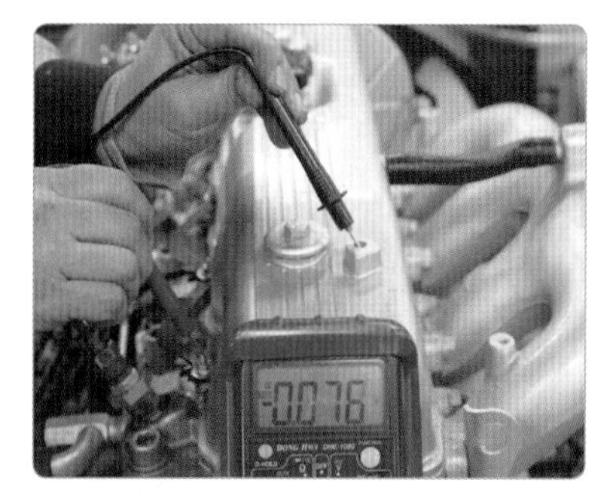

9. 조립된 상태의 예열 플러그 저항을 점검한다.

10. 조립이 끝나면 예열 플러그가 정상 작동되는지 확인한다.

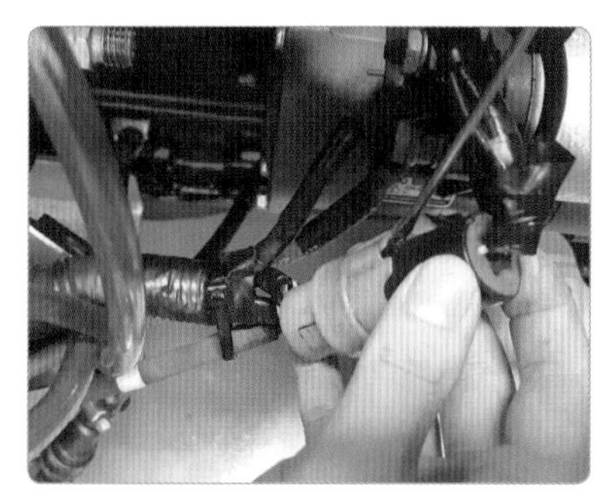

11. 예열 플러그 배선 커넥터를 체결한다.

12. 주변을 정리하고 엔진 시동을 걸어 엔진 상태를 확인한다.

3 분사 노즐 점검

(1) 분사 노즐 탈부착

1. 연료 공급 호스를 탈거한다.

2. 인젝터 및 인젝션 펌프 고압 파이프를 탈거한다.

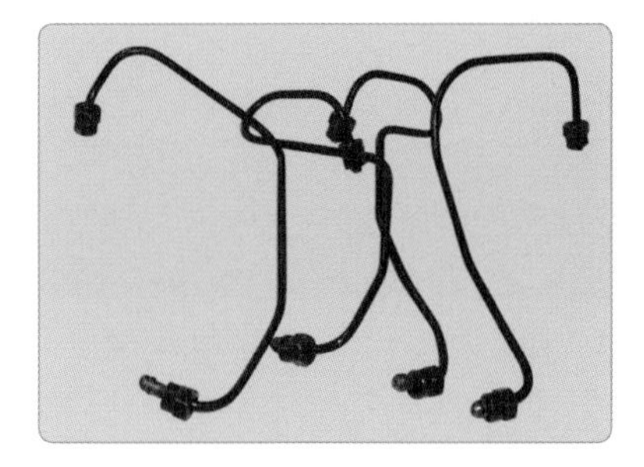

3. 탈거한 고압 파이프를 정리한다.

4. 연료 리턴 파이프를 탈거한다.

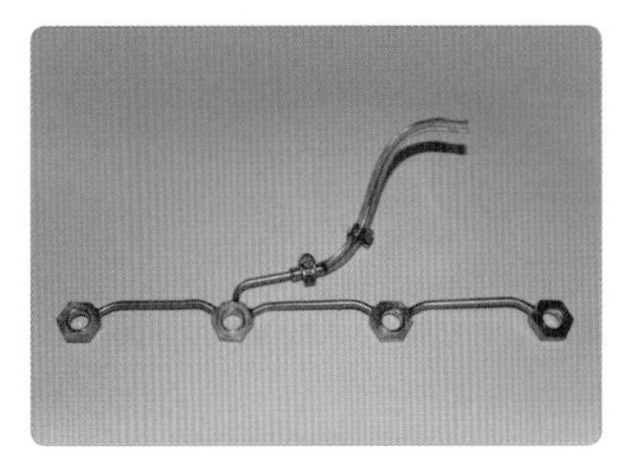

5. 연료 리턴 파이프를 정리한다.

6. 분사 노즐을 탈거한다.

7. 실린더 헤드 분사 노즐 구멍은 캡이나 헝겊으로 막아둔다.

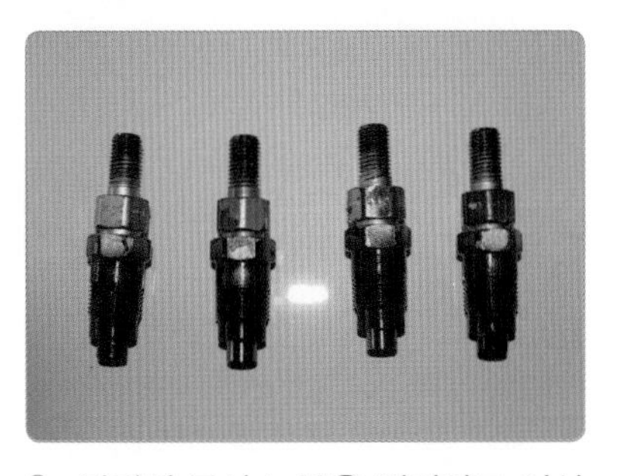

8. 탈거된 분사 노즐을 점검하고 이상이 있는 노즐은 교환한다.

9. 분사 노즐을 실린더 헤드에 설치하고 조립한다.

10. 연료 리턴 파이프를 조립한다.

11. 연료 공급 파이프를 인젝션 펌프와 분사 노즐에 체결하여 조립한다.
(왼쪽 : 인젝션 펌프, 오른쪽 : 인젝션)

12. 실린더별 연료 공급 파이프를 체결한다.

13. 체결된 연료 공급 파이프를 확인한다(분사 순서 확인).

14. 엔진을 시동하여 공회전 상태를 확인한다.

(2) 분사 노즐 압력 조정

① 분사 압력 조정(제거) 핸들이 있는 타입

(가) 노즐 시험기에 노즐을 설치하고 연료 탱크에 연료(경유)가 있는지 확인한다.

(나) 노즐 시험기 펌프 레버를 작동하면서 인젝션 파이프 고정 너트를 풀어 공기빼기를 한 후 압력 제거 핸들을 2~3바퀴 정도 풀어 준다.

(다) 펌프 레버를 1~2회 서서히 작동시켜 계기의 눈금이 상승할 때 펌프 레버를 강하게 작동시킨 후 압력 제거 핸들을 잠그면 계기의 눈금이 서서히 상승한 후 멈춘다. 이 상태가 분사 개시 압력이 된다.

② 분사 압력 조정(제거) 핸들이 없는 타입 : 분사 노즐 테스터기 계기판의 눈금이 최대 상승 후 하강 시 순간적으로 흔들림이 멈추었다가 하강하는데, 순간적으로 멈춘 부분을 분사 개시 압력으로 측정한다.

(3) 분사 노즐 압력 및 후적 측정

① 측정(점검)

(가) 분사 개시 압력을 측정한 값 : 120 kgf/cm^{2}를 정비 지침서 규정(한계)값 : 100~120 kgf/cm^{2}와 비교하여 판정한다.

(나) 노즐 분사끝 후적 상태를 확인하고 양부를 판정한다.

② 불량 시 조정 방법

(가) 심 조정식 : 노즐 홀더 덮개 안에 있는 심의 두께로 조정

(나) 압력 조정 나사식 : 노즐 홀더 덮개 안에 있는 조정 너트를 드라이버로 돌려 압력 조정

분사 개시 압력 규정(한계)값		
차 종	분사 개시 압력	비 고
그레이스	120 kgf/cm^2	규정값과 상이할 때 심으로 조정
포터	120 kgf/cm^2	규정값과 상이할 때 압력 조정 나사로 조정

1. 노즐의 위치와 경유 보충 상태를 확인한다. 노즐 시험기 펌프 레버를 작동하면서 인젝션 파이프 고정 너트를 풀어 공기빼기 후, 압력 제거 핸들을 2~3바퀴 풀어준다.

2. 분사 노즐이 수직된 상태를 확인한다.

3. 레버를 1~2회 서서히 작동시켜 눈금이 상승하면 강하게 작동시킨 후, 압력 제거 핸들을 잠그면 눈금이 서서히 상승한 후 멈춘다.

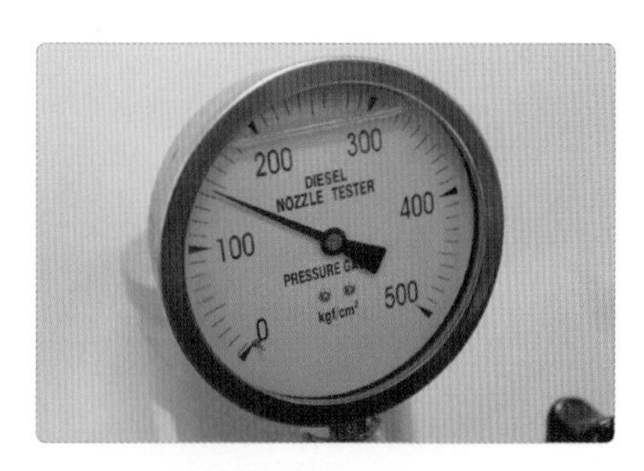

4. 분사 압력을 확인한다.

5. 노즐 팁을 육안으로 확인해 후적 유무를 확인한다.

4 디젤 엔진 공기빼기 작업 후 시동 작업

시동용 디젤 엔진 준비

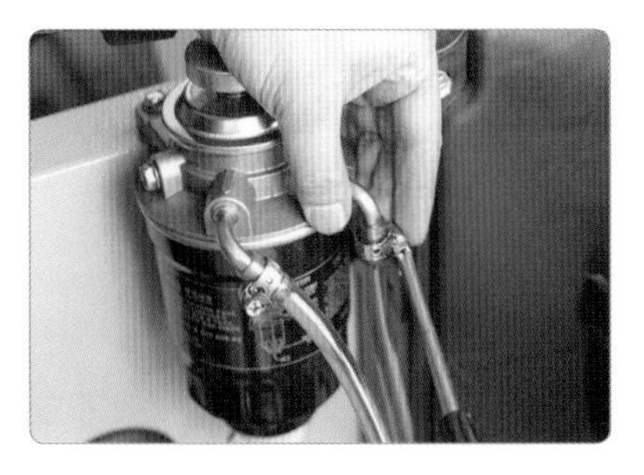

1. 연결된 연료 호스 밴드 및 클립을 조인다.

2. 플라이밍 펌프를 작동시켜 연료압을 높인 후 연료 필터 공기빼기 고정 볼트를 풀어 공기를 뺀다(공기가 나오지 않을 때까지).

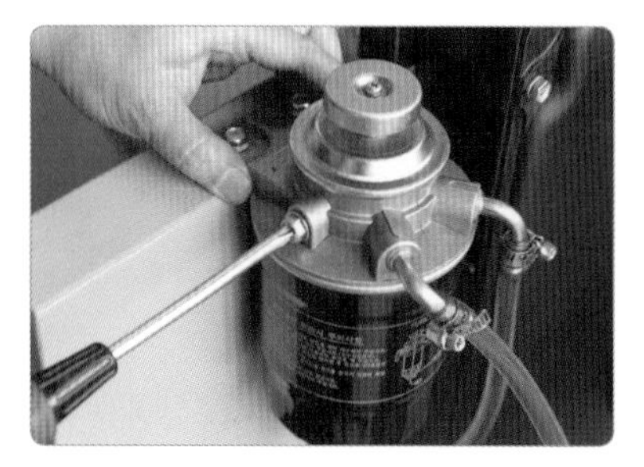

3. 연료 필터 공기빼기 작업이 끝나면 공기빼기 고정 볼트를 조여준다.

4. 분사 펌프 입구 고정 볼트를 풀고 공기를 뺀다(플라이밍 펌프 작동).

5. 엔진을 시동한다.

6. 연료 분사 노즐 입구에 파이프 고정 너트를 풀고 공기를 뺀다(기포가 나오지 않을 때까지).

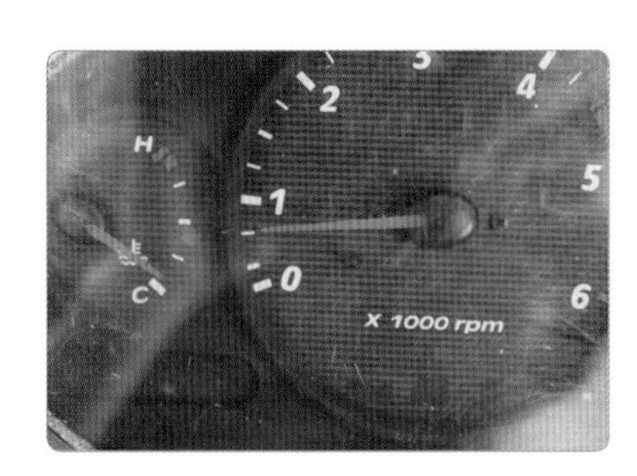

7. 엔진의 시동 상태를 확인한다.

8. 분사 펌프의 가속 케이블 유격을 조정한다.

9. 엔진을 시동하여 공회전 상태를 확인한다.

4 커먼레일 디젤 엔진 점검

1 고장 현상에 따른 진단 절차

커먼레일 엔진의 가속 불량과 출력의 부족은 연료장치 또는 전자 제어 시스템의 이상이 발생되어 ECU 분사량 제한으로 나타난다. 연료계통의 고장 점검은 시동이 불가능할 때와 가능할 때로 구분하여 정확하고 효율적으로 진단한다.

(1) 엔진 시동이 불가할 때

① 저압 라인 시험 → ② 인젝터 백리크 시험(정적 테스트) → ③ 고압 라인 시험

(2) 엔진 시동이 가능할 때

① 저압 라인 시험 → ② 인젝터 백리크 시험(동적 테스트) → ③ 고압 라인 시험

※ 커먼레일 엔진 시스템에는 정밀 공정이 적용된 부품들이 사용되므로 연료 라인 및 부품이 작업 중 이물질 등에 오염되지 않도록 청결에 각별히 주의하며, 필요시 에어컨을 이용하여 에어로 깨끗하게 청결을 유지한 상태에서 점검한다.

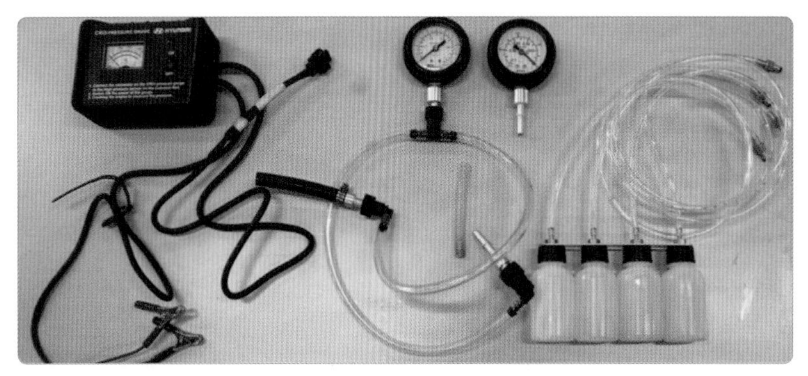

CRDI 연료 압력 시험기와 전압계

1. 점검용 디젤 커먼레일 엔진을 준비한다.

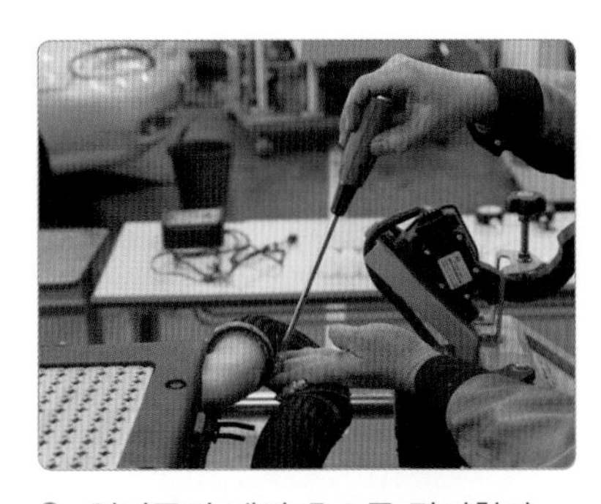

2. 인터쿨러 에어 호스를 탈거한다.

3. 인터쿨러 출구 호스를 탈거한다.

4. 인터쿨러 어셈블리를 탈거한다.

5. 연료 인젝터 및 커먼레일을 확인한다.

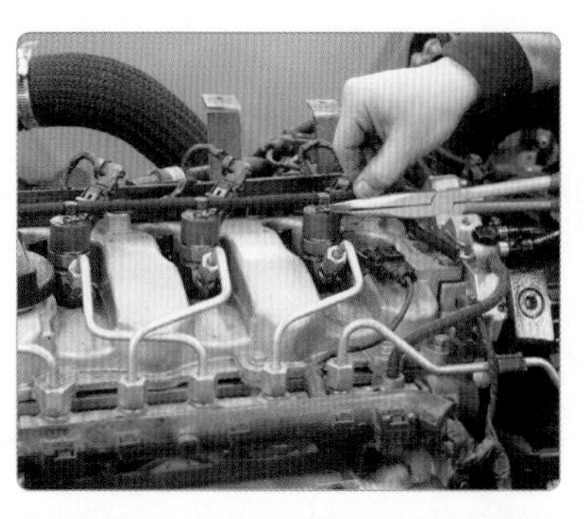

6. 인젝터 리턴 파이프 고정 클립을 탈거한다.

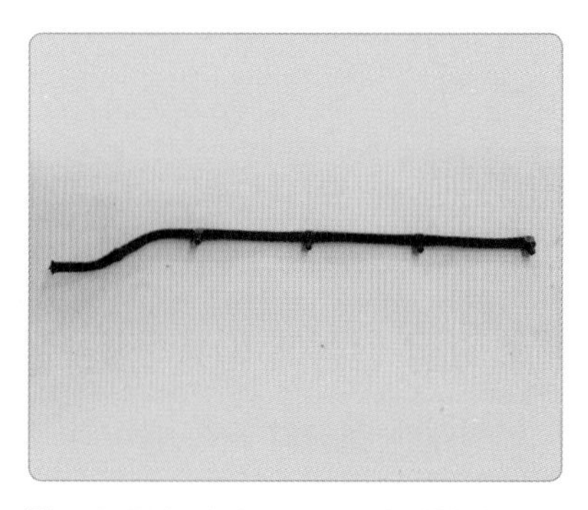

7. 인젝터 리턴 호스를 탈거한다.

8. 고압 펌프 리턴측 차단 튜브를 장착한다.

9. 인젝터 커넥터를 탈거한다.

10. 저압 게이지 설치를 위한 고압 펌프 호스를 탈거한다.

11. 저압 게이지 설치를 준비한다.(수분 필터 출구측 호스에 장착)

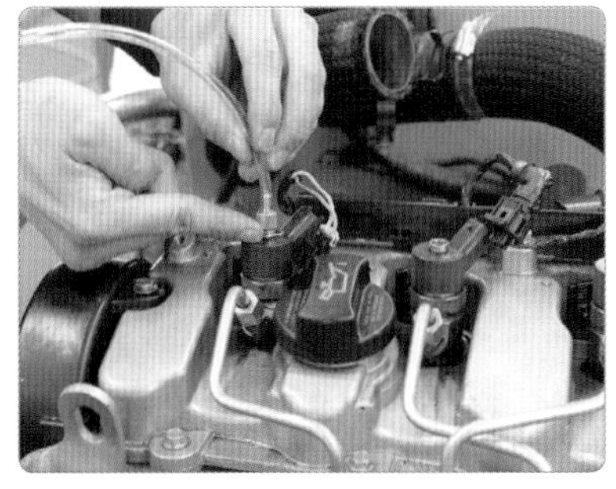

12. 백리크 측정용 니플, 투명호스 플러그를 인젝터 리턴호스에 연결한다.

13. 각 인젝터 리턴 홀에 측정용 플라스크를 연결한다.

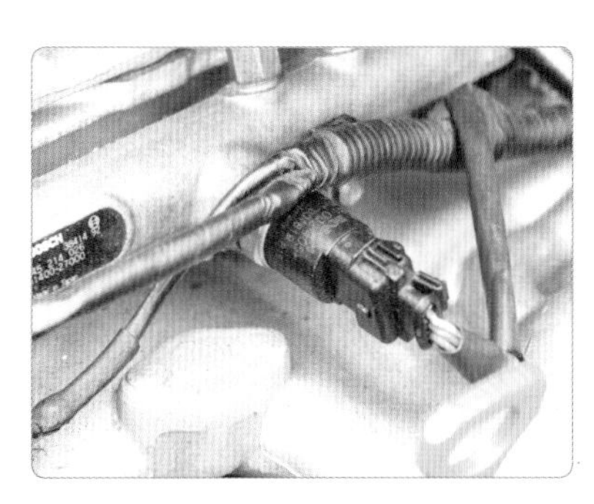

14. 커먼레일 압력 센서를 탈거한다.

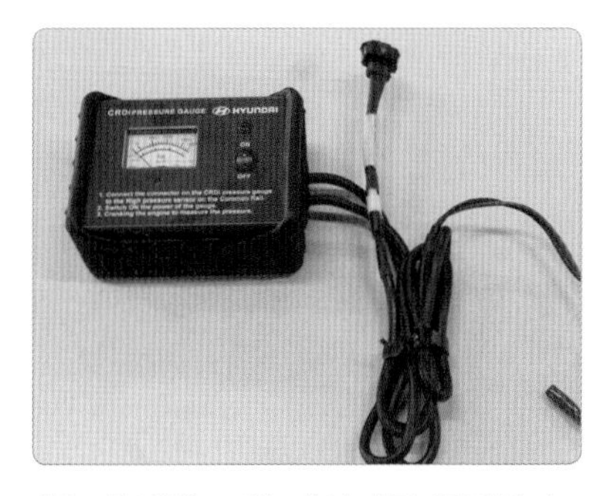

15. 측정용 고압 게이지를 준비한다.

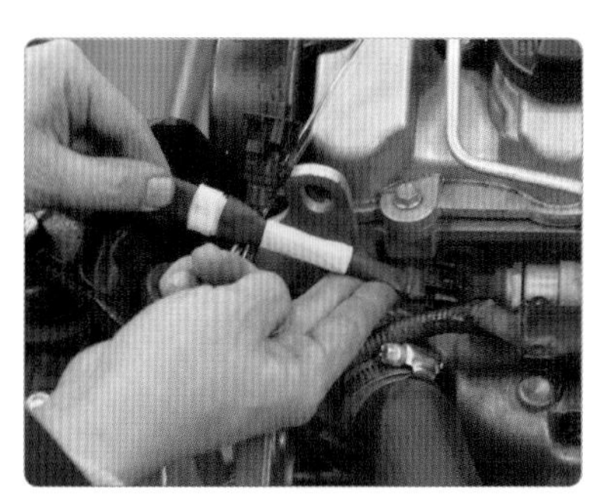

16. 연료 압력 센서에 고압 게이지 측정용 커넥터를 체결한다.

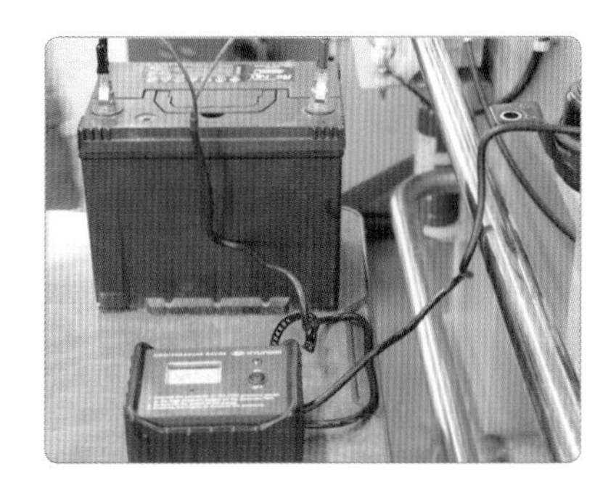

17. 고압 게이지 (+), (−) 클립을 배터리에 연결한다.

18. 고압 게이지 전원을 ON시킨다.(전원표시등 점등)

19. 엔진을 크랭킹한다(5초 실시).

20. 저압 게이지에 표시된 연료 압력을 확인한다.

21. 엔진을 크랭킹 실시 중 고압 게이지 압력을 확인한다(5초 실시).

22. 고압 압력 측정(1150 bar)

저압 연료 펌프(보시 타입) 규정값과 판정		
구 분	규정 압력 및 측정 압력	판 정
1	1.5~3 kgf/cm^2	정상으로 이상 없음
2	4~6 kgf/cm^2	저압 연료 라인 막힘 및 연료 필터 막힘
3	0~1.5 kgf/cm^2	저압 연료 라인 누설 또는 전기 펌프 고장

2 인젝터 백리크 시험(정적 테스트)

① 각 인젝터에 연결된 리턴 호스를 탈거하고 인젝터 리턴 호스 어댑터를 연결한 후 끝을 비커에 넣는다.
② 연료 리턴 호스를 분리한 후 고압 펌프측을 인젝터 리턴 호스 플러그로 막는다.
③ 레일 압력 센서 커넥터를 탈거한 후 레일 압력 센서 어댑터에 연결한 다음 고압 게이지를 연결한다.
④ 인젝터 작동 중지를 위해 커넥터를 탈거한다.
⑤ 고압 라인에 연료가 최대한 공급되도록 고압 펌프에 장착된 커넥터를 탈거한다.
⑥ 5초간 엔진을 크랭킹시킨다(최소 200 rpm 이상으로 시험하며 냉각수 온도 30 ℃ 이하에서 실시할 것).

1. 인젝터에 연결된 리턴 호스를 탈거한다.

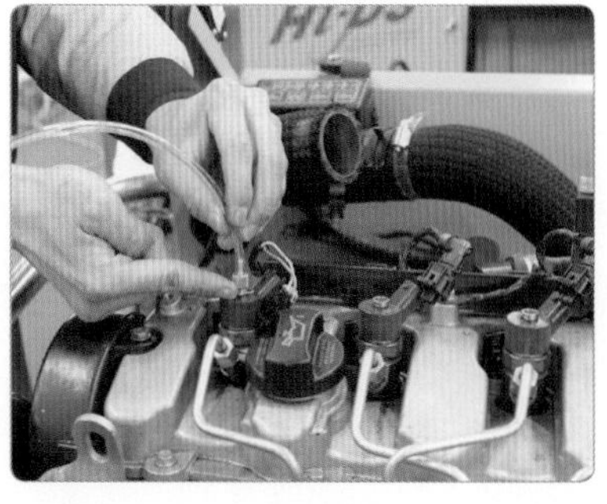

2. 플러그를 연료 리턴 호스에 연결한다.

3. 인젝터가 작동하지 않게 모든 인젝터 커넥터를 탈거한다.

4. 인젝터 리턴 홀에 플라스크를 연결한다.

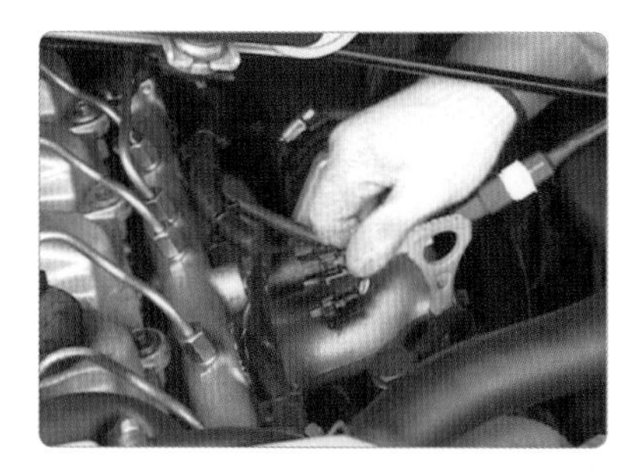

5. 레일 압력 센서 커넥터를 탈거하고 레일 압력 센서 어댑터를 체결한다.

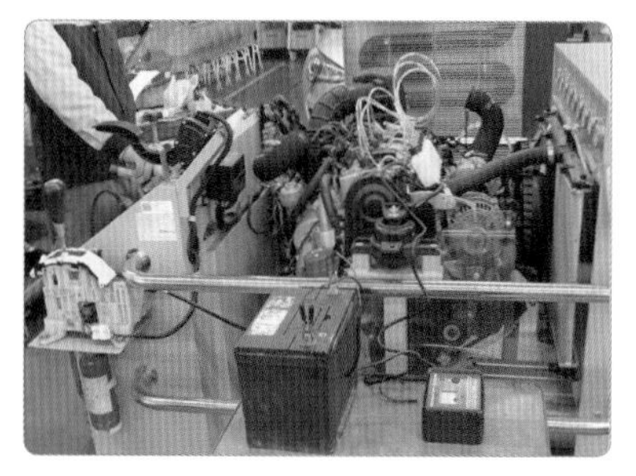

6. 고압 압력 게이지 터미널을 배터리에 연결한다.

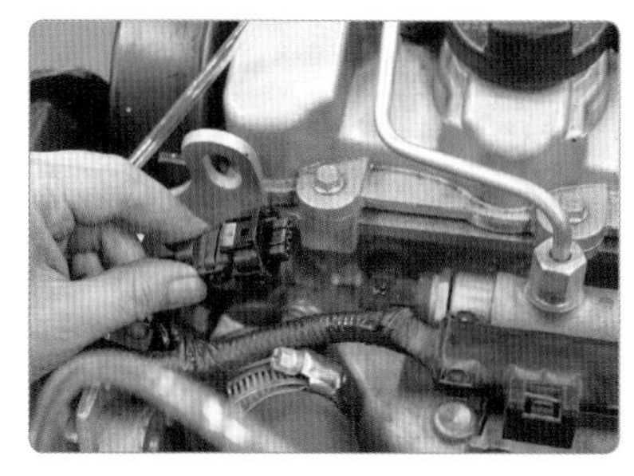

7. 고압 펌프 출구의 레일 압력 조절 밸브 커넥터를 탈거한다.

8. 커먼레일 출구의 레일 압력 조절 밸브 커넥터를 탈거하고 밸브 케이블에 배터리 전원을 연결한다.

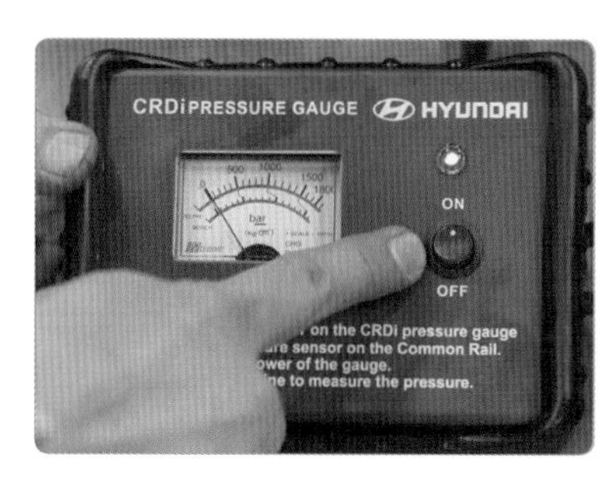

9. 고압 게이지 스위치를 ON시킨다.

10. 엔진을 5초간 크랭킹한다(엔진 회전수는 200 rpm 이하, 냉각수온 30℃ 이하에서 실시).

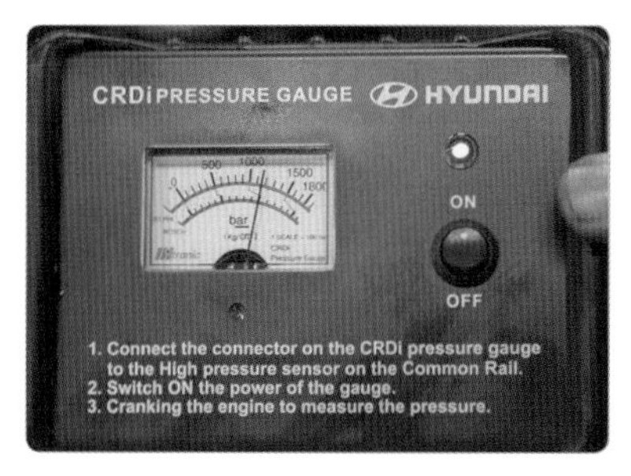

11. 고압 압력 게이지 최댓값을 측정한다.

12. 백리크된 연료의 양을 확인한다.

고압 펌프 및 인젝터 백리크 판정				
측 정	고압 압력(bar)	측정된 백리크 양	판 정	점검 부위
1	고압력(1000 bar 이상)	0~200 mm	정상	–
2	0~1000 bar	200~400 mm	인젝터 고장(백리크 과도)	해당 인젝터 교환
3	0~1000 bar	0~200 mm	고압 펌프 고장	고압 라인 시험 실시

고압 펌프 테스트 판정			
NO	고압 펌프 압력	판 정	비 고
1	1000~1500 bar	고압 펌프 정상	-
2	0~1000 bar	고압 펌프 & 레일 압력 조절 밸브 비정상	저압 연료 라인 점검
3	0 미만	레일 압력 센서 비정상	레일 압력 센서 & 테스터기 점검

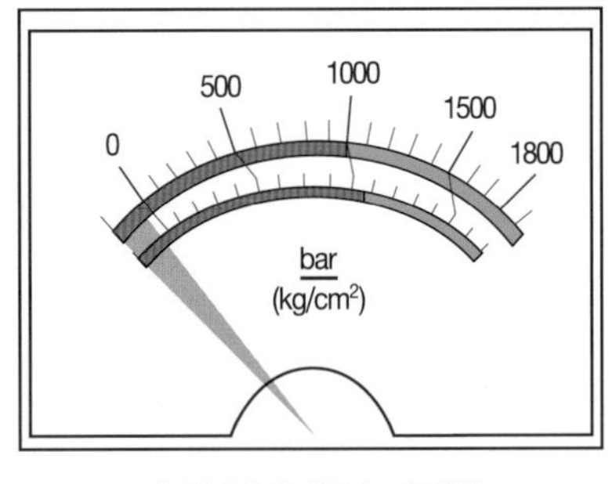

레일 압력 센서 비정상

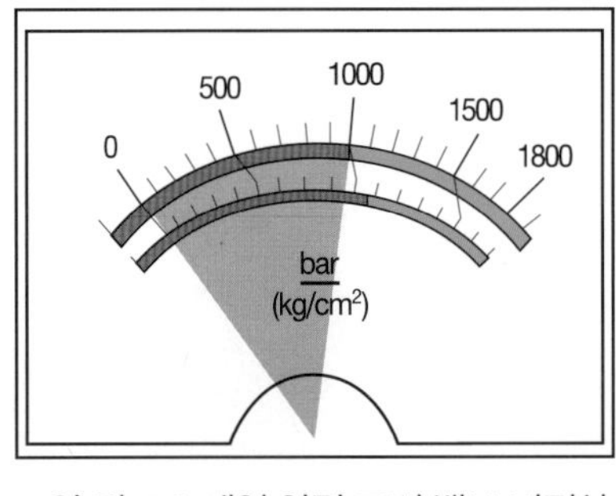

고압 펌프 & 레일 압력 조절 밸브 비정상

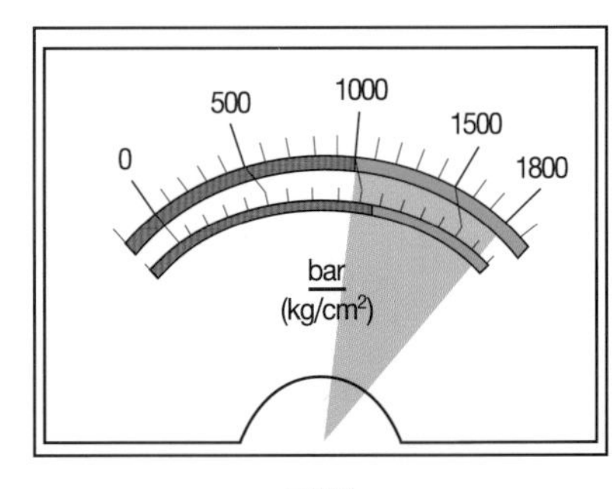

정상

3 인젝터 백리크 시험(동적 테스트)

앞의 인젝터 백리크 시험(정적 테스트)과 같이 각 인젝터의 리턴 호스를 분리하고 인젝터 리턴 호스 어댑터(CRT-1032), 투명 튜브(CRT-1031), 플라스크(CRT-1030), 인젝터 리턴 호스 플러그(CRT-1033)를 연결한다(단, 엔진 작동이 되도록 연료 인젝터 커넥터를 체결한다).

① 엔진을 시동하고 공회전 rpm으로 1분간 유지한 후 3000 rpm까지 가속한다(30초간 유지).

② 엔진을 정지한다.

③ 시험 종료 후 비커에 담긴 연료의 양을 측정한다. 각 플라스크(CRT-1030)에 담긴 연료의 양을 측정한다.

인젝터 백리크 시험(동적 테스트)

1. 인젝터에 연결된 리턴 호스를 탈거한다.

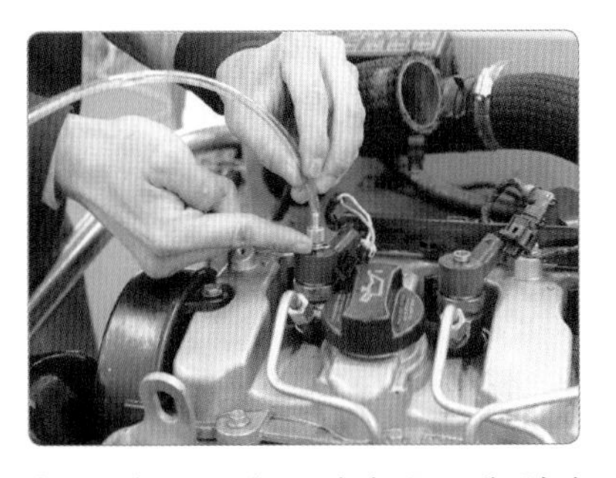

2. 플러그를 연료 리턴 호스에 연결한다.

3. 탈거된 인젝터 커넥터를 체결한다.

4. 인젝터 리턴 홀에 인젝터 리턴 호스에 플라스크를 연결한다.

5. 엔진을 시동한다(공회전 상태 유지 1분간).

6. 엔진을 가속하여 3000 rpm으로 유지시킨다.

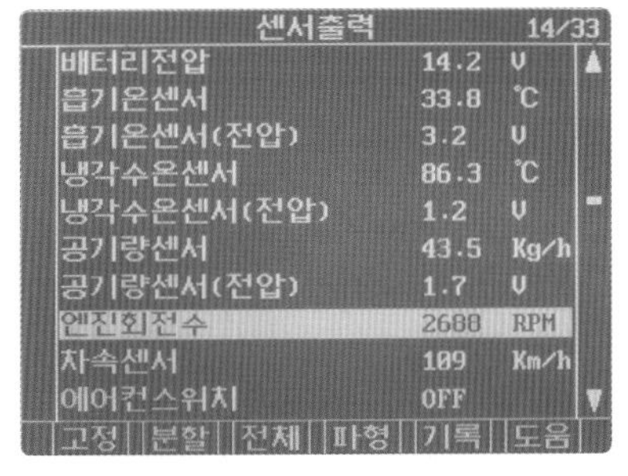

7. 엔진을 3000 rpm까지 작동시킨다.(30초간 유지)

8. 플라스크에 측정된 백리크 연료량을 확인한다.

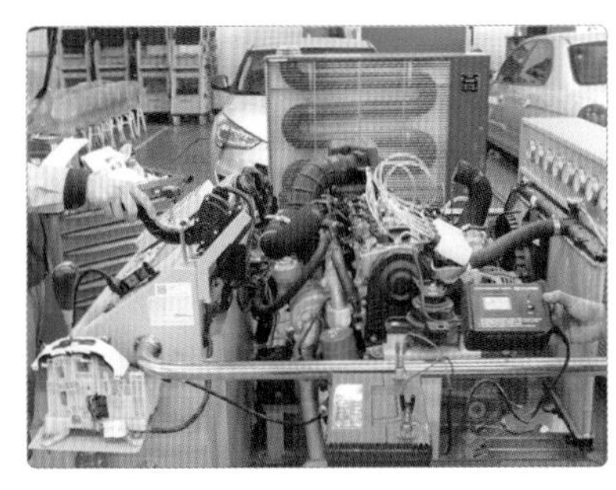

9. 엔진 시동을 OFF시킨 후 주변을 정리한다.

● 결과 : 1분간 공회전 → 30초 동안 3000 rpm 유지 → 시동 OFF → 시험의 정확도를 위해 테스트는 2회 이상 실시한다. 연료량이 최소인 것보다 3배 이상 많은 실린더의 해당 인젝터를 교환한다.

4 레일 압력 조절 밸브 점검

① 레일 압력 조절 밸브 상단의 연료 리턴 커넥터를 탈거하고 하단의 연료 리턴 호스를 탈거한다.

② 커먼레일의 출구측 레일 압력 조절 밸브 커넥터를 탈거하고 레일 압력 조절 밸브 케이블(G)에 배터리 전원을 연결한다.

③ 연료 리턴 커넥터와 레일 압력 조절 밸브 하단을 플라스크에 연결한다.

④ 엔진을 5초간 크랭킹한다. 한계값 : 10 cc 이하(연료 압력이 1000 bar를 초과하는 조건에서 시험 실시)

※ Euro-4는 더미저항으로 출구측 조절 밸브 커넥터에 연결한다(더미저항이 없으면 연료 펌프 릴레이를 강제 구동한다).

(1) 레일 압력 센서 교환

1. 탈거할 연료 압력 센서 주변을 정리한다.

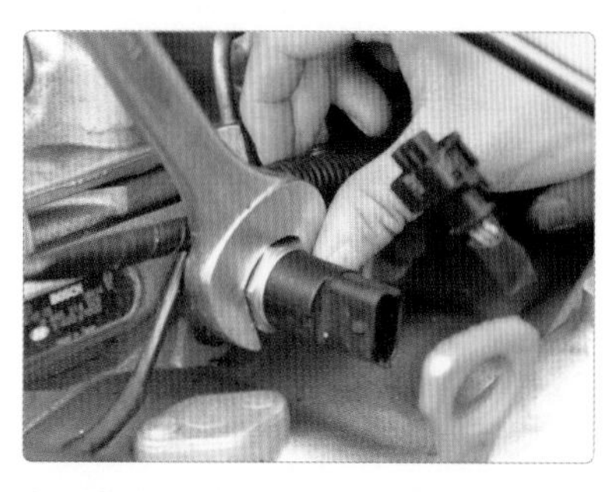

2. 연료 압력 센서 고정 볼트를 분해한다.

3. 연료 압력 센서를 탈거한 후 시험위원의 확인을 받는다.

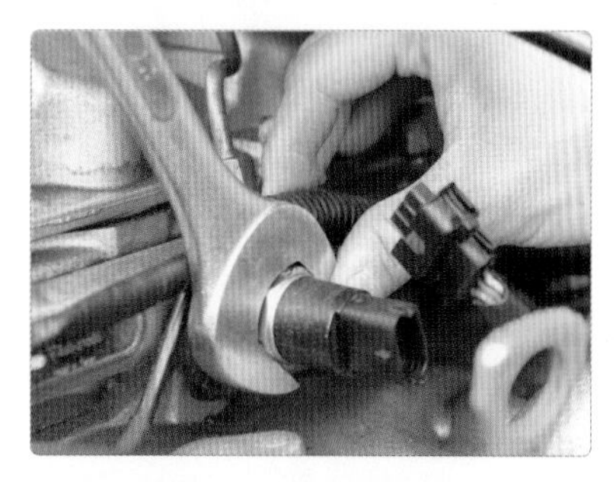

4. 연료 압력 센서를 조립한다.

5. 연료 압력 센서의 조립된 상태를 확인한다.

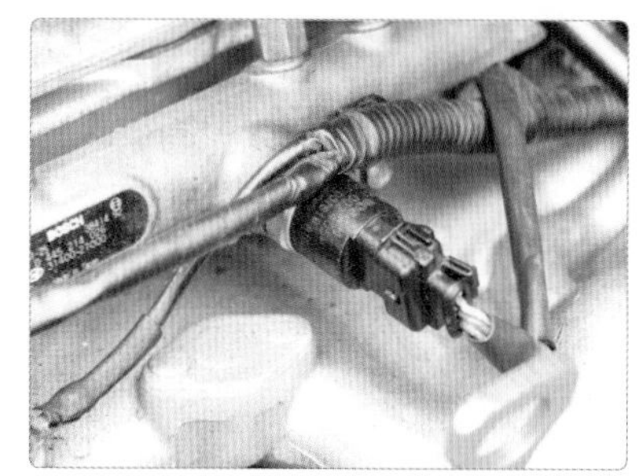

6. 연료 압력 센서 커넥터를 조립한 후 시험위원의 확인을 받는다.

(2) 연료 압력 점검

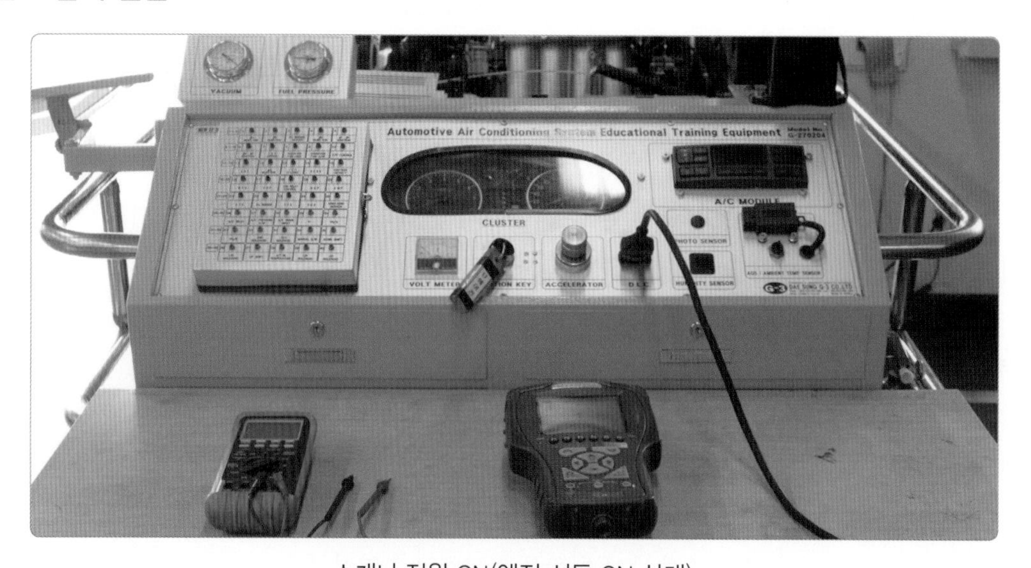

스캐너 전원 ON(엔진 시동 ON 상태)

기능 버튼
시스템 작동 시 기능을 독립적으로 수행하기 위한 키

부가 기능 버튼
화면 하단 부가 기능 선택 시 사용

스캐너 전원 ON(엔진 시동 ON 상태)

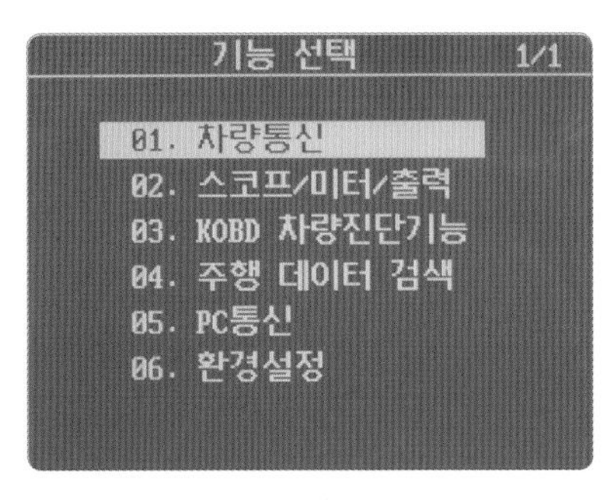

1. 차량통신을 선택한다.

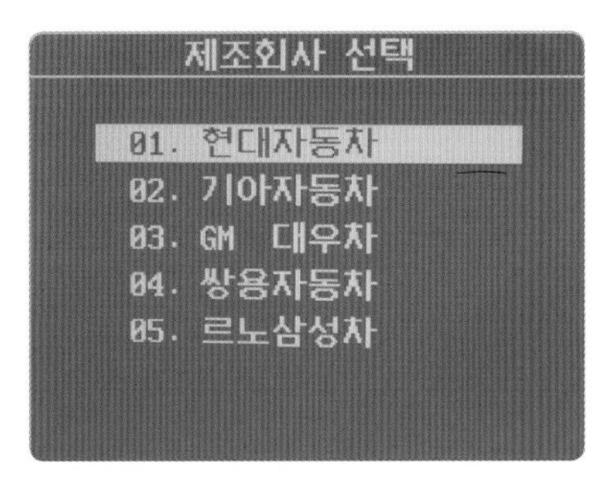

2. 제조사를 선택한다.

3. 차종을 선택한다(싼타페).

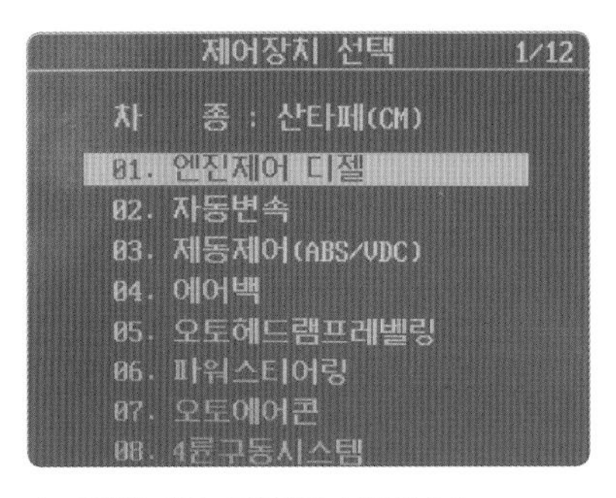

4. 엔진제어 디젤을 선택한다.

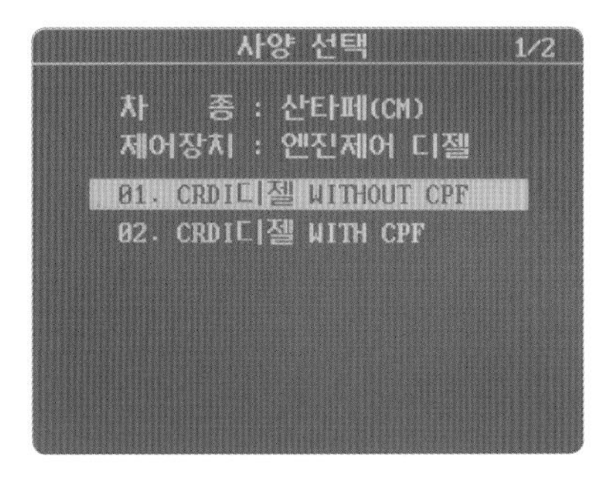

5. 사양을 선택한다.

6. 센서출력을 선택한다.

7. 레일압력을 측정한다(333.3 bar).

8. 엔진 시동을 OFF시킨다.

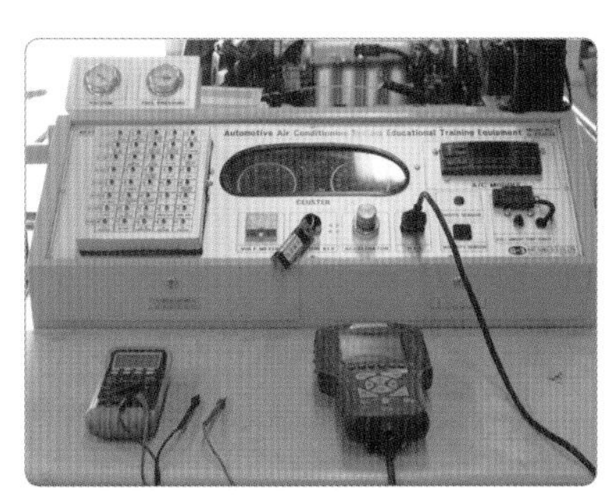

9. 스캐너 탈거 후 주변을 정리한다.

● **측정(점검)** : 연료 압력 측정값 333.3 bar/834 rpm을 정비 지침서 제원 280~340 bar/850 rpm을 적용하여 판정한다. 측정값이 불량일 때는 연료 압력 조절기를 교환한 후 다시 한번 점검하여 확인한다.

(3) 공전속도 점검

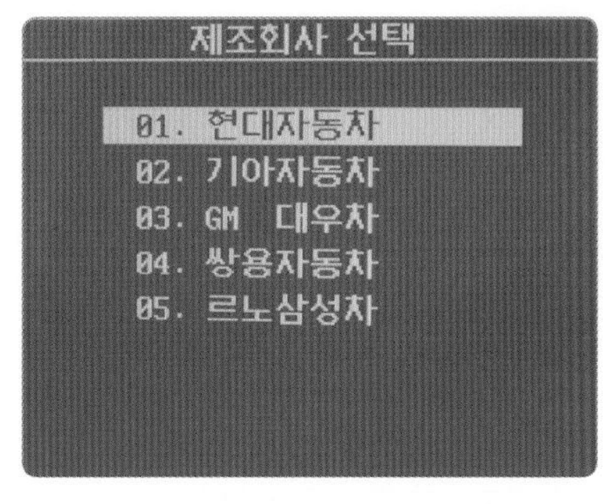

1. 제조사에 해당되는 차종을 선택한다.

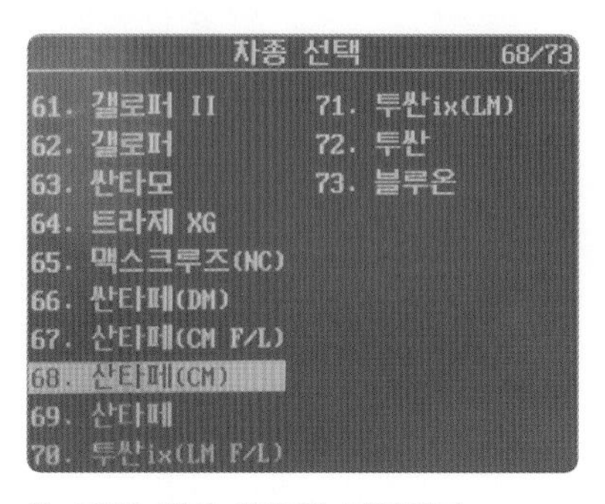

2. 대상 차량 차종을 선택한다. (싼타페)

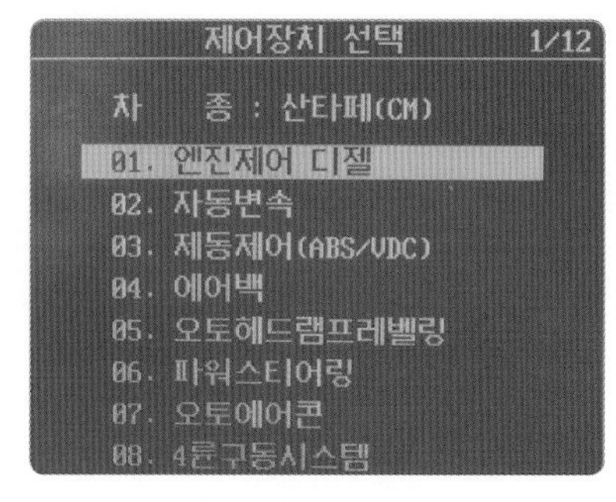

3. 엔진제어 디젤을 선택한다.

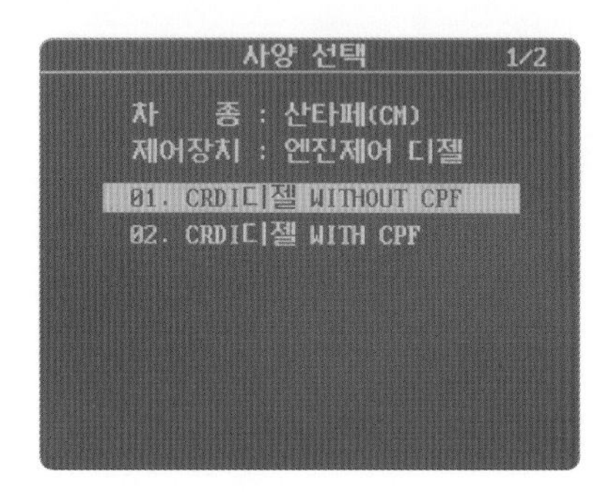

4. 사양을 선택한다(VGT).

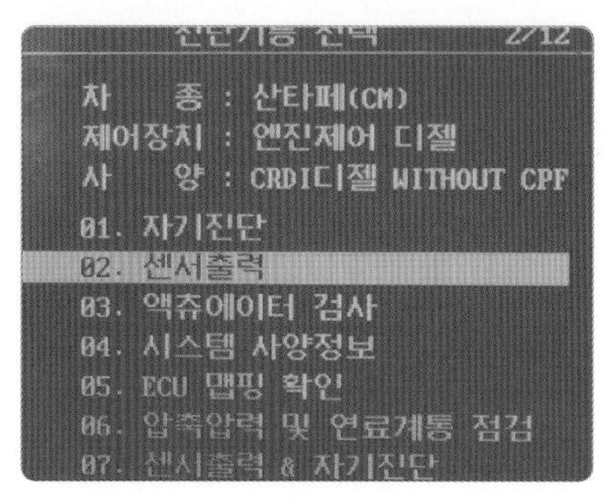

5. 센서출력을 선택한다.

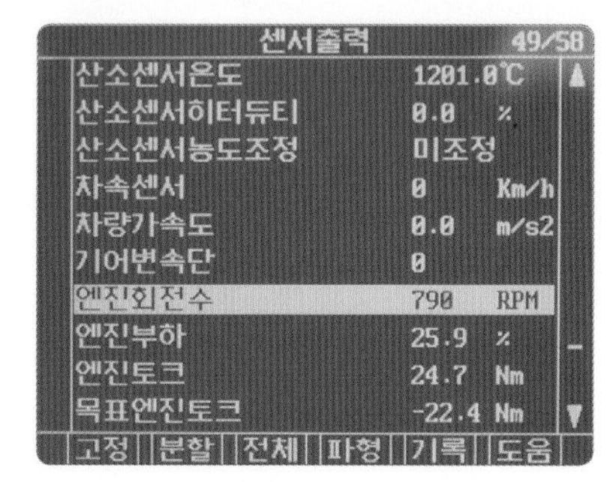

6. 엔진 rpm을 확인한다(790 rpm).

● **측정(점검)** : 공전속도 측정값 790 rpm을 해당 차량 정비 지침서 규정(한계)값 750±100 rpm을 적용하여 판정하며 측정값이 불량일 때는 전자 제어 및 연료 계통을 점검한다.

공전 rpm 규정값			
차 종	엔진 형식	분사 시기	공전속도(rpm)
그레이스	D4BB	ATDC5°	850±100
	D4BH	ATDC9°	750±30
스타렉스	D4BB	ATDC5°	850±100
	D4BF	ATDC7°	750±30
무쏘/코란도	OM601	BTDC15±1°	700±50
	OM602	BTDC15±1°	750±50

(4) 인젝터 저항 점검

1. 점검할 인젝터를 확인한다.

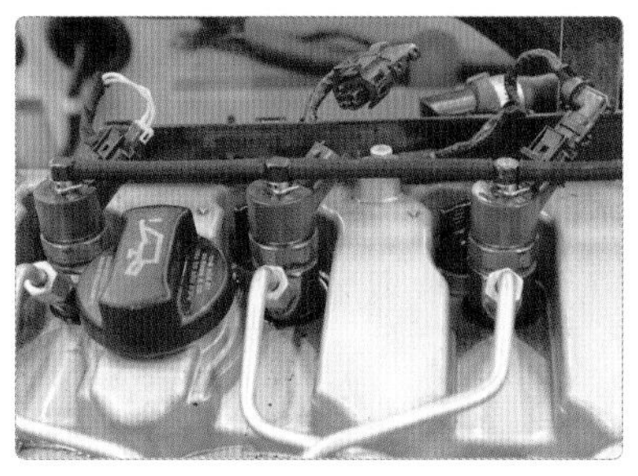

2. 인젝터 커넥터를 탈거한다.

3. 멀티 테스터를 저항(Ω)에 선택한다.

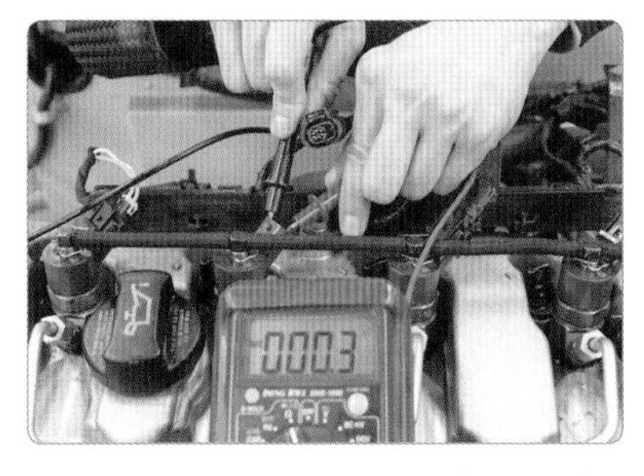

4. 인젝터 저항을 측정한다(저항 Ω).

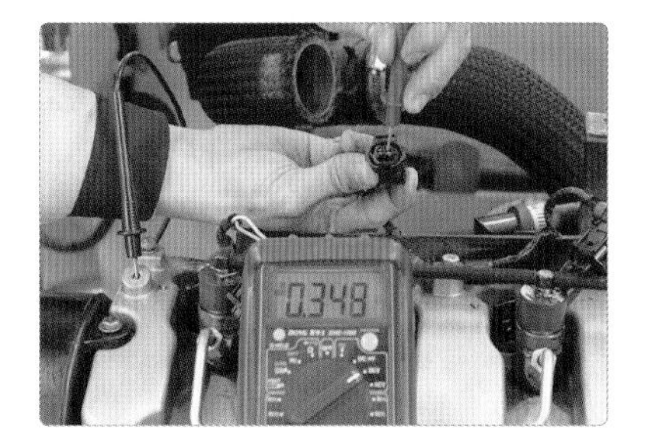

5. 멀티 테스터를 저항(Ω)에 선택한 후 커넥터 전압을 점검한다.

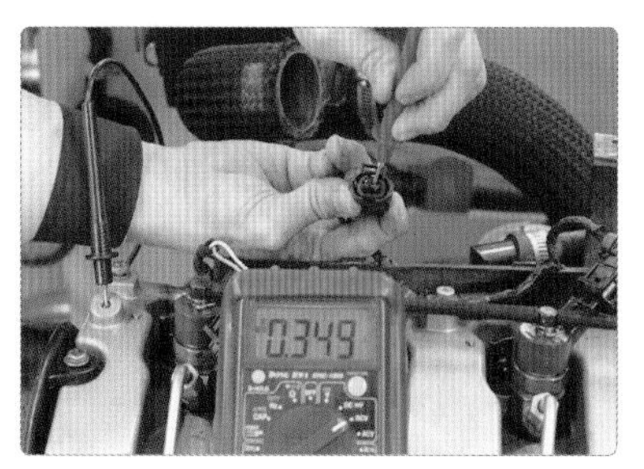

6. 전압을 점검한 후 배선 상태를 확인한다.

5 디젤 커먼레일 인젝터 탈부착

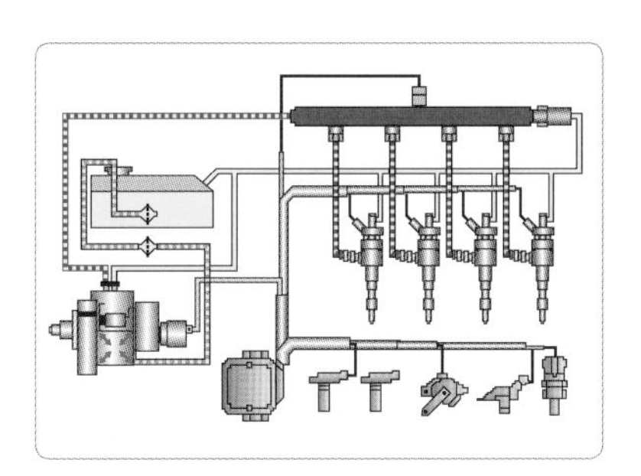

디젤(CRDI) 엔진 시스템

인젝터 작동

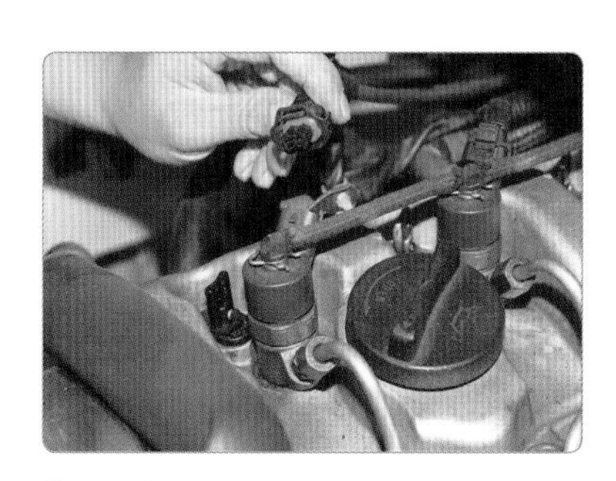

1. 커먼레일 인젝터 커넥터를 분리한다.

2. 연료 리턴 호스 고정키를 탈거한다.

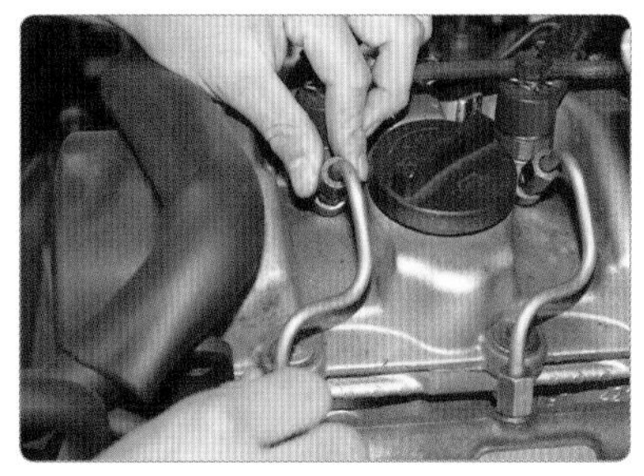

3. 연료 리턴 파이프를 탈거한다.

4. 인젝터 고정 볼트 플러그를 확인한다.

5. 인젝터 고정 볼트 플러그를 제거한다.

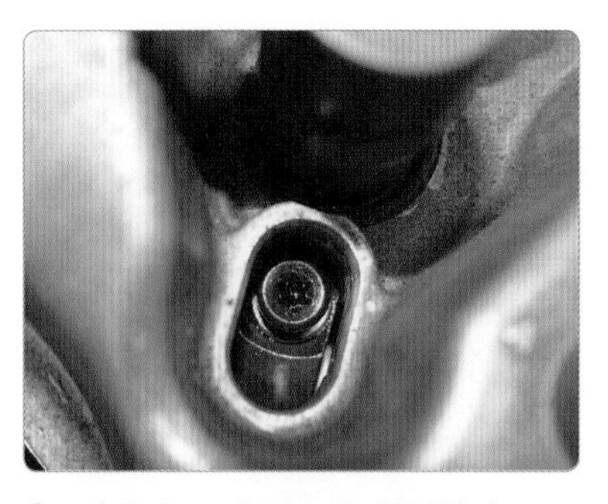

6. 인젝터 고정 볼트를 확인한다.

7. 인젝터 고정 볼트를 별표 렌치를 이용하여 분해한다.

8. 고정 볼트 홀에 지그를 밀고 분해된 볼트를 자석을 이용하여 들어낸다.

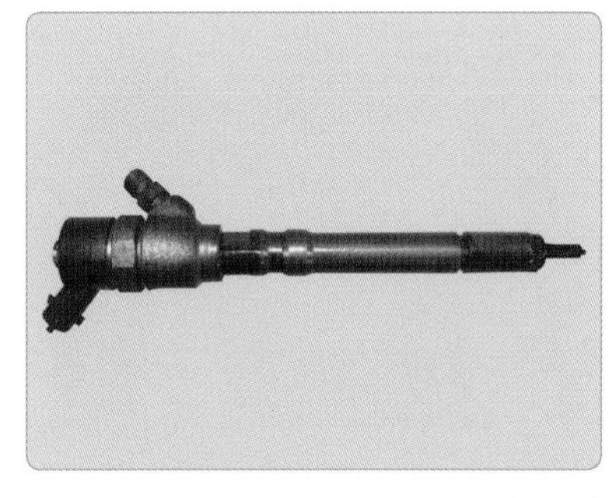

9. 인젝터를 탈거한 후 시험위원의 확인을 받는다.

10. 인젝터를 조립한다(고정 지그를 고정 위치로 밀어 맞춘다).

11. 고정 볼트를 홀에 넣고 조립한다.

12. 별표 렌치를 이용하여 인젝터를 조립한다.

13. 인젝터 홀 플러그를 CLOSE로 돌려 플러그를 조립한다.

14. 연료 리턴 파이프를 조립한다.

15. 연료 리턴 파이프 키를 조립한다.

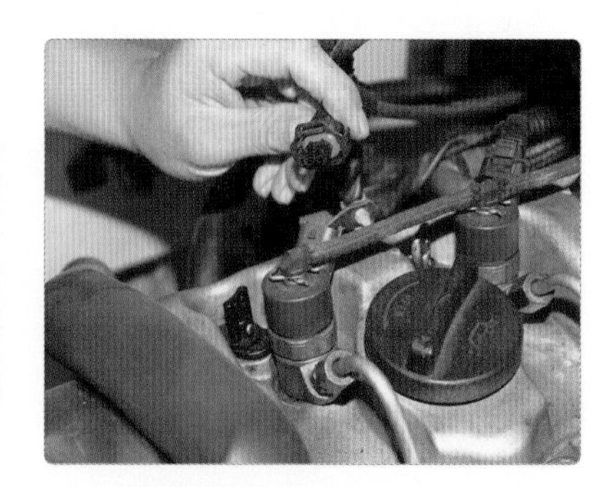

16. 커넥터를 체결한 후 시험위원의 확인을 받는다.

6 액셀 위치 센서(APS) 점검

APS(accelerator position sensor)는 운전자의 가속 의지를 검출하여 가속 상태에 따른 연료량을 결정한다. APS는 가변 저항으로 되어 있어 운전자가 페달을 밟는 양에 따라 전압이 상승하여 연료 분사량과 혼합비를 농후하게 해주는 기능을 하며 APS 1과 APS 2가 있다.

APS 1은 연료 분사량과 분사 시기를 결정하고, APS 2는 APS 1의 이상 유무를 감지하며 이상 신호에 의한 엔진 과다출력과 차량 급발진을 방지한다. 일반적으로 1이 2보다는 2배 이상 전압차를 갖기 때문에 센서의 이상 유무를 판단하기가 쉽다. 액셀러레이터 페달과 브레이크 페달을 동시에 밟았을 경우 FAIL SAFE라는 기능이 작동된다. APS는 케이블이 아닌 센서로 운전자의 의지를 반영한 센서이다.

1. APS 위치를 확인한다.

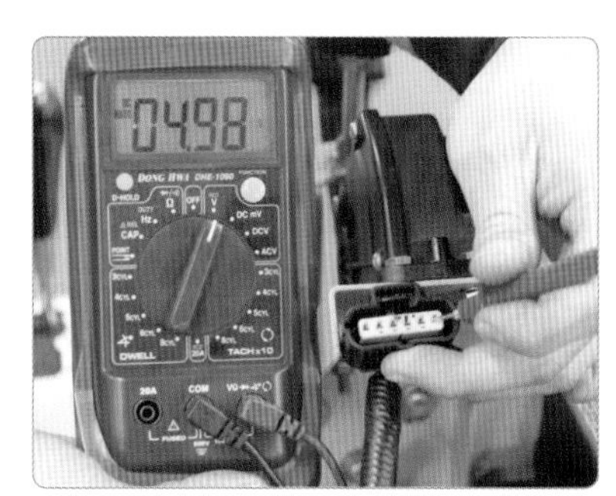

2. 센서 공급 전원을 측정한다.

3. APS 파형 출력 단자를 확인한다.

전자 제어 시스템 – 액셀 위치 센서

액셀러레이터 페달 위치를 검출하여 연료 분사량과 분사 시기를 결정한다.

- 센서 1 : 주센서이며, 분사량 및 분사 시기를 결정한다.
- 센서 2 : 센서 1을 감시하는 센서(안전 보상)

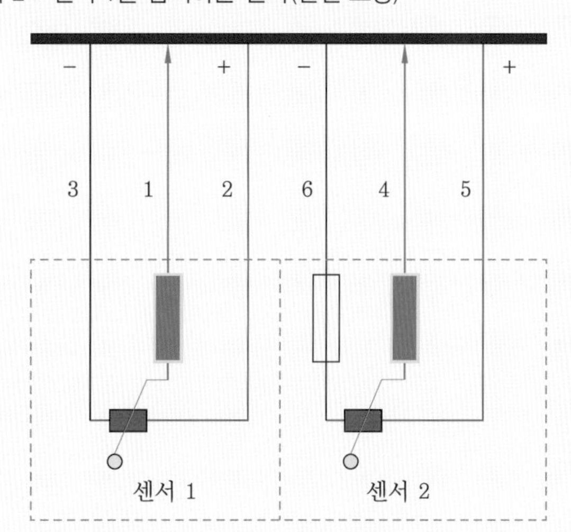

part 2 섀시

1. 클러치 점검
2. 수동 변속기 점검
3. 자동 변속기 점검
4. 차동장치 점검
5. 구동장치 점검
6. 휠 및 타이어 점검
7. 조향장치 점검
8. 휠 얼라인먼트 점검
9. 제동장치 점검
10. 현가장치 점검
11. 전자 제어 제동장치 점검
12. 전자 제어 현가장치 점검
13. 전자 제어 조향장치 점검
14. 전자 제어 종합 자세 제어장치 점검
15. 차량 범퍼 및 트림 패널과 조향 칼럼 교환

1 클러치 점검

실습목표 (수행준거)	1. 클러치 장치를 파악하고 관련 장치의 작동 상태를 확인할 수 있다. 2. 안전 작업 절차에 따라 클러치 장치의 고장 원인을 분석할 수 있다. 3. 클러치 장치의 교환 목록을 확인하여 교환 작업을 수행할 수 있다. 4. 클러치 장치에 관련된 진단 내용에 따라 클러치를 수리하고 검사할 수 있다.

1 관련 지식

1 클러치

마찰 클러치는 엔진 시동 시 또는 주행 중 변속 시 자동차를 정지시킬 때 엔진으로부터 동력을 일시적으로 차단하는 장치로, 엔진의 플라이휠과 변속기 입력축 사이에 설치되어 엔진의 동력을 변속기에 전달하거나 끊는 역할을 하고 출발할 때는 동력을 서서히 연결하는 역할을 한다.

동력이 전해진 경우에는 미끄럼 없이 확실하게 전달하는 장치가 필요한데, 이러한 조작은 운전석에서 자유롭게 할 수 있어야 하며, 이때 마찰 클러치가 사용된다.

① 전륜 구동 방식

자동차의 앞부분에 엔진과 트랜스미션을 장착하여 전륜을 구동시키는 방식

② 후륜 구동 방식

자동차의 앞부분에 엔진과 트랜스미션을 장착하고 프로펠러 샤프트를 통해 후륜을 구동시키는 방식

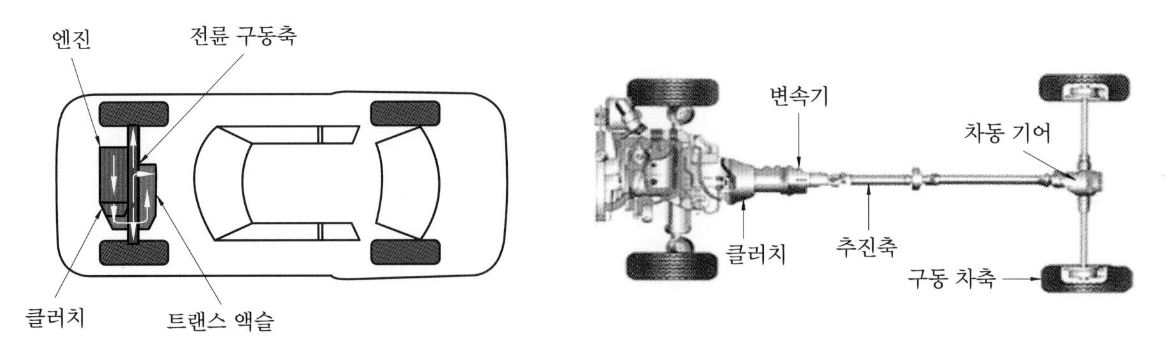

전륜 구동 방식　　　　후륜 구동 방식

2 클러치의 구성 요소

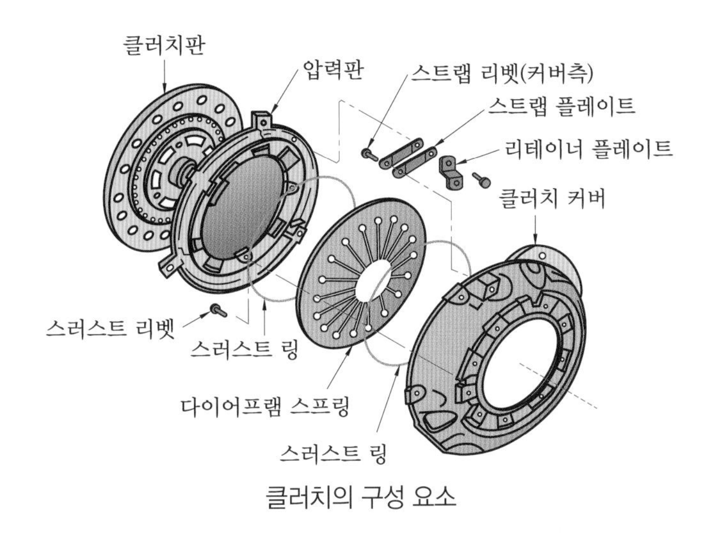

클러치의 구성 요소

3 클러치 조작 기구

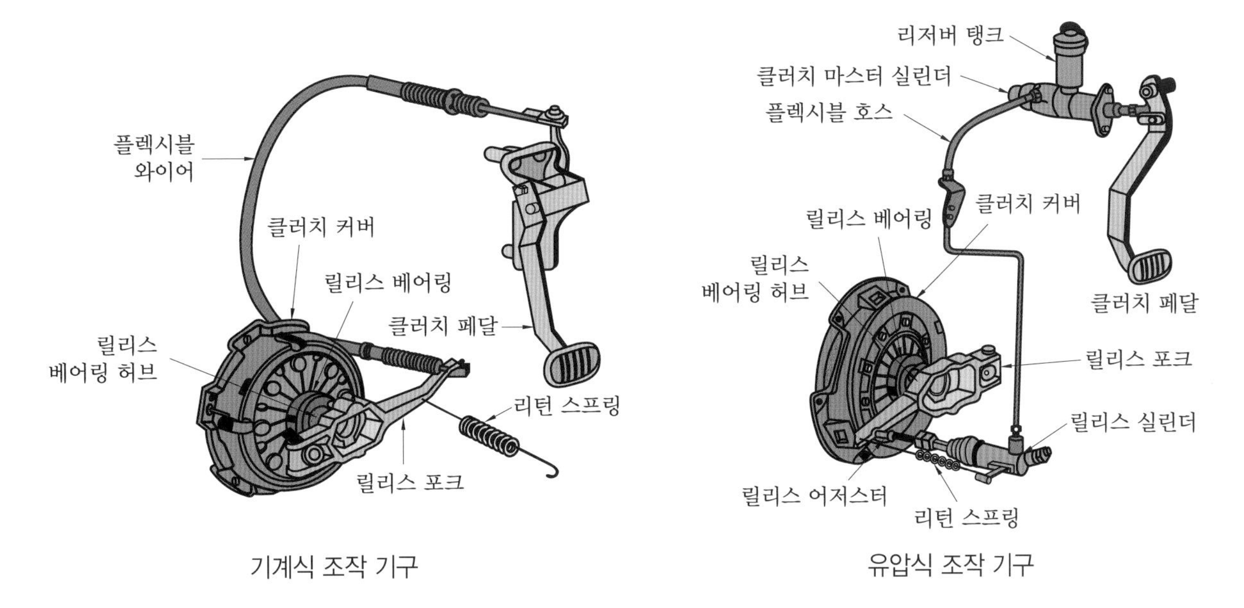

기계식 조작 기구　　유압식 조작 기구

4 클러치의 구조

① **클러치 커버** : 마찰 클러치 커버는 엔진의 플라이휠에 압착하여 엔진의 동력을 변속기로 전달하게 하는 역할을 한다. 마찰 클러치는 클러치판, 압력판, 클러치 스프링, 릴리스 레버, 클러치 하우징으로 구성되고 엔진 플라이휠과 일체로 회전하게 된다.

② **클러치 디스크** : 엔진의 동력을 전달하거나 차단하는 클러치 핵심 부품이며 플라이휠과 압력 판 사이에 설치되어 엔진의 동력을 변속기 입력축을 통하여 변속기로 전달한다.

③ **릴리스 베어링** : 주행 중 클러치 페달을 밟게 되면 릴리스 포크에 의해 클러치 커버의 릴리스 레버를 축 방향으로 접촉하여 힘을 전달한다(릴리스 베어링의 종류 : 앵귤러 접촉형, 볼 베어링형, 카본형).

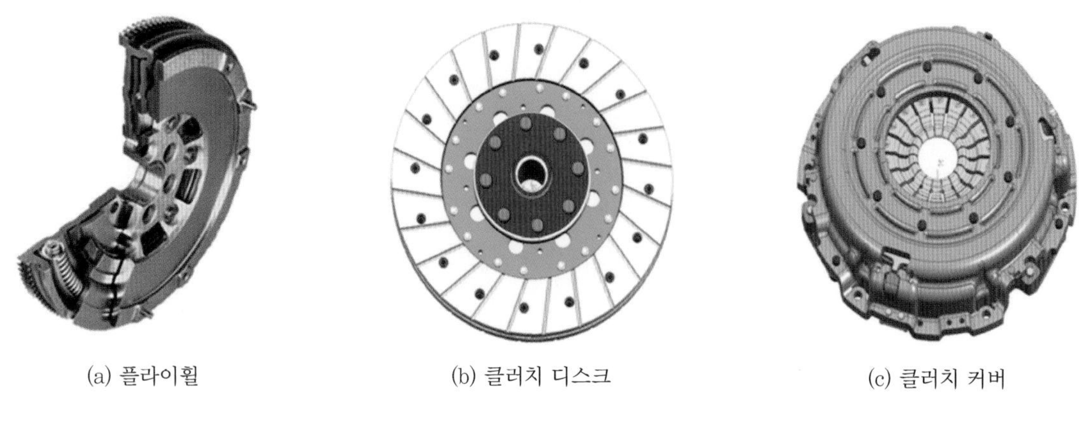
(a) 플라이휠 (b) 클러치 디스크 (c) 클러치 커버

클러치 디스크 및 클러치 커버

2 클러치 점검

1 클러치 페달 유격 점검

(1) 측정

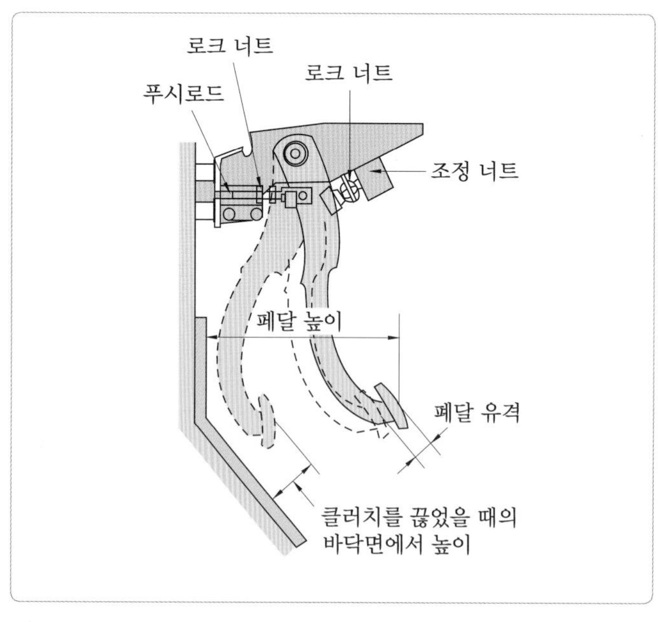

클러치 페달 작동 및 유격

1. 점검할 수동 변속기 차량을 확인한다.

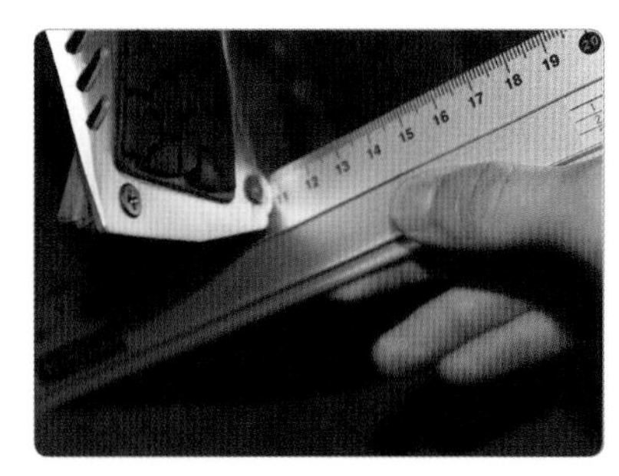

2. 클러치 페달 높이를 측정한다.

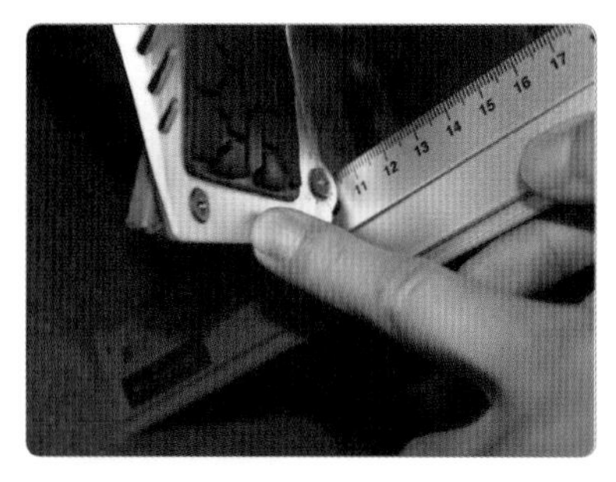

3. 클러치 페달에 자를 대고 지그시 눌러 유격을 점검한다.

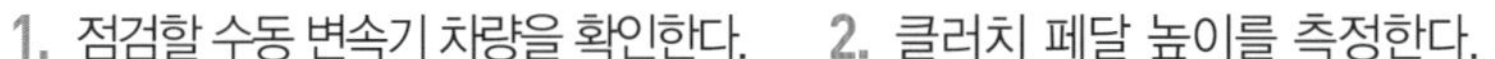

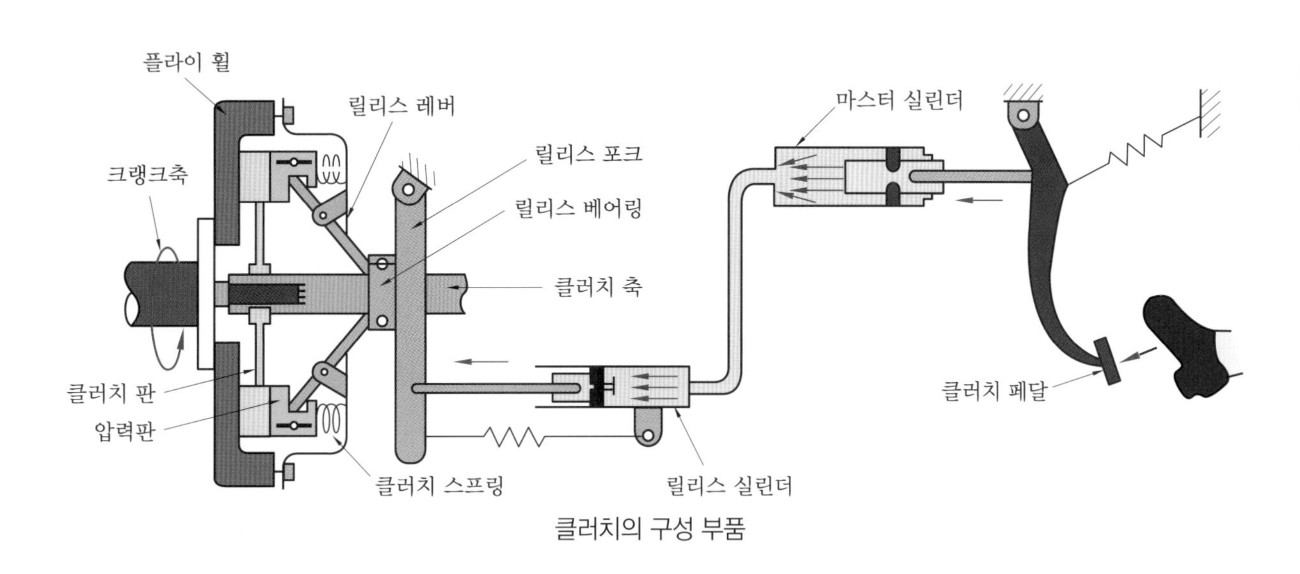

클러치의 구성 부품

(2) 판정 및 수정 방법

① **측정(점검)** : 클러치 페달 유격 측정값 8 mm를 규정(한계)값 6~13 mm를 적용하여 판정한다.

② **정비(조치) 사항** : 측정값과 규정(한계)값을 비교하여 범위 내에 있으므로 양호하나 필요시 마스터 실린더 푸시로드 및 릴리스 실린더 푸시로드로 클러치 유격을 조정한다.

클러치 페달 자유 간극 규정값				
차 종	페달 높이	자유 간극	여유 간극	작동 거리
EF쏘나타	180.5 mm	6~13 mm	40 mm	150 mm
싼타페	218.9 mm	6~13 mm	–	140 mm
베르나	173 mm	6~13 mm	40 mm	145 mm
쏘나타	177~182 mm	6~13 mm	55 mm	–
아반떼 XD	166.9 mm	6~13 mm	40 mm	145 mm

2 클러치 마스터 실린더 탈부착

클러치 마스터 실린더 탈부착

1. 보닛을 열고 마스터 실린더 위치를 확인한다(흡기 덕트 탈거).

2. 마스터 실린더 고정 볼트를 탈거한다.

3. 마스터 실린더 파이프를 분해한다.

4. 마스터 실린더 푸시로드 셀프 로킹 고정키를 탈거한다.

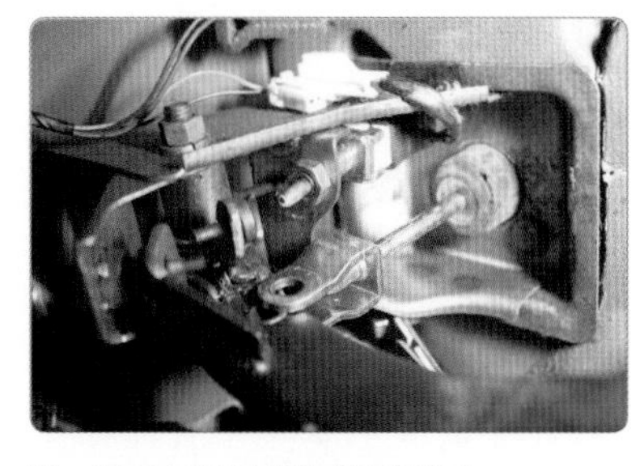

5. 셀프 로킹 핀을 탈거한다.

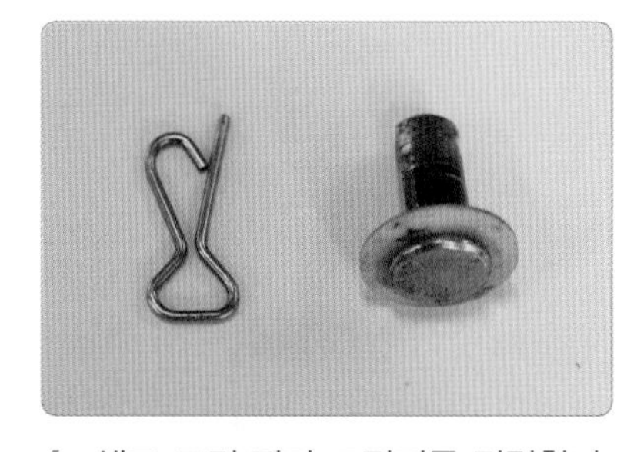

6. 셀프 로킹 핀과 고정키를 정렬한다.

7. 클러치 마스터 실린더 고정 볼트를 탈거한다.

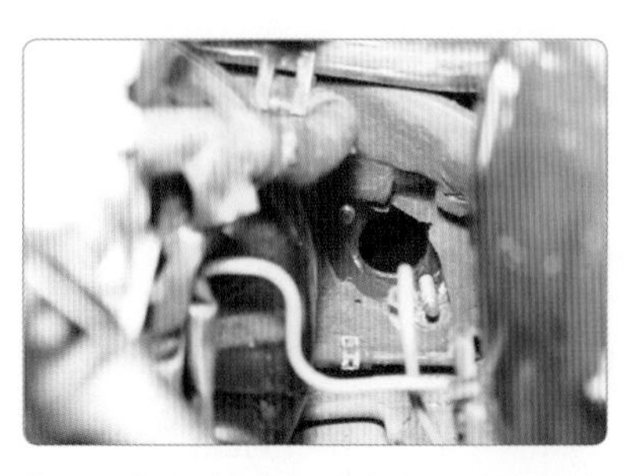

8. 클러치 마스터 실린더를 탈거한다.

9. 분해된 마스터 실린더를 정렬한다.

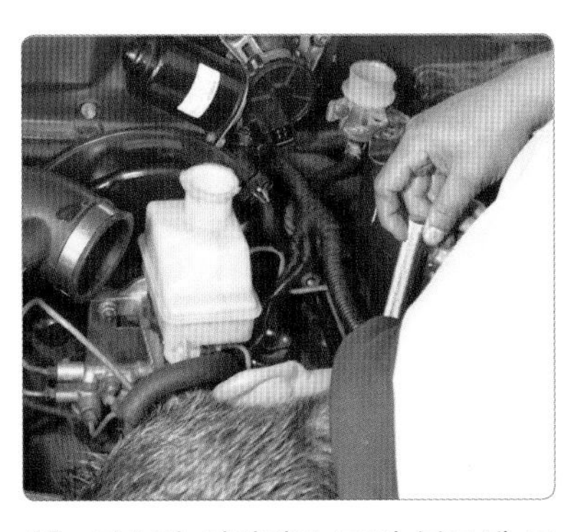

10. 마스터 실린더를 고정 볼트에 조립한다.

11. 운전석의 작업하기 좋은 위치에서 클러치 마스터 실린더 푸시로드 위치를 확인한다.

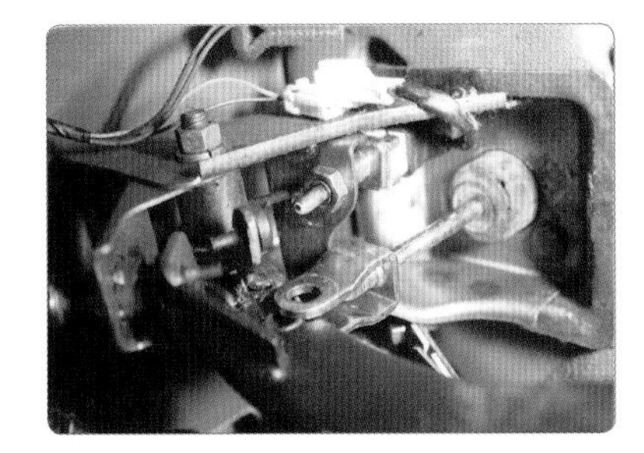

12. 클러치 마스터 실린더 푸시로드 셀프 로킹 핀 홀을 확인한다.

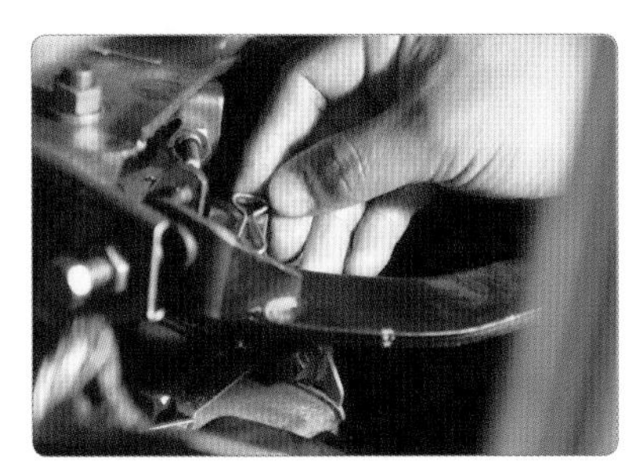

13. 마스터 실린더 푸시로드 셀프 로킹 고정키를 조립한다.

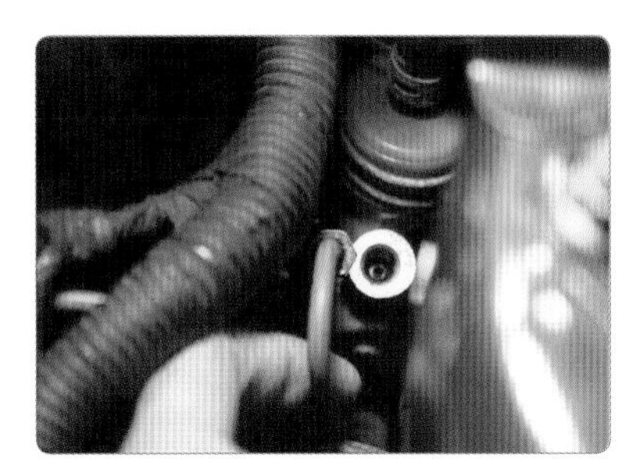

14. 마스터 실린더 파이프를 조립한다.

15. 마스터 실린더 고정 볼트를 조립한다.

16. 클러치액을 마스터 실린더에 보충한다.

17. 릴리스 실린더 에어 브리더에서 공기빼기 작업을 실시한다.

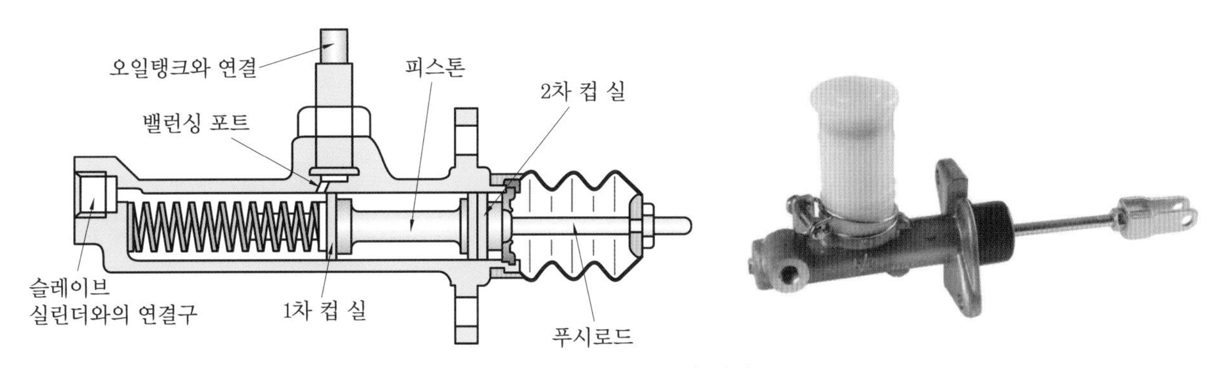

클러치 마스터 실린더 구조와 명칭

3 릴리스 실린더 탈부착

준비된 실습 자동차 리프트 업

1. 릴리스 실린더 유압 호스를 탈거한다.

2. 릴리스 실린더를 변속기에서 풀고 탈착한다.

3. 탈거된 릴리스 실린더 마모 상태를 확인하고 이상 시 교체한다.

4. 릴리스 실린더를 변속기에 장착한다.

5. 릴리스 실린더 유압 호스를 체결한다(1).

6. 릴리스 실린더 유압 호스를 체결한다(2).

7. 클러치액을 마스터 실린더에 보충한다.

8. 클러치 유압 계통에 공기빼기 작업을 실시한다. 클러치 액을 보충한 후 클러치 작동 상태를 확인한다.

9. 클러치 마스터 실린더 주변을 정리한다.

4 클러치 어셈블리 탈거 및 클러치 디스크 점검

(1) 클러치 어셈블리 탈거

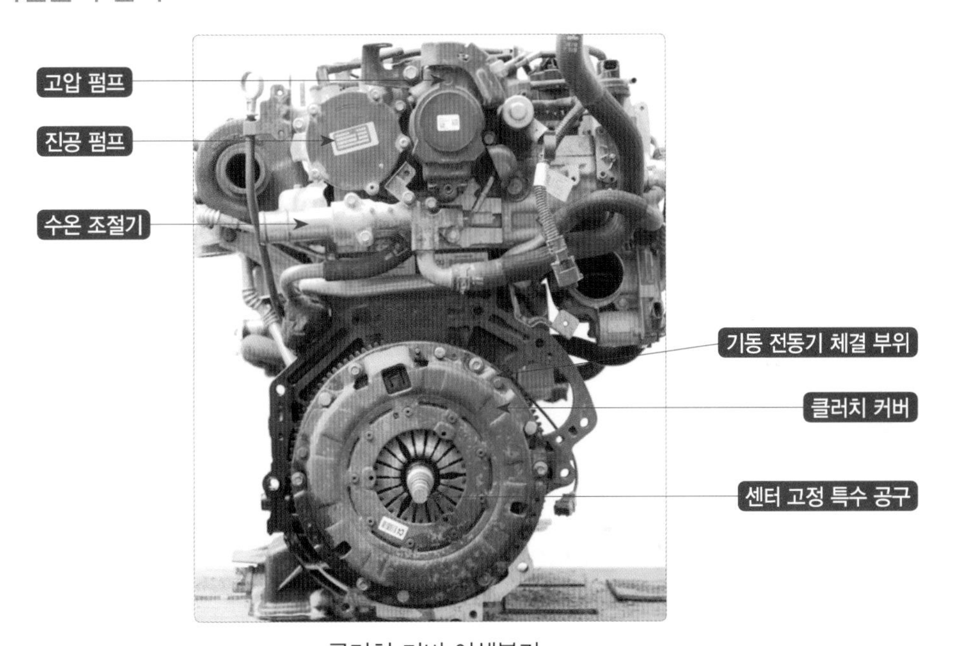

클러치 커버 어셈블리

1. 분해 조립할 클러치 커버를 정렬한다.

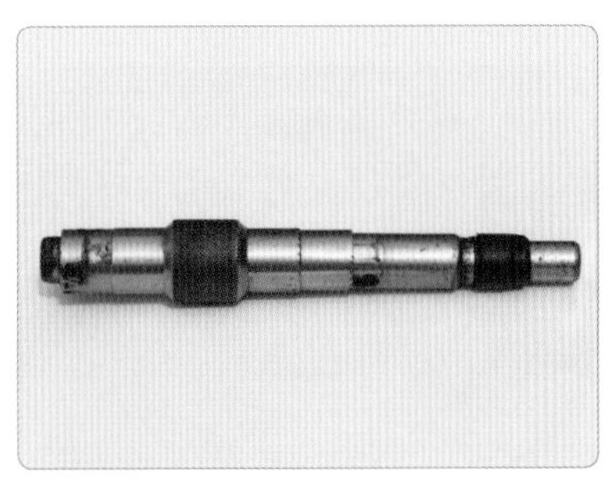

2. 클러치 디스크 센터 고정 특수 공구를 준비한다.

3. 클러치 어셈블리 고정 볼트를 분해한다.

4. 클러치 고정 볼트를 풀어 클러치 어셈블리를 플라이휠에서 탈거한다.

5. 엔진 플라이휠 면의 마모 상태를 확인한다.

6. 클러치 어셈블리를 정렬한다.

7. 클러치 디스크를 점검한다. (비틀림)

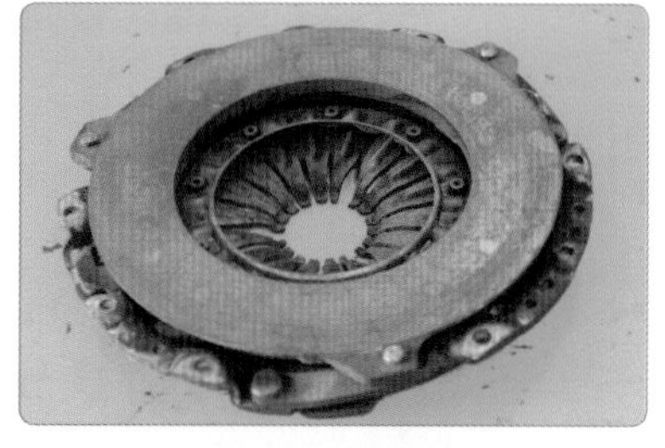

8. 클러치 커버 어셈블리를 정렬한다. (압력판 마모 상태 점검)

9. 다이어프램 스프링 불균형 상태를 점검한다.

(2) 클러치 디스크 점검 및 어셈블리 조립

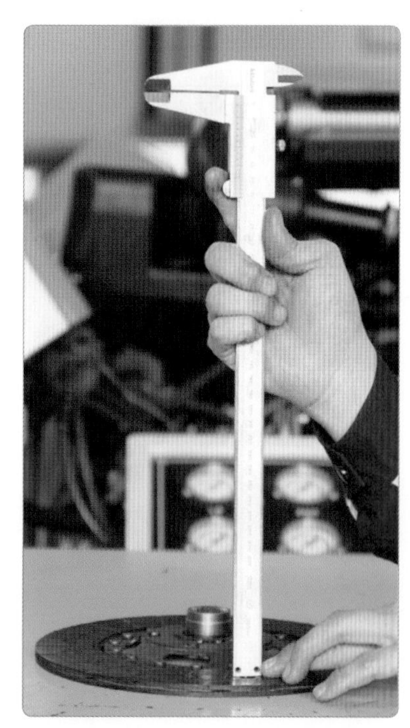

1. 클러치 디스크의 페이싱면을 점검한다.

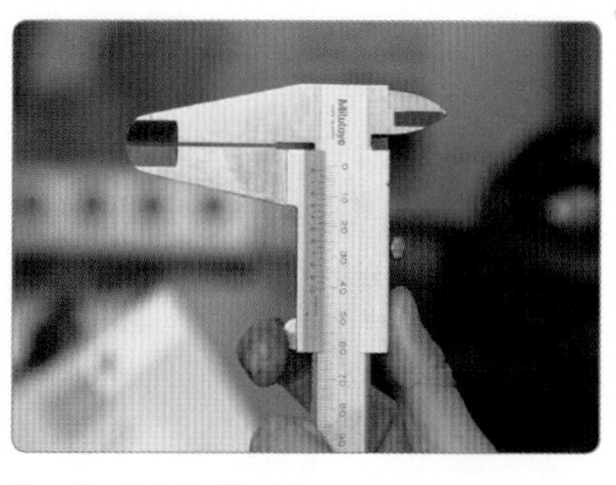

2. 측정값을 확인한다.

3. 클러치 다이어프램 스프링 마모 상태를 점검한다.

4. 클러치 압력판과 디스크 접촉 상태를 확인한다.

5. 클러치 디스크 허브 기어 및 플레이트 마모 상태를 점검한다.

6. 점검이 끝나면 디스크를 조립한다.

7. 플라이휠 다월 핀에 클러치 커버를 맞춘다.

8. 나머지 클러치 홈이 맞는지 확인하고 볼트 위치가 맞는지 확인한다.

9. 클러치 커버 고정 볼트를 손으로 가조립한다.

10. 클러치 디스크 센터 고정 특수 공구를 디스크 허브와 플라이휠 파일럿 베어링 센터에 맞춘다.

11. 클러치 커버 고정 볼트를 대각선 방향으로 조립한다.

12. 클러치 디스크 센터 고정 특수 공구를 탈거한다.

13. 클러치 디스크 센터 고정 특수 공구를 탈거하고 정렬한다.

14. 엔진의 클러치 커버 조립 상태를 확인한다.

클러치 커버 어셈블리 탈부착 교환 전 점검 사항

❶ 깨끗한 헝겊이나 휴지를 이용하여 클러치 커버를 닦는다.

❷ 크랭크축 뒤쪽 엔진 오일 실과 트랜스 액슬 앞쪽 오일 실에서 오일이 누유되는지 확인한다.

❸ 디스크 라이닝의 리벳 풀림, 불균일한 접촉, 고착에 의한 변질, 오일이나 그리스 등이 묻어 있는지 점검하여 상태가 불량하면 클러치판을 교환한다.

3 마찰 클러치 고장 현상에 따른 정비

1 클러치 슬립

(1) 고장 현상의 원인

① 디스크 페이싱의 재질 불량에 원인이 있을 수 있다(순정품 사용).

② 디스크 페이싱이 과도하게 마모되었거나 유지(오일 또는 그리스)가 부착되어 있다.

③ 압력 스프링(코일 스프링 또는 다이어프램 스프링)이 파손되거나 소손되었을 경우

④ 클러치 페달의 유격이 작거나 없을 경우

⑤ 클러치 페달의 작동 상태가 원활하지 못할 경우

(2) 정비 및 조치 사항

① 클러치 유압 라인의 누유 상태를 점검하여 누유 시 정비한다.

② 클러치 유격을 조정하고 마스터 실린더, 릴리스 실린더의 작동 상태를 점검한 후 불량 시 교환한다.

2 출발 시 클러치의 떨림

이 경우에는 변속 조작이 어렵고, 변속 조작 시 소음을 동반한다.

(1) 고장 현상의 원인

① 디스크 페이싱의 마모가 불균일할 경우

② 페이싱에 유지 부착, 비틀림 코일 스프링이 절손, 디스크가 휘었을 경우

③ 클러치 설치 상태에서 릴리스 레버(또는 다이어프램)의 높이가 불균일할 경우

④ 릴리스 베어링의 파손 또는 접촉면이 경사졌을 경우

⑤ 엔진 마운트의 설치 볼트 이완, 마운트 고무의 파손 또는 불량(지나치게 연할 경우)

(2) 정비 및 조치 사항

① 페이싱의 경화 또는 오일 부착 및 리벳의 헐거움 상태를 확인하여 교체한다.

② 클러치 · 토션 스프링의 쇠약, 압력판 및 플라이 휠의 변형을 확인하고 필요시 교체한다.

③ 엔진 및 변속기 체결부의 헐거움 상태를 확인하고 불량 시 볼트나 너트의 조임 상태를 규정 토크로 조인다. 특히 조인트 체결 상태를 확인하여 규정 토크로 조이고 불량 시 교체한다.

3 클러치 단절 불량

이 경우에는 변속 조작이 어렵고, 변속 조작 시 소음을 동반한다.

(1) 고장 현상의 원인

① 클러치 유격이 너무 클 경우

② 클러치 디스크의 휨이 과대하여 클러치 페달을 끝까지 밟아도 공극이 확보되지 않을 경우
③ 디스크 페이싱의 오염 또는 유지 부착
④ 주축의 스플라인에서 디스크가 축방향으로 자유롭게 이동하지 못할 경우

(2) 정비 및 조치 사항

① 클러치 · 페달 및 시프트 · 포크에 유격을 규정값으로 조정한다.
② 릴리스 · 레버 등 클러치 각부의 마모 상태를 확인하여 필요시 교환한다.
③ 파일럿 베어링 또는 부시의 소손, 파손 상태를 확인하여 필요시 교환한다.
④ 클러치판 스플라인부의 마모, 클러치판의 흔들림이 한계치 이상 시 교환한다.
⑤ 유압 라인의 오일 누설 상태를 확인하고 누설이 없으면 공기빼기 작업을 실시한다.

4 클러치 페달을 밟을 때 페달이 심하게 진동하는 경우

(1) 고장 현상의 원인

클러치 조정 불량, 디스크 페이싱의 두께차, 플라이휠의 변형이 발생될 때

(2) 정비 및 조치 사항

릴리스 레버의 높이가 균일한 경우 규정 높이로 조정하며 필요에 따라 클러치 디스크 및 플라이휠을 교환한다.

5 클러치 페달을 밟을 때 클러치에서 소음이 발생하는 경우

(1) 고장 현상의 원인

릴리스 베어링의 윤활 부족 또는 파손

(2) 정비 및 조치 사항

① 릴리스, 베어링 또는 파일럿 베어링의 과도한 마모 및 파손 상태를 확인하고 필요시 교체한다.
② 클러치판 스플라인부의 규합 불량 및 토션 스프링의 파손 상태를 확인하고 필요시 교체한다.

6 디스크 페이싱에 오일이 묻어 있는 경우

(1) 고장 현상의 원인

디스크 설치 시에 변속기 주축의 스플라인, 릴리스 베어링, 클러치 허브 등에 과다 주유하지 않았다면 문제의 오일은 엔진이나 변속기에서 유출된 것이다.

(2) 정비 및 조치 사항

디스크를 교환하고 오일 누유 부위를 찾아 정비한다.

2 수동 변속기 점검

실습목표 (수행준거)	1. 수동 변속기 작동 상태를 파악하고 관련 장치의 작동 상태를 확인할 수 있다. 2. 수동 변속기 고장 진단 시 안전 작업 절차에 따라 고장 원인을 분석할 수 있다. 3. 수동 변속기 교환 시 교환 목록을 확인하여 교환 작업을 수행할 수 있다. 4. 수동 변속기 진단 내용에 따라 수동 변속기를 탈부착하여 수리하고 검사할 수 있다.

1 관련 지식

1 수동 변속기의 필요성

① 엔진 회전수를 증대시키거나 감속시키기 위하여

② 엔진의 동력을 무부하 상태로 공전 운전할 수 있도록 하기 위하여(변속 레버 중립 위치)

③ 회전 방향을 역회전으로 하여 후진시키기 위하여

2 수동 변속기의 기능

동기 물림식은 각 단의 기어가 항상 서로 물려 있으며, 동력 전달은 싱크로메시 기구를 이용하여 변속이 이루어진다. 싱크로메시 기구는 기어 변속 시 싱크로나이저 링의 안쪽 부분에서 마찰력이 작용하여 주축과 부축의 속도를 동기화시켜 변속이 부드럽고 원활하게 이루어지도록 한다. 싱크로메시 기구는 싱크로나이저 허브, 싱크로나이저 슬리브, 싱크로나이저 링, 싱크로나이저 키로 구성된다.

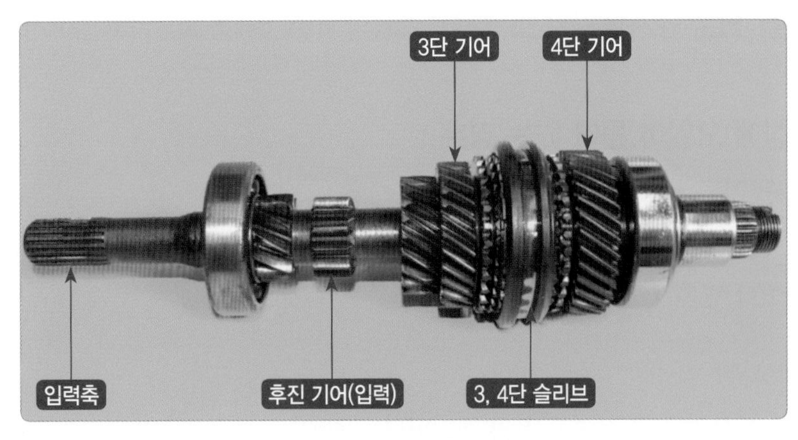

수동 변속기 주축 기어

싱크로메시 기구

❶ 동기 물림 작용 힘의 전달 과정 : 운전자 기어 변속 → 변속단 시프트 포크 → 슬리브 → 싱크로나이저 키 → 싱크로나이저 링 → 기어 콘의 조작력 전달 과정을 거쳐 변속기 축 허브와 기어의 콘이 싱크로나이저 링을 통하여 동기화되어 슬리브에 의해 기어가 들어간다.

❷ 변속비가 1보다 크면 엔진의 회전수가 빠르므로 출력되는 회전수는 엔진보다 느리고, 변속비가 1보다 작으면 엔진의 회전수보다 출력되는 회전수가 빠르므로 오버드라이브라 한다. 또한 회전수와 축의 잇수(지름)는 반비례함을 알 수 있다.

3 전 · 후륜 변속기의 구조

(1) 전륜 구동 변속기(FF 형식)

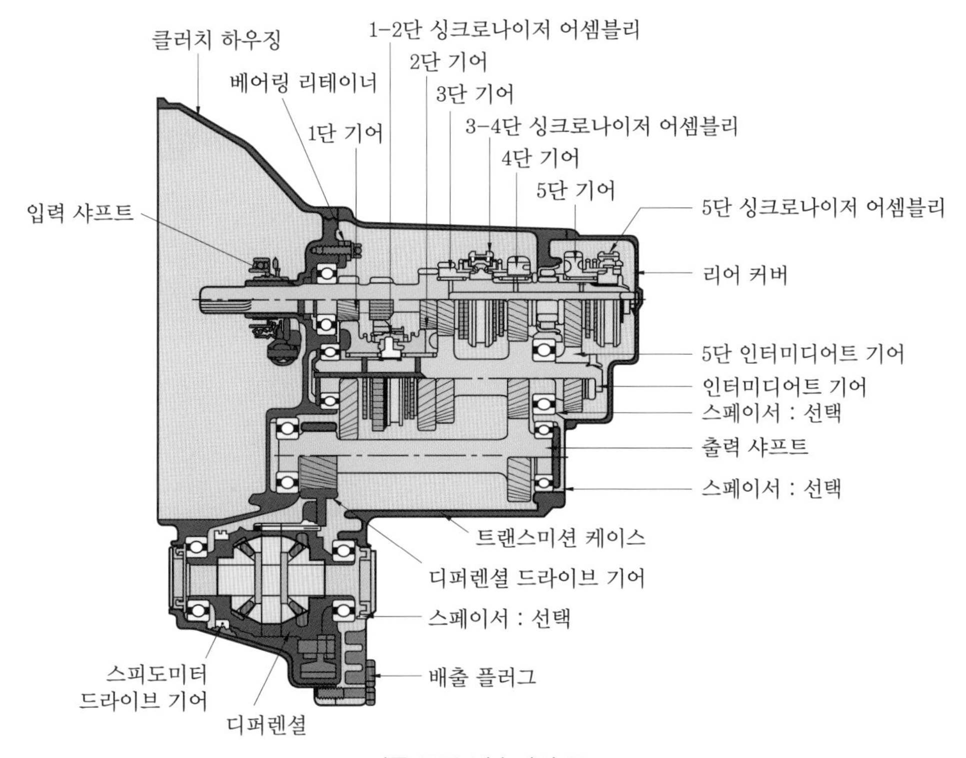

전륜 구동 변속기의 구조

전륜 구동 변속기(FF 형식)는 변속기와 차동장치 및 종감속 기어가 함께 일체로 조립되어 트랜스 액슬(trans axle)이라 하며, 특징은 다음과 같다.

① 자동차 차실 내의 유효 공간이 넓다.

② 자동차의 부품 경량화로 연료 소비율이 좋다.

③ 횡풍에 대한 안전성 및 직진성이 양호하다.

④ 방향 안전성이 좋으며 도로 주행 시 안정감이 있다.

⑤ 제동 시의 안전성이 양호하다.

(2) 후륜 구동 변속기

클러치 샤프트(clutch shaft)는 변속기 입력축 또는 메인 드라이브 샤프트(main drive shaft)라고도 하며, 스플라인부는 클러치 디스크가 섭동하도록 되어 있다. 엔진 회전은 클러치 샤프트 후단의 메인 드라이브 기어에서 카운터 샤프트(부축)로 전달된다. 주축(main shaft)에는 1단 기어, 2단 기어, 3단 기어가 공전하도록 되어 있으며, 이들 회전을 주축에 원활하게 전달하기 위해 앞서 설명한 싱크로메시 기구가 조립되어 있다.

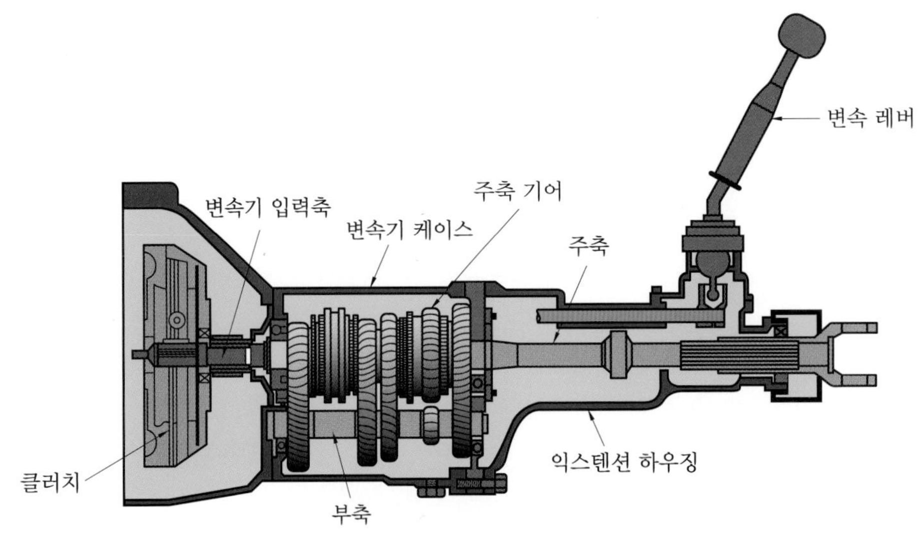

후륜 구동 변속기의 구조

(3) 기어 변속 조작 방식

① 직접 조작식

시프트 레버에서 시프트 포크를 거쳐 직접 기어를 이동시키는 방식으로 시프트 포크는 포크 샤프트(또는 시프트 레일)에 고정되며, 슬리브의 홈에 연결되어 있다. 포크 샤프트에는 기어 변속한 위치에 유지되도록 스프링으로 로킹 볼(locking ball)을 설치하여 변속 시 중립이나 기어가 들어간 위치에서 기어가 빠지는 것을 방지한다.

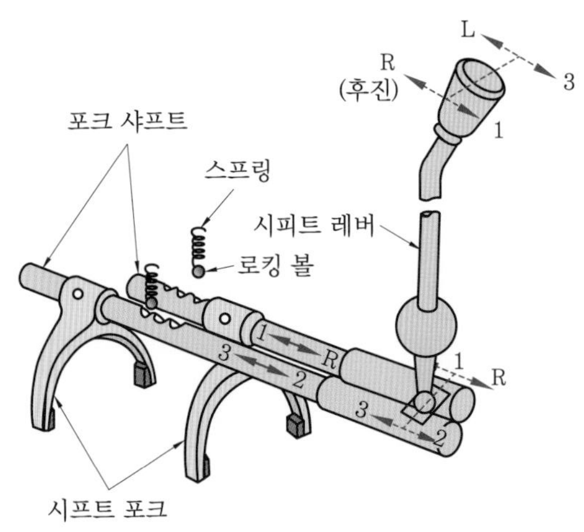

직접 조작식

② 간접 조작식(원격식)

시프트 레버가 플로어에 있는 형식과 조향 칼럼에 조립되어 있는 형식이 있으며, 시프트 레버와 변속기 본체 사이를 연결하는 원격 조작 방식에는 로드(rod)식과 케이블(cable)식이 있다.

(4) 인터록 기구(이중 물림 방지 장치)

운전자가 변속을 할 때 동시에 2종류의 기어에 변속되지 않도록 한 것으로 중앙 샤프트에 2개소, 좌우 샤프트에 1개소의 홈이 있으며, 각각의 사이에 인터록 핀이 삽입되어 있어 변속 시 1본의 포크 샤프트가 이동하면 인터록 핀이 다른 포크 샤프트의 홈에 끼워져 샤프트를 고정하고 기어의 이중 물림을 방지한다.

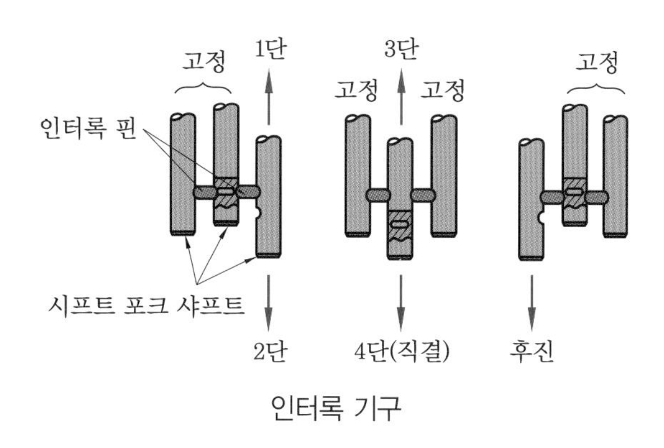

인터록 기구

4 동기 물림(싱크로메시 기구)의 구조

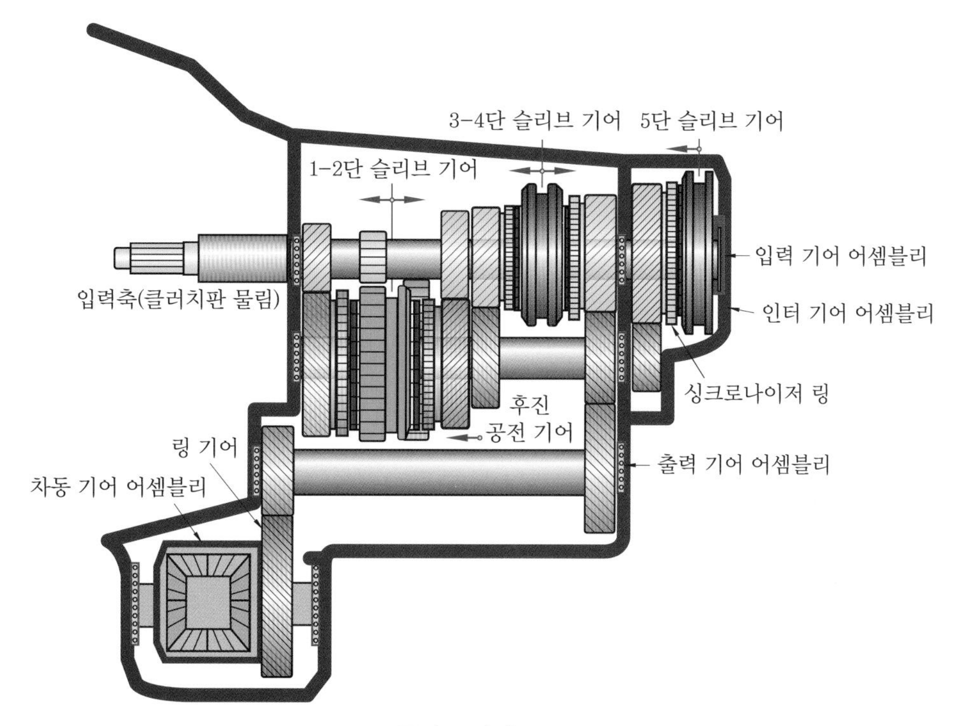

동기 물림의 구조

5 싱크로메시 기구의 작동

(1) 작용 1단계

시프트 포크에 의해 슬리브를 이동하면 슬리브와 돌기에 의해 물려 있는 키가 슬리브와 함께 움직여 키의 끝면으로 싱크로나이저 링이 주축 기어의 콘부를 누르면 마찰에 의해 메인 드라이브 기어의 회전이 슬리브의 회전과 비슷하게 된다.

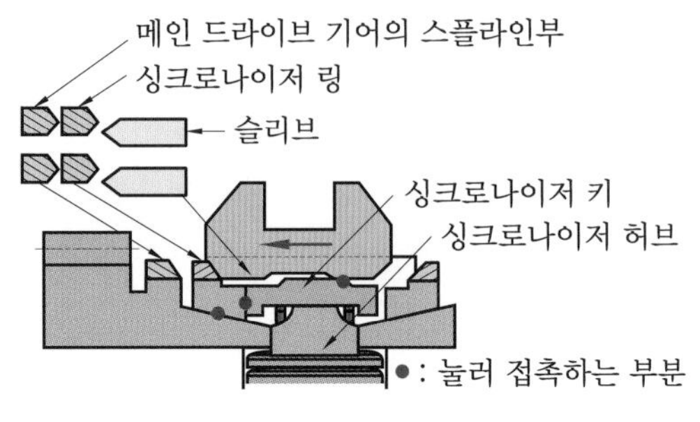

작용 1단계

(2) 작용 2단계

슬리브가 다시 이동하면 슬리브와 키의 돌기 사이의 물림이 빠져서 슬리브의 스플라인 선단부가 싱크로나이저 링의 스플라인 선단에 닿는다. 따라서 슬리브가 직접 싱크로나이저 링을 누르므로 강하게 압착하여 보다 큰 마찰력에 의하여 슬리브와 주축 기어의 회전속도가 같게 된다.

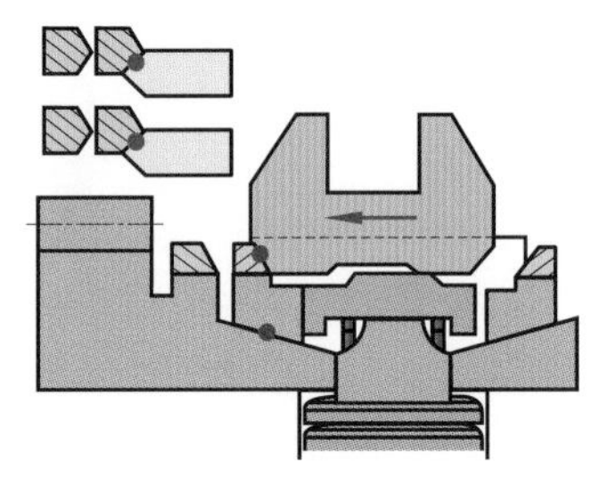

작용 2단계

(3) 작용 3단계

슬리브와 주축 기어의 회전 속도가 같아지면 슬리브는 원활하게 이동하여 싱크로나이저 링의 스플라인부를 통과하고 주축 기어의 스플라인부와 연결되어 동기화 작용이 이루어진다.

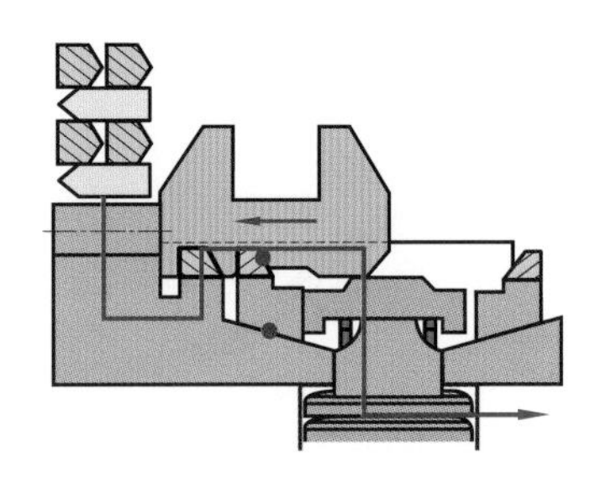

작용 3단계

6 변속비

변속기는 기어의 물림에 따라 구동 휠에 전달되는 구동 토크와 회전 속도를 변화시킨다.

- 속도비 $= \dfrac{\text{종동축의 회전 속도}}{\text{구동축의 회전 속도}}$

- 변속비 $= \dfrac{\text{구동축의 회전 속도}}{\text{종동축의 회전 속도}} = \dfrac{\text{종동축의 지름}}{\text{구동축의 지름}} = \dfrac{\text{종동축의 잇수}}{\text{구동축의 잇수}}$

  $= \dfrac{\text{엔진의 회전 속도}}{\text{프로펠러 샤프트의 회전 속도}}$

변속비 > 1 : 감속, 변속비 $= 1$: 등속(직결), 변속비 < 1 : 증속(오버드라이브)

2 수동 변속기 점검

1 수동 변속기 분해 조립 점검

1. 분해 조립할 변속기를 정렬한다.

2. 변속기 리어 커버를 탈거한다.

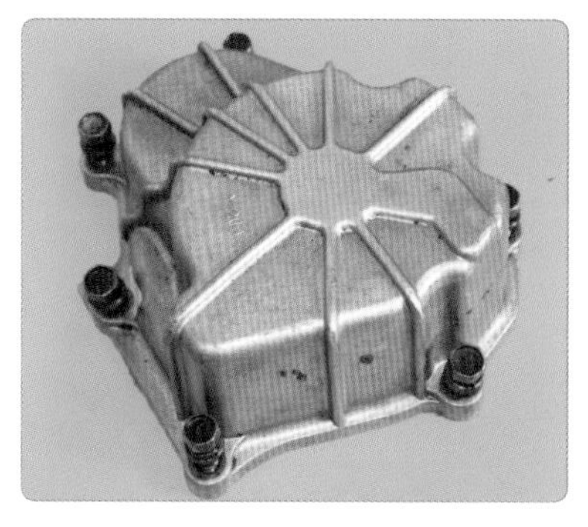

3. 변속기 리어 커버를 정렬한다.

4. 후진 기어를 넣는다.

5. 5단 시프트 포크 고정 핀을 탈거한다.

6. 5단 기어 로크 너트를 분해한다.

7. 분해용 베어링 풀러 또는 (–) 드라이버를 이용하여 5단 기어 어셈블리를 탈거한다.

8. 5단 부축 기어를 탈거한다.

9. 로킹 볼 어셈블리를 탈거한다.

10. 트랜스 액슬 고정 볼트를 제거한다.

11. 트랜스 액슬 케이스를 탈거한다.

12. 후진 아이들 기어를 분해한다.

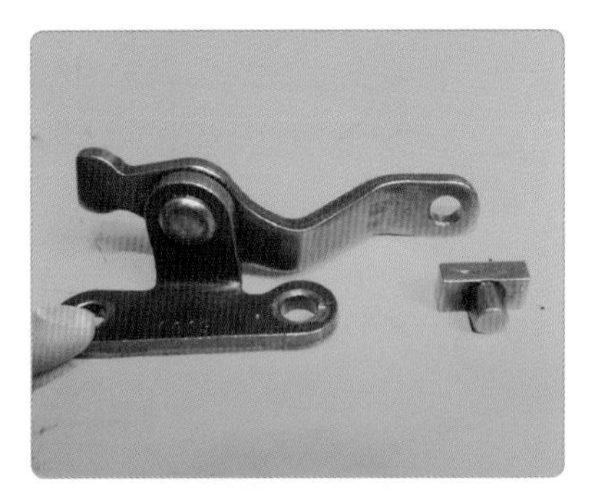
13. 후진 아이들 링크와 키를 분리한다.

14. 후진 아이들 기어를 정렬한다.

15. 교환할 부품을 확인하여 조립한다.

16. 후진 아이들 기어 세트를 조립한다.

17. 트랜스 액슬 케이스를 조립하고 고정 볼트를 조립한다.

18. 로킹 볼 어셈블리를 조립한다.

19. 1-2단, 3-4단 들어가는지 확인한다.

20. 5단 기어 세트를 조립한다.

21. 5단 포크 고정 핀을 조립한다.

22. 변속기의 조립된 상태를 확인하고 기어 작동 상태를 확인한다.

트랜스 액슬

수동 변속기 오일은 무교환을 원칙으로 하고 있으며, 차량의 운행조건에 따라 최소 120000 km에 교환하도록 되어 있다. 수동 변속기는 자동차용 기어 유가 사용되며, 유량이 많고 유중에 잠겨 있는 기어가 많아 윤활유 점성에 의한 교반 저항을 받게 된다. 따라서 연비 개선 및 시프트(shift) 성능 향상을 위하여 일반적으로 저점도 유가 사용되고 있다.

2 입력축 엔드 플레이 점검

(1) 측정

1. 변속기에 다이얼 게이지를 설치한다.

2. 스핀들이 입력축과 직각이 되게 설치한다.

3. 다이얼 게이지 0점 세팅 후 입력축을 축 방향으로 움직인다(0.1 mm).

(2) 판정 및 수정 방법

① 측정(점검) : 입력축 엔드 플레이 측정값 0.1 mm를 규정(한계)값 0.01~0.12 mm를 적용하여 판정한다.

② 정비(조치) 사항 : 측정한 값이 불량일 때는 입력축 베어링을 교환하거나 심으로 조정한다.

차종별 변속기 입력축 엔드 플레이 규정값(mm)		
프런트 베어링 엔드 플레이	리어 베어링 엔드 플레이	비 고
0.01~0.12 mm	0.01~0.09 mm	베르나, 엑셀, 아반떼 XD
0.01~0.12 mm	0.01~0.09 mm	
0.01~0.12 mm	0.01~0.12 mm	엘란트라, 그랜저 XG EF 쏘나타
0.01~0.12 mm	0.01~0.12 mm	
0.01~0.12 mm	0.01~0.12 mm	

입력축 불량 원인

오일 부족 및 윤활 불량과 축 방향 충격으로 인한 스페이서와 볼 베어링 마모가 발생된다.

변속할 때 기어가 잘 물리지 않을 경우

❶ 컨트롤 레버 및 링크의 불량
❷ 싱크로나이저 링의 마모(키, 불량)
❸ 변속기 조작 기구(시프트 케이블) 유격 불량
❹ 클러치 차단 불량

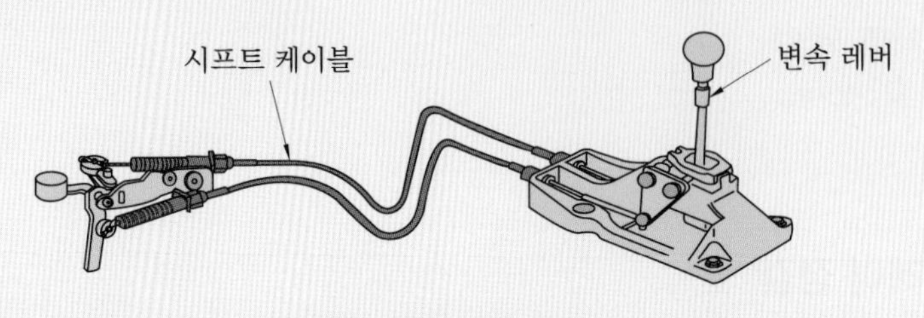

변속기 컨트롤 케이블

기어가 잘 빠지는 경우

❶ 오작동 방지 기구(로킹 볼 인터록) 마모
❷ 싱크로나이저 링 마모

싱크로나이저 링 세트

3 수동 변속기 고장 진단 및 원인

차종에 따라 수동 변속기의 고장이 발생되는 현상은 차이가 있으나 일반적인 고장 현상과 원인을 분석하면 다음과 같다.

고장 현상	예상 주요 원인	정비 및 조치
변속 기어가 들어가지 않는 현상	① 급유 부족일 때 ② 싱크로나이저 클러치 슬리브의 기어가 손상되었을 때 ③ 시프트 레일의 휨 ④ 싱크로나이저 링의 콘 마모 ⑤ 시프트 링키지의 유격이 과대할 때 ⑥ 클러치 페달 자유 간극이 클 때 ⑦ 변속기 기어의 축 방향 유격이 클 때 ⑧ 베어링 마모 ⑨ 컨트롤 로드가 휘어져 있을때	기어 오일 보충 및 부품 교환

주행 중 기어가 빠지는 현상	① 기어 변속 컨트롤 로드의 휨, 조정이 불량할 때 ② 엔진 마운트 장착 불량 ③ 클러치 허브의 마모 ④ 시프트 레일의 지지 장치가 마모되었거나 스프링이 헐거울 때 ⑤ 싱크로나이저, 클러치, 슬리브가 마모되었을 때 ⑥ 시프트 레버 및 커버가 헐거울 때 ⑦ 시프트 포크 및 레버가 마모되었을 때 ⑧ 기어의 이가 마모되었을 때 ⑨ 카운터 기어 베어링이나 와셔가 마모되었을 때 ⑩ 후진 기어 및 베어링이 마모되었을 때 ⑪ 플라이휠의 파일럿 베어링이 마모되었을 때 ⑫ 출력축이 휘었을 때	관련 부품 교환
엔진 운전 중 소음이 발생되는 현상	① 급유 부족일 때 ② 베어링이 손상되거나 마모되었을 때 ③ 기어가 손상되거나 마모되었을 때 ④ 싱크로나이저 링의 마모가 과대할 때 ⑤ 속도계 구동 기어가 손상되었을 때 ⑥ 변속기의 조립 불량일 때 ⑦ 인풋, 아웃풋, 카운터 샤프트 등의 엔드 플레이가 과다일 때 ⑧ 디퍼런셜 기어가 손상되거나 백래시가 클 때	기어 오일 보충 및 부품 교환
고속 기어에서 소음이 발생되는 현상	① 입력축 베어링이 손상되었을 때 ② 출력축 베어링이 손상되었을 때 ③ 싱크로나이저 링이 손상되었을 때 ④ 속도계 구동 기어가 손상되었을 때	기어 오일 보충 및 부품 교환
저속 시나 후진 시 소음이 발생되는 현상	① 저속 기어나 후진 기어가 손상되었을 때 ② 저속 및 후진 슬라이딩 기어가 손상되었을 때 ③ 저속 싱크로메시 기구나 후진 아이들 기어가 손상되었을 때 ④ 후진 아이들 부싱이 마모되었을 때	기어 오일 보충 및 부품 교환
윤활유가 누설되는 현상	① 하우징 커버가 헐거울 때 ② 커버 개스킷에 결함이 있거나 취부 볼트가 풀려 있을 때 ③ 입력축 베어링 리테이너가 손상되거나 개스킷이 불량할 때 ④ 입력축의 실(seal)이 불량할 때 ⑤ 오일 수준이 너무 높을 때 ⑥ 벤트 홀이 막혔을 때 ⑦ 필러가 풀렸을 때 ⑧ 각종 실이나 볼트가 풀렸을 때	기어 오일 보충 및 부품 교환
변속기 정비 수리 후 확인 작업	① 변속기 케이스에 오일의 누설 점검 ② 엔진 시동 후 주행 시험을 하여 각 변속 기어 변속 시 변속 상태, 클러치와 변속기의 조화가 원활하게 작동하는지, 소음이나 진동의 발생 유무 확인	기어 오일 보충 및 부품 교환

3 자동 변속기 점검

실습목표 (수행준거)	1. 자동 변속기 작동 상태를 파악하고 관련 장치의 작동 상태를 확인할 수 있다. 2. 자동 변속기 고장 진단 시 안전 작업 절차에 따라 고장 원인을 분석할 수 있다. 3. 자동 변속기 부품 교환 시 교환 목록을 확인하여 교환 작업을 수행할 수 있다. 4. 자동 변속기 진단 내용에 따라 수동 변속기를 탈부착하여 수리하고 검사할 수 있다.

1 관련 지식

자동 변속기는 유성 기어를 이용하여 기어 변속이 이루어진다. 상호간 기어가 치합된 상태에서 고정, 구동, 피동의 형태로 물림을 통하여 정숙한 변속이 이루어지면 차속, 엔진 부하(TPS 열림), 운전자의 의지(시프트 패턴)를 통하여 자동으로 단계적 고단 변속과 저단 변속이 이루어진다.

1 자동 변속기의 구성

① 토크 컨버터 ② 작동 기구(클러치, 브레이크) ③ 유성 기어 장치
④ 유압 제어 기구 ⑤ 전자 제어 기구

자동 변속기 구조

2 토크 컨버터

(1) 토크 컨버터의 구성

① 임펠러(impeller) : 엔진 크랭크축에 구동

② 터빈(turbine) : 변속기 입력축 동력 전달

③ 리액터(reactor) 또는 스테이터(stator) : 오일 흐름을 바꾸고 토크 업시킨다.

(2) 토크 컨버터의 기능

① 엔진의 토크를 변속기에 전달한다.

② 토크를 변환시키는 기능을 한다.

③ 토크 전달 시 발생되는 충격은 크랭크축의 비틀림 진동을 완화시킨다.

(3) 댐퍼 클러치

자동 변속기의 토크 컨버터 내 터빈과 토크 컨버터 하우징의 플라이휠과 직결하여 유압에 의한 동력 손실을 방지하는 장치이다.

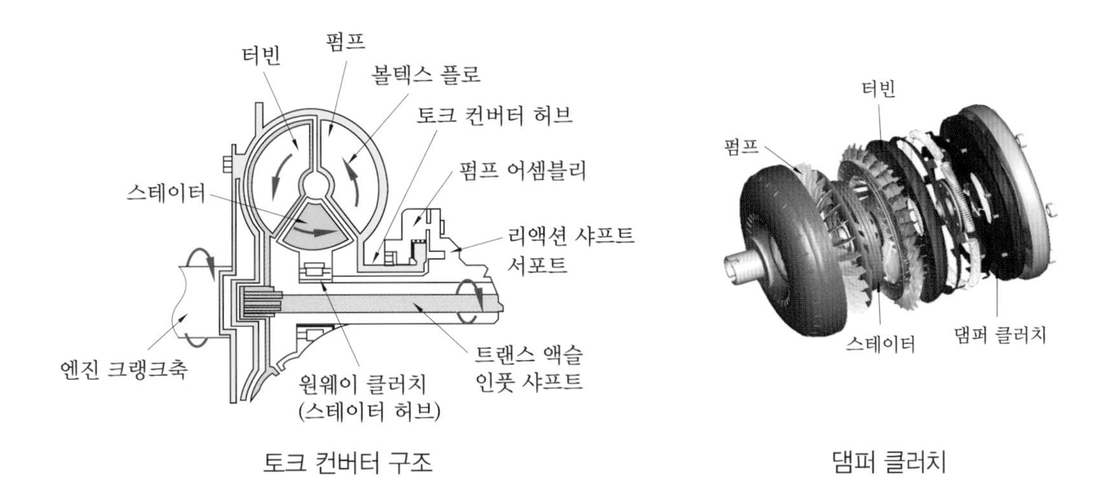

토크 컨버터 구조 댐퍼 클러치

댐퍼 클러치가 작동되지 않는 조건

❶ 1속 및 후진할 때

❷ 엔진 브레이크가 작동될 때

❸ 자동 변속기 오일 온도가 65 ℃ 이하일 때

❹ 냉각수 온도가 50 ℃ 이하일 때

❺ 3속에서 2속으로 다운 시프트 될 때

❻ 엔진이 2000 rpm 이하에서 스로틀 밸브의 열림이 클 때

❼ 엔진 회전수가 800 rpm 이하일 때

❽ 주행 중 변속할 때

❾ 스로틀 개도가 급격하게 감소할 때

❿ 파워 OFF 영역일 때

3 유성 기어 장치

선 기어, 유성 기어, 링 기어, 캐리어로 구성되어 있다. 3~4개의 유성 기어로 입력 토크가 분산 전달되어 기어 상호 간 구동과 피동이 고정됨으로써 변속 출력이 이루어져 전달 효율과 변속 시 소음이 발생되지 않는다.

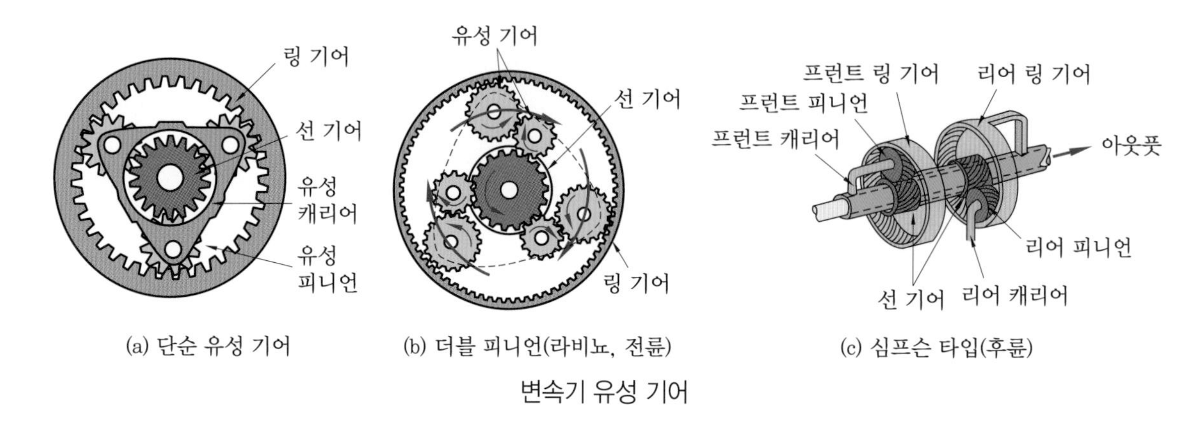

(a) 단순 유성 기어 (b) 더블 피니언(라비뇨, 전륜) (c) 심프슨 타입(후륜)

변속기 유성 기어

4 작동 기구 클러치 및 브레이크

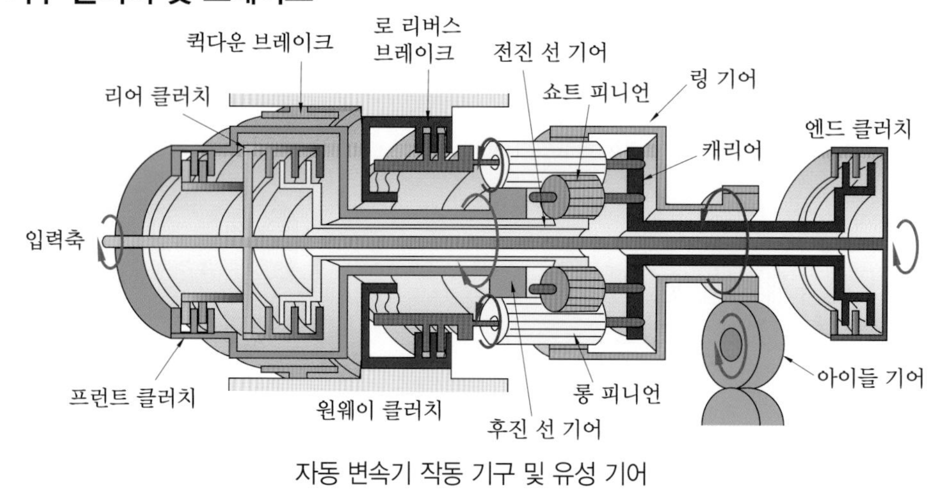

자동 변속기 작동 기구 및 유성 기어

5 유압 제어장치

(1) 오일 펌프

오일 펌프는 엔진 시동과 함께 토크 컨버터에 의해 구동되며 유압 조절 장치의 자동 변속기 유압 회로에 작동부 압력을 제어할 수 있는 유압을 공급한다.

(2) 밸브 보디

밸브 보디는 오일 펌프에서 공급된 유압을 작동부(클러치 및 브레이크) 유압 회로에 변속에 필요한 유압을 제어한다. 유압 제어 밸브는 매뉴얼 밸브, 스로틀 밸브, 압력 조정 밸브, 시프트 밸브, 거버너 밸브 등으로 구성되어 있다.

(3) 어큐뮬레이터

어큐뮬레이터는 브레이크나 클러치가 작동할 때 변속 충격을 흡수한다.

6 전자 제어 자동 변속기

전자 제어 자동 변속기 입력과 출력 제어부

(1) 스로틀 위치 센서(TPS)

엔진 부하의 신호로 주행 상태 및 공전 rpm 제어와 가속 상태를 TCU에 입력하는 정보 센서로, 자동 변속의 주요 변속 조건 센서이다.

(2) 입력 및 출력 회전 속도 센서

입력축 속도 센서(펄스 제너레이터 A)는 자기 유도형 발전기로 변속할 때 유압 제어의 목적으로 입력축 회전수를 검출한다. 출력축 속도 센서(펄스 제너레이터 B)는 자동차 주행 속도에 따른 드라이브 기어의 출력축 회전수를 검출하여 TCU에 입력한다.

(3) 인히비터 스위치

인히비터 스위치는 변속 레버를 P(주차) 또는 N(중립) 레인지 위치에서만 엔진 시동이 되도록 제어하고, 주행 상태에 따른 운전자의 주행 정보를 TCU 입력 정보로 활용하며 R(후진) 레인지 작동 시 후진등(back up lamp) 점등 전원을 공급한다.

(4) 수온 센서(WTS)

댐퍼 클러치 작동 정보로 엔진 냉각수 온도가 50 ℃ 이상일 때 신호를 TCU로 입력시킨다.

(5) 가속 스위치(accelerator S/W)

가속 페달 작동 상태 정보를 확인하기 위함이며 페달을 밟으면 OFF, 놓으면 ON으로 되어 주행 속도 7 km/h 이하에서 스로틀 밸브가 완전히 닫혔을 때 크리프량이 적은 제2단으로 이어주기 위한 스위치이다.

(6) TCU(transmission control unit)

TCU는 입력부 센서에서 정보를 받고 A/T 릴레이를 제어하며 밸브 보디 내 각종 솔레노이드 밸브(댐퍼 클러치 조절 솔레노이드 밸브, 시프트 조절 솔레노이드 밸브, 압력 조절 솔레노이드 밸브 등)를 구동하여 댐퍼 클러치의 작동과 차량 주행에 따른 변속 패턴을 적절하게 조절한다.

(7) 차속 센서

자동차 주행 상태 정보를 TCU에 주기 위한 센서로 계기속도계에 설치되어 있으며, 변속기 구동 기어의 회전(주행 속도)을 펄스 신호로 검출한다(펄스 제너레이터 B에 이상이 있을 때 페일 세이프 기능을 갖는다).

2 자동 변속기 점검

1 고장 진단

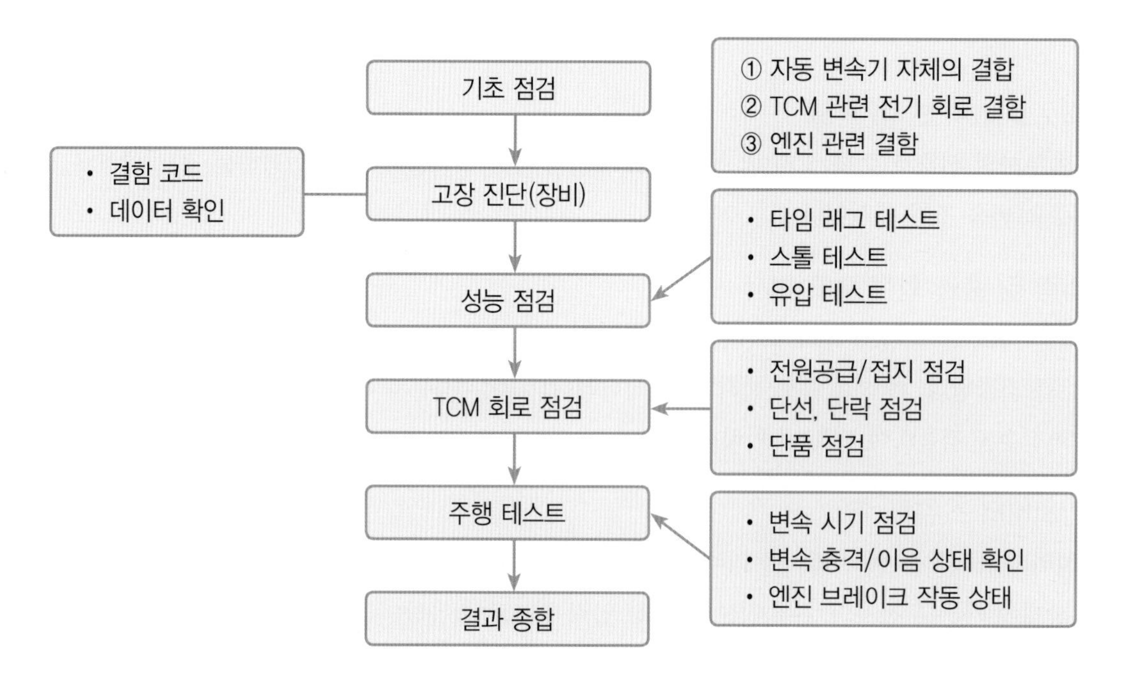

(1) 자동 변속기 오일 점검

1. 엔진을 충분히 워밍업한다. (AT/70~80℃)

2. 변속 레버를 P, R, N, D로 움직여 오일 회로에 오일을 공급한다.

3. 변속 레버를 P의 위치로 선택한다.

4. 엔진을 공회전 rpm으로 유지한다.

5. 레벨 게이지를 뽑아 닦아내고 다시 원위치한다.

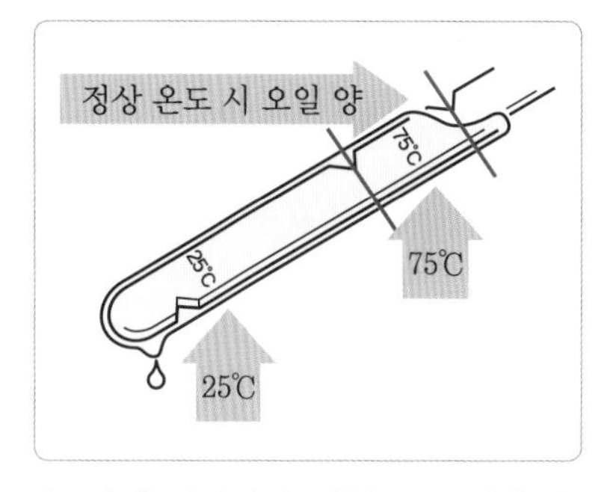

6. 레벨 게이지에 찍힌 오일 양을 확인한다(열간 시 HOT 라인 범위로 체크되어야 함).

2 스톨 테스트

(1) 스톨 테스트의 목적

스톨 테스트는 D와 R 위치에서 스톨 상태 엔진의 최대 rpm을 측정하여 자동 변속기와 엔진의 종합적인 성능을 점검하는 데 그 목적이 있다.

(2) 스톨 테스트 실시

엔진을 충분히 워밍업시켜 ATF 온도를 60~70℃로 유지하고, 점검 전 냉각수 엔진 오일, ATF양을 확인한다.

① 차량을 평탄한 곳에 주차 후 주차 브레이크를 당기고, 앞 또는 뒷바퀴에 고임목을 고인다.

② 스캔 툴을 자기진단 커넥터에 연결하고 엔진 공회전 850~950 rpm을 점검한다.

③ 브레이크를 끝까지 밟고 실렉터 레버를 D 위치로 변환한다.

④ 가속 페달을 최대로 밟고 엔진 rpm을 읽는다(5초 이내).

⑤ R 위치에서도 D와 같은 방법으로 실시한다.

⑥ 스톨 규정 rpm : 2000~2400 rpm

(3) 자동 변속기 스톨 시험

자동 변속기 스톨 시험

1. 스톨 시험 차량을 리프트 업시킨다.

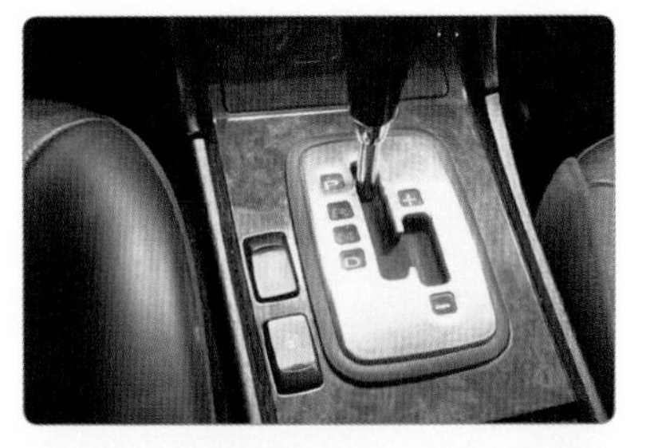

2. 변속 선택 레버를 P에 놓고 사이드 브레이크를 밟는다.

3. 엔진을 시동한다.
(엔진 공회전 rpm)

4. 변속 선택 레버를 P, N에 놓고 정상 온도(85~95 ℃)가 되도록 엔진을 워밍업시킨다.

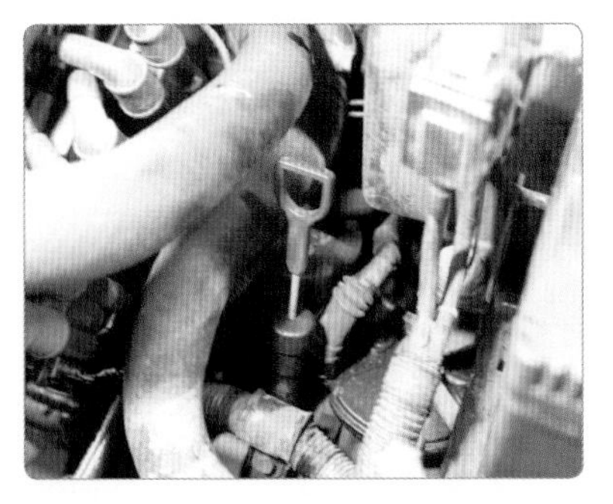

5. 자동 변속기 오일 레벨 게이지를 확인한다.

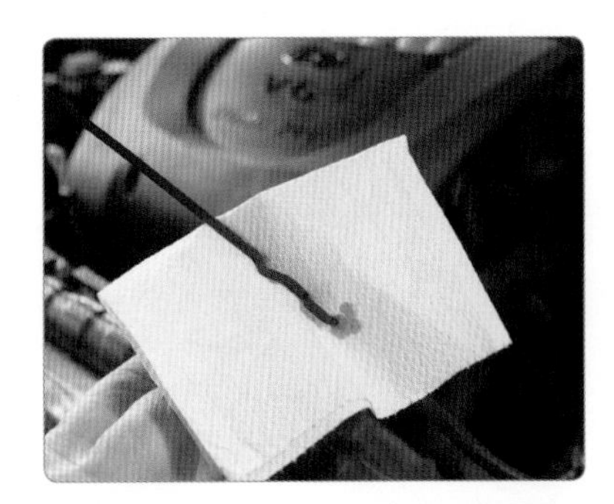

6. 레벨 게이지 오일 양을 확인한다.
(정상 HOT 범위)

7. 스캔 툴을 설치하고 차종 선택-자동 변속기-센서 출력을 선택한다.

8. 변속 선택 레버를 D에 놓는다.

9. 브레이크 페달을 힘껏 밟고 가속 페달을 밟는다(3~5초 이내).

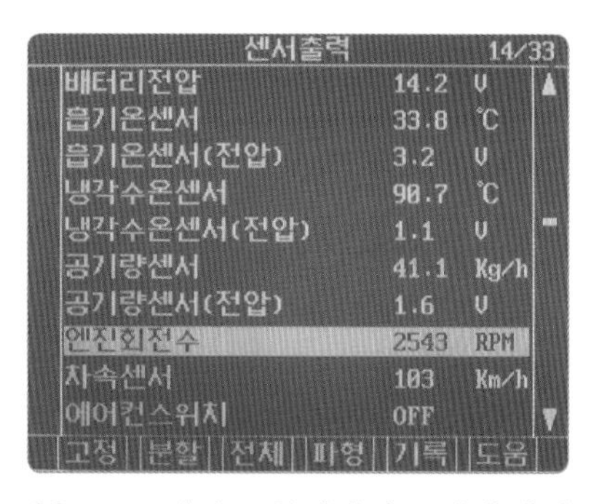

10. D 드라이브 위치에서 스캐너 엔진 회전수를 확인한다(2543 rpm).

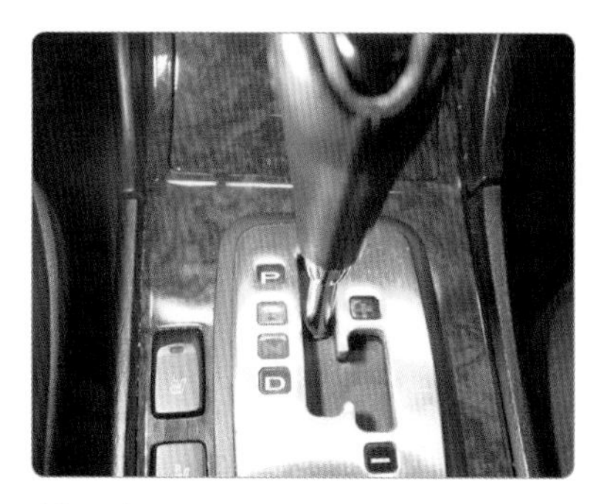

11. 변속 선택 레버를 R에 놓는다.

12. 브레이크 페달을 힘껏 밟고 가속 페달을 밟는다(3~5초 이내).

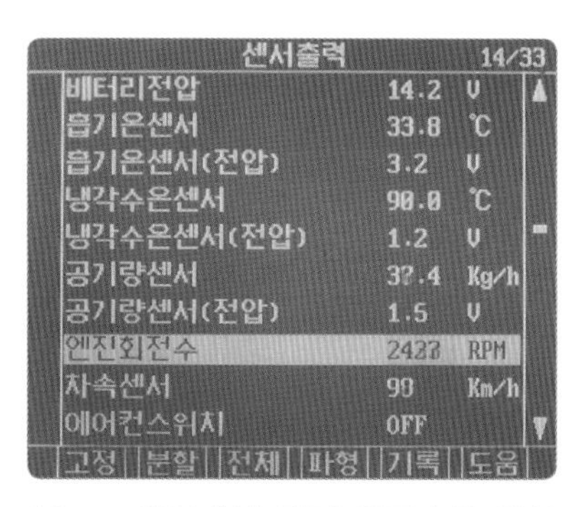

13. R 위치에서 엔진 회전수를 확인한다(2427 rpm).

14. 변속 선택 레버를 P에 놓고 엔진을 공회전 rpm으로 놓는다.

스톨 시험 시 주의 사항

❶ 엔진을 충분히 워밍업시킬 것(자동 변속기 오일 온도 65~75 ℃)
❷ 안전에 유의해서 측정 차량 구동 바퀴는 반드시 리프트 업시킬 것
❸ 급가속 시간은 3~5초 이내로 할 것
❹ 측정 스톨 rpm을 확인할 것(D 또는 R에서의 스톨 rpm 측정)

(4) 판정 및 수정 방법

① 측정(점검)

변속 선택 레버 D 위치에서 스톨 rpm : 2543 rpm을 측정하며, R 위치에서 스톨 rpm : 2427 rpm을 확인한다(규정 스톨 rpm : 1800~2600 rpm).

② 정비(조치) 사항

- 규정보다 높을 때 : 자동 변속기 내 클러치 및 브레이크 슬립 상태
- 규정보다 낮을 때 : 점화 계통, 연료 계통 및 압축 압력 시험을 실시하여 원인을 분석한다.

③ 결과(규정 스톨 rpm : 1800~2600 rpm)

조 건		예상 원인	
규정 회전수 이상인 경우	모든 범위	부족한 라인 압력	오일 펌프 손상
			ATM 케이스 오일 누유
			압력 조절 밸브 고착
	D 레인지	전진 클러치, 원웨이 클러치 슬립	
	R 레인지	로 & 리버스 브레이크 슬립, 후진 클러치 슬립	
규정 회전수인 경우		자동 변속기는 정상적으로 작동하고 있다.	
규정 회전수 이하인 경우		엔진 출력 저하, 토크 컨버터 내의 원웨이 클러치 슬립	

차종별 스톨 회전수 규정값(rpm)					
차종	형식	엔진 스톨 회전수	차 종	형식	엔진 스톨 회전수
EF 쏘나타	2.5 TCI	2350	쏘나타 Ⅱ	KM 175	2200~2800
	2.9 TCI	2630	아반떼 XD	직결형 4속 A4AF3	2500 ± 200
그랜저 XG	하이백 4속 F4A42-1,2	1800~2600	뉴그랜저	F4 A33	2200~2500
	하이백 5속 F5A51-2	1800~2600	크레도스	G4A-EL(FE SOHC)	2500~2700
쏘나타 Ⅲ	KM175	2200~2600		G4A-EL(FE DOHC)	2350~2550

3 자동 변속기 자기진단

(1) 측정

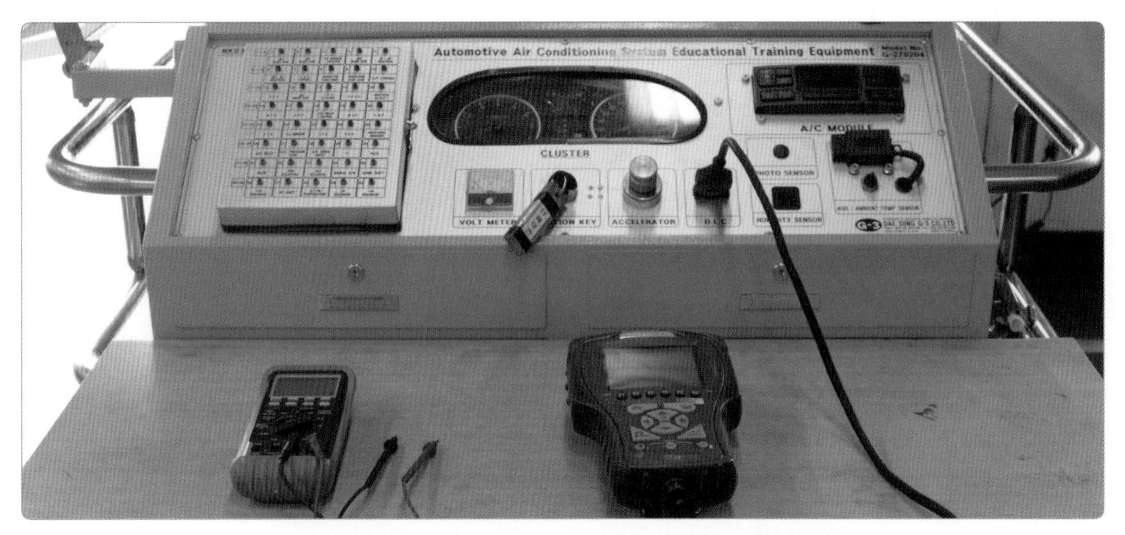

자동 변속기 자기진단 차량 확인 및 자기진단 커넥터 연결

1. 점화 스위치 ON 상태를 확인한다.

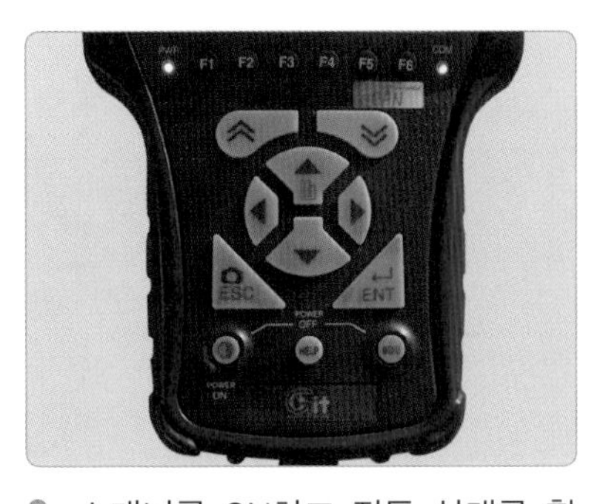

2. 스캐너를 ON하고 작동 상태를 확인한다.

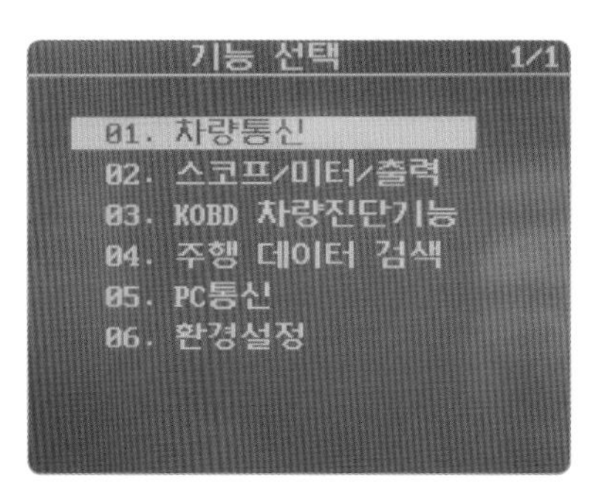

3. 차량통신을 선택한다.

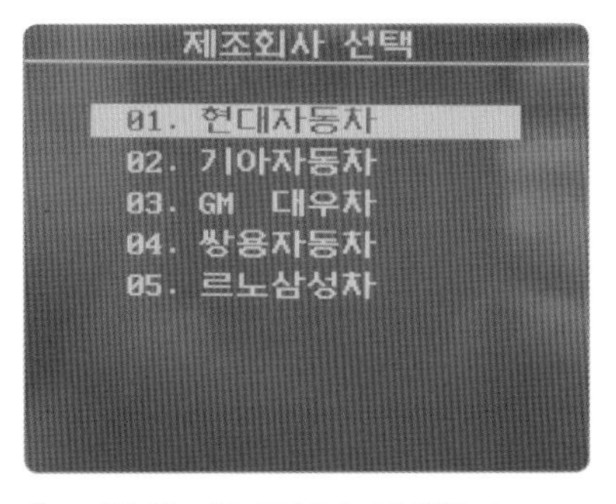

4. 자동차 제조회사를 선택한다.

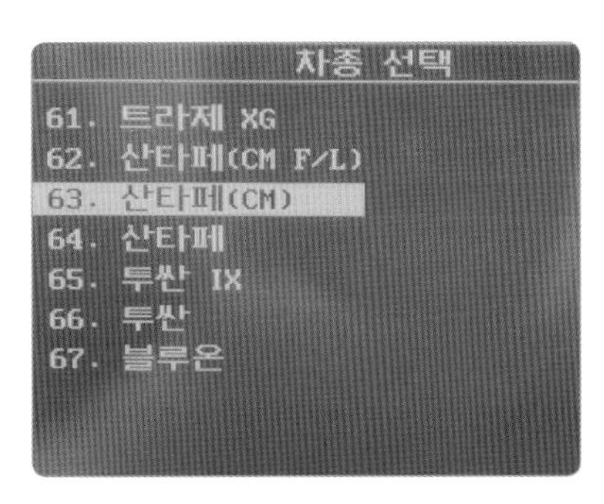

5. 해당 차량을 선택한다.

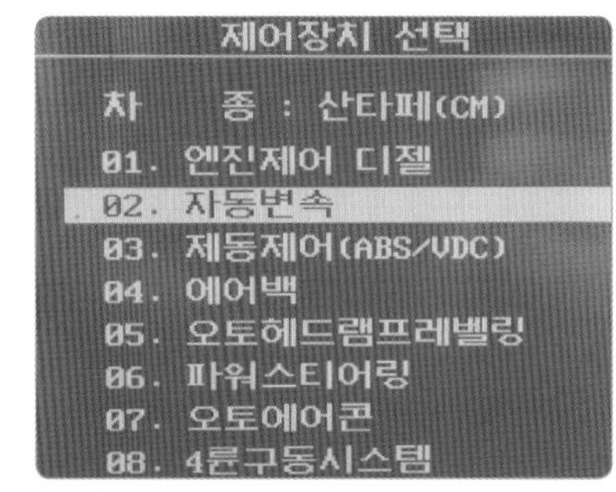

6. 제어장치에서 자동변속을 선택한다.

7. 자기진단을 선택한다.

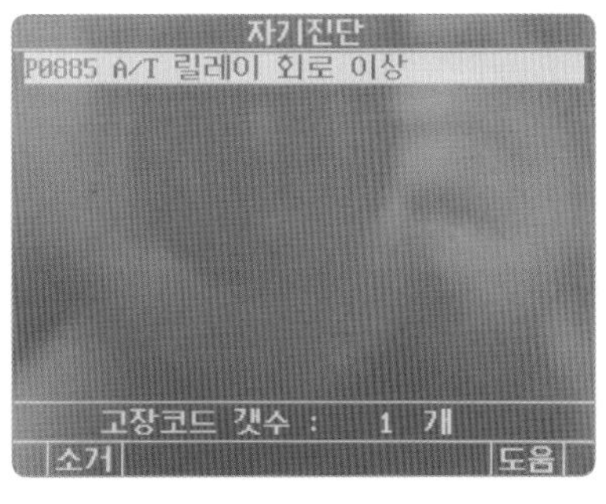

8. 고장 출력을 확인한다(A/T 릴레이 회로 이상).

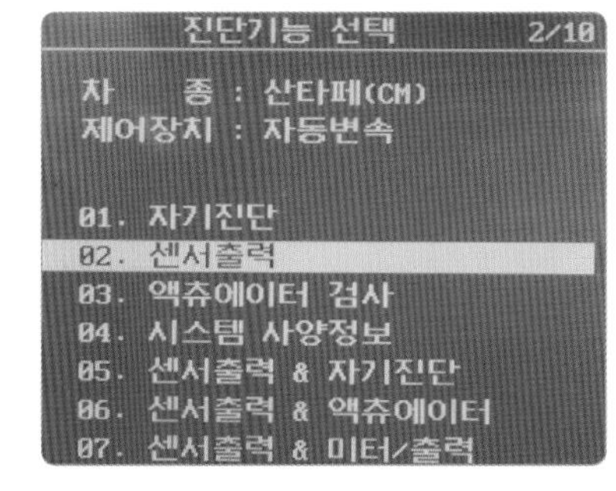

9. 센서 작동을 확인하기 위해 진단기능 선택에서 센서출력을 선택한다.

10. A/T 릴레이 출력전압을 확인한다(0 V는 A/T 릴레이 전원공급 안 됨을 의미한다).

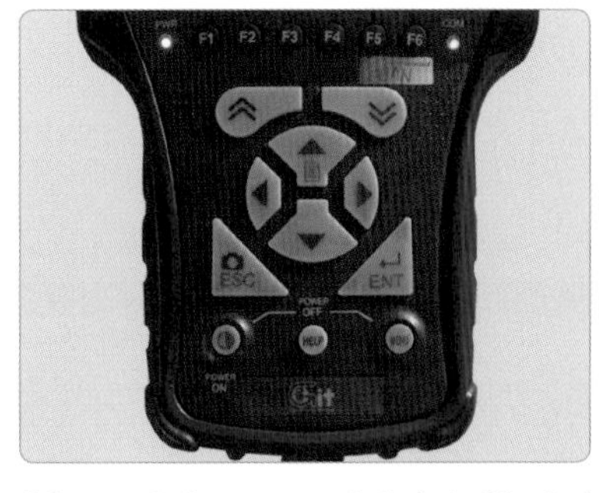

11. 스캐너 ECS를 선택하여 첫 화면으로 돌린다.

12. 점화 스위치를 OFF한다.

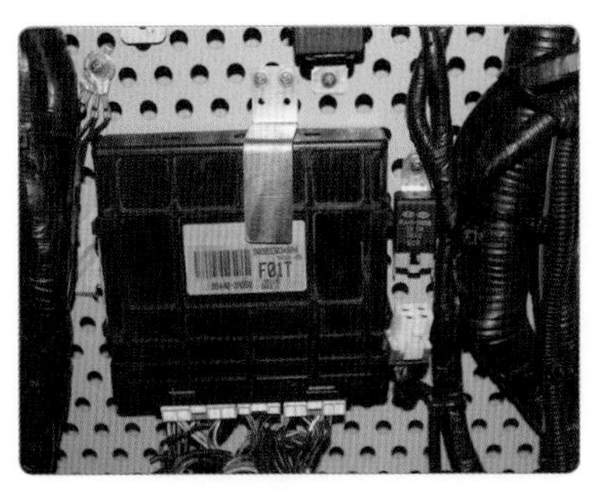

13. 고장 회로 점검 A/T ECU 커넥터의 탈거된 상태를 확인한다.

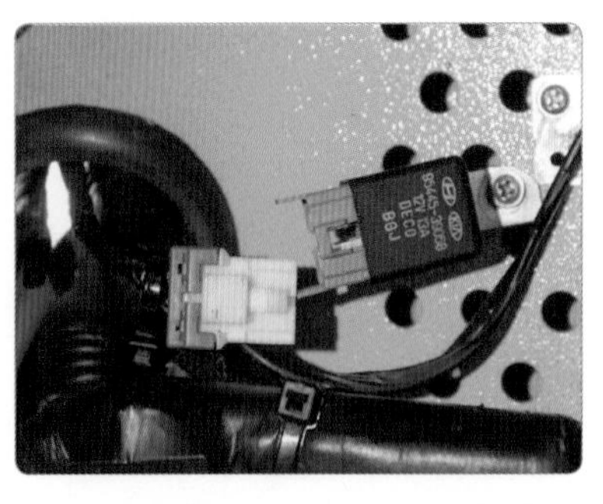

14. ATM 릴레이 커넥터 상태를 확인한다.

15. A/T 릴레이 전원공급 20 A 퓨즈의 단선 확인

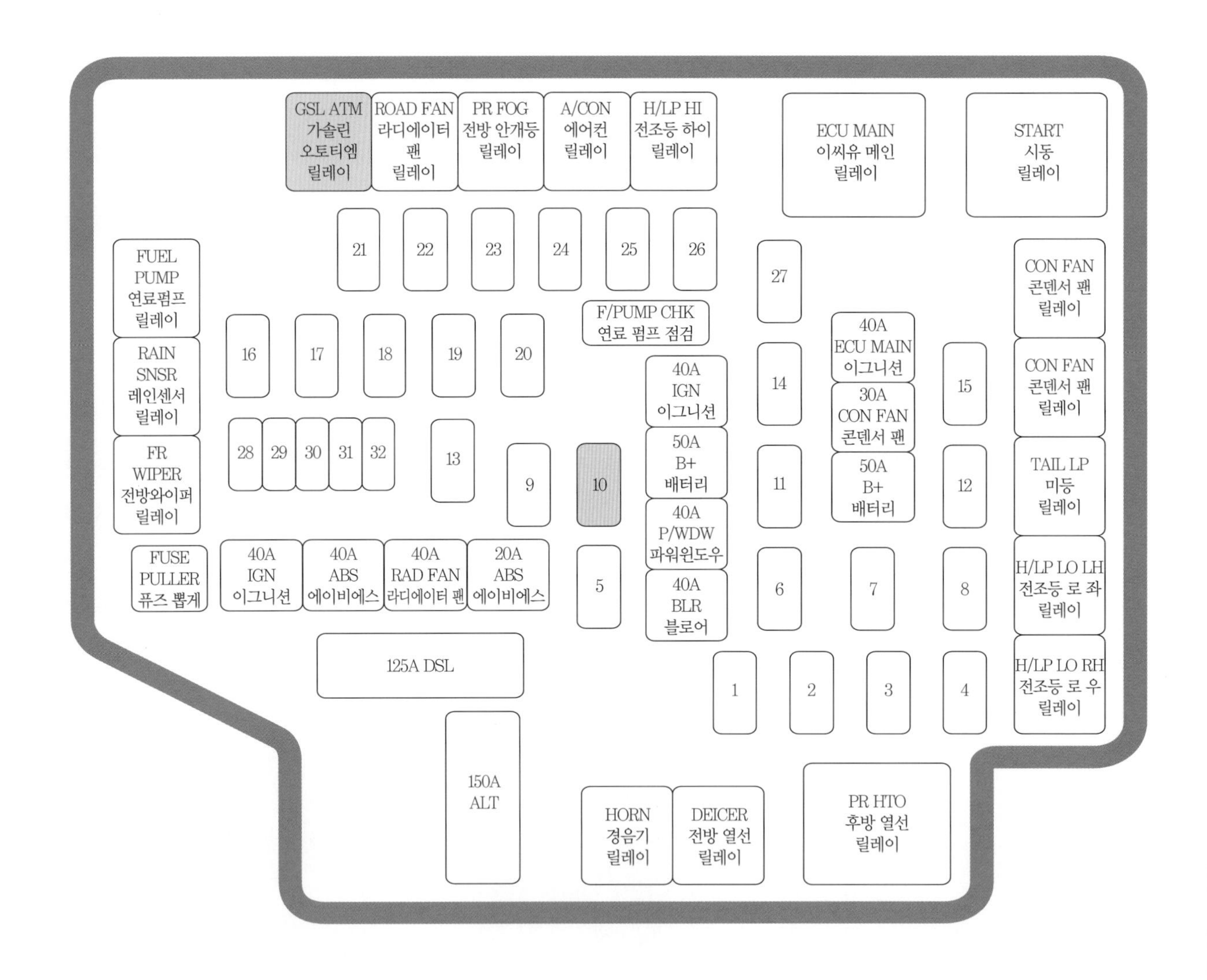

(2) 판정 및 수정 방법

① 측정(점검) : 스캐너의 자기진단 화면에 출력된 "A/T 릴레이"를 확인하고 단품 점검을 실시한다.

② 정비(조치) 사항 : 자기진단 결과 고장부가 출력되면 단품 점검을 실시한 후 결함 원인을 찾아 수리하고 A/T ECU 기억 소거한 후 재점검하여 수리 결과를 확인한다.

4 인히비터 스위치 점검

(1) 고장 현상

① 간헐적 N–D 변속 시 "텅"하는 강한 쇼크 발생

② 간헐적 N–D 변속 후 액셀 페달을 밟아도 rpm만 상승하고 차량 전진 불가

③ 냉간 시 현상 발생 빈도 높음

④ 현상 발생 시 계기판에 P, R, N, D 표시등 점등 안 됨

인히비터 스위치

(2) 점검 내용

① 엔진 및 자동 변속기 자기진단

② 인히비터 스위치 단품 점검

③ 회로도 분석 시 실내 정션 박스 퓨즈 관련 회로 이상 추정

5 오토(ATM) 릴레이 점검

오토 릴레이는 TCM에 의해 제어되며 자동 변속기 밸브 보디 솔레노이드에 전원을 공급한다.

(1) 진단 방법

자기진단 확인 → 서비스 출력 테이터 확인 → ATM 릴레이 출력 전압 확인

※ TCU에서 A/T 컨트롤 릴레이 고장 출력 조건 : ATM 릴레이로부터 ON 0.6초 경과 후 7 V 이하로 0.1초 이상 지속된 경우

(2) A/T 컨트롤 릴레이 0 V 출력 조건

① 시스템 고장일 때 : 동기 어긋남, 각 센서 계통 단선 · 단락, 솔레노이드 밸브 계통 단선 · 단락 등

② A/T 컨트롤 릴레이 계통 불량일 때 : 관련 퓨즈, 관련 배선, A/T 컨트롤 릴레이 단품 불량 등

시프트 로크 기구

시프트 레버가 P 레인지에 있을 경우 브레이크 페달을 밟지 않으면 시프트 레버를 다른 레인지로 바꿀 수 없도록 하는 기구이다. 시프트 로크 컨트롤 컴퓨터의 제어에 의해 브레이크 페달을 밟지 않으면 P 레인지 이외에는 시프트할 수 없도록 규제한다. 물론 긴급 시에는 해제 스위치가 별도로 있다.

(3) 인히비터 스위치 회로도

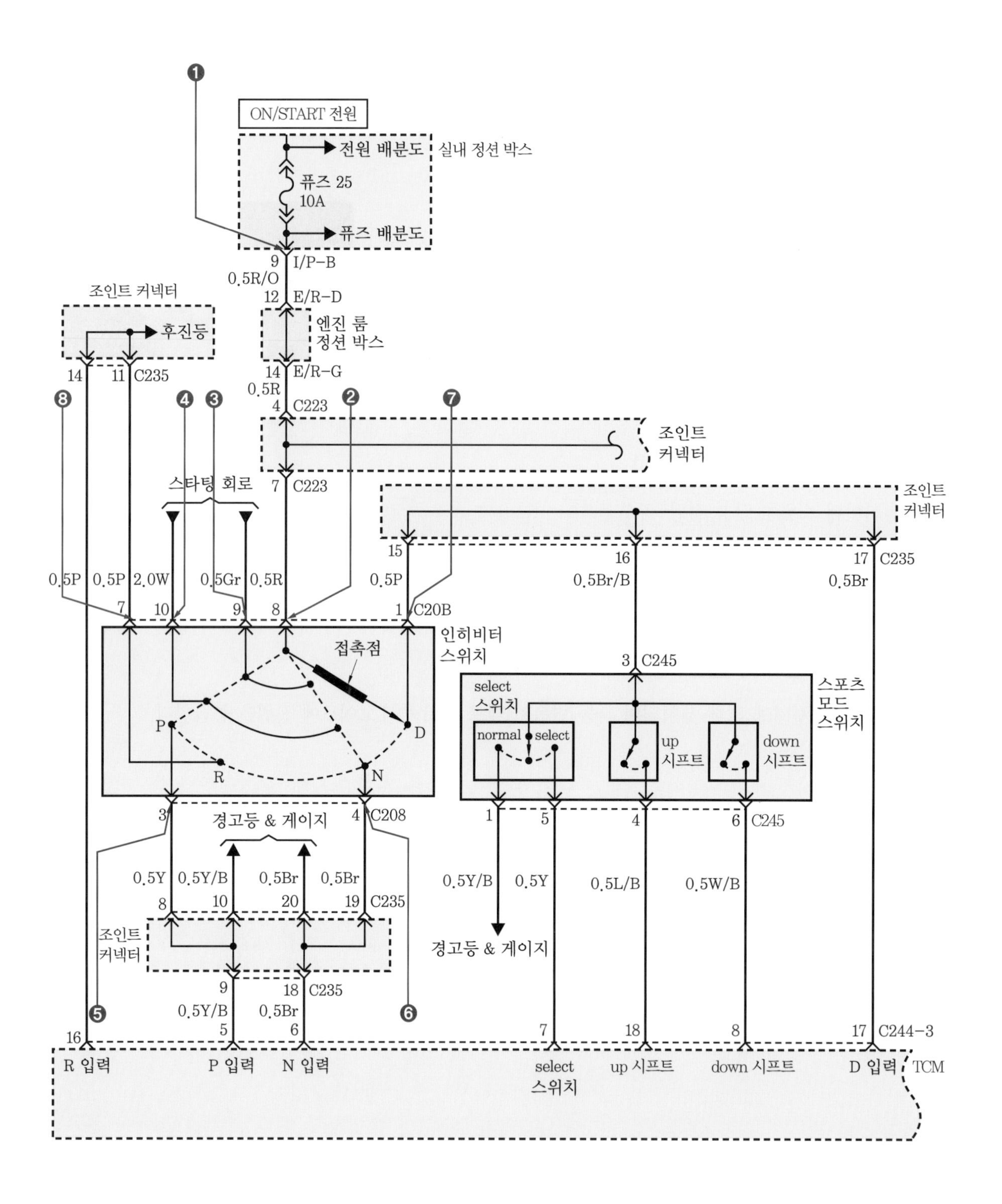

(4) 인히비터 스위치 커넥터 단자

항 목	단자번호									
	1	2	3	4	5	6	7	8	9	10
P			●					●	●	●
R							●	●		
N				●				●	●	●
D	●							●		

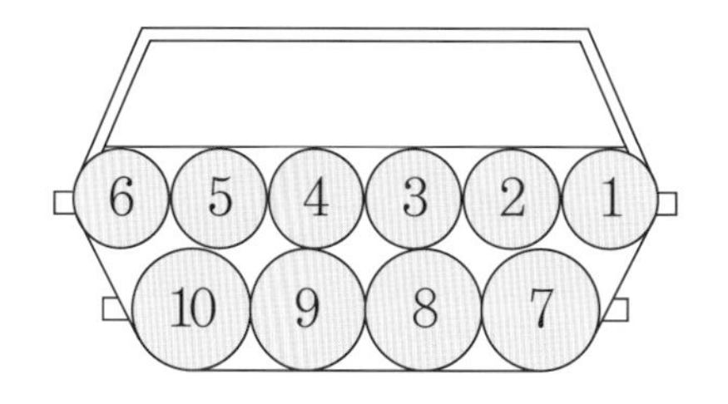

(5) 인히비터 스위치 점검

1. 자동 변속기 차량을 확인하고 인히비터 스위치 커넥터를 탈거한다.

2. 선택 레인지를 N에 위치한다(인히비터 스위치와 링크 중립 홈이 일치하는지 확인한다).

3. 중립 홈이 일치하지 않으면 인히비터 스위치 몸체를 돌려 중립점 위치에 조정한다.

4. 인히비터 스위치 커넥터 단자를 통해 본선을 확인한다.

5. 선택 레인지를 P, R, N, D, L 순서로 선택하고 인히비터 스위치 단자별 통전 상태를 확인한다.

6. 측정이 끝나면 인히비터 스위치 커넥터를 체결한다.

(6) 인히비터 스위치 교환

인히비터 스위치 교환 작업(변속 선택 레버 확인 및 작동 상태 확인)

1. 변속 선택 레버를 작동시켜 인히비터 스위치를 N에 놓는다.

2. 인히비터 스위치 커넥터를 탈거한다.

3. 인히비터 스위치 및 링크가 중립 위치인지 확인한다(맞지 않아도 무관하다).

4. 시프트 케이블 고정 너트를 분해한다.

5. 시프트 케이블을 링크에서 분리한다.

6. 인히비터 링크 고정 너트를 탈거한다.

7. 인히비터 스위치 링크를 탈거한다.

8. 인히비터 고정 볼트를 탈거한다.

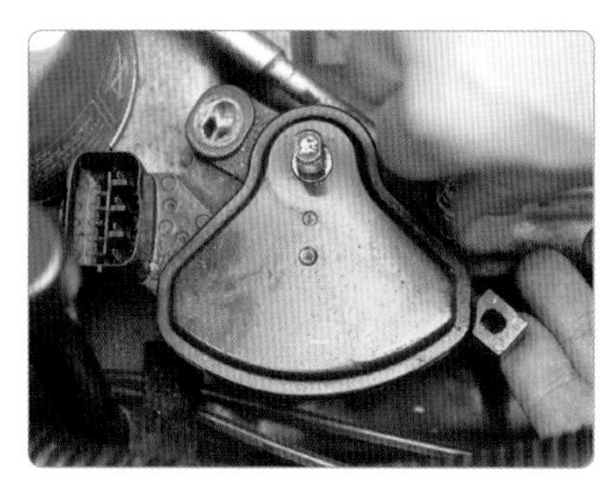

9. 인히비터 스위치를 탈거한다.

10. 탈거된 인히비터 스위치를 점검한다.

11. 인히비터 스위치를 고정 볼트로 조립한다.

12. 인히비터 스위치 링크를 조립한다(인히비터 스위치 중립점에 일치시킨다).

13. 인히비터 스위치 고정 볼트를 조립한다.

14. 인히비터 스위치 케이블 고정 너트를 조립한다.

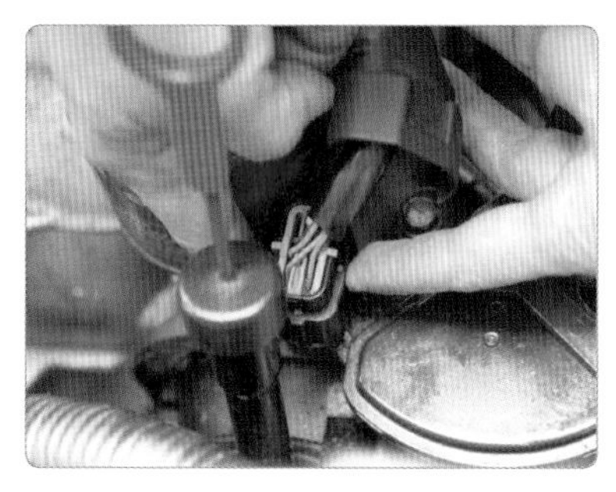

15. 인히비터 스위치 커넥터를 조립한다.

16. 변속 선택 레버를 P~D로 움직인다.

17. 변속 선택 레버를 N 위치에 놓는다.

18. 인히비터와 링크의 중립점이 일치함을 확인한다.

19. 엔진의 시동을 확인한다.

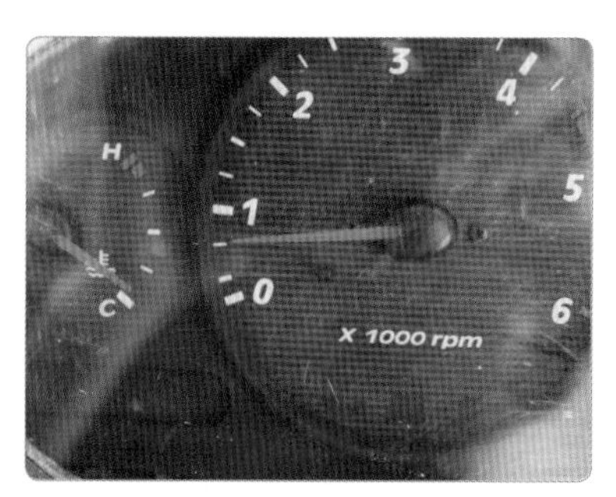

20. 공회전 rpm 상태를 확인한다.

6 입 · 출력 속도 센서 점검

입 · 출력 속도 센서 점검 (PG – A, PG – B)

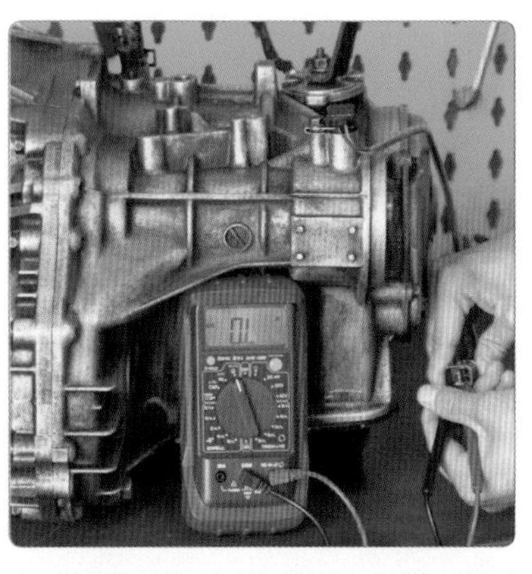

1. 입력축 속도 센서(PG – A)를 점검한다(∞Ω).

2. 출력축 속도 센서(PG – B)를 점검한다(247.1 Ω).

(1) 점검 결과

측정(점검)한 후 입 · 출력 센서 저항값이 규정 범위를 벗어나면 펄스 제너레이터를 교환한다.

(2) 차종별 P/G–A, B 규정값

차 종	규정값		차 종	규정값	
	P/G–A	P/G–B		P/G–A	P/G–B
쏘나타	245±30(20℃)	245±30(20℃)	라비타	215~275(20℃)	215~275(20℃)
아반떼 XD	1 MΩ 이상	1 MΩ 이상	트라제 XG/그랜저 XG	1 MΩ 이상	1 MΩ 이상

※ 펄스 제너레이터 점검 시 ∞Ω이 측정되면 배선 단선 여부를 유관으로 확인하고 저항을 측정한다.

입 · 출력(PG–A, PG–B) 속도 센서의 기능과 역할

❶ 펄스 제너레이터(PG–A) : 입력축 회전수를 검출한다.
- 자기 유도형 자력 발생
- 변속 시 유압 제어의 목적으로 킥다운 드럼 회전수를 검출한다.
- 표준치 : 245±30(Ω) 유온 온도 20℃ 기준

❷ 펄스 제너레이터(PG–B) : 출력축 회전수를 검출한다.
- 자기 유도형 자력 발생
- 차속의 검지를 위해 트랜스퍼 드라이브 기어의 회전수를 검출한다.
- 표준치 : 21.3×30(Ω) 유온 온도 20℃ 기준

7 자동 변속기 유압 점검

(1) 자동 변속기 유압 점검

자동 변속기 유압 게이지 확인 및 유압 점검

① 자동 변속기 오일 온도가 70~80 ℃가 될 때까지 충분히 워밍업시킨다.

② 자동차 바퀴(타이어)가 구동되도록 리프트 업시킨다.

③ 특수 공구 오일 압력 게이지(0~30 kgf/cm^2)를 해당되는 유압 취출구에 설치한다.

④ 기준 유압표에 있는 조건으로 각부 유압을 측정하고 기준치에 들어 있는 것을 확인한다.

⑤ 기준을 벗어날 경우 유압 테스트 진단표를 기초로 진단하며 정비 수리를 통해 부품을 교환할 필요가 있을 때는 자동 변속기를 분해하여 해당 부품을 교체한다.

자동 변속기 오일 압력 규정값									
측정 조건			기준 유압(kgf/cm^2)						
변속 선택	변속단 위치	엔진 회전수 (r/min)	언더드라이브 클러치압 (UD)	리버스 클러치압 (REV)	오버드라이브 클러치압 (OD)	로 & 리버스 브레이크압 (LR)	세컨드 브레이크압 (2ND)	댐퍼클러치 공급압 (DA)	댐퍼클러치 해방압 (DR)
P	주차	2500	–	–	–	2.7~3.5	–	–	–
R	후진	2500	–	13.0~18.0	–	13.0~18.0	–	–	–
N	중립	2500	–	–	–	2.7~3.5	–	–	–
D	1	2500	10.3~10.7	–	13.0~10.7	–	–	–	
	2	2500	10.3~10.7	–	–	10.3~10.7	–	–	
	3	2500	8.0~9.0	8.0~9.0	–	–	7.5 이상	0~0.1	
	4	2500	–	8.0~9.0	–	8.0~9.0	7.5 이상	0~0.1	

(2) UD(언더드라이브) 및 OD(오버드라이브) 클러치 압력 측정

1. A/T 자동 변속기 시뮬레이터 엔진을 시동한다.

2. 변속 선택 레버를 D 위치로 한다.

3. 현재 변속 패턴을 계기판 변속 표시계로 확인한다.

4. 엔진을 2500 rpm으로 유지한다.

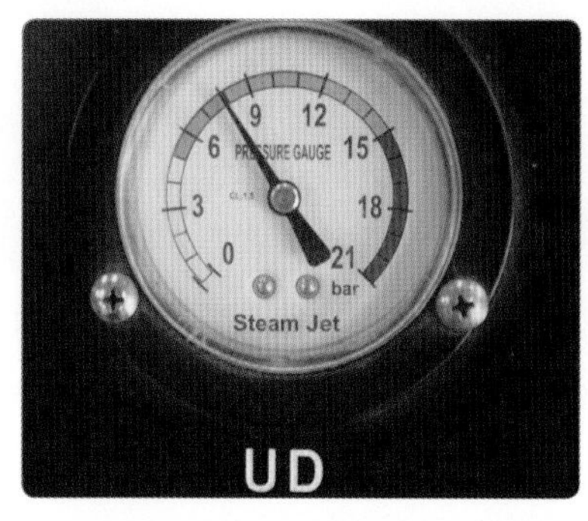

5. UD(언더드라이브) 클러치 압력을 확인한다(7.9 kgf/cm^2).

6. OD(오버드라이브) 클러치 압력을 확인한다(7.8 kgf/cm^2).

(3) 킥다운 서보 압력 및 감압 측정

킥다운 서보 압력 및 감압 측정

1. A/T 자동 변속기 시뮬레이터 엔진을 시동한다.

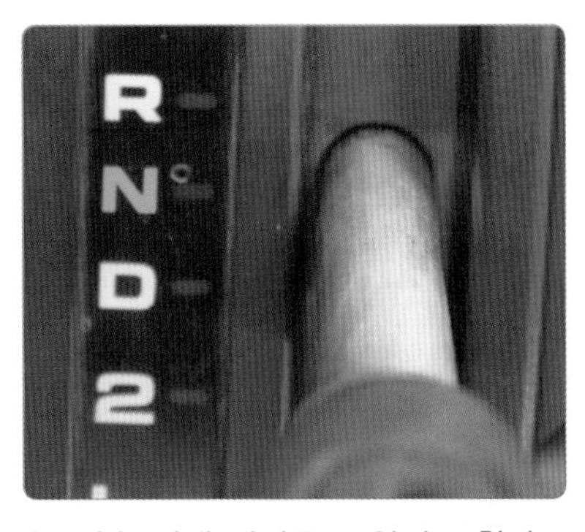

2. 변속 선택 레버를 D 위치로 한다.

3. 변속 선택 레버를 D에 놓고 가속 페달을 밟는다(엔진 rpm이 2500 rpm이 되도록 유지한다).

4. A/T 오일 압력을 측정한다.
서보 공급 압력 : 6.4 kgf/cm^2,
감압 : 3.9 kgf/cm^2

5. 엔드 클러치 압력을 측정한다.
(7.8 kgf/cm^2)

6. 엔진 시동을 OFF하고 측정한 값을 기록지에 기록한다.

킥다운 오일 압력 규정값

조 건			규정 오일 압력(kgf/cm^2)							
레버 위치	엔진 속도	변속 위치	① 감압	② 서보 공급압	③ 리어 클러치	④ 프런트 클러치	⑤ 엔드 클러치	⑥ 로 & 리버스	⑦ 토크 컨버터	⑧ 댐퍼 클러치
N	공회전	중립	4.1~4.3	○	○	○	○	○	○	○
D	약 2500	4단 기어	4.1~4.3	8.7~9.1	○	○	8.5~8.9	○	○	6.4~7.0 (D/C작동 시)
D	약 2500	3단 기어	4.1~4.3	8.6~9.0	8.6~9.0	8.4~8.8	8.6~9.0	○	○	
D	약 2500	2단 기어	4.1~4.3	8.7~9.1	8.6~9.0	○	○	○	○	
L	약 1000	1단 기어	4.1~4.3	○	8.6~9.0	○	○	3.5~4.3	4.3~4.9	2.4~2.8(D/C 비작동 시)
R	약 2500	후진	4.1~4.3	○	○	18.5~19.5	○	18.5~19.5	4.4~5.0	2.7~3.5(D/C 비작동 시)

8 자동 변속기 오일 펌프 탈부착

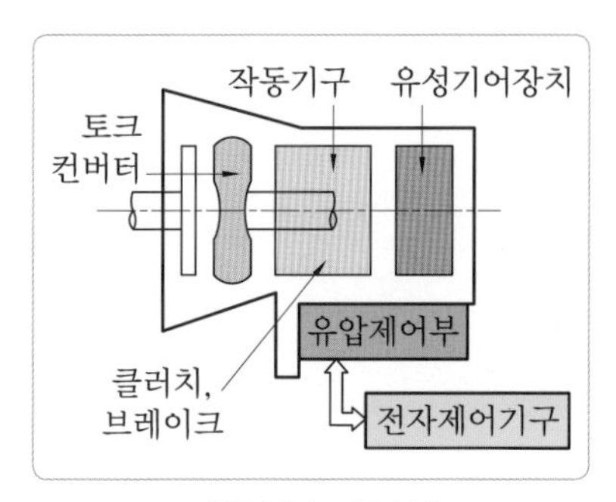

자동 변속기 구성

토크 컨버터와 A/T 오일 펌프 구동

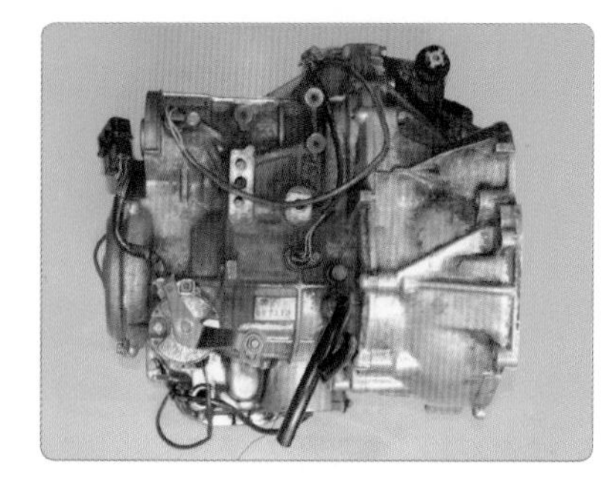

1. 주어진 자동 변속기를 정렬한다.

2. 토크 컨버터 하우징을 탈거한다.

3. 개스킷을 제거한다.

4. 오일 펌프 고정 볼트를 분해한다.

5. 오일 펌프를 점검한다.

6. 오일 펌프를 조립한다(A/T 오일을 도포한다).

7. 자동 변속기 개스킷을 조립한다.

8. 토크 컨버터 하우징을 조립한다.

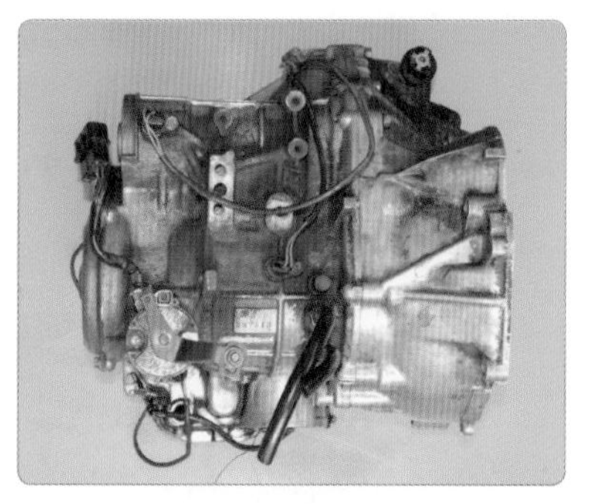

9. 자동 변속기를 정렬한다.

자동 변속기의 구성 요소

❶ 토크 컨버터
❷ 작동 기구(클러치, 브레이크)
❸ 유성 기어 장치
❹ 유압 제어 기구
❺ 전자 제어 기구

9 엔드 클러치 교환

엔드 클러치 탈부착 자동 변속기 확인

1. 자동 변속기 엔드 클러치 커버 고정 볼트를 탈거한다.

2. 자동 변속기 엔드 클러치 커버를 탈거한다.

3. 엔드 클러치를 탈거한다.

4. 엔드 클러치 어셈블리를 정렬한다.

5. 엔드 클러치 허브를 분리한다.

6. 엔드 클러치 고정 스냅링을 탈거한다.

7. 엔드 클러치를 정렬한다(이상 유무 확인 디스크면에 홈이 있고 웨이브가 형성되면 불량이다).

8. 엔드 클러치 하우징을 정렬한다.

9. 엔드 클러치 디스크 마모나 휨 상태를 면밀하게 점검한다.

10. 분해된 엔드 클러치 세트를 정렬한다.

11. 엔드 클러치를 조립한다(1).

12. 엔드 클러치를 조립한다(2).

13. 조립된 엔드 클러치를 정렬한다.

14. 스냅링을 조립한다.

15. 엔드 클러치 어셈블리를 조립한다.

16. 엔드 클러치 커버를 설치하고 고정 볼트를 조립한다.

17. 자동 변속기를 정렬한다.

10 자동 변속기 분해 조립

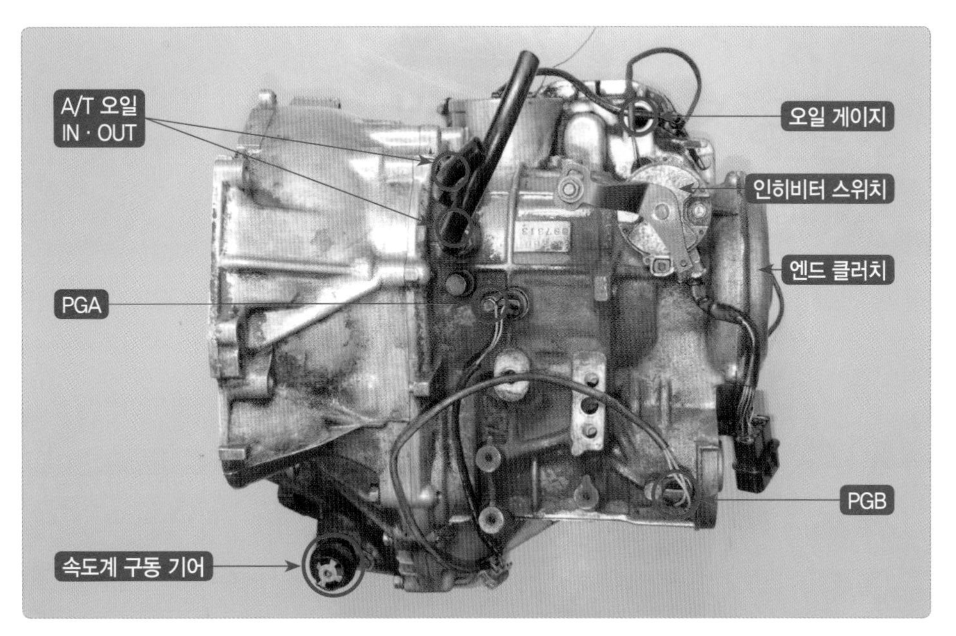

분해할 자동 변속기 정렬

1. PG-A(입력축 속도 센서)를 분해한다.

2. PG-B(출력축 속도 센서)를 분해한다.

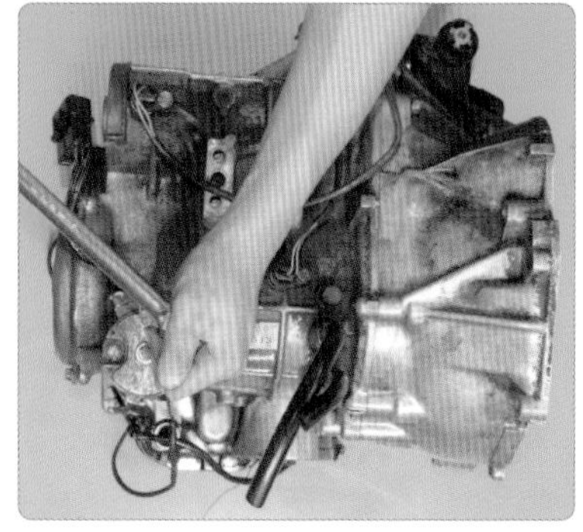

3. 인히비터 스위치를 탈거한다.

4. 킥다운 서보 스위치를 탈거한다.

5. 킥다운 서보를 탈거한다.

6. 컨버터 하우징을 탈거한다.

7. 컨버터 하우징 개스킷을 탈거한다.

8. 오일 펌프 고정 볼트를 탈거한다.

9. 오일 펌프 어셈블리를 정렬한다.

10. 차동 기어를 탈거한다.

11. 입력축과 프런트 클러치, 리어 클러치를 분해한다.

12. 리어 클러치 허브를 분해한다.

13. 베어링을 분해하여 정렬한다.

14. 킥다운 드럼을 탈거한다.

15. 킥다운 브레이크 밴드를 탈거한다.

16. 센터 서포트(로-리버스 브레이크 피스톤) 고정 스냅링을 탈거한다.

17. 센터 서포트(로-리버스 브레이크 피스톤)를 분해한다.

18. 전·후진 선 기어를 탈거한다.

19. 유성 기어를 탈거한다.

20. 로-리버스 브레이크를 탈거한다.

21. 엔드 클러치 커버를 탈거한다.

22. 엔드 클러치를 탈거한다.

23. 엔드 클러치 허브를 탈거한다.

24. 엔드 클러치 허브 축을 탈거한다.

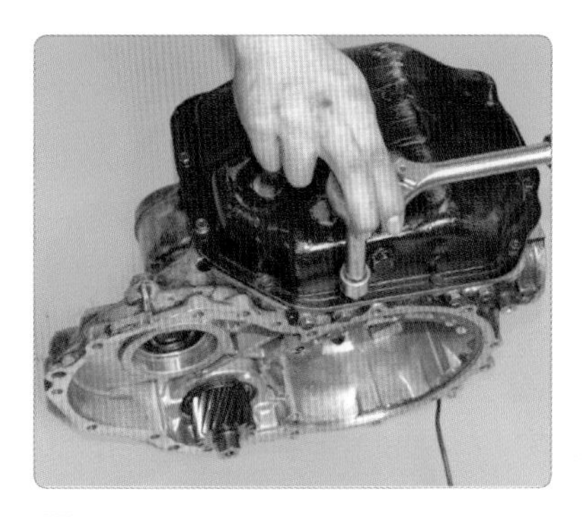

25. 오일팬을 탈거한다.

26. 오일 여과기를 탈거한다.

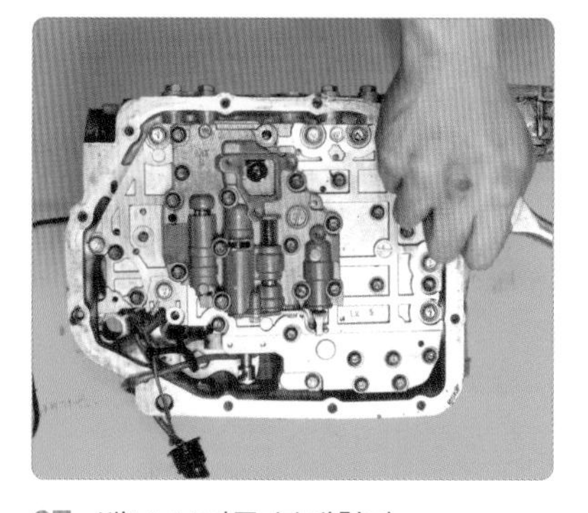

27. 밸브 보디를 분해한다.

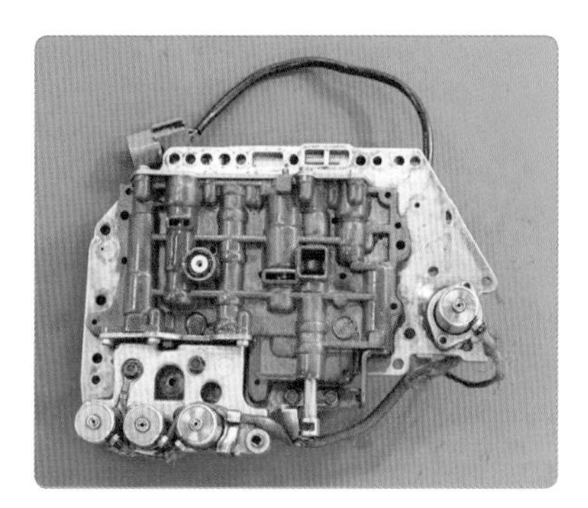

28. 밸브 보디를 정렬한다. 교체 품목(소모품)은 일괄 교체한다.

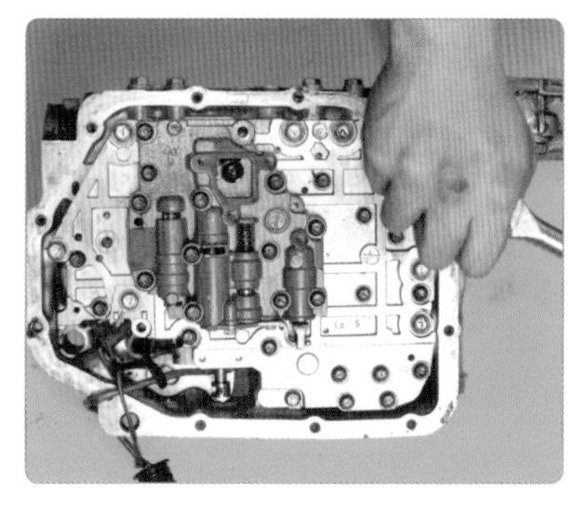

29. 밸브 보디를 조립한다. (10 mm 볼트)

30. 오일 여과기를 조립한다.

31. 오일팬을 조립한다.

32. 엔드 클러치 허브축을 조립한다.

33. 엔드 클러치 허브를 조립한다.

34. 허브 스페이스를 조립한다.

35. 엔드 클러치를 조립한다.

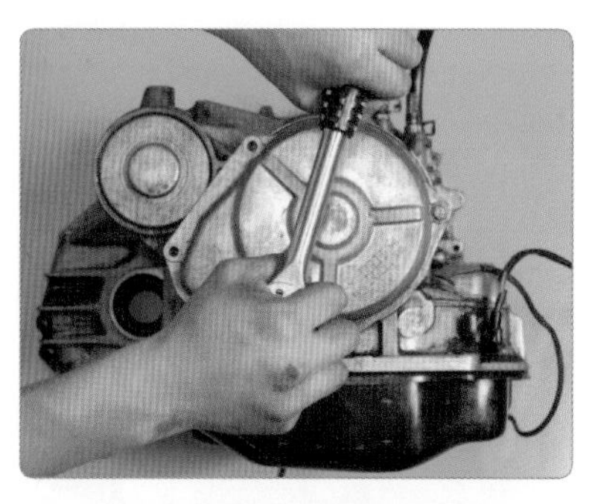

36. 엔드 클러치 커버를 조립한다.

37. 유성 기어를 조립한다.

38. 전 · 후진 선 기어를 조립한다.

39. 로-리버스 브레이크를 조립한다.

40. 센터 서포트(로-리버스 브레이크 피스톤)를 조립한다.

41. 센터 서포트(로-리버스 브레이크 피스톤) 고정 스냅링을 조립한다.

42. 킥다운 브레이크 밴드를 조립한다.

43. 입력축과 프런트 클러치, 리어 클러치를 조립한다.

44. 니들 베어링을 조립한다.

45. 차동 기어를 조립한다.

46. 오일 펌프를 조립한다.

47. 컨버터 하우징과 개스킷을 조립한다.

48. 킥다운 서보를 조립한다.

49. 킥다운 서보 스위치를 조립한다.

50. 인히비터 스위치를 조립한다.

51. PG-B(출력축 속도 센서)를 조립한다.

52. PG-A(입력축 속도 센서)를 조립한다.

53. 토크 컨버터를 조립한다.

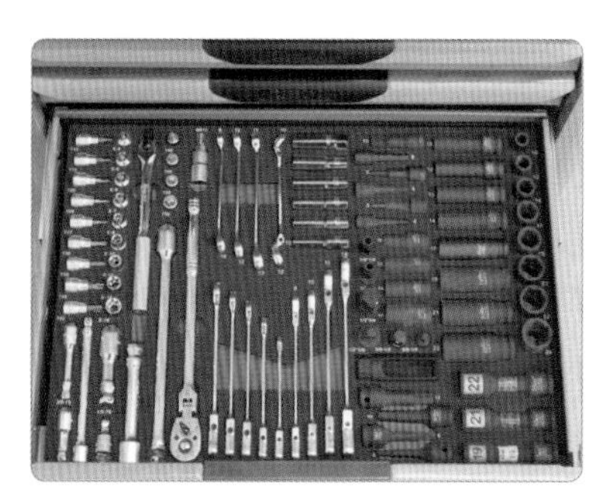

54. 일반 공구 툴 박스를 정리한다.

11 자동 변속기 오일 교환

1. 차량을 리프트에 배치하고 주차 브레이크를 당긴다.

2. 자동 변속기 오일 교환기를 준비한다.

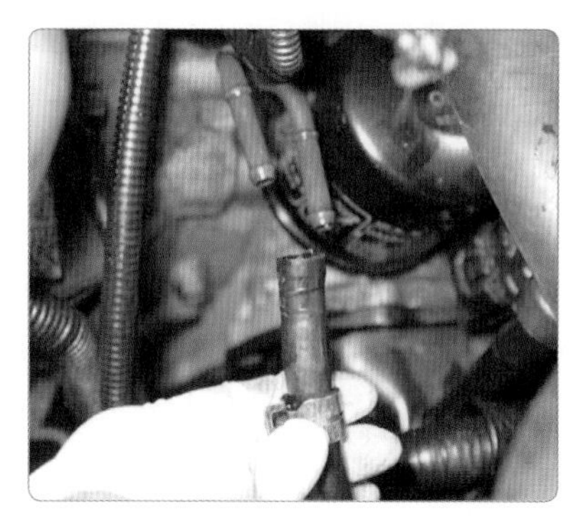

3. 차량의 오일 쿨러 in, out 2개를 분리한다.

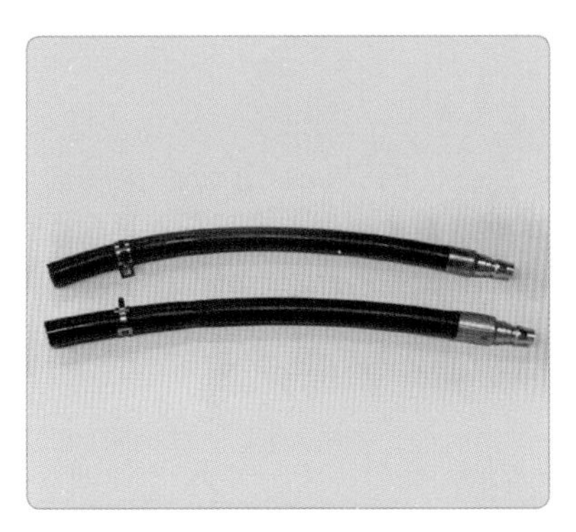

4. 오일 쿨러 호스 어댑터를 준비한다.

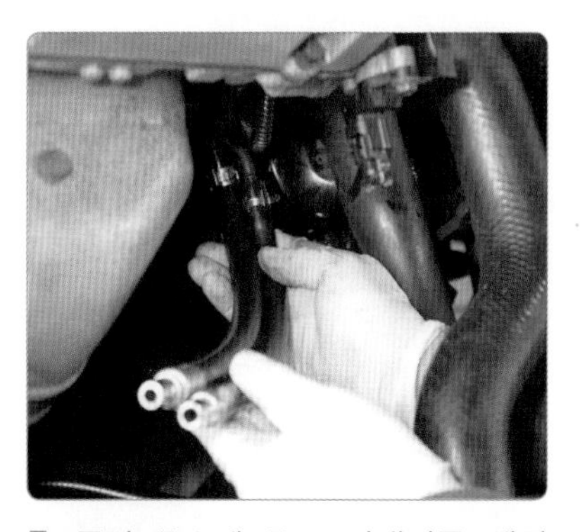

5. 쿨러 호스에 호스 어댑터를 체결한다.

6. 장비 클립과 호스 어댑터에 연결한다.

7. 장비에 전원을 연결한다.

8. 장비 뒤 자동 변속기 오일 통의 오일 양을 확인한다.

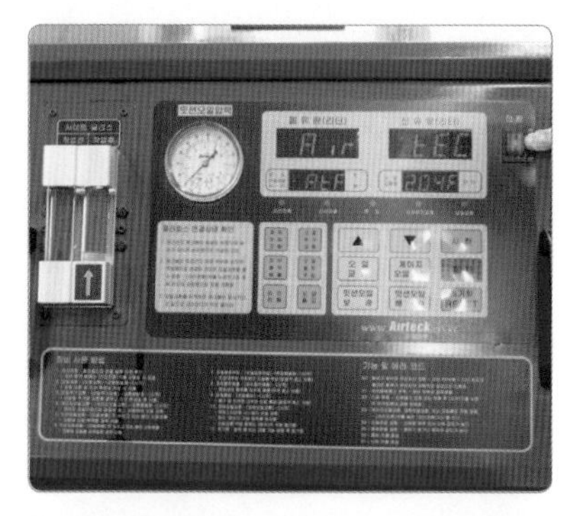

9. 장비 전원을 ON시키고 엔진을 시동한다.

10. 자동 변속기 선택 레버를 차례로 각 위치에 이동시킨 후 선택 레버를 N 또는 P 위치에 놓는다.

11. 오일 점검창에서 오일 순환 상태를 확인한다(오일 흐름이 반대일 경우 라인 전환 : 쿨러 호스 연결 방향을 전환한다).

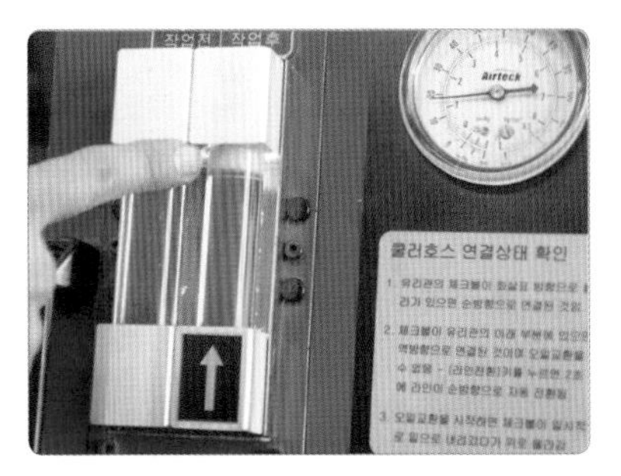

12. 오일 흐름 상태를 확인한다.

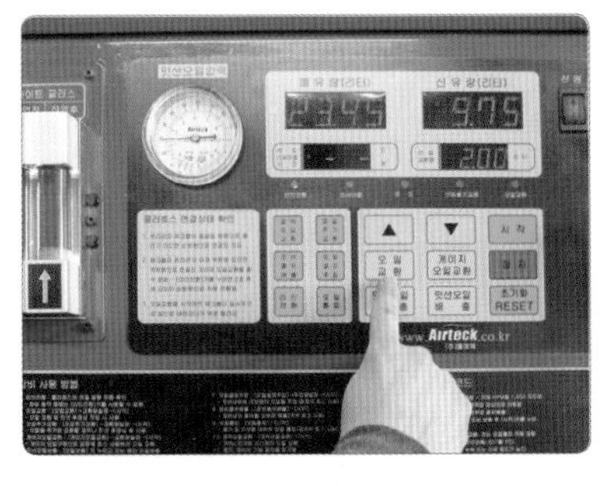

13. 오일 교환 버튼을 누른다.

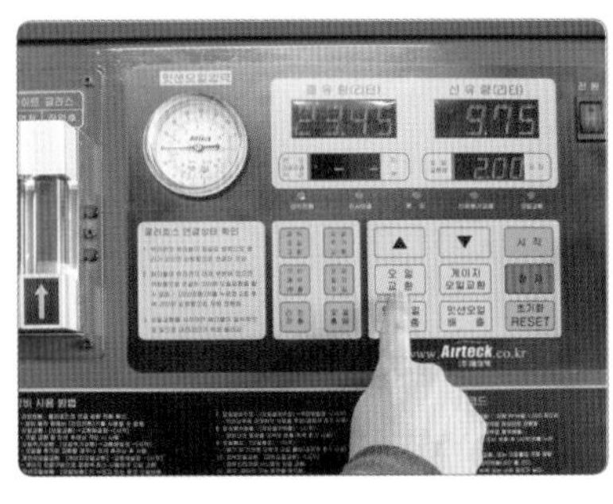

14. 교환할 신유량을 설정한다.

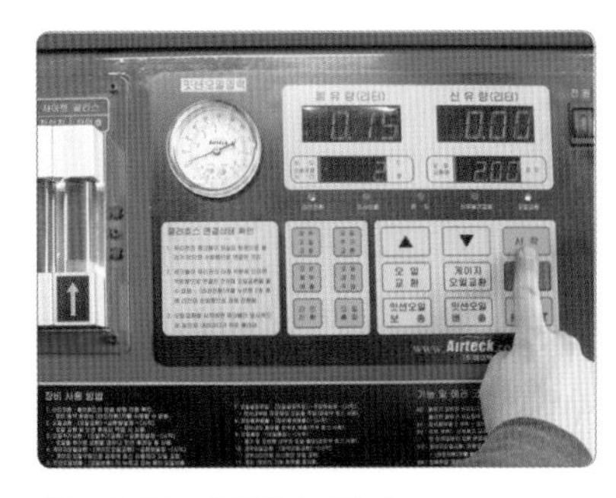

15. 시작 버튼을 누른다.

16. 회수되는 폐유와 신유의 공급 상태를 확인한다.

17. 공급되는 신유량을 확인한다.

18. 회수되는 폐유와 신유를 비교한다.

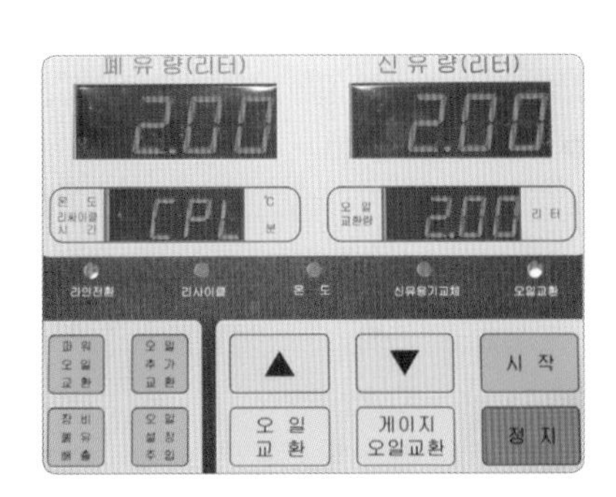

19. 공급된 신유와 폐유량을 확인한다.

20. 오일 쿨러 호스를 정리하고 장비를 정리한다.

21. 자동 변속기 오일교환 장비를 정리한다.

4 차동장치 점검

실습목표 (수행준거)	1. 차동장치의 작동 상태를 파악하고 관련 장치를 점검할 수 있다. 2. 차동장치의 고장 진단 시 안전 작업 절차에 따라 고장 원인을 분석할 수 있다. 3. 차동장치 교환 시 교환 목록을 확인하여 교환 작업을 수행할 수 있다. 4. 차동장치 진단 내용을 바탕으로 매뉴얼에 따라 수리하고 검사할 수 있다.

1 관련 지식

1 차동장치의 필요성

엔진에서 발생된 동력은 변속기에서 변속, 즉 회전 속도를 바꾸고(감속 또는 증속) 동시에 토크를 변환하여 FR 자동차의 경우 추진축을, FF 자동차인 경우에는 드라이브 샤프트를 거쳐 구동휠에 전달된다. 그러나 이대로는 자동차 주행에 필요한 토크가 충분하지 않으므로 더욱 감속시켜 토크를 증대시키고 또 추진축의 회전을 좌우 구동휠에 직각으로 전달하기 위하여 추진축과 구동휠 사이에 종감속 기어를 설치한다.

2 차동장치의 기능

① 회전 토크를 증가시켜 전달한다.

② 회전 속도를 감소시킨다.

③ 필요에 따라 동력 전달 방향을 변환시킨다.

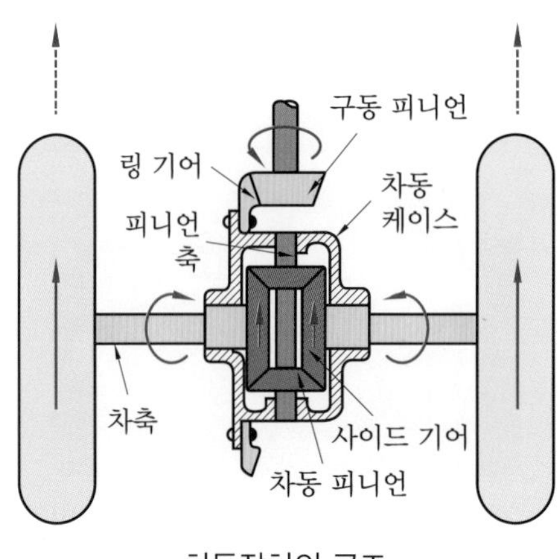

차동장치의 구조

3 종감속 기어와 차동 기어 장치

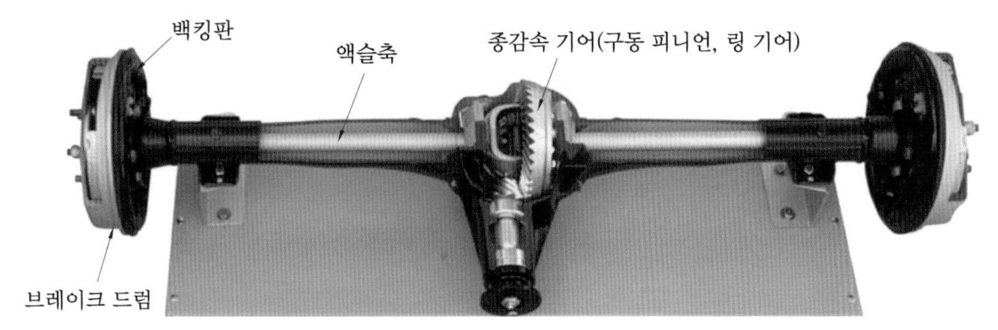

종감속 기어 및 액슬축

(1) 종감속 기어(final reduction gear)

종감속 기어는 구동 피니언과 링 기어로 되어 있으며, 추진축의 회전력을 직각으로 전달하여 엔진의 회전력을 최종적으로 감속시켜 구동력을 증가시킨다. 종감속 기어의 종류에는 웜과 웜 기어, 베벨 기어, 하이포이드 기어가 있으며 현재는 주로 하이포이드 기어를 사용한다.

(2) 차동 기어 장치(differential gear system)

자동차가 선회 시 좌우 바퀴의 회전차가 발생하게 되며 도로 노면의 여러 가지 상황에 맞는 회전이 필요하다. 자동차가 좌 또는 우 선회 시 바깥쪽 바퀴가 안쪽 바퀴보다 더 많이 회전해야 한다. 차동 기어 장치는 노면의 저항을 적게 받는 구동 바퀴 쪽으로 동력이 더 많이 전달될 수 있도록 되어 있다(랙과 피니언의 원리를 이용).

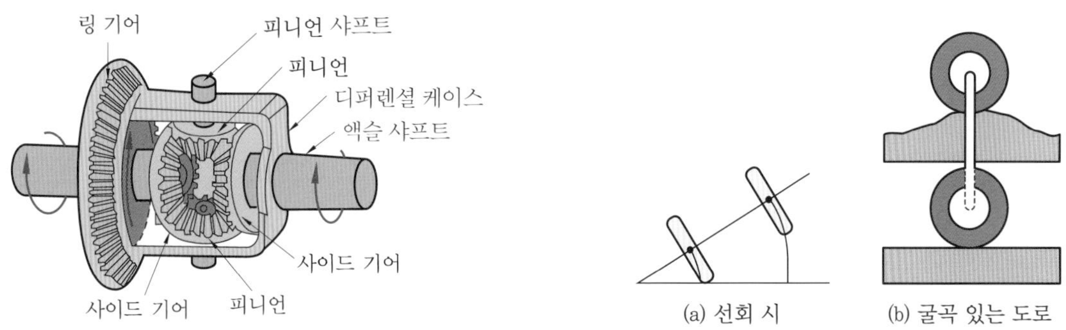

차동 기어의 외관 및 구조

(3) 자동 제한 차동 기어 장치(LSD : limited slip differential gear system)

차동장치는 좌우 바퀴의 회전 저항이 작은 쪽으로 동력이 인출되어 바퀴의 회전차가 이루어지도록 작동된다. 그래서 한쪽이 미끄러운 노면을 주행하거나 한쪽 바퀴가 진흙탕에 빠지는 경우 한쪽 바퀴로 동력이 전달되는 단점이 있다. 이와 같은 단점을 보완하기 위해 차동장치 내부에 마찰 저항이 발생될 수 있도록 장치를 두어 차량 구동력을 증대시키고 좌우 바퀴에 구동력이 전달되도록 한 장치이다.

① 구동력이 증대되어 눈길 등 미끄러운 노면에서 출발이 쉽다.

② 경사진 도로에서 주 · 정차가 쉽다.

③ 코너링 주행 시 횡풍에 대한 주행 안전성을 유지할 수 있다.

④ 미끄럼이 방지되어 타이어 수명을 연장할 수 있다.

2 차동장치 점검

1 종감속 기어 탈부착

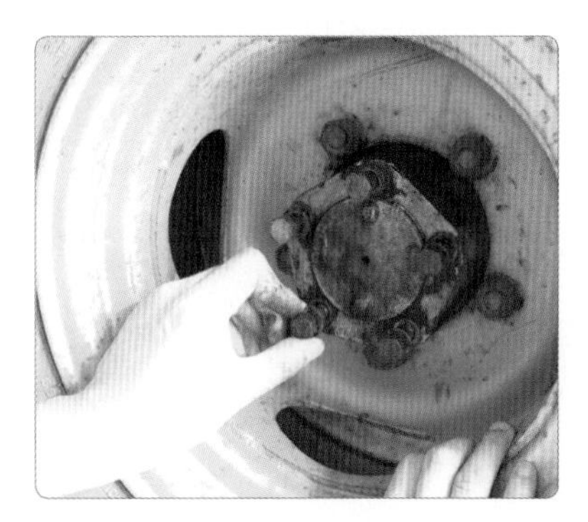

1. 액슬축 고정 볼트를 탈거한다(좌우 바퀴).

2. 액슬축을 바퀴에서 분리한다(좌우 바퀴).

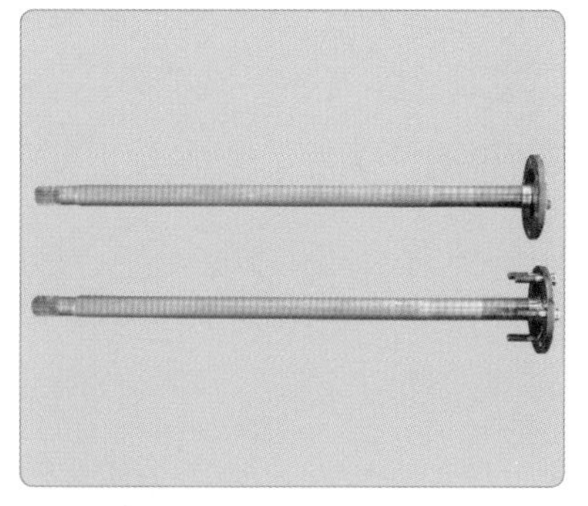

3. 좌우 액슬축을 탈거한다.

4. 액슬축 허브 베어링의 급유 상태를 확인한다.

5. 종감속 기어에서 추진축 요크를 탈거한다.

6. 액슬 하우징에서 차동 기어 고정 볼트를 탈거한다.

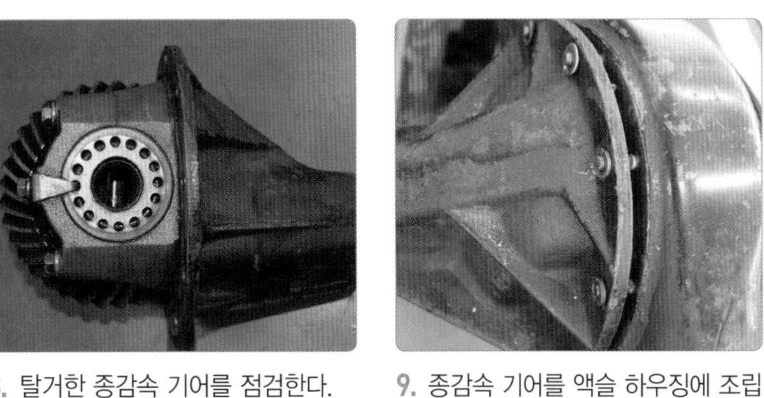

7. 종감속 기어를 액슬 하우징에서 탈거한다.

8. 탈거한 종감속 기어를 점검한다.

9. 종감속 기어를 액슬 하우징에 조립한다.

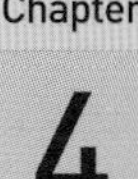

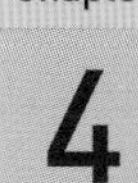

10. 좌우 바퀴 액슬축을 종감속 기어에 조립한다.

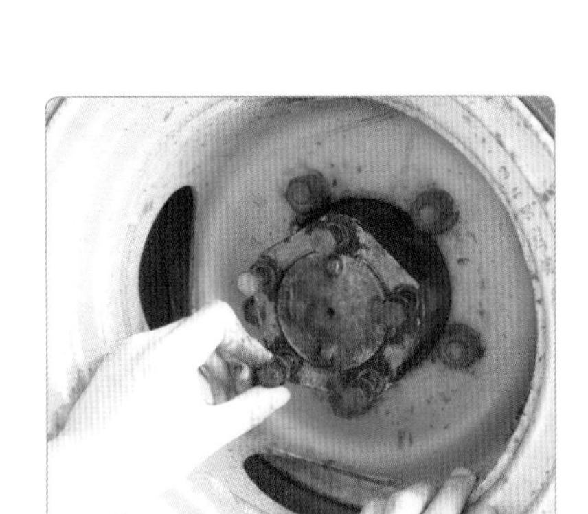

11. 액슬축 고정 볼트를 조립한다.

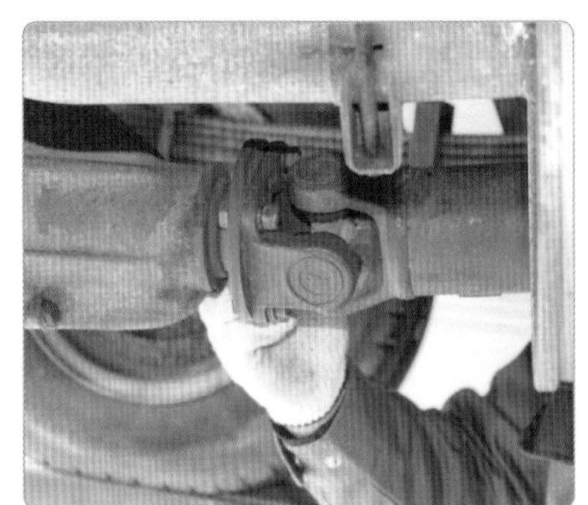

12. 추진축 요크를 종감속 기어에 조립한다.

① **측정(점검)** : 종감속 기어 백래시 측정값 0.28 mm, 런아웃 측정값 0.02 mm를 정비 지침서 규정값을 기준으로 확인한다.

② **정비(조치) 사항** : 측정한 값이 불량 시 어저스트 스크루로 조정하거나 심으로 넣어 규정값에 맞추어 조정한다.

③ 백래시 규정값

차 종	링 기어	
	백래시	런아웃
스타렉스, 그레이스	0.11~0.16 mm	0.05 mm 이하

일체식에서 액슬축 지지방식

❶ **반부동식** : 차량 중량을 1/2 정도 지지하고 차량 중량이 적은 승용차에 많이 사용하며 굽힘 및 충격 하중을 많이 받는다.

❷ **3/4 부동식** : 액슬축의 바깥 끝에 바퀴허브가 설치되며 차축 하우징에 1개의 베어링을 두고 설치한다.

❸ **전부동식** : 바퀴 전체가 하우징 끝부분에 설치되며 베어링 2개가 지지하고 대형 차량에 많이 사용한다.

2 종감속 기어 백래시 측정

종감속 기어 백래시 점검

1. 링 기어에 다이얼 게이지 스핀들을 설치한 후 0점 조정한다.

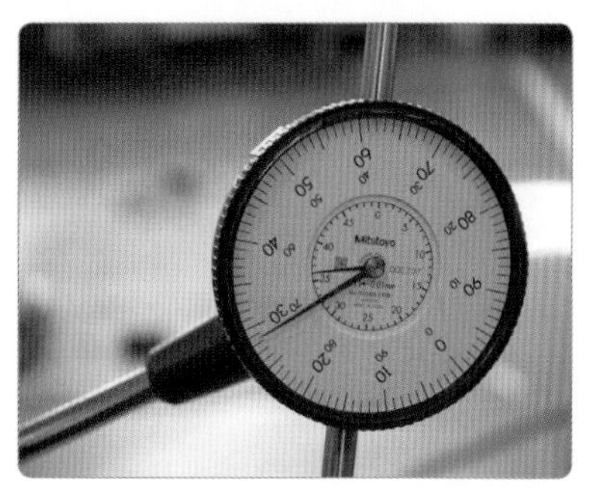

2. 구동 피니언 기어를 고정하고 링 기어를 움직여 백래시를 측정한다.

3. 링 기어 후면에 다이어얼 게이지를 설치하고 0점 조정한다.

4. 링 기어를 1회전시킨다(런아웃 측정값).

3 링 기어의 접촉 상태 점검

(1) 점검

1. 링 기어에 다이얼 게이지 스핀들을 링 기어와 직각이 되도록 설치한 뒤 다이얼 게이지를 0점 조정한다.

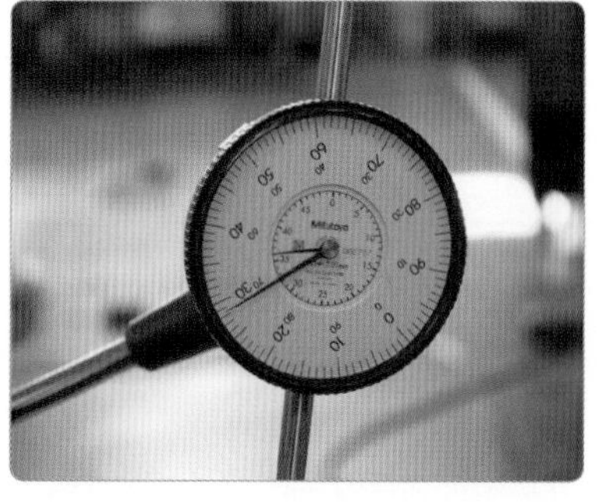

2. 구동 피니언 기어를 고정하고 링 기어를 앞뒤로 움직여 백래시를 측정한다.

3. 측정용 링 기어면을 닦아낸다.

4. 기어 접촉면에 인주를 고르게 바른다.

5. 링 기어와 구동 피니언 기어를 접촉시킨다.

6. 접촉된 기어면을 확인한다.

(2) 기어 접촉 상태 수정 방법

종 류	내 용	링 기어 접촉면	수정 방법
정상 접촉	구동 피니언과 링 기어가 기어의 중앙에 접촉된 상태이다.	토	
토 접촉	구동 피니언이 링 기어의 소단부(기어 이빨 사이의 폭이 좁은 안쪽)와 접촉하는 상태이다.	토	구동 피니언을 밖으로 이동시키거나, 링 기어를 안쪽으로 이동시켜 조정한다.
플랭크 접촉	백래시 과소로 인하여 링 기어의 이뿌리 쪽에 구동 피니언이 접촉하는 상태이다.	토	
힐 접촉	구동 피니언이 링 기어의 대단부(기어 이빨 사이의 폭이 넓은 바깥쪽)와 접촉하는 상태이다.	토	구동 피니언을 안쪽으로 이동시키거나, 링 기어를 밖으로 이동시켜 조정한다.
페이스 접촉	백래시 과대로 인하여 링 기어 이끝에 구동 피니언이 접촉하는 상태이다.	토	

4 차동 기어 분해 조립

1. 차동 기어 캐리어 캡을 분해한다.

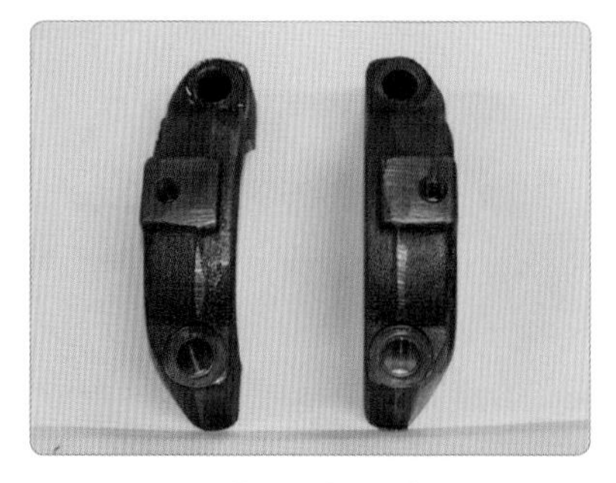

2. 캐리어 캡을 정렬한다(좌우가 바뀌지 않도록 주의한다.).

3. 차동 기어 케이스를 분리한다.

4. 링 기어 고정 볼트를 분해한다.

5. 링 기어를 분해하여 정렬한다.

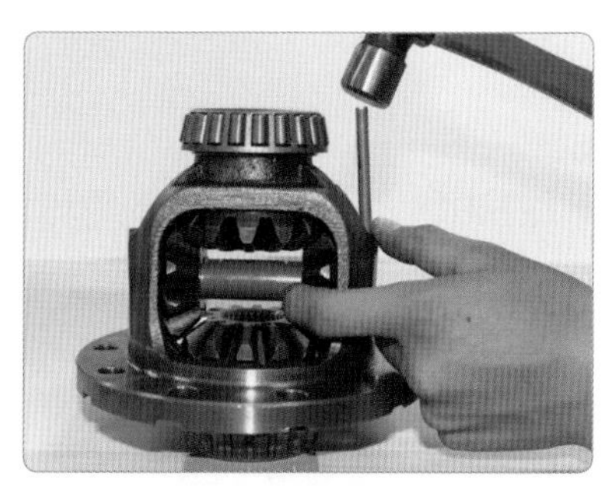

6. 차동장치 고정 핀을 분해한다.

7. 차동 기어 피니언 축을 분해한다.

8. 피니언 기어 및 사이드 기어를 분해한다.

9. 종감속 기어 하우징을 바이스에 물린다.

10. 구동 피니언 플랜지 고정 너트를 분해한다.

11. 구동 피니언 기어를 분해한다.

12. 플랜지를 분해한다.

13. 차동 기어 케이스를 정렬한다.

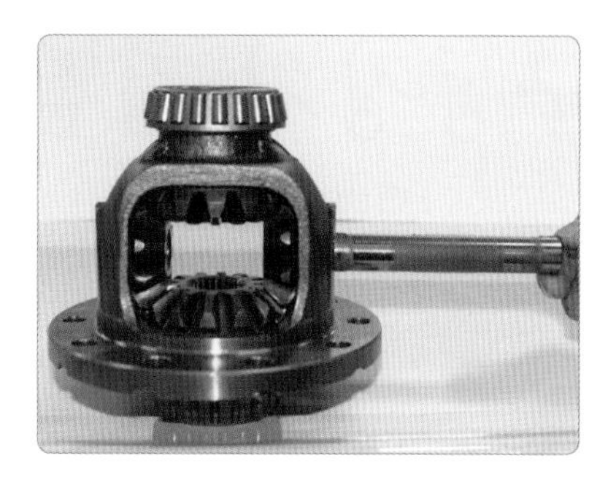

14. 사이드 기어와 피니언 기어를 조립하고 차동 피니언 축을 조립한다.

15. 차동 피니언 축 고정 핀을 조립한다.

16. 링 기어를 조립한다.

17. 구동 피니언 하우징에 구동 피니언과 플랜지를 조립한다.

18. 차동 기어 캐리어 캡과 링 기어 백래시 조정 볼트를 조립한다.

❶ 링 기어에 다이얼 게이지 설치 시 스핀들과 링 기어 접촉면이 직각이 되도록 설치한다.

❷ 백래시 조정은 심으로 조정하는 심 조정식과 조정 어저스트 스크루로 조정하는 스크루 조정 방식의 두 가지 방식이 있으며, 링 기어를 중심으로 안쪽 방향과 바깥쪽 방향으로 조정된다.

점검 부위	점검 목적
사이드 기어 백래시	기어 접속 상태와 이상 마모 상태 확인
링 기어 백래시	
링 기어 뒷면 평면도(런아웃)	드라이브 기어의 런아웃 점검이며 평면도 불량 시 진동의 원인
링 기어 접촉 상태	

5 구동장치 점검

실습목표 (수행준거)	1. 구동장치 작동 상태를 파악하고 관련 장치의 작동 상태를 확인할 수 있다. 2. 구동장치 고장 진단 시 안전 작업 절차에 따라 고장 원인을 분석할 수 있다. 3. 구동장치 교환 시 교환 목록을 확인하여 교환 작업을 수행할 수 있다. 4. 구동장치 진단 내용을 바탕으로 드라이브 라인을 수리하고 검사할 수 있다.

1 관련 지식

1 드라이브 라인 및 동력 배분 장치

드라이브 라인은 후륜(뒷바퀴) 구동 형식에서 변속기의 출력을 구동축에 전달하는 기능을 하며 관련 부품은 추진축, 자재 이음, 슬립 조인트 등으로 구성되어 있다. 또한 동력 배분 장치는 종감속 기어 및 차동 기어로 차량의 좌우 바퀴 회전 저항에 따른 바퀴의 회전차를 두어 원활한 차량 주행이 가능하게 된다.

2 전륜 구동 차축

독립 현가식 현가장치를 채용하는 경우 구동휠과의 연결부에는 보다 큰 각도의 변화에 대응할 수 있는 조인트를, 종감속 기어 측에는 길이의 변화에 대응할 수 있는 슬라이딩형 조인트를 사용한다.

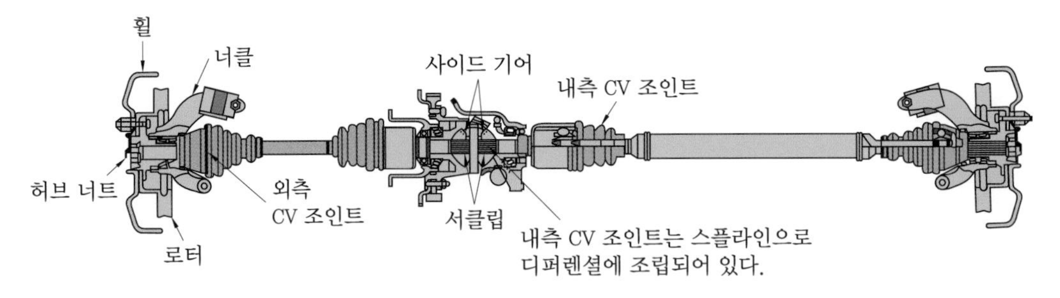

전륜 구동 차축 구성의 예

3 후륜 구동 차축

추진축은 동력 전달 중 강한 비틀림을 받으며 고속 회전을 하게 된다. 따라서 이에 견딜 수 있는 재질을 사용해야 하며 재료는 Cr-Mo강이나 Ni-Cr강을 사용한다.

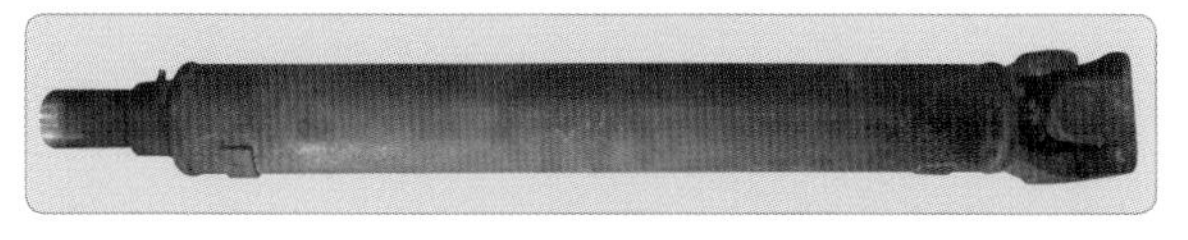

추진축

슬립 조인트

유니버설 조인트

유니버설 조인트 체결

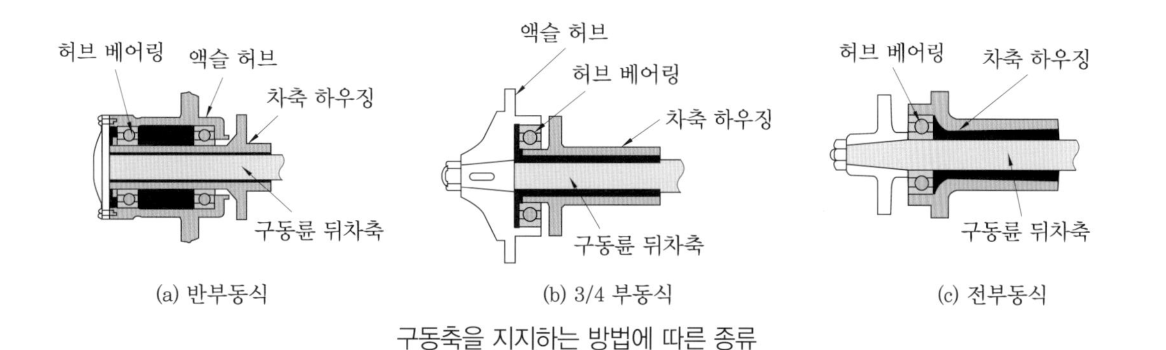

(a) 반부동식 (b) 3/4 부동식 (c) 전부동식

구동축을 지지하는 방법에 따른 종류

4 구동축 점검 및 조립 방법

(1) 구동축 점검 방법

① 버필드 조인트(B, J) 부분에 심한 유격이 있는지 점검한다.

② 벤딕스 와이스 유니버설 조인트 부분이 반지름 방향으로 돌아가는지 점검한다.

③ 다이내믹 댐퍼의 균열 및 마모를 점검한다.

④ 구동축 부트의 균열 및 마모 상태를 점검한다.

(2) 구동축 조립 방법

① 구동축 스플라인부와 변속기(트랜스 액슬) 접촉면에 기어 오일을 도포한다.

② 구동축을 조립한 후 손으로 잡아 당겨 빠지지 않는지 점검한다.

③ 조향 너클에 드라이브 축을 조립한다.

④ 조향 너클과 로커암 어셈블리 고정 볼트를 체결한다.

⑤ 조향 너클에 타이로드 엔드를 조립한다.

⑥ 조향 너클에 휠 스피드 센서를 조립한다.

⑦ 와셔의 볼록면이 바깥쪽을 향하도록 하고 너트와 분할 핀을 조립한다.

⑧ 프런트 휠 및 타이어를 장착한다.

2 구동장치 점검

1 추진축 탈부착

1. 작업 대상 차량을 확인한다.

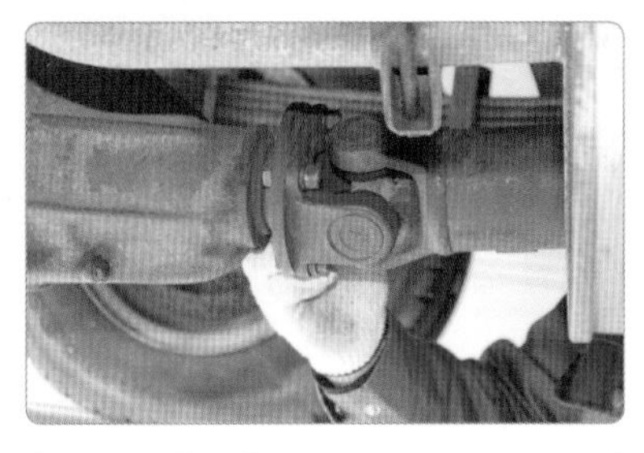

2. 차량 추진축 뒤 요크 볼트를 분해한다.

3. 추진축을 종감속 기어에서 분리한다.

4. 추진축을 뒤 요크를 잡고 뒤로 빼면서 변속기에서 분해한다.

5. 변속기 뒤 유니버설 조인트를 분해한다.

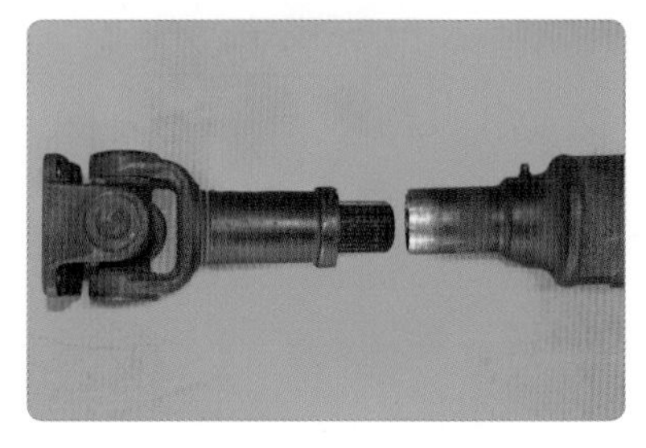

6. 분해된 유니버설 조인트를 정렬한다.

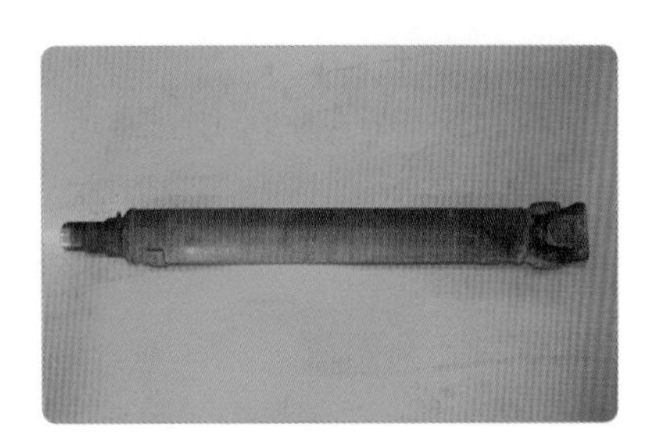

7. 추진축을 정렬한다.

8. 변속기 출력축 고정 볼트를 정위치시킨다.

9. 유니버설 조인트를 변속기 출력축에 조립한다.

10. 유니버설 조인트에 추진축을 조립한다.

11. 추진축과 종감속 기어에 고정 볼트를 체결한다.

12. 추진축 조립 상태를 확인한다.

2 후륜 액슬축 탈거

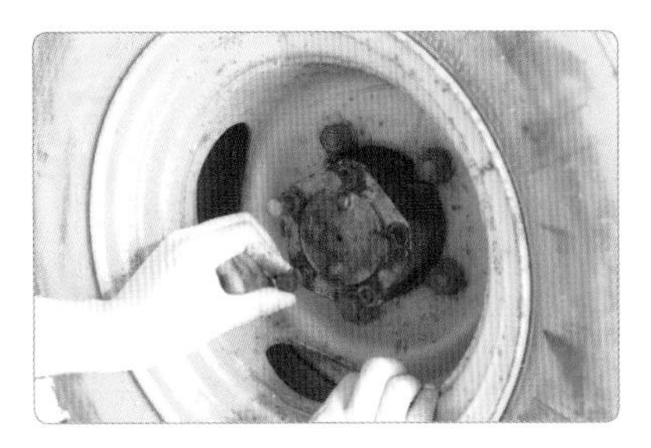
1. 바퀴 안쪽 액슬축 고정 볼트를 분해한다.

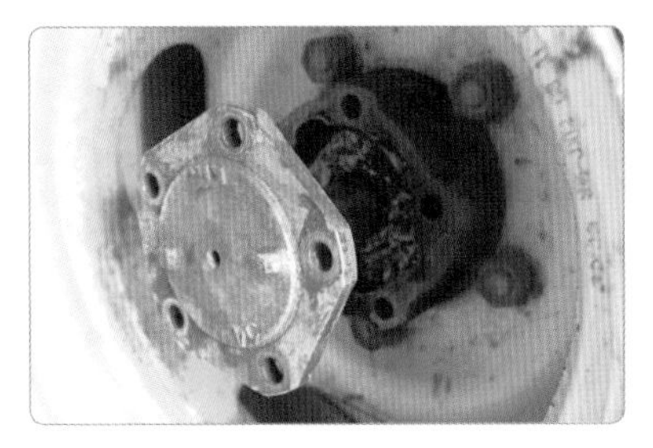
2. 액슬축을 뒷차축에서 분리한다.

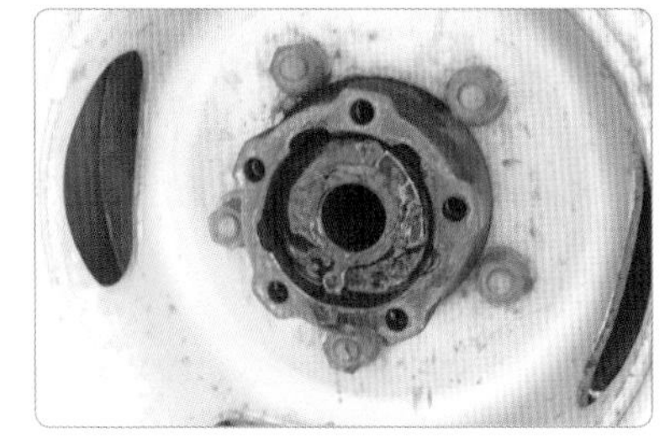
3. 액슬축을 탈거한다.

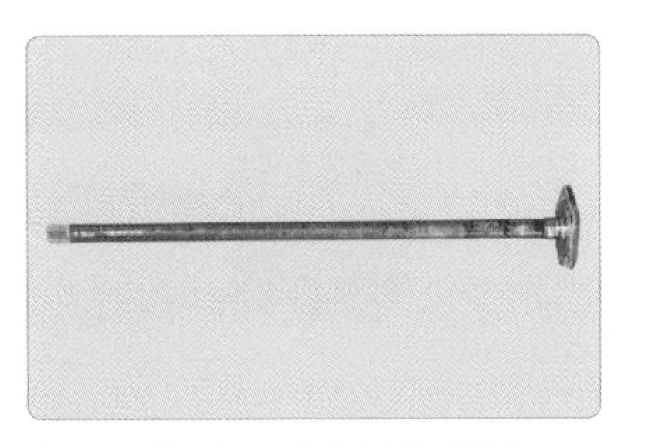
4. 구동축 마모 상태를 확인한다.

5. 액슬축을 조립한다.

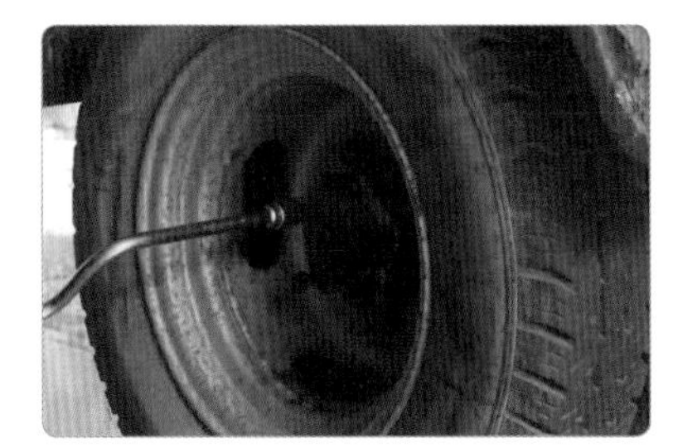
6. 차축을 정리한다.

3 등속축 탈부착

1. 바퀴를 프런트 허브에서 탈거한다.

2. 휠 허브 분할 핀과 고정 너트를 탈거한다(브레이크를 밟은 상태).

3. 브레이크 캘리퍼 마운팅 볼트를 푼 후 와이어로 묶어 고정시킨다.

4. 쇽업소버와 체결된 너클 고정 볼트를 탈거한다.

5. 허브를 전후좌우로 움직인 후 기울여 등속 조인트를 탈거한다.

6. 트랜스 액슬(변속기)과 등속 조인트 사이에 레버를 끼워 등속 조인트를 탈거한다.

7. 탈거한 등속 조인트 상태를 점검한다.

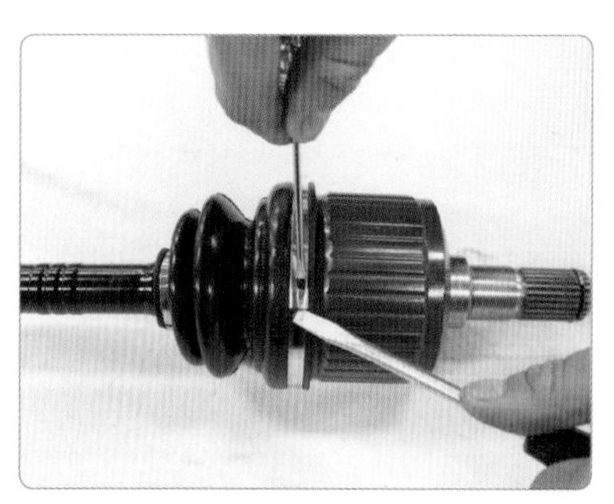

8. 고정 밴드(대)를 (–) 드라이버를 이용하여 탈거한다.

9. 고정 밴드(소)를 (–) 드라이버를 이용하여 탈거한다.

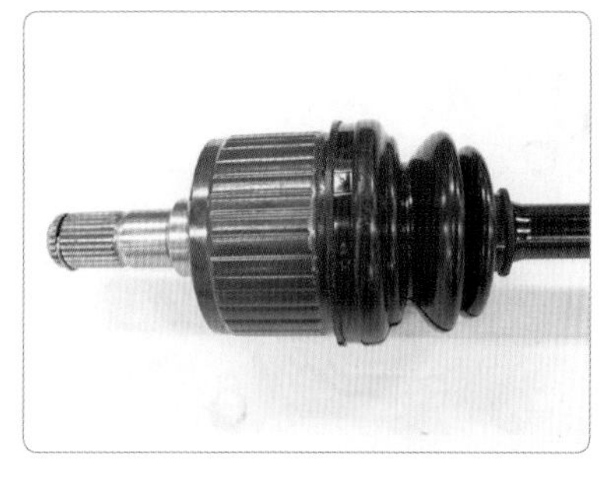

10. 고착된 고무 부트를 유격시킨다.

11. 고무 부트를 분리하여 뒤로 이동시킨다.

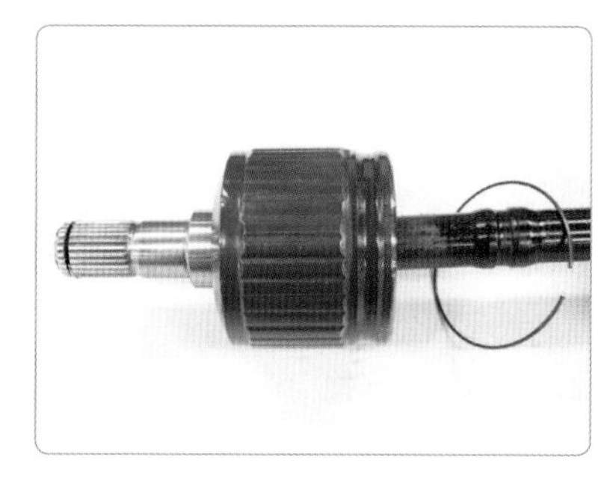

12. 스냅링 플라이어(작은 (–) 드라이버)를 이용하여 서클립을 분해한다.

13. 베어링 외측 레이스를 탈거한다.

14. 스냅링 플라이어(out)를 이용하여 베어링 고정 스냅링을 탈거한다.

15. 베어링 고정 스냅링을 탈거한다.

16. 분해된 부품을 확인하고 결함 요소를 점검한다.

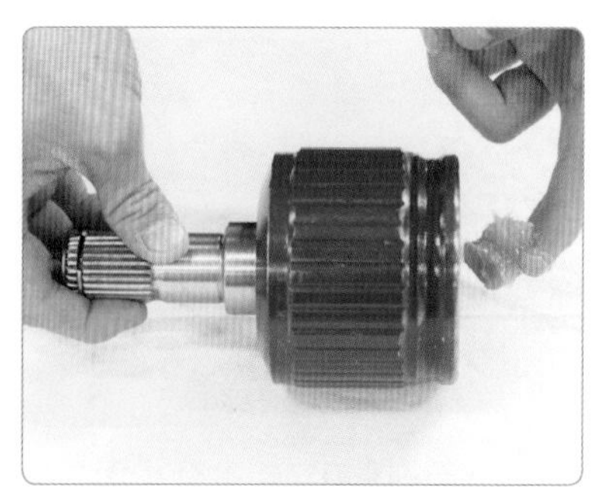

17. 베어링 접촉부에 그리스를 도포한다.

18. 베어링을 조립하고 베어링 고정 스냅링을 조립한다.

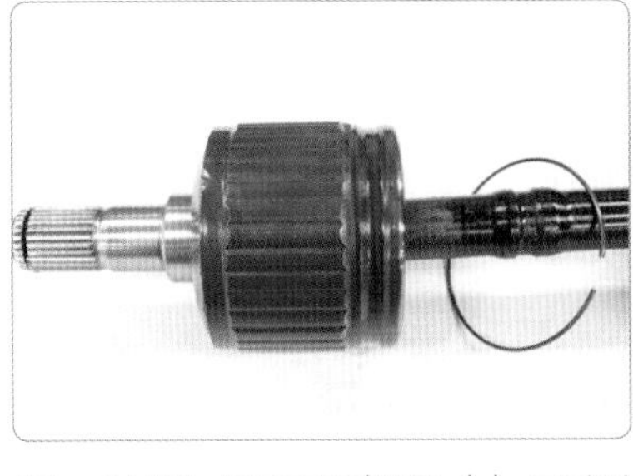

19. 스냅링 플라이어(작은 (-) 드라이버)를 이용하여 서클립을 조립한다.

20. 안쪽, 바깥쪽 부트 고정 밴드를 조립한다.

21. 등속 조인트를 트랜스 액슬에 체결한다.

22. 등속 조인트를 허브에 체결한다.

23. 바퀴 허브를 기울이고 움직여 등속 조인트를 조립한다.

24. 허브 너트를 조립한다.

25. 바퀴 허브 너클을 쇽업소버에 조립한다.

26. 브레이크 캘리퍼 마운팅 볼트를 조립한다.

27. 조립된 등속 조인트의 조립 상태를 확인한다.

4 고장 진단

<table>
<tr><th>점검 부위</th><th>진단 확인</th></tr>
<tr><td>자재 이음 소손 상태, 자재 이음 그리스 도포 상태
추진축 휨 측정, 축방향 유격 상태
휠 허브 베어링 회전 시 소음 상태 및 유격 상태</td><td>불량 시 주행 중 속도 증가에 따라 떨리는 느낌이 오면서 소음이 발생하는 원인이 된다.</td></tr>
<tr><td>부트 훼손 상태</td><td rowspan="2">불량 시 핸들을 최대로 회전한 상태에서 주행을 하면 소음이 발생하는 원인이 된다.</td></tr>
<tr><td>드라이브 샤프트 그리스 도포 상태</td></tr>
<tr><td>회전 토크(프리로드)</td><td>불량 시 연비 불량 및 소음 발생의 원인이 된다.</td></tr>
</table>

6 휠 및 타이어 점검

실습목표 (수행준거)	1. 휠 및 타이어 종류를 분류하고 관련 장치 규격을 이해할 수 있다. 2. 휠 및 타이어의 고장 진단 시 안전 작업 절차에 따라 고장 원인을 분석할 수 있다. 3. 휠 및 타이어 교환 시 교환 목록을 확인하여 교환 작업을 수행할 수 있다. 4. 휠 및 타이어 진단 내용을 바탕으로 매뉴얼에 따라 수리하고 검사할 수 있다.

1 관련 지식

1 휠 및 타이어

일반적으로 바퀴는 휠(wheel)과 타이어(tire)로 구성되어 있다. 바퀴는 자동차의 전체 중량을 분담 지지하고, 제동 및 주행 시의 회전력, 노면에서의 충격, 선회 시의 원심력, 자동차가 경사졌을 때의 옆방향 작용력 등을 충분히 지지한다. 휠은 타이어를 지지하는 림(rim)과 휠을 허브(hub)에 설치하는 디스크(disc)로 되어 있으며, 타이어는 림 베이스(rim base)에 삽입된다.

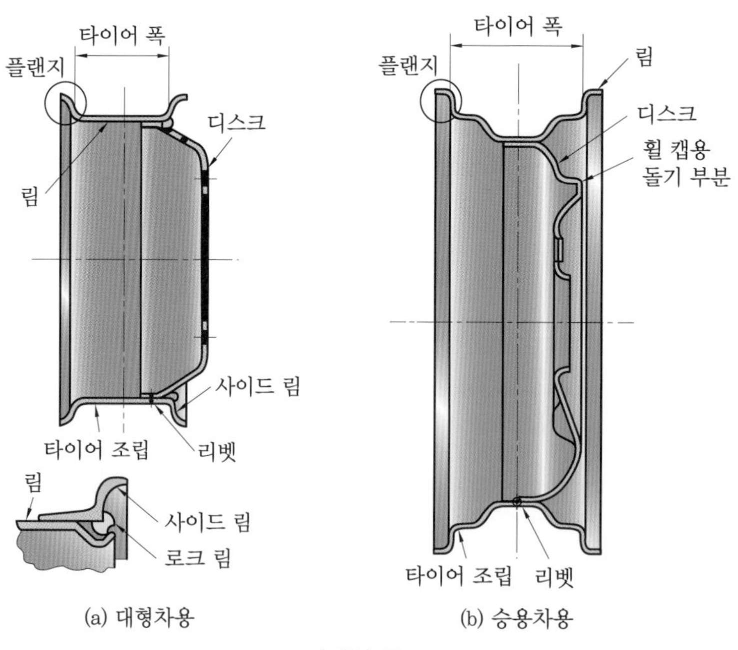

(a) 대형차용

(b) 승용차용

바퀴의 구조

2 타이어의 분류

(1) 사용 압력에 따른 분류

① 고압 타이어 : 타이어의 공기 압력이 4.2~6.3 kg/cm² 정도이며, 타이어가 두꺼워 고하중에 잘 견디므로 대형 트럭이나 버스 등에서 사용한다.

② 저압 타이어 : 타이어의 공기 압력이 2.0~2.5 kg/cm² 정도인 기본형으로 접지 면적이 넓고, 공기 주입량이 많아 완충 작용이 크다.

③ 초저압 타이어 : 타이어의 공기 압력이 1.7~2.0 kg/cm² 정도이며, 타이어 폭이 넓고 공기량이 많다.

종 류	공기압(kg/cm²)	종 류	공기압(kg/cm²)
2바퀴 자동차용	1.3~2.4	소형 트럭	3.2~6.3
승용차용 저압	2.0~2.5	트럭과 버스	4.2~6.3
승용차용 초저압	1.7~2.1		

3 타이어 규격 표시

① 타이어 상품명 : 타이어 모델의 이름과 시리즈를 나타낸다.

② 타이어의 용도

- P라고 표기된 타이어는 승용차용
- C라고 표기된 타이어는 카고 트럭용
- D라고 표기된 타이어는 덤프 트럭용
- B라고 표기된 타이어는 버스용

③ 편평비(aspect ratio) : 타이어의 폭에 대한 단면 높이의 비율

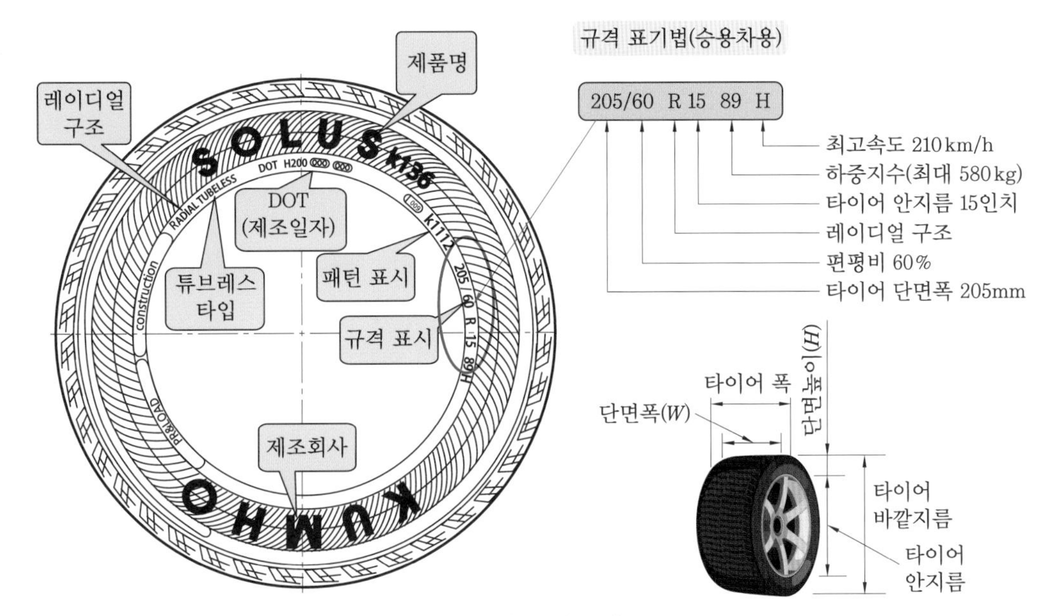

타이어 규격 표시

④ 레이디얼(radial) 타입 : 레이디얼은 타이어의 코드 구조에 의한 분류로서, 현재 승용차에 사용하는 타이어는 대부분 레이디얼 타입이다.

⑤ 장착 공간의 지름 : 타이어의 안지름, 즉 타이어에 장착되는 휠의 지름을 인치 단위로 표기한 숫자

⑥ 한계하중지수

⑦ 속도기호(speed symbol) : 자동차가 주행 시 타이어가 견뎌 낼 수 있는 한계속도를 표기한 것

속도 등급	J	K	L	M	N	P	Q	R
km/h	100	110	120	130	140	150	160	170
속도 등급	S	T	U	H	V	W	Y	ZR
km/h	180	190	200	210	240	270	300	240 이상

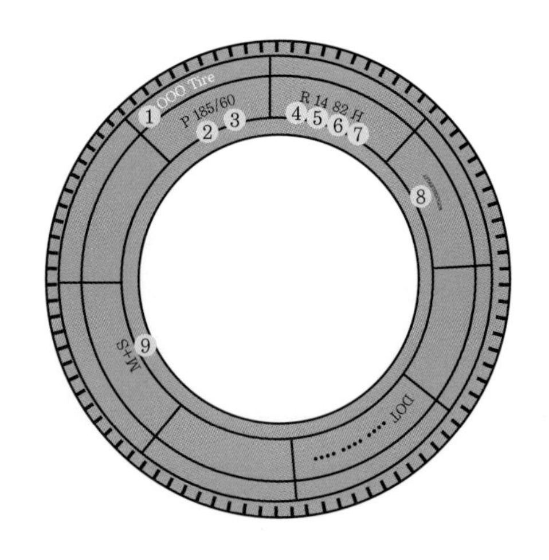

① 타이어 상품명
② 승용차용(passenger)
③ 편평비
④ 레이디얼(radial) 타이어
⑤ 휠지름
⑥ 한계하중지수
⑦ 한계속도
⑧ tubeless
⑨ M+S

4 타이어 밸런스

타이어상의 무게 불균일로 발생하며, 종류에는 정밸런스와 동밸런스가 있다.

(1) 정밸런스(static balance)

움직이지 않는 상태에서 타이어를 저울 위에 올려 놓았을때 측정되는 원주상의 무게 불균일을 말한다. 중심축의 변화가 발생하여 타이어가 회전할 때 1회전당 1회씩 상하로 진동이 발생하여 차량 떨림을 유발한다.

(2) 동밸런스(dynamic balance)

휠과 조립 후 일정 속도로 회전 시에 발생되는 타이어의 좌우 측의 무게 불균일을 말한다. 타이어 회전 시 무게 불균일로 인해 회전 중심축이 변화하여 좌우 방향으로 진동이 발생하게 된다.

5 차량 쏠림

차량 쏠림 현상은 외형적으로 타이어에 의해서만 발생되는 문제로 생각하는 경향이 있지만 실제는 차량과 타이어의 여러 인자가 복합적으로 연결되는 차량 시스템의 특성이다.

차량의 쏠림은 직진 주행 성능에 관계있는 현상으로, 운전자의 의도와는 상관없이 직진 주행 중에 차량이 차선을 벗어나려고 하는 운동 특성이다.

차량 쏠림 측정 방법

쏠림을 평가하는 시험 방법에는 직선 도로를 일정한 속도(80 km/h 또는 100 km/h)로 진행하다가 정해진 지점에서 스티어링 휠에 손을 뗀 상태에서 100 m를 정속으로 주행한 후, 중심선으로부터 벗어난 정도를 측정하여 쏠림을 평가하는 시험 방법과 계측기를 이용하여 스티어링 휠에 가해지는 토크량의 크기로 쏠림의 정도를 판단하는 시험 방법이 있다.

2 타이어 점검

1 타이어 탈부착

타이어 탈착기

1. 타이어 공기압을 제거한다.

2. 공기 호스를 연결하고 타이어 압착기 레버로 타이어를 압착한다.

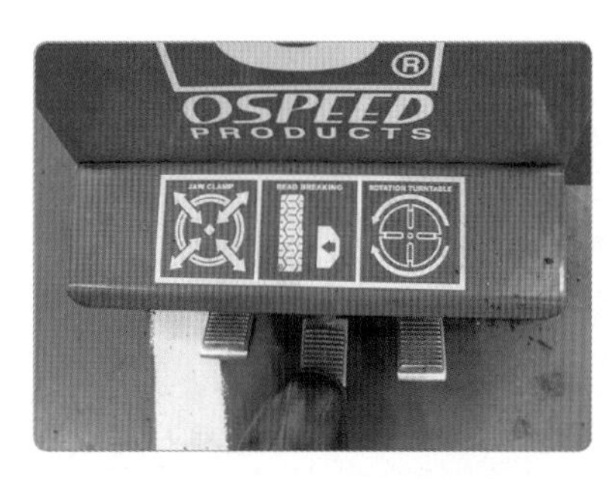

3. 타이어 탈착기 작동 페달(가운데)을 밟는다.

4. 바퀴를 돌려 전체에 압력이 가해져 타이어가 림에서 분리되도록 한다.

5. 타이어를 회전 테이블에 올려놓고 탈착 레버를 림에 맞춘다.

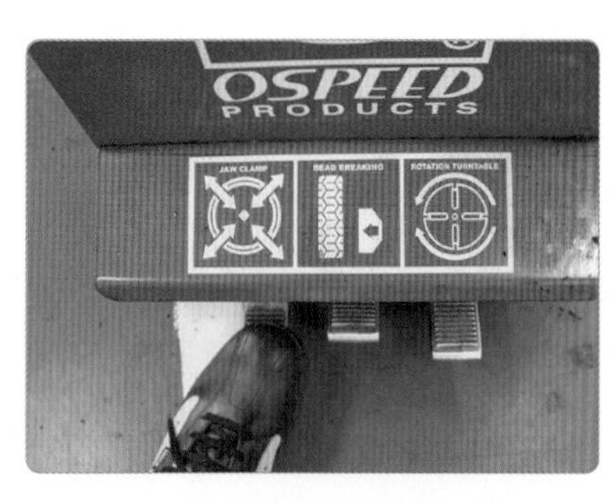

6. 타이어를 회전 테이블에 올려놓고 탈착 레버를 림에 맞춘다(좌).

7. 타이어 탈착 레버를 휠에 밀착시키고 탈착 레버를 휠과 타이어 사이에 끼워 회전판을 돌린다.

8. 타이어 탈착 작동 레버(오른쪽)

9. 탈착 레버와 작동 레버를 끼워 회전판을 돌린다.

10. 타이어를 림에서 분리한다.

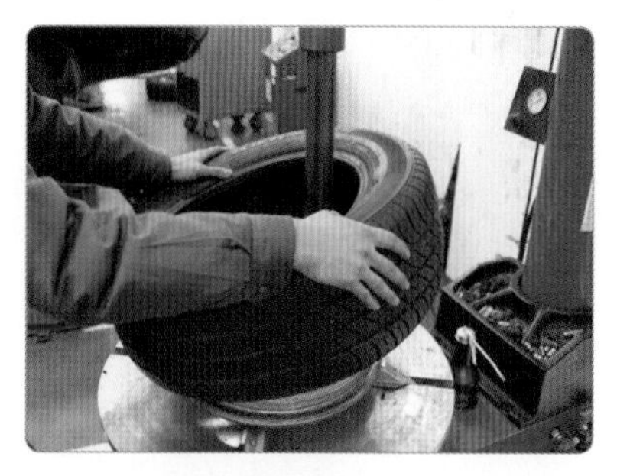

11. 타이어를 휠에 밀착시키고 좌우로 움직여 맞춘다.

12. 타이어와 휠에 지지 레버를 맞추고 비드부에 타이어 윤활제를 도포한 후 회전판을 돌린다.

13. 타이어가 휠에 체결되면 비드면을 돌려 자리잡도록 손으로 눌러 준다.

14. 타이어 공기 주입기를 조립한다.

15. 작동 페달(왼쪽)을 밟고 타이어를 회전판에서 분리한다.

16. 타이어에 공기를 규정에 맞춰 주입한다.

17. 타이어 규정값 30~40 PSI 압력을 확인한다.

2 휠 밸런스 테스터

(1) 휠 밸런스 점검

1. 타이어 휠에 장착된 추를 모두 제거한 후 밸런스 테스터기에 타이어를 장착하고 전원을 ON시킨다.

2. 휠 사이드에 표기되어 있는 림의 규격을 확인한다(205/60 R 15). 여기서 15는 림의 지름(d)이다.

3. 측정기와 타이어의 거리(a)를 측정한다($a = 7.0$).

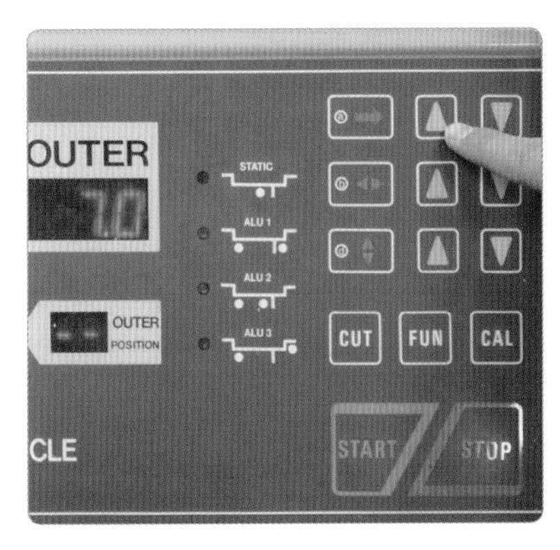

4. 확인된 타이어 수치를 휠 밸런스 입력 버튼을 이용하여 입력한다.

5. 외측 퍼스를 이용하여 림의 폭(b)을 측정한다.

6. 측정된 림의 폭(b)을 확인한다. ($b = 6.5$)

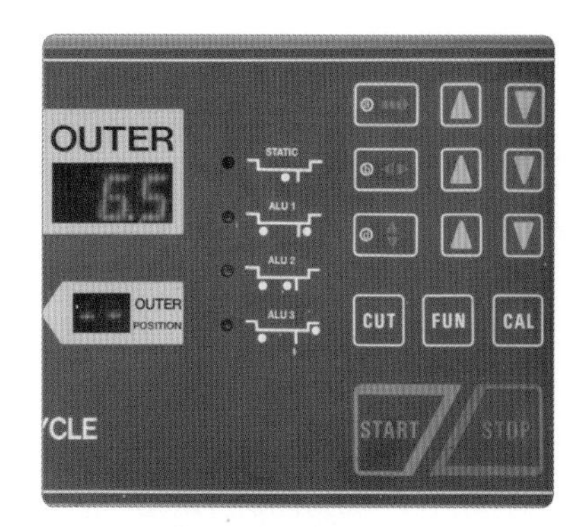

7. 림의 폭을 입력한다.

8. 휠 사이드 림의 규격(205/60R 15)에서 림 지름(d)을 확인($d = 15$).

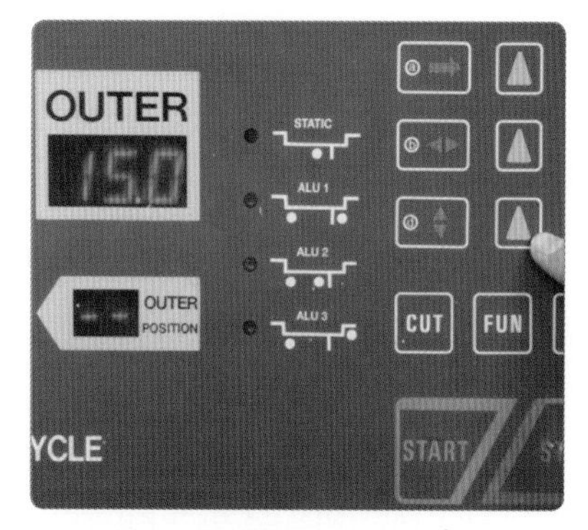

9. 림의 지름을 입력한다.

10. START 버튼을 누르면 타이어가 5~6초 동안 회전한 후 자동으로 정지된다.

11. INNER 및 OUTER에 측정된 값이 나타난다.

12. INNER 값(납 무게)을 확인하고 수정 위치에 적색불이 모두 켜질 때로 맞춘 후 IN에 나타난 값의 납을 휠 상단의 안쪽에 부착한다.

13. OUTER 값(납 무게)을 확인하고 수정 위치에 적색불이 모두 켜질 때로 맞춘 후 OUT에 나타난 값의 납을 휠 상단의 바깥쪽에 부착한다.

14. IN/OUT 수정값의 납을 모두 부착한 후 다시 START 버튼을 누르면 회전 후 INNER와 OUTER에 "0"(납의 무게)이 출력된다.

15. 균형추(납)와 공구를 정리하고 주변을 정리정돈한다.

(2) 판정 및 수정 방법

① **측정(점검)** : 측정한 밸런스 값 IN : 53 g, OUT : 16 g을 확인한다.

② **판정 및 정비(조치) 사항** : 측정값에 맞는 추를 휠에 맞게 체결한 후 밸런스 테스터기 출력값이 0으로 될 때까지 조정한다.

3 타이어 위치 교체 시기 및 마모 상태 점검

(1) 타이어 위치 교체 시기

타이어는 장착 위치에 따라 마모 상태가 다르므로 정기적으로 위치를 교환하여 마모를 균일하게 하고 이상 마모를 방지하면 타이어의 수명을 연장할 수 있다. 일반적으로 5000~10000 km(타이어의 마모 상태에 따라) 주행 시마다 위치를 교환하는 것이 좋다.

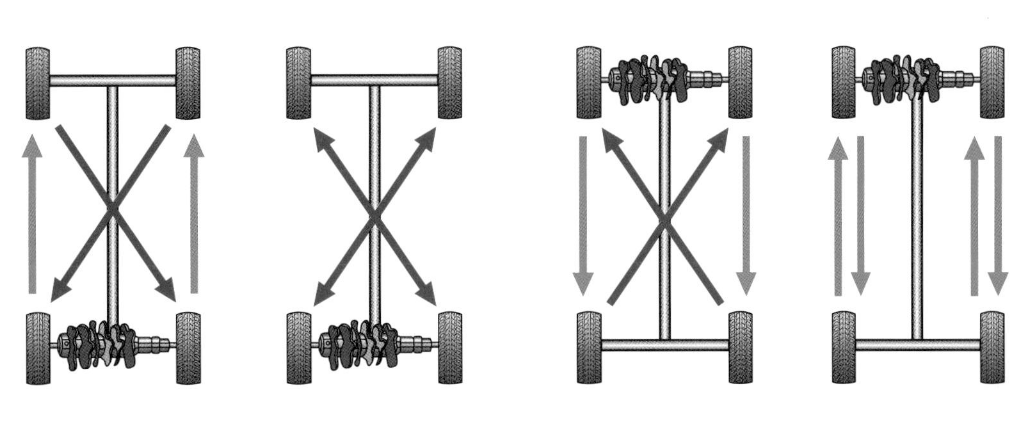

타이어의 위치 교환

(2) 타이어 마모 상태 점검

① 타이어의 교체는 트레드 스키드 깊이를 보아서 실시하면 되지만 타이어에는 사용한도를 나타내는 웨어 인디케이터(wear indicator)가 접지부 홈에 표시되어 있다. 타이어가 마모되어서 잔여 스키드가 안전 마모 한계까지 사용했다는 표시이다. 트레드 홈 깊이 1.6 mm를 확인한다.

② 타이어 공기압은 규정 압력으로 체크 및 조정한다.

③ 타이어 교체 시 휠 얼라인먼트를 실시해 자동차의 편마모 및 차량 쏠림을 방지하여 균형을 맞춘다.

④ 타이어가 노후되어 갈라지거나 사이드휠에 홈이 생겨 있는 경우는 바로 교체한다.

⑤ 플랫폼(platform) : 스노우 타이어로서의 기능을 발휘할 수 있는 한도의 표시가 되어 있다.

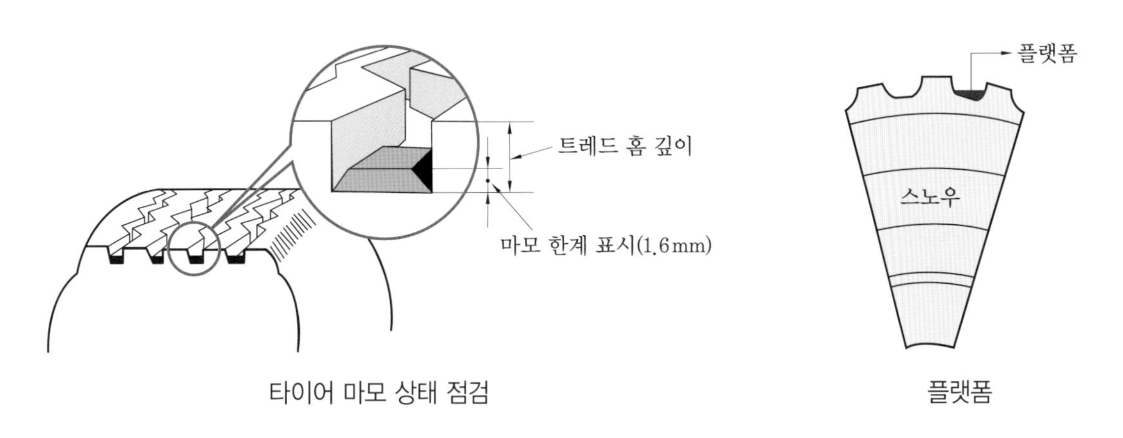

타이어 마모 상태 점검　　　플랫폼

7 조향장치 점검

실습목표 (수행준거)	1. 조향장치 관련 부품을 이해하고 작동 상태를 확인할 수 있다. 2. 조향장치의 고장 진단 시 안전 작업 절차에 따라 고장 원인을 분석할 수 있다. 3. 조향장치 교환 시 교환 목록을 확인하여 교환 작업을 수행할 수 있다. 4. 조향장치 진단 내용을 바탕으로 매뉴얼에 따라 고장 부위를 수리하고 검사할 수 있다.

1 관련 지식

1 조향장치의 기능

① 조향 핸들을 돌려 원하는 방향으로 조향한다.

② 운전자의 핸들 조작력이 바퀴를 조작하는 데 필요한 조향력으로 증강한다.

③ 선회 시 좌우 바퀴의 조향각에 차이가 나도록 해야 한다.

④ 노면의 충격이 핸들에 전달되지 않도록 한다.

⑤ 선회 시 저항이 적고 옆방향으로 미끄러지지 않도록 한다.

2 조향장치의 조건

자동차의 조향장치는 주차 시나 저속 주행 시에는 조향휠의 조작력이 가벼운 것이 좋으나 고속 주행 시에는 조향휠이 가벼우면 자동차가 약간의 요동에도 자동차의 조향이 민감하게 영향을 주어 고속 주행성을 떨어뜨리게 하는 문제점이 있다. 그래서 저속에서는 가볍고 고속으로 올라가면서 무거워지는 조향장치를 개발하여 장착하고 있다.

① 조향휠의 조작력이 적절해야 한다.

② 바퀴의 조향 각도가 적절해야 한다.

③ 고속에서 안전성이 우수해야 하고 운전자의 의지에 따라 조종이 확실히 되어야 한다.

④ 선회 시 저항이 작고 선회 후에 복원성이 있어야 한다.

⑤ 노면의 충격이 조향휠에 전달되지 않아야 한다.

⑥ 좁은 장소에서도 방향 전환을 할 수 있도록 회전 반지름이 작아야 한다.

3 조향장치의 분류

조향장치는 조타력을 배력시키는 장치의 유무에 따라 다음과 같이 분류할 수 있다.

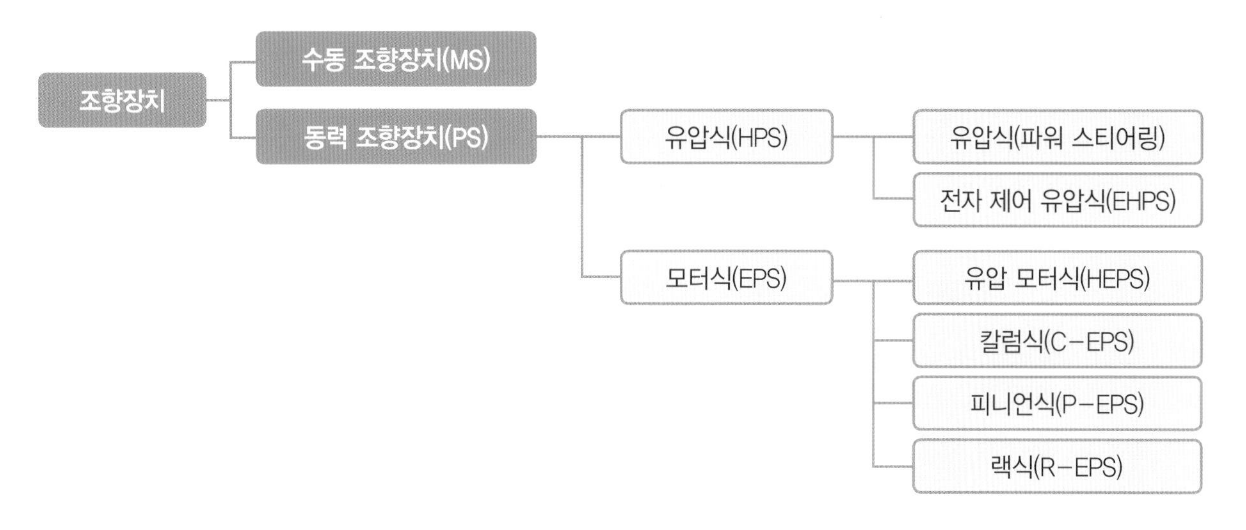

4 파워 스티어링 시스템

(1) 유압식 파워 스티어링 시스템

기계적인 조향 시스템은 핸들의 조작력이 크게 되고 신속한 조향 조작이 안 될 염려가 발생한다. 그러므로 가볍고 신속한 조향 조작을 하기 위해 동력 조향장치를 사용하며 엔진으로 오일 펌프를 구동하여 발생한 유압을 조향장치 중간에 설치된 배력 장치로 보내서 배력 장치의 작동으로 핸들의 조작력을 가볍게 하는 구조로 되어 있다.

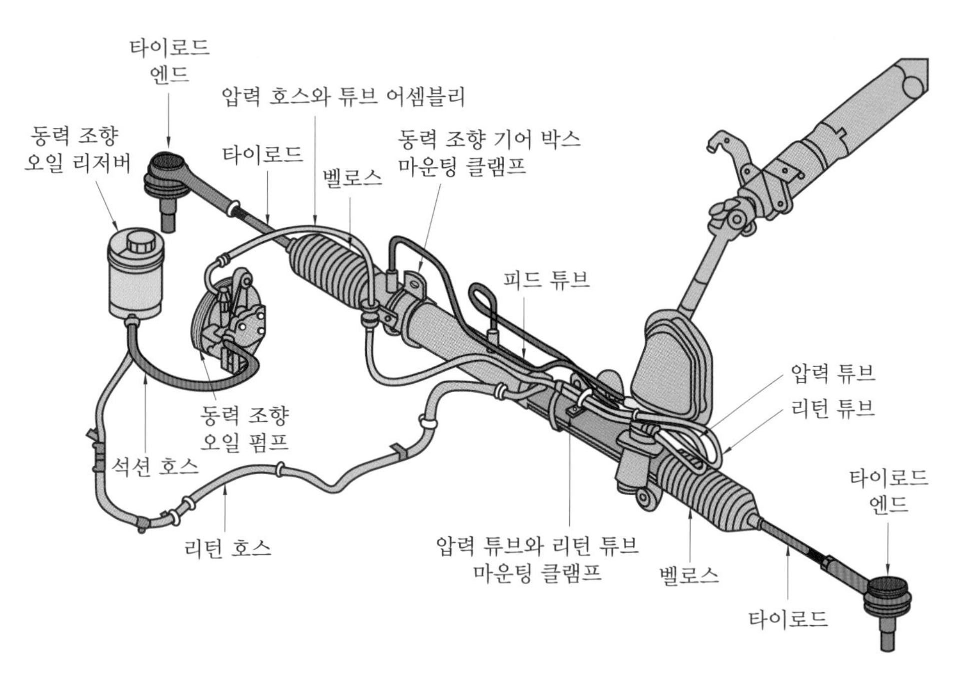

유압식 파워 스티어링 시스템의 구조

(2) 전동식 파워 스티어링 시스템

전동식 파워 스티어링은 조향 계통에 모터를 장착하고 이를 제어하는 EPS용 ECU와 솔레노이드 밸브 등으로 구성된다. 유압식 파워 스티어링이 오일 펌프와 오일 탱크, 호스 등으로 구성되는 것에 비해 전자 제어 파워 스티어링은 모듈화가 가능해 생산이 간편하고, 구조가 간단하다는 것이 커다란 장점이다.

구조가 간단하여 차의 중량을 줄일 수 있으며, 유압식처럼 엔진 출력을 저하시키지 않으므로 연비를 향상시키고 또한 오일을 사용하지 않으므로 관리 또한 편리하다.

전동식 파워 스티어링의 가장 큰 장점은 모터의 저항값을 자유자재로 바꿔 조향감을 조절할 수 있다는 것을 들 수 있다. 핸들은 저속에서는 가벼워야 운전하기 편리하며 반대로 고속에서는 묵직해야만 안정감을 주게 된다.

유압식은 오일 흐름으로 동력을 제어하는 것이 ECPS에 비해 효율이 떨어지는 것에 비해 전동식은 모터의 동력을 자유롭게 조절할 수 있으므로 속도 센서가 감지한 차속에 따라 저속에서는 가볍게, 고속에서는 무겁게 제어된다.

항 목	유압식 파워 스티어링	전동식 파워 스티어링
속도	차속에 따른 조향력 변화 없음	• 저속 : 가볍다. • 고속 : 무겁다.
연비	상시적 작동으로 불필요한 연료 소모	조향시에만 작동(유압식보다 3~5 % 향상)
친환경	파워 스티어링 오일 사용	전기 사용(무공해)
장비성	구성 부품 7종	구성 부품 3종

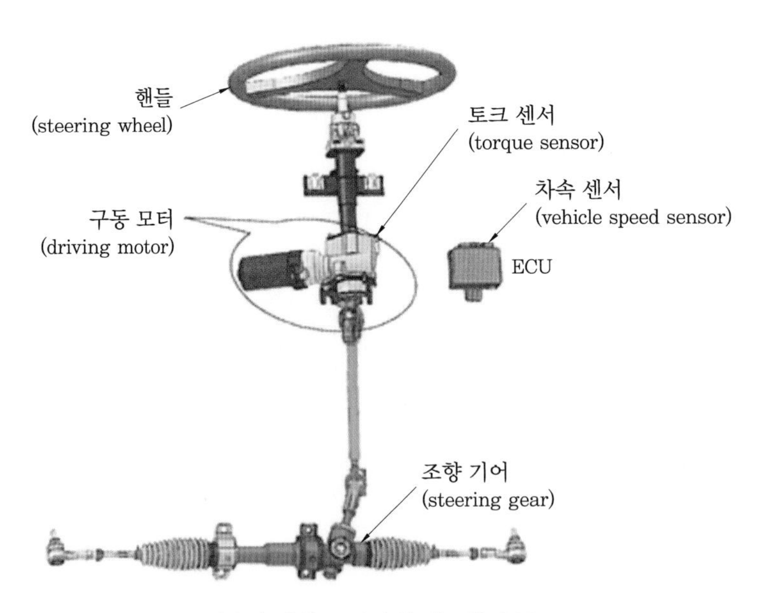

전동식 파워 스티어링 시스템의 구조

2 조향장치 점검

1 조향장치 유격 및 프리로드 점검

(1) 유격 및 프리로드 점검

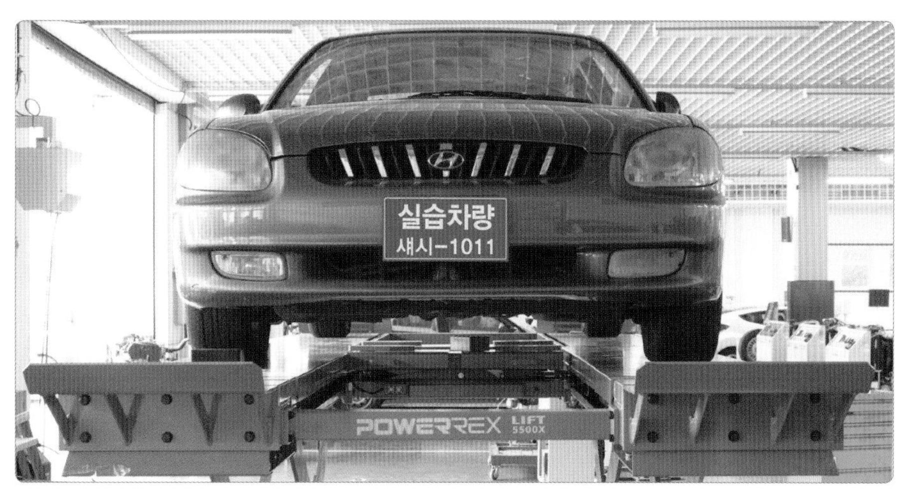

조향 휠 유격 점검(바퀴를 직진 상태로 유지한다.)

1. 조향 휠 지름을 줄자로 측정한다.(380 mm)

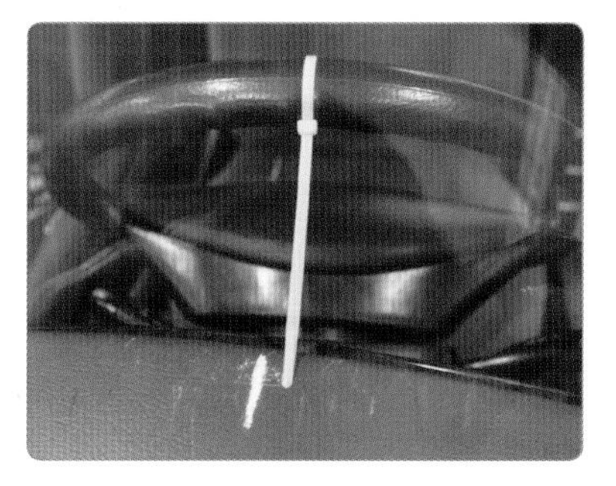

2. 조향 휠 상단에 기준점을 설정한 후 조향 휠을 좌로 돌려 저항이 느껴지는 위치까지 돌린다(좌, 우).

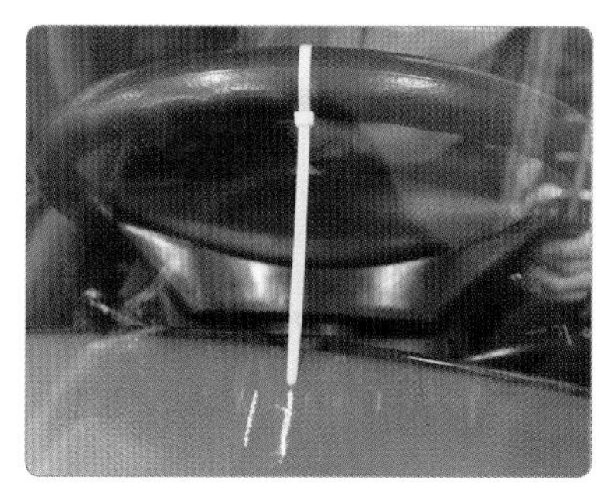

3. 휠이 움직인 거리를 표시한다.

4. 표시된 부위를 자로 측정한다.(13 mm)

5. 파워 스티어링 조향 기어 박스에 토크 렌치를 설치한다.

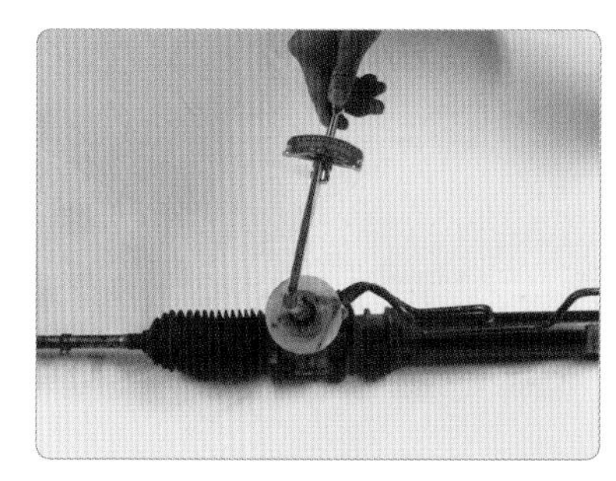

6. 게이지를 지그시 돌려 기어가 움직이기 전까지 토크값(기어가 저항이 걸린 값)을 읽는다.

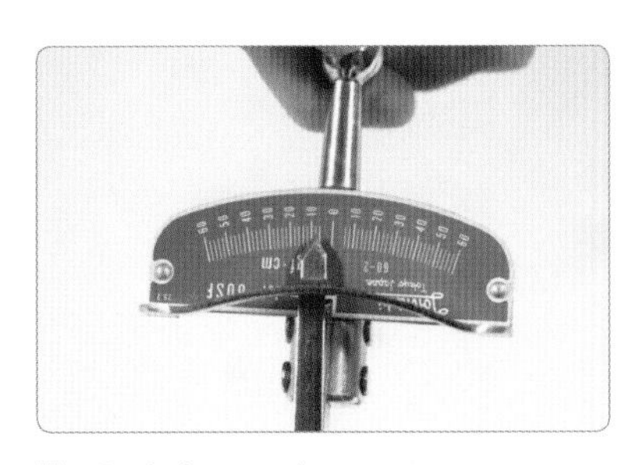

7. 우회전 토크값 :
0.7 kgf－cm, 0.007 kgf－m

8. 좌회전 토크값 :
0.9 kgf－cm, 0.009 kgf－m
좌우 회전 토크값 중 큰 값을 프리로드 측정값으로 한다.

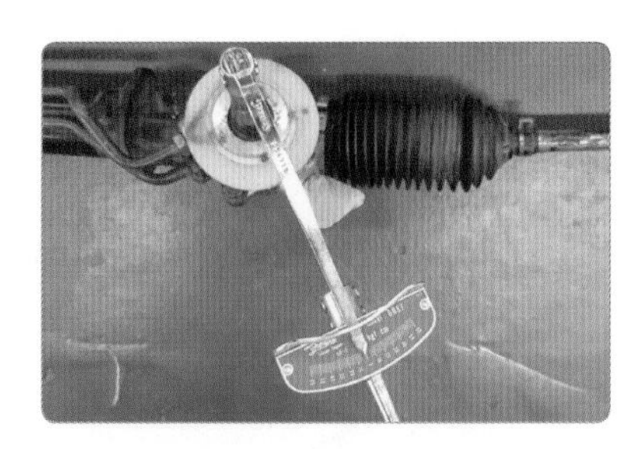

9. 측정 토크 렌치를 분리한다.

(2) 판정 및 수정 방법

① 측정(점검)

유격과 프리로드를 측정한 값 유격 : 13 mm, 프리로드 : 0.009 kgf－m을 확인한 후 정비 지침서 규정(한계)값 유격 : 0∼30 mm, 프리로드 : 0.06∼0.13 kgf－m 이하를 기준으로 판정한다.

② 정비(조치) 사항

판정 불량일 때 유격은 요크 플러그 조정 후 재점검하며, 프리로드 불량 시 조향 기어 박스를 교환한다.

③ 차종별 규정값

차 종	핸들 유격 기준값	프리로드 기준값	비 고
아반떼 XD	0∼30 mm	0.06∼0.13 kgf－m 이하	파워 스티어링
쏘나타 Ⅱ	30 mm	3 kgf－m 이하	－
그랜저	10 mm(한계 30 mm)	3.3 kgf－m 이하	EPS
베르나	0∼30 mm	0.6∼1.3 N · m 이하	파워 스티어링
크레도스	30 mm 이하	3 kgf－m 이하	1회전

2 타이로드 엔드 탈부착

1. 바퀴의 타이어를 탈거한다.

2. 타이로드 엔드 탈거 전 나사산을 확인한다.

3. 2개의 오픈 렌치를 이용하여 타이로드 고정 너트를 풀어준다.

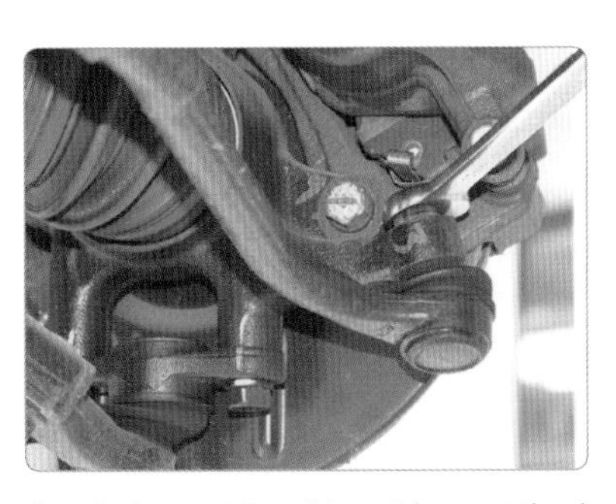

4. 타이로드 엔드 볼 조인트 고정 너트를 여유 있게 풀어준다.

5. 엔드 풀러를 이용하여 압축한다(나사힘 이용).

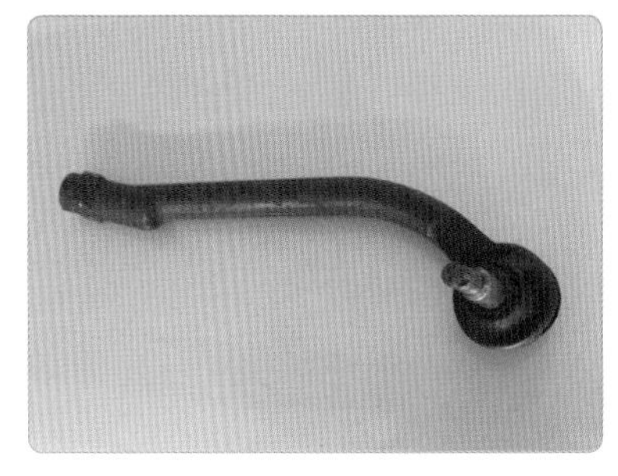

6. 타이로드 엔드를 탈거하여 교체한다.

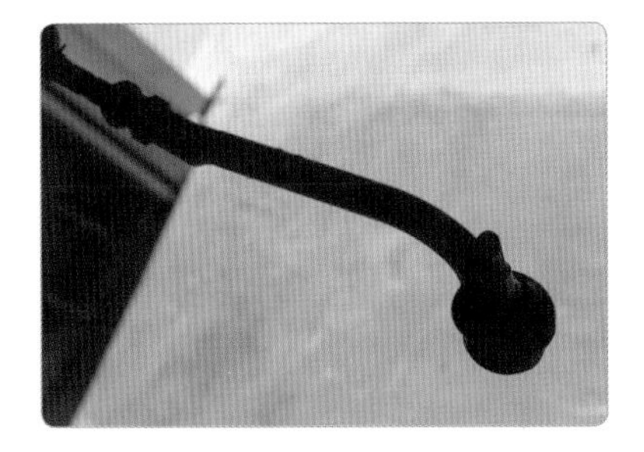

7. 타이로드 엔드를 조립한다.

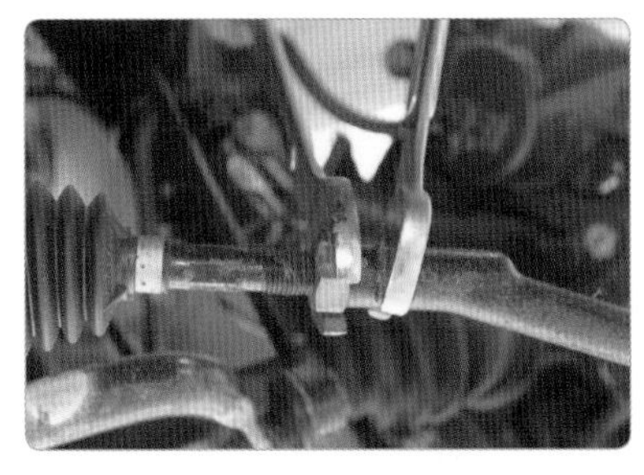

8. 나사산의 위치를 확인한 후 오픈 렌치를 이용하여 조립한다.

9. 타이로드 엔드 고정 너트를 가조립한다.

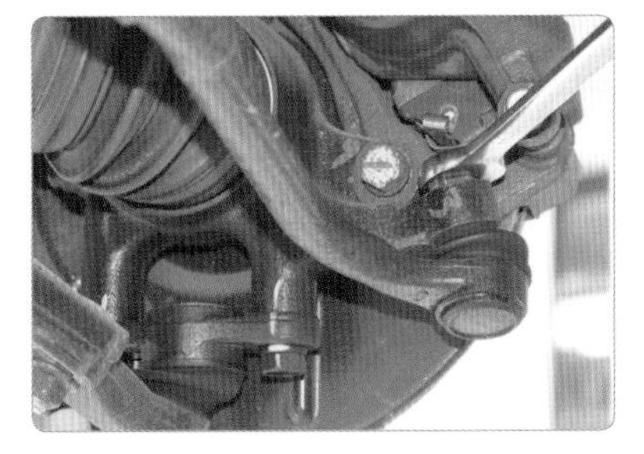

10. 타이로드 엔드 볼 고정 너트를 조립한다.

11. 타이로드 조립 상태를 확인한다.

12. 바퀴를 장착하고 정렬한다.

3 앞 허브 너클 탈부착

1. 타이어를 탈착한다.

2. 허브를 밖으로 돌리고 허브 너트를 제거한다.

3. 타이로드 엔드 로크 너트 고정 핀을 제거한 후 너트를 1바퀴 푼다.

4. 타이로드 엔드 풀러를 설치하고 나사 힘을 이용하여 너클에서 타이로드 엔드를 분리한다.

5. 로어 암 볼 조인트 고정 볼트를 분리한다.

6. 브레이크 캘리퍼 고정 볼트를 탈거한다.

7. 브레이크 캘리퍼를 분해한다.

8. 쇽업소버 고정 볼트를 탈거한다.

9. 엔드 풀러를 장착하고 나사 힘을 이용하여 로어 암 볼 조인트를 탈거한다.

10. 허브 너클을 탈거한다.

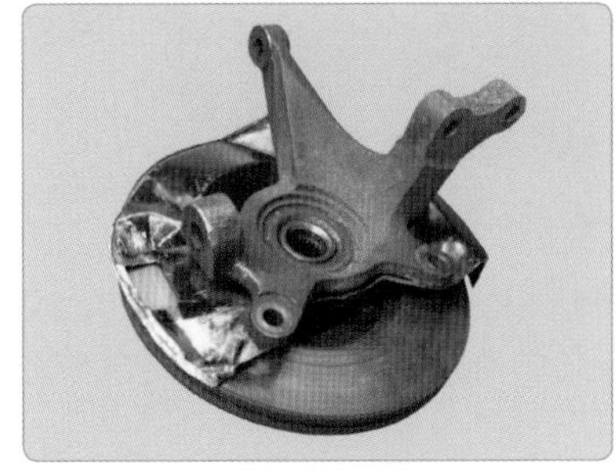

11. 분해된 허브 어셈블리를 점검한다.

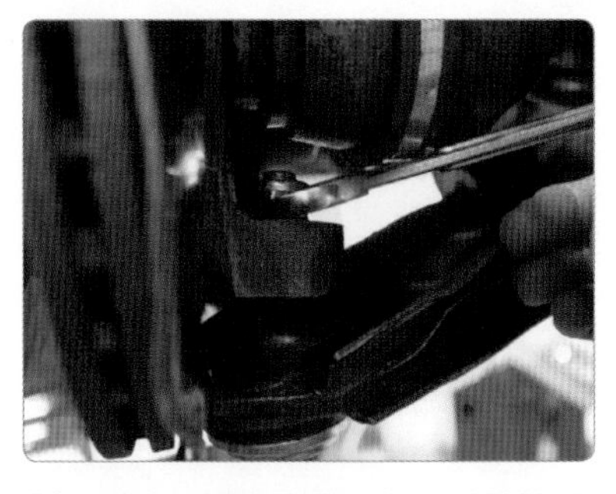

12. 허브 너클 어셈블리를 장착한 후 볼 조인트 고정 너트를 체결한다.

13. 쇽업소버 고정 볼트를 체결한다.

14. 브레이크 캘리퍼를 장착한다.

15. 타이로드 엔드를 장착한다.

16. 쇽업소버에 브레이크 호스를 체결한다.

17. 허브 너트를 장착하고 너트 고정 핀을 체결한다.

18. 타이어를 장착한다.

4 파워 스티어링 오일 펌프 탈부착

1. 오일 펌프 풀리를 회전시켜 상부 고정 볼트가 보이도록 맞춘다.

2. 파워 스티어링 오일 펌프 출구 파이프를 제거한다.

3. 하부 고정 볼트를 분해한다.

4. 상부 오일 펌프 장력 조정 볼트를 분해한다.

5. 파워 스티어링 오일 펌프 흡입구 호스를 탈거한다.

6. 파워 스티어링 오일 펌프 하부 고정 볼트를 탈거한다.

7. 파워 스티어링 오일 펌프 상부 고정 볼트를 제거한다.

8. 파워 스티어링 오일 펌프 벨트를 탈거한다.

9. 파워 스티어링 오일 펌프를 점검한다.

10. 파워 스티어링 오일 펌프를 엔진에 장착한다.

11. 파워 스티어링 오일 펌프 벨트를 장착한다.

12. 파워 스티어링 오일 펌프 하부 고정 볼트를 조립한다.

13. 파워 스티어링 오일 펌프를 레버에 걸고 밖으로 밀면서 벨트 장력을 조정하고 볼트를 조인다.

14. 파워 스티어링 오일 펌프 흡입구 호스를 체결한다.

15. 파워 스티어링 오일 펌프 출구 파이프를 체결한다.

16. 파워 스티어링 오일 펌프를 회전시켜 조립된 상태를 확인한다.

17. 파워 스티어링 오일을 보충하고 엔진 시동을 건다.

18. 엔진을 시동한 후 핸들을 좌우로 돌려 유압 라인의 공기를 뺀다.

5 자동차 프리로드 측정

● 측정 조건 : 핸들의 조향력(프리로드) 점검(차량 정지 시)

① 차량을 평탄한 곳에 위치하고 바퀴를 직진되게 한다.

② 엔진 시동을 걸고 1000±100 rpm으로 유지한다.

③ 스프링 저울을 중심과 직각되게 설치한다.

④ 타이어가 움직이기 전 최대의 조향력을 측정한다.

⑤ 규정값 : 30~40 kg-cm

6 벨트의 장력 점검

① 오일 펌프 풀리와 물 펌프 풀리 중간을 10 kgf의 힘으로 누른다.

② 벨트의 장력을 장력 게이지로 측정하며, 이때 벨트의 규정 장력은 일반적으로 10 kgf의 힘으로 눌렀을 때 7~10 mm로 유지되어야 한다.

③ 장력의 조정

㈎ 오일 펌프 체결 볼트를 조금 푼다.

㈏ 펌프 보디와 엔진 사이에 막대를 넣고 장력을 조정한다.

㈐ 오일 펌프 체결 볼트를 조인다.

7 파워 스티어링 오일 점검

① 차량을 평탄한 곳에 위치한다.

② 엔진 시동을 걸고 핸들을 수차례 좌우로 회전시켜 파워 펌프 오일의 온도가 50~60 ℃ 정도 되게 한다.

③ 오일 레벨 게이지로 오일 양을 점검한다.

④ 엔진 시동을 끄고 오일 양을 점검한다.

⑤ 규정 : 시동 시와 시동 멈춤 시의 오일 수준의 차이는 5 mm 이하로 한다.

⑥ 판정 : 오일 수준의 차이가 5 mm 이상일 때는 공기빼기 작업을 한다.

8 파워 스티어링 공기빼기 작업

① 점화 케이블을 분리하여 시동이 되지 않게 한다.

② 시동 모터를 작동시키면서 핸들을 좌우로 완전히 회전시킨다(5~6회 반복).

③ 공기빼기 중에 오일이 부족하지 않도록 오일을 보충한다.

④ 점화 케이블을 연결하고 시동한다.

⑤ 핸들을 좌우로 완전히 회전시킨다(공기 방울이 없어질 때까지).

9 파워 스티어링 오일 펌프 압력 시험

① 오일 펌프와 스티어링 기어 사이의 호스를 분리하고 압력 게이지 및 셧 오프 밸브를 설치한다.

② 공기빼기 작업을 실시하고 핸들을 좌우로 회전시켜 오일의 온도가 50~60 ℃ 정도 되게 한다.

③ 셧 오프 밸브를 완전히 개방한다.

④ 엔진 시동을 걸고 1000±100 rpm으로 유지한다.

⑤ 압력 게이지의 무부하 압력을 측정한다.

⑥ 규정 : 시동 시와 시동 멈춤 시의 오일 수준의 차이는 5 mm 이하로 한다.

점검 상태	승용 자동차	조 건
무부하 압력	8∼10 kg/cm^2(한계 : 15 kg/cm^2)	엔진 시동 후 1000±100 rpm으로 유지(엔진 정상 온도)
펌프 배출 압력	75∼82 kg/cm^2	

10 최소 회전 반지름 측정

(1) 측정

1. 차량의 앞뒤 바퀴 중심(허브 중심)에 맞춘다.

2. 차량을 턴테이블 위에 설치하고 직진 상태를 유지한다.

3. 앞바퀴 중심(허브 중심)에 줄자를 맞춘다.

4. 뒷바퀴 중심(허브 중심)을 측정한다.

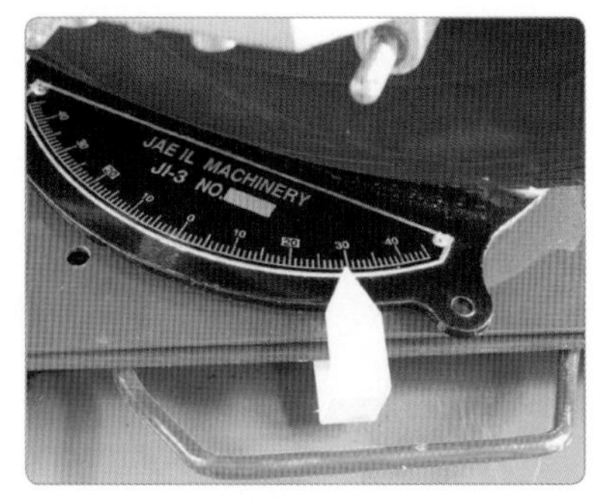

5. 우회전 바깥쪽(왼쪽) 바퀴의 조향각을 측정한다(35°).

(2) 판정 및 수정 방법

① 측정(점검)

㈎ 최대 조향각 : 회전 방향의 바깥쪽 바퀴, 최대 조향각 턴테이블 측정값 35°를 확인한다.
안전 기준값을 기록한다.

㈏ 측정값 : 최소 회전 반지름을 측정한 값은 4881 m이다(여기서 r 값은 생략함).

$$R = \frac{L}{\sin\alpha} + r \qquad \therefore R = \frac{2800}{\sin 35°} = \frac{2800}{0.5736} = 4881\ \text{mm}$$

- R : 최소 회전 반지름(m)
- L : 축간 거리
- α : 바깥쪽 앞바퀴의 조향각(sin 35° = 0.5736)
- r : 바퀴 접지면 중심과 킹핀 중심과의 거리

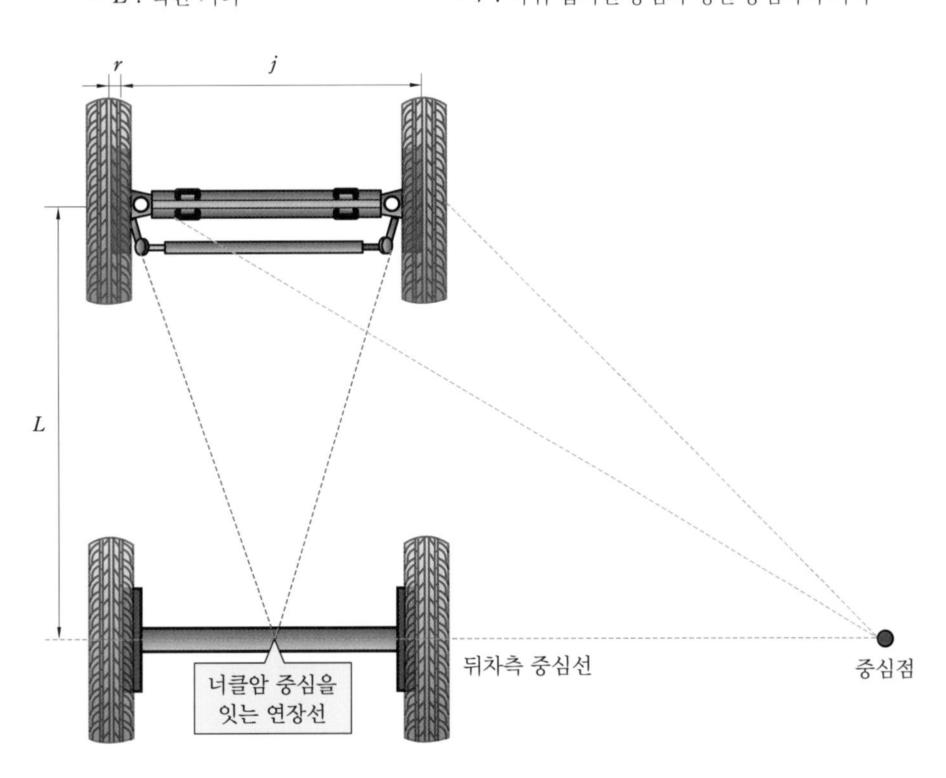

② 정비(조치) 사항

측정한 값이 안전 기준값(12 m 이하)의 범위 안에 포함되므로 정비 및 조치할 사항이 없으나 조향각 불량 시에는 볼 조인트를 포함한 조향장치 링키지를 점검하고 불량 부품을 교환한다.

③ 차종별 축거 및 조향각 규정값

차 종	축거(mm)	조향각		회전 반지름(mm)
		내측	외측	
그랜저	2745	37°	30°30′	5700
EF 쏘나타	2700	39.70° ± 2°	32.40° ± 2°	5000
아반떼	2550	39°17′	32°27′	5100
아반떼 XD	2610	40.1° ± 2°	32°45′	4550
베르나	2440	33.37° ± 1°30′	35.51°	4900

3 조향장치 고장 원인 분석

1 조향 핸들 유격이 커지게 되는 원인

① 조향 기어의 조정 불량 및 마모
② 조향 링키지의 이완 및 마모
③ 조향 너클, 볼 조인트 불량
④ 조향 기어 취부 상태 불량
⑤ 휠 베어링이 마모되거나 헐거울 때

2 주행 중 갑자기 핸들의 저항이 증가하는 원인

① 펌프 벨트가 미끄러질 때
② 기어 내부의 누설이 있을 때
③ 펌프의 유면이 낮을 때
④ 엔진의 공전 상태가 너무 낮을 때
⑤ 유압 계통 내에 공기가 혼입되었을 때

3 조향 시 핸들 조작이 무겁고 복원이 느릴 때

① 타이어 공기압이 낮을 때
② 파워 스티어링 오일 펌프가 고장일 때
③ 파워 스티어링 급유 부족일 때
④ 파워 스티어링의 밸브 스풀이 고착되거나 오일 펌프의 벨트가 헐겁거나 호스가 막혔을 때
⑤ 프런트 휠 얼라인먼트 변형으로 오차가 발생될 때
⑥ 볼 조인트의 그리스 부족일 때
⑦ 조향 링키지 부분의 급유, 그리스 부족일 때
⑧ 링키지가 고착되었을 때
⑨ 현가 스프링 암(suspension arm)이 손상되었을 때
⑩ 조향 기어의 조정이 불량하거나 너무 빽빽할 때
⑪ 조향축 부싱의 급유 부족일 때
⑫ 과다한 캐스터
⑬ 앞 스프링이 아래로 처져 기울어졌을 때
⑭ 스핀들이 휘었을 때
⑮ 조향 칼럼과 휠이 서로 마찰이 될 때

4 주행 중 핸들이 떨리는 원인

① 바퀴의 런아웃 불량
② 킹핀이나 볼 조인트의 마모
③ 각종 링크의 헐거움
④ 앞바퀴 정렬의 불량
⑤ 휠 밸런스가 맞지 않을 때
⑥ 휠 베어링의 유격 과다

5 자동차가 한쪽으로 쏠릴 때의 원인

① 타이어 공기압 불량
② 브레이크의 라이닝 간극이 맞지 않을 때
③ 휠 베어링의 조정 불량
④ 앞바퀴 정렬 불량
⑤ 밸브 샤프트 어셈블리의 마모나 손상되었을 때
⑥ 타이어의 크기가 규격에 맞지 않을 때
⑦ 스프링이 부러지거나 휘었을 때
⑧ 후차축 위치가 부정확할 때
⑨ 스핀들이 휘었을 때
⑩ 프레임이 비틀렸을 때

6 핸들에 충격이 느껴지는 원인

① 타이어 공기압이 높을 때
② 휠 얼라인먼트가 틀어졌을 때
③ 휠 베어링 유격이 과다할 때
④ 휠 밸런스가 맞지 않을 때
⑤ 쇽업소버 작동 불량

7 차가 좌우로 떨리는 원인

① 앞바퀴 정렬 불량, 타이어 밸런스 불량
② 쇽업소버 불량
③ 조향 기어가 헐거울 때

8 휠 얼라인먼트 점검

실습목표 (수행준거)	1. 휠 얼라인먼트 관계를 이해하고 관련 장비를 사용할 수 있다. 2. 휠 얼라인먼트 점검 시 안전 작업 절차에 따라 고장 원인을 분석할 수 있다. 3. 휠 얼라인먼트 관련 부품 및 수정 목록을 확인하여 교환 작업과 수정 작업을 수행할 수 있다. 4. 휠 얼라인먼트 진단 내용을 기준값에 따라 정비하고 검사할 수 있다.

1 관련 지식

1 휠 얼라인먼트

자동차의 바퀴는 주행성 및 타이어 마모 등 안전과 관련하여 일정한 각을 유지하도록 설계된다. 바퀴 설치각이 정상적인 위치에 있지 않고 틀어지는 경우 조향휠이 틀어짐으로 주행에 어려움이 발생되거나 타이어가 편마모되는 등 주행 성능에 좋지 않은 영향을 미치게 된다. 또 노면의 변화되는 충격에도 즉시 복원성을 갖는 동시에 안전 운전에 편리하도록 설치되어야 하고 안정되어야 한다.

이와 같은 조건을 만족하기 위해서는 바퀴는 차축이나 킹핀 등과 함께 일정한 위치를 유지하도록 장치되는데, 이것을 바퀴 정렬 또는 휠 얼라인먼트라고 하며 토, 캠버, 캐스터, 킹핀 경사각으로 형성된다.

2 앞바퀴 얼라인먼트의 기능

① 조향 휠의 조작에 방향성을 주며 안전성을 준다(캐스터의 작용).

② 조향 휠에 복원성을 준다(캐스터와 킹핀 경사각의 작용).

③ 조향 휠의 조작력을 경감시킨다(캠버와 킹핀 경사각의 작용).

④ 타이어 마모를 최소로 한다(토인의 작용).

3 앞바퀴 얼라인먼트 요소의 정의와 필요성

① 캠버(camber) : 자동차를 앞에서 보았을 때 앞바퀴 중심선과 수직선이 이루고 있는 각을 말하며, 그 각도를 캠버각이라 한다. 캠버는 차종에 따라 다르지만 일반적으로 +0.5~+2.0°이다.

㈎ 바퀴가 하중을 받을 때 아래로 벌어지는 것을 방지한다.

(나) 주행 중 바퀴의 벌어짐(이탈)을 방지한다.

(다) 킹핀 경사각과 함께 타이어 접지면의 중심과 킹핀의 연장선이 노면과 교차하는 점과의 거리인 오프셋 양을 적게 하여 핸들 조작을 가볍게 한다.

(라) 스핀들의 안부분에 가까워져 스핀들이나 너클을 굽히려고 하는 힘이 적어진다.

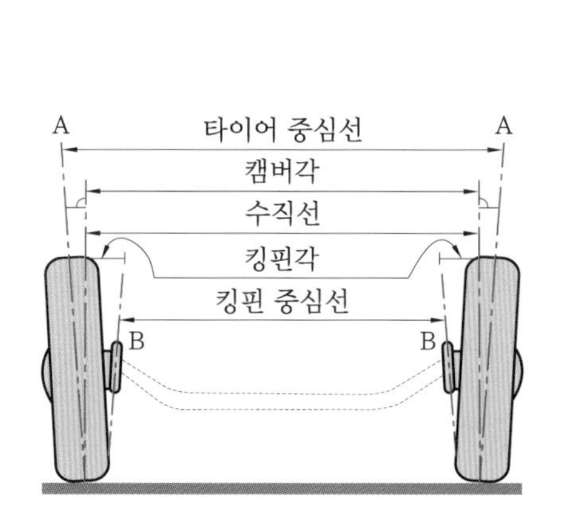

휠 얼라인먼트 형성각

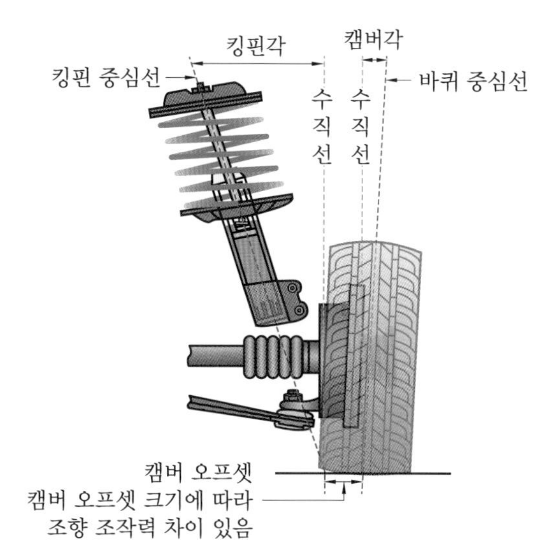

캠버각

② **토인(toe-in)** : 자동차 앞바퀴를 위에서 내려다보면 바퀴 중심선 사이의 거리가 앞쪽이 뒤쪽보다 좁아진 차이로 설치된 것을 토인이라 한다.

(가) 앞바퀴를 평행하게 회전시킨다.

(나) 앞바퀴의 사이드 슬립(side slip)과 타이어 마멸을 방지한다.

(다) 조향 링키지 마멸에 따라 토아웃(toe-out)이 되는 것을 방지한다.

(라) 토인 조정은 타이로드의 길이로 조정한다.

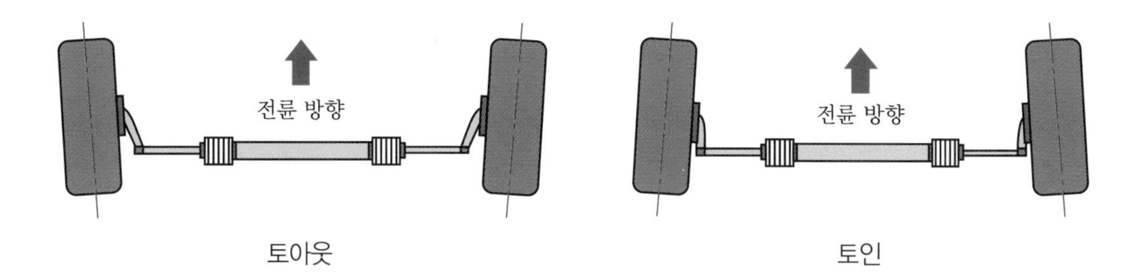

토아웃 토인

③ **캐스터(caster)** : 바퀴를 옆에서 볼 때 조향축의 중심선(킹핀 중심선)과 노면의 수직선이 이루는 각도를 말하며, 캐스터 각이 뒤쪽으로 기울어져 있는 경우를 정(+)의 캐스터, 앞쪽으로 기울어져 있는 경우를 부(−)의 캐스터라 한다.

캐스터는 앞바퀴 하중이 중심보다 앞에 있기 때문에 주행 시 앞바퀴에 방향성(진행하는 방향으로 향하게 하는 힘)을 주고, 또 조향을 했을 때 되돌아오려는 복원력이 발생한다. 캐스터가 너무 크면 핸들의 조작이 무겁고 시미(shimmy)가 발생한 경우 그것이 지속되는 경향이 있다.

④ **킹핀 경사각**(king pin angle) : 앞바퀴를 앞쪽에서 보았을 때 바퀴의 윗볼 조인트와 아랫볼 조인트의 중심을 잇는 직선과 수직선이 이루는 각도이다.

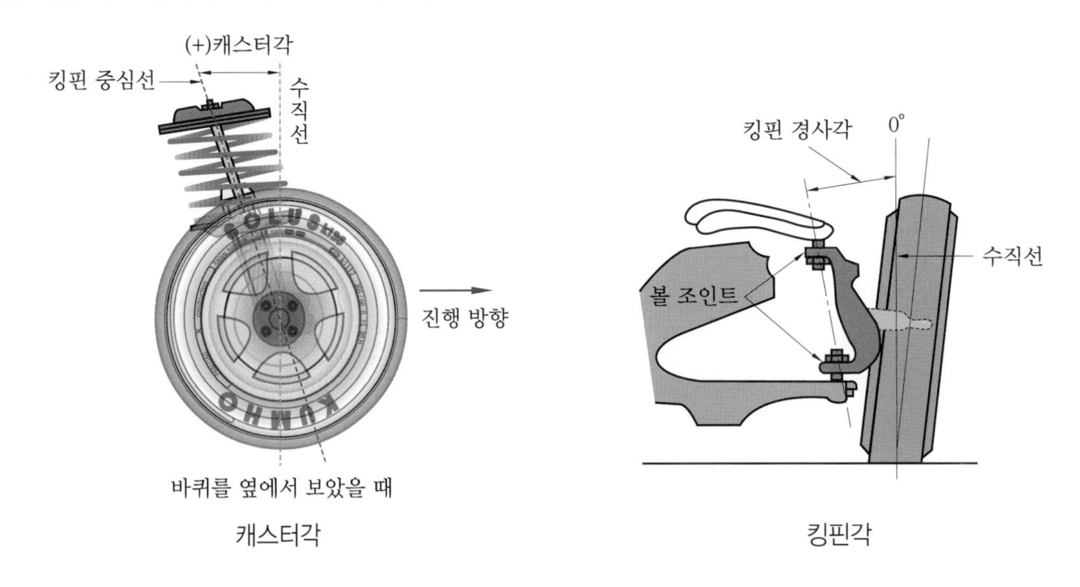

캐스터각 킹핀각

⑤ **스러스트각**(thrust angle) : 스러스트각은 차량의 중심선과 바퀴의 진행선이 이루는 각으로 바퀴의 진행선은 바퀴의 토인과 토아웃에 의해서 결정된다. 뒷바퀴의 토인과 토아웃 차이가 커지는 정도에 따라 스러스트각은 커지며 자동차의 기울기가 진행되는 것을 방지하는 역할을 한다.

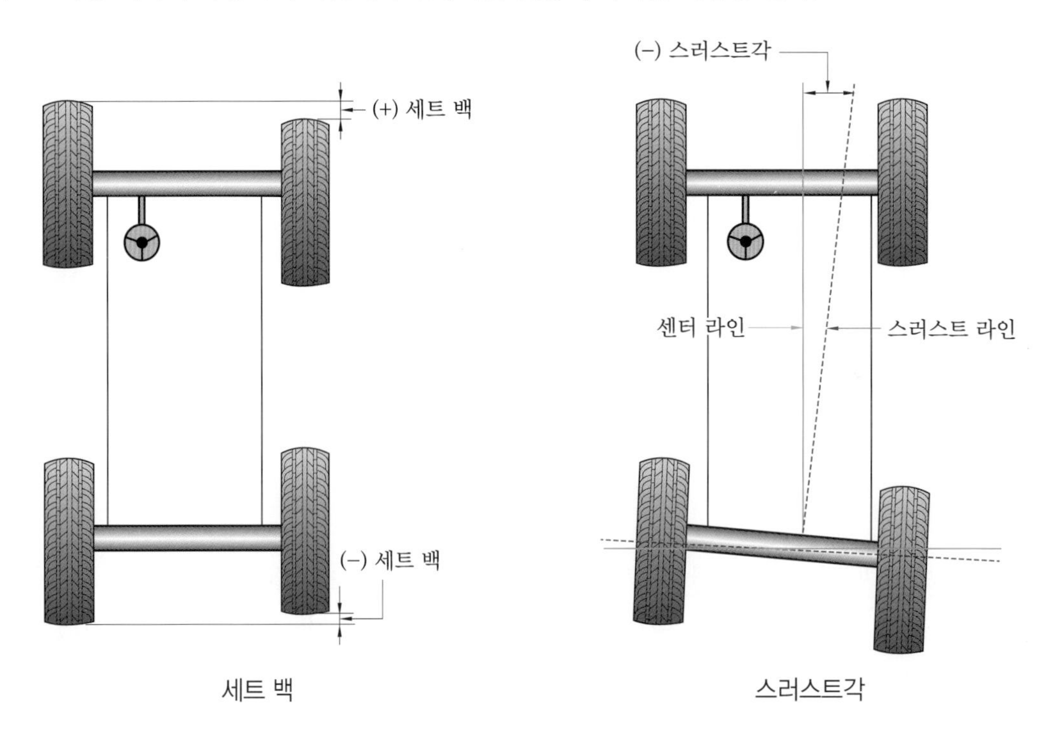

세트 백 스러스트각

⑥ 세트 백(set back) : 세트 백은 앞, 뒤 차축의 평행도를 나타낸 것으로 앞 차축과 뒤 차축이 완전하게 평행이 되는 경우를 말한다. 세트 백은 뒤 차축을 기준으로 하여 앞 차축의 평행도를 각도로 나타낸 것이므로 축거의 차이가 발생하면 조향휠이 한쪽으로 쏠리는 원인이 된다.

프런트 세트 백이 있다면 한쪽 앞바퀴가 반대쪽 앞바퀴를 끌어당기고(trailing) 있다는 것을 의미한다. 프런트 세트 백은 조정할 수 없으나, 그 값은 조향 핸들이 쏠리는 현상이나 중심 조향 문제를 진단하는 데 유용한 자료가 된다.

프레임이 손상된 자동차를 수리한 다음에는 반드시 프런트 세트 백을 점검해야 한다.

2 휠 얼라인먼트 점검

1 포터블식 수포 게이지에 의한 측정

(1) 앞차륜 정렬 측정 전 준비 사항

① 점검 대상 차량을 공차 상태로 한다.

② 모든 타이어의 공기 압력을 규정값으로 주입하며, 트레드의 마모가 심한 것은 교환한다.

③ 휠 베어링의 헐거움, 볼 조인트 및 타이로드 엔드의 헐거움이 있는지 점검한다.

④ 조향 링키지의 체결 상태 및 마모를 점검한다.

⑤ 쇽업소버의 오일 누출 및 현가 스프링의 쇠약 등을 점검한다.

⑥ 모든 바퀴에 턴테이블을 설치하고 수평을 유지한다. 앞바퀴에만 턴테이블을 설치할 경우 뒷바퀴에는 동일한 높이로 하여야 한다.

⑦ 점검 대상 차량을 앞뒤로 흔들어 스프링 설치 상태가 안정되도록 한다.

(2) 캠버 및 캐스터 측정

1. 바퀴에 턴테이블을 장착하고 턴테이블 고정 핀을 제거한다.

2. 턴테이블 각도를 0으로 맞춘다.

3. 포터블 게이지를 바퀴 허브에 설치 후 수평 수포가 중앙에 오게 한다.

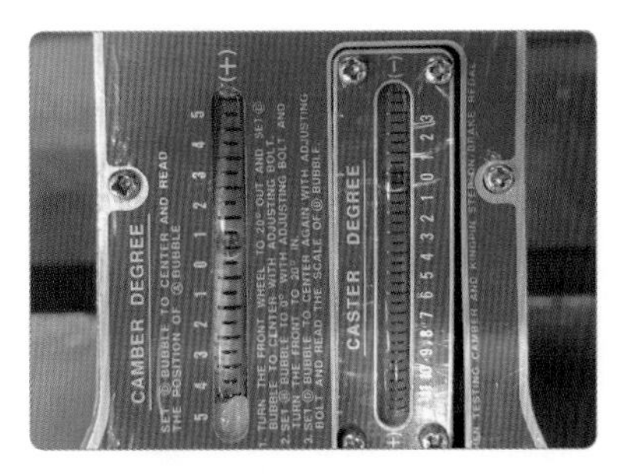

4. 캠버값을 읽는다(+30′).

5. 바퀴를 밖으로 20° 돌려 회전시킨다.

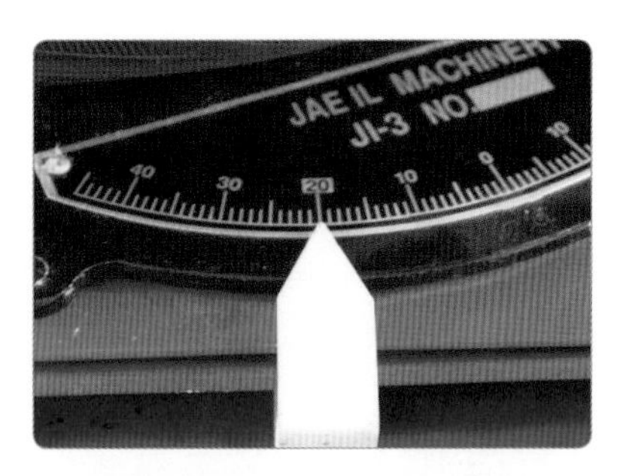

6. 턴테이블 각도를 20°에 맞춘다.

7. 수평 수포를 좌우로 움직여 중앙에 오도록 맞춘다.

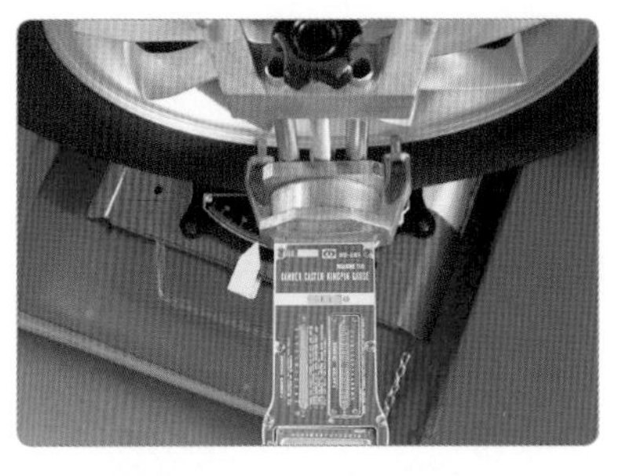

8. 포터블 게이지 뒷면에 있는 캐스터 0점 조정기를 돌려 캐스터 0점을 조정한다.

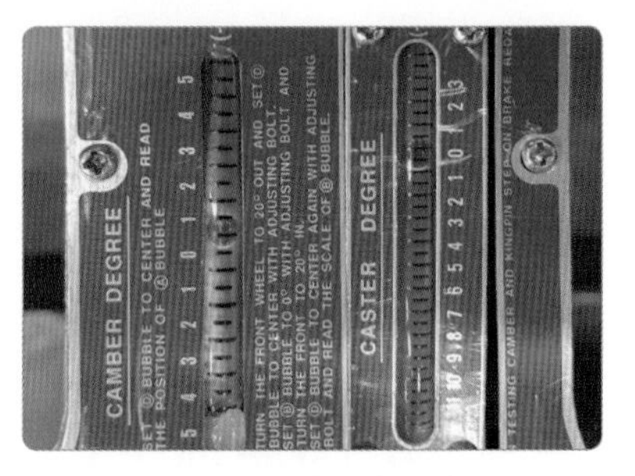

9. 캐스터 0점을 확인한다(수포 게이지 측정 기준 중앙을 읽는다).

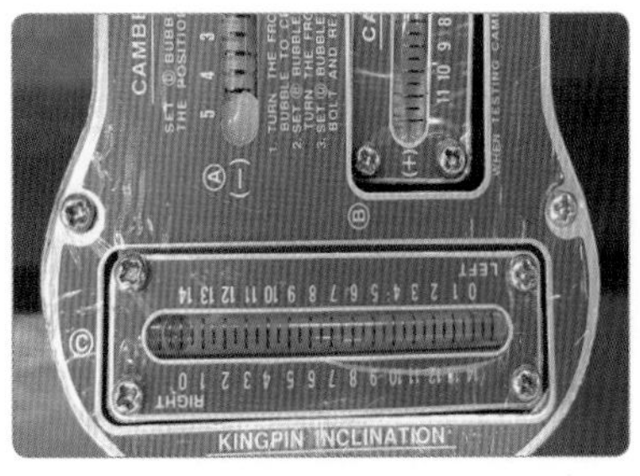

10. 킹핀 0점 조정을 한다(게이지 뒷면 0점 조정나사 이용, 수포 중앙이 0에 오도록 한다. LEFT와 RIGHT 0점 기준을 확인한다).

11. 바퀴를 직진(턴테이블 각도 0)이 되도록 한다.

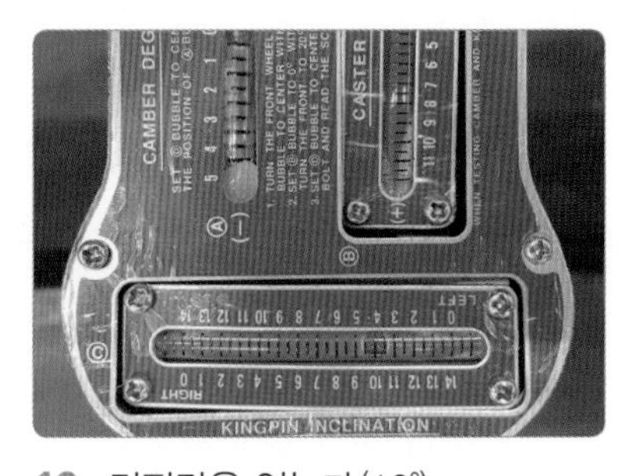

12. 킹핀값을 읽는다(10°).

13. 바퀴를 안으로 20° 돌린다.

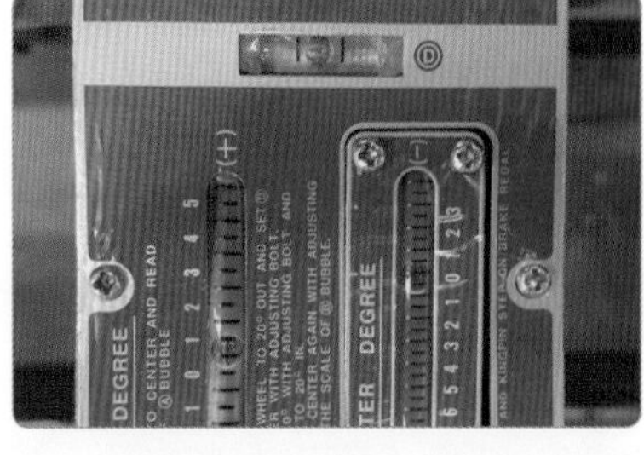

14. 수평 수포를 맞춘다(중심이 오도록 포터블 게이지 좌우로 움직여 맞춘다).

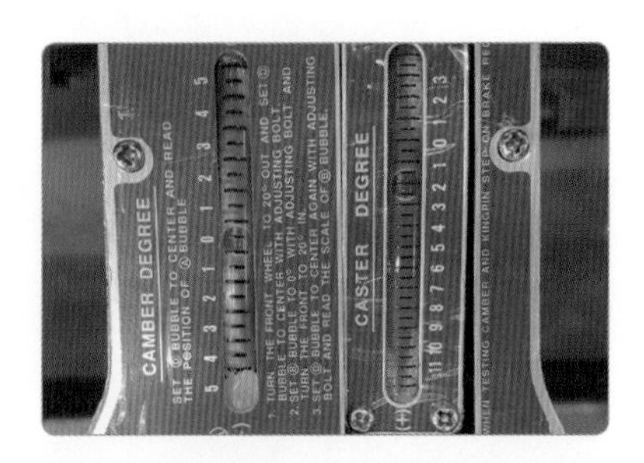

15. 캐스터값을 읽는다(+2°).

(3) 불량 시 조절 방법

① **캠버 조정** : 어퍼암에 조정심을 넣거나 빼서 조정하는 방식과 로어암 볼트를 돌려 조정하는 방식이 있다(캠버 조정 불가 시 로어암을 교환한다).

② **캐스터 조정** : 스트럿 바로 조정하는 방식과 심으로 조정하는 방식이 있다.

2 토(toe) 측정

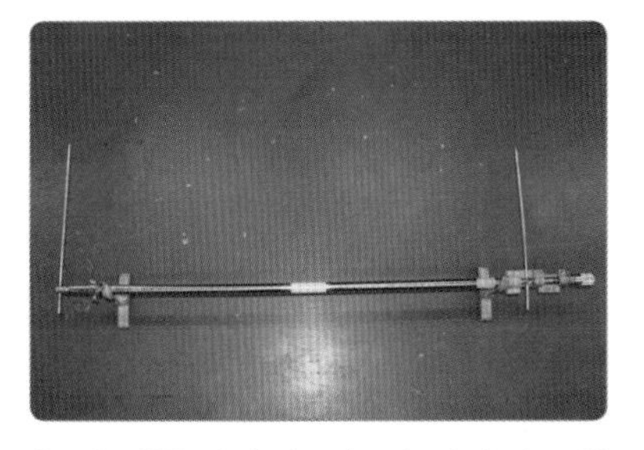

1. 측정할 차량에 토(toe) 게이지를 확인한다.

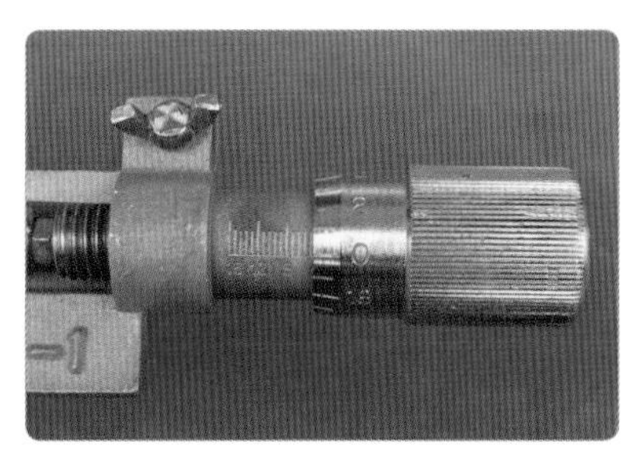

2. 토(toe) 게이지를 0점 조절한다(슬리브 및 딤블).

3. 뒷바퀴 중심선에 토(toe) 게이지 바를 맞춘다(좌우 바퀴 중심).

4. 토(toe) 게이지를 바퀴 앞쪽으로 이동하여 측정 게이지가 없는 포스트를 바퀴 중심에 맞춘다.

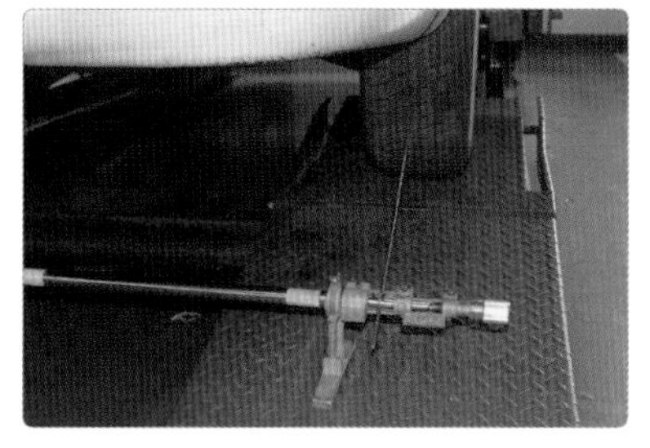

5. 토(toe) 게이지 딤블을 바퀴 중심선 기준으로 움직여 측정값을 확인한다.

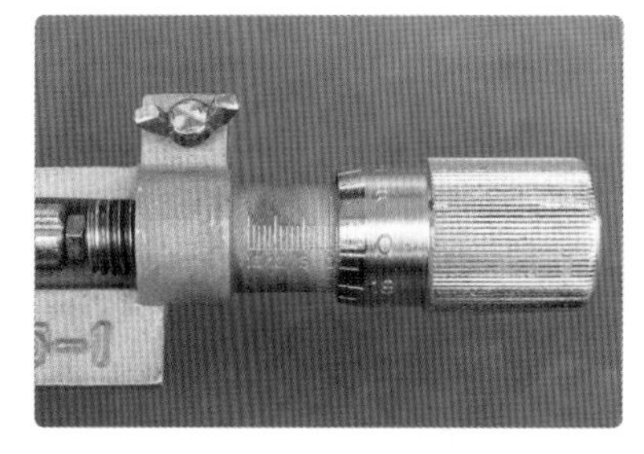

6. 측정값을 확인한다.
토(toe)−out 2 mm

앞바퀴에 토를 주는 것은 주행 시 타이어가 똑바로 굴러가도록 하기 위한 것으로, 주행 시 앞바퀴는 캠버와 구름 저항 등에 의해 타이어가 바깥으로 벌어지려(토아웃) 하기 때문에 미리 토인 값을 주어 완전히 전방을 향하도록 하기 위함이다.

(1) 측정

토(toe)를 측정한 값 toe−out 2 mm를 규정(한계)값 toe−in 0∼3 mm를 적용하여 판정한다.

(2) 정비(조치) 사항

측정한 값과 규정(한계)값을 비교하여 범위를 벗어났으므로 불량이며, 정비(조치) 사항으로 조정할 값을 1/2로 나누어 타이로드로 조정한다.

3 휠 얼라인먼트 테스터기에 의한 점검

(1) 휠 얼라인먼트 측정 준비 작업

① 4주식 리프트에 측정하고자 하는 차량을 정렬한다.

② 1단 리프트를 측정하기 쉬운 높이만큼 리프트 업시킨다.

③ 2단 리프트는 자동차 하체부의 부품에 파손되지 않게 고임목을 이용하여 1단 리프트와 자동차의 휠이 10 cm 정도 떨어지도록 자동차를 수평으로 올린다.

④ 전후 각각의 휠 헤드에 장착된 클램프를 이용하여 타이어 휠에 정확히 장착한다.

⑤ 각 헤드에 케이블을 연결한다(유선으로 점검 시).

⑥ 전 · 후륜의 턴테이블을 휠의 중심과 일치하도록 맞추어 설치한다.

⑦ 각 헤드의 수평을 맞춘다.

⑧ 측정하고자 하는 메뉴를 선택하여 런아웃 화면이 나타나면 각각의 휠을 순차적으로 후륜부터 보정한다.

A/T 차량에서는 전륜 휠을 런아웃 할 때 반대편 휠을 잡아주며 실행한다.

(2) 휠 얼라인먼트 구성

① 본체 구성

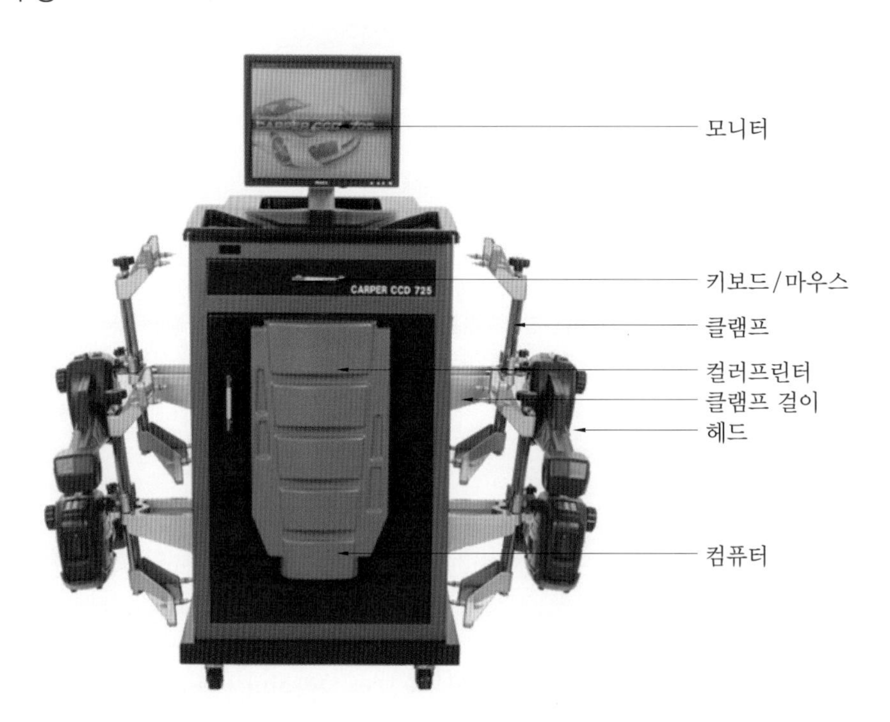

② 모니터 화면

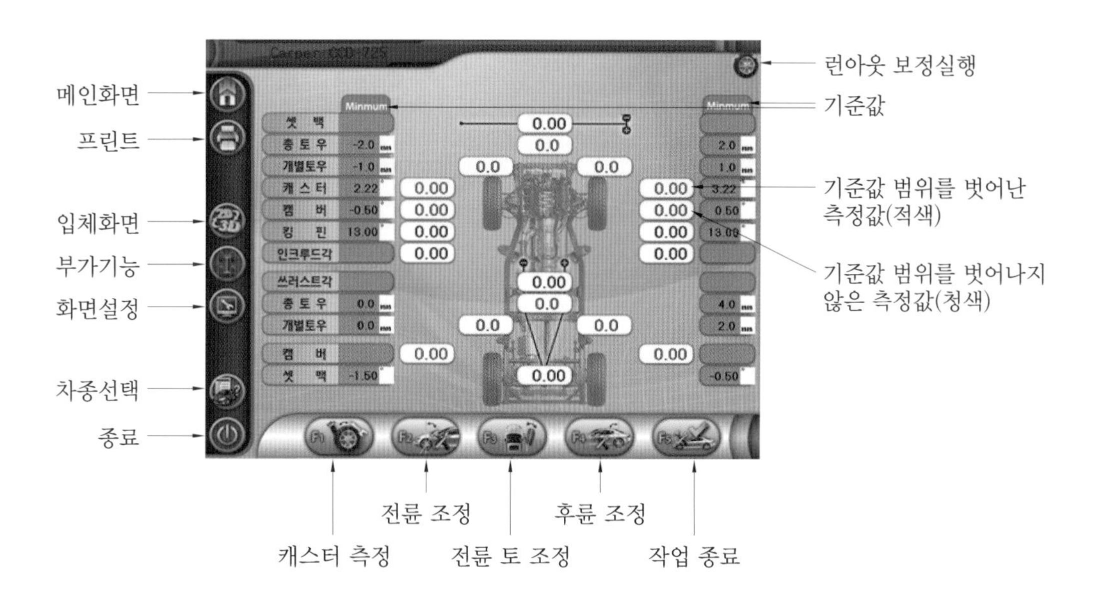

(3) 휠 얼라인먼트 측정

1. 차량을 리프트에 올려 작업하기 좋은 위치로 올린다(리프트 잠금).

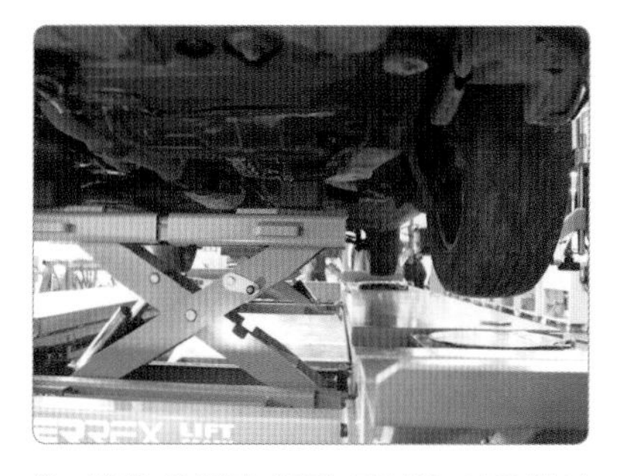

2. 차량 하체를 중간 작업을 이용하여 띄워 준다.

3. 기어를 중립에 놓는다.

4. 턴테이블을 전륜 하단에 설치한 후 고정 핀을 제거한다.

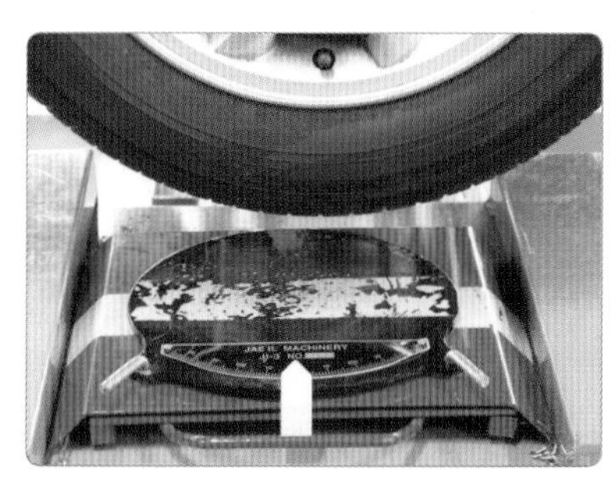

5. 턴테이블을 후륜 하단에 설치한 후 고정 핀을 제거한다.

6. 차량의 네 바퀴에 측정 헤드를 장착하고 휠 사이즈에 맞추어 조절한다.

7. 헤드의 수평기를 기준으로 수평을 맞춘다.

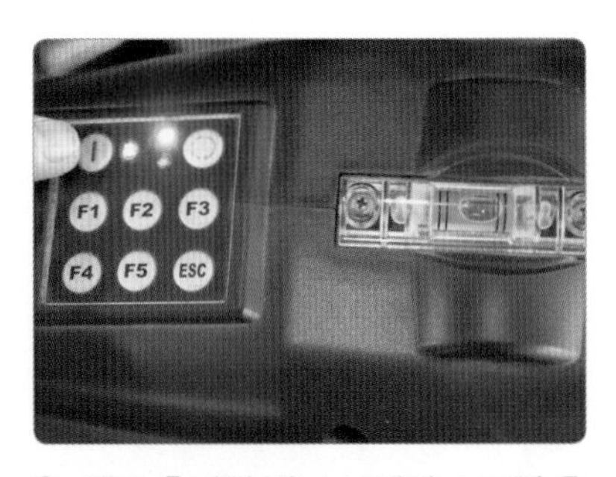

8. 헤드 측면의 헤드 브레이크 고정 후 헤드의 전원을 켠다.

9. 동일한 방법으로 나머지 휠에 각각의 헤드를 장착하고 헤드의 전원을 켠다(4바퀴).

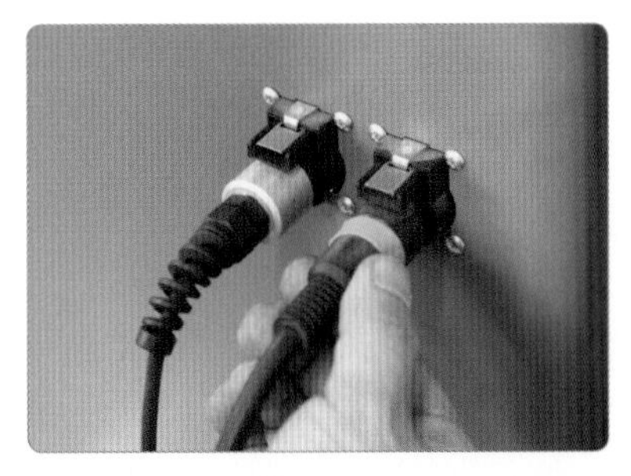

10. **통신 케이블 설치 :** 충전이 안 된 경우 통신 케이블을 각 헤드의 커넥터에 연결하여 사용한다.

11. 반드시 전륜 헤드의 앞쪽 커넥터는 본체에, 뒤쪽 커넥터는 후륜 헤드에 연결한다(좌측).

12. 반드시 전륜 헤드의 앞쪽 커넥터는 본체에, 뒤쪽 커넥터는 후륜 헤드에 연결한다(우측).

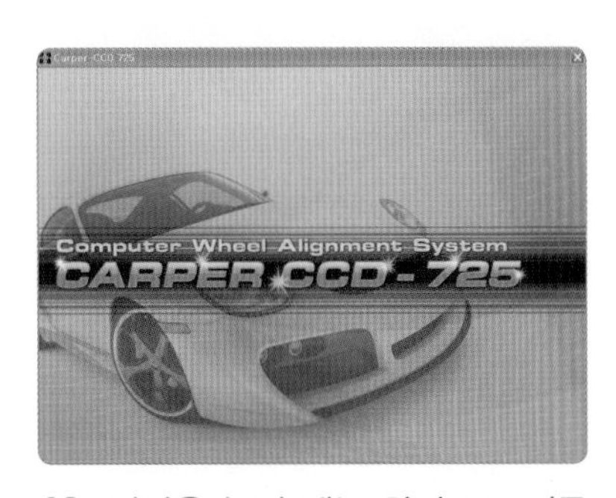

13. 자판을 눌러 메뉴 화면으로 이동한다.

14. **F1 선택 :** 휠 얼라인먼트 측정으로 들어간다.

15. 좌측화면에서 제조사를 선택하고 차종을 선택한다.

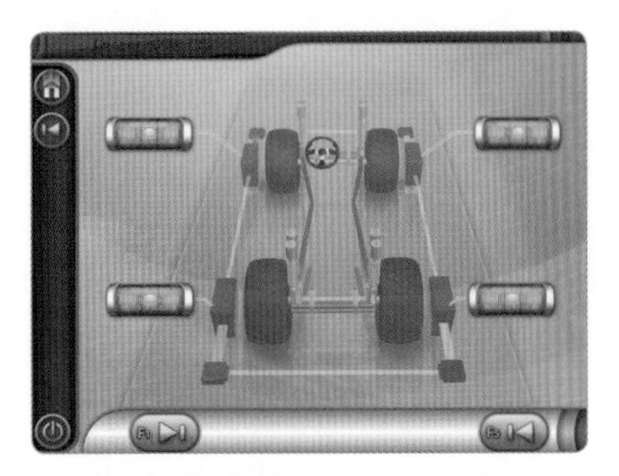

16. 화면에서 차량의 앞뒤, 좌우 수평을 확인한다.

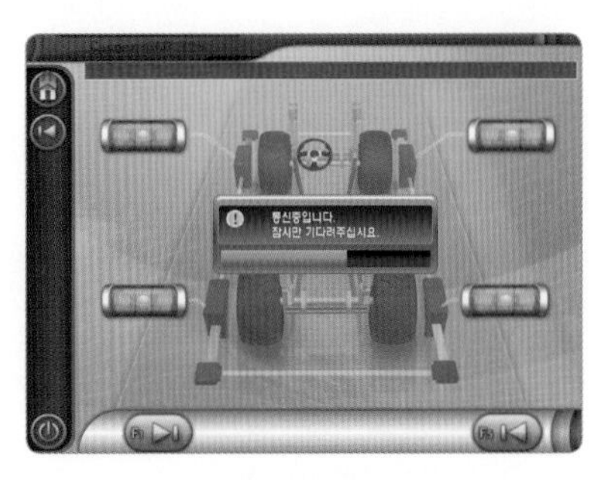

17. 수평이 확인되면 런아웃으로 넘어간다.

화면 하단 을 클릭하여 고객 입력 자료를 입력하지 않고 바로 수평 확인 단계로 진행한다.

※ 해당 차종을 더블 클릭해도 차종 선택 후 수평 확인 단계로 자동으로 이동된다.

18. 런아웃을 순서에 의해 실시한다(런아웃이 된 바퀴는 청색으로 변한다).

19. **런아웃 :** 후륜부터 실행하며 헤드 고정 브레이크를 풀어 바퀴를 진행 방향으로 180° 돌린 후 수평을 맞추고 고정 브레이크를 고정한다.

20. 헤드 상단의 버튼을 누르면 LED가 깜박이다 적색으로 멈춘다.

21. LED의 깜박임이 멈추면 다시 180° 돌린 후 수평을 맞추고 고정 브레이크를 고정한다.

22. 버튼을 다시 한번 눌러 LED가 깜박이다 청색으로 멈출 때까지 기다린다(나머지 바퀴도 동일 방법).

23. 런아웃은 후륜부터 180°씩 돌리면서 헤드 상단 확인 버튼을 누른다(좌우 각각 2회). 을 선택하고 다음으로 진행한다.

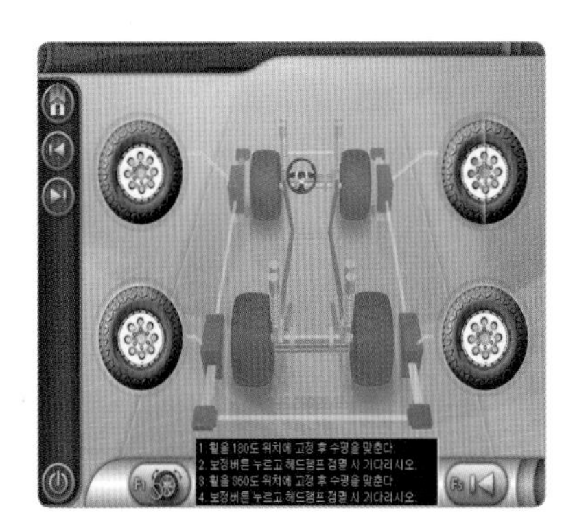

24. 후륜이 끝난 후 전륜을 180° 돌려 헤드 상단 확인 버튼을 누른다(좌우 각각 2회).

25. 런아웃이 완료되면 안내에 따라 을 선택하고 다음으로 진행한다.

26. **얼라인먼트 측정 :** 차량의 풋 브레이크와 핸드(사이드) 브레이크를 잠근다.

27. 차량을 메인 리프트 상판으로 하강시켜 턴테이블에 안착한다.

28. 작업 차량을 앞뒤에서 충분히 흔들어 준다.

29. 각 헤드의 수평을 확인한다. (4바퀴)

30. 을 선택하고 다음으로 진행한다.

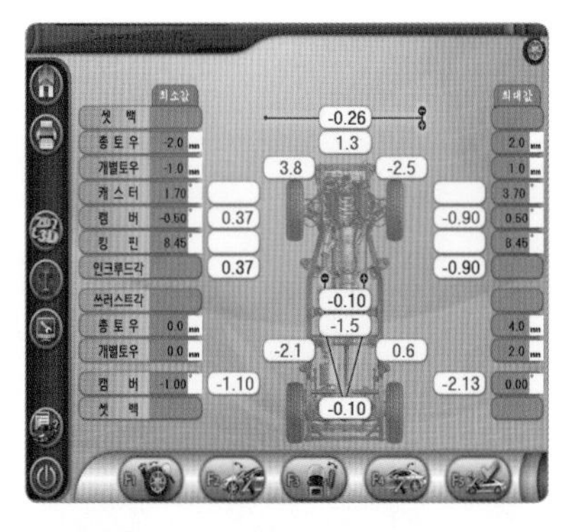

31. 을 선택하고 다음으로 진행한다. 1차 측정 완료 화면

32. **캐스터, 킹핀 측정(스윙 작업) ①**
: 좌 직진
핸들이나 타이어를 돌려 지시계(↓)가 중앙의 녹색 부분에 일치하도록 조정한다.

33. **캐스터, 킹핀 측정(스윙 작업) ②**
: 좌 스윙(2회)
핸들이나 타이어를 돌려 지시계(↓)가 중앙의 녹색 부분에 일치하도록 조정한다.

34. **캐스터, 킹핀 측정(스윙 작업) ③**
: 우 스윙(2회)
핸들이나 타이어를 돌려 지시계(↓)가 중앙의 녹색 부분에 일치하도록 조정한다.

35. **캐스터, 킹핀 측정(스윙 작업) ④**
: 우 직진
핸들 또는 타이어를 돌려 지시계(↓)가 중앙의 녹색 부분에 일치하도록 조정한다.

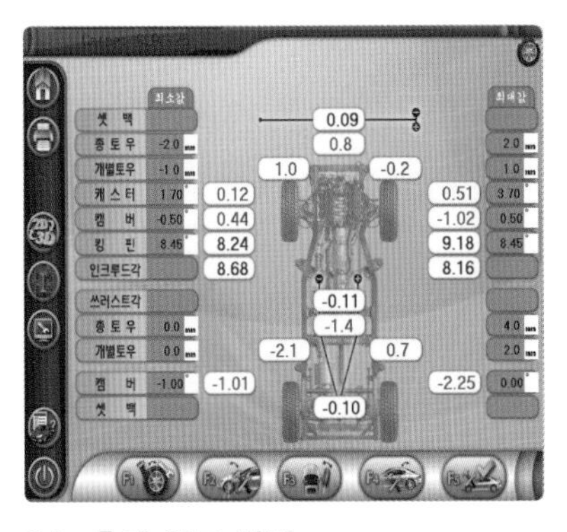

36. **측정 완료 화면**

37. 측정값을 출력한다.

38. 얼라인먼트 헤드를 탈착하고 차량을 정리한다.

Chapter 8 섀시

휠 얼라인먼트 규정값				
차 종		캠버(도)	토(mm)	캐스터(도)
싼타페	전	0 ± 0.5	(−)2 ± 2	2.5 ± 0.5
	후	(−)0 ± 0.5	0 ± 2	
NEW 싼타페	전	(−)0.5 ± 0.5	0 ± 2	
	후	(−)1 ± 0.5	4 ± 2	
그랜저 TG/XG	전	0 ± 0.5	0 ± 2	4.83 ± 0.75, 2.7 ± 1
	후	(−)0.5 ± 0.5	2 ± 2	
뉴그랜저	전	0 ± 0.5	0 ± 3	2.75 ± 0.5
	후	0 ± 0.5	0−2+3	
라비타	전	0 ± 0.5	0 ± 2	2.78 ± 0.5
	후	(−)1 ± 0.5	1 ± 2	
베르나	전	0.17 ± 0.5	0 ± 3	1.75 ± 0.5
	후	(−)0.68 ± 0.5	3 ± 2	

토 조정 방법

❶ 전륜 토 조정은 반드시 핸들 고정대로 핸들을 고정시킨 후 진행한다. 핸들은 먼저 시동을 걸고 좌우로 핸들을 충분히 돌려주어 핸들 유격을 최소화시킨 후 고정한다.

❷ 전륜 조정 : 캐스터 → 캠버 → 토 순서로 진행한다.

9 제동장치 점검

실습목표 (수행준거)

1. 제동장치 관련 부품을 이해하고 작동 상태를 확인할 수 있다.
2. 제동장치의 고장 진단 시 안전 작업 절차에 따라 고장 원인을 분석할 수 있다.
3. 제동장치 교환 시 교환 목록을 확인하여 교환 작업을 수행할 수 있다.
4. 제동장치 진단 내용을 바탕으로 매뉴얼에 따라 정비하고 검사할 수 있다.

1 관련 지식

1 제동장치

제동장치(brake system)는 주행하는 자동차를 감속 또는 정지시킴과 동시에 주차 상태를 유지하기 위해 사용하는 중요한 장치이며 일반적으로 마찰력을 이용하여 자동차의 운동에너지를 열에너지로 바꾸어 그것을 대기 속으로 방출시켜 제동 작용을 하는 마찰식 브레이크를 사용하고 있다.

제동장치는 주행할 때 주로 사용하는 주 브레이크(foot brake)와 자동차를 주차할 때 사용하는 주차 브레이크(parking brake)로 나눈다.

또한 조작 방법에 따라 유압식과 기계식으로 분류하며, 유압식은 풋 브레이크에, 기계식은 파킹 브레이크에 사용된다. 한편 대형 차에는 압축 공기식도 사용된다.

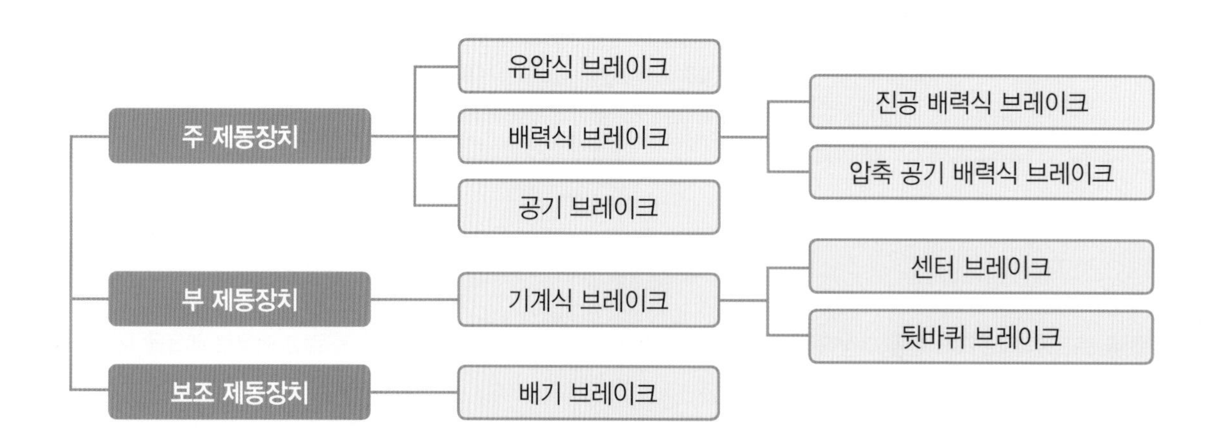

2 제동장치가 갖추어야 할 요건

① 최고속도와 최대적재중량에 대하여 항상 충분한 제동력을 발휘할 것

② 신뢰성과 내구성이 우수할 것

③ 조작이 간단하고 운전자에게 피로감을 주지 않을 것

④ 브레이크를 작동하지 않을 때는 각 휠의 회전에 전혀 지장을 주지 않을 것

⑤ 점검이나 조정하기가 쉬울 것

3 유압식 브레이크의 구성 부품

① 마스터 실린더

② 마스터 백(부스터)

③ 디스크 브레이크

④ 브레이크 슈(라이닝)

⑤ 브레이크 드럼

⑥ 휠 실린더

⑦ 브레이크 파킹 장치

⑧ 브레이크 페달

⑨ 브레이크 라인 프로포셔닝 밸브

⑩ 브레이크 오일

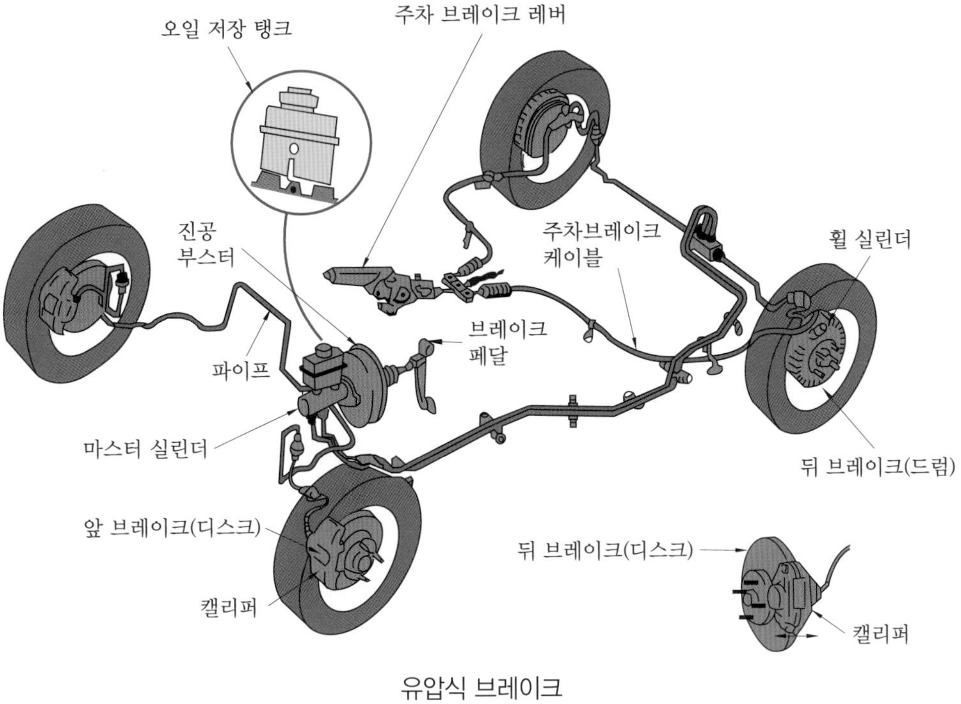

유압식 브레이크

(1) 마스터 실린더

브레이크 페달을 밟는 것에 의하여 유압을 발생시키는 부품으로 오일탱크와 실린더 보디, 피스톤과 컵, 체크 밸브, 리턴 스프링 등으로 되어 있다.

(2) 브레이크 오일

브레이크 오일은 3~4년에 1회 교환하거나 주행거리 40000~60000 km마다 교환 주기를 정한다. 브레이크 오일은 산을 포함하므로 차체 표면이나 인체 피부에 묻지 않도록 하며 유독성이므로 취급에 유의한다.

브레이크 오일의 구비 조건은 다음과 같다.

① 화학적인 안정성이 클 것
② 침전물 발생이 없을 것
③ 빙점이 낮고 비등점이 높을 것
④ 윤활성이 있을 것
⑤ 고무나 금속 제품을 부식 · 팽창시키지 않을 것
⑥ 점도가 적당하고 점도 지수가 클 것

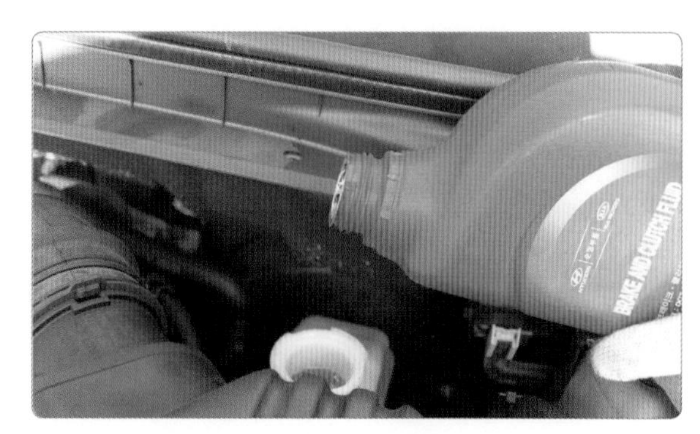

브레이크 오일

(3) 제동장치의 점검과 분해 정비 시기

① 브레이크 제동 시 소음을 내며 좌우측의 제동력에 불균형이 생겨 제동이 고르지 않은 경우 한쪽 바퀴만 제동(편제동)이 될 때는 차량 주행에 중대한 사고의 원인이 되므로 제동장치를 즉시 정비한다.

② 마스터 실린더나 휠 실린더, 오일의 파이프에 오일 누출이 있거나 슈의 복귀가 잘 안 될 경우 브레이크를 점검 진단한다.

③ 브레이크 페달의 피벗이나 브레이크 드럼 슈 등의 마모에 의하여 제동력이 부족할 경우, 브레이크 페달을 바닥까지 닿도록 밟아도 제동되지 않을 경우 브레이크 계통을 점검한다.

④ 브레이크 장치 고장 시 즉시 분해하여 점검, 수정해야 하며 정기적인 점검과 일상 점검을 통한 검사를 한다면 갑작스런 고장으로 인한 사고를 줄일 수 있으며 제동장치 고장 시 분해하지 않고 외부에서 조정함으로써 수정할 수 있는 것도 있다(페달 간극, 높이 조정 및 공기빼기 작업 등).

⑤ 브레이크 파이프는 강재이며 정상적으로 사용하는 경우 분해할 필요는 없으나 사고 등으로 균열이 발생하거나 파손될 경우 호스를 인장하는 스프링을 분해한 다음 2개의 스패너를 사용하여 호스 쪽을 누르고, 너트 쪽을 돌려서 탈거한다.

⑥ 브레이크 드럼의 마모는 라이닝과 더불어 브레이크를 작용시키면 당연히 일어나는 것이며, 라이닝을 리벳으로 슈를 체결한 것은 리벳의 돌출로 드럼이 마모되는 경우도 발생한다. 턱 마모나 홈 상태의 마모는 육안으로도 점검할 수 있으며, 소형 차량은 드럼 불량 시 교환하고 대형 차량은 드럼, 선반으로 원형 절삭하여 재사용하는 경우가 있다.

⑦ 마스터 실린더는 브레이크 유압 발생 부품이며 휠 실린더는 브레이크 라이닝을 확장하는 역할을 하므로 브레이크 유압 라인의 핵심 부품이다. 유압 라인에 누유나 파이프 파손이 없거나 공기빼기 작업을 통해 공기를 뺀 경우에도 유압 발생이 불량이면 피스톤 키트나 마스터 실린더 또는 휠 실린더를 교체한다.

2 브레이크 점검

1 브레이크 페달 점검

(1) 브레이크 페달의 유격 및 작동거리 측정

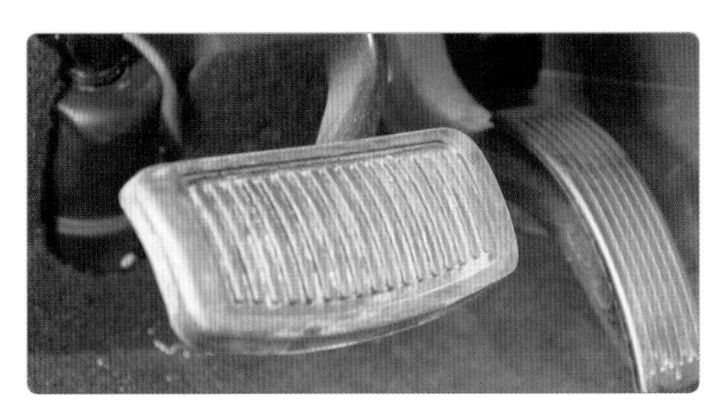

1. 점검 차량의 브레이크 페달 위치 및 작동 상태를 확인한다.

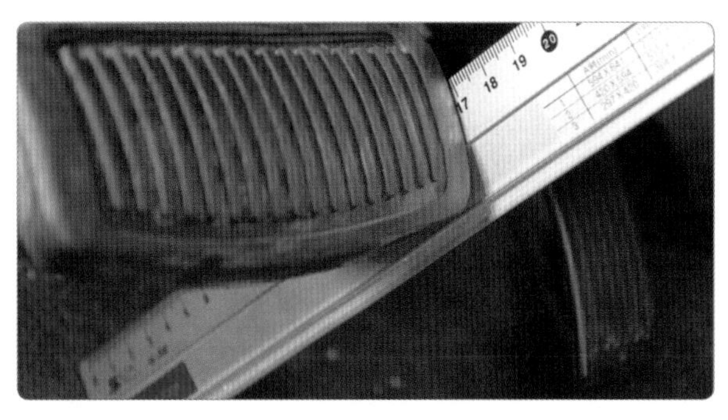

2. 엔진 시동 후 브레이크 페달과 자가 직각이 되게 하고 자유된 상태에서 페달 높이를 측정한다(자유고 : 170 mm).

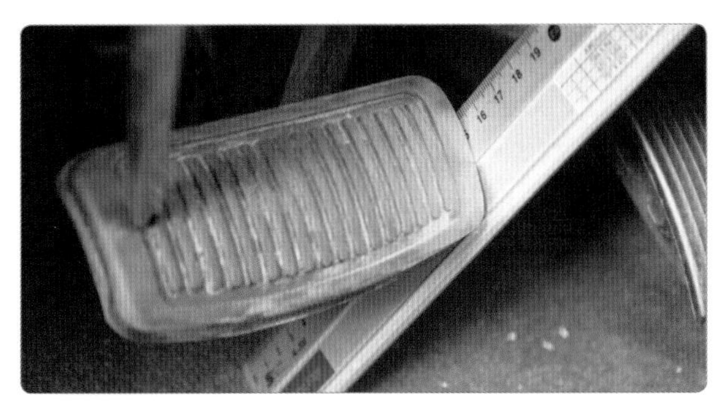

3. 저항을 느끼는 부분까지 브레이크 페달을 밟고 유격을 점검한다(유격 : 20 mm).

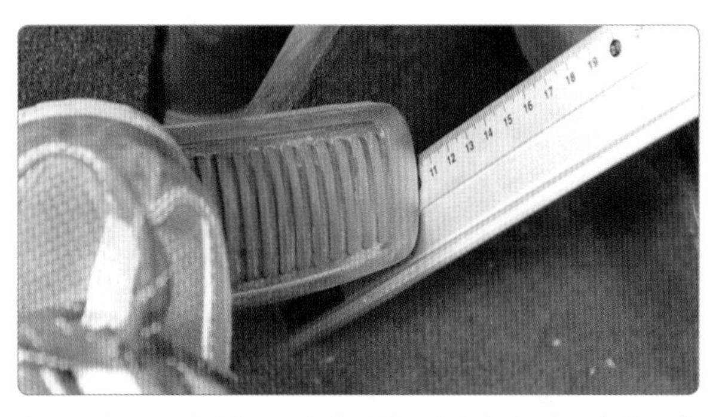

4. 브레이크 페달을 끝까지 밟은 상태에서 작동거리를 측정한다(작동거리 : 105 mm).

(2) 판정 및 수정 방법

① 측정(점검) : 측정값(페달 작동거리 : 105 mm, 페달 유격 : 20 mm)을 규정(한계)값(페달 작동거리 : 125 mm, 페달유격 : 10~20 mm)과 비교하여 판정한다.

② 정비(조치) 사항 : 불량 시 마스터 실린더 푸시로드 길이 변화로 페달 유격을 조정한다.

브레이크 부스터 작동 시험

❶ 엔진 시동 후 브레이크 페달을 수차례 밟는다. 처음에 완전히 들어가고 점진적으로 페달이 올라오면 부스터 정상

❷ 브레이크 페달을 밟은 후 엔진 시동을 걸었을 때 페달이 내려가면 부스터 양호

❸ 엔진 시동 후 페달을 힘껏 밟고 시동을 껐을 때 페달 높이가 30초 동안 변화되지 않으면 부스터 양호

2 디스크 브레이크 점검

(1) 디스크 브레이크 캘리퍼 탈부착 및 패드 교환

브레이크 캘리퍼 탈부착

1. 차량을 리프트에 배치 후 좌우 바퀴 중 해당되는 바퀴를 탈거한다.

2. 작업의 편의를 위해 바퀴 앞쪽이 밖을 향하도록 돌려 놓는다.

3. 브레이크 호스 고정 볼트를 분리한다.

4. 브레이크 호스를 캘리퍼에서 분리한다.

5. 하단부 고정 볼트를 풀어낸다.

6. 상단부 고정 볼트를 풀어낸다.

7. 캘리퍼 피스톤을 분해한다.

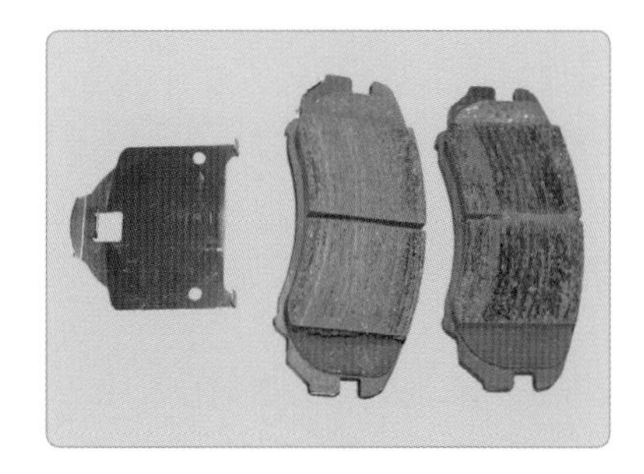

8. 브레이크 패드를 분리한다.

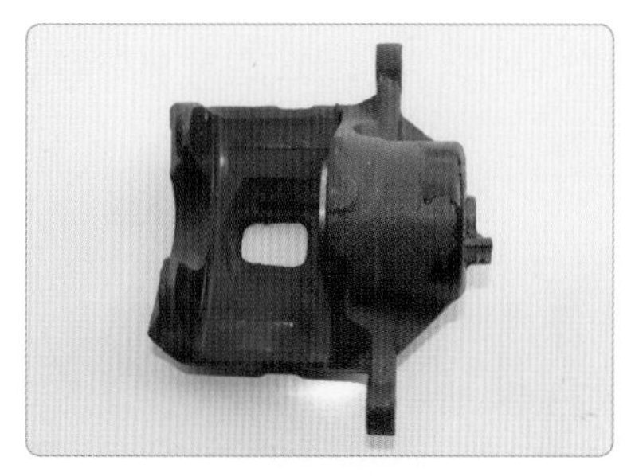

9. 탈착된 캘리퍼를 점검 확인한다.

10. 캘리퍼 조립을 위해 피스톤 압축기로 피스톤을 압축한다.

11. 캘리퍼 상단부를 조립한다.

12. 캘리퍼 상하부 볼트를 손으로 조립한다.

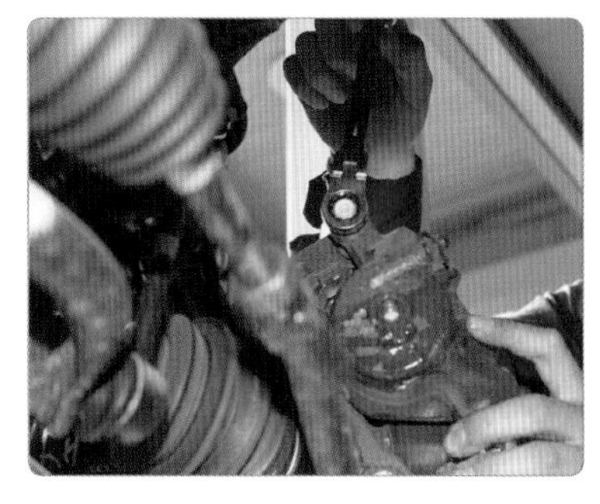

13. 공구를 사용하여 마무리 조립한다.

14. 브레이크 호스를 캘리퍼에 조립한다.

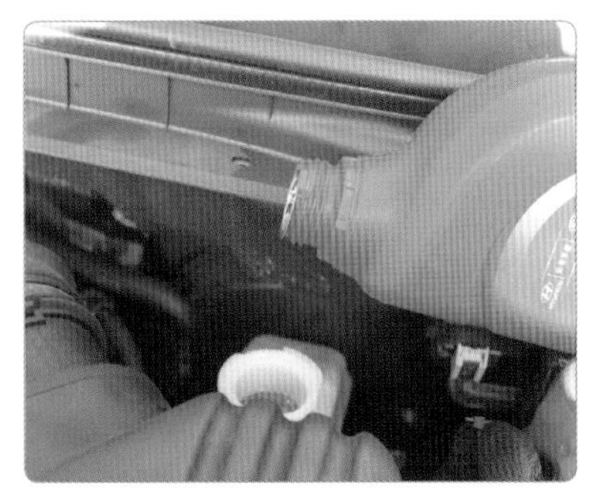

15. 마스터 실린더에 브레이크액을 채운다.

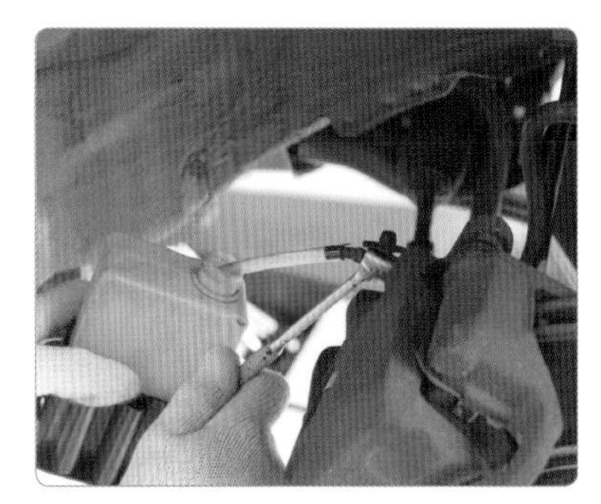

16. 공기빼기 작업을 실시한다.

(2) 디스크 두께 및 런아웃

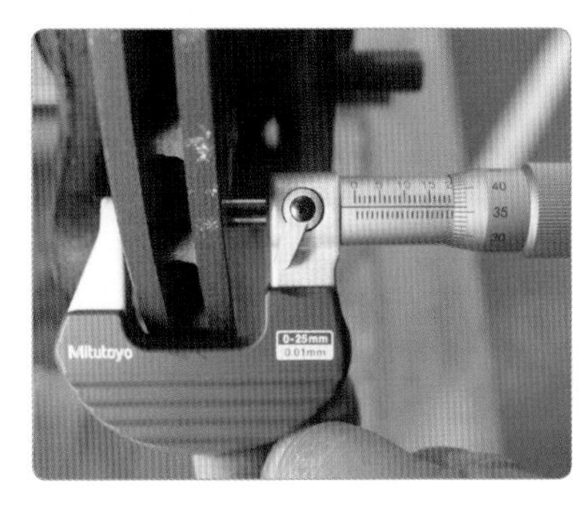

1. 디스크 두께를 측정하고 측정값을 확인한다(19.86 mm).

2. 다이얼 게이지를 브레이크 디스크에 직각으로 설치하고 0점 조정한다.

3. 디스크를 1회전 돌려 다이얼 게이지 측정값을 읽는다(최댓값).

① 측정(점검) : 디스크 두께 및 흔들림 측정값 19.86 mm, 3 mm를 규정(한계)값(디스크 두께 : 20 mm, 흔들림(런아웃) : 0.1 mm)과 비교하여 판정한다.

② 정비(조치) 사항 : 측정값이 한계값을 넘게 되면 브레이크 디스크를 교환한다.

③ 디스크 마모 및 런아웃 규정(한계)값

차 종	런아웃 한계값	디스크 마모량	
		기준값	한계값
싼타페	0.04 mm 이하	26 mm	24.4 mm
베르나	0.05 mm 이하	19 mm	17 mm
아반떼 XD	0.18 mm 이하	19 mm	17 mm
쏘나타Ⅲ	0.10 mm 이하	22 mm	20 mm
EF 쏘나타/그랜저 XG	0.08 mm 이하	24 mm	22.4 mm

3 브레이크 라이닝(슈) 및 휠 실린더 탈부착

(1) 브레이크 라이닝(슈) 탈부착

1. 타이어를 탈착한다.

2. 브레이크 드럼 및 고정 볼트, 허브 너트 캡(더스트 캡)을 탈거한다.

3. 허브 너트를 탈거한다.

4. 허브 어셈블리를 탈거한다.

5. 자동 조정 스프링을 탈거한다.

6. 자동 조정 레버를 탈거한다.

7. 브레이크 라이닝 연결 스프링을 탈거한다.

8. 홀더 다운 스프링 핀 우측 라이닝을 탈거한다.

9. 조정 스트럿 바를 탈거한다.

10. 홀더 다운 스프링 핀을 분리한 후 좌측 라이닝을 탈거하면서 핸드 브레이크 레버를 분리한다.

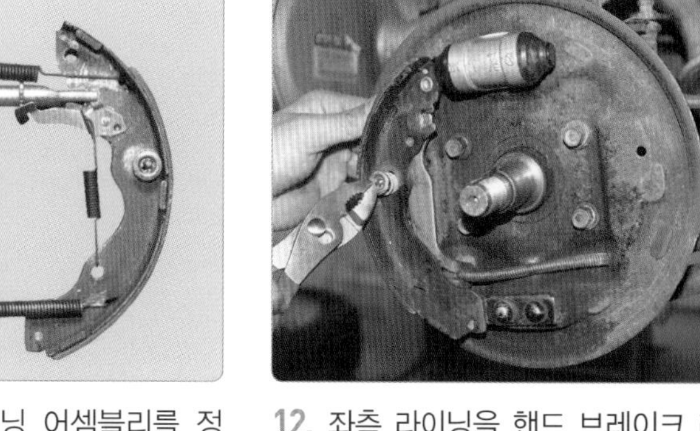

11. 브레이크 라이닝 어셈블리를 정렬한다(마모된 라이닝 교체).

12. 좌측 라이닝을 핸드 브레이크 레버에 조립한 후 홀더다운 스프링과 핀을 조립한다.

13. 조정 스트럿을 조립하고 우측 라이닝 홀더 다운 스프링과 핀을 조립한다.

14. 상단 슈 리턴 스프링을 조립하고 하단 슈 연결 스프링을 조립한다.

15. 자동 조정 레버를 조립한다.

16. 자동 조정 스프링을 조립한다.

17. 허브 어셈블리를 체결하고 허브 너트를 조립한다.

18. 브레이크 드럼을 조립하고 라이닝 간극 확인 후 허브 너트에 그리스를 주유하고 더스트 캡을 체결한다.

(2) 휠 실린더 탈부착

브레이크 휠 실린더 탈거 작업

1. 지정된 바퀴를 탈거하고 드럼 고정 볼트를 탈거한다.

2. 허브 너트를 탈거하고 드럼을 분해한다.

3. 자동 조정 스프링과 자동 조정 레버를 탈거한다.

4. 브레이크 라이닝(슈) 연결 스프링을 탈거한다.

5. 브레이크 라이닝(슈) 리턴 스프링을 탈거한다.

6. 홀더 다운 스프링과 핀을 탈거하고 브레이크 슈를 탈거한다.

7. 자동 조정 스트럿을 탈거한다.

8. 홀더 다운 스프링을 탈거하고 브레이크 라이닝(슈)을 탈거한다.

9. 주차 브레이크 케이블에서 라이닝(슈)을 분리한다.

10. 백킹 플레이트 휠 실린더 브레이크 파이프 에어 브리더 고정 볼트를 분해한다.

11. 휠 실린더를 탈거하고 정렬한다. (마모된 휠 실린더 교체)

12. 휠 실린더 고정 브레이크 파이프와 에어 브리더 고정 볼트를 조립한다.

13. 좌측 라이닝을 조립하고 자동 조정 스트럿을 설치한다(사이드 브레이크 케이블 연결).

14. 리턴 스프링과 우측 라이닝을 조립한다.

15. 브레이크 라이닝 연결 스프링을 조립한다.

16. 자동 조정 레버와 자동 조정 스프링을 조립한다.

17. 허브 어셈블리를 조립한다.

18. 드럼 및 허브 너트와 허브 캡을 조립하고 드럼 고정 볼트를 조립한다.

19. 바퀴 드럼을 돌려 라이닝 간극을 확인한다.

20. 바퀴를 장착하고 주변을 정리한다.

유압 라인 브레이크에서 발생되는 현상

❶ 잔압 유지 : 마스터 실린더 내 피스톤 스프링의 장력과 회로 내의 유압이 평형이 되면 체크 밸브가 시트에 밀착되어 압력이 남게 되며, 그 압력은 0.6~0.8 kg/cm^2 정도이다(마스터 실린더와 휠 실린더의 높이 차의 영향).

❷ 베이퍼 로크(vapor lock) : 브레이크 장치 내 오일이 비등하고 기화되어 압력 발생이 저하되는 현상이다.

❸ 페이드 현상 : 주행 중 차량의 잦은 브레이크 작동으로 드럼과 라이닝, 디스크의 온도가 상승되어 마찰계수 저하로 제동 효과가 떨어지는 현상이다.

4 마스터 실린더 탈부착

마스터 실린더 탈부착

1. 브레이크액 경고등 커넥터를 탈거하고 마스터 실린더 전 · 후륜 브레이크 파이프를 분리한다.

2. 마스터 백에 조립된 마스터 실린더 고정 볼트를 분해한다.

3. 마스터 실린더를 탈거한다.

4. 마스터 실린더를 정렬한다.

5. 마스터 실린더를 마스터 백에 조립한다.

6. 마스터 실린더 전 · 후륜 브레이크 파이프를 조립한다.

7. 브레이크액 경고등 커넥터를 체결한다.

8. 브레이크액을 마스터 실린더에 보충한다.

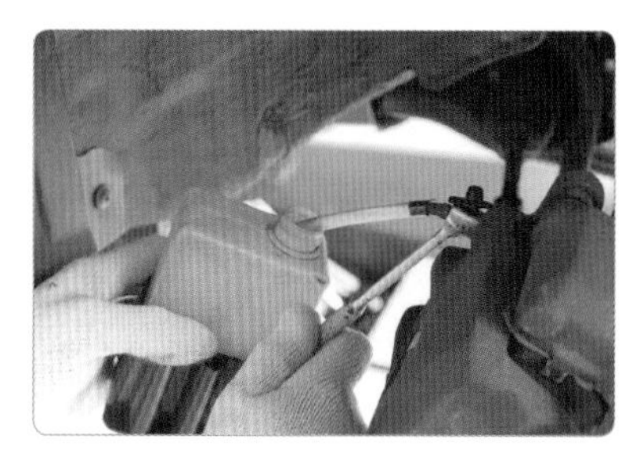

9. 브레이크 공기빼기 작업을 실시한 후 브레이크액을 보충한다.

5 브레이크 오일 교환

1. 차량 바퀴를 탈거한다(앞뒤 바퀴).

2. 실습 차량을 리프트 업시킨다.

3. 주입구에 브레이크액을 채운다(규격 브레이크액 2/3 이상 수시 확인).

4. 에어호스를 연결한다(2 kgf/cm^2).

5. 흡입 튜브를 연결한다.

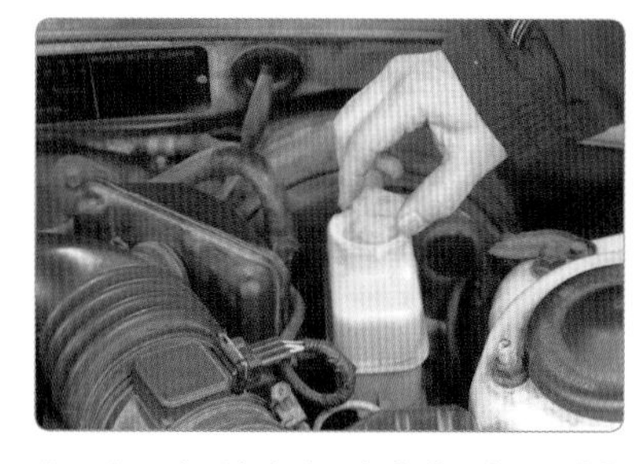

6. 마스터 실린더 리저버 탱크 캡을 열고 스트레이너를 빼낸다.

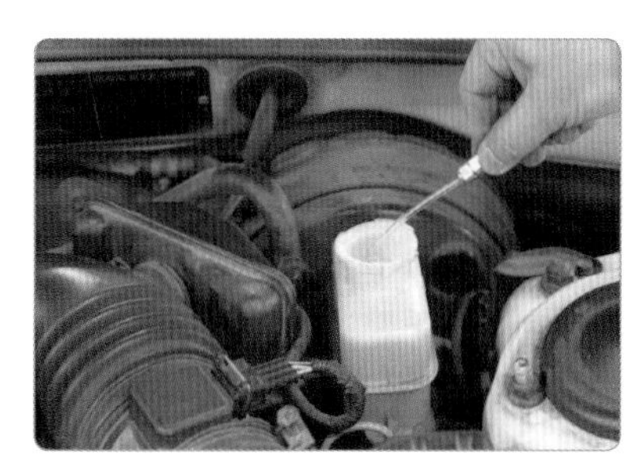

7. 흡입 호스로 리저버 탱크의 폐오일을 흡입한다.

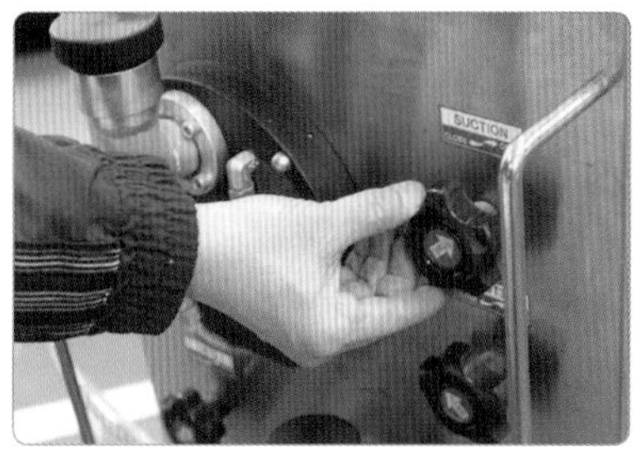

8. 우측 핸들을 폐액 흡입 방향으로 조작 후 핸들을 정지 방향으로 조작한다.

9. 미니커플러가 장착된 호스를 설치한 어댑터에 연결한다(오일 주입 호스 연결).

10. 밸브를 오일 교환 방향으로 조작한다.

11. 에어 튜브를 캘리퍼 에어 브리더에 연결한다. **오일 흡입(빼기) 순서** : 뒤우측－뒤좌측－앞우측－앞좌측

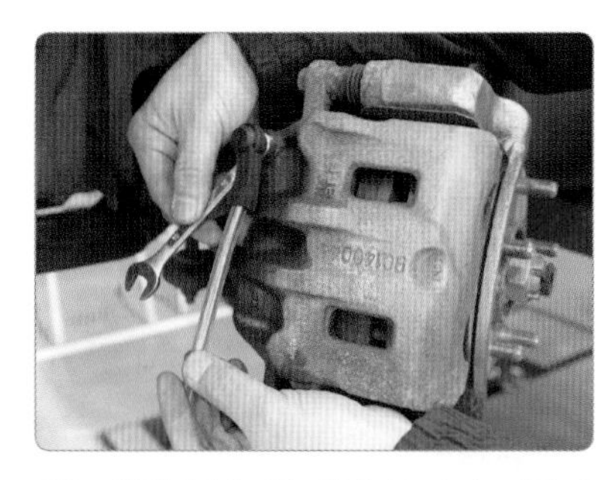

12. 신액 분출 시 에어 브리더 니플을 풀어준다.

13. ABS 차량인 경우 스캐너를 자기진단 커넥터에 연결한다.

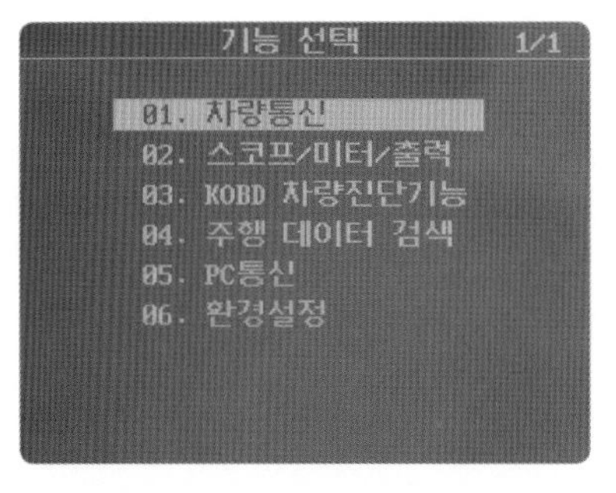

14. 차량통신 기능을 선택한다.

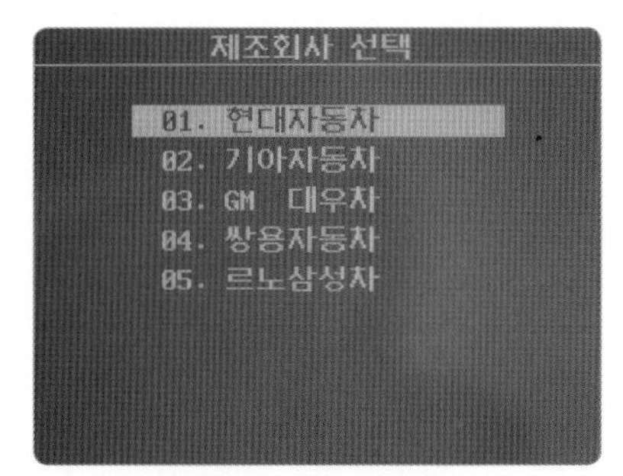

15. 제조회사를 선택한다.

16. 차종을 선택한다(제동 제어).

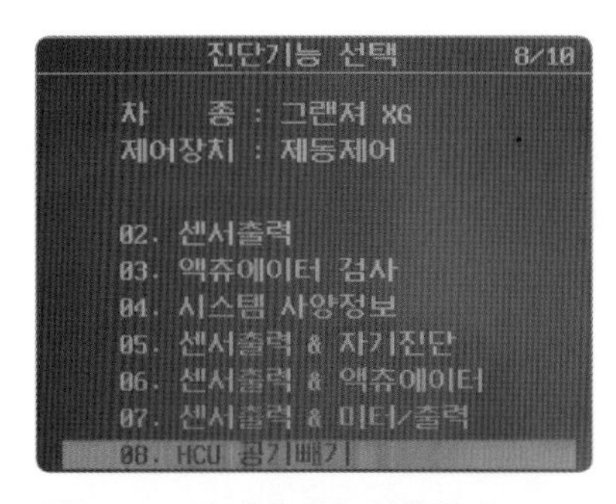

17. HCU 공기빼기를 선택한다.

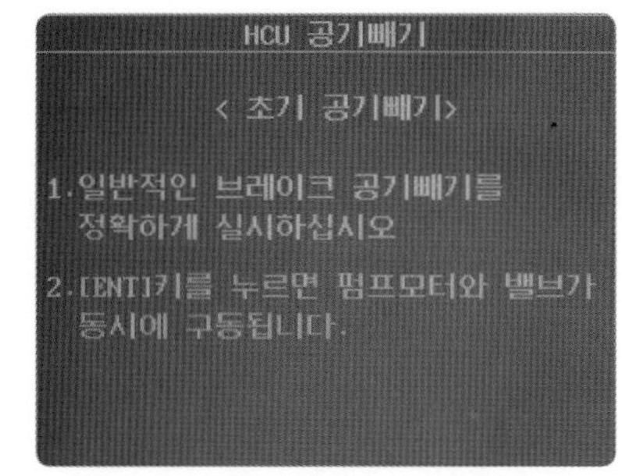

18. 스캐너의 안내문을 확인한다.

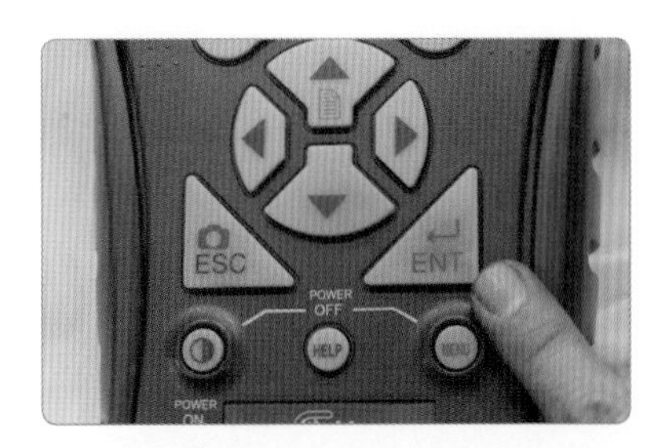

19. 엔터를 눌러 ABS 모듈을 작동시킨다(모듈 작동음에 맞춰 브레이크 페달을 밟는다.).

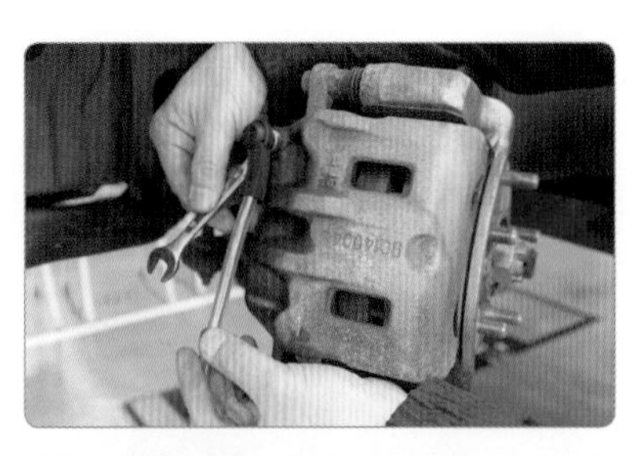

20. 신액 분출 시 에어 브리더 니플을 풀어준다.

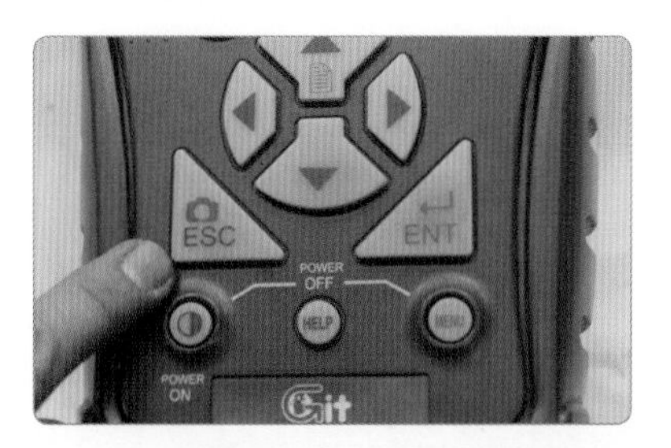

21. ESC를 눌러 ABS 모듈 작동을 멈춘다(HCU 공기 빼기 중에는 스캐너 사용을 중지하고 종료 메시지가 출력될 때까지 반복한다.).

22. 에어 브리더를 잠궈 작업을 마친다.

23. 스캐너를 정리한다.

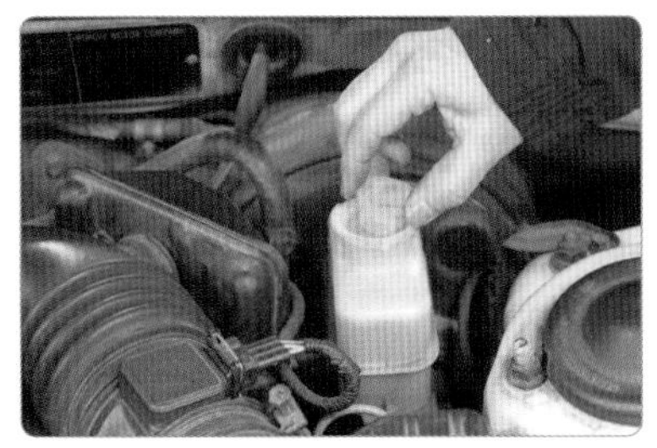

24. 마스터 실린더 브레이크 리저버 탱크 캡을 닫는다.

6 주차 브레이크 레버 탈부착 및 클릭수 조정

(1) 주차 브레이크 레버 탈부착

1. 주차 브레이크를 최대한 당긴다.

2. 콘솔박스 센터 고정 볼트를 탈거한다.

3. 콘솔 사이드 커버 좌우 고정 볼트를 분해한다.

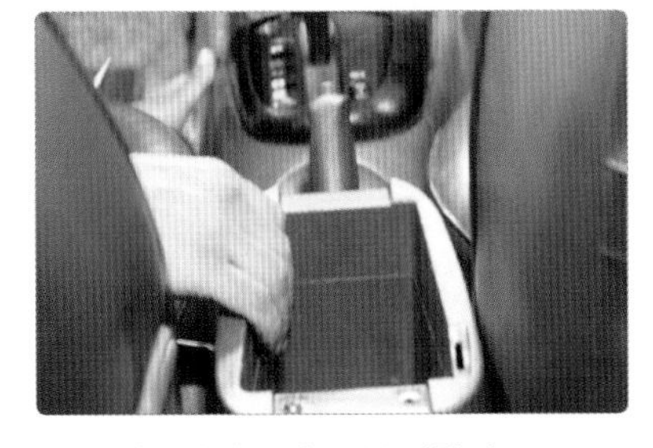

4. 콘솔 어셈블리를 분리한다.

5. 센터 페이셔 판넬을 분리한다.

6. 콘솔 어퍼 커버를 제거한다.

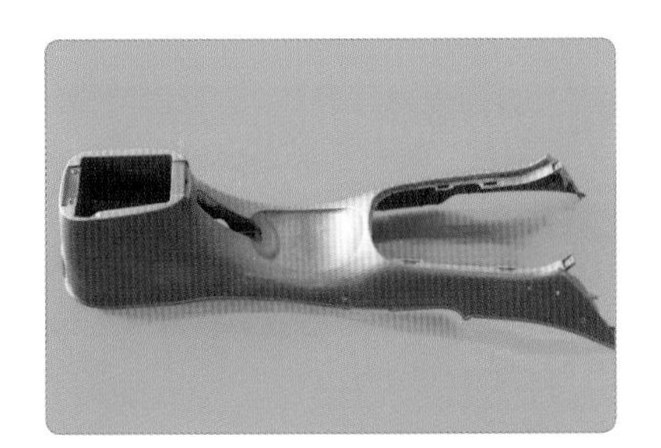

7. 콘솔 어셈블리를 분해하여 분리한다.

8. 주차 브레이크 고정 볼트를 분해한다.

9. 주차 브레이크 사이드 케이블 고정 핀을 탈거한 후 사이드 케이블을 분리한다.

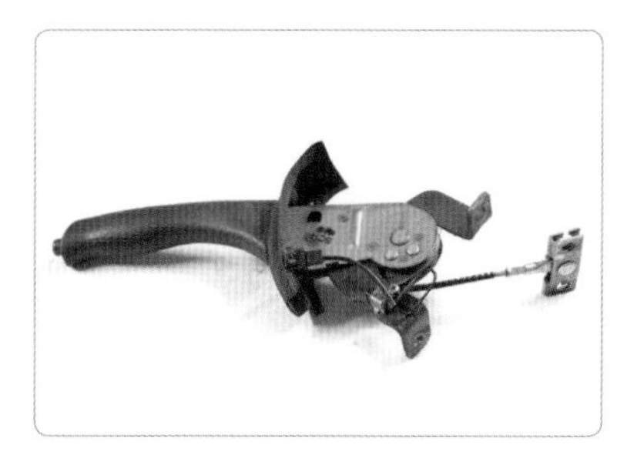

10. 주차 브레이크를 점검 확인한다.

11. 사이드 케이블을 정렬한다.

12. 주차 브레이크 고정 볼트를 조립한다.

13. 주차 브레이크 유격을 조정하고 고정 핀을 삽입한다.

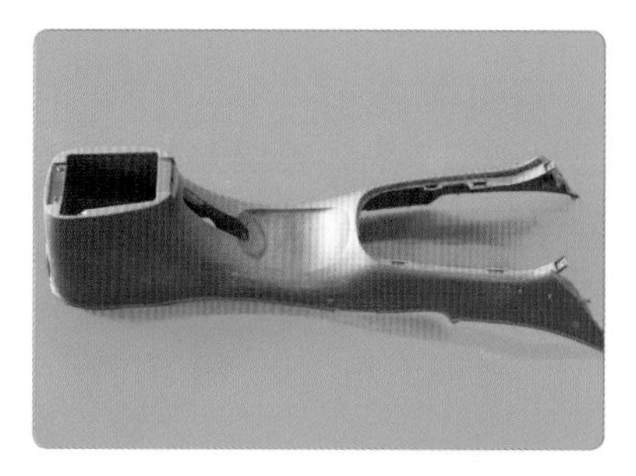

14. 콘솔 어셈블리를 조립한다.

15. 콘솔 어퍼 커버를 제거한다.

16. 센터 페이셔 판넬을 조립한다.

17. 콘솔박스 센터 고정 볼트를 탈거한다.

18. 콘솔 사이드 커버 좌우 고정 볼트를 분해한다.

(2) 주차 브레이크 클릭수 점검

1. 주차 레버를 최대한 풀어준다.

2. 주차 레버를 잡아당기며 클릭 수를 점검한다(규정값 6~8클릭/20 kgf).

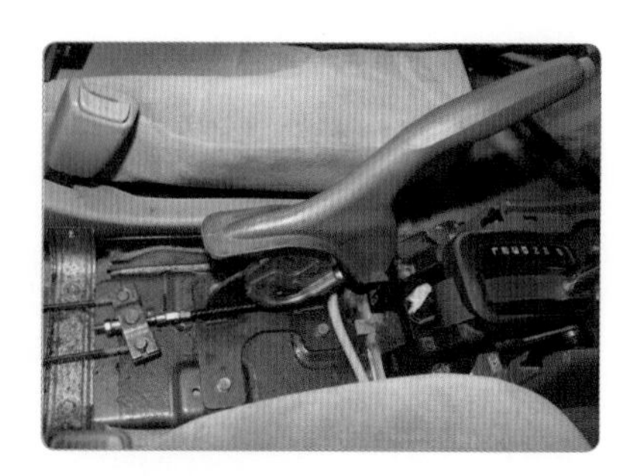

3. 케이블 장력 조정 너트로 주차 레버의 클릭 수를 조정한다.

7 제동장치 고장 현상에 따른 정비

(1) 브레이크를 밟을 때 페달과 차체에서 진동이 발생하는 경우

고장 현상	진단 방법 및 현상	정비 및 조치
• 주행 중 브레이크를 밟을 때 차체의 진동이 심하다. • 주행 중 브레이크를 밟을 때 브레이크 페달이 상하로 떨린다. 주 ABS 장착 차량은 정상적으로 페달에 다소의 진동이 발생할 수 있다.	브레이크 디스크나 드럼의 변형으로 제동 시 떨림이 발생하는 경우	브레이크 디스크 또는 드럼을 교환한다.
	브레이크 패드 또는 라이닝 재질이 불량하거나 변형이 있는 경우	패드와 라이닝을 순정품으로 교환하고 디스크나 드럼도 마모가 심하면 교환한다.
	앞 · 뒤바퀴 허브 유격이 과다한 경우	허브 베어링을 교환하거나 허브 너트를 다시 조여준다.
	차량의 휠 얼라인먼트가 불량인 경우	휠 얼라인먼트를 점검 · 교정한다.

(2) 주차 브레이크 레버가 평소보다 많이 올라가는 경우

고장 현상	진단 방법 및 현상	정비 및 조치
• 주차 브레이크 레버가 평소보다 많이 올라간다. • 완만한 경사로에서 주차 브레이크를 작동해도 차량이 뒤로 밀린다.	브레이크 패드나 라이닝이 많이 닳아서 디스크와 드럼과의 간격이 늘어난 경우	브레이크 패드 또는 라이닝 마모량을 점검한다.
	주차 브레이크 케이블의 조정 불량 또는 늘어나거나 끊어진 경우	브레이크 라이닝 자동 간극 조절 장치를 수리 · 교환한다.
	브레이크 라이닝 자동 간극 조절 장치가 불량인 경우	

(3) 브레이크 페달을 밟을 때 스펀지를 밟는 느낌으로 푹 들어가는 경우

고장 현상	진단 방법 및 현상	정비 및 조치
• 브레이크 페달을 밟을 때 마치 스펀지를 밟듯이 푹 들어간다. • 브레이크 페달이 바닥에 거의 닿을 정도로 내려간다. • 브레이크 페달을 여러 번 반복해서 밟아야 제동이 된다.	브레이크 오일 배관 내에 기포가 발생하거나 공기가 유입된 경우	브레이크 라인 내 공기빼기 작업을 수행한다.
	브레이크 디스크나 드럼이 과열되어 브레이크 오일 배관 내 기포가 발생한 경우	브레이크 과열 여부를 점검하고 열을 냉각시킨다.
	브레이크 배관의 오일이 새는 경우	브레이크 오일 누유 부위 점검 · 수리(브레이크 파이프 또는 호스 연결부 등)
	브레이크 마스터 실린더가 불량인 경우	브레이크 마스터 실린더를 점검 · 교환한다.
	브레이크 캘리퍼 또는 휠 실린더가 불량인 경우	브레이크 캘리퍼 또는 휠 실린더를 점검 · 교환한다.

(4) 주차 브레이크가 풀리지 않는 경우

고장 현상	진단 방법 및 현상	정비 및 조치
• 주차 브레이크 레버를 내려도 주차 브레이크 해제가 안 된다. • 주차 브레이크 작동 상태로 주행 시 차량 출발이 힘들고 브레이크 드럼이 과열되면서 뒷바퀴 휠 부위에서 타는 듯한 냄새와 흰 연기가 발생한다.	주차 브레이크 케이블이 차체와 접촉되어 리턴이 안 되는 경우	주차 브레이크 케이블 간섭 부위를 점검 · 수리한다.
	브레이크 라이닝 간극 조정이 불량인 경우	브레이크 라이닝 간극을 재조정한다.
	주차 브레이크 케이블 조정이 불량인 경우	주차 브레이크 케이블 유격 점검·재조정 (주차 브레이크를 당길 때 약 5~7칸 정도 레버가 올라오면 적절하다.)
	드럼식 브레이크(주로 뒷바퀴)의 라이닝 리턴 스프링이 파손된 경우 (리턴 스프링은 브레이크 페달에서 발을 떼면 드럼 간극을 유지시킨다.)	라이닝 리턴 스프링을 점검 · 교환한다.
	주차 브레이크 케이블이나 라이닝이 드럼과 동결된 경우	뜨거운 물이나 열로 녹여준다.

(5) 브레이크를 밟을 때 소리가 나는 경우

고장 현상	진단 방법 및 현상	정비 및 조치
• 주행 중 브레이크를 밟았을 때 “끄윽” 또는 “삐익” 하는 소음이 발생한다. • 심한 경우 브레이크를 밟지 않아도 운행 중 바퀴 부위에서 쇠가 끌리는 소음이 발생한다.	브레이크 패드 또는 라이닝이 완전히 닳은 경우	브레이크 패드 또는 라이닝 마모량 점검 (경우에 따라 디스크나 드럼을 교환하는 상황도 발생)
	브레이크 패드 또는 라이닝이 편마모되는 경우 (편마모된 쪽은 이미 마찰제가 완전 마모되어 쇠가 보이는 경우에 디스크나 드럼과 접촉하여 소음 발생)	브레이크 패드 또는 라이닝 마모량 점검 (경우에 따라 디스크나 드럼을 교환하는 상황도 발생)
	브레이크 패드와 디스크 사이에 이물질이 유입된 경우	이물질이 유입되어 브레이크 패드면이 경화되거나 디스크 면에 긁힘이 있을 경우 사포로 문질러 깨끗이 해주고, 심한 경우 교환한다.
	브레이크 패드 또는 라이닝 재질이 불량인 경우	패드와 라이닝을 순정품으로 교환하고 디스크나 드럼의 경우도 마모 정도가 심하면 같이 교환한다.
	브레이크 디스크 또는 드럼의 접촉면이 거칠거나 고르지 못한 경우	디스크나 드럼 면에 긁힘이 있거나 고르지 못한 경우 사포로 문질러 깨끗이 해주고 변형이 발생한 경우는 교환한다.

(6) 브레이크를 밟을 때 차가 한쪽으로 쏠리는 경우

고장 현상	진단 방법 및 현상	정비 및 조치
• 주행 중 브레이크를 밟을 때 핸들이 한쪽으로 돌아간다. • 주행 중 브레이크를 밟을 때 차체가 한쪽으로 돌아간다(스핀 발생). • 어느 한쪽의 브레이크 패드나 라이닝의 마모가 심하다(편제동 발생).	좌우의 타이어 공기압이 다른 경우 (타이어 공기압이 낮은 쪽이 지면과의 마찰 면적이 넓기 때문에 제동력이 커져 차체가 공기압이 낮은 방향으로 쏠린다.)	타이어 공기압 점검 및 조정 (약 28~30 psi : 승용 기준) 좌우 타이어 공기압 차이가 5 psi 이상일 경우 제동 시 차체의 쏠림 현상이 발생한다.
	드럼식 브레이크의 좌우 드럼과 라이닝 간극이 다른 경우 (드럼식 브레이크의 라이닝 간극은 사용함에 따라 자동으로 조정되나, 좌우 바퀴가 동일하게 유지되기 어려워 라이닝 간극의 차이가 발생한다.)	드럼과 라이닝 간극 조정 (좌우 바퀴를 동일 간극으로 맞춘다.)
	브레이크 오일 공급 파이프 또는 호스가 꺾인 경우 (좌우측 중 한쪽의 선로가 꺾이거나 새는 경우 유압 전달이 불량하여 좌우 제동력의 차이가 발생하면 차량이 한쪽으로 쏠리게 된다.)	브레이크 오일 공급 파이프나 호스의 꺾임 여부 점검 (배관이 차량의 바닥에 설치되어 있으므로 점검 시 차량을 리프트 업시킨다.)
	좌우 중 한쪽의 브레이크 디스크 또는 드럼이 손상된 경우 (좌우측 중 한쪽만 손상된 경우는 디스크가 외부로부터의 이물질 등에 의해 심하게 마모되고 좌우 라이닝의 재질 불량으로 마모편차가 발생한다.)	디스크나 드럼을 점검 · 교환한다.
	좌우 중 한쪽의 브레이크 캘리퍼 또는 휠 실린더가 고장난 경우	브레이크 캘리퍼 또는 휠 실린더를 점검 · 교환한다.
	프로포셔닝 밸브의 작동 불량인 경우 (프로포셔닝 밸브는 뒷바퀴로 가해지는 브레이크 유압을 지연시키는 장치이며 고장된 상태에서 제동 시 뒷바퀴의 회전을 먼저 멈추게 하여 차가 좌우로 돌아가게 된다.)	프로포셔닝 밸브를 점검 · 교환한다.
	차량의 휠 얼라인먼트가 불량인 경우 (제동 시 차량이 한쪽으로 치우칠 수 있다.)	휠 얼라인먼트를 점검 · 교정한다.

(7) 바퀴 쪽에서 타는 냄새가 나는 경우

고장 현상	진단 방법 및 현상	정비 및 조치
• 일정 시간 주행을 하고 나면 타이어 휠 부위가 과열된다. • 과열이 심한 경우 휠 커버가 열에 의해 변색되거나 변형이 일어난다. • 과열과 함께 타는 듯한 냄새가 난다.	브레이크의 과다한 사용	과다한 풋 브레이크의 사용을 자제하고 엔진 브레이크를 적절히 사용하는 운전 습관을 가진다.
	주차 브레이크를 완전히 풀지 않고 운행한 경우 (뒷바퀴 타이어에서 타는 듯한 냄새가 발생한다.)	자동차를 정차시킨 후 주차 브레이크를 풀고 열을 냉각시킨다.
	주차 브레이크 케이블의 복원이 안 되거나 케이블이 너무 당겨 조정되어 있는 경우	복원이 안 되는 경우는 뒷바퀴 브레이크의 리턴 스프링이 불량 시 나타날 수 있고, 케이블 유격이 불량인 경우는 유격의 적당한 점검 · 조정이 필요하다.
	디스크 방식(주로 앞바퀴)에서 브레이크 캘리퍼가 복원이 안 되는 경우	캘리퍼를 점검 후 교환한다.
	브레이크 휠 실린더가 복원이 안 되는 경우 (드럼식 브레이크에서 휠 실린더는 브레이크를 밟을 때 라이닝과 드럼을 밀착시켜 제동이 되도록 해 주는 유압 실린더 장치이다.)	휠 실린더를 점검 후 교환한다.
	브레이크 페달의 복원이 안 되거나 브레이크 마스터 실린더가 불량인 경우 (마스터 실린더 내 체크 밸브가 불량인 경우)	브레이크 페달의 리턴 스프링을 점검하고 유격을 조정하며 브레이크 마스터 실린더를 점검 · 교환한다.
	드럼식 브레이크(주로 뒷바퀴)의 라이닝 리턴 스프링이 소손된 경우 (리턴 스프링은 브레이크 페달에서 발을 떼면 라이닝과 드럼 간극을 유지해 주는데 기능이 상실되면 뒷바퀴 타이어에서 타는 냄새가 발생한다.)	라이닝 리턴 스프링을 점검 · 교환한다.
	타이어의 휠 또는 휠 커버가 정품이 아닌 경우 (휠의 형상이 공기가 유입되기 어려운 구조인 경우, 냉각이 원활하지 않아 디스크나 드럼이 과열될 수 있다.)	방열이 쉬운 구조의 휠로 교환한다.

(8) 브레이크를 밟을 때 핸들이 좌우로 떨리는 경우

고장 현상	진단 방법 및 현상	정비 및 조치
• 주행 중 브레이크를 밟았을 때 핸들이 좌우로 심하게 떨린다.	앞바퀴 허브의 유격이 클 때(구동축을 고정하는 허브 너트의 조임 상태가 불량이거나 허브 베어링이 손상될 경우 허브의 유격이 커져서 제동 시 떨림 현상이 발생한다.)	허브 유격 과다 여부 점검 및 허브 베어링 교환, 재조임(타이어 고정 너트가 확실히 조여져 있는 상태에서 주행 중 바퀴의 좌우 유동이 있다면 허브 유격이 큰 상태라고 볼 수 있다.)
	조향 핸들 기어 박스 또는 링크 장치가 불량인 경우(조향 핸들 기어 박스나 링크 장치가 마모되거나 유격이 과다하게 발생될 경우 제동 시 핸들 떨림이 발생한다.)	조향 핸들 유격 점검 및 기어 박스, 링크류 점검 · 수리(유격이 지나치게 많거나 적을 경우)
	볼 조인트의 유격이 과다한 경우(조향 링크와 허브를 연결하는 볼 조인트가 손상되어 유격이 발생되면 주행 중 또는 제동 시 핸들 떨림이 발생한다.)	볼 조인트를 점검 · 교환한다.
	브레이크 디스크가 변형된 경우	디스크나 면이 고르지 못하고 변형이 발생한 경우는 교환한다.
	차량의 휠 얼라인먼트가 불량인 경우 제동 시 핸들이 흔들린다.	휠 얼라인먼트를 점검 · 교정한다.

주차 레버 클릭수 점검

❶ 전 · 후방에 차량이 없는 상태에서 주차 브레이크 레버를 당겨 가파른 언덕길에서 제동이 되는지 점검한다.
❷ 평탄하고 안전한 장소에 주차시킨 후, 주차 브레이크가 완전히 해제된 상태에서 주차 브레이크 레버를 20 kgf의 힘으로 당겼을 때 6~8회 정도 "딸깍"거리는지 확인한다.
❸ 조정이 필요할 경우 케이블 장력 조정 너트로 규정치에 맞도록 조정한다.

10 현가장치 점검

실습목표 (수행준거)	1. 현가장치 관련 부품을 이해하고 작동 상태를 확인할 수 있다. 2. 현가장치의 고장 진단 시 안전 작업 절차에 따라 고장 원인을 분석할 수 있다. 3. 현가장치 부품 교체 시 교환 목록을 확인하여 작업을 수행할 수 있다. 4. 현가장치 진단 내용을 바탕으로 매뉴얼에 따라 정비하고 검사할 수 있다.

1 관련 지식

1 현가장치

자동차는 주행 중 바퀴를 통하여 노면으로부터 끊임없이 진동이나 충격을 받게 된다. 이 때문에 차체와 차축 사이에는 완충 장치를 설치하여 충격이나 진동이 차체에 직접 전달되는 것을 방지하고 불규칙한 진동을 억제함으로써 승차감은 물론 주행 안전성을 향상시키는데, 이와 같이 적재물을 보호하고, 무리한 충격으로 인한 차체 각부의 파손을 방지하기 위한 장치를 현가장치라고 한다. 현가장치는 노면의 충격을 완화시키기 위해 상하 방향의 움직임은 적절한 유연성이 있어야 하고, 자동차 주행 중 구동력, 제동력, 원심력을 이겨내며 완충 기능을 이루기 위해 전후, 좌우 모멘트를 유지하기 위한 강성이 요구된다. 유연성과 강성은 서로 상반되는 조건이나 가능한 두 조건을 조화롭게 충족시킬 수 있는 현가장치가 필요하다.

2 현가장치의 종류

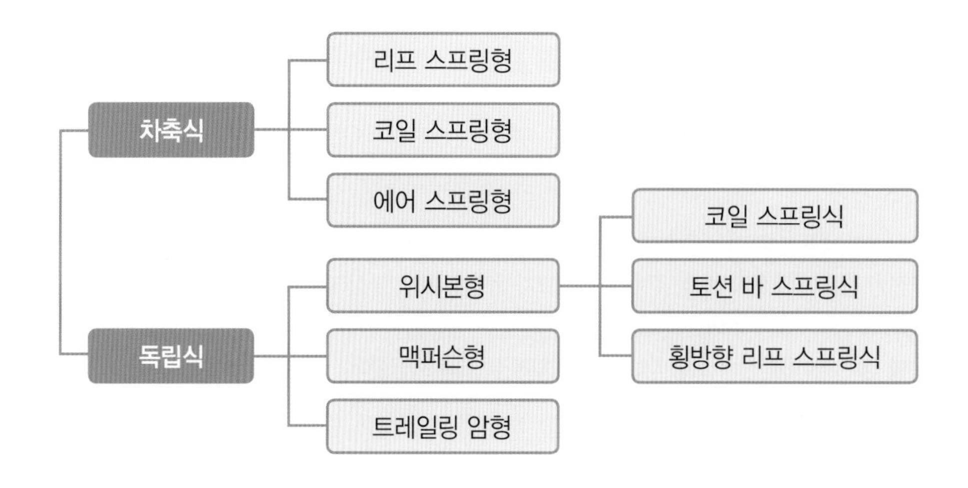

3 독립 현가장치

독립 현가식은 차축 현가식처럼 차축과 현가장치가 구분되지 않으며, 주로 승용차에서 많이 사용된다.

(1) 독립 현가 방식의 특징

① 스프링 아래 질량이 가벼워 승차감이 좋다.

② 조향 바퀴의 시미 현상이 일어나지 않으며, 타이어와 노면의 로드 홀딩(road holding)이 우수하다.

③ 차의 높이를 낮출 수 있어 안정성이 향상된다.

④ 조인트 연결이 많아 구조가 복잡하게 되고 유격이 발생되어 얼라인먼트 정렬이 틀려지기 쉽다.

⑤ 주행 시에 바퀴의 상하 운동에 따라 윤거(tread)나 타이어 마멸이 크다.

⑥ 스프링 정수가 작은 것을 사용할 수 있다.

(2) 독립 현가 방식의 종류

① 위시본 형식(Wishbone type) : 위시본 형식은 코일 스프링과 쇽업소버를 조합하거나 토션 바와 쇽업소버를 조합시킨 형식이다. SLA 형식은 컨트롤 암이 볼 이음으로 조향 너클과 연결되어 있으며 아래 컨트롤 암의 길이에 따라 SLA 형식과 평행사변형식이 있다.

② 맥퍼슨 형식(Macpherson type)

㈎ 구조가 위시본식과 비교해 간단하다.

㈏ 장치의 부품이 적어 마멸되거나 손상되는 부분이 적고 수리가 쉽다.

㈐ 스프링 밑 질량이 작아 접지성(로드 홀딩)이 우수하다.

㈑ 엔진 룸의 유효 체적을 넓게 잡을 수 있다.

위시본 형식

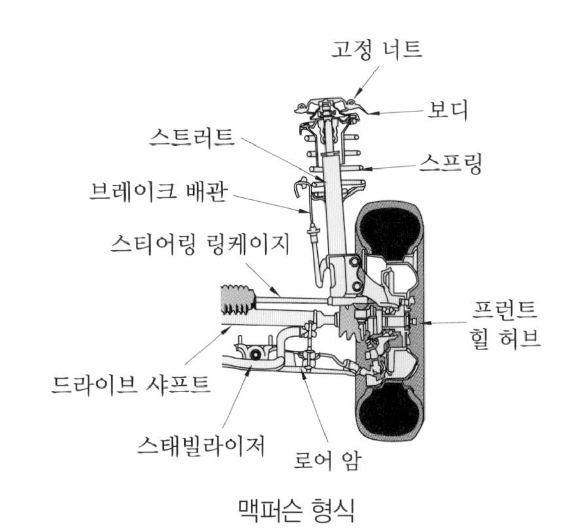

맥퍼슨 형식

③ 트레일링 암 형식 : 차축의 뒤에 1~2개의 암으로 바퀴를 지탱하는 형태이며, 축은 차량의 진행 방향에 직각으로 되어 있다.

(3) 현가장치 스프링

① **쇽업소버(shock absorber)** : 노면에서 발생한 스프링의 진동을 흡수하여 승차감을 향상시키며 단동식과 복동식이 있다.

② **스태빌라이저** : 좌우 차체의 기울기를 감소시키는 역할을 한다.

③ **토션 바 스프링(torsion bar spring)** : 바를 비틀었을 때 탄성에 의해 본래의 위치로 복원하려는 특성을 이용한 스프링 강이다.

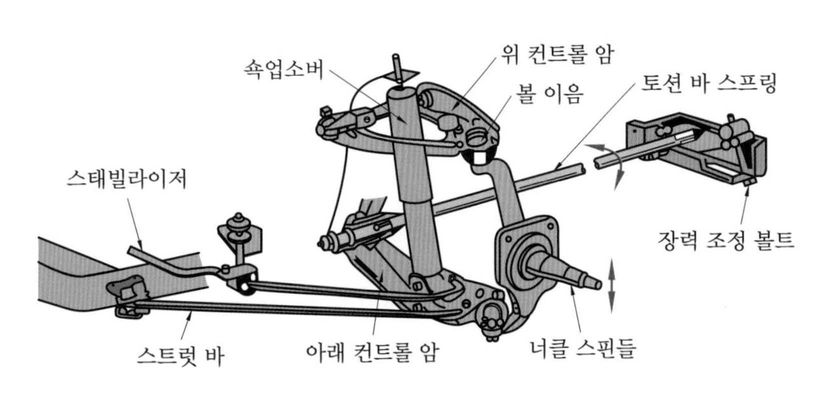

스태빌라이저 및 토션 바

쇽업소버 구조

4 일체 차축 현가장치

차축 현가식은 양 바퀴가 하나의 액슬축으로 연결되며, 액슬은 스프링을 연결체로 하여 프레임에 장착되어 있다. 강도가 높고 구조가 간단하며 버스나 트럭에 많이 사용한다.

(1) 장점

① 구조가 간단하고 강도가 높다.

② 차륜의 상하 운동에 의한 얼라인먼트의 변화가 적고 타이어의 마모도 적다.

③ 부품 단가가 저렴하며 정비가 용이하다.

④ 선회 시 차체의 기울기가 작다.

(2) 단점

① 승차감, 조종 안정성이 나쁘다.

② 전륜에 시미 현상이 일어나기 쉽다.

③ 스프링 상수가 작은 것은 사용할 수 없다.

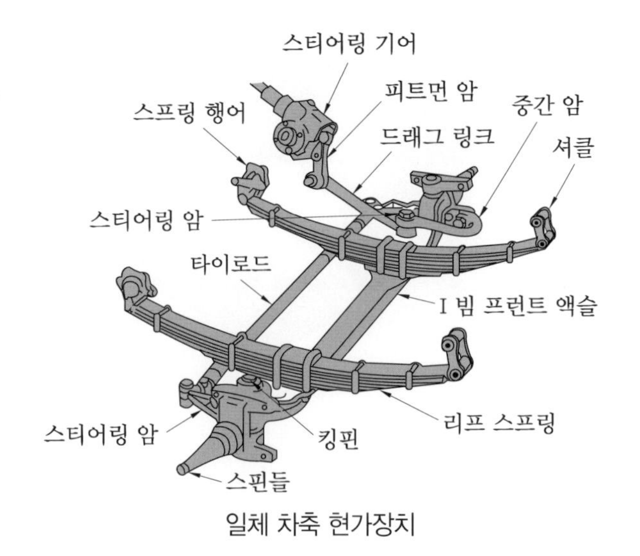

일체 차축 현가장치

2 현가장치 점검

1 앞 쇽업소버 탈부착

앞 쇽업소버 탈부착

1. 허브 너클과 체결된 쇽업소버 고정 볼트를 탈거한다(브레이크 호스 탈거).

2. 쇽업소버 상단 고정 너트를 탈거한다.

3. 쇽업소버를 하체에서 탈거한다.

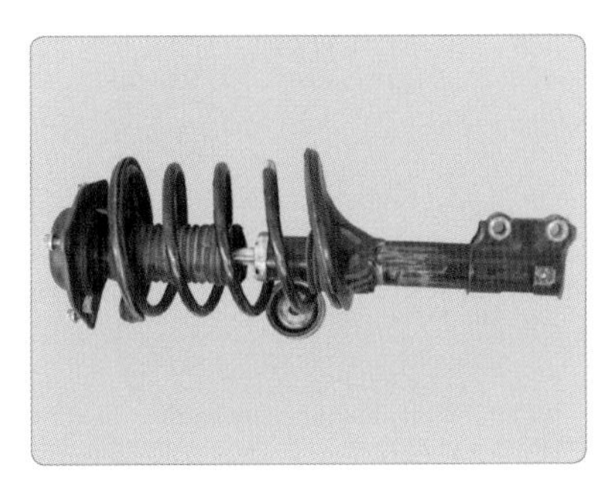

4. 탈거된 쇽업소버를 정렬한다.

5. 쇽업소버 상부 너트를 체결한다.

6. 쇽업소버 하단은 허브 너클 고정 볼트로 체결한다.

7. 브레이크 파이프를 쇽업소버에 고정한다.

8. 타이어를 조립한다.

9. 차량을 정렬한다.

2 쇽업소버 스프링 탈부착

1. 쇽업소버 어셈블리를 스프링 탈착기에 장착한다.

2. 스프링의 높이와 좌우 스프링 각도를 맞게 조절한다.

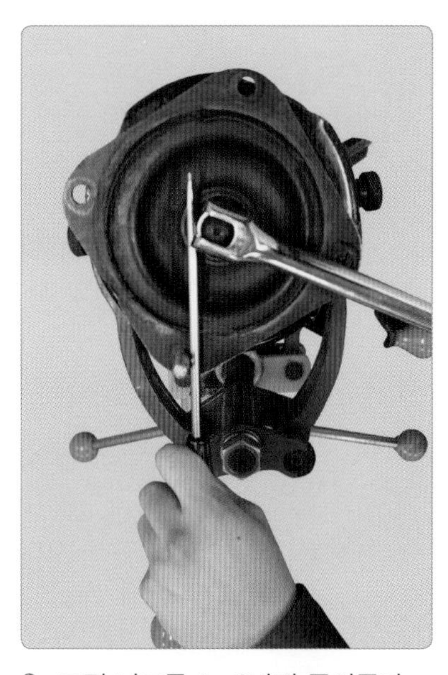

3. 고정 너트를 1~2바퀴 풀어준다.

4. 스프링을 시트에서 떨어질 때까지 압축한다.

5. 고정 너트를 풀고 더스트 커버를 탈거한다(1).

6. 고정 너트를 풀고 더스트 커버를 탈거한다(2).

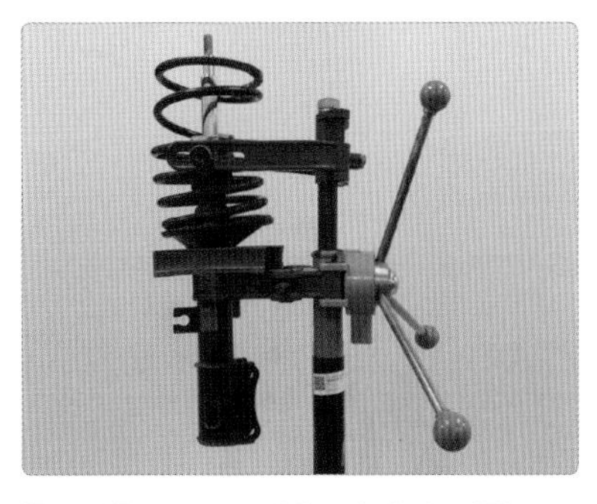

7. 압축된 스프링을 반시계 방향으로 풀어 스프링 장력을 해제한다.

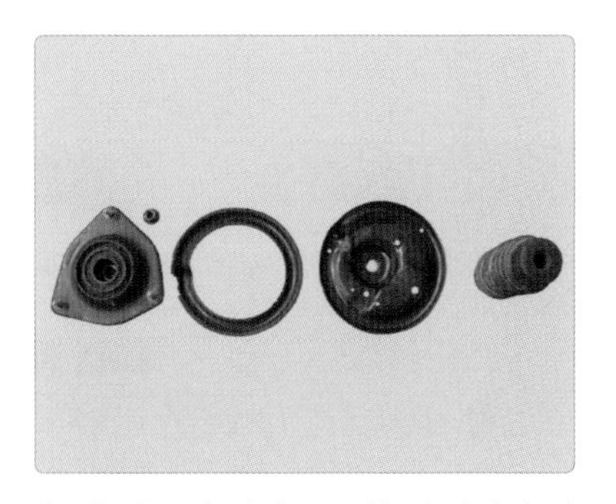

8. 쇽업소버 관련 부품을 탈거하여 정리한다.

9. 스프링을 탈거하고 점검한다.

10. 조립을 위해 다시 스프링을 쇽업소버에 장착한다.

11. 스프링 좌우 균형과 높이를 맞추고 압축한다.

12. 스프링을 압축하고 범퍼 고무 어셈블리를 장착한다.

13. 더스트 커버를 장착한다.

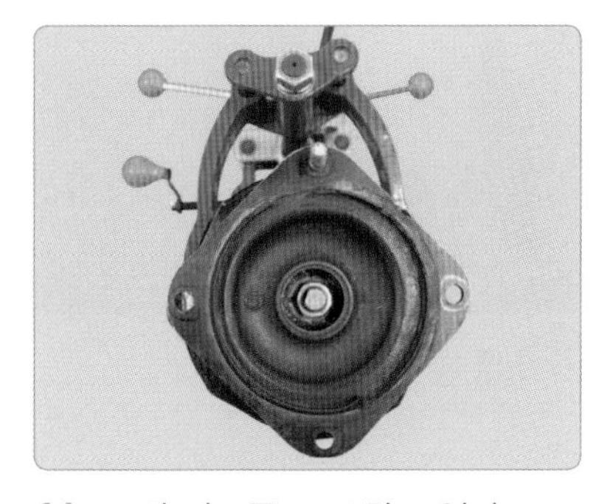

14. 고정 너트를 1~2회 조인다.

15. 압축된 스프링을 마저 푼다.

16. 고정 너트를 힘껏 조인다.

17. 스프링 장착기에서 쇽업소버를 탈거한다.

18. 탈착된 쇽업소버를 시험위원에게 확인받는다.

3 뒤 쇽업소버 탈부착

뒤 쇽업소버 탈부착

1. 준비된 차량에서 타이어를 탈거한다.

2. 뒷좌석 시트를 분해한다.

3. 뒤 쇽업소버에 고정된 클립을 분리하고 브레이크 파이프를 탈거한다.

4. 쇽업소버에 체결된 스태빌라이저 아이들 링크 고정 볼트를 분해한다.

5. 쇽업소버와 뒷바퀴 허브 너클 고정 너트를 분해한다(볼트는 너클에 체결한다).

6. 뒤 쇽업소버 상단부 고정 볼트를 분해한다.

7. 쇽업소버 허브 너클 볼트를 분해하고 쇽업소버를 탈거한다.

8. 쇽업소버 뒤 시트 상단 부분에 너트를 손으로 조인다.

9. 쇽업소버 허브 너클 고정 볼트를 체결한다.

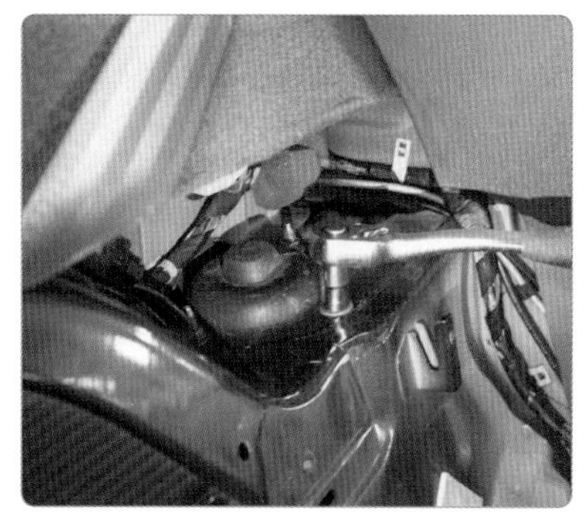

10. 쇽업소버 뒤 시트 상단 부분에 너트를 규정 토크로 조립한다.

11. 브레이크 호스 고정 클립을 조립하고 스태빌라이저 아이들 링크 고정 볼트를 조립한다.

12. 바퀴를 조립하고 주변을 정리한다.

4 로어 암 탈부착

로어 암 탈거

1. 바퀴를 탈거한다.

2. 분해할 로어 암을 확인한다.

3. 로어 암 작업의 편의를 위해 바퀴 구동륜을 밖으로 돌린다.

4. 허브 너트를 탈거한다.

5. 너클 고정 볼트를 탈거한다(브레이크 호스 제거).

6. 탈거한 너클을 드라이버나 너클 고정 볼트로 임시 고정한다.

7. 로어 암 볼 조인트 고정 너트를 2~3회전 풀어준다.

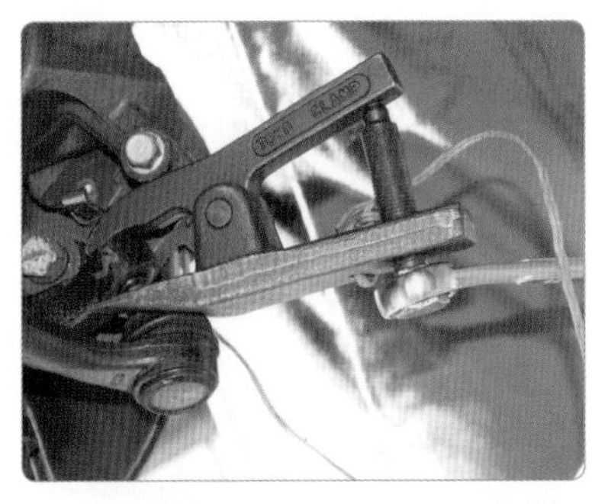

8. 볼 조인트 탈착기를 압축하여 로어 암과 너클을 분리한다.

9. 볼 조인트 너트를 탈거한다.

10. 앞 로어 암 고정 볼트를 탈거한다.

11. 스태빌라이저 조인트를 탈거한다.

12. 뒤 로어 암 고정 볼트를 탈거한다.

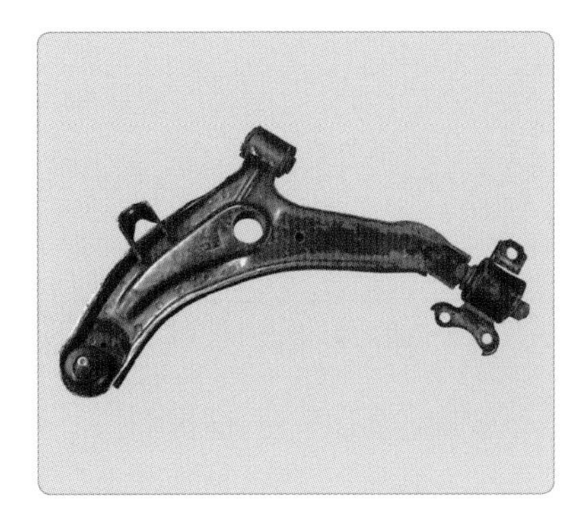

13. 탈거한 로어 암을 정렬한다.

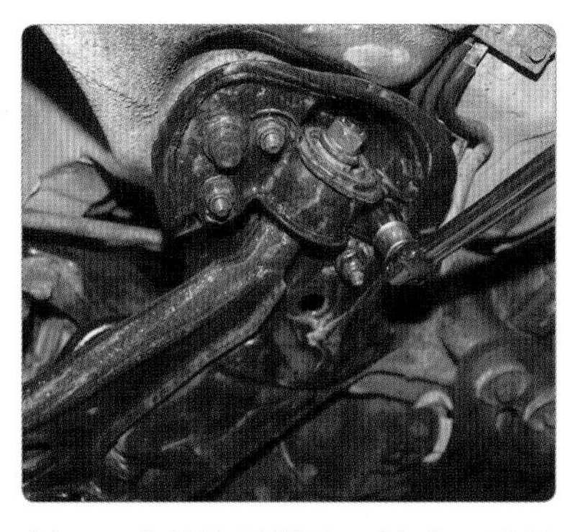

14. 로어 암을 장착하고 앞뒤 고정 볼트를 조립한다.

15. 허브 너클을 장착하고 볼 조인트 너트를 조립한다.

16. 임시 고정한 드라이버나 볼트를 제거하고 등속 조인트를 장착한다.

17. 허브 너트를 조립하고 고정 핀을 체결한다.

18. 스태빌라이저 조인트를 조립한다.

19. 쇽업소버 브레이크 호스를 체결한다.

20. 로어 암 앞뒤 볼 조인트 관련 볼트 너트를 마무리 조립한다.

21. 바퀴를 조립하고 차량을 정렬한다.

3 현가장치 고장 현상에 따른 정비

(1) 주행 중 좌우 흔들림이 과한 경우

고장 현상	진단 방법 및 현상	정비 및 조치
주행 중 노면 상태에 따라서 또는 고속 주행 시 횡풍에 의한 차체의 좌우 요동이 심하다.	쇽업소버의 코일 스프링 상수가 변형된 경우 차체가 상하 좌우로 움직이는 바운싱과 롤링이 연속적으로 일어나 상하 좌우로 심하게 흔들림이 발생한다.	코일 스프링을 점검 또는 교환한다.
	쇽업소버의 감쇠력 부족 (진동의 감쇠가 좋지 않아 주로 노면 상태가 좋지 않은 도로에서 큰 폭으로 흔들린다.)	쇽업소버를 점검 또는 교환한다.
	휠 얼라인먼트가 불량인 경우 (차량의 직진성, 조종 안정성이 나빠져 노면 상태나 횡풍에 의한 차체의 요동이 심하게 발생한다.)	휠 얼라인먼트를 점검 및 조정한다.

(2) 타이어가 이상 마모가 되는 경우

고장 현상	진단 방법 및 현상	정비 및 조치
타이어와 노면이 접촉되는 트레드 부위가 불균일하게 마모된다.	타이어 공기압이 과다한 상태로 타이어 트레드의 중심 부위가 가장자리보다 마모가 심하다.	규정 공기압은 타이어 측면에 기록된 최대 공기 주입량의 80% 정도를 주입한다. 보통 약 28~30 psi 정도가 적당하며 공기압 과다에 의한 이상 마모는 공기압을 낮추어 규정으로 맞춘다.
	타이어 공기압이 과소한 상태로 타이어 트레드의 가장자리가 중심 부위보다 마모가 심하게 발생한다.	규정 공기압은 타이어 측면에 기록된 최대 공기 주입량의 80% 정도를 주입한다. 차종에 따라 약간의 차이는 있지만 보통 약 28~30 psi 정도가 적당하다.
	외부 충격 등에 의해 현가장치가 변형이 되면 휠 얼라인먼트의 정렬이 틀어져 타이어 왼쪽과 오른쪽 또는 타이어 안쪽과 바깥쪽의 마모 정도가 달라진다.	휠 얼라인먼트를 점검 및 조정하고, 조향장치 및 현가장치의 손상 부위를 점검 및 수리한다.
	조건이 좋지 않은 도로에서의 급가속, 급제동은 타이어 트레드에 톱니 형태의 마모를 발생시킨다.	정숙한 운전 습관을 가진다.

(3) 요철 부위를 넘어갈 때 하체에서 "뚝뚝"하는 소음이 발생하는 경우

고장 현상	진단 방법 및 현상	정비 및 조치
주행 중 요철 부위를 넘어갈 때 주로 하체 앞쪽 부위에서 "뚝뚝"하는 소음이 발생되고 운전석 바닥 또는 조향 핸들에 진동이 느껴진다.	크로스 멤버 고무 부싱의 손상 또는 이탈 (요철 부위 통과 시 크로스 멤버와 차체가 간섭되어 소음이 발생한다.)	고무 부싱을 점검 및 교환한다.
	로어 암 고정 불량 고무 부싱의 손상	로어 암의 고정 상태 및 고무 부싱을 점검 · 교환한다.
	조향 핸들 유격 불량	조향 핸들의 유격을 점검 · 조정한다.
	현가장치 구성품의 조임 불량	현가장치 구성품의 조임 상태를 점검한다.
	스태빌라이저 바 고정 불량 또는 볼 조인트 손상 (노면 경사가 심한 곳을 통과할 때 스태빌라이저바 또는 볼 조인트가 차체와 간섭되어 소음이 발생한다.)	고정 불량이나 현가 부품의 손상 여부를 점검 후 교환한다.

(4) 비포장 도로 주행 시 하체에서 "퉁퉁"하는 소음이 발생하는 경우

고장 현상	진단 방법 및 현상	정비 및 조치
비포장 또는 요철 도로를 저속으로 주행 시 주로 하체 뒤쪽 부위에서 "퉁퉁"하는 소음이 발생한다.	쇽업소버의 불량 (비포장도로 주행 시 쇽업소버 또는 인슐레이터가 손상된 경우 충격 흡수를 제대로 하지 못해 소음이 발생한다.)	타이어나 휠을 교환하거나 휠 밸런스를 점검 · 조정한다.
	타이어나 휠 제작 시 휠 밸런스 불량 (타이어 제작 과정에서 타이어 면에 돌출 부위가 생기거나 휠의 회전 밸런스가 불량인 경우, 또는 휠의 밸런스 불량에 의해 발생한다.)	타이어나 휠을 교환하거나 휠 밸런스를 점검 · 조정한다.
	연료 탱크의 고정 불량 (연료 탱크를 차체에 고정시키는 밴드나 고정 볼트가 느슨해질 경우 요철 도로 주행 시 연료 탱크와 차체가 부딪혀 소음이 발생한다.)	연료 탱크의 고정 불량 여부를 점검하고 수리한다.
	스페어 타이어 고정 불량 (트렁크 바닥 하단에 있는 스페어 타이어 고정 볼트가 풀린 경우 타이어가 차체에 부딪혀 소음이 발생한다.)	스페어 타이어 고정 볼트를 점검한 후 재조임한다.
	배기 머플러 고정 불량 (배기 머플러 고정용 고무 부싱이 손상 · 이탈된 경우 배기 머플러가 차체에 부딪혀 소음이 발생한다.)	배기 머플러의 고정 불량 여부를 점검하고 수리한다.

11 전자 제어 제동장치 점검

실습목표 (수행준거)	1. 전자 제어 제동장치 관련 부품을 이해하고 작동 상태를 확인할 수 있다. 2. 전자 제어 제동장치 고장 진단 시 작업 절차에 따라 고장 원인을 분석할 수 있다. 3. 전자 제어 제동장치 이상 부품 목록을 확인하여 교환 작업을 수행할 수 있다. 4. 전자 제어 제동장치 고장 진단 매뉴얼에 따라 정비하고 검사할 수 있다.

1 관련 지식

1 전자 제어 제동장치(ABS)

ABS(anti−lock brake system)는 급제동 시나 눈길, 빗길과 같이 미끄러지기 쉬운 노면에서 제동 시 발생되는 차륜의 슬립 현상을 감지하여 브레이크 유압을 조절함으로써, 차륜의 잠김에 의한 슬립을 방지하고 제동 시 방향 안정성 및 조종성 확보, 제동거리 단축 등을 수행하는 시스템이다.

즉 휠이 미끄러지는 상태를 감지하여 브레이크 압력을 일정하게 또는 상황에 따라서 감소하도록 만들어 줌으로써 앞뒤, 좌우의 제동력을 균일하게 유지하기 위한 장치이다. 이렇게 함으로써 휠이 잠기는 현상을 막아주며 차량은 방향성을 유지할 수 있게 된다. 따라서 차량은 안전하게 제동을 할 수 있게 된다.

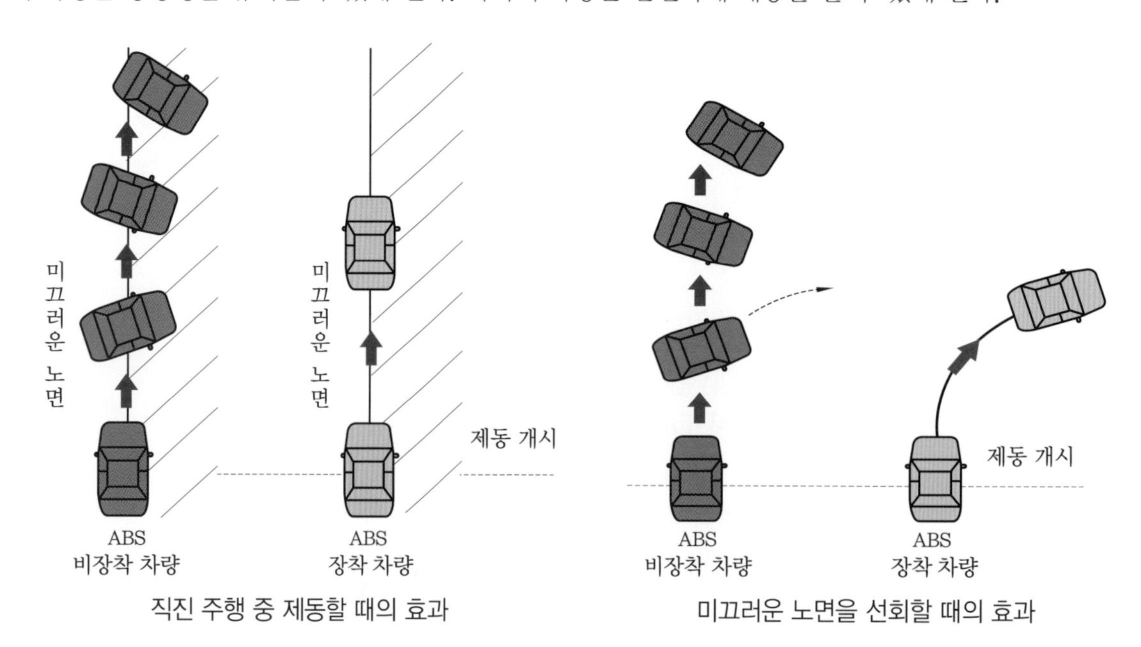

직진 주행 중 제동할 때의 효과　　　미끄러운 노면을 선회할 때의 효과

2 전자 제어 제동장치 구성

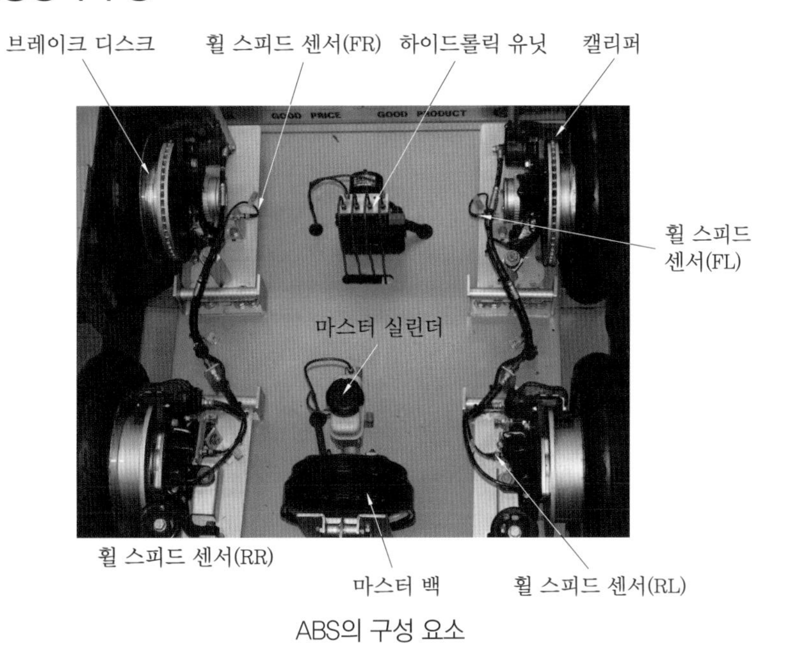

ABS의 구성 요소

(1) 휠 스피드 센서

ABS 차량에서 휠 스피드 센서는 각 바퀴마다 설치되어 있으며, 바퀴의 회전 속도를 톤 휠과 센서의 자력선 변화로 감지하여 컴퓨터로 입력시킨다.

(2) 하이드롤릭 유닛

유압 장치는 ECU의 제어 신호에 의해서 바퀴의 각 실린더로 가는 유압을 조절하여 바퀴의 회전 상태를 제동할 수 있도록 제어하고, 하이드롤릭 유닛 내 솔레노이드 밸브는 컨트롤 유닛에 의하여 제어되며 컨트롤 피스톤을 작동시킨다.

휠 스피드 센서

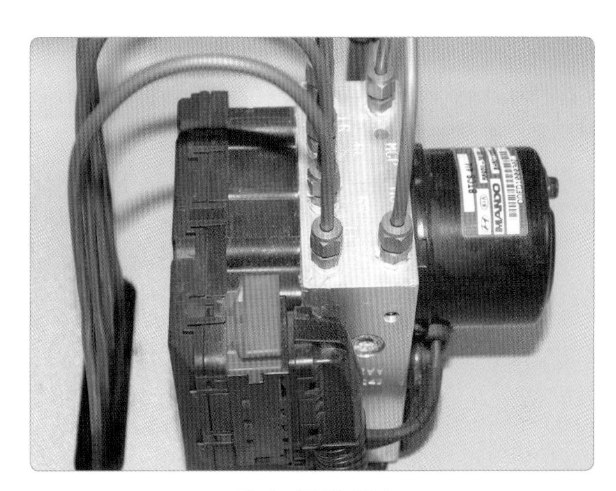

하이드롤릭 유닛

(3) ABS ECU

각 바퀴의 회전 상태를 휠 스피드 센서로부터 신호를 받아 그 정보를 연산하여 유압 계통 하이드롤릭 유닛 내 솔레노이드를 제어하여 각 바퀴의 상태에 맞는 유압을 제어한다. 또한 ABS 시스템 내 고장 진단을 통하여 페일 세이프 기능 및 ABS 경고등을 점등한다.

ABS ECU

① ABS의 특징

㈎ 제동 시 바퀴의 미끄러짐(슬립)이 없는 제동 효과를 볼 수 있다.

㈏ 제동 시 조종 성능을 확보하고 제동거리를 단축시킨다.

㈐ 제동 시 방향 안정성을 유지시킨다.

㈑ 앞바퀴 고착으로 인한 조종 능력 상실을 방지한다.

㈒ 제동 시 옆 방향 미끄러짐을 방지한다.

㈓ 타이어 미끄럼률이 마찰계수 최고값을 초과하지 않도록 한다.

㈔ 노면의 상태 변화에 따른 최대 제동 효과를 확보한다.

② 슬립률(slip ratio)

$$\text{슬립률}(S) = = \frac{\text{차체 속도} - \text{바퀴 회전 속도}}{\text{차체 속도}} \times 100(\%)$$

3 TCS

① TCS(traction control system)는 진흙이나 눈길처럼 미끄러지기 쉬운 노면에서는 차륜의 슬립 현상 때문에 가속 시 페달을 밟는 양만큼 차가 가속되지 않는다.

② TCS는 구동바퀴의 타이어가 미끄러지지 않도록 하여 최적의 구동력을 얻어 출발 성능 및 스티어링 휠 안전성을 증가시켜 주행 성능을 향상시킨다.

③ 미끄러운 노면에서는 엔진 토크 제어 및 구동 휠 브레이크 제어를 하여 구동에 대한 최적 슬립비를 얻도록 제어한다.

④ TCS 장착 차량은 슬립률이 15~20% 되도록 구동력을 제어한다.

⑤ 건조한 아스팔트 노면에서는 스티어링을 조작 시 측면 가속으로 판단하거나 차속 상태에서 이상적 증가속으로 판단하여 엔진 토크를 제어한다.

(1) TCS의 특징

① 미끄러운 노면에서의 출발 및 가속 시 액셀러레이터 페달 조작이 불필요하다.

② 미끄러운 노면에서의 출발, 가속 성능 및 선회 안정성을 향상시킬 수 있다.

③ 건조한 아스팔트 노면에서의 가속 및 목표 지점을 주행할 시 안전 선회가 가능하다.

④ 스티어링 휠 선회 및 가속 선회 시 액셀러레이터 페달 진동수를 감소시킬 수 있다.

⑤ 주행을 용이하게 하며 동시에 차량이 미끄러운 노면에 있을 때는 운전자에게 TCS 작동 상태도 알려준다.

(2) 슬립 제어

미끄러운 길에서 공회전 상태에서 구동휠이 미끄러지지 않도록 하여 출발 성능 및 휠 안전성을 증가시키는 제어를 한다.

(3) 트레이스 제어

건조한 노면에서 회전할 때 급속한 가속을 방지하여 선회 안정성을 증가시키는 역할을 한다.

TCS의 작동 원리

❶ 슬립 제어 : 뒤 휠 스피드 센서에서 얻어지는 차체의 속도와 앞 휠 스피드 센서에서 얻어지는 구동 바퀴와의 비교에 의해 슬립비가 적정하도록 엔진의 출력 및 구동 바퀴의 유압을 제어한다.

❷ 트레이스 제어 : 트레이스 제어는 운전자의 조향 핸들 조작량과 가속 페달을 밟는 양 및 이때의 비구동 바퀴의 좌우 쪽 속도 차이를 검출하여 구동력을 제어하여 안정된 선회가 가능하도록 한다.

4 ABS와 TCS의 기능

① ABS의 기능

㈎ 방향 안전성 확보로 자동차의 스핀을 방지한다.

㈏ 차량 조향성을 확보한다.

㈐ 제동거리의 단축 : ABS의 경우는 차량 감속으로 제동거리를 단축시킨다.

② TCS의 기능

㈎ TCS는 완전하게 구동력이 전달되는 것과 가속성 향상을 주요 기능으로 한다.

㈏ TCS는 타이어와 노면의 슬립 한계를 최대한으로 유지하면서 차량 주행 성능을 향상시킨다.

㈐ TCS는 마찰계수가 낮고 구동력을 전달하는 어려운 상황에서 구동력 전달을 제어한다.

※ ABS는 제동(감속) 시 주 기능을 수행하며, TCS는 차량 출발과 가속에 적용된다.

2 전자 제어 제동장치

1 고장 진단 절차

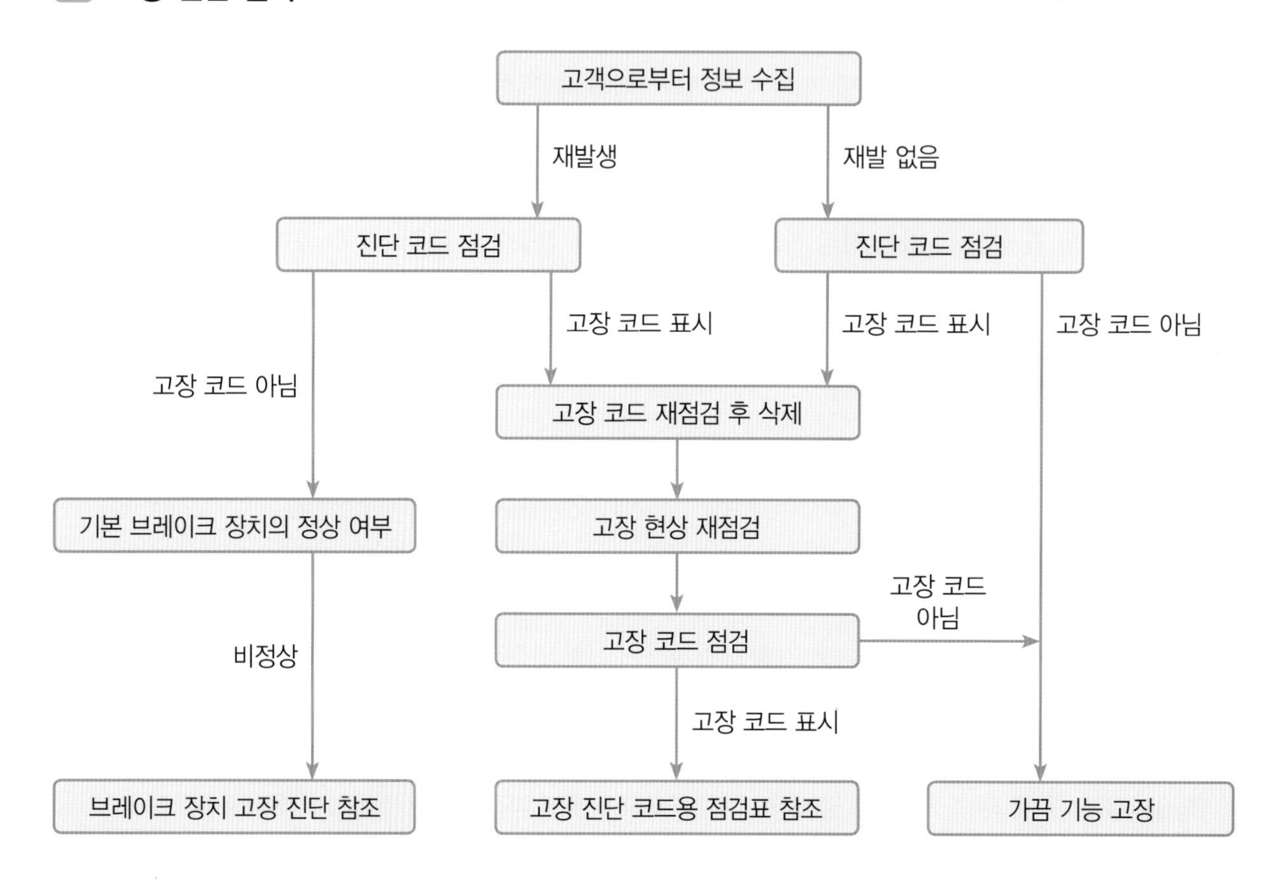

2 작동음에 따른 고장 현상

현 상	현상 설명
시스템 점검 소리	시동을 걸 때, 가끔씩 엔진 내부에서 '쿵' 하는 큰 소리가 들릴 때가 있다. 하지만 이것은 시스템 작동 점검이 이루어지고 있다는 뜻이므로 고장이 아니다.
ABS 작동 소리	① 소리가 브레이크 페달의 진동(긁힘)과 함께 발생한다. ② ABS 작동 시 차량의 섀시 부위에서 브레이크의 작동 및 해제의 반복('탁' 때리는 소리 : 서스펜션, '끽' 소리 : 타이어)에 의해 소리가 발생한다. ③ ABS가 작동할 때는 브레이크를 밟았다가 놓았다가 하는 반복되는 동작으로 인해 차체 섀시로부터 소리가 발생한다.
ABS 작동(긴 제동거리)	눈길이나 자갈길과 같은 노면에서 ABS 장착 차량이 다른 차량보다 제동거리가 가끔 길게 될 수 있다. 따라서 그와 같은 노면에서는 차속을 줄이고 ABS 장치를 너무 과신하지 말고 안전 운행을 하도록 권고한다.

3 스캐너 고장 점검

(1) 자기진단 및 센서 출력 점검

자기진단 커넥터 체결 상태 및 점화 스위치 ON 상태 확인

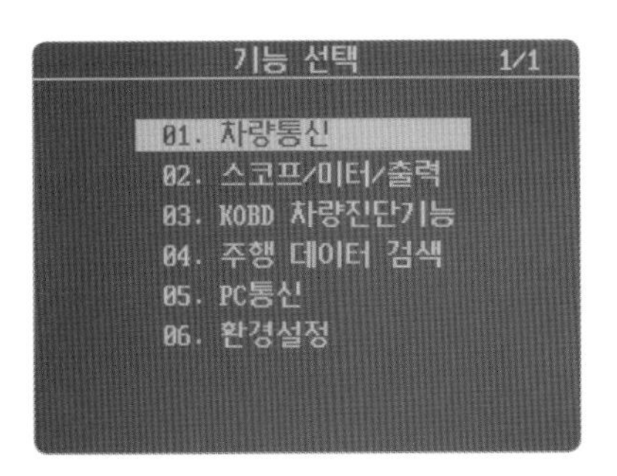

1. 차량통신을 선택한다.

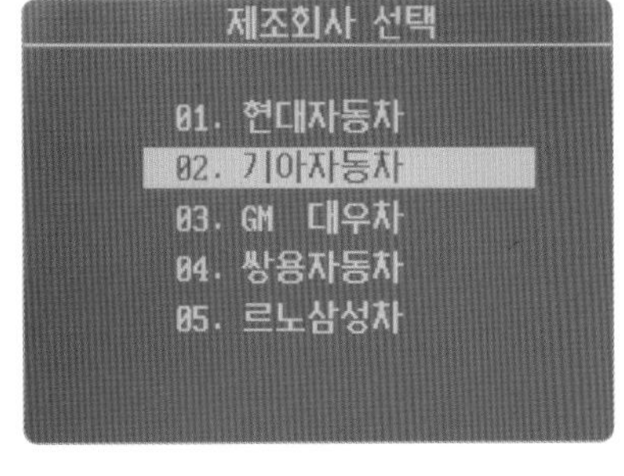

2. 제조회사를 확인한다.

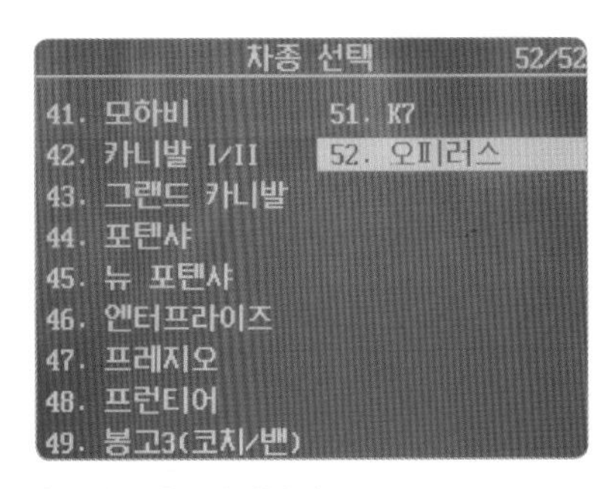

3. 차종을 선택한다.

차 종 : 오피러스
01. 엔진제어 가솔린
02. 엔진제어 LPI
03. 자동변속
04. 제동제어(ABS/TCS/ESP)
05. 에어백
06. 파워스티어링
07. 현가장치
08. 오토에어콘

4. 시스템 제동제어를 선택한다.

진단기능 선택 1/11
차 종 : 오피러스
제어장치 : 제동제어(ABS/TCS/ESP)
01. 자기진단
02. 고장상황 데이터
03. 센서출력
04. 액츄에이터 검사
05. 시스템 사양정보

5. 자기진단을 선택한다.

자기진단
C1200 앞좌측휠센서-단선/단락
고장코드 갯수 : 1 개

6. 출력된 고장 센서를 확인한다.

7. 커넥터가 탈거된 상태를 확인한다.

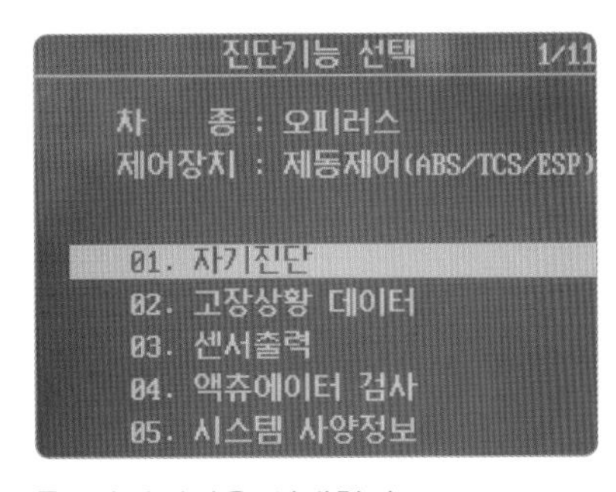

8. 센서출력을 선택한다.

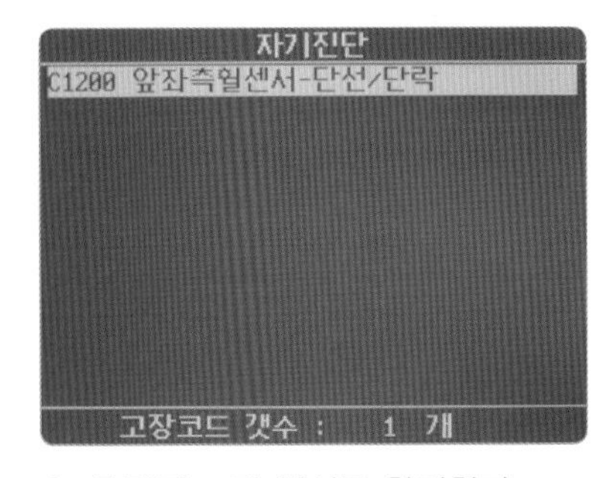

9. 센서출력을 확인한다(앞좌측).

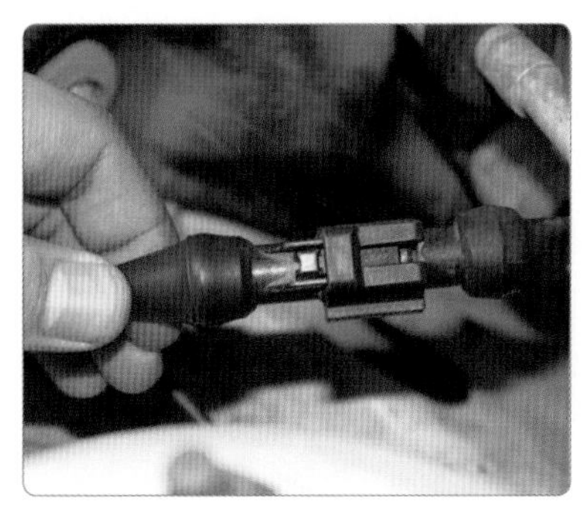

10. 앞좌측 휠 스피드 센서 커넥터를 체결한다.

11. F1을 눌러 기억을 소거시킨다.

12. 자기진단을 선택하고 수리 상태를 확인한다.

(2) 판정 및 수정 방법

● 측정(점검) : 스캐너 점검 시 자기진단 화면에 출력된 뒤우측 휠 스피드 센서를 확인한 후 단품 점검을 실시한다. 정비 수리가 끝나면 ABS ECU 기억 소거 후 재점검한다.

4 ABS 톤 휠 간극 측정

(1) 측정

1. 톤 휠과 휠 스피드 센서의 위치를 확인한다.

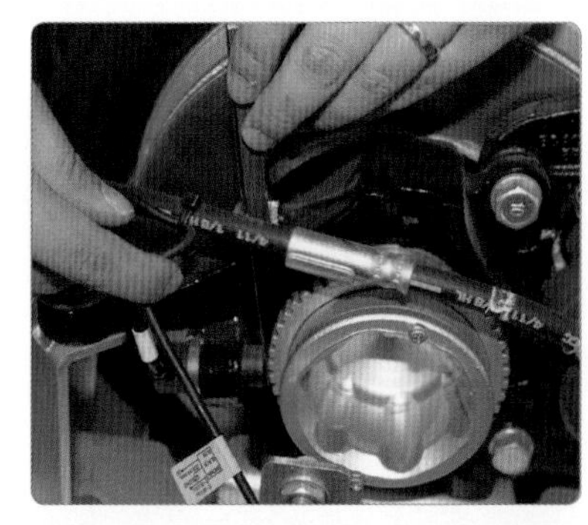

2. 디그니스 게이지로 톤 휠 간극을 측정한다(0.7 mm).

3. **디그니스 게이지** : 일반적인 측정값은 0.2~1.2 mm 이내로 차종별 규정값을 참조한다.

(2) 판정 및 수정 방법

① 측정(점검) : 톤 휠 간극 측정값 전륜 · 우측 : 0.7 mm를 규정(한계)값 전륜 · 우측 : 0.2~0.9 mm와 비교하여 판정한다.

② 정비(조치) 사항 : 측정값이 범위 내에 있으므로 양호이며 불량 시 톤 휠 간극을 규정 간극으로 조정한다.

③ 톤 휠 규정 간극

항 목 / 차 종	규정값		비 고
	프런트	리어	
그랜저	0.3~0.9 mm	0.3~0.9 mm	톤 휠 간극이 규정 간극을 벗어나면 각 바퀴의 휠 스피드 센서 회전수 정보의 오류 발생으로 ABS ECU는 정확한 제어를 할 수 없게 된다. 특히 브레이크나 하체 작업 시 톤 휠 간극이 틀어지지 않도록 각별히 신경써서 작업에 임해야 한다.
카렌스	0.7~1.5 mm	0.6~1.6 mm	
크레도스	0.8~1.4 mm	0.8~1.4 mm	
아반떼	0.2~1.3 mm	0.2~1.3 mm	
쏘나타 Ⅱ	–	0.2~0.7 mm	
엑센트	0.2~0.11 mm	0.2~1.2 mm	
쏘나타	0.2~1.3 mm	0.2~1.2 mm	
싼타페	0.3~0.9 mm		
베르나	0.2~1.2 mm		
EF 쏘나타/그랜저 XG	0.2~1.1 mm		
아반떼 XD	0.2~0.9 mm		

5 ABS 경고등 고장 진단

(1) ABS 경고등 점등 조건

① 시동키를 ON하면 점등되어야 한다.

② 시동이 걸리면 시스템이 정상인 경우 소등되고, 고장이 있다면 점등되어야 한다.

③ 시스템의 문제가 발견되거나 ECU 고장이 발생하면 점등되어야 한다.

④ ECU 커넥터가 분리된 상태에서도 점등되어야 한다.

(2) ABS 경고등 ON/OFF 조건

① 이그니션 키 ON 때 3초간 점등되고 시스템 정상 때 소등되어야 한다.

② 시스템 고장 때, ECU 커넥터 분리 때 점등되어야 한다.

③ 자기진단 중 점등(ABS 경고등이 점등되면 일반 브레이크와 동일하게 작동)되어야 한다.

(3) EBD 경고등 ON/OFF 조건

① 이그니션 키 ON 때 점등(키 OFF 때까지)되어야 한다.

② 주차 브레이크 스위치 ON 때, ECU 커넥터 분리 때 점등되어야 한다.

③ 브레이크 오일 부족 때, EBD 계통 불량 때 점등되어야 한다.

(4) ABS와 EBD 경고등

① 이그니션 키 ON 때는 2개의 램프가 모두 점등되어야 한다.

② 시스템이 정상인 경우에는 모두 소등되어야 한다.

③ ABS만 고장인 경우에는 ABS 경고등만 점등되어야 한다.

④ ABS와 EBD 모두가 고장인 경우에는 2개의 램프 모두 점등되어야 한다.

⑤ ECU 커넥터 분리 때 2개의 램프가 모두 점등되어야 한다.

6 추적 제어

TCS는 운전자의 조향각과 가속 페달을 밟은 양에 따라 그때의 비구동력을 제어함으로써 안전된 선회를 가능하게 한다. 즉 운전자의 의지를 센서로부터 입력 · 연산 후 자동 제어하므로, 안정된 선회를 위한 구동력 제어를 위해 엔진 출력을 저감시킨다. 가속 시 구동바퀴에 발생할 수 있는 휠 스핀을 감지하여 엔진 출력과 브레이크 유압을 조정해 주는 장치이며 미끄럼 방지 기능도 같이 한다.

7 ABS 시스템 공기빼기

① 마스터 실린더 리저버 탱크에 브레이크액을 연속적으로 공급시킬 수 있는 장치를 연결하거나 작업 중 리저버가 항상 충만하도록 브레이크액을 공급한다.

② 크래시 패드 아래쪽에 있는 자기진단 커넥터에 하이스캔을 연결한 후 키를 ON 상태로 설정하거나 시동을 건다.

③ 스캐너에 출력된 지시에 따라 순서대로 선택하여 작동시킨다.

ABS 시스템 공기빼기 할 차량 준비

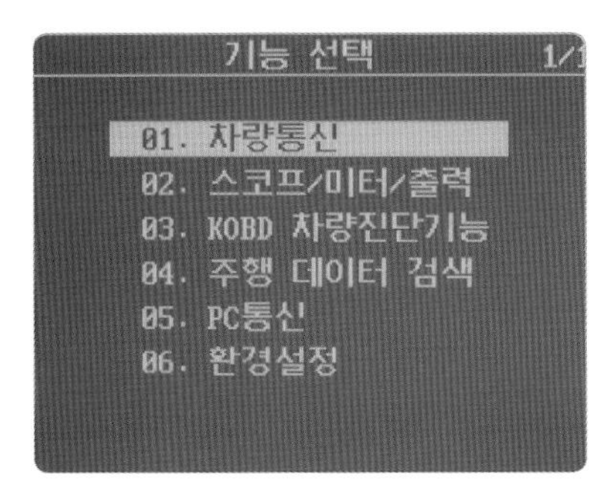

1. 스캐너를 차량에 설치하고 차량통신을 선택한다.

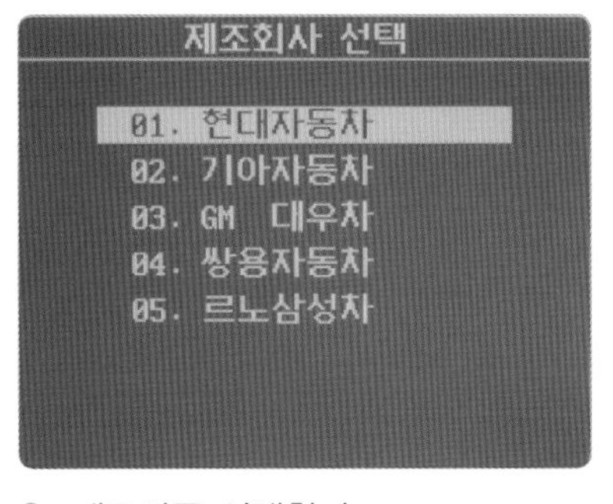

2. 제조사를 선택한다.

3. 차종을 선택한다.

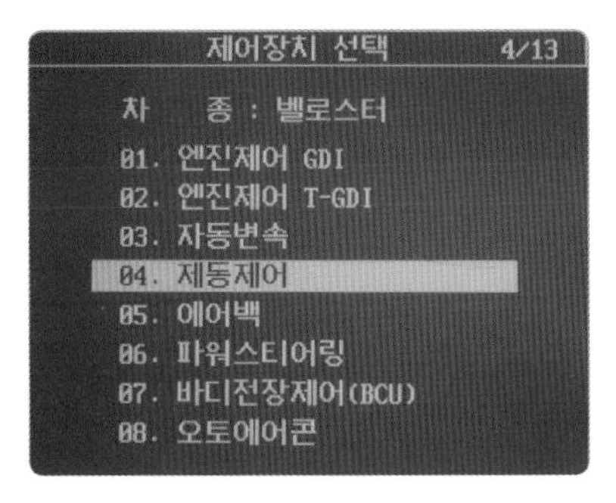

4. 시스템 제동제어를 선택한다.

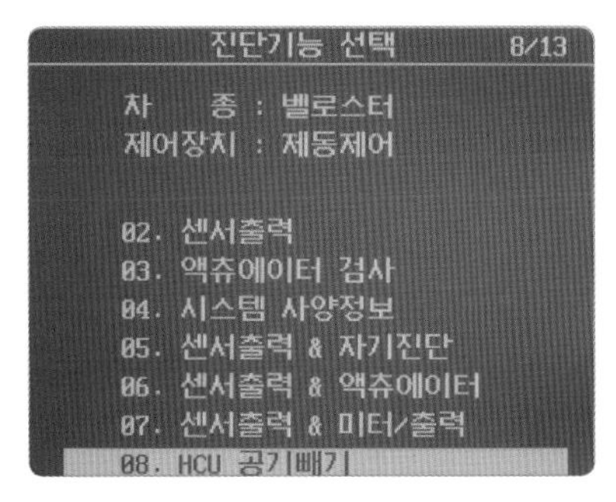

5. HCU 공기빼기를 선택한다.

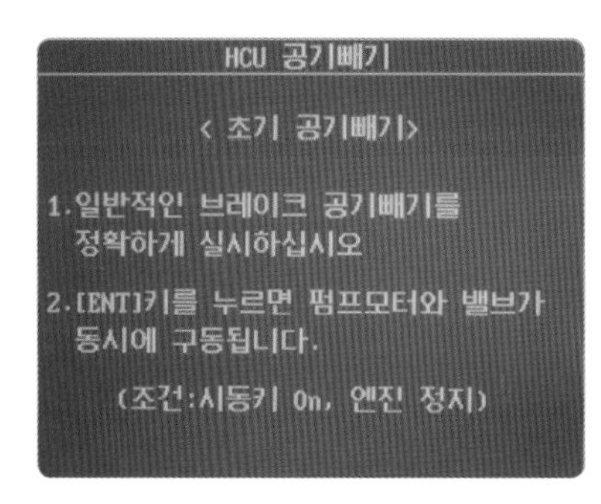

6. HCU 초기 공기빼기 조건을 확인한 후 ENTER를 누른다.

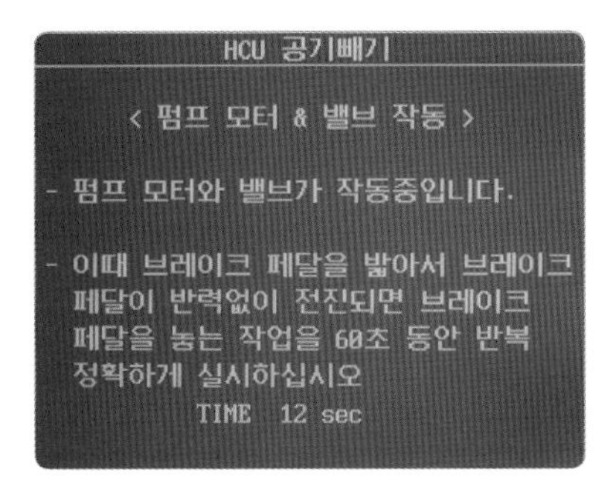

7. HCU 작동과 함께 모터가 작동된다(공기빼기 작업 실시).

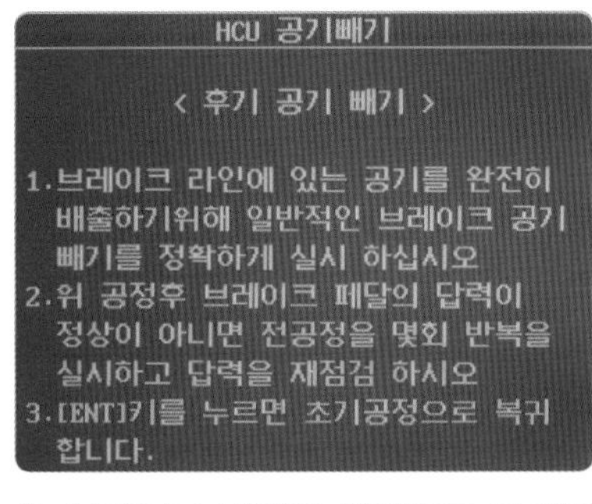

8. 브레이크 답력을 확인하고 공기빼기 작업을 반복 실시한다.

9. 에어 브리더를 조였다 풀었다를 반복하면서 공기 빠짐을 확인한다.

10. 공기빼기가 끝나면 에어 브리더를 조인다.

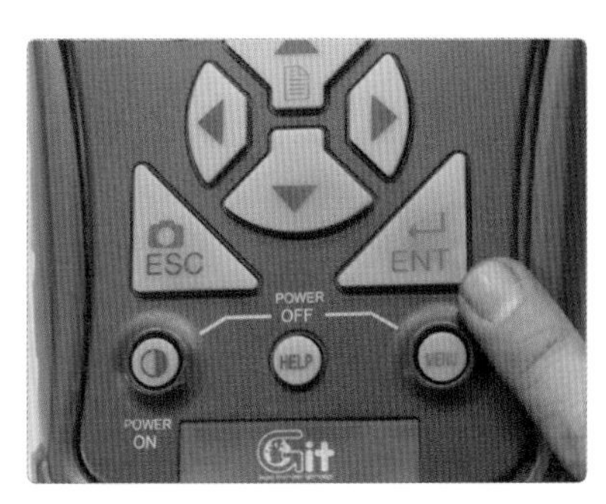

11. ENTER를 누르면 초기 공정으로 복귀한다.

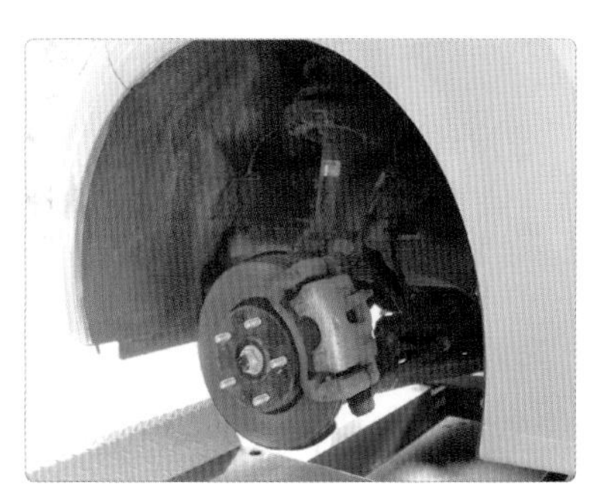

12. 공기빼기 작업이 끝나면 주변을 점검한다.

Chapter 11 섀시

12 전자 제어 현가장치 점검

실습목표 (수행준거)	1. 전자 제어 현가장치 관련 부품을 이해하고 작동 상태를 확인할 수 있다. 2. 전자 제어 현가장치의 고장 진단 시 절차에 따라 고장 원인을 분석할 수 있다. 3. 전자 제어 현가장치 교환 시 교환 목록을 확인하여 교환 작업을 수행할 수 있다. 4. 전자 제어 현가장치 진단 내용을 바탕으로 매뉴얼에 따라 수리하고 검사할 수 있다.

1 관련 지식

1 전자 제어 현가장치

전자 제어 현가장치(ECS)는 주행 속도와 도로 조건에 따라 스프링 상수, 쇽업소버의 감쇠력, 공기 스프링의 회로 압력 등을 가변시켜 차의 높이나 차체의 자세를 제어하여 주행 안정성과 승차감을 동시에 향상시키는 것을 목적으로 한다. 주행 조건의 변화에도 노면으로부터의 충격에 적절히 대응하여 차체 무게 중심의 변화가 없는 상태를 완벽한 승차감이라 할 수 있으며, 이를 유지하도록 제어하는 시스템이 ECS 제어장치이다.

2 ECS의 제어 항목

① **스프링 상수와 완충력 선택** : 자동차의 주행 속도, 조향 휠 각속도, 가속 페달의 밟는 정도, 차 높이, 바운싱, 롤링 등의 값이 규정값 이상이면 현가 특성을 hard로 변환하고, 규정값 이하이면 soft로 변환한다.

② **차 높이 제어** : 차량 정지 시에는 표준 높이, 주행 속도가 규정값 이상이면 low로 하여 공기 저항을 감소시키고, 선회 시에는 원심력에 의한 차체의 롤링을 방지하여 주행 성능을 향상시키며, 비포장 및 요철 노면 통과 시에는 high로 변환하여 차체와 노면의 충돌을 방지한다.

③ **조향 휠 감도 선택** : 자동 모드에서 조향 휠 감도를 high, normal, low로 선택할 수 있다.

④ **앤티 피칭(anti-pitching) 제어** : 요철 노면 주행 시 차고 변화와 주행 속도를 고려하여 감쇠력을 증가시킨다.

⑤ **앤티 바운싱(anti-bouncing) 제어** : 중력 센서로 바운싱이 검출되면 감쇠력을 증가시킨다.

⑥ **차속 감응 제어** : 고속 주행 시 차체 안정성이 결여되므로 감쇠력을 증가시킨다.

⑦ **앤티 셰이크(anti-shake) 제어** : 사람 승하차 시 차체가 흔들리는 것을 방지하기 위하여 규정 속도 미만 시 감쇠력을 증가시킨다.

2 전자 제어 현가장치 시스템의 특성

1 시스템 구성

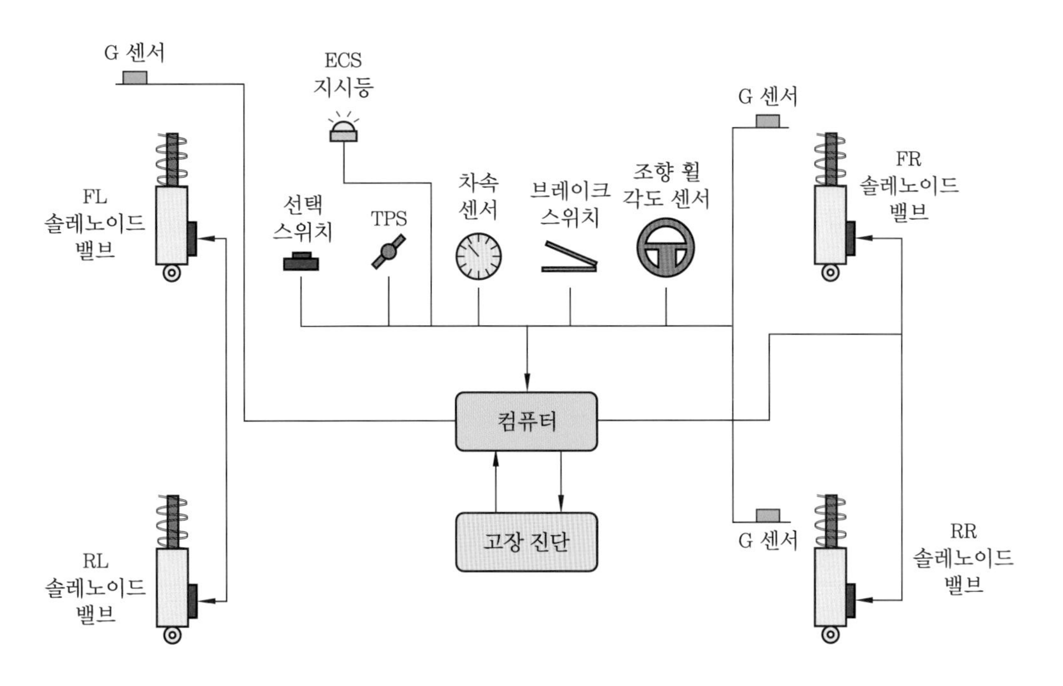

2 입력과 출력 관계

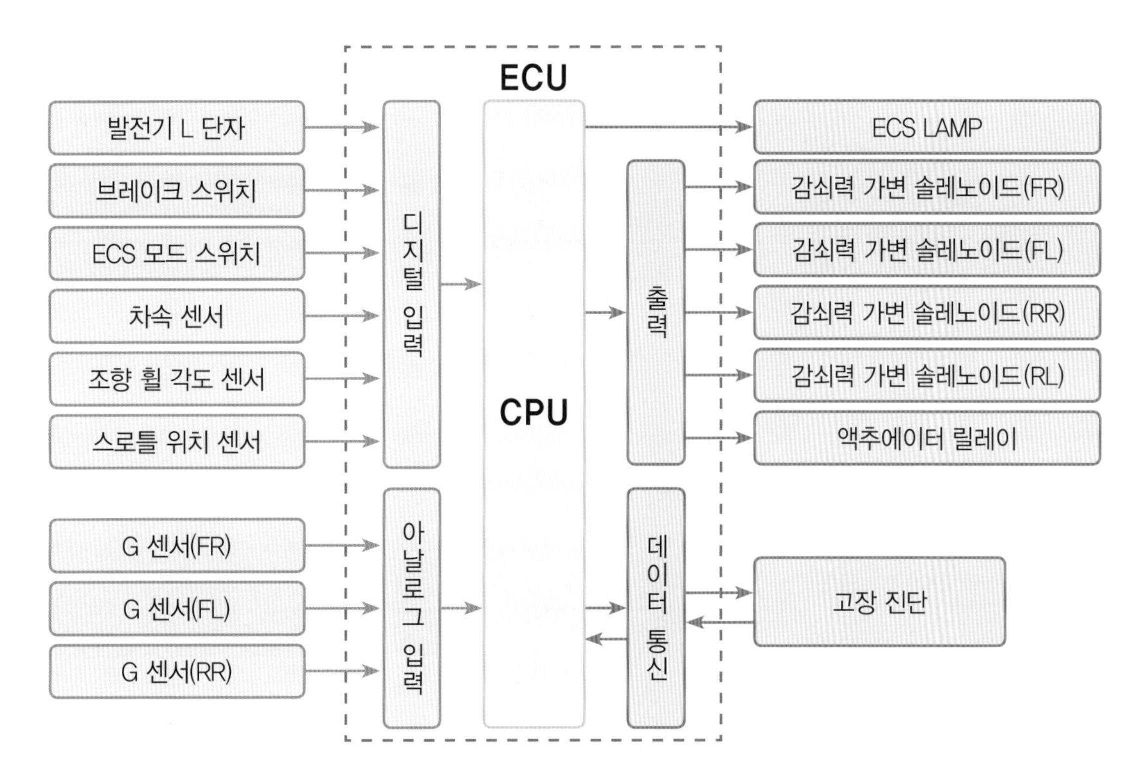

3 ECS 구성 부품 기능

코 드	부품명	부품별 기능
11	G 센서	롤 감지, 앤티 롤 제어
12	발전기 L 단자	시동 여부 판단, 시스템 가동 여부 판단
13	저압 S/W	저압측 탱크 압력 감지, 리턴 펌프 구동 신호
14	TPS	액셀 위치 감지, 앤티 스쿼트 제어
15	고압 S/W	고압측 탱크 압력 감지, 컴프레서 구동 신호
22	차고 센서	차의 높이 감지
24	차속 센서	차속 감지, 노면 대응 제어, 차속에 따른 차고 제어
25	뒤 압력 센서	뒤 공급측 압력 감지, 압력에 따른 급배기 제어
26	정지등 S/W	제동 여부 감지, 앤티 다이브 제어
31	R 레인지 신호	후진 여부 감지, 앤티 다이브 제어를 전진 시와는 반대로
74	조향 휠 센서	조향 위치 및 속도 검출, 앤티 롤 제어

3 전자 제어 현가장치 점검

1 스캐너 자기진단 점검(뉴그랜저)

1. 자기진단 커넥터에 스캐너 커넥터를 체결한다.

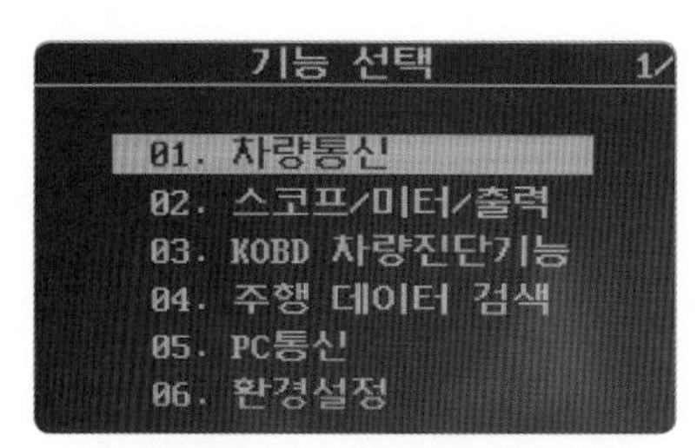

2. 차량통신을 선택한다.

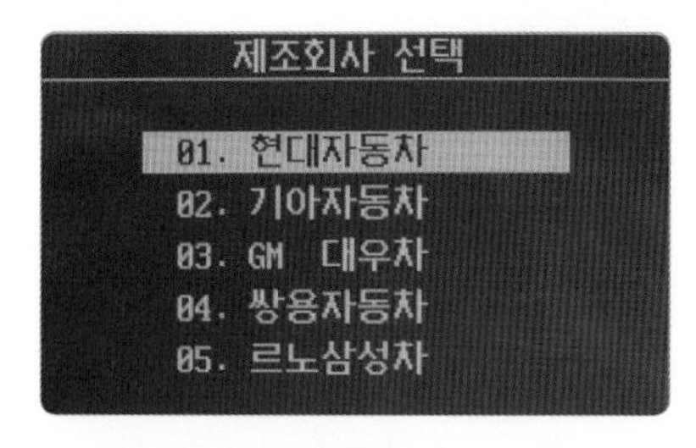

3. 제조회사를 선택한다.

4. 차종을 선택한다.

5. 전자제어서스펜션 시스템을 선택한다.

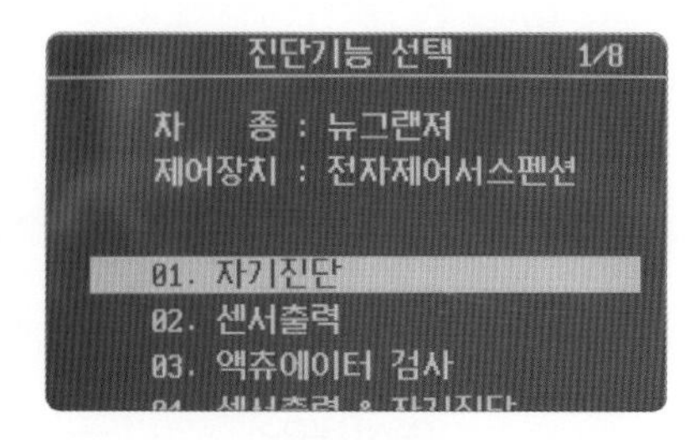

6. 자기진단을 선택한다.

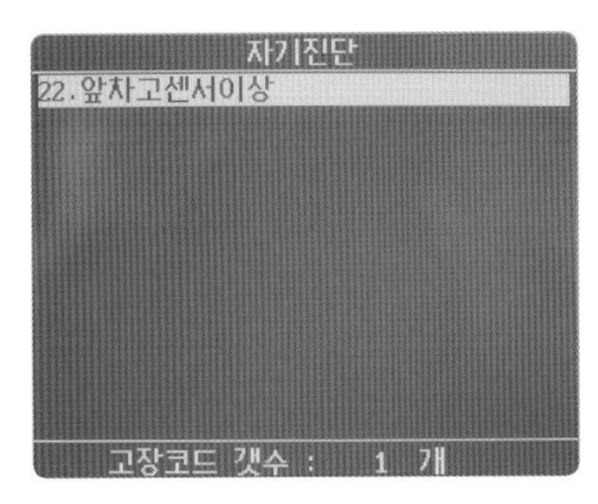

7. ECS 시스템의 이상 부위가 표시된다.

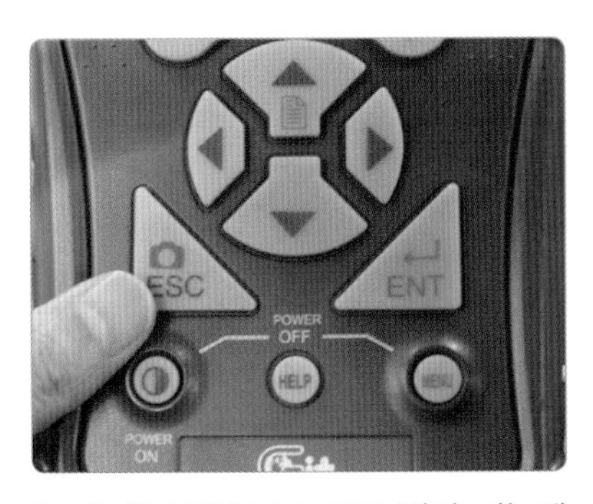

8. 스캐너 ESC를 누르고 진단 기능에서 센서출력으로 이동한다.

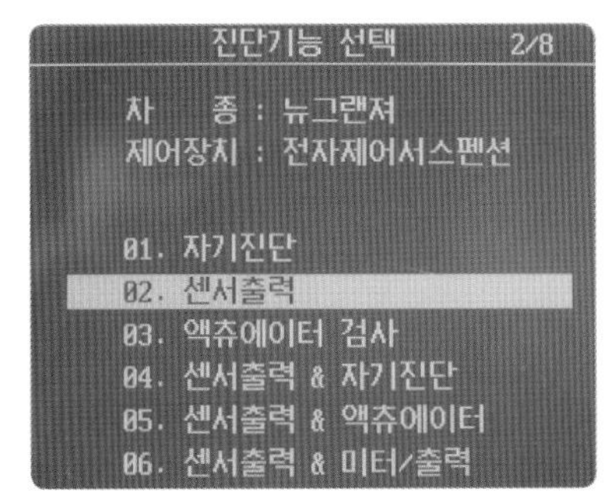

9. 센서출력을 선택한다.

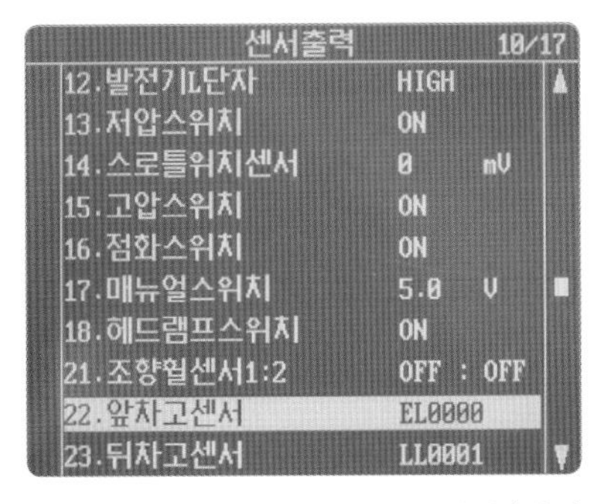

10. 센서출력 전압을 확인한다(앞차고 센서).

11. 센서 커넥터를 체결한다.

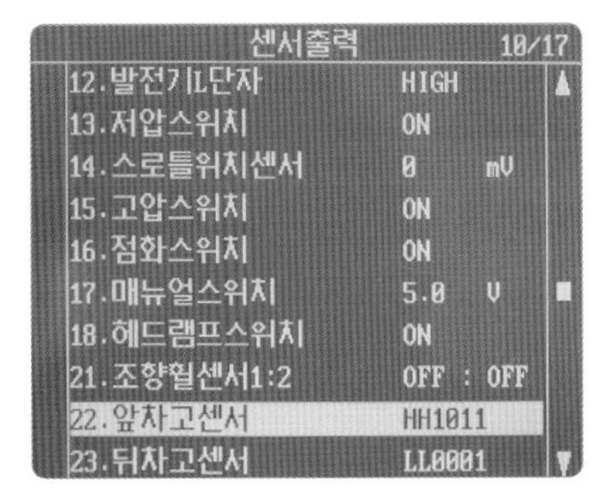

12. 센서출력에서 센서 작동 상태를 확인한다.

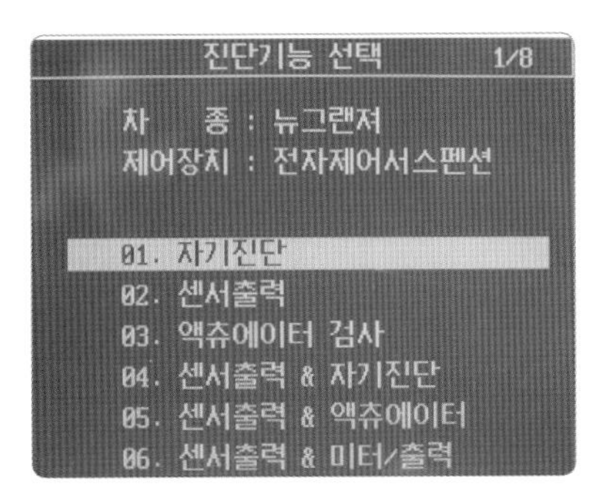

13. 스캐너 자기진단을 선택한다.

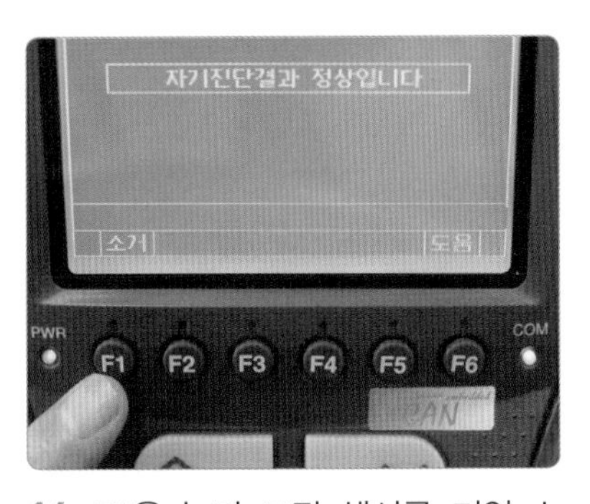

14. F1을 눌러 고장 센서를 기억 소거한다.

15. 고장 수리 결과를 확인한다.

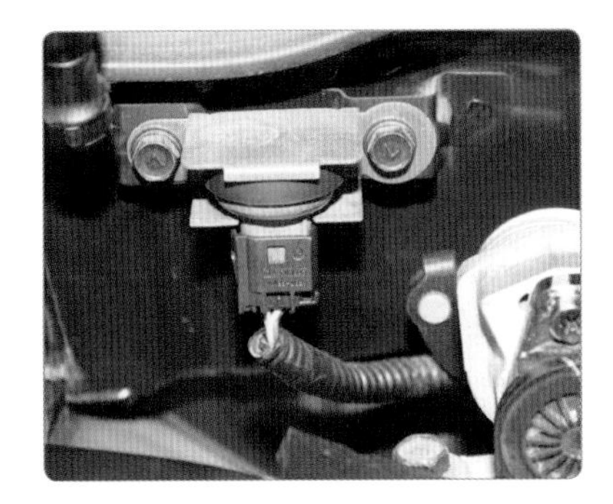

16. 센서 커넥터 체결 상태 확인

17. 스캐너를 탈거한 후 정리한다.

18. 차량과 장비를 정리한다.

2 전자 제어 현가장치 점검(오피러스)

(1) ECS 구성 및 부품 위치

시스템을 정비하기 위해서는 전체 구성 요소를 파악하고 이해하며 각 부품의 위치를 알고 있어야 한다. 특히 자동차 ECU의 위치는 시스템 내에서 입력부의 센서 및 스위치와 출력 관련 시스템 제어를 위한 배선이 집결되고 있기 때문에 시스템 내 부품의 위치를 파악하고 정비에 임하는 것이 무엇보다 중요하다.

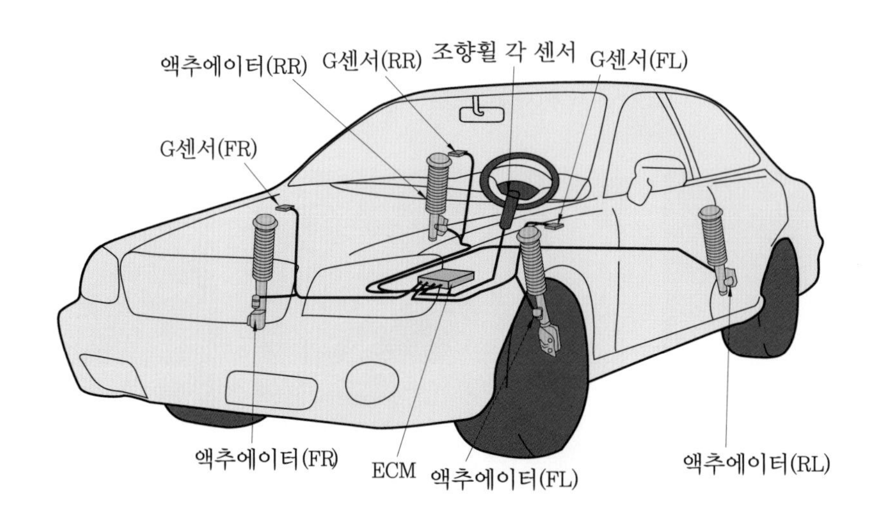

제어 상황	측정 항목	센 서	대 응
피치, 바운스	차체 상하 가속도	상하 가속도 센서	차체 속도 계산 →sky hook 제어
다이브	제동 여부, 차속	브레이크 램프, 차속 센서	hard로 변환
롤	조향각, 차속	조향각 센서, 차속 센서	hard로 변환
비포장 주행	차속, 차체 상하 가속도	차속 센서, 상하 가속도 센서	hard로 변환
고속 주행	차속	차속 센서	hard로 변환

자세 제어의 종류	제어의 조건
롤(roll) 제어	주행 중 선회 시
스쿼트(squart) 제어	출발 시, 주행 중 가속 시, 스톨 시
다이브(dive) 제어	주행 중 정지 시
시프트 스쿼트(shift squart) 제어	변속 레버 위치 변화 시(R←N→D)
피칭(piching－bouncing) 제어	요철 도로 주행 시(작은 요철)
스카이(sky－hook) 제어	요철 도로 주행 시(큰 요철)
기타 제어	노면 대응, 급속 차고, 통상 차고

(2) ECS 자기진단(오피러스)

점검용 차량과 장비 확인

1. 자기진단 커넥터에 스캐너 커넥터를 체결한다.

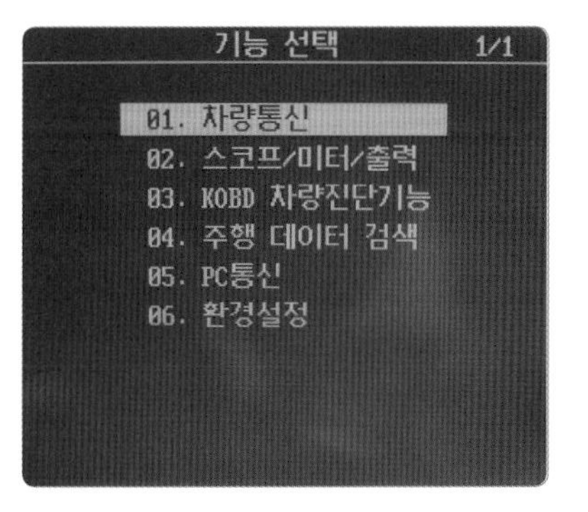

2. 차량통신을 선택한다.

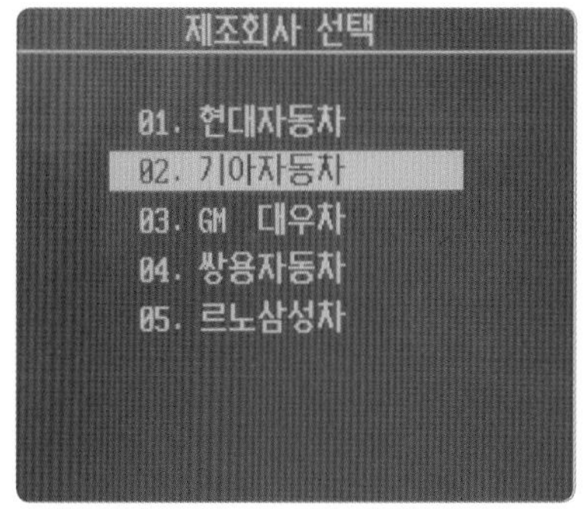

3. 제조회사를 선택한다.

차종 선택 60/60
41. 스포티지(04~) 51. 뉴 포텐샤
42. 스포티지 R 52. 엔터프라이즈
43. 쏘렌토 53. 프레지오
44. 쏘렌토 F/L 54. 프런티어
45. 쏘렌토 R 55. 봉고3(코치/밴)
46. 쏘렌토 R(13~) 56. 봉고3(트럭)
47. 모하비 57. K7
48. 카니발 I/II 58. K7 F/L
49. 그랜드 카니발 59. K9
50. 포텐샤 60. 오피러스

4. 차종을 선택한다.

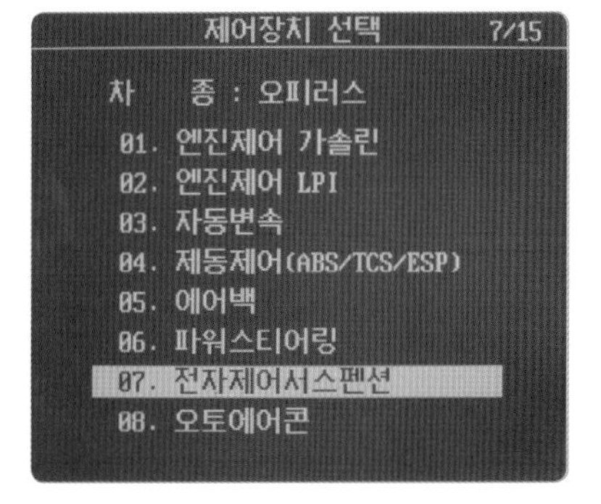

5. 전자제어서스펜션 시스템을 선택한다.

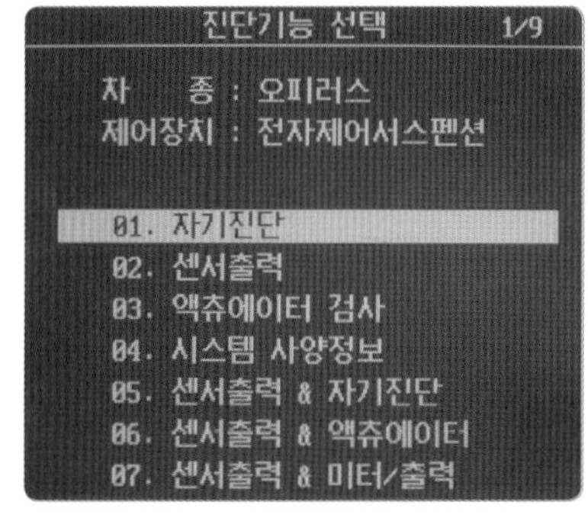

6. 자기진단을 선택한다.

7. ECS 시스템의 이상 부위가 표시된다.

8. 스캐너 ESC를 누르고 진단 기능에서 센서출력으로 이동한다.

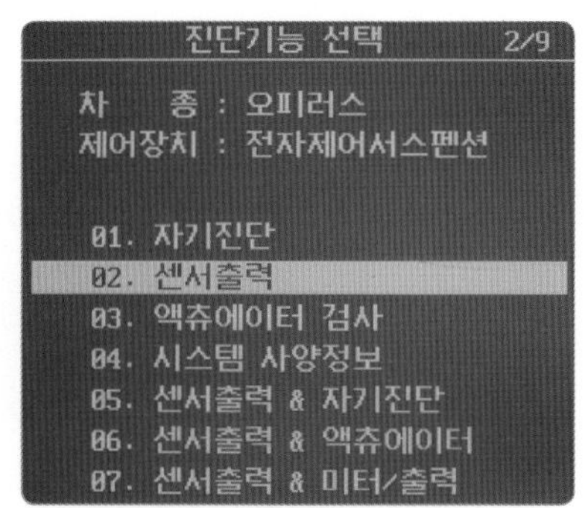

9. 센서출력을 선택한다.

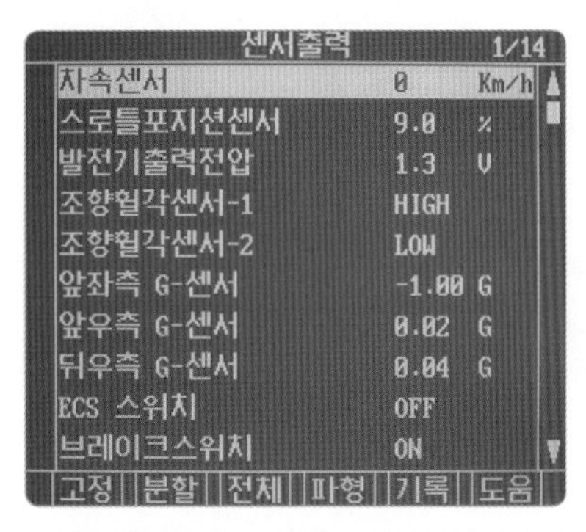

10. 센서출력 전압을 확인한다(앞좌측 G-센서).

11. 센서 커넥터를 체결한다.

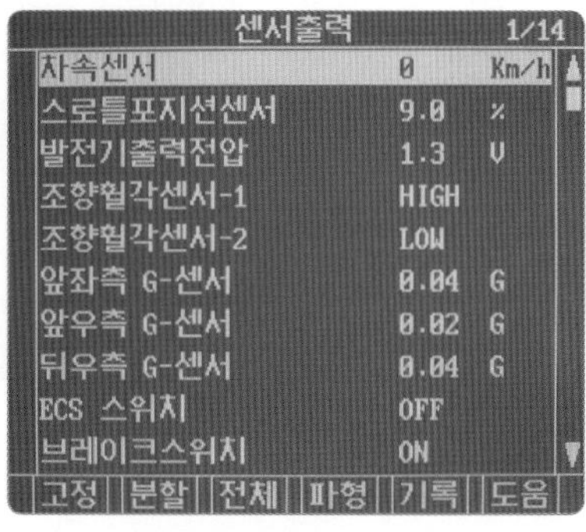

12. 센서출력 전압을 확인한다(앞좌측 G-센서).

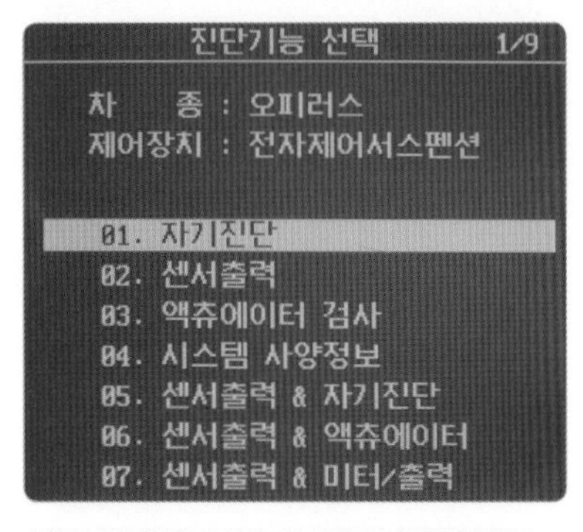

13. 스캐너 자기진단을 선택한다.

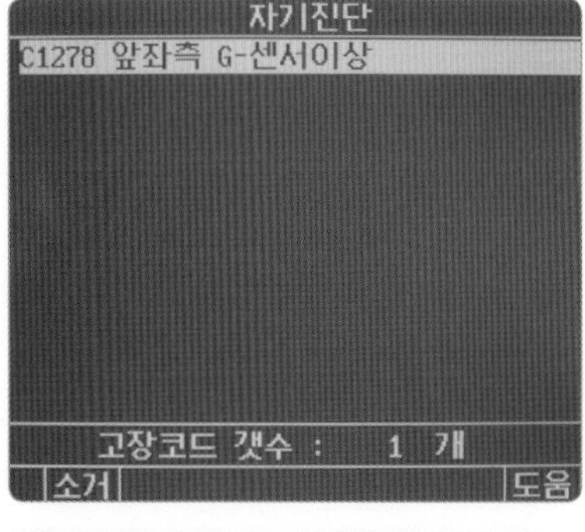

14. F1을 눌러 고장 센서를 기억 소거한다.

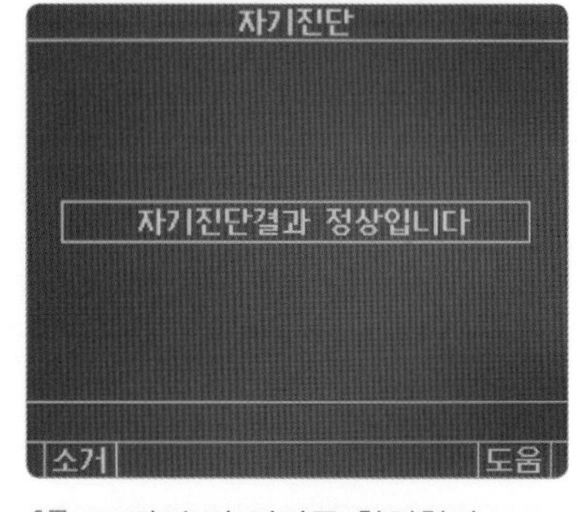

15. 고장 수리 결과를 확인한다.

● 정비(조치) 사항 : 커넥터 체결 후 ECS ECU 과거 기억 소거 후 재점검하며 고장 수리를 확인한다.(ECS 액추에이터 릴레이를 함께 점검한다.)

(3) ECS 액추에이터 릴레이 점검

ECS 액추에이터 릴레이의 작동은 ECS ECM이 제어한다.

액추에이터 릴레이가 작동하게 되면 ECM 내부 회로를 통해 감쇠력 가변 솔레노이드 밸브에 전류를 공급하는 일을 한다. 주행 중 발전기 L 단자 전압이 low로 떨어지게 되면 ECM은 액추에이터 릴레이의 작동을 중지시킨다.

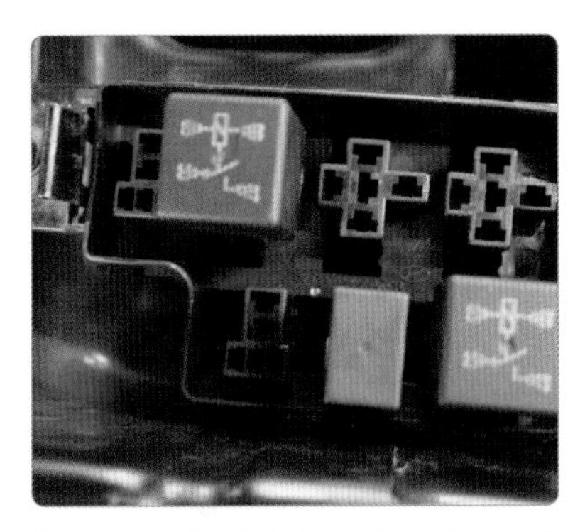

1. ECS 액추에이터 릴레이 위치를 확인한다(우측 전조등 뒤).

2. ECS 액추에이터 릴레이 코일 저항(82.6 Ω)을 측정하고 접점 상태를 확인한다.

3. ECS 액추에이터 릴레이 공급 전압을 확인한다.

Chapter 12 섀시

(4) 차량 속도 센서 측정 방법

① 차를 리프트로 들어올린다.

② 디지털 멀티미터나 오실로스코프를 이용하여 차속 센서 입력 단자 전압을 측정한다(차속 센서에서 직접 입력).

③ 출력 단자에 디지털 멀티미터나 오실로스코프를 연결한다.

④ 엔진 시동 스위치를 IG2에 ON한다.

⑤ 바퀴를 손으로 천천히 돌려 보면서 규정 전압이 나오는지 확인한다.

⑥ 시동을 걸고 기어를 전진 기어에 넣고 가속과 감속을 반복해 보면서 속도 센서 규정 전압이 나오는지 점검한다. 더 쉬운 방법은 차를 리프트에 올려놓고 엔진 스캐너를 이용하여 차속 데이터를 보면서 계기판 차속과 스캐너 차속이 일치하는지 확인하면 된다.

감쇠력 제어

액티브 ECS는 도로 및 주행 상태에 따라 4단계로 적절하고 신속하게 제어하여 승차감과 주행 안정성을 동시에 확보한다. 즉 주행 조건에 따라 ECU가 스텝 모터를 이용하여 기존 쇽업소버 오일 통로(오리피스)의 크기를 조절함으로써 감쇠력을 제어하는 것이다.

일반 주행 시에는 오일 통로를 크게 하고 고속 주행 및 선회 시, 제동 시에는 통로를 작게 하여 승차감 및 주행 안정성을 확보한다.

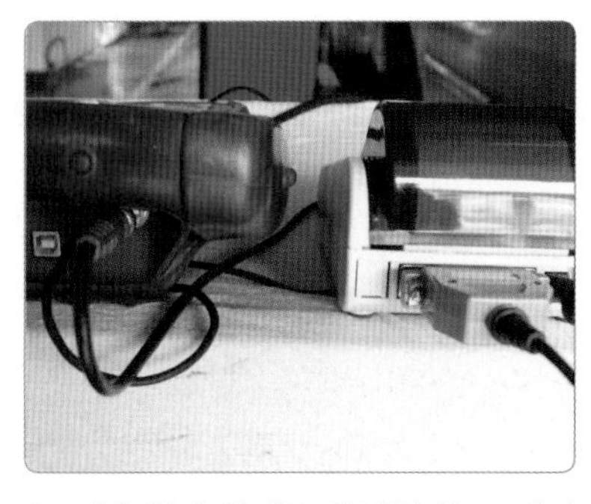

1. 차속센서 위치를 확인한 후 스캐너를 연결한다(전원 및 채널 프로브).

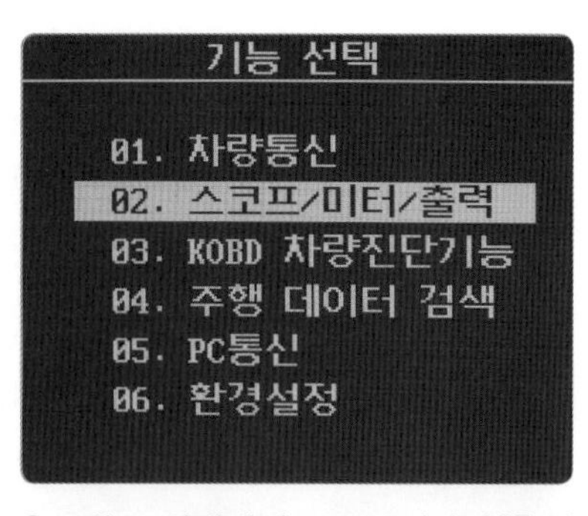

2. 기능 선택에서 스코프/미터/출력을 선택한다.

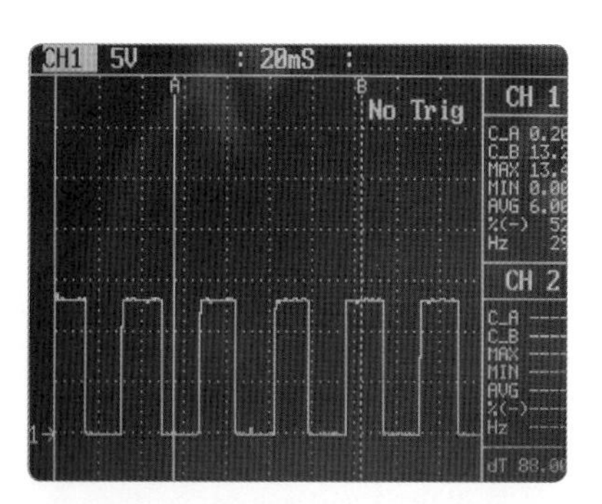

3. 모니터 화면 환경을 5 V, 20 ms로 설정한다.

4. 엔진을 시동하고 차량을 구동시킨다(시험위원 협조).

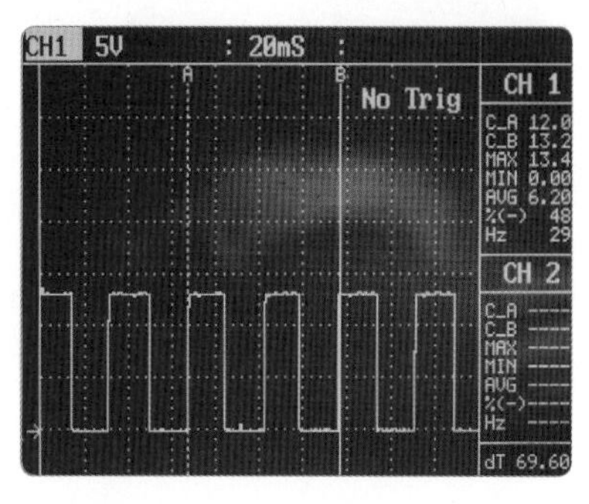

5. 출력되면 화면을 정지하고 엔진 시동을 OFF시킨다(출력 화면 분석).

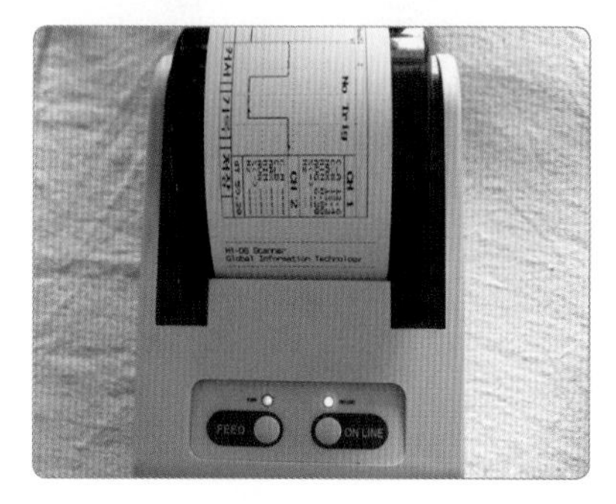

6. 출력된 파형을 프린트한 후 분석한다.

파형 상태	파형 분석 내용
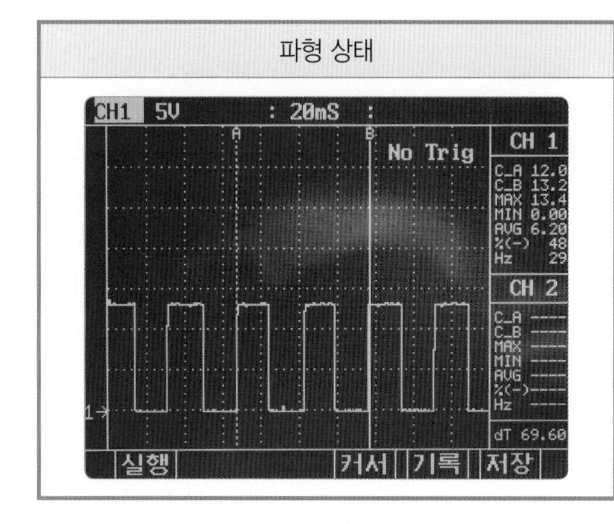	① 파형이 일정하게 출력되고 있으며 빠지거나 노이즈가 없다. ② 파형 하단부 전압은 0 V(규정 1.6 V 이하)이며, 상단부는 13.2 V(규정 배터리 전압)로 배선 및 커넥터의 이상 없이 양호이다. ③ 측정 주파수는 29 Hz(규정 25~50 Hz)로 정상 파형이다. ※ 판정이 불량일 때는 "속도 센서 교환 후 재점검"을 기록한다.

ECS의 특징

❶ 급제동할 때 노스 다운(nose down)을 방지하고 급선회할 때 원심력에 대한 차체의 기울어짐을 방지한다.
❸ 노면으로부터의 차량 높이를 조절하고 노면의 상태에 따라 승차감을 조절할 수 있다.
❺ 차체의 좌우, 앞뒤의 자동차 높이, 조향 핸들 각도, 주행 속도, 노면 상태 등을 판단하여 제어한다.

(5) G 센서 점검

① G 센서 : 평면을 감지하기 위해서는 최소 3점이 필요하므로 G 센서는 앞쪽 좌우에 1개씩 2개가 장착되고, 뒤쪽에 1개가 장착되어 총 3개의 센서가 장착되어 있다. ECM은 G 센서의 출력 전압을 감지하여 차량의 상하 움직임을 판단하며, G 센서의 입력 신호를 기준으로 앤티 롤 제어 시 주 신호로 사용한다.

② 센서 전원 : 5 V 센서 출력 : 0.55 V 1 G : 2.5 V 1.975 G : 4.45 V

③ 측정 및 점검

1. G 센서 커넥터를 탈거한다.

2. G 센서 공급 전원을 확인한다. (5.03 V)

3. 배선 접지 상태를 확인한다. (21.3 Ω)

4. G 센서 커넥터를 체결하고 출력 전압을 측정한다(2.562 V).

5. G 센서를 탈거한다.

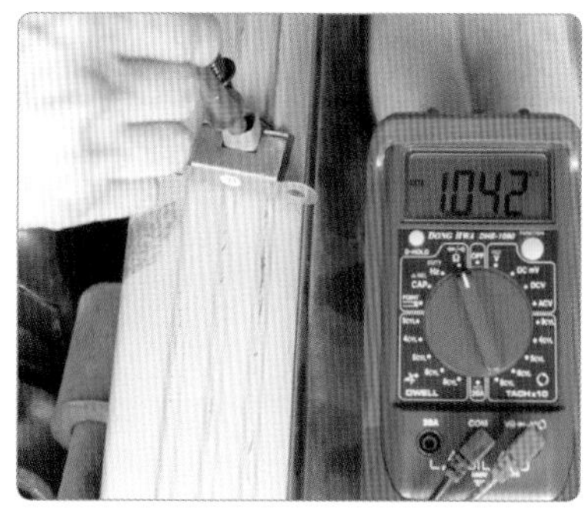

6. G 센서 내부 저항을 측정한다. (1.042 Ω)

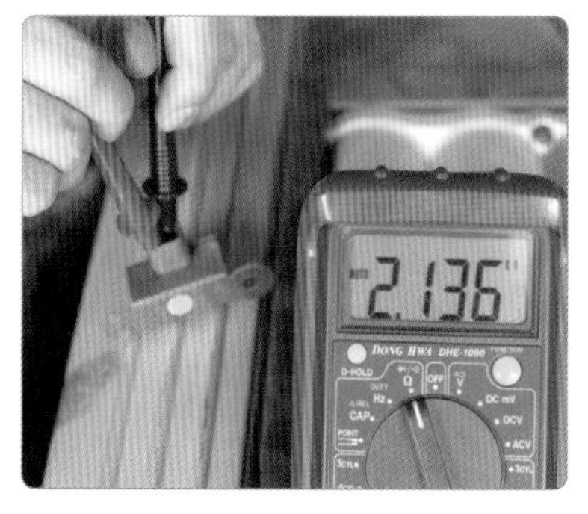

7. G 센서 내부 저항을 측정한다. (2.136 Ω)

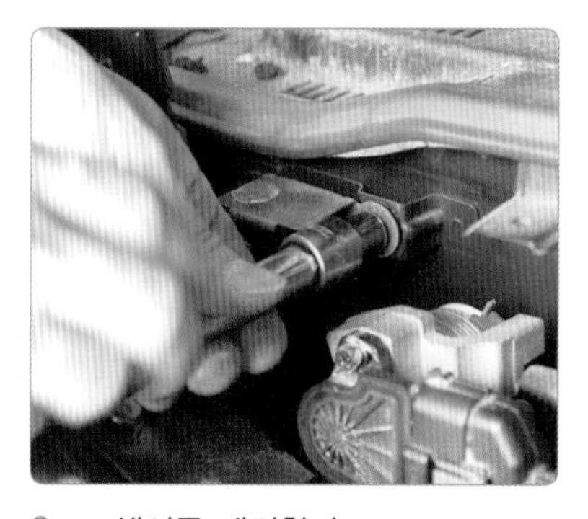

8. G 센서를 체결한다.

9. 센서 커넥터를 체결한다.

13 전자 제어 조향장치 점검

실습목표 (수행준거)	
	1. 전자 제어 조향장치 관련 부품을 이해하고 작동 상태를 확인할 수 있다. 2. 전자 제어 조향장치의 고장 진단 절차에 따라 고장 원인을 분석할 수 있다. 3. 전자 제어 조향장치 교환 시 교환 목록을 확인하여 교환 작업을 수행할 수 있다. 4. 전자 제어 조향장치 진단 내용을 바탕으로 매뉴얼에 따라 수리하고 검사할 수 있다.

1 관련 지식

1 전자 제어 조향장치(ECPS)

유압식 파워 스티어링은 엔진 벨트로 구동되어 파워 스티어링 펌프에서 발생하는 유압을 동력으로 사용하며, 조향감이 뛰어나지만 유지 보수의 불편함, 복잡한 구조, 연비가 떨어지는 것이 단점이다. 반면에 전자식 파워 스티어링은 구조가 간단하고 엔진 출력에 큰 영향을 미치지 않아 특별 관리가 필요 없는 장점이 있다.

이산화탄소 규제 강화 속에서 연비 개선 및 부품 개발의 목적에 따라 전자식 파워 스티어링(ECPS)을 많이 적용하고 있으며, 연비 효율이 높고 생산비 절감의 효과가 있는 ECPS 시스템이 개발되었다.

전자 제어 동력 조향장치(ECPS)의 기능	
ECPS의 기능	내 용
주행 속도 감응	주행 속도에 따른 최적의 조향 조작력을 제공한다.
조향 각도 및 각속도 검출 기능	조향 각속도를 검출하여 중속 이상에서 급조향할 때 발생되는 순간적 조향 핸들 걸림 현상(catch up)을 방지하여 조향 불안감을 해소한다.
주차 및 저속 영역에서 조향 조작력 감속 기능	주차 또는 저속 주행에서 조향 조작력을 가볍게 하여 조향을 용이하게 한다.
직진 안정 기능	고속으로 주행할 때 중립으로의 조향 복원력을 증가시켜 직진 안전성을 부여한다.
롤링 억제 기능	주행 속도에 따라 조향 조작력을 증가시켜 빠른 조향에 따른 롤링의 영향을 방지한다.
페일 세이프(fail safe) 기능	축전지 전압 변동, 주행 속도 및 조향 핸들 각속도 센서의 고장과 솔레노이드 밸브 고장을 검출한다.

2 구성 부품의 기능

● ECPS ECU

전자 제어 조향장치 ECU는 차속 센서 데이터를 입력받아 반력 플런저의 유압을 조절할 수 있는 PCV 밸브를 전류 제어하여 차속에 따른 최적의 조타력을 구동한다.

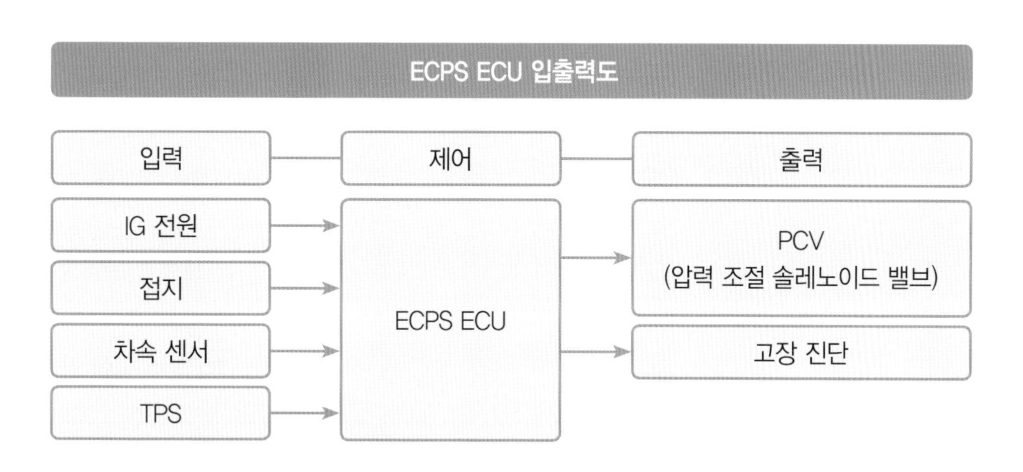

3 전동 방식 동력 조향장치(MDPS)

전동 파워 스티어링은 배기가스 규제를 원활히 수행하고 연비 향상, 경량화 등의 장점을 가지고 있으며, 운전자의 조향 의도를 스티어링 휠에 직결된 토크 센서를 통해 감지하여 이 신호를 ECU가 받아 모터를 구동한다.

(1) 전동 방식 동력 조향장치의 장점

① 연료 소비율이 향상된다.

② 에너지 소비가 적으며, 구조가 간단하다.

③ 엔진의 가동이 정지된 때에도 조향 조작력 증대가 가능하다.

④ 조향 특성 튜닝이 쉽다.

⑤ 엔진 룸 레이아웃 설정 및 모듈화가 쉽다.

⑥ 유압 제어장치가 없어 환경 친화적이다.

(2) 전동 방식 동력 조향장치의 단점

① 전동기의 작동 소음이 크고, 설치 자유도가 적다.

② 유압 방식에 비하여 조향 핸들의 복원력이 낮다.

③ 조향 조작력의 한계 때문에 중 · 대형 자동차에는 사용이 불가능하다.

④ 조향 성능을 향상시키기 위해 관성력이 낮은 전동기의 개발이 필요하다.

2 전자 제어 조향장치 점검

1 고장 진단 및 점검 절차

ECPS 시스템 관련 정비 또는 기타 작업 전후에는 다음과 같은 고장 진단 및 점검 절차를 실시해야 한다. 차량의 상태를 아래 표의 정상 조건과 비교하여 점검하고 이상이 발견되면 필요한 조치 및 수리 절차를 실시한다.

① 정상 조건 : IG 스위치 OFF 상태에서 보조 조타력 없음

<table>
<tr><td>점검 조건</td><td rowspan="2">보조 조타력
있음</td><td>조향각 초기화(0점 조정) 안 됨</td><td>스캔 툴 이용하여
조향각 초기화 실시</td></tr>
<tr><td>IG/SW OFF</td><td>IG OFF 상태임에도
IG 전원이 공급됨</td><td>IG 전원 공급 라인 점검</td></tr>
</table>

② 정상 조건 : IG 스위치 OFF 상태에서 보조 조타력 없음(경고등 점등)

<table>
<tr><td>점검 조건</td><td rowspan="3">보조 조타력
있음</td><td>엔진 ON 상태에서 IG/ SW ON 유지
하며 엔진은 OFF된 경우</td><td>정상</td></tr>
<tr><td rowspan="3">IG/SW ON
엔진 시동 OFF</td><td>조향각 초기화(0점 조정) 안 됨</td><td>스캔 툴 이용하여
조향각 초기화 실시</td></tr>
<tr><td>EMS 신호 수신(CAN 통신) 안 됨</td><td>CAN 통신 라인 점검</td></tr>
<tr><td>경고등 미점등</td><td>클러스터 이상</td><td>클러스터 및 클러스터 배선 점검</td></tr>
</table>

③ 정상 조건 : IG 스위치 ON 상태에서 보조 조타력 발생(경고등 소등)

<table>
<tr><td>점검 조건</td><td rowspan="2">경고등 점등
보조 조타력
없음</td><td>EPS 시스템 상시 전원,
IG 전원 공급 불량</td><td>EPS 시스템 상시 전원 및
IG 전원 라인 점검</td></tr>
<tr><td rowspan="3">IG/SW ON
엔진 시동 ON</td><td>고장 코드(DTC) 발생</td><td>스캔 툴 이용하여 진단 및 수리</td></tr>
<tr><td rowspan="2">경고등 점등
보조 조타력
있음</td><td>조향각 초기화(0점 조정) 안 됨</td><td>스캔 툴 이용하여
조향각 초기화 실시</td></tr>
<tr><td>EPS와 클러스터 간
CAN 통신 불량</td><td>CAN 통신 라인 점검</td></tr>
</table>

2 ECPS 점검 시 주의 사항

(1) 고장이 아닌 경우의 현상

① 엔진 시동 직후 ECPS 시스템 자기진단 시간(약 2초) 동안 일시적으로 보조 조타력 발생이 없으나 이것은 고장이 아니다.

② 엔진 ON 또는 OFF 시 릴레이 접속으로 인한 소음이 있으나 이것은 정상 작동음이다.

③ 정상 또는 저속 주행 상태에서 스티어링 휠 조작 시 모터 회전에 의한 소음은 정상 작동음이다.

(2) ECPS 사양 인식 또는 스티어링각 초기화 작업 시 주의 사항

① 스캔 툴로 ECPS 사양 인식 또는 스티어링각 초기화 작업 전 배터리 전압이 정상인지 확인한다.

② ECPS 사양 인식 또는 스티어링각 초기화 작업 중 차량 또는 스캔 툴과 연결된 어떠한 커넥터도 분리되지 않도록 주의한다.

③ ECPS 사양 인식 또는 스티어링각 초기화 작업이 완료되면, IG 스위치를 OFF하고 10초 이상 대기한 후 엔진을 시동하여 정상 작동 여부를 확인한다.

(3) 스티어링 각 초기화(0점 조정) 절차(스티어링 칼럼 교체 후 실시)

① GDS 진단 장비를 차량의 자기진단 커넥터에 체결한다.

② IG 스위치를 ON시킨다.

③ 스티어링 휠을 직진 상태로 정렬한다.

④ 조향 휠 센서(SAS) 0점 설정을 선택한다.

1. IG 스위치를 ON시킨다.

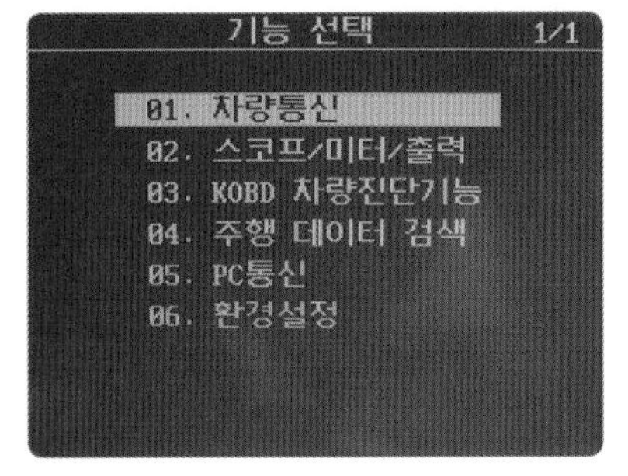

2. 스캐너 차량통신을 선택한다.

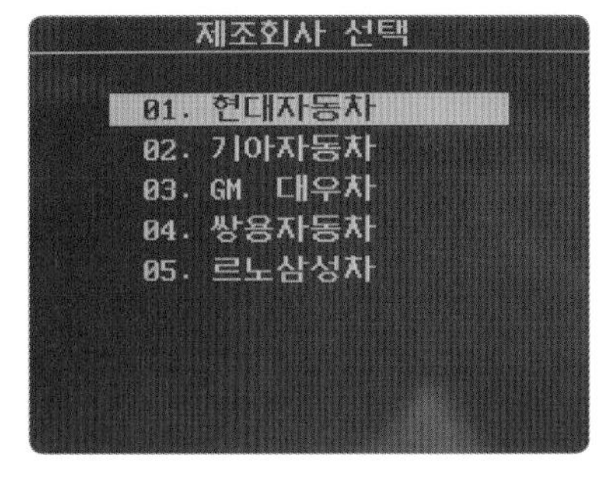

3. 제조사를 선택한다.

차종 선택 7/73
01. 아토스 11. 스쿠프
02. 뉴-클릭 12. 라비타
03. 클릭 13. i30(GD)
04. 베르나(MC) 14. i30(FD)
05. 뉴 베르나 15. i40(VF)
06. 베르나 16. 아반떼쿠페(JK)
07. 벨로스터 17. 아반떼(MD)
08. 엑센트(RB) 18. 아반떼(HD HEV)
09. 엑센트 19. 아반떼(HD)
10. 엑셀 20. 뉴-아반떼 XD

4. 차종을 선택한다.

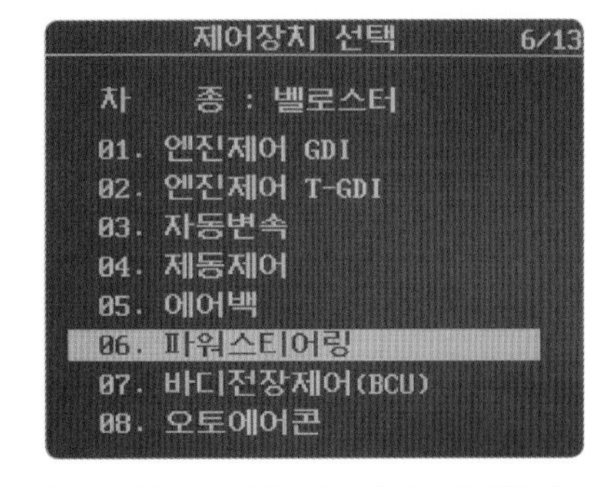

5. 파워스티어링 시스템을 선택한다.

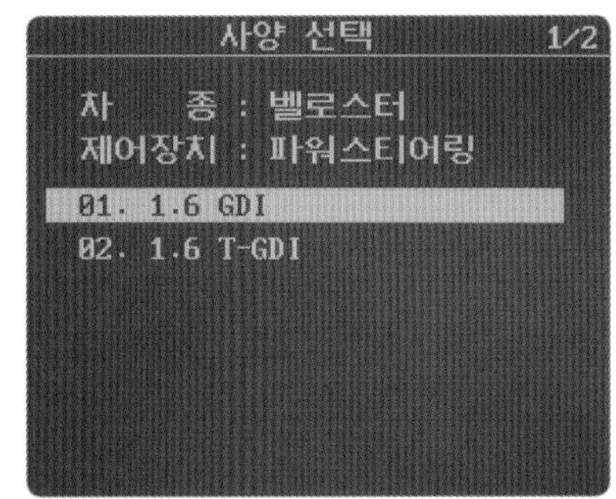

6. 차종 엔진을 선택한다.

Chapter 13 섀시

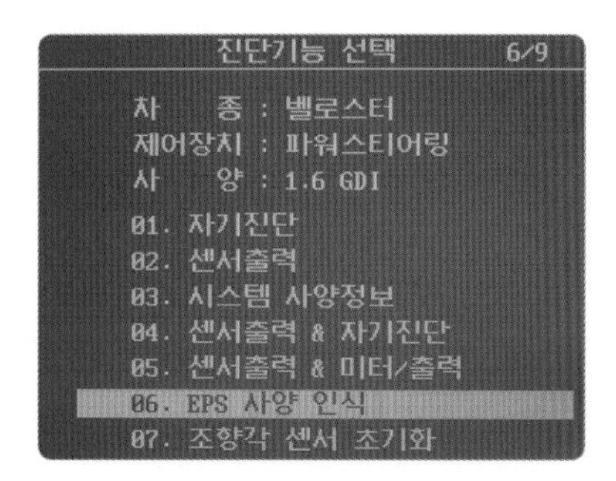

7. EPS 사양 인식을 선택한다.

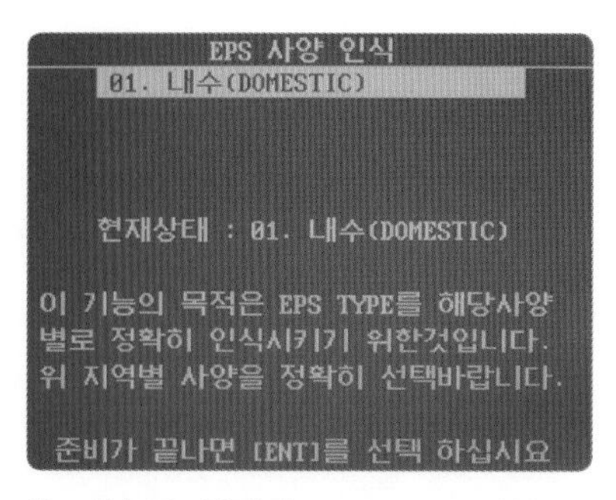

8. 내수를 선택하고 ENTER 키를 누른다.

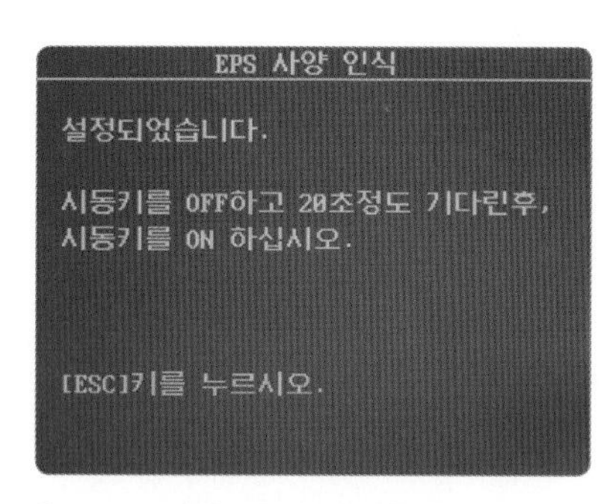

9. EPS 사양 인식 설정을 확인한다.

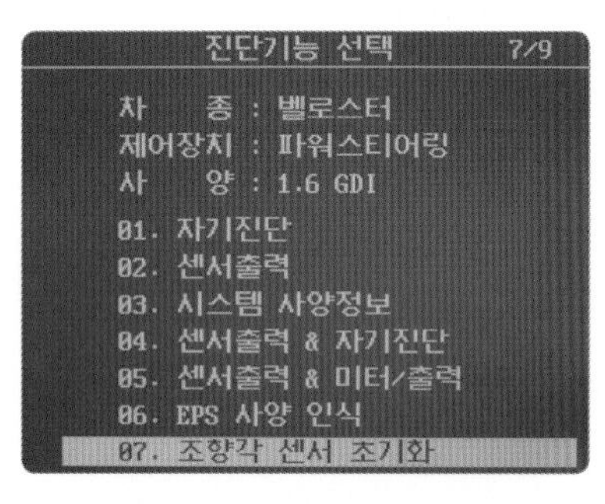

10. 조향각 센서 초기화 선택 후 ENTER 키를 누른다.

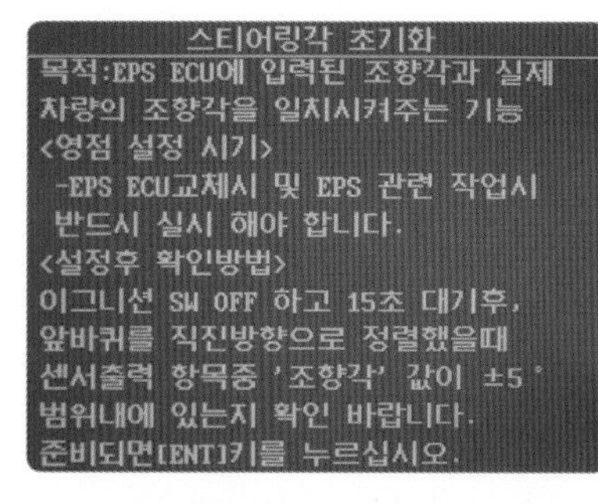

11. 스티어링 초기화 설정 내용을 확인한다.

12. 점화 스위치를 OFF시킨 후 15초간 기다린다.

13. 차량 앞바퀴를 직진 방향으로 정렬한다.

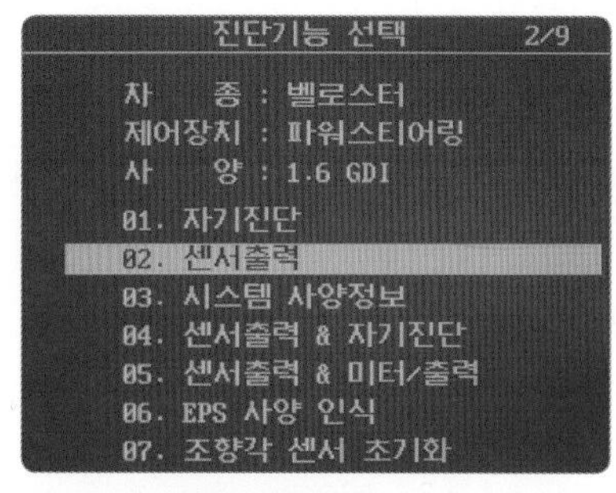

14. 센서출력을 선택한다.

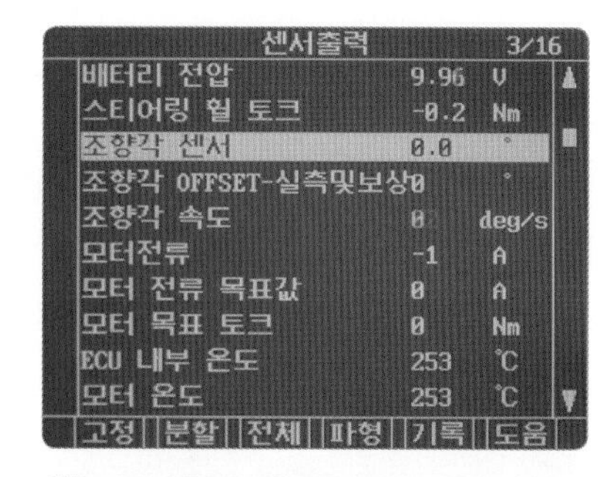

15. 센서출력 항목에서 조향각 센서가 0°(규정값±5°)이므로 양호 상태를 확인한다.

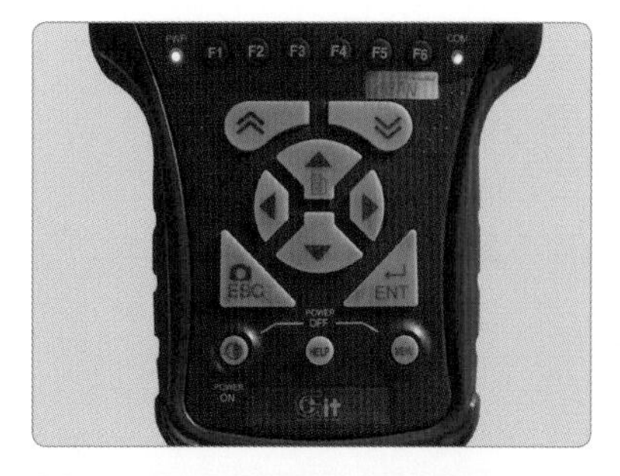

16. 스캐너 ENTER 키를 누른다.

스티어링각 초기화
준비작업 [1단계]
메시지가 바뀔때까지
스티어링휠을 돌리십시오.
시동키 ON
엔진 정지
취소하려면[ESC]키를 누르십시오

17. 준비 작업 1단계를 실행한다.

18. 점화 스위치 ON 상태
(엔진은 OFF 상태)

19. 스티어링 휠을 돌린다.

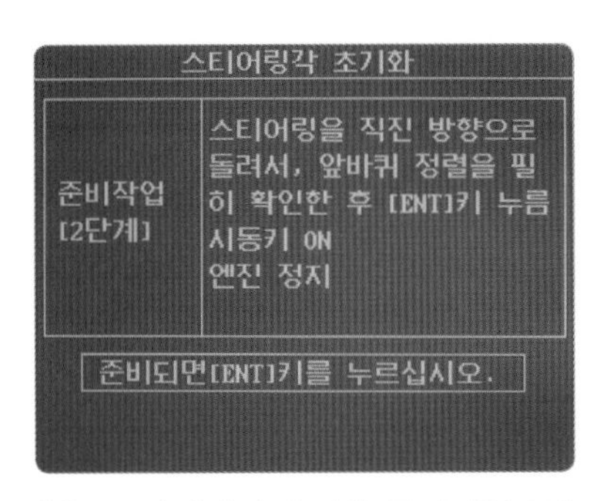

20. 스티어링각 초기화 준비작업 2단계를 확인한다.

21. 차량 앞바퀴를 직진 방향으로 정렬한 후 스캐너 ENTER를 누른다.

(4) CAN 통신

① 엔진 상태 확인 후 모터 작동 여부 결정

② 신호 미입력 시 시스템 정지

③ 차속에 따라 조타력 제어

④ CAN 통신 단선 시에만 고장 검출

(5) 서비스 데이터 출력 확인

센서출력	4/16	
조향각 센서	2.0	°
출력강하 레벨	100	%
엔진 상태	RUNNING	
초기화 완료 상태	CAL&INITIA	
조향각 센서 인덱스 상태	DETECT	
배터리 전압	12.66	V
스티어링 휠 토크	0.1	Nm
조향각 OFFSET-실측및보상	0	°
조향각 속도	0	deg/s
모터전류	0	A

고정 | 분할 | 전체 | 파형 | 기록 | 도움

센서출력	1/16	
배터리 전압	14.40	V
스티어링 휠 토크	0.1	Nm
조향각 센서	0.0	°
조향각 OFFSET-실측및보상	0	°
조향각 속도	0	deg/s
모터전류	-1	A
모터 전류 목표값	0	A
모터 목표 토크	0	Nm
ECU 내부 온도	24	℃
모터 온도	50	℃

고정 | 분할 | 전체 | 파형 | 기록 | 도움

센서출력	4/16	
조향각 센서	2.0	°
출력강하 레벨	100	%
엔진 상태	RUNNING	
초기화 완료 상태	CAL&INITIA	
조향각 센서 인덱스 상태	DETECT	
배터리 전압	12.66	V
스티어링 휠 토크	0.1	Nm
조향각 OFFSET-실측및보상	0	°
조향각 속도	0	deg/s
모터전류	0	A

고정 | 분할 | 전체 | 파형 | 기록 | 도움

(6) 경고등 제어

① 점멸 : 스티어링각 초기화가 안 될 경우

② 점등 : IG/ SW ON(시스템 내 고장 발생 시)

(7) 차량 속도 센서 측정 방법

12장 351쪽 (4) 차량 속도 센서 측정 방법을 참조한다.

14 전자 제어 종합 자세 제어장치 점검

실습목표 (수행준거)	1. 전자 제어 종합 자세 제어장치 관련 부품을 확인하고 작동 상태를 이해할 수 있다. 2. 전자 제어 종합 자세 제어장치의 고장 진단 절차에 따라 고장 원인을 분석할 수 있다. 3. 전자 제어 종합 자세 제어장치 부품 교환 시 교환 목록을 확인하여 교환 작업을 수행할 수 있다. 4. 전자 제어 종합 자세 제어장치 진단 매뉴얼에 따라 정비하고 검사할 수 있다.

1 관련 지식

1 전자 제어 종합 자세 제어장치

ESP(electronic stability program) 또는 VDC(vehicle dynamic control)로 사용되고 있으며, 차량의 미끄러짐을 감지하여 운전자가 제동을 가하지 않아도 자동으로 각 차륜의 브레이크 압력과 엔진 출력을 제어함으로써 차량의 안전성을 확보한다. 즉 ABS & TCS & ESP의 종합적인 장치를 제어하는 장치라고 볼 수 있다.

2 전자 제어 종합 자세 제어장치의 종합 제어 범위

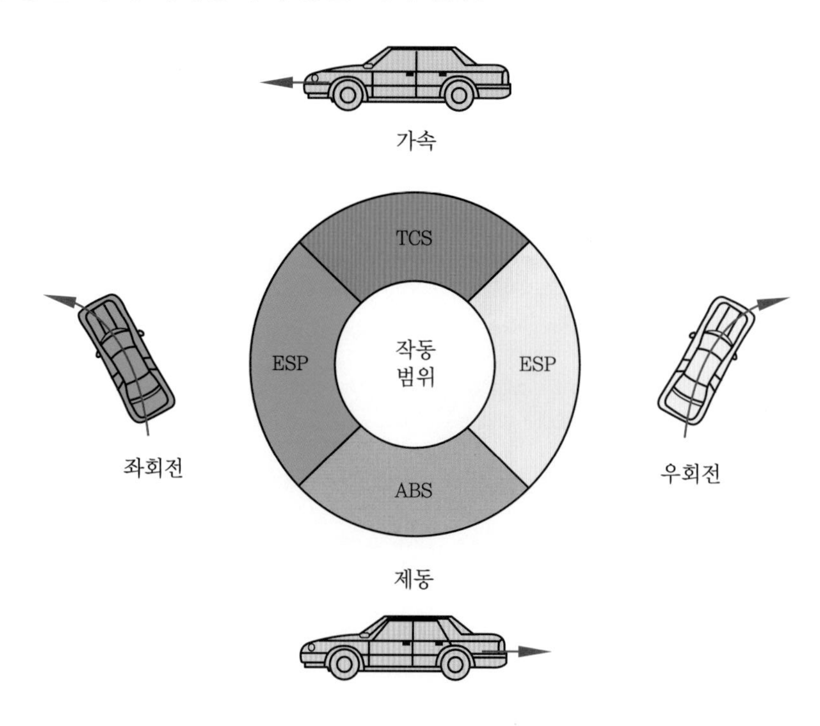

3 자동차 주행 시 ESP의 제어

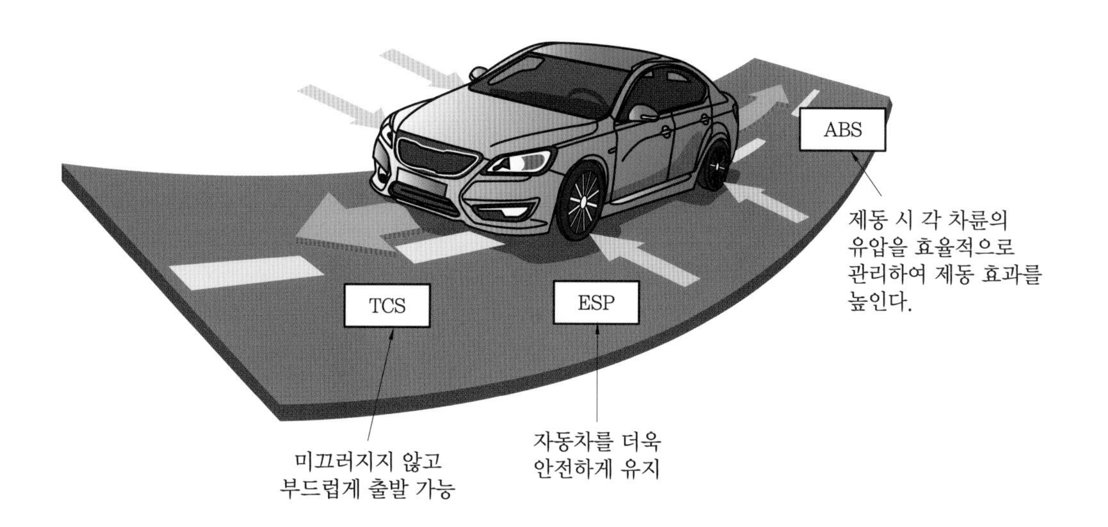

① ABS(anti – lock brake system) : 제동 시 발생되는 차륜의 잠김 현상을 방지하여 제동 시에도 운전자가 원하는 방향으로 조향 가능, 제동거리 감소

② EBD(electronic brake – force distribution system) : 전 · 후륜 제동 압력 이상적 배분, 시스템 후륜이 전륜보다 먼저 잠기는 것을 방지

③ ESP(electronic stability program) : 언더 스티어, 오버 스티어 방지 제어

4 전자 제어 종합 자세 제어장치의 입 · 출력 관계

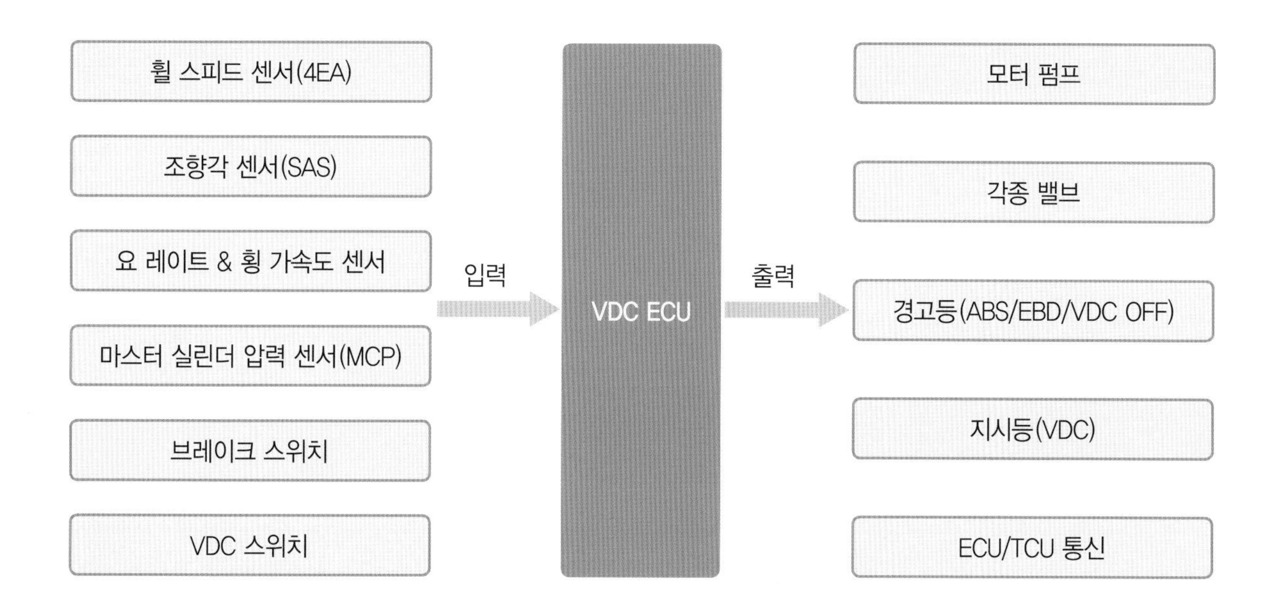

5 차체 자세 제어장치의 구성

(1) 휠 스피드 센서

휠 스피드 센서는 4바퀴(4륜)의 회전 및 감 · 가속도를 연산할 수 있도록 톤 – 휠의 회전을 검출하고 검출된 데이터를 차체 자세 제어장치 ECM으로 입력하여 ECM이 HCU를 제어하여 바퀴를 제어하게 된다.

① 홀 효과를 이용하여 홀 소자로부터 전류가 발생하면 이를 신호 처리하여 바퀴의 회전 속도를 발생시킨다.

② 휠 스피드 센서와 톤 휠 과의 간극은 0.2~2 mm로 유지되어야 한다.

③ 공급 전압은 12 V이며 작동 시 펄스 파형을 출력하게 된다.

④ 센서 고장 시 ABS & TCS & ESP의 작동은 불량하게 된다.

휠 스피드 센서

(2) 휠 스피드 센서(홀 방식) 작동 파형

정상 파형	가속 시 파형	센서 특징
출력 [1ms/div] 2.5 V	가속 시 파형 [50 ms/div]	센서 작동 전원 : 12 V 특징 : 0 km/h까지 감지 가능(노이즈와 에어갭에 둔감하다.)

※ 휠 스피드 센서 1개 고장 시 ABS, VDC(TCS)의 작동이 금지되며 2개 이상 고장 시 모든 시스템이 작동되지 않는다.

(3) 휠 스피드 센서 종류

구 분	마그네틱 방식 센서	홀 방식 센서
방 식	코일	홀
감지 신호	전압	전류
전원 공급	불필요	필요
출력 파형	아날로그 파형	디지털 파형
적용 차종	홀 방식 센서 제외 전 차종	투싼, 쏘나타(NF), 그랜저(TG), 에쿠스 04MY, 투스카니 05MY, 오피러스, 스포티지 등

(4) 조향 휠 각속도 센서

① 조향 휠 내부에 3개의 포토트랜지스터로 구성되어 있어 3개의 파형이 출력된다.

② HECU와 통신 신호는 CAN 통신 방식으로 작동된다.

③ 3개 파형의 높낮이에 따라 좌우 조향 휠 조작을 판단한다.

④ 조향각이 맞지 않거나 수리 시 0점 세팅을 한다.

⑤ 센서 고장 시에는 ESP 작동이 불량이다.

센서 외관

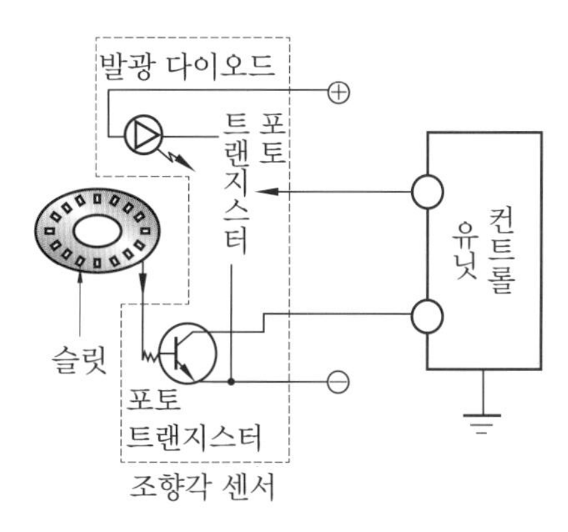

조향 휠 각속도 센서

(5) 요레이트 센서 및 횡가속도 센서

① 요레이트 센서 : Z축 방향을 기준으로 회전 시(차량이 수직축을 기준으로 회전할 때) 차량의 요모멘트를 감지하여 전자 제어 종합 자세 제어장치를 작동시킨다.

② 횡가속도 센서 : 차량의 횡방향 가속도를 감지하여 종합 자세 제어장치 ECM에 의해 종합 자세 제어장치를 작동시킨다.

요레이트 횡가속도 센서

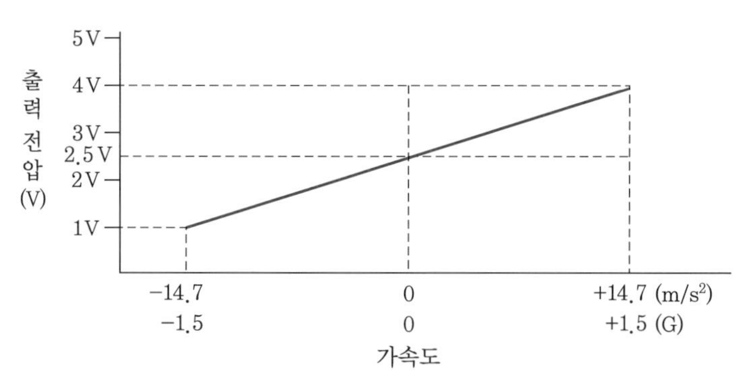

횡가속도 센서 출력

(6) 전자 제어 종합 자세 제어장치 ECM

엔진룸 조수석의 위치에 설치되며, 기존 ABS 하이드롤릭 유닛과 일체로 설치되어 있다. 각종 센서에 의해 차량의 운행 상태를 판단하여 하이드롤릭 유닛의 밸브 및 모터 펌프를 구동시킨다.

(7) 하이드롤릭 유닛(HCU)

ECM과 일체로 되어 있으며 각 바퀴로 전달되는 유압을 제어하는 부품으로 센서 검출 신호에 의해 ECM이 차량 상태를 판단하고 작동 여부가 결정되면 제어 로직에 의해 밸브와 모터 펌프가 작동되면서 증압, 감압, 유지 모드를 수행, 펌핑 제어를 한다. 모터 펌프와 밸브 블록으로 구성된다.

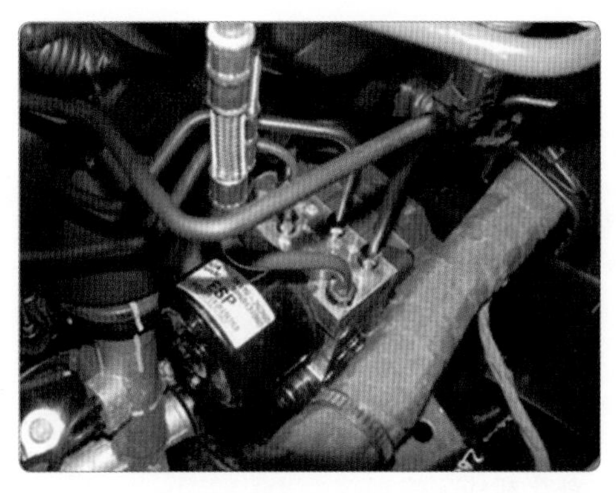

ABS/TCS/VDC ECU 외관

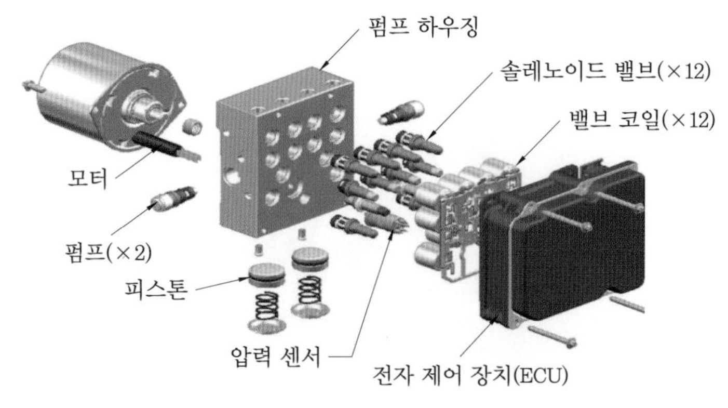

내부 구조

(8) 브레이크 스위치

운전자의 제동 여부를 ECM으로 전달하여 종합 자세 제어의 작동을 결정하는 역할을 한다.

VDC OFF 스위치

TCS 스위치

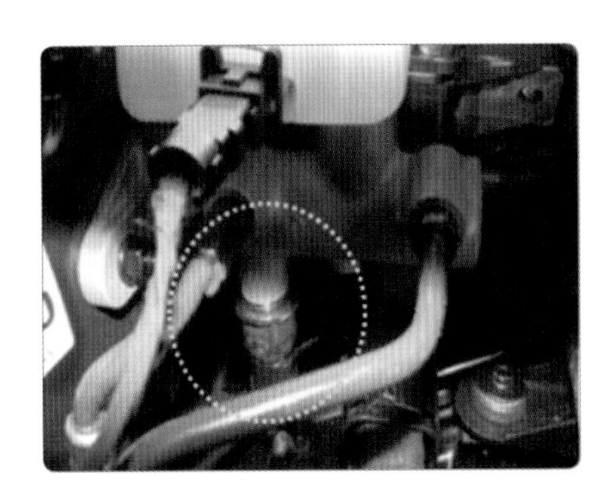
마스터 실린더 압력 센서

(9) 전자 제어 종합 자세 제어장치 OFF 스위치

전자 제어 종합 자세 제어장치 OFF 스위치를 작동시키면 전자 제어 종합 자세 제어장치 및 TCS의 작동이 중지되나 ABS의 기능은 정상적으로 작동된다. 이것은 OFF 스위치에 의해 기능이 차단된 상태에서도 운전자의 제동 상황에 따라 차량이 균형을 잃었을 때 차체의 자세를 안정시키기 위해 재작동하기 때문이다.

(10) 마스터 실린더 압력 센서

운전자가 브레이크 마스터 실린더의 작용 압력을 감지하여 제동력 조절 유무를 결정한다(하단부에 2개가 설치되는데 앞쪽이 1차측 압력 센서이고, 뒤쪽이 2차측 압력 센서이다).

(11) ESP 경고등 제어

전자 제어 종합 자세 제어장치 경고등은 IG(스위치) ON시킨 후 초기 점검 중 3초간 점등되며 계기판에 OFF (ESP(VDC) 작동 ON) 표시등이 점등된다.

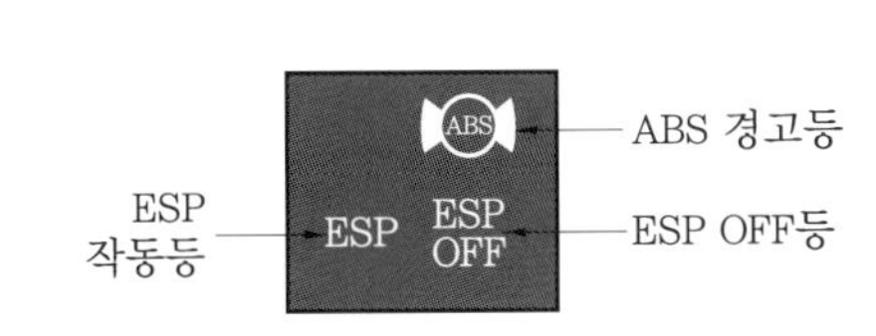

① ABS 경고등 : ABS 시스템 고장 시 점등된다.

② EBD 경고등 : ABS 시스템 고장 시 점등된다.

③ VDC(TCS) OFF 램프 : VDC(TCS) 스위치 작동 시, VDC(TCS) 시스템 고장 시 경고등이 OFF된다.

④ VDC(TCS) 램프 : VDC(TCS) 작동 시 점멸된다.

2 전자 제어 종합 자세 제어장치 점검

1 휠 스피드 센서 점검

① 스캐너의 서비스 데이터는 각 바퀴의 속도를 나타내며, 차량이 주행함에 따라 출력 전압은 약 0.7~1.4 V의 펄스 파형이 출력된다.

② 0.7~1.4 V를 벗어나거나 0 V이면 센서 불량 또는 배선의 단선과 단락 유무를 확인한다(홀 센서 방식).

③ 양 방향 모두 저항값이 무한대인 경우는 센서 단선이며 10 Ω 미만의 경우는 센서 단락으로 판단한다. 규정 센서 저항값(홀 센서 타입 : 1200~1500 Ω, 마그네틱 타입 : 1~3 Ω)

④ 센서에서 단선과 단락의 고장이 없으나, 한 개 바퀴의 출력값과 나머지 세 개 바퀴의 출력값을 비교하여 현저히 출력값이 없을 때 에어갭 불량 고장 코드가 점등된다.

⑤ 휠 스피드 센서 단선 점검 시 센서 두 단자에 측정 프로브의 극성을 바꾸어 연결하여 저항을 측정한다.

1. IG 스위치를 ON시킨다.

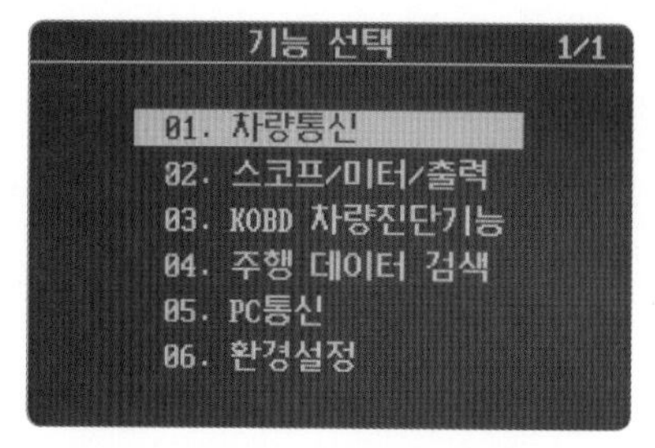

2. 스캐너 차량통신을 선택한다.

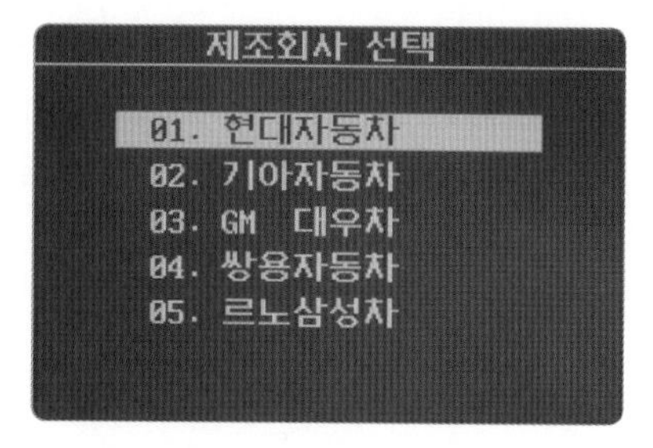

3. 제조사를 선택한다.

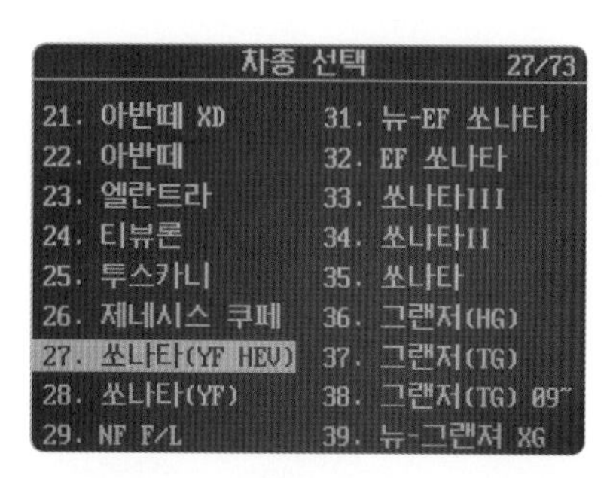

4. 차종을 선택한다.

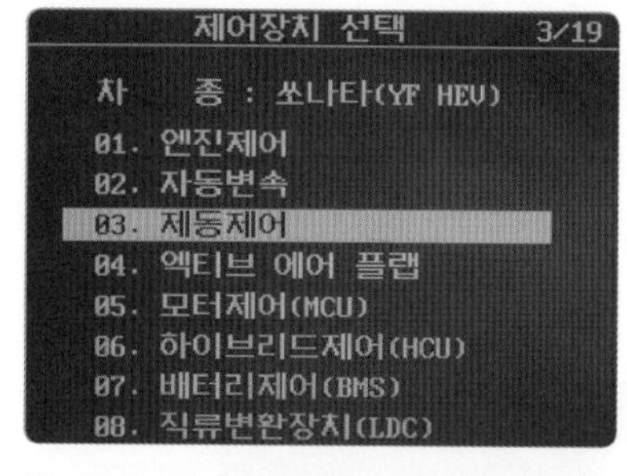

5. 제어장치를 제동제어로 선택한다.

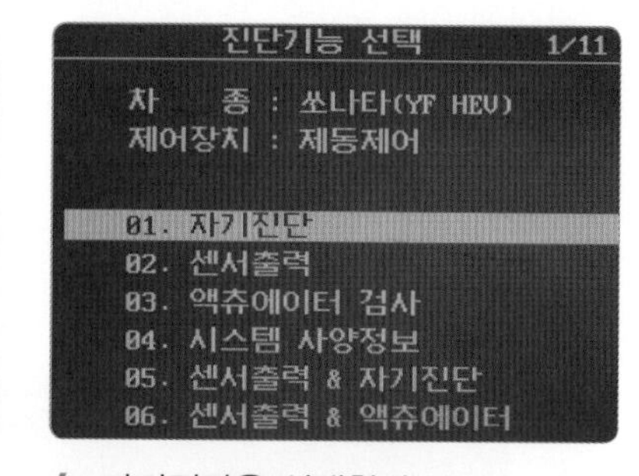

6. 자기진단을 선택한다.

자기진단
C1611 EMS측 CAN신호 안나옴
C1612 TCM측 CAN 신호 안나옴
고장코드 갯수 : 2 개

7. 출력된 고장코드를 확인한다.

진단기능 선택 2/11
차 종 : 쏘나타(YF HEV)
제어장치 : 제동제어
01. 자기진단
02. 센서출력
03. 액츄에이터 검사
04. 시스템 사양정보
05. 센서출력 & 자기진단
06. 센서출력 & 액츄에이터

8. 센서출력을 선택한다.

센서출력 7/42

엔진 회전수	1299	RPM
차속	0	Km/h
스로틀포지션 센서	2.7	%
시프트 레버 위치	P,N	
배터리 전압	14.4	V
앞좌측 휠속도	0	Km/h
앞우측 휠속도	0	Km/h
뒤좌측 휠속도	0	Km/h
뒤우측 휠속도	0	Km/h
종방향 가속도 센서	0.00	G

9. 센서출력 속도를 확인한다. (앞우측)

센서출력		9/42
엔진 회전수	1302	RPM
차속	0	Km/h
스로틀포지션 센서	2.7	%
시프트 레버 위치	P,N	
배터리 전압	14.2	V
앞좌측 휠속도	0	Km/h
앞우측 휠속도	0	Km/h
뒤좌측 휠속도	0	Km/h
뒤우측 휠속도	0	Km/h
종방향 가속도 센서	0.00	G

고정 | 분할 | 전체 | 파형 | 기록 | 도움

10. 센서출력 속도를 확인한다.(뒤우측)

11. 휠 스피드 센서(앞우측) 위치를 확인한다.

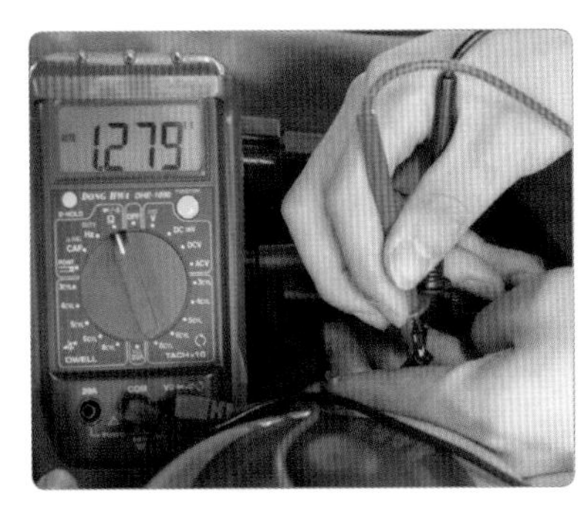

12. 센서 저항을 측정한다(1.279 Ω).

13. 휠 스피드 센서(뒤우측) 위치를 확인한다.

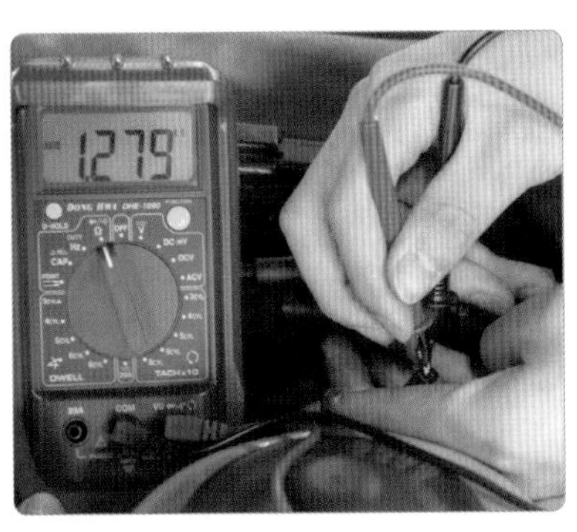

14. 센서 저항을 측정한다(1.279 Ω).

15. 측정 점검 후 차량을 정리한다.

2 요레이트 센서 및 횡방향 G 센서 점검

① 요레이트 센서 및 횡방향 가속도(G) 센서 출력 변화를 확인한다.

② 스캐너 서비스 센서 출력 시에는 차량 정지 때 0.0 deg/s로 출력되며, 좌회전할 때에는 (+) 각도로 표시되고, 우회전할 때에는 (−) 각도로 출력되어야 한다.

③ 센서 출력의 변화가 없을 경우에는 센서의 전원, 접지 및 CAN 통신 배선의 단선과 단락 유무를 점검한다.

센서출력		37/42
앞좌트랙션(TCS/VDC)	OFF	
앞우트랙션(TCS/VDC)	OFF	
앞좌 셔틀 밸브(VDC)	OFF	
앞우 셔틀 밸브(VDC)	OFF	
조향휠각 센서(CAN)-VDC	496	DEG
횡방향 가속도 센서-VDC	0.0	G
요레이트 센서-VDC	0.2	°/s
압력센서 - Positive	0	mbar
압력센서 - Negative	0	mbar
BRAKE페달트래블센서-PDT	0	mm

고정 | 분할 | 전체 | 파형 | 기록 | 도움

1. 센서출력에서 횡방향 가속도 센서 출력값을 확인한다.

센서출력		37/42
앞좌트랙션(TCS/VDC)	OFF	
앞우트랙션(TCS/VDC)	OFF	
앞좌 셔틀 밸브(VDC)	OFF	
앞우 셔틀 밸브(VDC)	OFF	
조향휠각 센서(CAN)-VDC	496	DEG
횡방향 가속도 센서-VDC	0.0	G
요레이트 센서-VDC	0.2	°/s
압력센서 - Positive	0	mbar
압력센서 - Negative	0	mbar
BRAKE페달트래블센서-PDT	0	mm

고정 | 분할 | 전체 | 파형 | 기록 | 도움

2. 횡방향 출력값 0 G

센서출력		38/42
앞좌트랙션(TCS/VDC)	OFF	
앞우트랙션(TCS/VDC)	OFF	
앞좌 셔틀 밸브(VDC)	OFF	
앞우 셔틀 밸브(VDC)	OFF	
조향휠각 센서(CAN)-VDC	496	DEG
횡방향 가속도 센서-VDC	0.0	G
요레이트 센서-VDC	0.6	°/s
압력센서 - Positive	0	mbar
압력센서 - Negative	0	mbar
BRAKE페달트래블센서-PDT	0	mm

고정 | 분할 | 전체 | 파형 | 기록 | 도움

3. 요레이트 센서 출력값을 확인한다.

센서출력 38/42

앞우트랙션(TCS/VDC)	OFF	
앞좌 셔틀 밸브(VDC)	OFF	
앞우 셔틀 밸브(VDC)	OFF	
조향휠각 센서(CAN)-VDC	494	DEG
횡방향 가속도 센서-VDC	0.0	G
요레이트 센서-VDC	0.5	°/s
압력센서 - Positive	55000	mbar
압력센서 - Negative	55000	mbar
BRAKE페달트래블센서-PDT	47	mm
BRAKE페달트래블센서-PDF	47	mm

4. 요레이트 출력값 0.5°/s

5. 차량통신을 ECS로 선택한 후 스캐너를 OFF시킨다.

6. IG 스위치를 OFF시킨다.

3 하이드롤릭 컨트롤 유닛(HCU) 공기빼기

1. 바퀴를 탈거한다.

2. 차량을 리프트 업시킨다.

3. 스캐너를 설치한다.

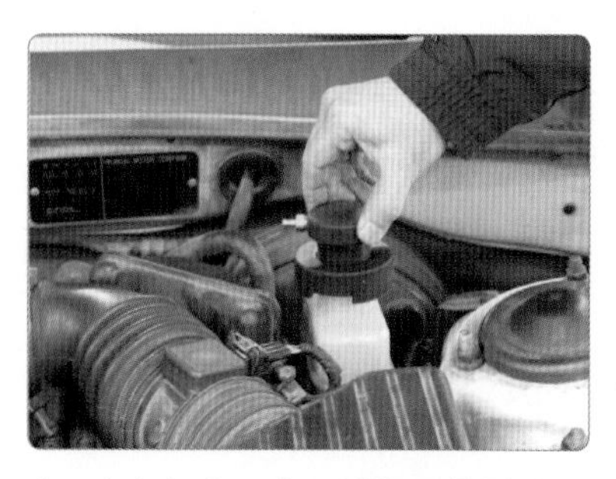

4. 리저버 탱크에 오일을 보충한다.

5. 엔진을 시동한다.

6. 에어 브리더에 브레이크액 출구 호스를 연결한다.

진단기능 선택 8/13

차 종 : 산타페(CM)
제어장치 : 제동제어(ABS/VDC)

02. 센서출력
03. 액츄에이터 검사
04. 시스템 사양정보
05. 센서출력 & 자기진단
06. 센서출력 & 액츄에이터
07. 센서출력 & 미터/출력
08. HCU 공기빼기

7. 스캐너 차종 선택을 한 후 HCU 공기빼기를 선택한다.

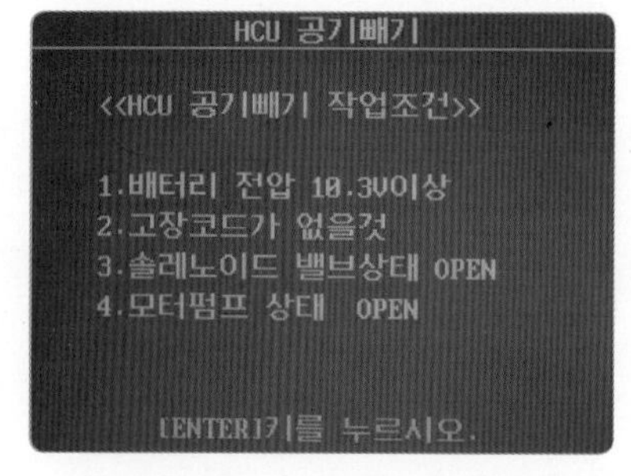

8. HCU 공기빼기 작업 조건을 확인한 후 ENTER 키를 선택한다.

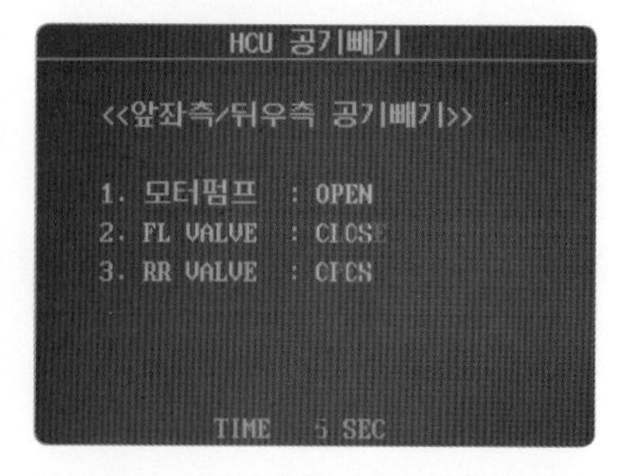

9. 스캐너에 공기빼기 작업을 실행한다.

10. 모터펌프 및 솔레노이드 작동을 확인한다.

11. 에어빼기 작업이 끝나면 오일을 보충한다.

12. 에어 브리더를 조이고 주변을 정리한다.

4 마스터 실린더 압력 센서 점검

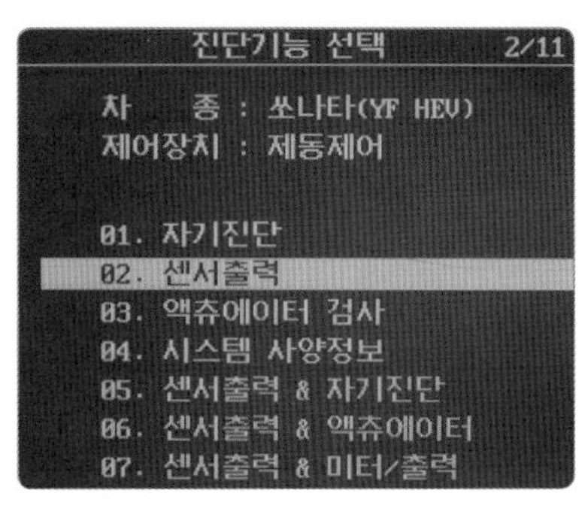

1. 센서출력을 선택한다.

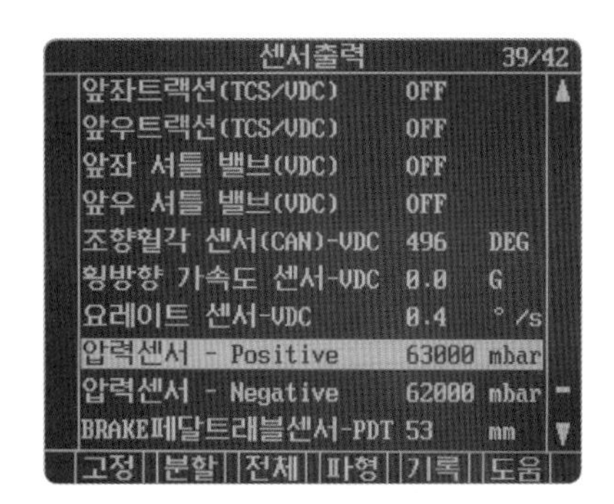

2. 센서출력 : 압력센서

5 솔레노이드 밸브 점검

차량 리프트 업 및 바퀴 탈거

1. 스캐너를 설치한다.

2. 리저버 탱크에 브레이크액을 보충한다.

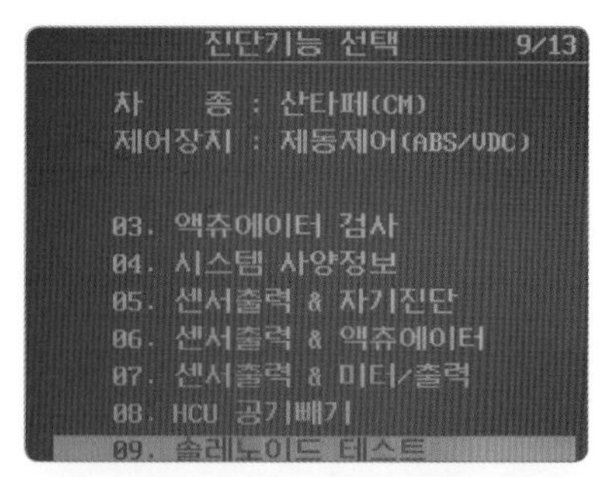

3. 제동장치 진단기능 선택에서 솔레노이드 테스트를 선택한다.

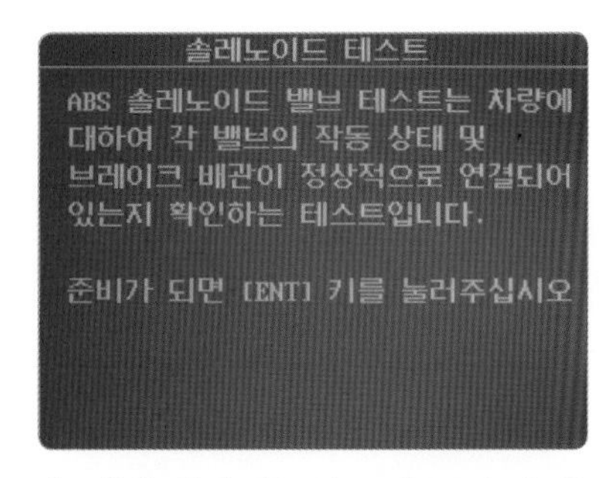

4. 배관 및 솔레노이드 테스트는 누유되는 부분으로 유압이 누유되는지 확인한다(작동 후 누유 확인).

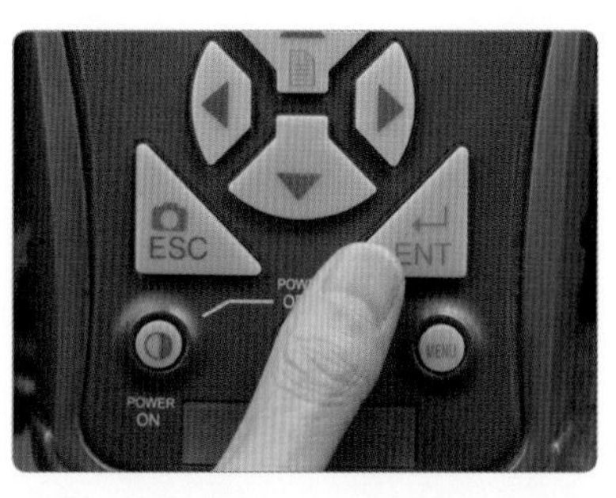

5. 스캐너 ENTER 키를 누른다.

6. 작동 솔레노이드를 확인한다.

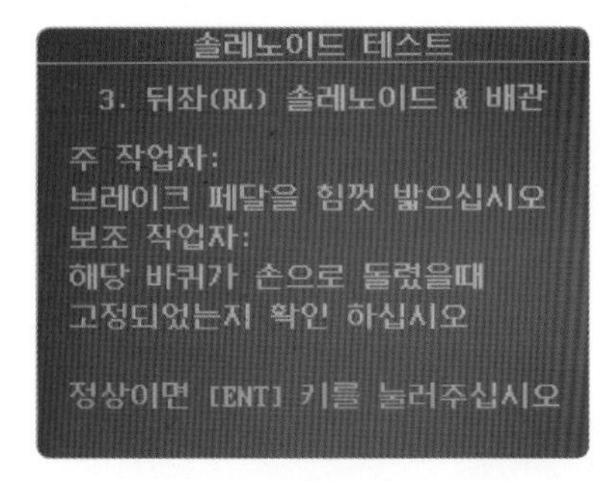

7. 브레이크 페달을 힘껏 밟고 ENER 키를 누른다.

8. 바퀴를 돌렸을 때 고정되는지 확인한다.

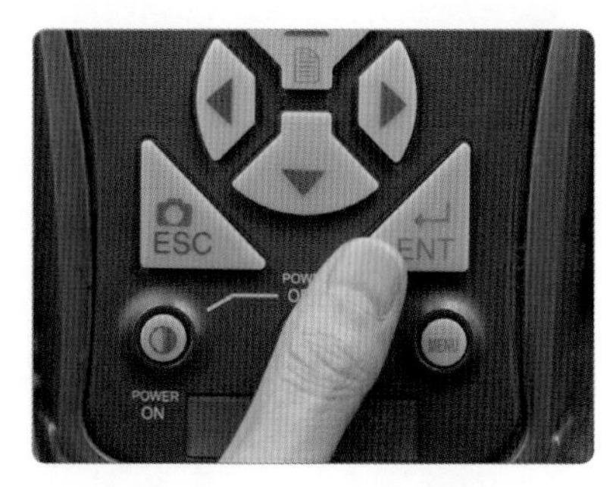

9. 스캐너 ENTER 키를 누른다.

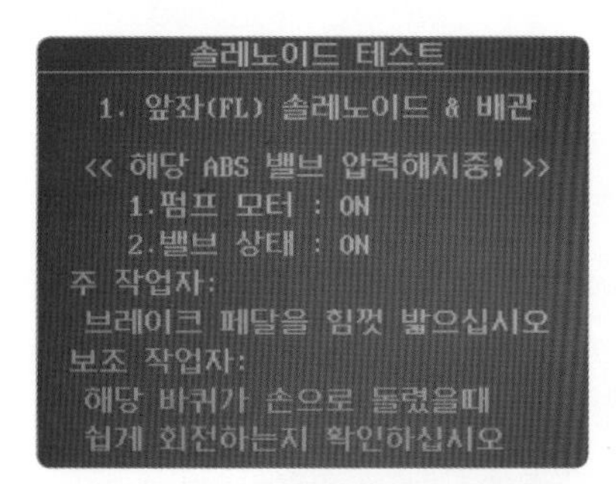

10. 펌프 및 밸브 작동 상태를 확인한다.

11. 바퀴가 회전되는지 확인한다.

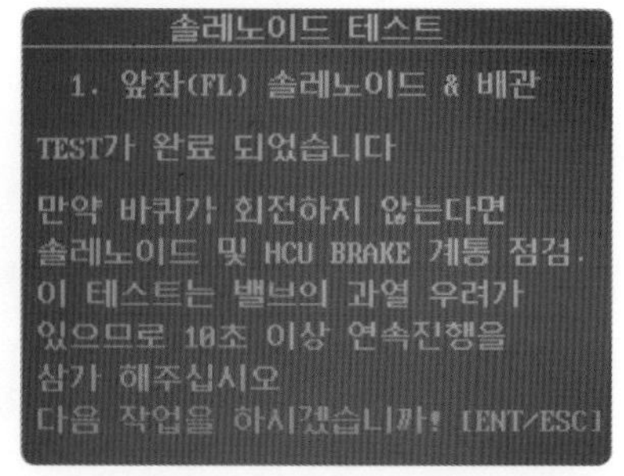

12. 테스트가 완료되면 장비를 정리한다.

13. 차량 앞바퀴를 직진 방향으로 정렬한다.

14. 차량통신을 ECS로 선택한 후 스캐너를 OFF 시킨다.

15. IG 스위치를 OFF 시킨다.

6 조향각 0점 조정(세팅) 방법

(1) 목적

① 차량 제어 시 ESP는 운전자의 의도를 파악한다.

② 운전자가 회전시킨 조향각을 조향각 속도 센서를 통해 EPS가 인식한다.

③ ESP에 사용되는 조향각 센서(SAS)는 절대각 센서로 조향각 0°로 세팅해야 한다.

④ K 라인 또는 CAN 통신을 통해 0°로 세팅한다.

(2) SAS 0점 조정 작업 순서

① 바퀴를 일직선으로 정렬한다(스티어링 휠을 ±5° 이내로 정렬). 스티어링 휠(핸들)을 직선으로 정렬하고 스팅어링 휠을 잡지 않은 상태에서 2~3회 약 5 m씩 전 · 후진한다.

② 스캐너를 차량에 연결한다.

③ 스캐너 진단 모드 중에 제동 제어 항목으로 들어간다.

④ 조향각 센서(SAS) 캘리브레이션 항목으로 들어간다.

⑤ 조향각 센서(SAS) 캘리브레이션 0점 설정 항목을 수행시킨다.

⑥ 주행하여 조향각 센서(SAS) 캘리브레이션을 확인한다. 0점 설정 확인(좌회전 1회, 우회전 1회)

⑦ 스캐너를 OFF시킨 후 탈거한 다음 정리한다.

TCS – 미장착 차량의 출발

TCS 없이 출발할 때 양 바퀴 모두 또는 한쪽 바퀴가 미끄러운 도로 위에서 정지했다가 출발할 때 구동 바퀴는 미끄러지게 되고, 바퀴와 노면 사이의 접지력은 감소한다. 따라서 운전자가 자동차의 주행 방향을 제어하는 것이 불가능해지고, 자동차는 통제 불능 상태가 된다.

TCS – 장착 차량의 출발

휠 스피드 센서는 바퀴의 회전 속도를 측정하여 ABS ECU에 정보를 제공하며, 유압 모듈레이터 및 ABS/TCS ECU는 휠 스피드 센서로부터 오는 신호를 근거로 유압 모듈레이터 제동 압력을 조절한다. 또한 자동차 엔진 출력 제어를 위한 CAN 통신을 한다.

15 차량 범퍼 및 트림 패널과 조향 칼럼 교환

실습목표 (수행준거)	1. 차체의 구조와 범퍼, 트림 패널, 조향 칼럼 구성 요소를 이해할 수 있다. 2. 안전 작업 절차에 따라 범퍼 및 트림 패널, 조향 칼럼의 고장 원인을 확인할 수 있다. 3. 범퍼 및 트림 패널, 조향 칼럼 교환 목록을 확인하고 교환 작업을 수행할 수 있다. 4. 범퍼 및 트림 패널, 조향 칼럼 교환 상태를 확인하고 검사할 수 있다.

1 관련 지식

1 범퍼

범퍼(bumper)란 사고가 일어날 때 충격을 흡수하고, 이상적으로는 수리비를 최소화할 수 있도록 자동차의 앞과 뒤에 설치된 구조물이다.

2 자동차 차체(보디)의 구조와 명칭

2 차량 범퍼 및 트림 패널과 조향 칼럼 교환

1 자동차 범퍼 분해 조립

(1) 자동차 범퍼 탈부착(크루즈)

작업용 차량 정렬 및 작업 공구 확인

1. 범퍼 탈부착 차량을 리프트에 정렬한다.

2. 좌우 범퍼 고정 볼트를 탈거한다.

3. 라디에이터 상단 플라스틱 클립을 탈거한다.

4. 프런트 좌우 휠 라이너 볼트를 탈거한다.

5. 범퍼 하부 리어 커버 고정 클립을 분리한다(우측).

6. 범퍼 하부 리어 커버 고정 클립을 분리한다(좌측).

7. 좌측 범퍼 트림을 아래로 밀어 차체에서 분리한다.

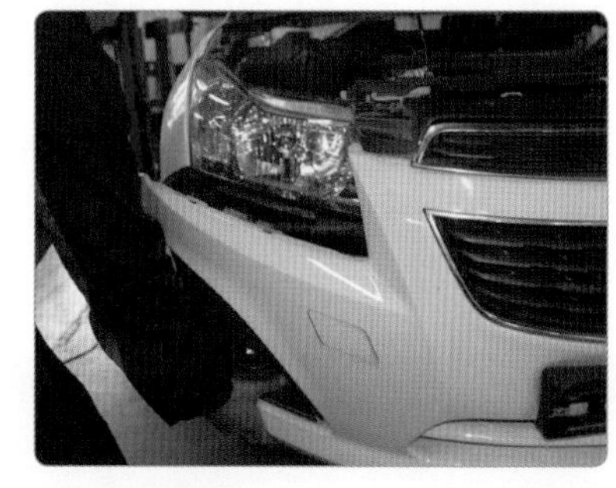

8. 우측 범퍼 트림을 밀어 차체에서 분리한다.

9. 헤드 램프 커넥터를 분리한다.

10. 언더 커버 리테이너를 탈거한다.

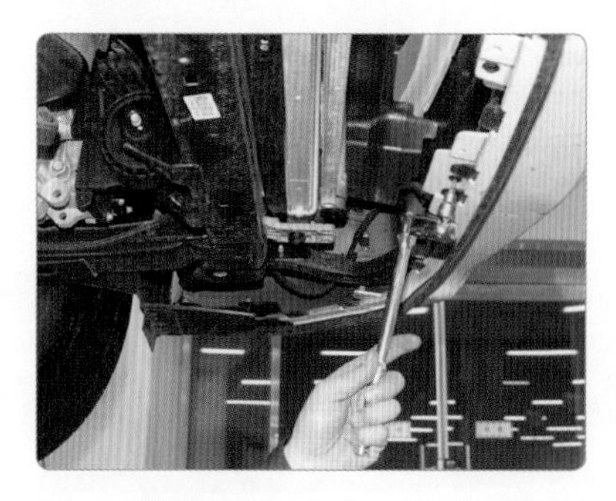

11. 프런트 하부 범퍼 고정 볼트를 분해한다.

12. 범퍼를 차체에서 분해한다.

13. 분해된 범퍼를 정렬한다.

14. 좌측 범퍼 트림 키를 고정시켜 조립한다.

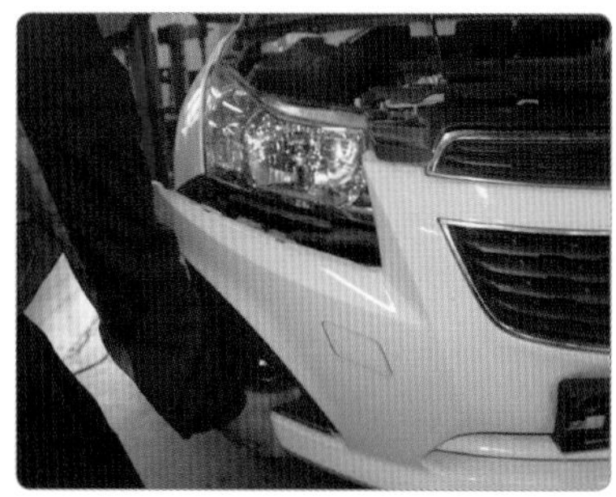

15. 우측 범퍼 트림 키를 고정시켜 조립한다.

16. 범퍼 고정 볼트 키 구멍을 언더 커버에 맞춘다.

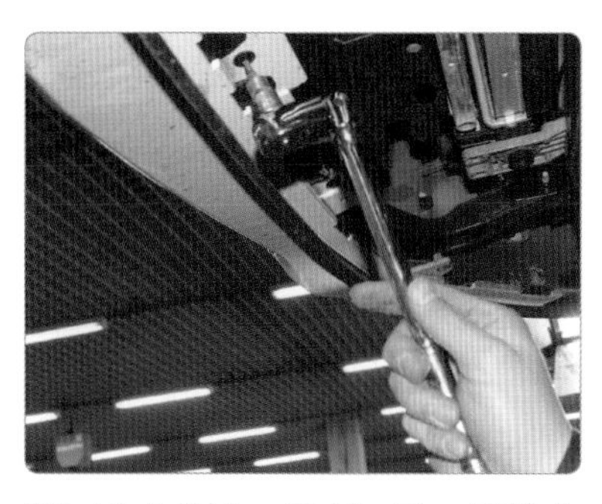

17. 범퍼 하부 고정 볼트를 조립한다.

18. 언더 커버 리테이너를 조립한다.

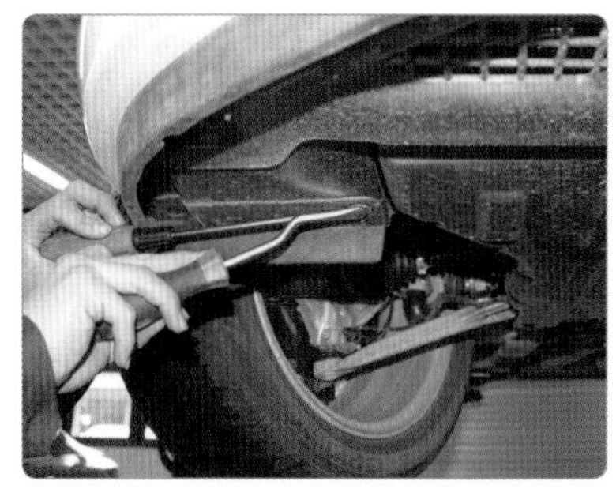

19. 범퍼 하부 리어 커버 고정 리테이너를 조립한다.

20. 프런트 휠 라이너 볼트를 조립한다.

21. 범퍼 상부 고정 볼트를 조립한다.

22. 라디에이터 상단 플라스틱 리테이너를 체결한다.

23. 헤드 램프 커넥터를 체결한다.

24. 작업이 끝나면 공구와 주변을 정리한다.

part 3 전기

1. 전기 기초 및 측정 기기의 활용
2. 시동장치 점검
3. 점화장치 점검
4. 충전장치 점검
5. 등화장치 점검
6. 냉난방 장치 점검
7. 편의장치 점검
8. 안전장치 (에어백) 점검
9. 하이브리드 전기장치 점검

전기 기초 및 측정 기기의 활용

실습목표 (수행준거)

1. 전기 기본 법칙을 이해하고 자동차 전기 회로 특성을 이해할 수 있다.
2. 옴의 법칙을 기본으로 전기 회로를 안전 작업 절차에 따라 분석할 수 있다.
3. 회로 시험기를 활용하여 자동차 전기 회로에서 전압, 전류, 저항의 관계를 점검할 수 있다.
4. 전기장치 회로를 분석하고 절차에 따라 고장을 진단할 수 있다.

1 관련 지식

1 전기 회로 법칙

(1) 옴의 법칙(Ohm's law)

전기 회로 내의 전류, 전압, 저항 사이의 관계를 나타내는 매우 중요한 법칙으로 도체에 흐르는 전류(I)는 전압(E)에 정비례하고, 그 도체의 저항(R)에는 반비례한다는 법칙이다.

$$I = \frac{E}{R},\ E = IR,\ R = \frac{E}{I}$$ 여기서, I : 전류(A), E : 전압(V), R : 저항(Ω)

I → $R_1 = 2\,\Omega$ A $R_2 = 2\,\Omega$ B
12 V 배터리
VOLT VOLT

직렬 합성 저항 $R_A + R_B = 4\,\Omega$

$I = \frac{E}{R} = \frac{12\text{ V}}{4\,\Omega} = 3\text{ A}$이므로

A의 전압=$3 \times 2 = 6$ V

B의 전압=$3 \times 2 = 6$ V가 된다.

예제 전류가 10 mA일 때 5 kΩ의 저항 양단에 걸리는 전압은?

풀이 $E = IR$의 공식을 이용하면 $E = I \cdot R = 10\text{ mA} \times 5\text{ k}\Omega$

단위를 맞추면 mA → $\frac{1}{1000}$ A, kΩ → 1000 Ω $\therefore E = 10 \times \left(\frac{1}{1000}\text{ A}\right) \times 5 \times (1000\,\Omega) = 50\text{ V}$

(2) 키르히호프의 법칙(Kirchhoff's law)

옴의 법칙으로 계산이 불가능한 경우에 활용되며 전류에 관한 제1법칙과 전압에 대한 제2법칙이 있다.

① **제1법칙 전류의 법칙** : 회로 내의 "어떤 한 점에 유입한 전류의 총합과 유출한 전류의 총합은 같다."

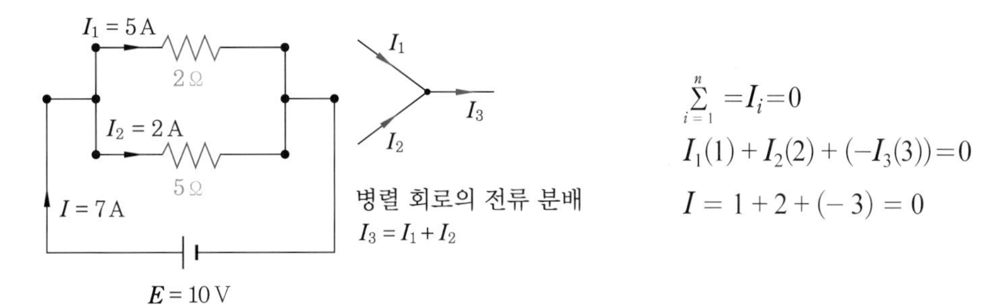

키르히호프의 제1법칙

② **제2법칙 전압의 법칙** : "임의의 폐회로에 있어서 기전력의 총합과 저항에 의한 전압 강하의 총합은 같다."

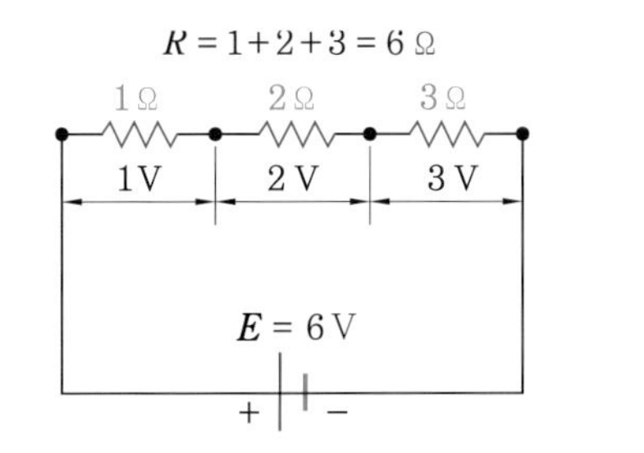

$$\sum_{i=1}^{n} = v_i = 0$$

$$-E + I_1 R_1 + I_2 R_2 = 0$$

$$V = -6 + 1 + 2 + 3 = 0$$

키르히호프의 제2법칙

(3) 전압 강하

회로에 존재하는 저항에 의해 전압이 떨어지는 현상을 말하며, 수로에서 막힘에 의해 수압이 떨어지는 현상으로 볼 수 있다. 회로에 전류가 흐른다는 것은 전위차가 발생되기 때문이며, 직렬 회로에서는 전류가 흐르는 저항(부하) 양단에 반드시 전압 강하가 발생한다.

● 전압 강하 현상의 이해

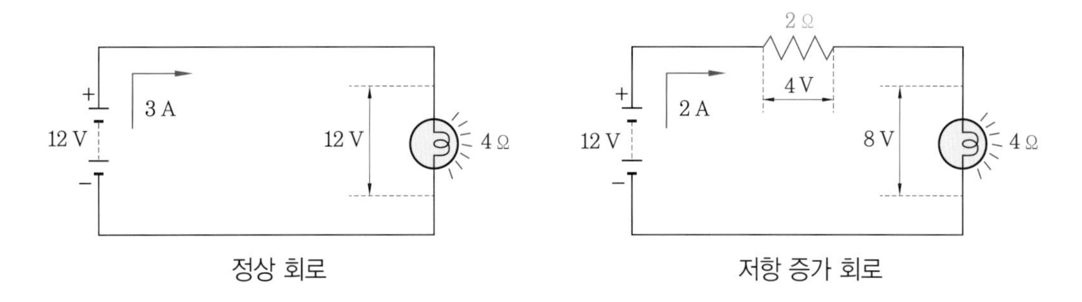

Chapter 1 전기

(가) 정상 회로일 때 : 램프에 공급되는 전압과 전류를 보면 회로의 전류는 3 A이므로 램프에는 12 V 3 A의 정상적인 전류가 흘러 램프는 밝게 점등된다.

(나) 비정상 회로일 때 : 램프에 공급되는 전압과 전류를 보면 추가된 저항에 2 A의 전류가 흐르고 전압은 4 V가 강하되므로 램프에는 8 V 2 A의 비정상적인 전류가 흘러 램프는 흐리게 된다.

※ 램프는 발열 저항이므로 Ω으로 표현하지 않고 W(와트)로 표시하나 여기서는 이해를 돕고자 Ω으로 표시하였다. 12 V/24 W는 정상적인 램프 작동 시 2 A가 소모된다는 의미이다.

2 자동차 전기 회로

(1) 전기 회로의 구성

전기 회로는 전류가 흐를 수 있도록 배터리, 도선, 스위치, 전기 사용 부품(전기 부하)을 연결한 통로로 전류의 순환 회로이다. 자동차 전기 회로는 발전기(배터리(+))에서 차체접지(배터리(−))로 형성된다.

① **공급 전원** : 기전력을 형성하여 전류를 흐르게 한다. 예 (원동력) 배터리, 발전기

② **제어부(전원 제어)** : 공급되는 전류를 부하 상태에 따라 제어한다. 예 릴레이, 스위치 전자 제어 유닛 등

③ **작동부(전기 부하)** : 공급 전원에서 전원이 공급되는 상태에 따라 작동되는 액추에이터

④ **기타** : 회로를 보호하기 위한 퓨즈와 각 구성품을 연결하는 배선

(2) 전기 회로도

전기 회로에 사용되는 각종 구성품을 약속된 문자나 기호를 사용하여 표현한 전기 도면이다.

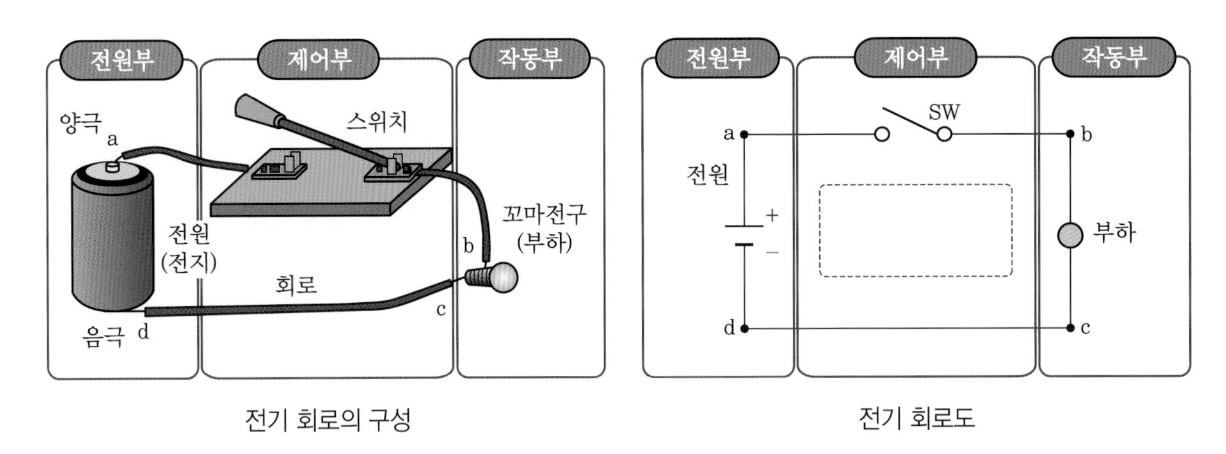

전기 회로의 구성 전기 회로도

(3) 자동차에서 사용되는 전기 부하

전기 부하는 전기 회로를 통해 작동되는 전기 부품을 말하며 회로 내 전압, 저항, 전류의 크기에 따라 부하의 크기도 변한다.(부하 구성 부품으로 전구, 히터, 모터 등이 있으며, 부하도 내부 저항을 가진다.)

① **모터** : 전류가 흐르면 전기적 에너지를 기계적 에너지로 바꾸도록 제작된 전기 부하로 자동차에서는 각종 전기장치에서 작동된다.

② **솔레노이드** : 전류가 흐르면 전기적 에너지를 자력으로 바꾸도록 제작된 전기 부하로 릴레이나 액추에이터로 주로 사용된다.

③ **램프** : 전류가 흐르면 빛이 발생되도록 제작된 전기 부하로 조명 장치, 등화장치 및 각종 표시 장치로 사용된다.

④ **전열기** : 전류가 흐르면 전기적인 에너지를 열에너지로 변화시켜 주며 열선, 시트 히터, 시거라이터, 예열 플러그, 히팅 코일 등이 있다.

⑤ **기타** : 자동차 전기 부하는 회로 작동에 저항이 발생되어 부하가 걸렸다는 의미로 해석되기도 한다.

3 전기 회로의 종류

(1) 직렬 회로

저항을 일렬로 접속시키고 전원에 전압을 가하면 전원에서 나온 전류는 저항을 차례로 거쳐 다시 전원으로 되돌아온다. 이와 같은 접속을 직렬 회로 또는 직렬 접속이라 한다.

전류가 흐르는 길이 하나의 길로 모든 전기 기구를 통제할 수 있으나 회로 내 한 곳이라도 단선되면 회로 작동이 되지 않는다.

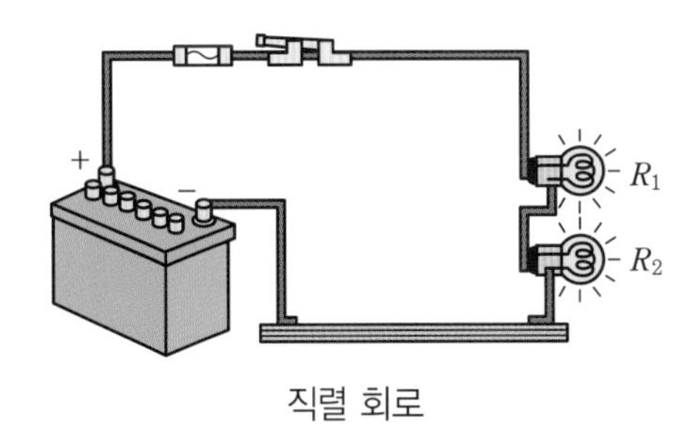

직렬 회로

(2) 병렬 회로

전류의 흐름이 여러 통로로 나누어졌다가 다시 하나로 모이는 회로로 각 전기 기구를 따로 통제할 수 있으나 전선이 많이 들고 회로 검사가 복잡하다. (병렬 연결된 저항 사이의 전압 강하는 어느 저항에서든지 동일하다. 합성 저항은 병렬 연결된 가장 작은 저항보다 더 작게 되며 병렬 접속은 결국 도체의 단면적이 증가한 것이므로 그만큼 전류가 잘 흐르게 된다.)

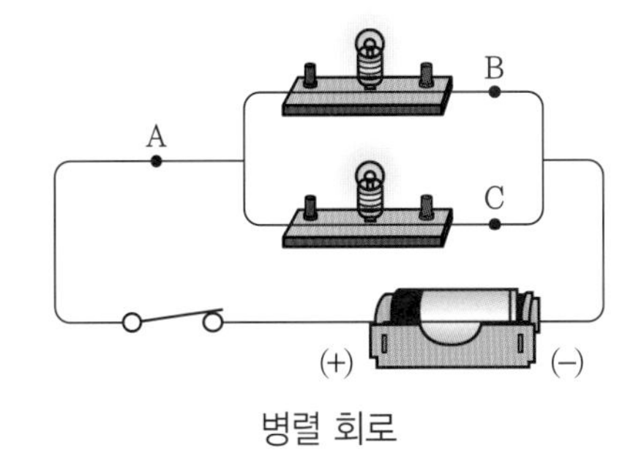

병렬 회로

(3) 직 · 병렬 회로

3개 이상의 전기 저항을 직렬 접속과 병렬 접속을 조합시켜 하나의 저항으로 작동시키는 저항 접속 방법이다. 자동차 전기 회로는 대부분 직 · 병렬 회로를 사용한다.

① 총 저항은 직렬 총 저항과 병렬 총 저항을 더한 값이다.

※ 저항을 직렬 및 병렬의 혼합 접속을 한 경우에는 먼저 병렬 접속 저항의 합성 저항을 구한 후 직렬 접속 저항의 합성 저항을 차례로 구한다.

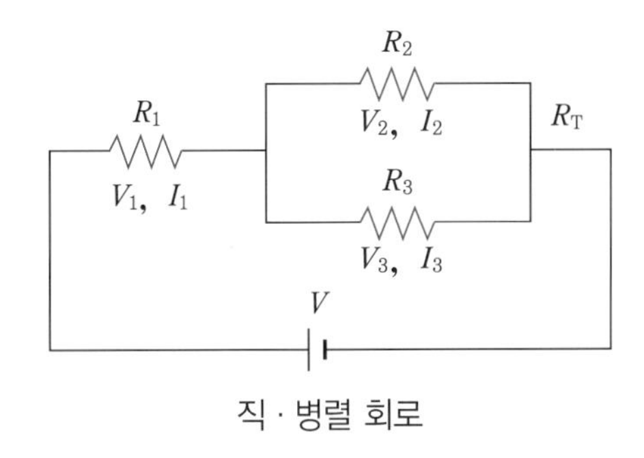

직 · 병렬 회로

② 동일한 저항에서 서로 다른 전압과 전류를 얻고자 할 때 사용되며 자동차 회로에 주로 적용된다.

Chapter 1 전기

4 자동차 전기 · 전자 회로에 사용되는 기호

(1) 전기 회로 기호

기 호	명 칭	기 능
	NO 스위치(normal open S/W)	스위치를 누를 때 접촉되는 스위치
	ON 스위치(normal close S/W)	스위치를 누르면 접촉이 안 되는 스위치
	이중 스위치	2단계 스위치로, 평상시 붙어 있는 접점은 흑색으로 표시
	릴레이	4단자 중 코일 단자에 전류가 흘러 제어되면 접점 단자가 ON되어 전기 회로 부품에 전원을 공급한다.
	전동기	시동 전동기 모터
	어스, 접지	어스(−) 접지시킨 것을 의미한다.
	소켓, 커넥터	전원 입출력 회로를 접속하기 위한 단자
	접속/비접속	접속 : 배선이 서로 연결되어 있는 상태 비접속 : 배선이 서로 접속되지 않은 상태
	배터리	축전지로서 전원을 의미, 긴 쪽이 (+), 짧은 쪽이 (−)
	축전기	전기를 일시적으로 충전하였다가 작동 회로에 따라 방전하여 회로 작동을 형성한다.
	저항	전류 흐름을 제어하기 위한 부품
	가변 저항	인위적 조건에 따라 저항값이 가변적으로 변한다.
	전구	광원을 가진 램프
	더블 전구	이중 필라멘트를 가진 전구(브레이크등, 미등)
	코일	전류가 흐르면 자장이 형성되어 전자석이 되며 자력의 변화를 준다.
	스위치	자동차에서 사용되는 일반적인 스위치

(2) 전자 회로 기호

기 호	명 칭	기 능
	서미스터	온도 변화에 따라 저항값이 변하므로 온도 센서로 주로 사용된다.
	압전 소자	외력적인 압력(힘)을 받으면 전기가 발생되는 응력 게이지 등에 사용된다.
	제너 다이오드	역방향으로 한계 이상 전압이 걸리면 순간적으로 도통 한계 전압을 유지한다.

	포토 다이오드	빛을 받을 때 전기가 흐를 수 있으며, 슬릿 홈에 의해 일정 주기로 제어되는 캠각 센서와 스티어링휠 센서에 사용된다.
	발광 다이오드	전류가 흐르게 되면 빛을 발하는 파일럿 램프 등에 사용된다.
	트랜지스터	PNP형과 NPN형으로 구분되며 스위칭, 증폭, 발진 작용을 한다.
	포토 트랜지스터	외부에서 빛을 받으면 전류를 흐를 수 있게 하는 감광 소자로 CDS가 있다.
	사이리스터	다이오드와 기능이 비슷하다. 캐소드에 전류를 흐르고 나서 도통되는 릴레이와 같은 기능을 한다.
	더블 마그네틱	하나의 전원이 두 개로 나뉘어져 전원 공급이 되고 스위치가 작동된다(마그넷 스위치).

5 자동차 전원 공급과 회로 제어

(1) 점화 스위치 전원

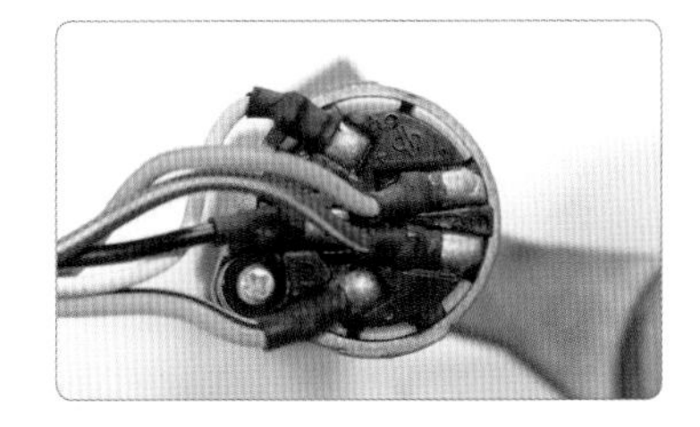
점화 스위치 단자

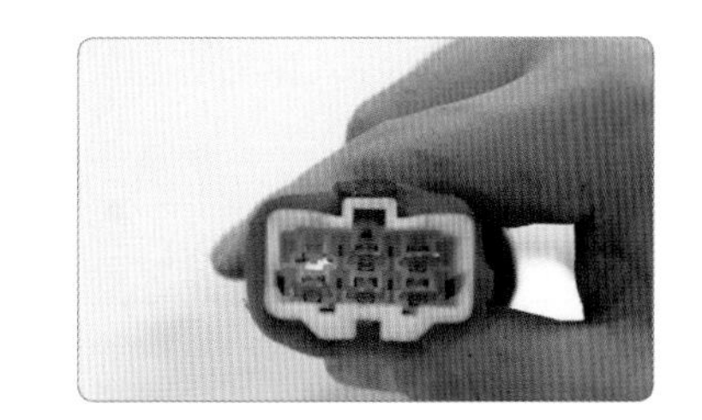
점화 스위치 커넥터

점화 스위치 전원 단자			
전원 단자	사용 단자	전원 내용	적용 회로
B+	battery plus	IG/key 전원 공급 없는 (상시 전원)	비상등, 제동등, 실내등, 혼, 안개등 등
ACC	accessory	IG/key 1단 전원 공급	약한 전기부하 오디오 및 미등
IG 1	ignition 1 (ON 단자)	IG/key 2단 전원 공급 (accessory 포함)	클러스터, 엔진 센서, 에어백, 방향지시등, 후진등 등(엔진 시동 중 전원 ON)
IG 2	ignition 2 (ON 단자)	IG/key start 시 전원 공급 OFF	전조등, 와이퍼, 히터, 파워 윈도 등 각종 유닛류 전원 공급
ST	start	IG/key St에 흐르는 전원	시동 전동기

(2) 점화 스위치 전원

점화 스위치

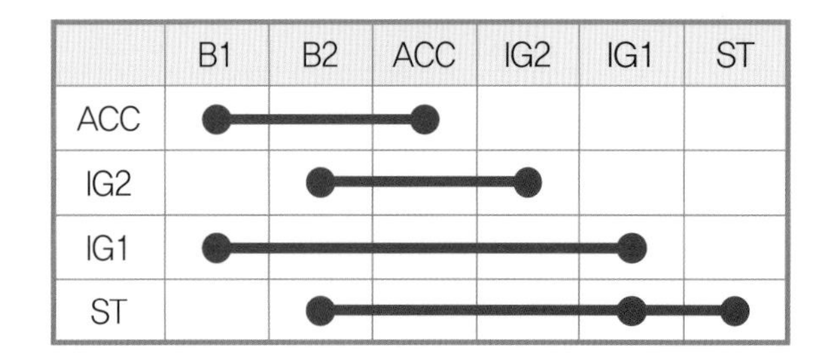

	B1	B2	ACC	IG2	IG1	ST
ACC	●	─	●			
IG2		●	─	●		
IG1	●	─	─	─	●	
ST		●	─	─	●	●

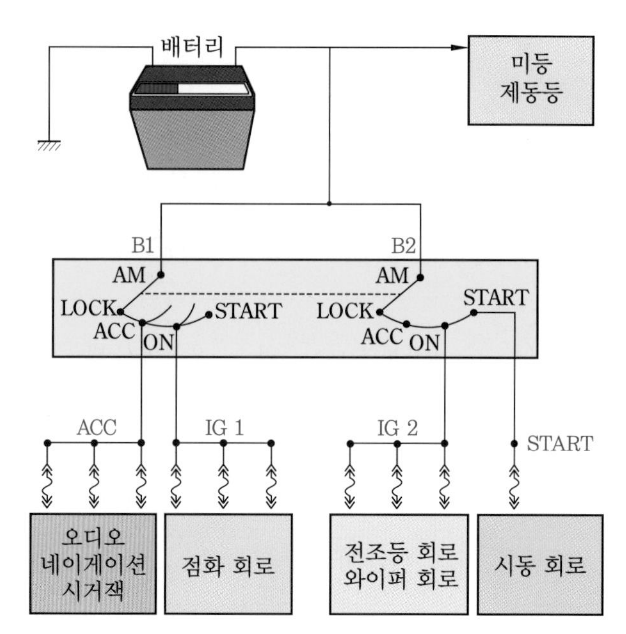

(3) 퓨즈 & 릴레이 및 정션 박스

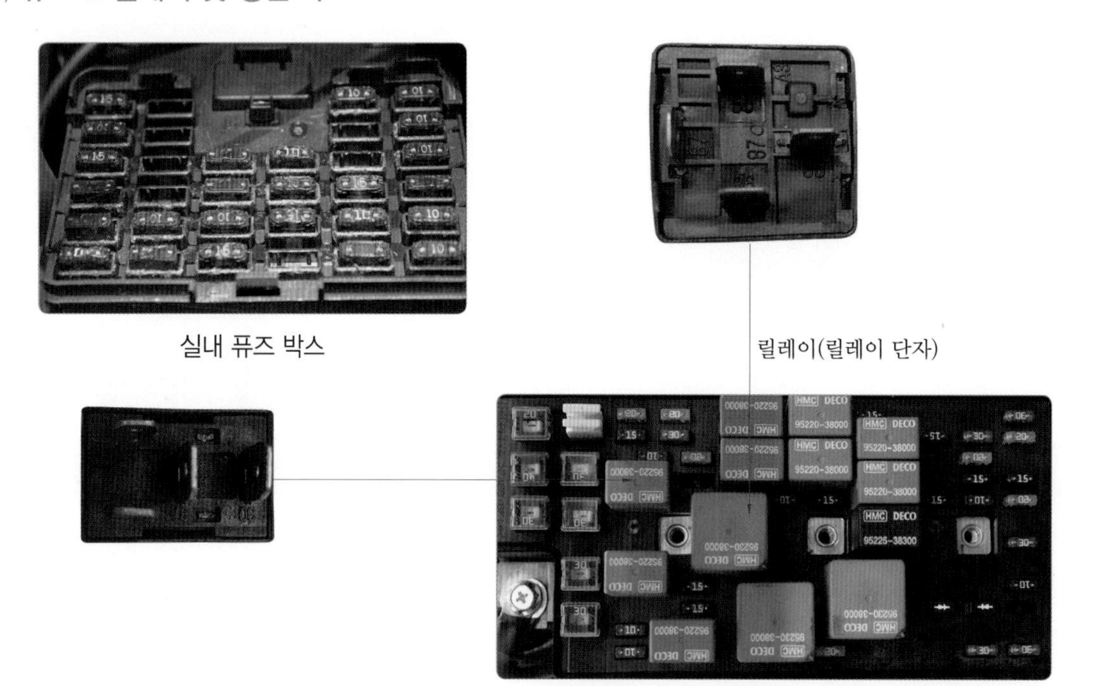

실내 퓨즈 박스

릴레이(릴레이 단자)

엔진 룸 정션 박스(메인 퓨즈, 퓨즈, 릴레이)

(4) 와이어링 하네스

① **기능 및 역할** : 자동차에서 각각의 전기장치에 동력 및 신호를 전달하는 역할을 하며, 전기적 신호 전달을 목적으로 전선을 가동하여 결속한 것으로 자동차 와이어 배선을 세트화한 것을 말한다.

② 와이어링 컬러 : 전선은 조립 및 식별을 용이하게 하기 위해 절연체에 베이스 컬러(바탕색)와 서브 컬러(줄무늬)가 표시된다.

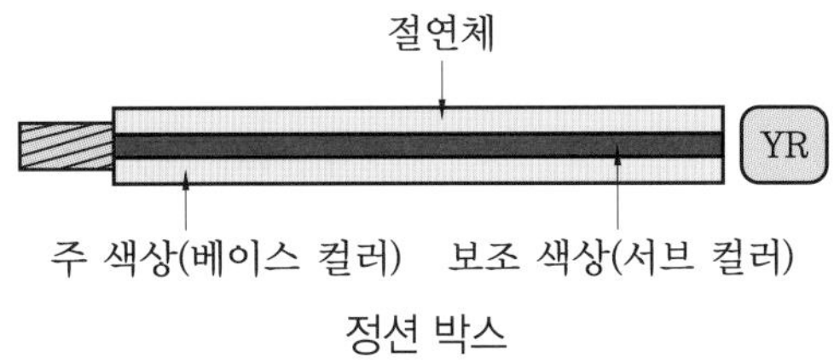

(5) 자동차 접지 표시

자동차의 전기 회로에는 반드시 접지가 필요하며 배선과 접지 볼트를 이용하여 접지시킨다.

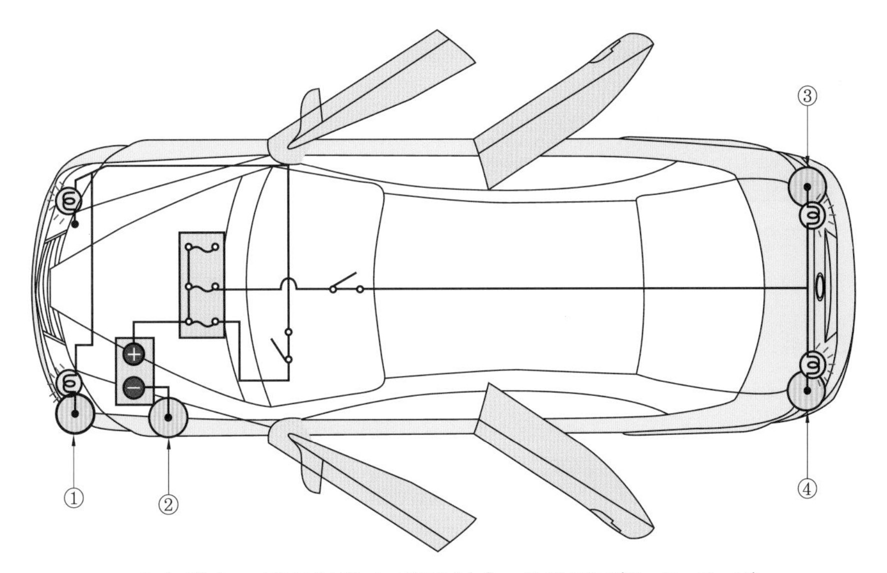

배터리(+) ⇨ 각종 부하 ⇨ 배터리(–) : 차체 접지(①, ②, ③, ④)

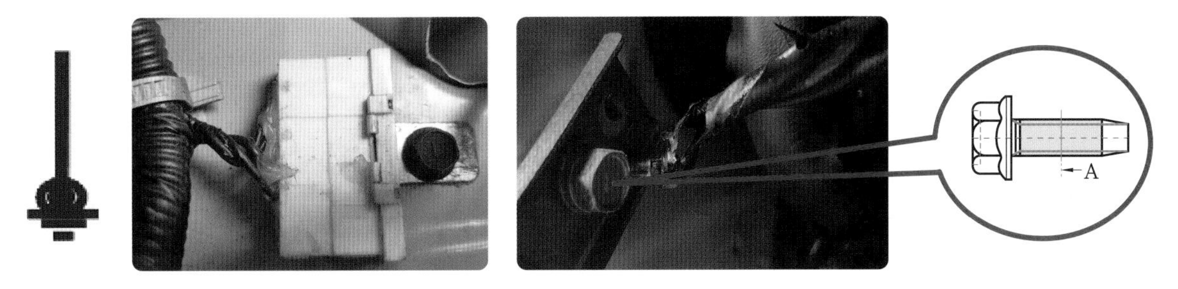

차체 접지 포인트

(6) 회로 보호 장치

전기 회로에서 전기 배선이나 부품의 노후 또는 사고로 인한 파손으로 회로 절연 및 단락이 발생하면 회로에 과도한 전류가 흘러 화재 원인이 된다. 이것을 사전에 방지하기 위한 장치를 회로 보호 장치라 한다. 퓨즈, 퓨즈 엘리먼트, 퓨저블 링크, 서킷 브레이커 등이 있다.

① **퓨즈** : 회로에 단락이 발생할 경우 과도한 전류가 흘러 화재가 발생되는 것을 방지하는 기능을 한다.

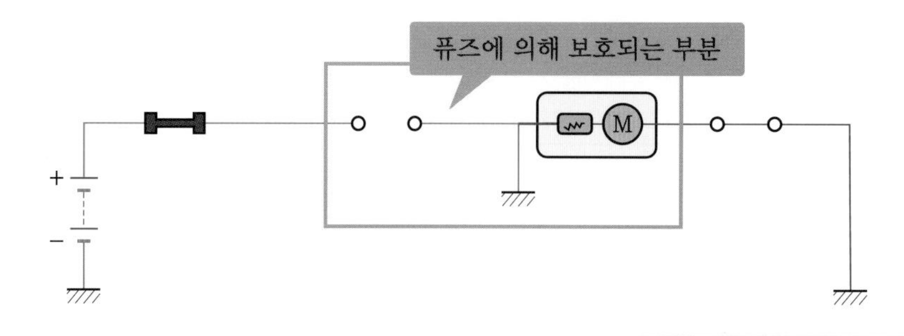

퓨즈 엘리먼트 카트리지 색상 코드

퓨즈 엘리먼트	
용 량	색 상
30	분홍
40	녹색
50	적색
60	노란색
80	검정
100	청색

② **퓨저블 링크** : 퓨즈보다 큰 전류 용량을 제어하기 위한 회로 보호 장치로, 차량 사고나 화재 발생 시 일반 퓨즈를 제어하여 회로 시스템을 보호하기 위해 사용한다.

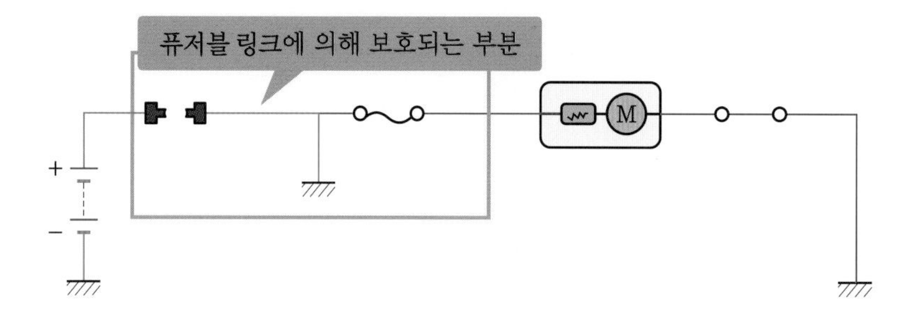

③ **서킷 브레이커** : 회로 내 과도한 전류가 흐르게 되면 열이 발생되고 서미스터의 저항이 증가되어 전류를 제한함으로써 회로를 보호하는 기능을 한다.

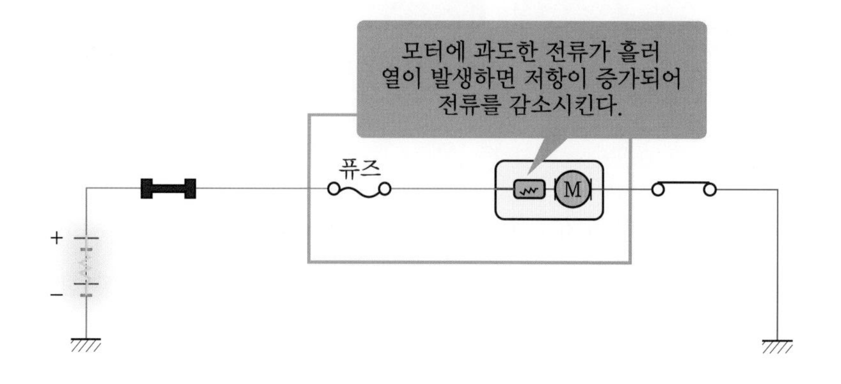

④ 자동차 릴레이

㈎ 릴레이 기능

- 작은 전류로 큰 전류를 제어할 수 있다.
- 스위치 작동(ON/OFF) 시 아크 방전을 방지하므로 수명 연장 및 회로 제작 시 용이하다.

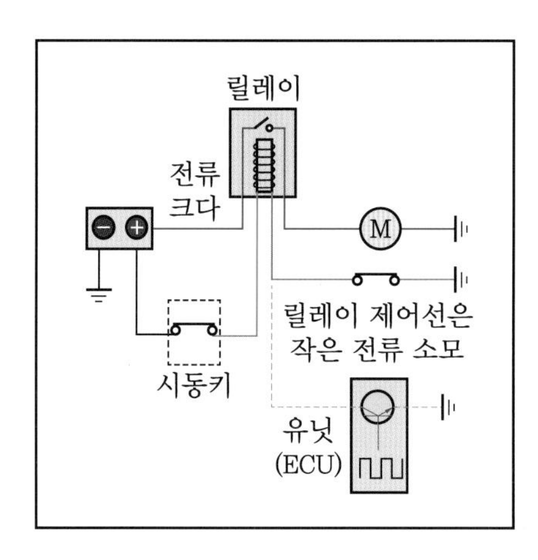

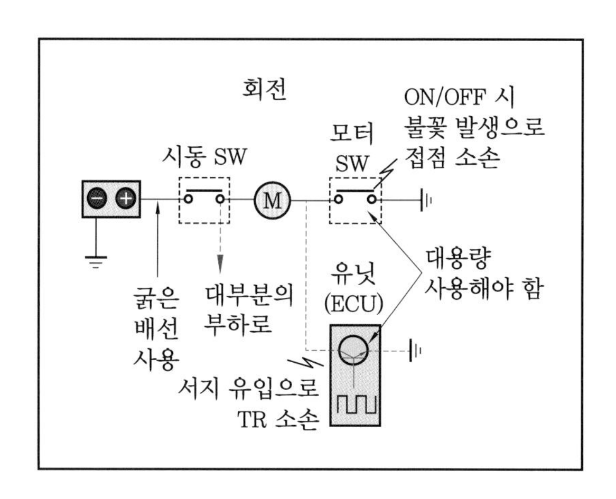

㈏ 릴레이 형식

- 노멀 오픈 타입 : 전류가 흐르지 않을 때 스위치 접점이 개방된 상태인 릴레이
- 노멀 클로즈드 타입 : 전류가 흐르지 않을 때 스위치 접점이 닫혀진 상태인 릴레이
- 3way type : 스위치의 경로가 2개로 분리가 되는 릴레이

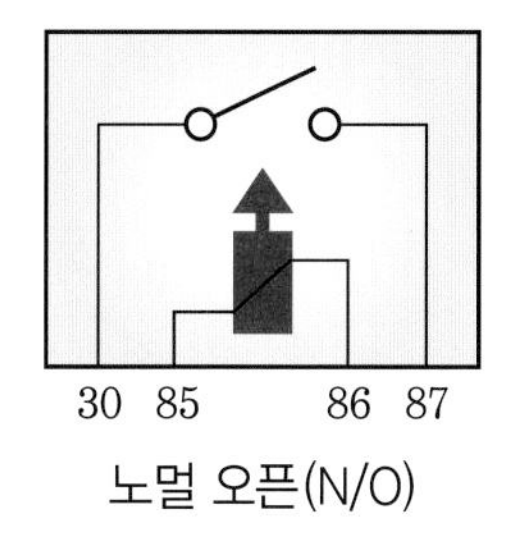

노멀 오픈(N/O)

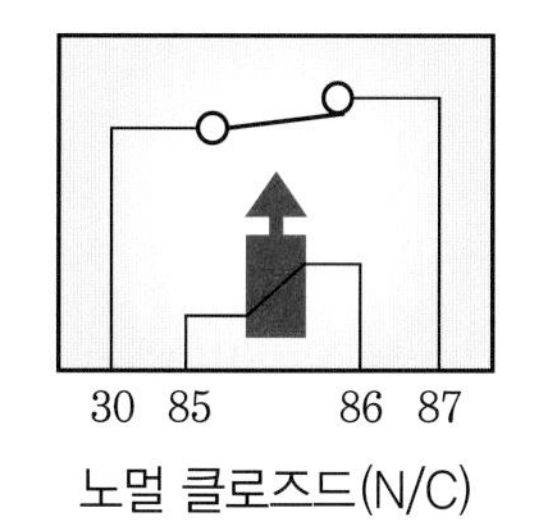

노멀 클로즈드(N/C)

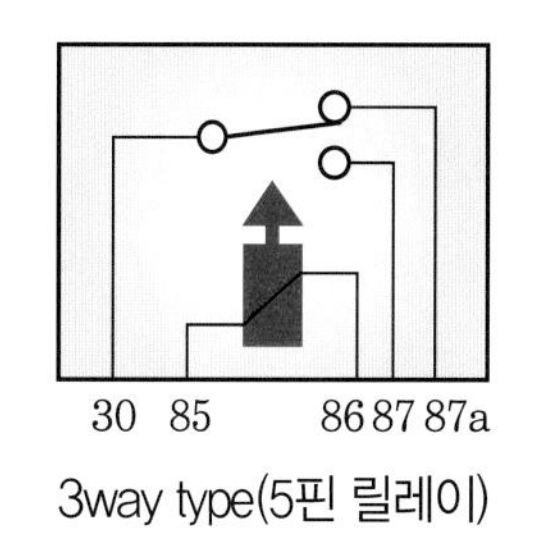

3way type(5핀 릴레이)

㈐ 릴레이 단자 번호와 회로 연결과의 관계

단자 번호	30	85	86	87	87a
전원 공급	상시 전원	코일 제어 전원	코일 공급 전원	부하 전원 1	부하 전원 2

퓨즈의 종류와 용도

❶ 미니퓨즈 : 낮은 전류용(10, 15, 20, 30 A)으로 일반적으로 차량 전기 회로에 사용된다.

❷ 오토퓨즈 : 표준형 퓨즈로 전기 회로의 전류 흐름이 잦거나 모터 사용으로 돌입 전류가 큰 모터(파워 윈도모터, 라디에이터 팬 모터 등)에서 사용된다.

Chapter 1 전기

㈑ 전압 억제 회로 : 릴레이 제어 회로의 스위치가 개방되면 코일 주변의 자기장이 붕괴되면서 200 V 이상의 전압이 코일 양단에 유기되고 코일 하단에서 상단으로 전류가 흐른다. 릴레이를 제어하는 트랜지스터는 고전압에 의해 손상을 입기 쉬우므로 컴퓨터 내부에 전압 억제 회로가 없는 경우 반드시 전압 억제 릴레이를 사용해야 한다.

고전압 억제를 위해서 릴레이 내부에 저항, 다이오드 또는 콘덴서가 사용되는데, 저항이나 다이오드가 사용된 릴레이는 외부에 표시가 있다.

전압 억제 회로

- 다이오드는 릴레이 코일에 병렬로 역방향으로 연결되므로 코일에 전류가 흐를 때 다이오드는 통전되지 않는다.
- 릴레이 제어 회로가 개방되면 코일 양단에 역기전압이 형성되고 전압이 상승하기 시작한다.
- 코일 하단의 전압이 상단보다 0.7 V 정도 커지게 되면 다이오드는 통전되며 전류는 전압이 소멸될 때까지 다이오드와 코일 사이를 반복해서 흐르게 된다.
- 저항은 다이오드보다 내구성은 좋지만 전압 억제 성능은 떨어진다.
- 저항은 코일 회로에 전류가 흐를 때에도 통전되므로 전류량을 억제하기 위해 600 Ω 정도의 높은 저항을 사용한다.

2 자동차 전기장치의 기본 점검과 기기 활용

1 멀티 테스터

멀티 미터는 자동차 전기 회로에서 단선, 전압, 전류, 저항 등을 점검하는 다용도 테스터이다. 회로 점검과 센서 점검 등 넓은 측정 범위를 선택 레인지 스위치를 전환하여 쉽게 측정할 수 있어, 자동차 전기 회로 점검 시 실용적으로 사용할 수 있고 전기장치 점검에서의 활용도가 가장 높은 측정기이다.

2 멀티 테스터의 특성

멀티 미터는 회로 시험기라고도 하며, 아날로그 멀티 미터와 디지털 멀티 미터로 구분된다. 전압, 저항 및 전류 측정기의 종합 계기란 의미로 VOM(volt−ohm−milliammeter)이라고 한다.

일반적으로 1000 V 정도 이내의 직류 및 교류 전압, 25 mA 이내의 직류 전류, 20 MΩ 정도의 저항을 측정할 수 있다.

(1) 측정 범위

① 통전 시험 : 단선, 저항 시험
② 직류 전압과 전류의 측정
③ 교류 전압과 전류의 측정
④ 저항 측정
⑤ 다이오드 및 트랜지스터의 점검

(2) 유의 사항

① 측정하려고 하는 값이 불확실할 때에는 반드시 미터의 제일 높은 범위를 선택한다.

② 직류 전압이나 전류 측정 시에는 (+), (−) 극성 부분에 유의한다.

③ 측정 전에 반드시 전환 스위치의 위치를 확인한다.(저항 측정 위치나 전류 측정 위치에 두고 전압을 측정하면 미터가 파손되기 쉽다.)

④ 저항을 측정할 경우 측정 전 반드시 영점 조정을 한다.

아날로그 및 디지털 멀티 테스터		
종류 / 비교 항목	아날로그	디지털
전압계 내부 저항	200 kΩ	10 MΩ/20 MΩ
전류계 내부 저항	0.1 Ω 이하	0.1 Ω 이하
저항계 전압 방향	적 : −/흑 : +	적 : +/흑 : −
저항계 출력 전압	0.7 V 이상	0.63 V 이하
다이오드 모드 시 측정 전압	기능 없음	2.5~3 V

3 멀티 테스터의 종류와 특성

1 아날로그 멀티 테스터

(1) 구조 및 기능

① 눈금판 : 저항(Ω), DC(직류) 전압, 전류(A) 등의 수치를 읽을 수 있는 계기판을 말한다.

② 0점 조정 나사 : 전압 및 전류 등을 점검할 때 지침을 왼쪽 0점에 미세 조정할 때 사용한다.

③ 저항(Ω) 0점 조정기 : 저항 측정 시 메인 실렉터를 해당 저항에 맞게 선택한 후 적색과 흑색의 테스트 리드선을 서로 접촉시킨 상태에서 0점 조정을 한다.

④ PNP 파일럿 램프 : 트랜지스터를 커넥터에 접속하였을 때 PNP 트랜지스터이면 소등된다.

⑤ NPN 파일럿 램프 : 트랜지스터를 커넥터에 접속하였을 때 NPN 트랜지스터이면 소등된다.

⑥ EBCE 커넥터 : PNP, NPN 트랜지스터를 구분하고자 할 때 설치하는 커넥터이다.

⑦ COM 커넥터 : 측정할 때 흑색 테스트 리드선을 접속하는 커넥터이다.

⑧ DC 10 A 커넥터 : 직류 10 A 이하의 전류를 측정할 때 적색 테스트 리드선을 연결하는 커넥터이다. (이때 흑색 테스터 리드선은 COM 커넥터에 접속시킨다.)

⑨ V, Ω, A 커넥터 : 전압, 전류, 저항을 측정할 때 적색 테스트 리드선을 연결하는 커넥터이다.

(2) 지침 및 선택 레인지

① 위치별 지침계 및 선택 레인지 명칭

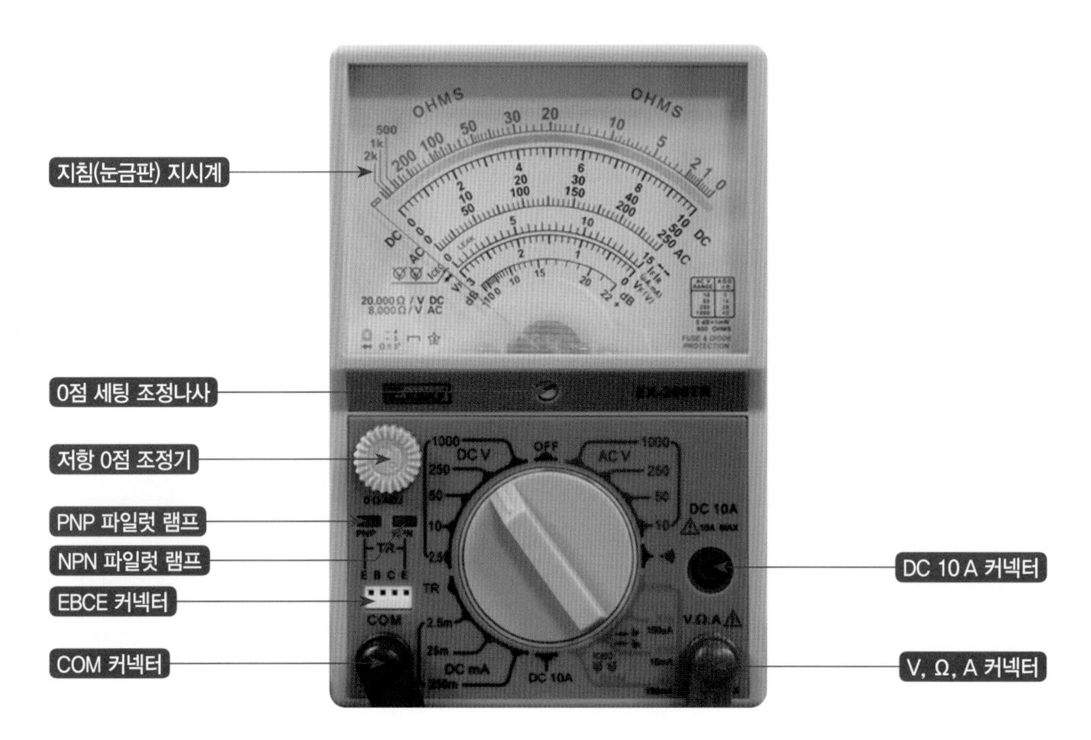

② 선택 레인지 지정에 따른 측정 지침계

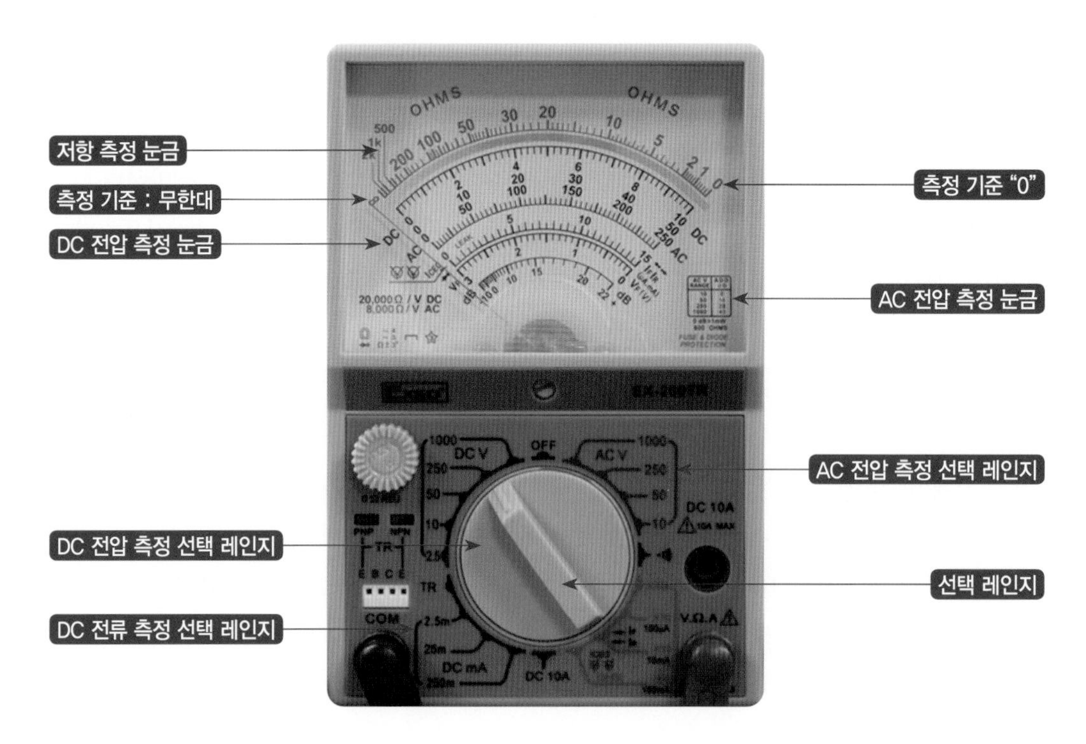

2 디지털 멀티 테스터(멀티 미터)

(1) 디지털 멀티 테스터로 측정할 수 있는 작업의 종류

① 직류 전압 측정 ② 저항값 측정 ③ 직류 전류 측정 ④ 다이오드 방향 측정 ⑤ 교류 전압 측정
⑥ 단락 측정 ⑦ 10A 전류 측정 ⑧ 기타(캠각, 타코, 듀티, 온도, 음량) 측정

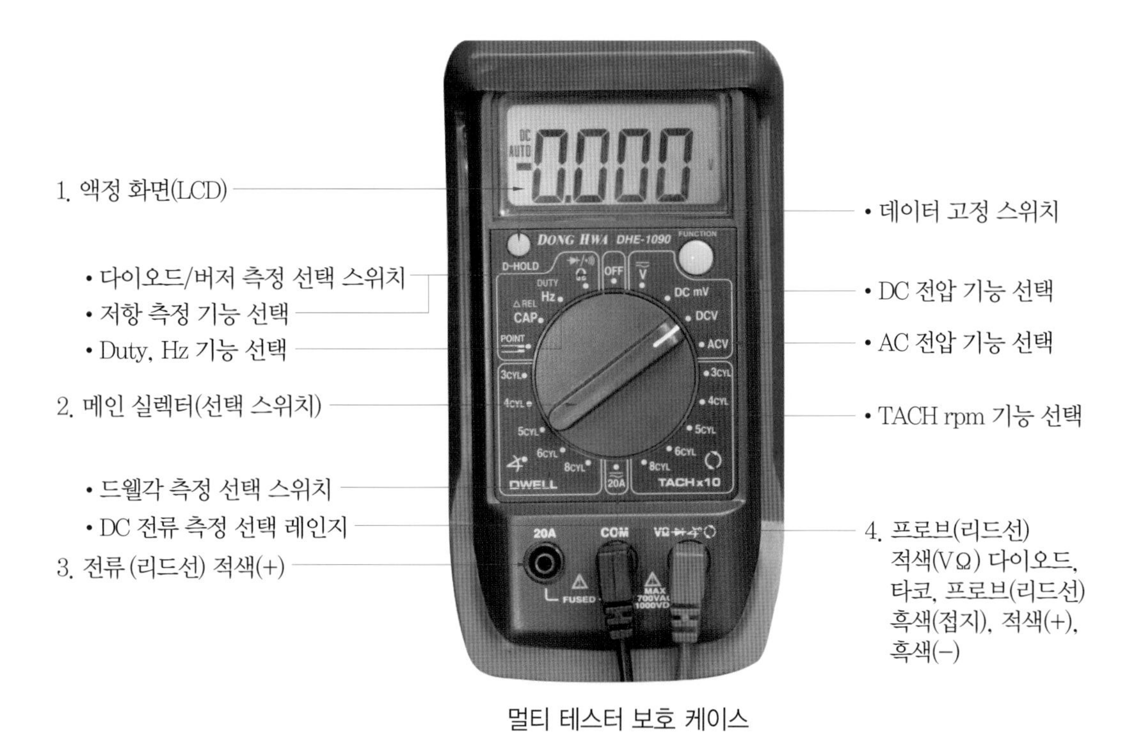

멀티 테스터 보호 케이스

(2) 구조 및 기능

① 액정 화면(LCD) : 메인 실렉터에서 선택한 측정값을 수치로 출력한다.

② 메인 실렉터(선택 스위치)

㈎ 전원 스위치 : 테스터의 전원을 ON, OFF시키는 스위치(사용하지 않을 때는 OFF 위치에 놓는다.)

㈏ DC 전압 기능 선택 : 자동차 전기는 직류 전기를 사용하며 전기 회로 점검 및 정비 시 주로 선택하여 전원 상태를 확인 점검할 수 있는 기능 선택이다(배터리, 발전기, 센서, 회로 전원, 접지 상태 등).

㈐ DC 전류 측정 선택 레인지 : 직류 전류 측정 시 점검할 수 있으며, 20 A까지 측정할 수 있다.

㈑ 프로브(리드선) 적색(V, Ω, 다이오드, 타코, 프로브(리드선) 흑색(접지) 적색(+), 흑색(−) : 측정(점검)시 측정 전원에 따라 적색, 흑색 테스트 프로브이다.

㈒ 저항 측정 기능 선택 : 자동차 배선 단선, 코일 저항, 릴레이, 접지 저항 등 전기 회로 내 저항 상태를 점검하기 위한 기능 선택이다.

㈓ AC 전압 기능 선택 : 각종 전기설비 관련 기기, 콘센트 전원 상태를 확인할 때의 기능 선택 스위치이며, 일반 가정용(220 V) 전압 측정 시 주로 사용된다.

3 테스트 램프

테스트 램프는 자동차 정비 현장에서 자동차 전기장치에 주로 사용되고 있으며, 전원 공급 및 배선 회로 접지 상태를 별도의 장비 없이 일괄적으로 측정할 수 있게 한다. 일반 전구 형식과 LED 형식이 있다.

(1) 활용 방법

먼저 배터리 연결 단자(+ 또는 −)에 연결한다. 연결 단자가 (−)일 경우 점검하려고 하는 신호선에 검침 봉을 접촉 시 점등이 될 경우 (+)의 단자에 전압이 연결되었음을 의미하고, 연결 단자가 (+)일 경우 점검하려고 하는 신호선에 검침 봉을 접촉 시 점등이 될 경우 (−)의 단자에 연결되었음을 의미한다.

(2) 일반 전구 형식 테스트 램프

일반 전구 형식 테스트 램프는 일반적으로 많이 사용하는 테스트 램프이며, 전구의 밝기에 따라 차이가 있지만 보통 12V/24W 전구를 사용한다. 이때 회로에 흐르는 전류는 약 2 A 소모된다.

이렇게 회로에 소모되는 전류가 2A 정도 흐를 경우 일반 회로의 경우에는 문제가 없으나 반도체를 사용하는 회로(특히 전자 회로, 컴퓨터)에 흐르는 전류에 의해 반도체가 파손될 수 있으니 반도체 관련 회로 점검 시 각별히 주의해야 한다.

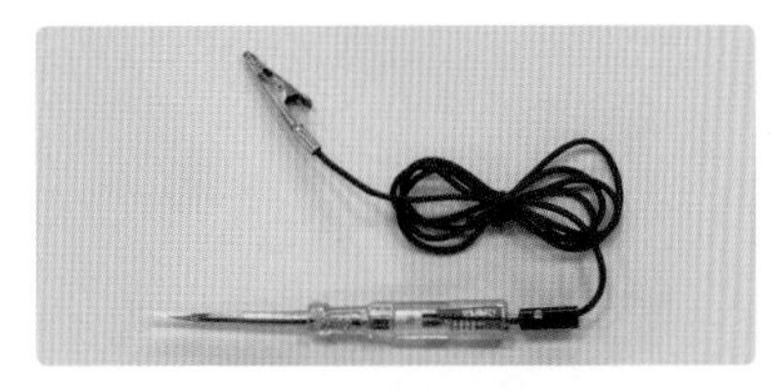

(a) 외형

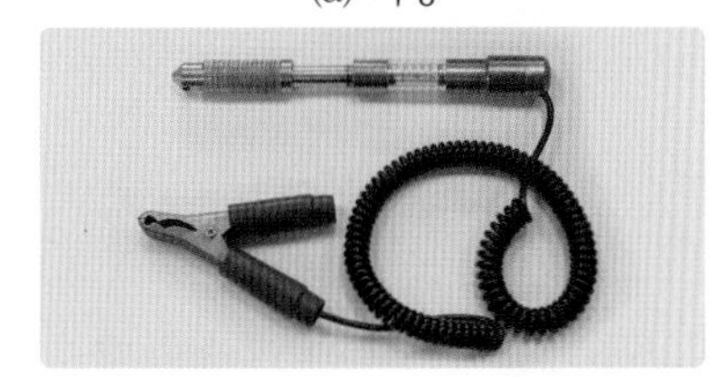

(b) 내부 전구 연결

일반 전구 형식 테스트 램프

1. 테스터 이상 유무를 확인한다.

2. 전원 공급선 및 접지선을 확인한다.

4 클램프 미터(후크 미터)

클램프 미터는 교류 및 직류 전압, 직류 전류, 저항 등을 측정할 수 있다. 클램프 미터는 자동차 전기 직류 전류를 주로 측정하기 위한 기기로 사용되며, 멀티 미터 기능을 활용할 수 있다. 후크 미터로 전류 측정 시 단자를 탈거하지 않고 현재 회로 내 흐르는 전류를 측정할 수 있다.

(1) 클램프 미터(후크 미터)의 기능

① 기능 스위치 : ACA, DCA, OFF DCV, ACV, 버저 등 측정하고자 하는 항목을 선택하도록 설정한다.

② 개폐 레버 : 전류 측정 시 측정 배선에 걸고자 할 때 사용된다.

③ 제로 세팅 버튼 : 전류 측정 전 전류계를 0점 조정할 때 사용된다.

④ 데이터 홀더 : 누르면 측정 데이터가 정지되고 다시 누르게 되면 측정 모드로 측정된다.

⑤ V 입력단 : 멀티 기능으로 전압 측정 시 (+) 프로브(적색)를 접속한다.

⑥ COM 입력 단자 : 직류 전압 및 교류 전압을 측정 시 (−) 프로브(흑색)를 접속한다.

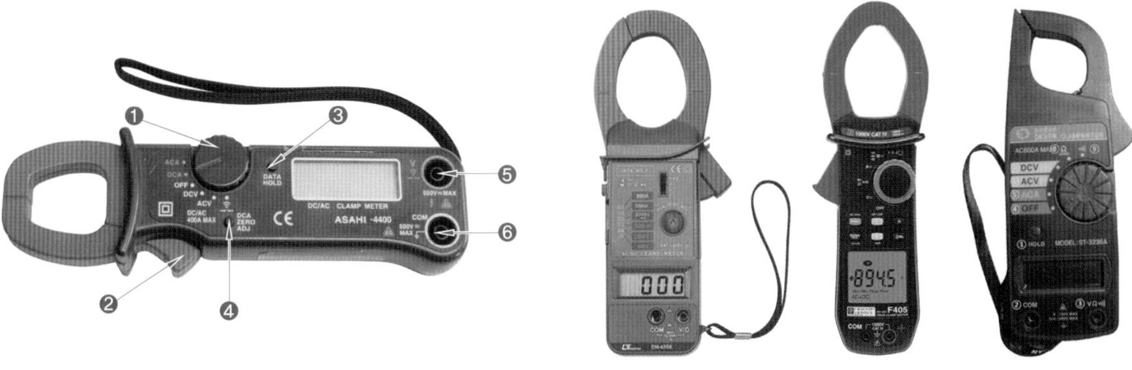

클램프 미터(후크 미터)의 구조

후크 미터의 종류

(2) 클램프 미터(후크 미터)의 활용 방법

1. 클램프 미터(후크 미터)를 측정하고자 하는 배선에 걸어 연결한 후 0점 조정 버튼을 누른다(DCA).

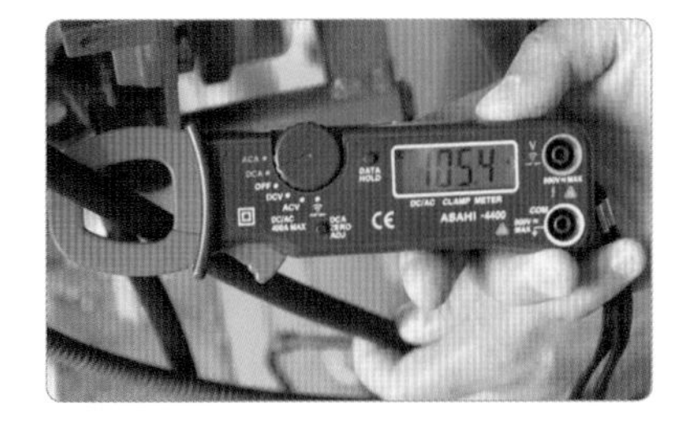

2. 엔진을 크랭킹한다(측정값 확인).

3. 측정값을 확인한다(145.7 A).

(3) 클램프 미터 사용 시 주의 사항

① 멀티 미터와 마찬가지로 메인 실렉터를 저항에 놓은 상태에서 전압을 측정하거나 메인 실렉터를 DCV에 놓고 AC 110 V 이상 전원을 측정하면 고장이 날 수 있다. 즉 해당 메인 실렉터에 맞는 정확한 전류, 전압, 저항을 선택한 후 측정할 수 있도록 한다.

② 전류를 측정할 때는 피복이 덮여 있는 상태에서 클램프를 걸고 측정해야 한다. 전선 피복을 벗기거나 벗겨져 있는 전선을 측정하면 누전으로 인한 감전 및 기기 손상을 초래할 수 있다.

2 시동장치 점검

실습목표 (수행준거)	1. 시동장치의 작동 원리를 탐구하고 작동 상태를 이해할 수 있다. 2. 시동장치 회로를 분석하여 점검할 수 있다. 3. 시동장치의 세부 점검 목록을 확인하여 고장 원인을 파악할 수 있다. 4. 진단 장비를 활용하여 고장 원인을 분석하고 관련 부품을 교환할 수 있다.

1 관련 지식

1 시동장치

시동장치는 내연엔진을 작동시키기 위해 필요한 일련의 장치로 시동 모터, 점화 스위치, 배터리, 시동 릴레이, 인히비터 스위치로 구성되어 있다.

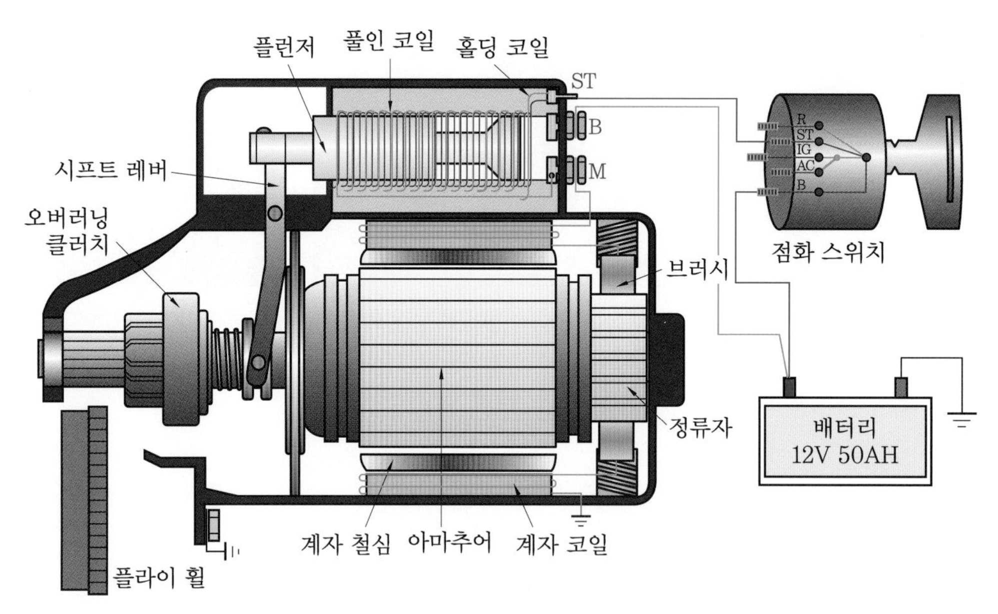

시동장치의 구조

2 시동 전동기 작동 및 전원 공급

① 시동 키(점화 스위치)를 3단 'START'로 작동시킨다.

② 솔레노이드 스위치 S 단자로부터 풀인 코일과 홀딩 코일에 전류가 흐른다.

③ 풀인 코일에 흐르는 전류는 M(F) 단자를 거쳐 계자 코일, 브러시, 정류자, 전기자 코일로 전달되어 회로 접지가 된다.

④ 이때 풀인 코일과 홀딩 코일은 자화되어 플런저를 흡인시키며 시프트 레버를 잡아 당기게 되고 시프트 레버의 작동에 의해 피니언 기어가 플라이 휠 기어에 치합되어 물리게 된다.

⑤ 플런저가 흡인되면 스위치의 솔레노이드 B 단자와 M 단자가 연결되고, 축전지 (+) 단자에 시동 전동기 작동 전원이 계자 코일을 통하여 전기자 코일에 흐르게 되어 엔진 크랭크축을 돌릴 수 있는 회전력으로 엔진을 구동시킨다.

⑥ 엔진 시동이 걸린 후 플라이 휠의 회전속도가 피니언 기어보다 빠르게 회전되어 오버러닝이 되며 엔진 시동이 걸린 상태이므로 시동 키(점화 스위치)를 놓게 된다.

⑦ 시동 키(점화 스위치)로부터 전원을 해제하면 시동 키(점화 스위치)는 2단(IG ON) 상태로 유지되고 시동 전동기에 공급된 풀인 코일과 홀딩 코일에 흐르는 전류는 차단되어 자력이 소멸된다.

⑧ 솔레노이드 스위치의 리턴 스프링에 의해 플런저가 리턴되고 전진해 있던 피니언 기어도 링 기어에서 분리되어 시동 전동기의 작동이 마무리된다.

3 시동 전동기의 구조

시동 전동기는 회전 운동을 하는 부분(전기자와 정류자)과 고정되어 있는 부분(계자 코일, 계자 철심, 브러시)으로 구성되어 있다.

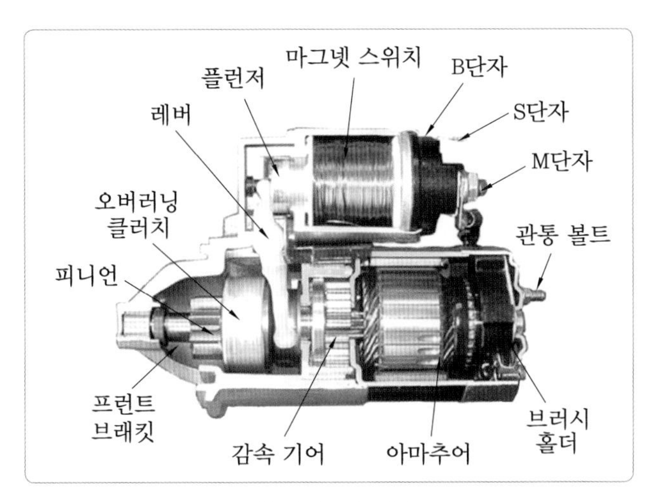

시동 전동기 구조

시동 전동기 단자

4 시동 회로 구성 부품

(1) 시동 스위치

시동 스위치는 점화 스위치와 겸하고 있으며, 1단 약한 전기 부하, 2단 점화 스위치 ON 시 주요 전원 공급, 3단 시동 스위치가 작동하며 엔진 시동이 걸리게 된다(자동차 주행에 따른 장치별 전원 공급).

점화 스위치

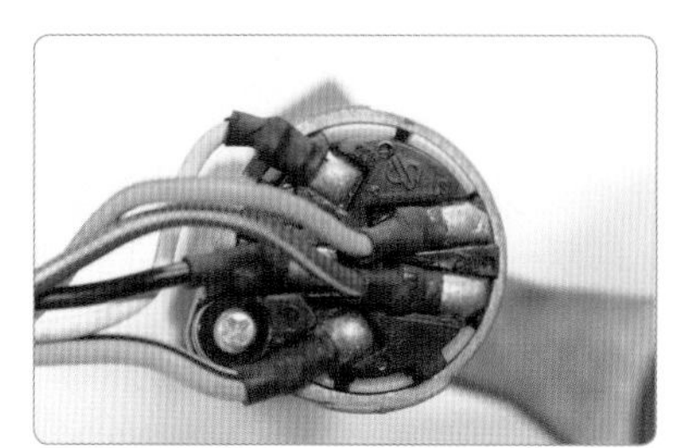
점화 스위치 단자

버튼식 점화 스위치

(2) 인히비터 스위치(시동을 위한 시프트 패턴 “N”)

시프트 패턴 “N”

인히비터 스위치

(3) 배터리 및 정션 박스(시동 릴레이 및 메인 퓨즈)

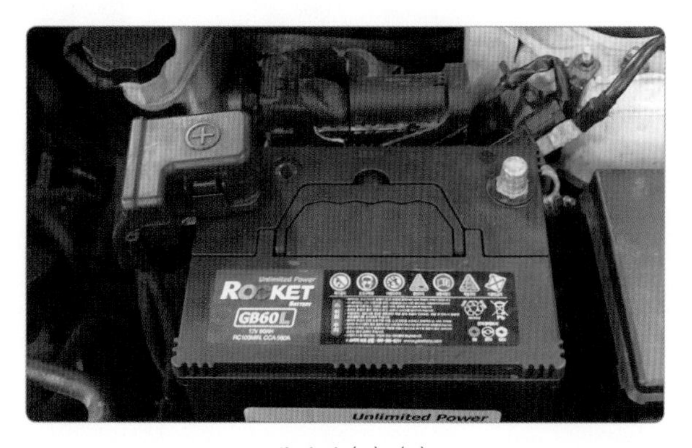

배터리 (+), (−)

정션 박스(시동 릴레이, 메인 퓨즈)

2 시동 회로 점검

1 고장 진단 및 순서

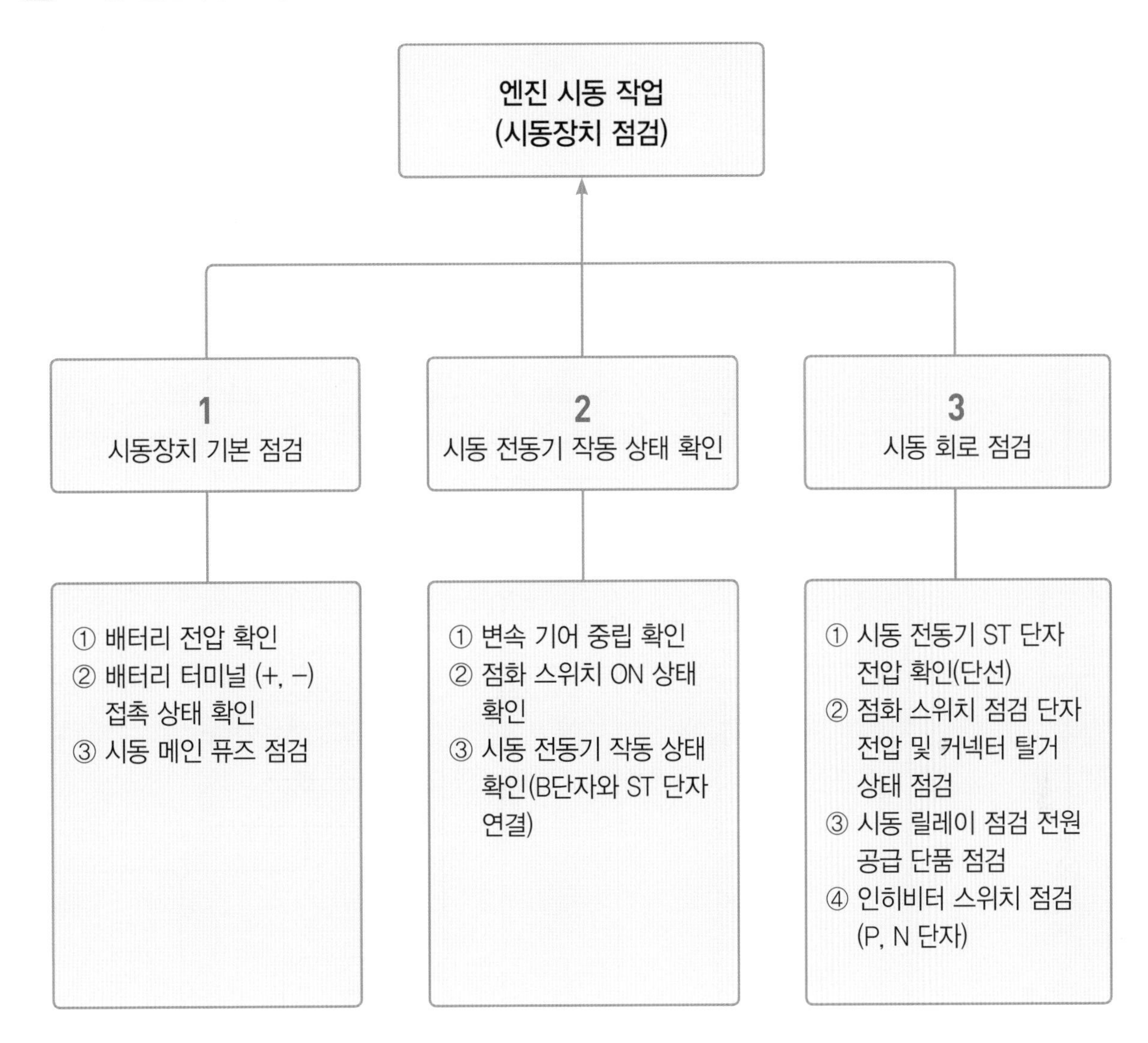

시동 전동기 부하 시험(전압) 방법

❶ 크랭킹 : 차량에 설치된 배터리에 배터리 (+)와 (−)를 연결하고 전류계 선택 스위치를 DCA에 선택한다.
❷ 엔진이 시동이 되지 않도록 크랭크축 위치 센서 또는 코일 고압선을 탈거한다.
❸ 시동 전동기를 크랭킹하면서 배터리 전압 강하를 측정한다.
❹ 전류는 최댓값을, 전압은 최솟값을 측정한다.

2 시동 회로

(1) 시동 회로도

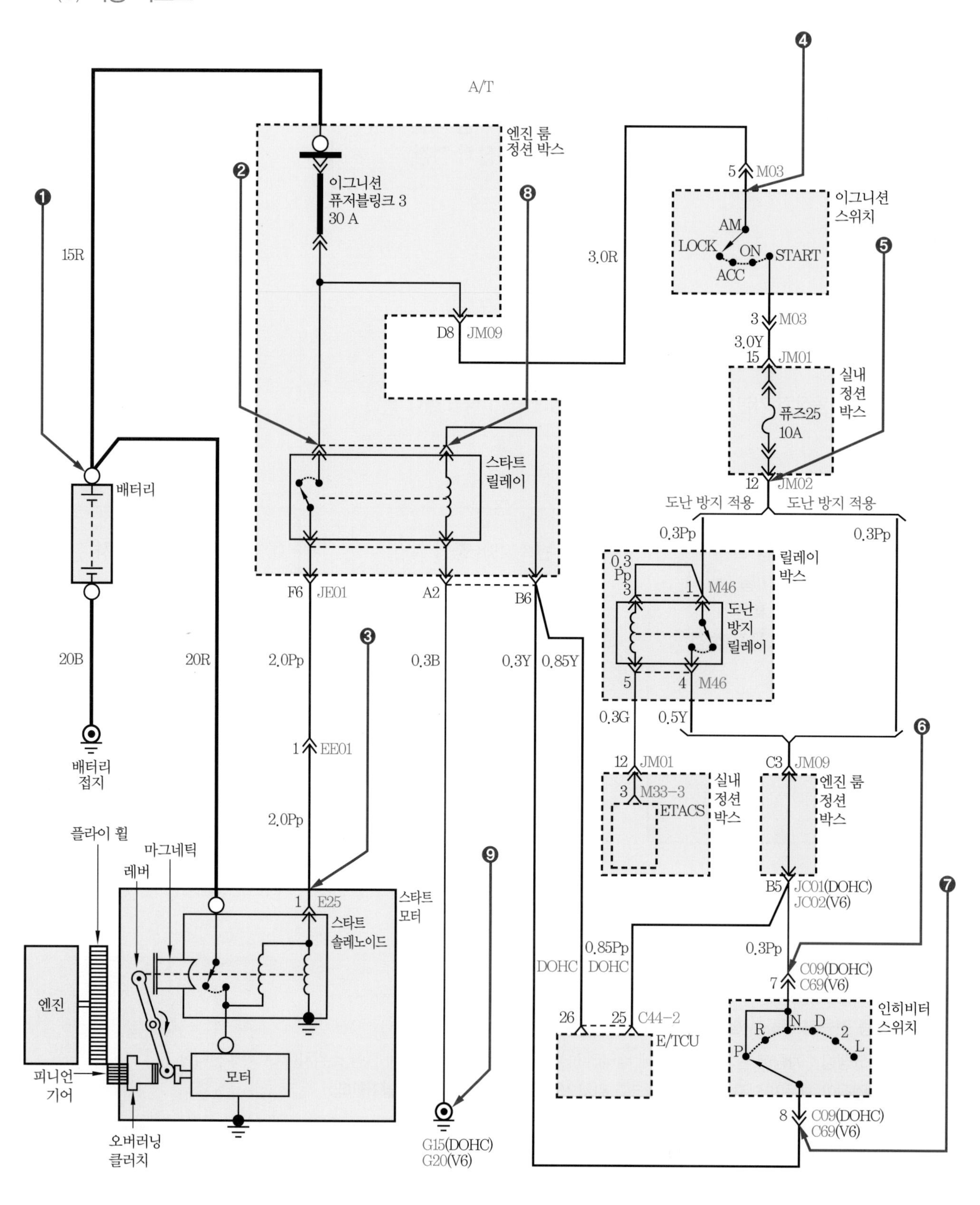

(2) 시동 회로 점검

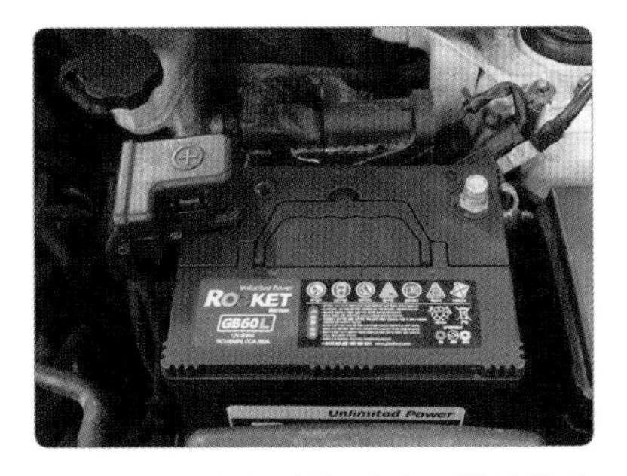

1. 배터리 단자 접촉 상태를 확인한다.

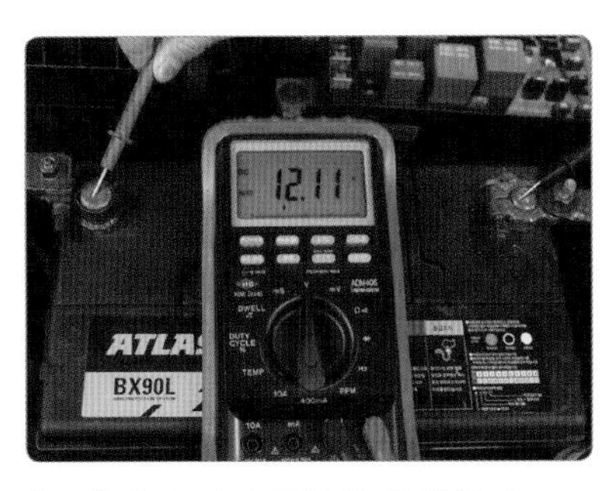

2. 배터리 단자 전압을 확인한다.

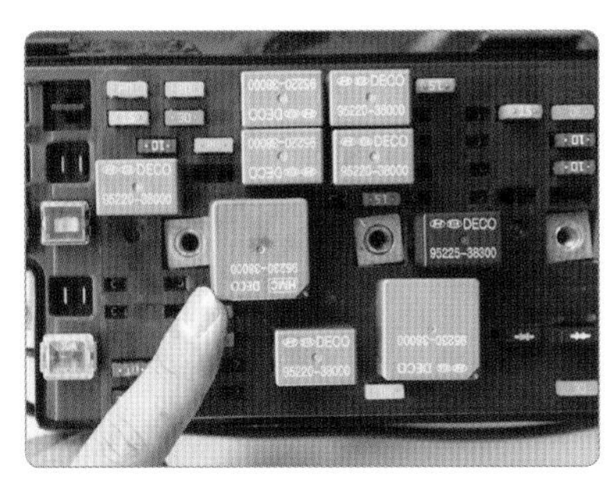
3. 이그니션 퓨즈 및 스타트 릴레이 단자 전압을 확인한다.

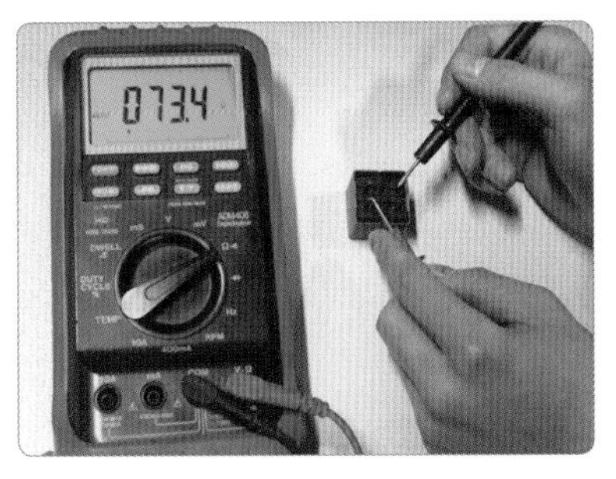

4. 스타트 릴레이 코일 저항 및 접점 상태를 확인한다.

5. 실내 정션 박스 시동 공급 전원 퓨즈 단선 유무를 확인한다.

6. 시동 전동기 ST 단자 접촉 상태 및 공급 전원을 확인한다.

7. 점화 스위치 커넥터 단선을 확인한다.

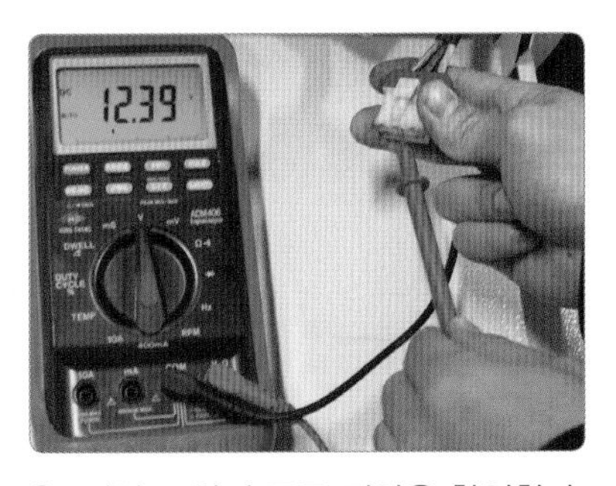

8. 점화 스위치 공급 전압을 확인한다.

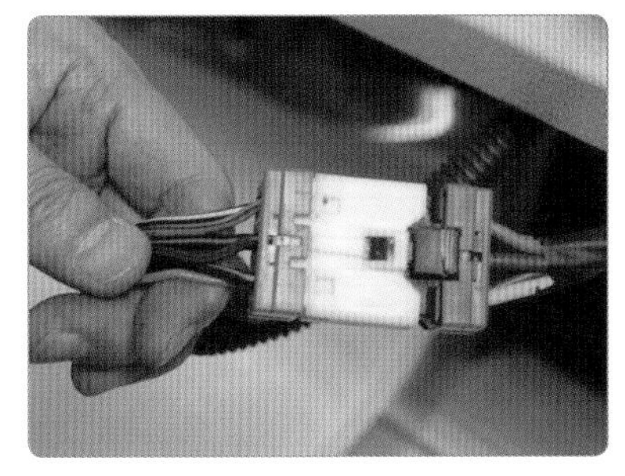
9. 점화 스위치 접점 상태를 확인한다.

10. 시프트 레버 선택 레인지를 P, N 위치에 놓는다.

11. 인히비터 스위치 전원 및 접점 상태를 확인한다(P, N 상태).

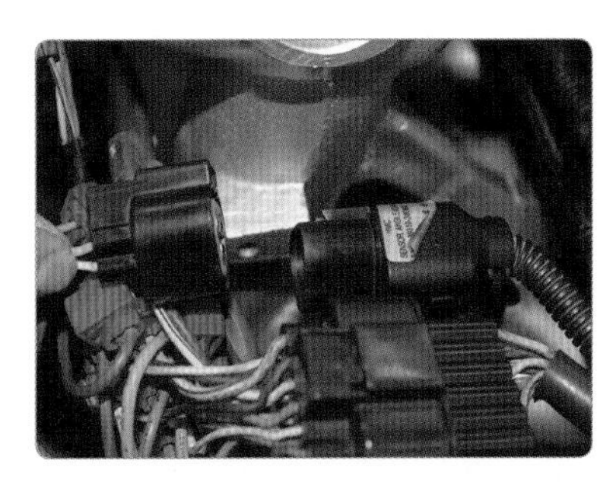
12. 크랭크각 센서, 커넥터 체결 상태를 확인하고 공급 전원 및 센서 접지 상태를 확인한다.

3 크랭킹 전류, 전압 강하 시험

(1) 시동 시 전압 강하 및 전류 측정

크랭킹 전류, 전압 강하 시험

1. 배터리 전압과 용량을 확인한다. (12 V, 60 AH)

2. 배터리 단자 체결 상태 및 전압을 측정한다(12.6 V).

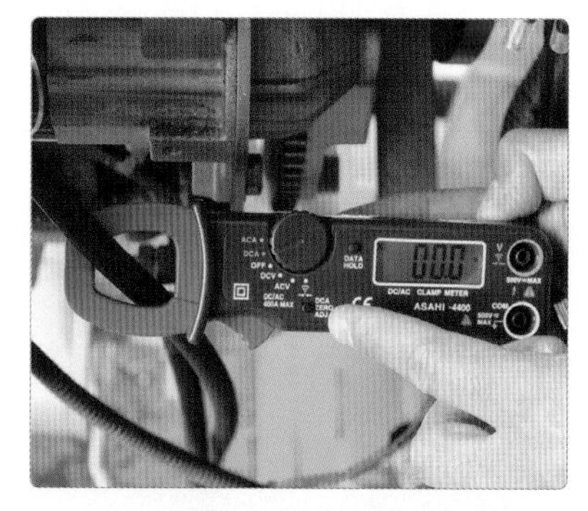

3. 시동 전동기 B단자에 전류계를 설치한 후 0점 조정한다(DCA 선택).

4. 인젝터 커넥터를 탈거한다.

5. 엔진을 크랭킹시킨다. (300~400 rpm)

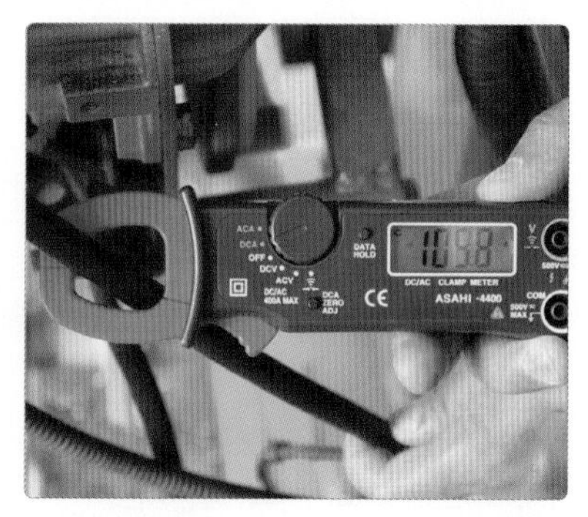

6. 측정값으로 홀드시킨 후 측정값을 확인한다(109.8 A).

(2) 점검 및 조치 사항

① **측정(점검)** : 전압 강하 12.6 V, 전류 소모 109.8 A

- 전압 강하 : 축전지 전압의 20% 이하(9.6 V 이상)
- 전류 소모 : 축전지 용량의 3배(60 A×3=180 A) 이하

② **정비(조치) 사항** : 측정값이 불량일 때는 시동 전동기 교환 후 재점검하며, 교환 시에도 불량이면 배터리를 비롯한 시동 회로 선간 전압을 측정하여 불량 부위를 확인한다.

항 목	전압 강하(V)	전류 소모(A)
일반적인 규정값	축전지 전압의 20%까지	축전지 용량의 3배 이하
예 (12 V−60 AH)	9.6 V 이상	180 A 이하

시동 전동기 부하 시험(전압) 시 주의 사항

❶ 측정 전 배터리 전압을 반드시 확인한다.
❷ 전류계는 0점 세팅 후 측정에 임한다.

4 시동 모터 탈부착

(1) 시동 모터 탈부착

시동 전동기 탈부착

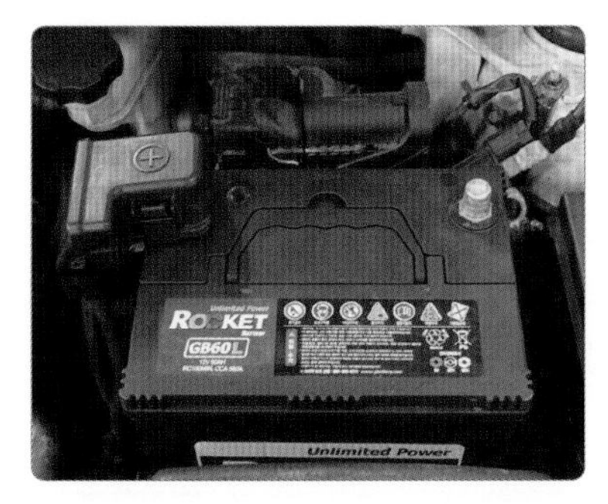

1. 점화 스위치를 OFF한 후 배터리 (−) 단자를 탈거한다.

2. 시동 전동기 ST 단자를 탈거한다.

3. 시동 전동기 B 단자를 탈거한다.

4. 시동 전동기 고정 볼트를 탈거한다.

5. 시동 전동기를 탈착한다.

6. 엔진에 시동 전동기를 부착한다.

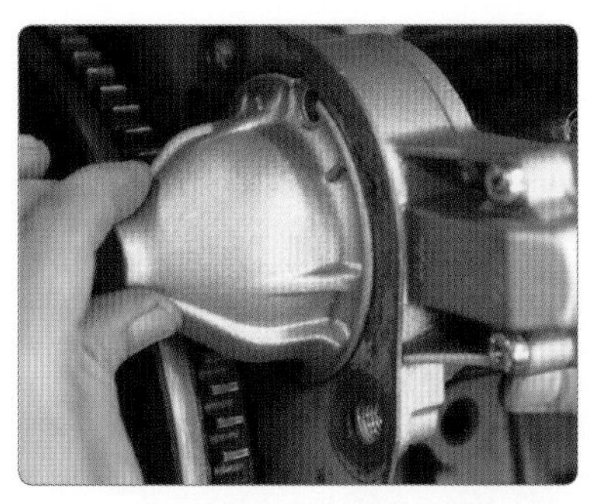

7. 시동 전동기를 부착하고 볼트를 손으로 조립한다.

8. 공구를 사용하여 시동 전동기를 조립한다.

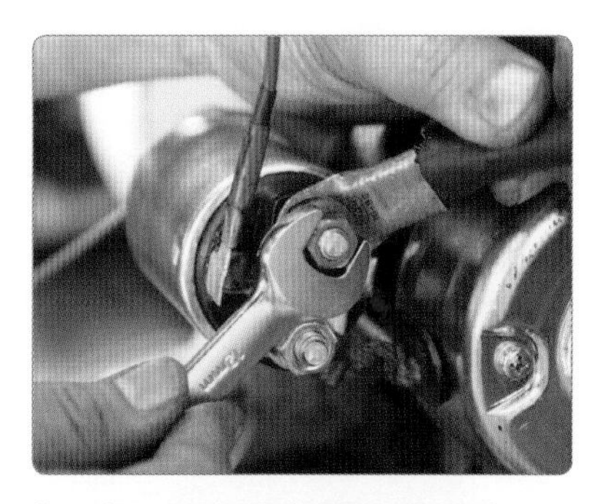

9. 시동 모터 B 단자를 조립한다.

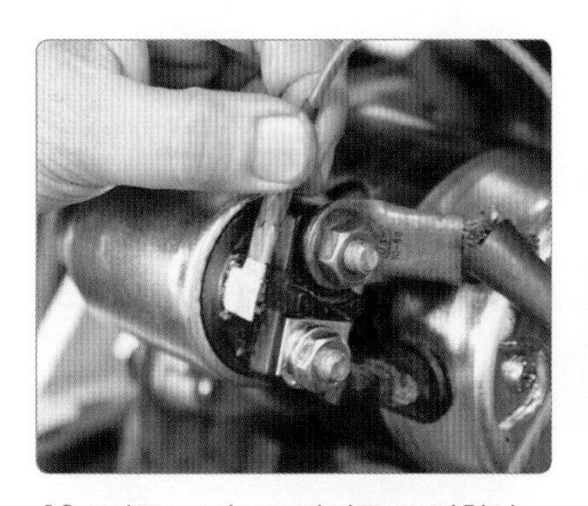

10. 시동 모터 ST 단자를 조립한다.

11. 시동 전동기 체결 상태를 확인한다.

12. 배터리 (−) 단자를 체결한다(시동 상태 확인).

(2) 자동차 시동장치(회로) 이상 유무 점검

① 시동 전동기 작동 상태

- 작동 불량(작동 안 됨)
- 엔진 회전력 부족
- 이음 발생 및 피니언 기어 치합이 안 될 때
- 연속 작동

② 시동 시 크랭킹이 되지 않는 원인

- 배터리 전압이 낮거나 배터리 케이블의 접속이 불량할 때
- 자동 변속기 차량의 경우 : 인히비터 스위치 불량 시
- 수동 변속기 차량의 경우 : 클러치 스위치 불량 시
- 퓨즈 및 릴레이 불량 시
- 시동 전동기 불량 시
- 플라이 휠 링 기어 또는 시동 전동기 피니언 기어 불량 시

5 시동 모터 분해 조립

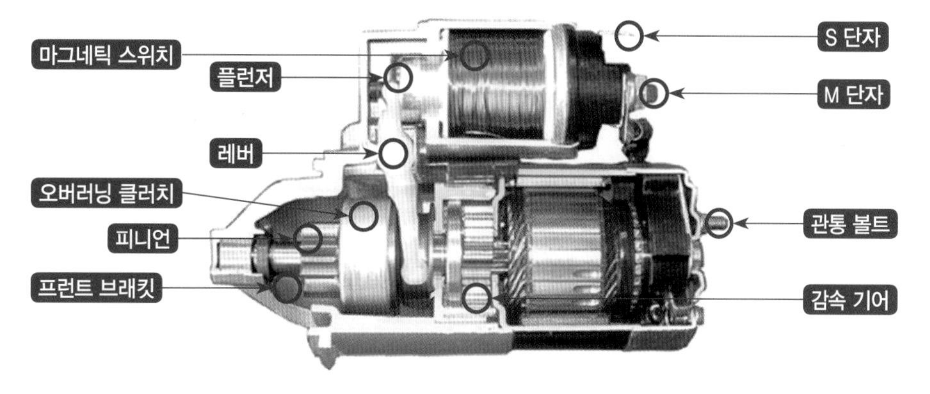

시동 모터의 구조 및 명칭

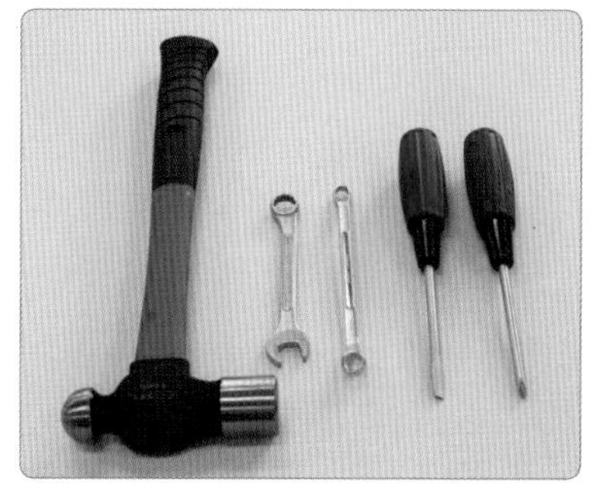

1. 분해 조립할 시동 전동기를 확인하고 공구를 준비한다.

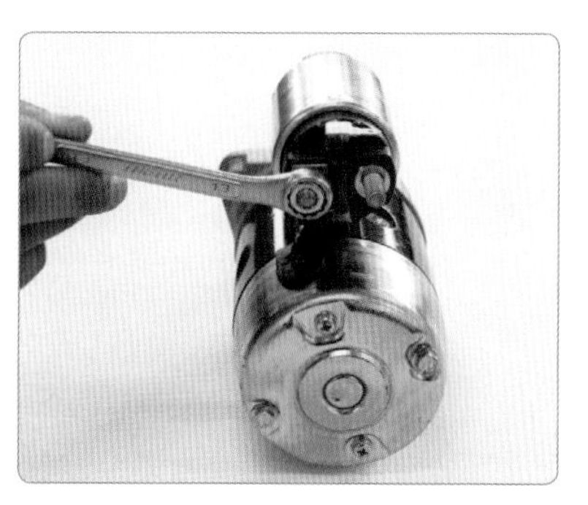

2. 시동 전동기 M(F) 단자를 솔레노이드 스위치에서 분리한다.

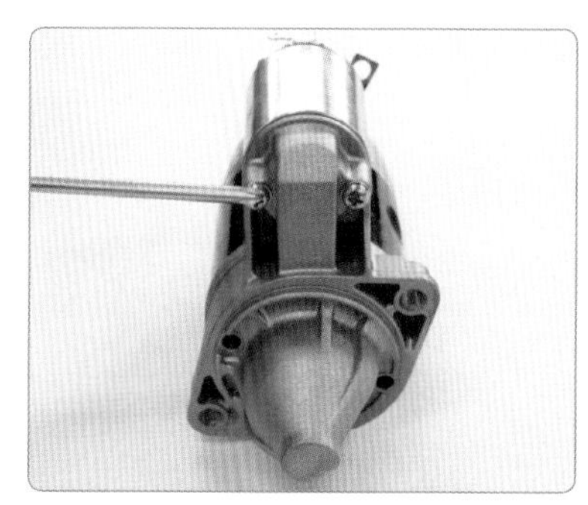

3. 솔레노이드 고정 볼트를 분해하여 모터에서 분리한다.

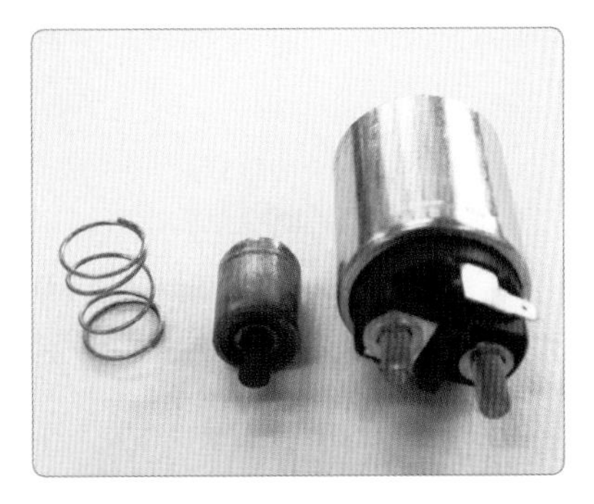

4. 마그네틱 스위치를 정렬한다.

5. 관통 볼트를 분리한다.

6. 브러시 홀더 고정 볼트를 분해한다.

7. 리어 브래킷을 탈거한다.

8. 프런트 브래킷과 요크를 분리한다.

9. 요크(계자 코일)를 분리한다.

10. 분해된 요크를 정리한다.

11. 전기자에서 프런트 브래킷을 분해한다.

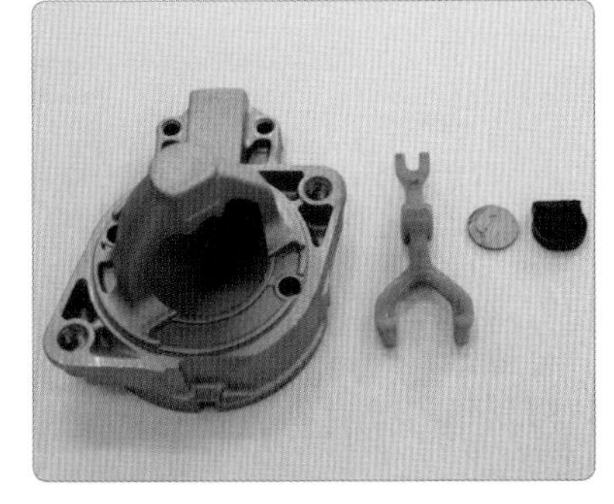

12. 프런트 브래킷 포크 리테이너를 정렬한다.

13. 전기자를 정리한다.

14. 분해된 전동기를 정렬한다.

15. 프런트 하우징에 전기자와 포크를 조립한다.

16. 요크(계자 코일)를 조립한다.

17. 계자 코일 F(M) 단자 위치를 솔레노이드 조립 위치에 맞춘다.

18. 엔드프레임을 체결한다.

19. 관통 볼트와 브러시 홀더 고정 볼트를 조립한다.

20. 관통 볼트를 확고하게 조인다.

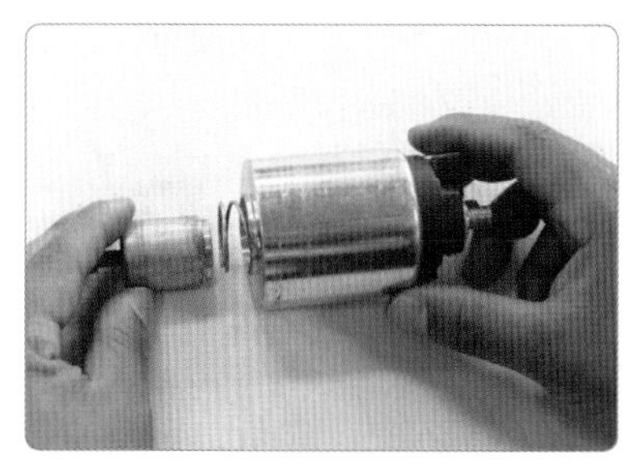

21. 마그네틱 스위치에 플런저와 리턴 스프링을 조립한다.

22. ST 단자가 위로 향하도록 위치한다.

23. 마그네틱 스위치 고정 볼트를 조립한다.

24. M 단자를 체결한다.

25. 시동 전동기의 조립된 상태를 무부하 시험으로 확인한다(배터리 (−)는 몸체 접지, (+)는 B 단자와 ST 단자를 동시에 연결해 작동 시험을 한다).

26. 조립된 시동 전동기를 확인한다.

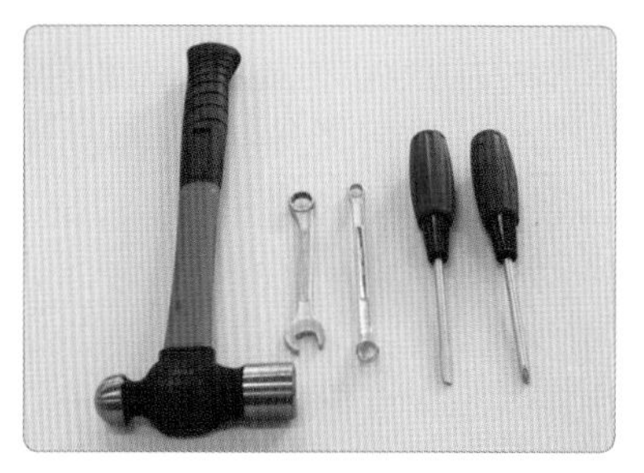

27. 공구를 정리한다.

6 시동 전동기 전기자 및 계자 코일 점검

(1) 시동 전동기 전기자 점검

1. 그로울러 테스터에 점검할 전기자를 올려놓는다.

2. 그로울러 테스터에 전원을 연결하고 (+), (-) 점검봉을 세팅시켜 작동 상태를 확인한다.

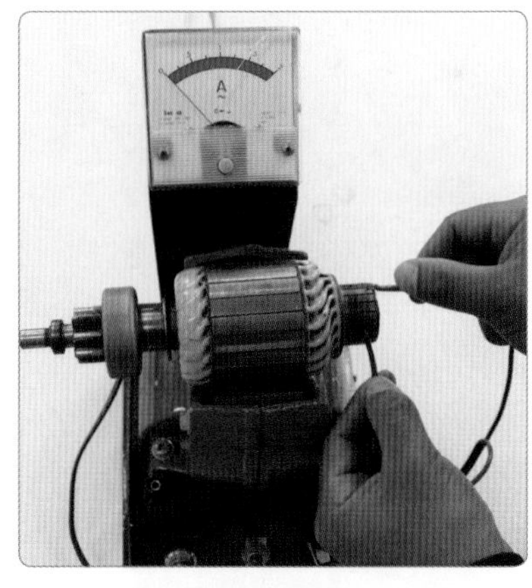

3. **전기자 코일 단선 시험** : 전기자 테스터기 (+) 프로브를 정류자편에 고정시키고 (-) 프로브를 정류자편 하나씩 접촉시켰을 때 테스터기 램프가 ON되어야 한다.

4. **전기자 코일 접지 시험** : 전기자 테스터기 (-) 프로브를 전기자에 고정시키고 (+) 프로브를 정류자편 하나씩 접촉시켰을 때 테스터기 램프가 OFF되어야 한다.

5. **전기자 코일 단락 시험** : 그로울러 테스터기를 ON시키고 전기자 흡인된 상태에서 철편을 전기자에 1~2 mm 근접시켜 전기자를 한바퀴 돌린다.

6. 시험이 끝나면 그로울러 시험기 스위치를 OFF시킨다.

시동 전동기 고장 진단 방법

❶ 엔진이 작동하지 않는 경우(크랭킹이 느린 경우)는 배터리, 배선, 단자의 순서로 점검한다.

❷ 배터리는 멀티 테스터로 전압을 확인하거나 배터리 용량 테스터로 점검한다.

(2) 시동 전동기 계자 코일 점검

1. 계자 코일을 분해한다.

2. 계자 코일 전원 공급선 M 단자 상태를 점검하고 브러시 마모 상태를 확인한다.

3. 분해된 계자 코일 접지 브러시 (–)와 브러시 홀더 접촉 상태를 점검한다.

4. 브러시 홀더 스프링 및 (+) 브러시 상태를 점검하고 배선 노출 여부를 점검한다.

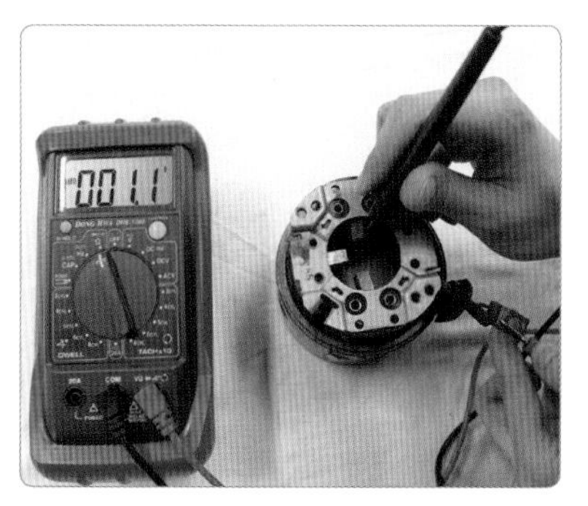

5. 멀티 테스터를 저항으로 선택한 후 M 단자와 (+) 브러시 간 단선 상태를 점검한다(1.1 Ω).

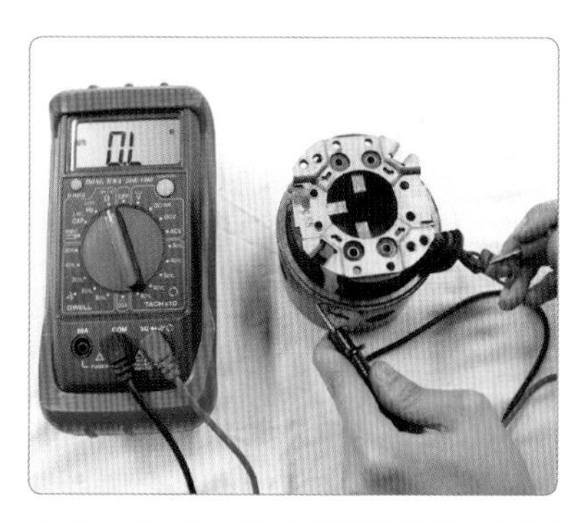

6. M 단자와 계자 철심(몸체) 간 접지 상태를 점검한다(∞ Ω). 비도통 양호

Chapter 2 전기

7 시동 전동기 마그네틱 스위치 점검

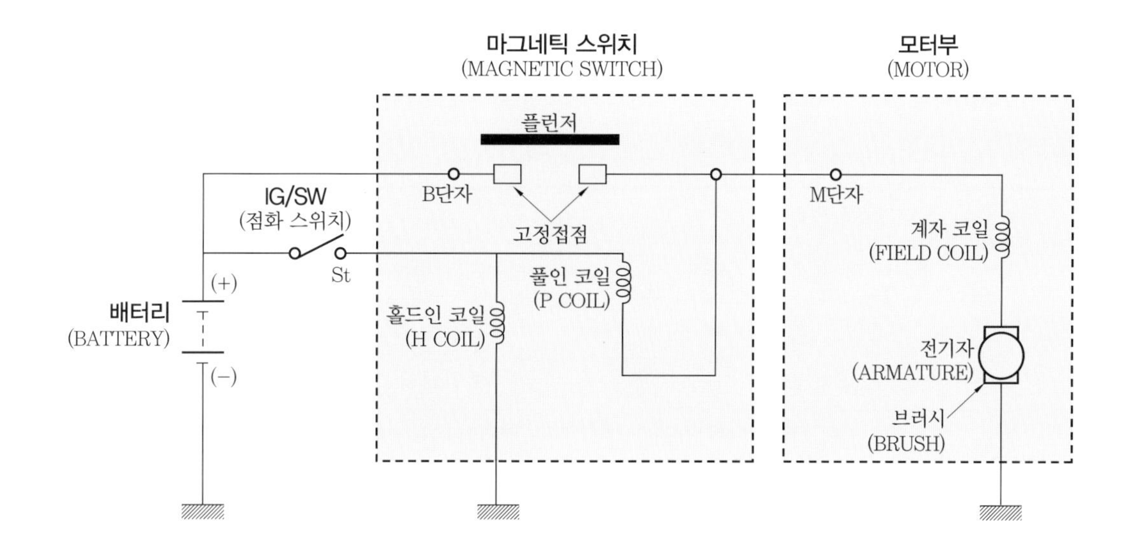

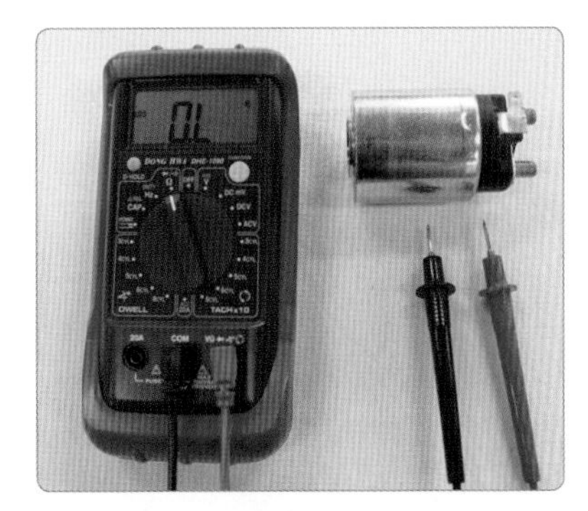

1. 점검할 마그네틱 스위치와 멀티 테스터를 확인한다(선택 R).

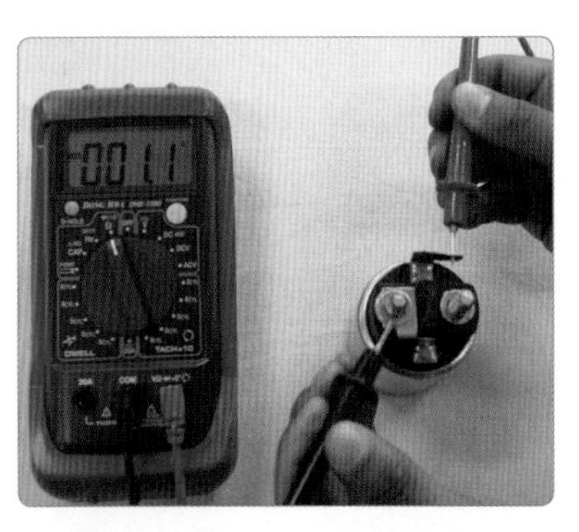

2. **풀인 코일 점검** : 멀티 테스터(저항) (+), (−) 리드선을 각각 ST 단자와 M 단자에 연결하였을 때 코일 저항을 점검한다(1.1 Ω).

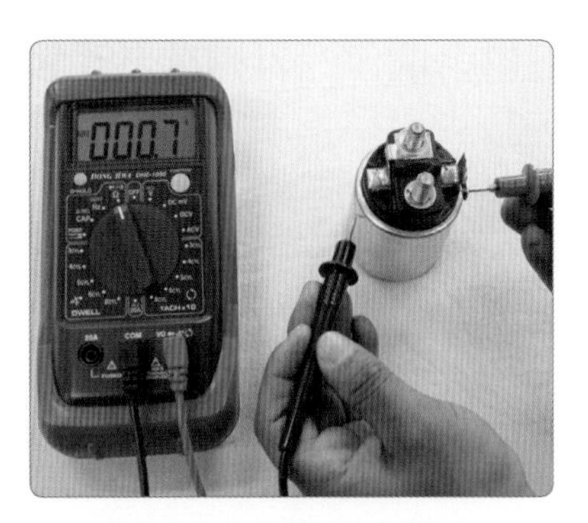

3. **홀드인 코일 점검** : 멀티 테스터(저항) (+), (−) 리드선을 각각 ST 단자와 몸체에 연결하였을 때 코일 저항을 점검한다(0.7 Ω).

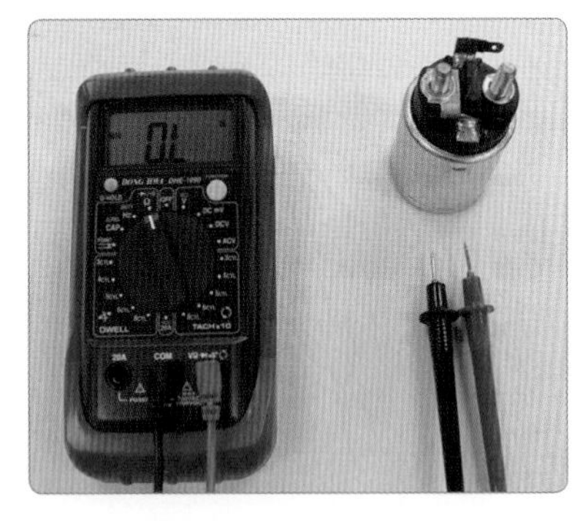

4. 마그네틱 스위치와 멀티 테스터를 정렬한다.

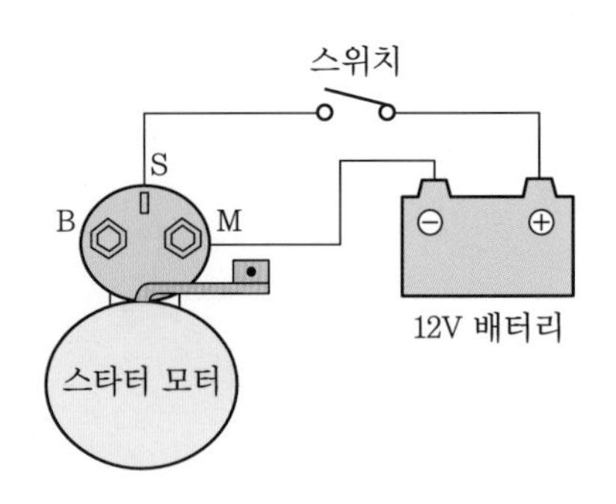

마그네틱 스위치 풀인 시험

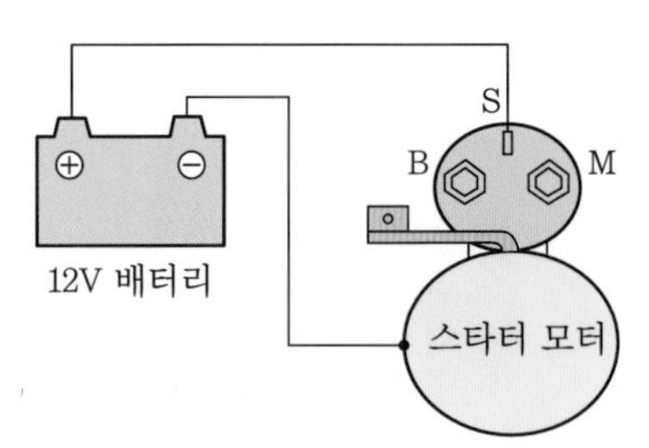

마그네틱 스위치 홀드인 시험

① 측정(점검)

- 전기자 코일 : 단선−0 Ω, 단락−∞ Ω, 접지−∞ Ω
- 풀인 코일 : 도통(1.1 Ω)
- 홀드인 코일 : 도통(0.7 Ω)

② 정비(조치) 사항 : 측정 시 불량일 때는 전기자 코일을 교환하거나 솔레노이드 스위치를 교환한다.

③ 규정값

단품 점검		규정값
전기자 코일	단선(개회로) 시험	모든 정류자편이 통전되어야 한다.
	단락 시험	철편이 흡인되지 않아야 한다.
	접지(절연 시험)	통전되지 않아야 한다.
마그네틱 스위치	풀인 시험(풀인 코일)	피니언이 전진한다(1.1 Ω).
	홀드인 시험(홀드인 코일)	피니언이 전진 상태로 유지된다(0.4~0.7 Ω).

8 버튼 시동장치

① 스마트키

㈎ 주요 기능 및 명칭

LED 점등창

도어 잠금 버튼

짧게 누름 : 도어 잠금, 도난 경계 상태 전환
길게 누름 : 도어 잠금, 아웃사이드 미러 접힘 및 도난 경계 상태 전환

도어 열림 버튼

짧게 누름 : 도어 잠김 해제, 도어 경계 상태 해제
길게 누름 : 도어 잠김 해제, 도난 경계 상태 해제 아웃사이드 미러 펼침 기능

패닉/에스코드 버튼

패닉(경보음) : 짧게 누름
에스코드(헤드 램프 점등 기능) : 길게 누름

트렁크 열림 버튼

파워 트렁크 : 버튼을 길게 누르면 트렁크가 열리고 다시 길게 누르면 트렁크가 닫힘
일반 트렁크 : 버튼을 누르면 트렁크 잠김이 해제

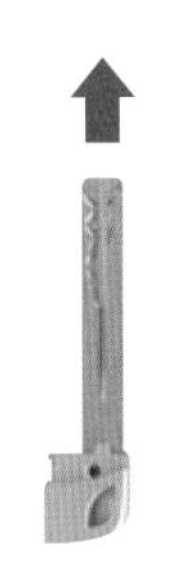

보조키(비상키)부

리모컨부 또는 차량 배터리 방전 시 운전석 도어 핸들, 글로브 박스 및 트렁크의 키 홀을 이용하여 열 수 있는 보조키

도어 잠금 버튼

▶ 도어 잠금 기능
- 모드 도어가 닫혀진 상태에서 버튼을 짧게 누르면 모든 도어가 잠기면서 도난 경계 상태로 진입
- 도어 잠김 및 도난 경계 상태 진입 확인
: 방향지시등 2회 점멸 및 삑 소리 1회 발생

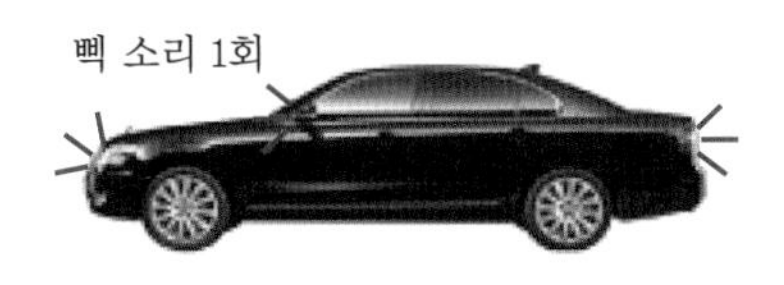

▶ 아웃사이드 미러 접힘 및 도어 잠금 기능
아웃사이드 미러를 접을 때 도어 잠금 버튼을 길게 누름(도어 잠김 기능 포함)

도어 열림 버튼

▶ 도어 잠금 해제 기능
- 버튼을 짧게 누르면 모든 도어의 잠금이 해제되면서 도난 경계 상태 해제
- 도어 열림 및 도난 경계 상태 해제 확인
: 방향지시등 1회 점멸 & 아웃사이드 미러 퍼들 램프(하단부) 및 실내등 약 30초간 점등

- 자동 도어 잠김 : 리모컨으로 도어 잠김을 해제하고 30초 이내에 도어를 열지 않으면 자동으로 도어 잠김

▶ 아웃사이드 미러 펼침 및 도어 열림 기능
- 접힌 아웃사이드 미러를 펼칠 때 도어 열림 버튼을 길게 누름(도어 잠김 해제 기능 포함)

▶ 도난경보음 발생 시 해제 버튼

스마트키 주요 기능 및 명칭

㈏ 엔진 시동을 위한 준비

- 스마트키 휴대 상태에서 차량에 탑승한다.
- 스마트키 시스템의 스마트키 비상 홀더(슬롯) : 스마트키의 배터리가 소진되거나 통신상 에러 등이 발생되었을 경우 사용한다.

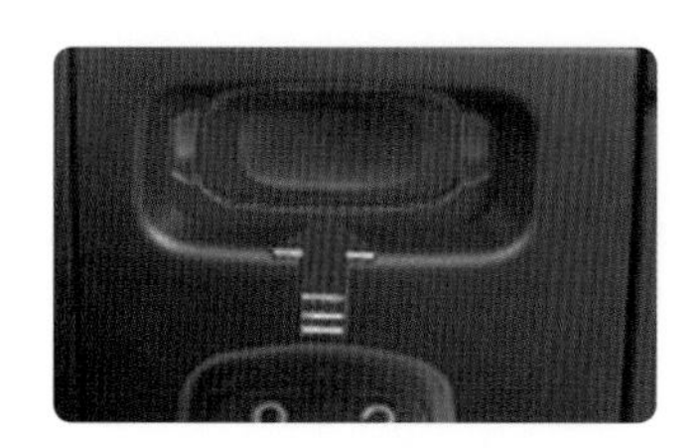

스마트키 홀더

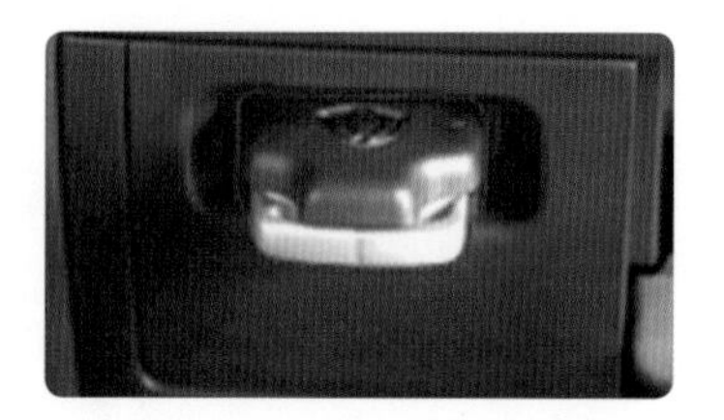

스마트키 홀더 장착 상태

㈐ 보조키(비상시) 사용 방법

- 리모컨/차량 배터리가 방전되거나 시스템 고장 시 도어를 열거나 잠글 경우에 사용한다.
- 글로브 박스를 보조키로 잠그거나 트렁크 잠금 기능 작동 상태에서 외부에서 트렁크를 열어야 할 경우에 사용한다.

㈑ 시동 스위치 단계별 작동 상태

LOCK 상태	ACC 상태	ON 상태	LED : 녹색 점등
START ENGINE STOP	START ENGINE STOP	START ENGINE STOP	START ENGINE STOP
LED : 미점등 • 전원이 공급되지 않으며, 스티어링 휠이 잠겨 있는 위치 • 스마트키를 키 비상 홀더에서 탈거할 수 있는 상태	LED : 주황색 점등 • 시동 스위치를 짧게 누르면 ACC 위치가 되며 스티어링 핸들 잠금 해제 • 일부 전기장치 작동	LED : 적색 점등 • ACC 상태에서 스위치를 다시 한번 누르면 계기판의 전원이 모두 들어온다. • 대부분의 전기장치 작동	START(시동) 상태 브레이크 페달을 밟은 상태에서 스위치를 누르면 엔진 시동

㈒ 엔진 시동

- 스마트키를 휴대한 상태에서 차량에 탑승한다.
- 주차 브레이크를 체결한다.
- 변속 레버를 "P" 위치로 선택하고 브레이크 페달을 밟는다.
- 시동 스위치를 확인하고 시동 버튼을 눌러 엔진을 시동한다.

엔진 시동

㈓ 엔진 정지

- 차량이 정지된 상태에서 브레이크 페달을 밟는다.
- 변속기 선택 레버를 “P” 위치로 선택한다.
- 시동 스위치를 눌러 시동을 OFF시킨다.
- 차량에서 나올 때는 스마트키를 소지한다.

엔진 정지

② **스티어링 칼럼 로크 장치** : 버튼 엔진 시동 시스템에서 전원 분배 모듈에 의해 작동 전원을 공급받고, 통신 라인을 통해 스마트키 ECU로부터 명령을 받아 스티어링 칼럼의 로크/언로크 작동을 수행한다.

③ **스마트키 홀더** : 트랜스폰더와의 통신을 위한 이모빌라이저 안테나와 스마트키의 삽입을 인식하는 마이크로 스위치(스마트키 IN 스위치)를 내장하고 있으며, 스마트키의 배터리 방전 또는 시스템 에러로 인해 스마트키와 LF 통신을 할 수 없을 때 비상 작동을 할 수 있게 하는 장치이다.

(3) 스마트키 배터리 교환

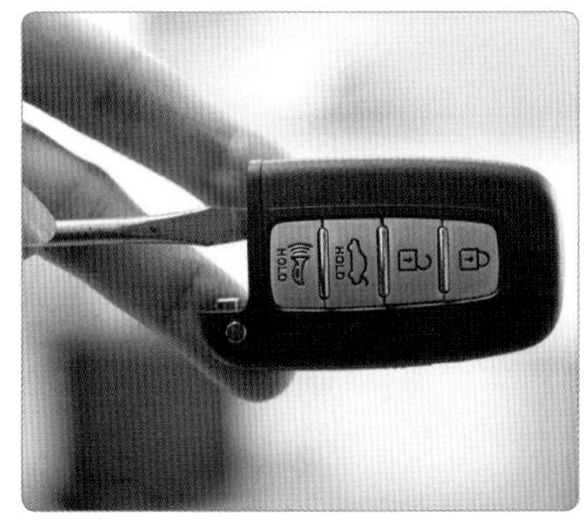

1. 스마트키 뒤쪽의 버튼을 누르면서 비상 키를 분리한다. (–) 드라이버를 이용하여 프런트 커버를 분리한다.

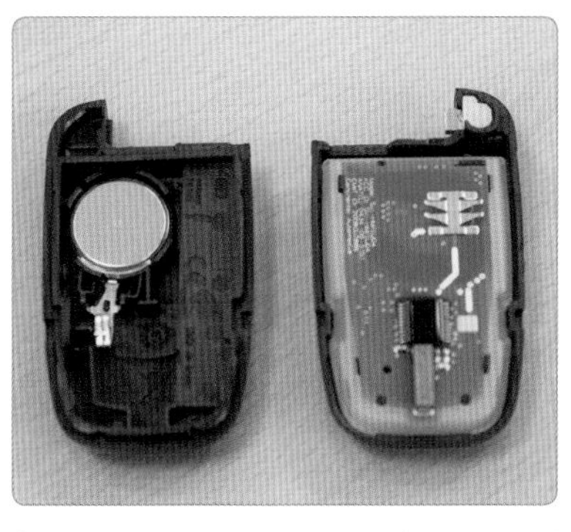

2. 전자기판이 손상되지 않도록 주의하여 전자기판을 분리한다.

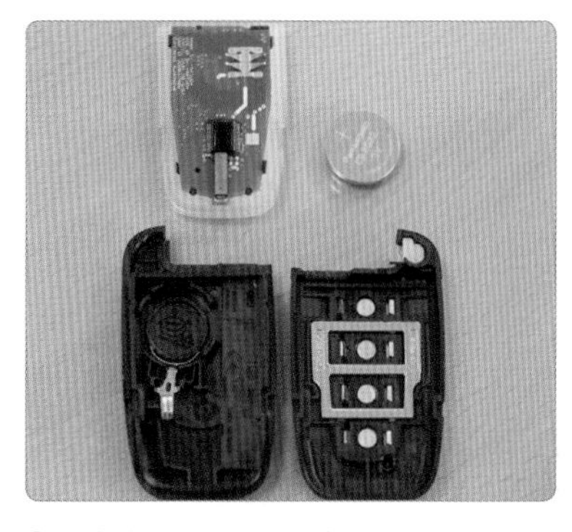

3. 배터리를 분리하여 규격에 맞는 배터리를 장착한다.

4. 배터리 장착 시 배터리 (+)면을 홀더 장착부에 체결한다.

포그 키

버튼 키

(4) 버튼 시동 시스템 구성

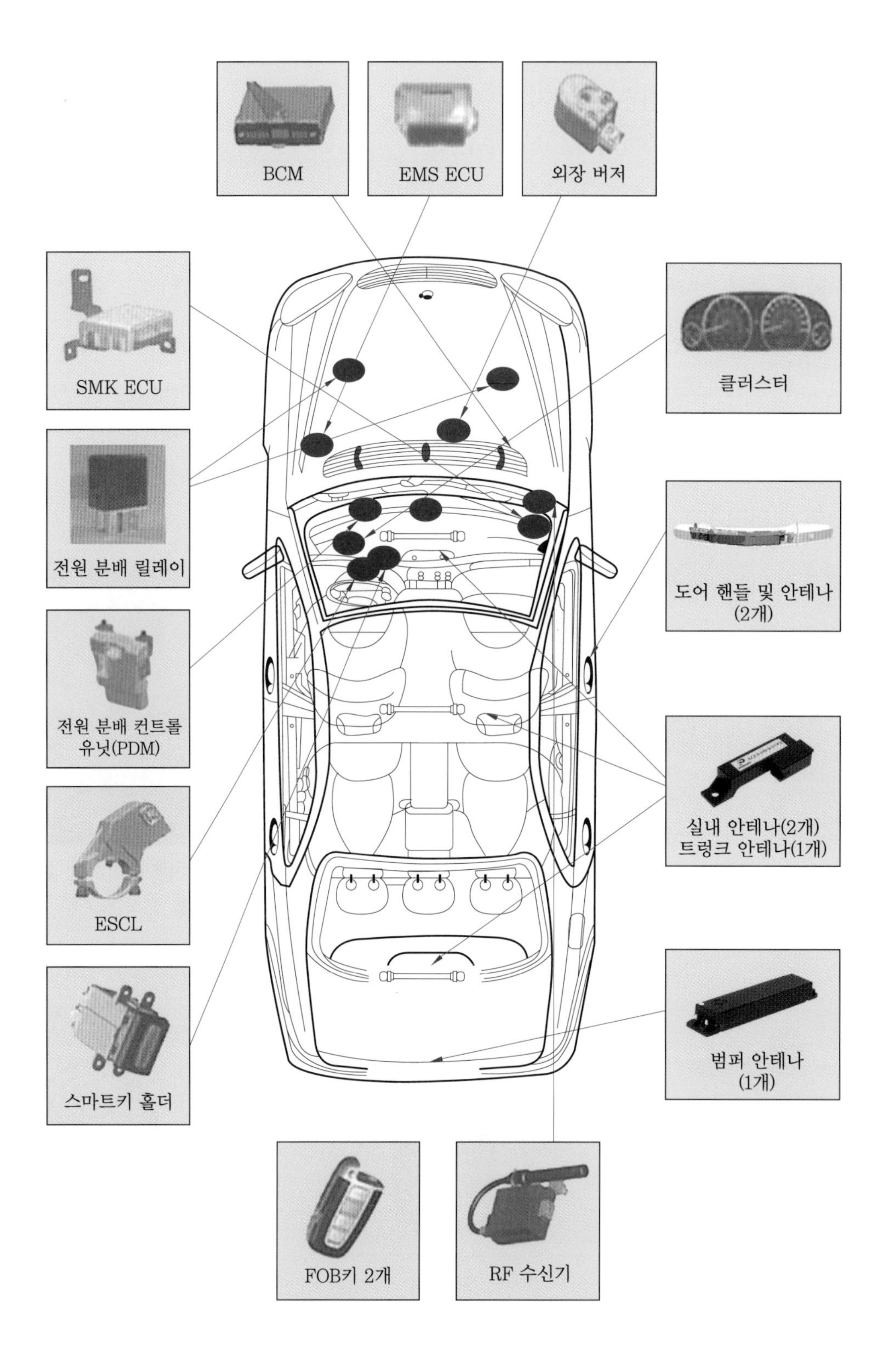
BCM
EMS ECU
외장 버저
SMK ECU
클러스터
전원 분배 릴레이
도어 핸들 및 안테나
(2개)
전원 분배 컨트롤
유닛(PDM)
실내 안테나(2개)
트렁크 안테나(1개)
ESCL
범퍼 안테나
(1개)
스마트키 홀더
FOB키 2개
RF 수신기

(5) 구성 부품의 기능과 역할

명 칭	기능과 역할
스마트키 ECU	• 전원 이동 명령을 PDM으로 전송 • 안테나 구동 및 스마트키 인증 • 시동 관련 엔진 ECU와 통신 • 보디 CAN 통신 • 스마트키 관련 패시브 도어 로크/언로크 명령 전송(→BCM) • ESCL과 통신 • ESCL 로크/언로크 명령 전송
도어 아웃사이드 핸들(2EA)	• 도어 외부 영역의 스마트키 감지(LF 안테나 내장) • 로크/언로크 : 버튼 타입(터치 센서 없음)
범퍼 안테나	트렁크 외부 영역의 스마트키 감지(LF 안테나 내장)
트렁크 안테나	트렁크 폼 내부 영역의 스마트키 감지(LF 안테나 내장)
크러스터 모듈	• 이모빌라이저 인디케이터 표시 • 스마트키 기능 관련 경보 문자 표시
실내 안테나(2EA)	실내 영역의 스마트키 감지
외부 수신기	스마트키 신호 & 리모컨 신호 수신
전자 제어 스티어링 칼럼 로크 장치(ESCL)	스티어링 칼럼 잠금/해제
시동 버튼	전원 이동 및 엔진 시동을 걸기 위한 버튼
스마트키 홀더	스마트키 인증 불가에 의한 림폼 시동 시 스마트키 삽입 홀더 (이모빌라이저 통신 수행 : 이모빌라이저 디모듈레이터 내장)
PDM(product data management) (전원 분배 모듈)	• 시동 버튼 누름에 따라 스마트키 ECU의 신호를 수신 받아 ACC, IGN1, IGN2, START 전원 공급 릴레이 제어 • 이모빌라이저 통신 데이터 확인 • ESCI 전원 공급
전원 분배 릴레이	PDM의 전원 분배 제어용 릴레이(ACC, IGN1, IGN2, START 릴레이)
스마트키	외부 수신기로 고유 ID 무선 송신 및 리모컨 신호 송신
외부 버저	패시브 도어 로크/언로크 시 확인음 및 각종 경보음 발생
엔진 ECU	• 엔진 상태 정보(시동 OFF, 크랭킹, 시동 ON)를 시리얼 통신으로 전송 • 스마트키 ECU와 시동 허가 관련 정보 송수신

(6) 버튼 시동 시스템 제어 블록

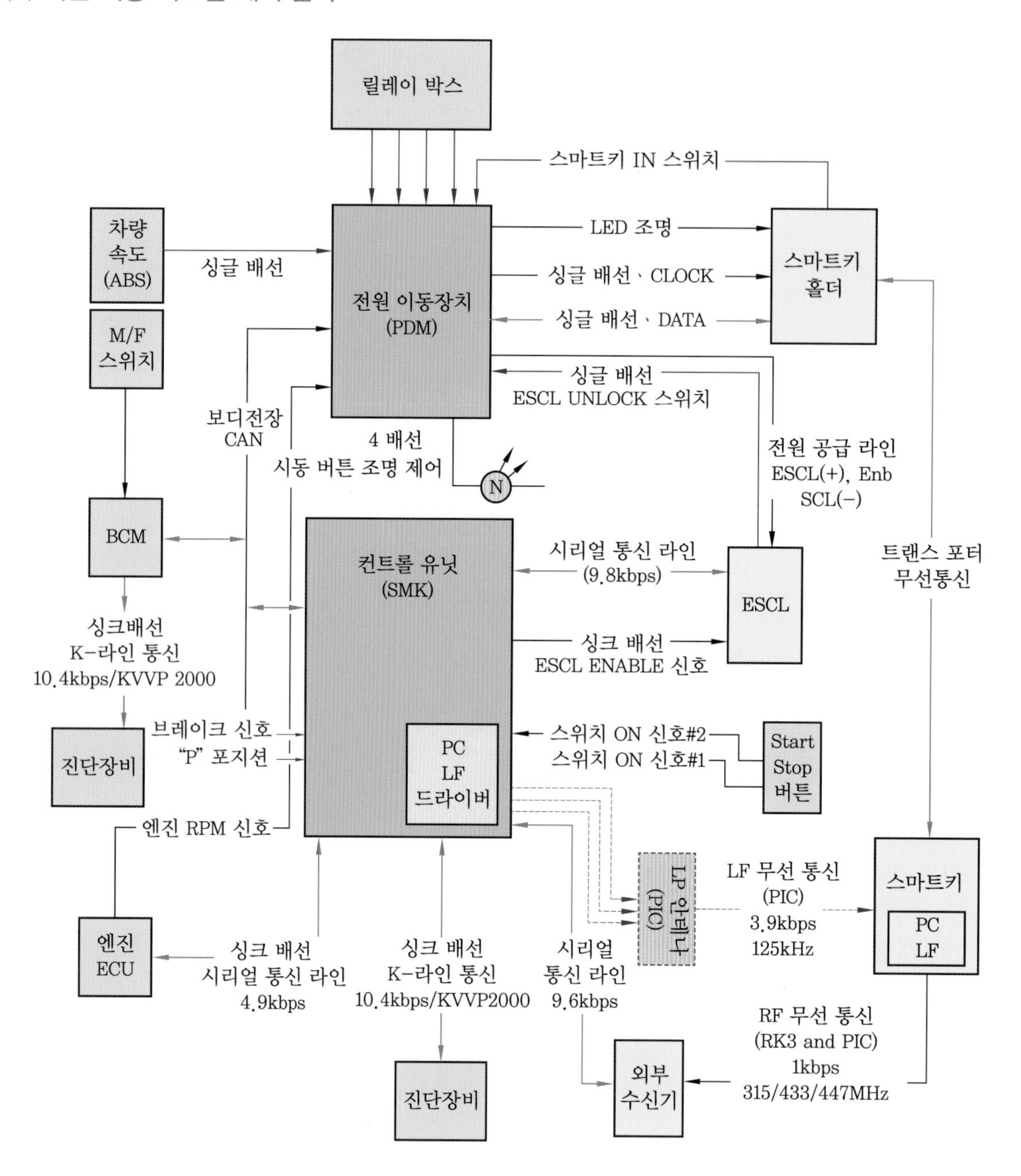

(7) 버튼 시동 엔진 제어 과정

① **엔진 시동 대기** : 운전자가 차량에 승차하기 위해 운전석 도어를 오픈하면 엔진 시동 ECU가 실내 안테나를 구동하고 스마트키를 검색하여 인증을 완료한다(사전 인증).

② **버튼 엔진 시동 ECU와 전원 분배 모듈에 시동 버튼(SSB) 신호 #2와 #1을 각각 입력** : 브레이크 페달을 밟은 상태에서 시동 버튼을 누른다.

③ **스티어링 칼럼 로크 장치 전원 공급** : 시동 버튼(SSB) 신호를 받은 전원 분배 모듈은 스티어링 칼럼 로크 장치에 전원 및 접지를 공급한다.

④ **엔진 스타트 준비** : 전원이 공급되면 스티어링 칼럼 로크 장치는 시리얼 통신 라인을 통해 버튼 엔진 시동 ECU 측으로 시동 준비(wake-up)되었음을 알리는 신호와 현재의 스티어링 칼럼 로크 장치 상태(LOCK/UNLOCK) 정보를 전송한다.

⑤ **엔진 시동 ECU 스티어링 칼럼 로크 장치 신호 송신** : 엔진 시동 ECU의 응답을 받은 버튼 엔진 시동 ECU는 스티어링 칼럼 로크 장치 ENABLE 신호 라인을 통해 ENABLE 신호를 보낸다. ENABLE 신호가 보내질 때마다 ENABLE 라인의 전압은 High(12 V)가 된다.

⑥ **엔진 시동 ECU의 스티어링 칼럼 로크 언로크(권한) 부여** : 버튼 엔진 시동 ECU는 ENABLE 신호 라인에 High 신호를 전송함과 동시에 시리얼 통신 라인을 통해 스티어링 칼럼 로크 장치 측으로 스티어링 칼럼 로크 장치 언로크 명령을 전송한다.

⑦ **스티어링 칼럼의 잠금을 해제** : 스티어링 칼럼 로크 장치는 버튼 엔진 시동 ECU로부터 ENABLE 신호와 스티어링 칼럼 로크 장치 언로크 명령이 전송되면 스티어링 칼럼 로크 장치 모터를 구동하여 스티어링 칼럼의 잠금을 해제한다.

⑧ **버튼 엔진 시동 ECU로 스티어링 칼럼 로크 장치 UNLOCK 종료 송신** : 스티어링 칼럼 로크 장치 모터의 작동이 종료되면 버튼 엔진 시동 ECU로 스티어링 칼럼 로크 장치 UNLOCK 종료 신호를 전송한다.

⑨ **전원 분배 모듈로 스티어링 칼럼 로크 장치 UNLOCK 스위치 ON 신호가 입력** : ⑧항의 작동과 동시에 전원 분배 모듈로 스티어링 칼럼 로크 장치 UNLOCK 스위치 ON 신호가 입력되고, 전원 분배 모듈은 스티어링 칼럼 로크 장치 UNLOCK 스위치 ON 정보를 CAN 통신 라인을 통해 버튼 엔진 시동 ECU로 전송한다.

⑩ **버튼 엔진 시동 ECU의 제어** : ⑧, ⑨항의 두 신호가 일치하면 버튼 엔진 시동 ECU는 정상적으로 스티어링 칼럼 로크 장치 잠금 해제가 종료된 것으로 판정한다. 스티어링 칼럼 로크 장치 ENABLE 라인을 OFF(Low)하고, 전원 분배 모듈 측으로 스티어링 칼럼 로크 장치 파워 OFF 명령을 전송한다.

⑪ **전원 분배 모듈 스티어링 칼럼 로크 장치 파워 OFF** : 전원 분배 모듈은 스티어링 칼럼 로크 장치의 전원 및 접지 출력을 OFF한다.

⑫ **전원 분배 모듈은 IG/ST 릴레이를 순차적으로 구동하여 엔진 시동** : 엔진 시동 ECU는 스티어링 칼럼 로크 장치 UNLOCK 작동이 완전 종료된 이후 전원 분배 모듈 측으로 엔진 시동 명령을 전송하고, 전원 분배 모듈은 IG/ST 릴레이를 순차적으로 구동하여 엔진 시동을 건다.

⑬ **엔진 시동 OFF** : 버튼 엔진 시동 ECU는 엔진 ECU로부터 엔진 러닝(running) 정보를 수신하면 스타트 릴레이 작동을 OFF한다. 단, IG ON된 후 2초 동안 엔진 ECU로부터 아무 정보를 수신받지 못하면 전원 분배 모듈은 RPM 신호를 보고 500 rpm 이상이면 스타트 릴레이 작동을 OFF한다.

3 점화장치 점검

실습목표 (수행준거)	
	1. 점화장치의 작동 원리를 파악하고 작동 상태를 이해할 수 있다. 2. 차종별 특성에 따른 점화장치 차이점을 파악할 수 있다. 3. 안전 작업 절차에 따라 점화장치를 진단하고 고장 원인을 파악할 수 있다. 4. 점화장치 관련 부품의 수리 · 교환, 조정 여부를 판정할 수 있다.

1 관련 지식

1 점화장치의 구성 요소

(1) 점화 스위치

시동 스위치와 겸하고 있으며, 1단 약한 전기 부하, 2단 점화 스위치 ON 시 주요 전원 공급, 3단 시동 스위치가 작동하며 엔진 시동이 걸리게 된다(자동차 주행에 따른 장치별 전원 공급).

(2) 점화 코일

철심을 사용하며, 자기 유도 작용에 의해 생성되는 자속이 외부로 방출되는 것을 방지하기 위해 철심을 통하여 자속이 흐르도록 한다. 개자로형 점화 코일보다 1차 코일의 저항을 감소시키고, 1차 코일을 굵게 하여 더욱 큰 자속을 형성, 2차 전압을 향상시킬 수 있다.

① 점화 코일의 구조

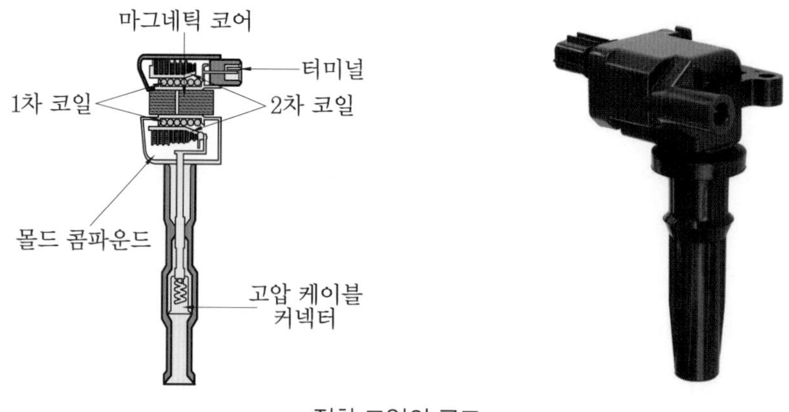

점화 코일의 구조

② 점화 코일의 종류

SOHC(배전기식)　　직접 분사식(독립식)　　DLI(2개 실린더 제어)

③ **폐자로형 점화 코일** : 얇은 철판을 가운데 발이 짧은 E자형(영어)으로 가공하여 여러 장을 겹친 2개의 철판을 마주보게 하여 철심으로 하고 에어 간극이 생긴 철심 가운데에 1차 코일과 2차 코일을 감고 표면을 플라스틱 수지로 씌운 형식이다(수지로 몰드하였다고 몰드형 점화 코일이라고도 한다).

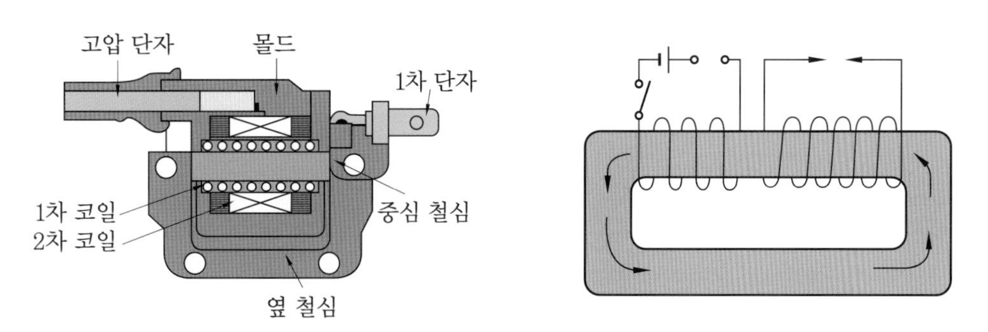

폐자로형 점화 코일의 구조 및 작동 원리

④ **DLI(distributor less ignition) 점화장치** : DLI 점화 방식은 배전기가 없으며 점화 코일에서 직접 실린더에 발생된 고압을 동시에 배분하는 동시 점화 방식과 각 실린더별 점화 코일이 설치된 독립 점화 방식이 있다.

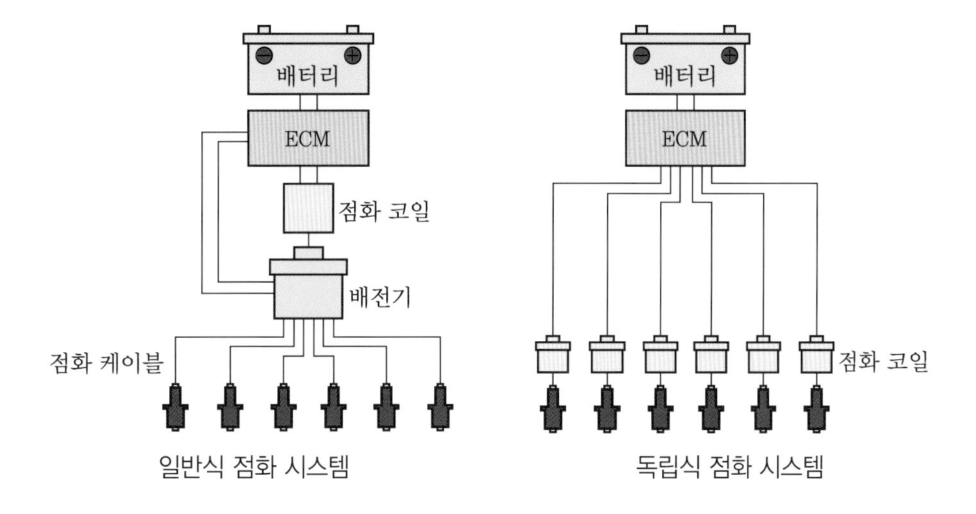

일반식 점화 시스템　　독립식 점화 시스템

(3) 파워 트랜지스터

컴퓨터에서 신호를 받아 점화 코일의 1차 전류를 단속하며 엔진 ECU에 의해 제어되는 베이스, 점화 코일(-)과 연결된 커넥터, 차체 접지되는 이미터 단자로 NPN형이다.

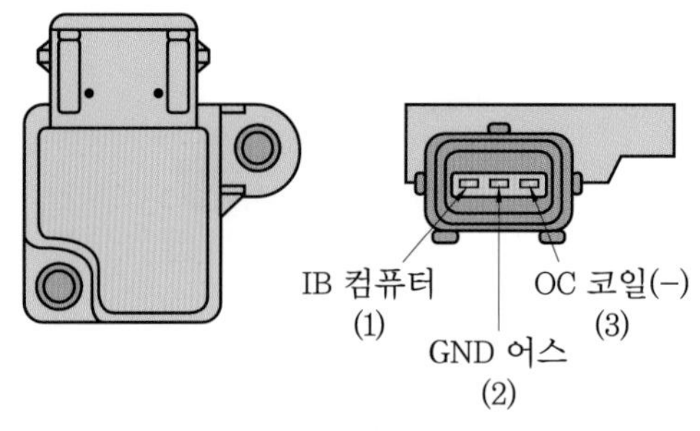

파워 트랜지스터

2 점화장치의 종류

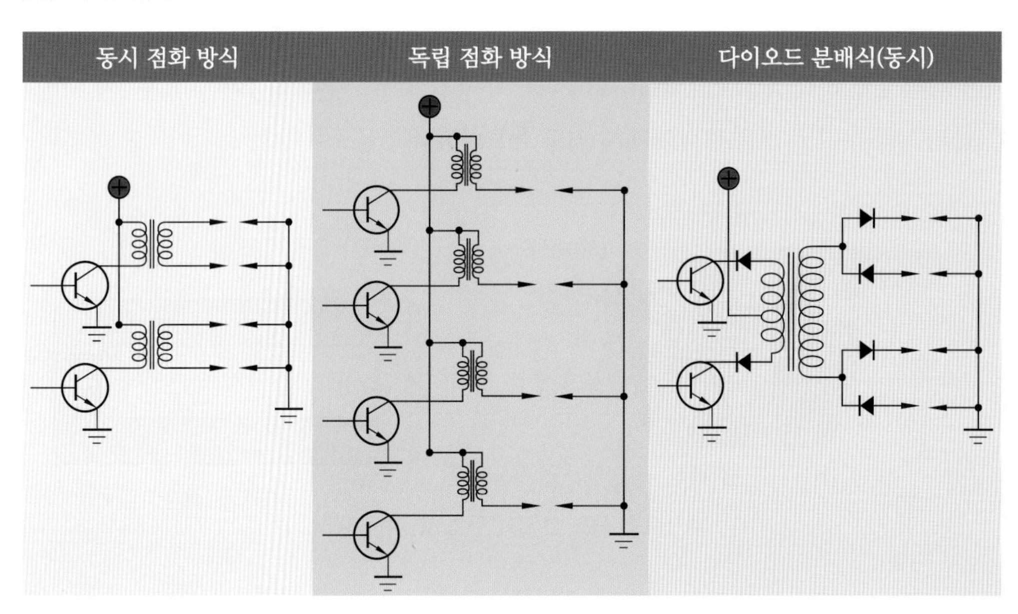

3 점화 파형 분석

(1) 1차 점화 파형

① A-B 구간 : 점화 구간

② B-C 구간 : 점화 감쇄 구간

③ D-E 구간 : 1차 코일 전류 흐름 구간(캠각 구간)

④ E 구간 : 1차 전류 차단 시점(역기전력에 의한 고압 발생 구간)

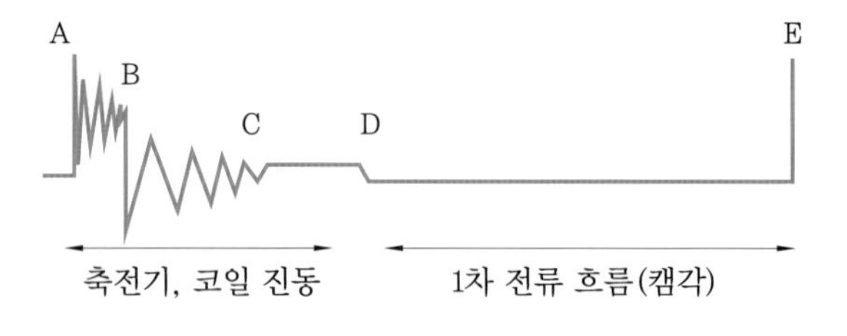

(2) 2차 점화 파형

① A-D 구간 : 점화 발생 구간(피크 전압)

② D-E 구간 : 중간 구간으로 감쇄 구간

③ E-A 구간 : 1차 코일 전류 흐름(캠각(드웰) 구간)

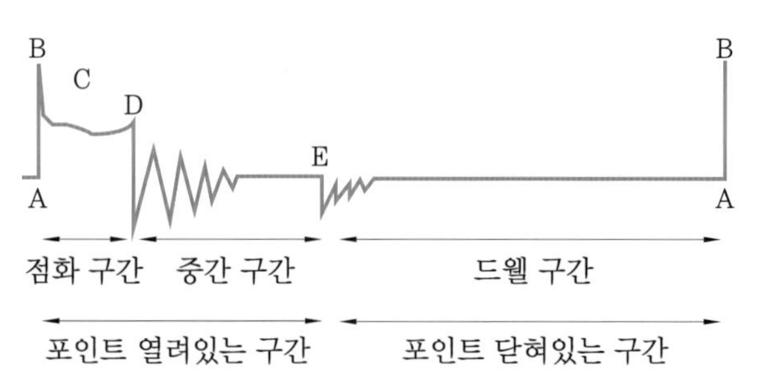

4 점화 플러그

중심 전극과 접지 전극으로 0.8~1.1 mm 간극이 있으며, 간극 조정은 와이어 게이지나 디그니스 게이지로 점검한다.

(1) 스파크 플러그 규격 표시

B	P	5	E	S	−11
나사 지름	구조/특징	열가	나사 길이	구조/특징	불꽃 GAP 치수 표시
A : 18 mm B : 14 mm C : 10 mm D : 12 mm E : 8 mm BC : 4 mm (육각대변 16.0 mm)	P : 절연체 돌출 타입 R : 저항 타입 U : 세미(semi)−연면 또는 연면 방전 타입	1 열형 2 3 4 ↑ 5 6 7 8 9 ↓ 10 11 12 13 냉형	E : 19.0 mm H : 12.7 mm	S : 표준 타입 Y : V−POWER 플러그 V : V플러그 VX : VX플러그 K : 외측 2극 전극 M : 외측 2극 전극 (로터리용) Q : 외측 4극 전극 (로터리용) B : CVCC 엔진용 J : 2극 사방 전극 C : 사방 전극	9 : 0.9 mm 10 : 1.0 mm 11 : 1.1 mm 13 : 1.3 mm −L : 중간 열가 −N : 외측 전극의 치수 등이 약간 차이가 난다.
BK : BCP 타입의 국제규격(ISO) 치수품으로 플러그 개스킷면으로부터 단자 너트 선단까지의 길이가 BCP 타입보다 2.5 mm 짧다.					

B	F	R	5	A	−11
P : 백금 플러그 Z : 돌출형 플러그	금구취부 나사 치수 육각대변 치수 F : ϕ 14×19 mm 육각대변 16.0 mm G : ϕ 14×19 mm 육각대변 20.6 mm J : ϕ 12×19 mm 육각대변 18.0 mm F : ϕ 10×12.7 mm 육각대변 16.0 mm	R : 저항 타입	열가 열형 5 ↑ 6 7 ↓ 냉형	A, B, C … 추가 기호	불꽃 GAP 치수 표시 −11 : 1.1 mm

B	R	E	5	2	7	Y	−11
나사 지름 B : 14 mm	R : 저항 타입	나사 길이	열가	절연체 돌출치수 2 : 25 M	발화 위치 7 : 7.0 mm 9 : 9.5 mm	Y : 중심 전극이 V홈	불꽃 GAP 치수 표시 −11 : 1.1 mm

(2) 플러그의 종류와 특징

① 와이드 캡 플러그 : 불꽃 갭 치수를 1.0~2.0 mm 정도까지 키워서 착화성을 향상시킨 플러그

② 돌출 플러그 : 발화 위치를 연소실의 중심에 가깝게 하여 연소의 안정을 도모하는 플러그

③ 백금 TIP 플러그 : 전극의 선단에 백금을 사용하여 내구성이 우수하다. 예 PFR5N-11

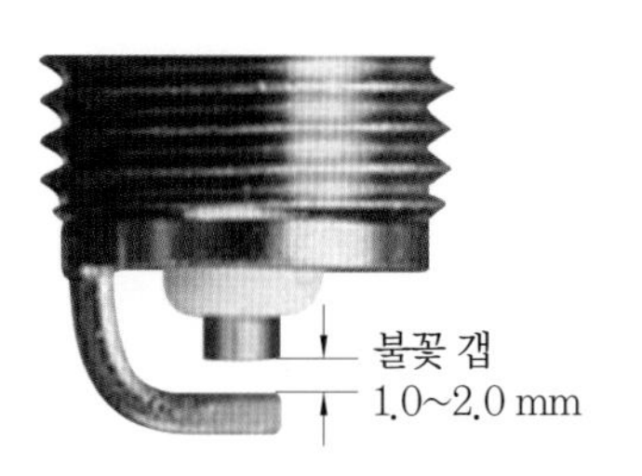

와이드 캡 플러그

돌출 플러그

백금 TIP 플러그

2 점화장치 점검

1 점화 회로 점검(시동 회로 포함)

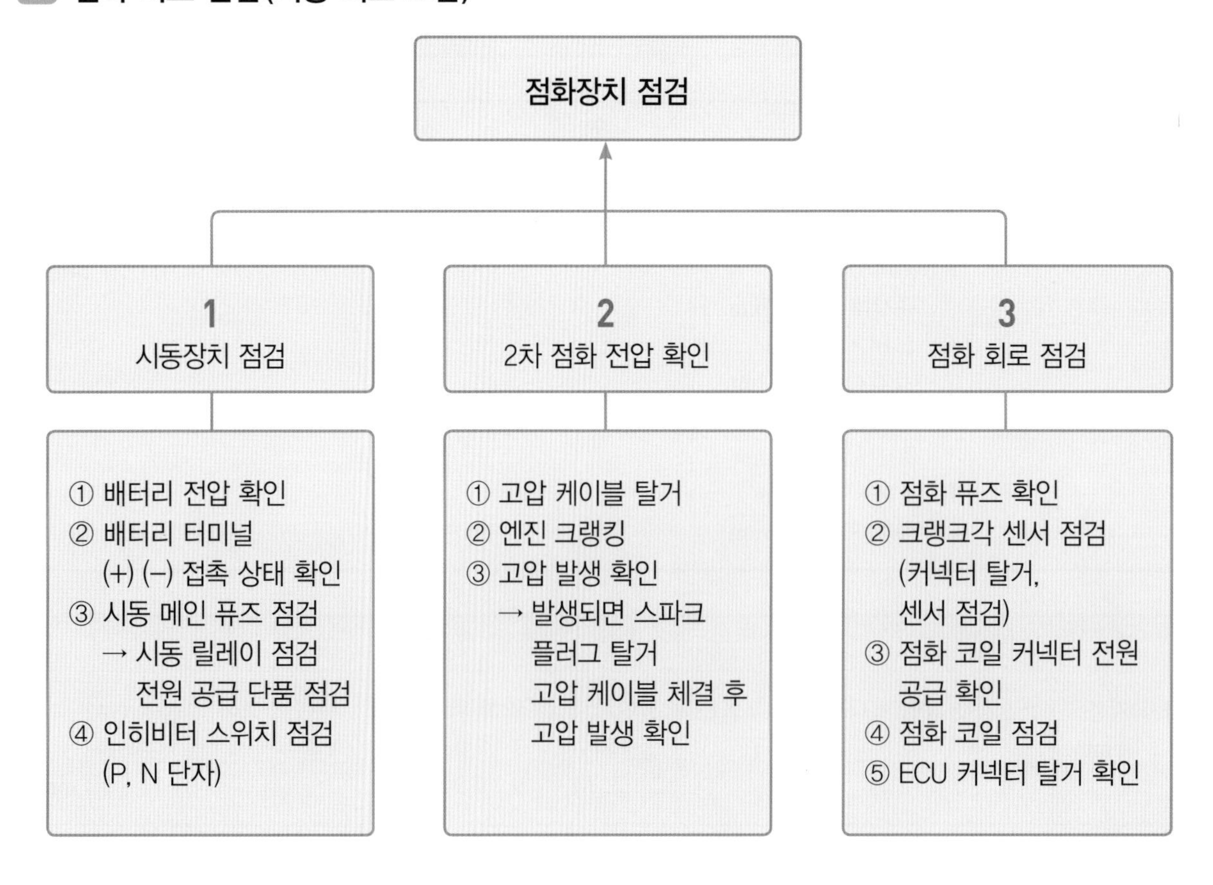

2 점화 플러그 및 고압 케이블 점검(교체 작업)

1. 시동용 기관을 확인한다.

2. 고압 케이블을 탈거하여 정리한다.

3. 플러그 렌치를 사용하여 플러그를 탈거한다.

4. 탈거한 플러그를 확인 점검한다.

5. 스파크 플러그를 플러그 렌치에 체결하고 나사에 맞춰 천천히 조립한다.

6. 플러그 렌치에 토크 렌치를 사용하여 조립한다.

7. 고압 케이블을 점화 순서에 맞게 연결한다(1번과 4번, 2번과 3번).

8. 고압 케이블을 체결한다.

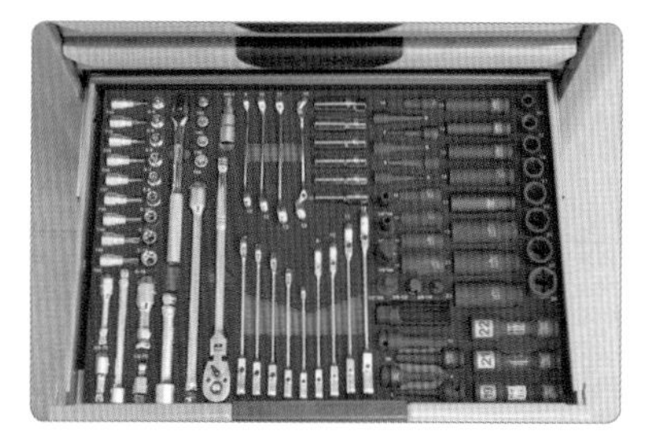

9. 작업이 끝나면 공구를 정리한다.

3 점화 플러그 전극 상태 점검

(1) 점화 플러그 전극 상태

전극 상태	현 상
검을 때	불완전 연소(350 ℃ 이하)
자색(보라색)	완전 연소(450~500 ℃)
회색	과열 상태(550~700 ℃)
오일을 묻혔을 때	오일이 연소실에 올라올 때

(2) 점화 플러그 상태 및 특징

정 상	이상 연소 연소물 부착
외연 상태를 육안으로 확인하여 점화 발화 부위가 갈색이거나 연한 회색일 경우	연료 : C, Pb, Br, Cl, P 오일 : C, Ca, S, Ba, Zn 기타 : Fe, Si, Al 등 오일 상승 부조와 연료 조성 및 연소 회수가 영향
카본 오염	**연소물 부착**
카본 오손된 경우	연료 액정 과다 분사되어 젖어 있음
전극 애자 깨짐	**부식과 산화**
과열과 충격에 의해 전극 애자가 깨진 상태	전극 재질이 산화된 상태, 열적 부하와 연소 시 납의 화학적 반응으로 발생된다.
이상 소모	**납 오손(저온)**
간극(gap)이 벌어진 상태로 조정이나 교환	저속 주행으로 2000~3000 km 주행한 차에서 주로 발생됨
과도하게 탄 경우	**연소 시 용해**
표면에 광택이 나며 연소물이 융착됨	전극에 둥근 띠를 두른 요철이 많음

❶ 자기 청정 온도 : 전극 부분의 온도가 450~600℃ 정도를 유지하도록 하는 온도이다. 전극의 온도가 800℃ 이상이면 조기 점화의 원인이 된다.

❷ 열 값(열 범위) : 점화 플러그의 열 방산 능력을 나타내는 값

- 길이가 짧고 열 방산이 잘 되는 형식을 냉형(cool type), 길이가 길고 열 방산이 늦은 형식을 열형(hot type)이라 한다.
- 냉형 점화 플러그는 고속 · 고압축비 엔진에 적용하고, 열형 점화 플러그는 저속 · 저압축비 엔진에서 사용한다.

4 점화 코일 1, 2차 저항 측정

1. 멀티 테스터 측정 단자와 레인지를 선택한다(Ω).

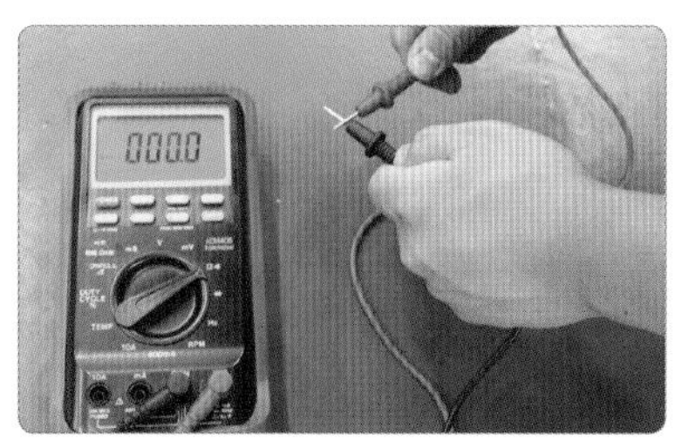

2. 멀티 테스터를 세팅하여 0 Ω을 확인한다.

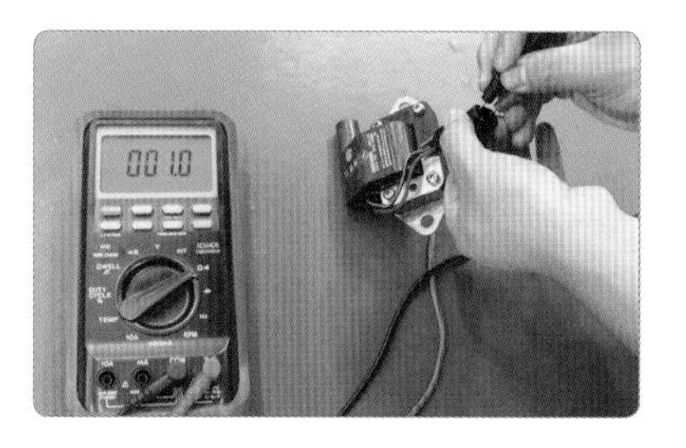

3. 점화 1차 코일 저항을 측정한다. (1.0 Ω).

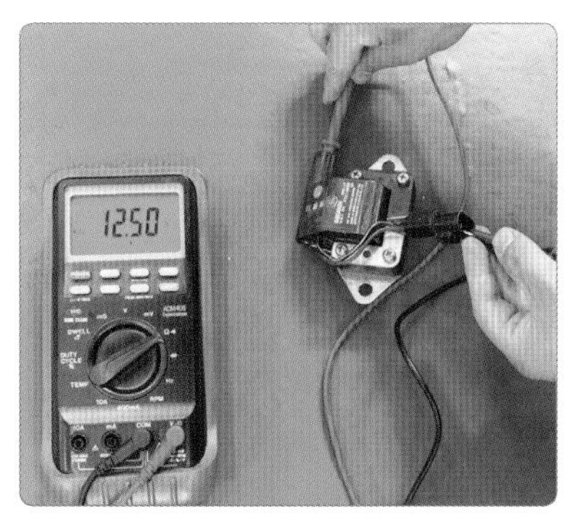

4. 점화 2차 코일 저항을 측정한다. (12.5 kΩ)

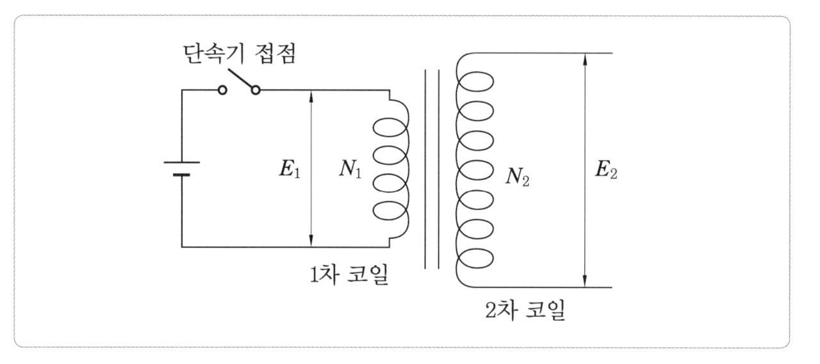

상호 유도 작용

5 고압 케이블 점검

1. 멀티 테스터 측정 단자와 레인지를 선택한 후 세팅한다(0 Ω).

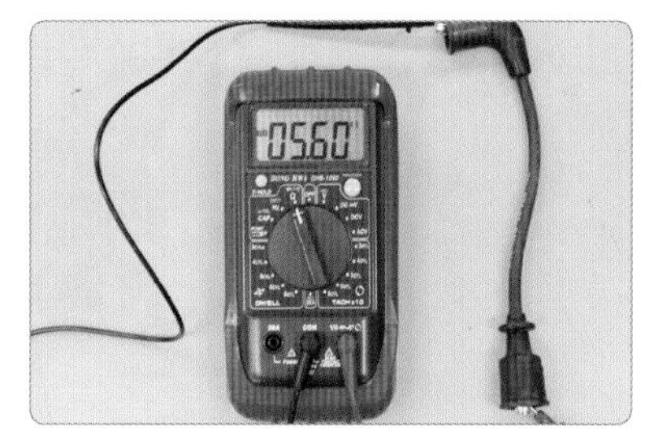

2. 고압 케이블을 측정한다(5.6 kΩ).

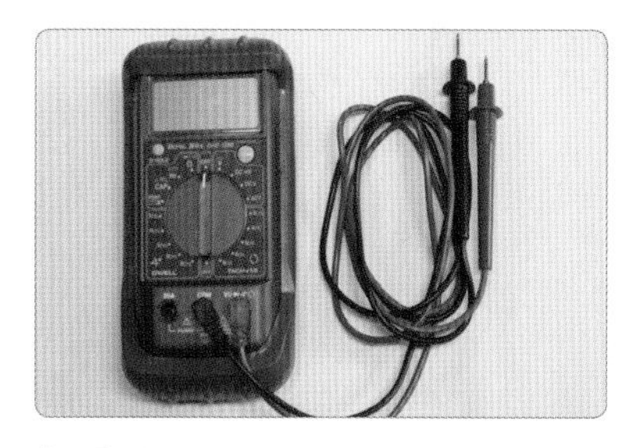

3. 측정이 끝나면 멀티테스터를 정리한다.

자동차용 점화 케이블

내연기관용 점화 플러그 고압 케이블 세트로, 하이텐션 케이블, 점화플러그 배선, 플러그 배선, 점화 케이블 스파크, 스파크 케이블로 사용되고 있으며, 일반적으로 "자동차 내연기관용 점화 플러그 고압케이블"로 정의하고 있다.

차종과 길이에 따라 점화 고압 케이블 저항값은 다소 차이가 있다. 예를 들면 1번 실린더가 2.7 kΩ, 4번 실린더가 1.25 kΩ으로, 길이가 긴 것과 작은 것의 고압케이블 저항값의 차이는 2배 이상이 될 수도 있다.

4 충전장치 점검

실습목표 (수행준거)	1. 충전장치의 발전 원리를 이해하고 작동 상태를 파악할 수 있다. 2. 차종별 충전장치의 특징을 이해하고 고장 점검을 할 수 있다. 3. 진단 장비를 활용하여 충전장치의 고장 원인을 파악할 수 있다. 4. 충전장치 구성 부품 교환 작업을 수행하고 단품 점검을 할 수 있다.

1 관련 지식

1 충전장치

자동차 충전장치는 반도체의 개발에 따라 직류(DC)에서 교류(AC)로 바뀌게 되었으며, 자동차의 전기는 직류(DC)를 사용하고, 충전장치에는 교류(AC) 발전기가 사용된다.

● 교류 발전기의 구조

① 스테이터(stator) : 기전력 발생

㈎ 스테이터는 3개의 코일이 감겨 있고 여기에 3상 교류가 유기되며 스테이터 코어 철심으로 자력선의 크기를 더하고 있다.

㈏ 스테이터 코일의 결선 방법에는 Y 결선(스타 결선)과 삼각 결선(델타 결선)이 있으며(Y 결선은 선간 전압이 각 상 전압의 $\sqrt{3}$배이다.), 엔진 공회전 시에 충전 가능하다.

② 로터 : 자력선 형성

로터부 슬립링에 전원이 공급되면 N극과 S극이 형성되어 자화되며, 로터가 회전함에 따라 스테이터 코일의 자력선을 차단하므로 전압이 발생된다.

③ 다이오드(diode) : 정류기

㈎ 스테이터 코일에서 발생한 교류를 직류로 정류하며, 축전지에서 발전기로 전류가 역류하는 것을 방지한다.

㈏ 다이오드는 (+)쪽에 3개, (−)쪽에 3개씩 6개를 두며, 보조 다이오드(+)를 3개 더 두고 있다.

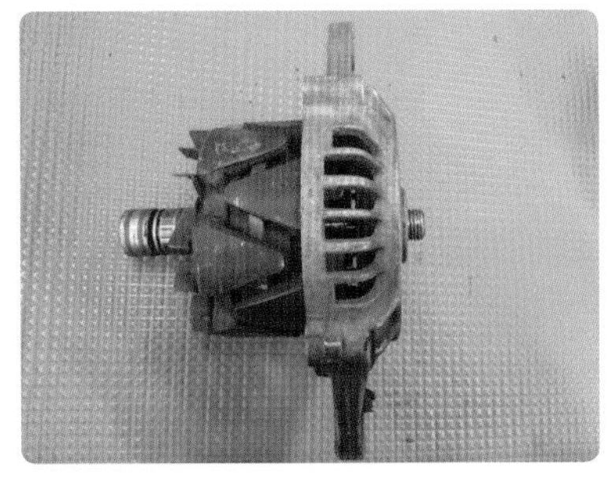
로터부

스테이터

다이오드

2 충전장치 점검

1 축전지 비중 및 용량 시험

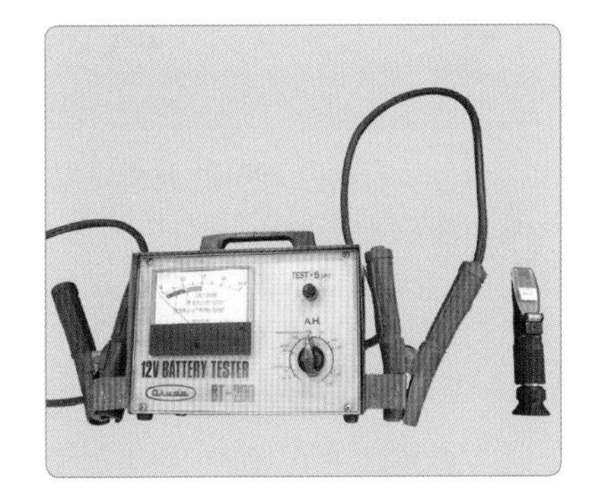

1. 축전지 비중 및 용량 시험을 위해 용량 테스터기를 준비한다.

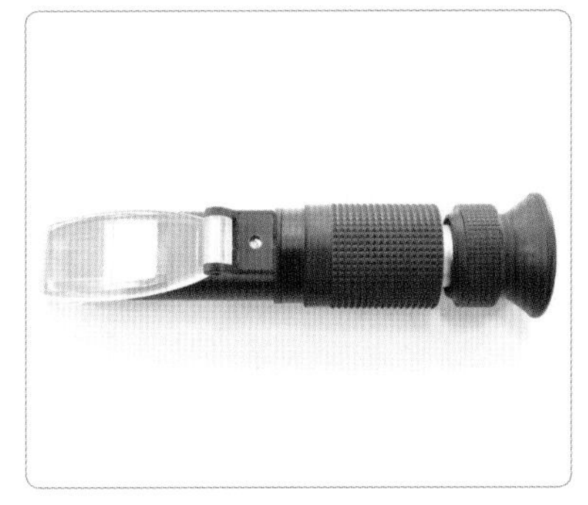
2. 비중계를 준비한다(점검창, 청결 상태 확인).

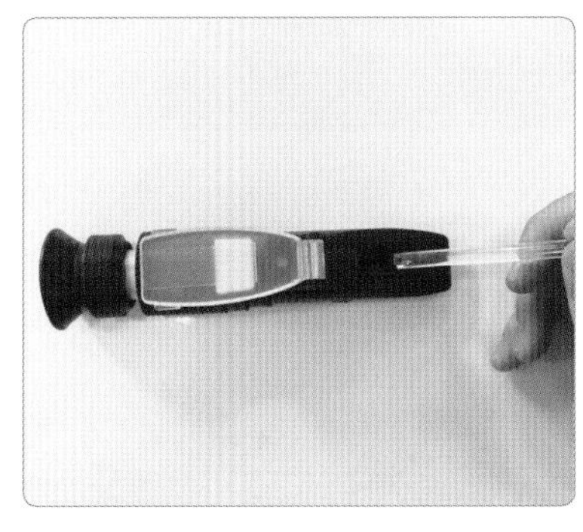
3. 배터리 전해액을 비중계에 1~2방울 떨어뜨리고 비중계 덮개를 덮는다.

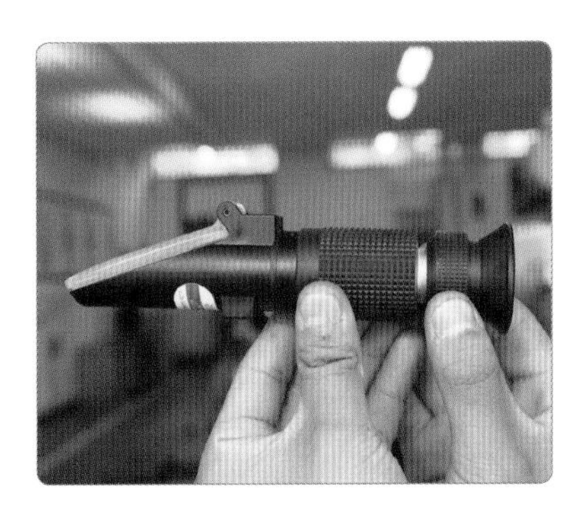
4. 비중계를 햇볕이나 불빛이 비치는 방향으로 향해 비중량을 측정한다.

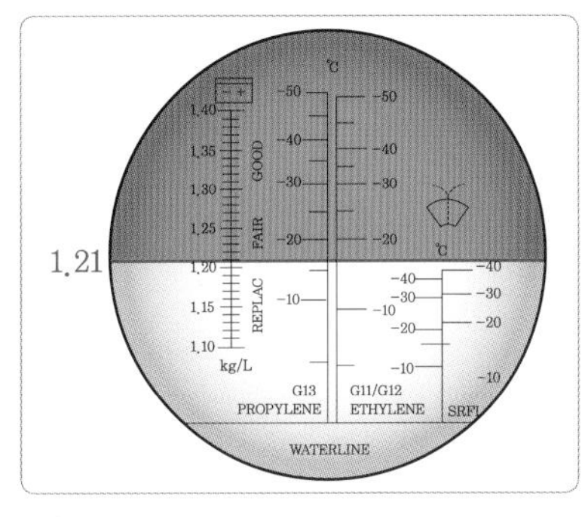

5. 햇볕이나 광도가 밝은 방향으로 비추어서 구분되는 경계면의 비중을 확인한다.

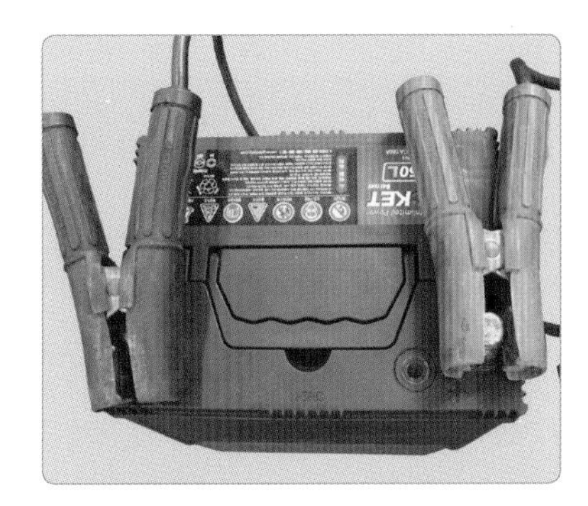
6. 시험 배터리에 축전지 용량 시험기를 연결한다.

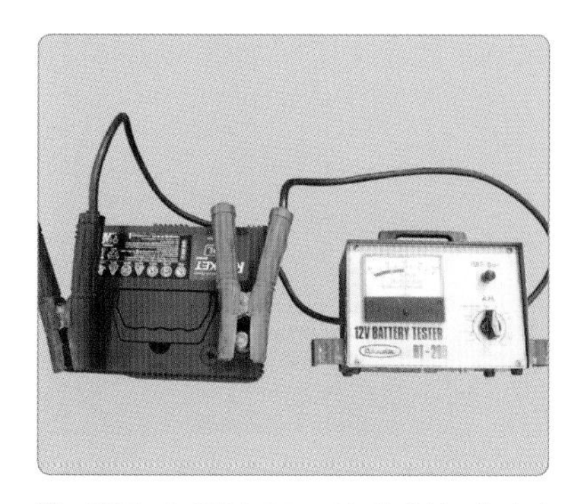

7. 작동 스위치 OFF 상태에서 배터리 전압을 확인한다.

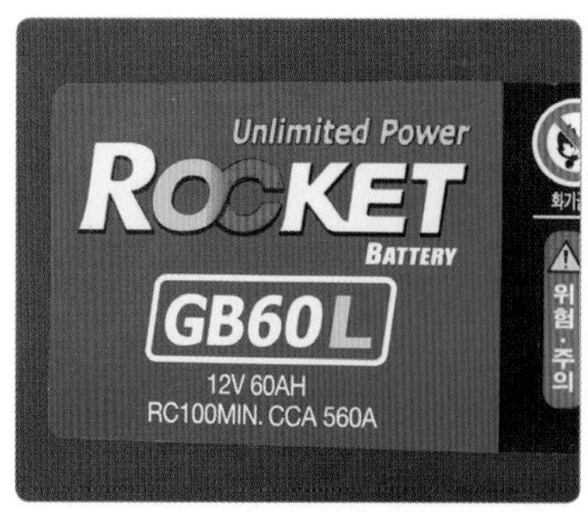

8. 배터리 용량을 확인한다. (12 V 60 AH)

9. 배터리 용량 시험기 선택 스위치를 ON과 동시에 배터리 용량 60 AH를 선택한다(12.4 V).

10. 배터리 용량 시험기 부하 스위치(TEST)를 누른다(5초 이내 11.8 V).

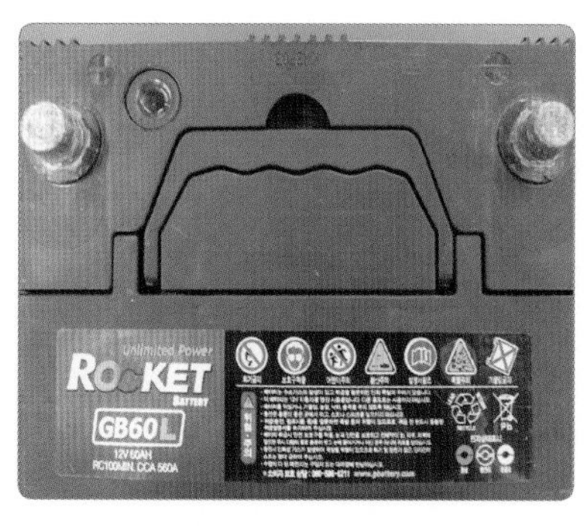

11. 용량 시험기를 배터리 (–) 터미널에서 탈거한다.

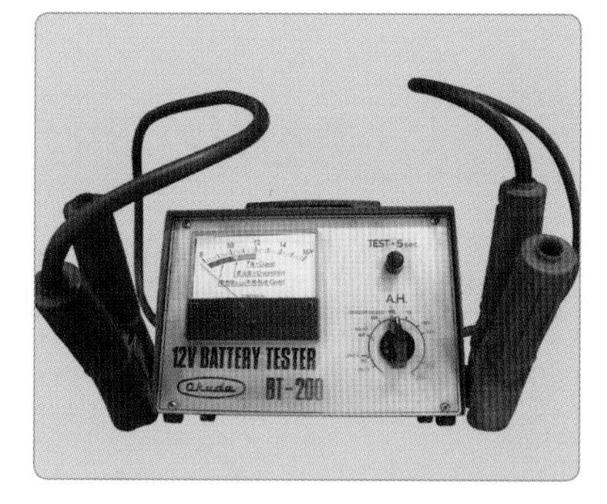

12. 시험이 끝나면 배터리 용량 시험기를 OFF하고 정리한다.

① **측정(점검)** : 비중계를 이용하여 측정한 값 비중 1.21, 축전지 전압 11.8 V를 확인하고 정비 지침서의 규정값(축전지 비중 1.280, 축전지 전압 13.8~14.8 V)을 확인한다.

② **정비(조치) 사항** : 불량 시 축전지 충전을 실시하며 충전 불량 시 배터리를 교환한다.

축전지 비중과 전압의 충전 상태

충전 상태		20℃		전체(V) 단자전압	셀당(V) 단자전압	판 정	비 고
		A	B				
완전 충전	100%	1.260	1.280	12.6 V 이상	2.1 V 이상	정상	사용가
3/4 충전	75%	1.210	1.230	12.0 V	2.0 V	양호	
1/3 충전	50%	1.160	1.180	11.7 V	1.95 V	불량	충전요
1/4 충전	25%	1.110	1.130	11.1 V	1.85 V	불량	
완전 방전	0	1.060	1.080	10.5 V	1.75 V	불량	배터리 교환

2 배터리 급속 충전

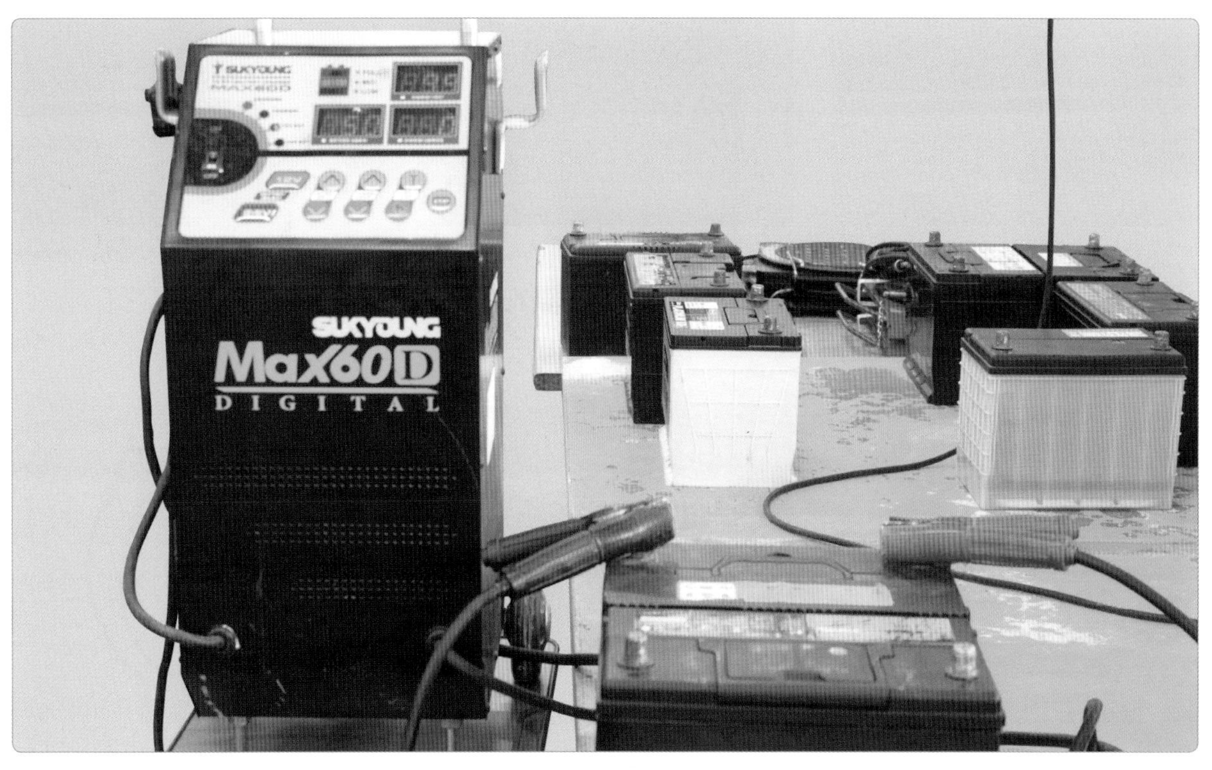

배터리 충전

1. 충전기 전원 스위치가 OFF인지 확인한다.

2. 전원 플러그를 전용 콘센트에 연결한다.

3. 전원 스위치를 ON시킨다.

4. 배터리 출력 클립 적색을 (+) 단자에, 흑색을 (–) 단자에 연결한다.

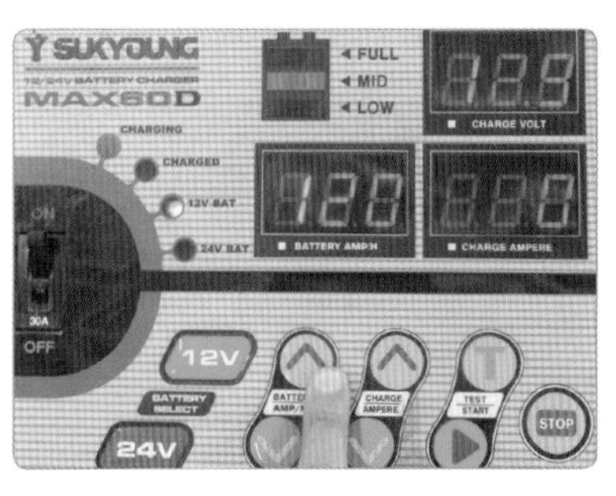

5. 배터리가 연결되면 자동으로 배터리 전압을 선택한다.

6. 배터리 용량 버튼을 이용하여 충전 용량을 설정한다.

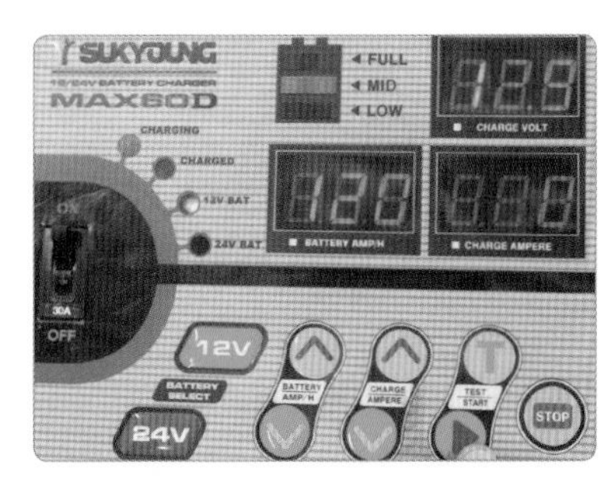

7. 버튼을 눌러 충전 전류를 조정한다.

8. 예 배터리 12 V 60 AH(배터리 2개 연결 시(병렬) 용량이 2배이므로 120 A)

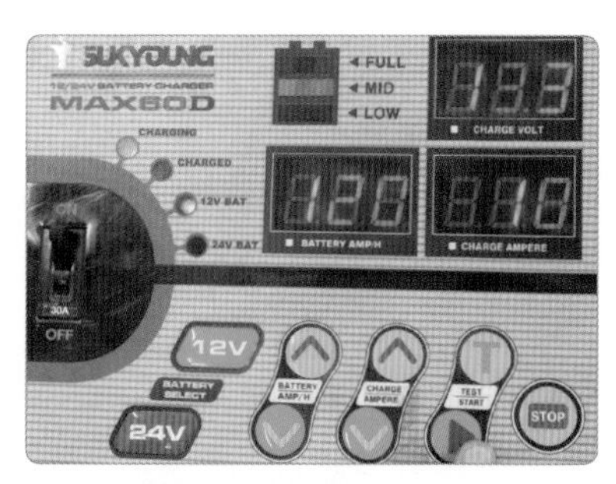

9. 충전 시작 버튼을 누르면 충전을 시작한다.

10. 충전이 완료되면 멜로디가 나오며 STOP 버튼을 눌러 충전을 정지한 후 (+), (−) 클립을 분리한다.

11. 충전을 마치면 충전된 배터리는 별도 분리하여 관리한다.

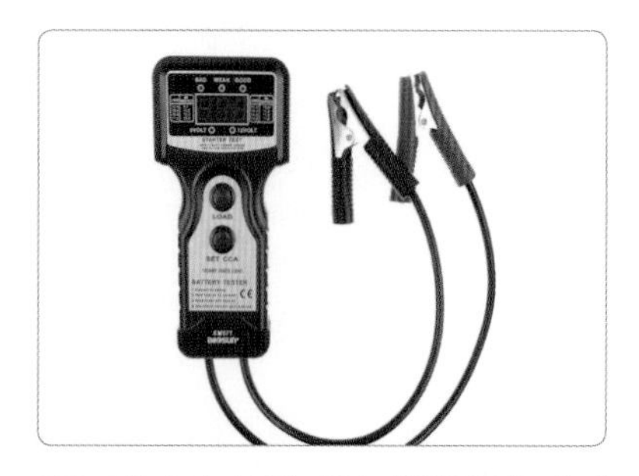
12. 배터리 충전기를 활용하여 배터리에 전원을 공급하여 사용한다.

3 배터리 비중 측정

1. 비중계에 전해액을 1~2방울 적신다.

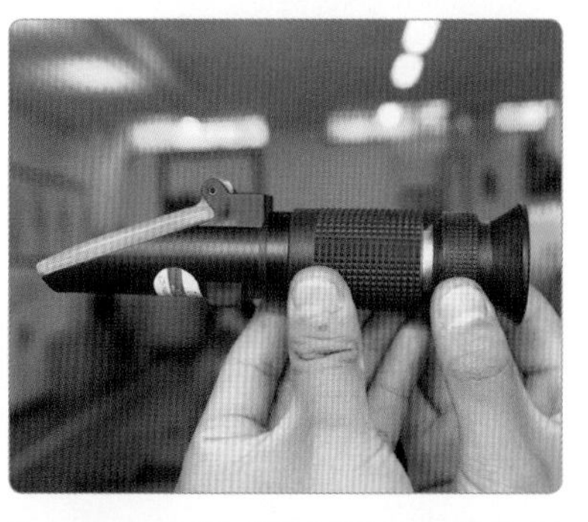
2. 광학식 비중계를 불빛이나 밝은 곳을 향하도록 하고 비중값을 읽는다.

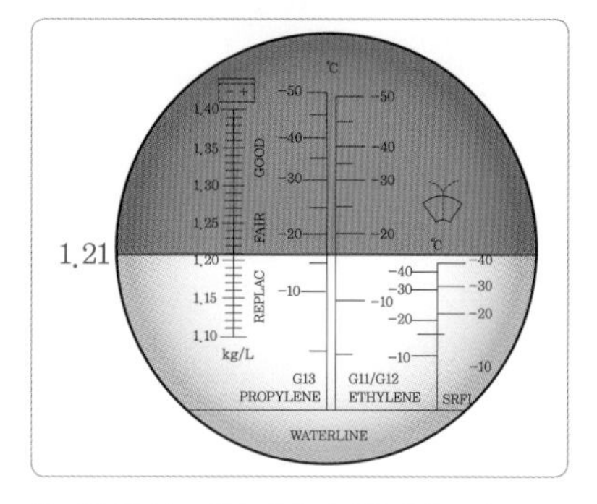

3. 광학식 비중계 눈금을 읽는다.

① 측정(점검) : 비중계를 이용하여 측정한 값 비중 1.21을 확인하고 정비 지침서의 규정값(축전지 비중 1.280)을 확인한다.

② 정비(조치) 사항 : 불량 시 축전지 충전을 실시하며 충전 불량 시 배터리를 교환한다.

4 충전 회로 점검

(1) 충전 회로

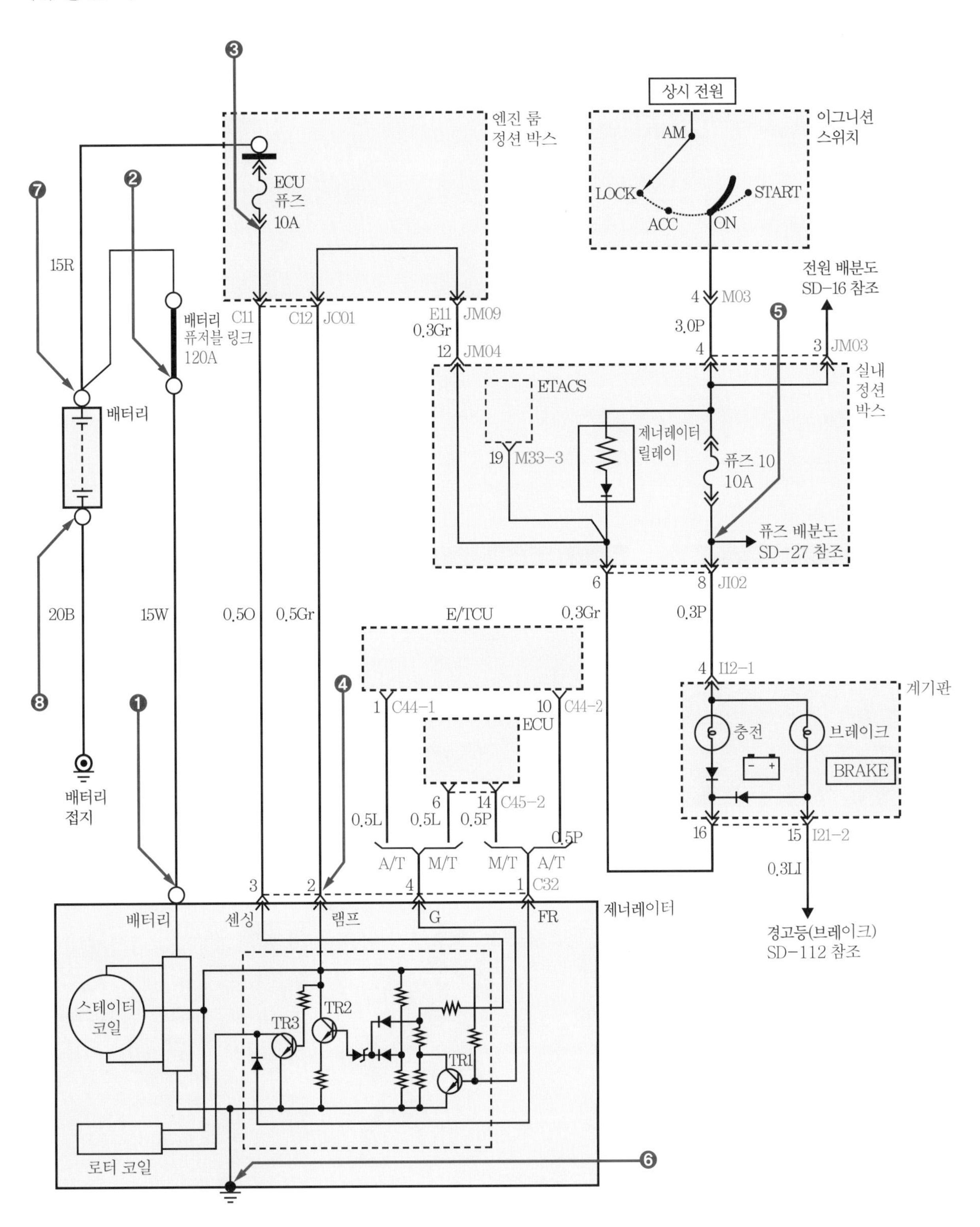

(2) 충전 회로 점검

충전 회로 점검

1. 발전기 팬벨트 장력을 확인한다.

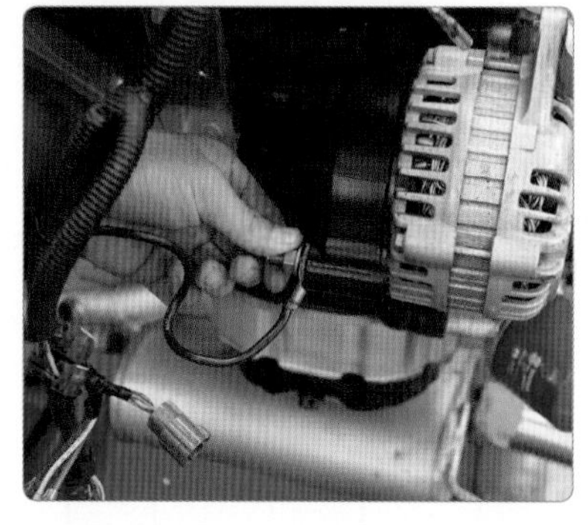

2. 발전기 B 단자 및 배선 커넥터 탈거를 확인한다.

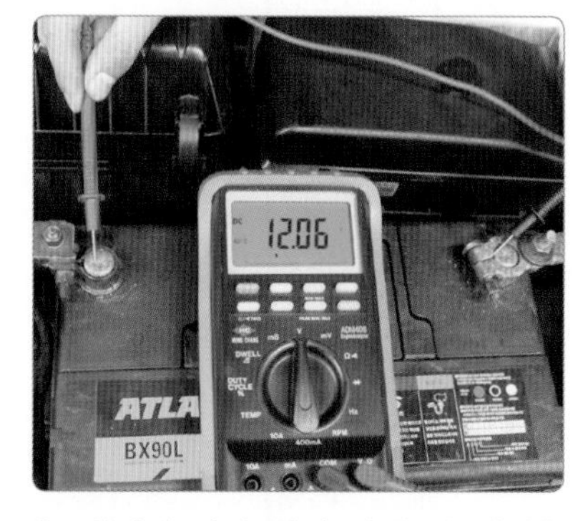

3. 배터리 단자 연결 상태 및 전압을 확인한다(12.06 V).

4. 엔진 룸 정션 박스 메인 퓨저블 링크를 점검한다.

5. 발전기 B 단자 출력 전압을 확인한다(12.25 V).

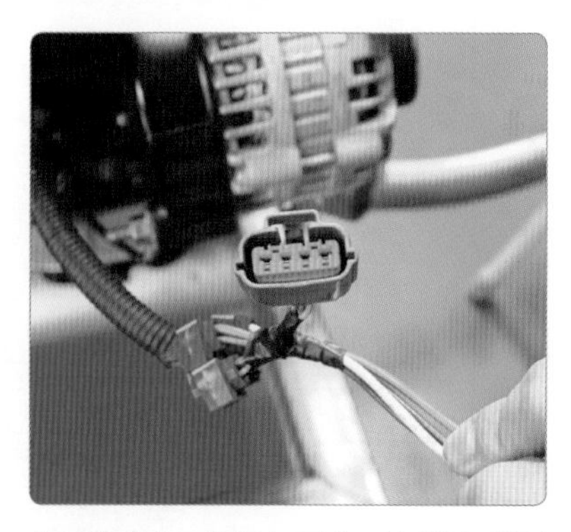

6. 발전기 커넥터 접촉 상태를 확인한다.

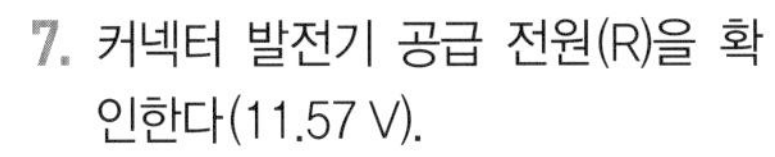

7. 커넥터 발전기 공급 전원(R)을 확인한다(11.57 V).

8. 커넥터 발전기 L 단자 전원을 확인한다(12 V).

① 측정(점검) : 충전 회로 점검에서 확인된 고장 부위 메인 퓨저블 링크를 점검하고 고장 상태를 확인한다.

② 정비(조치) 사항 : 메인 퓨저블 링크를 교환 후 재점검한다.

충전장치 고장 원인

- 배터리 체결 불량
- 발전기 구동 벨트의 장력 느슨함
- 발전기 B 단자 연결 불량
- 메인 퓨저블 링크 단선
- 발전기 퓨즈의 탈거 및 단선
- 발전기 회로 연결 커넥터 분리

5 충전 전류 및 전압 점검

발전기 충전 전류 및 전압 점검

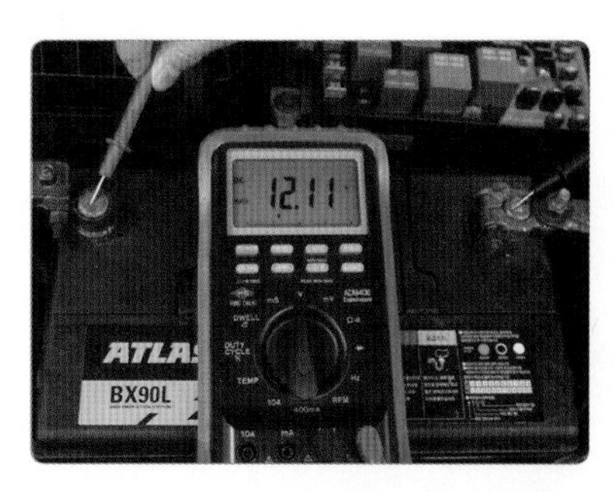

1. 엔진 시동 전 배터리 전압을 확인한다(12.11 V).

2. 발전기 뒤에 표기된 출력과 전압을 확인한다(12 V, 80 A).

3. 엔진의 회전수를 2500 rpm으로 가속시킨다.

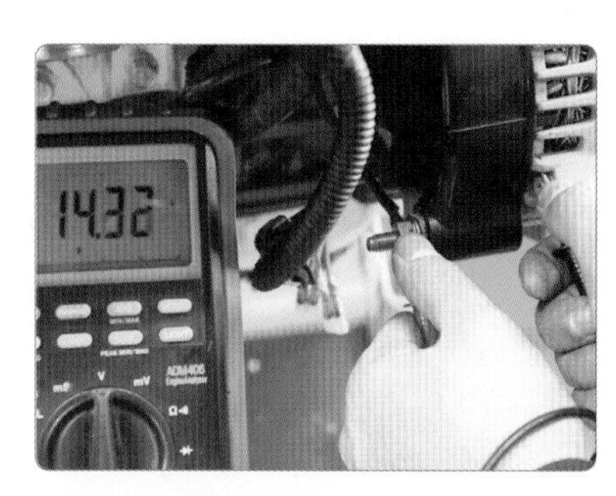

4. 발전기 출력 단자를 측정하여 출력 전압을 확인한다(14.32 V).

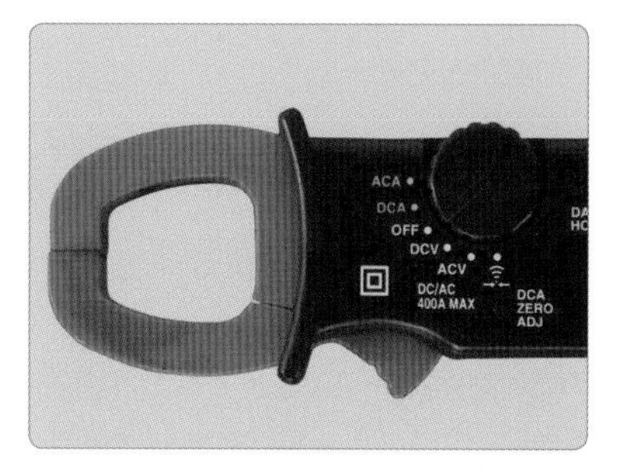

5. 전류계(후크 타입)를 DCA에 선택한다.

6. 전기부하 전조등을 점등(HI), 에어컨 전기부하를 작동시킨다.

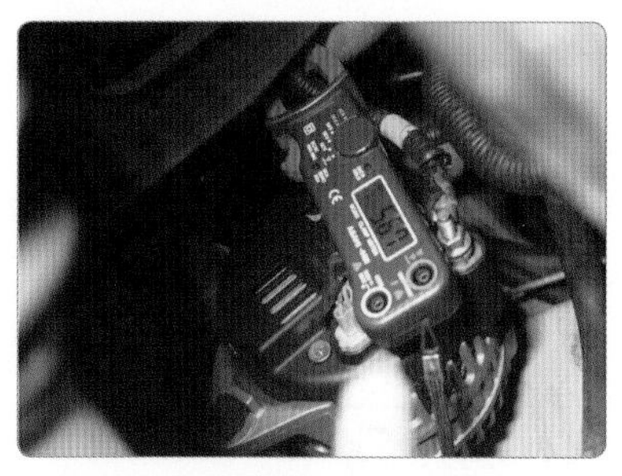

7. 발전기 출력 단자(B)에 전류계를 설치하고 전류를 측정한다.
규정 용량의 70% 이상 시 양호 → 실차 점검 시 전기부하 작동 가능
(전류 측정 ① : 56.7 A)

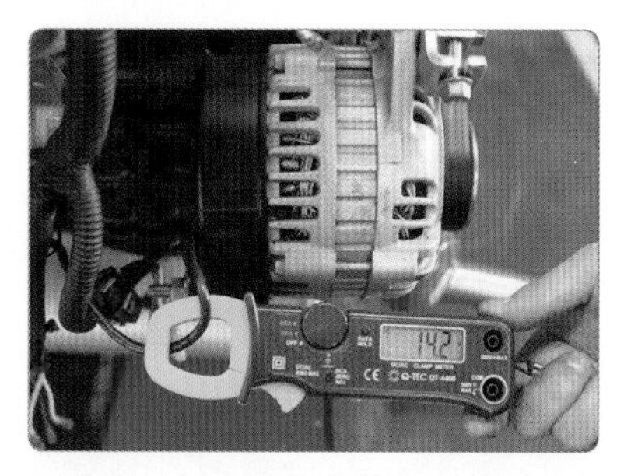

8. 엔진 시뮬레이터에서 점검 → 전기부하를 작동시킬 수 없으므로 발전기 출력은 규정값을 벗어난다.
(전류 측정 ② : 14.2 A)

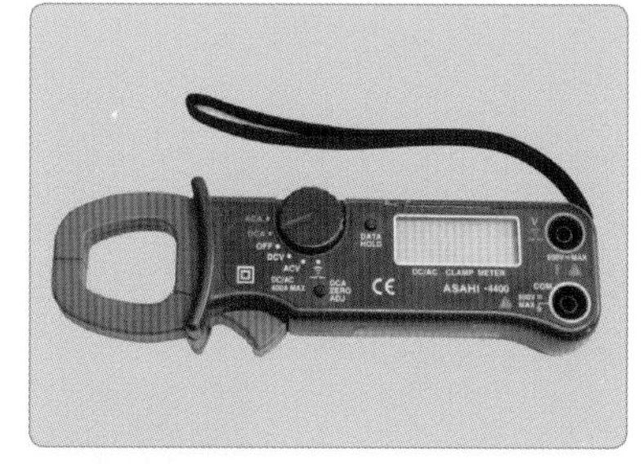

9. 점검이 끝나면 전류계를 정리한다.

① 측정(점검)

- **측정값** : 충전 전류 측정값은 원문자1 실차 측정 시 56.7 A, 원문자2 시뮬레이터 측정 시 14.2 A이다 (이때 출력 전압은 14 V이다.)
- **규정(정비한계)값** : 정비 지침서 및 발전기 뒤(리어 케이스)에 표기된 발전기 규정값을 확인한다.

② **정비(조치) 사항** : 측정한 값이 규정(정비한계)값을 벗어나면 회로 내 전압강하 부위를 점검하여 확인한다. 발전기 출력 저하 시 발전기를 교체한다.

차종별 출력 전압 및 출력 전류 규정값			
시험용 차량	출력 전압	정격 전류	출 력
쏘나타	13.5 V	90 A	1000~18000 rpm
아반떼	13.5 V	90 A	1000~18000 rpm
뉴그랜저	12 V	90 A	1000~18000 rpm
엑센트	13.5 V	75 A	1000~18000 rpm
엘란트라	13.5 V	85 A	2500 rpm
쏘나타MPI	13.5 V	A/T 76 A	2500 rpm
엑셀	13.5 V	65 A	2500 rpm

- 차종별 정격 전류, 정격 출력 규정값은 정격 전류의 70% 이상이면 정상이다.
- 엔진 시뮬레이터로 충전 전류와 충전 전압을 측정한 경우에는 대체로 규정 전류 20% 미만으로 출력된다(전기부하 : 전조등, 냉난방장치 등을 작동시킬 수 없기 때문이다).

6 발전기 탈부착

1. 점화 스위치가 OFF 상태인지 확인한다.

2. 배터리 단자(–)를 탈거한다.

3. 발전기 뒤 단자(B, L)를 탈거한다.

4. 발전기 하단부 고정 볼트를 느슨하게 풀어준다.

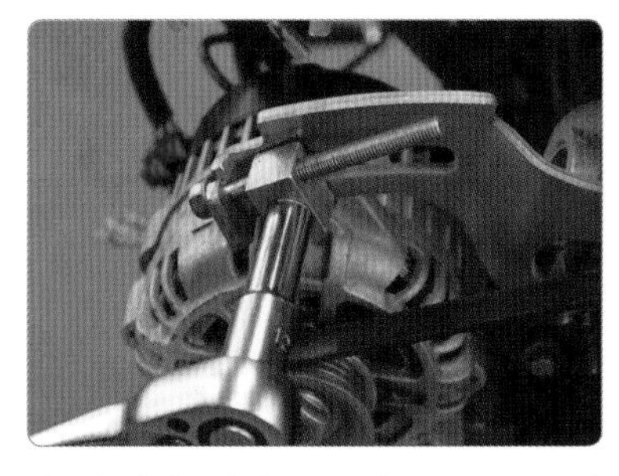
5. 발전기 상단부 고정 볼트를 풀어준다.

6. 팬벨트 장력 조정 볼트를 풀어준다.

7. 상단부 고정 볼트를 분해한다.

8. 발전기 몸체를 위로 밀어 팬벨트를 탈거한다.

9. 발전기를 탈거한다.

10. 발전기를 탈착한다.

11. 발전기를 엔진에 장착한다.

12. 팬벨트를 발전기 풀리에 조립한다.

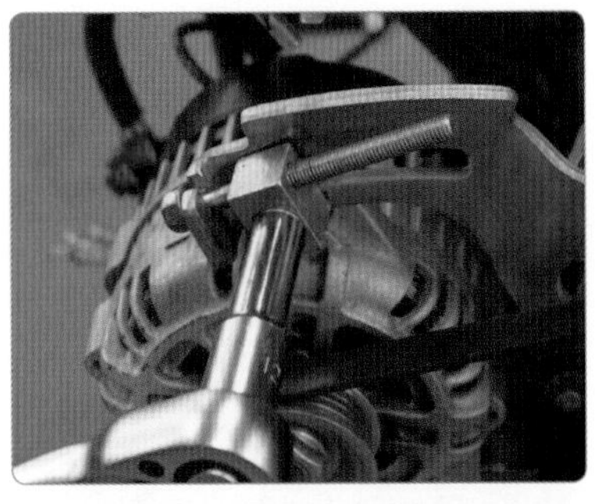

13. 장력 조정 볼트로 팬벨트 장력을 조정한다.

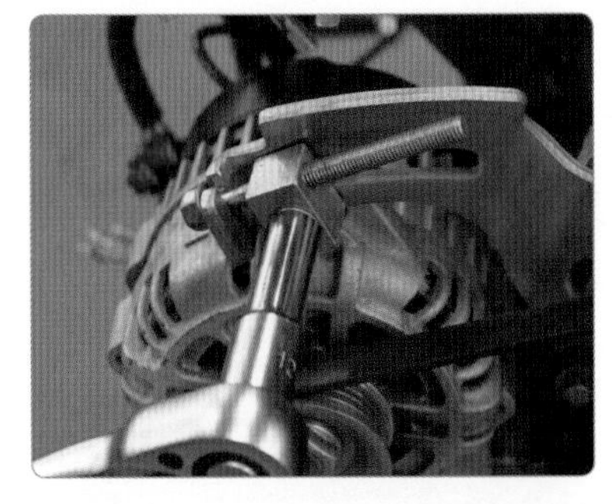

14. 발전기 상단부 고정 볼트를 조인다.

15. 팬벨트 장력을 확인한다.

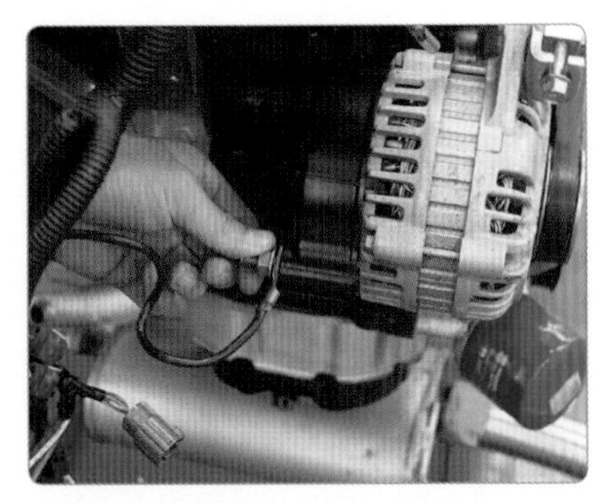

16. 발전기 위 배선 B 단자와 L 단자를 조립한다.

17. 발전기 하단부 고정 볼트를 조립한다.

18. 배터리 단자(–)를 조립한다.

7 발전기 분해 조립

발전기 분해 조립

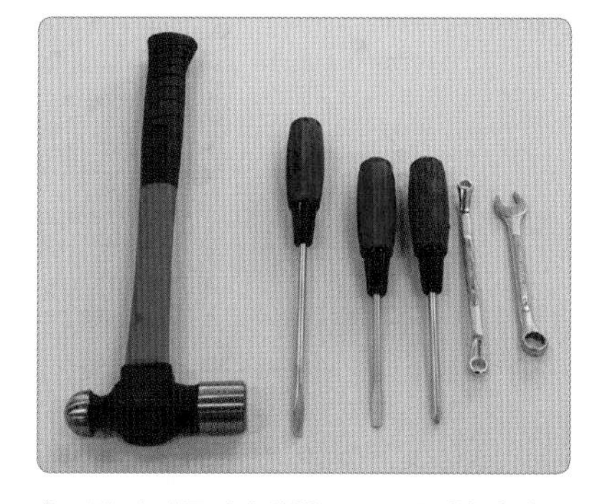

1. 발전기를 분해할 공구를 확인하고 정렬한다.

2. 발전기 관통 볼트를 탈거한다.

3. 발전기를 분리하기 위해 (–) 드라이버를 스테이터와 프런트 브래킷에 삽입한다.

4. 발전기를 스테이터부와 로터부로 분리한다.

5. 스테이터 코일과 다이오드를 인두로 녹여 탈거한다.

6. 리어 브래킷에서 다이오드와 전압 조정기를 탈거한다.

7. 리어 브래킷을 정렬한다.

8. 로터 코일을 바이스에 고정시키고 풀리 고정 볼트를 분해한다.

9. 분해된 풀리 및 프런트 브래킷, 로터 코일을 정렬한다.

10. 로터 코일을 바이스에 고정시키고 풀리 고정 볼트를 분해한다.

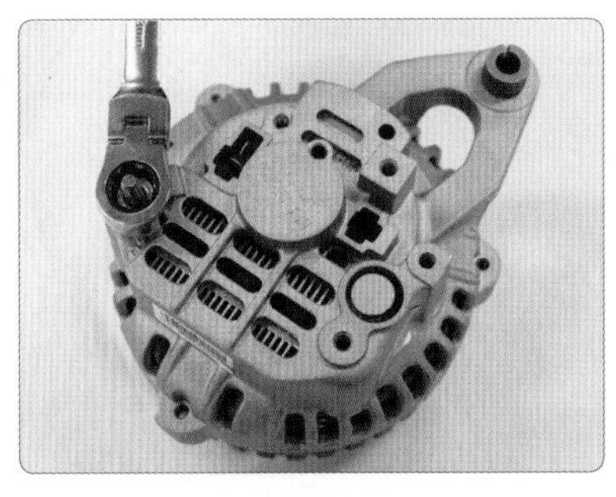

11. 전압 조정기 및 다이오드를 리어 브래킷에 조립하고 B 단자(절연 리테이너 삽입) 너트를 조립한다.

12. 스테이터 코일과 다이오드를 전기 인두로 납땜한다.

13. 브러시를 철사(클립)로 고정시킨다.

14. 로터부와 스테이터부를 조립하고 관통 볼트를 균형 있게 조립한다.

15. 발전기 커넥터를 조립하고 정리한다.

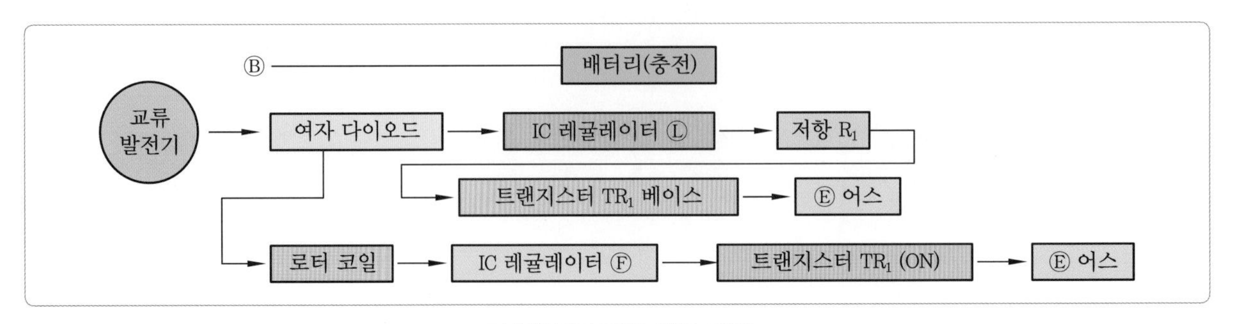

교류 발전기 정류 제어 과정

8 다이오드와 로터 코일 점검 방법

(1) 다이오드와 로터 코일 점검

발전기 단품 점검

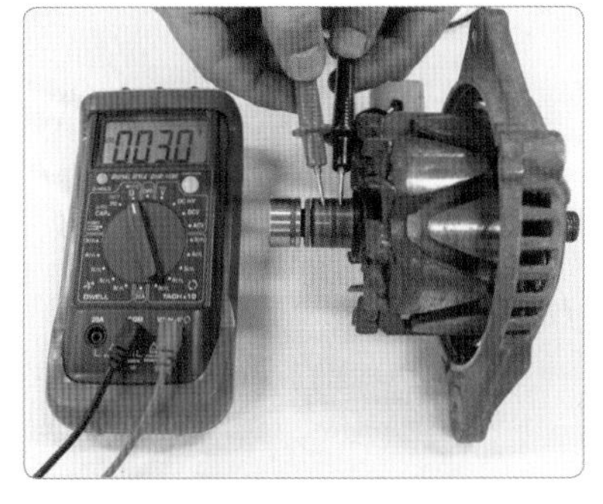

1. 로터 코일 저항값을 측정한다. (3.0 Ω)

2. 로터 코일 접지 시험을 한다.

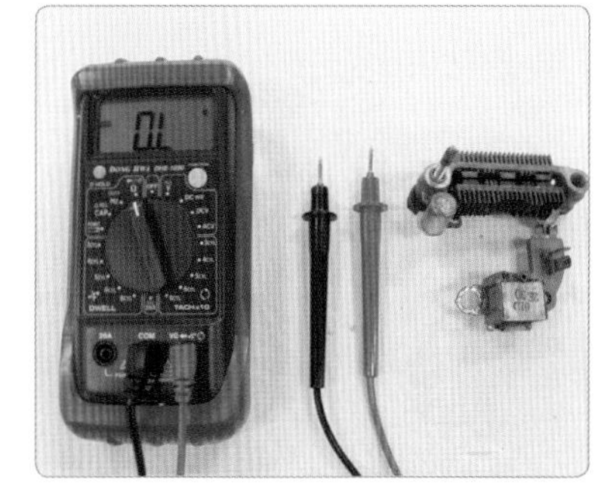

3. 점검할 다이오드와 멀티 테스터 작동 상태를 확인한다.

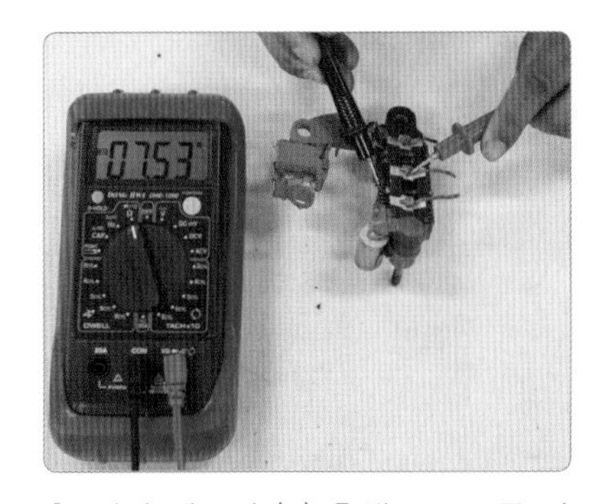

4. 멀티 테스터 (–) 흑색 프로브를 다이오드 몸체에, 멀티 테스터 (+) 적색 프로브를 다이오드에 연결했을 때 통전하면 (+) 다이오드이다.

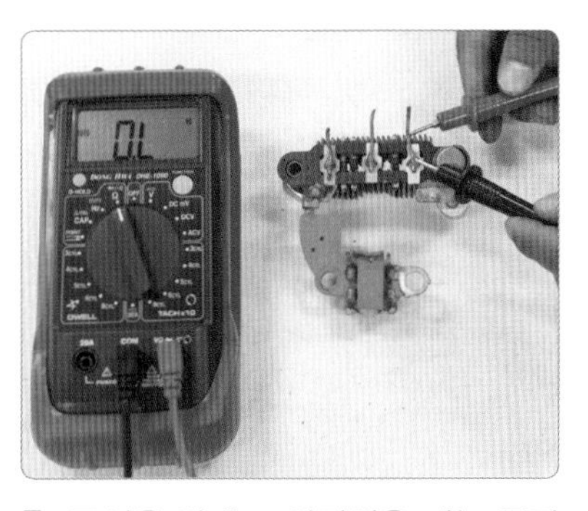

5. 극성을 반대로 연결했을 때는 통전하지 않는다.

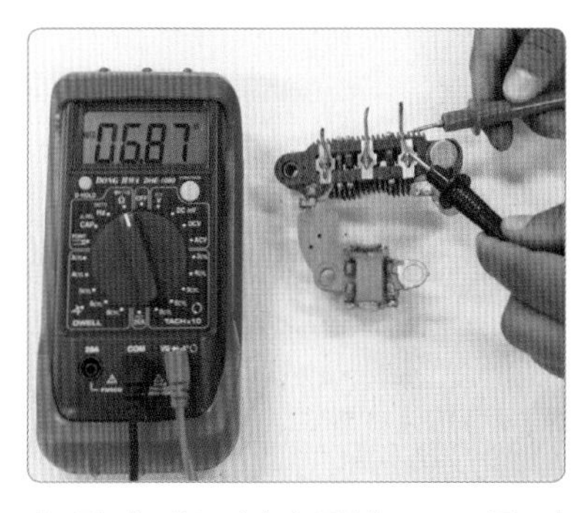

6. 멀티 테스터 (+) 적색 프로브를 다이오드 몸체에, 멀티 테스터 (–) 흑색 프로브를 다이오드에 연결했을 때 통전하면 (–) 다이오드이다.

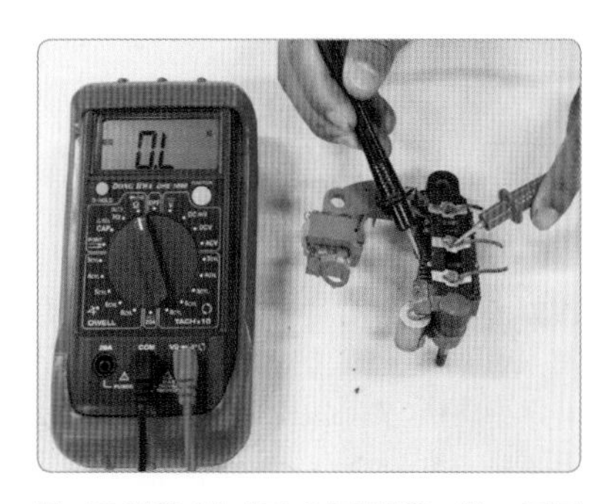

7. 극성을 반대로 연결했을 때는 통전하지 않는다.

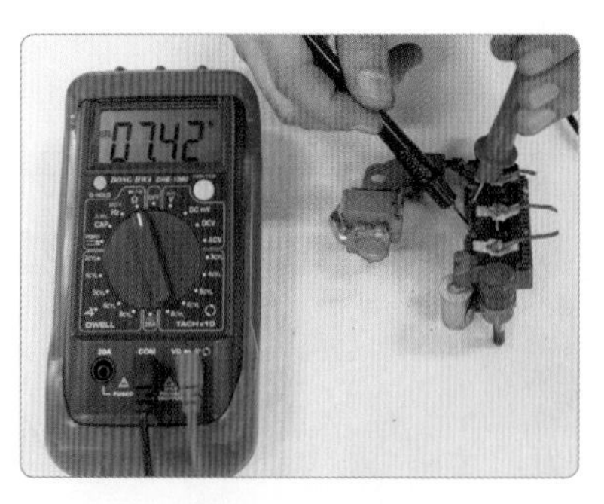

8. 여자 다이오드를 점검한다. 멀티 테스터 (+) 적색 프로브를 보조 다이오드에, 멀티 테스터 (-) 흑색을 홀더에 연결 시 통전하면 보조 다이오드이다.

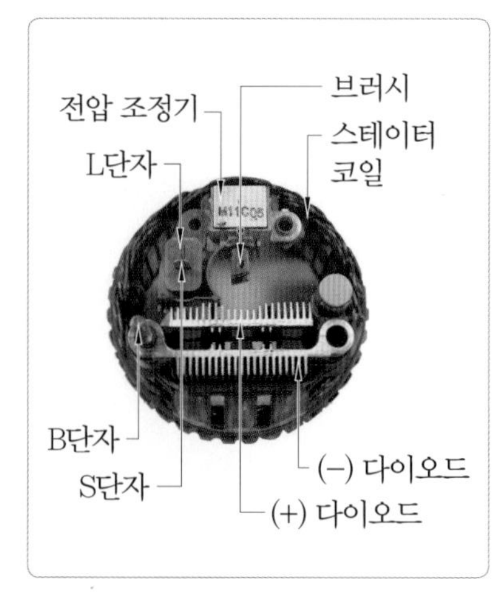

발전기 구조 및 명칭

① 측정(점검)

- 측정값 : (+) 다이오드-(양 : 3개), (부 : 0개), (-) 다이오드-(양 : 3개), (부: 0개), 로터 코일 저항값 : 3.0 Ω을 확인한다.
- 규정(정비한계)값 : 로터 코일 규정 저항값 4~5 Ω(쏘나타 기준)을 확인한다.

② 정비(조치)사항

- 로터 코일 저항값이 규정 내이므로 양호하다.
- 불량으로 판정될 때는 다이오드 교환 후 재점검 또는 로터 코일 교환 후 재점검한다.

로터 코일 규정값					
차 종	로터 코일 저항값(Ω)	차 종	로터 코일 저항값(Ω)	차 종	로터 코일 저항값(Ω)
엘란트라/싼타페	3.1	EF 쏘나타/그랜저 XG/	2.75±0.2	아반떼 XD/라비타	2.5~3.0
쏘나타	4~5	세피아	3.5~4.5	포텐샤	2~4

9 브러시 점검

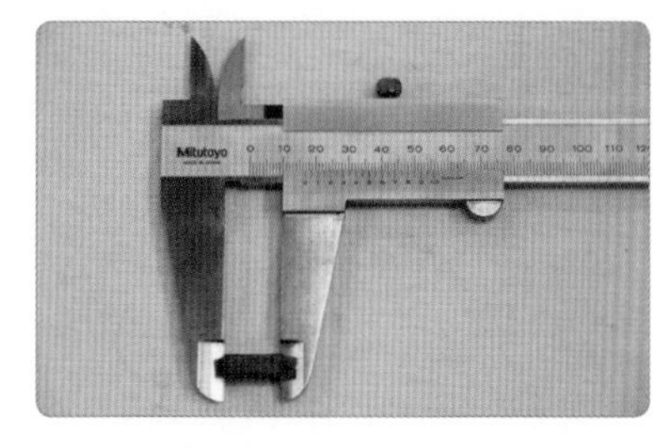

1. 점검할 브러시와 버니어 캘리퍼스를 확인한다.

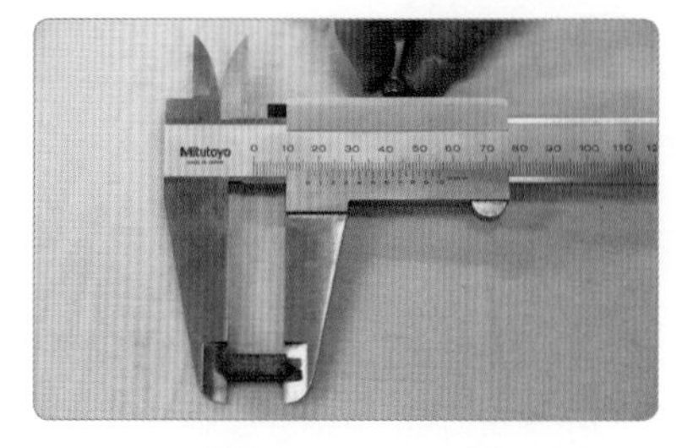

2. 버니어 캘리퍼스 외경 게이지로 브러시 길이를 측정한다(16.60 mm).

3. 발전기 브러시를 조립한다.

① 브러시 측정 : 브러시 마모 16.6 mm

② 정비(조치) 사항 : 불량일 때는 브러시를 교환한다.

10 배터리 방전 전류 점검

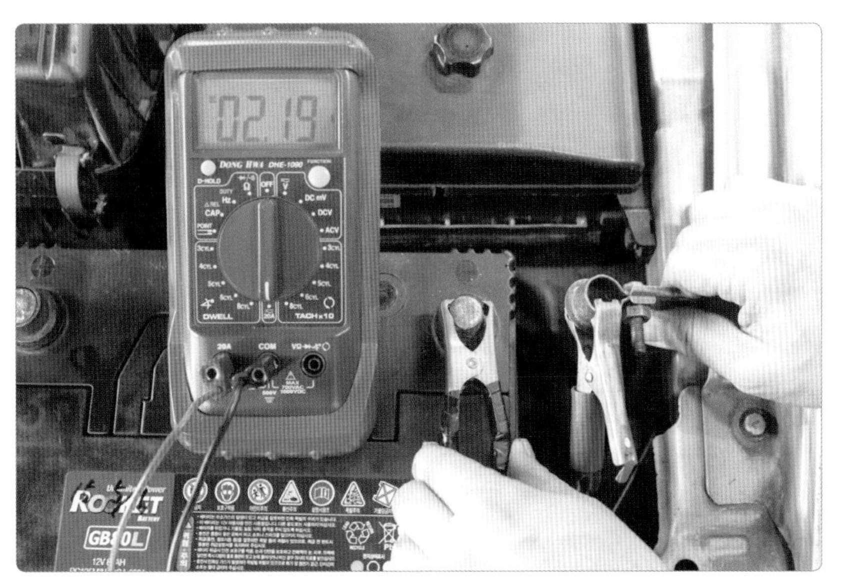

배터리 방전 전류 점검

① 암전류 측정 시기

(가) 특별한 이유 없이 배터리가 방전되었을 때

(나) 차량의 전기적인 개조 시(오디오, 도난경보기 등을 장착 시)

(다) 배선 교환 작업을 할 때

② 암전류(누설) 측정 : 정도 0.1 mA 이상의 전류계를 사용하여 장비의 보호를 위해 먼저 'A' 범위에서 측정하고 측정값이 작을 경우 'mA' 범위로 변경하여 측정한다.

③ 측정 방법

(가) 측정 전 확인 사항 : 헤드 램프, 라디오 등의 전기부하는 OFF할 것

(나) 도어는 완전히 닫을 것

(다) 측정 중에는 도어를 열고 닫지 말 것

④ 측정 준비

(가) 배터리 (−) 케이블을 탈거하기 전에 배터리 (−) 단자와 차량의 (−) 케이블을 점프선을 이용하여 연결한다.

(나) 배터리 (−) 접지 케이블에 전류계를 연결한다.

⑤ 측정

(가) 키 스위치를 ON한 다음 OFF한다.

(나) 점프선을 분리한다.

(다) 암전류를 측정한다. 이때 암전류 값이 안정될 때까지 기다린 다음(최소 30초) 암전류를 측정한다. 차량의 각 시스템은 시동 키를 OFF한 다음 일정 시간 동안 특수한 목적을 위해 작동될 수 있으므로 이러한 작동까지 완전히 멈춘 상태에서 측정하기 위함이다.

예 에탁스(파워 윈도 기능등), ECU(컨트롤 릴레이 작동등).

(라) 점검 : 측정값이 규정값을 초과하면 퓨즈를 하나씩 제거해가며 어떤 계통의 문제인지 파악한다.

점프선을 이용하는 이유

차량의 배터리를 먼저 탈거하여 각종 전자 제어 유닛이 적용된 차량 시스템이 초기화 될 수 있기 때문에 상태를 그대로 유지한 채 정확한 암전류를 측정하기 위함이다. 점프선은 2.0 mm 이상의 짧은 배선을 사용한다.

11 배터리 고장 진단

배터리는 특별한 이유 없이 방전이 되었을 때나 시동 시 크랭킹 회전수가 낮을 때, 그리고 필요에 따라 점검한다. 계통이 파악되면 해당 계통의 회로도를 참조하여 불량 부위를 찾는다.

(1) 전류계에 의한 측정

1. 점화 스위치를 OFF시킨 후 배터리 (-)를 탈거한다.

2. 멀티 테스터를 준비한다.

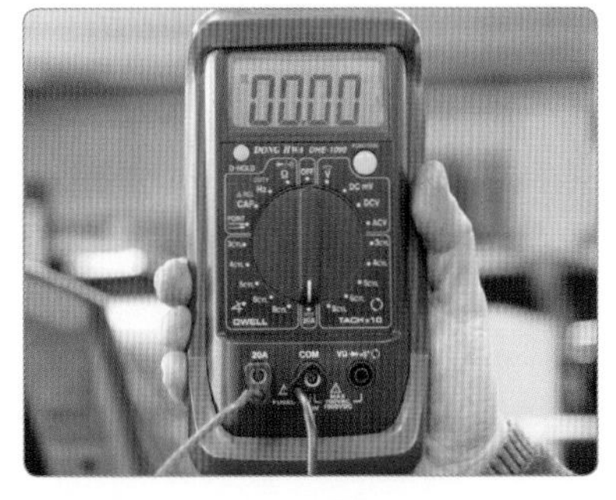

3. 선택 레인지를 전류 20 A로 선택한다.

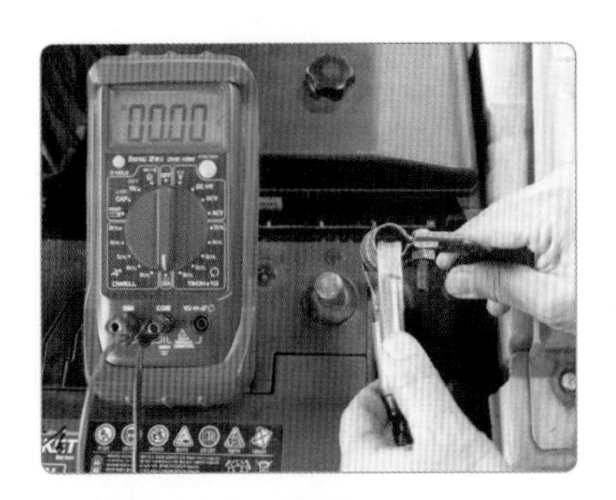

4. 배터리 (+) 단자를 탈거한다.

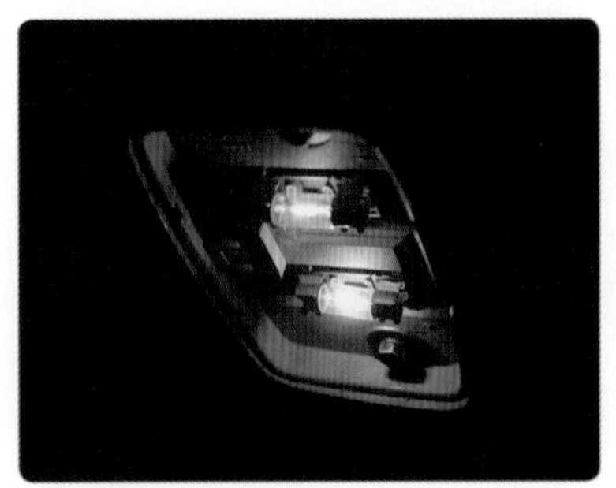

5. 룸 램프를 작동시킨다.

6. 도어를 오픈하고 도어 스위치를 ON, OFF시킨다.

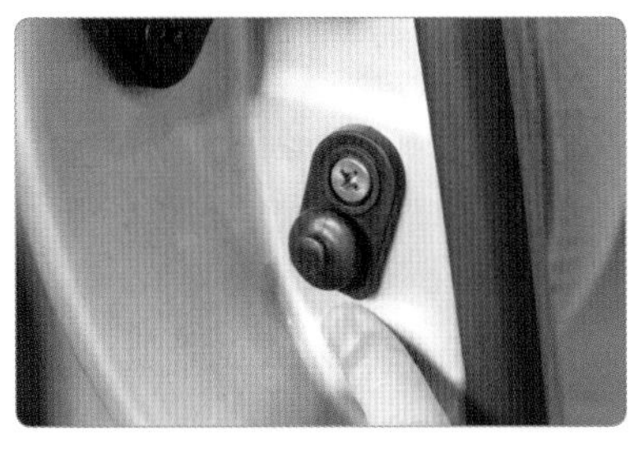

7. 도어 스위치 불량 시 룸 램프가 지속해서 작동되어 전류가 소모되므로 소모 전류를 확인한다.

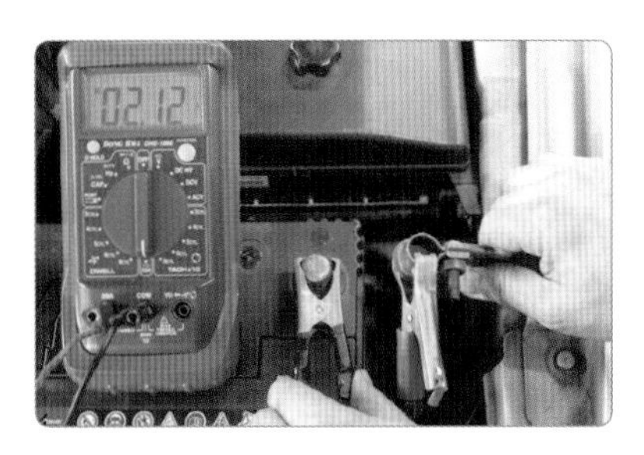

8. 멀티 테스터(전류계 단자) (-) 단자를 배터리 (+) 단자에 연결한다. (2.12 A)

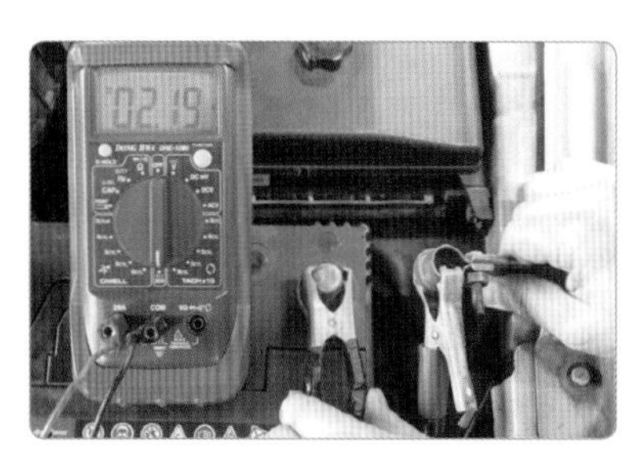

9. 멀티 테스터(전류계 단자) (+) 단자를 배터리 (+) 단자에 연결한다. (2.19 A)

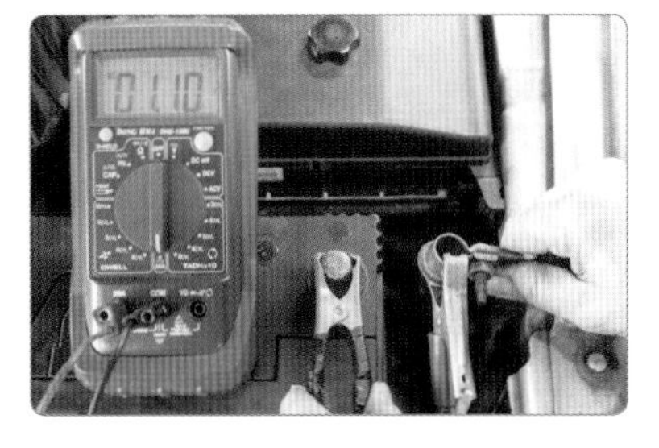

10. 최종 측정값을 확인한다(1.10 Ω).

11. 점화 스위치를 OFF시킨 후 배터리 (-)를 체결한다.

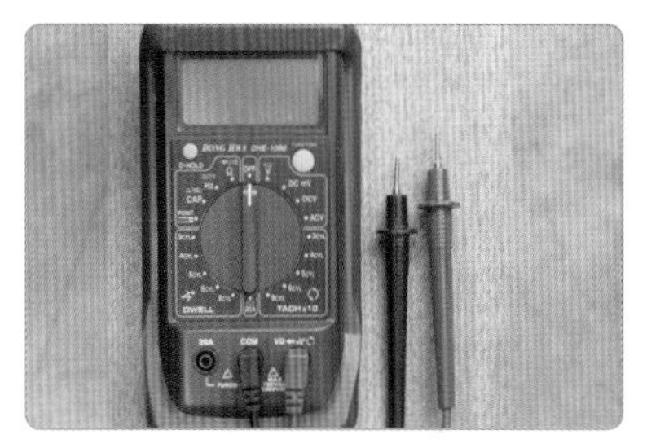

12. 멀티 테스터를 정리한다.

(2) HI-DS 소전류계에 의한 누설 전류 측정

1. HI-DS 컴퓨터, 모니터 스위치를 ON시킨다.

2. HI-DS (+), (-) 클립을 배터리 단자에 연결한다.

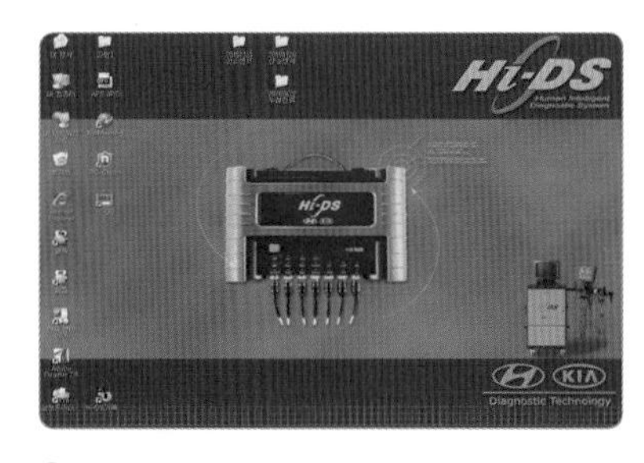

3. HI-DS를 클릭한다.

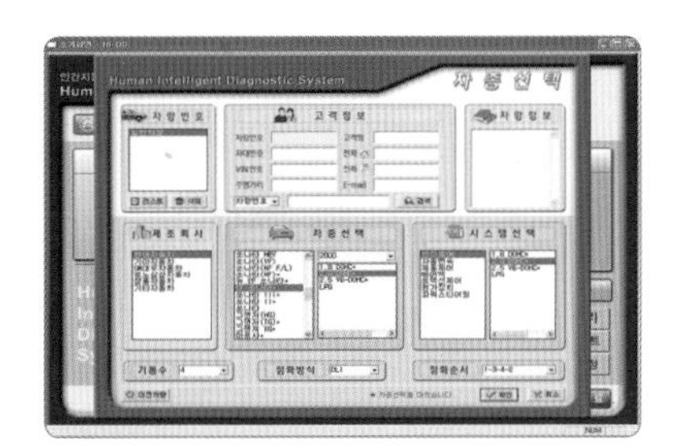

4. 측정 차량 사양을 선택한다.

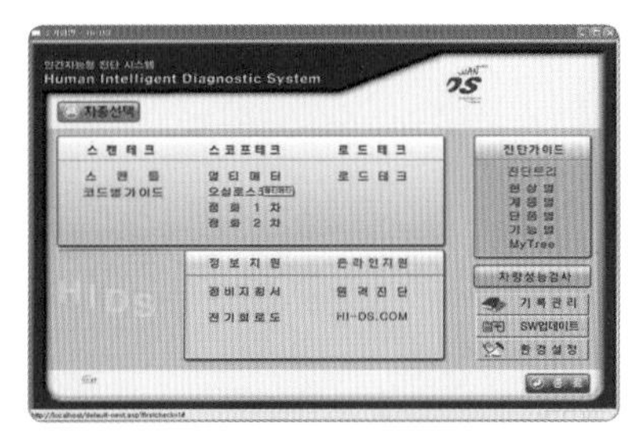

5. 멀티미터를 선택한다.

6. 점화 스위치를 OFF시키고 차량의 모든 스위치를 닫는다(도어 및 계기 트렁크 등).

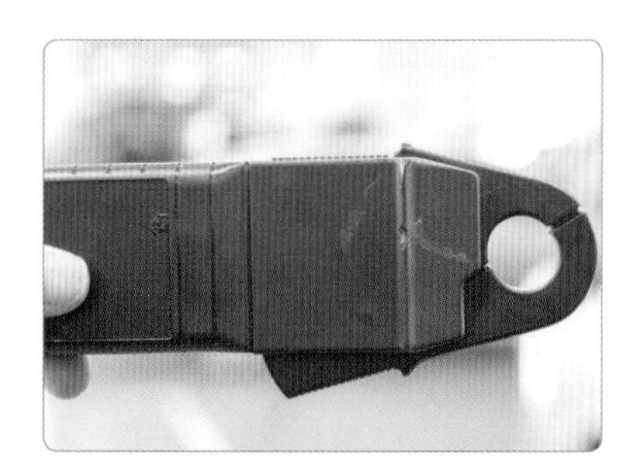
7. 소전류계를 0점 조정한다(전류계).

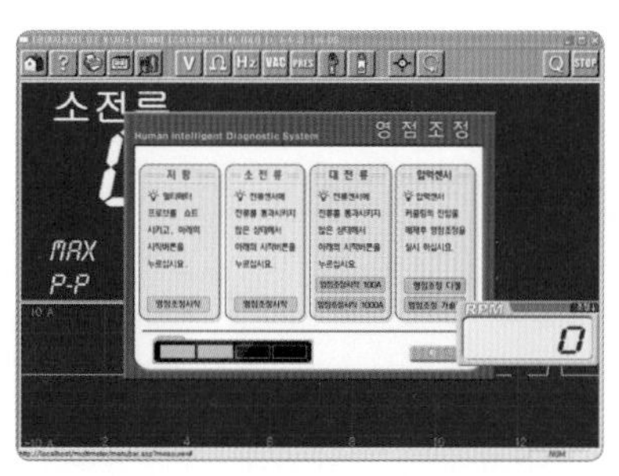

8. 전류계 0점 조정을 실행한다(모니터).

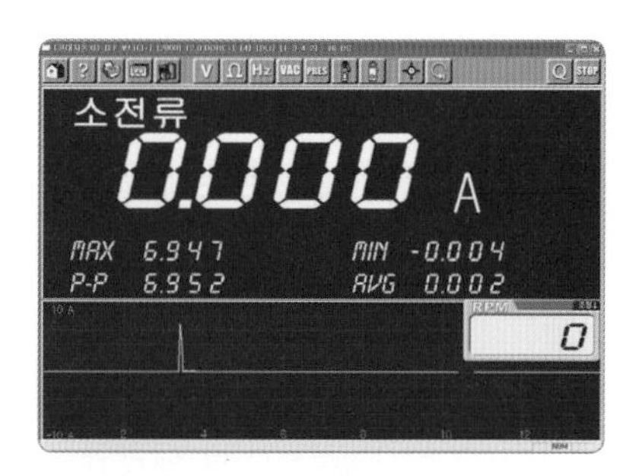

9. 0점 조정된 상태를 확인한다.

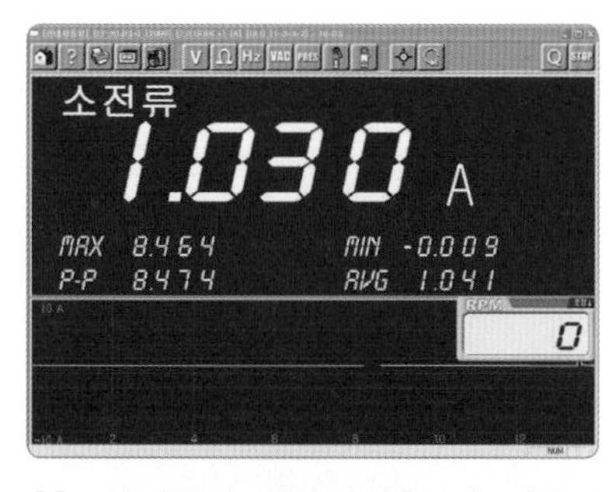

10. 실내등이 점등되었을 때 전류를 확인한다(1.030 A).

11. 트렁크를 연다(누설 전류 측정 준비).

12. 누설 전류를 측정한다(1.285 A).

12 발전기 다이오드 출력 파형 점검

1. HI-DS 컴퓨터 전원을 ON시킨다.

2. 계측 모듈 스위치를 ON시킨다.

3. 모니터 전원 ON 상태를 확인한다.

4. HI-DS (+), (−) 클립을 배터리 단자에 연결한다.

5. 엔진 시동을 ON시킨다.

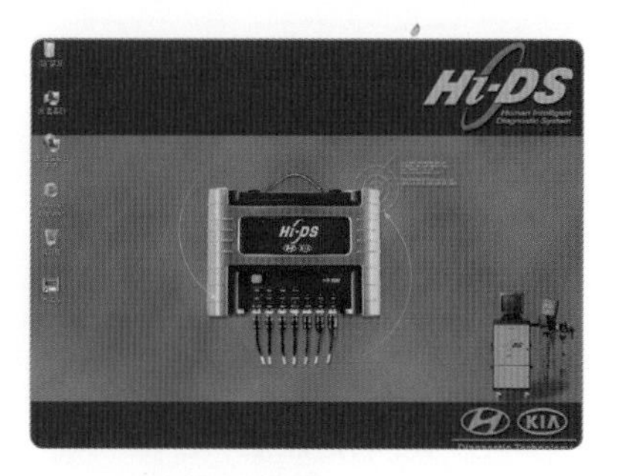

6. HI-DS를 클릭한다.

7. 차종을 선택한다.

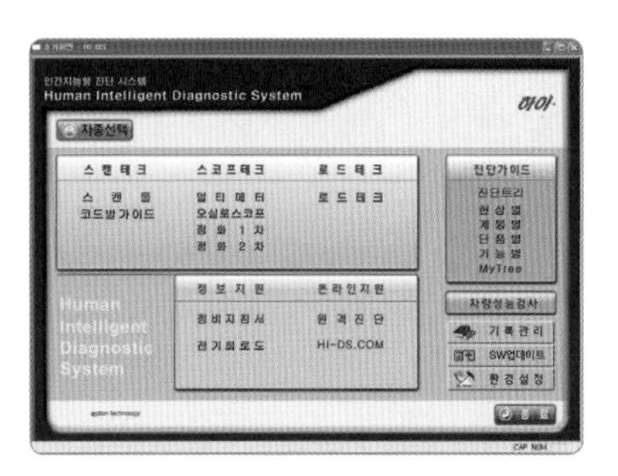

8. 진단가이드에서 '계통별'을 선택한다.

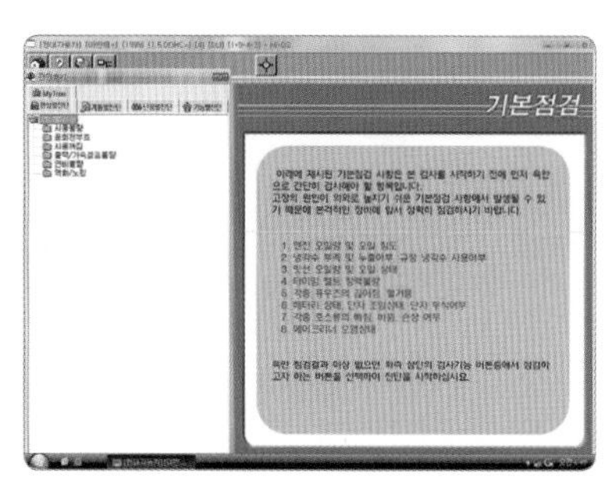

9. 충전계통을 선택한다.

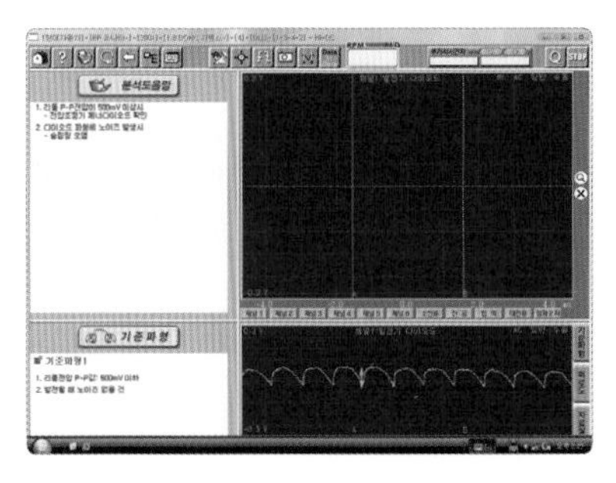

10. 다이오드 기준 파형을 확인한다.

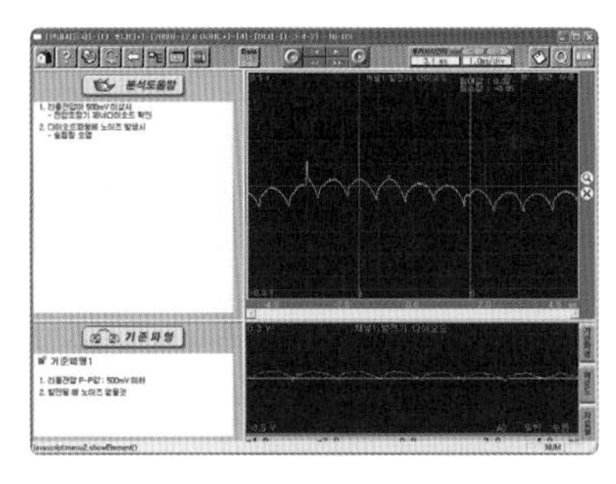

11. 출력 파형 다이오드를 확인한다.

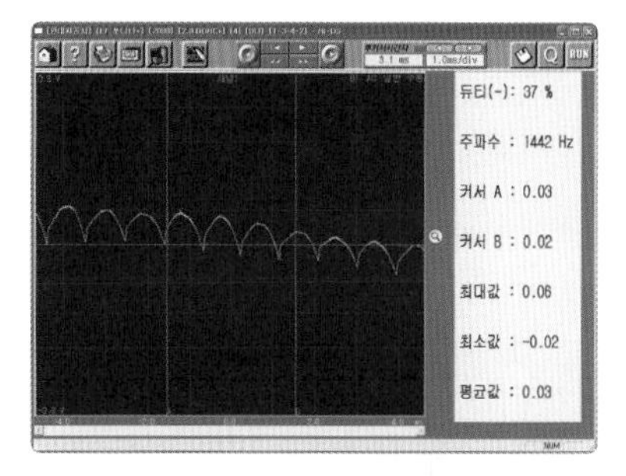

12. 발전기 정상 파형과 비교 분석한다.

발전기 다이오드 리플 전압 파형

(1) **정상 파형**

❶ 최댓값 + 최솟값(P–P값)이 500 mV 이하인지 확인한다.

❷ 파형이 노이즈가 없이 고르게 깨끗하게 출력되는지 확인한다.

- 출력값은 정확하고 다이오드나 권선에는 문제가 없다(정류기 팩).
- 교류 발전기의 3개의 권선은 AC에서 DC로 변경되었고 발전기의 출력을 향하는 3개의 권선은 모두 작동 중이다.

(2) **불량 파형**

❶ 발전기 다이오드 리플 파형의 P–P 전압이 500 mV 이상 시 : 일정한 간격으로 긴 하향의 꼬리가 나타나고 전체 전류 출력의 33%가 손실된다. 또 3개의 권선 중 1개가 불량이면 샘플 파형과 비슷하게 보이겠지만, 파형이 3배에서 4배 정도 높게 나타나고 피크 전압도 1 V 이상의 차이가 발생한다.

❷ 다이오드 파형에 과도한 노이즈 발생 시 : 슬립링 오염

※ 정상적으로 발전될 때는 잡음이 거의 발생되지 말아야 한다.

5 등화장치 점검

실습목표 (수행준거)	1. 등화장치 구성 요소를 이해하고 작동 상태를 점검할 수 있다. 2. 등화장치 회로도에 따라 섬검, 진단하여 고장 요소를 파악할 수 있다. 3. 진단 장비를 활용하여 시스템 관련 부품을 진단하고 고장 원인을 분석할 수 있다. 4. 구성 부품 교환 작업을 수행하고 수리 후 단품 점검을 할 수 있다.

1 관련 지식

1 등화장치의 종류와 역할

자동차 등화장치는 차의 앞, 뒤, 옆면에서 조명 또는 신호를 제공하기 위한 용도로 장착되는 장치로, 크게 두 가지 형태로 분류한다.

첫째, 야간 운전 시 도로를 비추는 조명용 등화장치인 전조등, 앞면 안개등, 코너링 조명등, 후퇴등이 있다.

둘째, 자동차의 방향 전환, 정지 등과 같은 신호 제공 또는 위치를 알려주는 등화장치인 후미등, 제동등, 차폭등, 방향지시등, 주간주행등, 번호등, 후부반사판, 반사띠, 뒷면안개등, 바닥조명등 등이 있다.

자동차 등화장치는 자동차의 안전 주행을 위한 것으로 개수, 빛의 세기, 색상(컬러), 장착 위치 및 크기 그리고 작동 조건에 따라 설치되고 작동되어야 한다.

등화장치

(1) 조명용 등화장치

① 전조등

㈎ 주행빔 전조등 : 자동차 전방도로 먼 거리를 비추기 위한 등화장치로, "하이빔"이라고 한다.

㈏ 변환빔 전조등 : 자동차 전방도로를 비추기 위해 사용하는 등화장치로, 야간 운전 시 주로 사용한다.

전조등 4등식

전조등 2등식

전조등	더블 전구	싱글 전구
12 V 60/55 W	12 V 5 W/21 W	12 V 21 W
헤드라이트	브레이크등, 후미등	방향지시등, 후진등

전조등 H7

전조등 H8

전조등 H3

㈐ 전조등 조건

- 야간에 전방 100 m 이상 떨어져 있는 장애물을 확인할 수 있는 밝기를 가져야 한다.
- 어느 정도 빛이 확산하여 주위의 상태를 파악할 수 있어야 한다.
- 교행할 때 맞은 편에서 오는 차를 눈부시게 하여 운전에 방해가 되어서는 안 된다.
- 승차 인원이나 적재 하중에 따라 광축이 변하여 조명 효과가 저하되지 않아야 한다.

㈑ 전조등 종류

- 실드 빔형 : 반사경에 필라멘트를 붙이고 또 여기에 렌즈를 녹여 붙인 다음 내부에 불활성 가스를 넣어 그 자체가 하나의 전구가 되게 한 것이다.

- 세미 실드 빔형 : 전구가 별개이고 렌즈와 반사경은 일체로 되어 있다.
- 메탈백 실드 빔형 : 렌즈와 반사경이 일체로 밀봉되어 있고, 반사경은 금속으로 만들어졌으며 전구를 끼우는 부분이 반사경에 납땜되어 있다.

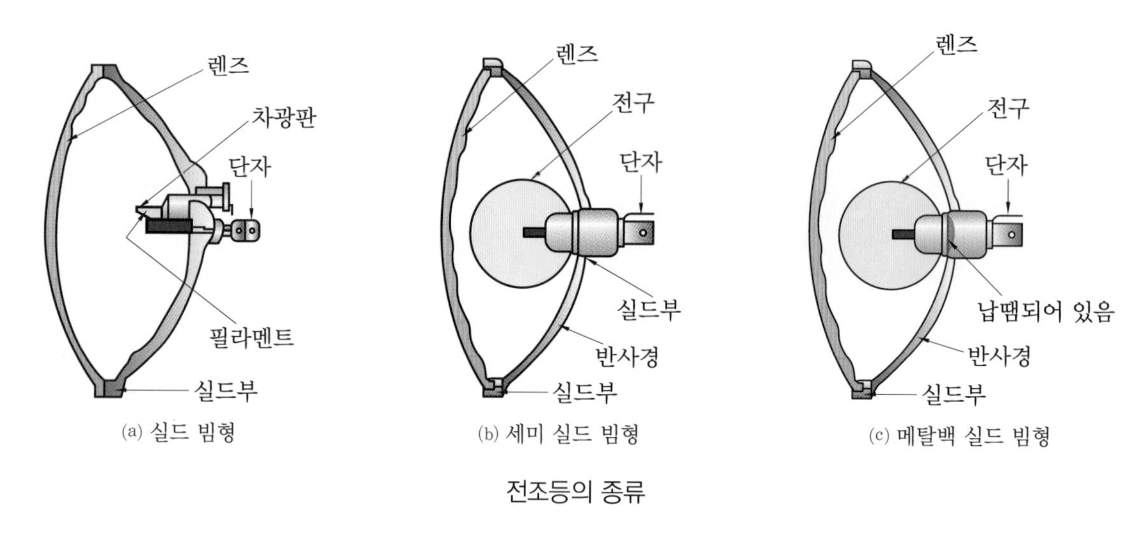

전조등의 종류

㈒ 전조등 전구 : 광원인 필라멘트의 재료로는 일반적으로 텅스텐을 사용하며, 이것은 일정한 굵기와 피치(pitch)를 코일 모양으로 감아 전류가 흐르게 한 도입선에 용접하여 부착되어 있다. 텅스텐 필라멘트가 효율적으로 빛을 낼 수 있도록 유리구 안에 불활성 가스를 봉입하였으며, 이때 불활성 가스로는 질소, 아르곤(argon), 크립톤 등의 혼합 가스를 사용한다.

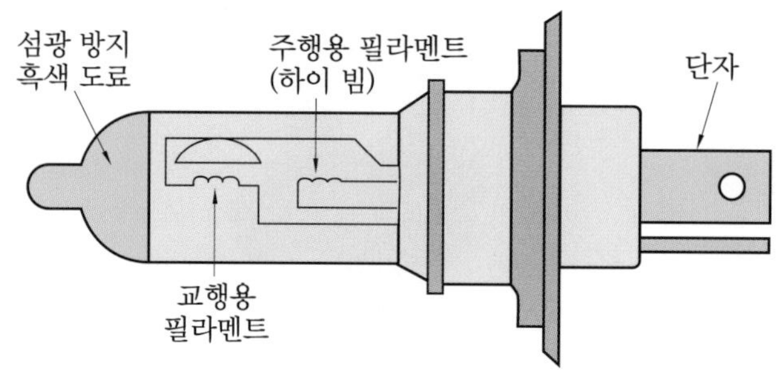

전조등 전구의 구조

더블 전구

싱글 전구

계기판 공조기 전구

② **안개등** : 눈이나 비가 내리거나, 안개 또는 먼지 등이 발생한 경우, 전방도로를 더 잘 볼 수 있도록 점등되는 등화장치이다.

③ **후진등** : 자동차가 후진을 위해 변속 레버를 후진으로 이동할 때 자동차 후방을 조사할 수 있도록 점등되는 등화장치이다.

후미등 후진등

(2) 신호용 등화장치

① **방향지시등과 비상경고등** : 방향지시등은 자동차의 진행 방향을 알리는 장치로, 플래셔 유닛 회로를 이용하여 주기적으로 램프에 흐르는 전류를 단속하여 램프를 점멸시킨다. 비상경고등은 긴급 정차 시 전후, 좌우 모든 램프 점멸로 긴급 상황을 경고하는 기능이다. 안전기준에 의하면 방향지시등은 분당 60~120회로 점멸하며 등광색은 황색 또는 호박색으로, 1등당 광도는 50~1050 cd 범위에 있어야 한다.

② **제동등** : 정지등은 주야간 모두 브레이크 페달을 밟았을 때 점등되어 제동 상태를 알리는 램프로서 브레이크가 작동되었음을 알리는 신호이다. 후미등과 겸용으로 사용하는 경우가 많기 때문에 전구에는 서로 다른 필라멘트가 2개 설치된 더블 필라멘트 형식이 사용되고 15~30 W 전구를 사용하며, 좌우의 정지등은 각각 병렬로 연결되어 있다.

신호용 등화장치

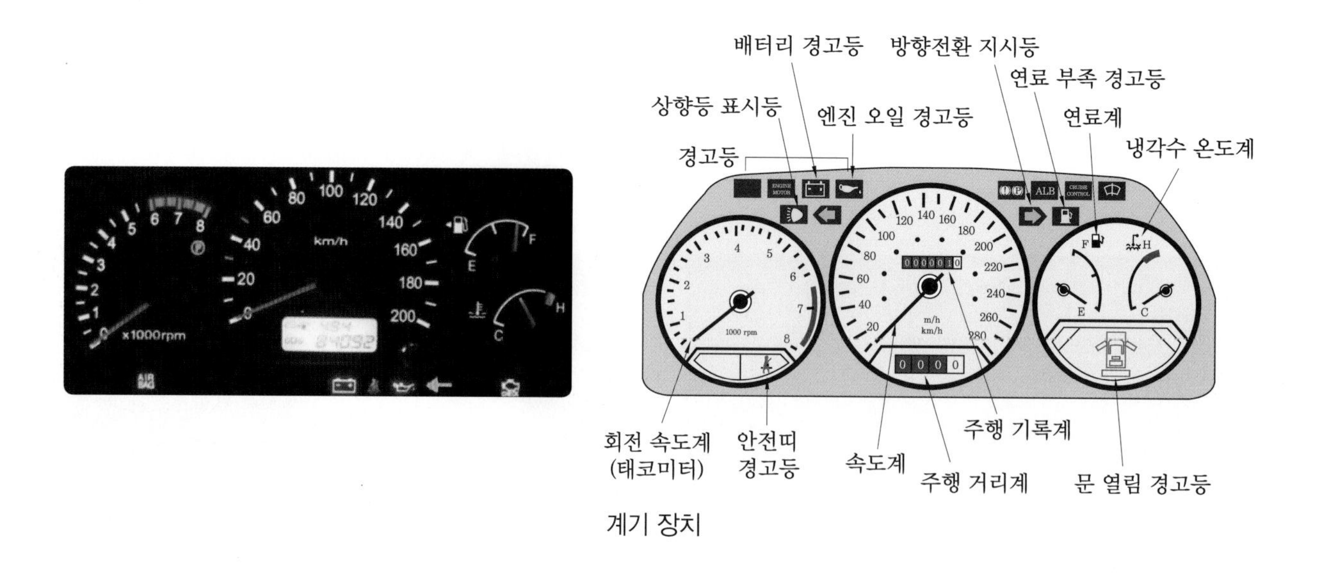

계기 장치

(3) 경고용 등화장치

① 유압등 : 유압이 규정 이하로 되면 점등 경고

② 충전등 : 축전지에 충전되지 않을 때 점등 경고

③ 연료등 : 연료 유면이 규정 이하이면 점등 경고

④ 브레이크 오일등 : 브레이크 유면이 규정 이하이면 점등 경고

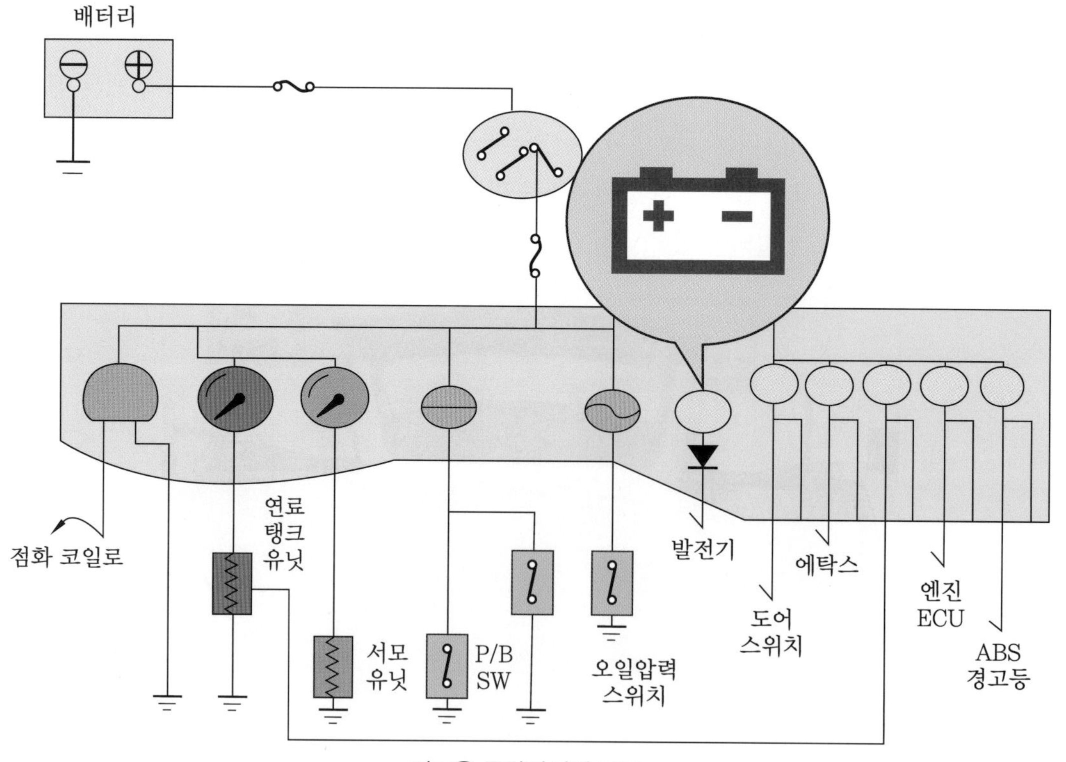

경고용 등화장치의 구조

(4) 표시용 등화장치

① 후미등 : 자동차의 후미를 표시
② 주차등 : 자동차가 주차 중임을 표시
③ 번호등 : 자동차의 번호판을 조명
④ 차폭등 : 자동차의 폭을 표시
④ 실내등 : 차 실내를 조명
⑤ 계기등 : 계기판의 각종 계기를 조명

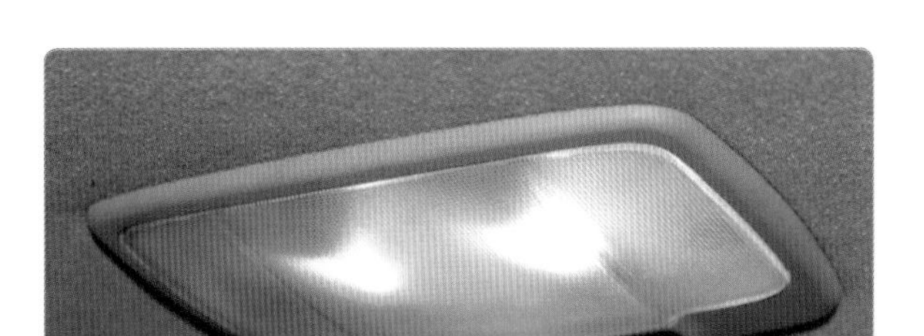

실내등

번호등

2 조명 단위

① 조도 : 빛을 받는 면의 밝기로, 단위는 럭스(lux)이다. 광원으로부터 r[m] 떨어진 빛의 방향에 수직인 빛을 받는 면의 조도를 E[lux], 그 방향의 광원의 광도를 I[cd]라고 하면 조도를 구하는 식은 다음과 같다.

$$E[\text{lux}] = \frac{I}{r^2}$$ → 조도는 광원의 광도에 비례하고, 광원의 거리의 제곱에 반비례한다.

② 광도 : 빛의 세기를 말하며, 단위는 칸델라(cd)이다. 1 cd는 광원에서 1 m 떨어진 1 m^2의 면에 1 lm의 광속이 통과하였을 때의 빛의 세기이다.

③ 광속 : 광원에서 나오는 빛의 다발을 말하며, 단위는 루멘(lm)이다.

2 등화장치 점검

1 미등 및 번호등 회로 점검

(1) 미등 및 번호등 회로 분석

먼저 회로도를 판독하고 회로에 인가되는 전기의 흐름을 이해한 후 점검 방법을 정리하여 작업 순서를 정리한다.

라이트 스위치의 1단(PARK)을 켜면 파란색 선을 따라 상시 전원(배터리) → 미등 릴레이 솔레노이드 → BCM → 접지가 되며 미등 릴레이의 스위치가 붙게 된다. 그러면 빨간색 선을 따라 상시 전원(배터리) → 미등 릴레이 스위치 → 미등 LH, RH 퓨즈 → 좌우측 미등 → 접지가 되어 미등이 점등된다.

미등 · 번호등 회로-1

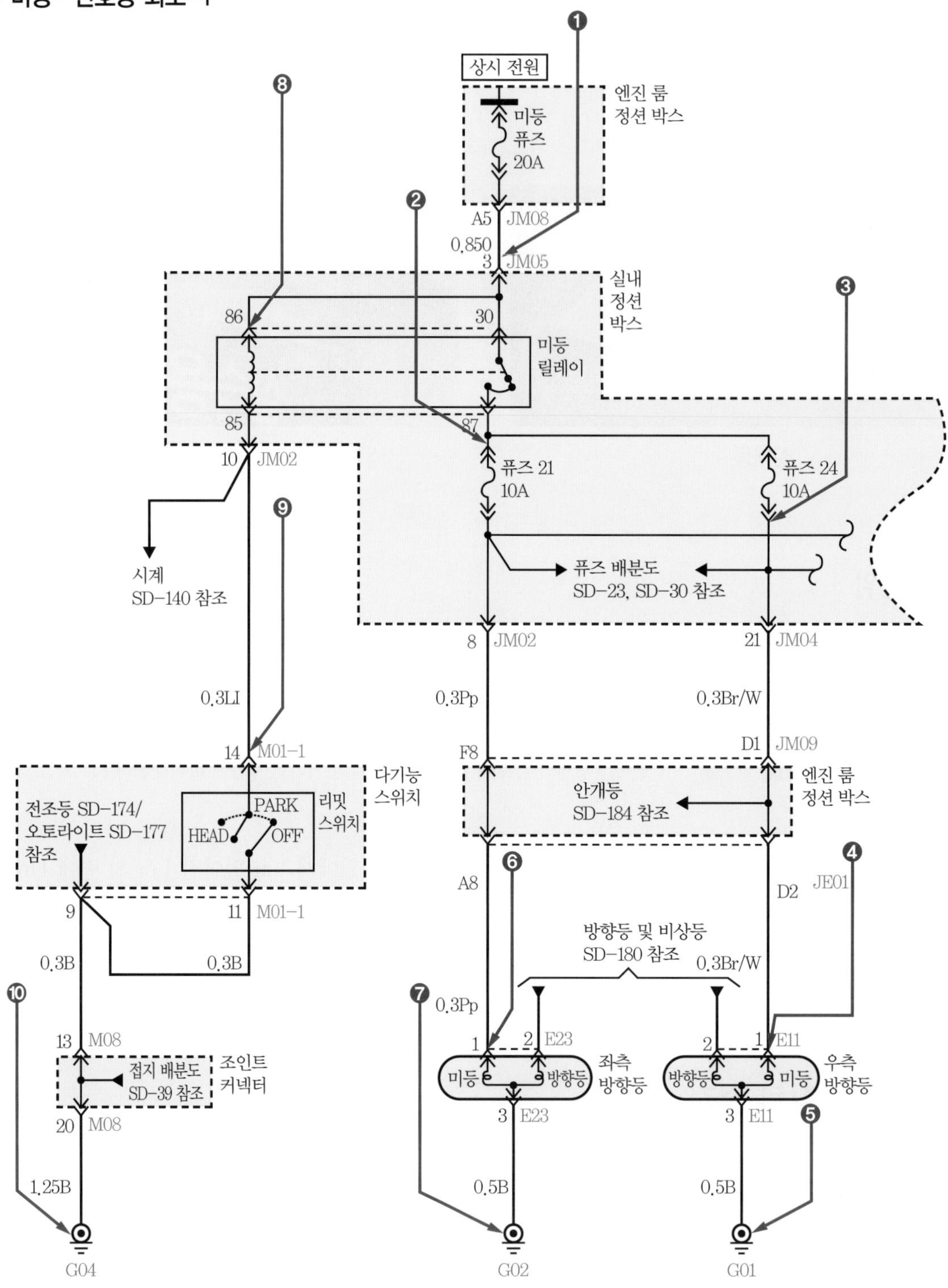

상시 전원
엔진 룸 정션 박스
미등 퓨즈 20A
A5 JM08
0.850
3 JM05
실내 정션 박스
86
30
미등 릴레이
85
87
10 JM02
퓨즈 21 10A
퓨즈 24 10A
시계 SD-140 참조
퓨즈 배분도 SD-23, SD-30 참조
8 JM02
21 JM04
0.3LI
0.3Pp
0.3Br/W
14 M01-1
F8
D1 JM09
다기능 스위치
전조등 SD-174/ 오토라이트 SD-177 참조
PARK
HEAD
OFF
리밋 스위치
안개등 SD-184 참조
엔진 룸 정션 박스
9
11 M01-1
A8
D2 JE01
0.3B
0.3B
방향등 및 비상등 SD-180 참조
0.3Br/W
0.3Pp
13 M08
접지 배분도 SD-39 참조
조인트 커넥터
20 M08
1
2 E23
미등
방향등
좌측 방향등
2
1 E11
방향등
미등
우측 방향등
3 E23
3 E11
1.25B
0.5B
0.5B
G04
G02
G01

● 미등 · 번호등 회로-2

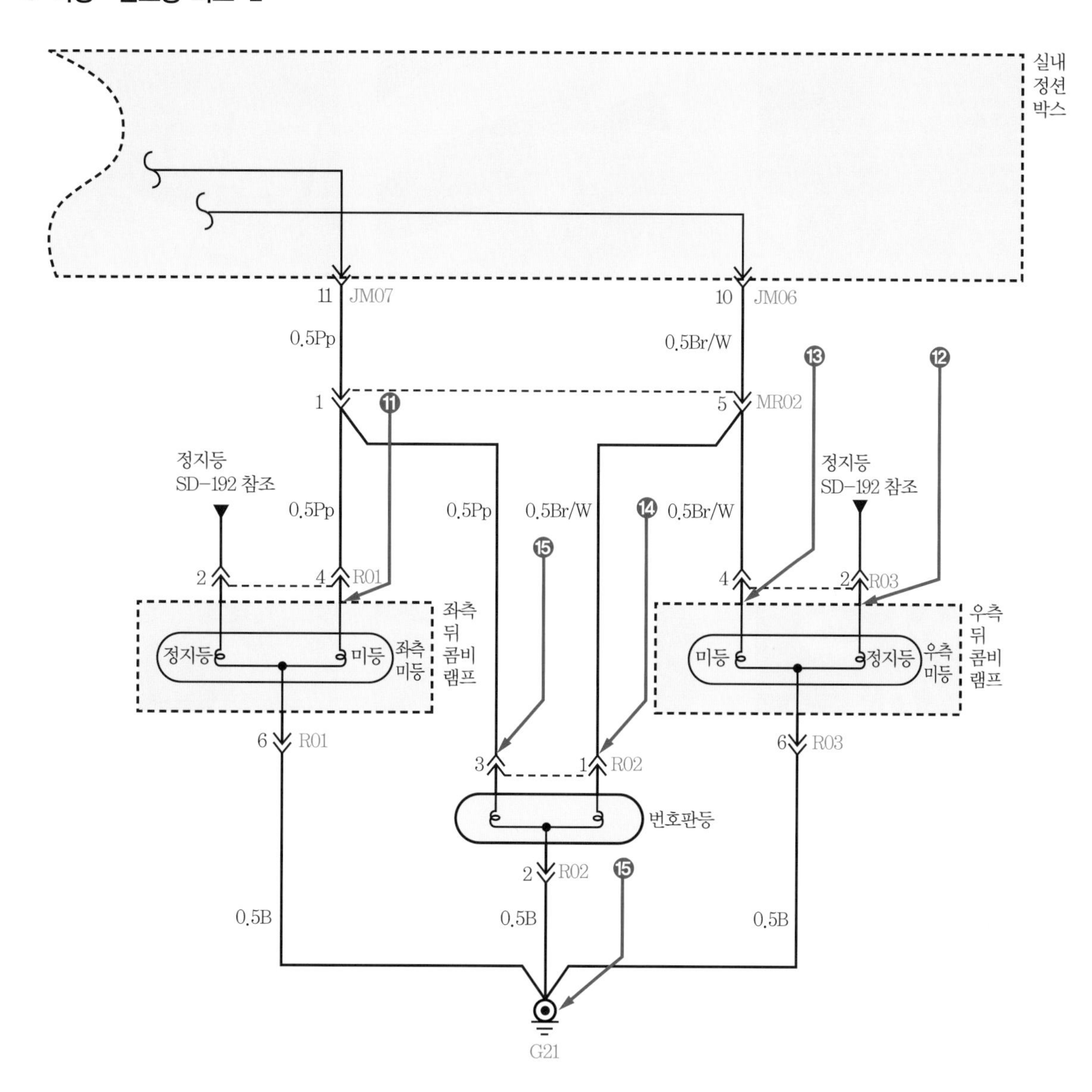

미등 릴레이에서 회로 진단 시 정비(조치) 사항

❶ 릴레이 솔레노이드의 전원 공급 단자에 전원 공급 여부를 전구 시험기를 이용하여 확인한다.
❷ 릴레이 솔레노이드의 작동 단자에 접지 공급 여부를 전구 시험기를 이용하여 확인한다.
❸ 릴레이 스위치의 전원 공급 단자에 전원 공급 여부를 전구 시험기를 이용하여 확인한다.
❹ 릴레이의 미등 작동 단자에 전원을 공급하여 미등이 작동하는지를 확인한다.

(2) 미등 및 번호등 고장 점검

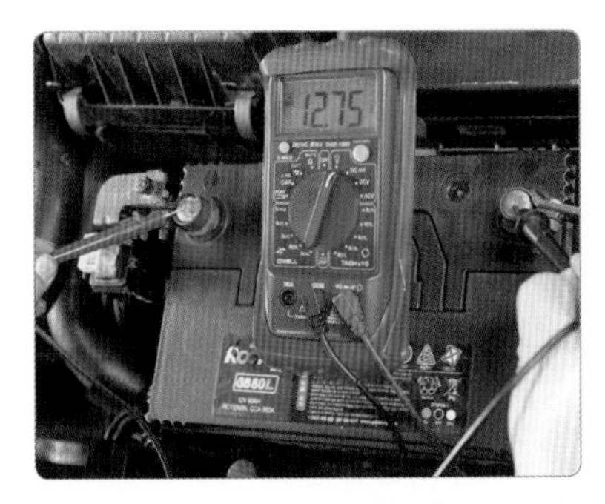

1. 배터리 전압을 확인한다(12.75 V).

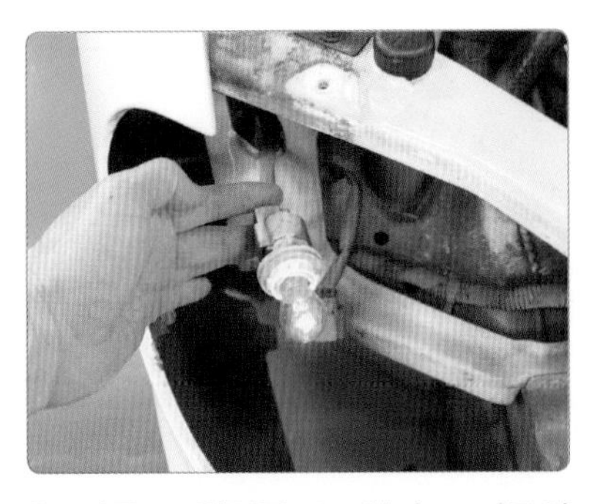

2. 미등 스위치를 ON시키고 미등이 점등되는지 확인한다.

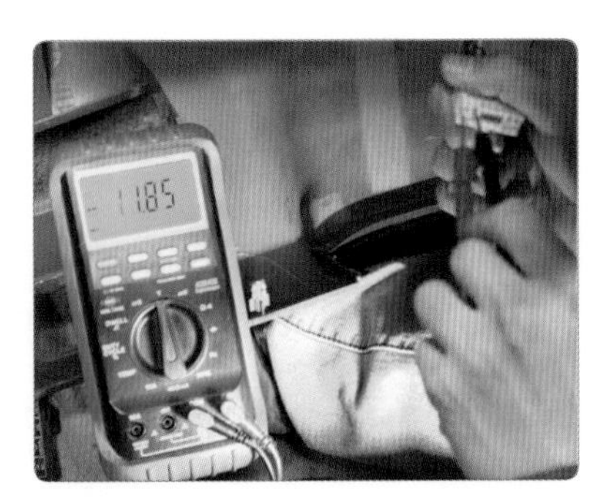

3. 커넥터에 배터리 전압이 인가되는지 확인한다.

4. 번호등이 들어오는지 확인한다.

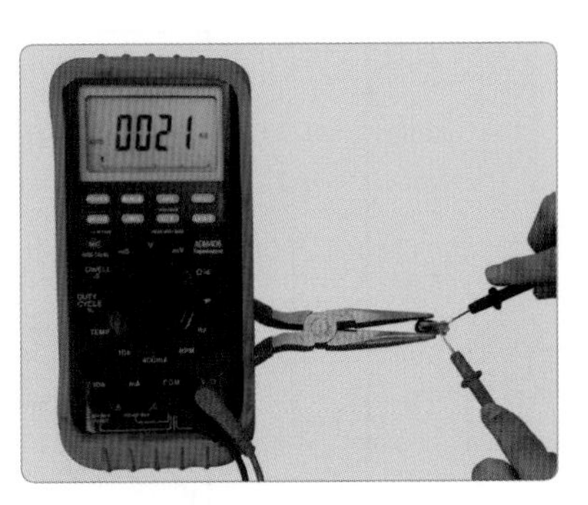

5. 번호등 단선 유무를 점검한다.

6. 번호판 커넥터에 배터리 전압이 인가되는지 확인한다.

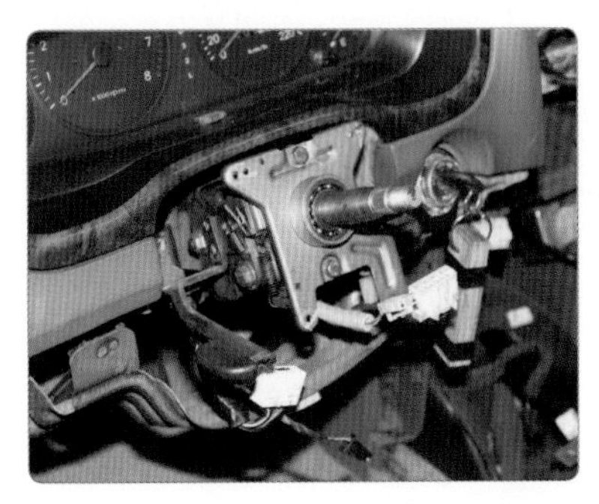

7. 콤비네이션 미등 스위치 이상 유무를 확인한다.

8. 운전석 퓨즈 박스에서 퓨즈 단선과 탈거 상태를 확인한다.

9. 미등 점등 상태를 확인한다.

미등 및 번호등이 작동하지 않는 고장 원인

❶ 배터리 방전
❷ 미등 퓨즈의 단선(탈거, 접촉 불량)
❸ 미등 릴레이 불량(탈거, 릴레이 코일 불량)
❹ 미등 전구 불량(단선, 탈거)
❺ 배터리 터미널 탈거(단선)
❻ 콤비네이션 스위치 불량(접점 소손, 단선)
❼ 콤비네이션 스위치 커넥터 탈거 등

2 전조등 점검

(1) 전조등(head light) 회로 분석

전조등 스위치 조작은 하향(Low), 상향(High), 패싱(Passing, Flash) 3가지로 작동된다.

전조등 회로를 점검하기 위해 먼저 회로도를 이해한 후 회로에 인가되는 전압 공급의 순서를 이해하고 점검한다.

① 전조등 하향(Low) 시 전기 흐름

라이트 스위치를 2단으로 돌리면 전기 흐름은 회로 점화 스위치 IG ON → 헤드 램프 퓨즈(10 A) → 전조등 Low 릴레이 솔레노이드 → 실내 정션 박스 → BCM 18번 핀 → BCM 9번 핀 → 라이트 스위치 9번 핀 → 접지된다. 그러면 전조등 릴레이 솔레노이드가 자화되어 붉은색을 따라 배터리 → 전조등 릴레이(Low) 스위치 → 좌우측 전조등 → 접지가 되어 전조등이 ON된다.

전조등 Low 작동의 경우 라이트 스위치를 작동하면 라이트 스위치에 와 있던 접지에 의해 전조등 Low 릴레이의 솔레노이드 접지를 공급하게 되어 릴레이가 작동하고, 릴레이 접점에 와 있던 상시 전원이 좌우측의 전조등 Low 전구에 전원을 공급하게 되어 Low 전조등이 작동하게 된다. 또 릴레이로 공급하였던 접지는 디머/패싱 스위치에 접지를 공급하여 하이 빔과 패싱 작동을 할 수 있도록 스위치 작동 접지를 공급하도록 되어 있다.

② 전조등 상향(High) 시 전기 흐름

라이트 스위치를 2단으로 돌린 상태에서 아래로 내리면 전기 흐름은 회로의 점화 스위치 IG ON → 헤드 램프 퓨즈(10 A) → 전조등 High 릴레이 솔레노이드 → 실내 정션 박스 → 다기능 스위치 중 디머/패싱 스위치 12번 핀 → 디머/패싱 스위치 11번 핀 → BCM 18번 입력 → BCM 9번 핀 → 라이트 스위치 9번 핀 → 접지된다. 그러면 전조등 릴레이(High) 솔레노이드가 자화되어 배터리 → 전조등 릴레이(High) 스위치 → 좌우측 전조등(HI), 계기판 → 접지의 회로 형성으로 상향 전조등이 ON된다.

High 빔의 경우 계기판에 상향등 표시등을 작동하여 운전자에게 하이 빔의 작동 여부를 알려준다.

③ 전조등 패싱 작동 시 전기 흐름

전조등 패싱 작동의 경우 라이트 스위치를 작동하지 않은 상태에서도 패싱은 작동하도록 되어 있다. 작동을 보면 디머/패싱 스위치를 이용하여 패싱 작동 위치에 놓으면 디머/패싱 스위치에 패싱 작동 접지가 전조등 High 릴레이와 전조등 Low 릴레이에 접지를 공급하여 High, Low 릴레이를 작동시키고 High, Low 릴레이 접점에 와 있던 상시 전원이 좌우측의 전조등 High, Low 전구에 전원을 공급하게 되어 High, Low 전조등이 작동하게 된다.

패싱은 High 빔이 라이트 스위치 OFF 시에 작동하고 이때 계기판에 상향등 표시등을 작동하여 운전자가 패싱 작동 상태를 확인할 수 있다.

● 전조등 회로

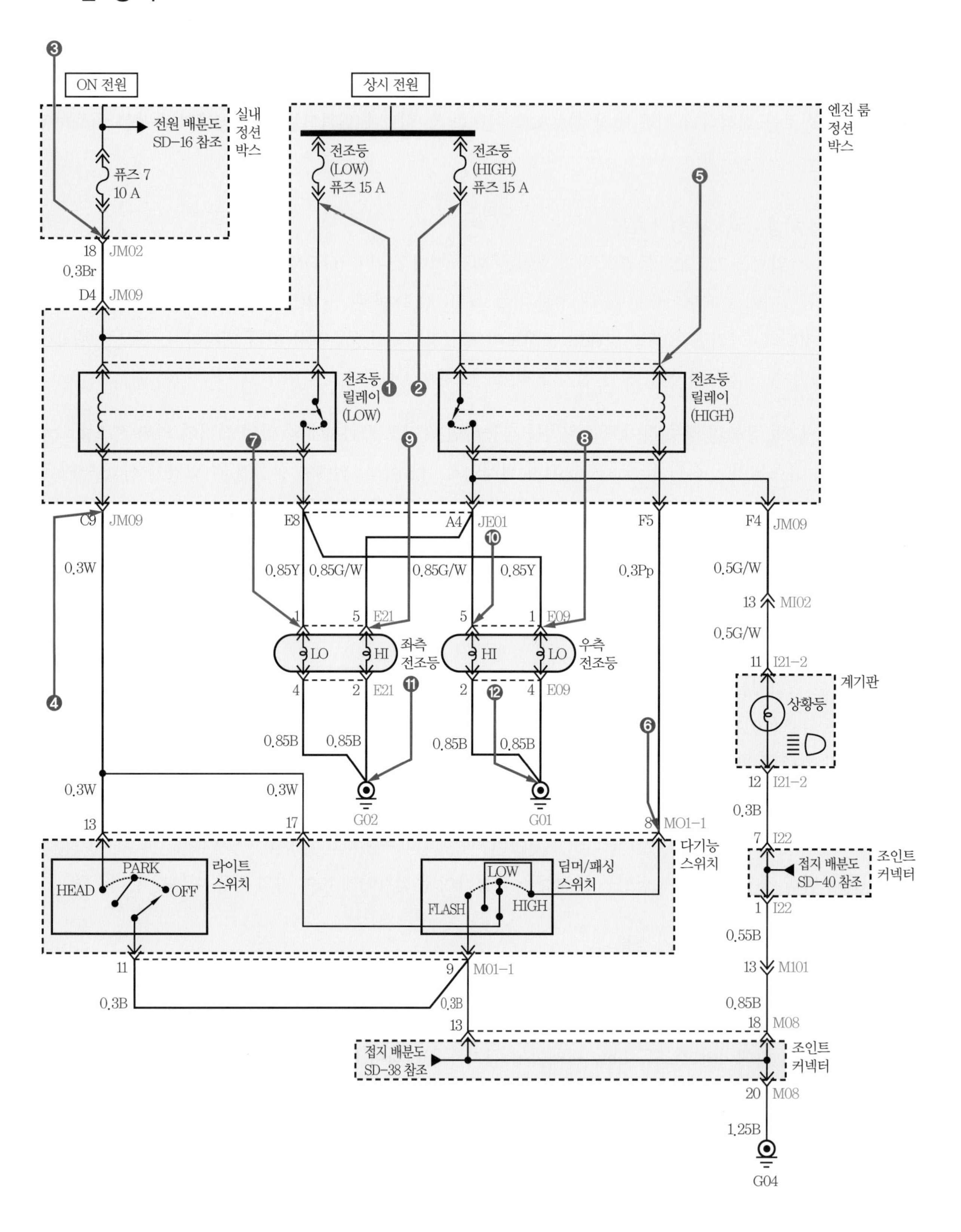

ON 전원
상시 전원
전원 배분도 SD-16 참조
실내 정션 박스
퓨즈 7 10 A
전조등 (LOW) 퓨즈 15 A
전조등 (HIGH) 퓨즈 15 A
엔진 룸 정션 박스
18 JM02
0.3Br
D4 JM09
전조등 릴레이 (LOW)
전조등 릴레이 (HIGH)
C9 JM09
E8
A4 JE01
F5
F4 JM09
0.3W
0.85Y
0.85G/W
0.85G/W
0.85Y
0.3Pp
0.5G/W
13 MI02
0.5G/W
1 5 E21
5 1 E09
LO HI 좌측 전조등
HI LO 우측 전조등
4 2 E21
2 4 E09
11 I21-2
계기판
상황등
12 I21-2
0.85B 0.85B
0.85B 0.85B
0.3W
0.3W
G02
G01
13 17
8 MO1-1
0.3B
7 I22
다기능 스위치
라이트 스위치
PARK
HEAD
OFF
LOW
딤머/패싱 스위치
FLASH
HIGH
접지 배분도 SD-40 참조
조인트 커넥터
1 I22
0.55B
11
9 M01-1
13 M101
0.3B
0.3B
0.85B
13
18 M08
접지 배분도 SD-38 참조
조인트 커넥터
20 M08
1.25B
G04

(2) 전조등 회로 고장 점검

전조등 점검 차량 확인 및 회로 고장 점검 준비

1. 배터리 단자 (+), (−) 체결 상태 및 접촉 상태를 확인한다.

2. 엔진 정션 박스 전조등 릴레이 점검과 공급 전원을 확인한다.

3. 실내 퓨즈 박스에서 전조등 퓨즈 단선 및 공급 전원을 확인한다.

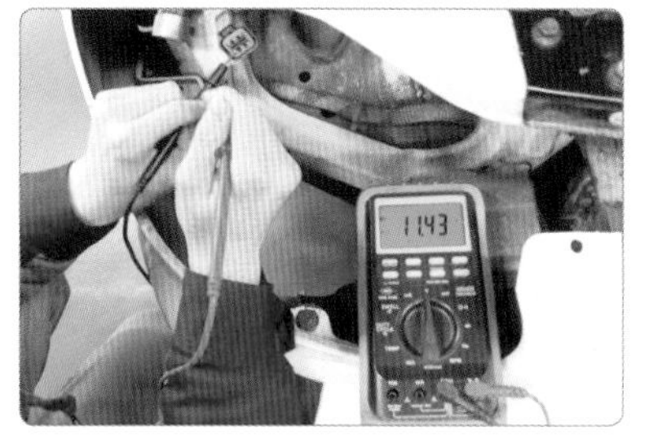

4. 전조등 LOW 공급 전원을 확인한다.

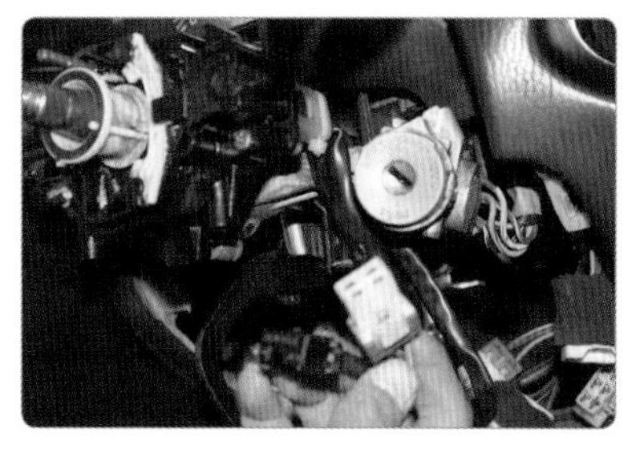

5. 전조등 스위치 커넥터 및 통전 상태를 점검한다.

6. 전조등을 유관 점검한다(유리관을 손으로 직접 만지지 않는다).

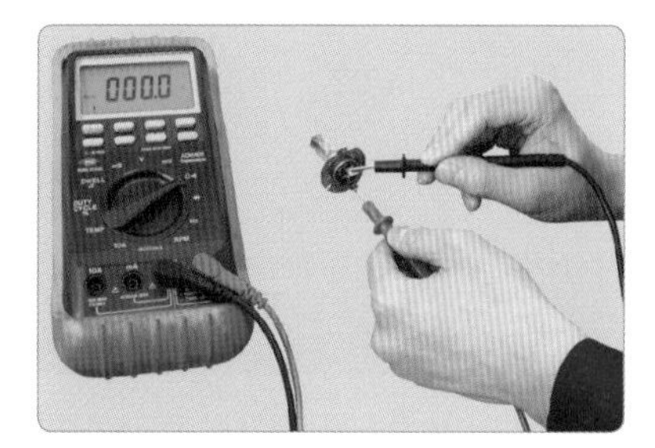

7. 전조등 램프 단선 및 저항을 점검한다.

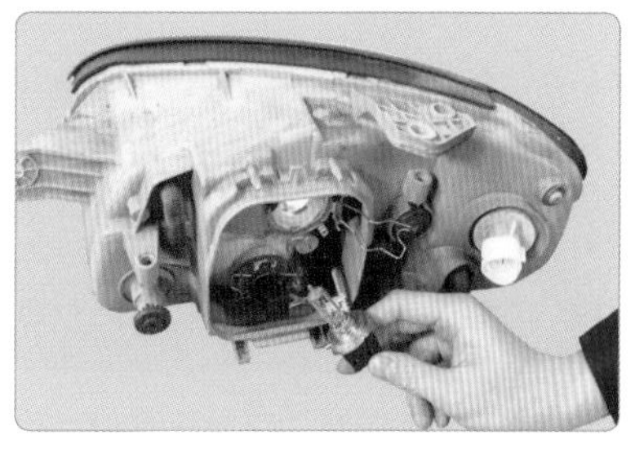

8. 전조등을 커넥터에 체결하고 접촉 및 작동 상태를 확인한다.

9. 전조등 점등 상태를 확인한다.

Chapter 5 전기

(3) 전조등 측정 및 판정

① 전조등 측정

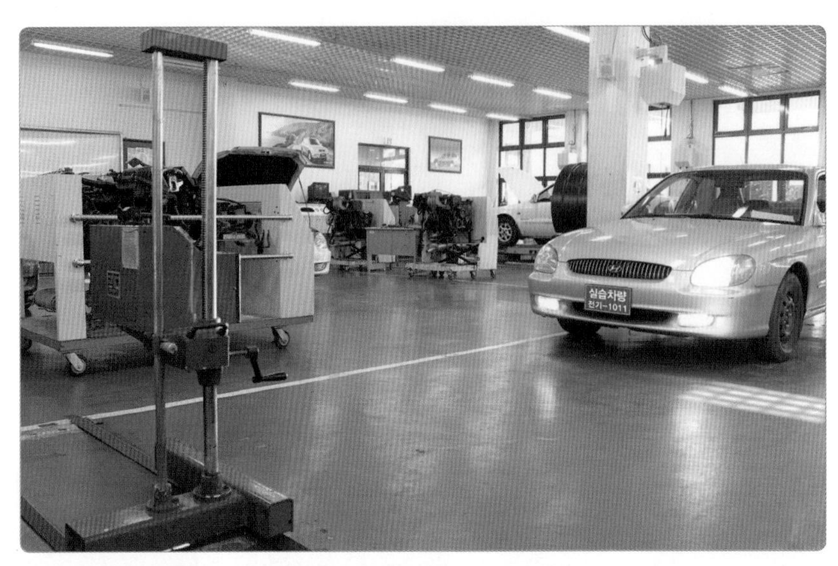

전조등 테스터와 측정 차량 준비 및 측정 거리 확인

1. 전조등 테스터 계기(좌우, 상하)를 모두 0으로 맞춘다.

2. 엔진을 공회전으로 유지하고 전조등 스위치를 ON시킨다(상향등을 켠다).

3. 전조등 테스터를 스크린 광축에 맞춰서 상하 좌우로 이동시켜 전조등이 중심에 오도록 맞춘다.

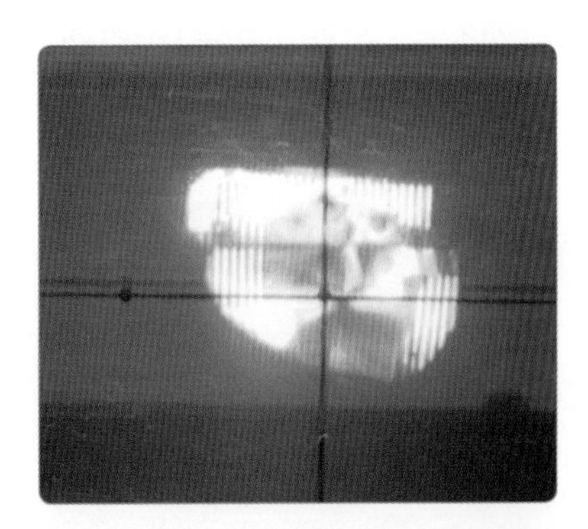

4. 스크린을 보고 전조등의 중심점이 십자의 중심에 오도록 조정한다.

5. 전조등 테스터기 기둥 눈금을 읽는다. (하향진폭 = 전조등 높이 × $\frac{3}{10}$)

6. 테스터의 몸체를 좌우로 밀고 상하 이동 핸들을 돌려 좌우, 상하 광축계의 지침이 0에 오도록 조정한다.

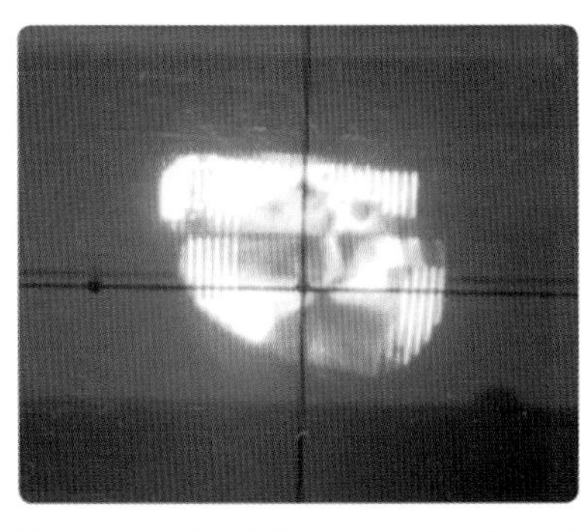

7. 전조등의 중심을 스크린 십자의 중심에 오도록 좌우, 상하 조정 다이얼을 조정한다.

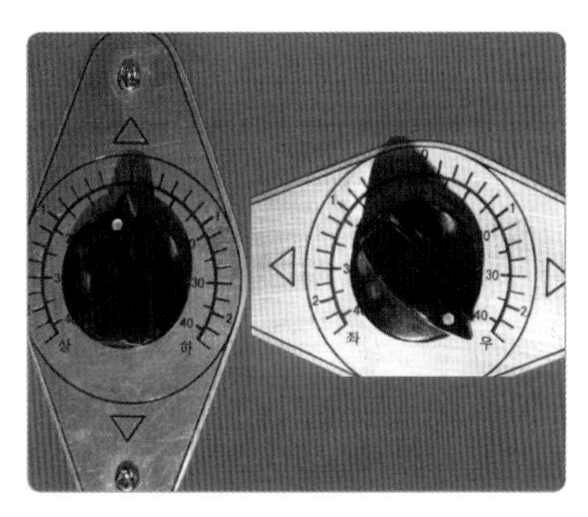

8. 조정 다이얼 눈금을 확인한다.
(상 : 0 cm, 우 : 40 cm)

9. 엔진 rpm을 2000~2500 rpm으로 올리고 광도를 측정한다(상향 : 하이빔).

10. 테스터에 지시된 광도를 측정한다.
(42000 cd)

11. 전조등 테스터를 정렬시킨다.

12. 전조등 스위치를 OFF시킨다.

② 전조등 측정 및 판정

<table>
<tr><th colspan="5">측정(또는 점검)</th><th>판 정</th><th rowspan="2">득점</th></tr>
<tr><th colspan="2">항 목</th><th colspan="2">측정값</th><th>기준값</th><th>판정
(□에 'V' 표)</th></tr>
<tr><td rowspan="3">(□에 'V' 표)
위치 :
☑ 좌
□ 우
등식 :
□ 2등식
☑ 4등식</td><td>광도</td><td colspan="2">42000 cd</td><td>12000 cd 이상</td><td>☑ 양호
□ 불량</td><td rowspan="3"></td></tr>
<tr><td rowspan="2">광축</td><td>☑ 상
□ 하
(□에 'V' 표)</td><td>0 cm</td><td>10 cm 이내</td><td>☑ 양호
□ 불량</td></tr>
<tr><td>□ 좌
☑ 우
(□에 'V' 표)</td><td>40 cm</td><td>30 cm 이내</td><td>□ 양호
☑ 불량</td></tr>
</table>

③ 측정 결과 판정

자동차 관리법 시행 규칙–자동차 검사 기준 및 방법의 비교		
구 분		검사 기준
광도	2등식	15000 cd 이상
	4등식	12000 cd 이상
좌 · 우측등	상향진폭	10 cm 이하
	하향진폭	30 cm 이하
좌측등	좌진폭	15 cm 이하
	우진폭	30 cm 이하
우측등	좌진폭	30 cm 이하
	우진폭	30 cm 이하

3 방향지시등 회로 고장 점검

(1) 방향지시등 및 비상등 회로 작동

① **방향지시등 및 비상경고등 작동 준비** : 방향지시등은 차량 주행 상태 또는 점화 스위치 키 상태가 "ON"에서 작동해야 하므로 "ON/START 전원"이 비상경고등 스위치를 거쳐 플래셔 유닛으로 공급된다. 비상경고등과 도난 방지 기능에 의해 비상경고등이 작동할 경우 점화 스위치 키 "ON"과 관계없이 차량을 바로 작동시켜야 하므로 상시 전원(배터리 공급 전원)으로 비상경고등 스위치에 전원과 도난 방지 릴레이의 코일 전원과 릴레이 전원이 공급되고 있다.

② **방향지시등 작동** : 방향지시등 스위치에 공급된 전원은 좌 또는 우의 방향으로 전원이 공급되며 해당 램프가 플래셔 유닛의 작동으로 점멸된다. 점화 스위치 키 상태가 "ON"에서 플래셔 유닛 전원이 공급되며 방향지시등 스위치로 인한 회로 접지가 이루어져 플래셔 유닛이 작동된다. 플래셔 유닛의 코일 컨트롤 단자로 신호를 주면 이에 의해 플래셔 유닛은 유닛 내에 있는 솔레노이드를 작동하고, 작동에 의해 접점이 붙으므로 "ON 전원"이 좌측 또는 우측의 방향지시등 전구에 전원을 공급하게 되어 방향지시등(좌앞뒤, 우앞, 뒤)이 작동하게 된다.

③ **비상경고등 작동** : 비상경고등 스위치를 작동하면 점화 스위치 키와 관계없이 상시적으로 비상등이 작동될 수 있는 전원 공급이 이루어져야 한다. 따라서 상시 전원이 플래셔 유닛에 작동 전원을 공급한 상태에서 비상경고등 스위치를 작동하면 전원은 비상경고등 전구를 작동시키며 스위치에 와 있던 접지(양쪽 방향의 작동 등의 필라멘트를 거쳐서 오는 접지)에 의해 플래셔 유닛의 코일 컨트롤 단자로 신호를 준다. 이에 의해 플래셔 유닛은 유닛 내에 있는 솔레노이드를 작동하고 작동에 의해 접점이 붙음으로써 "상시 전원"이 비상경고등 스위치의 좌우측 방향지시등과 연결되어 있는 스위치를 통해 좌우측의 방향지시등 전구에 전원을 공급하게 되며 방향지시등 및 비상등(앞, 뒤, 좌, 우, 계기)이 작동하게 된다.

(2) 주요 부위 회로 점검

① 방향지시등 회로-1

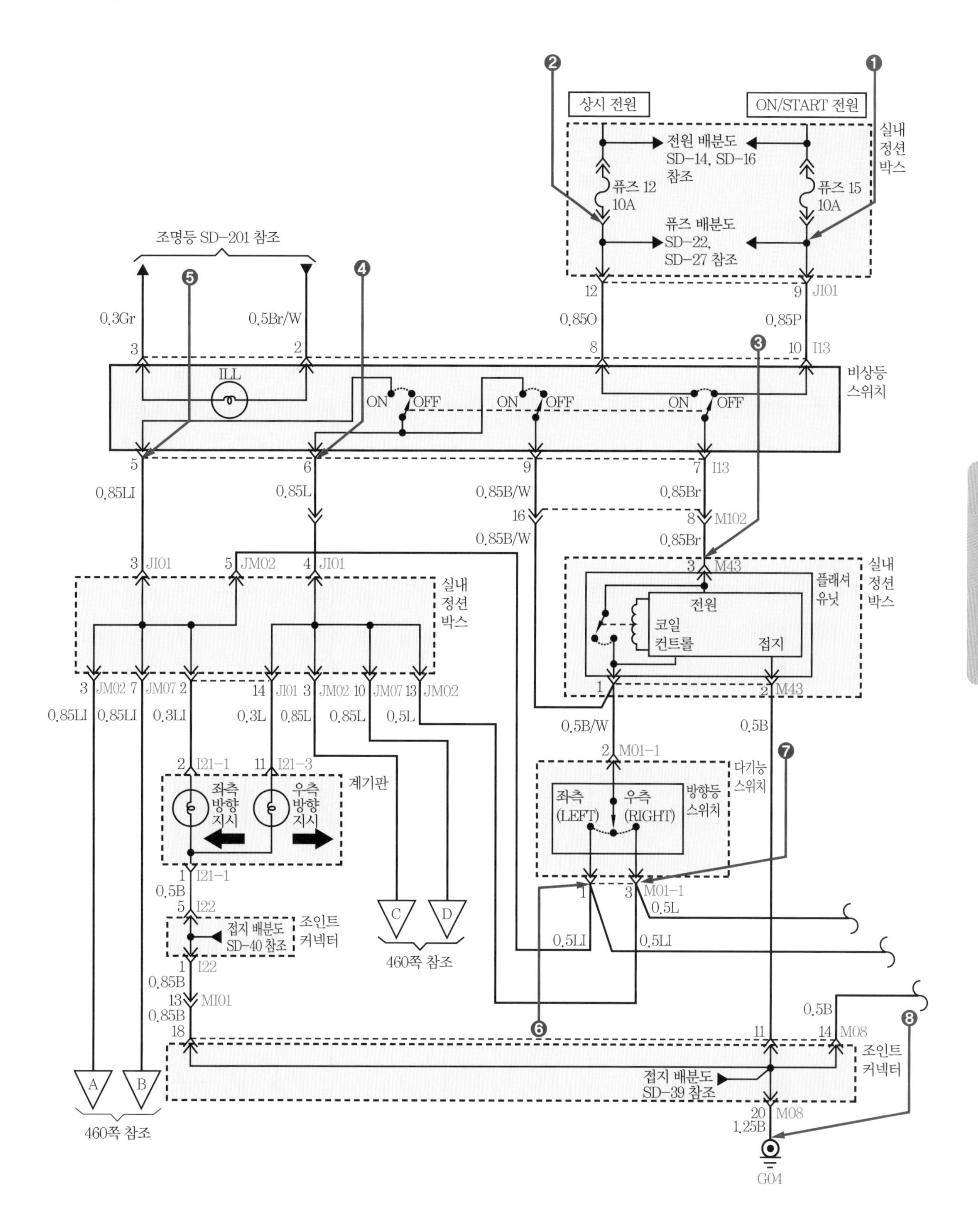

② 방향지시등 회로-2

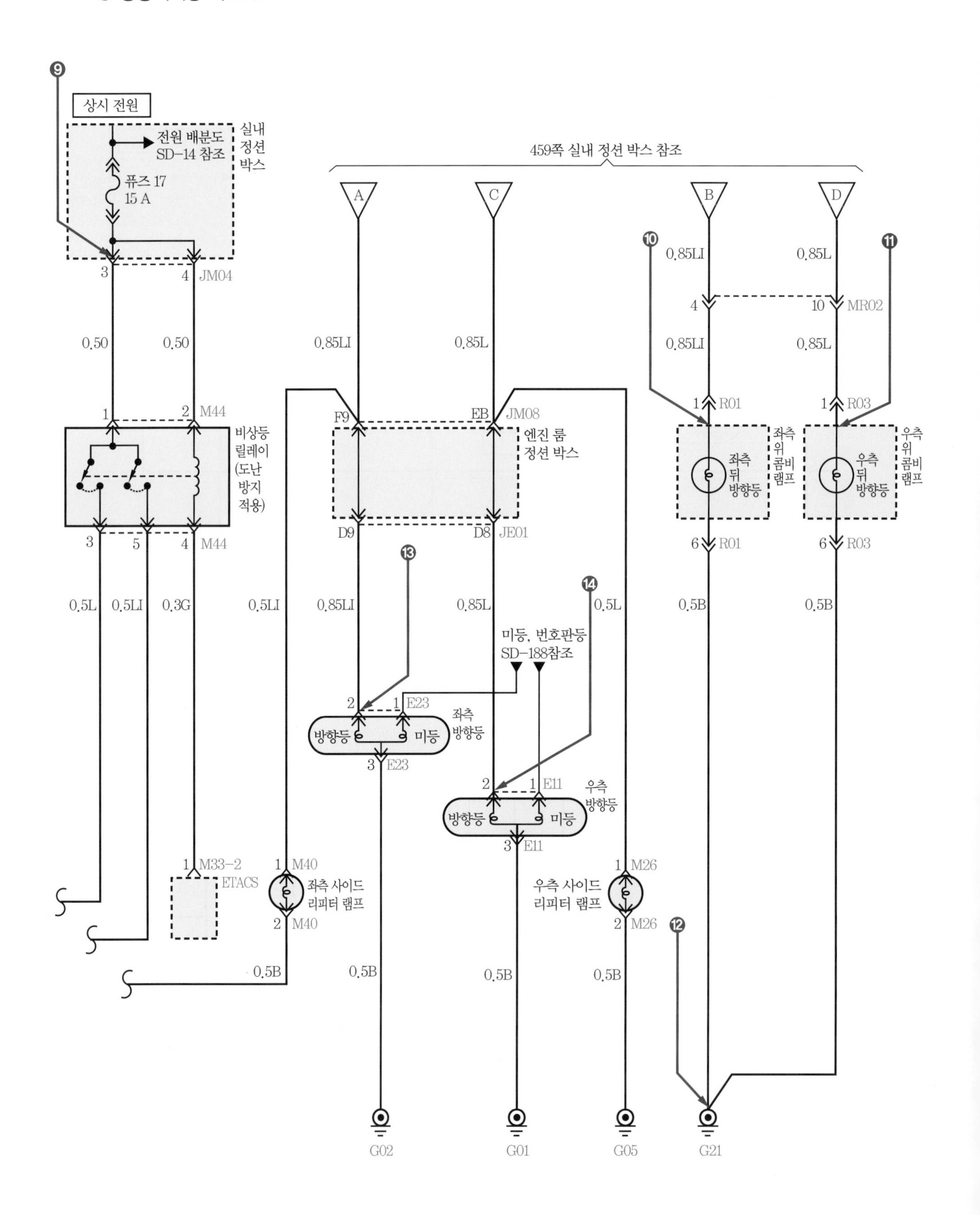

상시 전원
전원 배분도 SD-14 참조
실내 정션 박스
퓨즈 17 15 A
3
4 JM04
0.50
0.50
1
2 M44
비상등 릴레이 (도난 방지 적용)
3
5
4 M44
0.5L
0.5LI
0.3G
1 M33-2
ETACS
459쪽 실내 정션 박스 참조
A
C
B
D
0.85LI
0.85L
F9
EB JM08
엔진 룸 정션 박스
D9
D8 JE01
0.5LI
0.85LI
0.85L
0.5L
미등, 번호판등 SD-188참조
2
1 E23
방향등
미등
좌측 방향등
3 E23
2
1 E11
우측 방향등
방향등
미등
3 E11
1 M40
좌측 사이드 리피터 램프
2 M40
우측 사이드 리피터 램프
1 M26
2 M26
0.5B
0.5B
0.5B
0.5B
0.85LI
0.85L
4
10 MR02
0.85LI
0.85L
1 R01
1 R03
좌측 위 콤비 램프
좌측 뒤 방향등
우측 위 콤비 램프
우측 뒤 방향등
6 R01
6 R03
0.5B
0.5B
G02
G01
G05
G21

(3) 방향지시등 점검

점검 차량의 앞, 뒤에서 방향지시등 작동 상태 확인

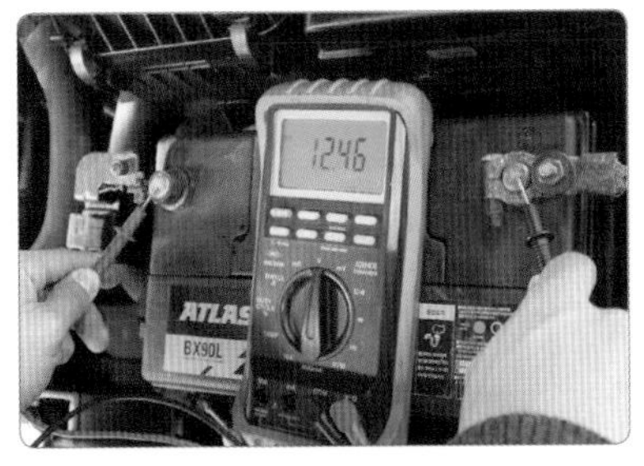

1. 배터리 단자 (+), (–) 체결 상태 및 접촉 상태, 배터리 전압을 측정한다.

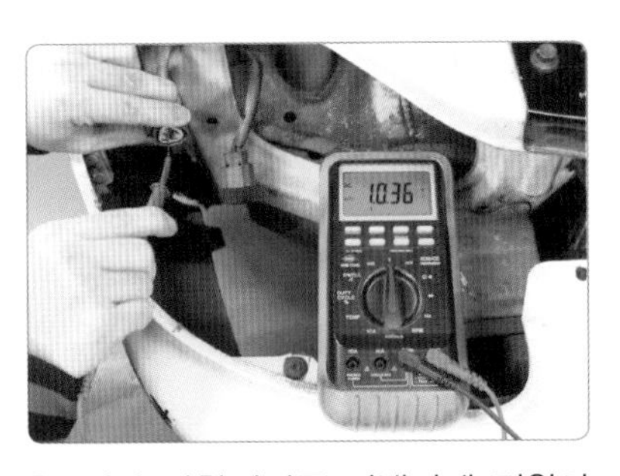

2. 해당 방향지시등 커넥터에 전원이 공급되는지 확인한다.

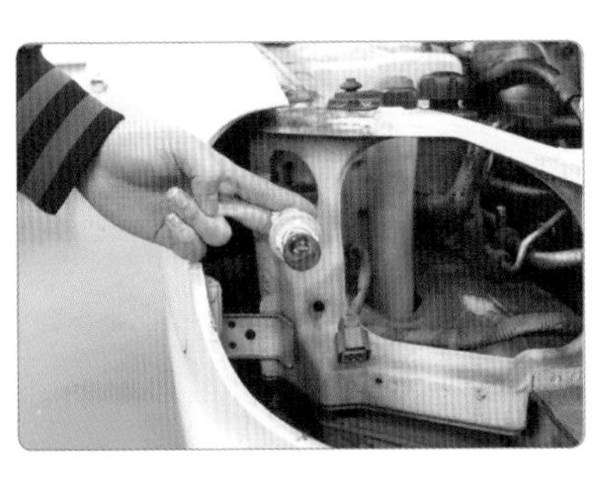

3. 전구가 체결된 상태에서 작동 상태를 확인한다.

4. 퓨저블 링크 전압 및 단선 유무를 확인한다.

5. 방향지시등 퓨즈 단선 유무를 확인한다.

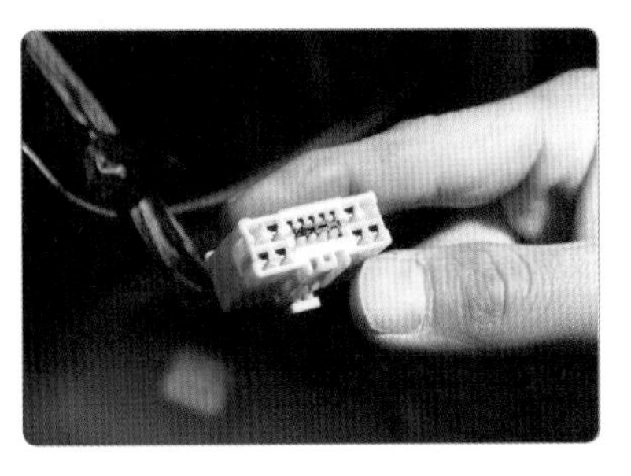

6. 방향지시등 스위치 커넥터 탈거 상태를 확인한다.

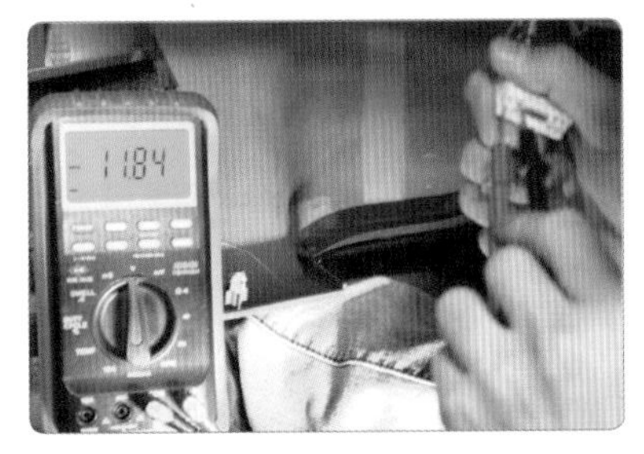

7. 방향지시등 스위치 전원 공급 상태를 확인한다.

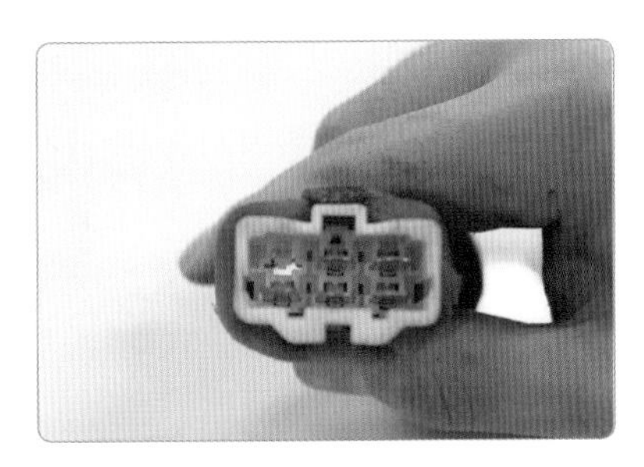

8. 점화 스위치 커네터를 확인한다.

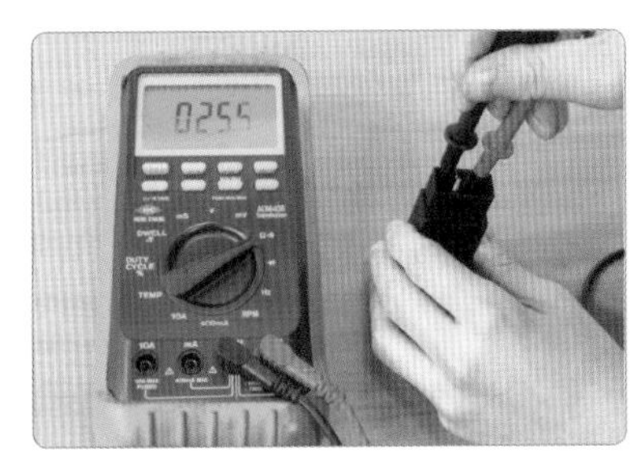

9. 방향지시등 릴레이의 이상 유무를 확인한다.

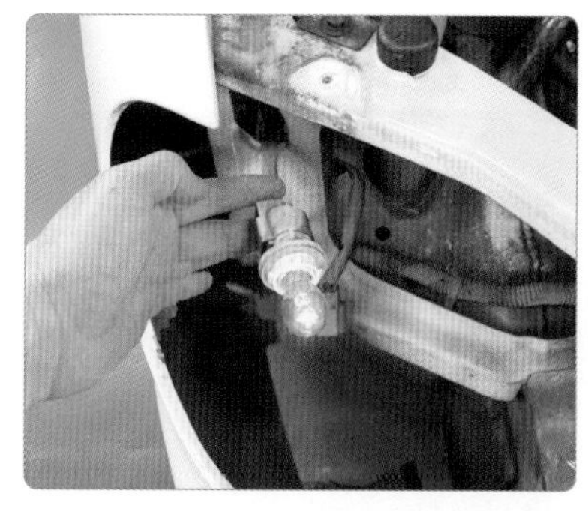

10. 수리가 끝나면 작동 상태를 확인한다.

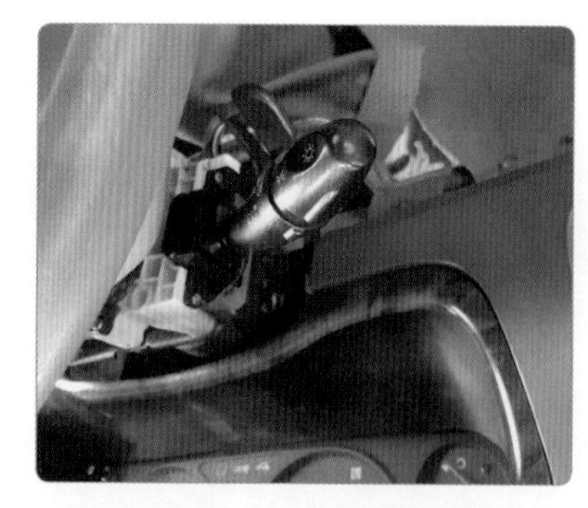

11. 방향지시등 스위치를 OFF시킨다.

12. 차량을 정리한다.

(4) 방향지시등 정비 사항

① **방향지시등 스위치 점검** : 방향지시등 스위치 커넥터를 탈거하고 회로 시험기를 이용하여 방향지시등 스위치를 조작하여 해당되는 접점이 작동되는지를 확인(도통 시험)하고 그렇지 않은 경우에는 방향지시등 스위치를 교환한다.

② **비상경고등 스위치 점검** : 비상경고등 스위치를 분리하고 회로 시험기를 이용하여 스위치 ON, OFF 작동 상태에서 단자 도통 상태를 점검한다.

③ **플래셔 유닛 점검**

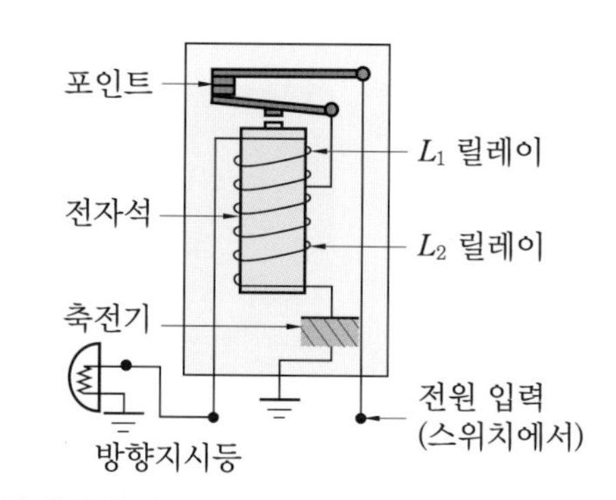

플래셔 유닛

(가) 플래셔 유닛으로 전원이 공급되고 접지되는지 확인한다.

(나) 좌측 신호와 우측 신호를 입력하여 좌우측 방향지시등을 거쳐서 오는 신호가 정상적으로 이루어지는지 확인한다.

(다) 모든 점검이 정상적이라면 플래셔 유닛을 교환한다.

④ **방향지시등 점멸 상태에 따른 점검**

(가) 좌우의 점멸 횟수가 다르거나 한쪽만 작동하는지 확인한다.

(나) 규정 용량의 전구를 사용하였는지 확인한다.

㈐ 접지 상태가 양호한지 점검한다.

㈑ 어느 한쪽의 전구가 단선되었는지 점검한다.

점멸 상태가 느린 경우	점멸 상태가 빠른 경우
• 규정 용량의 전구를 사용하였는지 확인한다. • 접지 상태가 양호한지 점검한다. • 축전지 방전 상태를 점검한다. • 배선 접촉 상태 점검한다. • 플래셔 유닛 상태를 점검한다.	• 규정 용량의 전구를 사용하였는지 확인한다. • 플래셔 유닛 상태를 점검한다.

4 정지등 회로 고장 점검

정지등은 브레이크 페달을 밟았을 때 점등되어 제동 상태를 확인할 수 있는 등으로, 후미등과 같이 사용한다. 전구에는 서로 다른 필라멘트 2개가 설치된 더블 전구 필라멘트 형식이 사용되며(일반적으로 15~30 W 전구를 사용) 좌우 정지등은 각각 병렬로 연결되어 있다.

Chapter 5 전기

(1) 정지등 회로 작동

① **브레이크 작동 전** : 정지등은 점화 전원 공급 “ON”과 관계없이 브레이크 작동 시 상시 전원이 정지등 스위치에 작동 전원을 공급하며 뒤 콤비네이션 램프의 좌우 정지등에 상시 접지 회로로 형성되어 있다.

② **브레이크 작동 시** : 정지등의 작동은 평상시에 정지등 스위치에 와 있던 작동 전원이 브레이크 페달을 밟음으로 정지등 스위치가 작동하게 되고 정지등 스위치에 와 있던 상시 전원이 뒤 좌우 콤비네이션 램프의 정지등에 전원을 공급하게 되며 정지등은 상시 접지와 작동 전원에 의해 작동하게 된다.

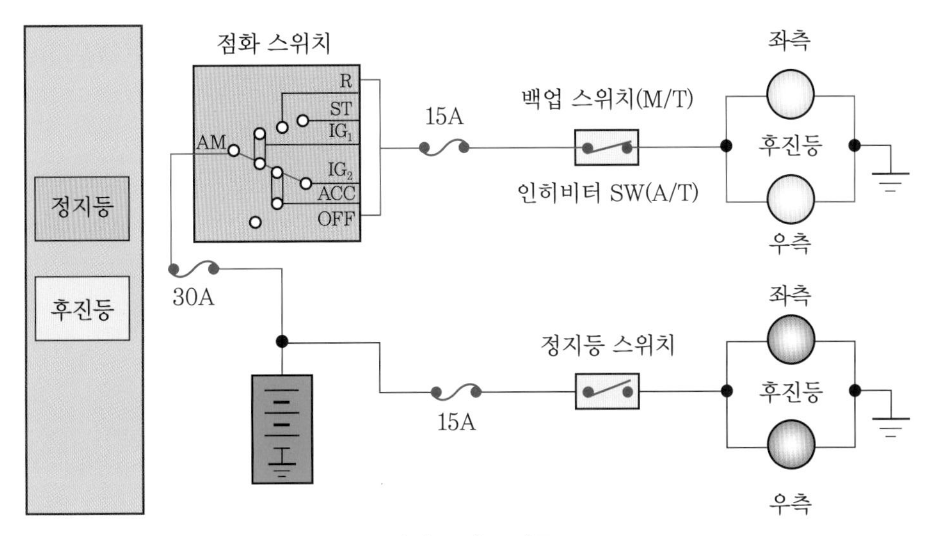

정지등 회로 작동

(2) 제동등 배선 점검 항목

① 퓨즈의 단선 유무를 점검한다.

② 배선 연결 커넥터 및 스위치 단자 접속 부분에 녹이 슬었는지 점검한다.

③ 퓨즈가 끊어진 경우에는 후진등 회로에 단락된 곳이 있는지 점검한 다음 규정 용량의 퓨즈로 교환한다.

④ 정지등 회로의 배선이 절단되었거나 커넥터의 연결이 차단되었는지 확인하여 회로 자체의 단선 여부를 점검한다.

⑤ 정지등 회로의 스위치 접점이 녹았거나 단자에 녹이 발생하였는지 확인하여 접촉 불량을 점검한다.

⑥ 정지등 회로의 절연 불량을 점검한다.

(3) 제동등 정비 사항

먼저 축전지, 퓨즈 정지등 전구를 육안으로 점검한 다음 테스터 램프 또는 회로 시험기를 이용하여 정지등 회로를 점검한다.

① 정지등 회로 진단

(가) 정지등 스위치에서 전원 공급 단자에 전원 공급 여부를 전구 시험기를 이용하여 확인한다.

(나) 정지등 스위치에서 작동 단자에 전원을 공급하여 정지등이 작동하는지 확인한다.

② 정지등 스위치 점검

(가) 정지등 회로 진단에서 스위치 전원 공급 단자에 전원 공급 여부를 확인하고, 작동 단자에 전원을 공급하여 정지등이 작동에 문제가 없다면 점검을 실시한다.

(나) 정지등 스위치는 스위치 내부의 접점 상태를 점검해야 한다.

(다) 회로 시험기를 이용하여 해당 위치에 놓고 ①−② 통전 여부를 점검한다.

(라) 통전 여부를 점검한 후 통전이 되지 않은 경우에는 교환한다.

③ 접지 점검

접지가 문제가 있는 경우에는 정지등이 희미하게 들어오거나 작동이 되지 않는 경우가 발생할 수 있으므로 접지를 확실히 점검한다.

브레이크 페달을 밟아도 브레이크등이 점등되지 않을 경우 자가 조치 방법

- 정지등 또는 제동등 퓨즈 점검 및 교환
- 브레이크등 전구 교환

(4) 제동등 회로

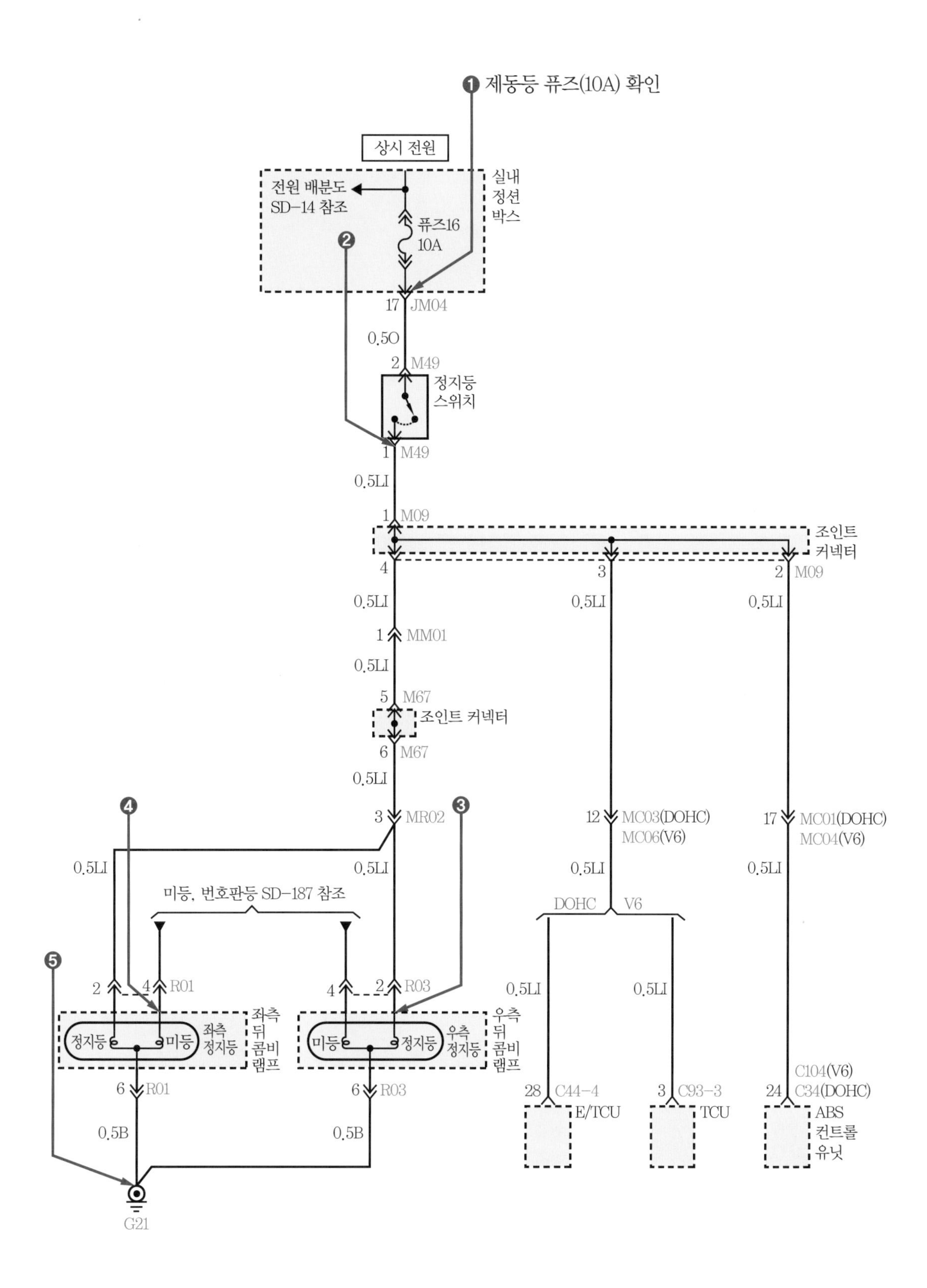

Chapter 5 전기

(5) 제동등 회로 점검

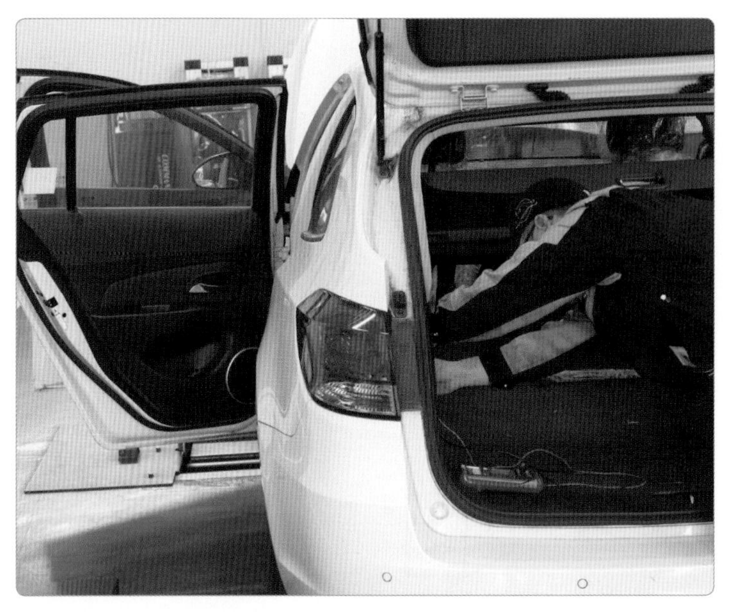

점검 차량 확인

1. 축전지 전압과 단자 체결 상태를 확인한다.

2. 제동등 및 미등 퓨즈를 점검한다.

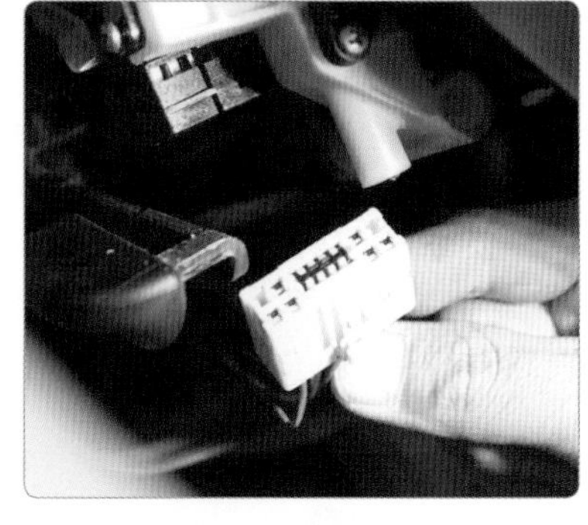

3. 미등 스위치 커넥터 연결 상태를 확인한다.

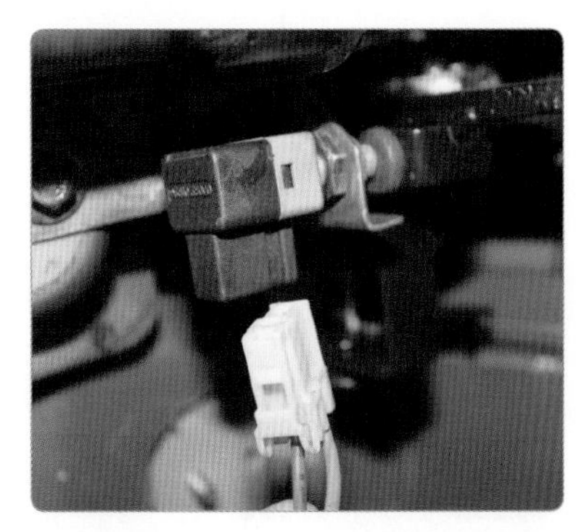

4. 제동등 스위치 연결 상태를 확인한다.

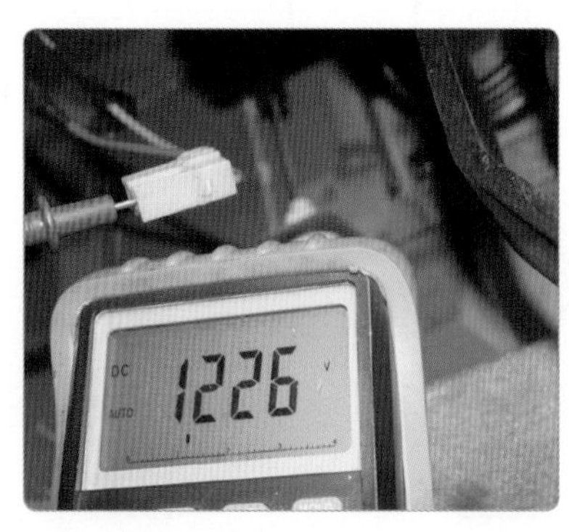

5. 제동등 스위치 커넥터 본선 전압 공급 상태를 확인한다.

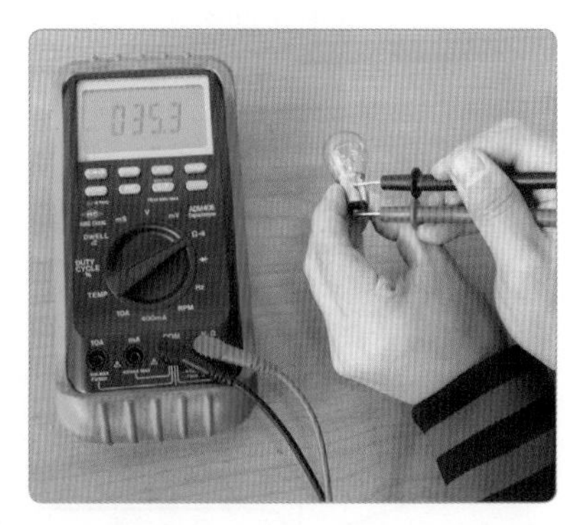

6. 제동등 및 미등 전구 단선 유무를 점검한다.

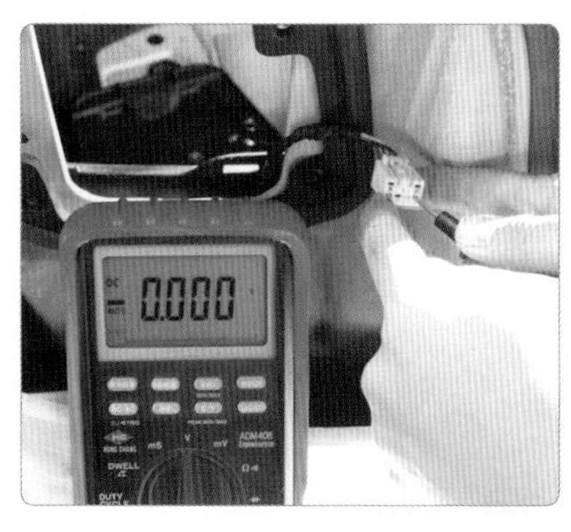

7. 미등 및 제동등 전원을 확인한다.

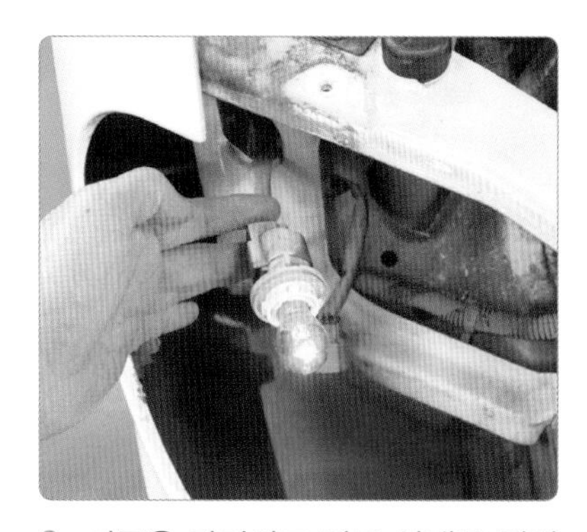

8. 미등을 탈거하고 작동 상태를 직접 확인한다(접촉 상태 확인).

9. 제동등 점등 상태를 확인하고 차량을 정리한다.

5 후진등 회로 고장 점검

후진등은 변속기의 시프트 레버의 조작에 의해 작동하게 되어 있으며 기어를 후진 위치에 놓았을 때만 램프가 점등하도록 되어 있다. 자동차가 후진하고 있음을 알려주는 것과 동시에 장애물을 확인하기 위한 램프로서 전구는 21~27 W 정도이고, 후진 시 변속 레버를 M/T(수동 변속기)는 후진, A/T(자동 변속기)는 R 위치에 변속한다.

(1) 후진등 회로 작동

① 후진등 작동 전

후진등은 엔진 시동 후 후진 기어를 넣었을 때 작동하므로 전원이 공급된 상태에서 “ON/START 전원”이 공급된다. M/T(수동 변속기)의 경우 후진등 스위치, A/T(자동 변속기) 차량은 인히비터 스위치에 의해 후진등이 작동되며 스위치 ON 상태에서 후진등이 작동된다.

② 후진등 작동 시

후진등 작동은 기어 변속을 후진 기어 또는 R의 위치로 조작하고 엔진 시동이나 점화 스위치 ON 상태에서 후진등 회로가 형성되어 점등된다.

(2) 후진등 배선 점검 항목

① 퓨즈의 상태를 점검한다.
② 접속 부분에 녹이 슬었는지 점검한다.
③ 퓨즈가 끊어진 경우에는 후진등 회로에 단락된 곳이 있는지 점검한 다음 규정 용량의 퓨즈로 교환한다.
④ 후진등 회로의 배선이 절단되거나 커넥터의 연결이 차단된 경우 회로 자체의 단선 여부를 점검한다.
⑤ 후진등 회로의 스위치 접점이 녹거나 단자에 녹이 발생하면 접촉 불량을 점검한다.
⑥ 후진등 회로의 절연 불량을 점검한다.

(3) 후진등 회로

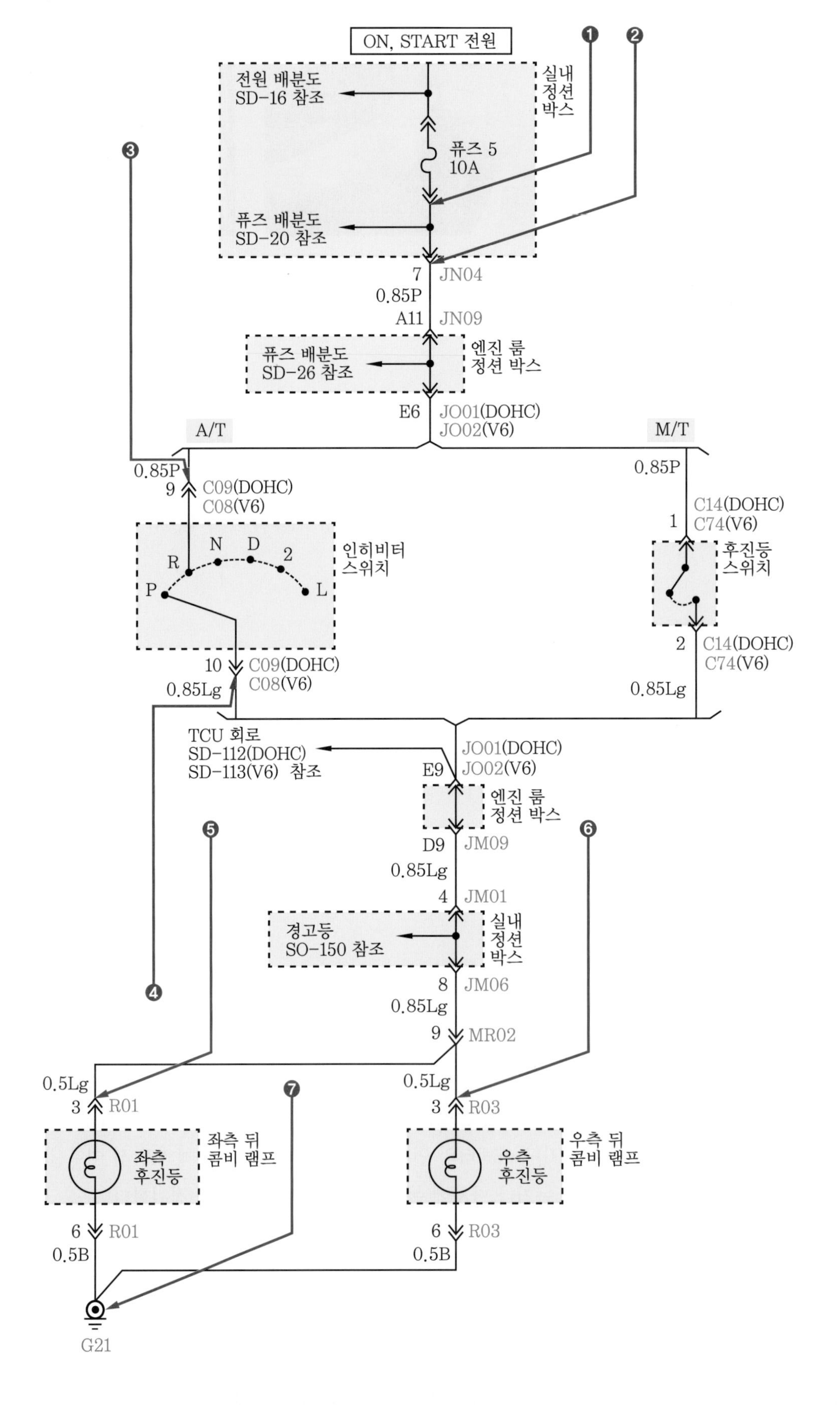

ON, START 전원
❶
❷
전원 배분도
SD-16 참조
실내
정션
박스
퓨즈 5
10A
❸
퓨즈 배분도
SD-20 참조
7
JN04
0.85P
A11
JN09
퓨즈 배분도
SD-26 참조
엔진 룸
정션 박스
E6
JO01(DOHC)
JO02(V6)
A/T
M/T
0.85P
9
C09(DOHC)
C08(V6)
0.85P
1
C14(DOHC)
C74(V6)
R
N
D
2
P
L
인히비터
스위치
후진등
스위치
10
C09(DOHC)
C08(V6)
0.85Lg
2
C14(DOHC)
C74(V6)
0.85Lg
TCU 회로
SD-112(DOHC)
SD-113(V6) 참조
JO01(DOHC)
JO02(V6)
E9
엔진 룸
정션 박스
❺
❻
D9
JM09
0.85Lg
4
JM01
경고등
SO-150 참조
실내
정션
박스
❹
8
JM06
0.85Lg
9
MR02
0.5Lg
0.5Lg
❼
3
R01
3
R03
좌측
후진등
좌측 뒤
콤비 램프
우측
후진등
우측 뒤
콤비 램프
6
R01
6
R03
0.5B
0.5B
G21

1. 배터리 전압과 단자 체결 상태를 확인한다.

2. 엔진을 시동한다.

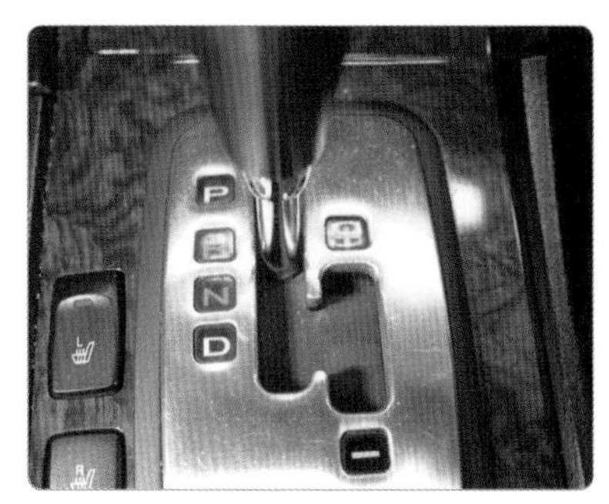

3. 시프트 레버를 R 위치로 선택한다.

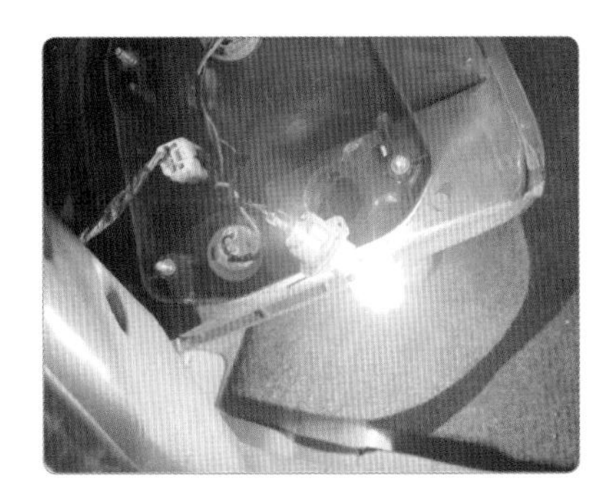

4. 후진등 작동 상태를 확인한다.

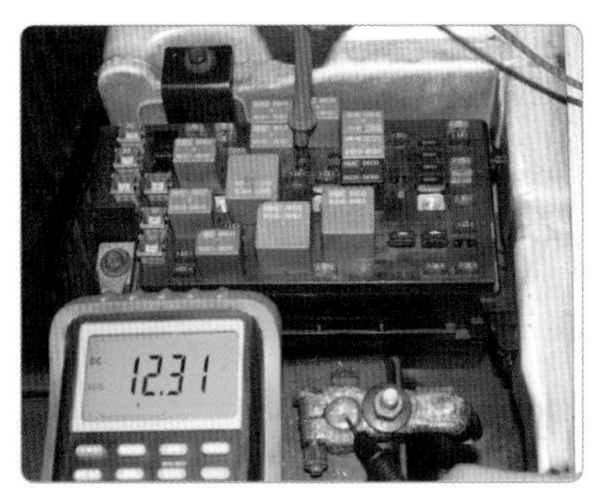

5. 후진등 퓨즈를 점검한다.

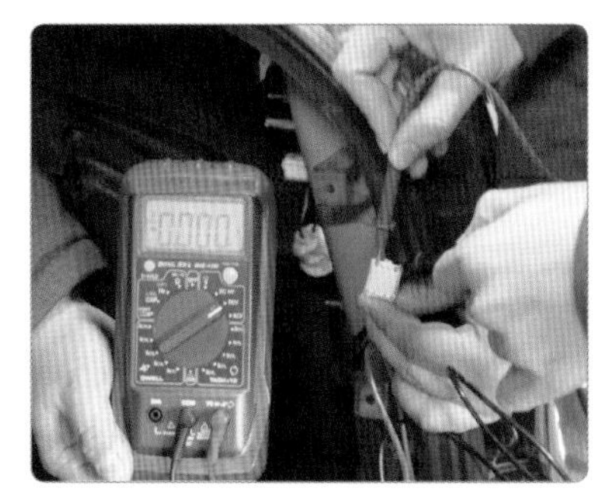

6. 후진등 접지 상태를 확인한다.

7. 인히비터 스위치 R 상태에서 공급 전원을 확인한다.

8. 인히비터 스위치 내부 저항을 점검한다.

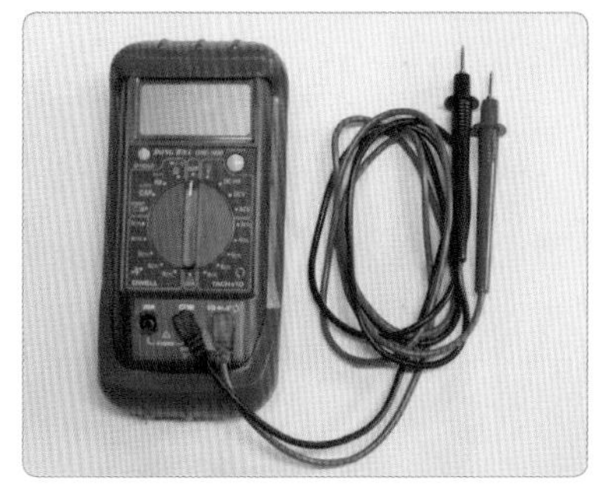

9. 인히비터 스위치 점검이 끝나면 디지털 멀티 테스터를 정리한다.

후진등 고장 점검 방법

❶ 자동 변속기인 경우 변속단 “R”에 놓고 후진등 좌 또는 우에서 전원을 측정한다. 12V 전원이 측정되지 않으면 인히비터 스위치 10번에서 전압을 측정한다.

❷ 인히비터 스위치 단품 점검

- R상태에서 9번과 10번을 통전 시험한다.
- 이상이 없으면 실내 정션 JM04 7번에서 인히비터 스위치 9번까지 배선의 단선, 단락을 점검한다.

6 냉난방 장치 점검

실습목표 (수행준거)

1. 냉난방 장치 구성 요소를 이해하고 작동 상태를 파악할 수 있다.
2. 냉난방 장치 관련 회로를 바탕으로 점검 · 진단하여 이상 유무를 판단할 수 있다.
3. 진단 장비를 활용하여 냉난방 장치의 고장 원인을 진단하고 분석할 수 있다.
4. 냉난방 장치 부품 교환 작업을 수행할 수 있으며, 작업이 끝난 후 냉매 가스를 충전할 수 있다.

1 관련 지식

1 자동차 에어컨 시스템

(1) 공기 조화 장치

실내의 필요한 공간을 온도(냉난방 기능), 습도(제습 기능), 기류(공기 순환 기능), 공기 청정도(실내 공기의 청정 기능) 등 4가지 조건에 대해 희망하는 상태로 인공적으로 조정하는 것이다.

(2) 에어컨 냉방 사이클

냉방 사이클은 냉매 가스의 상태(액체와 기체) 변화로 냉방 효과를 얻을 수 있다. 이것은 냉매가 증발 → 압축 → 응축 → 팽창의 과정으로 4가지 작용을 반복 순환함으로써 지속적인 냉방을 유지할 수 있다.

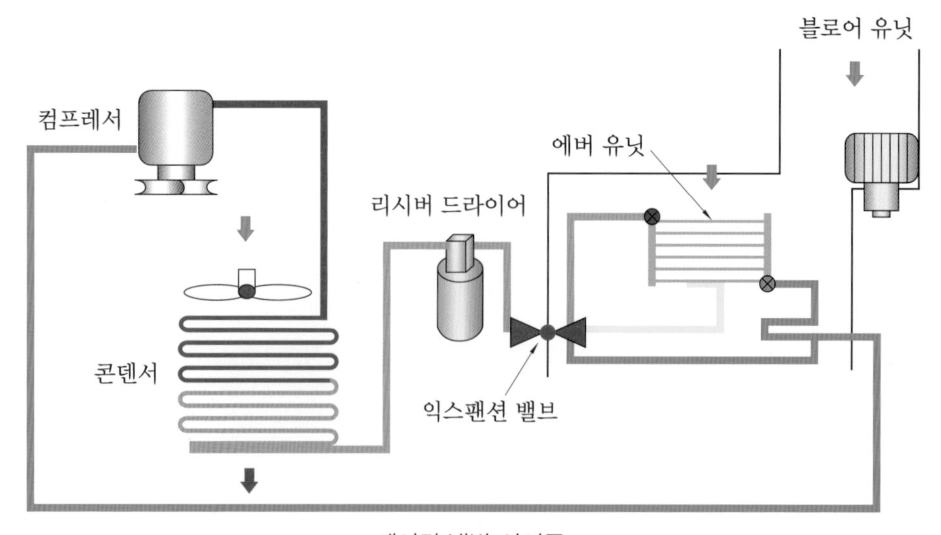

에어컨 냉방 사이클

(3) 주요 구성 부품

① 압축기(compressor) : 증발기에서 저압 기체로 된 냉매를 압축하여 고압으로 응축기로 보내는 작용을 한다.

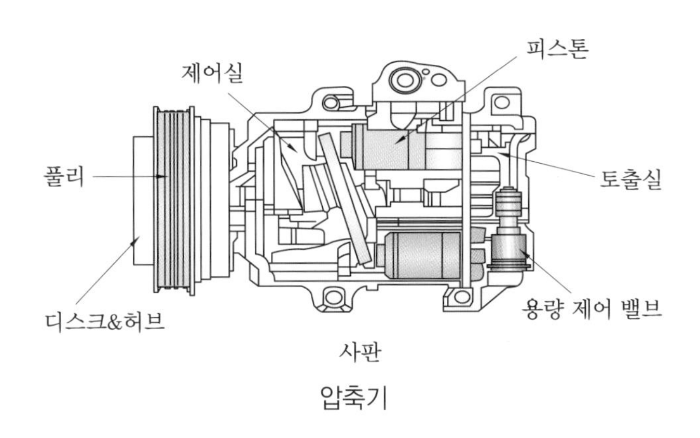

압축기

압축기의 작동

압축기는 전자 클러치의 작동에 의해 가동되며 클러치는 냉방이 필요할 때 에어컨 스위치를 ON으로 하면 로터 풀리 내부의 클러치 코일에 전류가 흘러 전자석이 클러치판과 회전하면서 가스를 압축한다(압축기의 종류에는 크랭크식, 사판식, 베인식이 있다).

② 응축기(condenser) : 라디에이터와 함께 차량의 전면 앞쪽에 설치되며, 압축기의 고온 · 고압 기체 냉매를 공기 저항을 이용하여 열을 냉각시켜 액체 냉매가 되도록 열량을 버리는 역할을 한다.

※ 냉방 사이클은 카르노 사이클을 역으로 한 역카르노 사이클로 작동되어 냉매의 순환 작동이 되도록 한다.

③ 건조기(receiver-dryer) : 액체 냉매를 저장하고 냉매의 수분 제거, 기포 분리 및 냉매량 점검을 한다.

㈎ 기체와 액체 분리 기능 ㈏ 냉매 저장 기능

㈐ 여과 기능 ㈑ 건조 기능

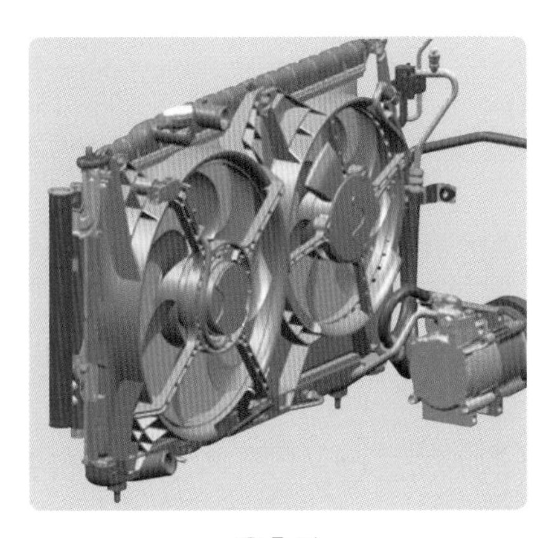
응축기

건조기

④ 팽창 밸브(expansion valve) : 냉방 장치가 정상적으로 작동하는 동안 냉매는 중간 정도의 온도와 고압의 액체 상태에서 팽창 밸브로 유입되어 오리피스 밸브를 통과하여 저온 · 저압이 된다.

⑤ 증발기(evaporator) : 팽창 밸브를 통과한 냉매가 증발하기 쉬운 저압으로 되어 증발기 튜브를 통과하며, 이때 송풍기 작동으로 증발하여 기체가 된다.

※ 액체 가스가 기체로 변화되면서 주변(증발기 튜브)의 온도를 빼앗게 되어 온도가 낮아지게(차갑게) 된다. 이 효과를 증발잠열이라 한다.

증발기/팽창 밸브

⑥ 냉매(refrigerant) : 냉동 효과를 얻기 위해 사용하는 가스이며, 냉방 시스템에 있어 냉매 가스는 냉방 성능에 지대한 영향을 끼치게 된다. 현재 냉매 가스로는 환경 친화적 대체 냉매로서 R-134a를 사용한다.

자동차용 냉방 장치에 사용되고 있는 R-12는 가장 이상적인 냉매이지만 CFC(염화불화탄소)의 분자 중 Cl(염소)가 오존층을 파괴함으로써 지표면에 다량의 자외선을 유입하여 생태계를 파괴하고, 또 지구의 온화를 유발하는 물질로 판명됨에 따라 사용을 규제하고 있다.

냉매 R-134a와 냉매 R-12의 특성 비교		
냉매 기호	R-134a	R-12
화학식	CHFCF	CClF
비등점(1 atm, ℃)	-26.14	-29.79
응고점(℃)	-108.0	-155.0
임계온도(℃)	101.29	111.8
0℃에서 포화증기압(kgf/cm^2)	2.98	3.15
60℃에서 포화증기압(kgf/cm^2)	17.11	15.51
0℃에서 증발잠열($kcal/cm^2$)	47.04	36.43
독성	T.B.D(연소 시 발생)	없음
대기권 잔류기간(년)	8~11	95~150
오존파괴지수(ODP)	0	1
미네랄 오일 용해성	불량함(PAG 수분 침투)	우수함(노란색)

냉매의 구비 조건

- 화학적으로 안정되고 부식성이 없을 것
- 인화성과 폭발성이 없을 것
- 증발잠열이 클 것
- 응축압력이 낮을 것
- 인체에 무해할 것

⑦ 자동차 냉방 압력 스위치

(가) 듀얼 압력 스위치

- 기능 : 일반적으로 고압측의 리시버 드라이어에 설치되며, 두 개의 압력 설정값(저압 및 고압)을 갖고 한 개의 스위치로 두 가지의 기능을 수행한다.
- 저압 스위치 기능 : 에어컨 시스템 내에 냉매가 없거나 외기 온도가 0℃ 이하인 경우 스위치를 열어 압축기 클러치로의 전원 공급을 차단하여 압축기의 파손을 방지한다.
- 고압 컷 오프 기능 : 고압측 냉매 압력을 감지하여 압력이 규정값 이상으로 올라가면 스위치 접점을 열어 전원 공급을 차단함으로써 에어컨 시스템을 이상 고압으로부터 보호한다.

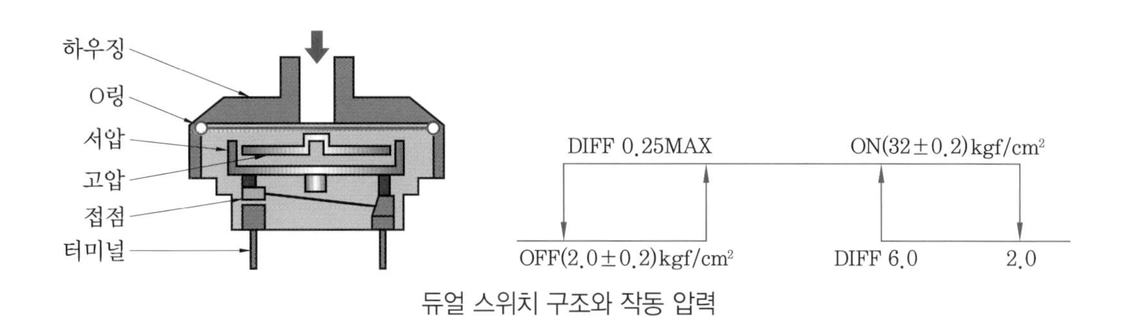

듀얼 스위치 구조와 작동 압력

(나) 트리플 스위치

기존 듀얼 압력 스위치에서 고압 스위치와 동일한 역할을 하는 미디엄 스위치를 포함하는 방식이다. 트리플 스위치 내부에는 듀얼 스위치 기능에 미디엄 스위치가 있어 고압측 냉매 압력 상승 시 미디엄 스위치 접점이 ON되어 엔진 ECU로 작동 신호가 입력되면 엔진 ECU는 라디에이터 팬 및 콘덴서 팬을 고속으로 작동시켜 냉매의 압력 상승을 방지한다.

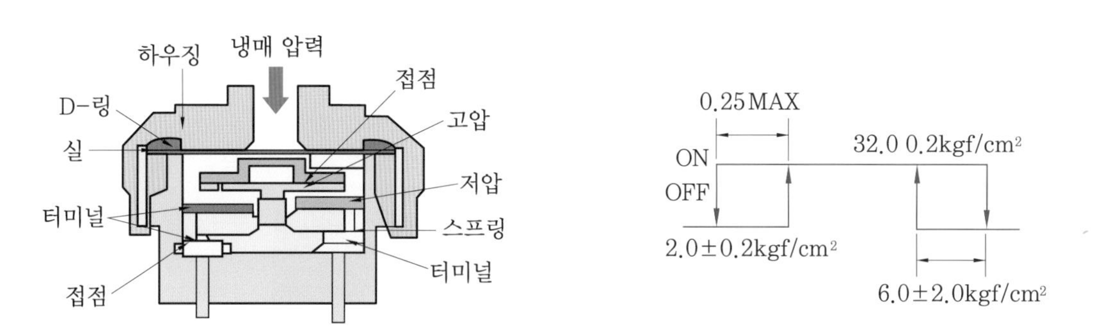

트리플 스위치 구조와 작동 압력

(다) 저압 스위치

클러치 사이클링 스위치는 클러치 사이클링 오리피스 방식(CCOT)에 사용되는 것으로, 어큐뮬레이터 상부에 설치되어 있으며 어큐뮬레이터의 흡입 압력에 의해 스위치 작동이 조정된다.

전기적 접점은 흡입 압력이 144 kPa(21 psi)일 때 정상적으로 열리고 흡입 압력이 약 323 kPa(47 psi) 이상 상승 시 닫히게 된다.

이 스위치는 컴프레서 마그네틱 클러치 작동을 제어한다.

스위치가 ON일 경우 마그네틱 클러치 코일이 작동하여 에어컨 클러치가 컴프레서를 작동시키게 되며, 스위치가 OFF일 경우 마그네틱 클러치 코일이 끊어져 에어컨 클러치 작동을 중단시켜 컴프레서를 중지시킨다.

저압 스위치는 플레이트 핀 표면 온도가 빙점의 바로 위 온도를 유지할 수 있도록 증발기 코어의 압력을 조절하며, 증발기 결빙과 공기의 흐름이 막히는 것을 방지해 준다.

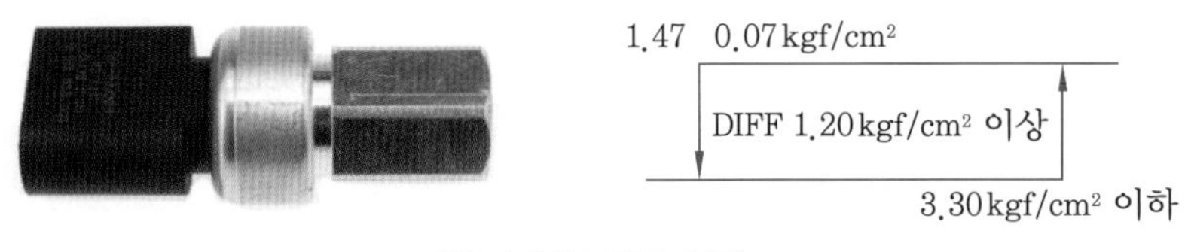

저압 스위치 작동 압력

2 전자동 에어컨

(1) 전자동 에어컨 구성 부품

전자동 에어컨은 각종 센서로부터 받은 정보를 사용하여 운전자가 원하는 온도에 맞게 실내 온도를 제어한다. 특별히 통풍구의 전환으로 내외기 공기 교환 등을 자동적으로 제어하여 쾌적한 실내 공기를 유지할 수 있도록 에어컨 ECU에서 자동으로 차실내 풍향과 속도를 조정한다.

기본적인 냉방 시스템은 수동 에어컨과 유사하나 에어컨을 조작하는 방법이 자동으로 조정된다. 세부적으로 온도 변화에 따라 조절하는 기능과 모드를 변경시켜 온도를 조절한다.

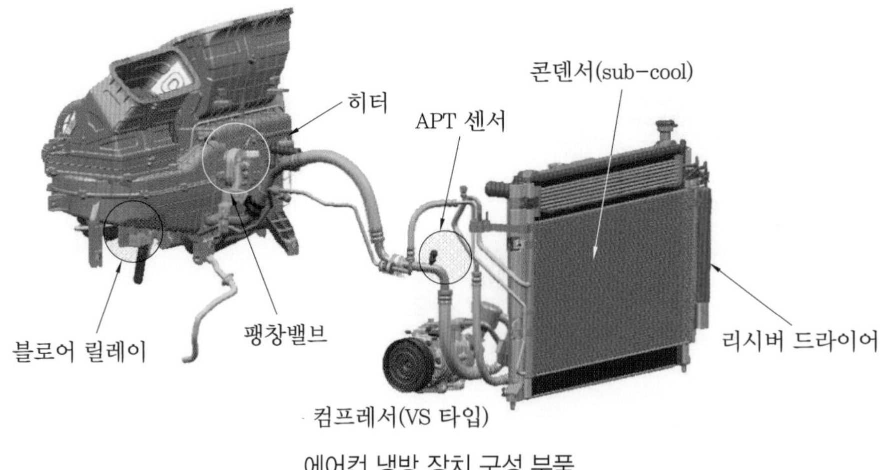

에어컨 냉방 장치 구성 부품

(2) 자동 에어컨 제어 시스템

입력	제어	출력
실내온도 센서 외기온도 센서 일사량 센서 핀 서모 센서 냉각수온 센서 APT 센서 습도 센서 각종 위치 센서 AQS	FATC	온도 조절 액추에이터 풍향 조절 액추에이터 내 · 외기 조절 액추에이터 파워 트랜지스터 하이 블로어 릴레이 에어컨 컴프레서 컨트롤 패널 표시 센서 전원 및 접지 자기 진단 출력

(3) 전자동 에어컨 입력 요소

① **실내온도 센서** : 자동차 실내온도를 검출하여 FATC로 입력한다.

실내온도 센서는 차종마다 위치가 다르나 일반적으로 실내 FATC 컨트롤 패널 상에 장착되어 있으며, 차량의 실내온도를 감지해 FATC ECU로 신호를 보내 토출 온도와 풍량이 운전자가 설정한 온도에 근접할 수 있도록 제어하는 센서이다. 실내온도 센서는 부특성 서미스터 소자를 재료로 하기 때문에 감지 온도와 출력 전압이 반비례하는 특성을 갖는다.

② **외기온도 센서** : 외부 공기 온도를 검출하여 FATC로 입력한다.

외기온도 센서는 프런트 범퍼 뒤편에 설치되어 있으며, 외부 공기의 온도를 감지해 FATC ECU로 보내고, FATC ECU는 실내온도와 외기온도 신호를 기준으로 냉난방 자동제어를 실행함으로써 토출 온도와 풍량이 운전자가 설정한 온도와 근접할 수 있도록 하는 역할을 한다.

외기온도 센서 장착 위치

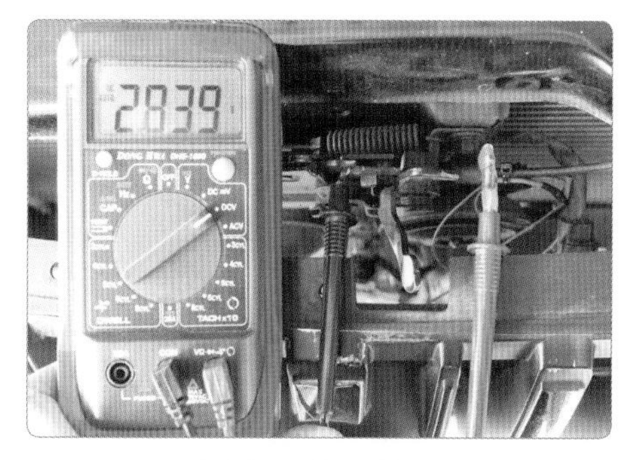

외기온도 측정 출력값

③ 일사량 센서 : 자동차 실내로 비춰지는 햇볕의 양을 검출한다.

일사량 센서는 일반적으로 실내 크러시패드 정중앙 부위에 장착되어 있으며, 차 실내로 내리쬐는 빛의 양을 감지해 FATC EUC로 입력시키는 역할을 한다. 즉, 실내로 내리쬐는 일사량이 커지면 체감온도가 올라가게 되므로 FATC ECU는 일사량에 따라 토출 온도 및 풍량을 제어한다.

일사량 감지 ➡ 토출 온도 및 풍량 제어(체감온도)
크러시패드 좌상단 장착/광기전성 다이오드/이용 기전력 일사량 비례 출력

일사량 센서는 광전도 특성을 가진 반도체 소자를 재료로 이용하고, 빛의 양에 비례하여 출력 전압이 상승되는 특성을 가지며 자체 기전력이 발생되는 방식으로 FATC ECU가 센서 전원을 공급하지 않는다.

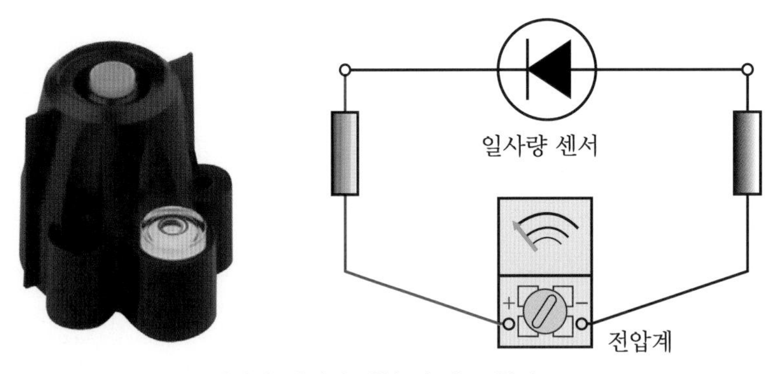

일사량 센서의 외형 및 작동 원리

일사량 센서는 고장 진단을 하기 위해 단품에 빛을 쬐어 주면서 출력 전압이 상승되는지 확인한다. 작업등 전구를 센서 측에 인가했을 때 출력 전압이 약 0.8 V 정도 상승되면 센서는 정상으로 판정한다.

④ 핀 서모 센서 : 증발기 코어 핀의 온도를 검출하여 FATC로 입력한다.

핀 서모 센서는 증발기 코어 평균온도가 검출되는 부위에 삽입되어 있으며, 증발기 핀 온도를 감지해 FATC ECU로 입력시키는 역할을 한다.

핀 서모 센서는 온도 상승과 더불어 저항이 감소하는 부특성 서미스터 소자로 되어 있어 증발기의 온도가 낮아질수록 출력 전압은 상승한다. 또 FATC ECU는 증발기 온도가 0.5℃ 이하로 감지되면 컴프레서 구동 출력을 OFF시키며, 다시 3℃ 이상이 되면 에어컨 컴프레서를 구동시킨다.

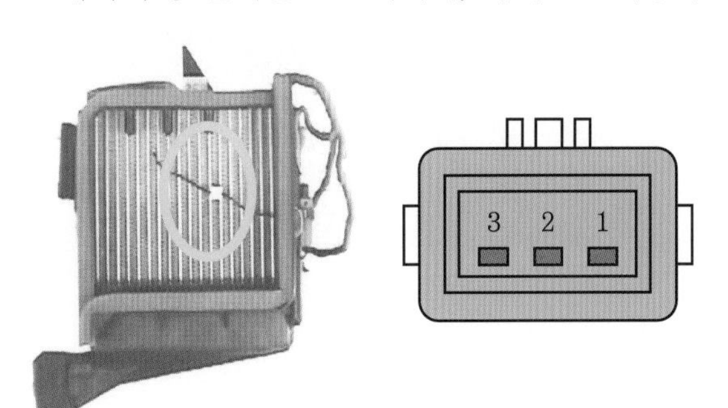

핀 서모 출력 전압-2번, 3번 측정		
컴프레서	감지 온도	출력 전압
ON	3.0±0.5℃	12 V
OFF	0.5±0.5℃	0 V

⑤ 냉각수온 센서 : 히터 코어를 순환하는 냉각수 온도를 검출하여 FATC로 입력한다.

냉각수온 센서는 실내 히터 코어 유닛에 장착되어 있으며, 히터 코어를 흐르는 냉각수 온도를 감지해 FATC ECU로 입력시키는 역할을 한다. 또 부특성 서미스터를 이용하고 FATC ECU는 센서에 의해 검출된 냉각수 온도가 29℃ 이하일 경우 냉방시동 제어를 실행한다. 즉, 냉각수온이 73℃ 이상일 경우 난방시동 제어를 실행한다.

⑥ 냉매 압력 센서(APT 센서) : 냉매 압력 센서는 주로 건조기(드라이어) 출구와 팽창 밸브 입구 사이 건조기나 축적기에 설치되며, 냉매 압력에 따른 센서 내부 저항 변화를 이용해 냉매 압력을 감지하는 센서이다. 또한 저압 및 고압 차단과 중압에서 원활한 응축을 하기 위해 콘덴서 팬을 고속으로 작동시키는 역할을 하며, 압력의 변화에 따른 출력 전압은 다음 표와 같다.

압력(kgf/cm^2)	신호 전압(V)	압력(kgf/cm^2)	신호 전압(V)	압력(kgf/cm^2)	신호 전압(V)
1	0.34	12	1.98	20	3.16
3	0.64	13	2.12	25	3.89
5	0.94	15	2.42	30	4.63
8	1.38	17	2.72		
10	1.68	18	2.86		

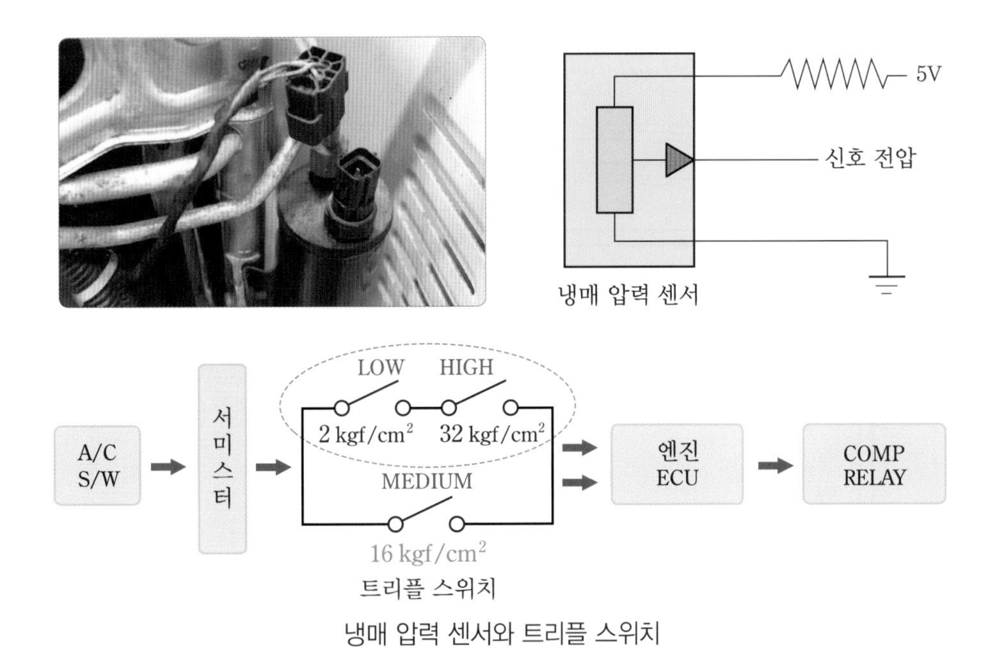

냉매 압력 센서와 트리플 스위치

⑦ 습도 센서 : 자동차 실내의 상대 습도를 검출하여 FATC로 입력한다. 습도 센서는 차량 실내의 상대습도를 측정해 CONTROL로 신호를 보내어 차량 내부의 습도를 최적의 상태로 유지시키며, 비가 오거나 저온에서 차량 유리에 발생되는 습기로 인한 운전 장애를 제거하는 기능을 한다.

차내 습도 감지 → 에어컨 ECU → 에어컨 작동/제습 습도 제어

습도	출력 전압(V)	습도	출력 전압(V)
30%	3.13	65%	1.29
35%	3.07	70%	1.12
40%	2.94	75%	1.05
45%	2.67	80%	1.01
50%	2.35	85%	0.98
55%	2.01	90%	0.94
60%	1.54		

⑧ AQS(air quality system) 센서 : AQS 센서는 보통 에어컨 콘덴서의 앞쪽에 있는 센터 멤버 전방 부위에 장착되어 유해 가스를 가장 신속하게 감지하도록 설치되어 있으며, 배기가스를 비롯해 대기 중에 함유되어 있는 유해 및 악취 가스를 감지하는 센서이다.

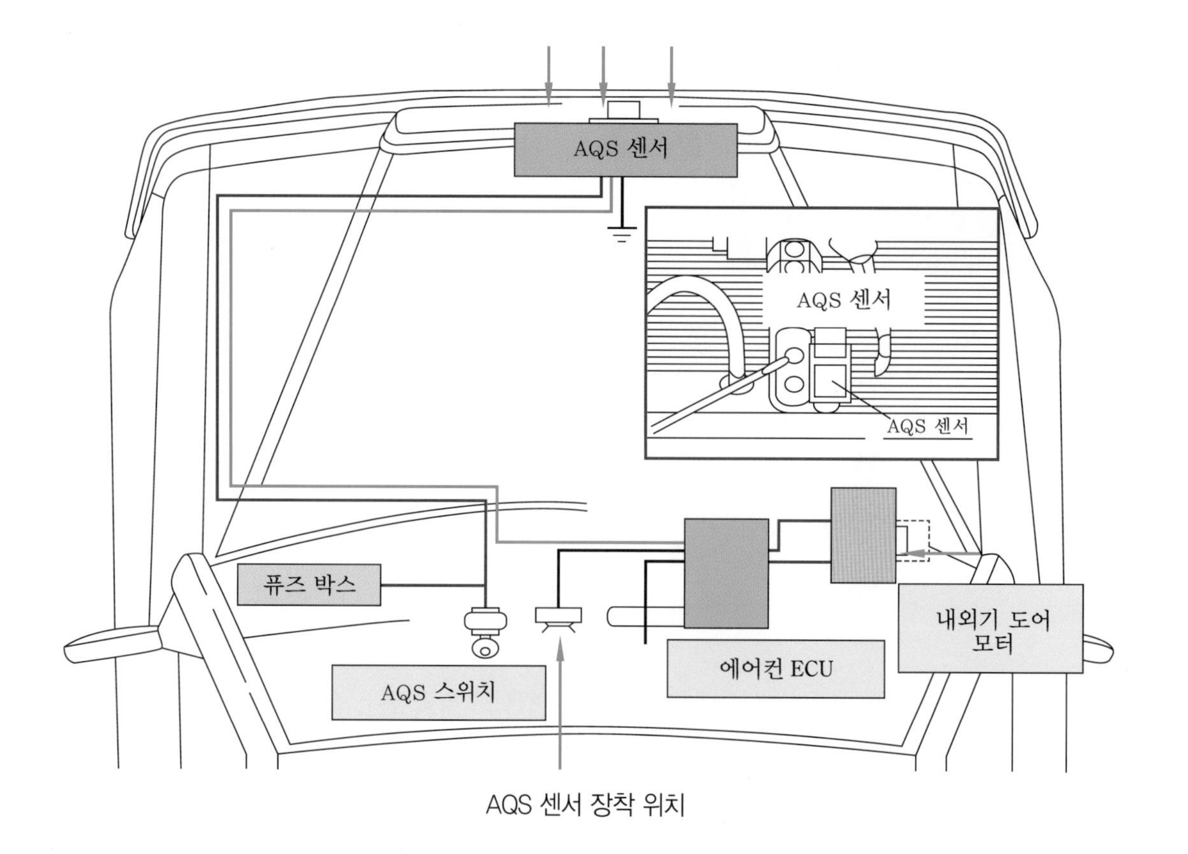

AQS 센서 장착 위치

AQS 센서는 HC, CO 등 가솔린, LPG 등의 산화성 가스와 NO, NO_2, SO_2 등 디젤 차량의 유해 배기가스를 감지하는 기능을 한다.

AQS 센서 입력 제어

- 장착 위치 : 라디에이터 전면 중앙부(IG ON 시 34초간 센서 히팅)
- 감지 대상 : 대기 중 인체에 유해한 가스(아황산가스, 이산화탄소, 일산화탄소 탄화수소, 알레르겐, 질소산화물 등)

⑨ **온도 조절 액추에이터 위치 센서** : 댐퍼 도어의 위치를 검출하여 FATC로 입력한다.

(4) 전자동 에어컨 출력 요소

① **온도 조절 액추에이터** : 소형 직류 전동기 FATC에 전원 및 접지 출력을 통하여 정방향과 역방향으로 회전이 가능하다.

② **풍향 조절 액추에이터** : 소형 직류 전동기로 FATC에 전원 및 접지 출력을 통하여 작동되며, 온도 조절 액추에이터에 의해 적절히 혼합된 바람을 운전자가 원하는 배출구(벤트)로 송출하는 기능을 한다.

③ **내 · 외기 액추에이터** : 운전자의 조작으로 내 · 외기 선택 스위치 신호가 입력되거나 AQS 제어 중 AQS 센서가 검출한 외부 공기의 오염 정도 신호를 FATC가 입력받아 액추에이터의 전원 및 접지 출력을 제어한다.

④ **파워 트랜지스터** : 전자동 에어컨 장치 작동 중 송풍용 전동기의 전류량을 가변시켜 배출 풍량을 제어하는 기능을 한다.

⑤ **고속 송풍기 릴레이** : 송풍용 전동기 회전속도를 최대로 하였을 때 송풍용 전동기 작동 전류를 제어한다.

⑥ **에어컨(압축기 구동 신호) 출력** : FATC 컴퓨터는 에어컨 스위치 ON 신호가 입력되거나, AUTO 모드로 작동 중 각종 입력 센서들의 정보를 기초로 압축기의 작동 여부를 판단한다. 압축기 작동 조건으로 판단되면 FATC는 12 V 전원을 출력한다.

3 에어컨 히터 유닛 벤트 풍향

(1) 히터 작동 시 유닛 벤트 풍향

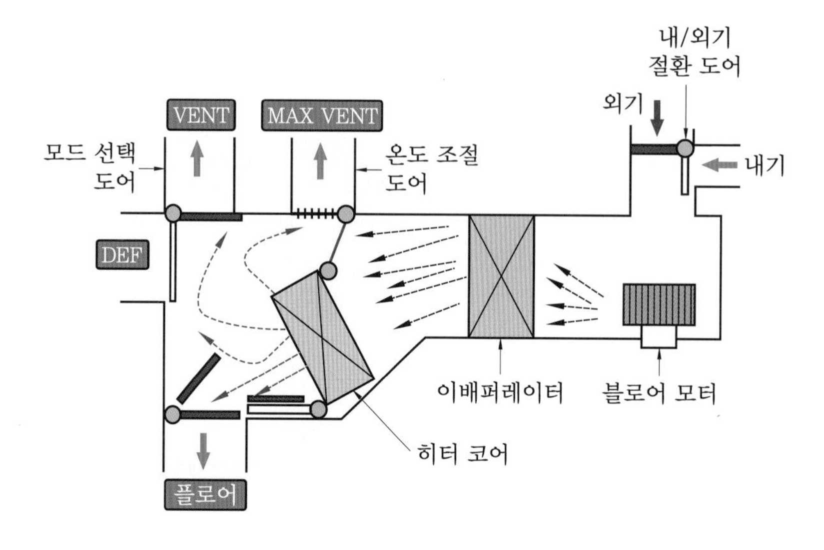

(2) 에어컨 작동 시 유닛 벤트 풍향

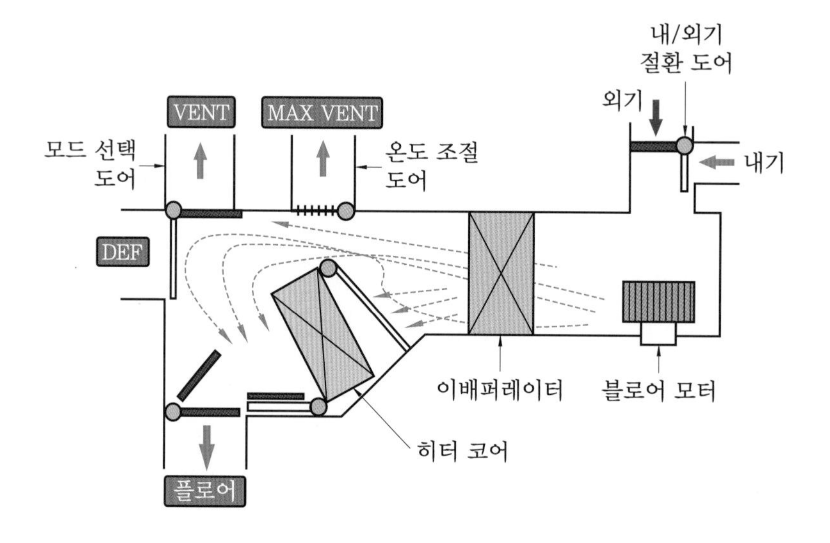

4 냉방 사이클의 종류

(1) 온도 조절 팽창 밸브 타입

TXV형은 냉방 시스템에 주로 사용되고 있는 시스템으로 승용차량에 적용된다. 냉방 사이클 작동으로 압축기 → 응축기 → 리시버 드라이어 → 팽창 밸브 → 증발기 → 압축기를 기본 사이클로 냉매 가스의 유동이 이루어진다.

팽창 밸브에서 교축 작용이 이루어지며, 팽창 밸브를 지나면서 냉매는 급격히 압력이 저하되어 증발기에서 증발잠열의 효과로 실내 공기는 냉각된다.

리시버 드라이어는 고압 라인에 장착되어 냉매의 수분 및 불순물을 걸러주며 냉매의 맥동을 흡수한다. 또한 듀얼 및 트리플 압력 스위치가 장착되어 냉매 압력에 따라 압축기의 작동을 제어하도록 되어 있다.

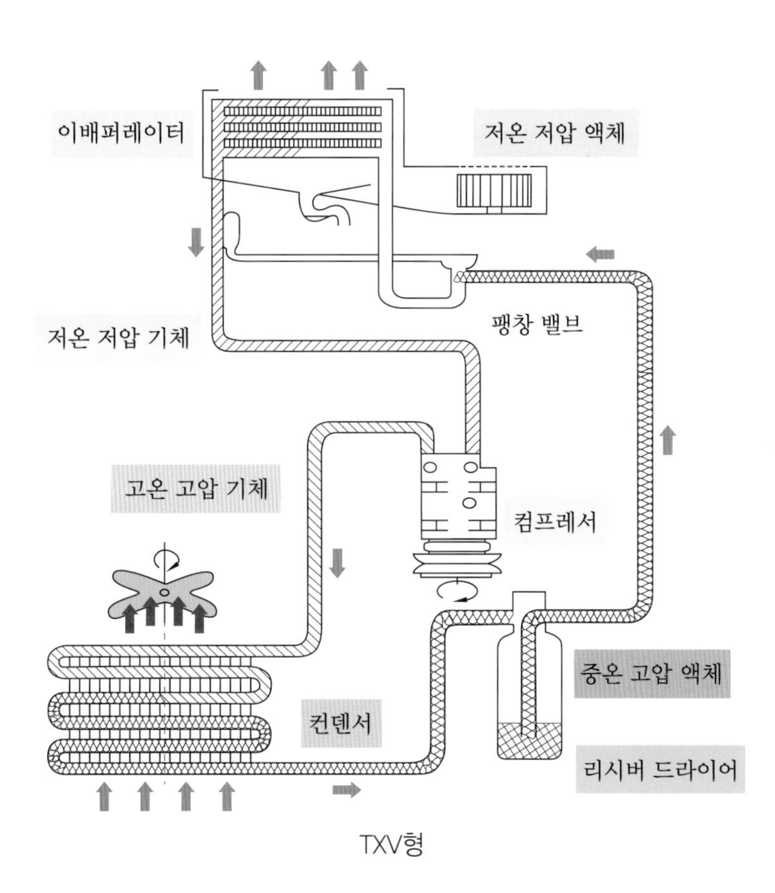

TXV형

(2) 클러치 사이클링 오리피스 튜브 타입

CCOT형은 에어컨 작동 시 냉매가스의 이동 경로가 압축기 → 응축기 → 오리피스 튜브 → 증발기 → 어큐뮬레이터 → 압축기의 과정을 거쳐 기본 사이클로 작동된다.

팽창 밸브 역할을 오리피스 튜브에서 하는 것으로 파이프 단면적, 체적 차이로 냉매의 가스량을 조정하게 되며, 냉매가 튜브관을 지나면서 압력이 급격히 저하되면 증발기를 통과하는 실내 공기 온도가 저하되어 냉각된다.

어큐뮬레이터는 저압 라인에 장착되며 냉매의 수분 및 불순물을 걸러주고 냉매의 맥동을 흡수한다. 또한 저압 스위치가 장착되어 압축기의 작동 시간을 제어하도록 되어 있다.

그리고 저압 스위치의 가운데 스크루 조정으로 압축기가 작동되는 시간을 조정할 수 있으며 에어컨 작동이 제어된다.

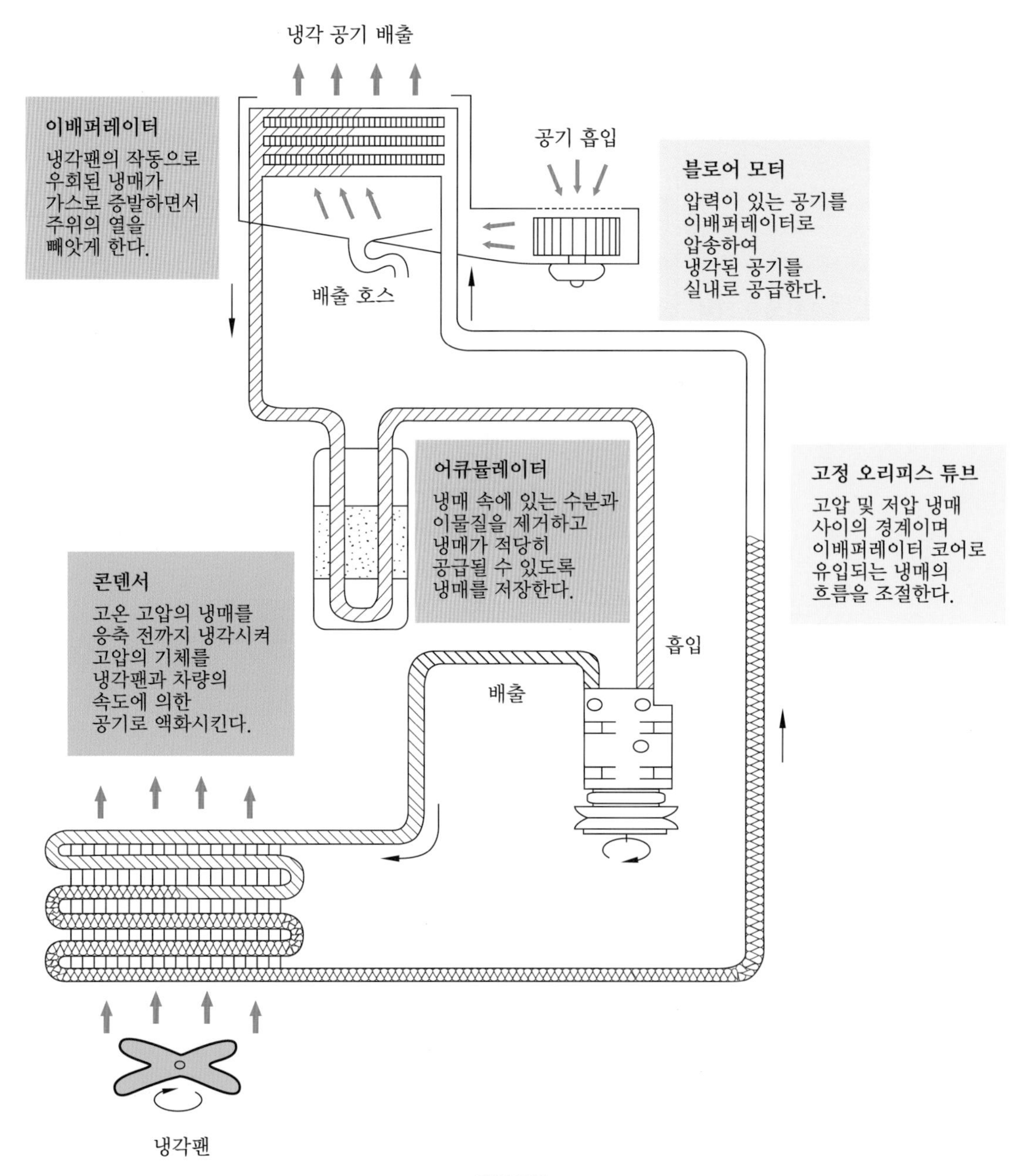

CCOT형

온도 센서의 특성

정특성은 온도가 높아지면 저항도 높아진다는 물질의 기본 특성으로 온도 상승에 따라 저항히 급격히 높아지며 부특성은 특성 그래프가 온도에 따라 완만한 형태를 가지기 때문에 광범위한 온도를 측정하기 용이하여 냉각수온 센서 등 온도 센서에 주로 사용된다.

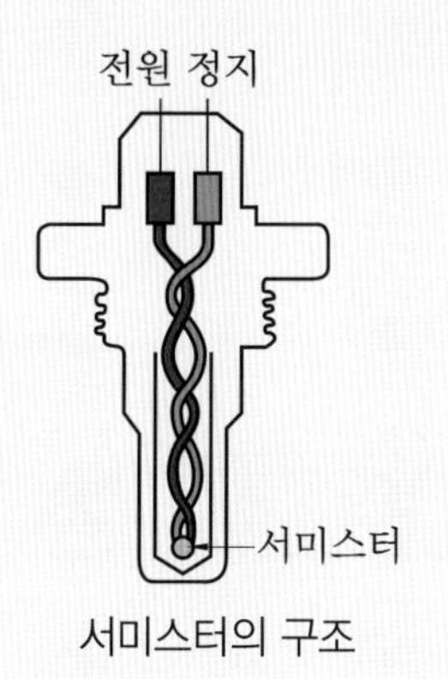

서미스터의 구조

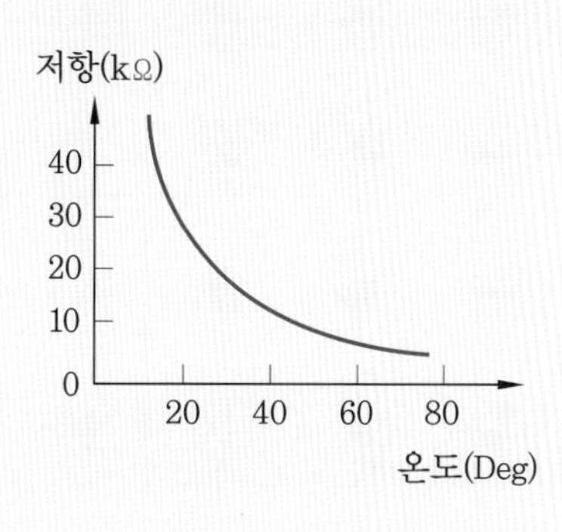

냉각수 온도와 저항

2 냉난방 장치 점검

1 에어컨 회로 점검

(1) 에어컨 컴프레서가 작동되지 않는 원인

① 컴프레서 커넥터 체결 상태 확인(탈거, 분리 단선)

② 에어컨 릴레이 점검(엔진 룸 정션 박스) : 공급 전원 확인, 엔진 ECU 커넥터 체결 확인

③ 메인 퓨즈(30 A) 단선 확인, 에어컨 컴프레서 퓨즈(10 A) 단선 확인 점검

④ 트리플 스위치 점검(공급 전압 점검, 냉방 시스템 냉매 압력 확인)

⑤ 에어컨 스위치 점검(스위치 전압 확인, ECU 접지)

⑥ 블로어 모터 작동 상태(블로어 퓨즈(엔진 룸 정션 박스 30 A) 단선 점검, 블로어 모터 릴레이 점검, 블로어 스위치 점검)

(2) 블로어 모터가 작동하지 않는 원인

① 블로어 모터 퓨즈의 탈거

② 블로어 모터 퓨즈의 단선

③ 블로어 모터 릴레이 탈거

④ 블로어 모터 릴레이 불량

⑤ 블로어 모터 커넥터 불량

⑥ 블로어 모터 커넥터 탈거

(3) 에어컨 회로도(컴프레서가 작동되지 않을 때)

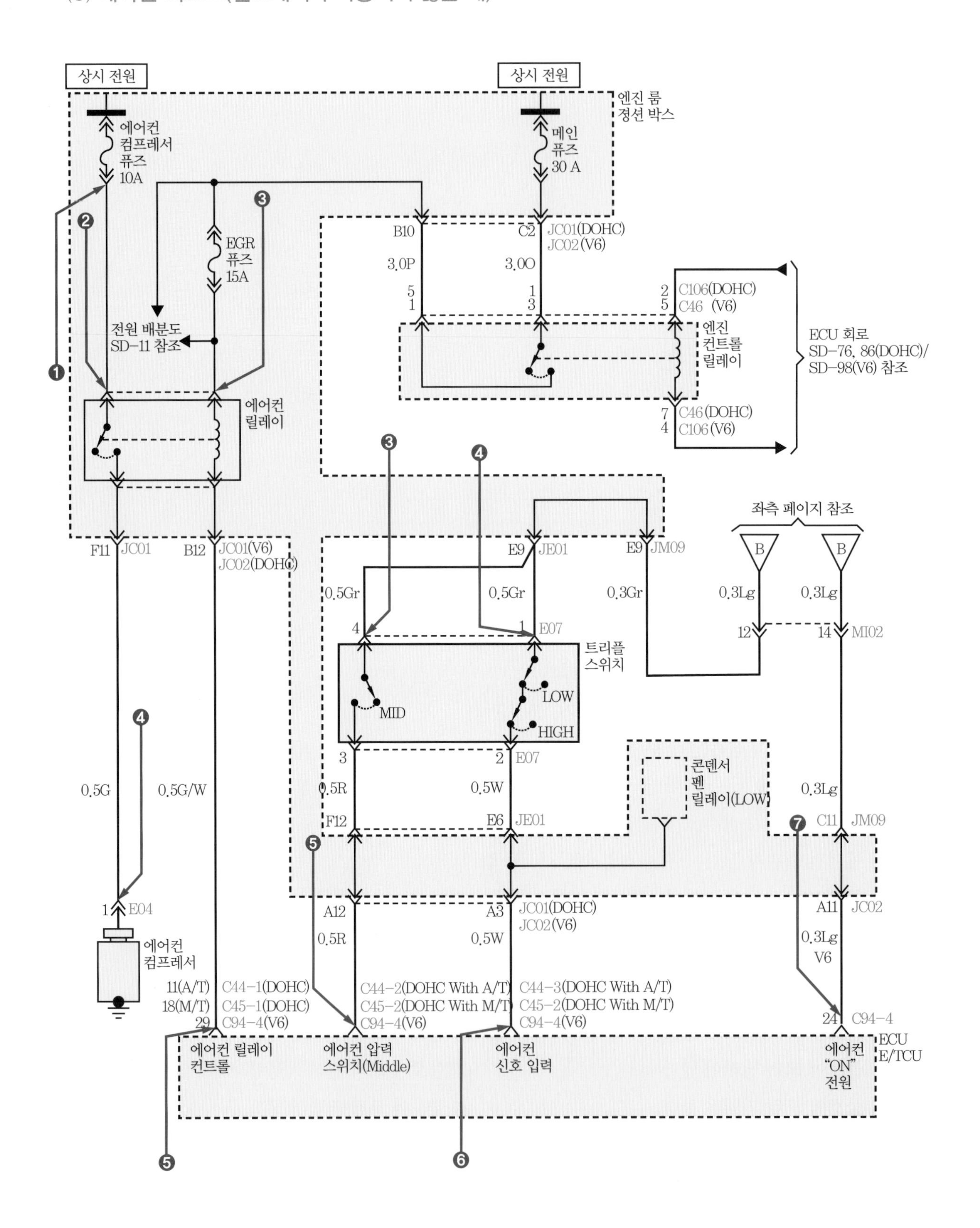

(4) 에어컨 전기 회로 점검

1. 엔진을 시동한 후 IG(ON) 상태를 유지한다.

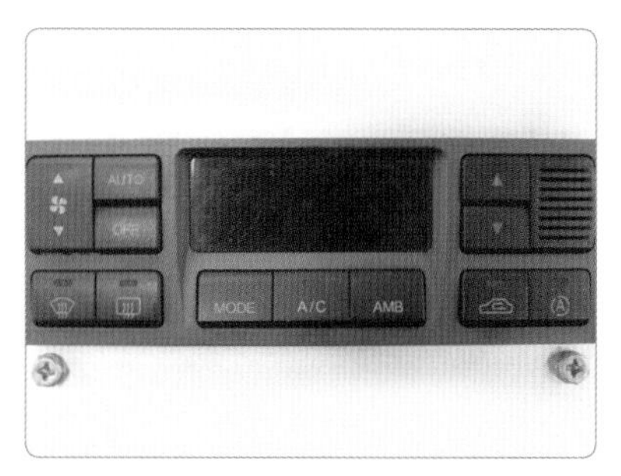

2. 에어컨 스위치를 ON시킨다.

3. 컴프레서 커넥터 단선(탈거) 상태를 점검한다.

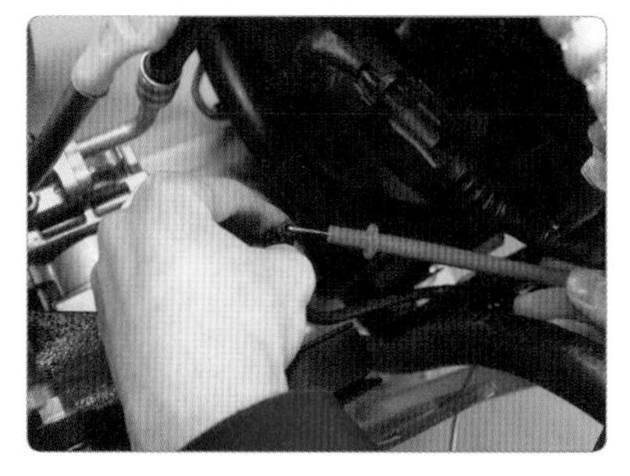

4. 컴프레서 공급 전원을 점검한다.

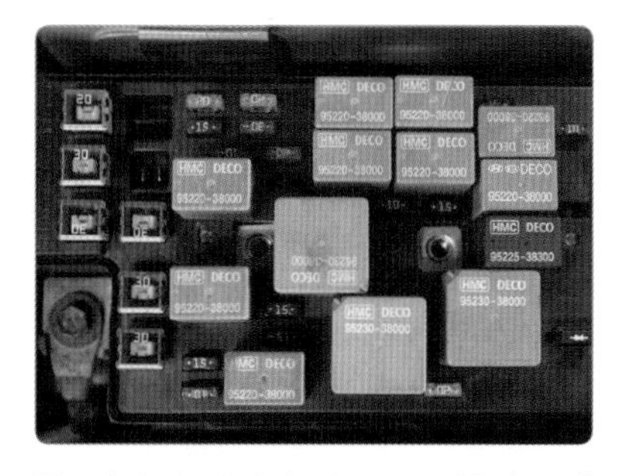

5. 에어컨 릴레이 및 공급 전원(30 A) 점검

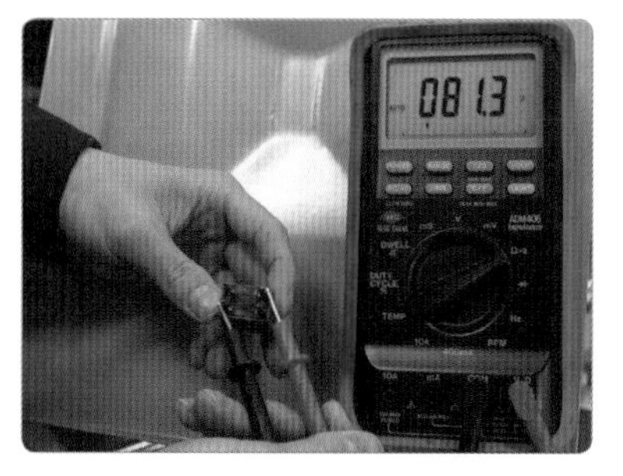

6. 에어컨 릴레이(코일 저항 및 접점 상태)를 점검한다.

7. 트리플 스위치(공급 전압 및 냉매 압력)를 점검한다.

8. 블로어 모터 커넥터 탈거 상태를 점검한다.

9. 블로어 모터 공급 전압을 점검한다.

10. 블로어 모터 릴레이를 점검한다.

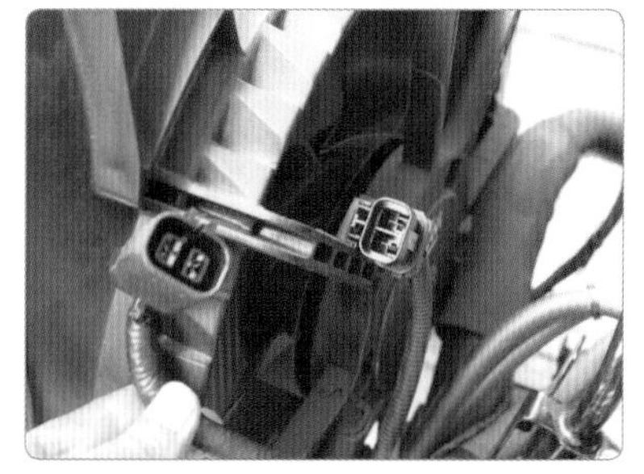

11. 콘덴서 팬 커넥터 탈거 상태를 점검한다.

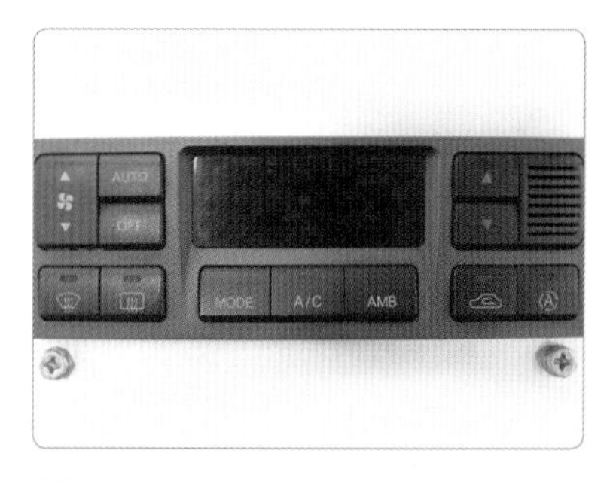

12. A/C 스위치를 점검한다.

2 이배퍼레이터 온도 센서 점검

(1) 이배퍼레이터(증발기) 온도 센서 출력값 점검

1. 에어컨 시스템 내 이배퍼레이터 온도 센서의 위치를 확인한다.

2. 엔진을 시동(공회전 상태)한다. 에어컨 설정 온도 17℃와 송풍기 4단으로 에어컨을 작동시킨다.

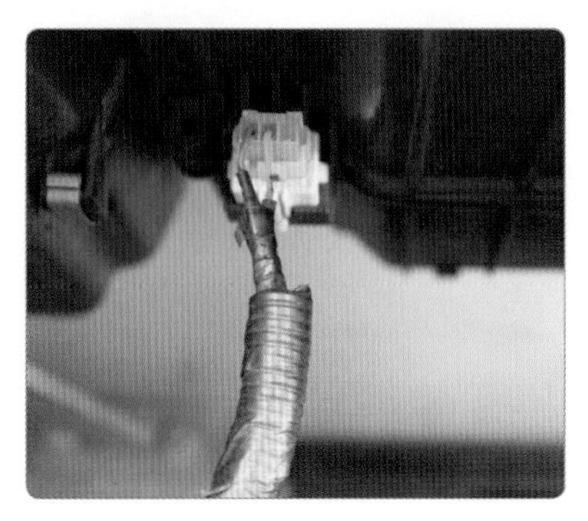

3. 에어컨 컨트롤 유닛 5번 단자, 이배퍼레이터 온도 센서 1번 단자에 멀티 테스터 (+) 프로브를 연결하고 (−)는 차체(M33-3 커넥터 16번 단자)에 접지시킨다.

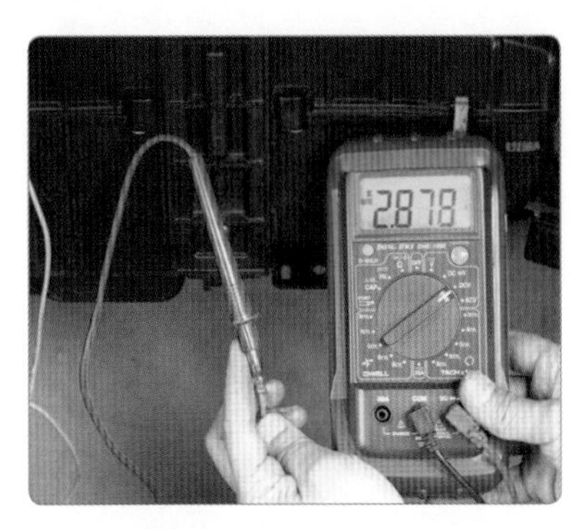

4. 멀티 테스터 출력 전압을 확인한다. (2.878 V)

5. 엔진 시동을 OFF한 후 IG(ON) 상태를 유지한다.

6. 점검 차량을 정렬한다.

(2) 이배퍼레이터 온도 센서 측정 및 점검

① 측정(점검)

㈎ 이배퍼레이터 온도 센서의 출력을 측정한 값 2.4 V/10 ℃를 확인한다.

㈏ 규정(정비한계)값은 정비 지침서 또는 스캐너 센서 출력값 2.4 V/10 ℃를 참조한다.

② 정비(조치) 사항 : 점검한 값이 규정(한계)값 내에 있으므로 양호하나 불량 시에는 이배퍼레이터 온도 센서 교환 후 재점검한다.

※ 불량 시에는 고장 부위에 따른 부품 교체 및 정비(수리) 사항을 기록한다.

(3) 에어컨 회로도(외기온도 센서)

● 에어컨 회로도

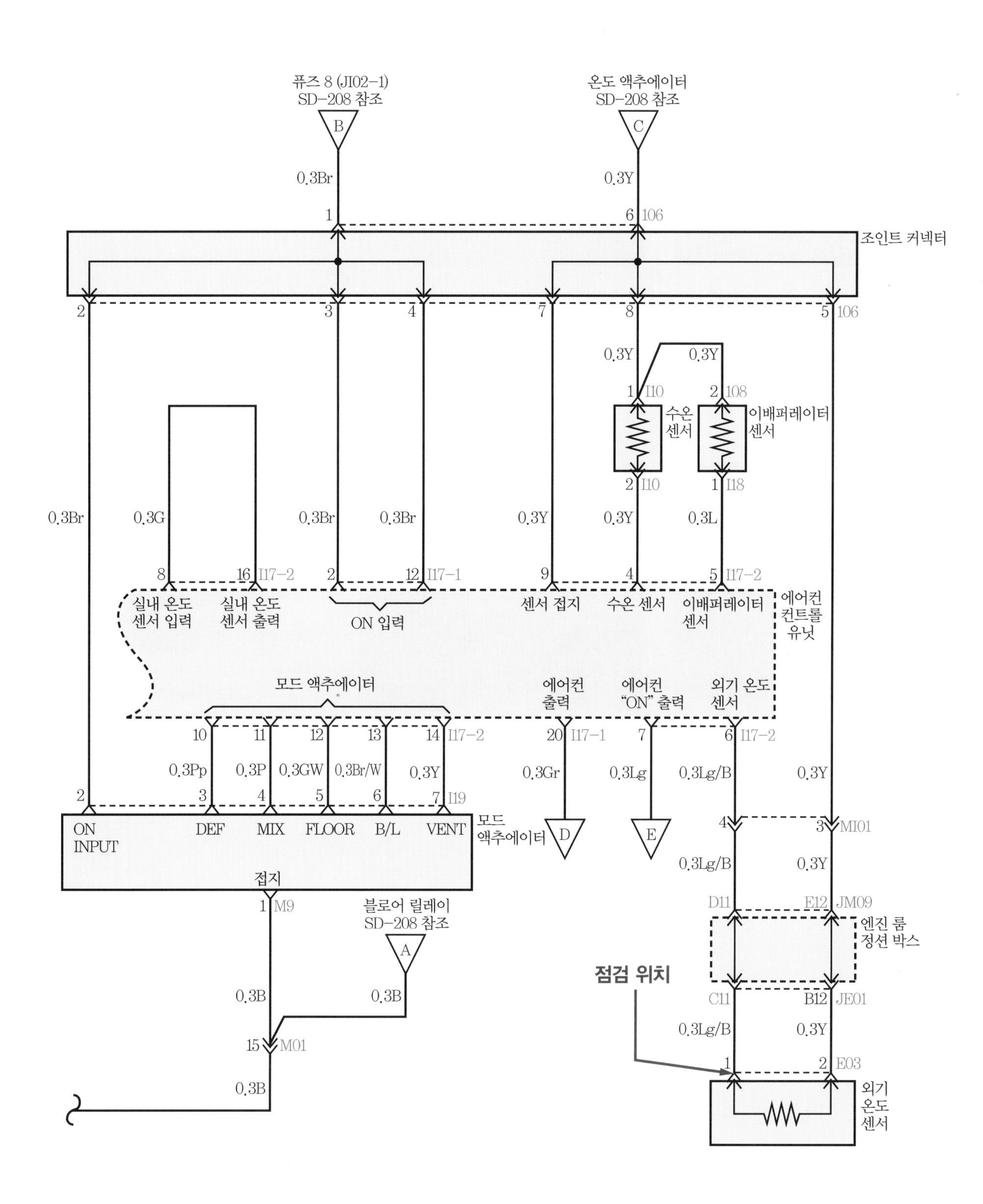

3 외기온도 센서 점검

(1) 외기온도 센서 점검

1. 에어컨 시스템 내 외기온도 센서의 위치를 확인한다.

2. 엔진을 시동(공회전 상태)한다. 에어컨 설정 온도 17℃와 송풍기 4단으로 에어컨을 작동시킨다.

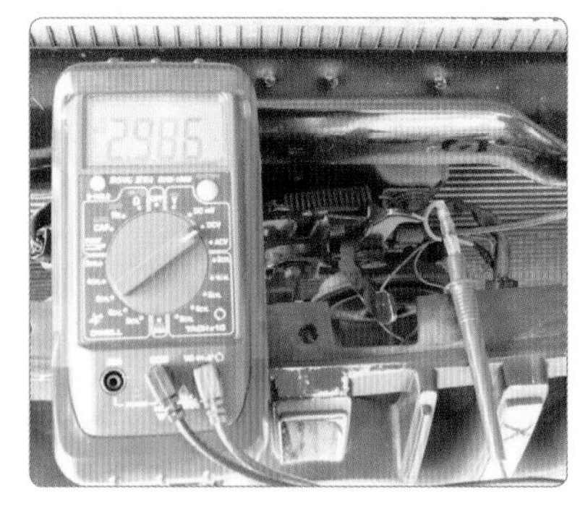

3. 에어컨 컨트롤 유닛 6번 단자, 외기온도 센서 1번 단자에 멀티 테스터 (+) 프로브를 연결하고 (−)는 차체(M33-3 커넥터 16번 단자)에 접지시킨다.

4. 멀티 테스터 출력 전압을 확인한다(2.822 V).

5. 엔진 시동을 OFF한 후 IG(ON) 상태를 유지한다.

6. 점검 차량을 정렬한다.

(2) 외기온도 센서 측정 및 점검

① 측정(점검)

- 외기온도 센서를 측정한 값 2.82 V를 확인한다.
- 정비 지침서 규정값 2.5~3.0 V를 확인한다.

② 정비(조치) 사항 : 측정한 값이 정비한계값 내에 있으므로 양호하나 불량일 때는 외기온도 센서 교환 후 재점검한다.

4 에어컨 라인 압력 측정

(1) 에어컨 라인 압력 점검

냉방 장치 매니폴드 압력 게이지를 고압측과 저압측에 설치하고 냉난방 장치를 작동시켜 압력을 측정한다.

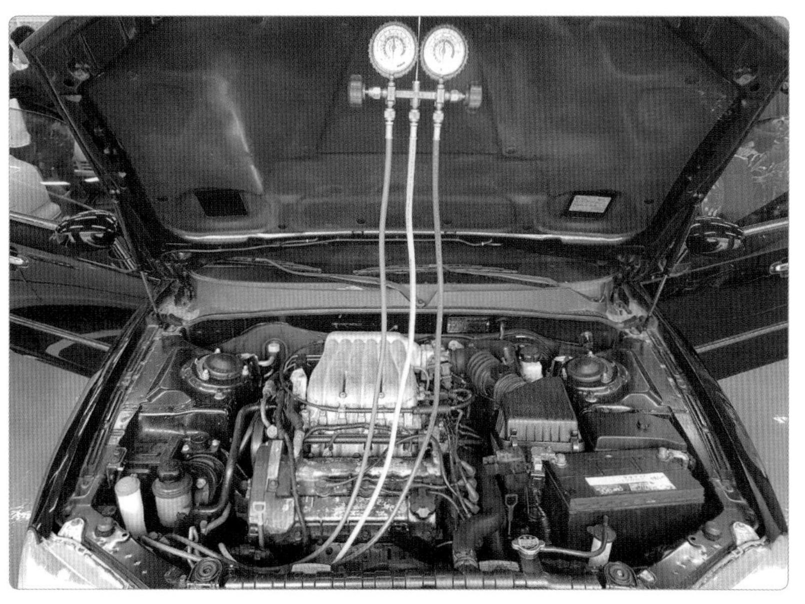

에어컨 매니폴드 게이지 설치

1. 에어컨 압력 게이지를 준비한다.

2. 냉매가스를 준비한다(R-134a).

에어컨 냉매 주유기

(2) 에어컨 점검 조건

① 전혀 찬바람이 나오지 않거나, 찬바람이 나오더라도 미지근한 바람이 나오는 경우의 고장

② 소음에 관한 고장

③ 나쁜 냄새 토출에 관한 고장

(3) 에어컨 점검 시 유의 사항

① 엔진은 1500 rpm으로 2~3분간 작동시킬 것

② 에어컨의 송풍기 스위치는 최대 속도로 할 것

③ 온도 컨트롤 스위치는 최대 냉방으로 할 것(Auto 에어컨 18C° 설정)

④ 보닛은 개방할 것

⑤ 온도계를 흡입구와 토출구에 깊숙이 넣을것

⑥ 콘덴서 전면에 보조 팬 등을 놓을 것

⑦ 그늘에서 시험할 것

(4) 에어컨 시스템 확인

① 에어컨 컴프레서가 구동되고 있는가?

② 사이드 글라스로 냉매는 흐르고 있는가?(냉매 입자 확인)

③ 송풍기는 회전하고 있는가?(전동팬 작동 상태 확인)

→ 위의 3가지 사항에 이상이 없으면 토출 온도 및 컴프레서 고 · 저압 압력을 측정한다.

(5) 에어컨 운전 조건

<table>
<tr><td>준비 사항</td><td colspan="2">• 엔진을 가동시켜 1500 rpm으로 운전한다.
• 조절 레버를 실내 환기에 위치시키고, 블로어는 최대 속도로 작동시킨다.
• 5분 이상 에어컨을 가동한다.</td></tr>
<tr><td>점검 방법</td><td>작동 상태를 유지하면서 점검한다.</td><td>• 40~50초 동안 에어컨을 OFF시킨다.
• 40~50초 동안 에어컨을 ON시킨다.
• 40~50초 동안 에어컨을 OFF시킨다.
• 40~50초 동안 에어컨을 ON시킨다.</td></tr>
</table>

(6) 매니폴드 게이지에 의한 점검 방법

① 공전 때 압력 상태

㈎ 고압(토출 압력) : 약 170~230 psi(한여름에는 250 psi는 정상으로 본다.)

㈏ 저압(흡입 압력) : 약 30~35 psi(한여름에는 45 psi까지 정상으로 본다.)

※ 정상 냉매 압력은 일반적으로 고압 : 120 psi 이상, 저압 : 40 psi 이하이며, 이 값은 차종과 냉방 장치 방식에 따라 차이가 있다. 또한 압력은 온도/습도에 따라 변할 수 있다.

- 저압이 약 20 psi이고 고압이 높을 때
- 저압이 약 20 psi이고 고압이 100 psi 미만일 때
- 기준 압력보다 저압은 높고 고압은 낮을 때
- 기준 압력보다 저압과 고압이 모두 높을 때

② 천천히 가속하면서 변하는 압력 공회전 상태에서 기준 압력을 확인한 다음 약 2500~3000 rpm까지 천천히 가속하면서 고압과 저압의 변하는 압력을 확인한다.

엔진 회전수 3000 rpm → 250 psi 가속 시 200 psi일 때 컴프레서 불량으로 판단하고 이때 저압측의 압력이 20psi 미만이면 냉매가 부족한 상태로 판정한다.

예 고압이 약 200 psi일 때 저압 약 50 psi일 때 → 압축기 불량
고압이 약 100 psi일 때 저압 약 20 psi일 때 → 냉매 부족
고압이 300~400 psi 이상일 때 → 냉매량 및 냉각계통 점검

③ 규정 압력보다 고압이 발생할 때 점검 방법

(가) 공전 시 고압 : 약 280 psi 이상, 저압 : 약 50~55 psi → 엔진을 서서히 가속시키며 3000 rpm을 유지하면서 압력의 변화를 주시한다(고압 : 350~400 psi, 저압 : 60~65 psi).

(나) 현상 : 아침저녁으로는 시원하고 잘 나오다가 한낮이 되면 미지근한 바람이 나온다.

④ 현상에 따른 점검 원인 분석

- 압축기에서 어떤 압력이 나오는가?
- 냉각팬의 작동은 정상인가?
- 엔진의 냉각계통은 이상 없는가?
- 냉매 과충전 및 냉방 사이클 내부에 외부 공기가 유입되었는가?
- 응축기의 문제는?
- 건조기의 오염 문제 상태는?
- 팽창 밸브의 고착 상태는?

⑤ 압력 변화에 따른 에어컨 시스템 유관 확인

(가) 냉매 압력이 부족할 때 유관 확인 부위

- 파이프, 호스 및 기타 부품에 오일 찌꺼기의 여부를 확인한다.
- 가스 누설 점검기를 사용하여 에어컨 냉매 사이클 고·저압 연결 라인에서 냉매가스 누설 여부를 확인한다.
- 냉매의 누설이 있는 연결부의 체결 토크를 확인한다.
- O링을 교환하고, 진공 작업한 후 냉매를 재충전하여 확인한다.

(나) 냉매 과도 또는 콘덴서 냉각 부족일 때 점검 방법

- 콘덴서 팬의 굽음 또는 손상을 확인한다.
- 과도한 냉매 방출 여부를 확인한다.
- 냉매 압력이 정상인지 확인한다.

(7) 저 · 고압 냉매 압력 점검

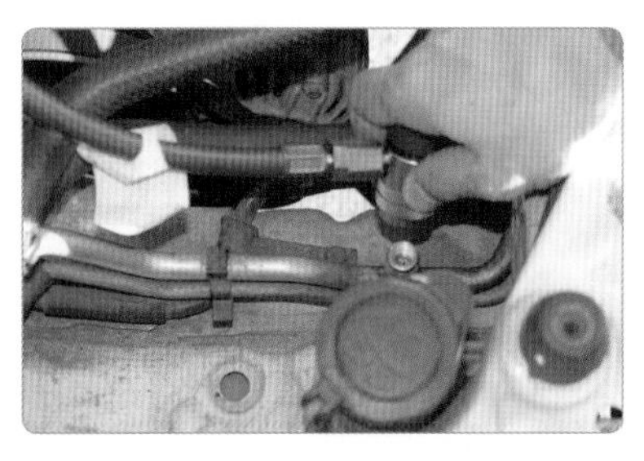

1. 고압과 저압 라인을 확인하고 고압 라인(적색) 호스를 연결한다.

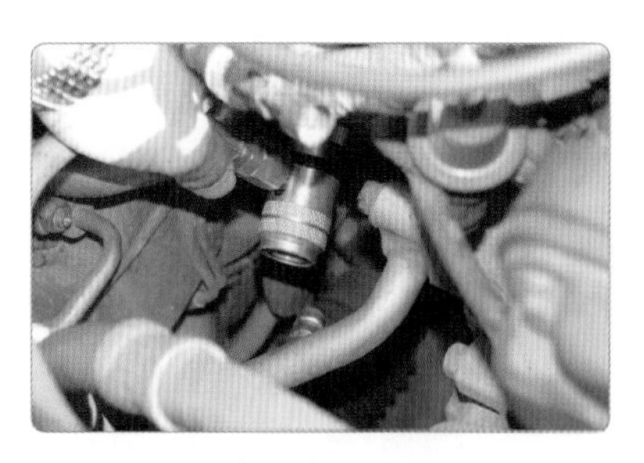

2. 저압 라인(청색) 호스를 연결한다.

3. 엔진을 시동한 후 공회전 상태를 유지한다.

4. 엔진을 시동한 후 에어컨 온도는 17℃로 설정하고 에어컨을 가동한다.

5. 엔진 rpm을 2500~3000으로 서서히 가속하면서 압력의 변화를 확인한다.

6. 저압과 고압의 압력을 확인하고 측정한다(저압 : 1.4 kgf/cm², 고압 : 7 kgf/cm²).

(8) 에어컨 저 · 고압 냉매 압력 측정 및 정비

① 측정(점검) : 에어컨 충전기(매니폴드 게이지)를 이용하여 측정한 값 저압 1.4 kgf/cm², 고압 7 kgf/cm²을 확인한다. 규정(정비한계)값은 차종에 맞는 규정값 또는 일반적인 값(저압 1.5~2 kgf/cm²/공회전, 고압 14~18 kgf/cm²/공회전)을 기준으로 한다.

② 정비(조치) 사항 : 측정한 값을 규정(정비한계)값과 비교하여 범위를 벗어나게 되면 고장 원인에 따라 냉매 부족/냉매 충전하도록 한다.

에어컨 라인 압력 규정값

압력 스위치 / 차종	고압(kgf/cm²)		중압(kgf/cm²)		저압(kgf/cm²)	
	ON	OFF	ON	OFF	ON	OFF
EF 쏘나타	32.0±2.0		15.5±0.8		2.0±0.2	
그랜저 XG	32.0±2.0	26.0±2.0	15.5±0.8	11.5±1.2	2.0±0.2	2.3±0.25
아반떼 XD	32.0	26.0	14.0	18.0	2.0	2.25
베르나	32.0	26.0	14.0	18.0	2.0	2.25

※ ON : 컴프레서 작동 상태, OFF : 컴프레서 정지 상태

공회전 및 가속 시 저·고압 냉매 압력 고장 진단			
압력 게이지 / 엔진 rpm	저압 게이지	고압 게이지	내용 및 상태
공회전 시	2~2.5 kgf/cm²	12~16 kgf/cm²	정상
2500~3000 rpm (서서히 가속)	3.5~4.5 kgf/cm²	14~16 kgf/cm²	압축기 불량
	1.4 kgf/cm² 미만	5~7 kgf/cm²	냉매 부족
	3.5~4.5 kgf/cm²	19~20 kgf/cm²	냉매 과다

※ 주변 온도 상태에 따라 고압, 저압의 압력은 변화가 있을 수 있다.

신냉매 작업 시 주의 사항

❶ 휘발성이 강해 한 방울이라도 피부에 닿으면 동상에 걸릴 수 있으므로 반드시 장갑을 착용해야 한다.
❷ 눈 보호를 위해 반드시 보호안경을 사용하도록 한다.
❸ 신냉매는 고압이므로 절대 뜨거운 곳에 놓지 않도록 하고 52℃ 이하의 장소에 보관하도록 한다.
❹ R-134a와 R-12는 서로 배합되지 않으므로 극소량이라도 절대 혼합해서는 안 된다. 혼합되면 압력 상실이 일어날 수 있기 때문이다.
❺ 냉매는 절대 그대로 대기에 방출하면 안 되며, 반드시 전용 회수기를 사용해야 한다.

5 냉매 충전

냉방 시스템(에어컨) 냉매 가스 압력 점검

1. 냉매충전기 전원 코드를 연결한 후 충전기 계기 및 스위치 기능을 확인한다.

2. 에어컨 냉방 시스템 저압 라인 저압 캡을 탈거한다.

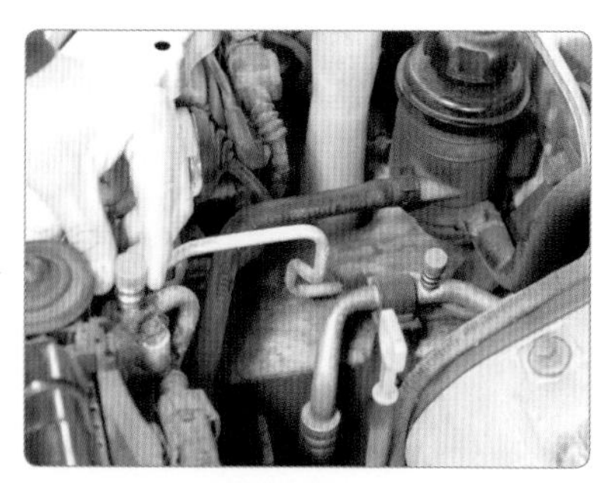

3. 에어컨 냉방 시스템 저압 라인 고압 캡을 탈거한다.

4. 저 · 고압 게이지 호스를 연결하고 누유되지 않는지 확인한다.

5. 냉매충전기 메인 전원을 ON시킨다.

6. 가스 이송 작업을 실행한다.

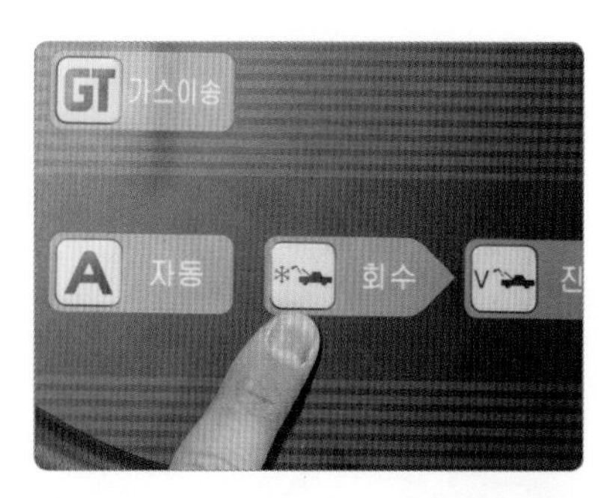

7. 메인 화면에서 회수 버튼을 누른다.

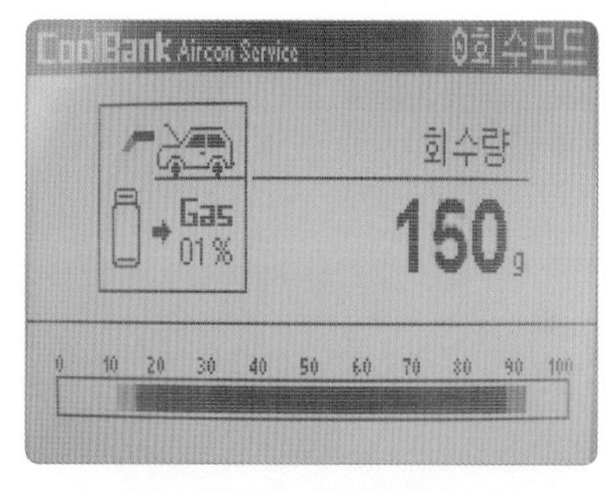

8. 회수가 완료되면 신호음과 함께 화면에 회수량 결과가 나온다.

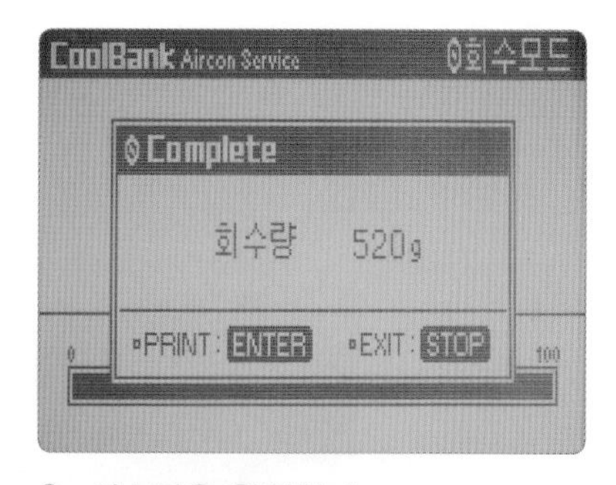

9. 회수량을 확인한다.

10. STOP 버튼을 누른다.

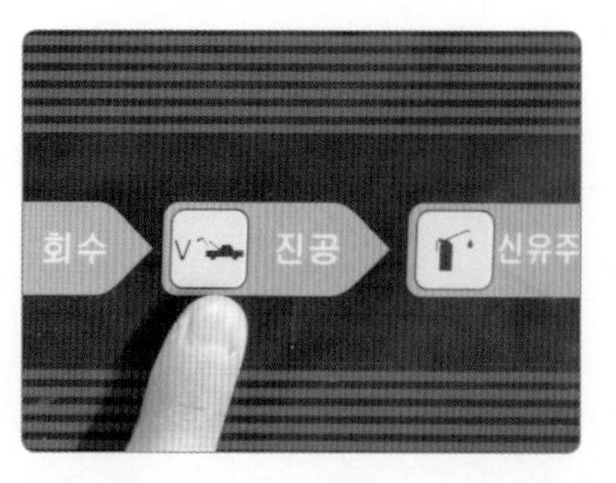

11. 메인 화면에서 진공 버튼을 선택한다.

12. 설정된 진공모드로 진행된다.

13. 설정된 시간이 끝나면 진공모드는 종료된다.

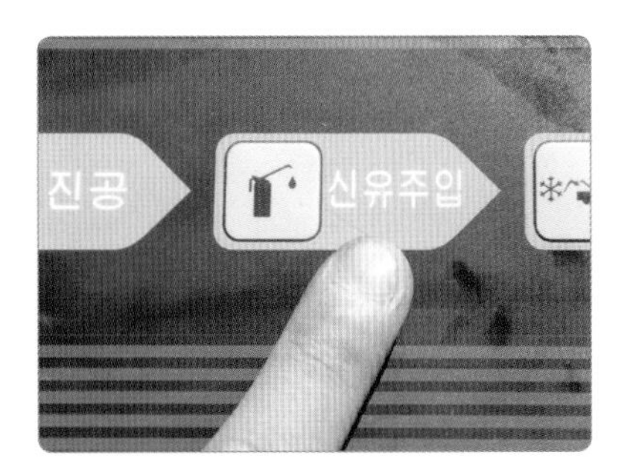

14. 신유주입 버튼을 선택한다.

15. 신유주입량을 확인하고 신유를 주입한다. 버튼을 누르고 있는 동안만 신유가 주입된다.

16. 메인 화면에서 충전 버튼을 선택한다.

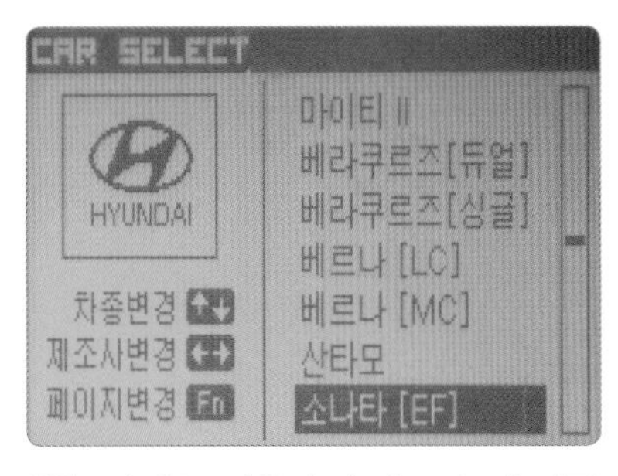

17. 커서를 이용하여 제조사 및 차량을 선택한다.

18. 커서를 이용하여 상하좌우로 이동하여 설정 및 차종을 선택한다.

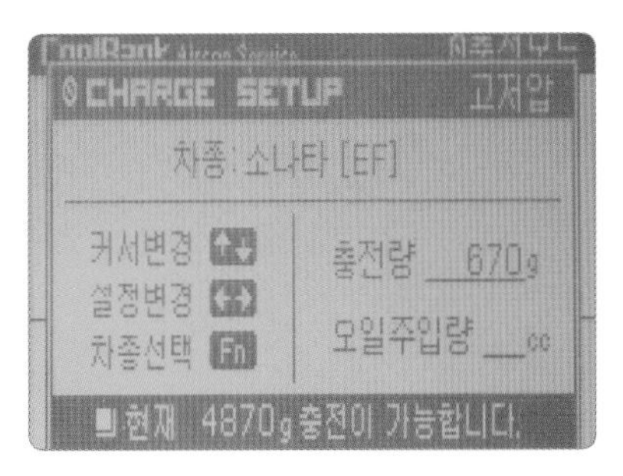

19. 충전 모드 설정 화면이 나오면 충전량과 신유 오일 충전량을 임의로 설정한다.

20. 충전량이나 오일주입량을 키를 이용하여 입력한다(설정값을 확인하고 ENTER를 누른다).

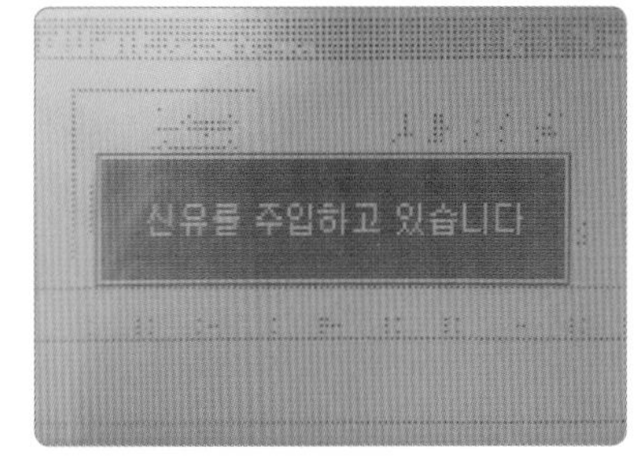

21. 신유 주입이 결과창에 표시된다.

22. 작업이 시작되어 설정된 충전량에 도달하면 충전은 종료된다.

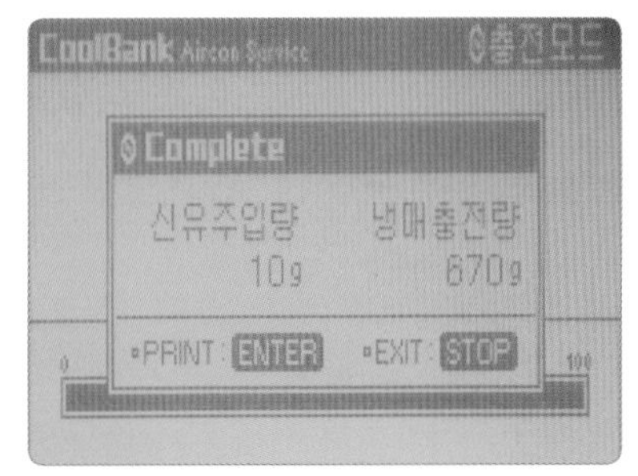

23. 작업이 완료되면 결과창에 냉매와 오일의 충전된 양이 표시된다.

24. 저압 라인 압력계에서 저압을 확인한다.

25. 고압 라인 압력계에서 고압을 확인한다.

26. 충전이 끝나면 냉매충전기 메인 스위치를 OFF한다.

27. 충전이 끝나면 주변을 정리하고 냉매주입기 고저압 호스를 분리한다.

6 에어컨 필터(실내 필터) 탈부착

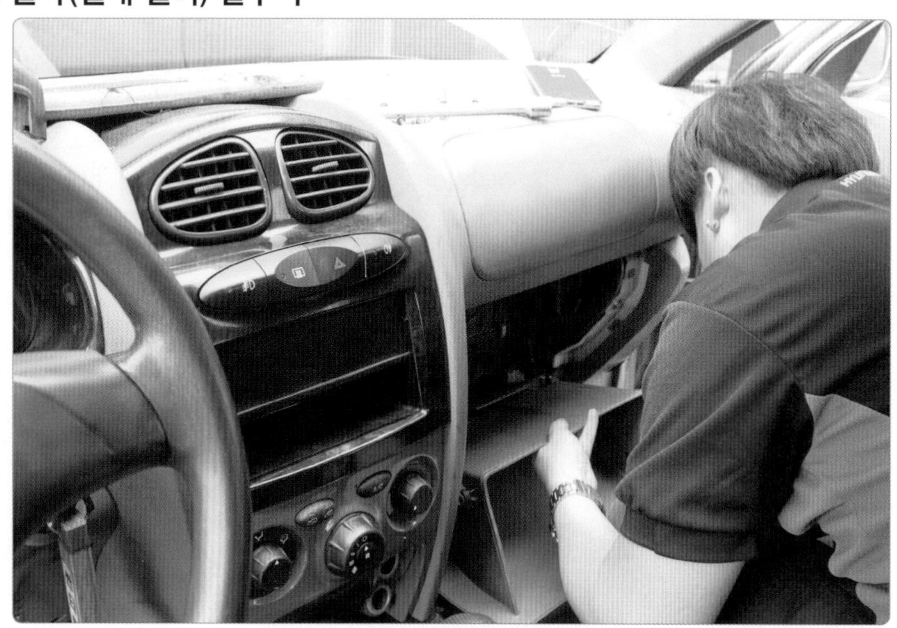

에어컨(실내 필터) 탈부착 작업

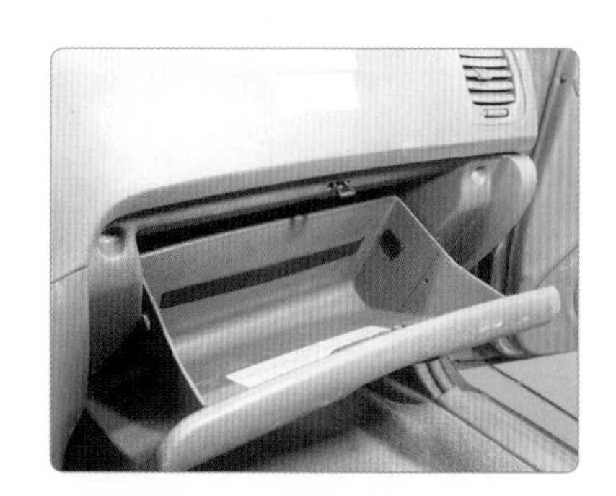

1. 조수석 콘솔 박스를 연다.

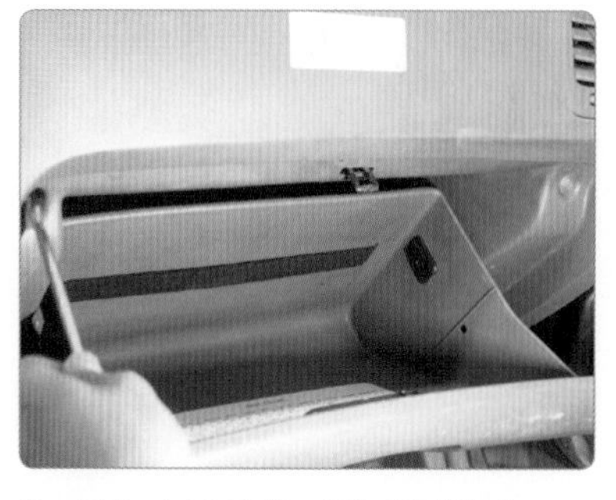

2. 콘솔 슬라이딩 키를 제거한다.

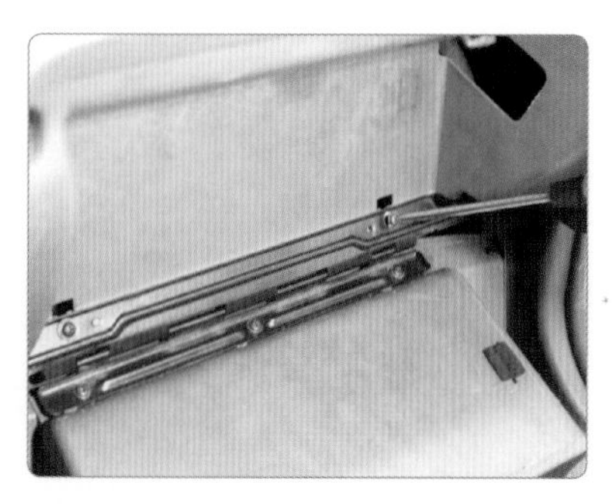

3. 콘솔 인사이드 고정 볼트를 분해한다.

4. 콘솔 아웃사이드 고정 볼트를 제거한다.

5. 콘솔을 들어낸다.

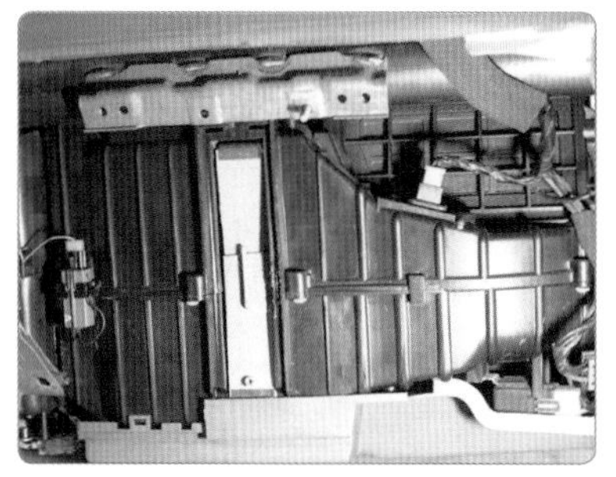

6. 에어컨 필터 커버를 제거한다.

7. 에어컨 필터를 탈거한다.

8. 에어컨 필터를 교환품으로 교체한다.

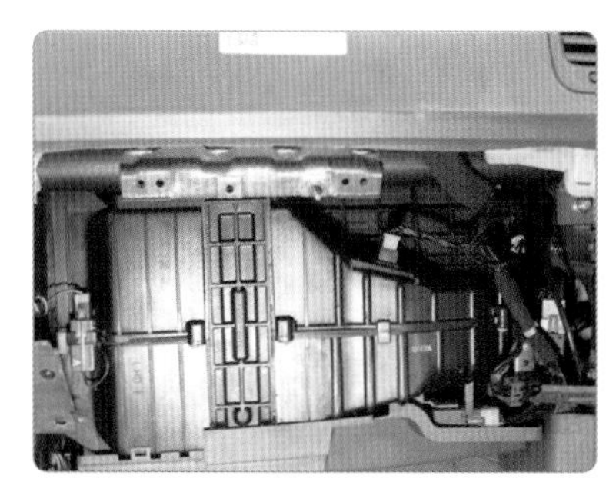

9. 필터를 조립하고 커버를 체결한다.

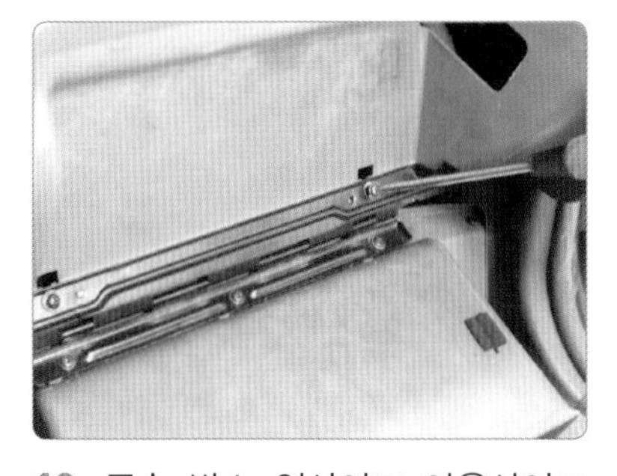

10. 콘솔 박스 인사이드 아웃사이드 볼트를 체결한다.

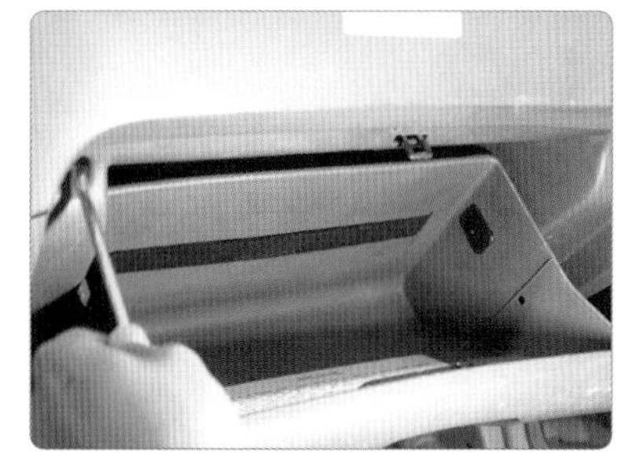

11. 콘솔 슬라이딩 키를 끼운다.

12. 콘솔 박스를 닫고 조립 상태를 확인한다.

7 히터 블로어 모터 탈부착

1. 조수석 콘솔 박스를 연다.

2. 콘솔 박스 고정 볼트를 분해한다.

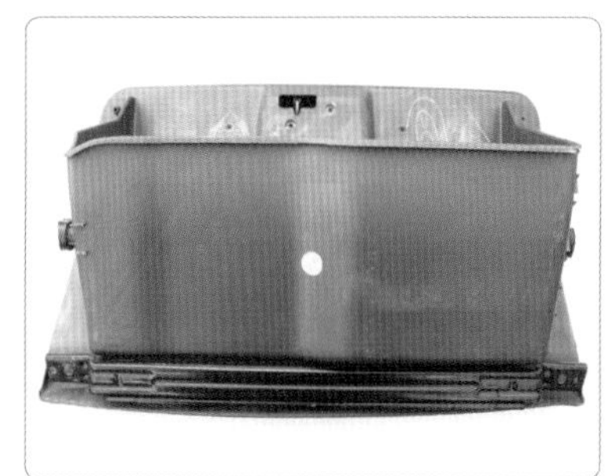

3. 콘솔 박스를 탈거한다.

4. 블로어 모터 커넥터를 분리한다.

5. 블로어 모터 고정 볼트를 분해한다.

6. 블로어 모터를 확인 점검하고 이상 시 신품으로 교체한다.

7. 블로어 모터를 조립한다.

8. 콘솔 박스를 조립한다.

9. 조립된 상태를 확인한다.

8 에어컨 벨트 탈부착

에어컨 벨트 탈부착

1. 원 벨트 텐션 장력 조정 고정 볼트에 맞는 공구를 선택한다.

2. 원 벨트 텐션 장력 조정 볼트를 시계 방향으로 회전시켜 벨트 장력을 느슨하게 한다.

3. 원 벨트를 탈거한다. 조립 시 회전 방향이 바뀌지 않도록 벨트 회전 방향을 표시한다(→ 표시).

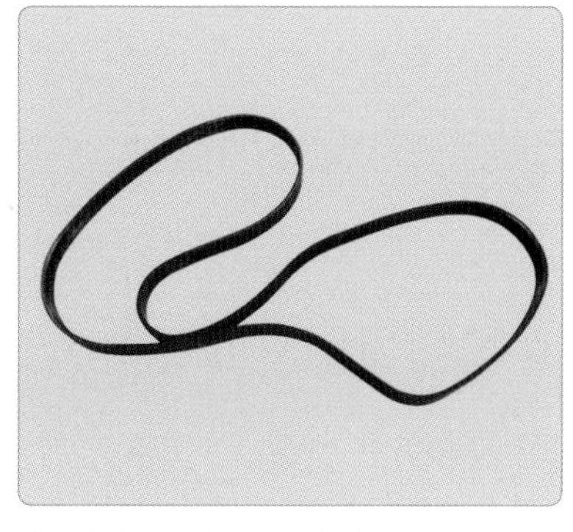

4. 탈거한 벨트를 확인하고 이상 시 신품으로 교체한다.

5. 벨트를 풀리 위치에 맞춘다.

6. 원 벨트 텐션 장력 조정 볼트를 시계 방향으로 회전시켜 벨트를 풀리에 맞게 조립한다.

7. 텐션 베어링 고정 볼트를 놓아 벨트의 장력을 조정한다.

8. 조립된 상태(벨트 장력 상태)를 확인 점검한다.

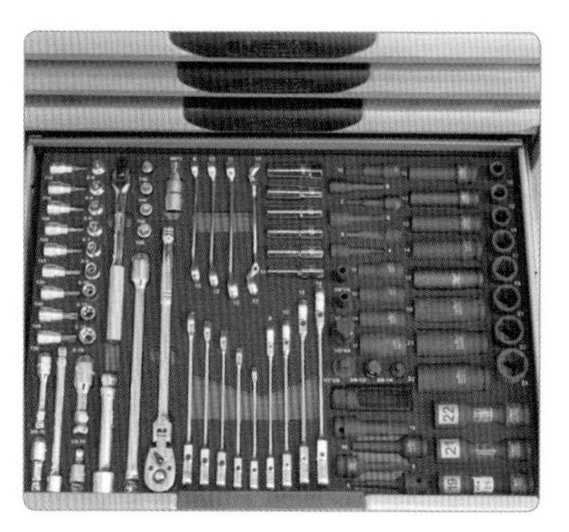

9. 일반 공구 툴 박스를 정리한다.

7 편의장치 점검

실습목표 (수행준거)	1. 편의장치 구성 요소를 이해하고 작동 상태를 파악할 수 있다. 2. 편의장치의 회로를 점검하여 고장 원인을 분석하고 진단할 수 있다. 3. 편의장치를 진단하고 부품 교환 작업을 수행할 수 있다. 4. 진단 장비를 사용하여 결함 부위를 진단하고 조정할 수 있다.

1 관련 지식

1 편의장치(ETACS)

자동차의 편의장치는 시간과 경보 장치, 간헐 와이퍼, 열선, 감광식 룸 램프 등으로 에탁스 또는 이수의 명칭으로 사용되고 있는 시스템이며, BCM(body control module)으로 발전되어 사용되고 있다.

편의장치 시스템 에탁스(ETACS)는 경보 장치에 관련된 요소가 한 개의 컴퓨터 유닛에 의해 릴레이나 액추에이터, 모터 등을 제어하는 장치로 다음과 같은 의미를 가지고 있다.

※ 에탁스(ELECTRIC : 전자, TIME : 시간, ALARM : 경보, CONTROL : 제어, SYSTEM : 장치)

2 편의장치의 기능별 작동

(1) 도어키 홀 조명

① 운전석 도어를 열었을 때 점화키 홀 조명이 점등되어 시동 때 도움을 주고 있다. 이때 문을 닫더라도 운전자에게 키박스 위치를 알려주기 위해 10초간 점등시켜 준다(야간에 도움).

② 위 상황에 있더라도 키를 ON하면 곧바로 소등된다.

③ 운전석 도어 핸들 노브를 끌어당겼을 때(도어 핸들 스위치 ON)부터 10초간 도어키 조명을 ON한다.

④ 일단 입력을 받으면 시간 내에 입력되는 신호는 받지 않는다.

⑤ 도어 핸들 스위치를 ON한 채로 있을 경우에도 출력은 10초에서 OFF한다.

⑥ 10초 후 다시 스위치를 ON한 경우에는 입력을 받는다.

(2) 도어 워닝

① 점화 스위치를 키 홀에 삽입한 채 운전석 도어를 열면 차임벨이 계속 출력을 한다.

② 점화 스위치를 실린더로부터 탈거하거나 운전석 도어를 닫으면 출력은 즉시 멈춘다.

(3) 시트 벨트 워닝

① 점화 스위치 ON 시부터 시트 벨트 경고등은 6초간 출력하고 차임벨도 6초간 경보음을 출력한다.

② 시간 내에 점화 스위치 OFF 시 경고등 및 차임벨은 즉시 출력을 멈춘다.

③ 시간 내에 시트 벨트 스위치 ON 시 경고등은 6초간 출력하고 차임벨은 즉시 OFF한다.

(4) 감광식 룸 램프

① 도어를 열면 램프가 점등하고 도어를 닫으면 2초간 점등 후 서서히 감광하여 약 4초 후 소등한다.

② 도어 스위치 ON 시간이 0.1~0.2초 이하인 경우 감광 동작하지 않는다.

③ 감광 시 분해 기능은 32STEP 이상으로 한다.

④ 감광 동작 중 점화 스위치 ON 시 즉시 출력을 멈춘다.

(5) 점화 스위치 키 리마인더(IGN key reminder)

점화 스위치를 실린더에 삽입한 채 운전석 도어를 열고 도어 노브를 LOCK할 때 5초간 UNLOCK 출력을 내어 DOOR LOCK을 불가능하게 함으로써 키를 차내에 꽂아 놓는 것을 방지하는 시스템이다. IGN 키를 탈거하거나 도어를 닫아야만 출력이 정지된다(주행 중 1~5 km에는 작동하지 않을 것).

(6) 파워 윈도 타이머

① 점화 스위치 ON에서 파워 윈도를 ON하고 점화 스위치 OFF 후에도 30초간 계속 ON한다.

② 시간 내에 운전석 도어를 열면 연 시점으로부터 30초간 출력을 연장한다.

③ 어느 경우에도 시간 내에 운전석 도어를 닫으면 출력을 OFF한다.

(7) 와셔 연동 와이퍼

① 점화 스위치를 ON시킨 후 와셔 스위치를 ON하면 6초 후에 와이퍼 출력을 ON하고 와셔 스위치를 OFF한 후 2.5~3.8초 후에 와이퍼 출력을 OFF시킨다.

② 이 기능은 INT. 와이퍼보다 우선한다.

(8) 뒷유리 열선

① 점화 스위치 ON 시 열선 스위치를 ON하면 열선 출력을 15~20분간 ON한다.

② 출력 중에 다시 열선 스위치가 ON된 경우에 열선 출력을 OFF한다.

③ 출력 중에 점화 스위치를 OFF한 경우에도 출력을 OFF한다.

(9) 도난 방지

① 전 도어 트렁크, 후드가 닫힌 상태에서 리모컨 LOCK 시 에탁스는 1회 사이렌 경보음을 출력하여 경계 상태에 돌입한다.

② ①항의 상태에서 도어, 후드, 트렁크가 강제 열림 시 사이렌 및 스타트 릴레이를 구동하여 차량의 도난을 방지한다.

③ 리모컨으로 LOCK 후 점화 스위치로 도어, 트렁크 OPEN 시 도난으로 간주하지 않는다.

⑽ 오토 도어 로크

① 점화 스위치 ON 시 어느 한 곳의 도어가 열린 상태에서 차속 40 km/h 이상의 상태가 3초 이상 계속될 경우 ETACS는 도어 LOCK 출력을 내어 모든 도어를 LOCK시킨다.

② 도어 LOCK이 완료되면 100 ms 이내에 도어 LOCK 출력을 OFF한다.

③ 40 km/h 이상으로 주행 중 UNLOCK 조작을 해도 자동적으로 LOCK한다.

3 편의장치 제어 기능

① 와셔 연동 와이퍼 제어
② 간헐 와이퍼 제어
③ 뒷유리 열선 타이머 제어(사이드 미러 열선 포함)
④ 감광식 룸 램프 제어
⑤ 이그니션 키 홀 조명 제어
⑥ 점화키 회수 제어(이그니션 키 리마인더 제어)
⑦ 중앙집중식 도어 잠금 장치 제어
⑧ 안전벨트 경고등 타이머 제어
⑨ 파워 윈도 타이머 제어
⑩ 오토 도어 로크 제어
⑪ 점화키 OFF 후 전 도어 언로크 제어
⑫ 충돌 감지 언로크 제어
⑬ 미등 자동 소등 제어(배터리 세이버 제어)
⑭ 스타팅 재작동 금지(그랜저 XG)
⑮ 도어 열림 경고 제어

4 입력 스위치 감지 방법

(1) 스트로브 방식

에탁스 내의 펄스 재생기에는 0 ↔ 5 V 펄스가 10 ms 간격으로 항상 출력된다. 따라서 스위치 OFF 때 입력단에는 다음과 같은 형태의 펄스가 입력되고 스위치 ON 때는 풀업 전압이 접지로 흘러 일정한 0 V가 입력된다. 에탁스는 입력단의 신호가 접지되어 40 ms 동안 0 V로 입력되면 스위치가 ON되었다고 인식한다. 이 방식은 멀티 미터를 사용해 점검하면 정확한 전압의 변화를 알기 어렵다. 따라서 반드시 오실로스코프를 이용하여 파형을 통해 점검해야 한다.

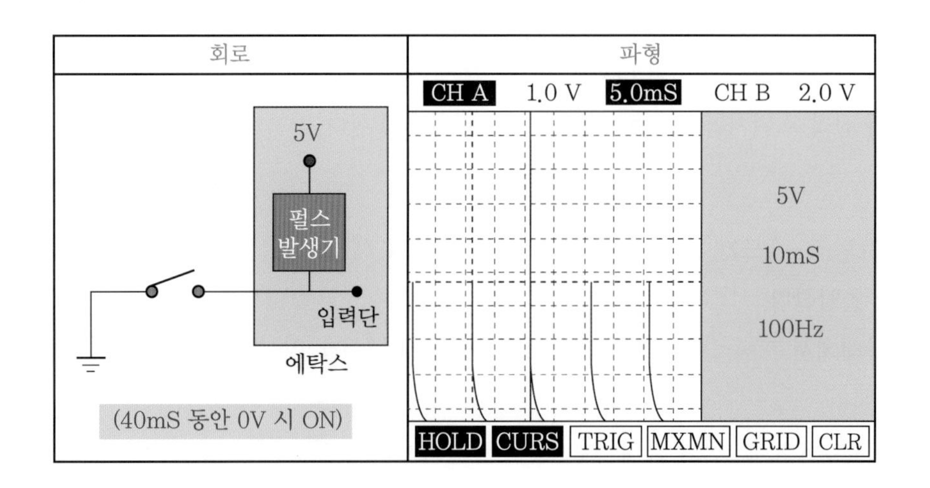

(2) 정전압 방식

① **풀업 방식** : 에탁스에서는 풀업 전압 5 V가 항상 출력되며 스위치 OFF 때 입력단에는 5 V가 걸리지만 ON 때는 풀업 전압이 접지로 흘러 입력단은 0 V가 된다. 따라서 파형은 0↔5 V로 변화된다. 이 방식은 스위치 ON 때 접지와 연결되는 경우에 주로 사용되는데 에탁스로 입력되는 대부분의 스위치는 이 방식이 이용된다. 이 방식은 멀티 미터로도 전압을 측정하면 간단하게 점검이 가능하다.

② **풀다운 방식** : 에탁스는 스위치 ON 때 12 V 전원이 입력단에 걸리고, OFF 때 0 V가 걸리게 된다. 이 방식은 스위치 ON 때 +전원(12 V)가 인가되는 경우에 사용되며 대표적으로 키 삽입 스위치가 여기에 해당된다.

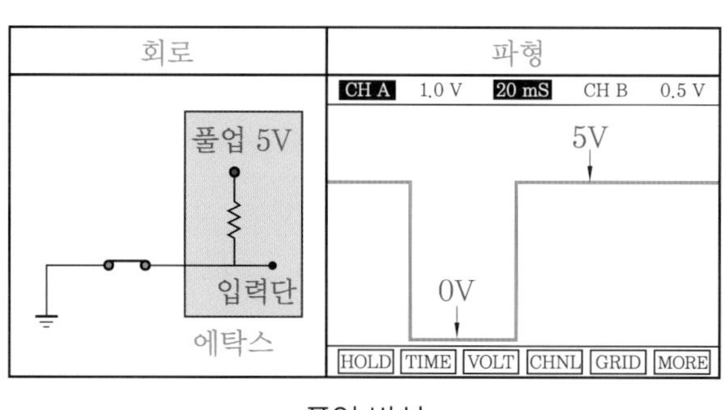

풀업 방식

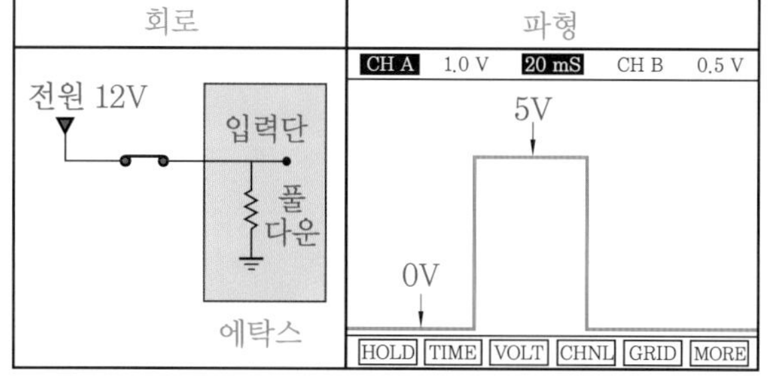

풀다운 방식

5 입 · 출력 계통

입력

- 전원(배터리, 이그니션 1 & 2)
- 얼터네이터 L 단자
- 와셔 스위치
- 와이퍼 인트 스위치
- 와이퍼 인트 볼륨 가변저항
- 뒷유리 열선 스위치
- 시트 벨트 스위치
- 핸들로크 스위치
- 도어 스위치
- 리모컨 로크/언로크 스위치
- 차속 센서
- 충돌감지 센서
- 미등 스위치
- 파킹 브레이크 스위치
- P 위치 센서/ENG CHECK LAMP

제어

- ETACS

출력

- 와이퍼 모터 릴레이
- 열선 릴레이
- 시트 벨트 경고등
- 차임벨
- 파워 윈도 릴레이
- 도어 로크/언로크 릴레이
- 점화키 홀 조명
- 미등 릴레이
- 룸 램프/사이렌
- 스타트 릴레이
- 도난 방지 릴레이

2 편의장치 점검

1 와이퍼 고장 점검

(1) 윈드 실드 와이퍼 장치

윈드 실드 와이퍼는 차량 주행 중 비 또는 눈이 올 때 운전자의 시야를 확보하고 운행 안전을 위해 전면 및 후면 유리를 세정하는 일을 한다. 전기식 윈드 실드 와이퍼는 동력을 발생하는 전동기부, 동력을 전달하는 링크부 및 앞면 유리를 닦는 윈드 실드 와이퍼 블레이드부로 구성되어 있다.

(2) 윈드 실드 와이퍼 구성

와이퍼 회로 점검

(3) 와이퍼 모터 고장 진단

① 와이퍼가 작동하지 않는다(고속 또는 저속 위치).

- 와이퍼 퓨즈 불량 예상 → 퓨즈 점검
- 윈드 실드 와이퍼 모터 불량 예상 → 모터 점검
- 와이퍼 스위치 불량 예상 → 스위치 점검
- 관련 배선 및 조인트 배선 접촉 불량
- 와이퍼 스위치 불량 예상 → 스위치 점검
- 관련 배선 및 조인트 불량 예상 → 배선 접속 점검
- 와이퍼 모터 접지 불량 예상 → 접지 점검

② 와이퍼 INT 기능이 작동하지 않는다.
- 와이퍼 스위치 불량 예상 → 스위치 점검
- 관련 배선 및 조인트 불량 예상 → 배선 접속 점검
- 와이퍼 릴레이 관련 배선 불량 예상 → 와이퍼 릴레이 관련 배선 점검
- 와이퍼 릴레이 불량 예상 → 와이퍼 릴레이 점검

③ 와이퍼 OFF하여도 와이퍼가 계속적으로 작동한다.
- 와이퍼 모터 불량 예상 → 모터 점검
- 관련 배선 및 조인트 불량 예상 → 배선 접속 점검
- 와이퍼 스위치 불량 예상 → 스위치 점검

④ 와셔가 작동하지 않는다.
- 와셔 모터 불량 예상 → 모터 점검
- 관련 배선 및 조인트 불량 예상 → 배선 접속 점검
- 와셔 스위치 불량 예상 → 스위치 점검

(4) 와이퍼 모터 회로 점검

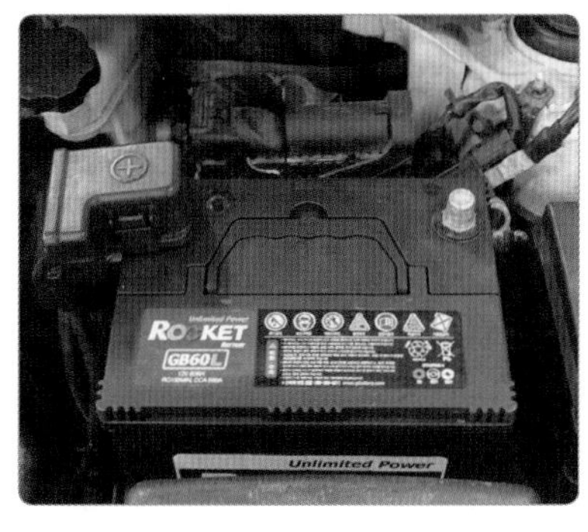

1. 배터리 전압 및 단자 접촉 상태를 확인한다.

2. 엔진 룸 와이퍼 모터 릴레이를 점검한다.

3. 와이퍼 모터 커넥터를 탈거하고 공급 전원을 확인한다.

4. 와이퍼 모터 단품 점검을 한다.

5. 와이퍼 스위치 커넥터 탈거 상태 및 단선 유무를 점검한다.

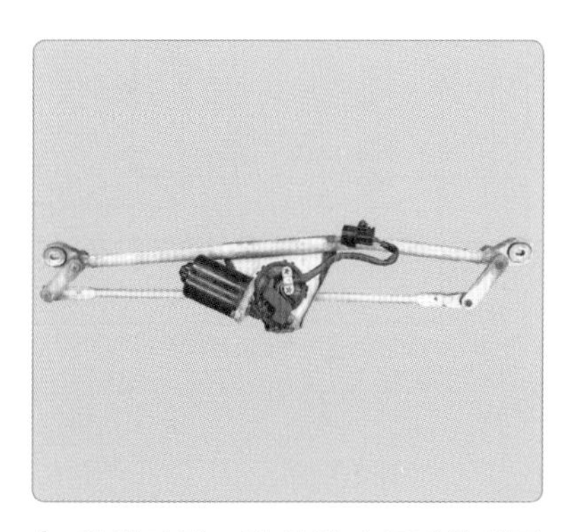

6. 와이퍼 링크와 와이퍼 모터의 체결 상태를 점검한다.

(5) 와이퍼 회로도

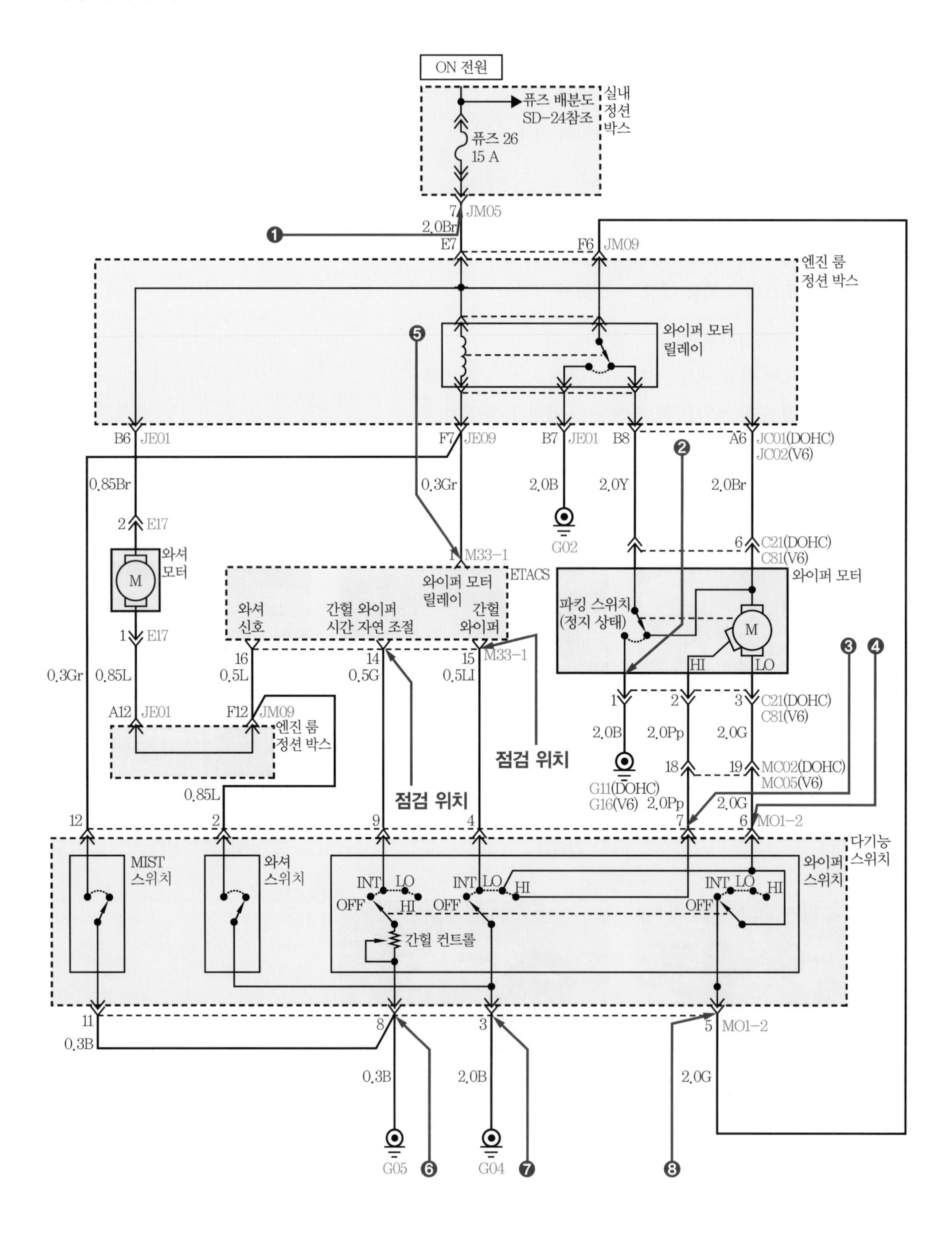

ON 전원
퓨즈 배분도
SD-24참조
실내
정션
박스
퓨즈 26
15 A
7 JM05
2.0Br
E7
F6 JM09
엔진 룸
정션 박스
와이퍼 모터
릴레이
B6 JE01
F7 JE09
B7 JE01
B8
A6 JC01(DOHC)
JC02(V6)
0.85Br
0.3Gr
2.0B
2.0Y
2.0Br
2 E17
G02
6 C21(DOHC)
C81(V6)
와셔
모터
1 M33-1
ETACS
와이퍼 모터
와이퍼 모터
릴레이
와셔
신호
간헐 와이퍼
시간 자연 조절
간헐
와이퍼
파킹 스위치
(정지 상태)
1 E17
16
14
15 M33-1
HI
LO
0.3Gr
0.85L
0.5L
0.5G
0.5LI
1
2
3 C21(DOHC)
C81(V6)
A12 JE01
F12 JM09
엔진 룸
정션 박스
2.0B
2.0Pp
2.0G
점검 위치
18
19 MC02(DOHC)
MC05(V6)
G11(DOHC)
G16(V6)
0.85L
점검 위치
2.0Pp
2.0G
12
2
9
4
7
6 MO1-2
다기능
스위치
MIST
스위치
와셔
스위치
와이퍼
스위치
INT
LO
OFF
HI
간헐 컨트롤
11
8
3
5 MO1-2
0.3B
0.3B
2.0B
2.0G
G05
G04

(6) 와이퍼 모터 소모 전류 점검

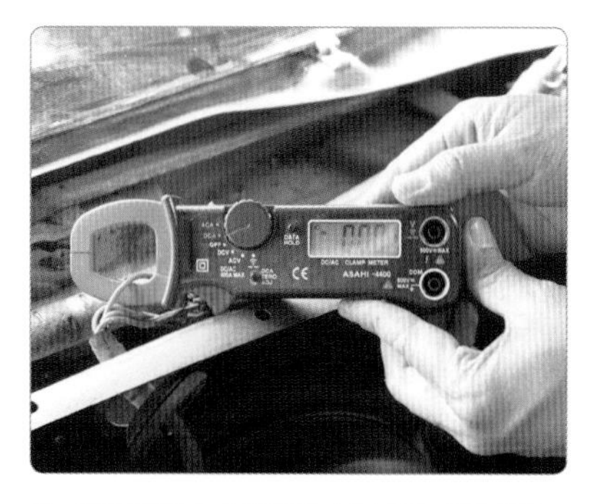

1. 전류계를 와이퍼 본선에 설치하고 0점 조정한다.

2. 점화 스위치를 ON시킨다.

3. 와이퍼 스위치를 LOW로 작동시킨다.

4. 와이퍼 모터가 LOW 작동 시 출력된 전류를 계측한다(1.5 A).

5. 와이퍼 스위치를 HI로 작동시킨다.

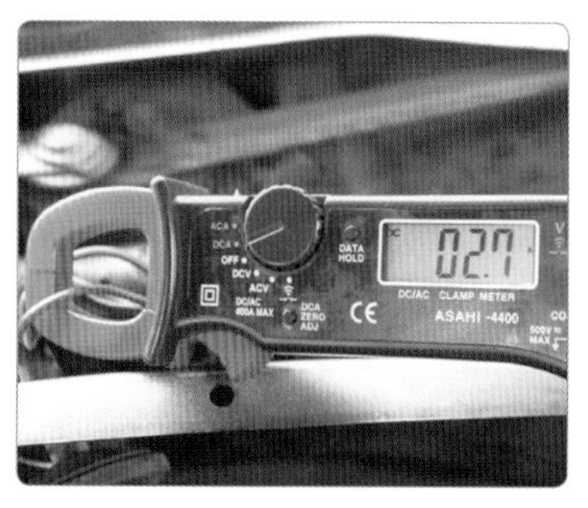

6. 와이퍼 모터가 HI 작동 시 출력된 전류를 계측한다(2.7A).

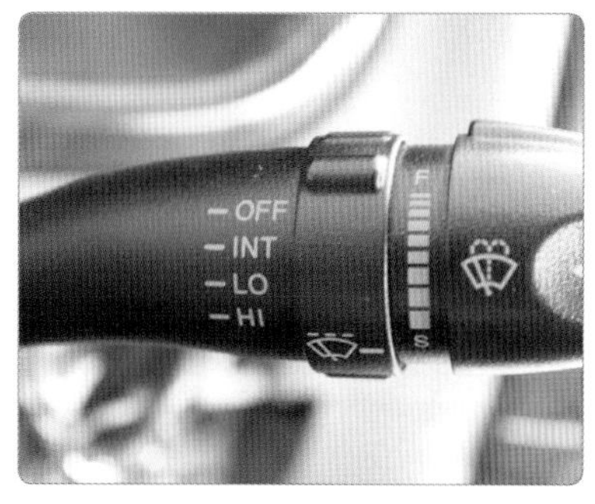

7. 와이퍼 스위치를 OFF시키고 전류계를 정위치한다.

8. 점화 스위치를 OFF시킨다.

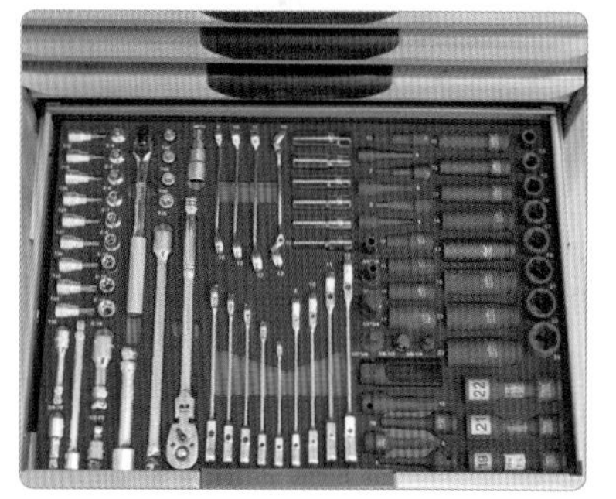

9. 측정기기를 정리한다.

(7) 와이퍼 모터 소모 전류 측정 결과

① **측정(또는 점검)** : 와이퍼 모터 소모 전류를 측정한 값을 확인한다.

- 측정값 : LOW 모드–1.5 A, HIGH 모드–2.7 A
- 규정(한계)값 : LOW 모드–3.0~3.5 A, HIGH 모드–4.0~4.5 A

② **정비(조치) 사항** : 측정(점검) 사항이 불량일 때는 와이퍼 모터를 교환한다.

(8) 윈드 실드 와이퍼 모터 탈부착

1. 와이퍼 모터 커넥터를 탈거한다.

2. 와이퍼 블레이드 캡을 탈거한다.

3. 와이퍼 블레이드 고정 볼트를 탈거한다.

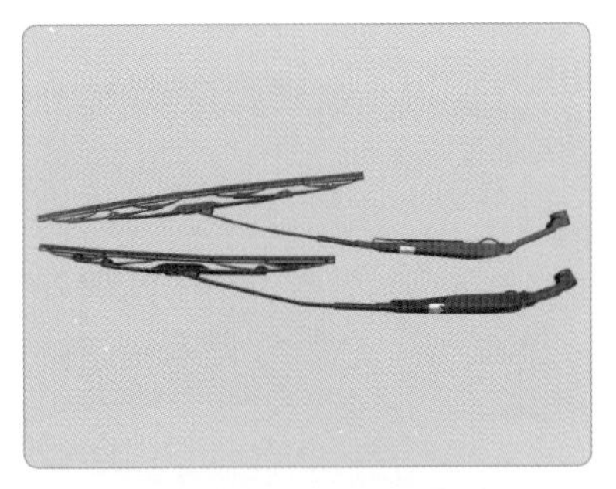
4. 와이퍼 블레이드를 탈거한다.

5. 와이퍼 모터 고정 볼트를 탈거한다.

6. 와이퍼 모터 고정 링크를 탈거한다.

7. 와이퍼 모터를 탈거하고 이상 유무를 확인한다.

8. 와이퍼 모터를 링크에 맞춘다.

9. 와이퍼 모터 고정 볼트를 조립한다.

10. 와이퍼 모터와 연결 링크를 체결한다.

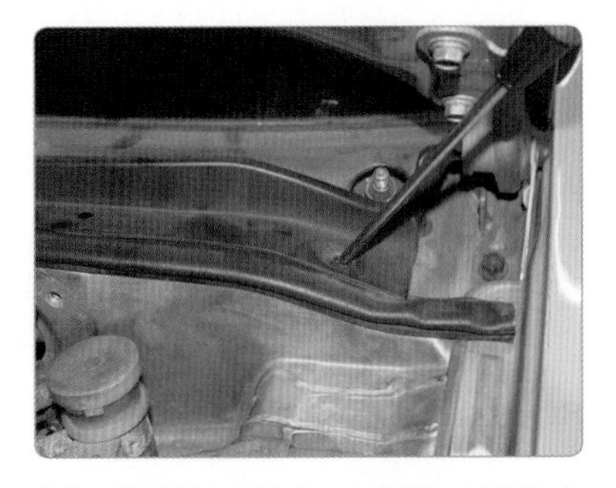
11. 와이퍼 모터 링크 그릴을 조립한다.

12. 와이퍼 블레이드 고정 너트를 조립한다.

(9) 와이퍼 간헐(INT) 시간 조정 스위치 입력 신호 전압 점검

① 와이퍼 회로도

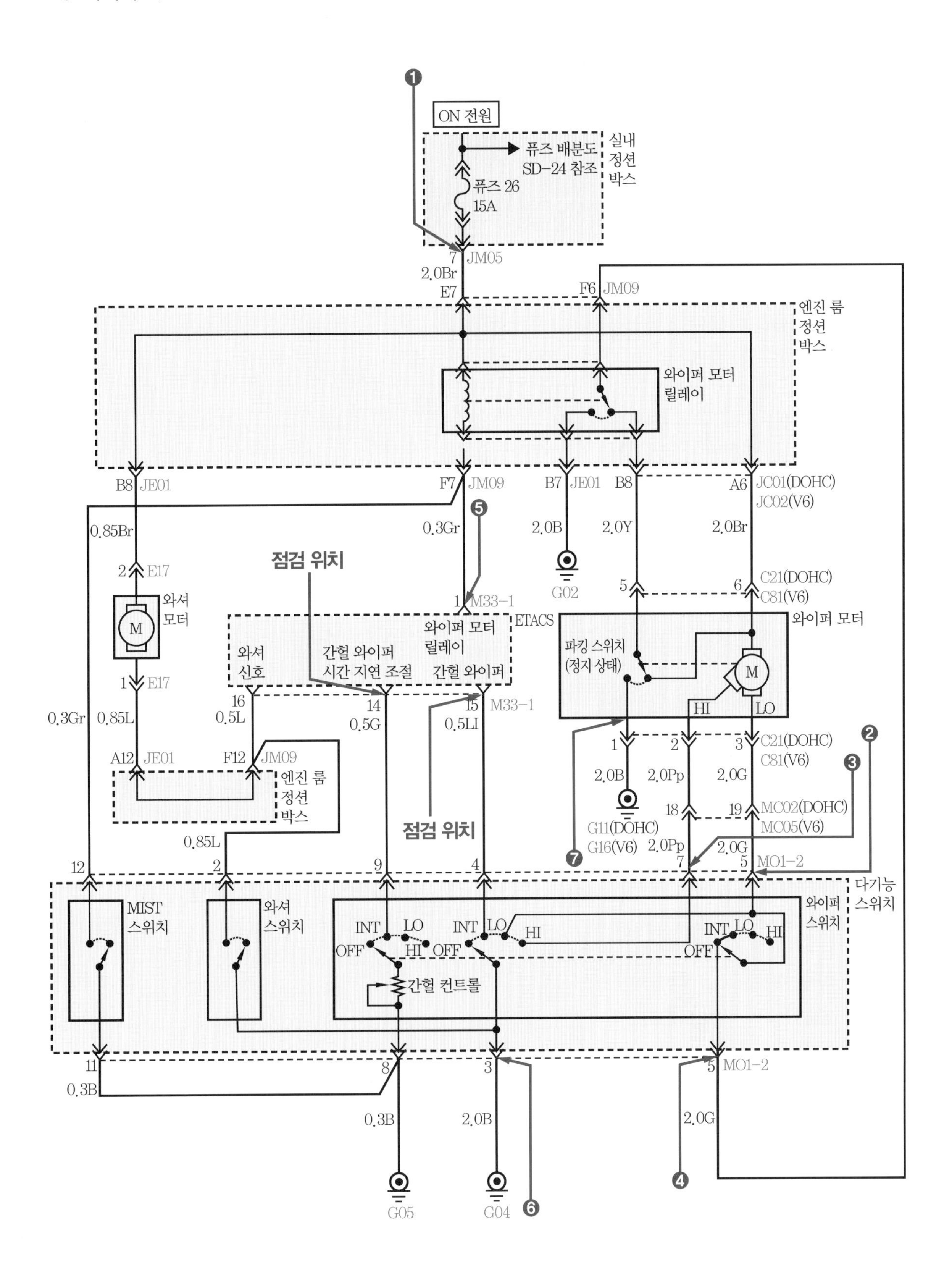

② 와이퍼 스위치 신호 점검

에탁스 커넥터 M33-1, M33-2 단자별 배선 커넥터

● M33-1

1	2	3	4	5	6	7	8
9	10	11	12	13	14	15	16

1. 와이퍼 모터 릴레이 엔진 룸 정션
와이퍼 모터 릴레이 F7
실내 정션 퓨즈 26(15 A)

3. 키 조명등 컨트롤(이그니션키 조명등)
퓨즈 9(10 A)

4. 좌측 앞 도어 로크 언로크 입력
(좌측 앞 도어 로크 액추에이터 2번 단자)

6. 우측 앞 도어 로크 언로크 입력
(우측 앞 도어 로크 액추에이터 1번 단자)

8. 스티어링 잠금 입력
(스티어링 잠금 스위치 1번)
실내 정션 퓨즈 9(10 A)

12. 뒤 도어 로크 언로크 입력
(좌측 뒤 도어 로크 액추에이터 2번 단자)

14. 간헐 와이퍼 시간 지연 조절
(다기능 스위치 9번 단자)

15. 간헐 와이퍼
(다기능 스위치의 4번 단자)
INT

16. 와셔 신호
(엔진 룸 정션 박스 F12)

● M33-2

1	2	3	4	5	6
7	8	9	10	11	12

1. 비상등 릴레이 컨트롤
(비상등 릴레이 4번 단자)
퓨즈 17(15 A)

3. 우측 도어 언로크 스위치 입력
(우측 스위치 언로크 스위치 1번 단자) 접지

4. 좌측 도어 언로크 스위치 입력
(좌측 도어 언로크 스위치 1번 단자) 접지

5. 후드 스위치 입력(후드 스위치, 접지)

6. 코드 세이브
(키레스 리시버 2번 단자)
퓨즈 20(10 A)

10. 사이렌 컨트롤(사이렌 1번 단자)
DRL 퓨즈 15 A

12. 트렁크 언로크 스위치 입력
(트렁크 언로크 스위치) 접지

③ 와이퍼 스위치 신호 점검

1. 시험용 차량에서 에탁스의 위치를 확인한다.

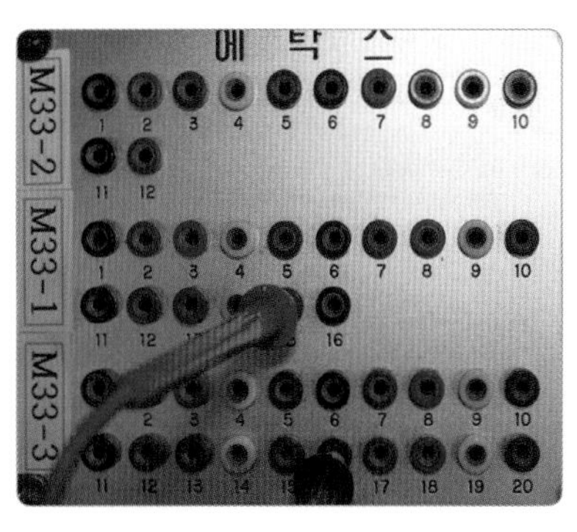

2. 에탁스 커넥터(M33-1 커넥터 15번 단자)에 멀티테스터 (+) 프로브를, (-) 프로브는 차체(M33-3 커넥터 16번 단자)에 접지시킨다.

3. 점화 스위치를 ON시킨다(스위치 점등 상태 확인).

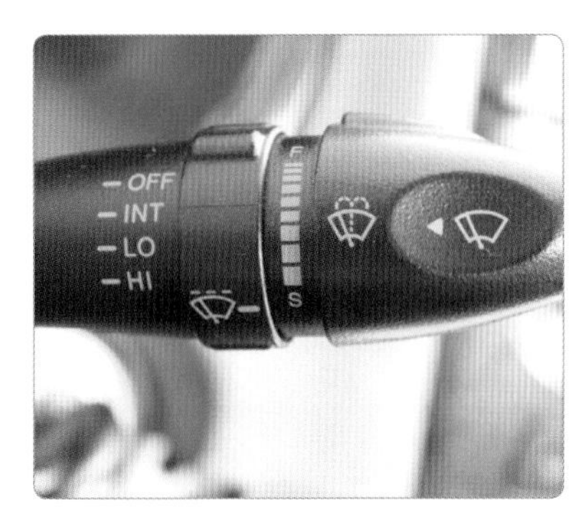

4. 와이퍼 스위치를 INT 위치로 놓는다.

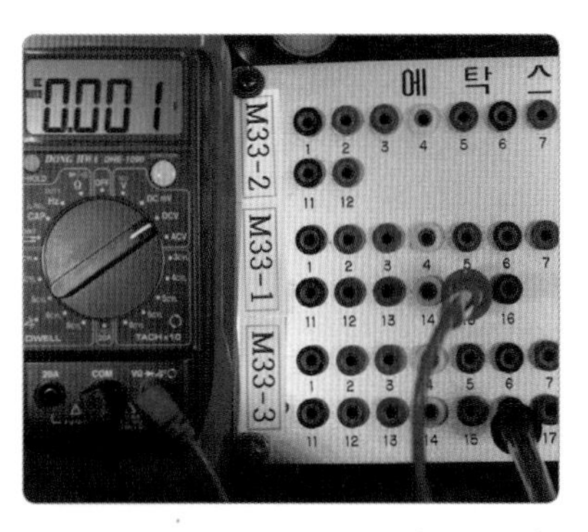

5. 출력된 전압을 확인한다(0.001 V).

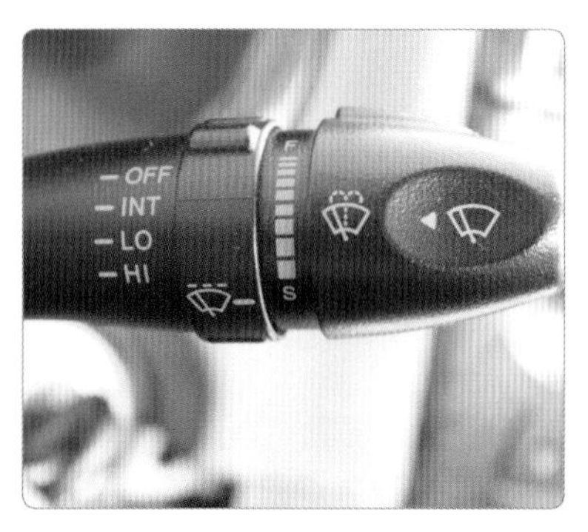

6. 와이퍼 스위치를 INT(OFF) 위치로 놓는다.

7. 출력된 전압을 확인한다(4.92 V).

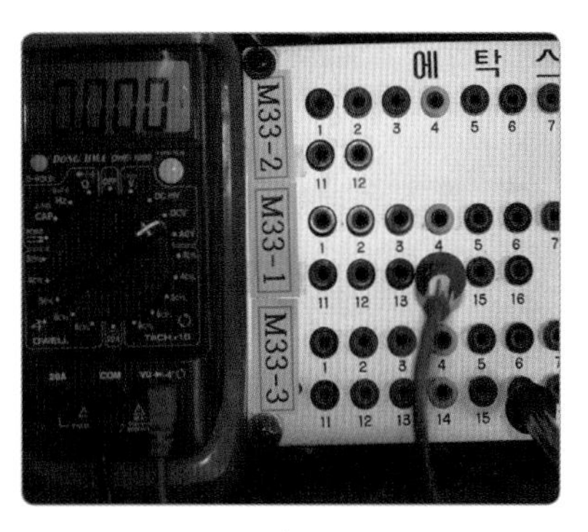

8. 에탁스 커넥터(M33-1 커넥터 4번 단자)에 멀티 테스터 (+) 프로브를, (-) 프로브는 차체(M33-3 커넥터 16번 단자)에 접지시킨다.

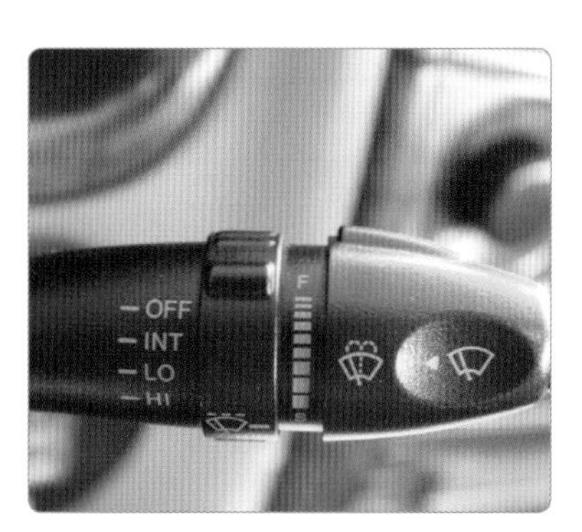

9. 와이퍼 스위치 INT TIME을 FAST로 놓는다.

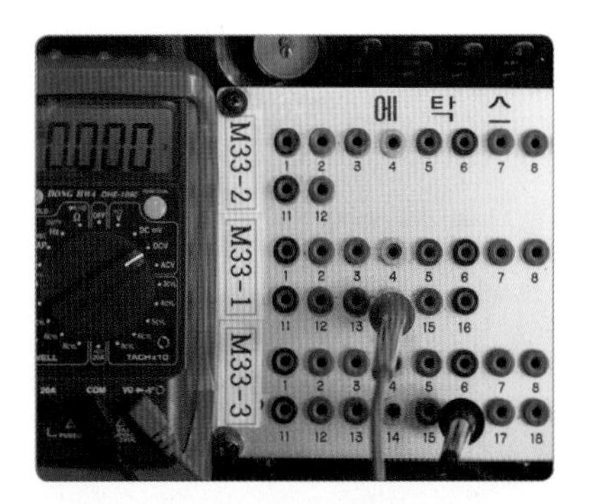

10. 출력 전압을 확인한다(0 V).

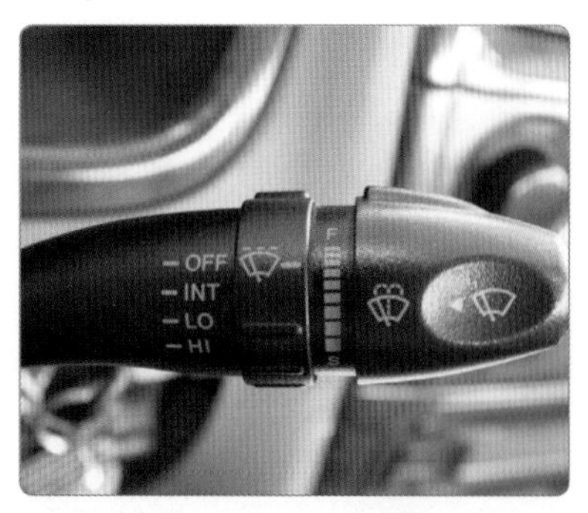

11. 와이퍼 스위치 INT TIME을 SLOW로 놓는다.

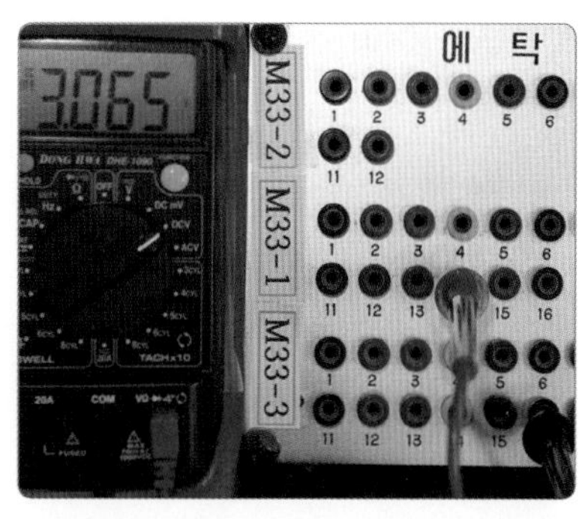

12. 출력 전압을 확인한다(3.065 V).

④ 측정(점검) : 작동 신호를 측정한 값을 확인한다.

- INT S/W ON 시(전압) : 12 V
- INT TIME(주기) : SLOW 3.065 V, FAST 0 V

⑤ 정비(조치) 사항 : 와이퍼 신호 작동이 불량일 때는 에탁스 교환 후 재점검한다.

와이퍼 간헐 시간 작동 규정값

차 종	제어 시간	특 징
현대 전 차종	T_0 : 0.6초 T_2 : 1.5±0.7초~10.5±3초	인트 볼륨 저항 (저속 : 약 50 kΩ/고속 : 약 0 kΩ)

와이퍼 간헐 시간 조정 작동 전압 규정값

입·출력 요소	항 목	조 건	전압값
입력 요소	INT(간헐) 스위치	OFF	5 V
		INT 선택	0 V
출력 요소	INT(간헐) 가변 볼륨	FAST(빠름)	0 V
		SLOW(느림)	3.8 V
	INT(간헐) 릴레이	모터를 구동할 때	0 V
		모터를 정지할 때	12 V

2 감광식 룸 램프 출력 전압 측정

(1) 실습 차량 에탁스 위치

실습 차량의 실내 정션 박스 및 에탁스 위치

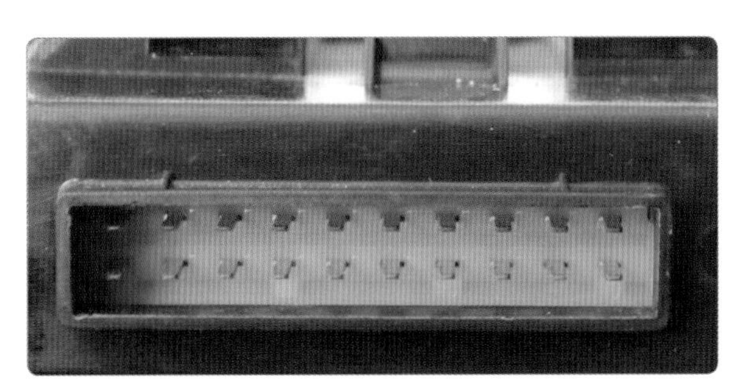

에탁스 커넥터 M33-3 커넥터 확인

● M33-3

실내등 도어 스위치 (3번 단자)
실내등 컨트롤

11	12	13	14	15	16	17	18	19	20
1	2	3	4	5	6	7	8	9	10

(2) 에탁스 커넥터 M33-3 단자 회로

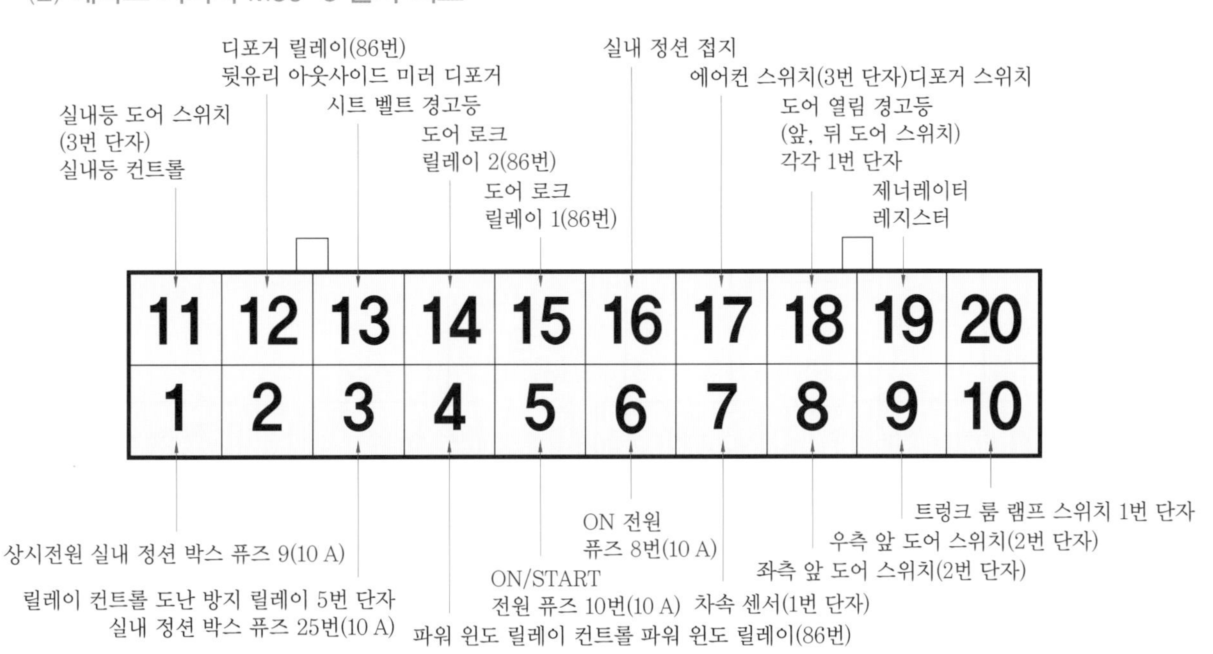

(3) 실내등 회로

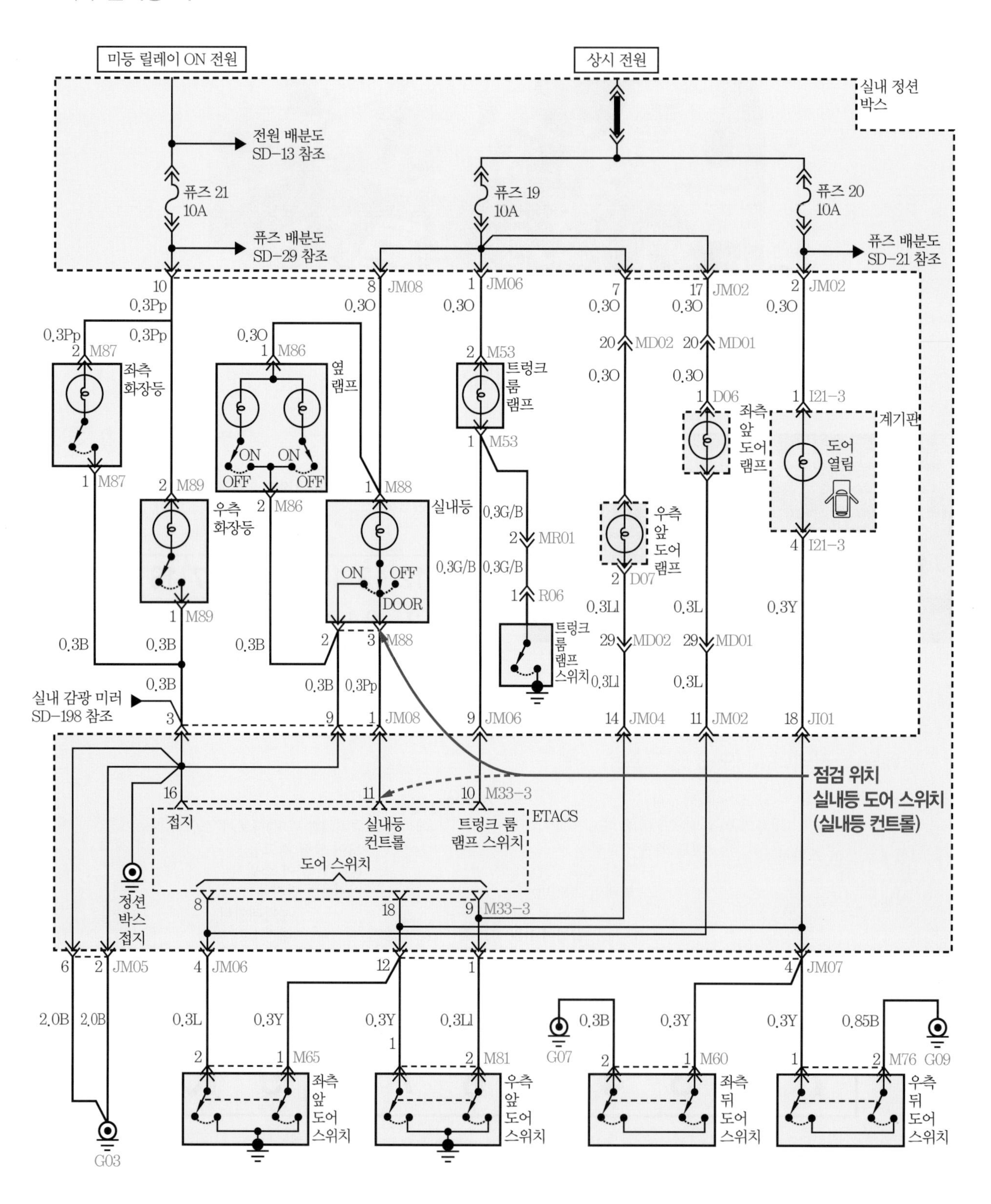

※ 도어 열림 시 룸 램프가 점등되고 도어 닫힘 시 즉시 75% 감광 후 서서히 감광되다가 4~6초 후 완전히 소등된다.

➡ 감광등 작동 중 IG/SW를 ON하면 출력이 즉시 OFF된다(룸 램프 점등 시 : 0 V, 소등 시 : 12 V(접지 해제)).

(4) 감광식 룸 램프 작동 시 출력 전압 측정

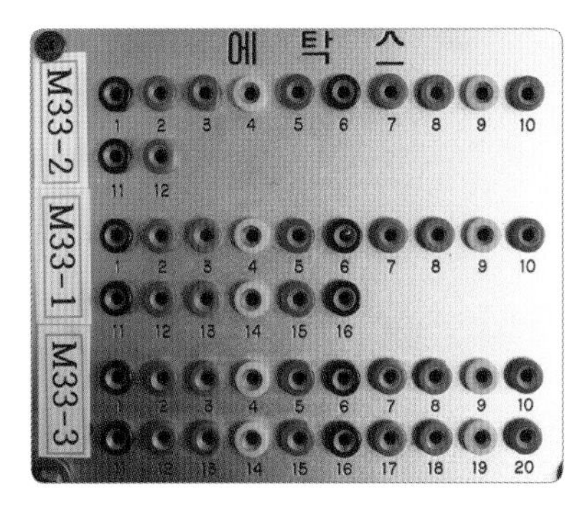

1. 컨트롤 유닛 커넥터 M33-3 11번 단자를 확인한다.

2. 도어 스위치 작동 상태를 확인한다. 스위치 접점이 OFF되면 0 V → 5 V를 확인한다(도어 스위치 및 에탁스 작동 상태 확인).

3. 점화 스위치를 OFF시킨다.

4. 실내등 스위치를 도어(중앙)에 놓는다(도어 열림 시 룸 램프 점등).

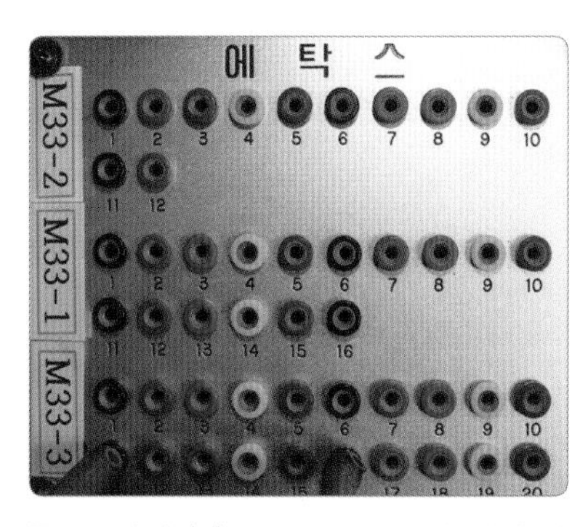

5. 스캐너 (+) 프로브를 11번 단자에, (−) 프로브는 차체 접지(16번 단자)에 연결한다.

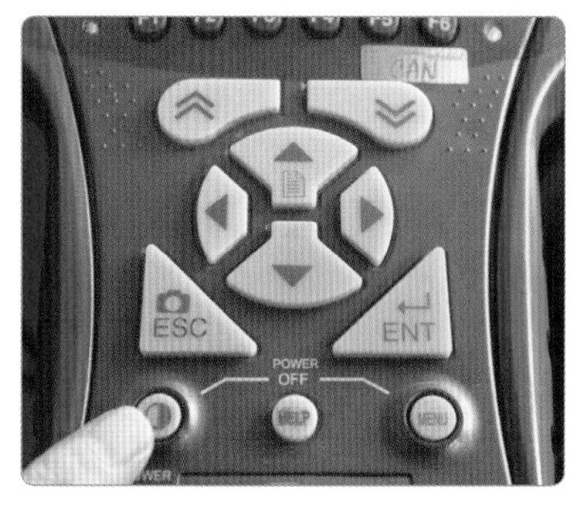

6. 스캐너 전원을 ON시킨다.

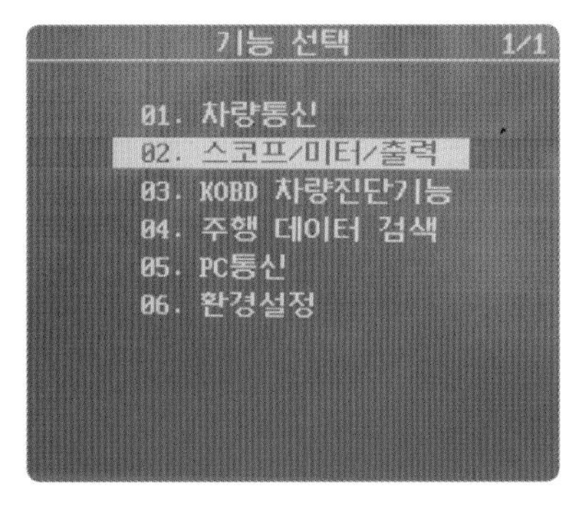

7. 기능 선택에서 스코프/미터/출력을 선택한다.

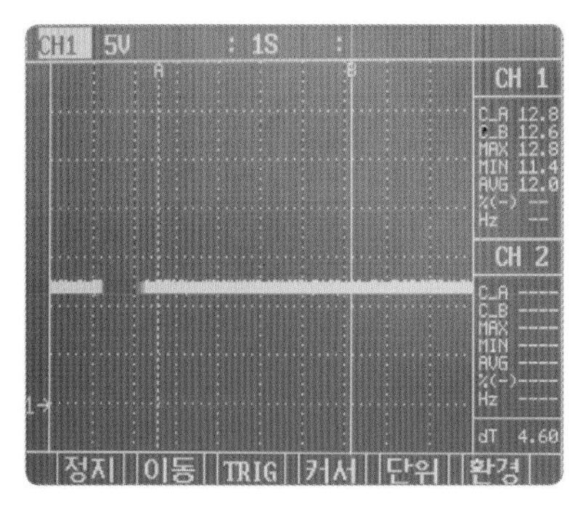

8. 파형 스코프에서 기준 전압을 5 V, 시간을 1.0 s/div로 설정한다.

9. 운전석 도어를 열었다가 닫는다(도어 스위치를 손으로 누르고 시험 가능).

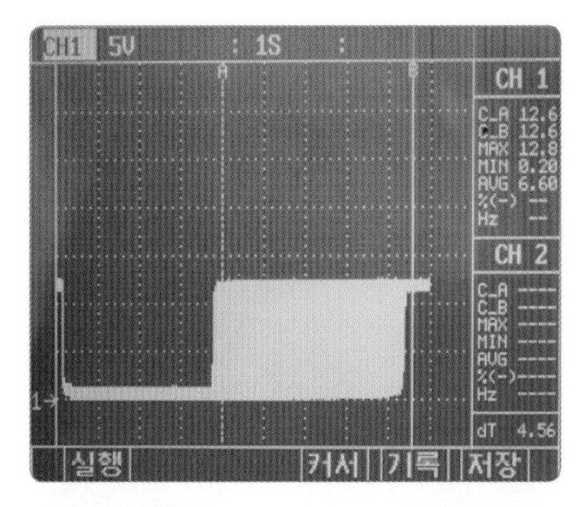

10. 실내등이 서서히 소멸되며 소등된다(이때 스캐너에 듀티 파형이 출력된다).

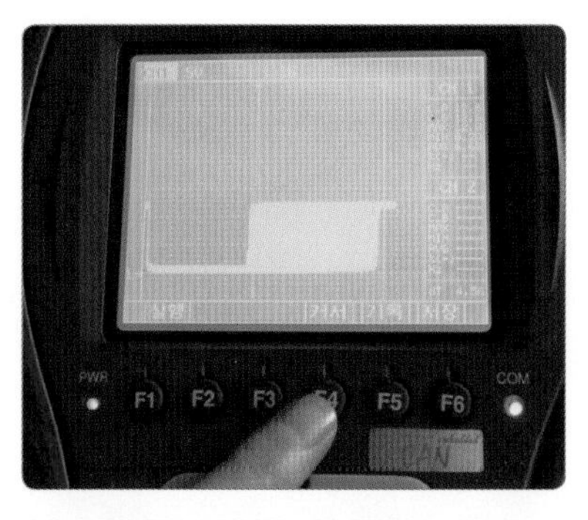

11. 출력된 파형을 확인하고 커서 F4를 누른다.

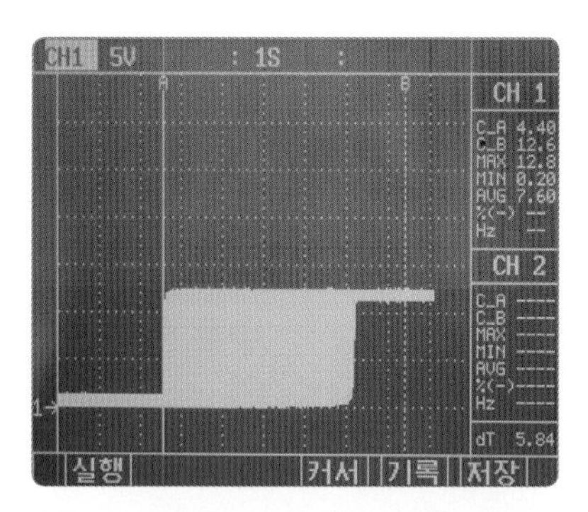

12. 커서 A를 듀티 제어 좌측 끝선에 일치시킨다.

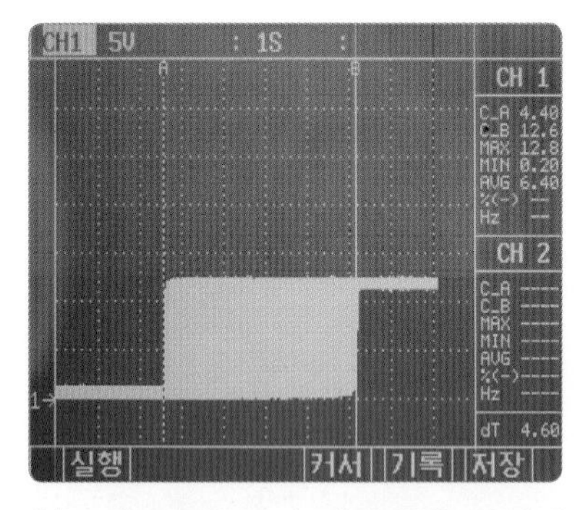

13. 커서 B를 듀티 제어 우측 끝선에 일치시킨다.

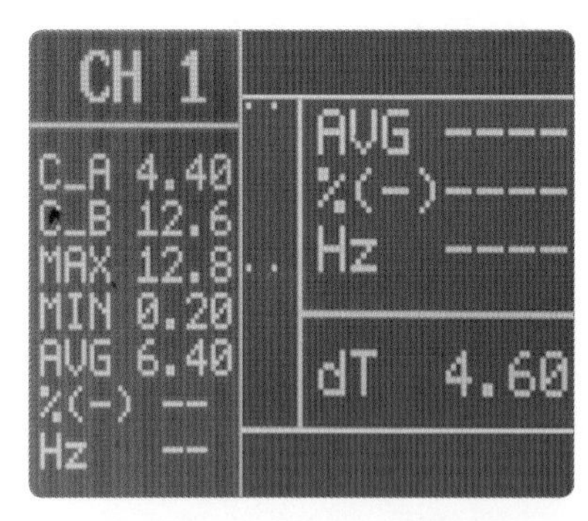

14. 커서 A와 B 구간의 시간과 전압을 확인한다.

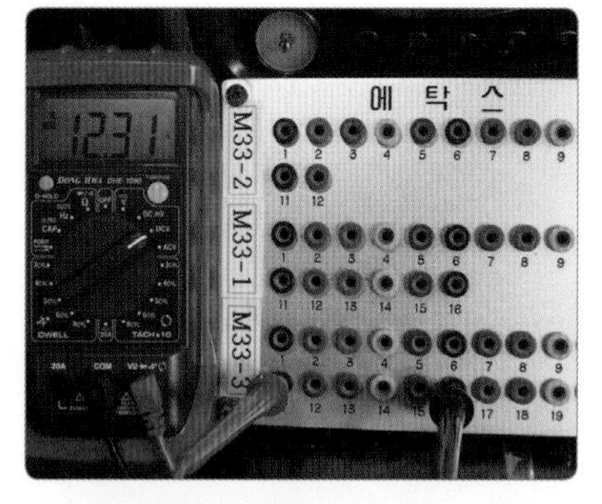

15. **멀티 전압 측정** : 도어가 닫힌 상태에서 전압을 점검한다. (12.31 V)

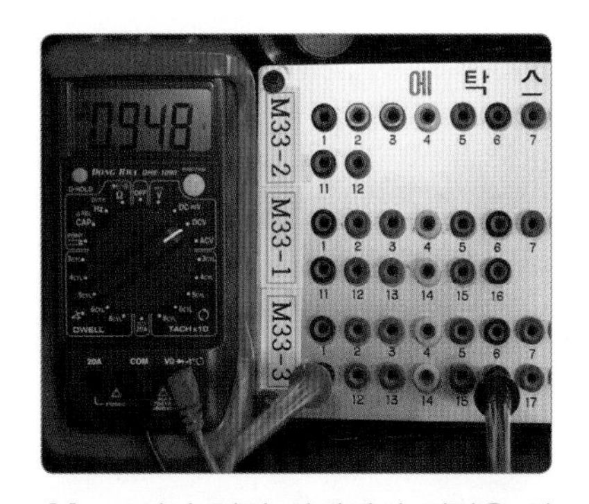

16. 도어가 열린 상태에서 전압을 점검한다(0.948 V).

17. 점화 스위치를 탈거한다.

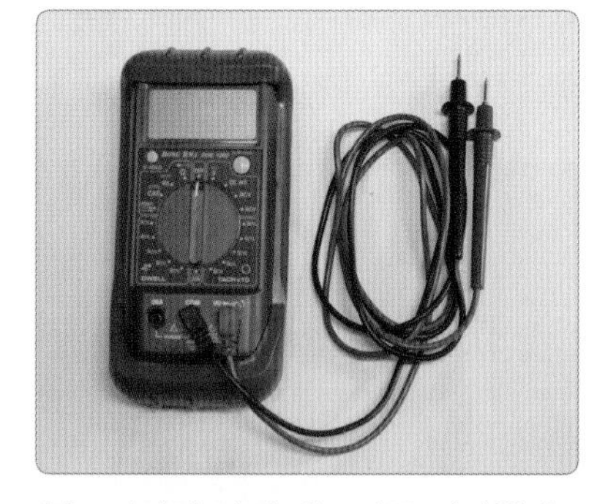

18. 디지털 멀티 테스터를 정리한다.

① 측정(점검)

- 감광 시간 : 감광 시간 측정값(4~6초)을 확인한다.
- 전압 변화 : 도어 닫힘 시 작동 전압 변화(12 V)를 측정한다.

② 정비(조치) 사항 : 측정 결과가 양호하므로 정비 및 조치 사항 없음으로 판정한다.
점검 결과가 불량일 때는 에탁스 교환 후 재점검한다.

③ 와이퍼 간헐 시간 및 조정 작동 전압 규정값

규정값		
차 종	제어 시간	소모 전류(A)
EF 쏘나타/옵티마/오피러스	5.5±0.5초	• 리모컨 언로크 시 10~30초간 점등 • 룸 램프 점등 40분 후 자동 소등

컨트롤 유닛 기본 입력 전압 규정값			
입 · 출력 요소		전압 수준	
입력	전 도어 스위치	도어 열림 상태	0 V
		도어 닫힘 상태	12 V
출력	룸 램프	점등 상태	0 V(접지 시)
		소등 상태	12 V(접지 해제)

Chapter 7 전기

투 채널을 통한 감광 램프 작동 확인

❶ A채널 도어가 닫혀 있다가 열린 시점 – B채널 룸 램프 접지
❷ A채널 도어가 열려 있다가 닫힌 시점 – 펄스 파형 : 일정 듀티 파형 3.85 S
➡ 룸 램프의 감광 제어가 이루어짐
❸ 도어가 열리면 스위치 접점이 ON되어 5 V→0 V로 전압이 변화됨
❹ 이 신호를 근거로 에탁스는 룸 램프를 즉시 접지시켜 룸 램프가 작동됨

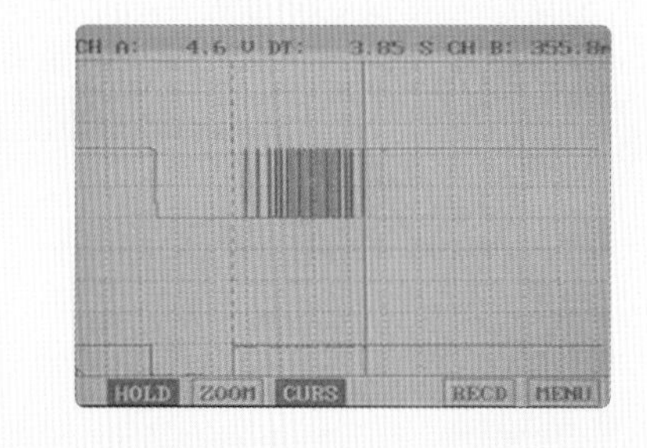

배선 색상 표기와 구분

기 호	영 문	색	기 호	영 문	색
B	Black	검정	O	Orange	오렌지색
Br	Brown	갈색	R	Red	빨간색
G	Green	녹색	Y	Yellow	노란색
L	Blue	파란색	W	White	하얀색
Lb	Lihgt blue	연청색	V	Violet	보라색
Lg	Lihgt green	연녹색	P	Pink	분홍색

❶ 커넥터는 로크 레버를 눌러 분리할 수 있으며 커넥터를 분리할 때는 배선을 당기지 말고 반드시 커넥터 몸체를 잡고 분리하도록 한다.
❷ 회로 점검 시험기로 통전 또는 전압을 점검할 때 시험용 탐침을 리셉터클 커넥터에 삽입할 경우 커넥터의 피팅이 열려 접속 불량을 초래할 수도 있다. 따라서 시험용 탐침은 배선 쪽에서만 삽입시킨다.

● EF 쏘나타 에탁스 커넥터 단자

[M33-1]

1	2	3	4	5	6	7	8
9	10	11	12	13	14	15	16

1. 와이퍼 모터 릴레이
3. 키 조명등 컨트롤
4. 좌측 앞 도어 로크/언로크 입력
6. 우측 앞 도어 로크/언로크 입력
8. 스티어링 잠금 입력
11. 뒤 도어 로크/언로크 입력
14. 간헐 와이퍼 시간 지연 조절
15. 간헐 와이퍼
16. 와셔 신호

● M33-1, M33-2

[M33-2]

1	2	3	4	5	6
7	8	9	10	11	12

3. 우측 도어 언로크 스위치 입력
4. 좌측 도어 언로크 스위치 입력
5. 후드 스위치 입력
6. 코드 세이브
10. 사이렌 컨트롤
12. 트렁크 언로크 스위치 입력

● M33-3

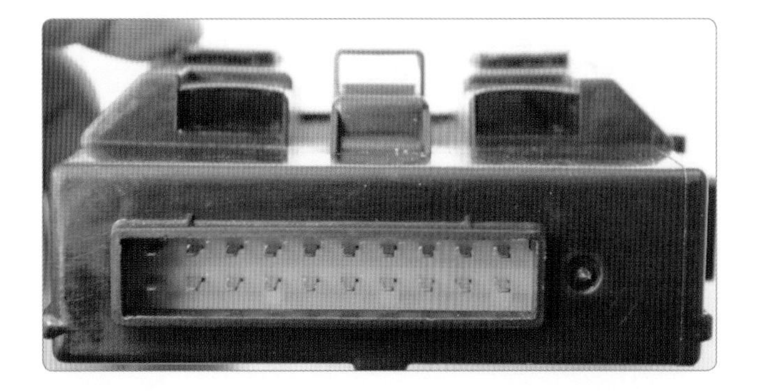

[M33-3]

11	12	13	14	15	16	17	18	19	20
1	2	3	4	5	6	7	8	9	10

1. 상시 전원 **3.** 릴레이 컨트롤
4. 파워 윈도 릴레이 컨트롤
5. ON/START 전원 **6.** ON 전원
7. 좌우 센서 **8.** 좌측 앞 도어 스위치
9. 우측 앞 도어 스위치
10. 트렁크 룸 램프 스위치
11. 실내등 컨트롤
12. 뒷유리 아웃사이드 미러 디포거
13. 시트 벨트 경고등
14. 도어 로크/언로크 릴레이 컨트롤
16. 접지
18. 도어 열림 경고등 앞 · 뒤 도어 스위치

3 열선 스위치 입력 신호(전압 측정)

(1) 열선 회로도

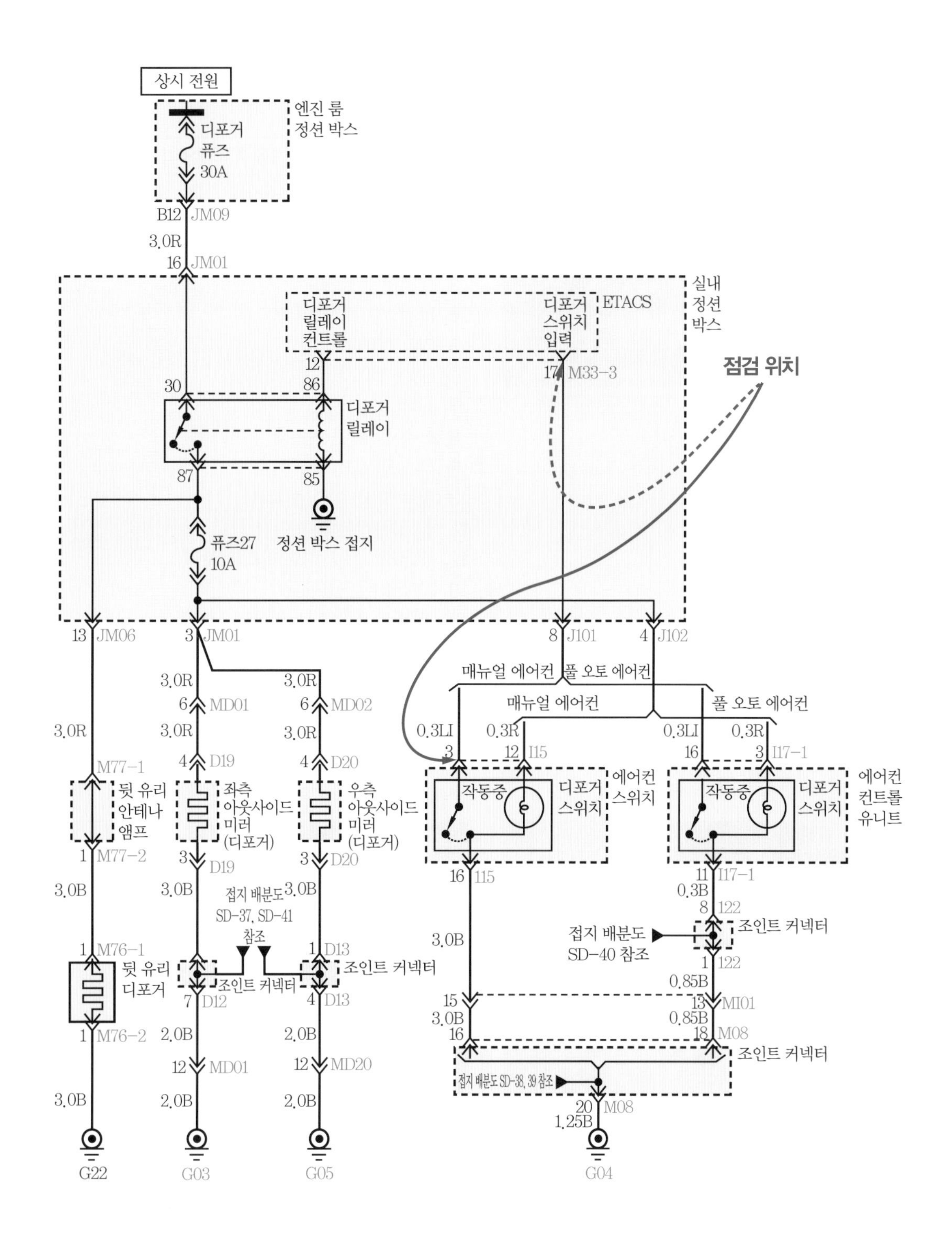

(2) 열선 측정 전압

● 뒷유리 열선 타이머 제어 기능

뒷유리 열선 스위치를 눌렀을 때 에탁스 유닛이 15분 동안 뒷유리 열선 릴레이를 작동시키는 기능을 말한다.

[EF 쏘나타 에탁스 M33-3 커넥터 단자]

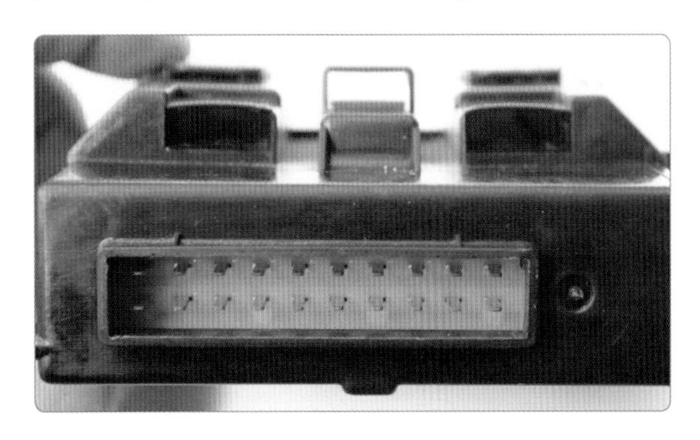

[단자별 기능]

11	12	13	14	15	16	17	18	19	20
1	2	3	4	5	6	7	8	9	10

1. 상시 전원
3. 릴레이 컨트롤
4. 파워 윈도 릴레이 컨트롤
5. ON/START 전원
6. ON 전원
7. 좌우 센서
8. 좌측 앞 도어 스위치
9. 우측 앞 도어 스위치
10. 트렁크 룸 램프 스위치
11. 실내등 컨트롤
12. 뒷유리 아웃사이드 미러 디포거
13. 시트벨트 경고등
14. 도어 로크/언로크 릴레이 컨트롤
16. 접지
17. 디포거 스위치
18. 도어 열림 경고등 앞, 뒤 도어 스위치

(3) 열선 스위치 입력 신호 점검

1. 엔진을 시동한다(시동 후 IG ON 상태).

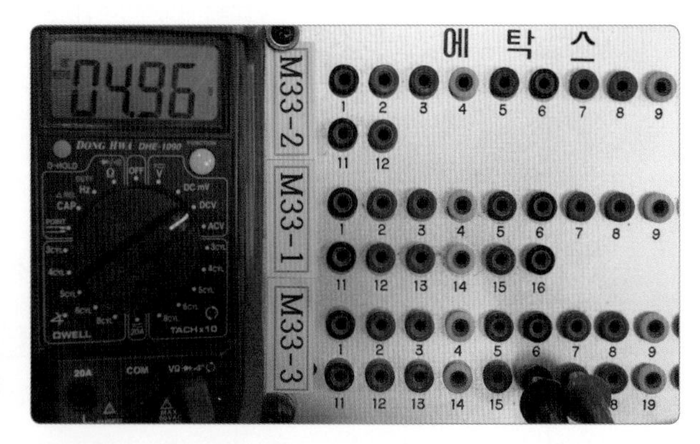

2. 에탁스 디포거 스위치 입력 단자 M33-3 17번 단자에 프로브 (+)를, 프로브 (–)를 M33-3 16번 단자에 연결한 후 열선 스위치 OFF 상태에서 전압을 측정한다(4.96 V).

3. 디포거 스위치를 ON 상태로 유지한다.

4. 출력된 전압값을 확인한다(0.069 V).

(4) 열선 제어 회로 및 출력 파형 측정

● 뒷열선 타이머 제어 회로

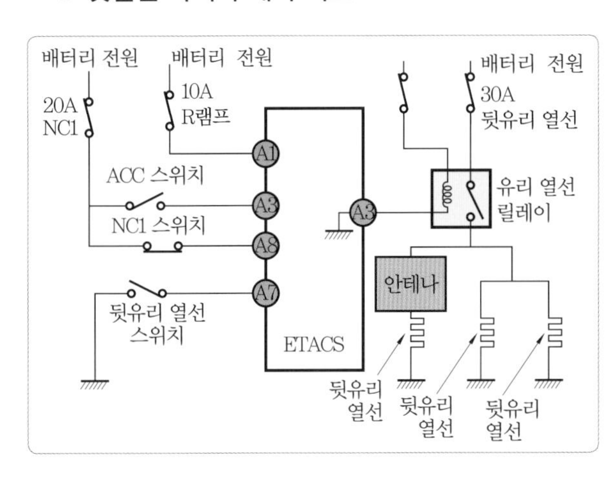

❶ 배터리 전원 IG 1 스위치 전원 입력 ➡ 12 V
❷ 뒷유리 열선 스위치 ON : 5 V ➡ 0 V
❸ IG 전원 열선 릴레이 코일 접지
❹ 배터리 전원 뒷열선 및 아웃사이드미러 디포거 작동

● 스캐너 2개 채널 파형 측정

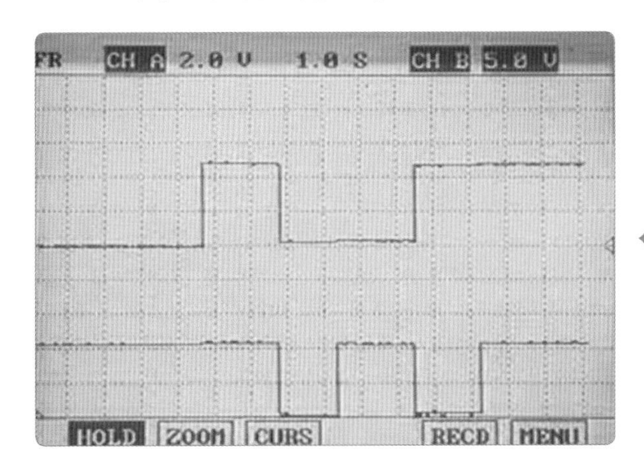

❶ 스캐너로 입력 전원을 확인한다.
❷ A채널은 열선 스위치 신호, B채널은 열선 릴레이 출력 단자이다.

① 측정(점검) : 열선 스위치 작동 전압을 측정한 값 ON : 0.069 V, OFF : 4.96 V를 확인한다.

② 정비(조치) 사항 : 측정값이 정상이고 이상 부위가 없을 때는 양호하나 불량일 때는 고장 원인과 정비 사항을 확인하여 조치토록 한다.

예 열선 불량 시 입력 요소 문제인지 출력 요소 릴레이 및 열선 문제인지 구분하여 확인한다.

열선 스위치 입력 회로 작동 전압			
입 · 출력 요소	항 목	조 건	전압값
입력 요소	발전기 L 단자	시동할 때 발전기 L 단자 입력 전압	12 V
	열선 스위치	OFF	5 V
		ON	0 V
출력 요소	열선 릴레이	열선 작동 시작부터 열선 릴레이 OFF될 때까지의 시간 측정	15분
		열선 작동 중 열선 스위치가 작동할 때의 현상	뒷유리 성애가 제거됨

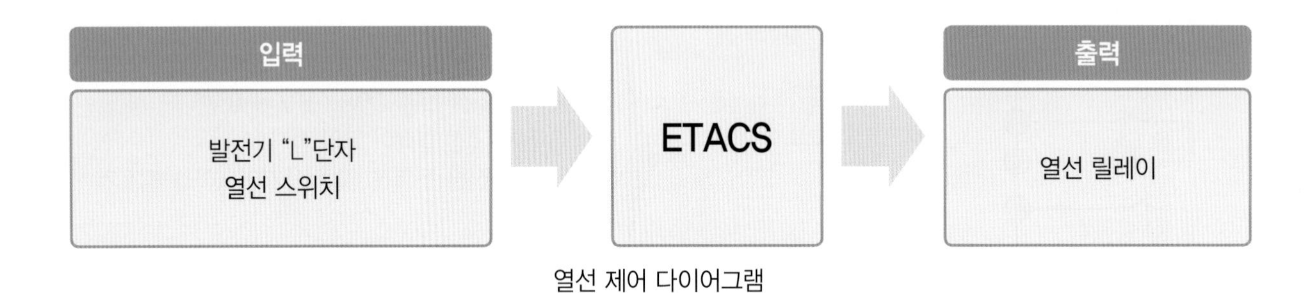

열선 제어 다이어그램

열선 제어 및 점검

❶ 발전기 L 단자에서 12V 출력 시 열선 스위치를 누르면 열선 릴레이를 15분간 ON한다.
(열선은 많은 전류가 소모되므로 배터리 방전을 방지하기 위해 시동이 걸린 상태에서만 작동하도록 되어 있다. 따라서 발전기 L 단자는 시동 여부를 판단하기 위한 신호로 사용한다.)

❷ 열선 작동 중 다시 열선 스위치를 누르면 열선 릴레이는 OFF된다.

❸ 열선 작동 중 발전기 L 단자가 출력이 없을 경우에도 열선 릴레이는 OFF된다.

❹ 사이드 미러 열선은 뒷유리 열선과 병렬로 연결되어 동일한 조건으로 작동된다.

4 점화키 홀 조명 출력 신호 점검

(1) 점화키 홀 조명 스위치 회로

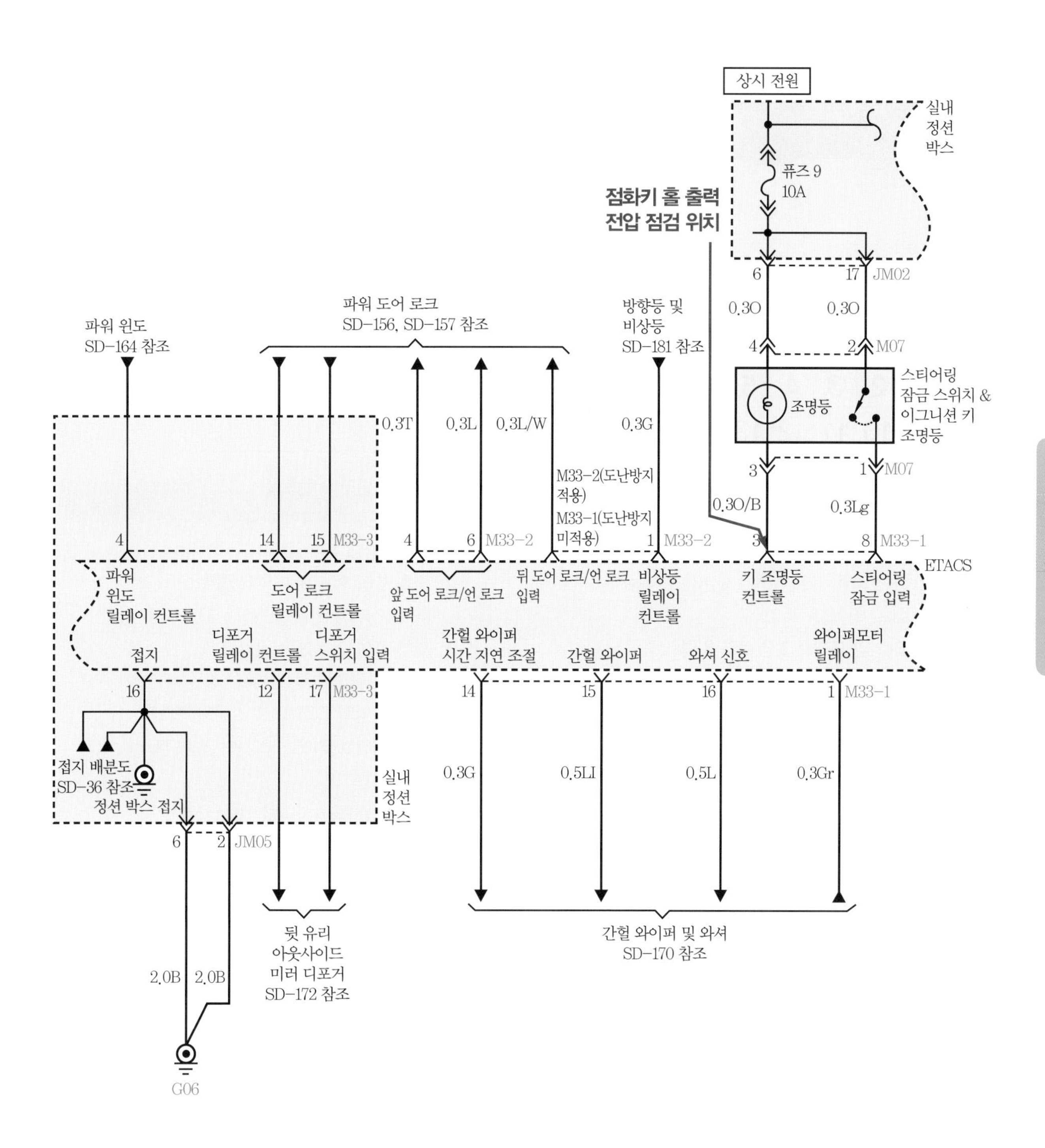

(2) 점화키 홀 조명 출력 신호 점검 단자

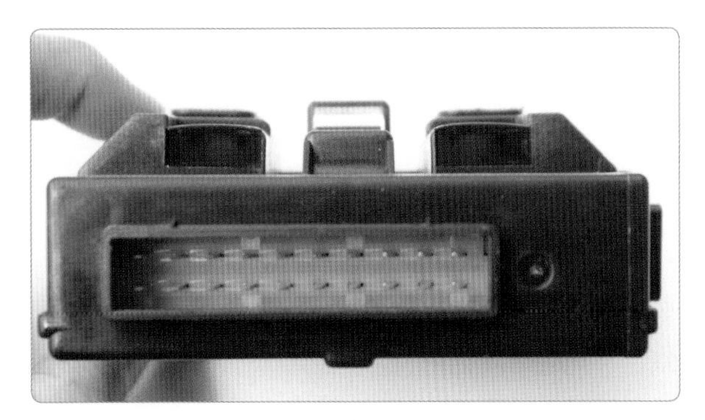

M33-1

M33-2, M33-1

● M33-1 커넥터 단자별 기능

1	2	3	4	5	6	7	8
9	10	11	12	13	14	15	16

1. 와이퍼 모터 릴레이 엔진 룸 정션
와이퍼 모터 릴레이 F7
실내 정션 퓨즈 26(15 A)

3. 키 조명등 컨트롤(이그니션키 조명등)
퓨즈 9(10 A)

4. 좌측 앞 도어로크 언로크 입력
(좌측 앞 도어록 액추에이터 2번 단자)

6. 우측 앞 도어로크 언로크 입력
(우측 앞 도어로크 액추에이터 1번 단자)

8. 스티어링 잠금 입력
(스티어링 잠금 스위치 1번)
실내 정션 퓨즈 9(10 A)

12. 뒤 도어로크 언로크 입력
(좌측 뒤 도어로크 액추에이터 2번 단자)

14. 간헐 와이퍼 시간 지연 조절
(다기능 스위치 9번 단자)

15. 간헐 와이퍼
(다기능 스위치 4번 단자)
INT

16. 와셔 신호
(엔진 룸 정션 박스 F12)

● M33-2 커넥터 단자별 기능

1	2	3	4	5	6
7	8	9	10	11	12

1. 비상등 릴레이 컨트롤
(비상등 릴레이 4번 단자)
퓨즈 17(15 A)

3. 우측 도어 언로크 스위치 입력
(우측 스위치 언로크 스위치 1번 단자) 접지

4. 좌측 도어 언로크 스위치 입력
(좌측 도어 언로크 스위치 1번 단자) 접지

5. 후드 스위치 입력(후드 스위치, 접지)

6. 코드 세이브(키레스 리시버 2번 단자)
퓨즈 20(10 A)

10. 사이렌 컨트롤(사이렌 1번 단자)
DRL 퓨즈 15 A

12. 트렁크 언로크 스위치 입력
(트렁크 언로크 스위치) 접지

(3) 점화키 홀 조명 출력 전압 점검

실습 차량 에탁스 점검

1. 룸 램프 스위치를 가운데로 위치한다(도어 열림 시 ON상태).

2. 차량의 모든 도어(앞뒤, 좌우)를 닫고 점화 스위치를 탈거한다.

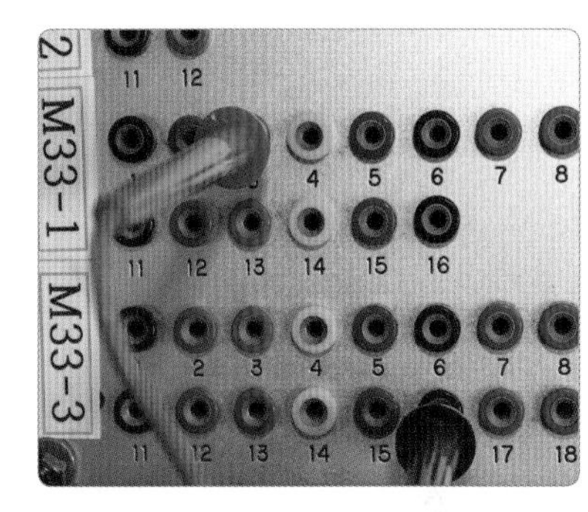

3. 에탁스 커넥터(M33-1 커넥터 3번 단자 또는 이그니션키 조명등 스위치 3번 단자)에 멀티 테스터 (+) 프로브를, (-)는 차체(M33-3 커넥터 16번 단자)에 접지시킨다.

4. 운전석 도어를 연다(OPEN).

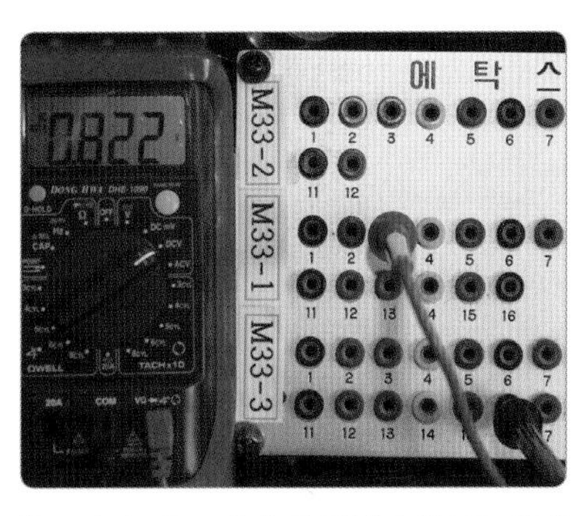

5. 멀티 테스터에 출력된 전압을 측정한다(0.822 V).

6. 점화 스위치를 IG ON 상태로 하고 키 홀 조명을 OFF시킨다(점화 스위치 키 삽입).

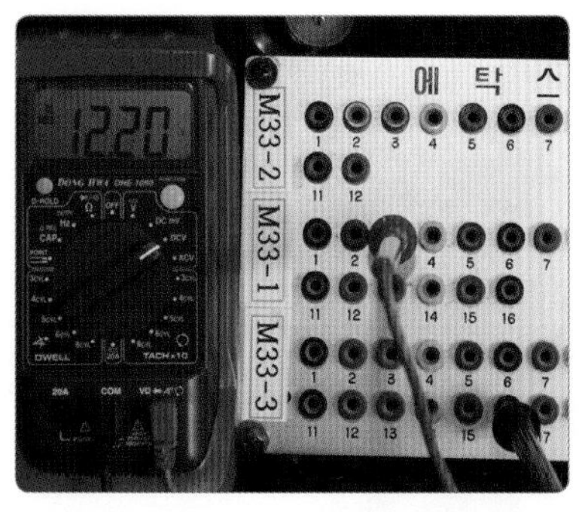

7. 멀티 테스터에 출력된 전압을 측정한다(12.20 V).

8. 점검이 끝나면 측정값을 기록한다.

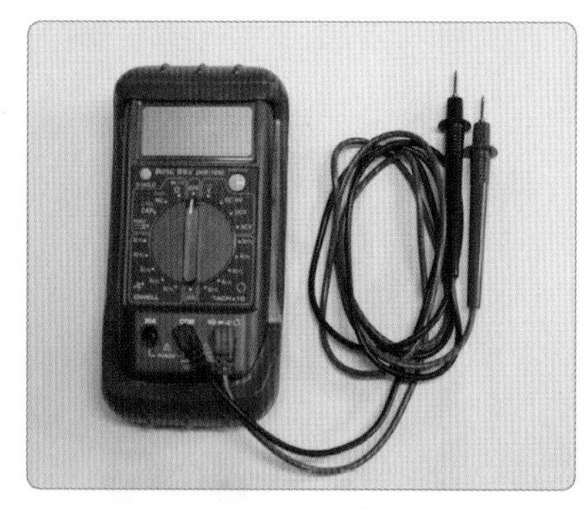

9. 디지털 멀티 테스터를 정리한다.

① 측정(점검) : 점화키 홀 작동 시 출력값(0.822 V)과 비작동 시 출력값(12.20 V)을 확인한다.

② 정비(조치) 사항 : 점검한 내용이 불량일 때는 에탁스 교환 후 재점검한다.

열선 스위치 입력 회로 작동 전압 규정값			
구 분	항 목	조 건	전압값
출력 요소	룸 램프	점등 시	0 V(접지시킴)
		소등 시	12 V(접지 해제)

키 홀 조명 동작 특성

❶ 점화키 OFF 상태에서 운전석 도어를 열었을 때 키 홀 조명은 점등된다.

❷ 키 홀 조명이 점등된 상태로 운전석 도어를 닫을 경우 키 홀 조명은 10초간 ON 상태로 유지한 후 소등된다.

❸ 키 홀 조명 제어 중 점화키가 ON되면 키 홀 조명은 즉시 OFF된다.

5 센트럴 도어 로킹(도어 중앙 잠금 장치) 작동 신호 측정

(1) 센트럴 도어 로킹 작동 제어

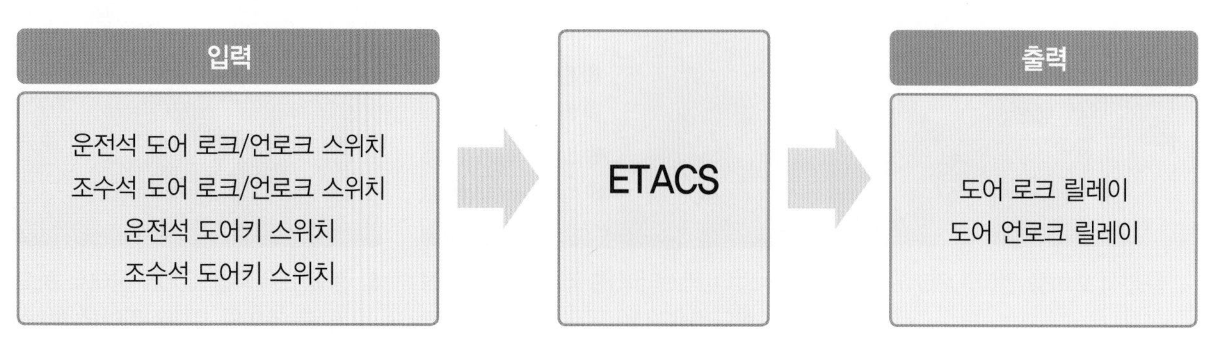

중앙 집중 잠금 제어 다이어그램

(2) 센트럴 도어 로킹 작동 신호 측정

1. 센트럴 도어 로킹 스위치 작동 상태를 확인한다.

2. 실습 차량의 모든 도어(앞뒤, 좌우)를 닫는다.

3. 점화 스위치를 IG ON 상태로 한다.

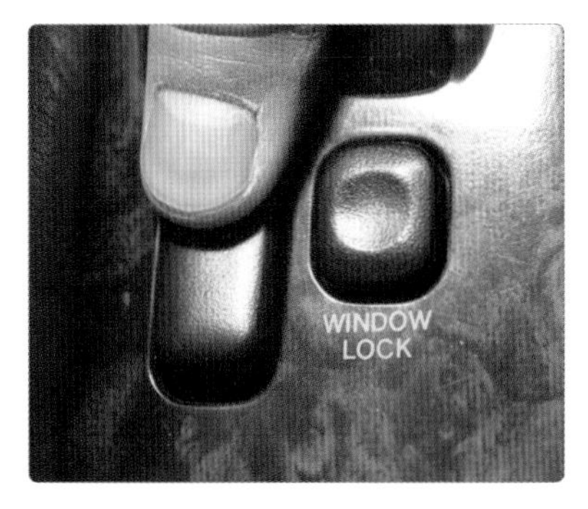

4. 센트럴 도어 로킹 스위치나 노브를 이용하여 도어 로크 스위치를 작동시킨다(잠김).

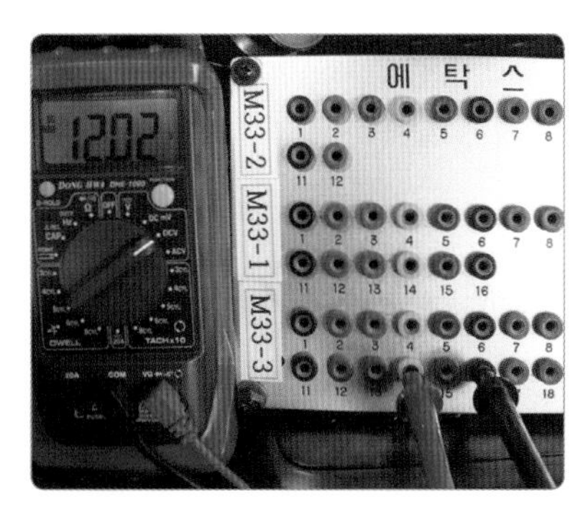

5. 멀티 테스터의 (+) 프로브를 14번 단자에, (–) 프로브는 차체(16번 단자)에 접지시킨다.

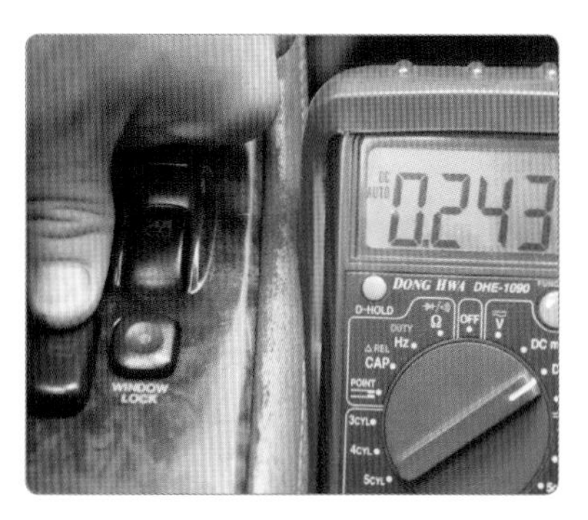

6. 센트럴 도어 로킹 스위치를 누른 상태(잠김 ON)에서 측정값을 확인한다(0.243 V).

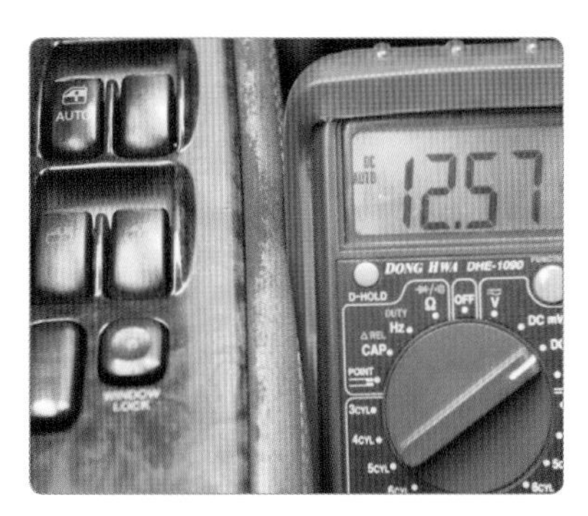

7. 센트럴 도어 로킹 스위치를 누르지 않은 상태(잠김 OFF)에서 측정값을 확인한다(12.57 V : 배터리 전압).

8. 센트럴 도어 로킹 스위치나 노브를 이용하여 도어 로크 스위치를 작동(언로크)시킨다(풀림).

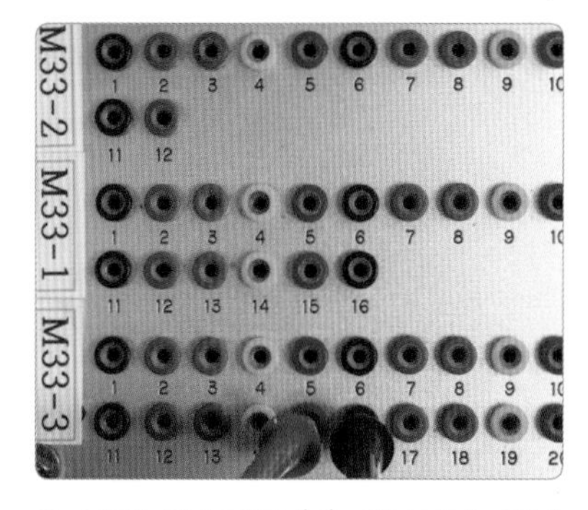

9. 멀티 테스터의 (+) 프로브를 15번 단자에, (–) 프로브는 차체(16번 단자)에 접지시킨다.

10. 센트럴 도어 로킹 스위치를 누르지 않은 상태(잠김 OFF)에서 측정값을 확인한다.
(12.55 V : 배터리 전압)

11. 센트럴 도어 로킹 스위치를 누른 상태(잠김 ON)에서 측정값을 확인한다(0.103 V).

12. 측정이 끝나면 차량 주변과 멀티테스터를 정리한다.

(3) 에탁스 커넥터 M33-3 단자별 기능

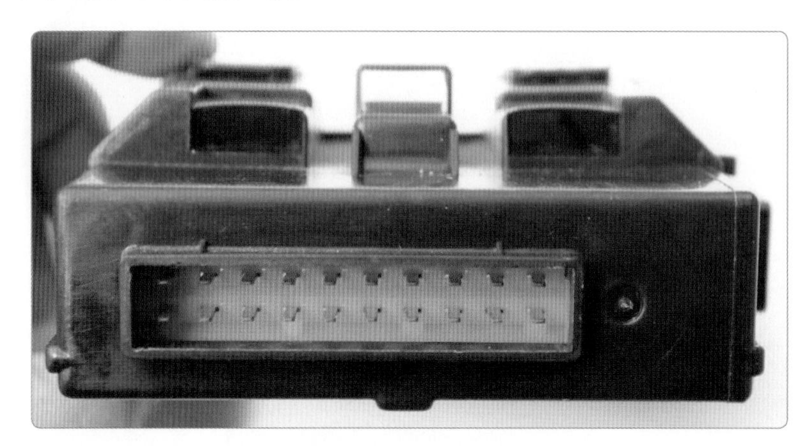

에탁스 커넥터 M33-3

11	12	13	14	15	16	17	18	19	20
1	2	3	4	5	6	7	8	9	10

1. 상시 전원
3. 릴레이 컨트롤
4. 파워 윈도 릴레이 컨트롤
5. ON/START 전원
6. ON 전원
7. 좌우 센서
8. 좌측 앞 도어 스위치
9. 우측 앞 도어 스위치
10. 트렁크 룸 램프 스위치
11. 실내등 컨트롤
12. 뒷유리 아웃사이드 미러 디포거
13. 시트 벨트 경고등
14. 도어 로크 릴레이 2(86번)
15. 도어 로크 릴레이 1(86번)
16. 접지
17. 에어컨 스위치
18. 도어 열림 경고등 앞, 뒤 도어 스위치

(4) 센트럴 도어 로킹(도어 중앙 잠금 장치) 회로도

● 회로도-1

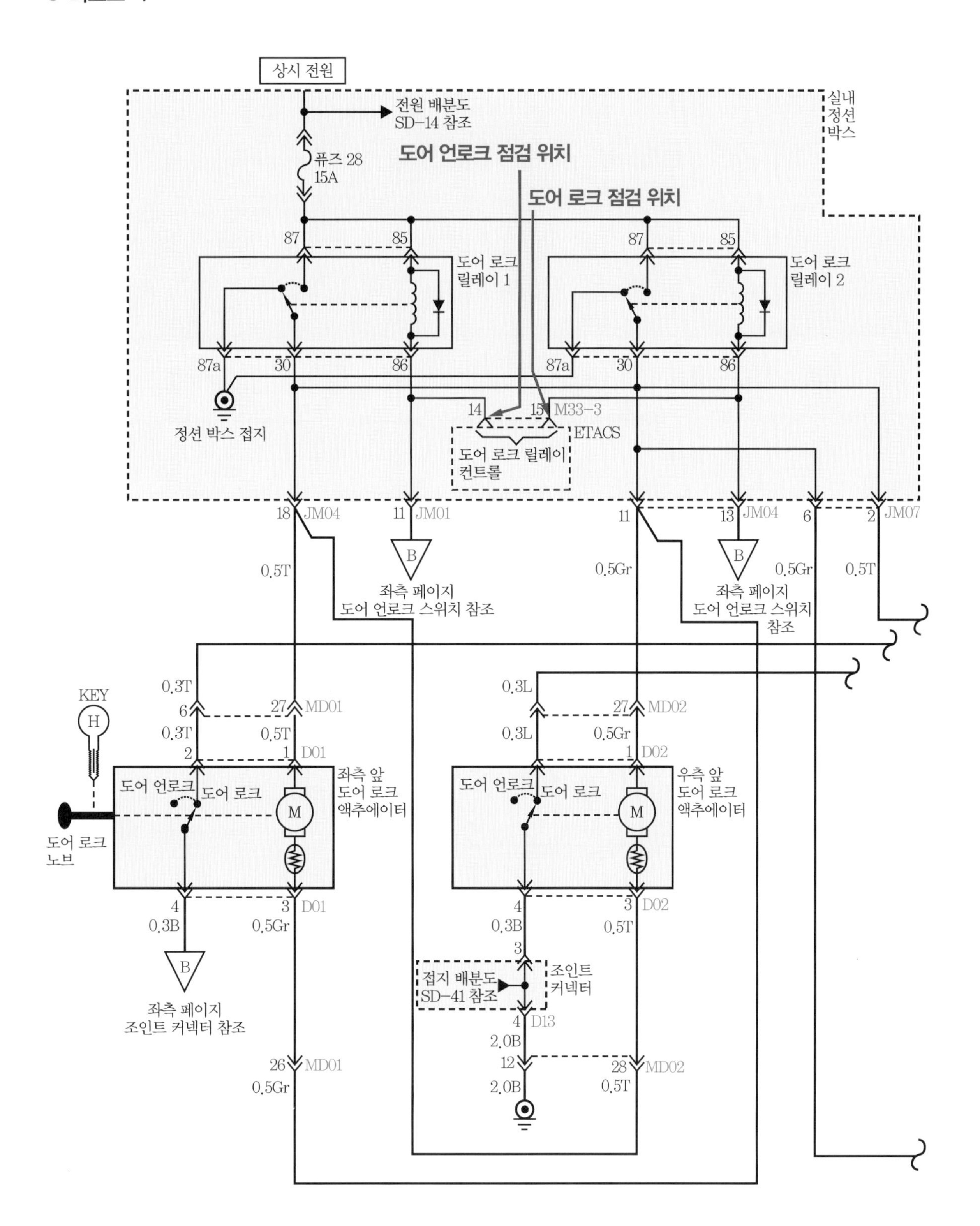

● 회로도-2

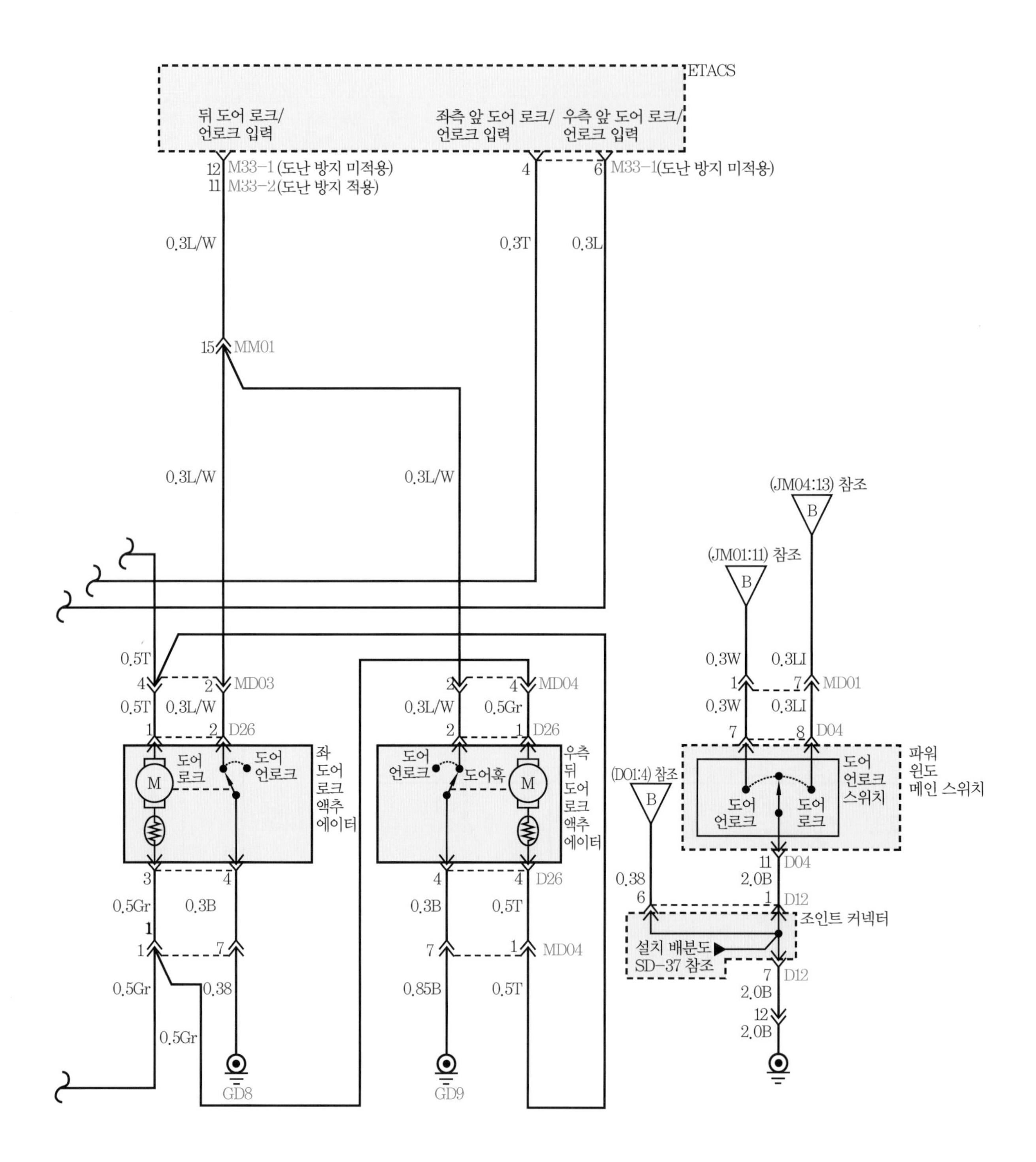
ETACS
뒤 도어 로크/
언로크 입력
좌측 앞 도어 로크/
언로크 입력
우측 앞 도어 로크/
언로크 입력
12 M33-1 (도난 방지 미적용)
11 M33-2(도난 방지 적용)
6 M33-1(도난 방지 미적용)
0.3L/W
0.3T
0.3L
15 MM01
(JM04:13) 참조
(JM01:11) 참조
0.5T
MD03
MD04
MD01
D26
D04
좌
도어
로크
액추
에이터
우측
뒤
도어
로크
액추
에이터
도어
로크
도어
언로크
도어훅
파워
윈도
메인 스위치
도어
언로크
스위치
(D01:4) 참조
0.5Gr
0.3B
0.3W
0.3LI
2.0B
0.38
0.85B
D12
조인트 커넥터
설치 배분도
SD-37 참조
GD8
GD9

① 측정(점검)

- 도어 중앙 잠금 장치 신호(전압)를 측정한 값을 확인한다.
  잠김 : ON 0.186 V, OFF 12.24 V
  풀림 : ON 0.119 V, OFF 12.37 V
- 규정(정비한계)값 : 잠김 0~12.6 V(ON 시 0 V, OFF 시 배터리 전압)
  풀림 0~12.6 V(ON 시 0 V, OFF 시 배터리 전압)

② 정비(조치) 사항 : 불량일 경우 에탁스 불량을 비롯한 배선 단선, 에탁스 접지 불량, 도어 로크 릴레이 불량 등 이상 내용을 확인 점검한다.

컨트롤 유닛(에탁스) 입력 전압 값			
출력 요소		전압	
출력	도어 로크 릴레이	작동되지 않을 때(OFF 시)	12 V(접지 해제)
		도어 로크 작동(ON 시)	0 V(접지시킴)
	도어 언로크 릴레이	작동되지 않을때(OFF 시)	12 V(접지 해제)
		도어 언로크 작동(ON 시)	0 V(접지시킴)

운전석 도어 모듈의 작동

❶ 운전석 도어 모듈의 도어 로크/언로크 스위치에 의해 도난 방지 시스템 적용/미적용 차량 차종에 관계없이 모두 로크/언로크된다.

❷ 운전석/조수석 도어 키에 의한 도어 로크/언로크 시 모두 로크/언로크된다.

● 중앙 집중 잠금 제어 작동 회로도

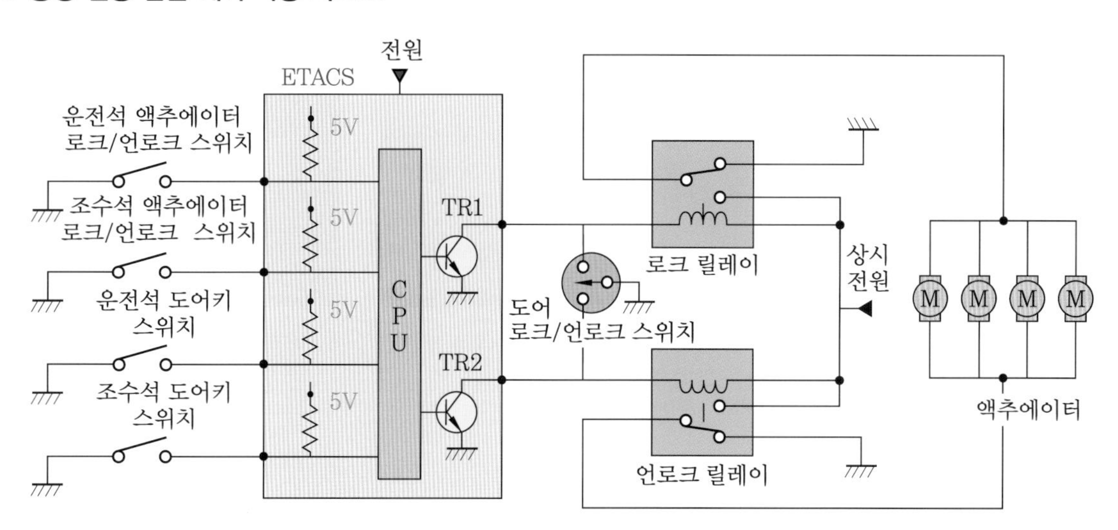

Chapter 7 전기

6 컨트롤 유닛의 기본 입력 전압 점검

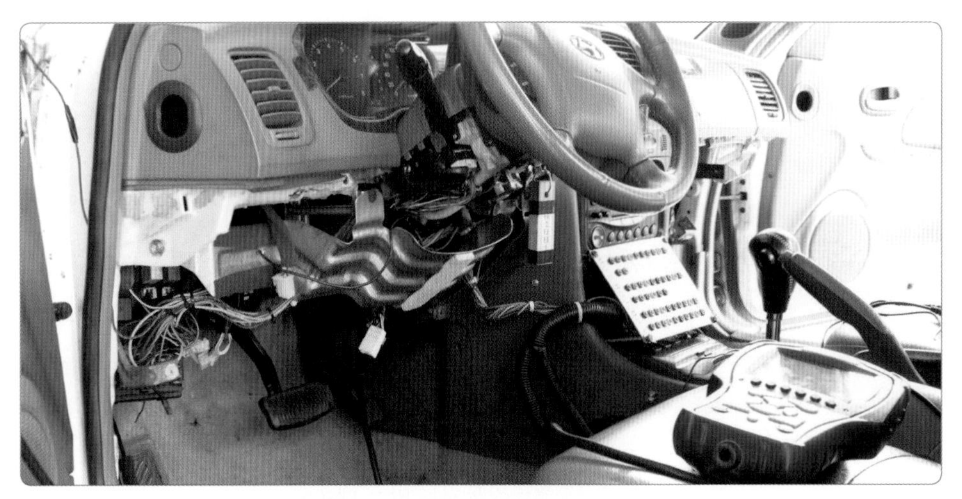

에탁스 컨트롤 유닛 기본 전압 점검

1. 실습 차량의 에탁스 위치 및 단자를 확인한다.

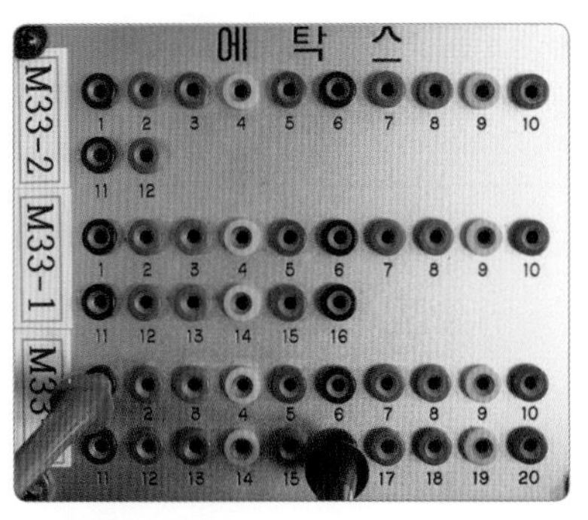

2. **에탁스 커넥터** : M33-3 커넥터 1번 단자에 멀티 테스터 (+) 프로브를, (−)는 차체(M33-3 커넥터 16번 단자)에 접지시킨다.

3. 멀티 테스터기 출력 전압을 확인한다(12.33 V).

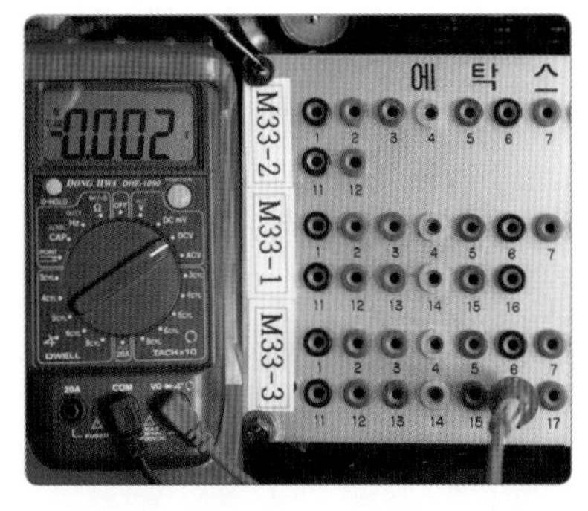

4. **에탁스 커넥터** : M33-3 커넥터 16번 단자에 멀티 테스터 (+) 프로브를, (−)는 차체에 접지시킨다.

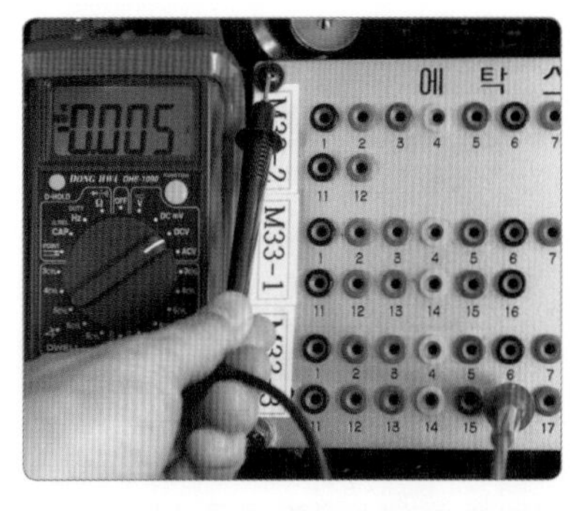

5. 멀티 테스터기 출력 전압을 확인한다(0.005 V).

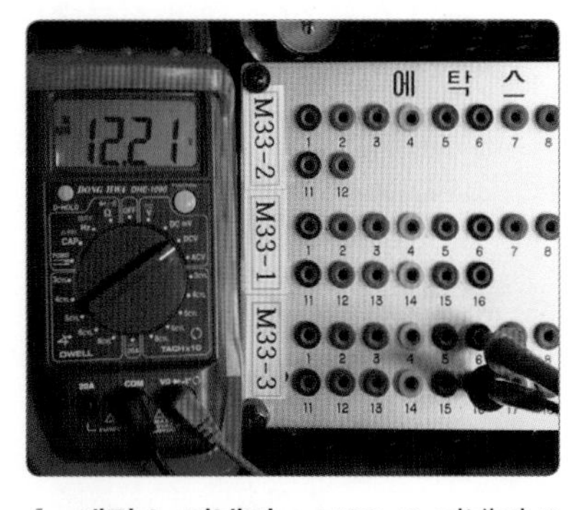

6. **에탁스 커넥터** : M33-3 커넥터 6번 단자에 멀티 테스터 (+) 프로브를, (−)는 차체(M33-3 커넥터 16번 단자)에 접지시킨다(12.21 V).

① 측정(점검)

- 측정값 : 배터리 (+), (−) 전압과 IG 전압을 측정한 값을 확인한다.
  (+) 12.33 V, (−) 0.005 V, (IG) 12.21 V
- 규정(정비한계)값 : (+) 12 V, (−) 0 V, (IG) 0 V

② 정비(조치) 사항 : 점검이 불량일 때는 에탁스 교환 후 재점검한다.

컨트롤 유닛 기본 입력 전압 규정값			
입력 단자		전압 규정값	
기본 전압 입력	배터리 B 단자	점화 스위치 스위치 ON	12 V
		점화 스위치 스위치 OFF	12 V
	IG 단자	점화 스위치 스위치 ON	12 V
		점화 스위치 스위치 OFF	0 V

※ 기본 전압은 전기 회로 접지 상태를 측정하는 것으로 전압이 0~1.5 V 이내로 계측되어야 한다.

파워 윈도 회로 점검

❶ 퓨즈의 상태를 점검한다(엔진 룸 정션 박스 30 A).
❷ 파워 윈도 릴레이 회로 진단 : 릴레이 코일의 전원 공급 점검, 릴레이 접점 전원 공급 단자 확인
❸ 파워 릴레이 단품 점검 : 파워 윈도 릴레이에서 회로 진단에 이상이 없다면 파워 윈도 릴레이 단품 점검 실시
❹ 파워 릴레이 스위치 점검 : 파워 윈도 스위치 UP, DOWN 위치에서 통전 시험 실시

7 파워 윈도 점검

(1) 파워 윈도 회로도

● 파워 윈도 전기 회로도-1

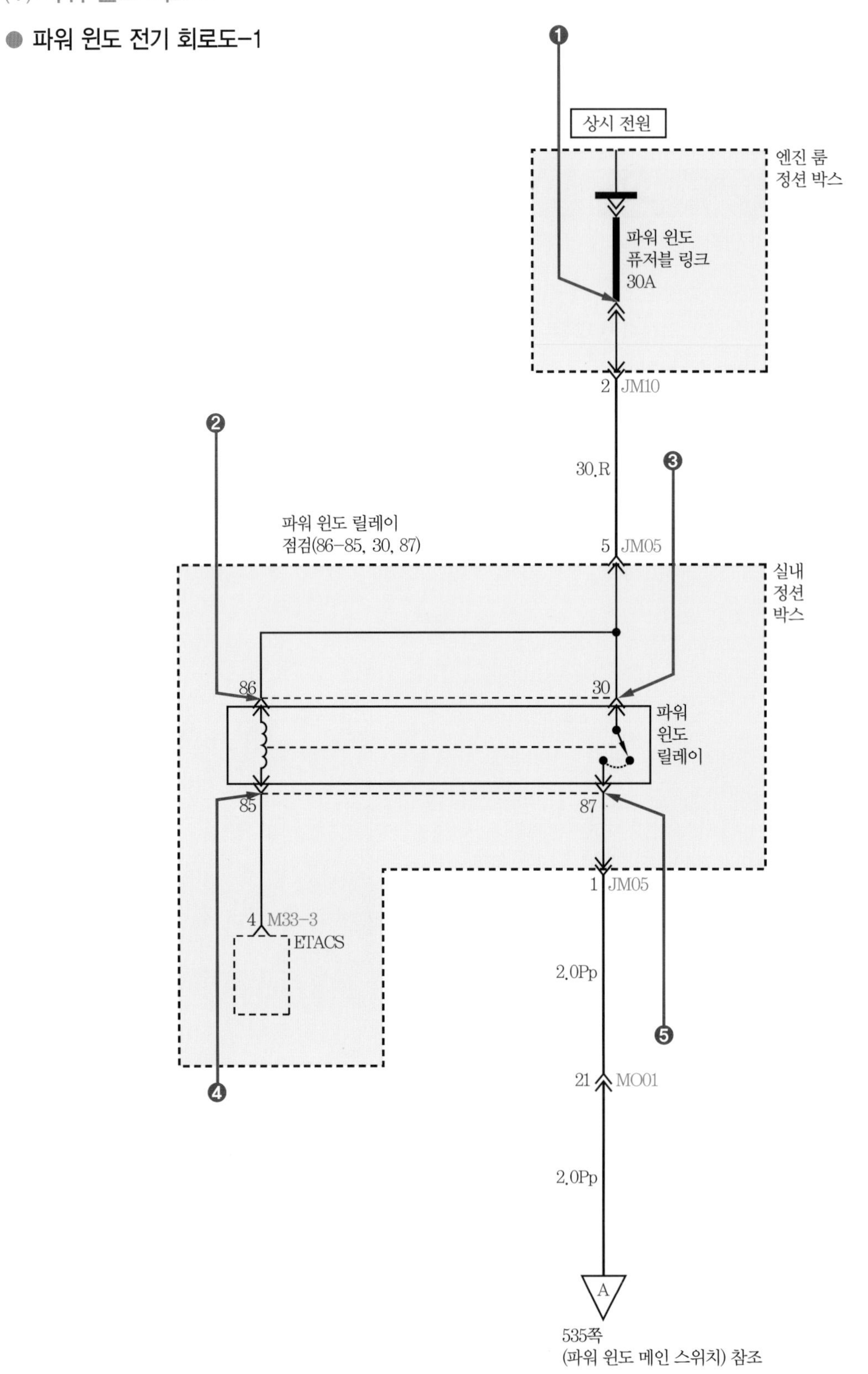

● 파워 윈도 전기 회로도-2

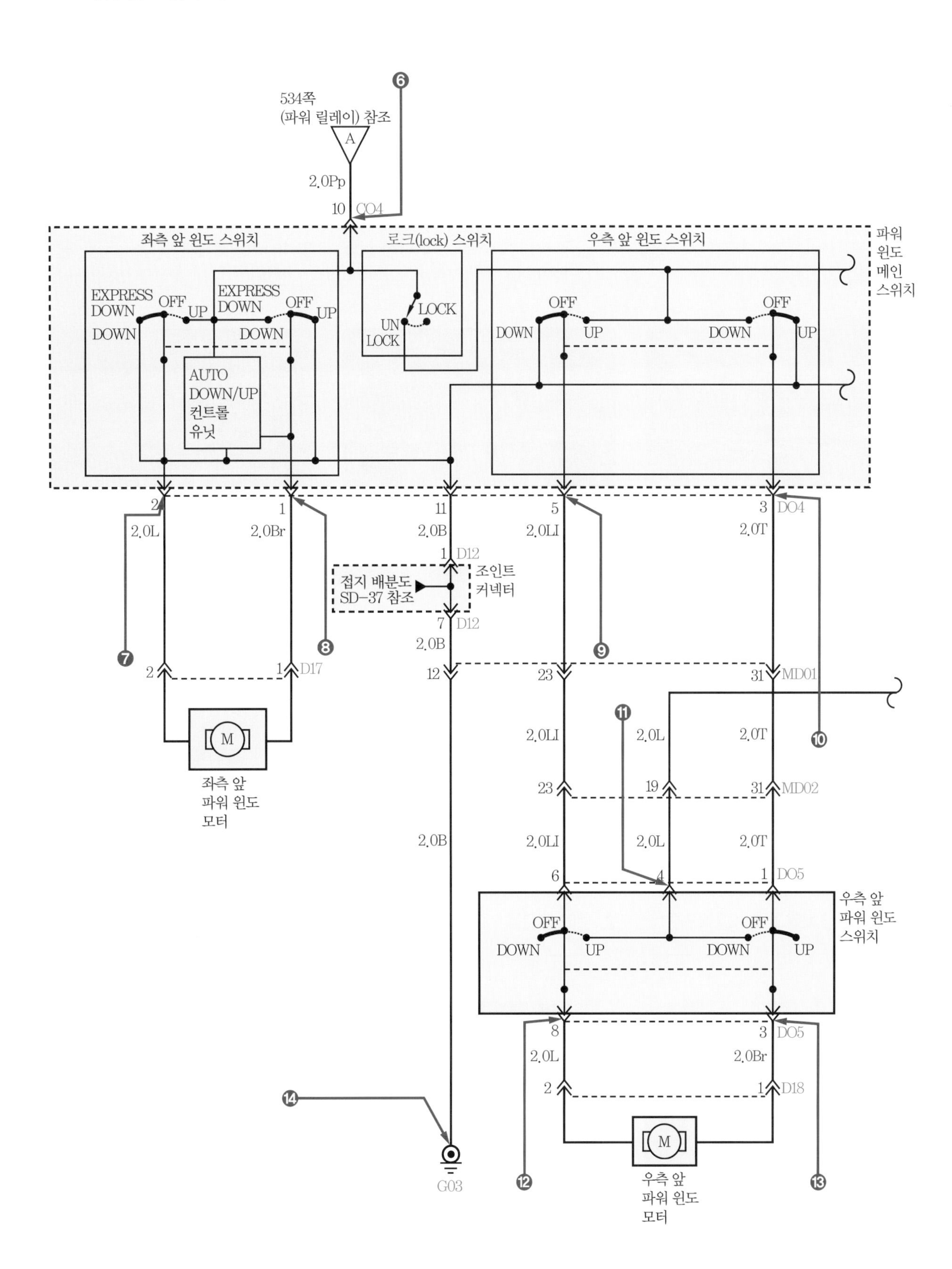

534쪽
(파워 릴레이) 참조
A
2.0Pp
10 CO4
좌측 앞 윈도 스위치
로크(lock) 스위치
우측 앞 윈도 스위치
파워
윈도
메인
스위치
EXPRESS
DOWN
OFF
UP
DOWN
LOCK
UN
LOCK
AUTO
DOWN/UP
컨트롤
유닛
2.0L
2.0Br
2.0B
2.0LI
2.0T
D12
접지 배분도
SD-37 참조
조인트
커넥터
D17
MD01
MD02
DO4
DO5
D18
좌측 앞
파워 윈도
모터
우측 앞
파워 윈도
스위치
우측 앞
파워 윈도
모터
G03

(2) 파워 윈도 회로 점검

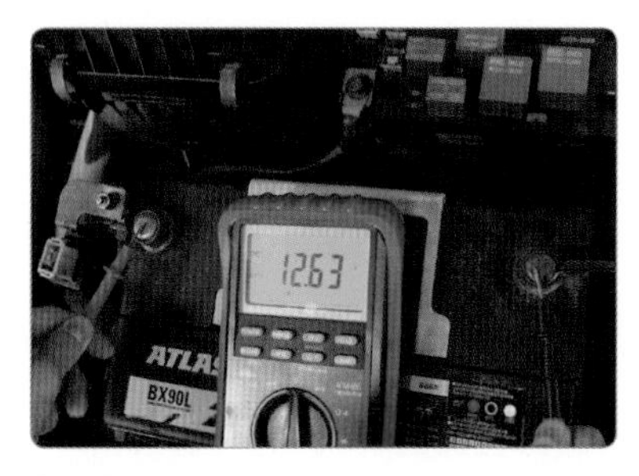

1. 축전지 전압을 확인하고 단자 체결 상태를 확인한다.

2. 공급 전원 30 A 퓨즈의 단선 상태를 확인한다.

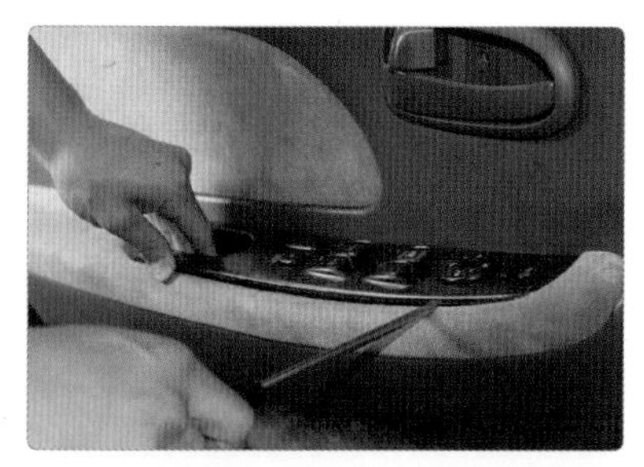

3. 파워 윈도 운전석 스위치를 탈거한다.

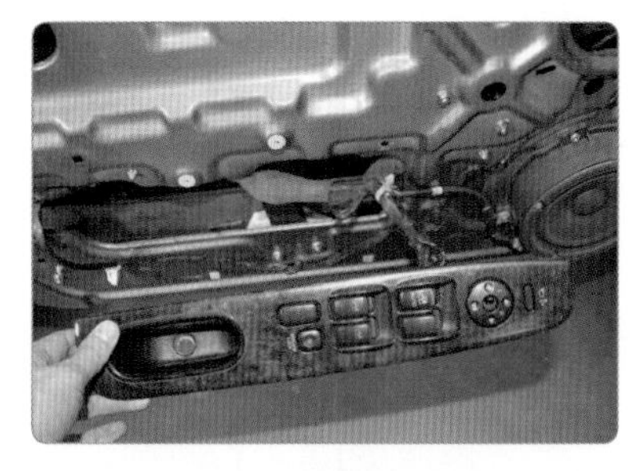

4. 파워 윈도 스위치를 커넥터에 연결하고 작동 상태를 확인한다.

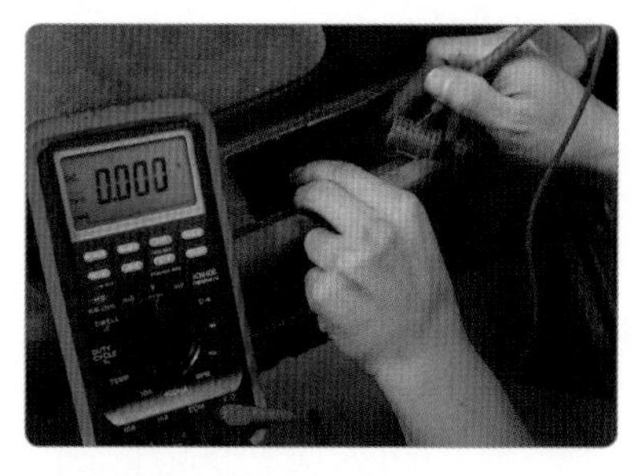

5. 멀티 테스터를 사용하여 공급 전압을 확인한다.

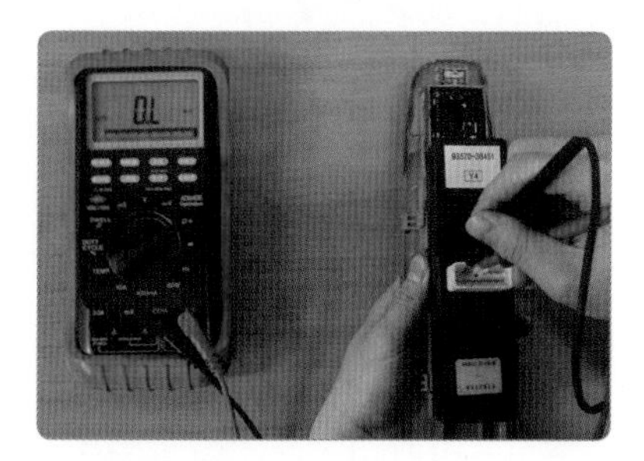

6. 파워 윈도 스위치 UP, DOWN 위치에서 통전 시험을 실시한다.

(3) 윈도 레귤레이터 탈부착

1. 작업 대상 차량의 도어를 확인한다.

2. 델타 몰딩을 탈거한다.

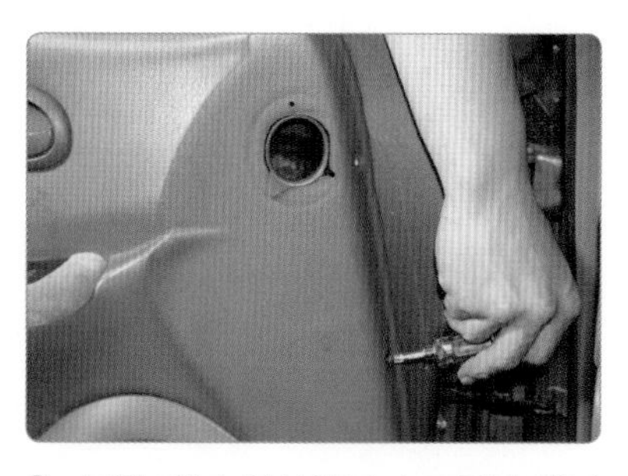

3. 트림 패널 인사이드 스크루를 탈거한다.

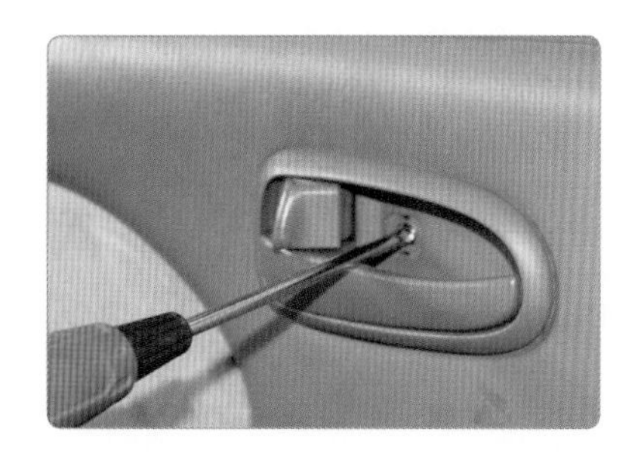

4. 핸들 고정 스크루를 탈거한다.

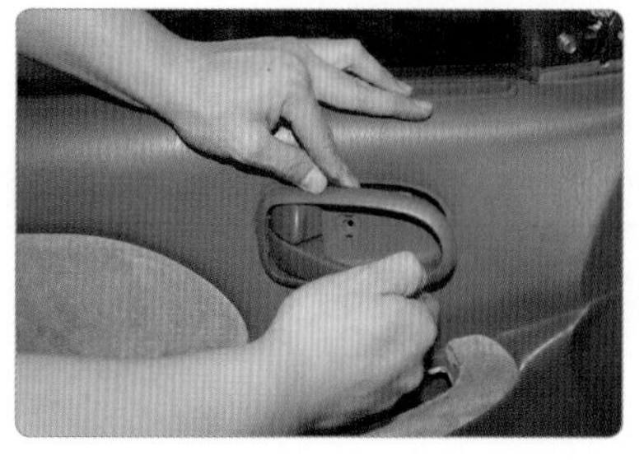

5. 핸들을 탈거한다.

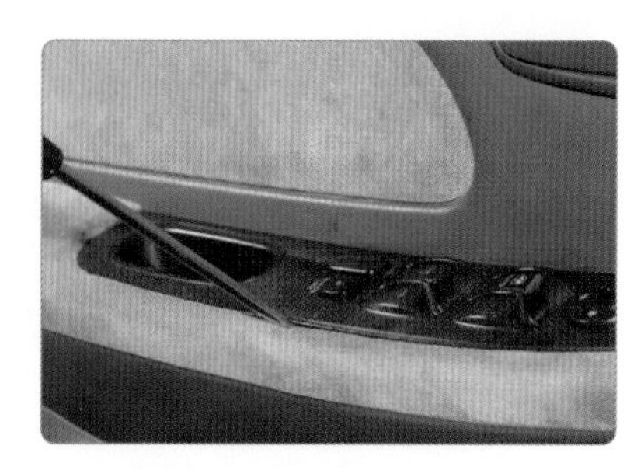

6. 파워 윈도 유닛을 탈거한다.

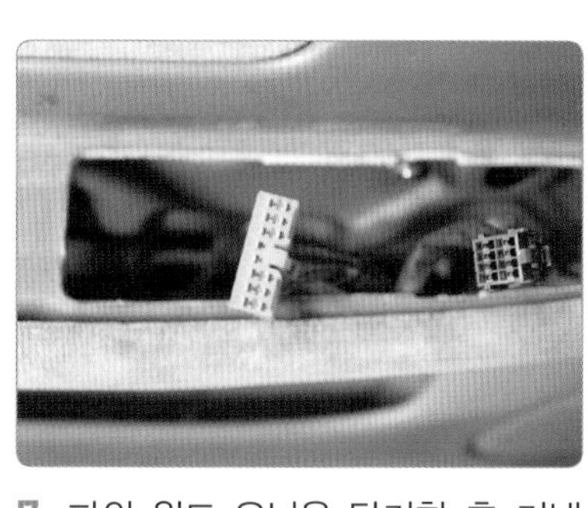

7. 파워 윈도 유닛을 탈거한 후 커넥터를 정렬한다.

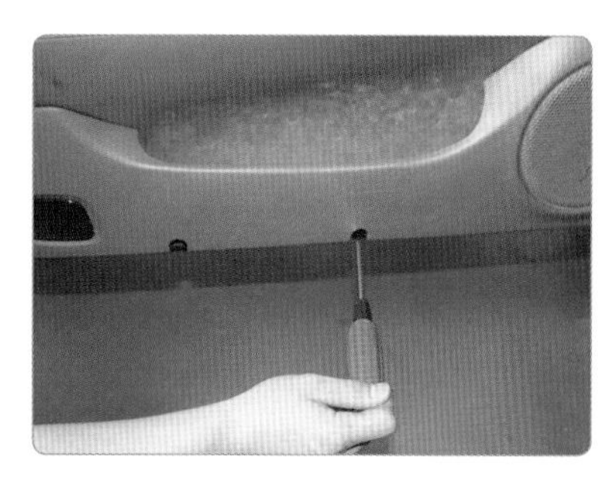

8. 트림 패널 하단 스크루를 탈거한다.

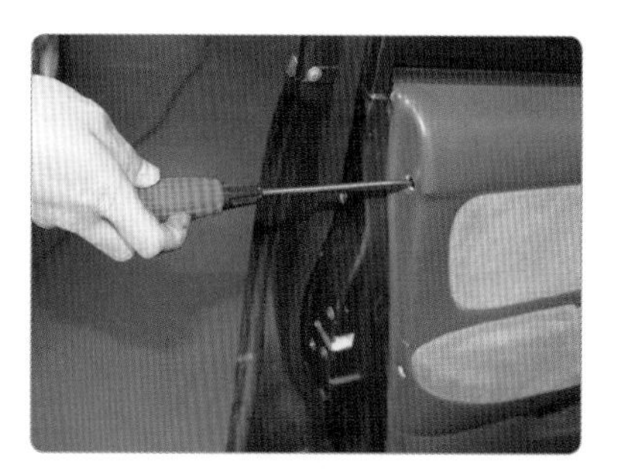

9. 트림 패널 아웃사이드 스크루를 탈거한다.

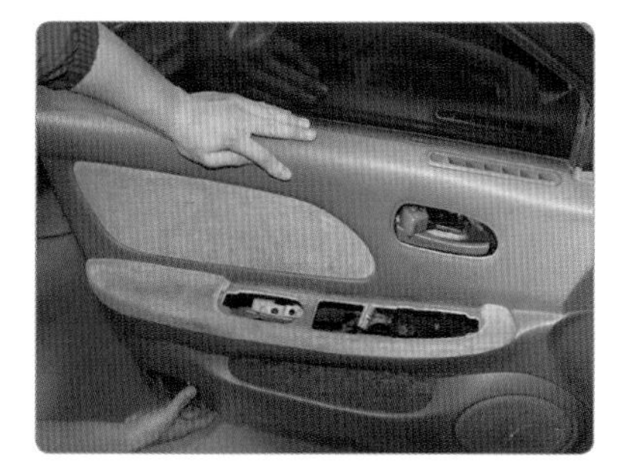

10. 트림 패널을 탈거한다.

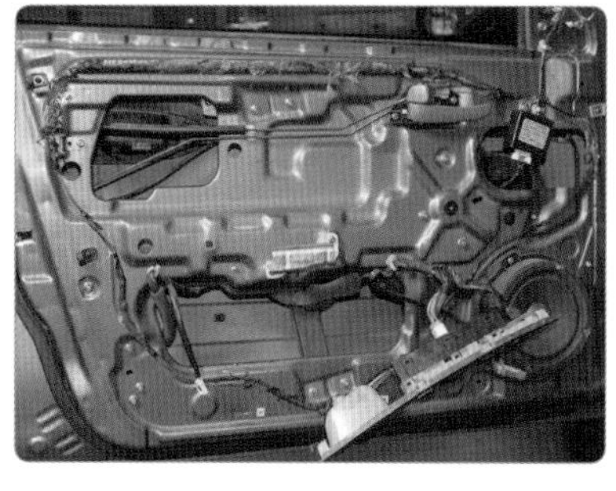

11. 도어 스위치를 연결하고 도어 윈도 글라스를 내린다.

12. 그립을 탈거한다.

13. 도어 윈도 글라스를 탈거한다(도어 윈도 글라스가 떨어지지 않도록 주의한다).

14. 도어 윈도 글라스를 정렬한다.

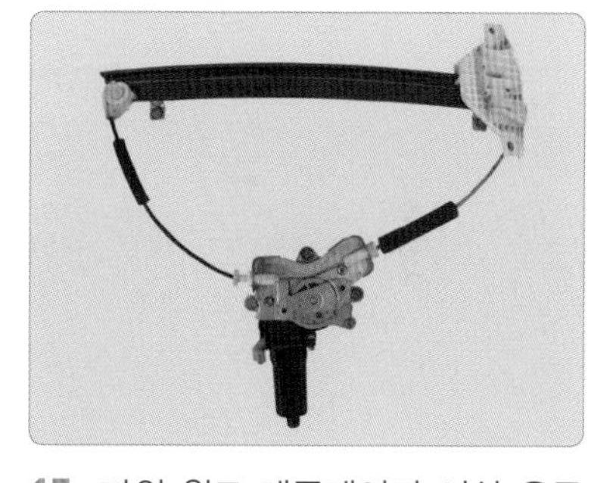

15. 파워 윈도 레귤레이터 이상 유무를 확인한다.

16. 파워 윈도 레귤레이터를 도어 패널 안으로 넣는다.

17. 파워 윈도 레귤레이터 고정 볼트를 조립한다.

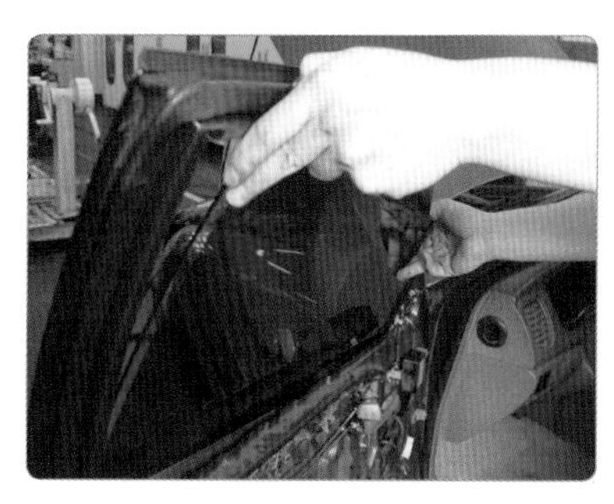

18. 도어 윈도 글라스를 들어 올리며 조립한다.

19. 도어 윈도 글라스 상단 고정 볼트를 조립한다.

20. 윈도 모터 커넥터를 고정한다.

21. 파워 유닛 스위치를 연결하고 도어 윈도 글라스를 UP시킨다.

22. 그립을 조립한다.

23. 트림 패널을 조립한다.

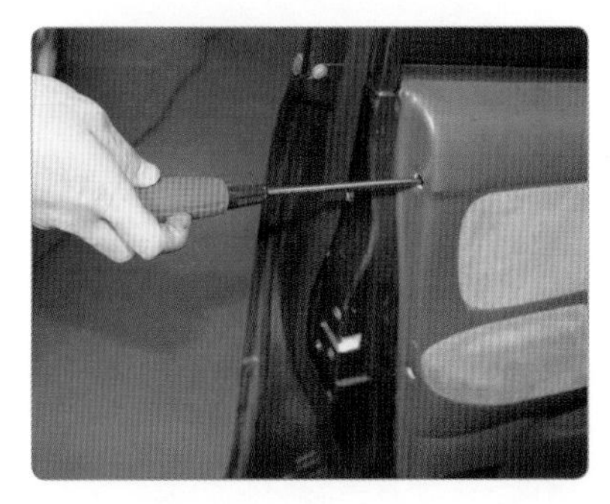

24. 트림 패널 고정 스크루 아웃사이드를 조립한다.

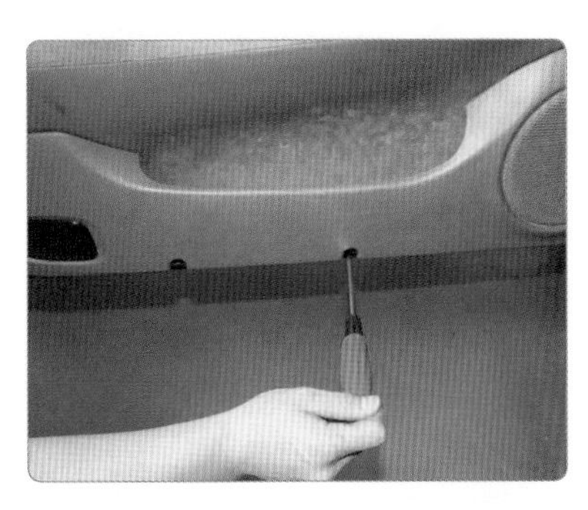

25. 트림 패널 고정 스크루 하단을 조립한다.

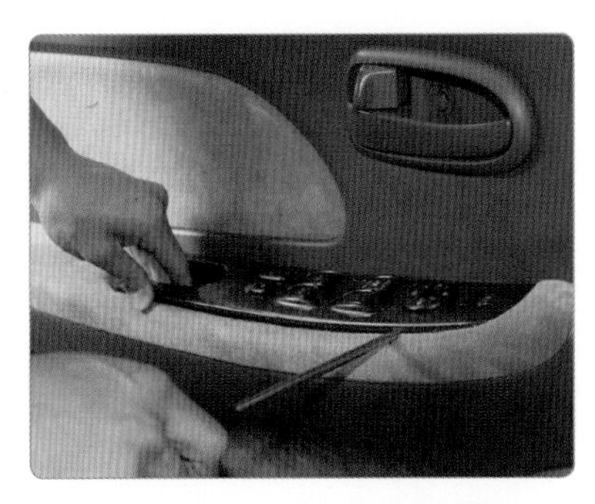

26. 파워 유닛 스위치를 조립한다.

27. 트림 패널 고정 스크루 안쪽을 조립한다.

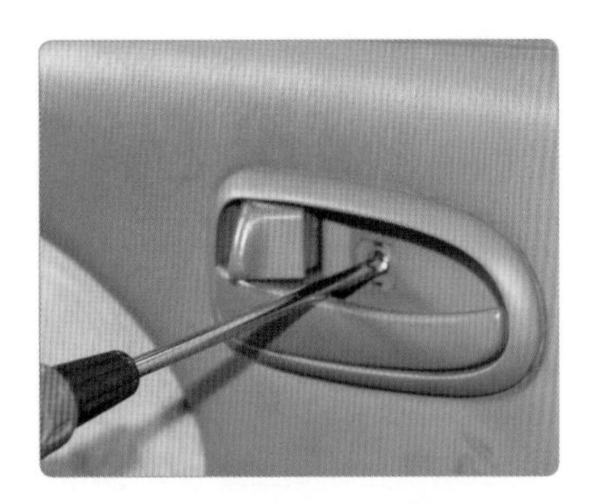

28. 핸들 고정 볼트를 조립한다.

29. 델타 몰딩을 조립한다.

30. 조립 상태를 확인한다.

(4) 파워 윈도 모터의 전류 소모 시험

파워 윈도 모터 전류 소모 시험

1. 파워 유닛 스위치를 연결하고 도어 윈도 글라스의 작동 상태를 확인한다.

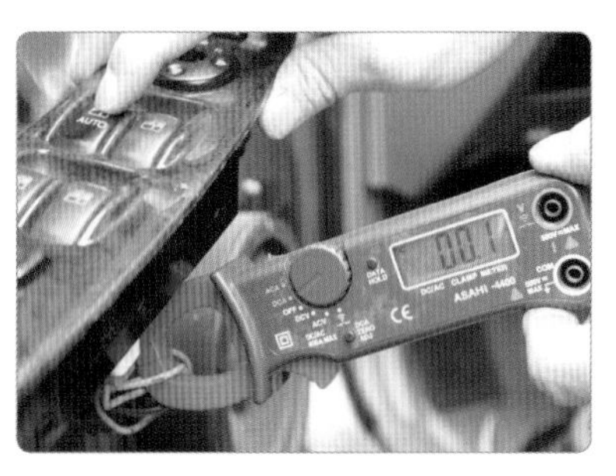

2. 파워 윈도 입력선에 전류계를 설치한다.

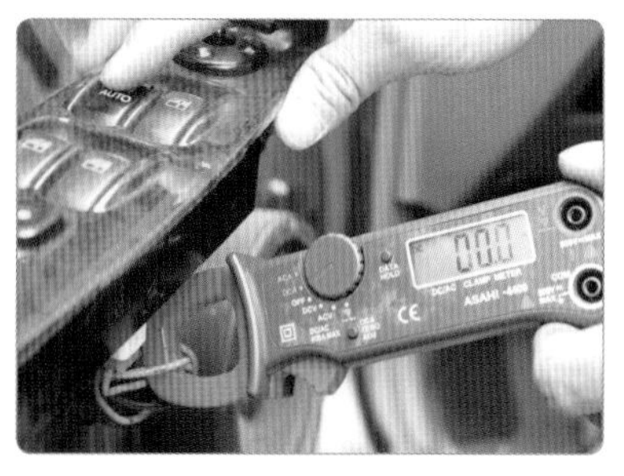

3. 0점 조정기를 눌러 전류계를 세팅한다.

4. 메인 스위치 운전석 윈도를 UP시키며 소모 전류를 측정한다(5.1 A).

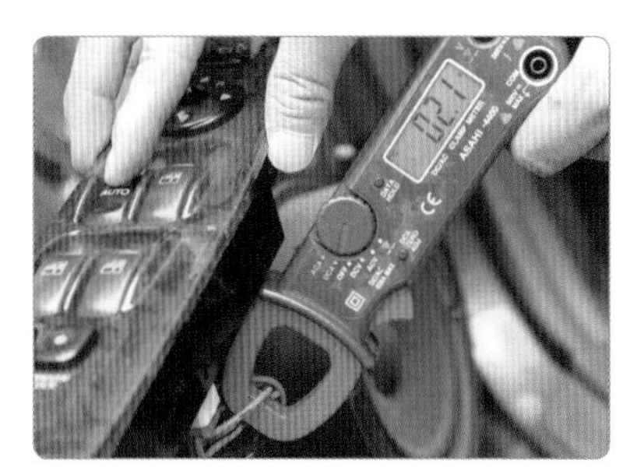

5. 메인 스위치 운전석 윈도를 DOWN시키며 소모 전류를 측정한다(2.1 A).

6. 전류계를 탈거하고 정렬한다.

① 측정(점검)

- 측정값 : 파워 윈도 모터의 소모 전류를 측정한 값을 기록한다. 올림 5.1 A, 내림 2.1 A
- 규정(정비한계)값 : 올림 5~6 A 이하, 내림 2~3 A 이하

② 정비(조치) 사항 : 불량일 때는 윈도 모터 교환 후 재점검한다.

8 경음기 회로 점검

(1) 경음기 회로도

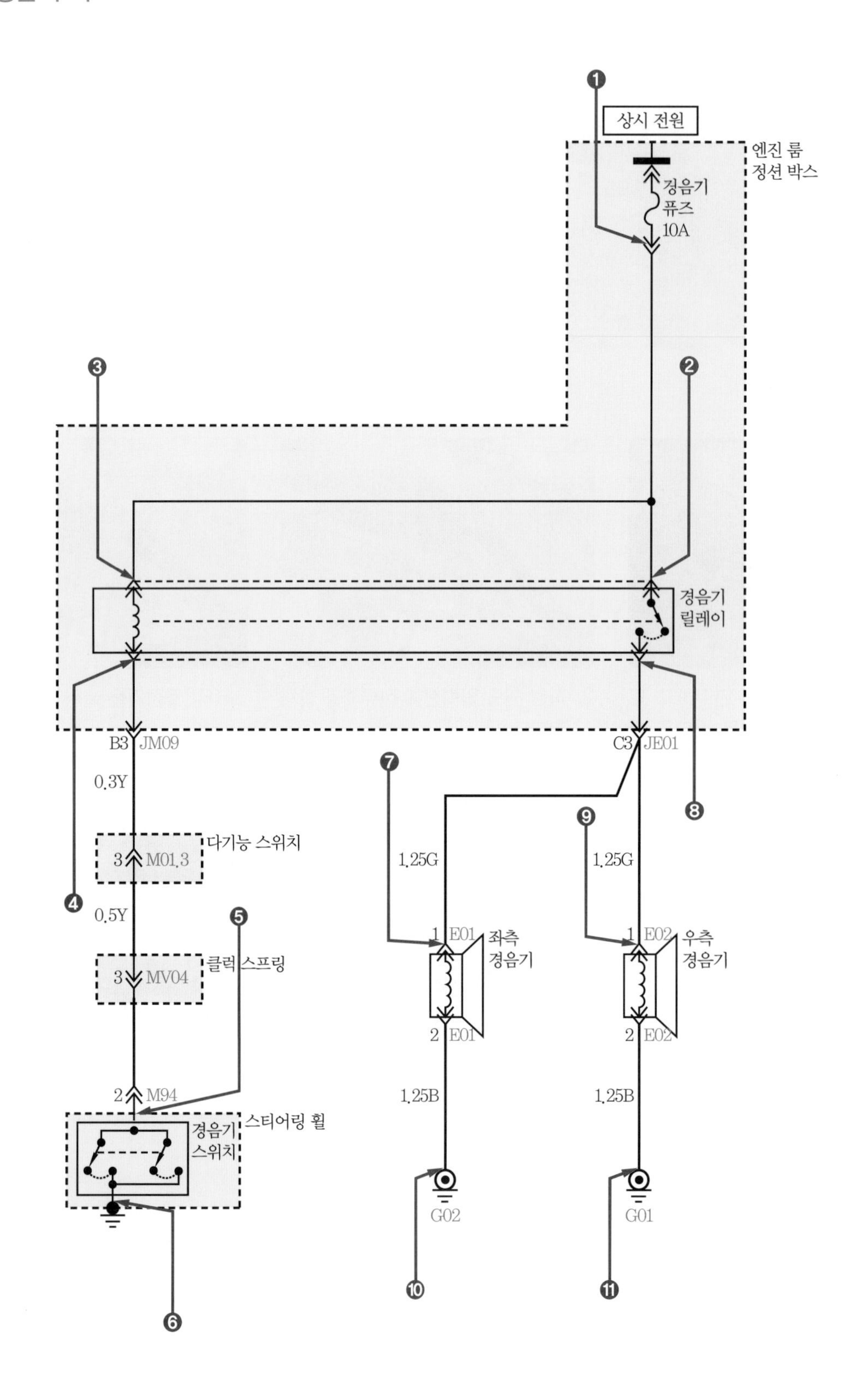

(2) 경음기 회로 점검

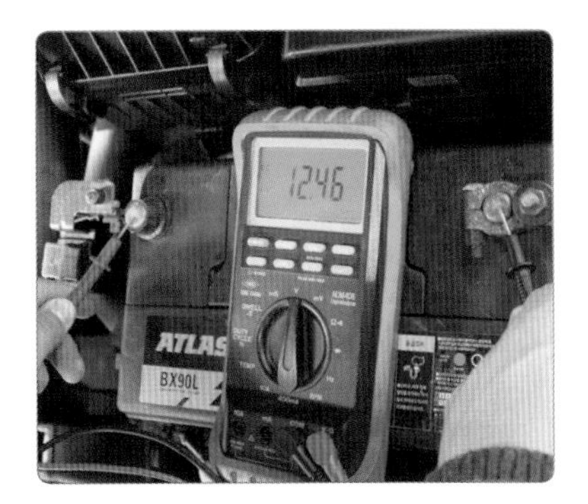

1. 배터리를 점검한다.

2. 경음기 혼 퓨즈를 점검한다.

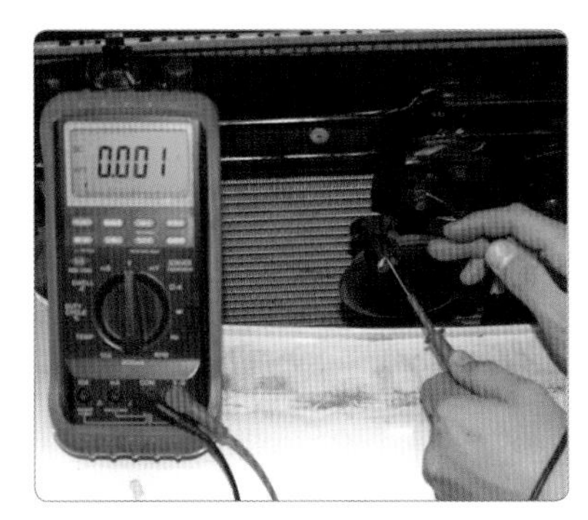

3. 혼 전원 공급을 확인한다.

4. 혼 스위치를 점검한다.

5. 혼 자체를 점검한다(배터리 +, −).

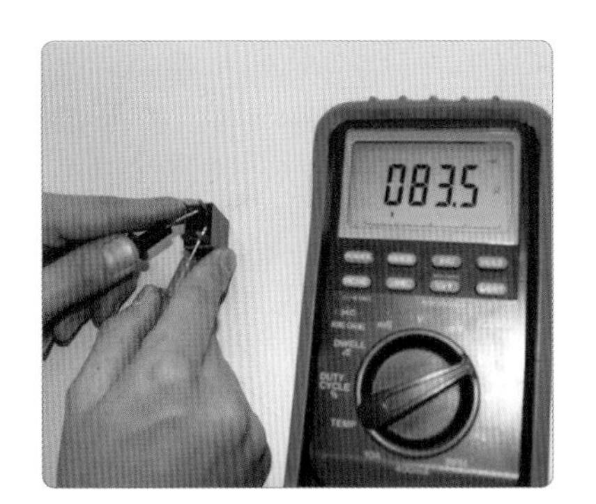

6. 혼 릴레이를 점검한다.

경음기 회로 점검 순서

배터리(12 V) 단자 → 메인 퓨즈 점검 → 서브 퓨저블 링크 퓨즈(회로 공통 점검) → 퓨즈 박스 퓨즈 점검 → 경음기 커넥터 점검 → 경음기 스위치 커넥터 → 경음기 릴레이 점검

(3) 경음기 음량 측정

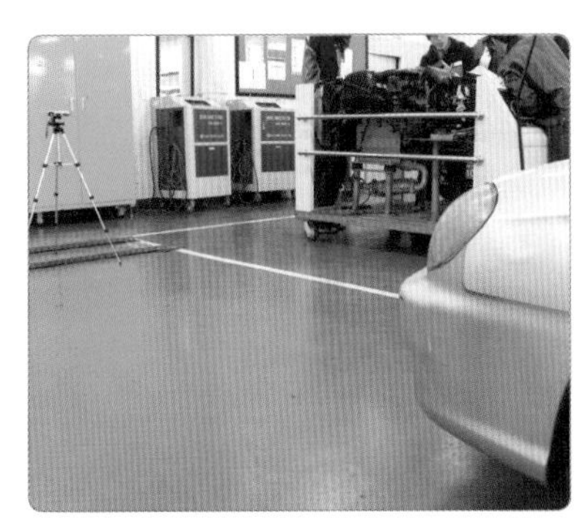

1. 음량계 높이를 1.2±0.05 m 자동차 전방 2 m 되도록 설치한다.

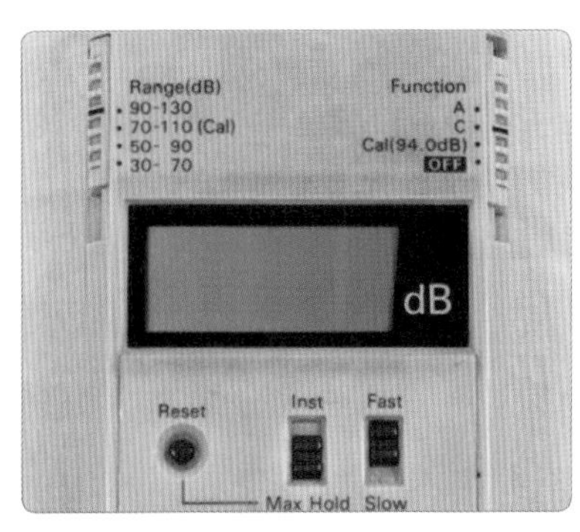

2. 리셋 버튼을 눌러 초기화시킨 후 C 특성, Fast 90~130 dB을 선택한다.

3. 경음기를 5초 동안 작동시켜 배출되는 소음의 크기의 최댓값을 측정한다(측정값 : 99.0 dB).

① 측정(점검)

- 측정값 : 측정한 음량 99.0 dB을 기록한다.
- 기준값 : 운행차 검사기준을 수검자가 암기하여 기록한다.

자동차 종류 \ 소음 항목		경적 소음(dB(C))
경자동차		110 이하
승용 자동차	소형, 중형	110 이하
	중대형, 대형	112 이하
화물 자동차	소형, 중형	110 이하
	대형	112 이하

② 판정 및 정비(조치) 사항

- 판정 : 측정값과 기준값을 비교하여 기준값 범위 내에 있으므로 양호에 표시한다.
- 정비(조치) : 정상 소음이 아닌 경우 혼 음량을 조정하며, 조정되지 않을 때 혼 회로를 점검하고 고장 부위를 정비한다(혼 회로 이상 없을 때 혼 교체).

(4) 경음기 릴레이 탈부착

작업 차량의 보닛을 열고 경음기와 릴레이 탈거 준비

1. 라디에이터 상단 그릴을 제거한다.

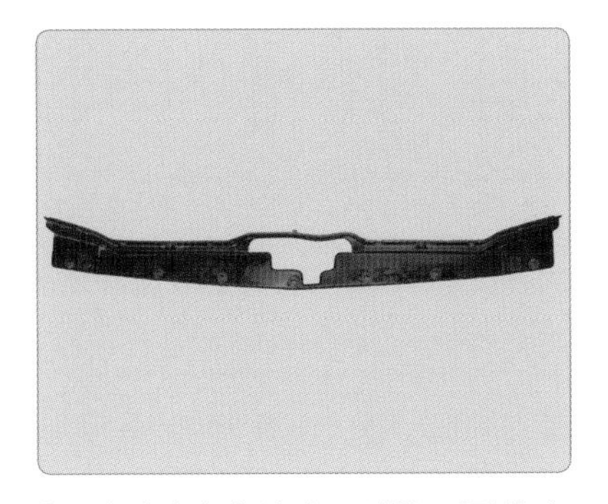

2. 라디에이터 상단 그릴을 정렬한다.

3. 경음기 장착 위치를 확인한다.

4. 경음기 커넥터를 제거한다.

5. 경음기 고정 볼트를 풀고 경음기를 분해한다.

6. 경음기를 탈거한다.

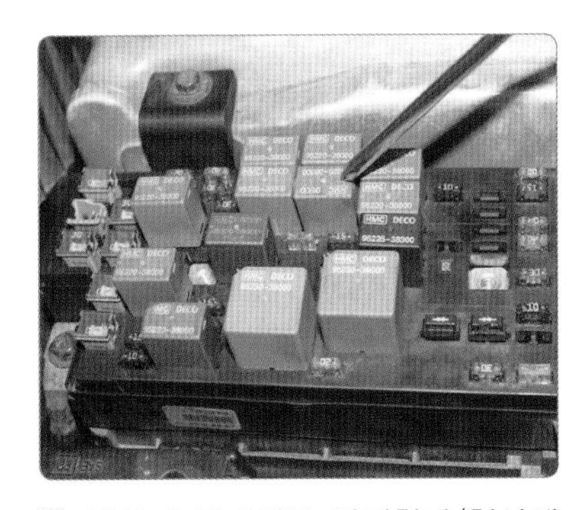

7. 경음기 릴레이를 탈거한다(현상에 따른 회로 점검).

8. 경음기를 조립한다.

9. 경음기 커넥터를 체결한다.

10. 라디에이터(상부)를 조립한다.

11. 경음기 릴레이를 조립한다.

12. 조립 상태를 확인한다.

8 안전장치(에어백) 점검

실습목표 (수행준거)	1. 안전장치의 구성 요소를 이해하고 작동 상태를 파악할 수 있다. 2. 안전장치 회로도에 따라 점검, 진단하여 고장 요소를 파악할 수 있다. 3. 진단 장비를 활용하여 시스템 관련 부품을 진단하고 고장 원인을 분석할 수 있다 4. 안전장치 구성 부품 교환 작업을 수행할 수 있으며 수리 후 단품 점검을 할 수 있다.

1 관련 지식

1 에어백 시스템

에어백은 차량이 충돌할 때 충격으로부터 탑승자를 보호하는 장치로, 에어백의 센서 및 전자 제어장치는 자동차가 충돌할 때 충격력을 감지하여, 압축 가스로 백(bag)을 부풀려 승객에 대한 충격을 완화시킨다. 에어백은 안전띠만을 사용했을 경우보다 상해를 현저히 줄이도록 고안된 2차 충격 흡수 장치이며, 시트 벨트에는 프리텐셔너(pretensioner)를 장착하여 사고 순간 에어백 시스템과 연동하여 작동해야 더욱 안전하다.

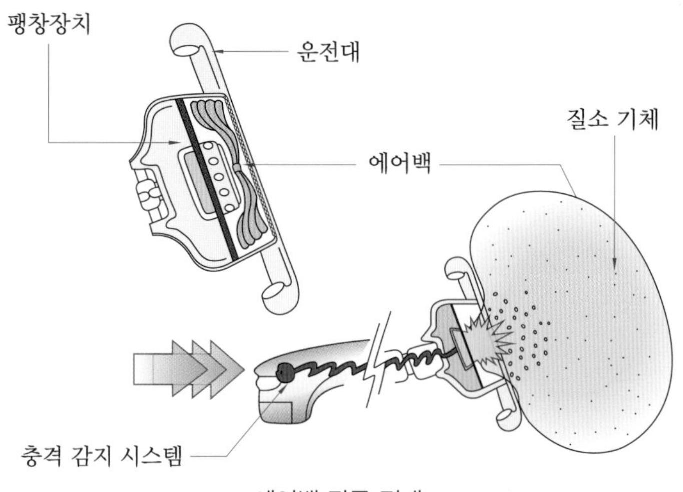

에어백 작동 전개

SRS(supplemental restraint system) 에어백은 "보조 구속 장치"의 의미로, 시트 벨트를 착용한 상태에서만 그 기능을 발휘할 수 있다는 뜻이다. SRS 에어백은 시트 벨트에 의한 승객 보호 기능에 추가하여 충돌로 인한 충격으로부터 승객의 안면 및 상체를 보호하기 위한 보조 장치이다.

2 에어백의 구성 요소

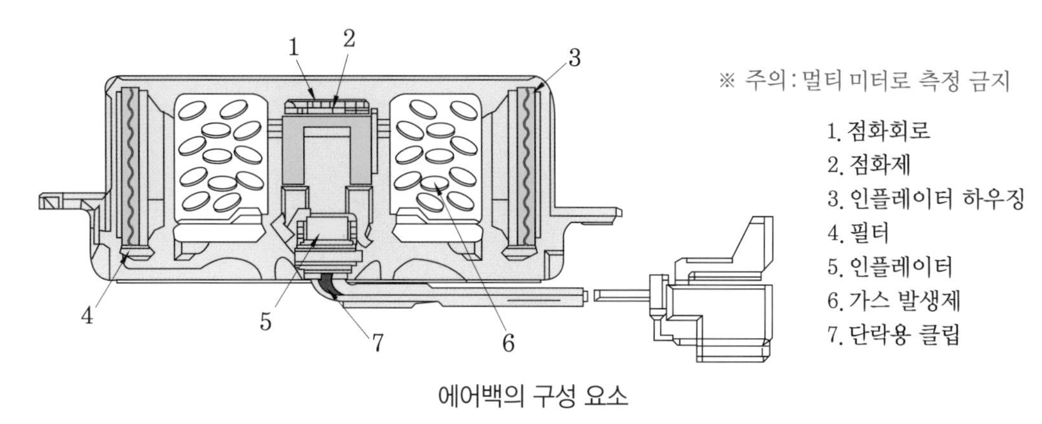

에어백의 구성 요소

(1) 에어백 모듈

에어백 모듈은 에어백, 패트커버, 인플레이터와 에어백 모듈 고정용 부품으로 이루어져 있으며, 운전석 에어백은 조향 핸들 중앙에 장착되고 조수석 에어백은 글로 박스 상단면에 장착된다.

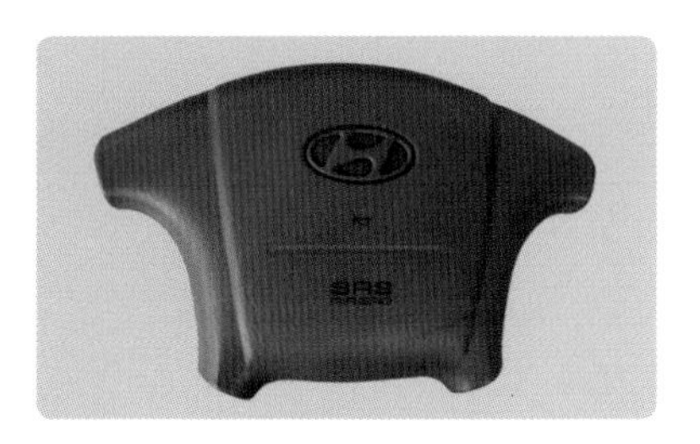

에어백 전면

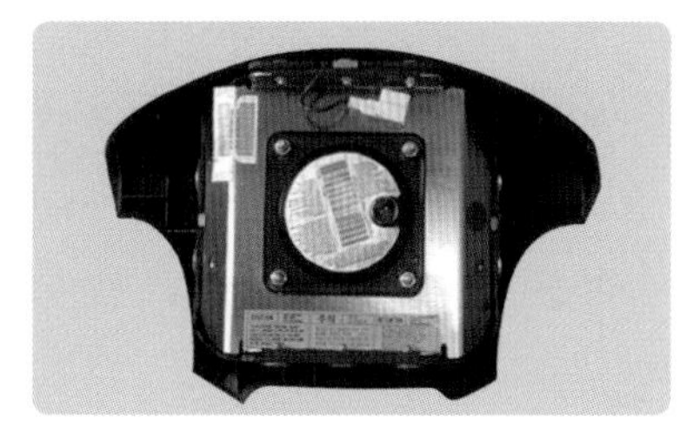

에어백 후면

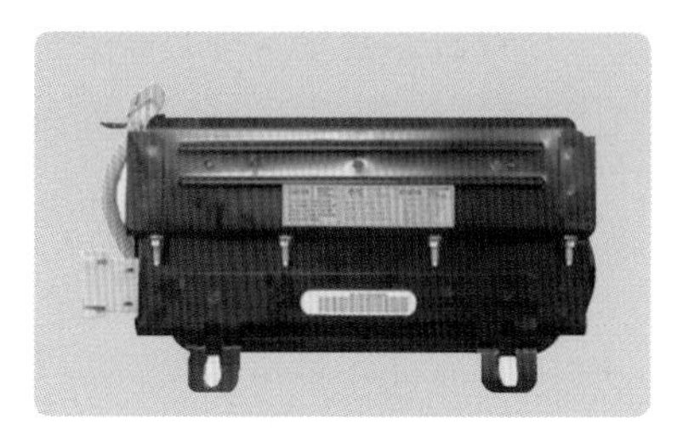

조수석 에어백

① **에어백(airbag)** : 에어백은 내측에 고무로 코팅된 나일론제의 면으로 되어 있으며, 내측에는 인플레이터와 함께 장착된다. 에어백은 점화 회로에서 발생한 질소 가스에 의하여 팽창하며, 팽창 후 짧은 시간 후 백의 배출공에서 질소 가스를 배출하여 사고 후 운전자가 에어백에 눌리는 것을 방지한다.

② **패트커버(pat cover)–에어백 모듈 커버** : 우레탄 커버에서 에어백 전개 시 입구가 갈라져 고정부를 지점으로 전개하며, 에어백이 밖으로 튕겨나와 팽창하는 구조로 되어 있다. 또한 패트커버에는 그물망이 형성되어 있으므로 에어백 전개 시 파편이 날라 승객에게 상해를 주는 것을 방지한다.

③ **인플레이터(Inflator)–화약점화식(운전석용–2pin)** : 인플레이터는 화약, 점화제, 가스 발생기, 디퓨저 스크린 등을 알루미늄제 용기에 넣은 것으로 에어백 모듈 하우징에 장착된다. 인플레이터 내에는 점화 전류가 흐르는 전기 접속부가 있어 화약에 전류가 흐르면 화약이 연소하여 점화재가 연소하고 그 열에 의하여 가스 발생제가 연소한다. 연소에 의하여 발생한 질소 가스가 디퓨저 스크린을 통과하여 에어백 안으로 유입되면 디퓨저 스크린은 연소 가스의 이물질을 제거하는 필터 기능 외에도 가스 온도를 냉각하고 가스음을 저감하는 역할을 한다.

④ 인플레이터(Inflator)–하이브리드식(조수석용–2pin 또는 4pin) : 하이브리드 방식의 에어백 모듈은 조수석 에어백 차량에 장착된다. 하이브리드식과 화약점화식의 가장 큰 차이점은 에어백을 부풀리는 방법에 있다. 하이브리드식은 차량 충돌 시 가스와 에어백을 연결하는 통로를 화약에 의하여 폭파 후 연결시키면 에어백 모듈 안에 보관해 놓았던 가스에 의하여 백이 팽창하는 구조로 되어 있다.

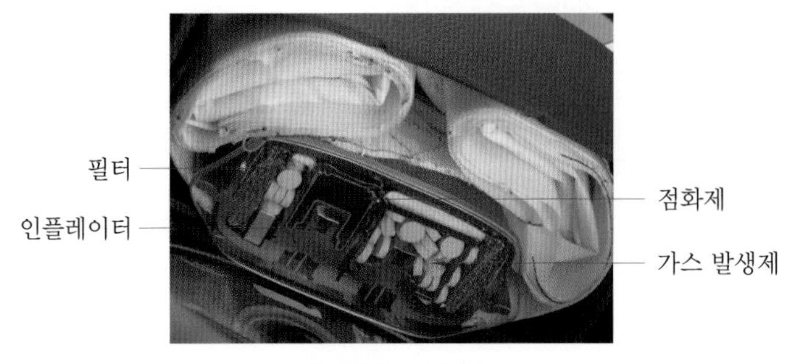

인플레이터 구조

(2) 클럭 스프링

① 클럭 스프링 교환 시 주의 사항 : 클럭 스프링은 조향 핸들과 스티어링 칼럼 사이에 장착되며, 에어백 ECU와 에어백 모듈 사이의 접촉 방법을 혼(horn)과 같은 방법이 아닌 배선에 의한 연결을 한다. 일반 배선을 사용하여 연결을 하면 좌, 우 조향 시 배선이 꼬여 단선이 될 수 있다.

② 클럭 스프링 탈부착 시 중심 위치 맞추는 방법

㈎ 조향 핸들을 탈거한다.

㈏ 클럭 스프링을 시계 방향으로 멈출 때까지 최대한 회전시킨다.

㈐ 반시계 방향으로 2바퀴와 9/10바퀴를 회전시켜 클럭 스프링 케이스에 마킹된 "▶, ◀" 마크를 일치시킨다.

㈑ 조향 핸들을 장착하고 에어백 경고등 점등 여부를 확인한다.

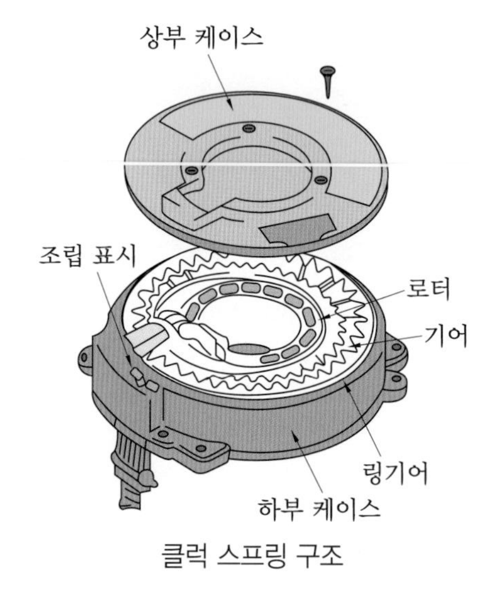

클럭 스프링 구조

(3) 벨트 프리텐셔너

충돌 시 에어백이 작동하기 전 프리텐셔너를 작동시켜 안전 벨트의 느슨한 부분을 되감아 충돌로 인하여 움직임이 심해질 승객을 확실히 시트에 고정시키므로 크러시패드나 전면 유리에 승객이 부딪히는 것을 예방하며, 에어백 전개 시 올바른 자세를 가질 수 있게 한다.

프리텐셔너 내부에는 화약에 의한 점화 회로와 벨트를 되감을 피스톤이 내장되어 있어 ECU에서 점화시키면 화약의 폭발력이 피스톤을 밀어 벨트를 되감을 수 있다.

작동된 프리텐셔너는 반드시 교환되어야 하나 에어백 ECU는 6번까지 프리텐셔너를 점화시킬수 있으므로 재사용이 가능하다(6회 폭발 후에는 신품의 ECU로 교환되어야 한다).

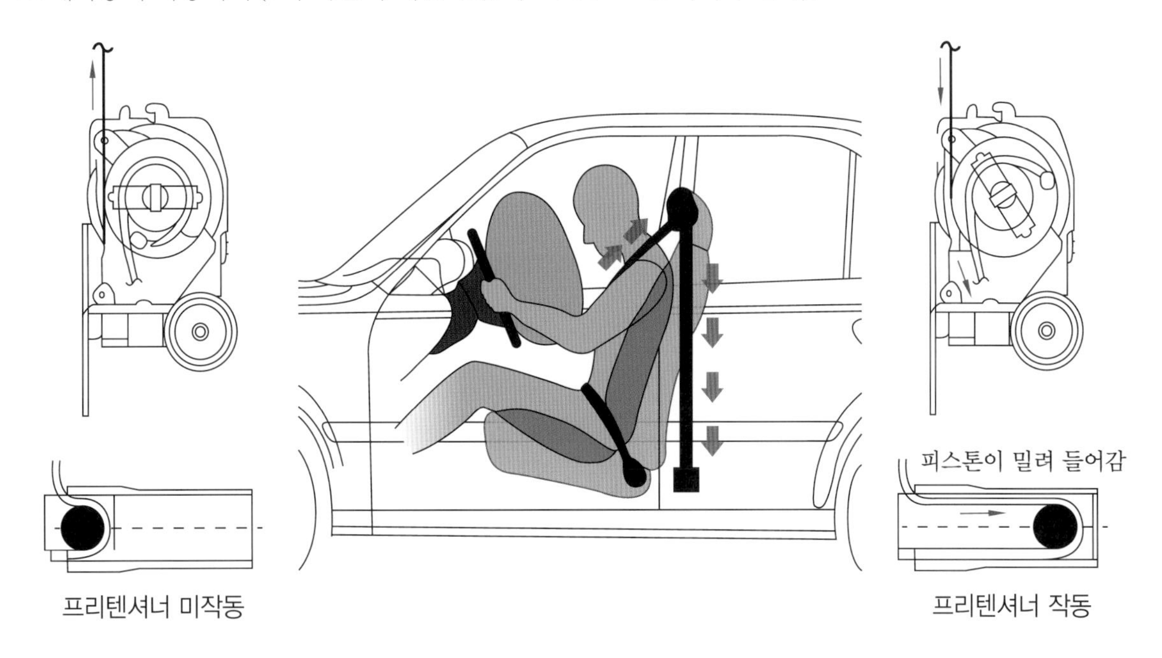

(4) 에어백 ECU

에어백 시스템을 중앙에서 제어하며 시스템 고장 시 경고등을 점등시켜 고장 여부를 알려준다.

① **단락바** : 에어백 ECU 탈거 시 경고등이 점등되어야 한다. 또한 ECU 탈거 시 각종 에어백 회로가 전원과 접지에 노출되어 에어백이 점화될 수도 있다. 이를 예방할 목적으로 단락바를 적용하여 ECU 탈거 시 경고등과 접지를 연결시켜 에어백 경고등을 점등시키며, 에어백 점화 라인 중 High선과 Low선을 서로 단락시켜 에어백 점화 회로가 구성되지 않도록 한다.

② **에너지 저장 기능** : 차량이 충돌할 때 뜻하지 않은 전원 차단으로 인하여 에어백 점화가 불가할 때 원활한 에어백 점화를 위하여 전원 차단 시에도 약 150 ms 동안 에너지를 ECU 내부의 콘덴서에 저장한다. 이는 전원키(IG "ON → OFF") 사용 시에도 동일하다.

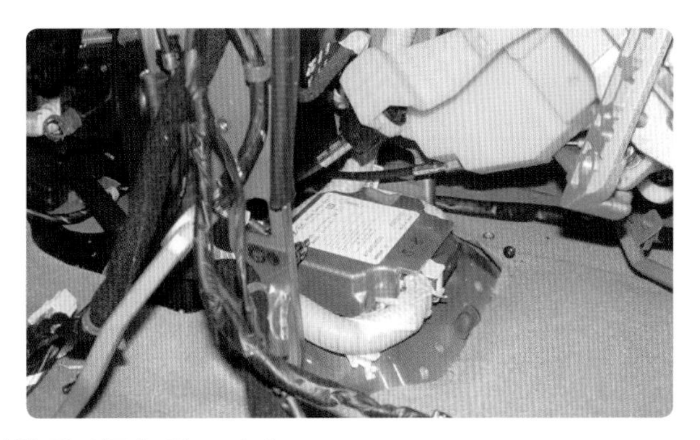

에어백 ECU 장착 위치(콘솔 박스 하단)

3 에어백 전개 제어

(1) 차량 속도와 에어백 전개

차속은 차량이 고정벽에 정면으로 충돌 시 발생되는 데이터이며 실제 주행 시 오차 발생이 될 수 있다.

전개 유무	차량 속도
비전개	14.4 km/h 이하
전개	14.4~19.2 km/h 이하
에어백 전개	19.2 km/h 이상

(2) 충돌 감지 센서(가속도 센서)

충돌 감지 센서는 차량의 충돌 상태, 즉 가감속값(*G*값)을 산출하는 센서로 평상시 주행 시와 급가속 시, 급감속 시를 명확하게 구별하여 에어백 ECU로 출력값을 입력하면 에어백 ECU는 입력된 신호를 바탕으로 최적의 에어백 점화 시기를 결정하여 운전자의 안전을 확보한다.

또한 전자식 센서이므로 전자파에 의한 오판을 막기 위하여 기계식으로 작동하는 안전 센서를 두어 에어백 점화를 최종적으로 결정한다.

충돌 감지 센서는 에어백 ECU 안에 내장되어 있다(가속도를 감지하는 감지부, 감지 신호를 증폭(0~5 V)하는 증폭기와 노이즈를 줄이는 필터링 및 자기 진단 기능).

(3) 안전 센서

안전 센서는 충돌 시 기계적으로 작동하는데, 센서 한쪽은 전원과 연결되어 있고 다른 한쪽은 에어백 모듈과 연결되어 있어 주행 중 충돌 발생 시 센서 내부에 장착된 자석이 관성에 의하여 스프링의 힘을 이기고 차량 진행 방향으로 움직여 리드 스위치를 "ON"시키면 에어백 전개에 필요한 전원이 안전 센서를 통과하여 에어백 모듈로 전달된다.

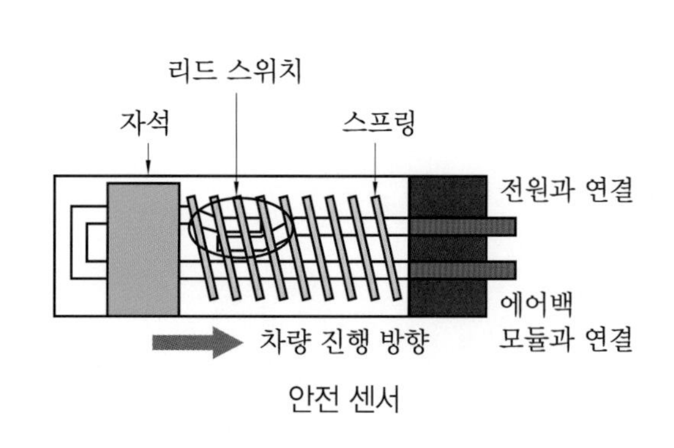

안전 센서

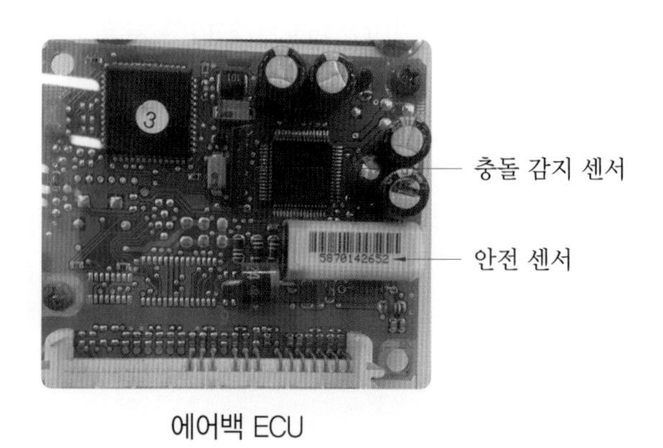

에어백 ECU

(4) 충돌 감지 센서와 안전 센서의 논리 관계

충돌 감지 센서	안전 센서	전 차종	EF 쏘나타, DAB ONLY(HAE타입)	에어백 전개 유무
전개	ON	충돌 기록 1회 (정상 충돌 판정)	충돌 기록 1회	전개
전개	OFF	충돌 기록 1회 (ECU 내부 불량)	충돌 기록 0회	비전개

(5) 에어백 전개 후 정비 사항

에어백 전개 후 에어백 모듈과 ECU는 반드시 교체되어야 하며, 교체되어야 할 항목은 다음과 같다.

① 점화된 에어백 모듈

② 에어백 ECU

③ 그 외 에어백 전개로 파손된 부품

4 승객 유무 감지 장치(PPD 센서)

(1) PPD 센서

조수석에 탑승한 승객을 감지하여 승객이 탑승했다면 정상적으로 에어백을 전개시키고 승객이 존재하지 않는다면 조수석 및 측면 에어백을 전개시키지 않는다. 이로 인하여 불필요한 에어백 전개를 방지하여 수리비를 절감할 수 있다.

(2) PPD 센서의 장착 위치

PPD 센서는 조수석 시트 커버 하단부에 장착되어 있다.

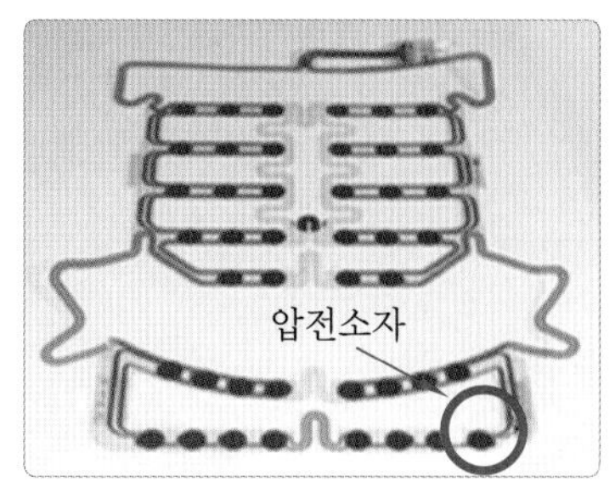

PPD 센서 단품

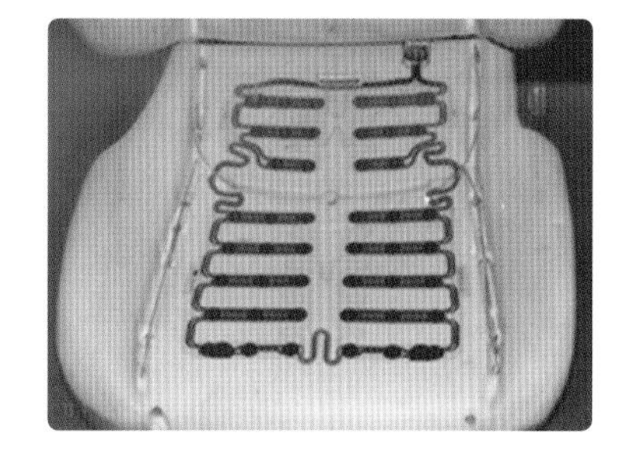
PPD 센서 장착 위치

(3) PPD 센서 작동 원리

PPD 인터페이스 모듈의 두 개의 커넥터 중 녹색 커넥터가 PPD 센서 커넥터이다.

커넥터는 2핀으로 이어져 있으며, 각기 다른 두 개의 배선 사이에 하중에 따라 저항값이 변하는 압전 소자를 설치하여 승객의 하중에 따라 변화하는 저항값을 가지고 승객 존재 유무를 판단한다.

승객 감지 조건은 다음과 같다.

- 기준 중량 : 15 kg
- 승객이 있을 때 : 50 kΩ 이하, 승객이 없을 때 : 50 kΩ 이상
- 하중이 있을 때 : 두 선이 서로 분리되어 있다.
- 하중이 가해질 때 : 두 선이 압전 소자로 인하여 쇼트되어 저항값이 출력된다.

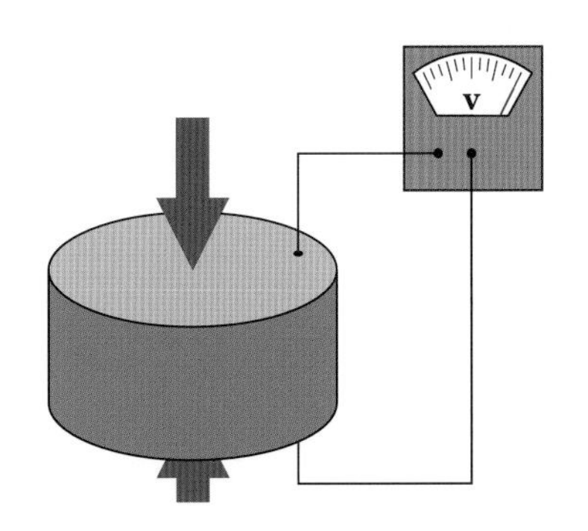

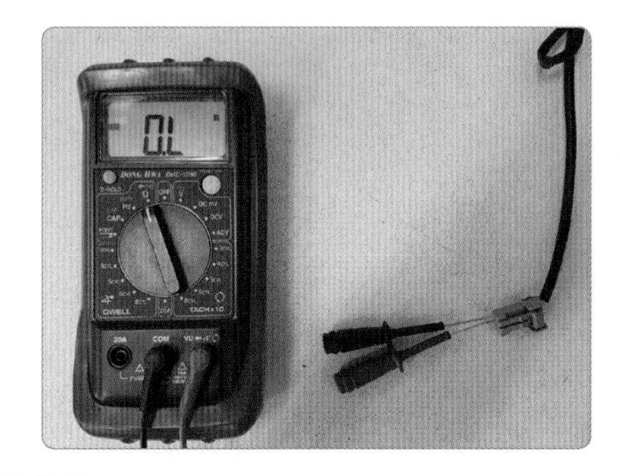

PPD 센서 저항값 측정

(4) 점검 방법

멀티 미터를 다음과 같이 사용하여 저항값을 측정 및 점검할 수 있다.

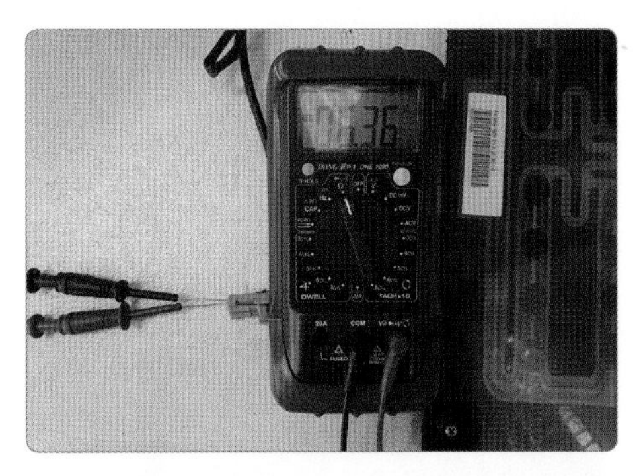

하중이 있을 때 300 kΩ 이상의 하중이 주어지면 저항값이 점점 증가한다.

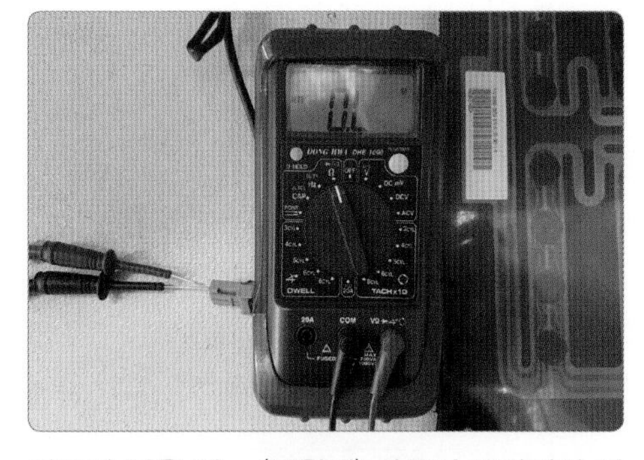

하중이 없을 때 ∞(무한대) 하중이 주어지면 저항값이 점점 감소한다.

(5) PPD 인터페이스 유닛

PPD 센서에서 출력되는 저항값은 아날로그 신호이므로 에어백 ECU는 PPD 센서값을 인식하지 못한다. 그러나 저항값으로 출력되는 PPD 센서값을 인터페이스 유닛이 디지털 신호로 변환하여 ECU로 입력하면 원활한 제어가 가능하다.

인터페이스 유닛에서 ECU로 일방향 통신을 하면 다음 3가지 신호를 ECU로 보내준다.

① 승객 있음 ② 승객 없음 ③ PPD 센서 고장

ECU는 이 3가지 신호 중 어떠한 신호든지 입력되지 않으면 PPD 인터페이스 고장으로 인식한다. 인터페이스 유닛은 조수석 시트 하단부에 장착된다.

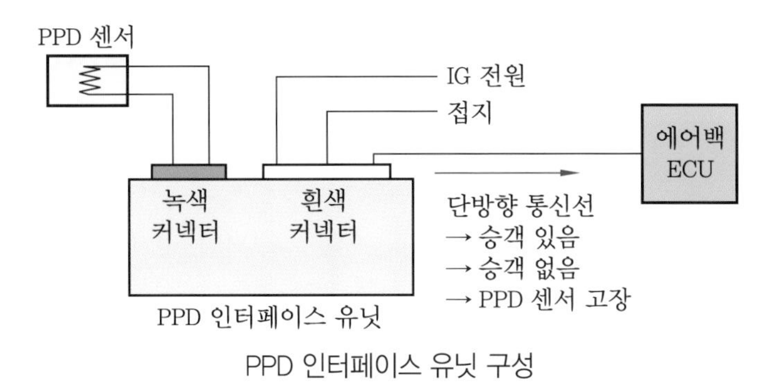

PPD 인터페이스 유닛 구성

(6) PPD 센서 고장 점검

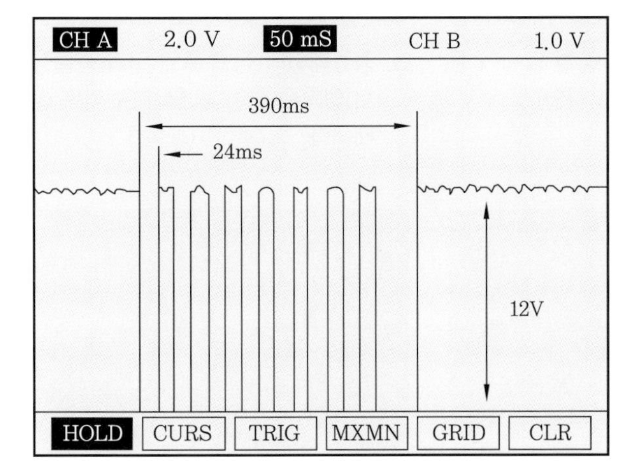

승객 미탑승 시 출력 파형("B" 부분 측정)

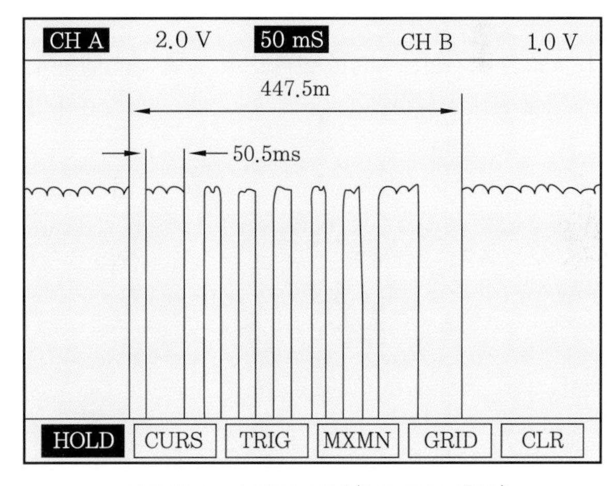

승객 탑승 시 출력 파형("B" 부분 측정)

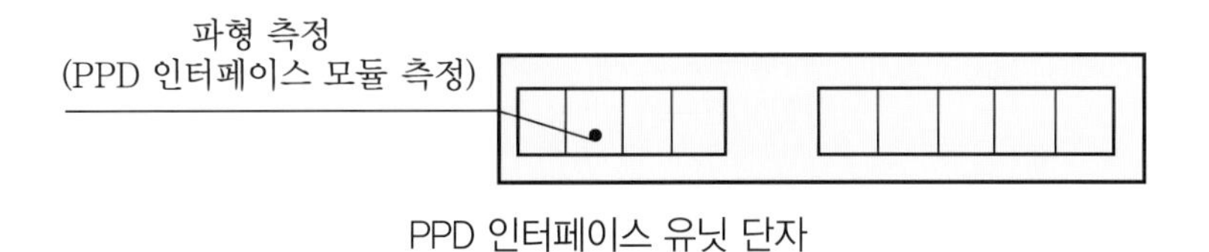

PPD 인터페이스 유닛 단자

Chapter 8 전기

2 에어백 점검

1 스캐너에 의한 고장 진단 : 시스템 자기진단(EF 쏘나타, 그랜져 XG)

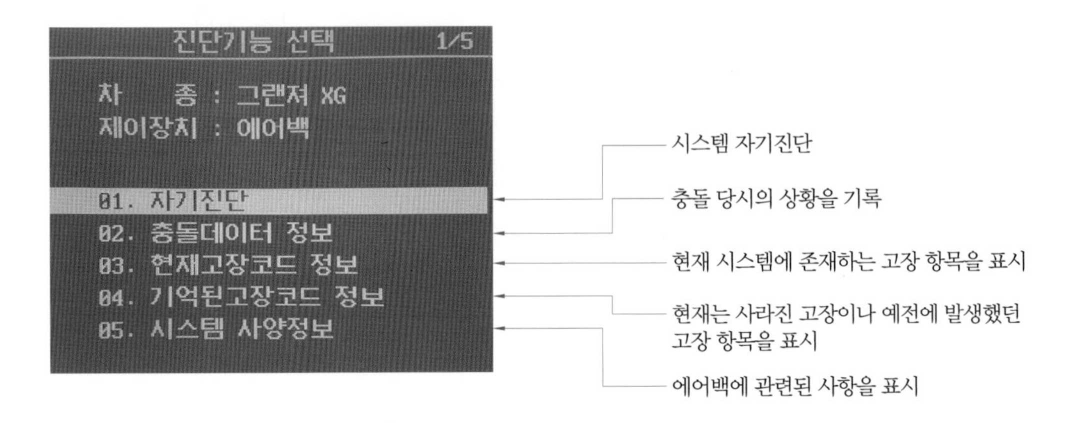

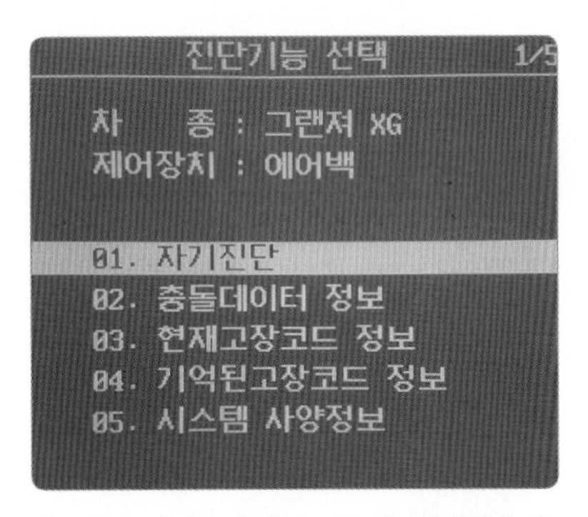

1. 시스템 자기진단 기능을 선택한 후 고장 상태를 확인한다.

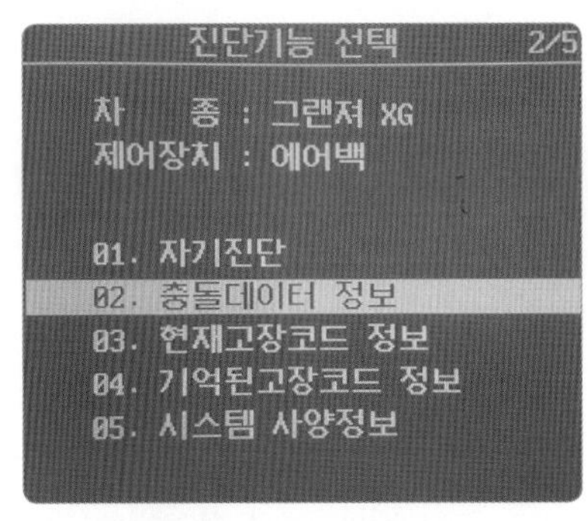

2. 충돌데이터 정보는 충돌 당시의 상황을 기록한다(정보 확인).

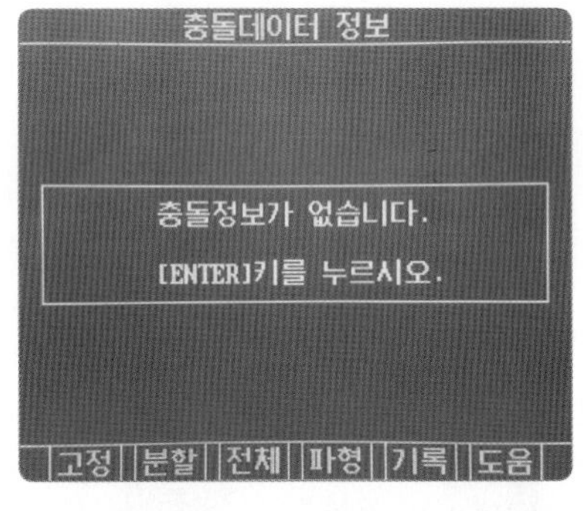

3. 충돌데이터 정보 확인 결과 충돌정보 없음을 확인 후 ENTER 키를 선택한다.

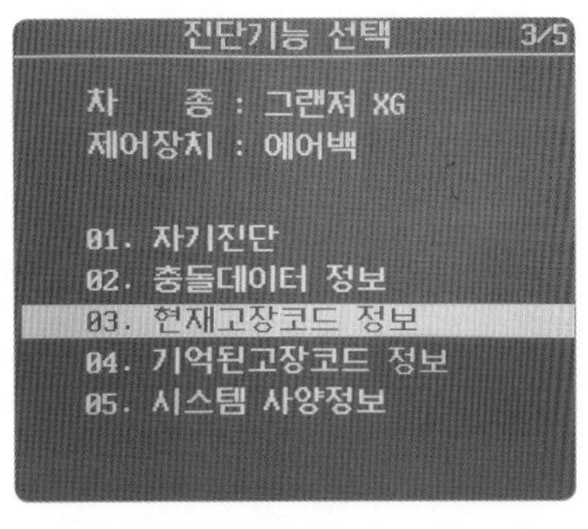

4. 현재 시스템에 존재하는 고장 항목을 표시한다(확인).

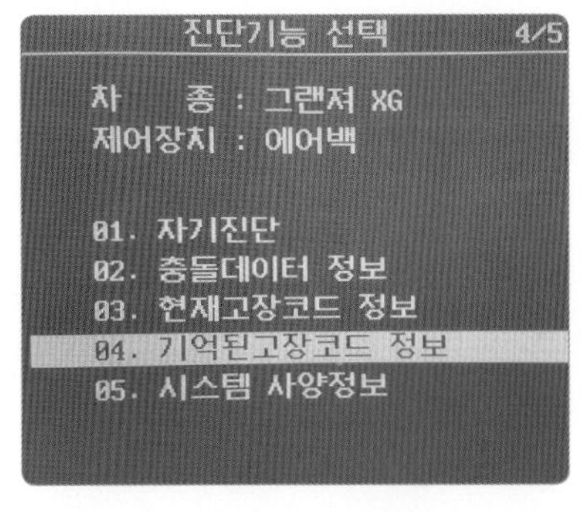

5. 현재는 사라진 고장이나 예전에 발생했던 고장 항목을 표시한다(ENTER 키 선택).

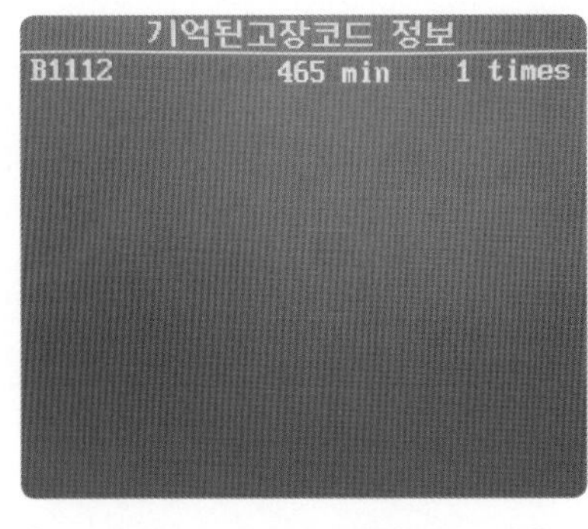

6. 고장코드 B1112 점화전압 낮음으로 전원 입력단 전압이 확인된다.

7. 시스템 사양정보로 에어백에 관련된 사양을 확인할 수 있다.

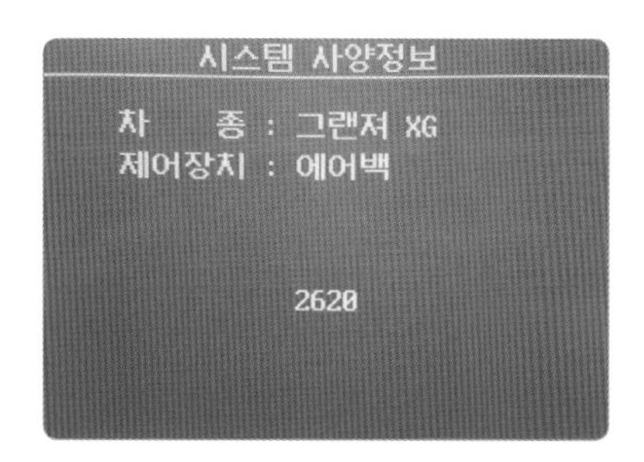

8. 시스템 사양정보를 확인한다.

9. 스캐너를 정리한다.

2 에어백 모듈 탈부착

1. 점화 스위치를 OFF시킨다.

2. 배터리 (−)를 탈거한다(터미널을 분리하고 30초 정도 후 실시한다).

3. 핸들 고정 볼트를 분해한다(별각렌치 사용).

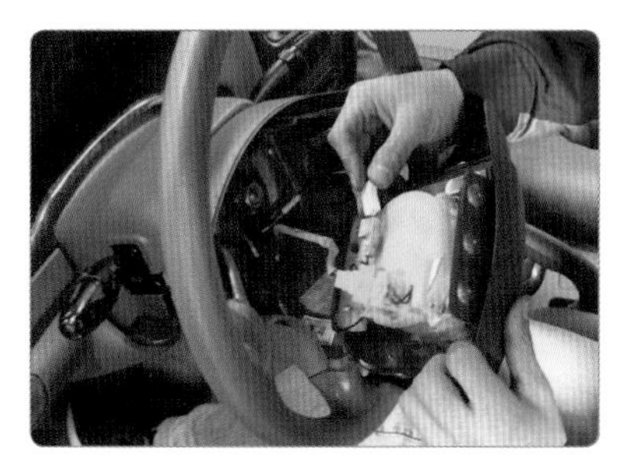

4. 에어백 인슐레이터 커버를 분리한다.

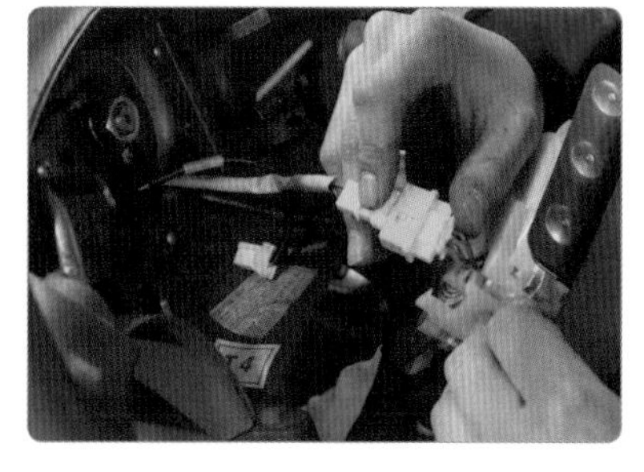

5. 에어백 인슐레이터 커넥터를 분리한다.

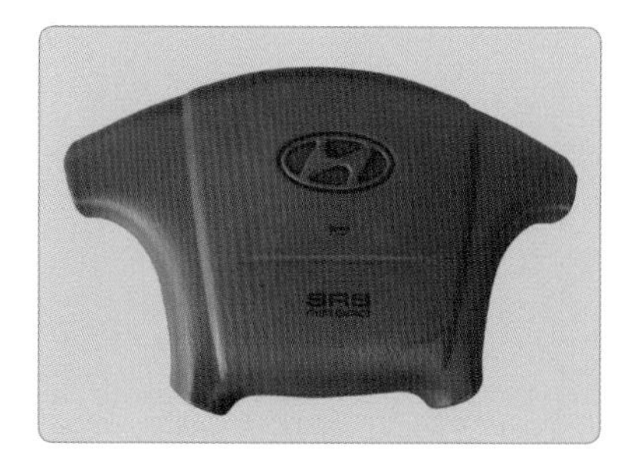

6. 에어백 모듈을 탈거한다.

7. 스티어링 휠을 탈거한다.

8. 조향 칼럼 틸트를 최대한 아래로 내린다.

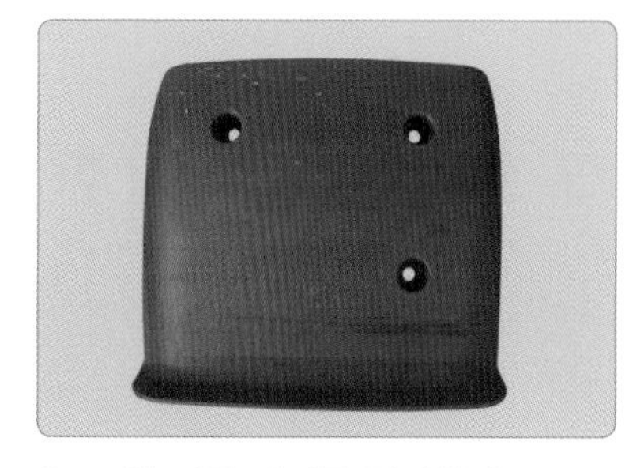

9. 조향 칼럼 커버를 탈거한다.

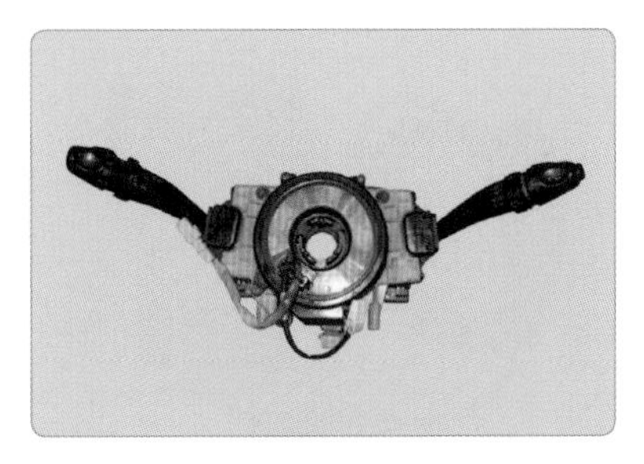

10. 조향 칼럼을 제거하고 콤비네이션 스위치를 탈거한다.

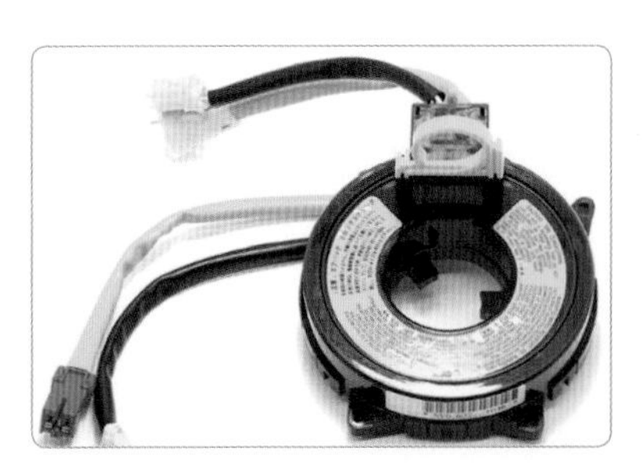

11. 클럭 스프링을 분해한다.

12. 콤비네이션 커넥터를 정리한 후 교환 부품을 확인한다.

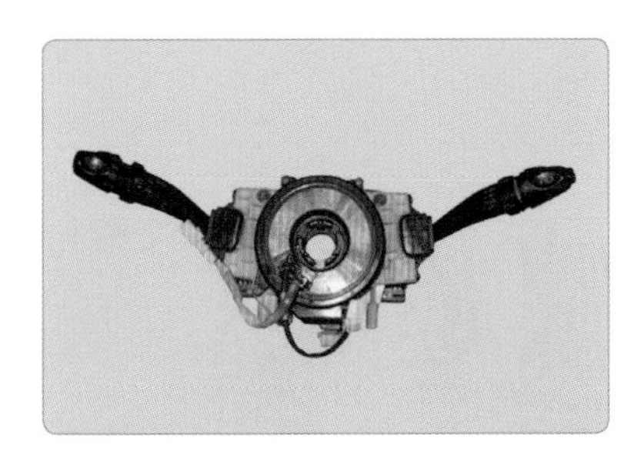

13. 조향 칼럼을 제거하고 콤비네이션 스위치를 탈거한다.

14. 클럭 스프링을 시계 방향으로 최대한 회전시킨다. 반시계 방향으로 2바퀴와 9/10바퀴를 회전시켜(약 3바퀴) 케이스에 마킹된 "▶, ◀" 마크를 일치시킨다.

15. 조향 칼럼 커버를 조립한다.

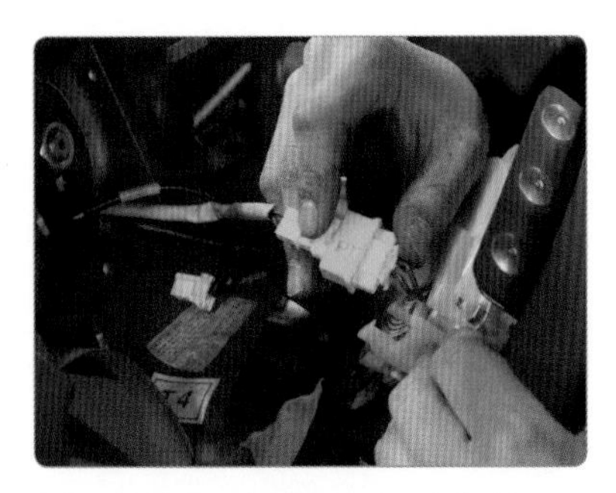

16. 에어백 인슐레이터 커넥터를 조립하고 스티어링 휠을 조립한다.

17. 핸들 고정 볼트를 조립한다(별각 렌치 사용).

18. 배터리 (–)를 조립한다(점화 스위치를 ON시켜 경고등이 들어오는지 확인)

3 실차 에어백 정비 시 주의 사항

에어백 정비는 시동 스위치를 LOCK 위치로 돌려 배터리 – 터미널을 분리한 다음 약 30초 후에 실시한다.

(1) 에어백 모듈 및 클럭 스프링 구성 부품

① 에어백 장치의 인플레이터와 백은 에어백 모듈에 내장되어 있으며 분해할 수 없다. 인플레이터는 폭죽 이그나이트 차저 및 가스를 내장해 충돌 때 에어백을 부풀리게 한다.

② 클럭 스프링(다기능 스위치에 내장)은 클럭 스프링 차체 속에서 스프링 휠까지 전기적으로 연결되어 작동된다.

(2) 에어백 분해 시 주의 사항

① 에어백 모듈 또는 클럭 스프링을 분해하거나 보수하지 말고 물, 오일, 먼지, 균열에 의해 변형, 녹이 슨 경우에는 교환한다.

② 에어백 모듈을 편평한 곳에 놓고 패드면이 위쪽으로 오게 한다. 상부 면에는 물건을 놓지 않는다.

③ 에어백 모듈을 93℃ 이상 되는 곳에 두면 안 되고, 에어백 작동 후 클럭 스프링은 신품으로 교환한다.

④ 후두부 측에서 소켓 렌치를 사용해 에어백 모듈 결합 너트를 분리하고 클럭 스프링의 커넥터를 분리했을 때 에어백 로크를 개방하기 위해 외측으로 누른다. 스크루 드라이버로 커넥터를 분리한다.

⑤ 조향 핸들을 장착하고 에어백 경고등 점등 여부를 확인한다.

(3) 에어백 조립 시 주의 사항

① 맞춤(maching) 마크 및 클럭 스프링의 'NEUTRAL' 위치를 정렬시킨다. 프런트 휠을 앞으로 돌린 후 클럭 스프링을 칼럼 스위치에 결합한다.

② 클럭 스프링 맞춤 위치가 적절하게 되지 않을 때, 스티어링 휠이 완전하게 회전하지 못하며, 케이블이 끊어져 에어백의 작동을 방해하거나 운전자에게 심각한 상해를 줄 수 있다.

(4) 클럭 스프링의 배선 통전 테스트

① 클럭 스프링의 통전을 확인할 때는 반드시 분리된 상태에서 실시한다.

② 에어백 모듈로 가는 커넥터와 유닛으로 가는 커넥터를 통전 시험해야 한다.

③ 혼 위치로 가는 커넥터와 혼으로 가는 커넥터에 통전 시험을 실시해 통전을 확인한다.

④ 통전 테스트를 실시해 통전이 되지 않으면 단선으로 수리가 불가능하므로 교환한다.

(5) 클럭 스프링 맞춤 마크 위치 조정 방법

다기능 스위치 어셈블리에서 클럭 스프링 분리 시 클럭 스프링이 맞춤 마크에서 이탈해 위치 판단이 어려울 때

① 스티어링 휠을 시계 방향으로 완전히 돌린다(3바퀴 회전).

② 스티어링 휠을 반시계 방향으로 완전히 돌린다(3바퀴 회전).

③ 클럭 스프링을 반시계 방향 또는 시계 방향으로 힘을 가하지 않은 상태에서 천천히 돌려 돌지 않는 곳까지 회전수를 확인한다.

④ 위 항의 중심 위치에서 맞춤 위치를 일치시켜 조립한다.

(6) 운전석 위치에서 에어백 모듈 커넥터 분해 및 조립 방법

운전석 위치 에어백 모듈의 두 가지 안전장치는 트윈 로크 기록 장치 및 작동 방지 장치이다. 작동 방지 장치는 두 개의 폭죽 터미널이 단락되어 불가피한 작동을 하는 것을 방지하는 장치이다. 트윈 로크 장치 커넥터(끼우는 부분과 끼우지 않는 부분)는 연결부의 신뢰성을 증가시키는 두 가지 장치에 의해 잠겨져 있으며, 1차 로크가 불완전한 경우 2차 로크가 작동하는 기능을 갖도록 설계되어 있다.

9 하이브리드 전기장치 점검

실습목표 (수행준거)	1. 고전압 배터리와 BMS의 전기장치의 작동 상태를 확인할 수 있다. 2. 세부 점검 목록을 확인하고 진단 장비를 사용하여 고장 원인을 진단할 수 있다. 3. 정비 지침서에 따라 고전압 장치 점검 방법을 확인하고 진단할 수 있다. 4. 정비 지침서에 따라 탈거 조립 순서를 결정하고 관련 작업에 필요한 장비 · 공구를 준비할 수 있다. 5. 이상 부품 교환 시 정비 지침서 기준으로 교환할 수 있다. 6. 하이브리드 전기장치 점검 시 안전한 작업을 위해 관련 장비를 갖추고 작업을 수행할 수 있다.

1 관련 지식

1 하이브리드 전기장치

하이브리드 자동차는 2개의 동력원(내연 엔진과 전기 모터)을 이용하여 구동되는 자동차로 전기 자동차와 연계되는 동력 전달 방식이다. 자동차 부하 및 도로 상태의 변화에 따른 동력원을 전기 모터와 조화를 이루며 적절하게 공급함으로써 자동차의 주행 연비를 향상시키고 배출 가스도 저감시킬 수 있어 전기 자동차의 전 단계 모델로 상용화되고 있다. 예 쏘나타, K5

● **하이브리드 자동차의 특징**

① 내연 엔진으로 사용했을 때보다 연비가 높아진다.

② 이산화탄소 배출량을 줄일 수 있다.

③ 자동차 동력원을 이원화함으로써 주행 상태에 따른 동력을 효율적으로 제어할 수 있다.

HEV 엔진 150 PS + 모터 41 PS = 191 PS

모터 30 kW를 PS으로 환산하면, 30 kW/0.7355 = 40.8 PS가 된다.

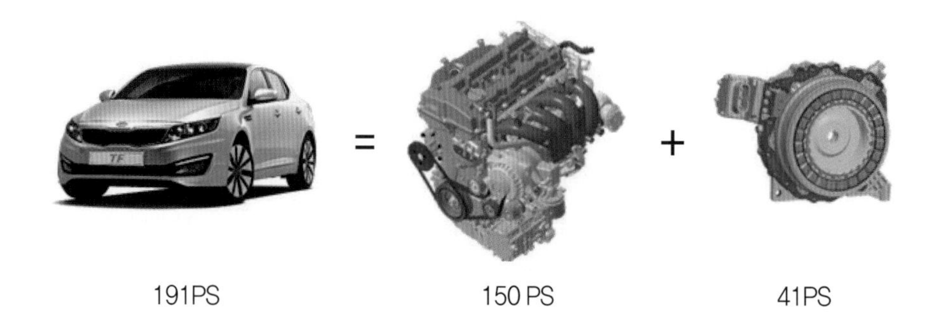

2 구동 형식에 따른 종류

하이브리드 전기 자동차는 구동 모터와 엔진의 조합에 따라 다양한 형태의 구조가 가능하다.

(1) 직렬 형식(serial type)

엔진에서 출력되는 기계적 에너지는 발전기를 통하여 전기적 에너지로 바뀌고, 이 전기적 에너지가 배터리나 모터로 공급되어 차량은 항상 모터로 구동되는 형식이다.

직렬형 하이브리드 자동차는 전기 자동차에 주행 거리의 증대를 위해 발전기를 추가한 형태이며, 발전기의 발전을 엔진 동력, 즉 연료를 이용한 엔진 구동을 통해 발전한다.

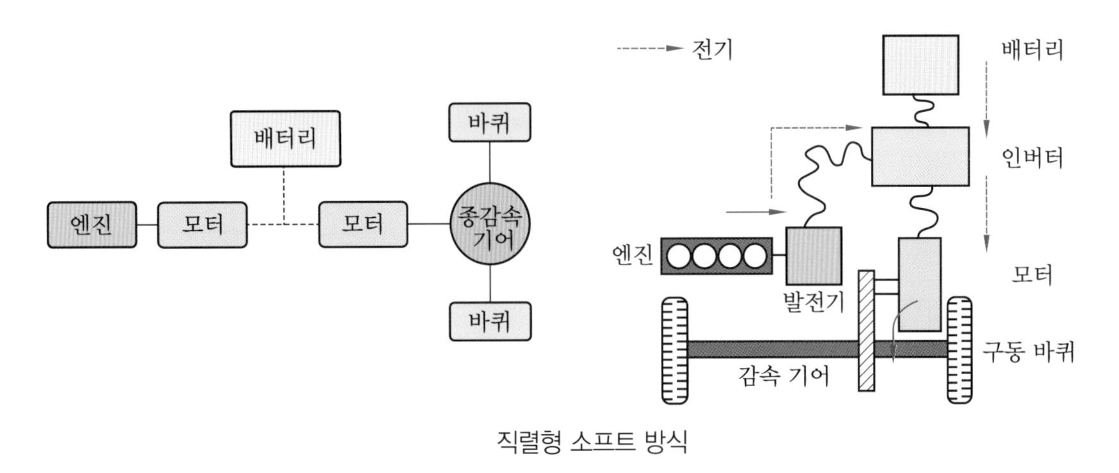

직렬형 소프트 방식

(2) 병렬 형식(parallel type)

① 소프트 방식(FMED : flywheel mounted electric device)

배터리 전원만으로 구동할 수 있고 엔진(가솔린 또는 디젤)만으로도 차량을 구동시키는 두 가지 동력원을 같이 사용하는 방식이다. 엔진과 변속기 사이에 모터가 삽입된 간단한 구조를 가지고 있고 모터가 엔진의 동력 보조 역할을 한다.

(가) 장점 : 전기적 부분의 비중이 적어 가격이 저렴하다.

(나) 단점 : 순수하게 전기차 모드로 구현이 불가능하기 때문에 하드 방식에 비해 연비가 불량하다.

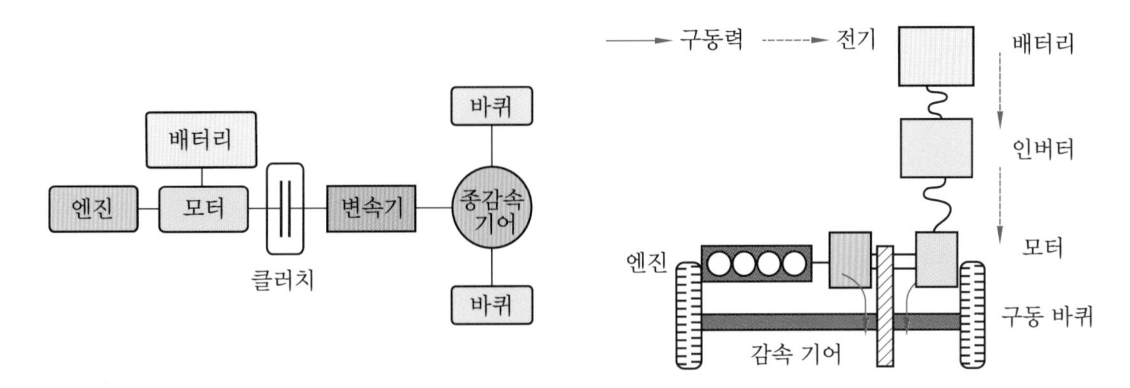

병렬형 소프트 방식

병렬형에서 FMED 방식은 모터가 엔진 측에 장착되어 모터를 통한 엔진 시동, 엔진 보조 및 회생 제동 기능을 수행한다. 또한 엔진과 모터가 직결되어 있으므로 전기차 주행(모터만 주행)이 불가능하다. 비교적 적은 용량의 모터를 장착하며, 소프트 타입이라고도 한다.

(현재 적용되는 차종 : 현대의 아반테, 베르나, 기아의 포프테, 프라이드, 혼다의 어코트, 시빅)

② 하드 방식(TMED : transmission mounted electric device)

주행 조건에 따라 엔진과 모터가 상황에 따른 동력원을 변화할 수 있는 방식이므로 다양한 동력 전달이 가능하다. 엔진, 모터, 발전기의 동력을 분할, 통합하는 기구를 갖추어야 하므로 구조가 복잡하지만 모터가 동력 보조뿐만 아니라 순수 자동차로도 작동이 가능하다.

㈎ 장점 : 연료 소비율이 낮다.

㈏ 단점 : 대용량의 배터리가 필요하고, 대용량 모터와 2개 이상의 모터, 제어기가 필요하며, 소프트 타입에 비해 제작비가 1.5~2배 이상 소요된다.

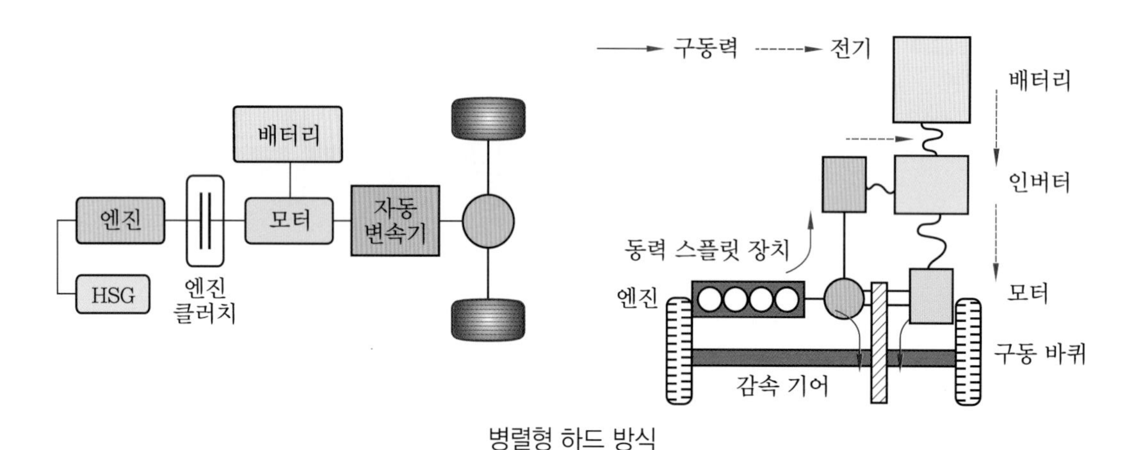

병렬형 하드 방식

병렬형에서 TMED(transmission mounted electric device) 방식은 모터가 변속기에 장착되어 직결되며 전기차 주행이 가능한 방식으로 HEV(full hybrid electronic vehicle) 타입 또는 하드 타입 HEV시스템이라고 한다. 모터가 엔진과 별도로 되어 있어 주행 중 엔진 시동을 위한 시동 발전기(HSG : hybrid starter generator)가 장착된다.

(현재 적용되는 차종 : 현대의 쏘나타, 그랜져, 기아의 K5, K7, 아우디, 폴크스바겐, 포르쉐 등)

(3) 복합형(power split type)

변속기의 기능으로 유성 기어와 모터 제어를 통해 자동차 주행 차속을 제어하는 방식으로 전기차(HEV) 주행이 가능한 하드 타입이다. 복합형은 고용량 모터가 필요한 단점이 있으나 효율성이 좋고 주행 안정성이 좋으며, 유성 기어와 모터가 함께 차속을 제어한다(현재 적용되는 차종 : 도요타, 벤츠, GM, BMW).

복합형은 엔진과 2개의 모터를 유성 기어로 연결하여 별도의 변속기가 필요 없이 변속 기능을 구현하는 방식이다.

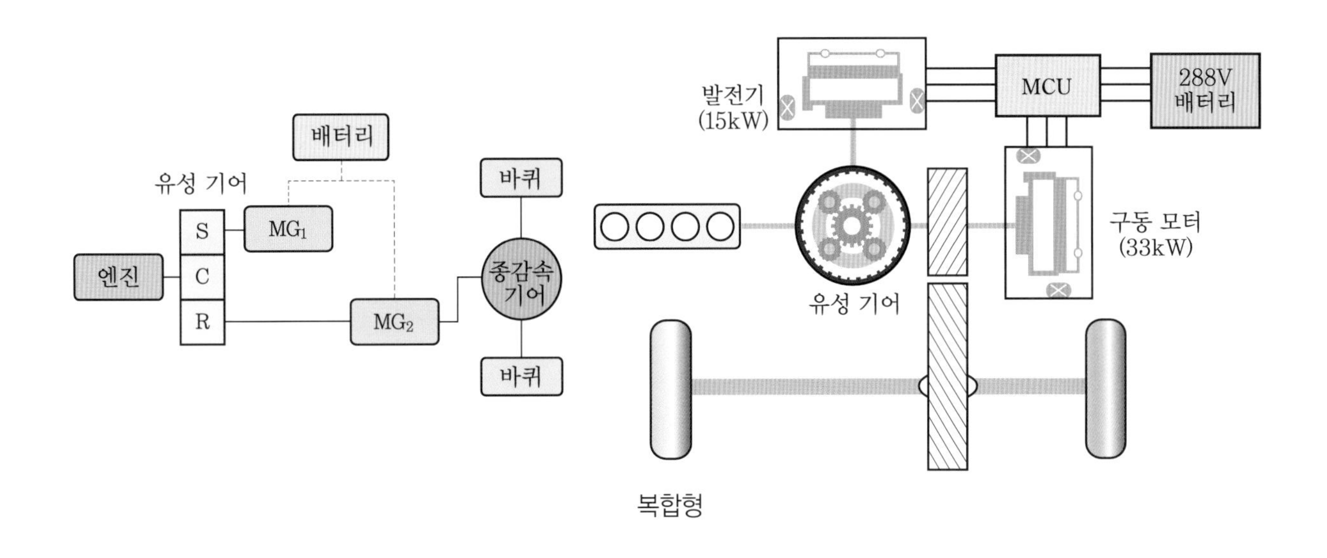

복합형

3 주행 모드 및 시스템 제어 모드

(1) 소프트 타입과 하드 타입의 주행 패턴 비교

소프트 타입과 하드 타입의 분류 기준은 순수 EV(전기 구동) 모드가 있으면 하드 타입으로 소프트 타입과 하드 타입의 구분은 엔진 시동 없이 모터의 회전력만으로 주행하는 전기차 모드의 주행이 가능한 상태로 구분된다. 소프트 타입은 전기차 주행이 불가능하여 출발 시 모터와 엔진을 모두 사용하고, 부하가 적은 정속 주행 시에는 엔진 동력으로 주행한다. 고부하 주행(가속이나 등판) 영역에서는 엔진의 회전력을 HEV 모터 회전력으로 보조가 되며 브레이크 작동 시에는 회생 제동 브레이크 시스템을 사용하여 바퀴의 구동력을 HEV 모터로 전달하여 발전기에 전기에너지로 전환하고 고전압 배터리를 충전한다. 정차 시에는 엔진이 정지되어 연비의 효율성을 높이게 되는데, 이 기능을 오토 스톱이라 한다.

① 소프트 타입 주행 패턴

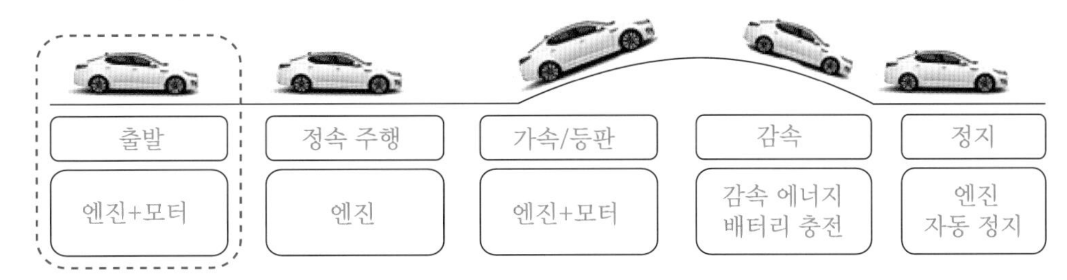

② 하드 타입 주행 패턴

4 하이브리드 구성 요소 및 부품 장착 위치

용어(부품 명칭)	부품 위치 및 의미	용어(부품 명칭)	부품 위치 및 의미
하이브리드 전기 자동차 (HEV)	엔진 + 모터 구동 자동차	고전압 차단 플러그 (안전 플러그)	트렁크 고전압 배터리
HEV 파워 제어기 (HPCU)	엔진 룸	액티브 유압 부스터 (AHB)	엔진 룸
HEV 제어기 (HCU)	HPCU	액티브 에어 플랩 (AAF)	라디에이터 그릴 안쪽
모터 제어기(인버터) (MCU)	HPCU	전동식 워터 펌프 (EWP)	HPCU, HSG 냉각
고전압 배터리 제어기 (BMS)	트렁크룸 내 배터리 패키지	히터 전동식 워터 펌프 (전동식 보조 워터 펌프)	EV 모드 시 난방을 위한 냉각수 순환 (히터 코어로)
DC-DC 변환기 (LDC)	HPCU	가상 엔진 소음 발생 장치 (VESS)	엔진 룸
모터가 플라이휠에 장착 (FMED)	병렬형 (소프트 타입)	전동식 오일 펌프 유닛(변속기) (OPU)	엔진 룸
모터가 변속기에 장착 (TMED)	병렬형(하드 타입)	전동식 오일 펌프(변속기) (EOP)	변속기 외부
HEV 시동 발전기 (HSG)	별도 엔진 시동 모터 (당사 TMED 타입에 적용)	병렬형 (parallel type)	구동 형식
순수 전기 모터 구동 (EV 모드)	엔진 룸	복합형 파워 분배형 (power split type)	구동 형식
엔진 구동 + 전기 모터 구동 (HEV 모드)	엔진 룸	플러그인 (plug-in hybrid electric vehicle)	운전석, 조수석 뒤
니켈-수소 배터리 (NI-MH)	혼다, 도요타	엔진 클러치 압력 센서 (CRS)	변속기 HE 모터 하우징
리튬 이온-폴리머 배터리 (LI-PM)	쏘나타, 아반떼 HEV K5, 포르테 HEV	워머 (A/T 변속기 오일 워머)	변속기 외부
고전압 릴레이 어셈블리 (PRA)	고전압 배터리 패키지 내 장착	전동식 에어 컴프레서 (electric air compressor)	고전압 구동
모터 위치 센서 (리졸버)	모터 하우징		

2 하이브리드 시스템 전기장치 점검

1 하이브리드 시스템 주의 사항

(1) 일반적인 주의 사항

하이브리드 시스템은 고전압(270 V)을 사용하므로 아래의 주의 사항을 반드시 지켜야 한다.

① 고전압계 와이어링 및 커넥터는 오렌지 색으로 되어 있다.

② 고전압계 부품에는 "고전압 경고" 라벨이 부착되어 있다.

③ 고전압 보호 장비 착용 없이 절대 고전압 부품, 케이블, 커넥터 등을 만져서는 안 된다.

(2) 고전압 시스템 작업 전 준수 사항

① 항시 절연 장갑과 보안경을 착용하고, 절연 공구를 사용한다.

② 절연 장갑이 찢어졌거나 파손되었는지 확인한다.

③ 절연 장갑의 물기를 완전히 제거한 후 착용한다.

④ 금속성 물질은 작업 전에 반드시 몸에서 제거한다.

⑤ 고전압을 차단한다("고전압 차단 절차" 참조).

⑥ 고전압 차단 후, 고전압 단자 간 전압이 30 V 이하임을 확인한다.

2 고전압 차단 절차 및 안전 플러그 점검

고전압 시스템 관련 부품 작업 시 반드시 고전압을 차단한 후에 작업을 실시한다.

(1) 고전압 차단 절차

① 고전압 시스템을 점검하거나 정비하기 전에 반드시 안전 플러그를 분리하여 고전압을 차단하도록 한다.

② 점화 스위치를 OFF하고 보조 배터리(12 V)의 (−) 케이블을 분리한다.

③ 트렁크 내 고전압 배터리에서 장착 볼트를 풀고, 안전 플러그 커버를 탈거한다.

④ 잠금 후크를 들어 올린 후, 화살표 방향으로 레버를 잡아당겨 안전 플러그를 탈거한다.

→ 안전 플러그 탈거 후 인버터 내에 있는 커패시터의 방전을 위하여 반드시 5분 이상 대기한다.

(2) 안전 플러그 제거

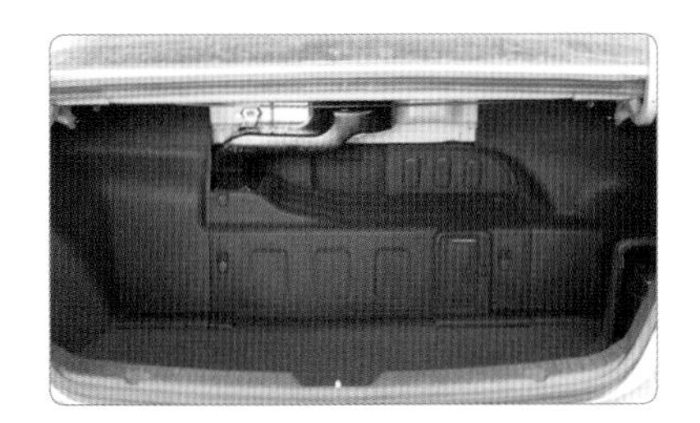

1. 트렁크를 오픈한다.

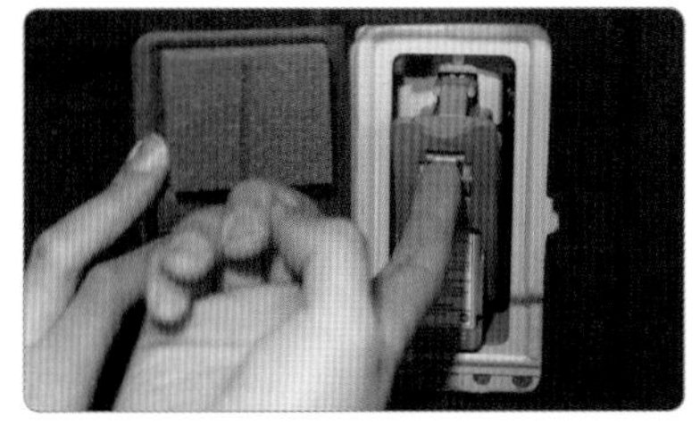

2. 안전 플러그 위쪽 아래 키를 잡는다.

3. 잠금 후크를 들어 올려 앞으로 당겨 탈거한다.

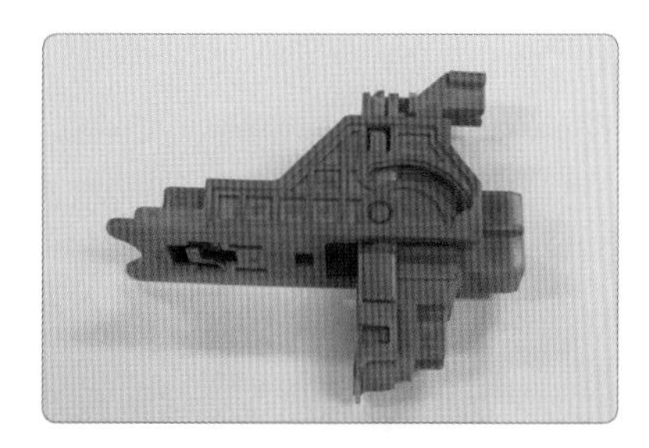

4. 안전 플러그를 탈거한 후 정렬한다.

5. 안전 플러그 조립 시 안전 플러그를 하단 키에 끼운다.

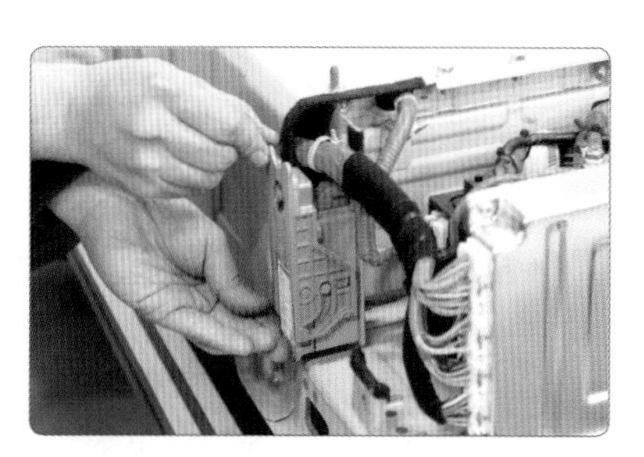

6. 안전 플러그 아래를 딸깍 소리가 나도록 밀어서 조립한다.

(3) 점검 커넥터 위치 및 단자

인터로크(F73-S)

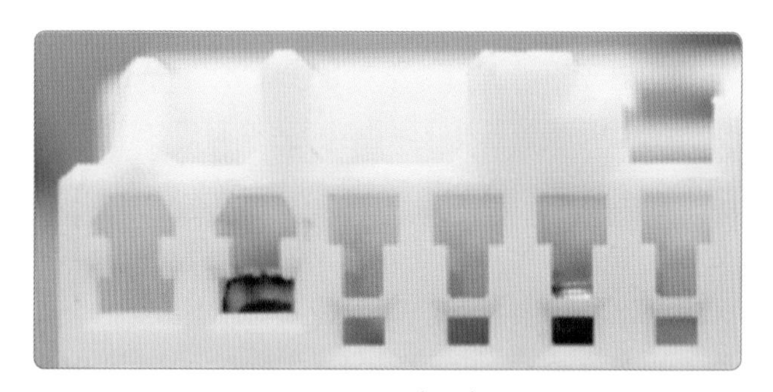

BMS ECU(F71)

(4) 안전 플러그 회로 및 단자 기능

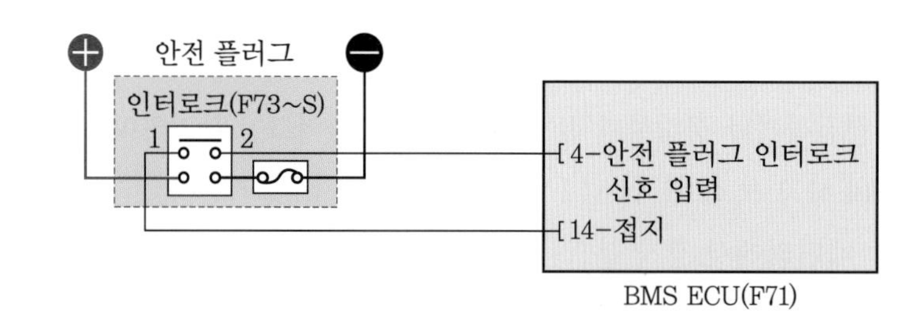

단 자	연결 부위	기 능
1	BMS ECU F71(14)	접지
2	BMS ECU F71(4)	안전 플러그 인터로크 신호 입력

고전압계 부품

고전압 배터리, 파워 릴레이 어셈블리, 하이브리드 구동 모터, 하이브리드 스타터 제너레이터(HSG), 파워 케이블, 하이브리드 파워 컨트롤 유닛(HPCU), 메인 퓨즈, 배터리 온도 센서, 전동식 컴프레서 등이 고전압계 부품이다.

(5) 고전압 단자 간 전압 측정(인버터 커패시터 방전 확인)

1. 고전압 프런트 커버를 탈거한다.

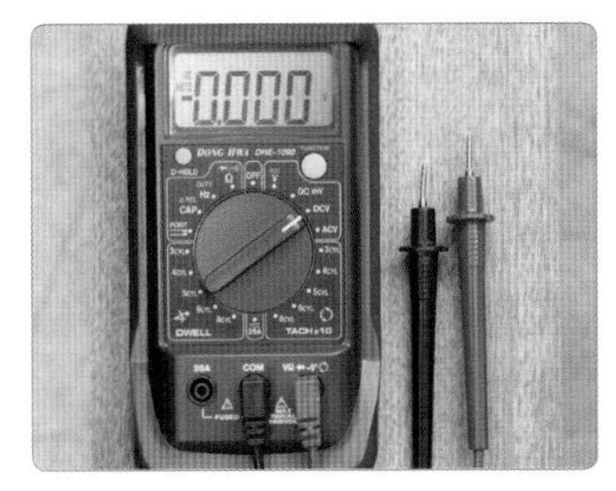

1. 멀티테스터기를 전압으로 선택한다.

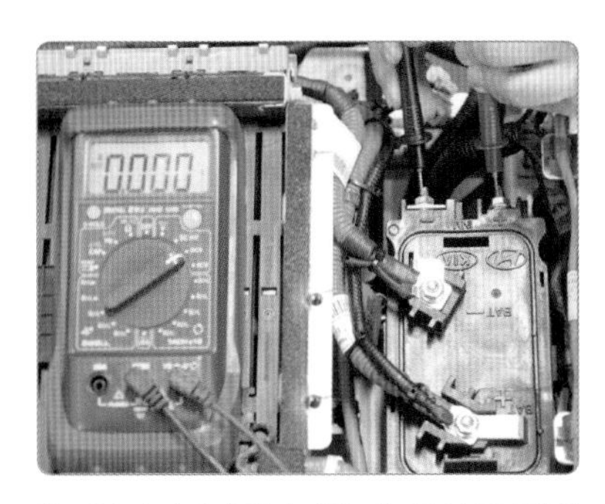

2. 인버터 (+)와 (−)단자 사이의 전압 값을 측정한다(30 V 이하 양호).

(6) 안전 플러그 기능 및 역할

안전 플러그는 고전압 배터리의 뒤쪽에 위치하고 있으며, 하이브리드 시스템 정비 시 고전압 배터리 회로 연결을 기계적으로 차단하는 역할을 한다. 안전 플러그 내부에는 과전류로부터 고전압 시스템 관련 부품을 보호하기 위해 고전압 메인 퓨즈가 장착되어 있다.

(7) 안전 플러그 점검

① 안전플러그 퓨즈 탈거

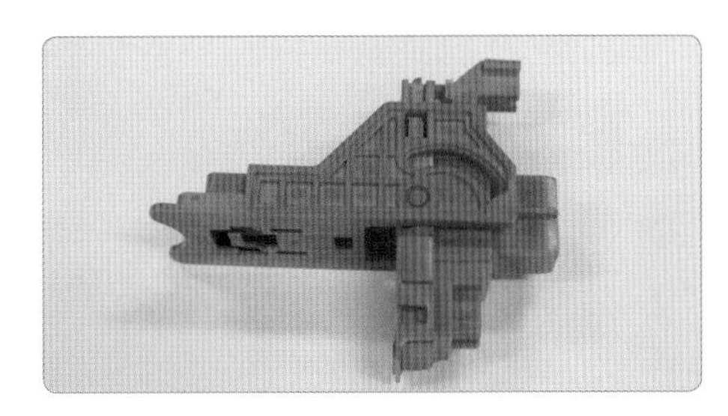

안전 플러그 내 메인 퓨즈 확인 후 탈거

② 단품 점검

1. 고전압 배터리에서 안전 플러그를 탈거한다.

2. 탈거된 안전 플러그를 점검한다.

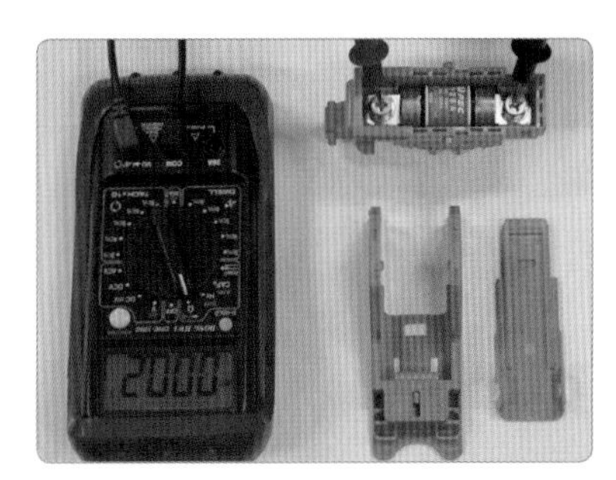

3. 정확한 퓨즈 단선 상태를 확인하기 위해 안전 플러그 퓨즈를 탈거한 후 점검한다.

③ 정격전압 및 규정값

④ 안전플러그 블록도 및 연결 정보와 단자

3 고전압 배터리 점검

고전압 배터리 시스템은 하이브리드 구동 모터, HSG와 전기식 A/C 컴프레서에 전기 에너지를 제공하고, 회생 제동으로 인해 발생된 에너지를 회수한다. 고전압 배터리 시스템은 배터리 팩 어셈블리, BMS ECU, 파워 릴레이 어셈블리, 케이스, 컨드롤 와이어링, 쿨링 팬, 쿨링 덕트로 구성되어 있다.

배터리는 리튬 이온 폴리머 배터리(LiPB) 타입이며, 72셀(8셀×9모듈)이다. 각 셀의 전압은 DC 3.75 V이며, 따라서 배터리 팩의 정격 용량은 DC 270 V이다.

(1) 파워 릴레이 어셈블리 점검

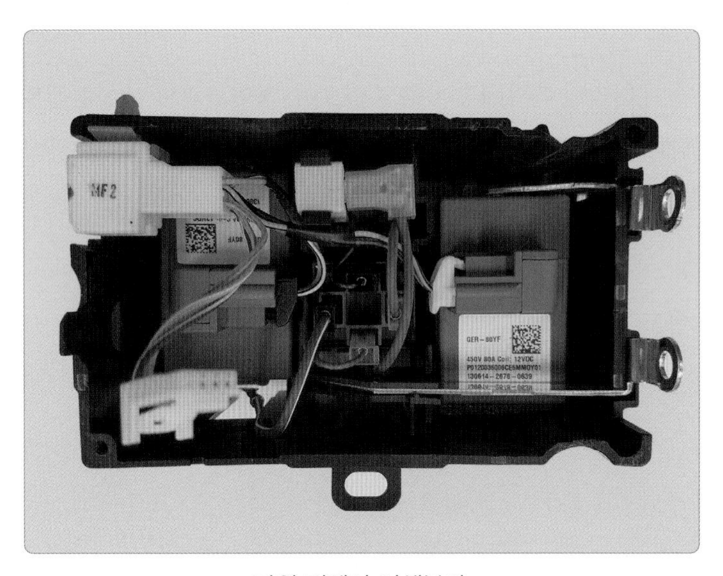

파워 릴레이 어셈블리

① 파워 릴레이 어셈블리(PRA) 단자 및 커넥터

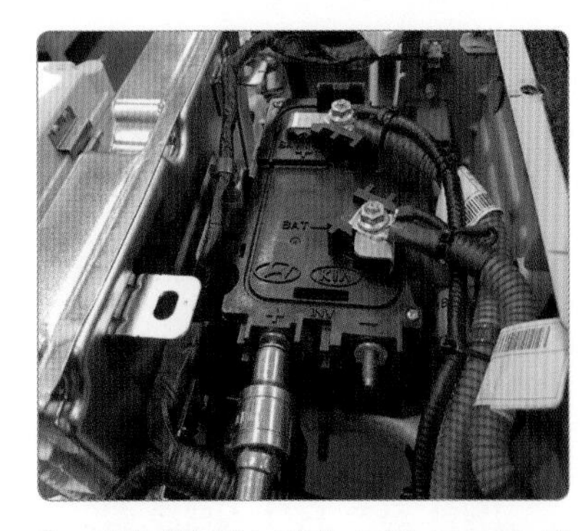

1. 파워 릴레이 단자 고정 너트를 탈거한다.

2. 인버터 (+), (−) 단자 표기(→)

3. PRA 커넥터 및 단자 표기(→)

② **파워 릴레이 관련 부품** : 파워 릴레이 어셈블리(PRA)는 (+), (−) 메인 릴레이, 프리차지 릴레이, 프리차지 레지스터, 배터리 전류 센서로 구성되어 있다. PRA는 배터리 팩 어셈블리 내에 위치하고 있으며, 고전압 배터리와 BMS ECU의 제어 신호에 의한 인버터의 고전압 전원 회로를 제어한다.

(2) 메인 릴레이 및 프리 차지 릴레이 점검

① 메인 릴레이 점검

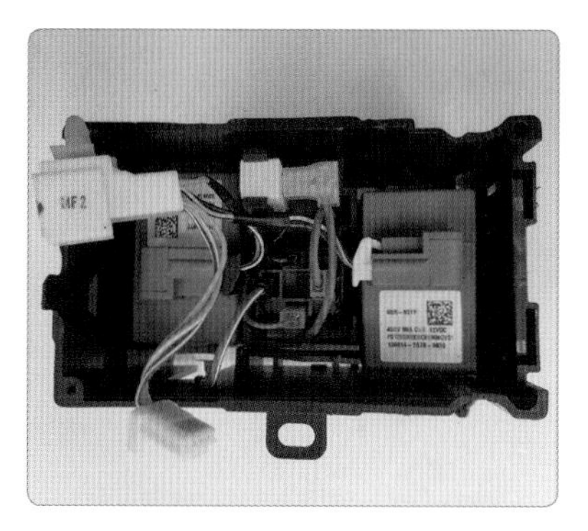

1. 메인 릴레이 커버를 탈거한 후 인버터 단자 및 PRA 단자를 탈거한다.

2. 메인 릴레이 (+), (−)를 모듈에서 분리한다.

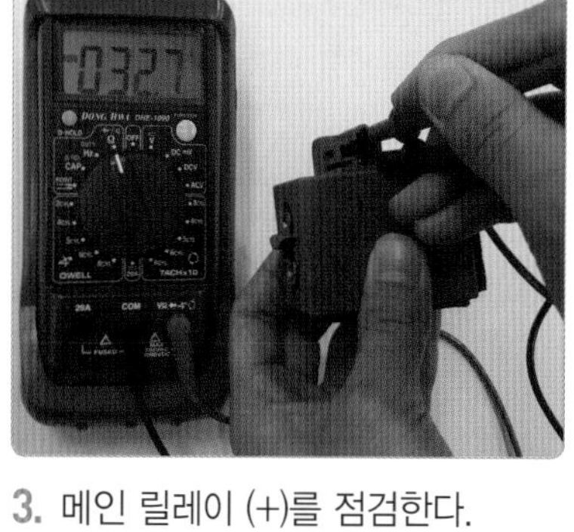

3. 메인 릴레이 (+)를 점검한다. (32.7 Ω)

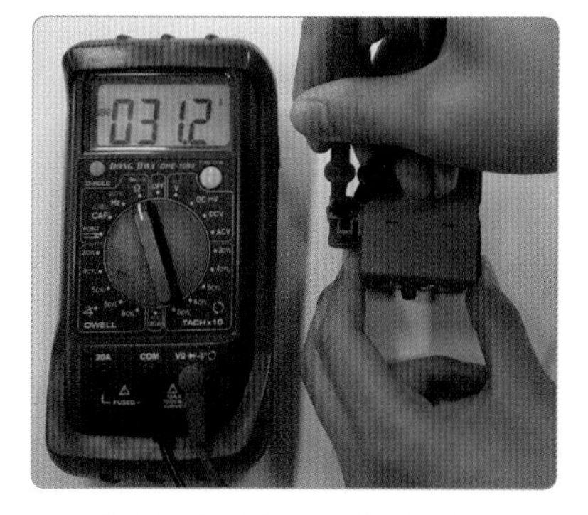

4. 메인 릴레이 (−)를 점검한다. (31.2 Ω)

5. 프리차지 릴레이를 탈거한다.

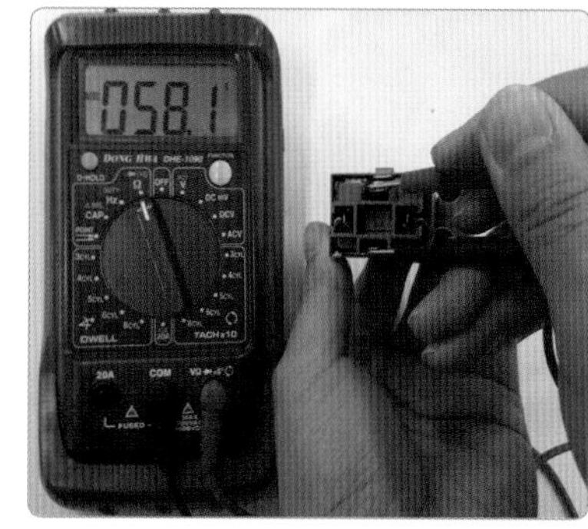

6. 프리차지 릴레이를 점검한다. (58.1 Ω)

7. 프리차지 저항 커넥터를 분리한다.

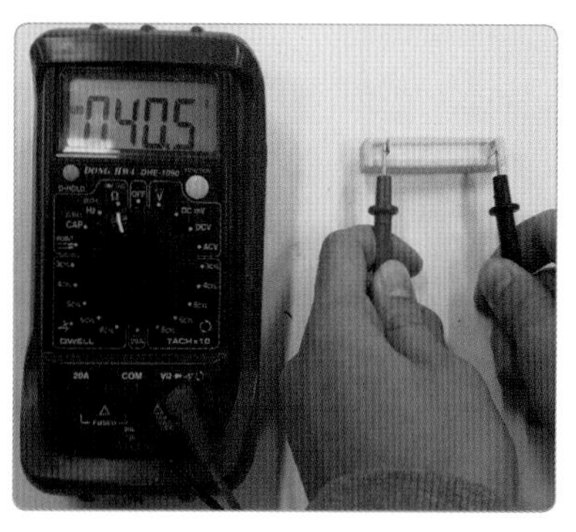

8. 프리차지 릴레이를 점검한다. (40.5 Ω)

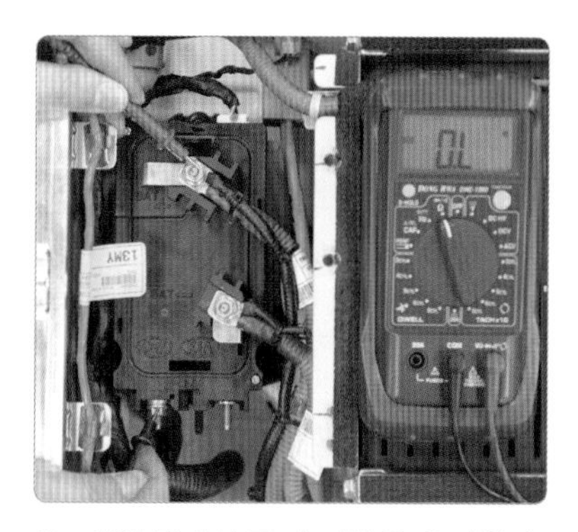

9. 메인 릴레이 단자 저항을 측정한다. (메인 릴레이 (+) 단자 확인)

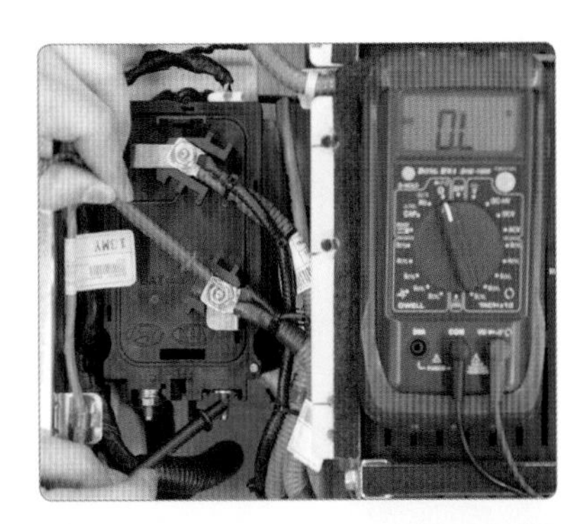

10. 메인 릴레이 단자 저항을 측정한다(메인 릴레이 (–) 단자 확인).

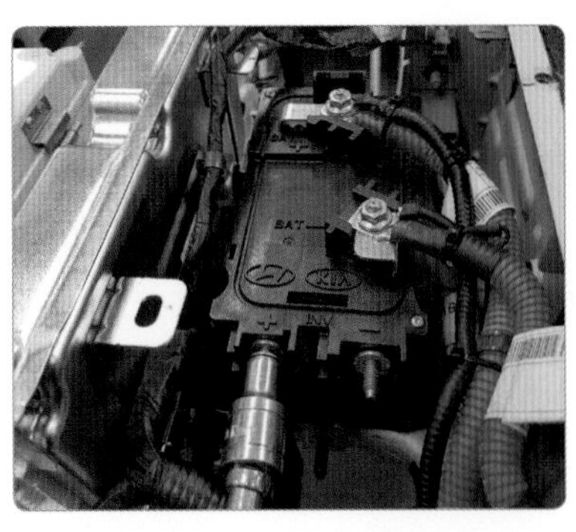

11. 점검 후 파워 릴레이를 조립한다.

12. 고전압 배터리 프런트 커버를 조립한다.

② PRA와 BMS 관련 회로

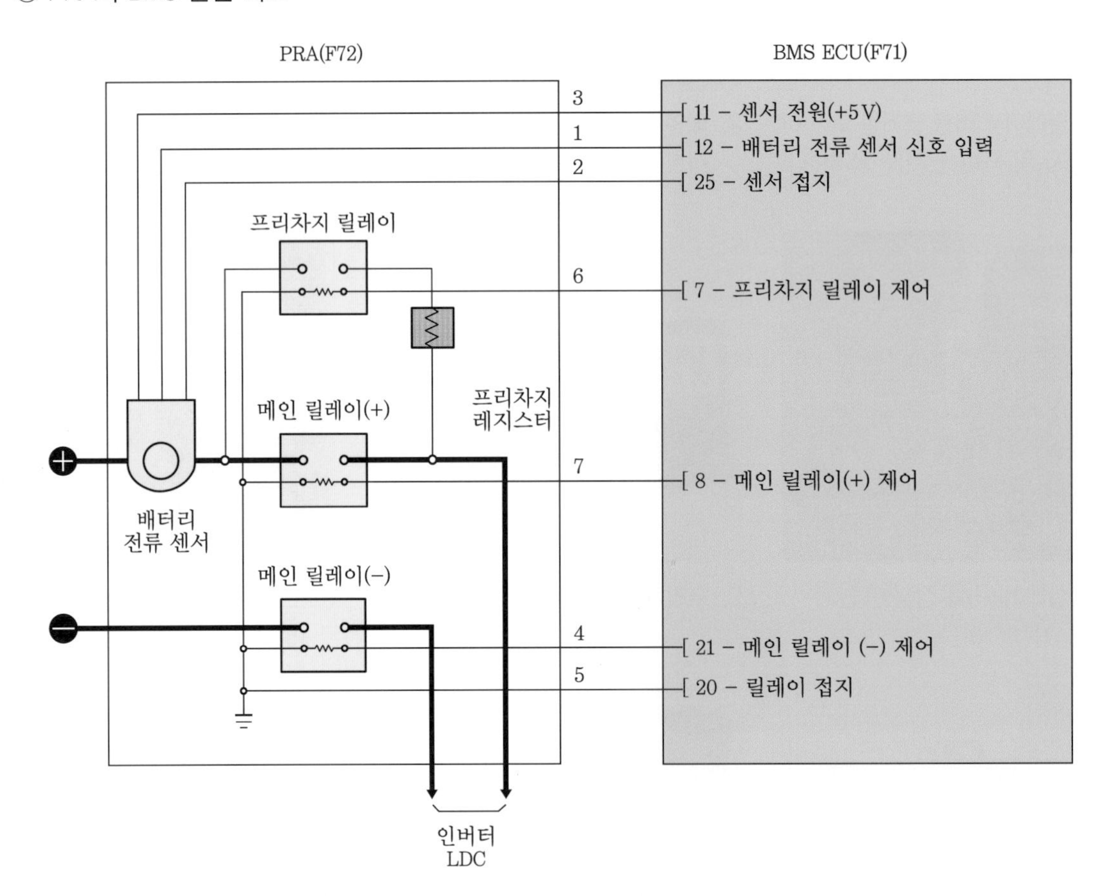

고전압 단자 간 전압 측정 시 주의 사항

30 V 이상의 전압이 측정된 경우, 안전 플러그 탈거 상태를 다시 한번 확인하고 안전 플러그가 탈거되었음에도 30 V 이상의 전압이 출력되었다면, 고전압 회로에 중대한 문제가 발생했을 수 있다. 이러한 경우 DTC 고장 진단 점검을 먼저 실시하고, 고장 원인이 진단될 때까지 고전압 계통 점검을 중지한다.

③ PRA와 BMS 커텍터 및 단자 번호

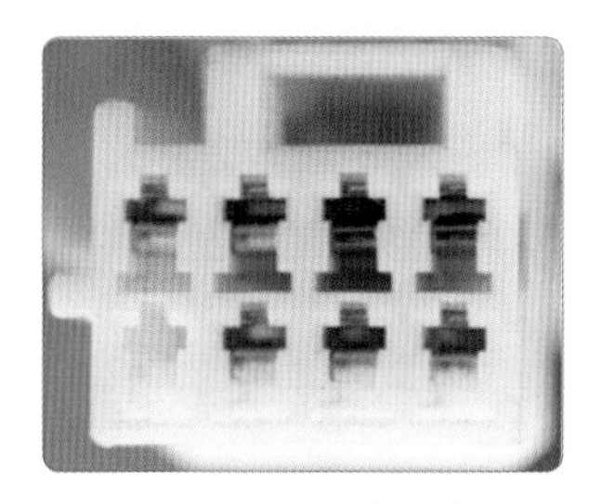

PRA 커넥터(F72)

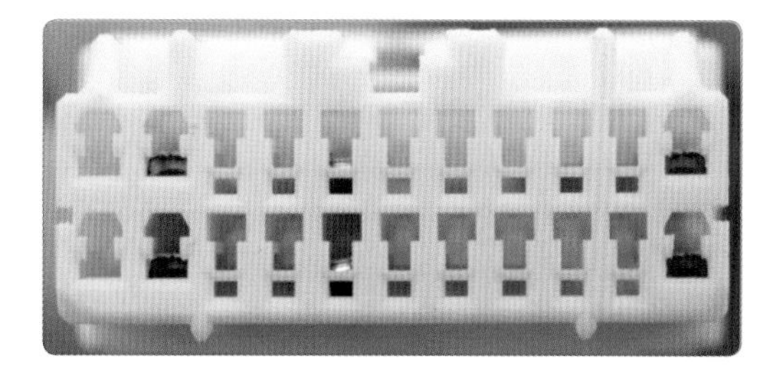

BMS ECU(F71)

단 자	연결 부위	기 능
1	BMS ECU F71(12)	배터리 전류 센서 신호 입력
2	BMS ECU F71(25)	센서 접지
3	BMS ECU F71(11)	센서 전원(+5 V)
4	BMS ECU F71(21)	메인 릴레이 (–) 제어
5	BMS ECU F71(20)	릴레이 접지
6	BMS ECU F71(7)	프리차지 릴레이 제어
7	BMS ECU F71(8)	메인 릴레이 (+) 제어
8	–	–

④ 메인 릴레이 및 프리차지 릴레이 제원

메인 릴레이			프리차지 릴레이		
항 목		제 원	항 목		제 원
접촉 시	정격 전압(V)	450	접촉 시	정격 전압(V)	450
	정격 전류(A)	80		정격 전류(A)	10
코일	작동 전압(V)	12	코일	작동 전압(V)	12
	저항(Ω)	29.7~36.3(20℃)		저항(Ω)	59.4~72.6(20℃)

Chapter 9 전기

(3) 배터리 매니지먼트 시스템(BMS) 회로

① 배터리 매니지먼트 시스템(BMS) 회로-1

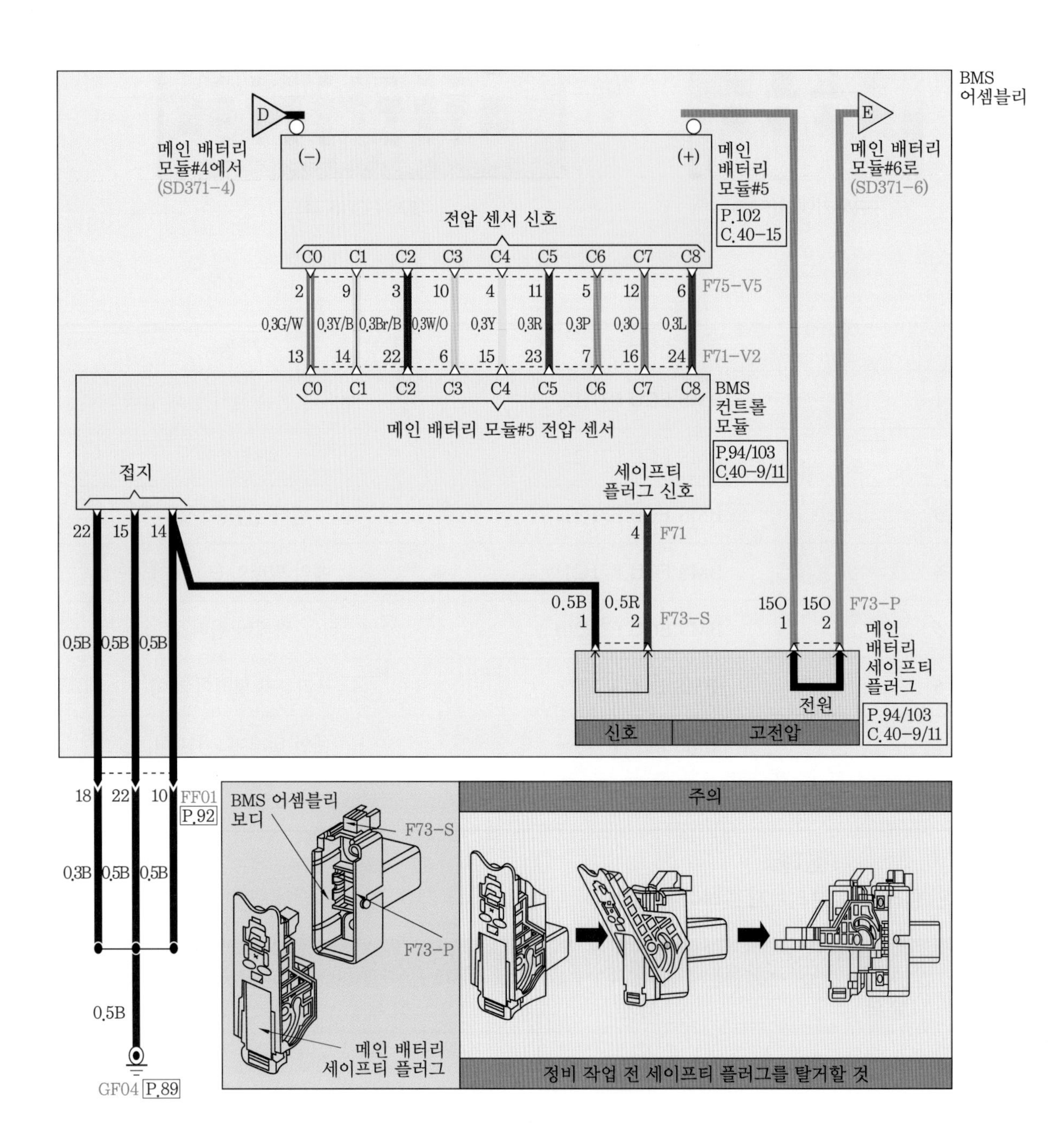

② 배터리 매니지먼트 시스템(BMS) 회로-2

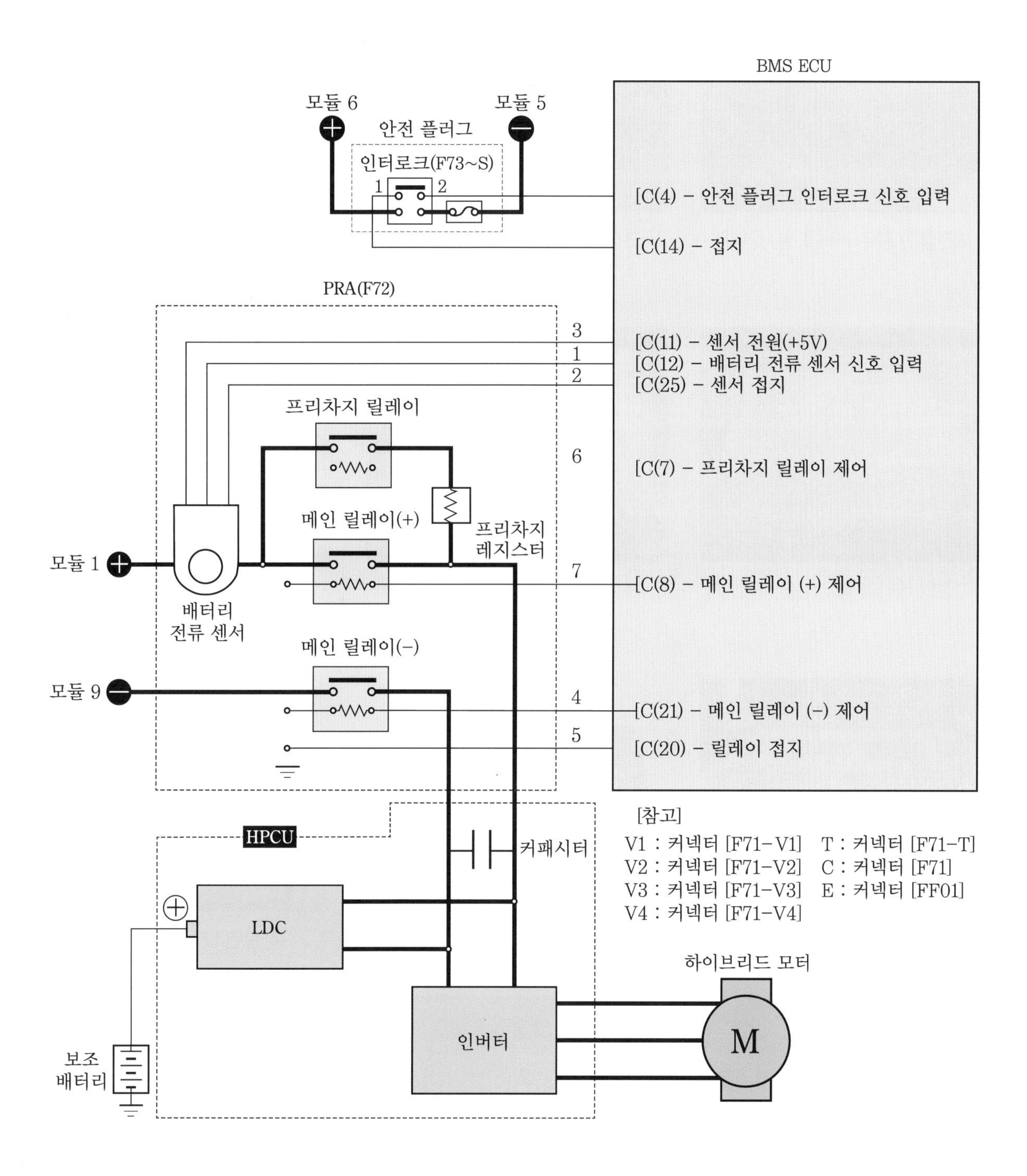

4 고전압 배터리 및 파워 릴레이 어셈블리 탈부착

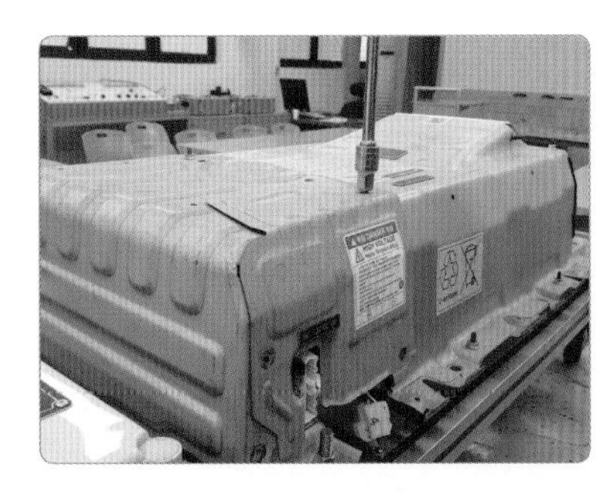

1. 고전압 프런트 커버를 탈거한다.

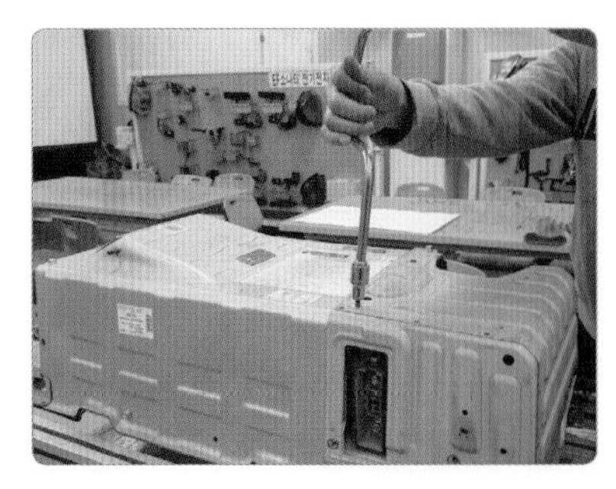

2. 고전압 리어 커버를 탈거한다.

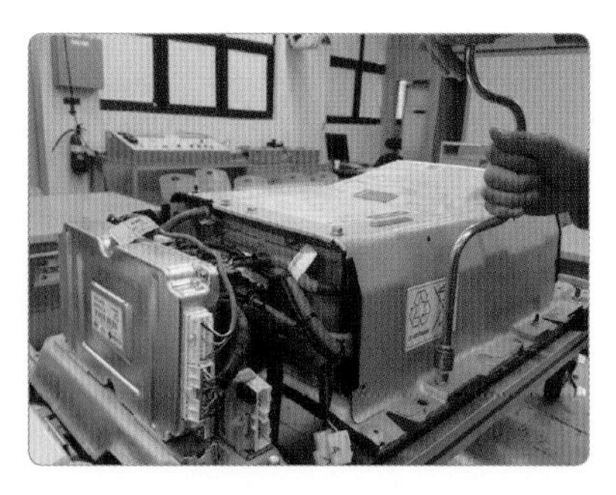

3. 고전압 배터리 팩 커버 고정 볼트를 분해한다.

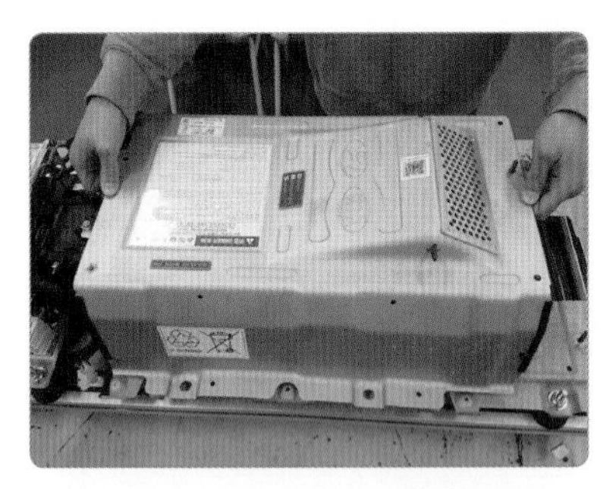

4. 고전압 배터리 팩 커버를 탈거한다.

5. PRA (+), (−) 체결 단자를 탈거한다.

6. PRA 인버터 (+), (−) 체결 단자를 탈거한다.

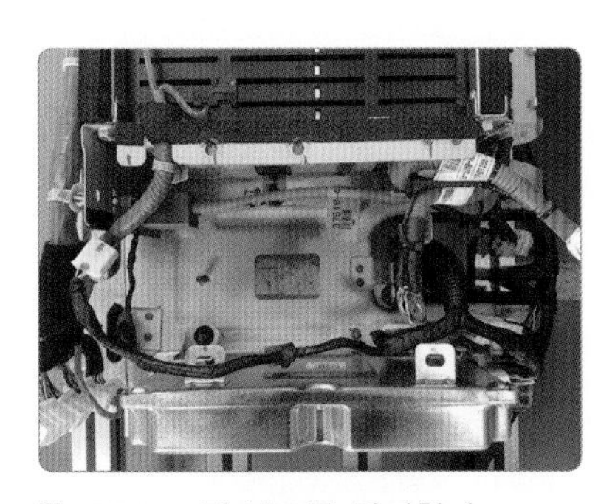

7. PRA 고정 볼트를 탈거한다.

8. PRA를 탈거한다.

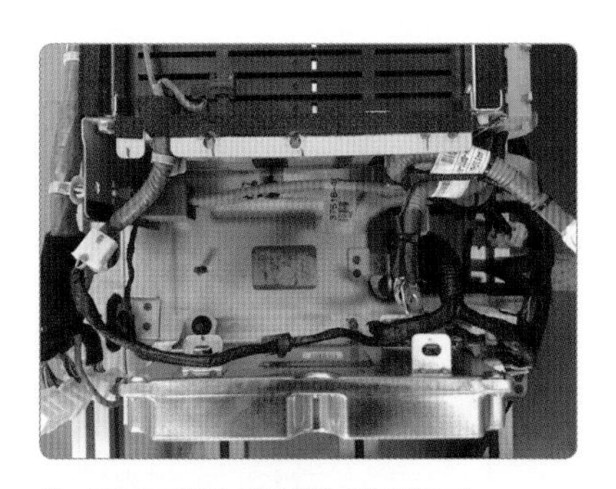

9. PRA 관련 배선을 정리한다.

10. PRA (+), (−) 단자, 인버터 (+), (−) 단자를 체결한다.

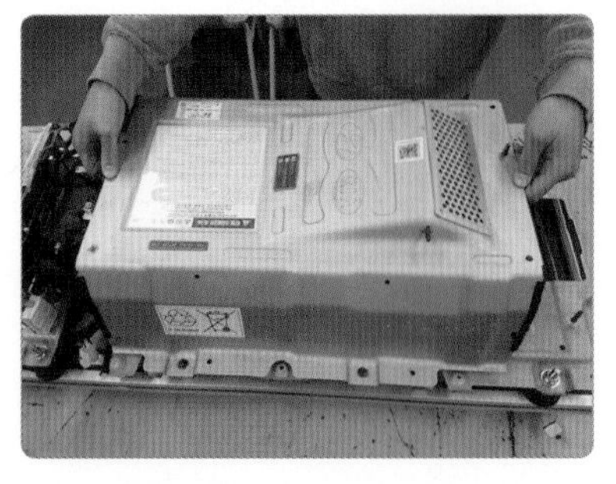

11. 고전압 배터리 팩 및 리어 커버를 조립한다.

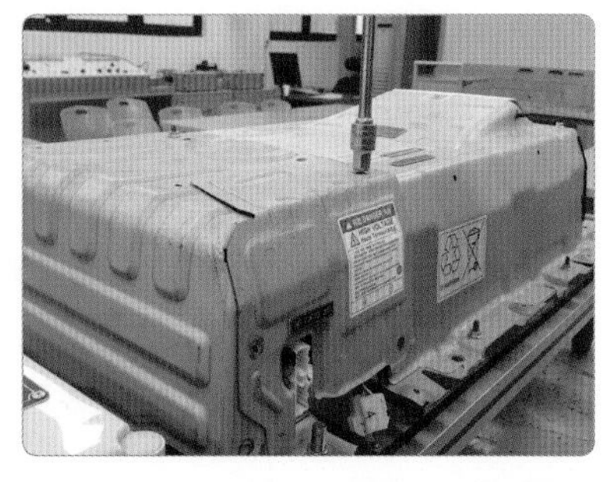

12. 고전압 프런트 커버를 조립한다.

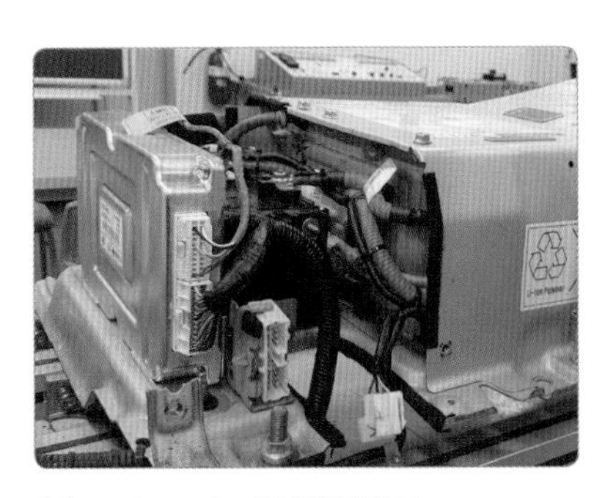

13. BCM ECU를 장착한다.

14. BCM ECU 커넥터를 체결한다.

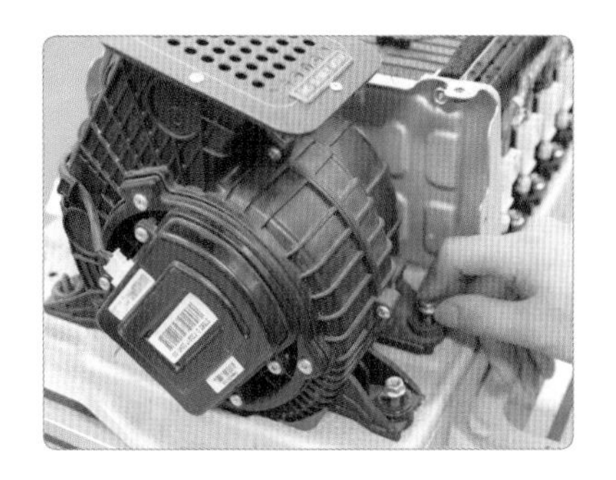

15. 쿨링팬을 장착한다.

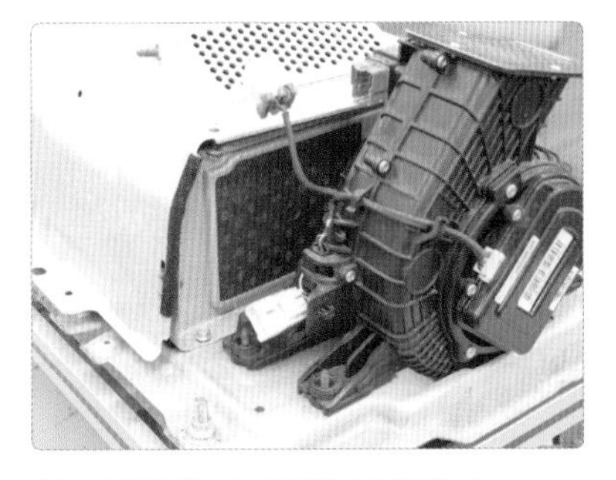

16. 쿨링팬 브래킷을 장착한다.

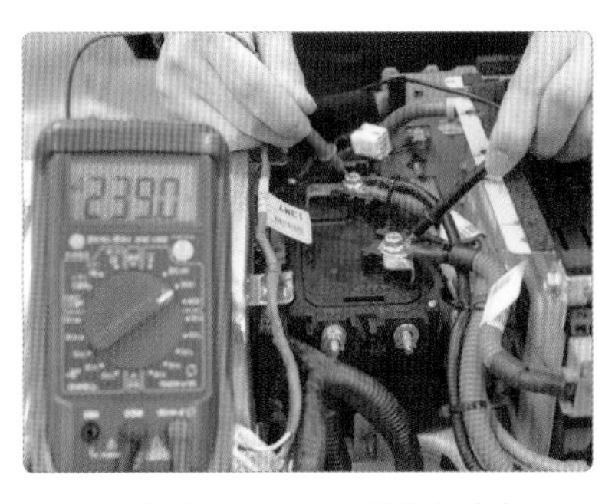

17. 고전압 배터리 전압 (+), (−)를 확인한다.

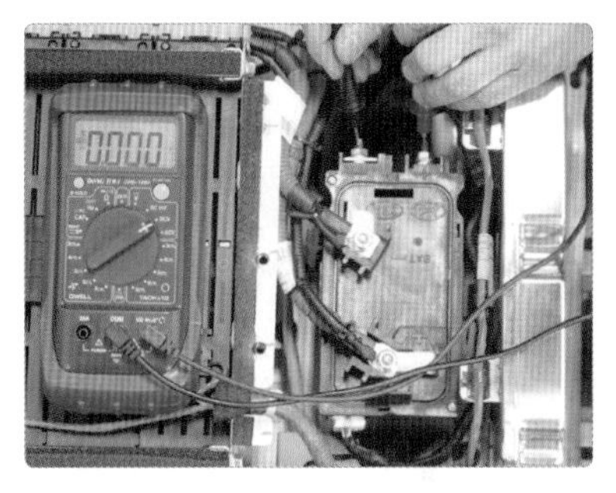

18. 인버터 전압을 확인한다.

5 고전압 배터리 점검

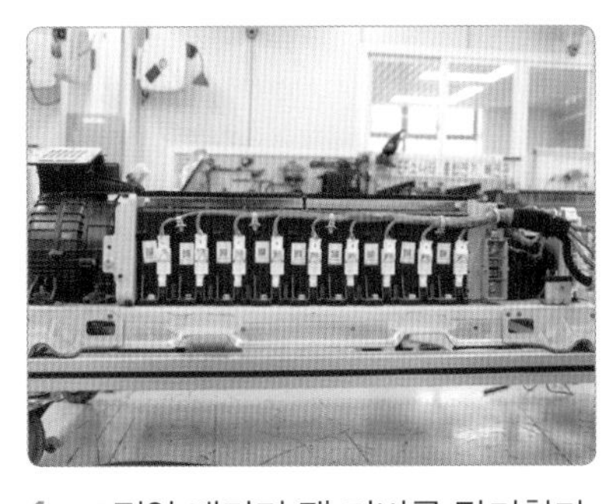

1. 고전압 배터리 팩 커버를 탈거한다.

2. 모듈 커넥터를 탈거한다.

3. 고전압 배터리 전압을 측정한다.

4. 고전압 배터리 전압을 확인한다.(238.8 V)

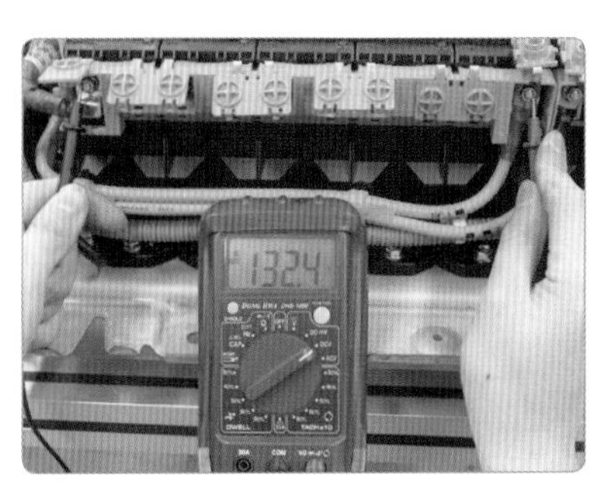

5. 모듈 1~5번 배터리 전압을 확인한다(132.4 V).

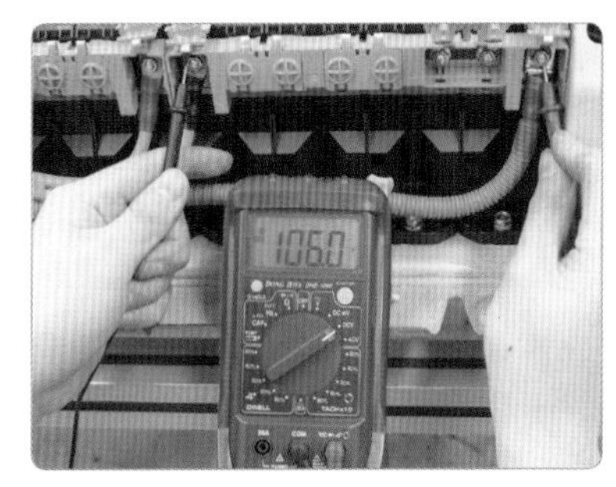

6. 모듈 6~9번 배터리 전압을 확인한다(106 V).

7. 배터리 모듈별 전압을 측정한다.

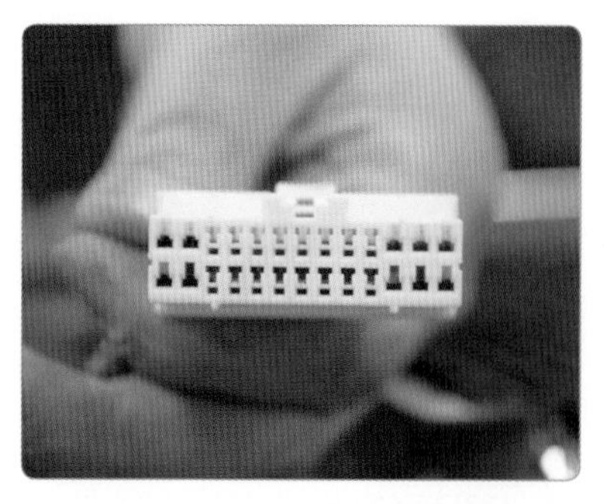
8. BMS ECU (F71) 커넥터 단자를 확인하고 온도 센서 및 모듈 단자 전압 출력을 확인한다.

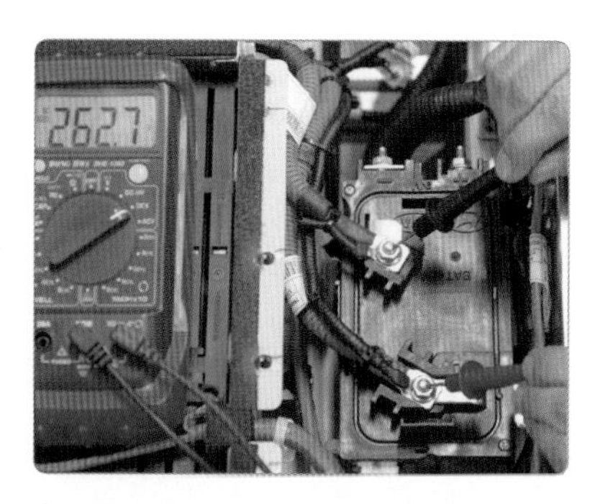

9. 배터리 PRA 출력 전압을 확인한다.

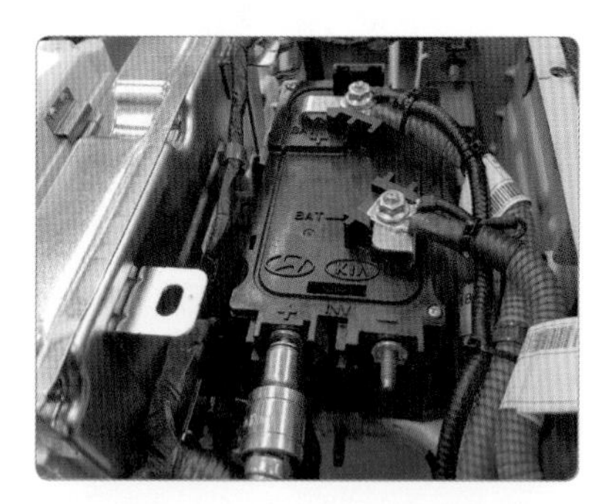
10. 점검 후 파워 릴레이를 조립한다.

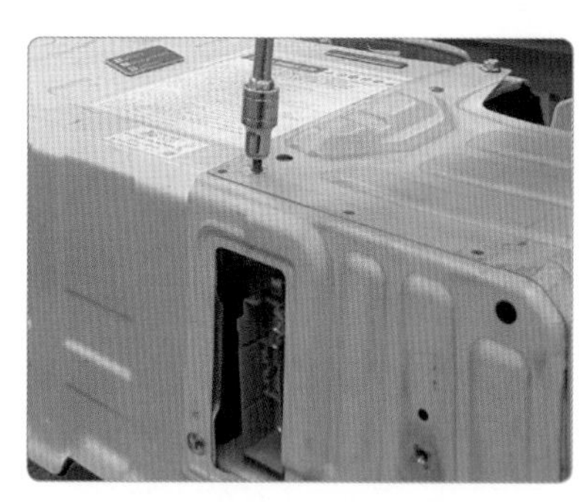
11. 고전압 배터리 프런트 커버를 조립한다.

12. 배터리 팩 커버를 조립한다.

잔존 전압 점검 기록표		
점검 항목	측정값	판 정
인버터 측		
파워케이블 측		

6 모터 온도 센서 점검

1. 리졸버 커넥터 위치를 확인한다.

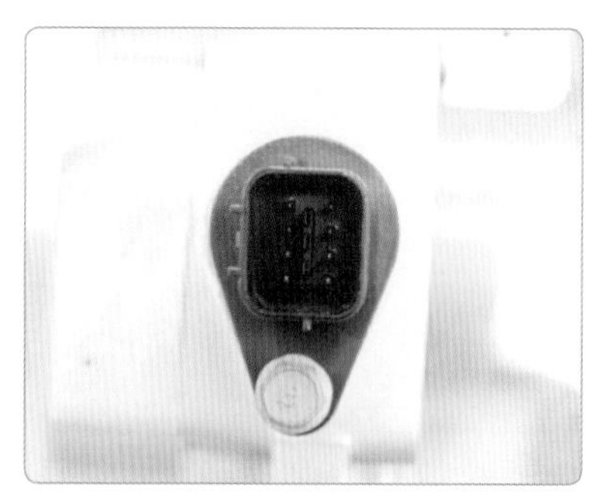
2. 리졸버 커넥터를 탈거한다.

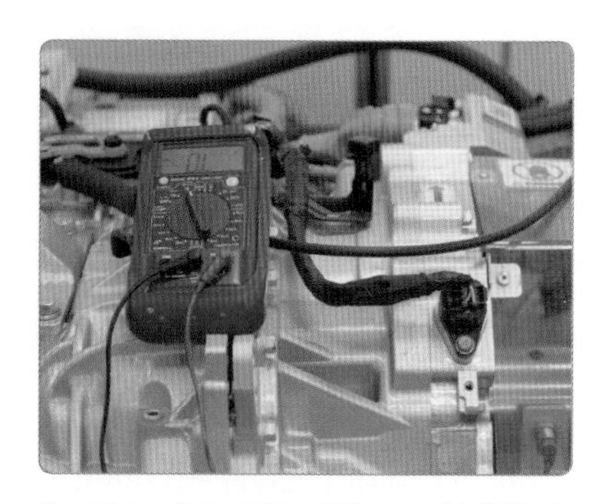
3. 멀티 테스터를 저항으로 선택한다.

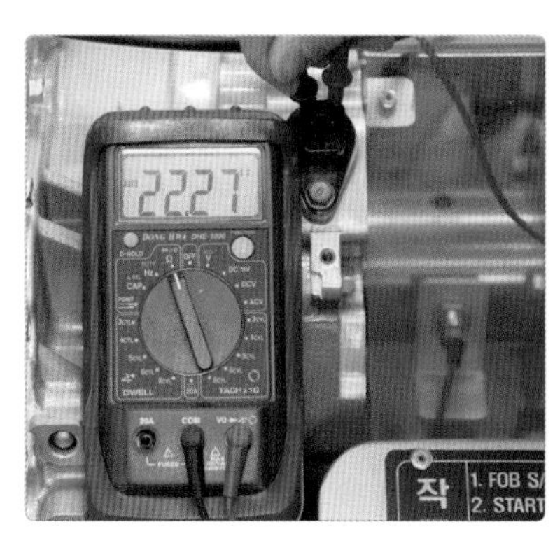

4. 리졸버 단자 내 모터 온도 센서 단자 저항을 측정한다.

5. 리졸버 센서 위치 및 모터 온도 센서 위치를 확인한다.

6. MCU CHG34-S 단자 커넥터에서도 모터 온도 센서를 점검한다.

7 리졸버 센서 점검

1. 리졸버 센서 커넥터 위치를 확인한다.

2. MCU CHG34-S 커넥터를 확인한다.

3. MCU CHG34-S를 탈거한다.

4. 멀티 테스터를 저항으로 선택한다.

5. MCU CHG34-S 커넥터 단자 4, 5번 리졸버 센서 저항을 측정한다.

6. 측정값을 확인한다(16.41 Ω).

7. MCU CHG34-S 커넥터 단자 12, 13 리졸버 센서 저항을 측정한다.

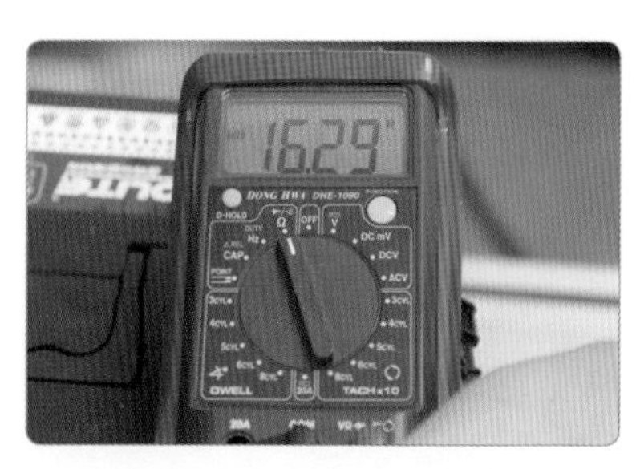

8. 측정값을 확인한다(16.29 Ω).

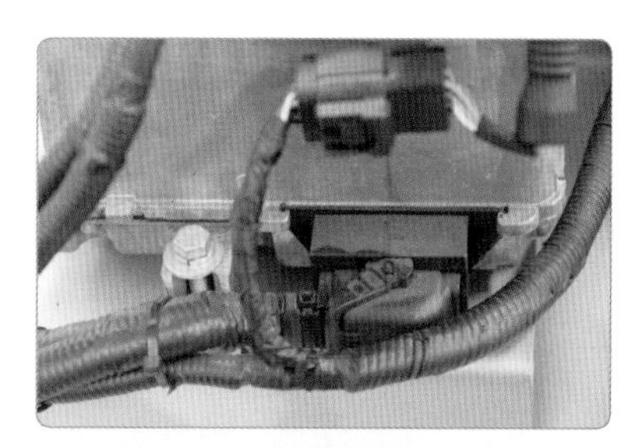

9. MCU 커넥터를 체결한다.

● 리졸버 센서 커넥터와 MCU 커넥터 CHG34-S

리졸버 센서 커넥터

MCU CHG34-S

● 리졸버 & 온도 센서 회로도

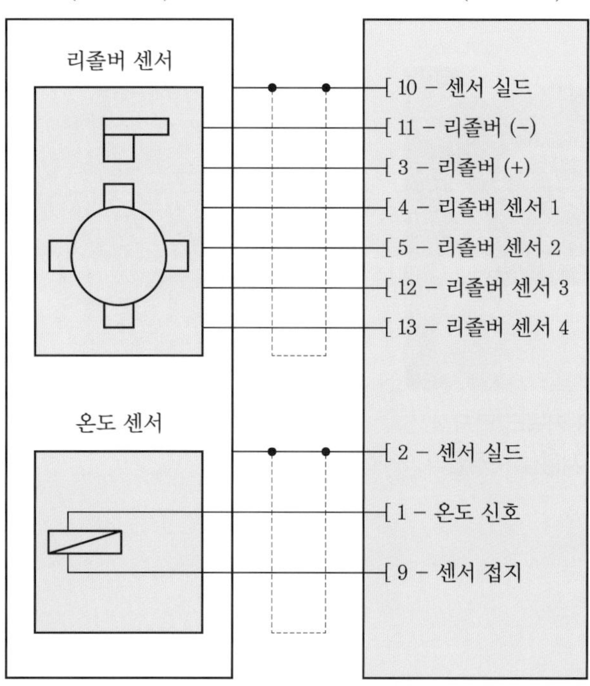

단자	연결 부위	기능
1	MCU CHG34-S(3)	리졸버(+)
2	MCU CHG34-S(4)	리졸버 센서 1
3	MCU CHG34-S(5)	리졸버 센서 2
4	MCU CHG34-S(1)	온도 신호
5	MCU CHG34-S(11)	리졸버(-)
6	MCU CHG34-S(12)	리졸버 센서 3
7	MCU CHG34-S(13)	리졸버 센서 4
8	MCU CHG34-S(9)	센서 접지

8 절연 저항 검사

절연 저항을 점검하기 위해 안전 플러그를 탈거하고 5분 이상 기다린 후 HPCU 상단의 모터 커넥터를 탈거한 다음, 메가 옴 테스터의 흑색 프로브는 모터 하우징 또는 차체에 연결하고, 적색 프로브는 U, V, W의 단자에서 절연 저항을 측정한다.

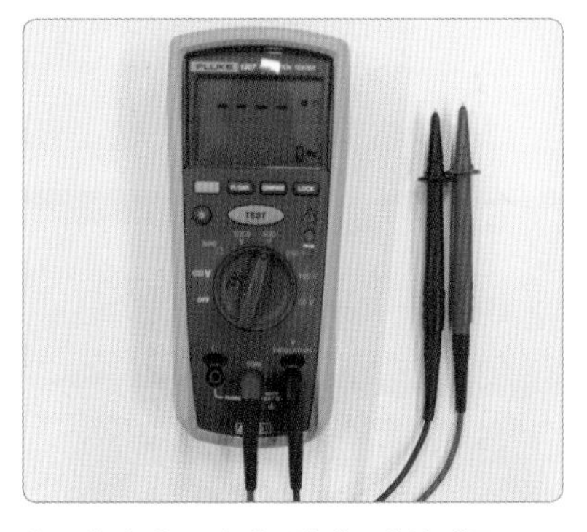

1. 메가테스터기 선택 레인지를 DC 500 V(측정 조건)로 설정한다.

2. **U 단자 절연 측정** : 흑색 프로브는 모터 하우징 또는 차체에, 적색 프로브는 U 단자에 연결한다.

3. 측정값을 확인한다(550 MΩ).

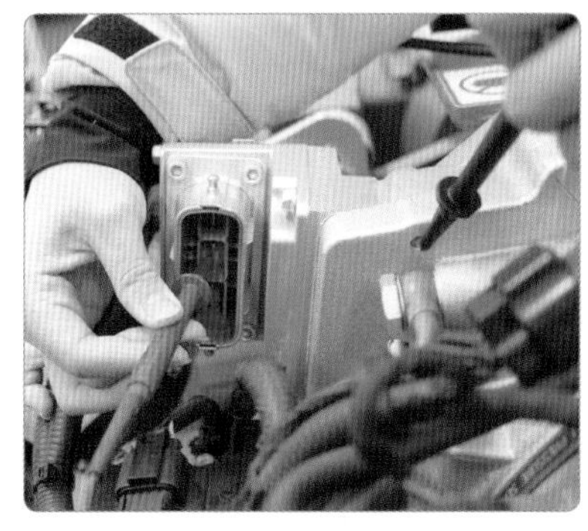

4. **V 단자 절연 측정** : 흑색 프로브는 모터 하우징 또는 차체에, 적색 프로브는 V 단자에 연결한다.

5. 측정값을 확인한다(550 MΩ).

6. **W 단자 절연 측정** : 흑색 프로브는 모터 하우징 또는 차체에, 적색 프로브는 W 단자에 연결한다.

7. 측정값을 확인한다(550 MΩ).

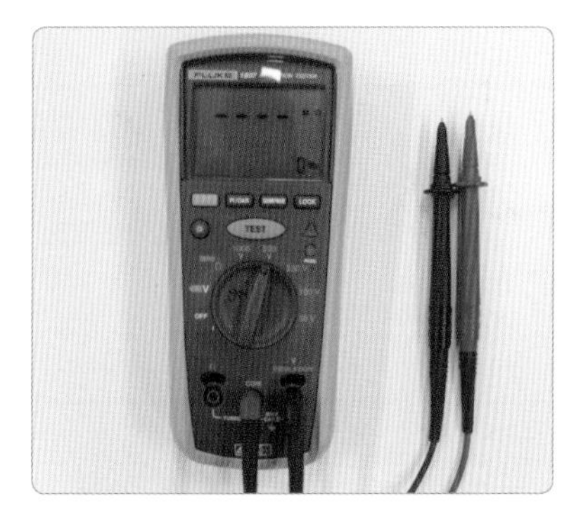

8. 메가 옴 테스터기를 정리한다.

9. HPCU 모터 커넥터를 체결한다.

① **정비 및 조치 사항** : 절연 저항 10 MΩ 이상 또는 OL(over load) 시 모터 절연 상태는 정상으로 판정하고, 절연 저항이 10 MΩ 이하 시 모터 절연이 불량이므로 모터를 교체한다.

② **주의 사항** : 프로브를 바꾸어 측정할 경우 고전압으로 차량(특히 컴퓨터)에 손상을 줄 수 있으므로 주의해야 하며, 프로브를 통해 고전압이 인가되고 있으므로 안전을 위해 프로브를 손으로 잡지 않도록 한다.

9 선간 저항 검사

멀티 테스터를 이용하여 상의 선간 저항을 측정한다(규정값 확인).

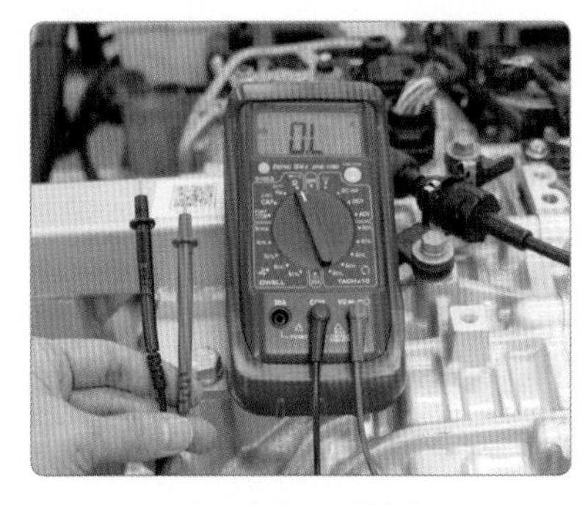

1. 멀티 테스터를 저항(R)으로 선택한다.

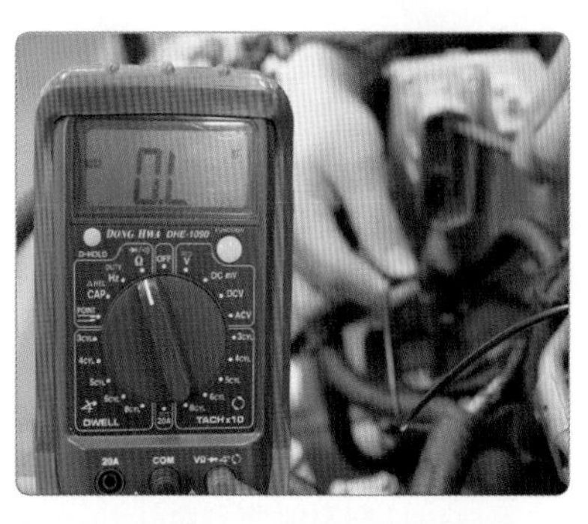

2. 프로브를 U–V 단자에 연결하고 선간 저항을 측정한다(∞ Ω).

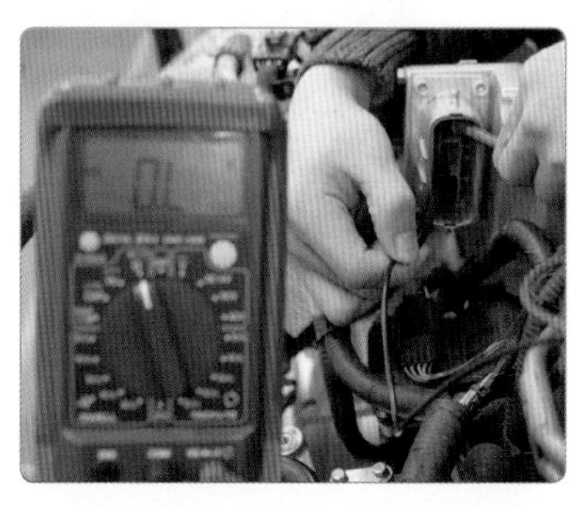

3. 프로브를 V–W 단자에 연결하고 선간 저항을 측정한다(∞ Ω).

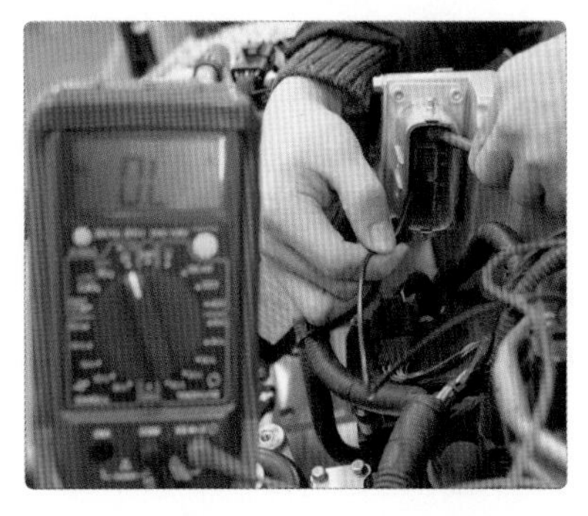

4. 프로브를 W–U 단자에 연결하고 선간 저항을 측정한다(∞ Ω).

5. 파워 케이블 커넥터를 체결한다.

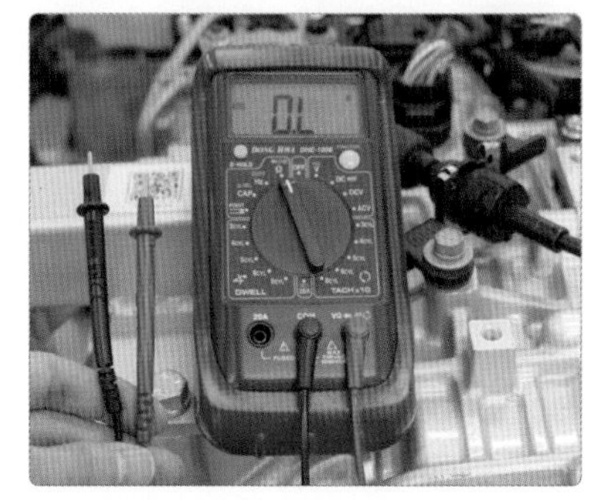

6. 멀티 테스터를 정리한다.

측정 항목	규정값	점검 부위	점검 방법
파워 케이블 선간 저항	22~25 mΩ 이하	U–V	선과 선의 저항 점검
		V–W	
		W–U	

① **판정** : 라인–라인 저항값 22~25 mΩ(20~30℃) 이내는 정상으로 판정한다.

② **주의 사항** : 프로브를 바꾸어 측정할 경우 단자 간 연결 부위를 정확하게 연결한 후 점검한다.

10 파워 케이블 점검

① 단선 점검 : 모터 케이블을 탈거하고(안전 플러그 제거 안전 지침 참조), 커넥터 양 끝 단자에 멀티 미터를 연결하여 케이블의 저항을 측정한다(U-U상, V-V상, W-W상간 저항 측정).

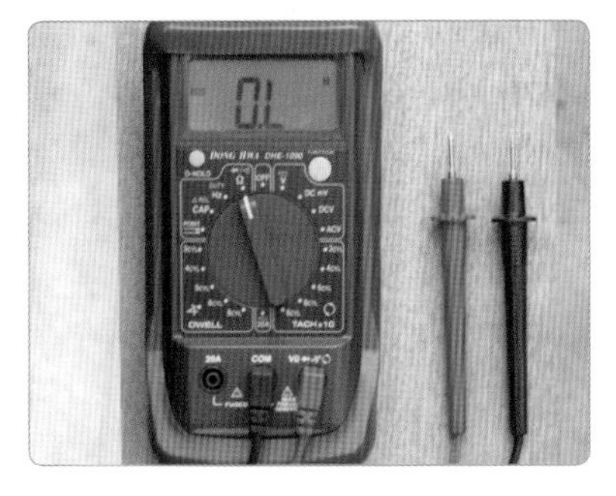

1. 멀티 테스터를 저항(R)으로 선택한다.

2. U-U상, 케이블 저항을 측정한다.(0.4 Ω)

3. V-V상, 케이블 저항을 측정한다.(0.4 Ω)

4. W-W상, 케이블 저항을 측정한다.(0.3 Ω)

5. 파워 케이블 커넥터를 체결한다.

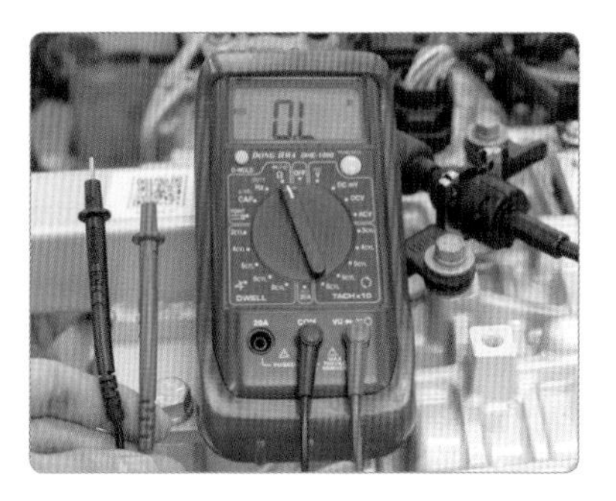

6. 멀티 테스터를 정리한다.

측정 항목	규정값	점검 부위	점검 방법
파워 케이블 단선	1 Ω 이하	U-U	단자 양끝 단 점검
		V-V	
		W-W	

(가) 정비 및 조치 사항 : 라인-라인 저항값 1 Ω 이내를 정상으로 판정한다. 각 상 단자 간의 저항이 1 Ω 이상이면 케이블 또는 단자에 접촉 저항이 증가하거나 케이블이 단선된 것으로 판단하며, 케이블이 단선 또는 비정상으로 판단되면 케이블 어셈블리를 교체한다.

(나) 주의 사항 : 프로브 양 끝단 측정 단자 연결 부위를 정확하게 연결한 후 점검한다.

② 단락 점검 : 모터 케이블을 탈거하고(안전 플러그 제거 안전 지침 참조), 케이블의 한쪽 커넥터의 상 단자 간의 저항을 측정한다(U-V상, V-W상, U-W상).

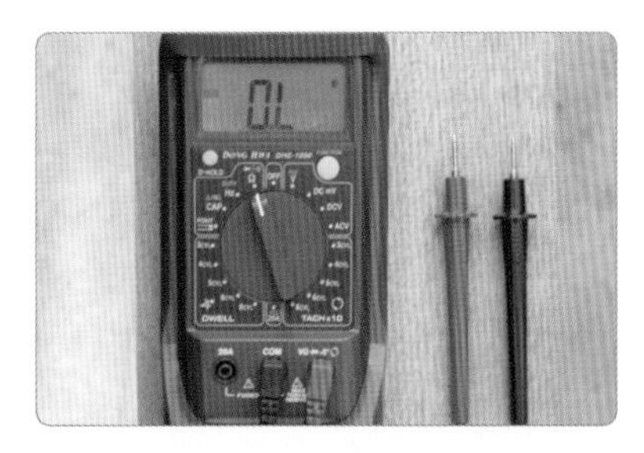

1. 멀티 테스터를 저항(R)으로 선택한다.

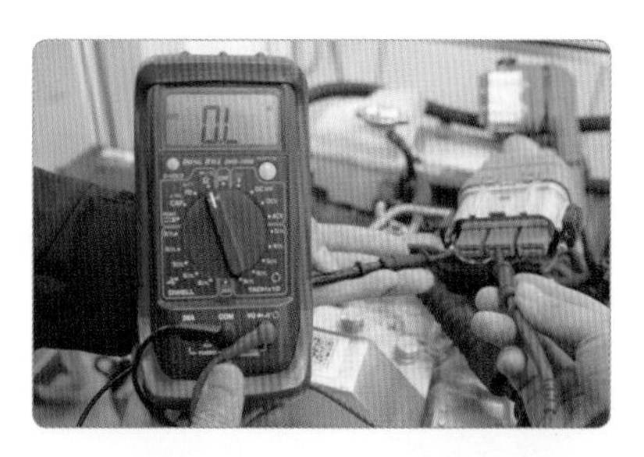

2. U–V상, 케이블 저항을 측정한다. (∞ Ω)

3. V–W상, 케이블 저항을 측정한다. (∞ Ω)

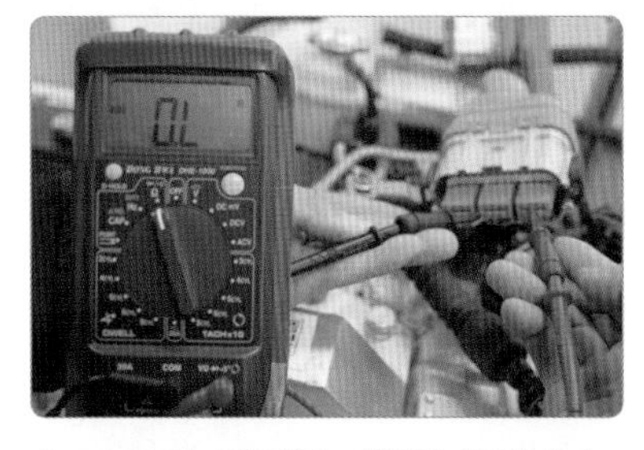

4. U–W상, 케이블 저항을 측정한다. (∞ Ω)

5. 파워 케이블 커넥터를 체결한다.

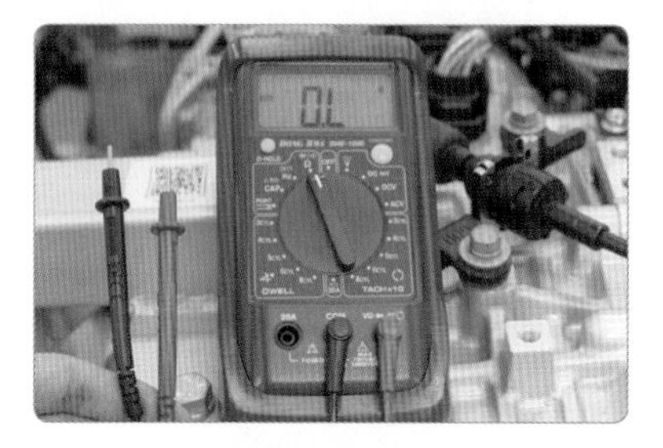

6. 멀티 테스터를 정리한다.

※ 정비 및 조치 사항 : 각 상 단자 간의 저항이 무한대 또는 10 MΩ 이상 시 정상이며, 이하 시 케이블 또는 단자 접촉 불량으로 판정하여 케이블 어셈블리를 교체한다.

11 브레이크 스위치 점검

1. MCU 커넥터 CHG34–S를 탈거한다.

2. 멀티 테스터를 전압에 선택한다.

3. 브레이크를 확인한다.

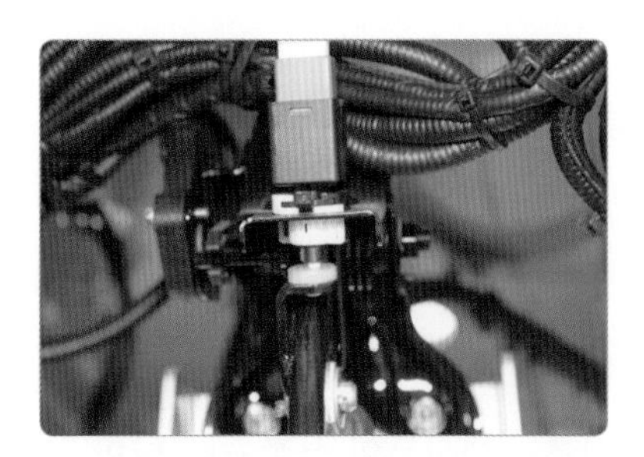

5. MCU 커넥터 CHG34–S 커넥터 6번 단자에 프로브를 연결한다.

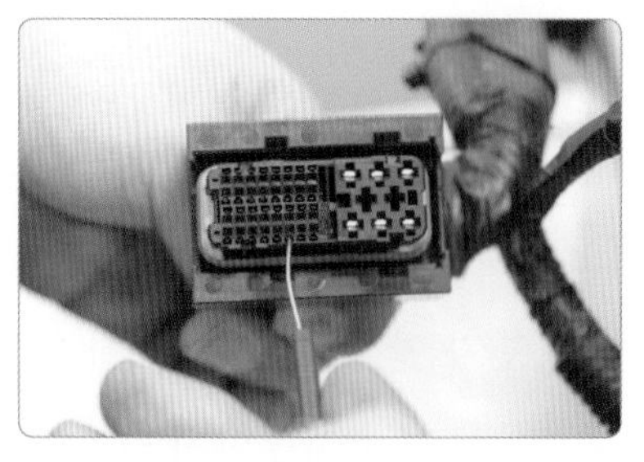

4. 브레이크 스위치 접점 상태(OFF)를 확인한다.

6. 브레이크 스위치를 지그시 밟는다.

7. 브레이크 스위치 접점 상태(ON)를 확인한다.

8. 출력된 전압을 확인한다(12.6 V).

9. MCU 커넥터 CHG34-S 커넥터 14번 단자에 프로브를 연결한다.

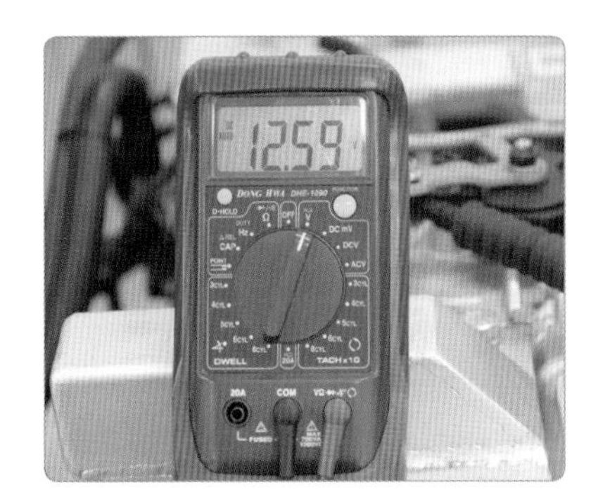

10. 출력된 전압을 확인한다. (12.59 V)

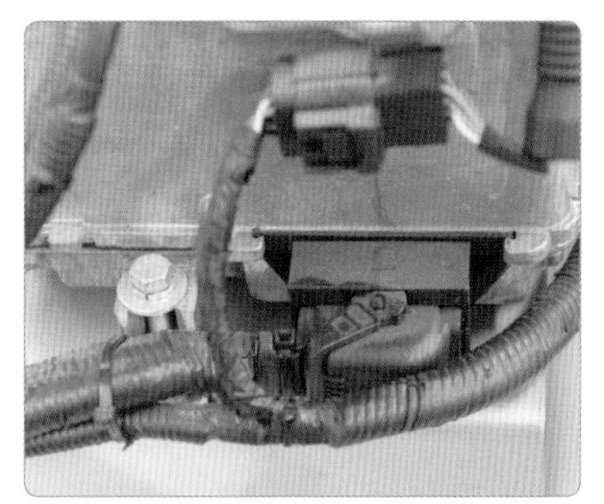

11. MCU 커넥터를 체결한다.

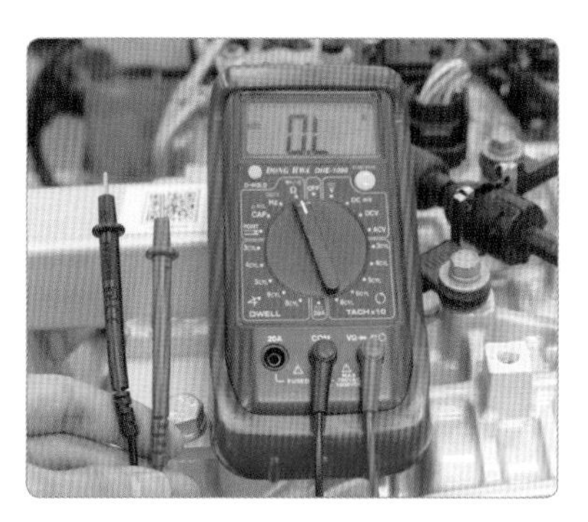

12. 멀티 테스터를 정리한다.

① 브레이크 스위치 회로도

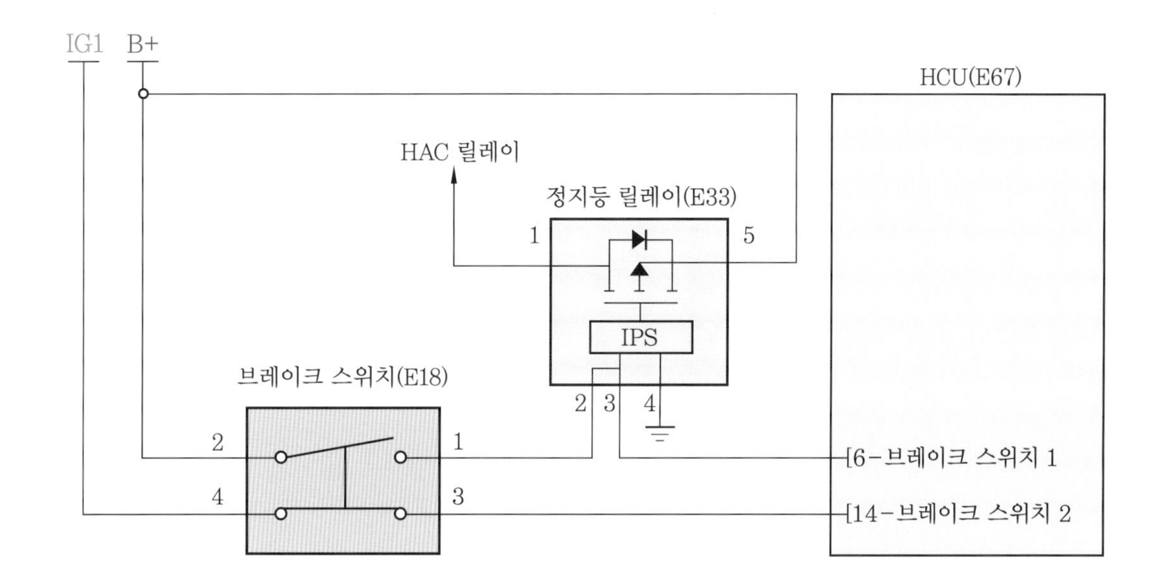

② 브레이크 스위치 단자 기능 및 연결 부위

단 자	연결 부위	기 능
1	정지등 릴레이	브레이크 스위치 1신호
2	배터리	배터리 전원(B+)
3	HCU E67(14)	브레이크 스위치 2신호
4	점화 스위치	배터리 전원(B+)

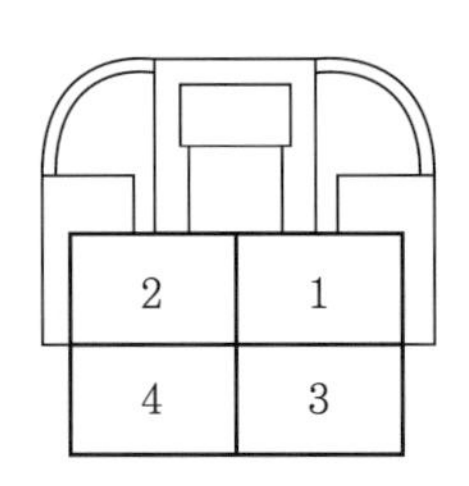

브레이크 스위치

HCU E67

HCU E67					
단자	기 능	연결 부위	단자	기 능	연결 부위
6	브레이크 스위치 1 신호 입력	브레이크 스위치 (N, O)	25	센서 접지	클러치 압력 센서 (CPS)
9	센서 전원(5 V)	클러치 압력 센서 (CPS)	30	배터리 전원(B+)	점화 스위치 ST
11	섀시 CAN[HI] 신호 입력	기타 컨트롤 모듈	33	배터리 전원(B+)	점화 스위치 IG1
12	섀시 CAN[LOW] 신호 입력	기타 컨트롤 모듈	34	배터리 전원(B+)	배터리
14	브레이크 스위치 2 신호 입력	브레이크 스위치 (N, C)	35	배터리 전원(B+)	배터리
17	클러치 압력 센서(CPS) 신호 입력	클러치 압력 센서 (CPS)	38	HCU 접지	섀시 접지
19	하이브리드 CAN[HI] 신호 입력	기타 컨트롤 모듈	39	HCU 접지	섀시 접지
20	하이브리드 CAN[LOW] 신호 입력	기타 컨트롤 모듈	40	HCU 접지	섀시 접지

12 고전압 배터리 교환

① 고전압 배터리 탈부착

1. 고전압 회로를 차단한다(고전압 회로 차단 방법 참조).

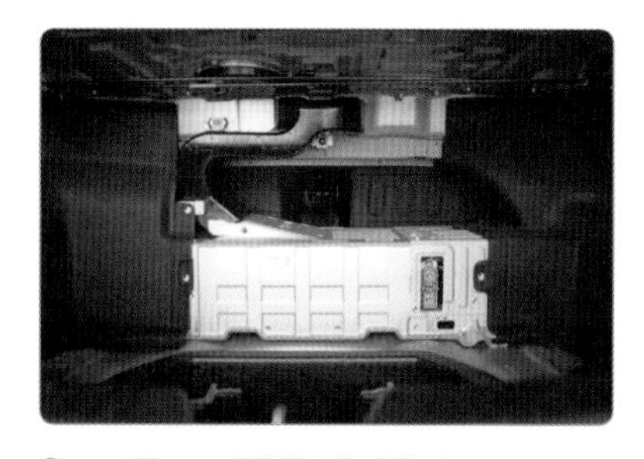

2. 트렁크 트림을 탈거한다.

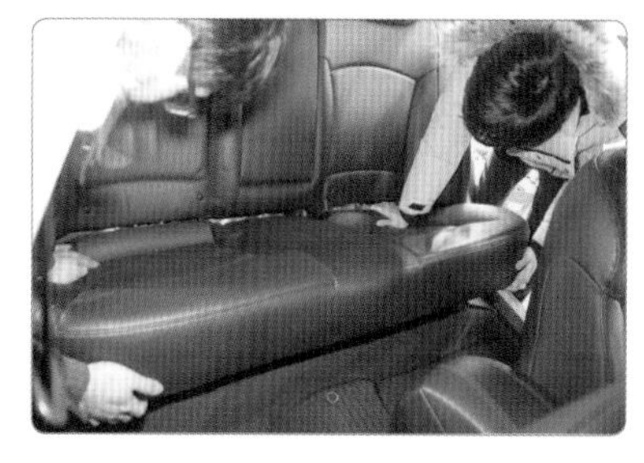

3. 리어 시트 쿠션을 위 방향으로 잡아당겨 탈거한다.

4. 리어 시트 쿠션을 들어내면서 시트 열선 커넥터를 분리한다.

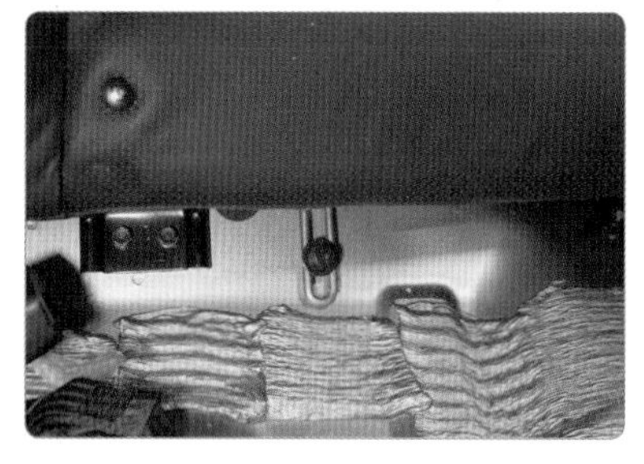

5. 리어 시트 백 장착 볼트를 풀고 시트 백을 위로 잡아당겨 탈거한다.

6. 트렁크 트림 고정 스크루를 탈거한다.

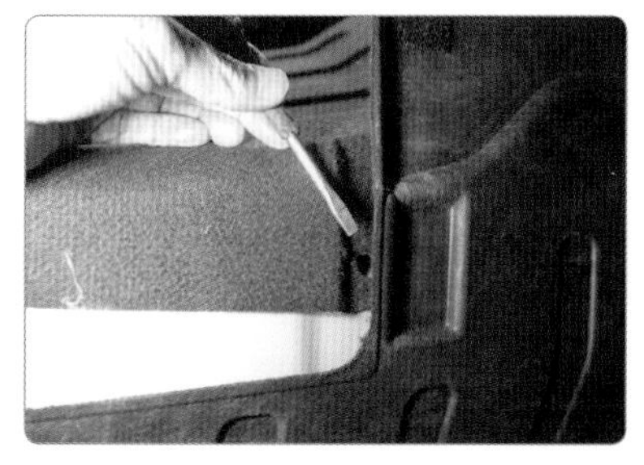

7. 쿨링 덕트 트림 고정키를 탈거한다.

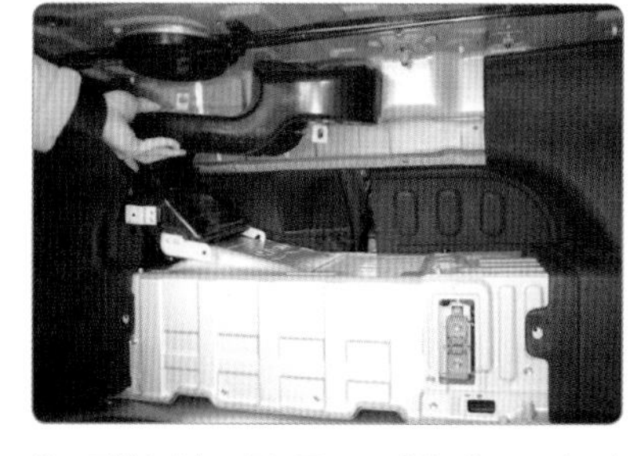

8. 장착 볼트를 풀고 아웃렛 쿨링 덕트를 탈거한다.

9. BMS 익스텐션 커넥터(A)를 분리한다.

10. 인버터 파워 케이블 (+) 단자와 (−) 단자를 분리한다.

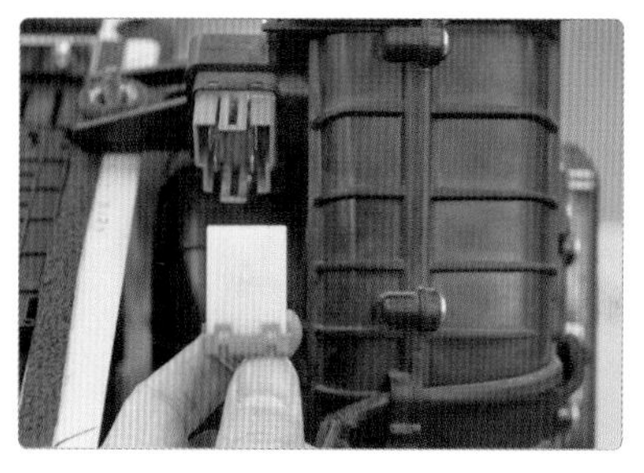

11. 쿨링팬 커넥터를 분리한다.

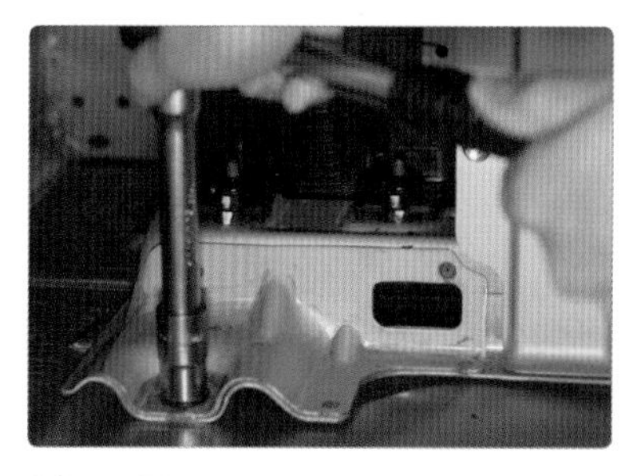

12. 장착 볼트를 풀고 고전압 배터리 팩 어셈블리로부터 탈거한다.

13. 고전압 배터리 팩 어셈블리를 탈거한다.

14. 고전압 배터리 팩 어셈블리를 정리한다.

15. 고전압 배터리 팩 어셈블리를 차량에 장착한다.

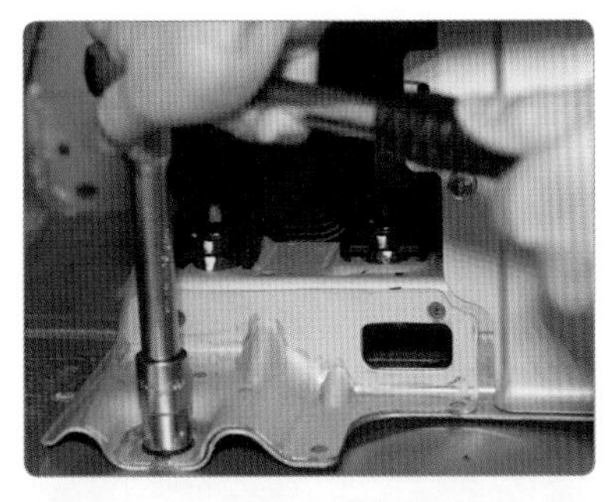

16. 고전압 배터리 팩 어셈블리 고정 볼트를 조립한다.

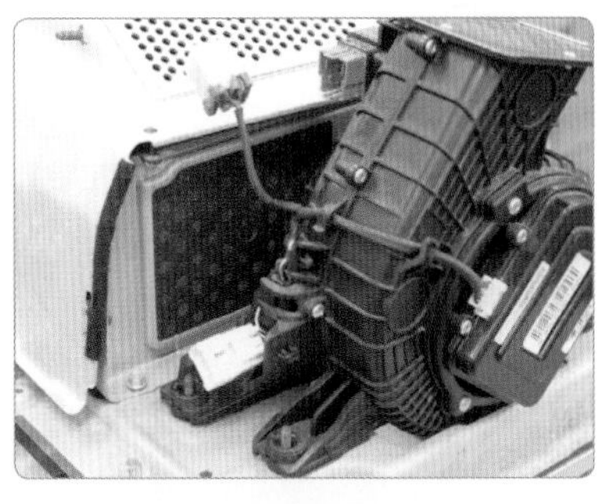

17. 쿨링팬 커넥터를 조립한다.

18. 인버터 파워 케이블 (+) 단자와 (−)단자를 체결한다.

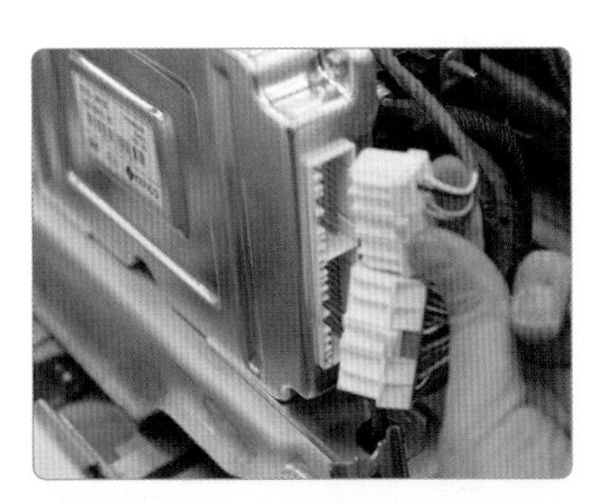

19. BMS 익스텐션 커넥터를 체결한다.

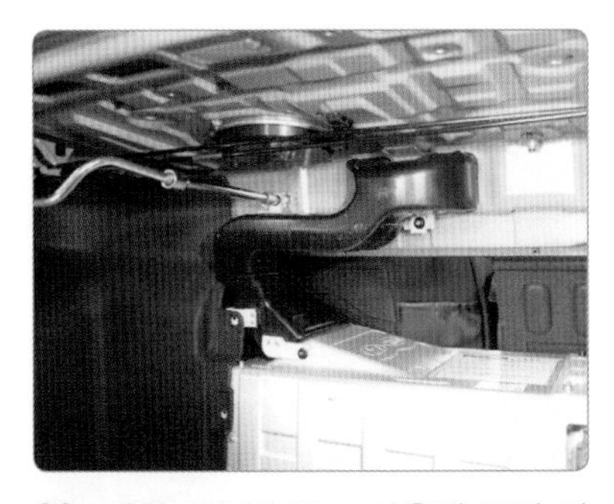

20. 장착 볼트를 풀고 아웃렛 쿨링 덕트를 조립한다.

21. 쿨링 덕트 트림 고정키를 조립한다.

22. 리어 시트 백을 아래로 눌러 리어 시트 백을 장착한다.

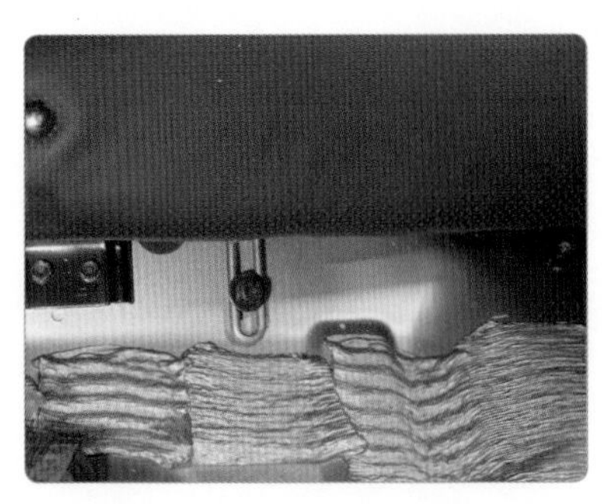

23. 리어 시트 백 고정 볼트(4개)를 조립한다.

24. 리어 시트 쿠션 자리를 맞추고 눌러 고정시킨다.

25. 인버터 전압을 측정한다(30 V 이하 확인).

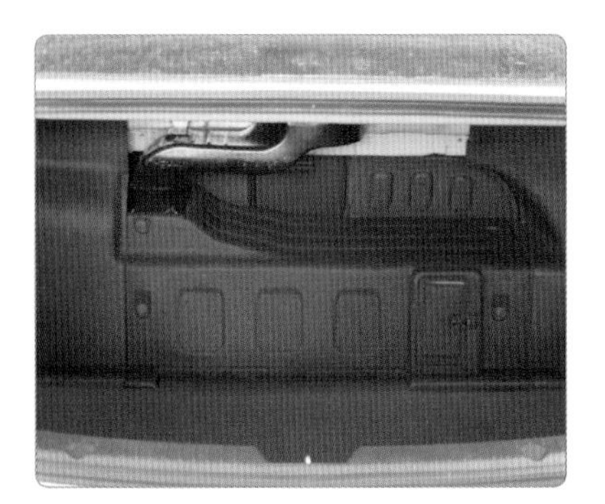

26. 트렁크 트림을 조립한다.

27. 안전 플러그를 체결한다.

② 주의 사항 : 배터리 탈부착 시 고전압 감전에 주의한다(고전압 관련 케이블은 주황색 표시).

고전압 배터리 교환 과정 작업 순서			
작업 순서	부품 명칭	실습 내용	비 고
1	안전 플러그	고전압 차단	트렁크 트림 탈거
2	리어 시트	리어 시트 탈거	쿨링 덕트 고정키 제거
3	인버터	파워 케이블 (+), (−) 분리	
4	BMS 커넥터	커넥터 분리	
5	고전압 배터리 팩 탈거	차량에서 내림	

13 HSG(hybrid starter generator) 탈부착

하이브리드 엔진 룸 부품 배치

① HSG 기능

HSG는 크랭크축 풀리와 구동 벨트로 연결되어 있으며, 엔진 시동 기능과 발전 기능을 수행한다.

㈎ 시동 제어 : 전기차 모드에서 모드 전환 시 엔진을 시동한다.

㈏ 엔진 속도 제어 : EV 주행 중 엔진과 모터의 부드러운 연결을 위해 엔진 회전 속도를 빠르게 올려 HEV 모터 속도와 동기화한 후 엔진 클러치를 연결하여 충격 및 진동을 줄여준다.

㈐ 소프트 랜딩(soft landing) 제어 시동 시 엔진 진동을 최소화하기 위해 엔진 회전수를 제어한다.

㈑ 발전 제어 : 고진압 배터리 잔량이 기준 이하로 저하될 경우 엔진을 강제로 시동하여 HSG를 통해 발전한다. 발전된 전기 에너지는 고전압 배터리로 충전된다.

② HSG 교환

㈎ 고압 회로를 차단하고 드라이브 벨트를 탈거한다.

㈏ 드레인 플러그를 풀고 인버터 냉각수를 드레인한다.

㈐ HSG에서 냉각 호스를 분리한다.

㈑ HSG 고압 파워 케이블 커넥터를 분리한다.

㈒ HSG 센서 커넥터를 분리한다.

㈓ 흡기 매니폴드를 탈거하고 드라이브 벨트를 제거한다.

㈔ HSG 어셈블리를 탈거한다.

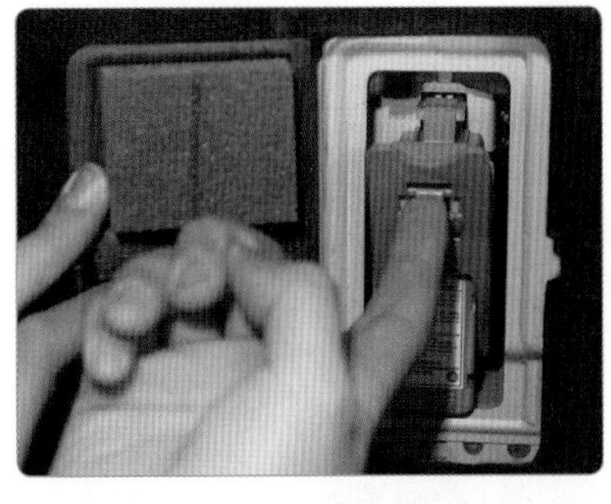

1. 고전압 회로를 차단한다(고전압 회로 차단 방법 참조).

2. 드라이브 벨트를 탈거한다.

3. 드레인 플러그를 풀고, 인버터 냉각수를 드레인한 후 HSG에서 냉각 호스를 분리한다.

4. HSG 고압 파워 케이블 커넥터를 분리한다.

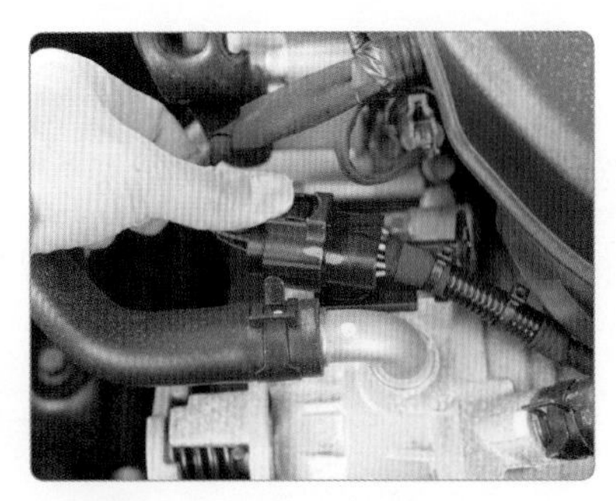

5. HSG 센서 커넥터를 분리한다.

6. 드라이브 벨트를 제거한 후 HSG 어셈블리를 탈거한다.

14 HPCU 교환

① 고전압 회로를 차단한다.
② 하이브리드 모터 냉각 시스템의 냉각수를 빼낸 후 HPCU 상단에 장착되어 있는 리저버를 탈거한다.
③ HPCU 프로텍터를 탈거한다.
④ HPCU에서 파워 케이블과 인버터 파워 케이블을 분리한다.
⑤ 레버를 잡아당긴 후, 레버를 회전식으로 들어 올려서 커넥터를 분리하여, 모터 파워 케이블을 분리한다.
⑥ HCU & MCU 통합 커넥터를 분리한다.
⑦ 냉각수 아웃렛 호스를 분리한다.
⑧ LDC 파워 아웃렛 케이블과 접지 케이블을 분리한다.
⑨ 실 커버를 탈거한다.
⑩ 장착 볼트를 풀고 DC 퓨즈를 HPCU로부터 탈거한다.
⑪ 파워 케이블 고정 브래킷을 탈거한다.
⑫ 장착 볼트를 탈거하고, 차량에서 HPCU를 탈거한다.

※ 탈거의 역순으로 HPCU를 장착하고, 하이브리드 모터 쿨링 시스템의 냉각수를 보충한 후 진단 장비를 이용해 공기빼기 작업을 실시한다.

1. 고전압 회로를 차단한다.

2. 에어 덕트를 탈거한다.

3. HPCU 프로텍터를 탈거한다.

4. 냉각 시스템 냉각수를 빼낸 후 냉각수 아웃렛 호스를 분리하고 리저버 탱크를 탈거한다.

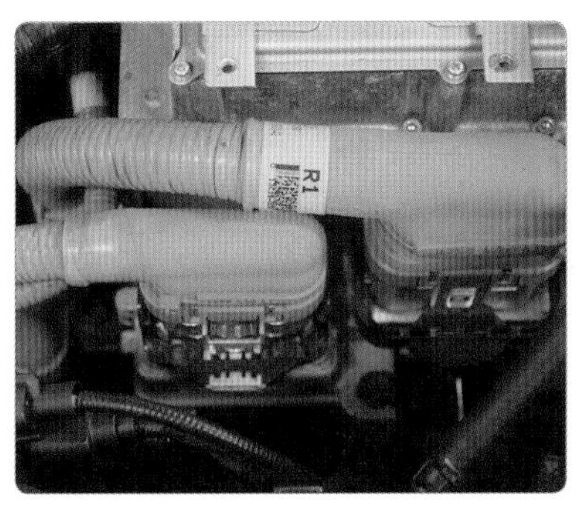

5. HPCU에서 파워 케이블과 인버터 파워 케이블을 분리한다.

6. 레버(노란 키)를 잡아당긴다.

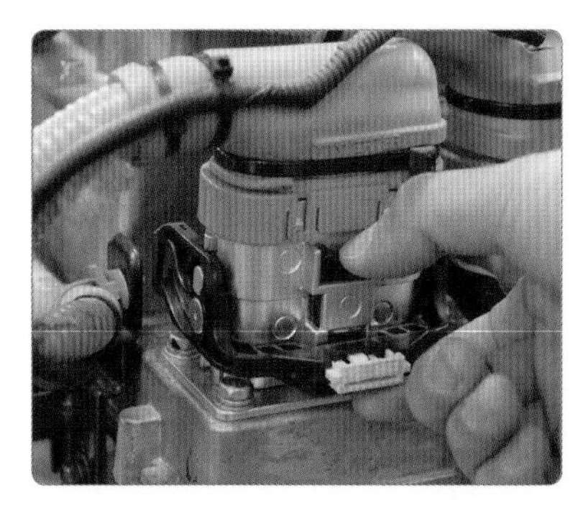

7. 레버를 회전식으로 들어 올려서 커넥터를 분리한다.

8. LDC 파워 아웃렛 케이블과 접지 케이블을 분리한다.

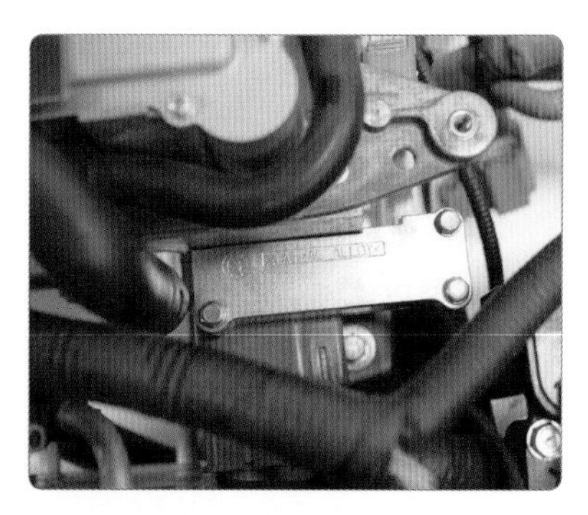

9. 장착 볼트를 풀고 DC 퓨즈를 HPCU로부터 탈거한다.

10. 파워 케이블 고정 브래킷을 탈거한다.

11. 장착 볼트를 탈거하고, 차량에서 HPCU를 탈거한다.

12. 고전압 케이블을 정리한다.

❶ **냉각수 배출** : 냉각수를 빠르게 배출시키기 위해 리저버 캡을 제거하며 인버터 라디에이터 드레인 플러그를 풀고 냉각수를 배출시킨 후 다시 조인다.

❷ **냉각수 주입**

- IG ON에서 진단 장비를 이용하여 전자식 워터 펌프(EWP)를 강제 구동시킨다.
- 드레인된 물이 깨끗해질 때까지 반복 후, 부동액과 물 혼합액(45~50%)을 리저버 캡을 통해 천천히 채운다.

❸ **공기빼기 작업** : EWP의 작동 소리가 점점 작아지고 리저버에서 공기 방울이 보이지 않는다면 공기빼기 작업을 끝낸다.

❹ **차량 점검 시 주의 사항** : 하드 타입의 HEV는 차량 정지 상태에서 엔진이 OFF되어 있을 수도 있고, ON되어 있을 수도 있다. 예를 들어 엔진이 OFF되어 있다고 엔진 룸을 점검하면, 차량이 어떤 조건(배터리 SOC 저하 등)에 의해 OFF되어 있던 엔진이 ON될 수 있기 때문에 필히 key OFF, 보조 배터리 접지 탈거, 안전 플러그 탈거를 한 후 차량을 점검한다.

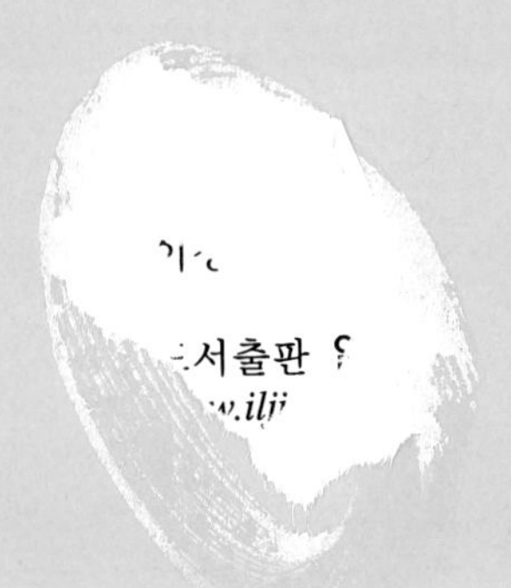